AutoCAD 2013을 이용한

건축 · 실내건축 도면그리기

신상화 한국국제대학교 실내건축학과 부교수

강재중 국립경남과학기술대학교 건축학과 조교수

백수재 세진직업전문학교 교육 부장

AutoCAD 2013을 이용한
건축 · 실내건축 도면그리기

2013년 9월 5일 초판 발행
2014년 9월 1일 재판 인쇄
2014년 9월 5일 재판 발행

지은이 | 신상화, 강재중, 백수재
발행인 | 김 병 계
발행처 | 도서출판 보문당
등 록 | 1990년 6월 15일(제1－1066호)
주 소 | 서울시 마포구 신수동 448-6 우) 121-110
전 화 | 704－7025 / 704－0635
팩 스 | 704－2324
홈페이지 | http://www.bomoondang.co.kr
전자우편 | bmdpub@naver.com

값 25,000 원

ISBN : 978－89－8413－194－1 (93560)

AutoCAD 2013을 이용한

건축 · 실내건축 도면그리기

신상화 · 강재중 · 백수재 공저

普 文 堂

서 문

그동안 AutoCAD를 교육 해오면서 강의내용을 체계적으로 정리하고자 마음먹고 있었으나 이런저런 이유로 미루어 오던 차에 이번에 책으로 정리 할 기회가 마련되었습니다. 그리고 그동안 나름대로 사용해 왔던 내용과 자료들을 정리하면서 책을 만든다는 게 정말로 어렵다는 걸 새삼 느꼈습니다. 현재 출판된 책들 중에는 좋은 책들이 많으며, 내용들을 정리하면서 그 저자들이 새삼 존경스럽기도 했습니다.

또한 저자들에게 있어서는 현재 AutoCAD를 사용하고 있거나 배우고자 하는 사람들에게 '기존의 출판된 책들이 전달하지 못하는 내용이 뭐가 있을까'라는 생각으로 하나하나 내용을 적어가며, 목차를 정리하면서 내용들을 체계적으로 정리해보게 된 매우 유익한 시간이었던 것 같습니다.

책 내용은 크게 4단계로 구성 하였습니다.
첫 번째 단계는 AutoCAD를 배우기위한 선행학습으로 컴퓨터 설계를 하기위해 기본적으로 갖추고 있어야할 내용으로 구성 하였습니다.
두 번째 단계는 AutoCAD 프로그램 명령에 대한 설명과 예제를 따라 그리면서 프로그램을 익히는 내용으로 구성 하였습니다.
세 번째 단계는 AutoCAD를 이용해 건축 · 실내건축 설계 도면을 직접 따라 그려볼 수 있도록 내용을 구성 하였습니다.
네 번째 단계는 설계 도면 기호, 건축 · 실내건축의 현장 실무 도면, AutoCAD 명령어 정리 등의 내용으로 구성 하였습니다.

위와 같이 4단계로 구성되어 있지만 AutoCAD 프로그램 명령어를 익히는 세 번째 단계에서는 AutoCAD 프로그램의 명령에 대해서만 다루지 않고 현장에서 각 명령들이 어떻게 다루어지고 있는지, 도면 작업을 할 때 어떤 내용을 주의해야 할 것인지 등 현재 설계 도면 작업을 하면서 한번 쯤 생각하고 고민했을 법한 내용을 같이 다루었습니다.

본 책은 AutoCAD 2013 버전을 기본으로 내용이 구성되었으나 다른 버전 사용자들 또한 사용할 수 있도록 내용을 구성 하였습니다.

AutoCAD를 처음 접하는 분들이 흔히 잘못 생각하고 있는 부분이 AutoCAD를 잘 다루게 되면 설계를 잘 할 수 있다고 생각하는 것입니다. AutoCAD 프로그램은 단지 설계 도면을 표현하기 위한 하나의 수단에 지나지 않습니다. 제도 연필, 지우개, 제도 자 등을 대신 할 뿐이지 AutoCAD 프로그램이 설계 도면을 자동으로 그려주지는 못합니다.

설계 전문 엔지니어가 되기 위해서는 AutoCAD 프로그램을 잘 다루어 것이 중요한 것이 아니라 설계 도면을 정확하게 해독하고 표현할 수 있는 게 중요합니다.

본 책에서는 최대한 건축 · 실내건축 설계 도면을 표현할 수 있도록 내용을 포함하긴 하였으나 보다 전문적인 건축 · 실내건축 설계 엔지니어가 되기 위해서는 건축 · 실내건축 설계 공부를 별도로 해야 한다는 것을 명심하시길 바랍니다.

마지막으로 이 책이 AutoCAD를 처음 접하는 분들에게는 좋은 길잡이가 되어 건축 · 실내건축 설계의 전문가가 될 수 있도록 입문의 장이 되었으면 하며, 기존 사용자들에게는 그동안 가려웠던 부분을 시원하게 긁어줄 수 있는 그런 책이 되길 바래봅니다.

활자 하나하나가 모여 책이 완성되기까지 그동안 노력하신 많은 분들에게 다시금 감사의 말씀을 전합니다.
감사합니다.

저자일동

LESSON 00

선행학습 1 1

LESSON 00

선행학습 2 15

LESSON 01

위치와 크기값을 직접 입력해 기본 도형 그리기 33

LESSON

00

선행학습 1

학습목표

- CAD 프로그램에 대해 이해할 수 있다.
- AutoCAD 프로그램에 대해 이해할 수 있다.
- AutoCAD 프로그램을 설치할 수 있다.
- AutoCAD 프로그램의 환경에 대해 이해한다.

학습명령

1. AutoCAD 프로그램 설치 : acad.exe
2. 작업 환경 변경하기 : wscurrent
3. 배경색상 변경하기 : OPtion ➔ 화면표시탭 ➔ 색상버튼

학습내용

① 학습내용 1

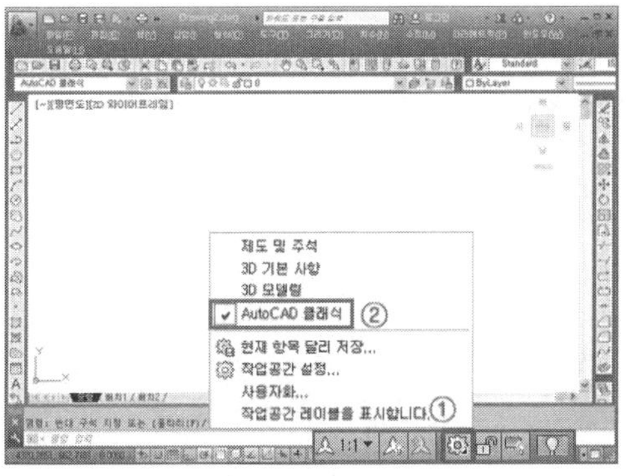

[작업공간 : AutoCAD 클래식이 선택된 경우]

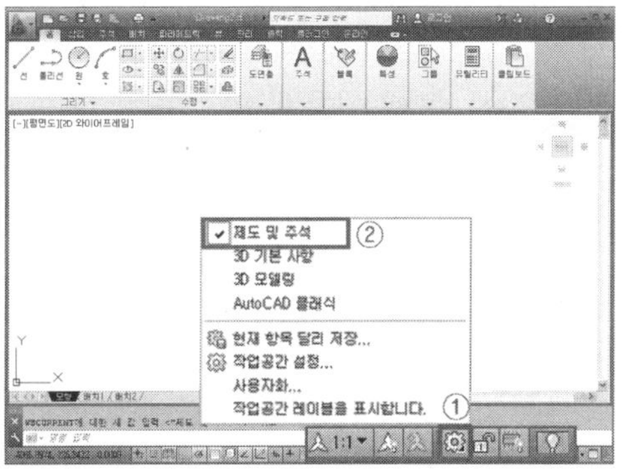

[작업공간 : 제도 및 주석으로 선택된 경우]

② 학습내용 2 – 작업공간 배경 색상 변경하기

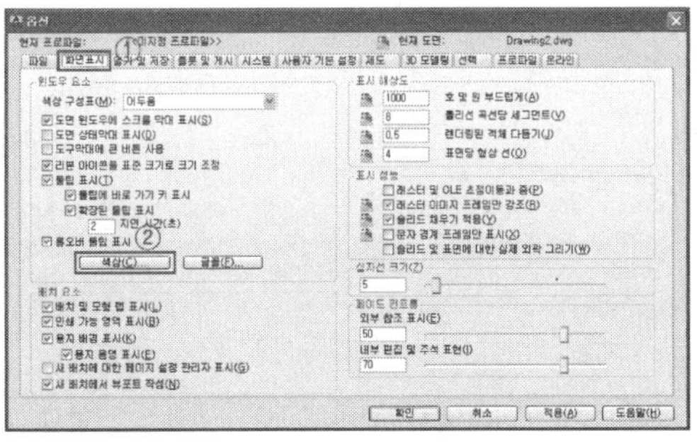

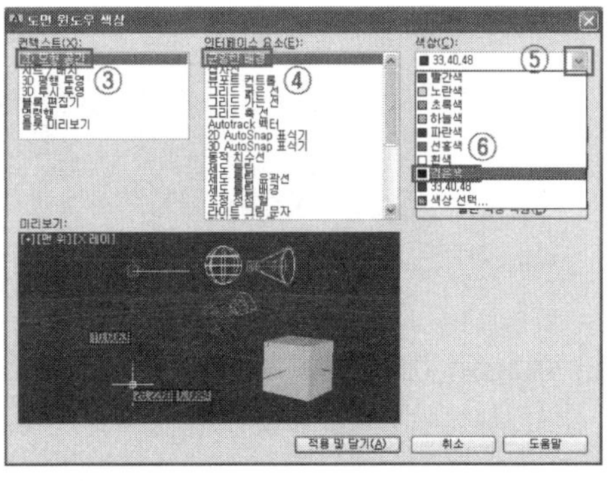

- [도구]메뉴 → 옵션 명령 선택 → [화면표시] 탭 → [색상] 버튼 선택
- [색상 변경]

비 고

AutoCAD 관련 자격 시험의 경우와 사업장에서는 아직도 AutoCAD 2008 이전 버전을 사용하는 경우가 많기 때문에 'wscurrent' 명령으로 기본 환경을 변경하는 방법을 익혀 AutoCAD 2008 이전 버전의 사용에도 익숙하도록 하는 게 좋을 것이다.

1. AutoCAD 일반

1.1 AutoCAD 소개

(1) CAD란 무엇인가?

CAD란 Computer Aided Drawing의 약자로 컴퓨터를 보조수단으로 이루어지는 모든 작업을 일컬으며, 현재는 **컴퓨터를 이용해 설계를 하는 프로그램**이란 뜻으로 많이 사용하고 있다.

(2) CAD 프로그램의 구분

① 범용 CAD : 특정 분야에 제한 없이 모든 분야에서 사용할 수 있는 CAD프로그램

- 종류 : AutoCAD, IntelliCAD, 캐디안 등
- 장점 : 특정 분야에 제한이 없기 때문에 어떤 분야에서든 사용 가능
- 단점 : 특정 분야에 맞게 전문화 되어 있지 않기 때문에 도면 작업 시간이 오래 걸림.

② 전용 CAD : 특정 분야에 맞게 보다 빠르게 설계가 가능 하도록 만들어진 CAD프로그램

- 장점 : 특정 분야에 맞게 전문화 되어 있기 때문에 도면 작업 빠름.
- 단점 : 특정 분야에 맞게 전문화 되어 있기 때문에 다른 분야에 사용하기 어려움.

㉮ AEC(Architectural, Engineering, Costruction) : 건축, 토목(예 : ArchiCAD, Autodesk Revit, AutoCAD Architecture, Chief, AutoCAD Civil 등)
㉯ MCAD(Mechanical CAD) : 기계설계(예 : 인벤트, Solid works, Solid Edge, Pro–E, CATIA, Tribon, PDS 등)
㉰ GIS(Geometric Information System) : 지도 제작 CAD 프로그램(예 : Autocad Map 등)
㉱ EDA(Electronic Design Automation) : 전기, 전자(예 : Or–CAD, P–CAD, Pads, CADstar 등)
㉲ CAM(Computer Aided Manufacturing) : 기계 가공 해석(예 : Cam–Tool, Powermill, Worknc, hypermill, MasterCAM, FeatureCAD 등)

③ CAD 응용프로그램 : 기존에 설치된 CAD 프로그램에 기능을 추가하여 특정 분야에 보다 전문화된 설계가 가능 하도록 만들어진 CAD프로그램

- 장점 : 기존 설치된 CAD프로그램에 특정 분야에 맞게 보다 전문화해 사용이 가능
- 단점 : 기존의 CAD 프로그램이 설치되어 있지 않으면 사용이 불가능

㉮ 건축, 인테리어 설계 응용프로그램 : POWERCAD
㉯ 기계설계 응용프로그램 : CADMAS

(3) CAD의 이용효과

① 생산성 향상 : 비용절감, 설계시간 단축, 동일 작업과 설계변경 용이
② 품질 향상 : 정확한 설계도면을 작성하고 도면의 수정 및 재활용 용이
③ 업무의 표준화 : 설계기법의 표준화로 인해 제품의 표준화와 라이브러리 구축 가능

1.2 AutoCAD

AutoCAD 프로그램은 미국의 Auto Desk사에서 만들어 1982년 12월에 열린 컴덱스 무역 전시회에 처음으로 선보였다. AutoCAD가 개방형 구조를 가지고 있고, 편리한 메뉴 구조로 사용자화 하기가 쉬워 현재 전 세계에서 가장 많이 사용하고 있는 범용 CAD프로그램이다.

1.3 AutoCAD를 활용한 각 분야의 도면 예

[건축]

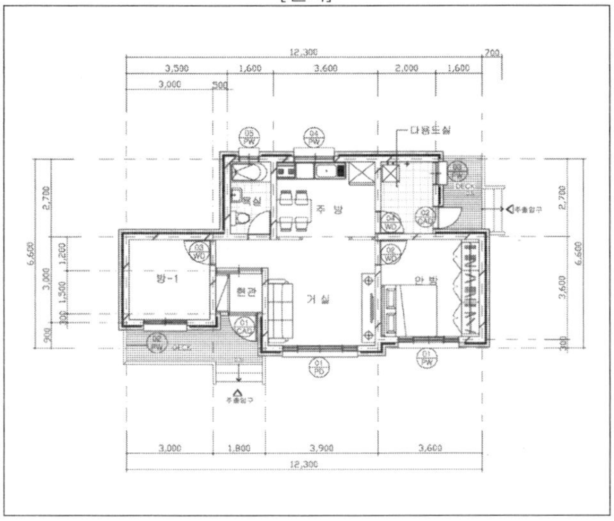

[인테리어]

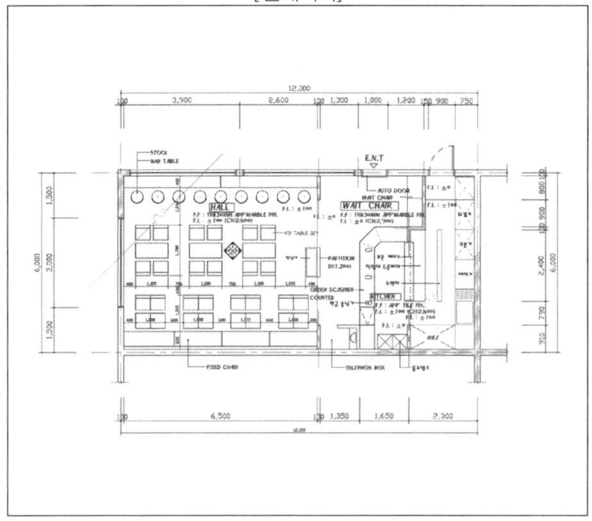

[기계]

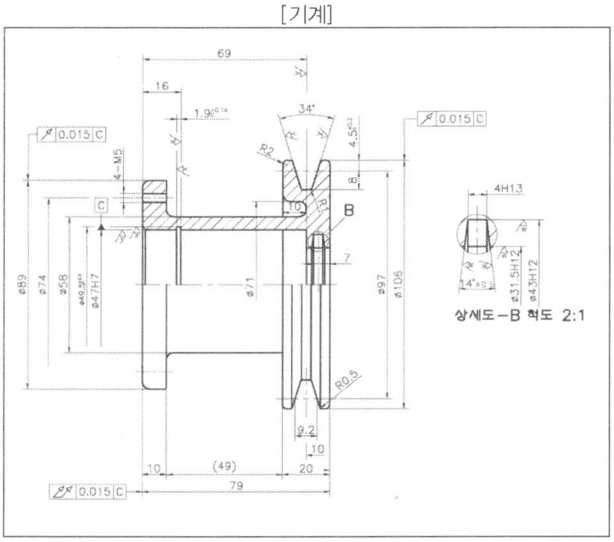

[제품]

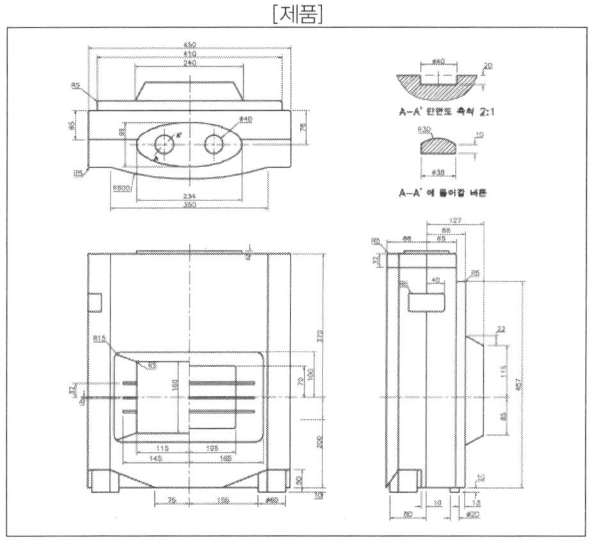

[토목]

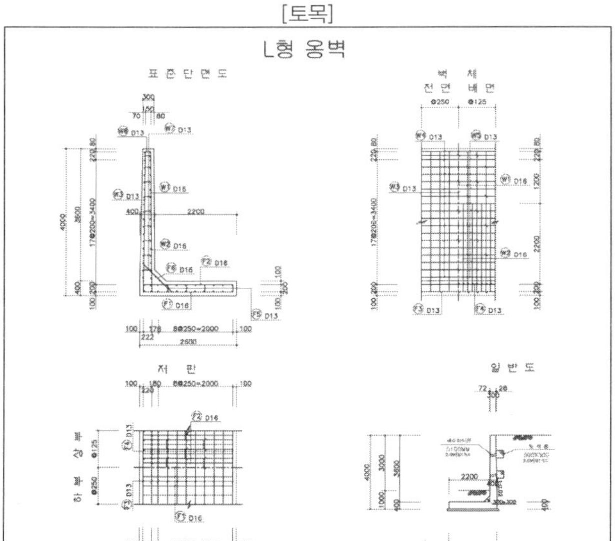

[조경]

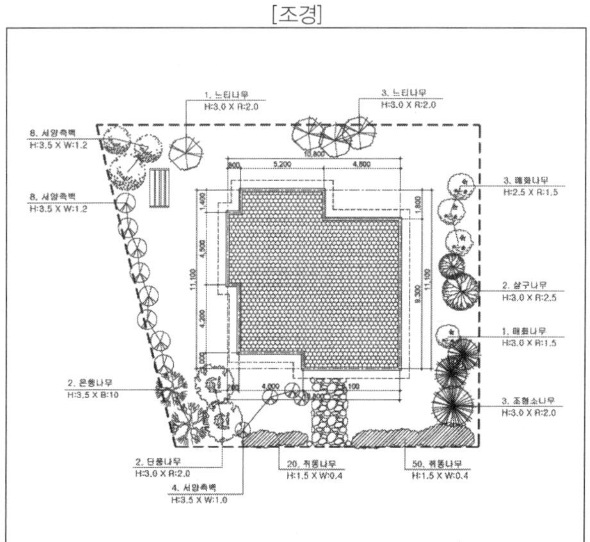

2. AutoCAD 2013을 위한 시스템 필요사양

여기에서 제시된 컴퓨터의 필용 사양은 Autodesk社에서 제시한 AutoCAD 2013 버전을 설치하기 위한 사양이다.

2.1 AutoCAD 32비트 지원 운영 체제를 위한 시스템 사양

CPU	- Windows XP인 경우 : Intel Pentium 4 또는 AMD AthlonTM Dual Core, 1.6GHz 이상(SSE2 기술 포함) - Windows 7인 경우 : Intel Pentium 4 또는 AMD AthlonTM Dual Core, 3.0GHz 이상(SSE2 기술 포함)
운영체제	Windows® XP Home 및 Professional(SP3) 이상 Microsoft® Windows® 7 Enterprise, Ultimate, Professional 또는 Home Premium
메모리	2GB RAM(4GB RAM 권장)
저장공간	설치를 위한 7GB 여유 디스크 공간
그래픽	1024×768 VGA 트루 컬러(1,600×1,050 트루 컬러 권장)
익스플로러	Microsoft® Internet Explorer® 7.0 이상
3D 모델링 기타 요구사항 (3D 작업시 요구사항)	Intel Pentium 4 프로세서나 AMD Athlon, 3.0GHz 이상 또는 Intel이나 AMD Dual Core 프로세서, 2.0GHz 이상 4GB 이상 RAM 설치에 필요한 공간 외 6GB 하드 디스크 여유 공간(총 12GB 여유 공간 필요) 1,280×1,024 32비트 컬러 비디오 디스플레이 어댑터(트루 컬러) 128MB 이상, Direct3D® 지원 워크스테이션급 클래스 그래픽 카드
기타	CD(전세계) 및 DVD(일부 국가 및 언어)로 제공

2.2 AutoCAD 64비트 지원 운영 체제를 위한 시스템 사양

AutoCAD 64비트는 32비트 Windows 운영 체제에 설치할 수 없다.

CPU	AMD AthlonTM 64(SSE2 기술 포함) AMD OpteronTM(SSE2 기술 포함) Intel Xeon(Intel EM64T 지원 및 SSE2 기술 포함) Intel Pentium 4(Intel EM64T 지원 및 SSE2 기술 포함)
운영체제	Windows XP Professional ×64 Edition SP2 이상 Microsoft® Windows 7 Enterprise, Ultimate, Professional 또는 Home Premium
메모리	2GB RAM(4GB RAM 권장)
저장공간	설치를 위한 7GB 여유 디스크 공간
그래픽	1024×768 VGA 트루 컬러(1,600×1,050 트루 컬러 권장)
익스플로러	Microsoft® Internet Explorer® 7.0 이상
3D 모델링 기타 요구사항 (3D 작업시 요구사항)	Intel Pentium 4 프로세서나 AMD Athlon, 3.0GHz 이상 또는 Intel이나 AMD Dual Core 프로세서, 2.0GHz 이상 4GB 이상 RAM 설치에 필요한 공간 외 6GB 하드 디스크 여유 공간(총 12GB 여유 공간 필요) 1,280×1,024 32비트 컬러 비디오 디스플레이 어댑터(트루 컬러) 128MB 이상, Direct3D® 지원 워크스테이션급 클래스 그래픽 카드
기타	CD(전세계) 및 DVD(일부 국가 및 언어)로 제공

3. AutoCAD 2013 설치하기(프로그램이 설치된 경우 8쪽으로 바로가기)

AutoCAD 프로그램의 기능을 다루기에 앞서 먼저 프로그램을 설치하는 방법부터 소개하도록 한다. 프로그램을 사용하기는 하지만, 프로그램을 사용자가 직접 설치하지 못하는 경우가 많다. 회사에서 프로그램을 직접 설치해야 하는 경우가 생길 경우 설치하지 못한다면 무척 당황스러울 것이다.

AutoCAD 프로그램은 다음과 같이 2단계로 설치되며, 1단계까지만 설치해도 30일 동안은 사용가능하다. 그러나 30일 이상을 사용하기 위해서는 2단계까지 반드시 설치해야만 한다.

1 단계	2 단계
AutoCAD 프로그램 설치	AutoCAD 프로그램 권한 코드 입력
30일 동안만 평가판으로 사용 가능	정품 등록을 위한 단계 : 30일 이상 사용가능

3.1 AutoCAD 1단계 설치하기 : AutoCAD 2013 프로그램 설치

(1) 프로그램 설치 실행하기(setup.exe)

컴퓨터에 AutoCAD 설치 프로그램 CD를 CD-ROM에 넣게 되면 AutoCAD설치 프로그램이 자동으로 실행되지만 자동 실행되지 않을 경우에는 CD-ROM 파일 보기를 통해 SETUP.EXE 파일을 찾아 더블클릭해 AutoCAD 프로그램 설치를 진행한다.

① [setup.exe]를 더블클릭(자동실행 안되는 경우)

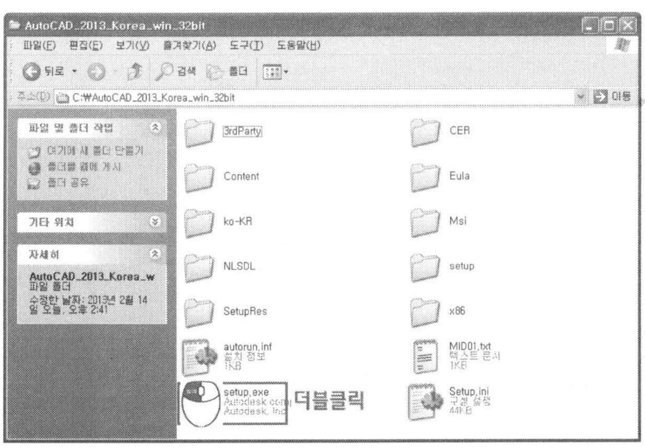

② [제품설치] 선택

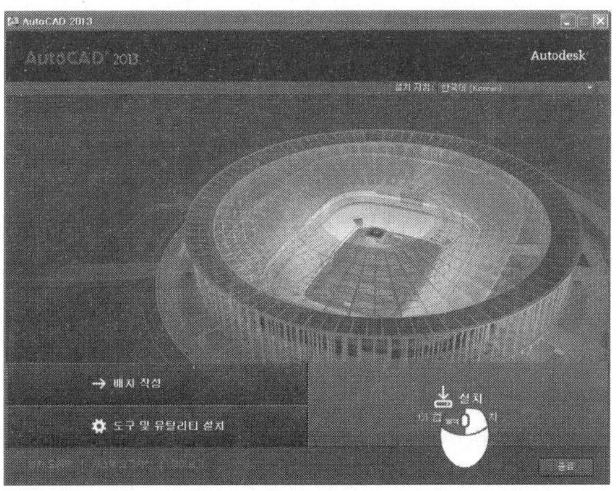

③ 라이센스, 계약 [동의함] 선택 후 [다음] 선택

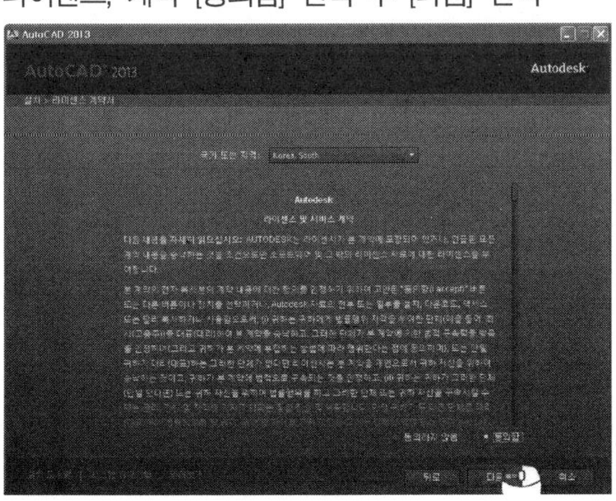

④ 일련번호, 제품키 입력 후 [다음] 선택

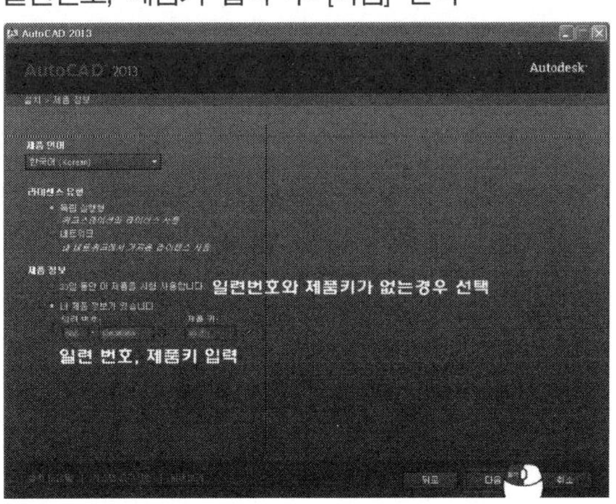

⑤ 설치 프로그램 선택 후 [설치] 선택

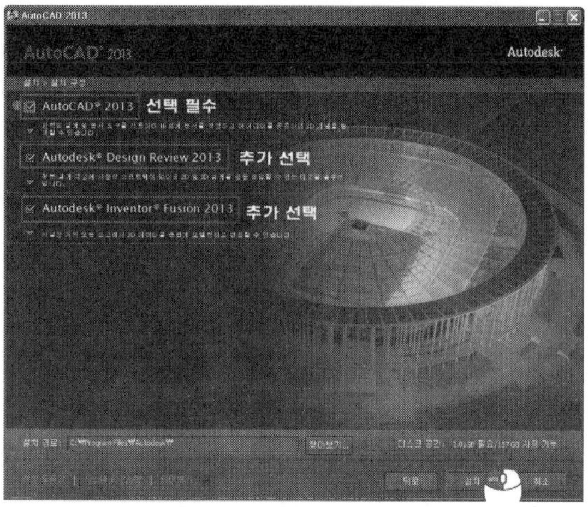

⑥ 프로그램 설치 중(기다리면 됨)

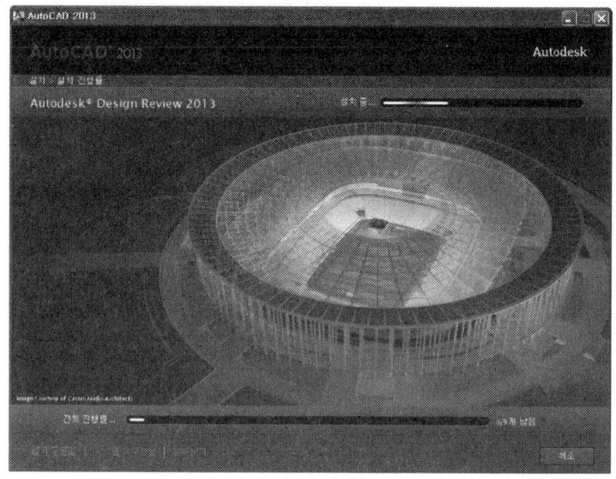

⑦ 설치 내용 확인 후 [마침] 선택

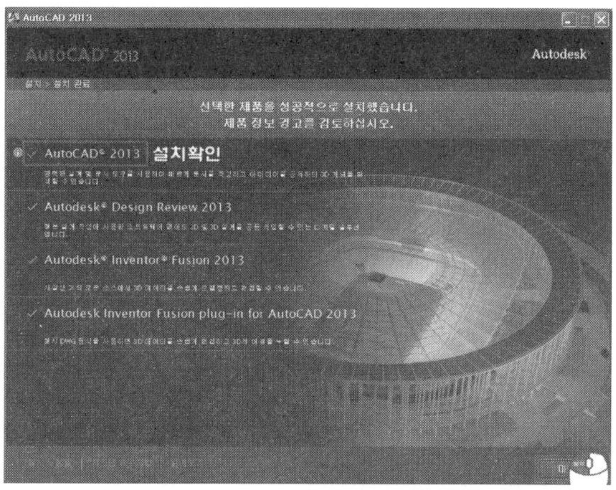

⑧ 바탕화면에 AutoCAD 2013 실행 파일 확인

확인

여기까지 진행되었다면 AutoCAD 2013은 제대로 설치가 된 것이다. 그러나 **제품등록을 위한 2단계 설치 과정이 남았다(2단계 설치는 다음 페이지 참고).**

제품등록을 위한 2단계 과정을 설치하지 않을 경우

① 평가버전으로 30일만 사용이 가능(※30일 이후에는 사용할 수 없음)

② AutoCAD 프로그램을 실행할 때마다 제품등록을 위한 대화상자 계속 나타남.

3.2 AutoCAD 2단계 설치하기 : AutoCAD 2013 프로그램 정품 등록하기

> 1단계처럼 AutoCAD 프로그램이 정상적으로 설치되어야만 정품등록을 위한 2단계가 가능하다.

① 먼저 1단계에서 설치한 바탕화면의 AutoCAD 2013 실행아이콘을 선택해 프로그램을 실행한다.
② 프로그램 실행 후 나타나는 활성화 대화상자에서 [활성화] 영역을 마우스로 선택

► 활성화 : 정품 등록하기
► 제품실행 : 30일만 평가판으로 사용하기

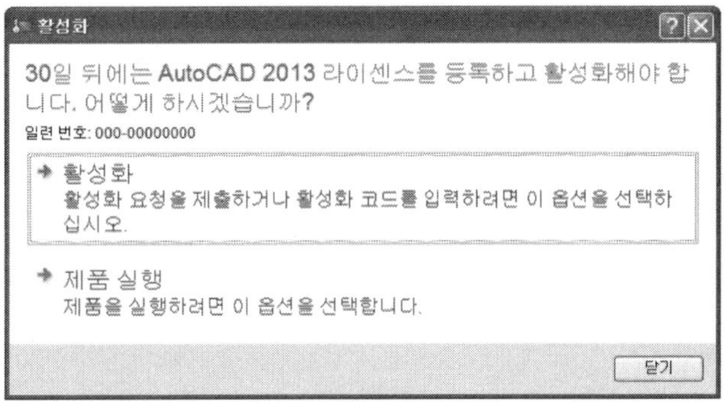

③ 활성화를 통해 정품으로 등록하거나 제품실행 후 AutoCAD 2013의 실행 화면

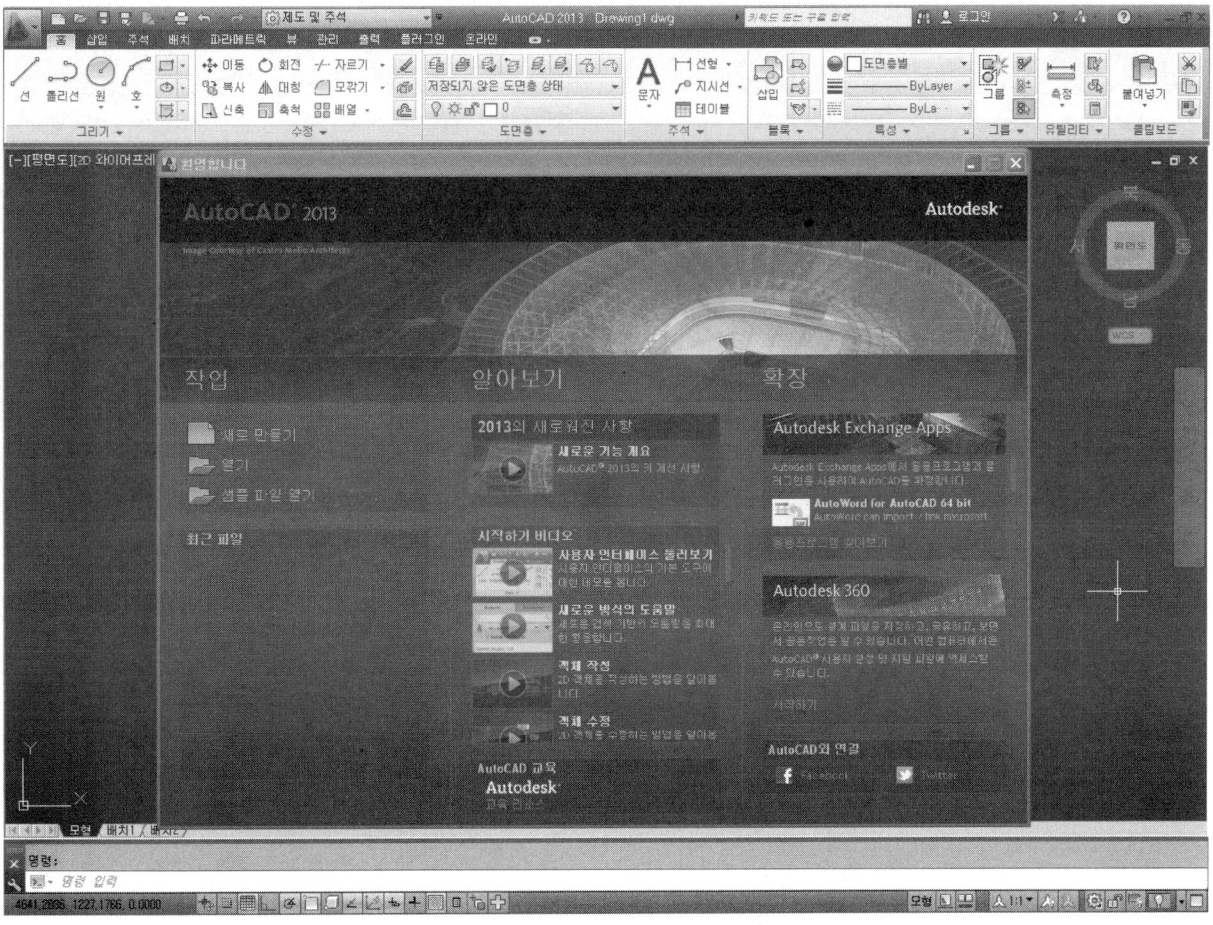

4. AutoCAD 시작하기

4.1 AutoCAD 프로그램 실행하기

- 바탕화면에서 아이콘 더블클릭하기 

- 작업표시줄의 빠른 실행 아이콘 더블클릭하기 

- 시작메뉴 ▶ 모든 프로그램 ▶ Autodesk ▶ Autocad 2013 ▶ AutoCAD 2013 선택

(1) AutoCAD 2013 프로그램 실행 화면

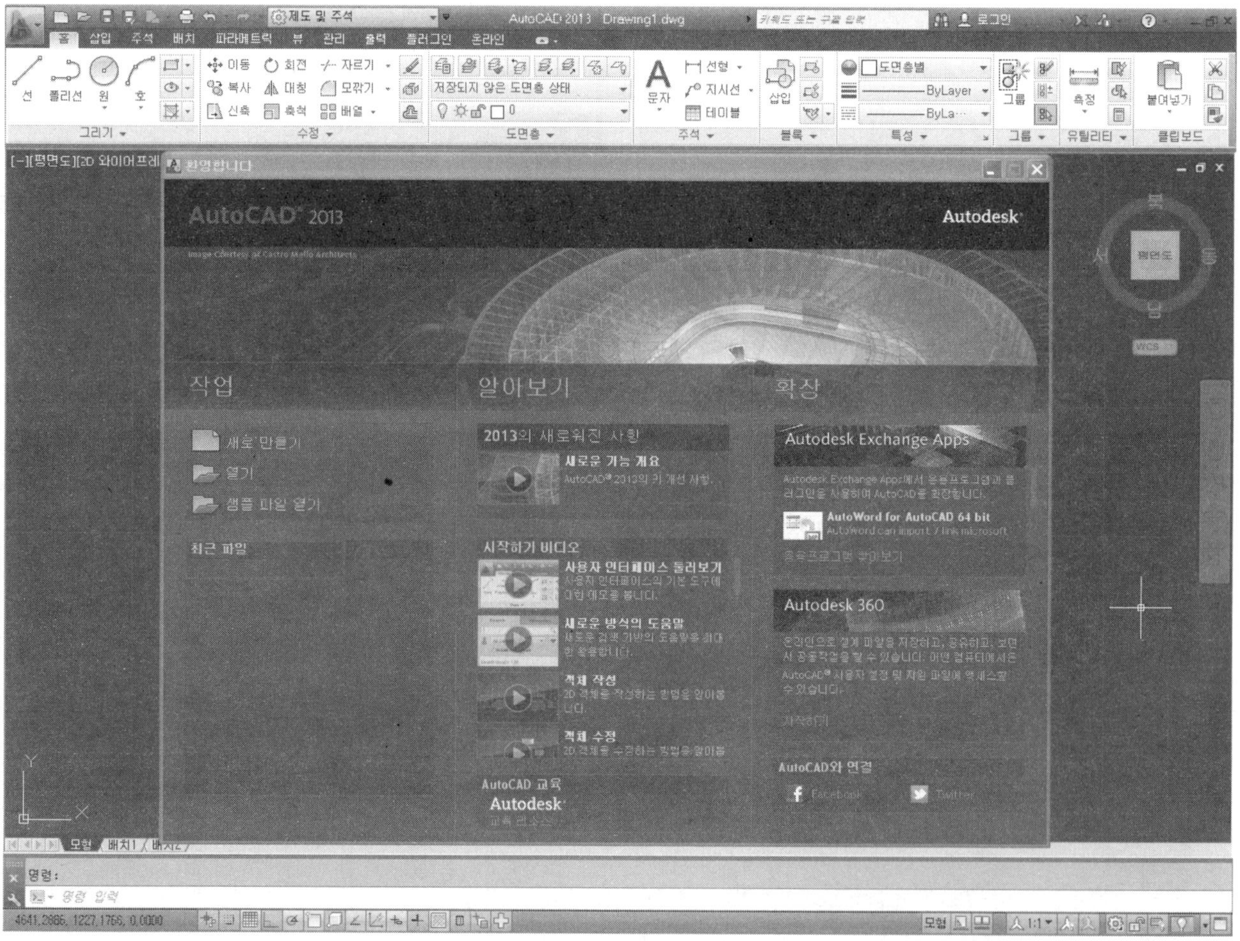

① 새로 만들기 : 새로운 도면을 작성할 때 사용한다.
② 열기 : 기존의 작업된 파일을 열고자할 때 사용한다.
③ 샘플 파일 열기 : 프로그램에서 제공하는 샘플 파일을 열고자 할 때 사용한다.
④ 최근 파일 : 최근에 작업한 파일 목록을 보여준다.

4.2 AutoCAD 2013 기본 작업 공간 변경하기

> 응용프로그램 상태막대 : AutoCAD 클래식▼
> 명령줄 사용 : wscurrent Enter↵

① 선택(화면 오른쪽 하단에 위치하고 있다.)
② 아래 메뉴에서 원하는 항목 선택

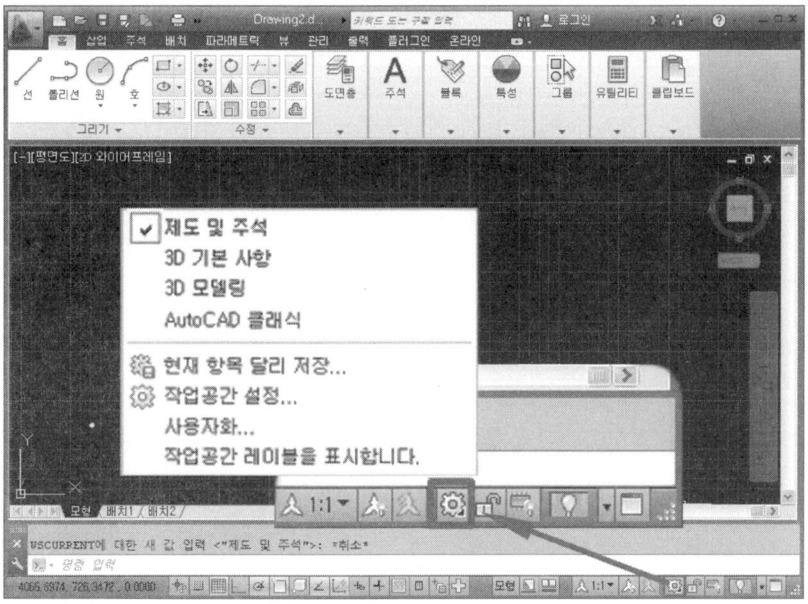

- **제도 및 주석** : AutoCAD 2009 버전부터 추가된 리본메뉴를 기본 설정으로 이루어진 화면 구성
- **3D 기본 사항** : 3D 기본 환경을 기본 설정으로 이루어진 화면 구성
- **3D 모델링** : 3D 모델링 환경을 기본 설정으로 이루어진 화면 구성
- **AutoCAD 클래식** : AutoCAD에서 이전부터 사용해왔던 환경으로 이루어진 화면 구성
  →(AutoCAD 2008 버전까지 사용한 기본 화면 구성)

③ AutoCAD 2013에서 작업 공간 설정에 따른 화면 구성의 예

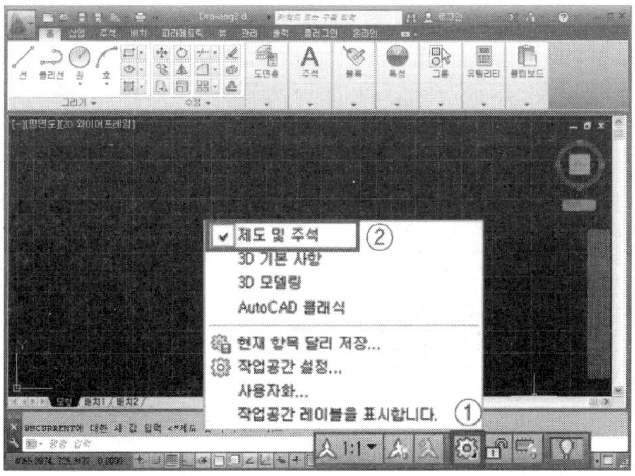

[작업공간 : 제도 및 주석으로 선택된 경우]

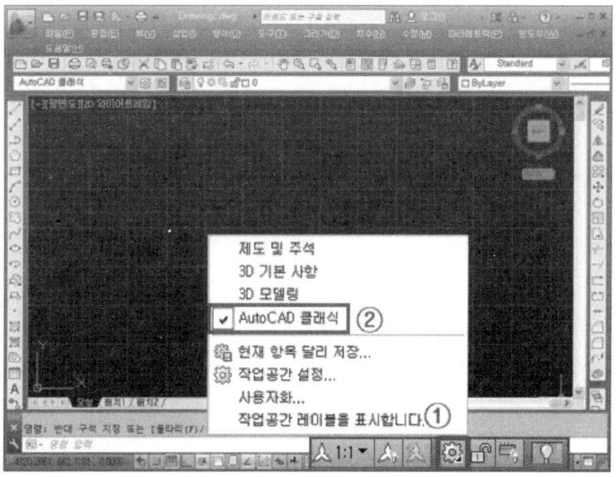

[작업공간 : AutoCAD 클래식으로 선택된 경우]

4.3 AutoCAD 2013에서 나만의 기본 작업 공간 만들기

(1) 배경화면 색상변경하기

① 명령줄에 다음과 같이 입력한 후 실행한다. ➔ 명령줄 : op Enter↵

② 대화상자의 [화면표시 탭] 선택

③ [색상(C...)] 버튼 선택

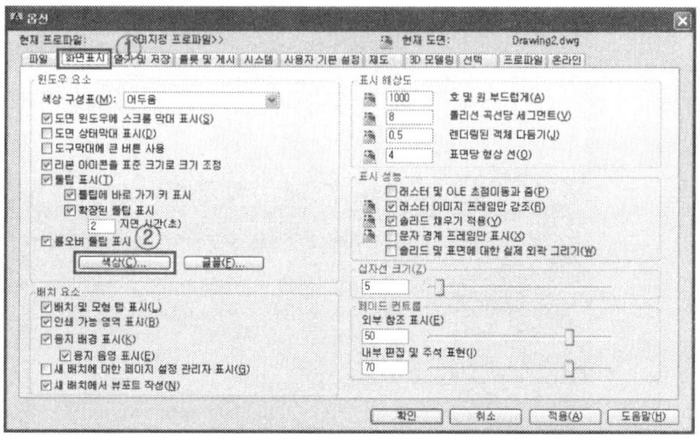

④ 오른쪽 그림과 같이 배경 화면의 색상을 변경한다.

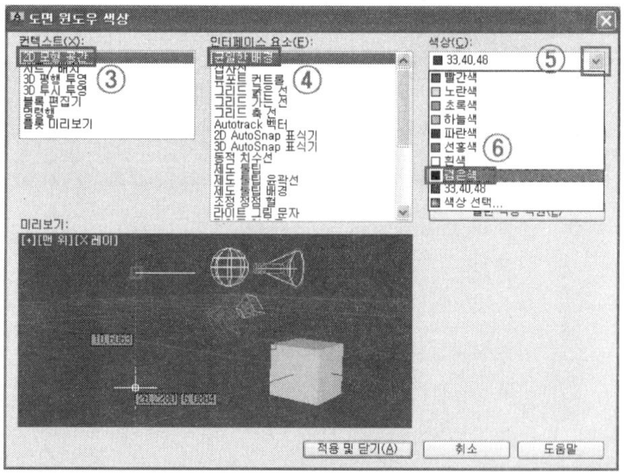

(2) 작업 공간 설정하기

① 기본 작업공간을 제도 및 주석으로 설정한다.

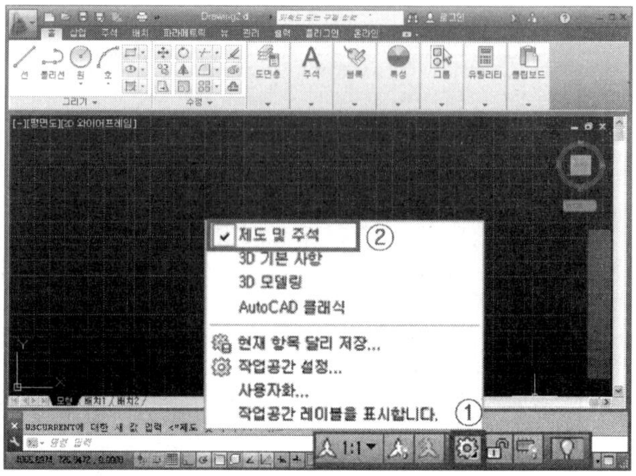

② 숨겨진 주메뉴를 화면에 보이도록 한다.

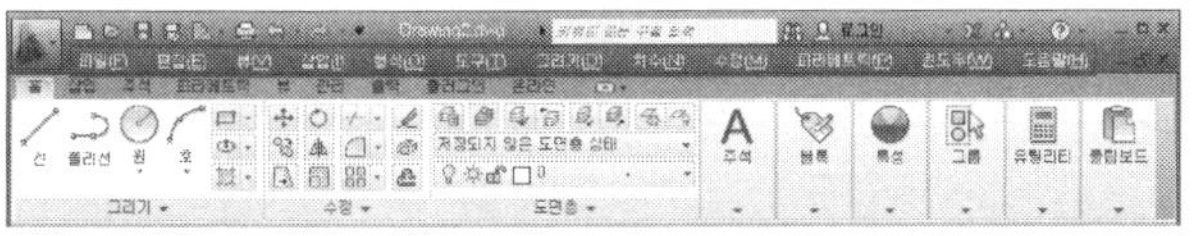

[명령 실행 결과]

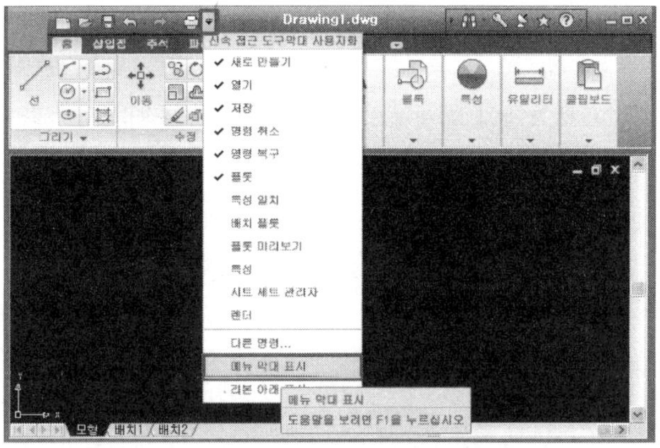

③ 숨겨진 도구막대를 화면에 보이도록 한다.

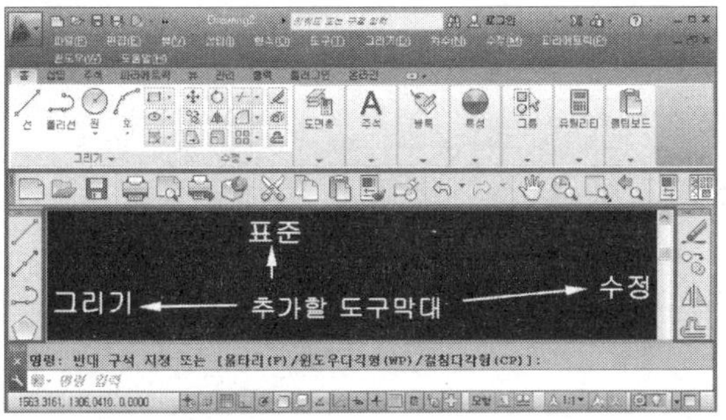

[명령 실행 결과]

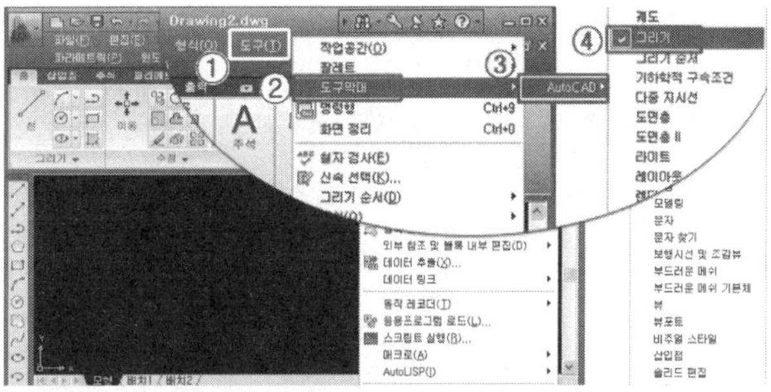

④ 지금까지의 설정값을 저장한다.

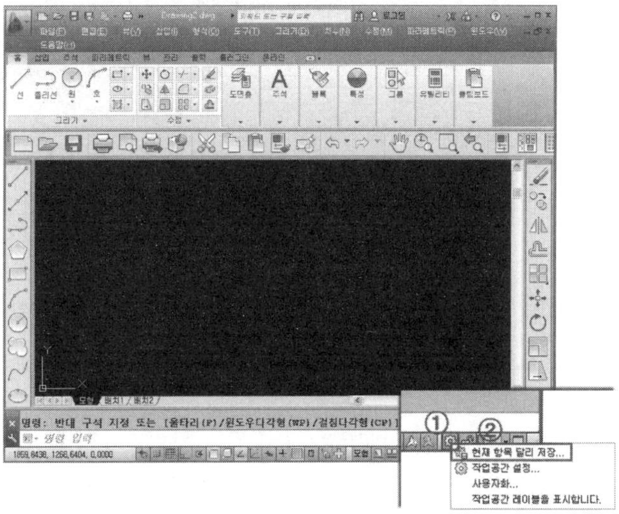

⑤ 설정된 작업공간의 이름을 입력한다.

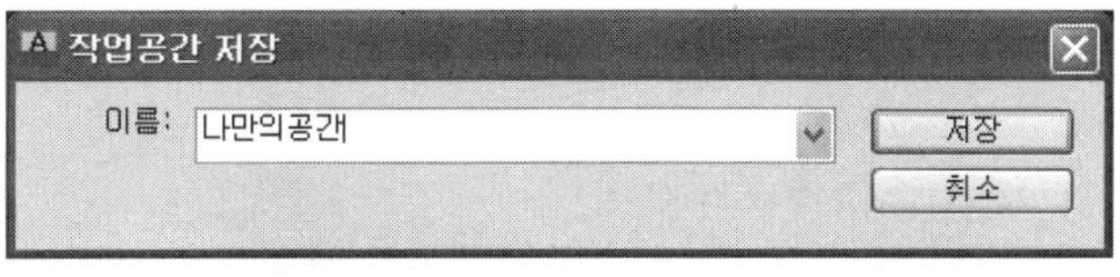

⑥ 다음에 작업공간이 변경되었다면 작업공간 상태막대에서 저장해둔 '나만의 공간'을 선택한다.

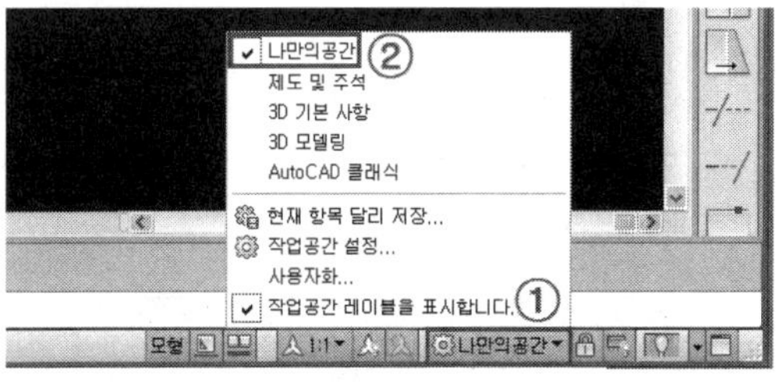

5. AutoCAD 2013 프로그램의 화면 구성

프로그램의 화면구성의 명칭과 용도에 대해 이해하는 것은 매우 중요한 부분이지만, 아주 소홀하게 다루는 경우가 많은데 확실하게 이해하고 넘어가도록 한다.

여기에서는 10쪽~11쪽에서 설정한 '나만의 작업공간'을 이용해 화면구성에 대해 설명하도록 한다.

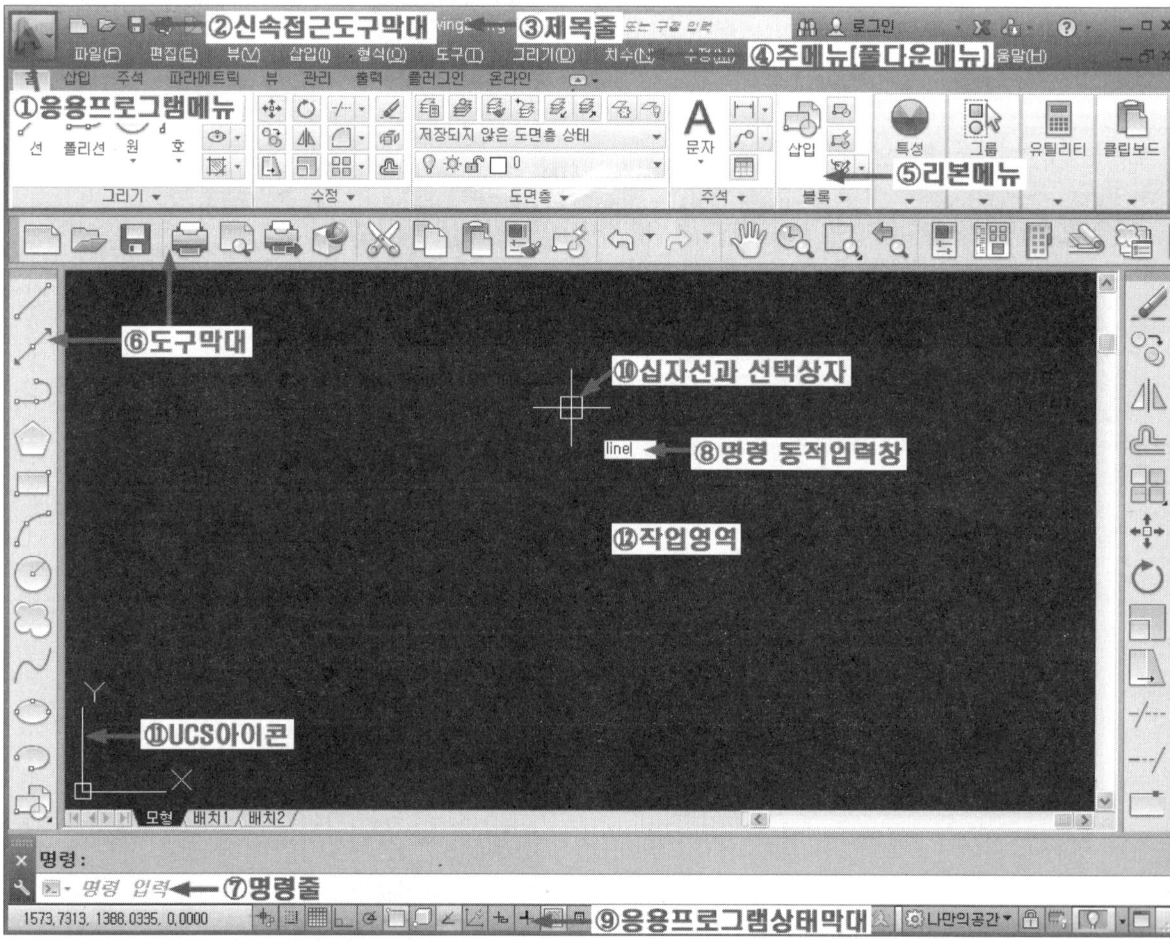

① 응용프로그램 메뉴

응용프로그램 메뉴에는 새로만들기, 열기, 저장, 다름이름으로 저장, 내보내기, 인쇄, 게시, 도면유틸리티, 옵션 메뉴가 있으며, 아이콘 선택시 메뉴 목록이 나타난다.

② 신속접근 도구막대

자주 사용하는 명령을 빠르게 사용할 수 있도록 만들어진 도구막대

③ 제목표시줄(TITLE BAR)

실행된 프로그램의 명칭과 현재 작업 중인 파일명이 보여지며, 참고로 AutoCAD에서 만들어진 파일의 확장자명은 '.DWG'로 이름이 붙는다.

④ 주메뉴(FULL DOWN MENU, MAIN MENU)

AutoCAD의 주 메뉴가 나열되어 있고, 마우스로 클릭하면 관련 메뉴가 스크롤되어 아래로 펼쳐져 목록이 보여진다.

아래 그림은 그리기 메뉴[D] 선택시 목록이 펼쳐진 형태이다.

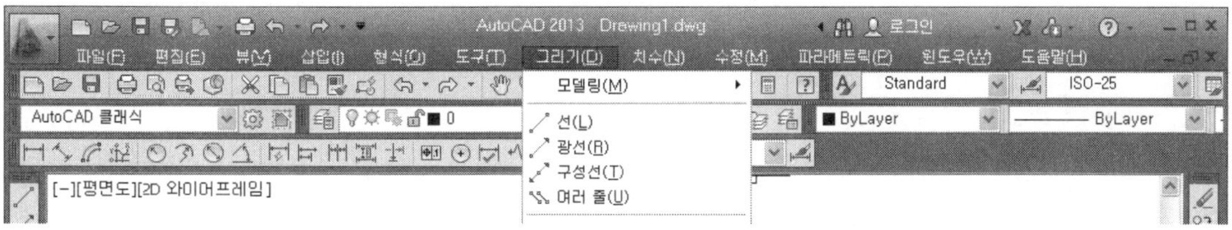

⑤ 리본메뉴

AutoCAD 2009 버전부터 추가된 명령 메뉴

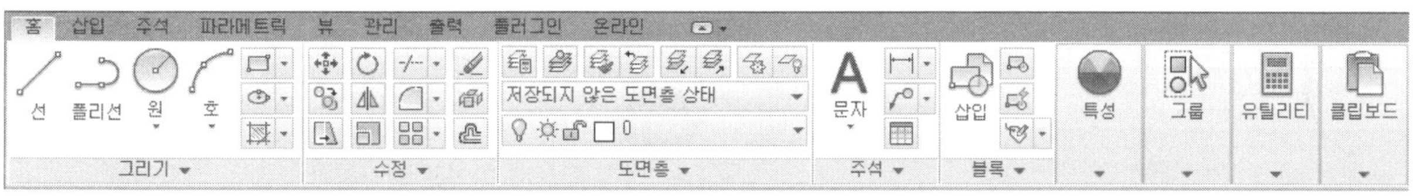

⑥ 도구막대(TOOLBAR)

키보드를 이용해 AutoCAD의 명령을 보다 쉽게 사용할 수 있도록 명령 아이콘을 제공하고 있으며, 기능이 유사한 아이콘을 한곳에 모아 놓은 형태를 '도구막대'라고 한다. 도구막대는 사용자가 원하는 위치로 옮겨놓을 수 있으며, 화면에 보이게 하거나 숨길 수 있다.

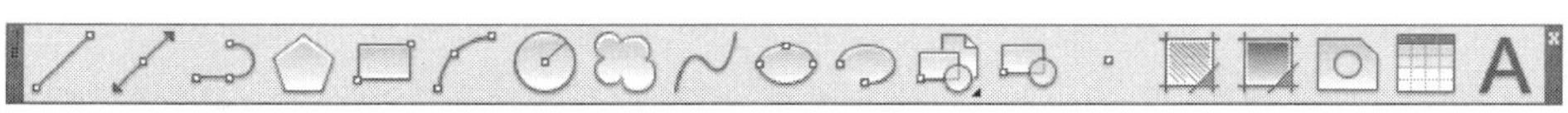

⑦ 명령줄(COMMAND LINE)

AutoCAD의 명령을 실행하거나 실행과정을 보여주는 공간이다(**화면 구성에서 제일 중요함**).

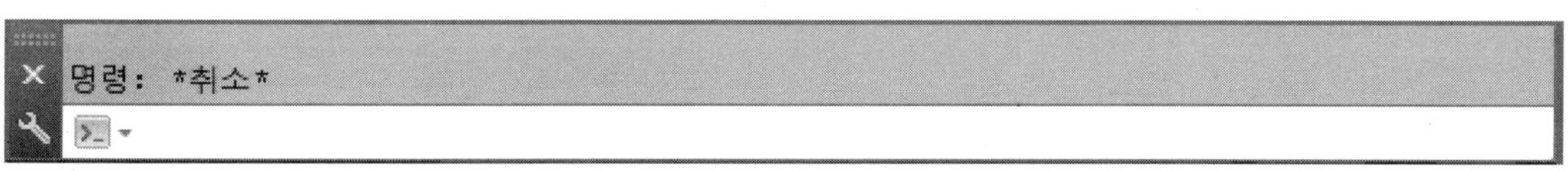

⑧ 명령 동적 입력창

명령 동적 입력 기능이 활성화 되었을 경우 나타난다(활성키:응용프로그램 상태막대의 ).

line

⑨ 응용프로그램 상태 막대

프로그램 화면의 가장 아래 부분에 표시되는 부분이며, 다음과 같은 값을 표시한다.

- 마우스 커서가 움직이는 좌표값
- 스냅(SNAP)/모눈(GRID)/직교(ORTHO)/극좌표(POLAR)/OSNAP 등의 활성화(사용) 여부 표시

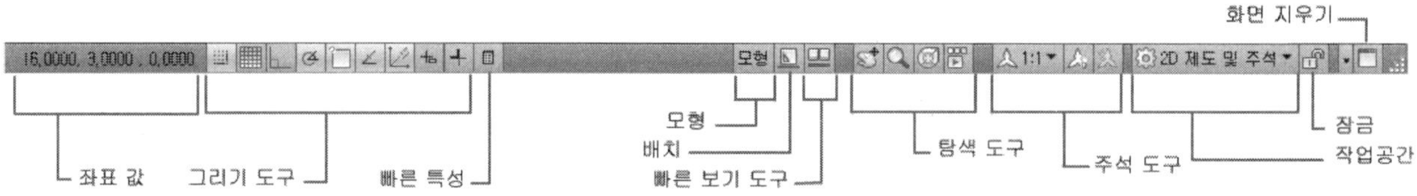

⑩ 십자선과 선택상자

- **십자선** : 위치를 나타내기위한 선
- **선택상자** : 객체를 선택하기 위한 사각상자

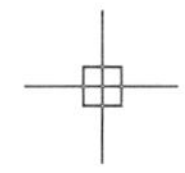

⑪ 방향 좌표계 아이콘(UCS 아이콘)

x축과 y축의 방향을 알아볼 수 있도록 화면에 표시된다.

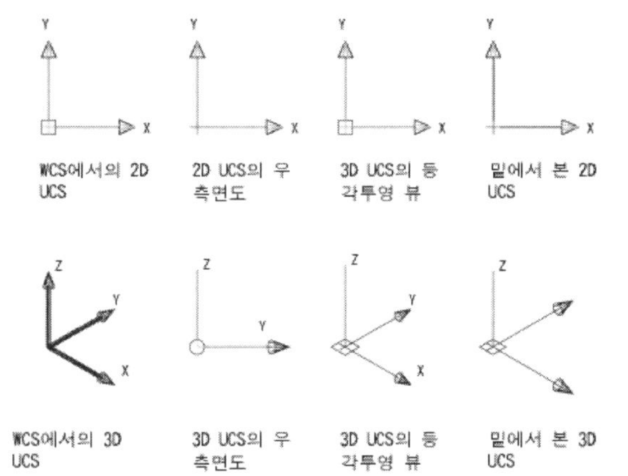

확인

방향 좌표계 아이콘 변경하기

주메뉴 ▶ 뷰 ▶ 화표시 ▶ UCS아이콘 ▶ 특성

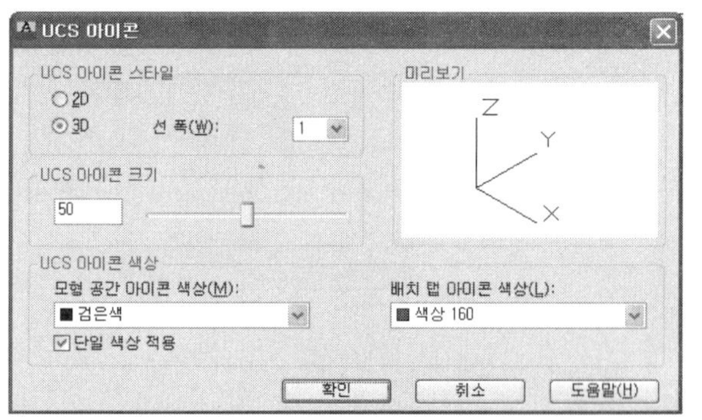

⑫ 작업영역(WORK AREA)

도면 설계 작업을 하는 공간을 말한다.

– 배경화면 색상 변경이 가능하며, 10쪽에 설명되어 있다.

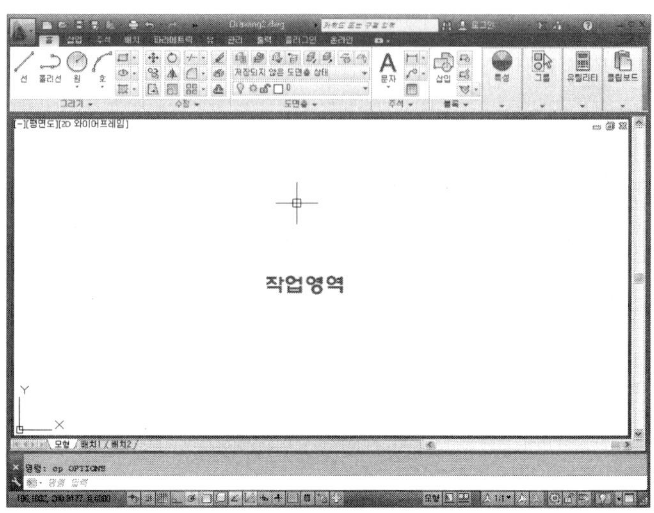

LESSON

00 선행학습 2

학습목표

- AutoCAD 프로그램 명령을 실행할 수 있다.
- AutoCAD 프로그램 명령 실행 과정에 대해 이해할 수 있다.
- AutoCAD 프로그램에서 키보드와 마우스를 올바르게 사용할 수 있다.
- AutoCAD 프로그램에서 위치에 대한 개념을 이해할 수 있다.
- AutoCAD 프로그램에서 객체 선택을 올바르게 할 수 있다.

학습명령

1. **AutoCAD 프로그램 명령 실행에 대한 이해 :** line, erase
2. **AutoCAD 기본 환경 설정하기 :** option
3. **객체 선택방법에 대한 이해 :** select

학습내용

① 학습내용 1 – AutoCAD 프로그램 명령 실행 방법에 대한 이해

㉠ 주메뉴 사용
㉡ 도구막대 사용
㉢ 명령줄 사용
㉣ 명령 동적 입력기능 사용
㉤ 리본메뉴 사용

② 학습내용 2 – Autocad 프로그램 명령실행 과정에 대한 이해

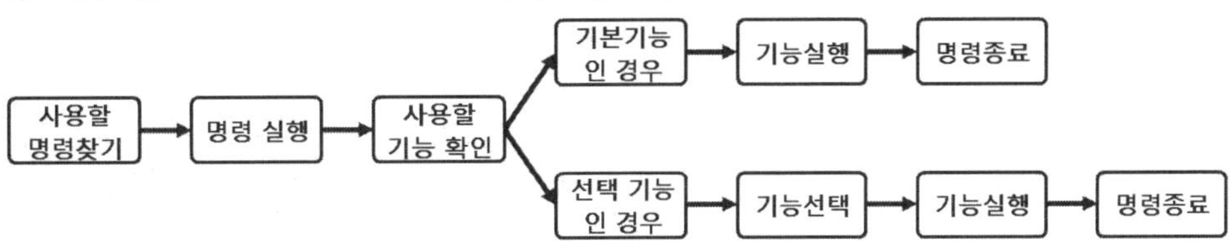

③ 학습내용 3 – 위치 지정에 대한 이해

㉠ 절대좌표 : x,y
㉡ 상대좌표 : @x,y
㉢ 상대극좌표 : @크기<각도

④ 학습내용 4 – 객체 선택에 대한 이해

㉠ 한번에 한 개의 객체 선택하기
㉡ 한번에 여러개의 객체 선택하기
- 실선 사각으로 선택하기 : 실선 사각박스 안에 완전하게 들어온 객체만 선택
- 점선 사각으로 선택하기 : 점선 사각박스에 걸쳐진 것까지 선택

㉢ 모든 객체 선택 : 선택 상태에서 명령줄 line에 'all'이라고 입력
㉣ 선택된 객체 취소하기 : Shift 키를 누르고 선택된 객체 선택해 선택 취소

비 고

- 모든 프로그램을 배울 때도 마찬가지이겠지만, AutoCAD 프로그램을 배울 경우에도 기본적인 내용을 익히는게 매우 중요하다. 기본적인 내용을 정확하게 학습을 하였는지에 따라 그 프로그램의 응용 범위가 달라지게 된다.
- 이 부분은 가볍게 생각할 수도 있지만 매우 중요한 부분이기 때문에 정확하게 이해를 하고 넘어갈 수 있도록 한다.

AutoCAD 프로그램 명령 실행 방법

1 주메뉴 사용 : 주메뉴에서 원하는 명령을 선택하고 실행
2 도구막대 사용 : 도구막대에서 원하는 명령의 아이콘을 선택하고 실행
3 명령줄 사용 : 명령줄에 원하는 명령을 직접 키보드로 입력하고 실행
4 명령 동적 입력기능 사용 : 명령줄이 아닌 작업공간에서 명령 입력상자를 통해 실행
5 리본메뉴 사용 : AutoCAD 2009 버전부터 추가된 형식의 명령메뉴

여기에서는 다음 명령을 이용해 AutoCAD 프로그램에서 명령이 어떻게 실행되는지 설명하도록 한다.

• 선 그리기 명령 : Line
• 객체 지우기 명령 : Erase

1. 주메뉴를 이용해 명령 실행하기

확인

AutoCAD 2009 이후 버전에서의 기본 환경에서는 주메뉴가 나타나지 않는다.
주메뉴가 보이지 않은 경우에는 오른쪽 그림과 같이 작업공간을 'AutoCAD 클래식'으로 변경하도록 한다.

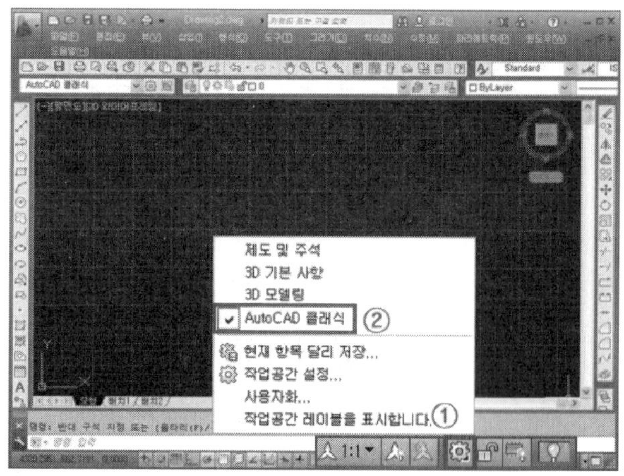

[작업공간 : AutoCAD 클래식으로 선택]

1.1 주메뉴를 이용한 선(L)그리기 명령 실행하기

① 주메뉴의 그리기 메뉴를 선택한다.
② 그리기 메뉴의 항목에서 선(L)을 선택한다.
③ 마우스를 작업공간으로 이동 후 마우스 왼쪽 버튼을 클릭해 위치점(점1, 점2, 점3, 점4, 점5)을 차례대로 지정한다(아래 그림 참고).
④ Enter↵를 눌러 선 그리기 명령을 종료한다.

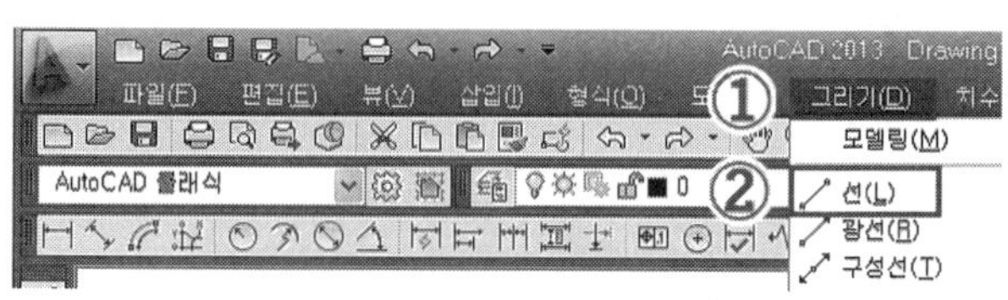

명령을 종료하는 방법 : Enter↵ 누르기 / Space Bar 누르기 / 마우스 오른쪽 버튼 누르기

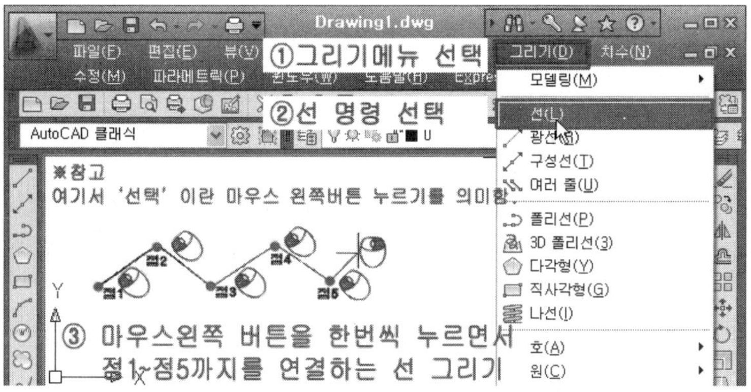

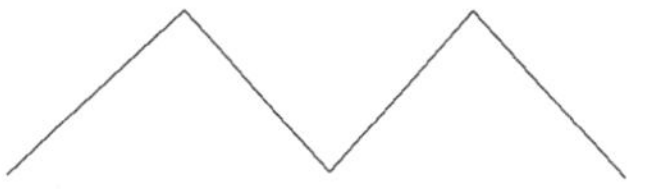

[선그리기 결과]

1.2 주메뉴를 이용한 객체 지우기 명령 실행하기

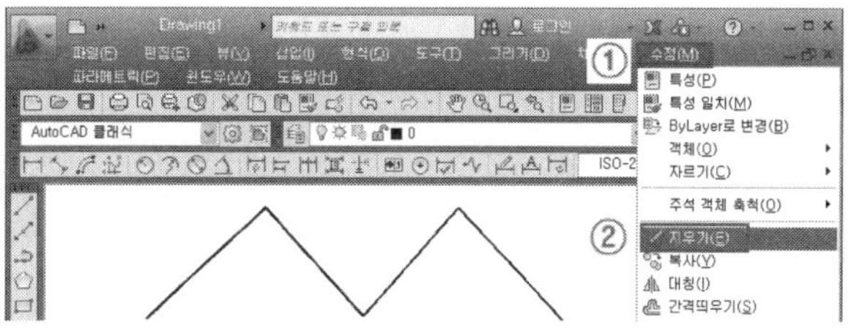

① 주메뉴의 수정 메뉴를 선택한다.

② 수정 메뉴의 항목에서 지우기(E)를 선택한다.

③ 마우스를 작업공간으로 이동한 후 마우스 왼쪽 버튼으로 지우고자 하는 객체를 선택한다. (아래 그림 참고)→선택된 객체는 점선으로 표시됨.

④ Enter↵를 눌러 지우기 명령을 종료한 후 객체가 지워졌는지 확인한다.

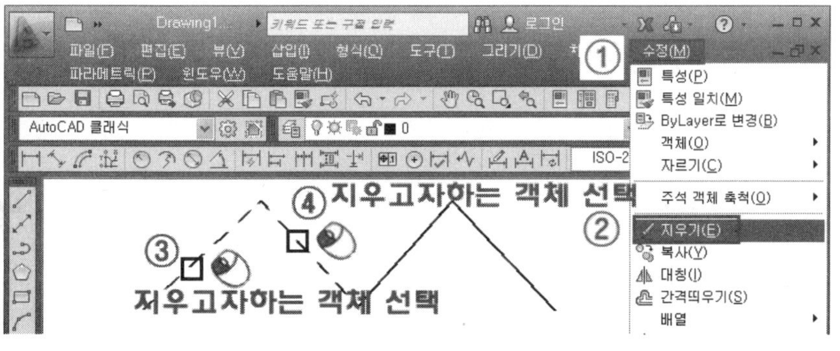

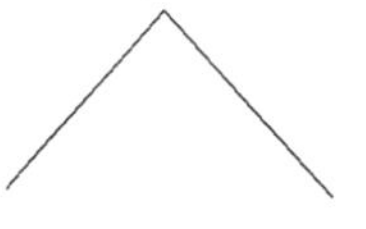

[지우기 결과]

2. 도구막대를 이용해 명령 실행하기

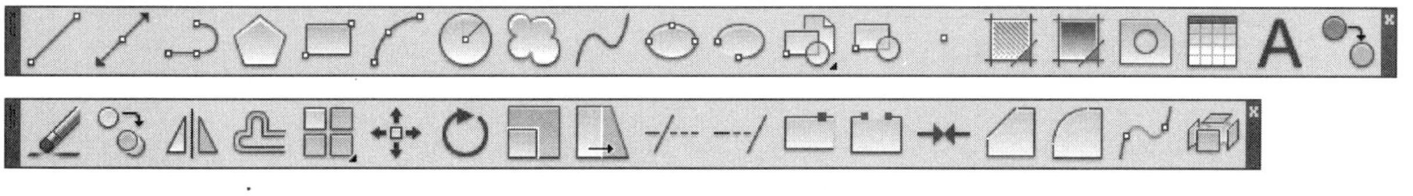

> **확인**
> ① AutoCAD 2009 이후 버전에서의 기본 환경에서는 도구막대가 나타나지 않는다.
> ② 도구막대가 보이지 않은 경우에는 작업공간을 'AutoCAD 클래식'으로 변경하도록 한다.

2.1 도구막대를 이용한 선(L) 그리기 명령 실행하기

① 도구막대 중에서 그리기 도구막대를 찾는다.

② 그리기 도구막대에서 선 그리기 명령 아이콘()을 선택한다.

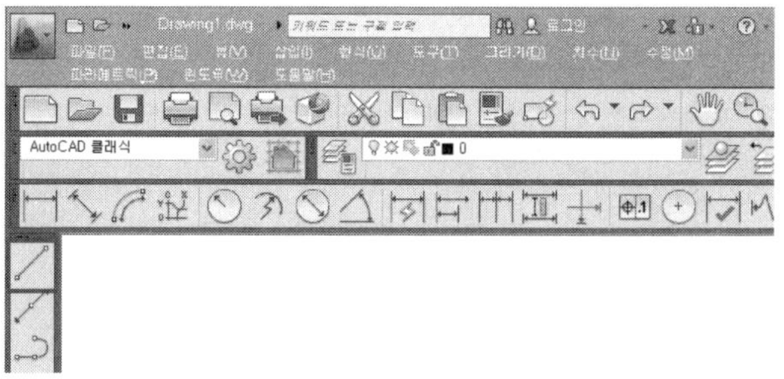

③ 마우스를 작업공간으로 이동 후 마우스 왼쪽 버튼을 클릭해 선을 그린다.
(점1, 점2, 점3, 점4, 점5 위치점을 지정한다.)

④ Enter↵키를 눌러 선 그리기 명령을 종료한다.

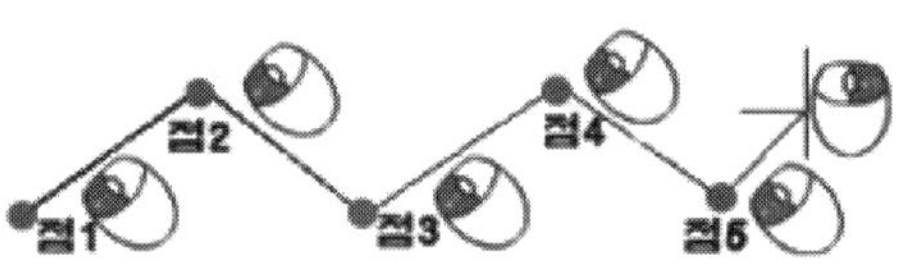

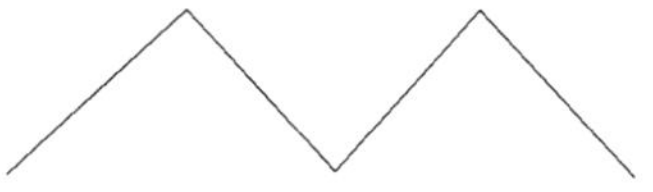

[선그리기 결과]

2.2 도구막대를 이용한 객체 지우기 명령 실행하기

① 도구막대 중에서 수정도구막대를 선택한다.

② 수정도구막대에서 지우기 명령 아이콘()을 선택한다.

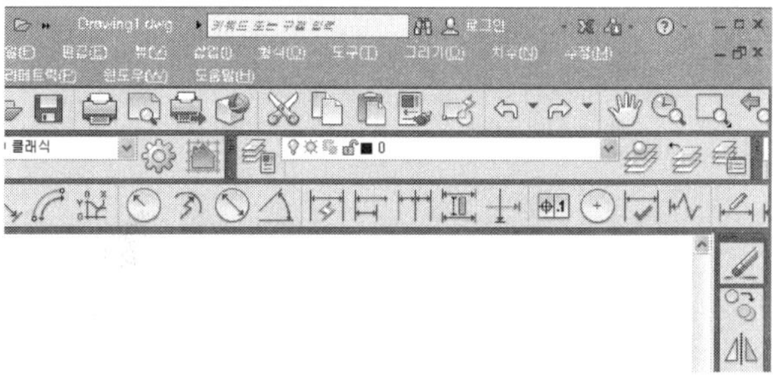

③ 마우스를 작업공간으로 이동한 후 마우스 왼쪽 버튼으로 지우고자하는 객체를 선택한다.
(아래 그림 참고) → 선택된 객체는 점선으로 표시됨.

④ Enter↵를 눌러 지우기 명령을 종료한 후 객체가 지워졌는지 확인한다.

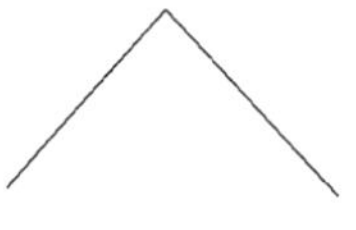

[지우기 결과]

2.3 도구막대 숨기기 / 보이기

도구막대는 필요로 따라 화면에 보이게 하거나 숨겨 사용하게 된다. 기본적으로 몇 개의 도구막대는 화면에 보이게 설정되어 있지만 필요에 따라 도구막대를 숨기거나 보이게 해야 할 경우가 있다.

마우스를 도구막대 위에 올려놓고 마우스 오른쪽 버턴을 클릭하면 아래 그림과 같이 도구 막대 메뉴가 나타나며, 원하는 도구막대를 선택하면 화면에 표시/숨겨지게 된다.

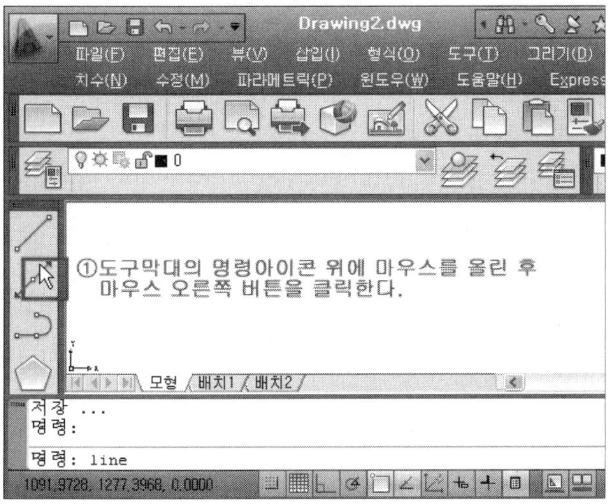

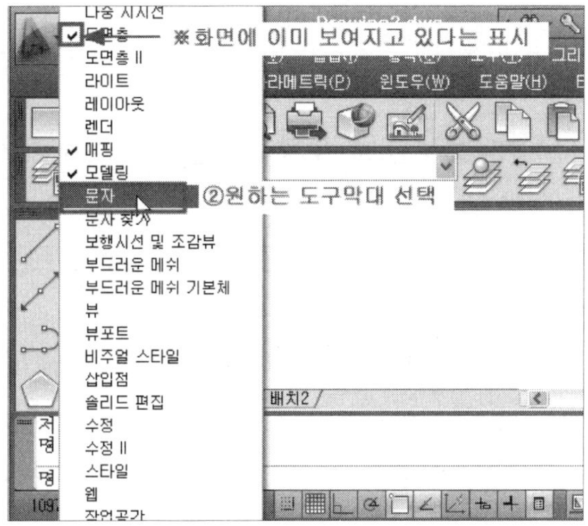

2.4 도구막대 종류

모든 도구막대의 종류를 알면 좋겠지만 최소한 아래의 도구막대 종류는 알고 넘어가도록 한다.

■ 표준(Standard)

■ 그리기(Draw)

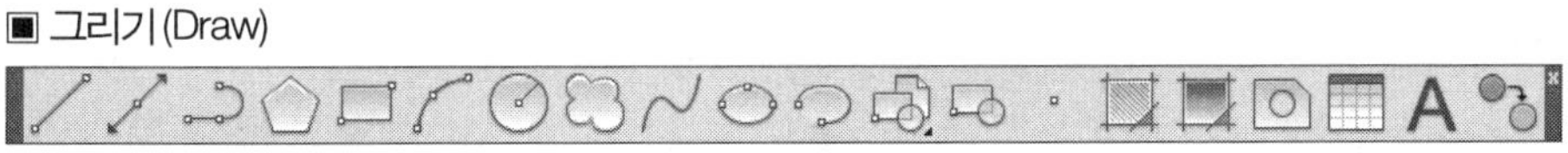

■ 수정(Modify)

■ 치수(Dimension)

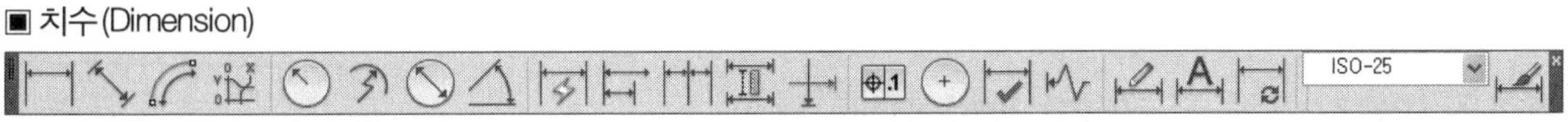

■ 유형(Style)

■ 도면층(Layer)

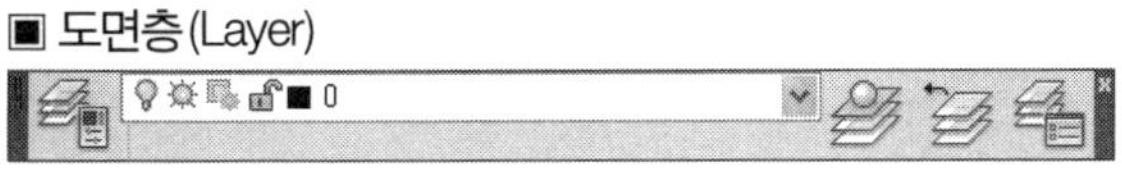

■ 문자(Text)

■ 삽입(insert)

■ 줌(Zoom)

■ 참조(Refrence)

■ 참조편집(Refedit)

■ 수정2(Modify II)

■ 조회(inquiry)

3. 명령줄을 이용해 명령 실행하기(고급 사용자들이 선호하는 방법)

3.1 명령줄을 이용한 선(L) 그리기 명령 실행하기

확인

① 명령줄에 명령 입력시 반드시 **'명령 :'** 다음에 명령을 입력한다.
② 명령줄에 **'명령 :'** 이외의 글이 있으면 키보드 Esc 키를 눌러 **'명령 :'** 상태로 되돌린 후 명령 입력
③ 명령 전체를 입력하지 않고 줄여 입력하는 단축키를 제공한다. (사용예 : Line → L)

① 명령줄에 선그리기 명령을 입력한다(아래 그림 참고).

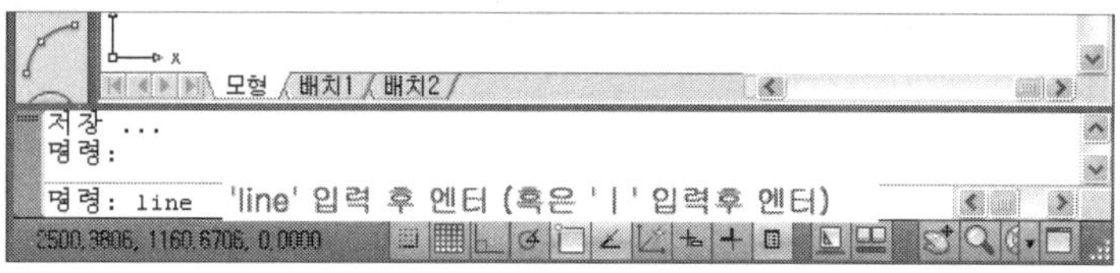

② 마우스를 작업공간으로 이동 후 마우스를 이동하면서 왼쪽 버튼을 클릭해 선을 그린다.
③ Enter↵를 눌러 선 그리기 명령을 종료한다(주메뉴를 이용한 선그리기 명령 실행하기 참고).

참고

명령줄에 명령이 입력되지 않고 작업공간에 명령이 표시되는 경우

① 원인 : 명령동적 입력기능이 켜져 있으면 명령 입력시 명령이 작업공간에 나타난다.
② 해결방법 : 명령동적 입력기능을 끈다.
– F12 누르기
–  선택하기

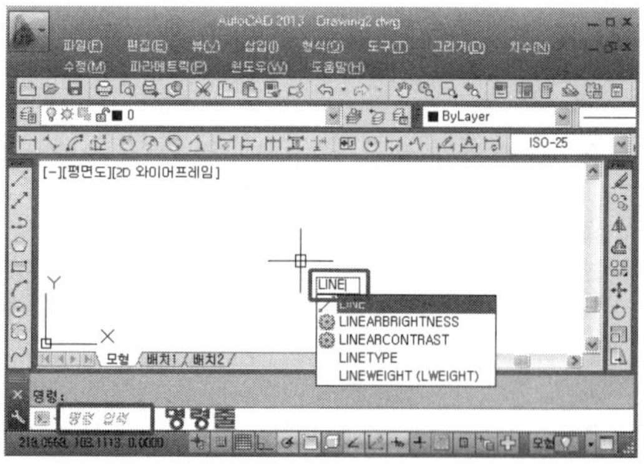

3.2 명령줄을 이용한 객체 지우기(E) 명령 실행하기

① 명령줄에 선그리기 명령을 입력한다(아래 그림 참고).

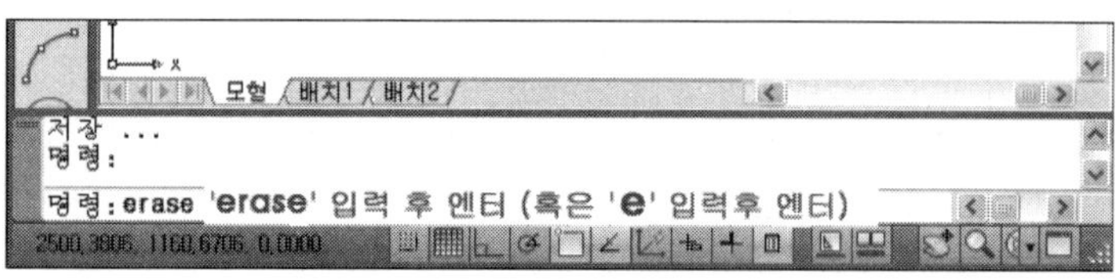

② 마우스를 작업공간으로 이동한 후 마우스 왼쪽 버튼으로 지우고자 하는 객체를 선택한다.
(주메뉴를 이용한 객체 지우기 명령 실행하기 참고)
③ Enter↵를 눌러 지우기 명령을 종료한 후 객체가 지워졌는지 확인한다.
(주메뉴를 이용한 객체 지우기 명령 실행하기 참고)

3.3 명령줄 숨기기/보이게 하기(Ctrl+9)

명령줄을 화면에서 숨기거나 보이게 설정할 수 있다.

명령줄 숨기거나 보이게 하기

① 키보드 Ctrl 키와 숫자 9를 동시에 누른다.
② 오른쪽 상자가 나타나면 '예'를 선택한다.
③ 화면에 명령줄이 없어진 것을 볼 수 있다.
④ 명령줄을 다시 보이게 하려면 다시 키보드 Ctrl 키와 숫자 9를 동시에 누른다.

3.4 명령 단축키 확인하고 변경하기

AutoCAD 명령 단축키는 'acad.pgp' 파일에 저장되어 있으며, 다음과 같이 확인할 수 있다.

acad.pgp 파일을 통해 명령 단축키 확인하기

① 주메주의 '도구메뉴'를 선택합니다.
② '도구메뉴'의 항목에서 '사용자화(C)' 항목을 선택한다.
③ '프로그램 매개변수 편집(acad.pgp)(P)'를 선택한다.
④ 오른쪽 화면과 같이 메모장을 통해 단축키 명령을 확인한다.

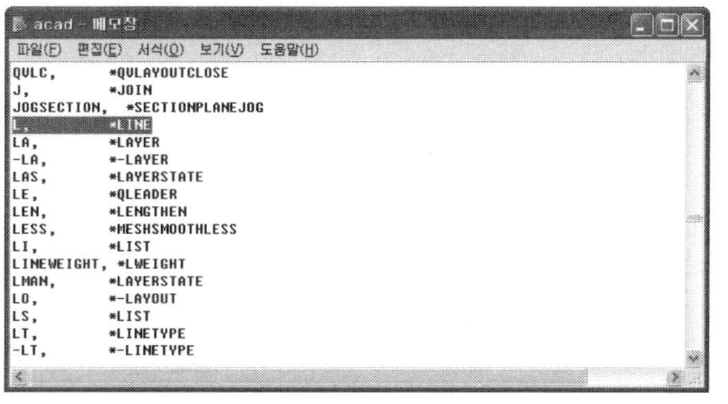

'acad.pgp' 파일의 구성 형식
L, *LINE ➡ 단축키 명령, *실제 명령

4. 명령 동적 입력기를 이용한 명령 실행하기

- 명령줄 없이 작업공간에 '동적입력기'란 명령 입력 상자를 통해 명령을 실행한다.
- 명령을 실행시 화면에 동적 입력기 상자가 나타나는 것을 볼 수 있다.
- 명령줄이 없어도 명령을 실행할 수 있기에 작업 화면을 크게 사용할 수 있는 장점이 있다.
- 선그리기 명령시 첫 번째 점이 절대좌표로 인식하지만, 다음 점은 기본적으로 상대좌표로 인식하도록 기본 설정되어 있다.
- 입력값의 각 위치는 탭(⇆)키를 통해 이동한다.
- 명령의 각 옵션 선택은 방향키(↑, ↓)를 이용한다.

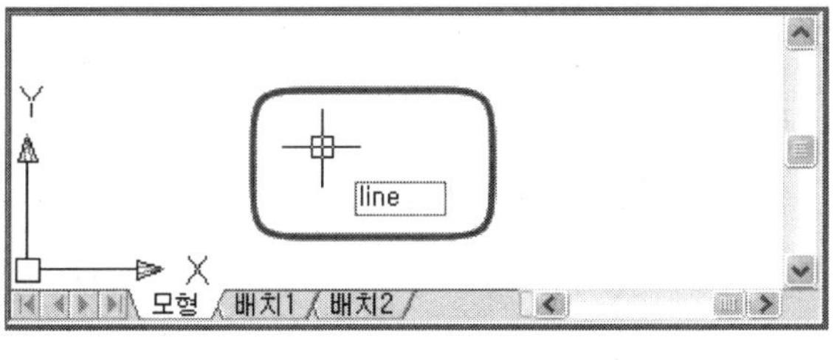

[선그리기 명령을 입력하는 경우]

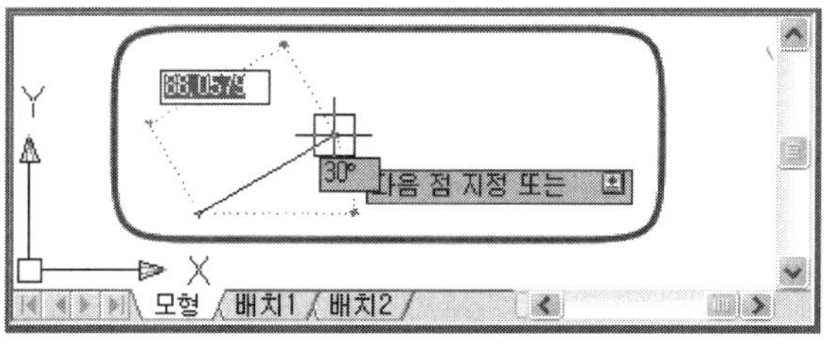

[선그리기 명령 실행 중인 경우]

4.1 명령 동적 입력기 상자 사용 여부 설정하기(단축키 : F12)

명령을 실행하기에 앞서 명령 동적 입력기를 활성화 한다.
단축버튼 F12를 누르거나 오른쪽 그림과 같이 '동적입력' 기능 버튼을 선택한다.

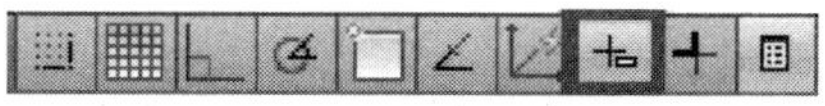

[동적 입력기가 켜진 상태]

4.2 명령 동적 입력기 상자를 통한 명령 실행하기

명령 동적 입력기를 활성화한 후 명령을 입력하면 작업공간에 명령이 입력되는 것을 볼 수 있다.

① 명령 입력하기

► 키보드로 'line' 입력 후 Enter↵

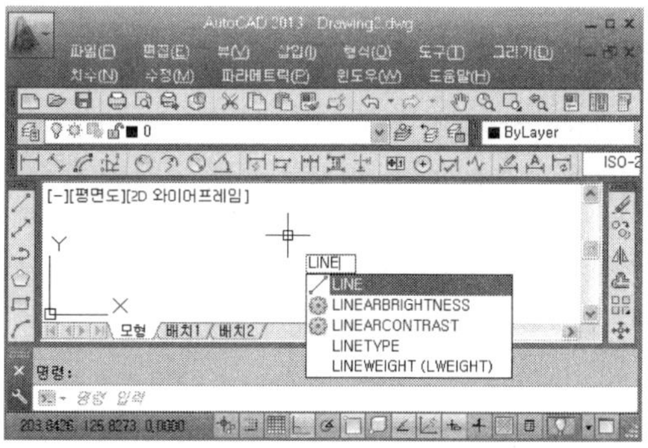

② 첫 번째 점을 지정한다.

임의의 위치에 마우스 왼쪽버튼을 눌러 첫 번째 점을 지정한다.

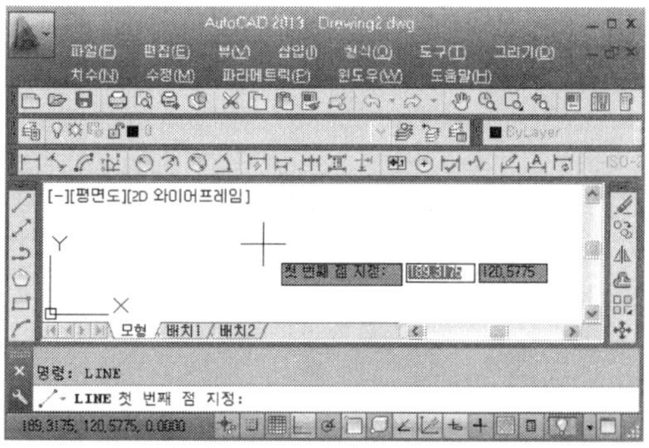

③ 선 길이값 입력하기

► 길이값 '100' 입력

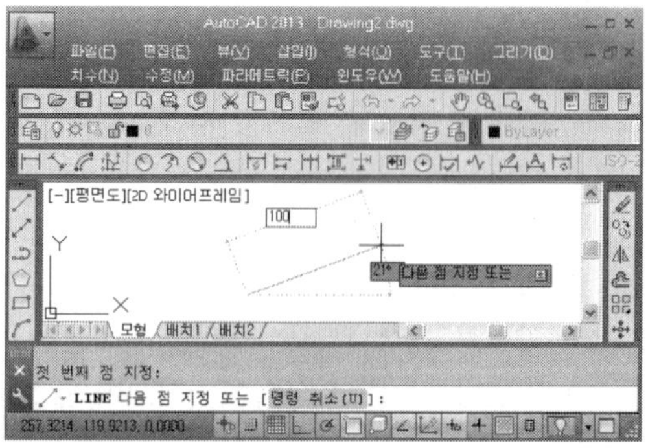

④ 탭키(Tab)를 눌러 각도값 입력창으로 이동한 후 각도값 입력하기

► 각도값 '30' 입력

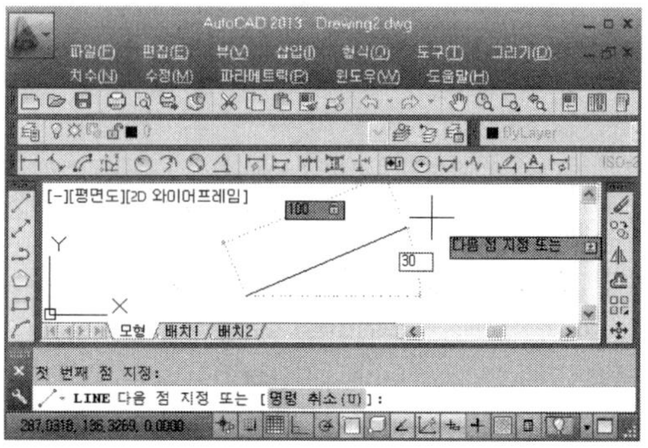

⑤ Enter↵ 누른 후 명령 종료하기

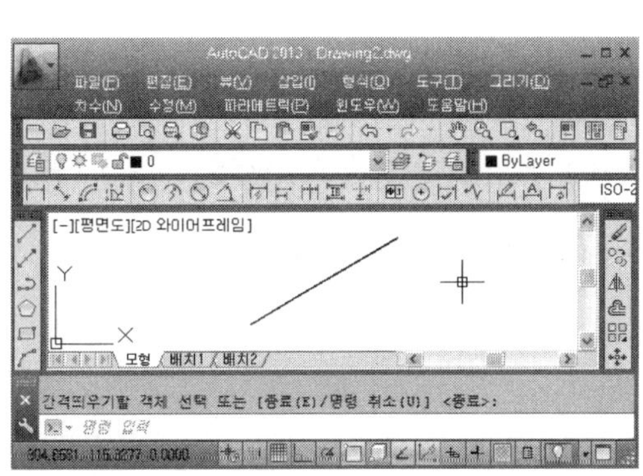

5. 리본메뉴를 이용한 명령 실행하기

- 리본메뉴는 AutoCAD 2009 버전부터 새롭게 추가된 형식의 명령 메뉴이다.

확인

AutoCAD 2009 이후 버전 사용자는 'AutoCAD 기본 작업공간 변경하기'를 통해 작업공간을 '제도 및 주석'으로 설정을 변경한 후 따라한다.

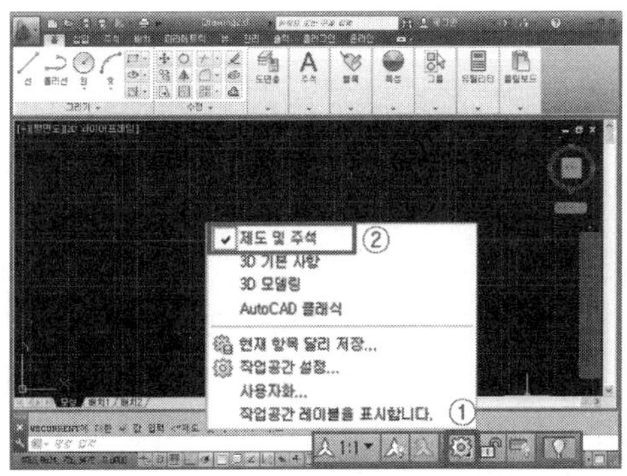

[작업공간: 제도 및 주석으로 선택]

5.1 리본메뉴를 이용한 선그리기 명령 실행하기

① 홈 탭 메뉴를 선택한다.
② 그리기 패널에서 선 그리기 명령을 선택한다.
③ 마우스를 작업공간으로 이동 후 마우스를 이동하면서 왼쪽 버튼을 클릭해 선을 그린다.
④ Enter↵키를 눌러 선 그리기 명령을 종료한다.

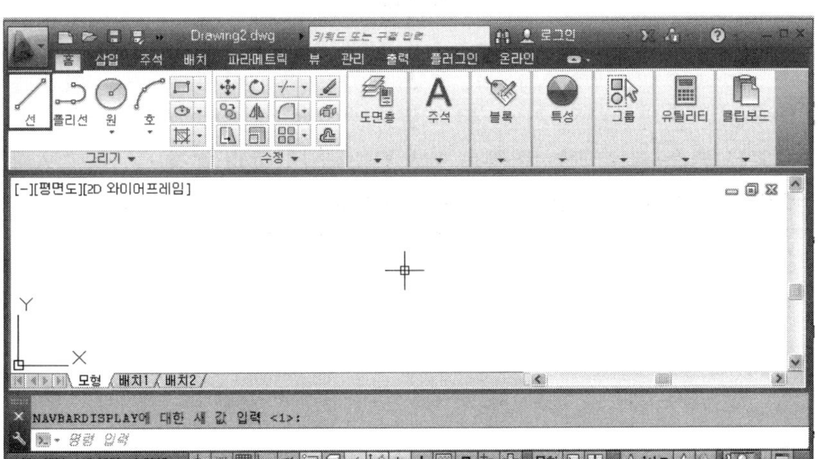

6. AutoCAD에서 키보드 [Enter↵] 키와 마우스 활용 방법 익히기

6.1 AutoCAD에서 키보드 [Enter↵] 키 활용하기

(1) 키보드 [Enter↵] 키의 기능

- 명령 입력 기능 : 명령을 입력 후 [Enter↵]를 누르면 명령이 실행된다.
- 명령 반복 기능 : 명령을 입력하지 않고 [Enter↵]를 누르면 마지막 명령이 반복 실행된다.
- 명령 종료 기능 : 명령 실행 중 [Enter↵] 키를 누르면 명령이 종료된다(명령에 따라 다를 수 있음).
- 다음 단계 진행 기능 : 명령 실행 중 요구하는 값 입력한 후 [Enter↵] 누르면 다음 단계로 진행된다.
- 줄바꾸기 기능 : 문자 입력시에는 줄바꾸기 기능이 적용된다.

(2) 키보드 [Enter↵] 기능과 동일하게 사용하는 방법

① 키보드의 [Space Bar] 키 사용하기. 단, 문자 기입 시에는 [Space Bar] 키의 역할은 문자 간격띄우기 임.
② 마우스의 오른쪽 버튼 누르기(※설정값에 따라 다르며 다음 '(3)'에서 확인한다.)
③ [Esc] 키 사용하기

6.2 AutoCAD에서 마우스 활용하기

(1) 마우스 버튼의 기능

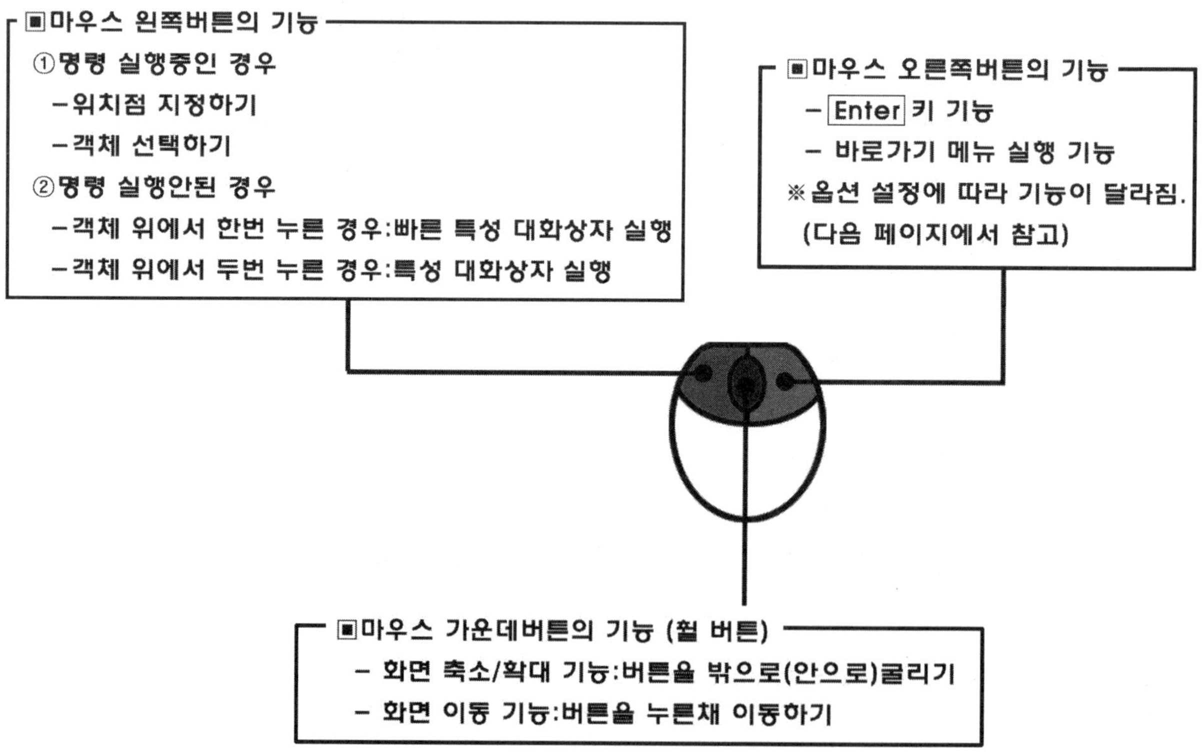

(2) 마우스 오른쪽 버튼 기능 설정하기

① 명령줄에 options 입력한다.
(혹은 'op' 입력 후 엔터)

② 오른쪽 그림의 대화상자에서 [사용자 기본설정 탭]을 선택한다.

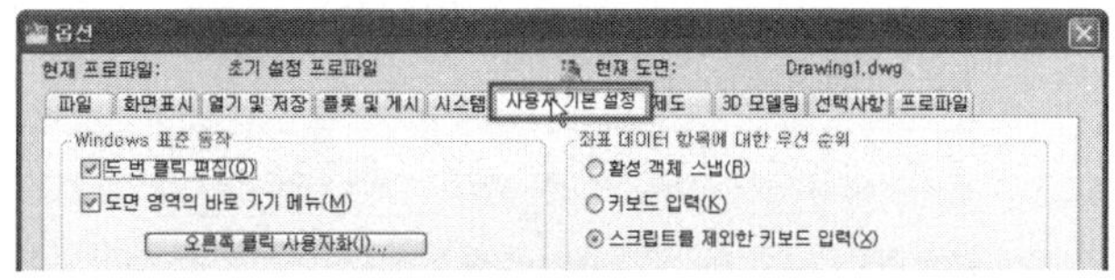

③ [Windows 표준 동작] 영역에서 다음과 같이 실행한다.
– 도면 영역의 바로 가기 메뉴(M) 항목 선택
–'오른쪽 클릭 사용자화' 버튼 선택

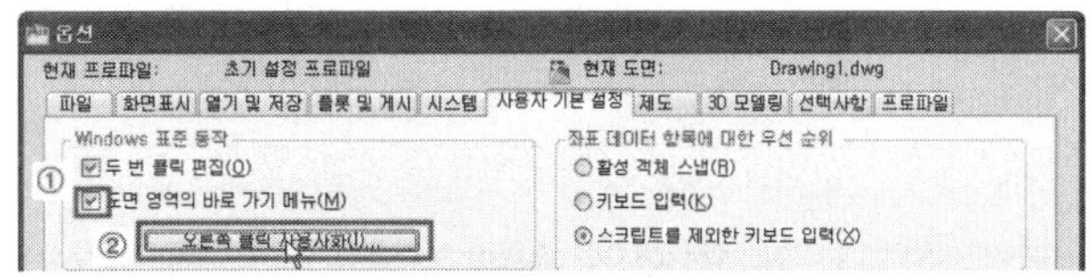

④ '오른쪽 클릭 사용자화 대화상자'에서 오른쪽 그림과 같이 설정한다.

- **[기본 모드]영역의 마지막 명령 반복(R)** : 객체가 선택되지 않은 상태에서 명령 입력시 Enter↵ 와 동일하게 적용됨.
- **[편집 모드]영역의 바로가기 메뉴(M)** : 객체 선택된 경우에는 Enter↵ 기능과 다르게 바로가기 메뉴 적용됨.
- **[명령 모드]영역의 ENTER 키(E)** : 명령 실행 중에 오른쪽 버튼 사용시 Enter↵ 기능 적용됨.

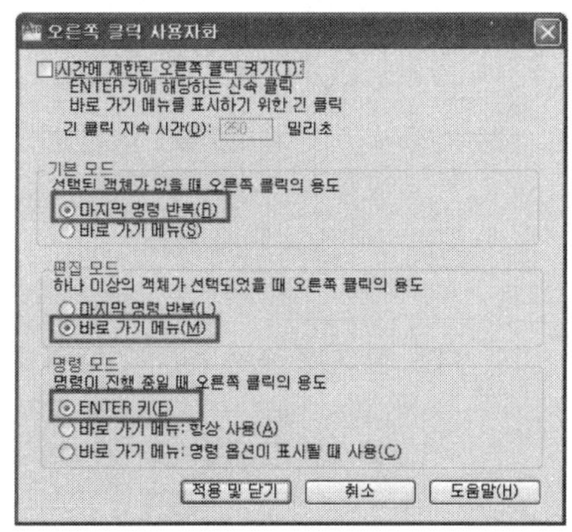

7. AutoCAD 명령 실행 과정에 대한 이해

7.1 AutoCAD의 명령 실행 과정의 기본 형태

AutoCAD에서 명령을 실행하면 명령줄에 다음의 형식으로 나타난다.

명령 : 명령 입력 Enter↵
기본 기능 또는 [선택기능1(a) / 선택기능 2]

- ► 기본기능 : 명령 실행과 동시에 바로 사용할 수 있는 기능. (a)
- ► 선택기능 : 필요시 선택을 해야 사용할 수 있는 기능. b, c)
- ► 기본기능과 선택기능의 구분 : 선택기능은 대가로([ ])로 표시됨.

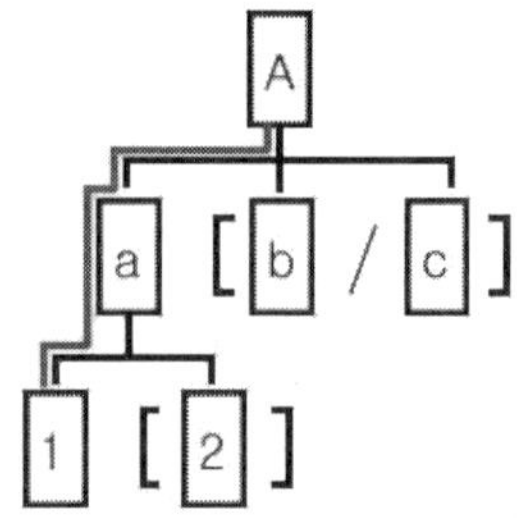

7.2 선그리기 명령의 실행과정 – 7.3 선그리기 명령의 사용예 참조

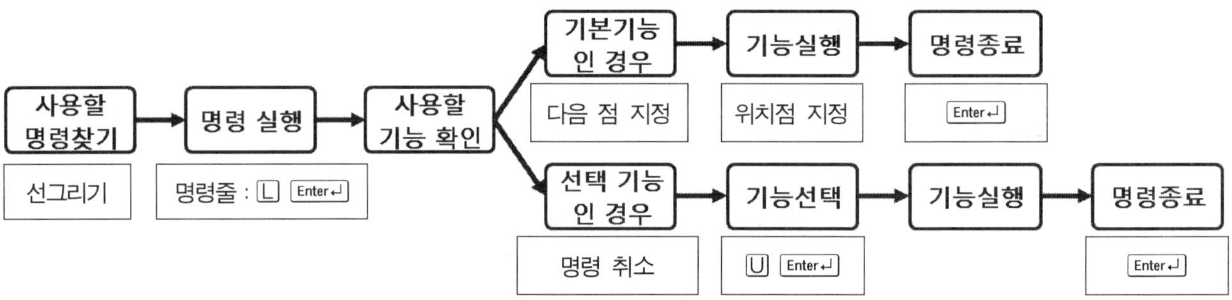

다음 점 지정 또는 [닫기(C)/명령 취소(U)] :
→ '선' 명령 실행 후 마우스를 움직이면서 왼쪽 버튼을 3번 클릭한 경우에 위의 기능이 표시됨

명령에 따라 기능 선택시 바로 적용되기도 함.

7.3 선그리기 명령의 사용예

명령줄 : line Enter↵	선 그리기 명령 실행	
첫 번째 점 지정 : P1점 지정 → *마우스 왼쪽 버튼을 클릭해 임의로 P1점 지정하면 됨.*	'첫 번째 지점 지정' 기본옵션이기에 위치점 P1을 바로 지정	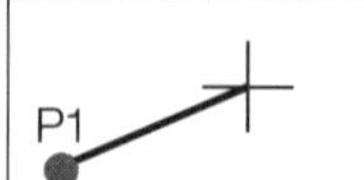
다음 점 지정 또는 [명령취소(U)] : P2점 지정 → *마우스 왼쪽 버튼을 클릭해 임의로 P2점 지정하면 됨.*	'다음 점 지정' 기본옵션이기에 위치점 P2를 바로 지정	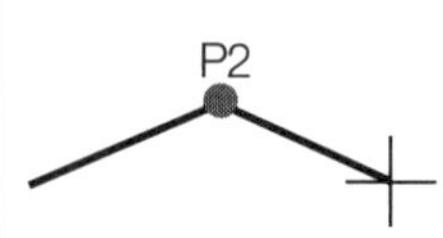
다음 점 지정 또는 [명령취소(U)] : P3점 지정 → *마우스를 이용해 임의의 P3점 지정하면 됨.*	'다음 점 지정' 기본옵션이기에 위치점 P3를 바로 지정	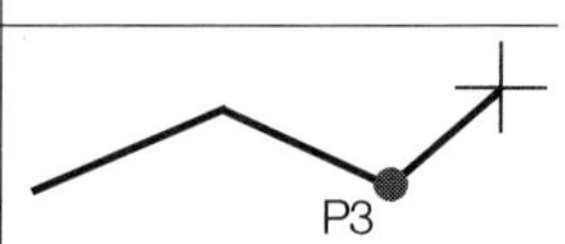
다음 점 지정 또는 [명령취소(U)] : U Enter↵	'명령취소(U)' 선택옵션이기에 'U' 입력 후 Enter↵ 함.	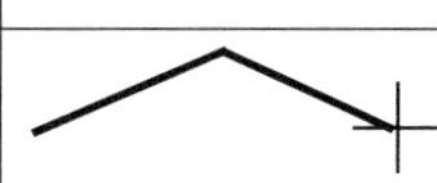
다음 점 지정 또는 [명령취소(U)] : Enter↵ → *그냥 Enter↵ 누르면 명령 종료됨.*	명령 종료	 ⬅ 결과

8. 위치 지정 방법에 대한 이해

1 절대좌표 : x,y
2 상대좌표 : @x,y
3 상대극좌표 : @크기<각도

8.1 절대좌표(ABSOLUTE COORDINATES)

- 프로그램 자체에 정해진 원점(0,0)을 기준으로 위치를 입력하는 방법
- 절대좌표 입력방법 : x,y
- 원점을 기준으로 가로 방향의 X축, 세로 방향의 Y축 형식으로 표현
- 절대좌표는 측량 관련 도면이나 자격시험에 주로 사용되며, 반드시 x,y 값이 주어짐.

① 오른쪽 그림의 각 점을 절대좌표로 계산하기
- ► p1 : −40,−40
- ► p2 : 40,−40
- ► p3 : 40,40
- ► p4 : −40,40

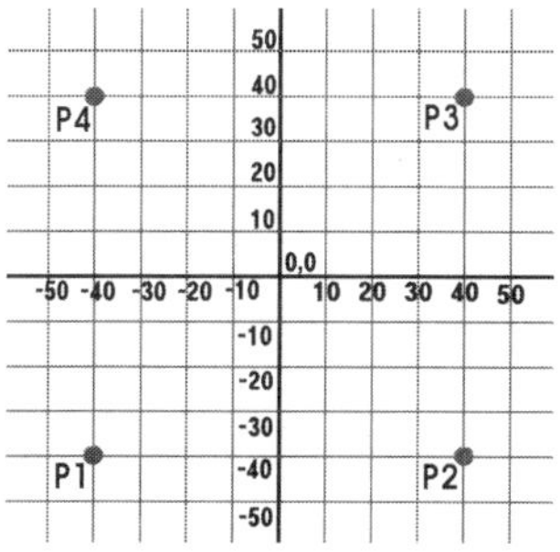

8.2 상대좌표(RELATIVE COORDINATES)

- 마지막으로 입력된 위치점을 원점(0,0)으로 위치를 입력하는 방법
- 상대좌표 입력방법 : @x,y

① 오른쪽 그림을 다음의 조건으로 상대좌표로 계산하기
- ► P1을 기준으로 P3의 상대좌표 값 : @80,80
- ► P3을 기준으로 P1의 상대좌표 값 : @−80,−80
- ► P2을 기준으로 P3의 상대좌표 값 : @0,80
- ► P3을 기준으로 P2의 상대좌표 값 : @0,−80
- ► P2을 기준으로 P4의 상대좌표 값 : @−80,80
- ► P4을 기준으로 P2의 상대좌표 값 : @80,−80

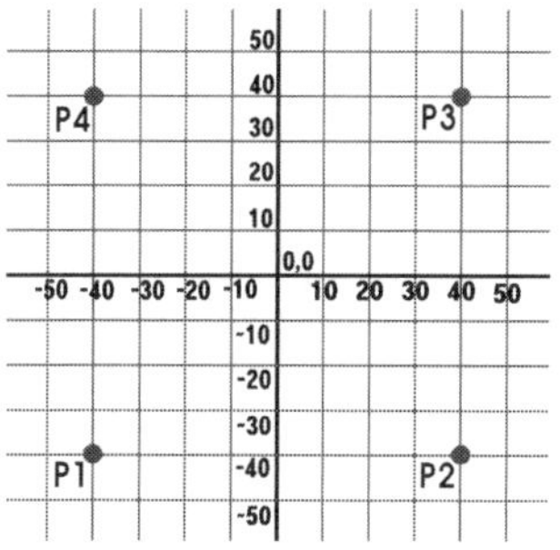

② 오른쪽 그림을 다음의 조건으로 상대좌표로 계산하기
- ► P1을 기준으로 P2의 상대좌표 값 : @80,0
- ► P2을 기준으로 P3의 상대좌표 값 : @20,20
- ► P3을 기준으로 P4의 상대좌표 값 : @0,30
- ► P4을 기준으로 P5의 상대좌표 값 : @−80,0
- ► P5을 기준으로 P6의 상대좌표 값 : @−20,−20
- ► P6을 기준으로 P1의 상대좌표 값 : @0,−30
- ► P1을 기준으로 P4의 상대좌표 값 : @100,50

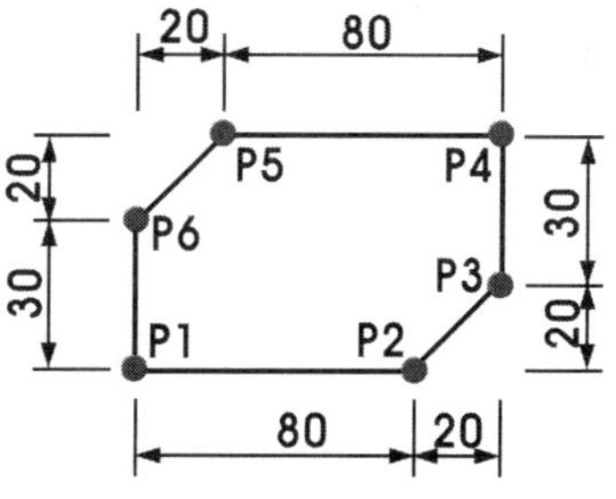

8.3 상대극좌표(RELATIVE POLAR COORDINATES)

- 기준점으로부터 크기와 각도를 이용해 위치를 입력하는 방법
- 상대극좌표 입력방법 : @거리<각도
- 기준점으로부터 3시 방향(오른쪽)이 기준(0도) 각도로 인식
- 각도는 3시 방향 기준 0도 선과 다음 위치점 간의 사이각으로 계산
- 기준 0도 선으로부터 반시계방향을 +, 시계방향을 −로 계산

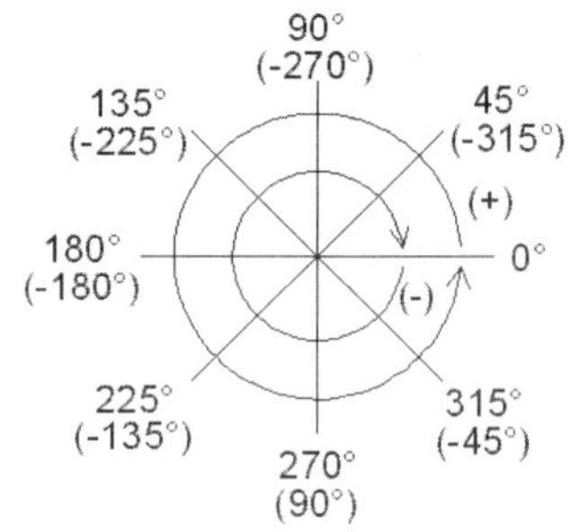

① 오른쪽 그림을 다음의 조건으로 상대극좌표로 계산하기

- ►P1을 기준으로 P2의 상대극좌표 값 : @100<0
- ►P2을 기준으로 P1의 상대극좌표 값 : @100<180 (혹은 −180)
- ►P2을 기준으로 P3의 상대극좌표 값 : @50<90 (혹은 −270)
- ►P3을 기준으로 P2의 상대극좌표 값 : @50<−90 (혹은 270)
- ►P3을 기준으로 P4의 상대극좌표 값 : @100<180 (혹은 −180)
- ►P4을 기준으로 P3의 상대극좌표 값 : @100<0
- ►P4을 기준으로 P1의 상대극좌표 값 : @50<−90 (혹은 270)
- ►P1을 기준으로 P2의 상대극좌표 값 : @50<90 (혹은 −270)

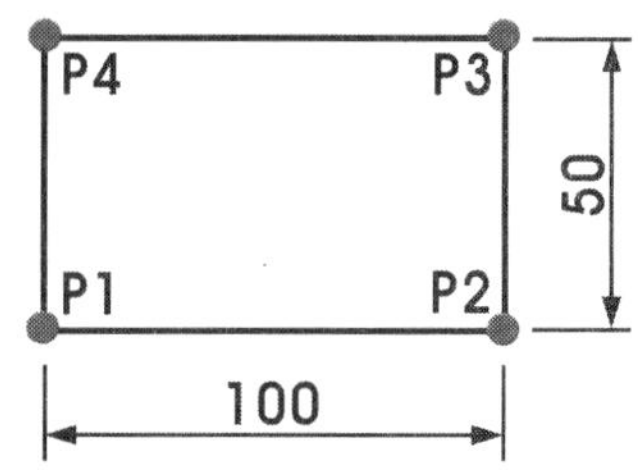

② 오른쪽 그림을 다음의 조건으로 상대극좌표로 계산하기

- ►P1을 기준으로 P2의 상대극좌표 값 : @100<0
- ►P2을 기준으로 P1의 상대극좌표 값 : @100<180 (혹은 −180)
- ►P2을 기준으로 P3의 상대극좌표 값 : @100<120 (혹은 −240)
- ►P3을 기준으로 P2의 상대극좌표 값 : @100<−60 (혹은 300)
- ►P3을 기준으로 P1의 상대극좌표 값 : @100<−120 (혹은 240)
- ►P1을 기준으로 P3의 상대극좌표 값 : @100<60 (혹은 −300)

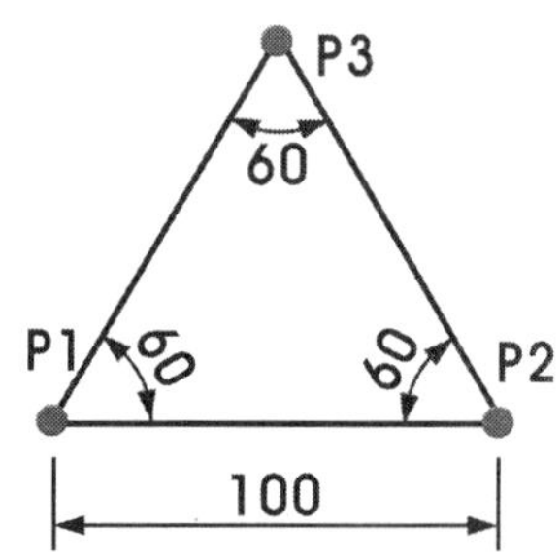

9. 객체 선택하기

• 명령실행 후 명령줄에 '객체 선택'이라고 표시된 경우 사용한다.

9.1 선택 옵션

옵 션	내 용
객체 선택	마우스로 도면 객체를 하나씩 선택
윈도우(W)	지정한 두 점 영역의 실선 사각 박스 안에 모두 포함되는 객체 선택
걸침 윈도우(C)	지정한 두 점 영역의 점선 사각 박스 안에 모두 포함되거나 걸친 객체 선택
상자(BOX)	마우스로 지정하는 두 점의 방향에 따라 윈도우 옵션과 걸치기 옵션이 적용 - 오른쪽에서 왼쪽으로 영역을 지정하는 경우 : 걸치기 옵션 자동 적용 - 왼쪽에서 오른쪽으로 영역을 지정하는 경우 : 윈도우 옵션 자동 적용
울타리(F)	점선이 지나는 모든 도면 객체 선택
윈도우다각형(WP)	다각형에 완전히 포함된 객체만 선택
걸침 다각형(CP)	다각형에 걸쳐지거나 포함된 객체를 선택
추가(A)	도면 객체를 추가로 선택할 때 사용(객체 선택시 기본적으로 추가됨)
제거(R)	선택되었던 도면 객체를 선택에서 제외시킴(Shift+객체 선택시 제거됨).
이전(P)	이전에 선택되었던 것을 다시 선택

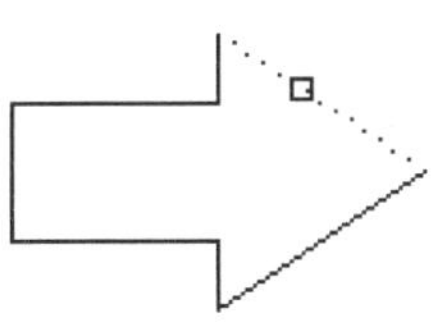

[단일선택]

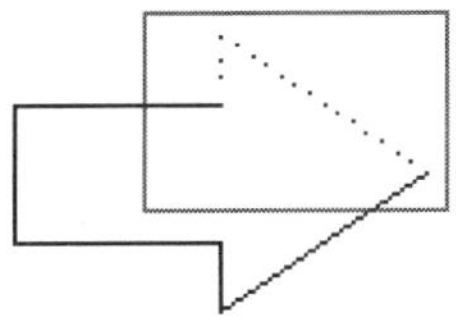

[윈도우선택]

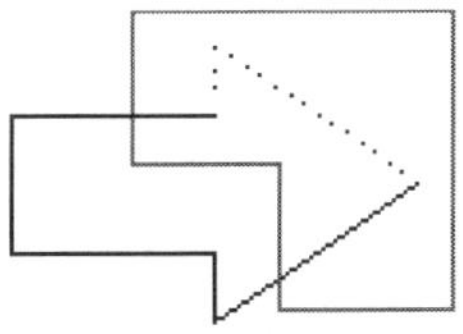

[윈도우 다각형선택]

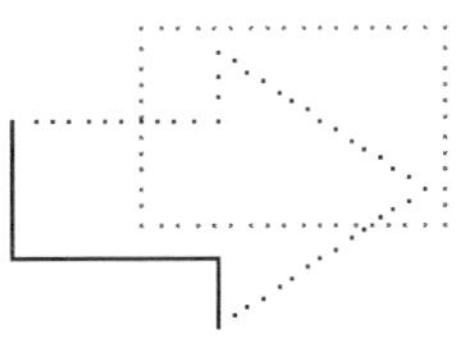

[걸침윈도우선택]

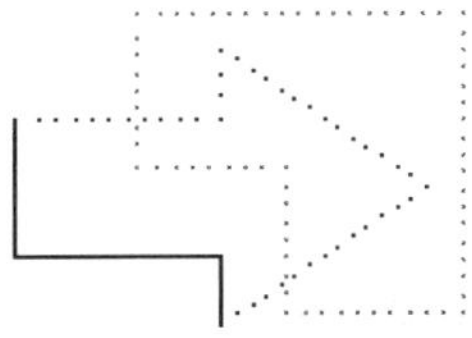

[걸침다각형선택]

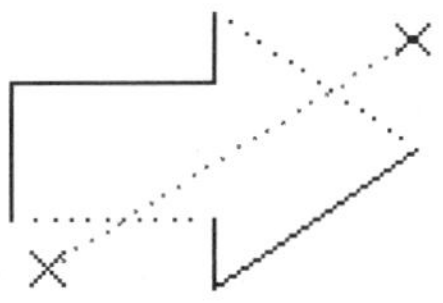

[울타리선택]

9.2 객체 선택 따라하기

• 먼저 오른쪽 그림과 같이 마우스를 이용해 선을 임의로 그린 후 따라한다.
• 객체 지우기 명령(Erase)을 통해 선택하는 방법을 알아보도록 한다.

(1) 한번에 한 개의 객체 선택하기

► 명령 : erase Enter↵ (혹은 e Enter↵)

► 객체 선택 : P1 객체 선택 1개를 찾음 ➔ *객체를 선택하면 선택된 객체수 표시*

► 객체 선택 : P2 객체 선택 1개를 찾음, 총 2개

► 객체 선택 : Enter↵ ➔ *추가 선택할 객체가 없으면 Enter↵(선택된 객체는 지워짐)*

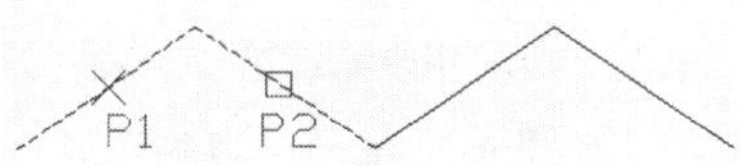

(2) 박스 옵션 기능으로 선택하기 – 실선사각 영역으로 선택

- ▶ 명령 : erase [Enter↵] (혹은 e [Enter↵])
- ▶ 객체 선택 : P1점 지정
- ▶ 반대 구석 지정 : p2점 지정 1개를 찾음
- ▶ 객체 선택 : [Enter↵] ➔ *추가 선택할 객체가 없으면* [*Enter↵*]

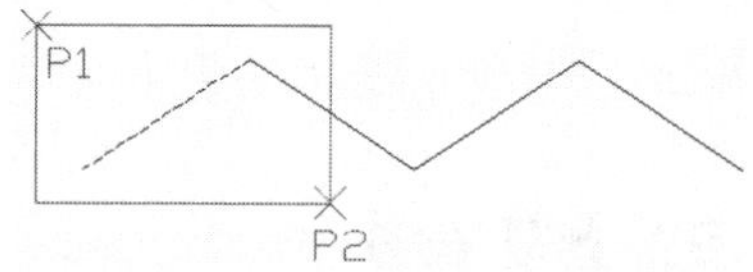

첫 번째 위치에서 클릭하고 오른쪽으로 이동한 후 클릭해 객체를 선택할 경우 실선 사각 영역으로 선택되며, 실선 사각 안에 모두 들어온 객체만 선택됨.

(3) 박스 옵션 기능으로 선택하기 – 점선사각 영역으로 선택

- ▶ 명령 : erase [Enter↵] (혹은 e [Enter↵])
- ▶ 객체 선택 : P1점 지정
- ▶ 반대 구석 지정 : p2점 지정 2개를 찾음
- ▶ 객체 선택 : [Enter↵] ➔ *추가 선택할 객체가 없으면* [*Enter↵*]

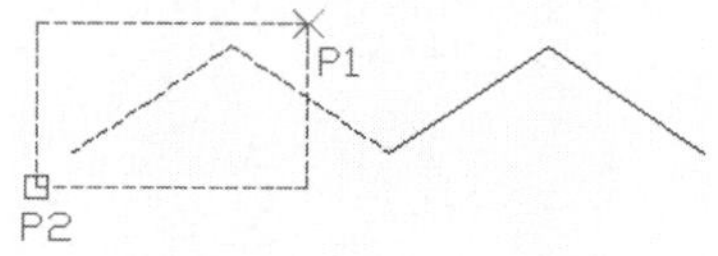

첫 번째 위치에서 클릭하고 왼쪽으로 이동한 후 클릭해 객체를 선택할 경우 점선 사각 영역으로 선택되며, 점선 사각 안에 모두 들어온 객체뿐 아니라 점선에 걸쳐진 객체가지 선택됨.

(4) 선택된 객체 취소하기

- ▶ 명령 : erase [Enter↵] (혹은 e [Enter↵])
- ▶ 객체 선택 : P1 객체 선택 1개를 찾음 ➔ *객체를 선택하면 선택된 객체수 표시*
- ▶ 객체 선택 : P2 객체 선택 1개를 찾음, 총 2개
- ▶ 객체 선택 : [Shift] 누른 채 다시 P2 객체 선택 : 1개를 찾음, 1개 제거됨, 총 1개 ➔ *P2 객체 취소됨*
- ▶ 객체 선택 : [Enter↵] ➔ *추가 선택할 객체가 없으면* [*Enter↵*]

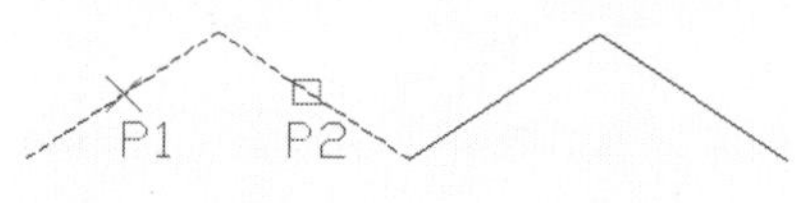

[[Shift] 키로 선택취소 하기 전]

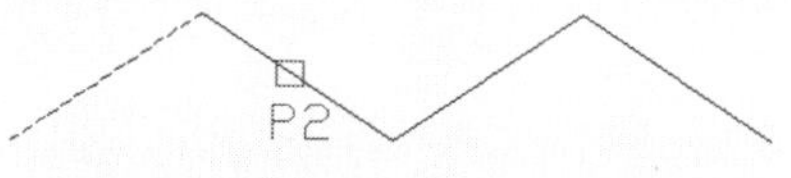

[[Shift] 키로 선택 취소 결과]

9.3 선택된 객체 화면 표시 제어하기 – highlight

선택된 객체는 화면에 점선 형태로 표시하는 시스템 명령

설정값	내 용
0	highlight 기능 꺼짐. 선택된 객체는 실선으로 표시
1	highlight 기능 켜짐. 선택된 객체는 점선으로 표시(기본값)

(1) 선택된 객체 화면 표시 제어 따라하기

- ▶ 명령 : highlight [Enter↵]
- ▶ HIGHLIGHT에 대한 새 값 입력 〈1〉 : 0 [Enter↵] (혹은 1 [Enter↵])

hightlight 값을 '1' 혹은 '0'으로 설정한 후 지우기 명령 'erase'을 실행하고 객체를 선택하면 다음과 같은 결과를 화면에서 볼 수 있습니다.

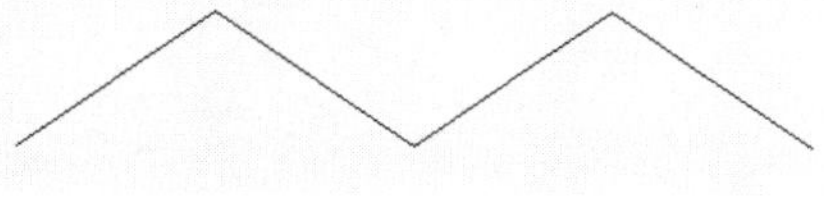

[hightlight = '0'로 설정된 경우의 표시]

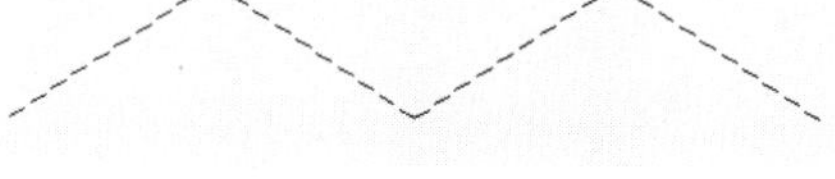

[hightlight = '1'으로 설정된 경우의 표시]

확인

① **한번에 한 개의 객체 선택하기 :** 선택하고자 하는 객체 위에서 선택상자로 선택하는 경우
② **한번에 여러개의 객체 선택하기**
　– 실선 사각으로 선택하기 : 빈 공간에서 마우스를 클릭한 후 오른쪽으로 이동 후 클릭해 선택
　　실선 사각박스 안에 완전하게 들어온 객체만 선택
　– 점선 사각으로 선택하기 : 빈 공간에서 마우스를 클릭한 후 왼쪽으로 이동 후 클릭해 선택
　　점선 사각박스 안에 들어온 것 뿐만 아니라 걸쳐진 것 까지 선택
③ **모든 객체 선택 :** 선택 상태에서 명령줄 line에 'all'이라고 입력해 선택함.
　사용예) 명령줄 : erase [Enter↵]
　　Select Object : all [Enter↵]
④ **선택된 객체 취소하기 :** [Shift] 키를 누른 채 선택된 객체 선택하면 선택 취소됨.

9.4 선택방법과 관련된 시스템 변수

(1) pickbox : 선택 상자 크기 설정

► 명령 : pickbox [Enter↵]
► pickbox에 대한 새 값 입력 〈5〉 : 10 [Enter↵] ➔ *선택 상자 크기값 입력*

(2) pickfirst : 명사/동사 선택

► 명령 : pickfirst [Enter↵]
► pickfirst에 대한 새 값 입력 〈1〉 : 0 [Enter↵] (혹은 1 [Enter↵])

설정값	내　　　　　　용
0	반드시 명령을 먼저 실행해야 객체 선택이 가능함.
1	먼저 객체를 선택한 후 명령을 실행해도 명령이 적용됨.(기본값)

확인

'Pickfirst' 값이 0으로 설정된 경우 객체 선택 후 [Del] 키를 누르면 객체가 지워지지 않는다.

(3) pickadd : 추가 선택 방법 설정

► 명령 : pickadd [Enter↵]
► PICKADD에 대한 새 값 입력 〈1〉 : 0 [Enter↵] (혹은 1 [Enter↵])

설정값	내　　　　　　용
0	객체 추가 선택시 반드시 [Shift]키를 누른 채 선택해야 됨.
1	[Shift]키를 사용하지 않아도 객체를 계속 선택하면 추가 선택됨.(기본값)

(4) pickdrag : 영역을 지정해 객체를 선택할 경우 선택영역 지정하는 방법 설정

► 명령 : pickdrag [Enter↵]
► pickdrag에 대한 새 값 입력 〈0〉 : 1 [Enter↵] (혹은 0 [Enter↵])

설정값	내　　　　　　용
0	선택 영역 지정시 첫 번째 점 클릭 후 두 번째 점도 클릭해 영역 지정(기본값)
1	선택 영역 지정시 첫 번째 점 클릭 후 끌기를 통해 영역 지정

(5) selectionpreview : 객체를 선택하기 전에 마우스를 객체 위에 두었을 때 객체를 점선형태로 표시할 것인가의 여부 설정

► 명령 : selectionpreview Enter↵

► selectionpreview에 대한 새 값 입력 〈0〉 : 1 Enter↵ (혹은 0, 2 Enter↵)

설정값	내 용
0	선택될 객체의 미리보기 안됨.
1	명령이 실행된 경우에만 선택될 객체의 미리보기 적용됨.
2	명령이 실행되지 않은 경우에만 선택될 객체의 미리보기 적용됨.
3	명령이 실행되었거나 실행되지 않은 경우 모두 객체 미리보기 적용됨.

(6) 옵션(OPtion) 명령을 이용한 선택 관련 시스템 명령 설정하기

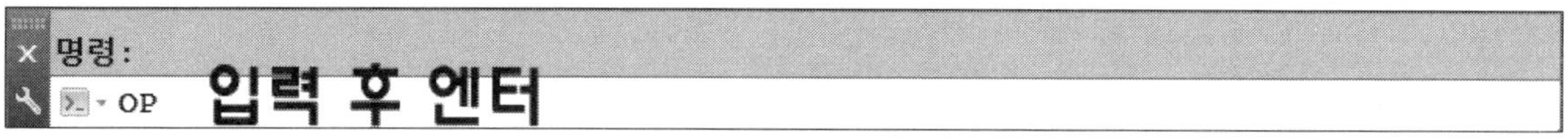

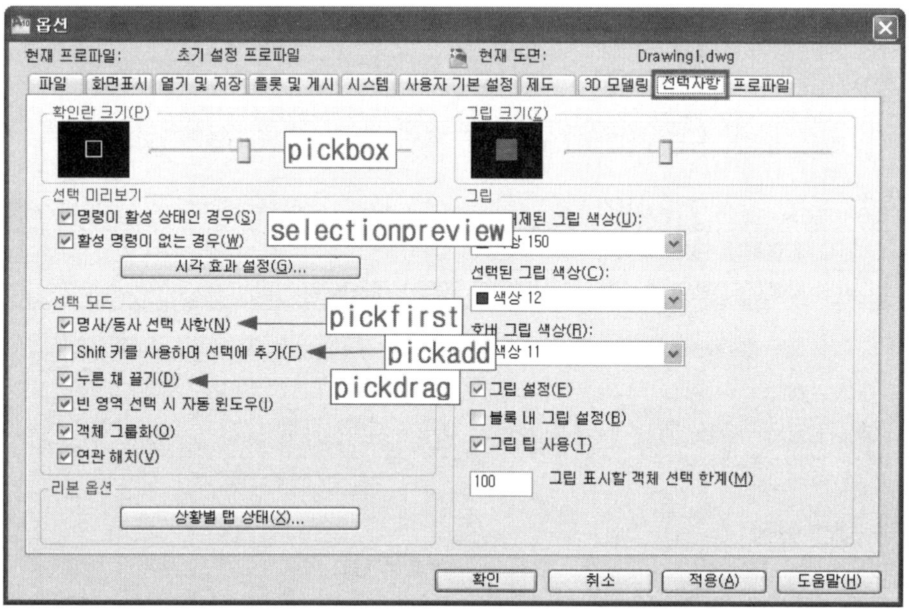

LESSON 01

위치와 크기값을 직접 입력해 기본 도형 그리기

학습목표

- AutoCAD 프로그램에서 기본 도형 그리기 명령을 안다.
- 그리고자 하는 기본 도형의 위치와 크기값을 지정할 수 있다.
- 위치를 지정하는 7가지의 방법을 이해하고 사용할 수 있다.

선행학습

- AutoCAD 프로그램 명령 실행방법과 실행과정에 대한 이해
- AutoCAD 프로그램에서 위치 지정에 대한 개념의 이해

학습명령

1. **점** : donut (do)
2. **선**
   ① 직선 : line (l), rectang (rec), polygon (pol)
   ② 곡선 : circle (c), arc (a), ellipse (el), spline (spl)
3. **면** : hatch (h), hatchedit (he)
4. **문자** : mtext (mt), ddedit (ed)
5. **치수** : dimlinear (dli), dimaligen (dal), dimstyle (d)

학습내용

① 학습내용 1

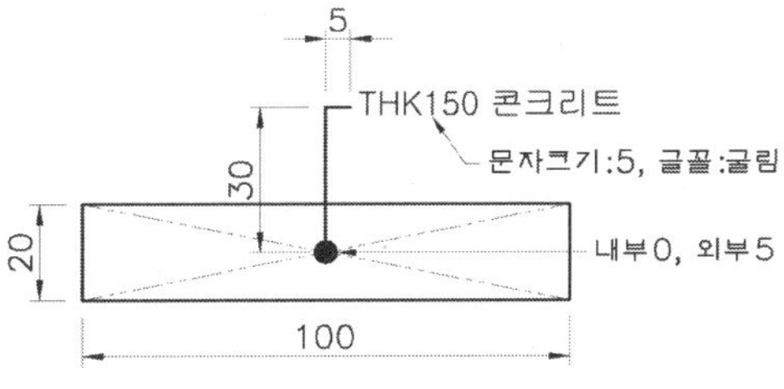

② 학습내용 2

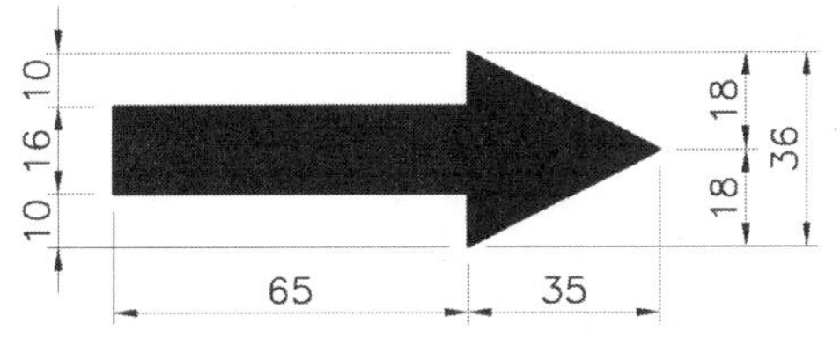

③ 학습내용 3

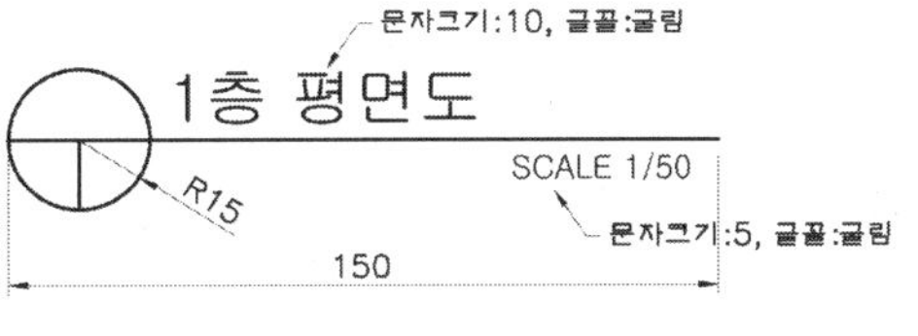

비 고

설계 도면의 내용은 모두 점, 선, 면, 문자, 치수의 5가지 요소로 구성되어 있으며, 이 5가지의 구성 요소를 통해 모든 모양의 설계 도면이 그려진다. 그러기에 본 단원의 내용은 매우 중요하기에 반드시 기본 도형을 그릴 수 있도록 익히도록 한다.

위치점 지정에 대한 이해와 활용

1 좌표(x , y)를 이용해 위치 지정하기
① 절대좌표 : X,Y → 정해진 원점으로부터 가로방향(X축), 세로방향(Y축)을 계산
② 상대좌표 : @X,Y → 마지막점을 원점으로 가로방향(X축), 세로방향(Y축)을 계산
2 각도를 이용해 위치 지정하기
① 상대극좌표 : @크기<각도 → 마지막점을
② 직교기능 이용 : F8 → 정해진 각도(0도, 90도, 180도, 270도)를 마우스로 지정 가능
③ 각도추적기능 이용 : F10 → 원하는 각도 설정 후 마우스로 각도 지정 가능
④ 각도값만 입력하기 : <각도 → 각도값만 먼저 입력 후 마우스로 크기값 지정
3 이미 그려진 객체의 특정 위치를 찾아 마우스만으로 위치 지정하기
① OSNAP기능 이용 : F3 → 마우스로 객체의 특정 위치점을 찾아 지정

선그리기, 원그리기, 객체 이동 명령으로 위치점을 지정하는 방법을 알아보도록 한다.

1. 좌표(x,y)를 이용해 위치 지정하기

1.1 절대좌표의 이해와 활용

- 프로그램 자체에 정해진 원점(0,0)을 기준으로 위치를 입력하는 방법
- 절대좌표 입력방법 : x,y

(1) 절대좌표를 이용한 선 그리기

► 명령줄 : line Enter↵ (혹은 L Enter↵)
► 첫 번째 점 지정 : –40,–40 Enter↵
► 다음 점 지정 또는 [명령취소(U)] : 40,–40 Enter↵
► 다음 점 지정 또는 [닫기(C)/명령취소(U)] : 40,40 Enter↵
► 다음 점 지정 또는 [닫기(C)/명령취소(U)] : –40,40 Enter↵
► 다음 점 지정 또는 [닫기(C)/명령취소(U)] : –40,–40 Enter↵
► 다음 점 지정 또는 [닫기(C)/명령취소(U)] : Enter↵

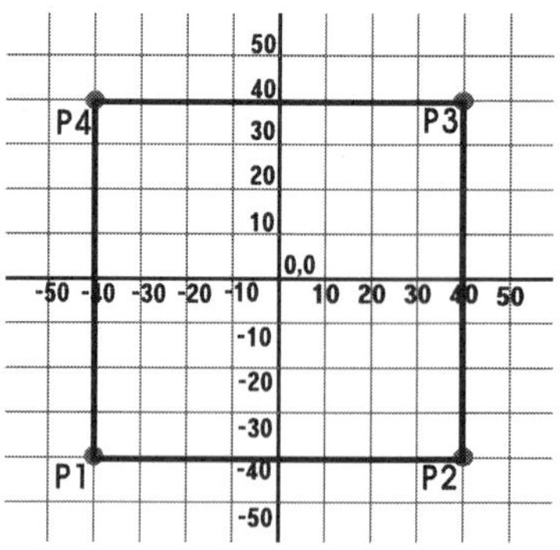

확인

입력한 위치점과 선이 화면에 보이지 않는 경우
원인 : 원점(0,0)의 위치가 화면 영역에서 벗어나 있기 때문이며 화면을 이동하거나 축소/확대를 하면 된다.
① 화면 이동 : 마우스 볼을 누른 상태에서 이동하면 화면이 이동된다.

[화면이동 표시]

② 화면 축소/확대 : 마우스 볼을 밀거나 당기면 화면이 축소/확대된다.

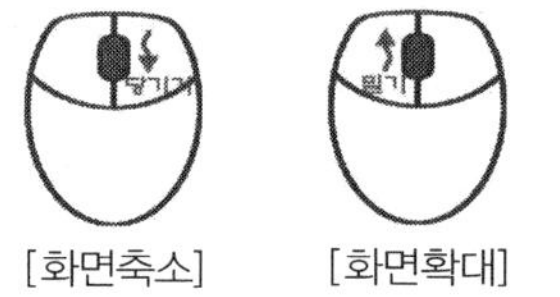

[화면축소] [화면확대]

(2) 원의 중심점 위치와 반지름이 주어진 경우의 원그리기

• **중심점 : 100,100　　반지름 : 100**

▶ 명령 : c Enter↵ (혹은 circle Enter↵)
▶ 원에 대한 중심점 지정 또는 [3점(3P)/2점(2P)/Ttr – 접선 접선 반지름(T)] : 100,100 Enter↵ → 키보드로 원의 중심 좌표값(100,100) 입력
▶ 원의 반지름 지정 또는 [지름(D)] : 100 Enter↵ → *키보드로 원 반지름 크기값 (100) 입력*

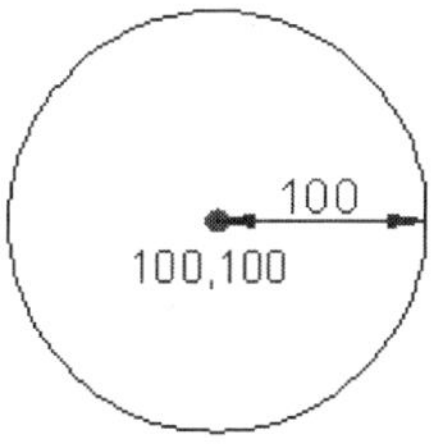

1.2 상대좌표의 이해와 활용

- 사용자가 마지막으로 입력된 위치점을 원점(0,0)으로 위치를 입력하는 방법
- 상대좌표 입력방법 : @x,y

(1) 상대좌표를 이용한 선 그리기 1

▶ 명령줄 : line Enter↵ (혹은 L Enter↵)
▶ 첫 번째 점 지정 : –40,–40 Enter↵
▶ 다음 점 지정 또는 [명령취소(U)] : @80,0 Enter↵
▶ 다음 점 지정 또는 [닫기(C)/명령취소(U)] : @0,80 Enter↵
▶ 다음 점 지정 또는 [닫기(C)/명령취소(U)] : @–80,0 Enter↵
▶ 다음 점 지정 또는 [닫기(C)/명령취소(U)] : @0,–80 Enter↵
▶ 다음 점 지정 또는 [닫기(C)/명령취소(U)] : Enter↵

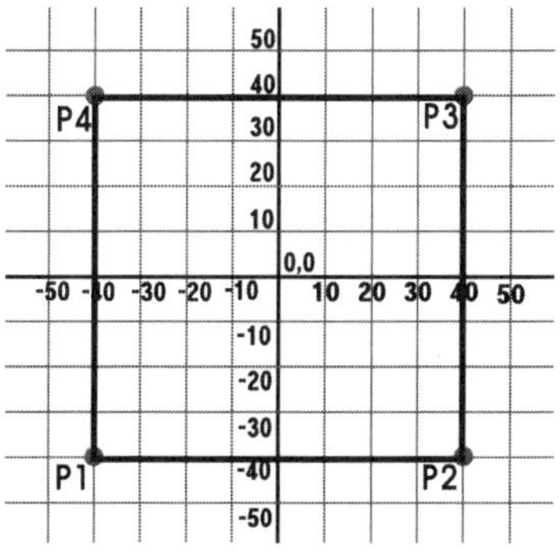

(2) 상대좌표를 이용한 선 그리기 2

▶ 명령줄 : line Enter↵ (혹은 L Enter↵)
▶ 첫 번째 점 지정 : 임의의 위치점을 마우스 왼쪽 버튼을 눌러 지정
▶ 다음 점 지정 또는 [명령취소(U)] : @80,0 Enter↵
▶ 다음 점 지정 또는 [닫기(C)/명령취소(U)] : @20,20 Enter↵
▶ 다음 점 지정 또는 [닫기(C)/명령취소(U)] : @0,30 Enter↵
▶ 다음 점 지정 또는 [닫기(C)/명령취소(U)] : @–80,0 Enter↵
▶ 다음 점 지정 또는 [닫기(C)/명령취소(U)] : @–20,–20 Enter↵
▶ 다음 점 지정 또는 [닫기(C)/명령취소(U)] : @0,–30 Enter↵
▶ 다음 점 지정 또는 [닫기(C)/명령취소(U)] : Enter↵

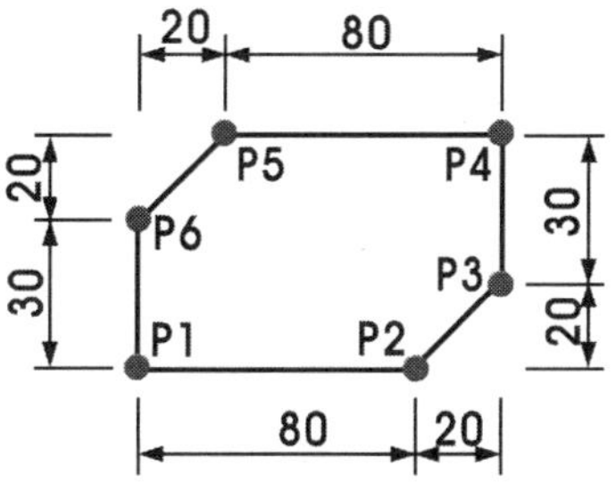

2. 각도를 이용해 위치 지정하기

2.1 상대극좌표의 이해와 활용

- 마지막 위치점(기준점)으로부터 크기와 각도를 이용해 위치를 입력하는 방법
- 상대극좌표 입력방법 : @거리<각도
- 기준점으로부터 오른쪽(3시 방향)의 기준각도(0도)로부터 다음 위치점까지의 각도를 계산
- 반시계 방향 : + 방향, 시계 방향 : – 방향

(1) 상대극좌표를 이용한 선그리기 1

- ► 명령줄 : line Enter↵ (혹은 L Enter↵)
- ► 첫 번째 점 지정 : 임의의 위치점을 마우스 왼쪽 버튼을 눌러 지정
- ► 다음 점 지정 또는 [명령취소(U)] : @100<0 Enter↵
- ► 다음 점 지정 또는 [닫기(C)/명령취소(U)] : @50<90 (혹은 –270)
- ► 다음 점 지정 또는 [닫기(C)/명령취소(U)] : @100<–180 (혹은 –180)
- ► 다음 점 지정 또는 [닫기(C)/명령취소(U)] : @50<–90 (혹은 270)
- ► 다음 점 지정 또는 [닫기(C)/명령취소(U)] : Enter↵

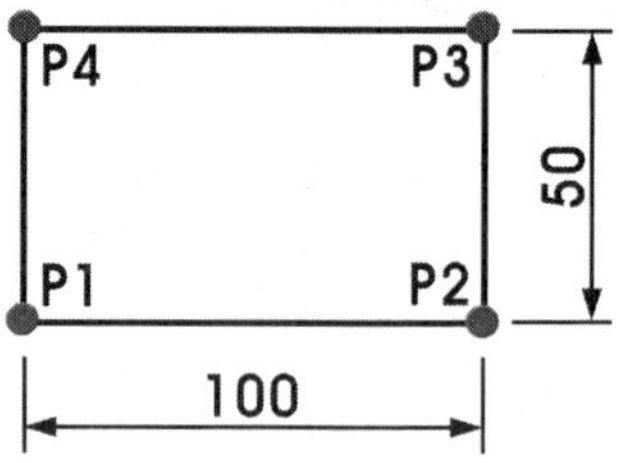

(2) 상대극좌표를 이용한 선그리기 2

오른쪽 그림 정삼각형을 상대극좌표로 그린다.

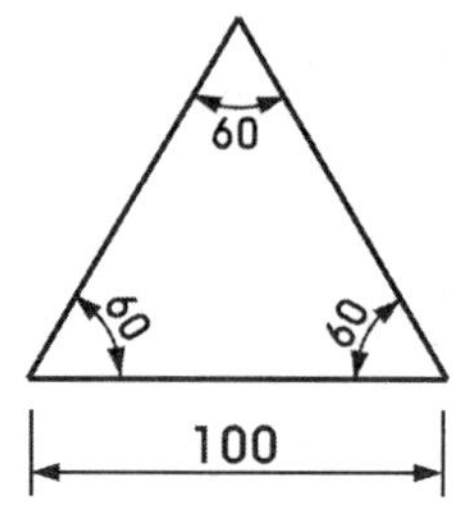

- ► 명령줄 : line Enter↵ (혹은 L Enter↵)
- ► 첫 번째 점 지정 : 마우스로 임의의 위치점 P1을 마우스 왼쪽 버튼으로 지정한다.
- ► 다음 점 지정 또는 [명령취소(U)] : @100<0

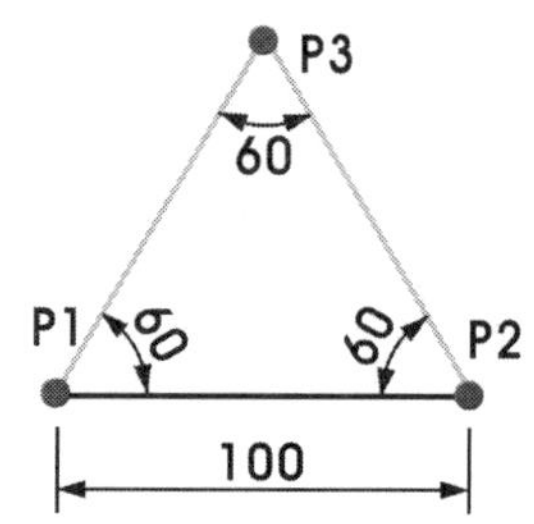

- ► 다음 점 지정 또는 [닫기(C)/명령취소(U)] : @100<120 (혹은 –240)

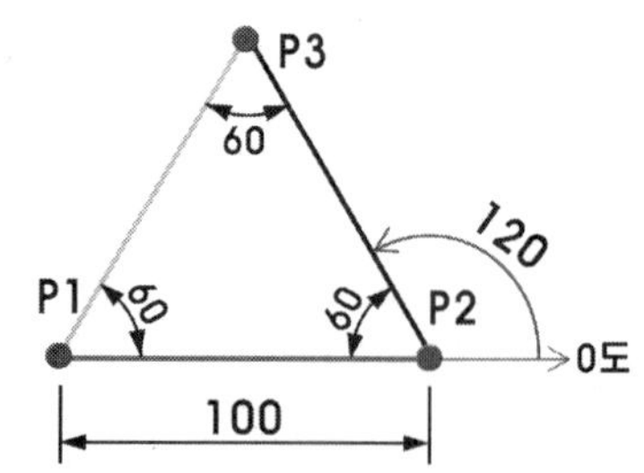

- ► 다음 점 지정 또는 [닫기(C)/명령취소(U)] : @100<–120 (혹은 240)

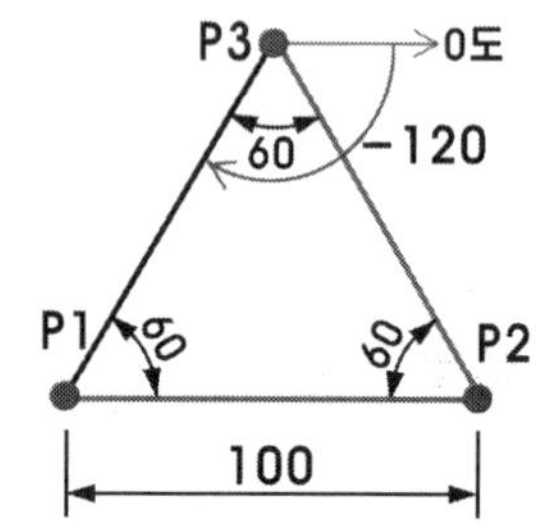

- ► 다음 점 지정 또는 [닫기(C)/명령취소(U)] : Enter↵

객체 지우기 명령

- ► 명령줄 : erase (혹은 e)
- ► 리본 메뉴 혹은 도구 막대 메뉴 :

2.2 직교기능을 이용한 위치점 지정의 이해와 활용

- 특정 각도(0도, 90도, 180도, 270도)를 마우스로 지시할 수 있도록 하는 기능
- 수평선과 수직선을 그리는 경우 많이 사용
- 사용법 : 직교기능을 켠 상태에서 위치를 지정할 방향을 마우스로 지시 후 선의 크기값 입력

(1) 직교 설정 명령

명령줄 사용 : ortho Enter↵ (단축키 : F8)

상태 막대 : ∟ 선택하기

(2) 직교 설정 명령 옵션

► 명령줄 : ortho Enter↵

► 모드 입력 [켜기(ON)/끄기(OFF)] 〈끄기〉 :

옵　션	내　　용
ON	Ortho 기능 켜기
OFF	Ortho 기능 끄기

(3) 직교기능 켜기 설정하기

① 명령으로 설정하기

► 명령줄 : ortho Enter↵ (혹은 F8 키를 눌러 해 on/off 설정 → 누를 때만다 on/off 설정됨.)

► 모드 입력 [켜기(ON)/끄기(OFF)] 〈끄기〉 : on Enter↵

② 응용프로그램 막대에서 설정하기

► 화면 아래 응용프로그램 막대에서 직교모드()선택

➔ *직교기능 설정 후 선그리기 명령으로 선을 그리면 수평선, 수직선만 그려지는 것을 볼 수 있다.*

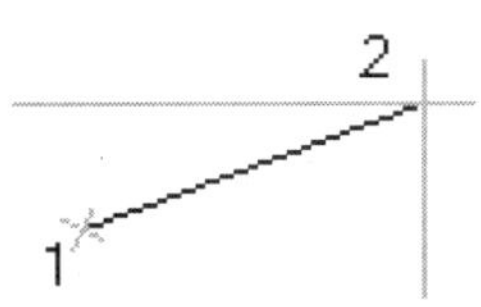

[직교 꺼진 상태]

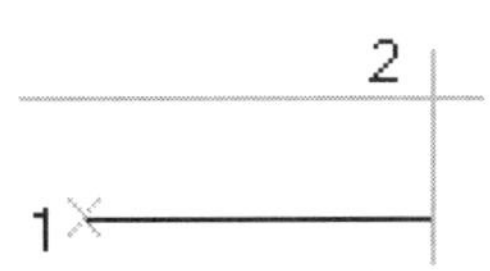

[직교 켜진 상태]

(4) 직교(ORTHO)기능을 이용한 수평/수직선 그리기

직교기능을 이용해 오른쪽 그림의 사각형을 그려본다.

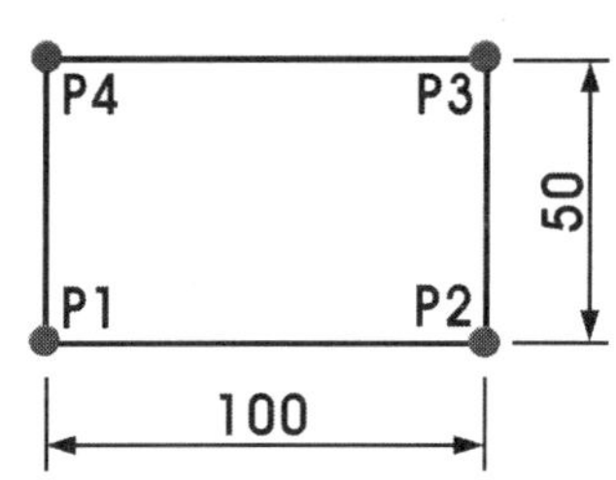

① 수평선과 수직선을 쉽게 그리기 위해 직교기능을 켠다.

► 키보드로 기능키 F8 누른 후 응용프로그램 막대에서 직교기능()이 선택되었는지 확인한다.

② 선 그리기 명령(LINE)을 이용해 사각열을 그린다.

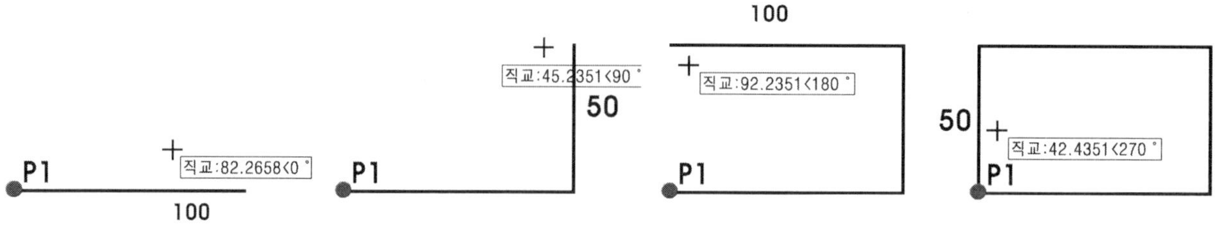

► 명령줄 : line Enter↵ (혹은 L Enter↵)
► 첫 번째 점 지정 : P1 (임의의 점) 클릭 ➔ *시작점을 임의로 마우스로 지정*
► 다음 점 지정 또는 [명령취소(U)] : 100 Enter↵ ➔ *마우스로 그리고자 하는 방향 지시후 값입력*
► 다음 점 지정 또는 [닫기(C)/명령취소(U)] : 50 Enter↵ ➔ *마우스로 그리고자 하는 방향 지시후 값입력*
► 다음 점 지정 또는 [닫기(C)/명령취소(U)] : 100 Enter↵ ➔ *마우스로 그리고자 하는 방향 지시후 값입력*
► 다음 점 지정 또는 [닫기(C)/명령취소(U)] : 50 Enter↵ ➔ *마우스로 그리고자 하는 방향 지시후 값입력*
► 다음 점 지정 또는 [닫기(C)/명령취소(U)] : Enter↵ ➔ *명령 종료*

2.3 각도추적기능을 이용한 위치점 지정의 이해와 활용

- 사용자가 원하는 각도를 설정해 마우스로 지정할 수 있도록 해주는 기능
- 본 기능은 반드시 원하는 각도를 먼저 설정한다.

(1) 각도추적기능 설정 명령

단축키 : F10

상태 막대 : 선택하기

(2) 각도추적기능 사용 따라하기

각도추적기능을 이용해 오른쪽 그림을 그린다.

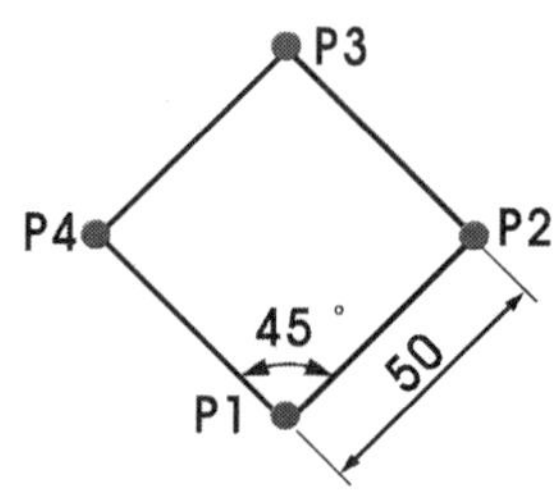

① 각도추적기능을 켠다.

► 키보드 F10 을 누르거나 상태막대의 선택하기

② 오른쪽 그림과 같이 45도 각도를 선택한다.

→ 45도를 설정하면 0도, 45도, 135도, 180도 등 45도 배수 각도 지정이 가능함.

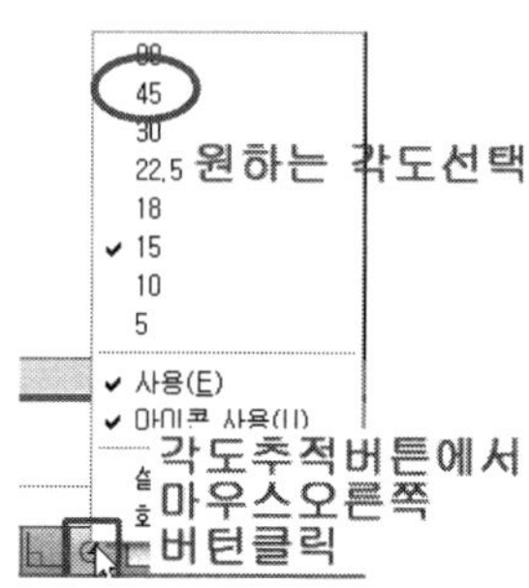

③ Line 명령실행해 각도추적기능을 이용해 선을 그린다.

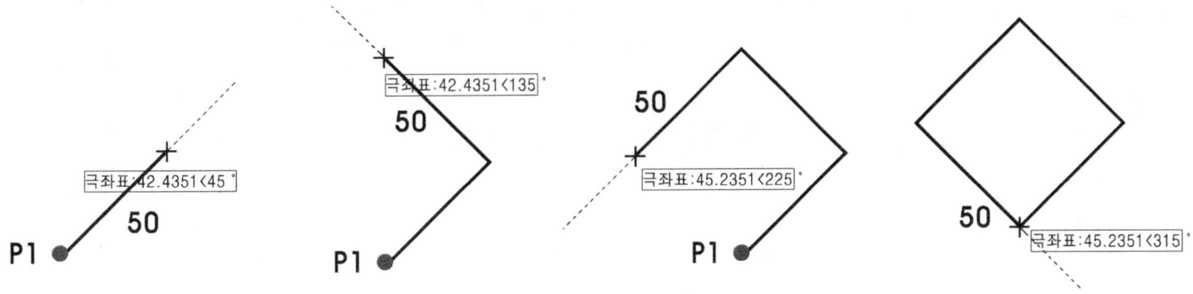

- ► 명령줄 : line [Enter↵] (혹은 L [Enter↵])
- ► 첫 번째 점 지정 : P1 (임의의 점) 클릭 ➔ *시작점을 임의로 마우스로 지정*
- ► 다음 점 지정 또는 [명령취소(U)] : 마우스로 45도 지시 후 50 [Enter↵]
- ► 다음 점 지정 또는 [명령취소(U)] : 마우스로 135도 지시 후 50 [Enter↵]
- ► 다음 점 지정 또는 [명령취소(U)] : 마우스로 225도 지시 후 50 [Enter↵]
- ► 다음 점 지정 또는 [명령취소(U)] : 마우스로 315도 지시 후 50 [Enter↵]
- ► 다음 점 지정 또는 [명령취소(U)] : [Enter↵] ➔ *명령 종료*

2.4 키보드로 각도값 입력 후 크기값 지정하는 방법에 대한 이해와 활용

- 선의 크기값 없이 각도값만 주어지는 경우에 주로 사용
- 사용방법 : '< 각도' 입력해 [Enter↵]를 누른 후 마우스를 이동해 마우스 왼쪽 버튼을 클릭한다.

(1) 키보드로 각도값 입력 후 크기값 지정하는 방법 따라하기

- ► 명령줄 : line [Enter↵] (혹은 L [Enter↵])
- ► 첫 번째 점 지정 : P1 (임의의 점) 클릭 ➔ *시작점을 임의로 마우스로 지정*
- ► 다음 점 지정 또는 [명령취소(U)] : < 45 [Enter↵]
- ► 각도 재지정 : 45 ➔ *각도값이 45도 지정되었다고 명령줄에 나타남*
- ► 다음 점 지정 또는 [명령 취소(U)] : 마우스 이동하면 45도(225) 방향으로만 선이 움직이며, 원하는 위치에서 마우스 왼쪽버튼 클릭
- ► 다음 점 지정 또는 [명령취소(U)] : [Enter↵] ➔ *명령 종료*

3. OSNAP에 대한 이해와 활용

- 이미 그려진 객체의 특정 위치를 찾아 마우스로 지정할 수 있도록 하는 기능
- 위치를 찾았다는 기호표시 확인 후 마우스 왼쪽 버튼을 눌러 위치 지정
- 반드시 찾고자 하는 위치점 기호를 확인 후 위치를 지정해야 함.

3.1 OSNAP 설정 명령

명령줄 사용 : osnap [Enter↵] ▶ osnap 항목 설정과 기능 켜고 끄기 설정 가능
기능 단축키 : [F3] ▶ 기능 켜고 끄기 설정만 가능
상태 막대 : [ ] ▶ 기능 켜고 끄기 설정만 가능

3.2 OSNAP 기능 실행 설정 예

① 명령줄에 명령을 입력해 실행하기

► 명령줄 : osnap Enter↵

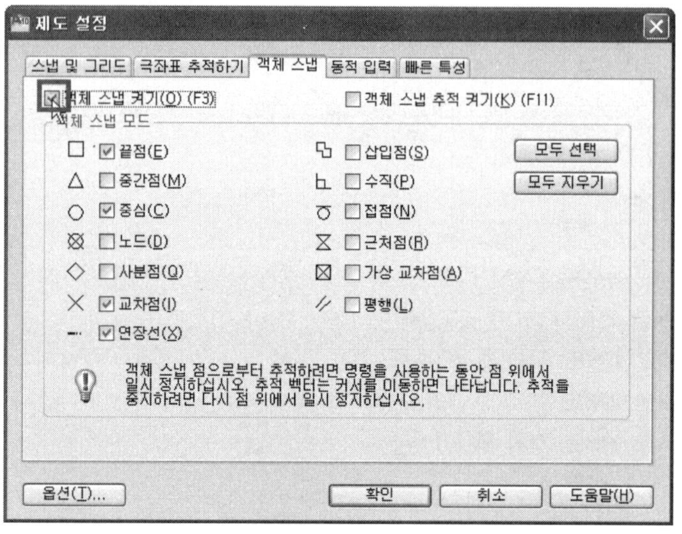

② 응용프로그램 상태 막대 사용하기

► 켜진 경우(), 꺼진 경우()

③ 키보드 단축키 : F3

3.3 OSNAP의 활용

(1) osnap의 종류

구 분	입력값	기 호	내 용
끝점	end	□	가장 가까운 선 또는 호의 끝점
중간점	mid	△	선이나 호의 중간점
중심점	cen	○	원이나 호의 중심점
노드	nod	⊗	Point의 중심점
사분점	qua	◇	원 또는 호의 가장 가까운 사분점(0, 90, 180, 270도)
교차점	int	×	교차점을 찾는다.
삽입점	ins		Text, Block, Shape, Attribute의 시작점(삽입점)
수직점	per		다른 점과 수직으로 만나는 객체상의 한 점을 찾는다.
접점	tan		원이나 호에서 접점을 가지고자 할 때
근처점	nea	⧖	선, 호 또는 원에 가장 가까운 지점
가상교차점	appint	⊠	같은 평면에 없는 가시적인 교차점 찾기(3D에 사용)
연장선	ext		연장된 위치의 점 지정
평행	par	//	다른 선과 평행한 선을 그리도록 한다.

(2) Osnap 기능 중 많이 사용하는 기능의 사용예

다음 8가지의 객체 스넵(OSNAP) 기능에 대해서는 정확하게 알아두도록 한다.

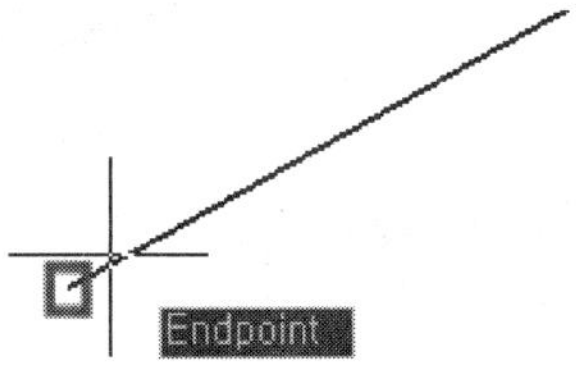

끝점 : END

가운데점 : MID

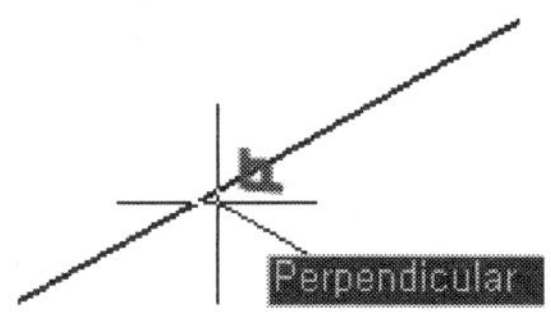

수직점 : PER

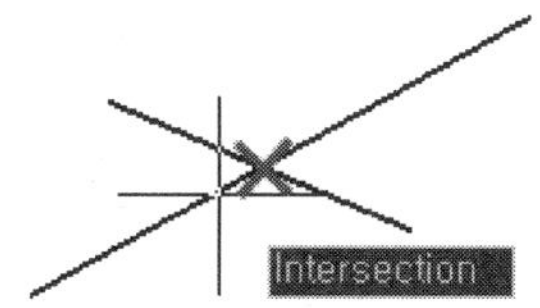

교차점 : INT

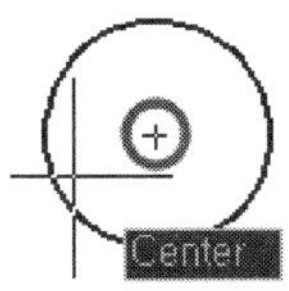

중심점 : CEN

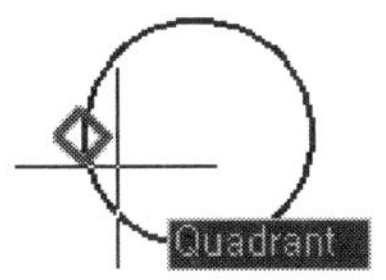

사분점 : QUA

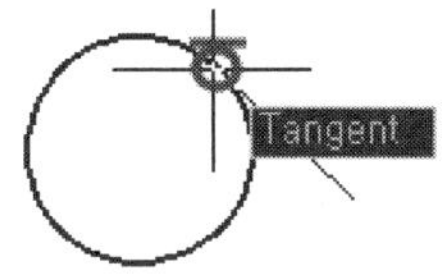

접점 : TAN

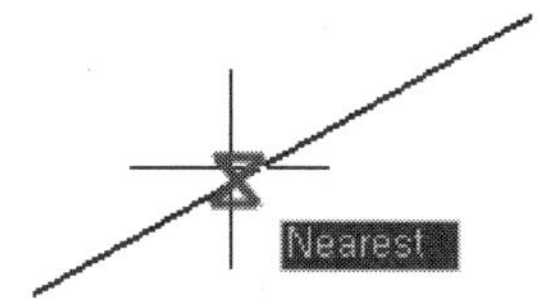

근처점 : NEA

주의

객체스넵(OSNAP) 기능을 이용해 위치를 지정할 경우 표식 기호는 위치를 찾았다는 것을 알려줄 뿐이지 위치를 지정한 것은 아니기 때문에 반드시 표식 기호를 확인한 후에는 마우스 왼쪽 버튼을 눌러 위치를 지정해야 한다.

(3) Osnap 기능 사용 방법 익히기

① 키보드로 직접 입력하는 방법

먼저 적용 전의 선을 그림과 같이 임의로 그린 후 따라한다.

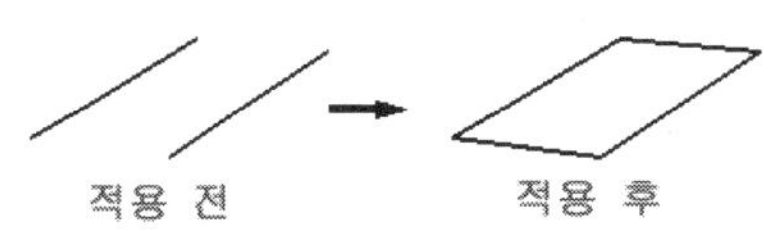

- ► 명령줄 : line [Enter↵] (혹은 l [Enter↵])
- ► 첫 번째 점 지정 : end [Enter↵]
- ► of ➔ P1점 위치에서 끝점기호(□) 확인 후 마우스로 지정
- ► 다음 점 지정 또는 [명령 취소(U)] : end [Enter↵]
- ► of ➔ P2점 위치에서 끝점기호(□) 확인 후 마우스로 지정
- ► 다음 점 지정 또는 [명령 취소(U)] : [Enter↵]

② OSNAP 기능을 바로가기 메뉴로 이용하는 방법

- ► 명령줄 : line [Enter↵] (혹은 l [Enter↵])
- ► 첫 번째 점 지정 : [Shift] 누른 채 마우스 오른쪽 버튼 누르기
- ► 바로가기 메뉴에서 '끝점' 항목 선택
- ► of ➔ P1점 위치에서 끝점기호(□) 확인 후 마우스로 지정
- ► 다음 점 지정 또는 [명령 취소(U)] : [Shift] 누른 채 마우스 오른쪽 버튼 누르기
- ► of ➔ P2점 위치에서 끝점기호(□) 확인 후 마우스로 지정
- ► 다음 점 지정 또는 [명령 취소(U)] : [Enter↵]

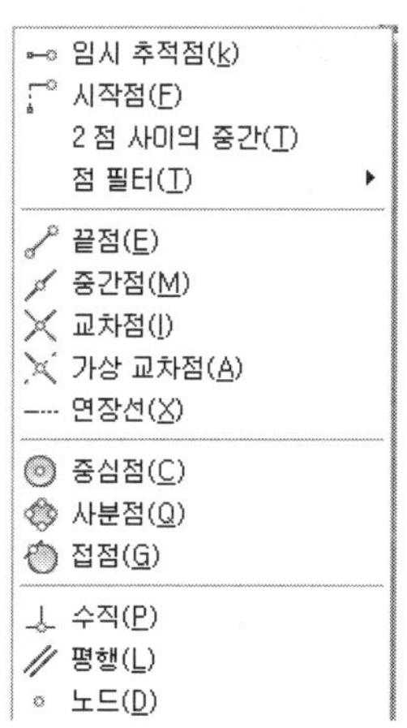

[바로가기 메뉴]

③ OSNAP 기능을 도구막대로 이용하는 방법

• OSNAP값이 필요할 때 도구막대에서 사용할 항목 선택 사용

④ OSNAP 기능을 자동으로 실행되도록 설정하고 이용하는 방법(주로 이 방법을 많이 사용)

• 명령 실행 후 마우스를 선 위에 두면 위치를 찾았다는 OSNAP 표식기호가 자동 생성됨.
• 위치를 찾은 후 마우스 왼쪽 버튼을 눌러 위치점을 지정함.
• 항목 설정 상자에 설정된 항목만 자동으로 위치점을 찾아줌(아래 그림 참조).

㉮ 자동실행시키는 방법

■ F3 기능키 누르기

■ 응용프로그램 막대에서 선택하기

AutoCAD 2009 버전 이상 사용자

[켜진 상태] [꺼진 상태]

㉯ OSNAP 자동실행시 적용되는 항목 설정하기

다음 방법 중 하나를 이용해 OSNAP 자동실행 항목 설정 상자를 띄운다.

① 명령줄 : OSNAP Enter↵ (혹은 OS Enter↵)

② 응용프로그램 상태막대의 OSNAP 버튼( )위에 마우스를 위치시킨 후 오른 마우스클릭

➔ *[설정]선택*

오른쪽 '제도설정' 대화상자에서 원하는 항목을 선택하면 명령 실행 후 마우스를 그려진 객체 위에 가져가면 자동으로 위치점을 찾아준다.

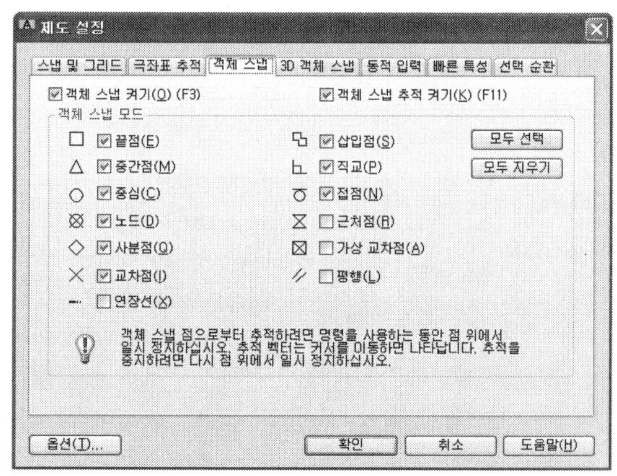

㉰ 따라하기

확인

명령을 실행하기 전에 다음의 항목을 확인한다.

① OSNAP 자동실행 기능이 켜져 있는가? → F3 켜기/끄기 설정

② 자동실행시 실행되는 항목 중에서 끝점이 선택되어 있는가?

[켜진 상태] [켜진 상태]

적용 전의 선을 마우스로 임의의 크기로 먼저 그린 후 따라한다.

► 명령 : line Enter↵ (혹은 l Enter↵)

► 첫 번째 점 지정 : P1 위치에 마우스를 가리킨 후 끝점 기호(□)가 표시되면 마우스로 지정

► 다음 점 지정 또는 [명령 취소(U)] : P2 위치에 마우스를 가리킨 후 끝점 기호(□)가 표시되면 마우스로 지정

► 다음 점 지정 또는 [명령 취소(U)] : Enter↵

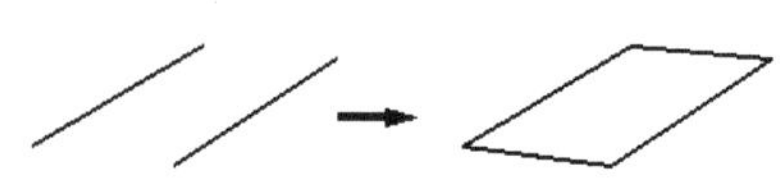

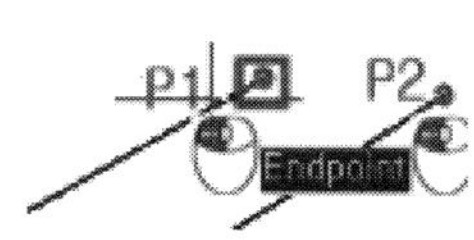

(4) Osnap 관련 시스템 변수 설정

► 다음과 같이 명령을 실행한 후 확인한다.

► 명령 : option Enter↵ (혹은 op Enter↵)

- **표식기** : osnap 인식 기호의 표시 여부 설정
- **마그넷** : osnap 위치점 인식시 십자선이 자동으로 움직이도록 설정
- **AutoSnap 툴팁 표시** : osnap 항목 이름 표시
- **AutoSnap 조준창상자 표시** : osnap 인식시 영역을 가리키는 조준창 상자를 십자선과 같이 표시
- **AutoSnap 표식기 크기** : osnap 인식시 표시할 상자 크기 설정
- **조준창 크기** : osnap을 인식하는 영역 크기 설정

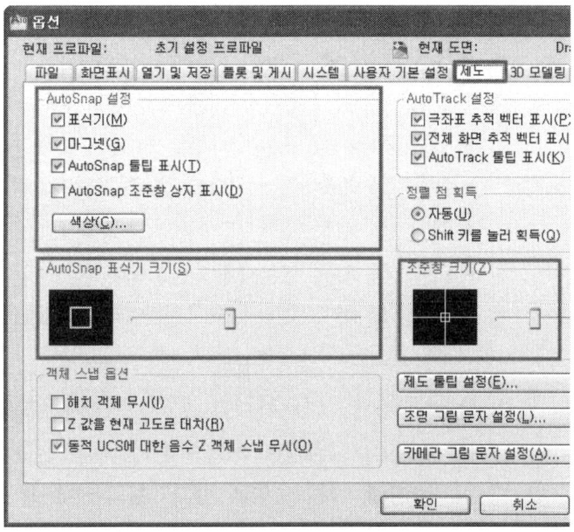

3.4 OSNAP 기능을 이용한 예제 따라그리기

오른쪽 그림의 도면을 따라 그려본다.

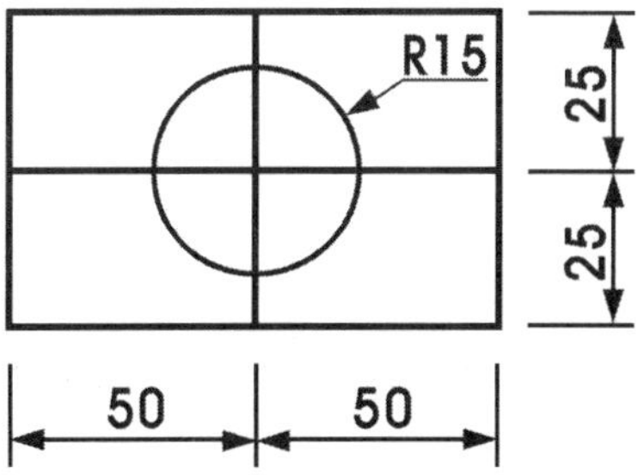

① OSNAP 자동실행기능을 사용할 수 있도록 켜고, OSNAP 항목을 확인한다.

㉮ OSNAP 자동실행기능 켜기

- 키보드 기능키 F3 선택하기
- 화면 아래 응용프로그램 막대에서 OSNAP() 항목 선택하기

㉯ OSNAP 항목 확인하기

► 명령 : OSNAP Enter↵ (혹은 os Enter↵)

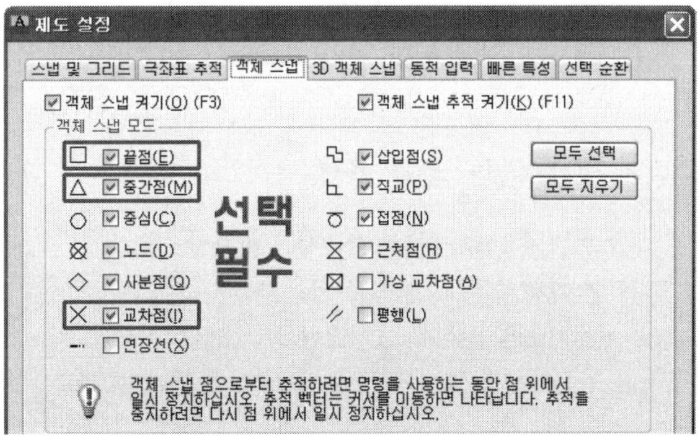

② 오른쪽 그림과 같이 선그리기 명령으로 사각형을 그린다.
직교기능을 이용해 사각형을 그린다. (직교기능 켜기 : F8)

- ▸명령줄 : line Enter↵ (혹은 L Enter↵)
- ▸첫 번째 점 지정 : P1 (임의의 점) 클릭 ➔ *임의로 마우스로 지정*
- ▸다음 점 지정 또는 [명령취소(U)] : 100 Enter↵ ➔ *방향 지시후 값입력*
- ▸다음 점 지정 또는 [닫기(C)/명령취소(U)] : 50 Enter↵
- ▸다음 점 지정 또는 [닫기(C)/명령취소(U)] : 100 Enter↵
- ▸다음 점 지정 또는 [닫기(C)/명령취소(U)] : 50 Enter↵
- ▸다음 점 지정 또는 [닫기(C)/명령취소(U)] : Enter↵ ➔ *명령 종료*

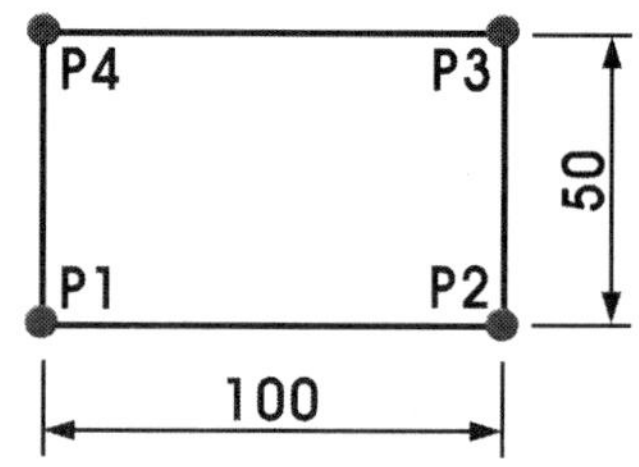

③ ②단계에서 그린 사각형 선의 가운데 점을 연결하는 선을 다시 그린다.
㉮ 선그리기 명령(line)으로 P1점과 P2점을 연결하는 선을 그린다.
㉯ 명령을 다시 실행한 후 P3점과 P4점을 연결하는 선을 그린다.

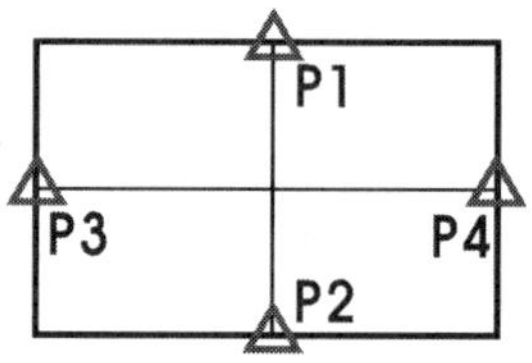

④ ③단계에서 그린 두 선의 교차점을 중심으로하는 원을 그린다.

- ▸명령 : c Enter↵ (혹은 circle Enter↵)
- ▸원에 대한 중심점 지정 또는 [3점(3P)/2점(2P)/Ttr – 접선 접선 반지름(T)] : **원의 중심에 해당하는 위치점(교차점)을 찾아 마우스로 지정**
- ▸원의 반지름 지정 또는 [지름(D)] : 15 Enter↵ ➔ *키보드로 반지름 15 입력*

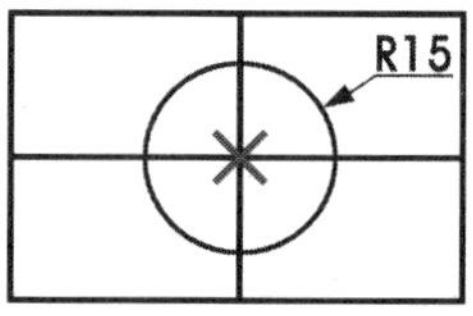

4. 객체 이동 명령을 이용한 위치 지정에 대한 이해 – move (m)

- 객체의 현재 모양을 그대로 유지하면서 원하는 위치로 이동시키는데 사용하는 명령

4.1 객체 이동 명령 실행

명령줄 사용 : move Enter↵ (단축명령 : m)
리본메뉴 사용 : 홈탭 ▶ 수정 패널 ▶
주메뉴 사용 : 수정(M) ▶ 이동(V)
도구막대 사용 : 수정 도구막대 ▶

4.2 객체 이동 명령 옵션

- ▸명령 : move Enter↵ (혹은 m Enter↵)
- ▸객체 선택 :
- ▸기준점 지정 또는 [변위(D)] 〈변위〉 :
- ▸두 번째 점 지정 또는 〈첫 번째 점을 변위로 사용〉 :

옵 션	내 용
객체 선택	옮기고자 하는 객체 선택
기준점 지정	선택한 객체의 기준점 지정
두 번째 점 지정	선택한 객체를 옮기고자 하는 위치 지정
첫 번째 점을 변위로 사용	옮기고자 하는 변위를 첫 번째 지정한 기준점을 상대좌표값으로 사용

4.3 객체 이동 명령 따라하기

① 먼저 오른쪽 그림과 같이 사각형과 원을 그린다.

► 사용명령 : line (L)

직교기능을 이용해 사각형을 그린다(37쪽).

► 사용명령 : circle (c)

OSNAP 기능을 이용해 원의 중심점을 마우스로 지정한다.

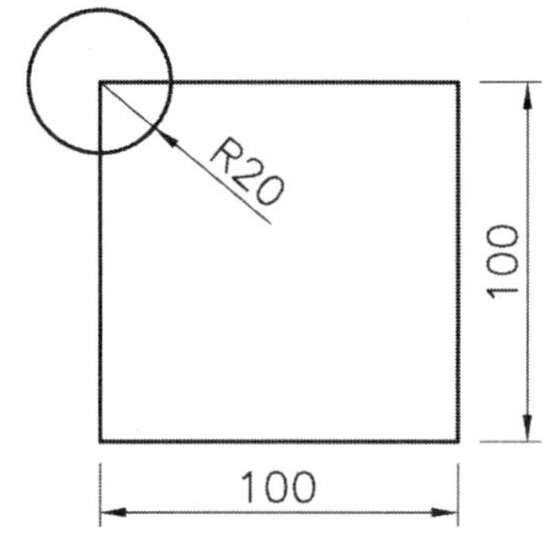

② 각도를 이용해 객체 이동하기

► 명령 : move [Enter↵] (혹은 m [Enter↵])

► 객체 선택 : **마우스로 S1객체(원) 선택** → *이동할 객체 선택*

► 객체 선택 : [Enter↵] → *다음 단계로 넘어가기*

► 기준점 지정 또는 [변위(D)] 〈변위〉 : **마우스로 P1점 지정**

► 두 번째 점 지정 또는 〈첫 번째 점을 변위로 사용〉 : **@100<0** [Enter↵]

(혹은 직교모드(F8)를 이용해 마우스로 방향 지시 후 100 [Enter↵]**)**

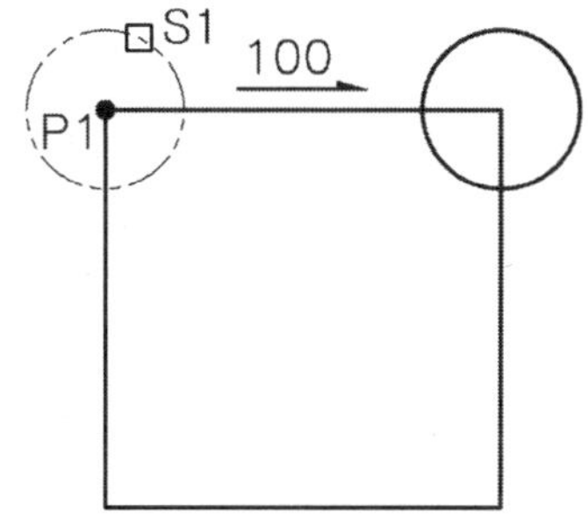

③ 상대좌표로 객체 이동하기

► 명령 : move [Enter↵] (혹은 m [Enter↵])

► 객체 선택 : **마우스로 S1객체(원) 선택** → *이동할 객체 선택*

► 객체 선택 : [Enter↵] → *다음 단계로 넘어가기*

► 기준점 지정 또는 [변위(D)] 〈변위〉 : **마우스로 P1점 지정**

► 두 번째 점 지정 또는 〈첫 번째 점을 변위로 사용〉 : **@−100,−100** [Enter↵]

→ *마지막 위치점을 기준으로 하는 상대좌표사용*

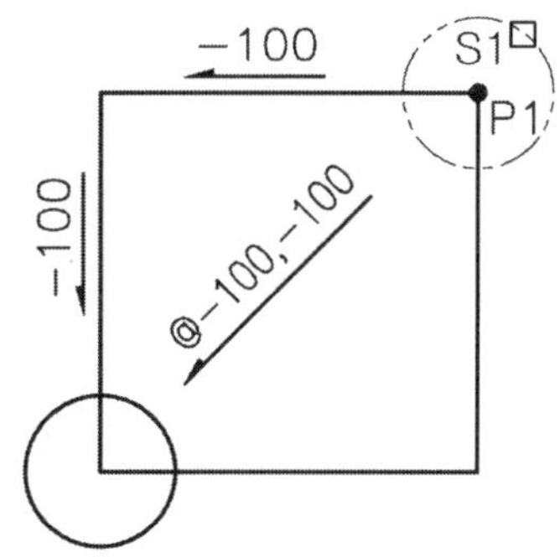

④ OSNAP을 이용해 객체 이동하기

이동을 하기 전에 OSNAP 기능이 켜져 있는지 확인을 한다.

► **키보드 기능키 F3을 이용해 OSNAP 기능을 켠다.**

► **작업 공간 아래에 있는 응용프로그램 상태 막대에서 OSNAP 기능이 켜졌는지 확인한다.(**  **)**

► 명령 : move [Enter↵] (혹은 m [Enter↵])

► 객체 선택 : **마우스로 S1객체(원) 선택** → *이동할 객체 선택*

► 객체 선택 : [Enter↵] → *다음 단계로 넘어가기*

► 기준점 지정 또는 [변위(D)] 〈변위〉 : **마우스로 P1점 지정**

► 두 번째 점 지정 또는 〈첫 번째 점을 변위로 사용〉 : **마우스로 P2점 지정**

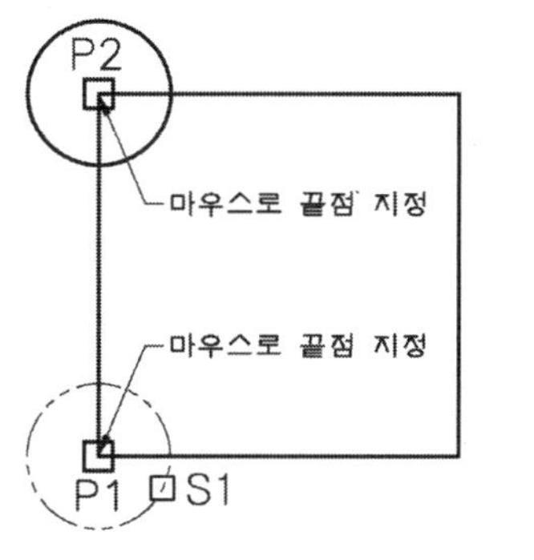

확인

위치점 지정 방법의 정리

<table>
<tr><th colspan="2">구 분</th><th>사 용 방 법</th><th>비 고</th></tr>
<tr><td rowspan="4">좌표</td><td rowspan="2">절대좌표</td><td>x,y</td><td rowspan="2">기본 원점을 사용한다.</td></tr>
<tr><td>사용예) 100,100</td></tr>
<tr><td rowspan="2">상대좌표</td><td>@x,y</td><td rowspan="2">마지막 위치점을 원점으로 사용한다.</td></tr>
<tr><td>사용예) @100,100</td></tr>
<tr><td rowspan="8">각도</td><td rowspan="2">기본각도</td><td>@거리<각도</td><td rowspan="2">3시(오른쪽)방향을 0도로 사용한다.</td></tr>
<tr><td>사용예) @100<45</td></tr>
<tr><td rowspan="2">직교기능 (F8)</td><td>마우스로 방향지시(0, 90, 180, 270도만 가능)</td><td rowspan="2">수평선, 수직선을 그릴 때 많이 사용한다.</td></tr>
<tr><td>사용예) 마우스로 각도 지시 후 거리값 입력</td></tr>
<tr><td rowspan="2">각도추적기능 (F10)</td><td>각도설정 후 마우스로 방향지시 후 크기값 입력</td><td rowspan="2">사용자가 원하는 각도 설정해 마우스로 각도 지정한다.</td></tr>
<tr><td>사용예) 사용하고자 하는 각도 설정하고 마우스로 각도 지시 후 거리값 입력</td></tr>
<tr><td rowspan="2">키보드로 각도값만 입력하는 방법</td><td>키보드로 '<각도' 입력 후 마우스로 크기값 지정</td><td rowspan="2">크기값 없이 각도값만 주어진 경우 사용한다.</td></tr>
<tr><td>사용예) '<각도' 입력 후 마우스로 크기값 지정</td></tr>
<tr><td colspan="2" rowspan="2">객체스냅(OSNAP) (F3)</td><td>원하는 위치에 표식점 생성 후 마우스로 클릭</td><td rowspan="2">이미 그려진 객체를 대상으로 함. 반드시 표식점 모양 확인 후 마우스로 지정한다.</td></tr>
<tr><td>사용예) 마우스로만 위지점 지정</td></tr>
</table>

도면 예제 1-1 위치와 크기값을 직접 입력해 기본 도형 그리기 1

절대좌표 입력 방법을 이용해 다음 도형을 그려본다.
정확한 위치값을 가지기 때문에 키보드로 직접 좌표값을 입력해야 한다(P.34 절대좌표 참고).

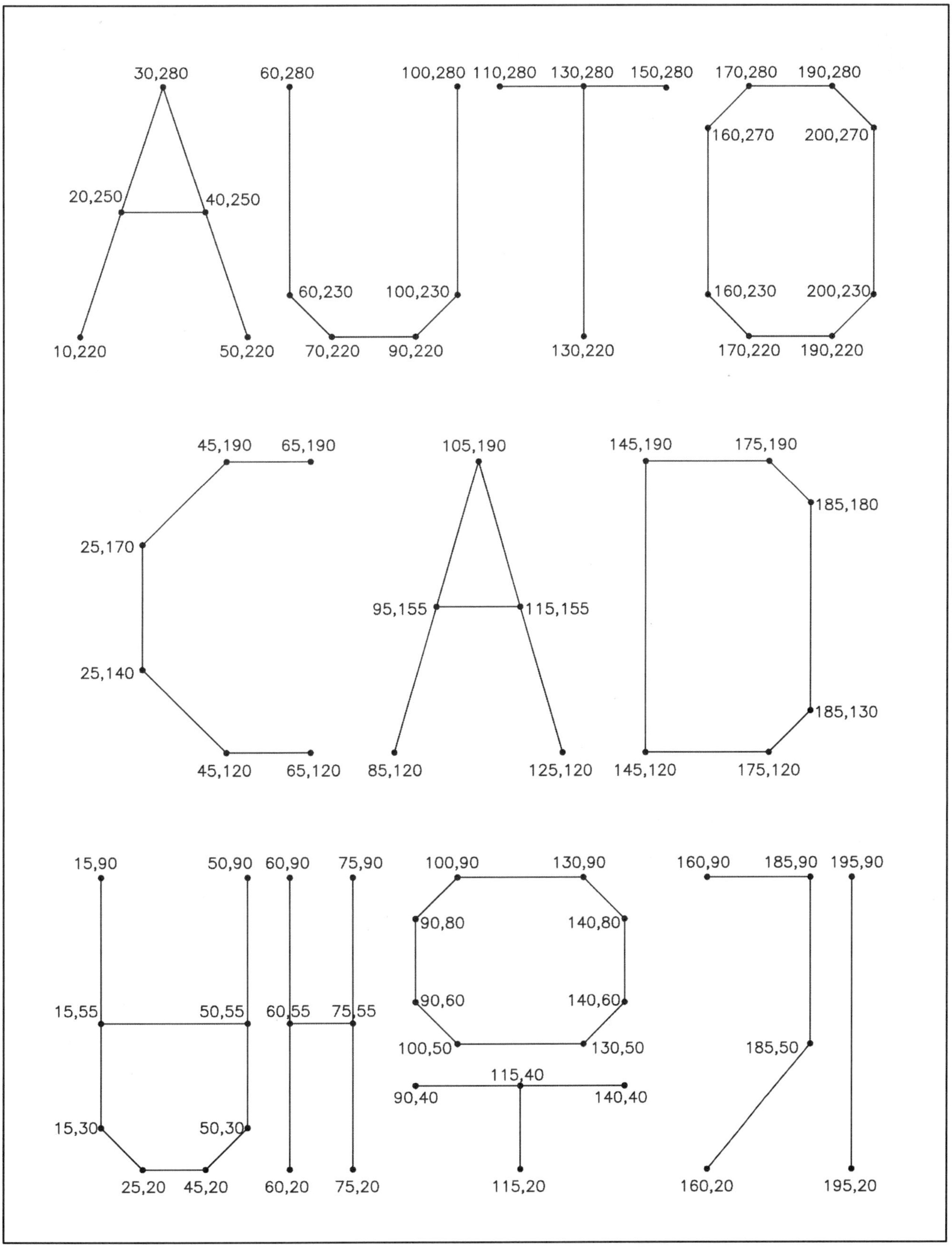

도면 예제 따라 그리기

(1) 좌표활용 예제 1-1 (47쪽) – 절대좌표

확인

① 절대좌표 입력 방법 : x, y
② 선 그리기를 따라하기 전에 반드시 다음 명령을 실행한 후 따라한다.
► 명령 : zoom [Enter↵]
► 윈도우 구석을 지정, 축척 비율 (nX 또는 nXP)을 입력, 또는
[전체(A)/중심(C)/동적(D)/범위(E)/이전(P)/축척(S)/윈도우(W)/객체(O)] 〈실시간〉 : a [Enter↵]

► 명령 : line [Enter↵] (혹은 l [Enter↵])
► 첫 번째 점 지정 : 10,220 [Enter↵]
► 다음 점 지정 또는 [명령 취소(U)] : 30,280 [Enter↵]
► 다음 점 지정 또는 [닫기(C)/명령 취소(U)] : 50,220 [Enter↵]
► 다음 점 지정 또는 [닫기(C)/명령 취소(U)] : [Enter↵] **(명령 종료)**
➔ *더이상 연결된 선이 없기 때문에 명령을 종료한다.*

(좌표점을 잘못 입력한 경우에는 U [Enter↵] 적용)

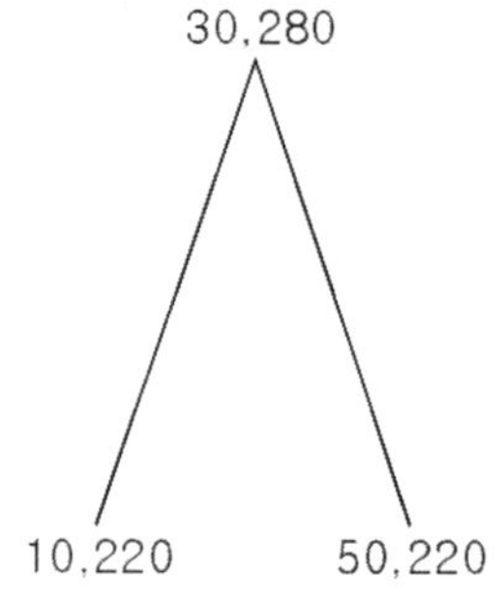

► 명령 : line [Enter↵] (혹은 l [Enter↵])
► 첫 번째 점 지정 : 20,250 [Enter↵]
► 다음 점 지정 또는 [명령 취소(U)] : 40,250 [Enter↵]
► 다음 점 지정 또는 [닫기(C)/명령 취소(U)] : [Enter↵]

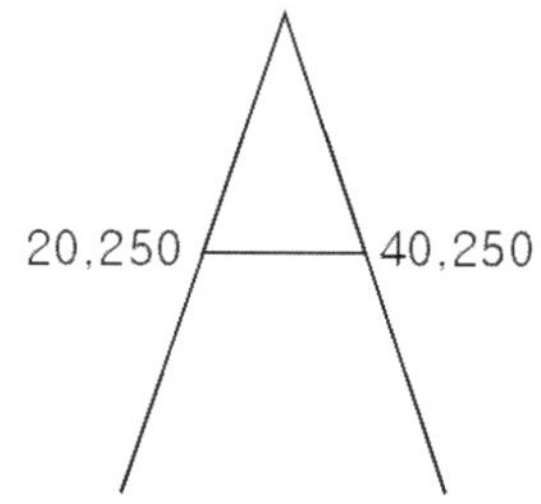

(2) 좌표활용 예제1-1(47쪽) – 절대좌표

► 명령 : line [Enter↵] (혹은 l [Enter↵])
► 첫 번째 점 지정 : 60,280 [Enter↵]
► 다음 점 지정 또는 [명령 취소(U)] : 60,230 [Enter↵]
► 다음 점 지정 또는 [닫기(C)/명령 취소(U)] : 70,220 [Enter↵]
► 다음 점 지정 또는 [닫기(C)/명령 취소(U)] : 90,220 [Enter↵]
► 다음 점 지정 또는 [닫기(C)/명령 취소(U)] : 100,230 [Enter↵]
► 다음 점 지정 또는 [닫기(C)/명령 취소(U)] : 100,280 [Enter↵]
► 다음 점 지정 또는 [닫기(C)/명령 취소(U)] : [Enter↵] **(명령 종료)**
➔ *더이상 연결된 선이 없기 때문에 명령을 종료한다.*

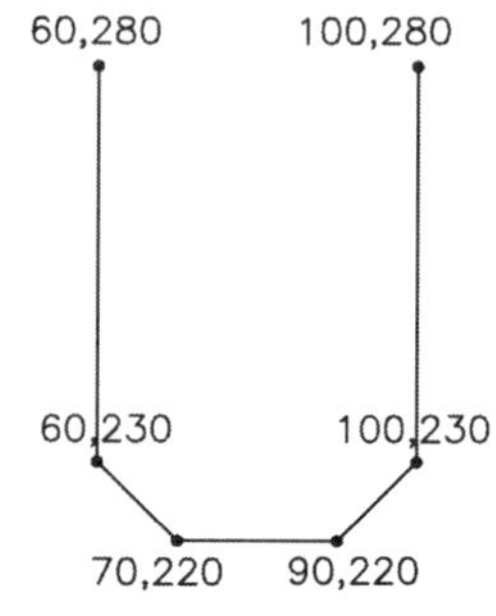

도면 예제 1-2 위치와 크기값을 직접 입력해 기본 도형 그리기 2

다음 예제는 좌표값을 직접 찾아서 도형을 그린다.

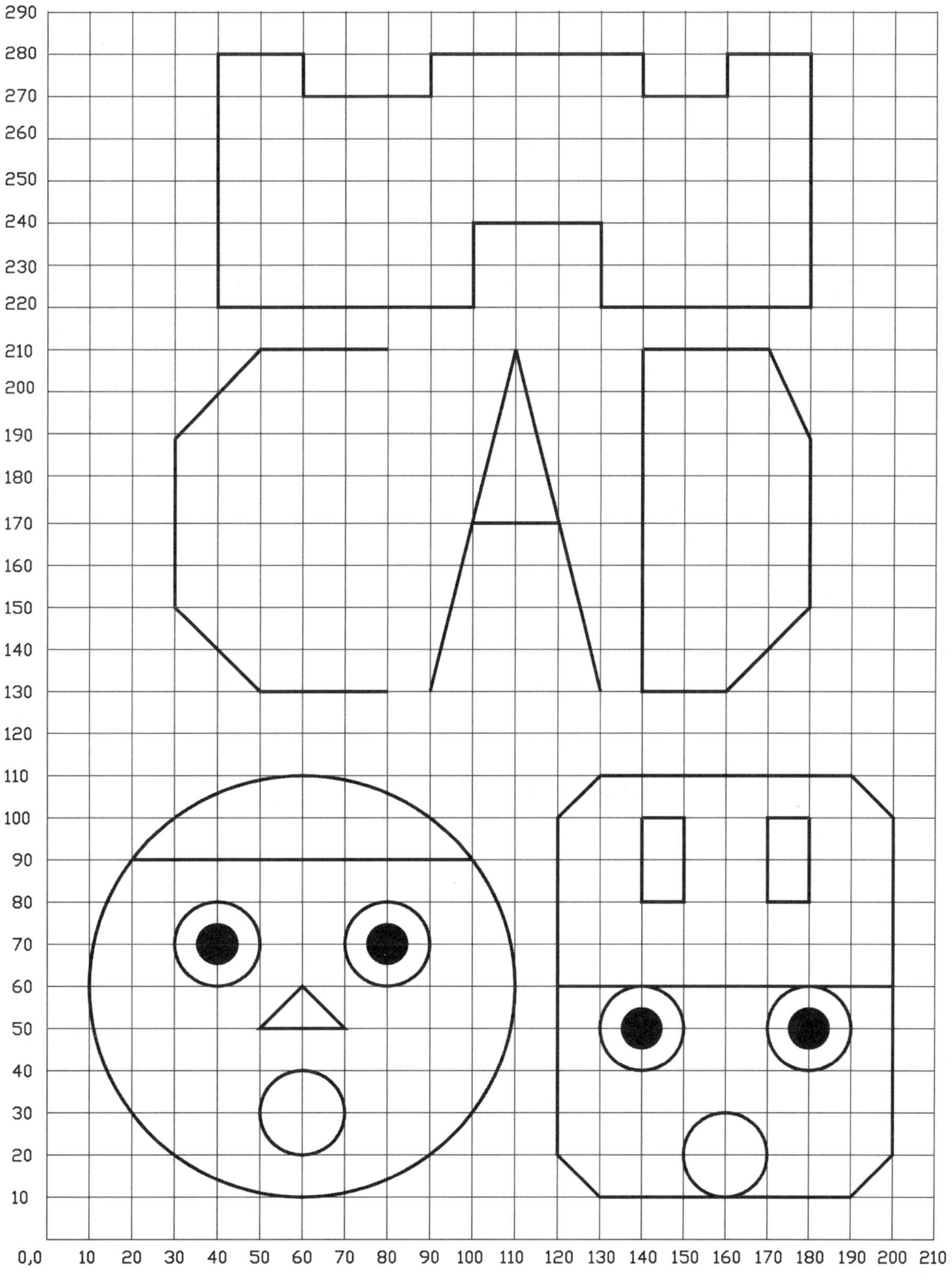

도면 예제 따라 그리기

1. 다양한 위치지정 방법을 이용해 선 그리기

(1) 도면 예제 1–2–① (49쪽) – 절대좌표로 그리기

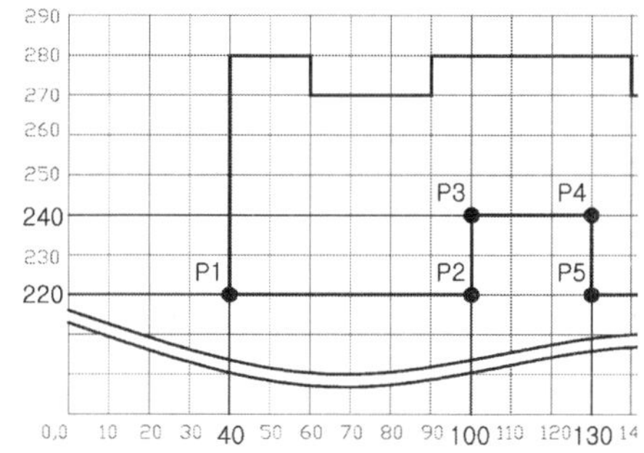

- ► 명령 : line [Enter↵] (혹은 l [Enter↵])
- ► 첫 번째 점 지정 : 40,220 [Enter↵] (P1점)
- ► 다음 점 지정 또는 [명령 취소(U)] : 100,220 [Enter↵] (P2점)
- ► 다음 점 지정 또는 [닫기(C)/명령 취소(U)] : 100,240 [Enter↵] (P3점)
- ► 다음 점 지정 또는 [닫기(C)/명령 취소(U)] : 130,240 [Enter↵] (P4점)
- ► 다음 점 지정 또는 [닫기(C)/명령 취소(U)] : 130,220 [Enter↵] (P5점)

49쪽 예제를 보고 나머지 좌표를 입력해 도면을 완성한다.

(2) 도면 예제 1–2–① (49쪽) – 상대좌표로 그리기

> **• 상대좌표 입력 방법 : @x,y**

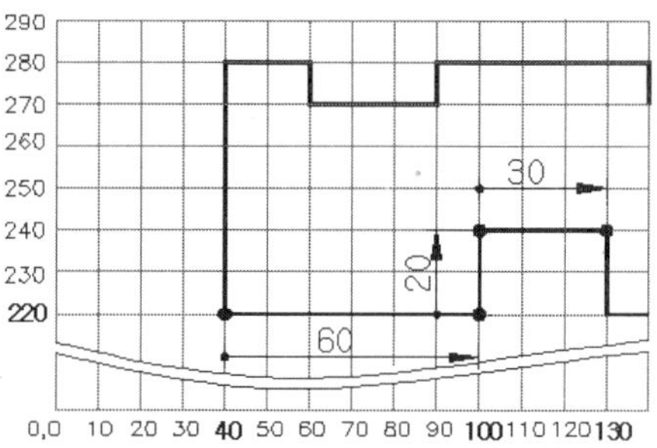

- ► 명령 : line [Enter↵] (혹은 l [Enter↵])
- ► 첫 번째 점 지정 : 40,220 [Enter↵]
- ► 다음 점 지정 또는 [명령 취소(U)] : @60,0 [Enter↵]
- ► 다음 점 지정 또는 [닫기(C)/명령 취소(U)] : @0,20 [Enter↵]
- ► 다음 점 지정 또는 [닫기(C)/명령 취소(U)] : @30,0 [Enter↵]
- ► 다음 점 지정 또는 [닫기(C)/명령 취소(U)] : @0,–20 [Enter↵]

49쪽 예제를 보고 나머지 좌표를 입력해 도면을 완성한다.

(3) 도면 예제 1–2–① (49쪽) – 상대극좌표로 그리기

> **• 상대극좌표 입력 방법 : @크기<각도**

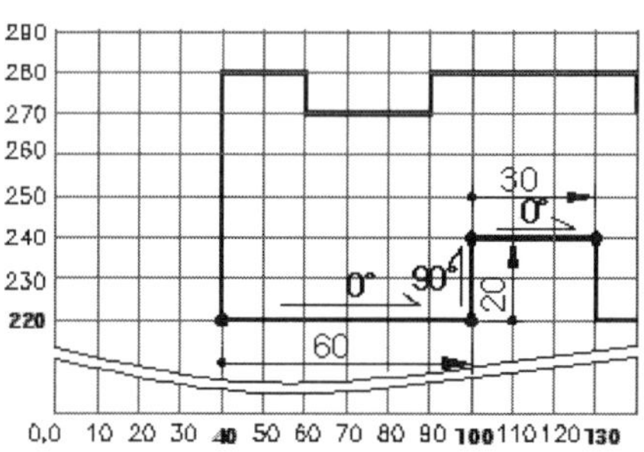

- ► 명령 : line [Enter↵] (혹은 l [Enter↵])
- ► 첫 번째 점 지정 : 40,220 [Enter↵]
- ► 다음 점 지정 또는 [명령 취소(U)] : @60<0 [Enter↵]
- ► 다음 점 지정 또는 [닫기(C)/명령 취소(U)] : @20<90 [Enter↵]
  (혹은 @20<–270 [Enter↵])
- ► 다음 점 지정 또는 [닫기(C)/명령 취소(U)] : @30<0 [Enter↵]
- ► 다음 점 지정 또는 [닫기(C)/명령 취소(U)] : @20<–90 [Enter↵]
  (혹은 @20<270 [Enter↵])

49쪽 예제를 보고 나머지 좌표를 입력해 도면을 완성한다.

(4) 도면 예제 1-2-③ (49쪽)

① 얼굴 형태 그리기(사용명령 : circle)

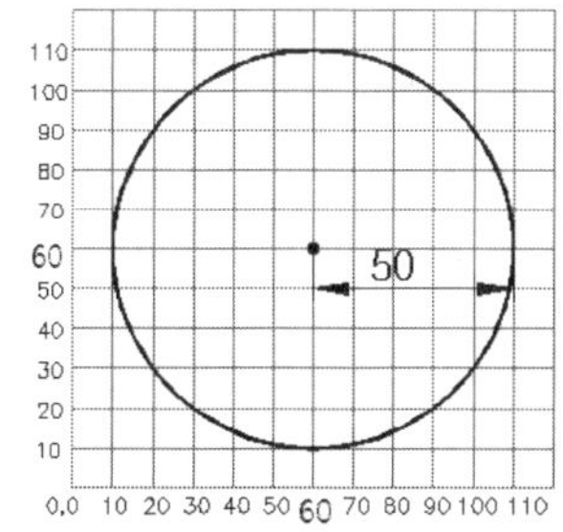

- ► 명령 : Circle [Enter↵] (혹은 c [Enter↵])
- ► 원에 대한 중심점 지정 또는 [3점(3P)/2점(2P)/Ttr – 접선 접선 반지름(T)] : 60,60 [Enter↵]
- ► 원의 반지름 지정 또는 [지름(D)] : 50 [Enter↵]

② 머리선 그리기(사용명령 : line)

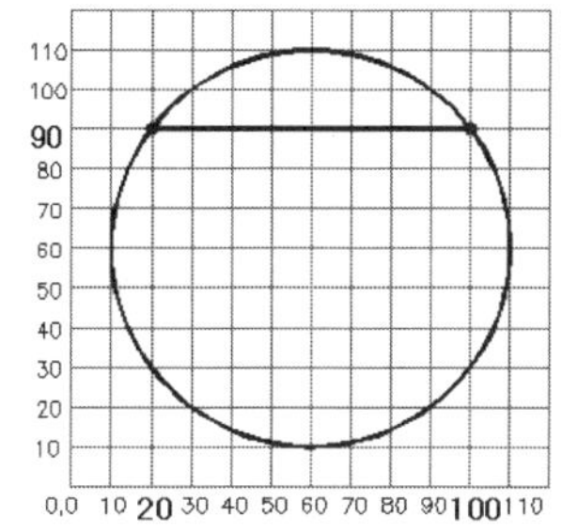

- ► 명령 : line [Enter↵] (혹은 l [Enter↵])
- ► 첫 번째 점 지정 : 20,90 [Enter↵]
- ► 다음 점 지정 또는 [명령 취소(U)] : 100,90 [Enter↵]
- ► 다음 점 지정 또는 [닫기(C)/명령 취소(U)] : [Enter↵]

③ 눈 그리기(사용명령 : circle, donut)

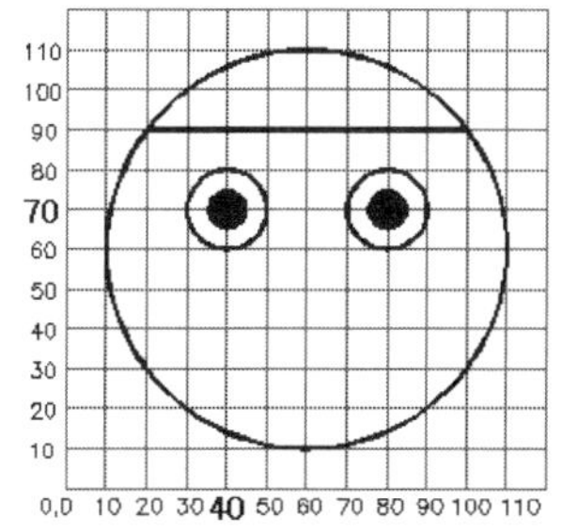

눈 그리기

- ► 명령 : circle [Enter↵] (혹은 c [Enter↵])
- ► 원에 대한 중심점 지정 또는 [3점(3P)/2점(2P)/Ttr – 접선 접선 반지름(T)] : 40,70 [Enter↵]
- ► 원의 반지름 지정 또는 [지름(D)] : 10 [Enter↵]

눈동자 그리기

- ► 명령 : donut [Enter↵] (혹은 do [Enter↵])
- ► 도넛의 내부 지름 지정 〈0.0000〉 : 0 [Enter↵]
- ► 도넛의 외부 지름 지정 〈10.0000〉 : 10 [Enter↵]
- ► 도넛의 중심 지정 또는 〈종료〉 : 40,70 [Enter↵]
- ► 도넛의 중심 지정 또는 〈종료〉 : [Enter↵]

④ 코 그리기(사용명령 : line)

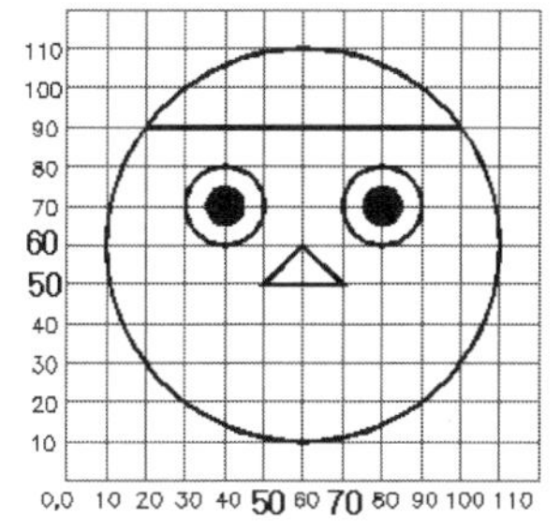

- ► 명령 : line [Enter↵] (혹은 l [Enter↵])
- ► 첫 번째 점 지정 : 60,70 [Enter↵]
- ► 다음 점 지정 또는 [명령 취소(U)] : 50,50 [Enter↵]
- ► 다음 점 지정 또는 [닫기(C)/명령 취소(U)] : 70,50 [Enter↵]
- ► 다음 점 지정 또는 [닫기(C)/명령 취소(U)] : 60,70 [Enter↵]
- ► 다음 점 지정 또는 [닫기(C)/명령 취소(U)] : [Enter↵]

⑤ 입 그리기(사용명령 : circle)

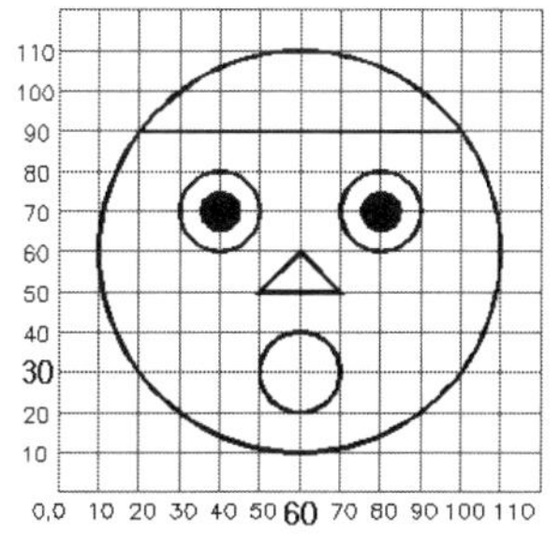

- ► 명령 : circle [Enter↵] (혹은 c [Enter↵])
- ► 원에 대한 중심점 지정 또는 [3점(3P)/2점(2P)/Ttr – 접선 접선 반지름(T)] : 60,30 [Enter↵]
- ► 원의 반지름 지정 또는 [지름(D)] : 10 [Enter↵]

도면 예제 1-3 위치와 크기값을 직접 입력해 기본 도형 그리기 3

다음 예제는 상대좌표로 도형을 그린다.

아래 예제는 정확한 위치점을 가지고 있지 않기 때문에 첫 번째 점은 마우스로 임의로 지정한다.

①

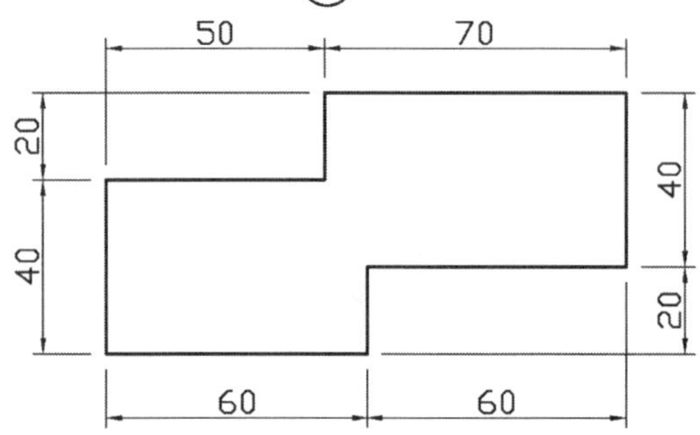

②

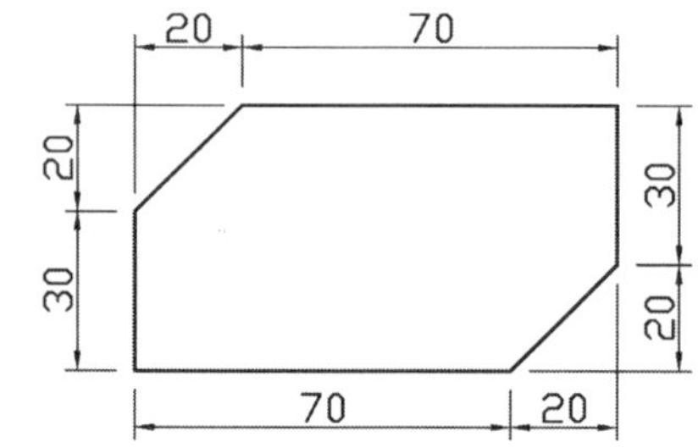

③

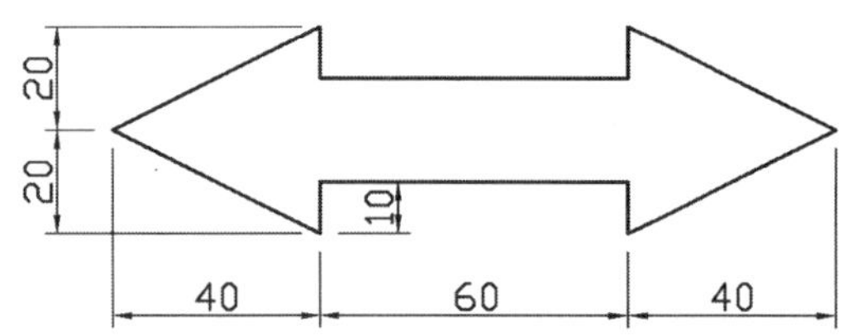

④

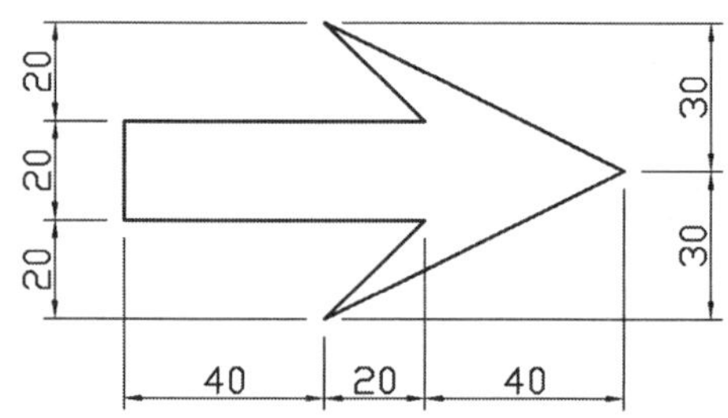

⑤

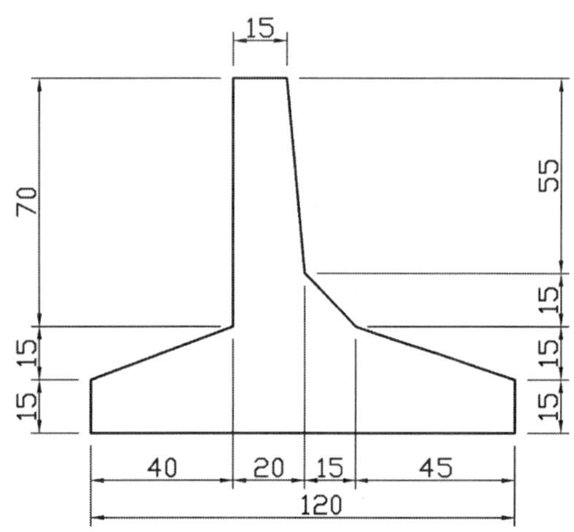

⑥

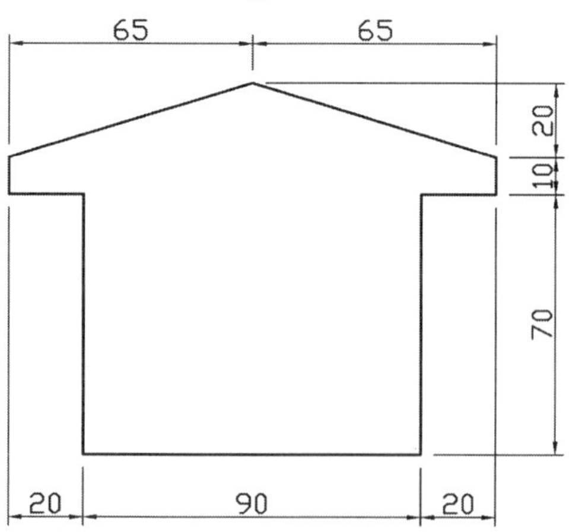

⑦

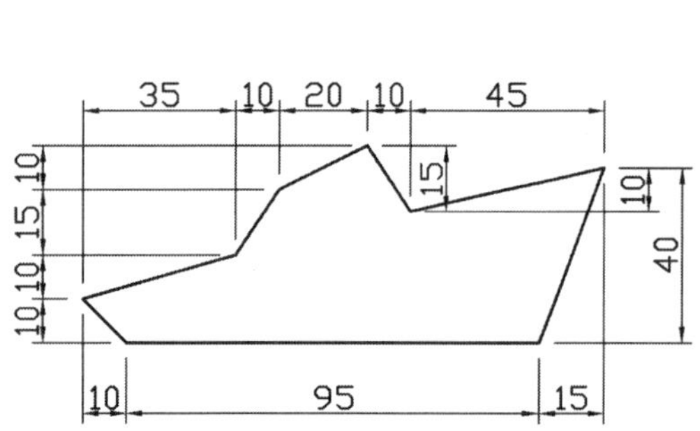

⑧

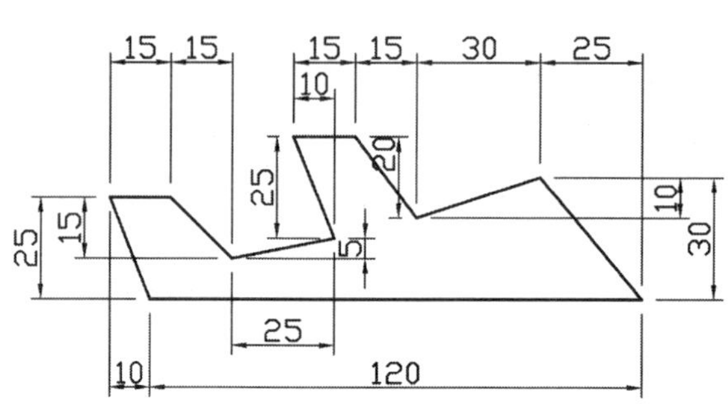

도면 예제 따라 그리기 • • •

(1) 도면 예제 1-3-① (52쪽)

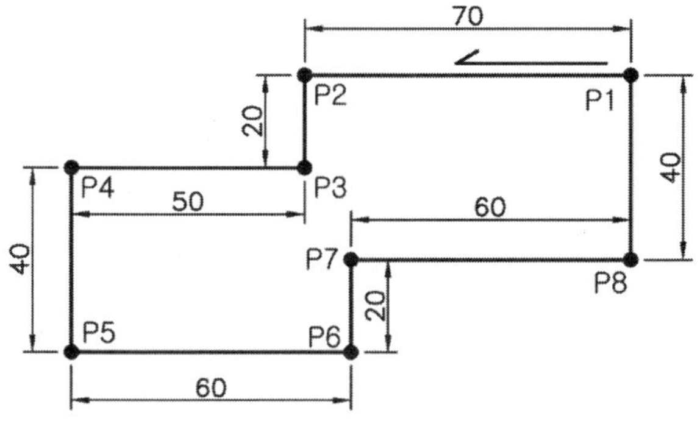

► 명령 : line [Enter↵] (혹은 l [Enter↵])
► 첫 번째 점 지정 : **마우스로 왼쪽 버튼을 클릭해 임의의 점 지정**(P1점)
► 다음 점 지정 또는 [닫기(C)/명령 취소(U)] : **@-70,0** [Enter↵]
► 다음 점 지정 또는 [닫기(C)/명령 취소(U)] : **@0,-20** [Enter↵]
► 다음 점 지정 또는 [닫기(C)/명령 취소(U)] : **@-50,0** [Enter↵]
► 다음 점 지정 또는 [닫기(C)/명령 취소(U)] : **@0,-40** [Enter↵]
► 다음 점 지정 또는 [닫기(C)/명령 취소(U)] : **@60,0** [Enter↵]
► 다음 점 지정 또는 [닫기(C)/명령 취소(U)] : **@0,20** [Enter↵]
► 다음 점 지정 또는 [닫기(C)/명령 취소(U)] : **@60,0** [Enter↵]
► 다음 점 지정 또는 [닫기(C)/명령 취소(U)] : **@0,40** [Enter↵] (혹은 C [Enter↵])

(2) 도면 예제1-3-② (52쪽)

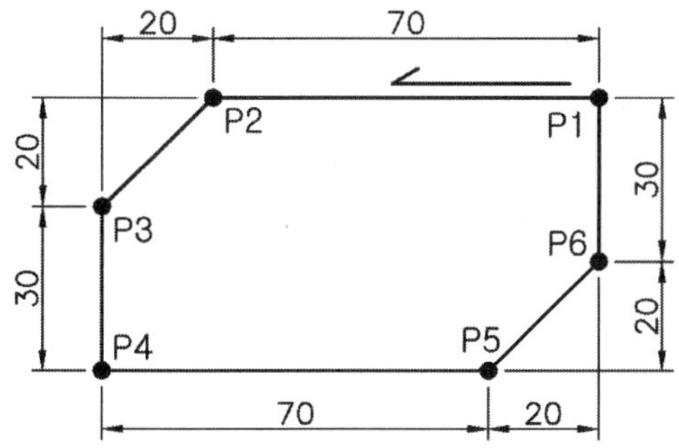

► 명령 : line [Enter↵] (혹은 l [Enter↵])
► 첫 번째 점 지정 : **마우스로 왼쪽 버튼을 클릭해 임의의 점 지정**(P1점)
► 다음 점 지정 또는 [닫기(C)/명령 취소(U)] : **@-70,0** [Enter↵]
► 다음 점 지정 또는 [닫기(C)/명령 취소(U)] : **@-20,-20** [Enter↵]
► 다음 점 지정 또는 [닫기(C)/명령 취소(U)] : **@0,-30** [Enter↵]
► 다음 점 지정 또는 [닫기(C)/명령 취소(U)] : **@70,0** [Enter↵]
► 다음 점 지정 또는 [닫기(C)/명령 취소(U)] : **@20,20** [Enter↵]
► 다음 점 지정 또는 [닫기(C)/명령 취소(U)] : **@0,30** [Enter↵] (혹은 C [Enter↵])

도면 예제 1-4 위치와 크기값을 직접 입력해 기본 도형 그리기 4

다음 예제는 상대극좌표로 도형을 그려본다.

아래 예제는 정확한 위치점을 가지고 있지 않기 때문에 첫 번째 점은 마우스로 임의로 지정한다.

①

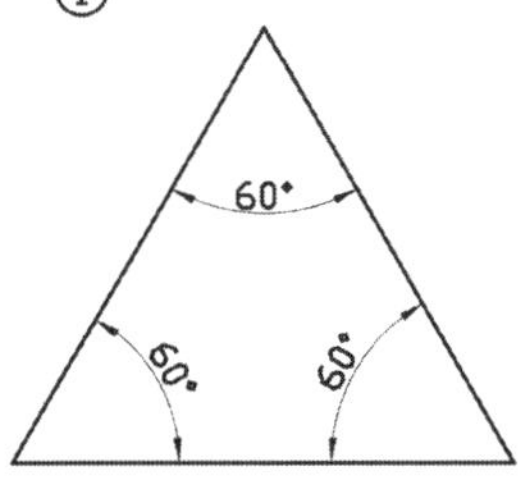

한 변의 길이값:50

②

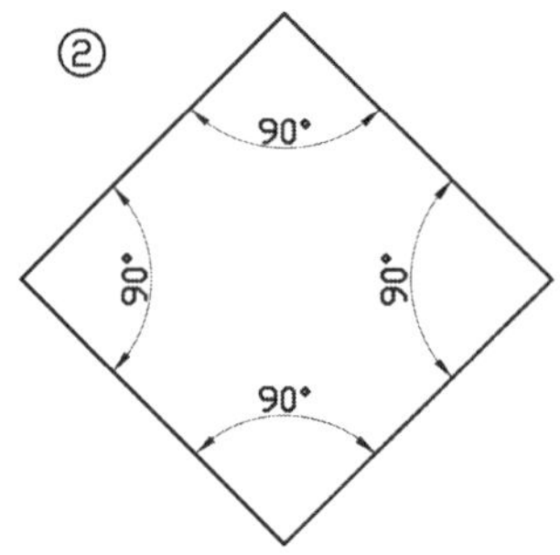

한 변의 길이값:50

③

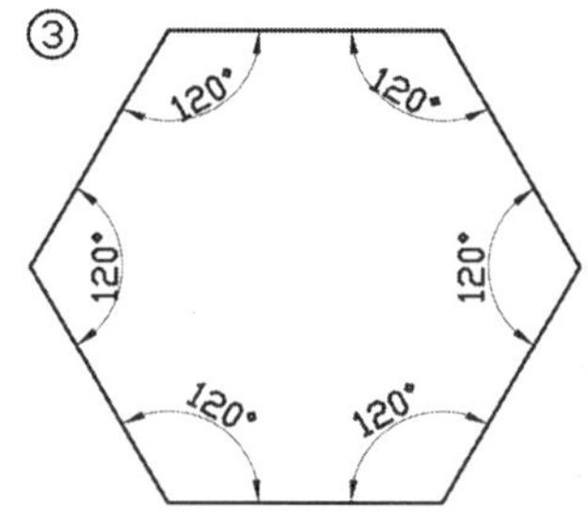

한 변의 길이값:50

④

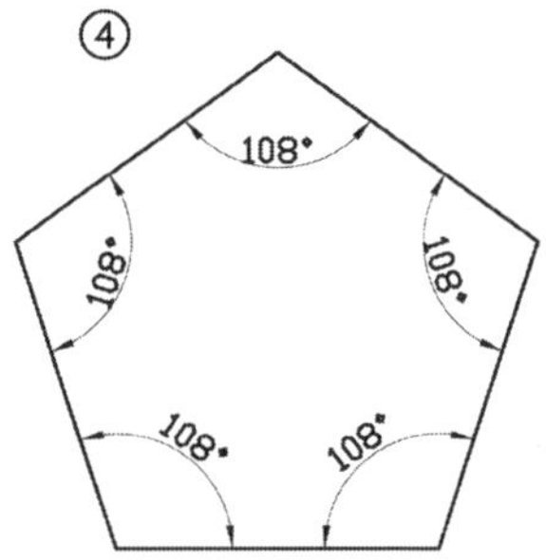

한 변의 길이값:50

⑤

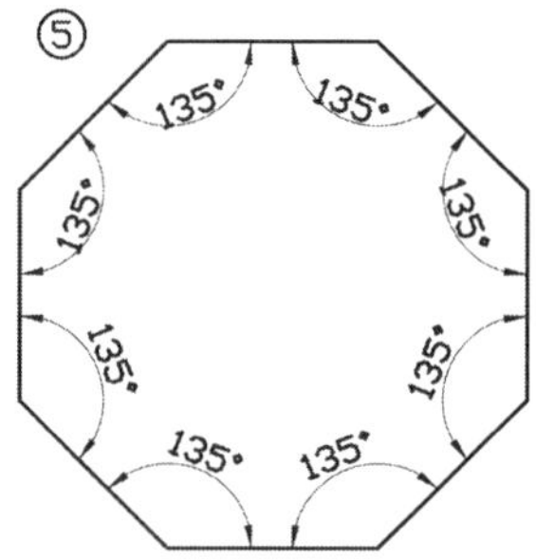

한 변의 길이값:50

⑥

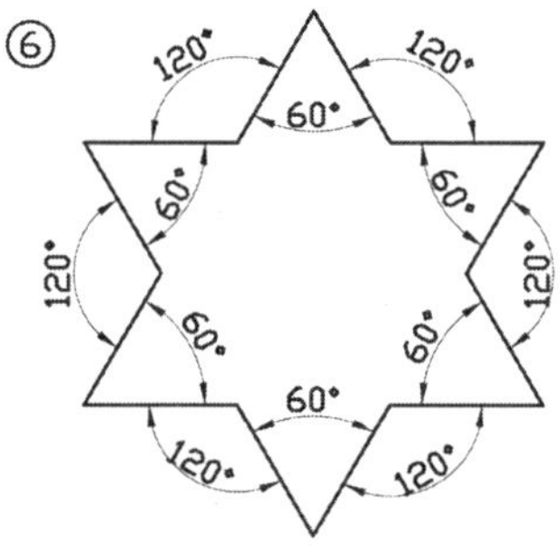

한 변의 길이값:50

⑦

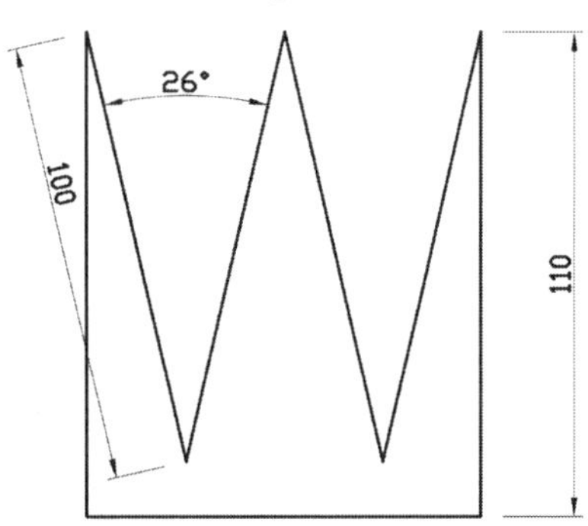

⑧

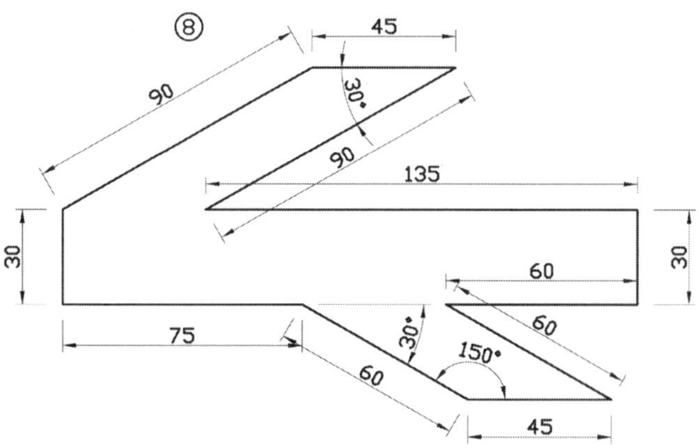

⑨

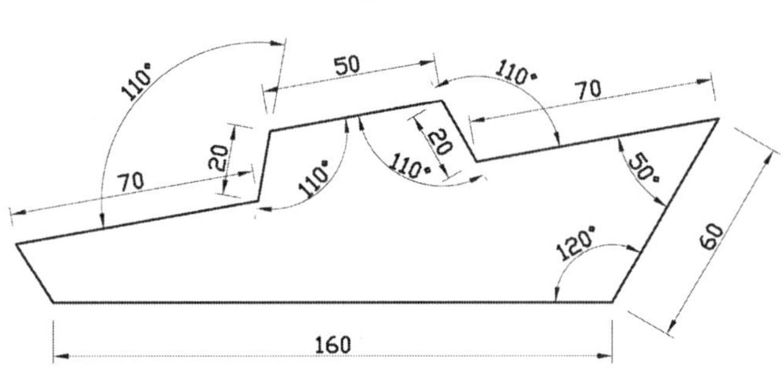

⑩

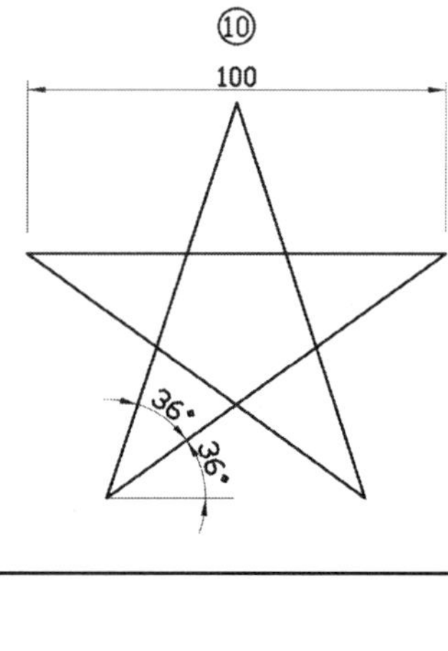

도면 예제 따라 그리기

(1) 도면 예제 1-4-②(54쪽)

한변의 크기가 50인 마름모 그리기(**첫 번째 점은 마우스로 임의로 지정한다.**)

► 명령 : line [Enter↵] (혹은 l [Enter↵])

► 첫 번째 점 지정 : **마우스로 임의로 지정**

► 다음 점 지정 또는 [명령 취소(U)] : **@50<45** [Enter↵]

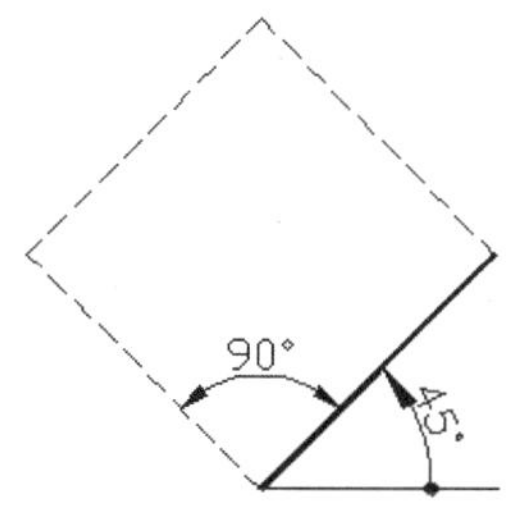

► 다음 점 지정 또는 [닫기(C)/명령 취소(U)] : **@50<135** [Enter↵]

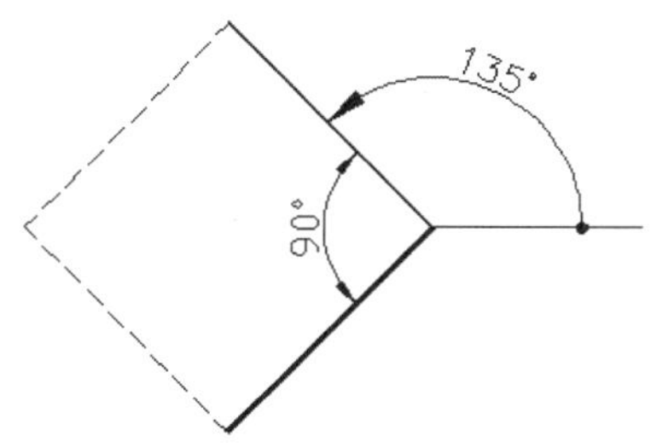

► 다음 점 지정 또는 [닫기(C)/명령 취소(U)] : **@50<-135** [Enter↵]

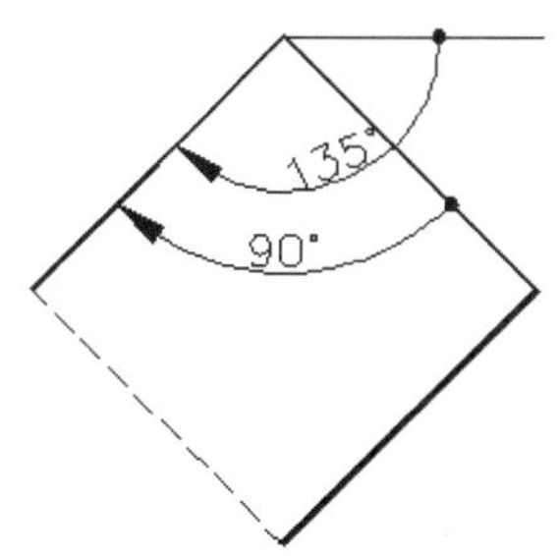

► 다음 점 지정 또는 [닫기(C)/명령 취소(U)] : **@50<-45** [Enter↵]

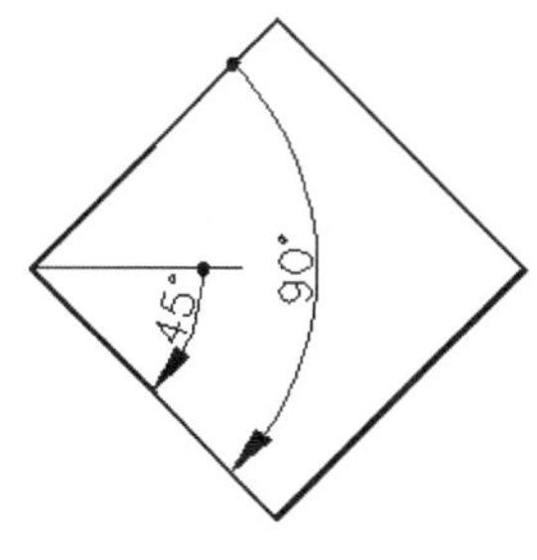

► 다음 점 지정 또는 [닫기(C)/명령 취소(U)] : [Enter↵] → *명령 종료*

도면 예제 1-5 직교모드, 각도추적 기능 사용하기

다음 예제는 직교모드, 각도추적기능을 이용한 위치지정 방법으로 도형을 그린다.
아래 예제는 **정확한 위치점을 가지고 있지 않기 때문에 첫 번째 점은 마우스로 임의 지정**한다.

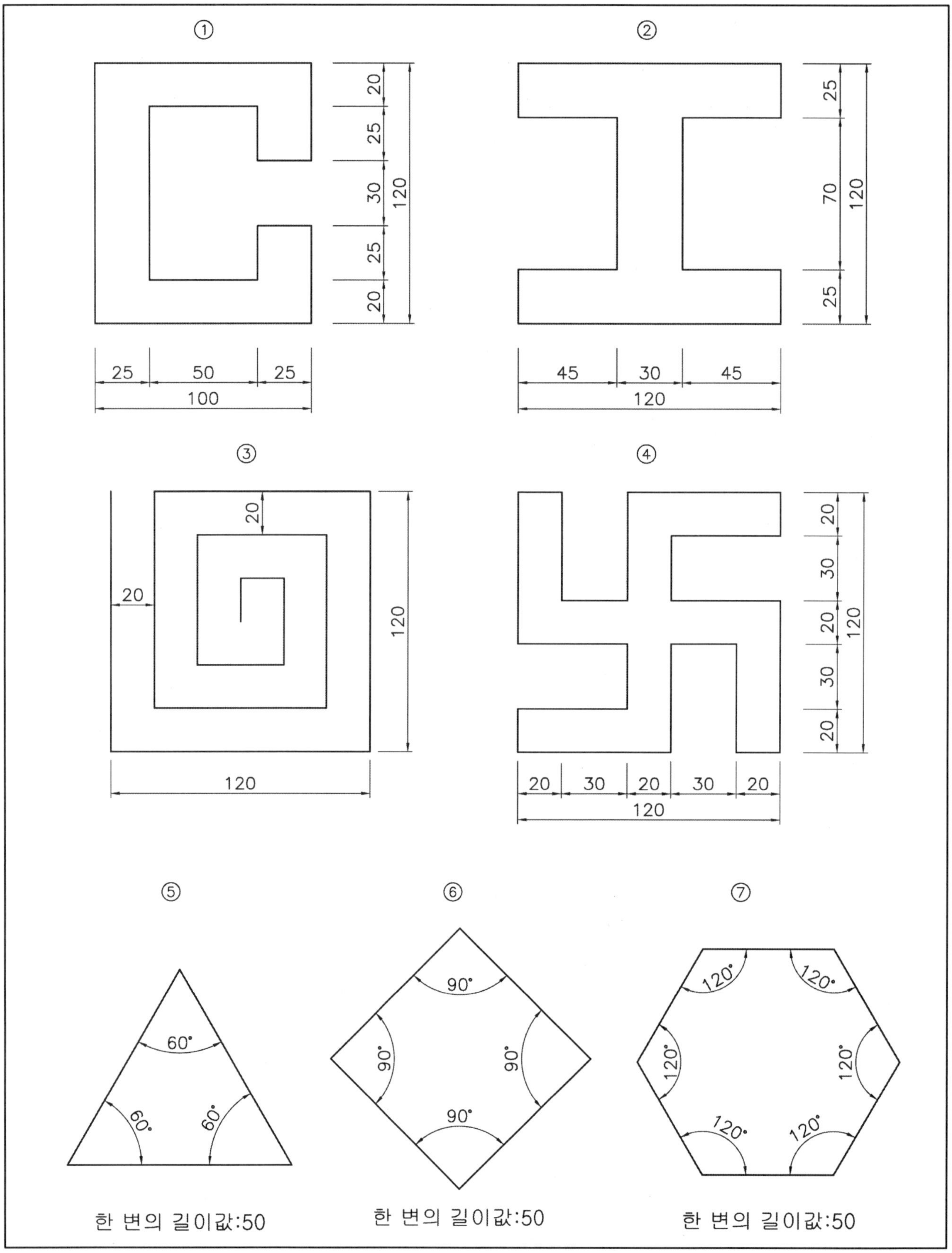

도면 예제 따라 그리기

(1) 도면 예제 1-5-① (56쪽)

> **확인**
> 직교 모드 활성화 하기 : F8 혹은 상태막대의 [버튼] 버튼 선택

- 명령줄 : line Enter↵ (혹은 l Enter↵)
- 첫 번째 점 지정 : P1 (임의의 점) 클릭 → *시작점을 임의로 마우스로 지정.*
- 다음 점 지정 또는 [명령취소(U)] : 100 Enter↵ → *마우스로 그리고자 하는 방향 지시 후 값입력*
- 디음 점 지정 또는 [닫기(C)/멍렁취소(U)] : 120 Enter↵ → *마우스로 그리고자 하는 방향 지시 후 값입력*
- 다음 점 지정 또는 [닫기(C)/명령취소(U)] : 100 Enter↵
- 다음 점 지정 또는 [닫기(C)/명령취소(U)] : 45 Enter↵
- 다음 점 지정 또는 [닫기(C)/명령취소(U)] : 25 Enter↵
- 다음 점 지정 또는 [닫기(C)/명령취소(U)] : 25 Enter↵
- 다음 점 지정 또는 [닫기(C)/명령취소(U)] : 50 Enter↵
- 다음 점 지정 또는 [닫기(C)/명령취소(U)] : 80 Enter↵
- 다음 점 지정 또는 [닫기(C)/명령취소(U)] : 50 Enter↵
- 다음 점 지정 또는 [닫기(C)/명령취소(U)] : 25 Enter↵
- 다음 점 지정 또는 [닫기(C)/명령취소(U)] : 25 Enter↵
- 다음 점 지정 또는 [닫기(C)/명령취소(U)] : 45 Enter↵
- 다음 점 지정 또는 [닫기(C)/명령취소(U)] : Enter↵ → *명령종료*

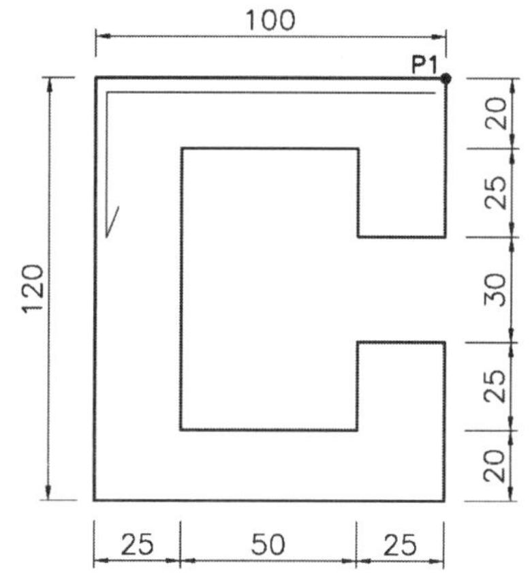

(2) 도면 예제 1-5-② (56쪽)

- 명령줄 : line Enter↵ (혹은 l Enter↵)
- 첫 번째 점 지정 : P1 (임의의 점) 클릭 → *시작점을 임의로 마우스로 지정.*
- 다음 점 지정 또는 [명령취소(U)] : 120 Enter↵ → *마우스로 그리고자 하는 방향 지시 후 값입력*
- 다음 점 지정 또는 [닫기(C)/명령취소(U)] : 25 Enter↵ → *마우스로 그리고자 하는 방향 지시 후 값입력*
- 다음 점 지정 또는 [닫기(C)/명령취소(U)] : 45 Enter↵
- 다음 점 지정 또는 [닫기(C)/명령취소(U)] : 70 Enter↵
- 다음 점 지정 또는 [닫기(C)/명령취소(U)] : 45 Enter↵
- 다음 점 지정 또는 [닫기(C)/명령취소(U)] : 25 Enter↵
- 다음 점 지정 또는 [닫기(C)/명령취소(U)] : 120 Enter↵
- 다음 점 지정 또는 [닫기(C)/명령취소(U)] : 25 Enter↵
- 다음 점 지정 또는 [닫기(C)/명령취소(U)] : 45 Enter↵
- 다음 점 지정 또는 [닫기(C)/명령취소(U)] : 70 Enter↵
- 다음 점 지정 또는 [닫기(C)/명령취소(U)] : 45 Enter↵
- 다음 점 지정 또는 [닫기(C)/명령취소(U)] : 25 Enter↵
- 다음 점 지정 또는 [닫기(C)/명령취소(U)] : Enter↵ → *명령종료*

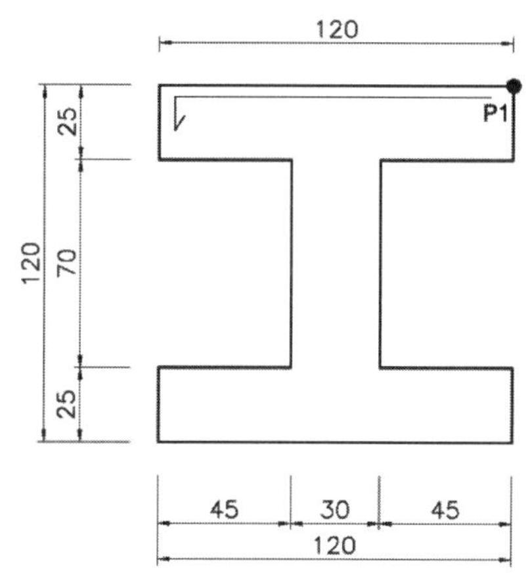

도면 예제 1-6 OSNAP 사용하기

다음 예제는 OSNAP을 이용한 위치지정 방법으로 도형을 그린다.

아래 예제는 **정확한 위치점을 가지고 있지 않기 때문에 첫 번째 점은 마우스로 임의 지정**한다.

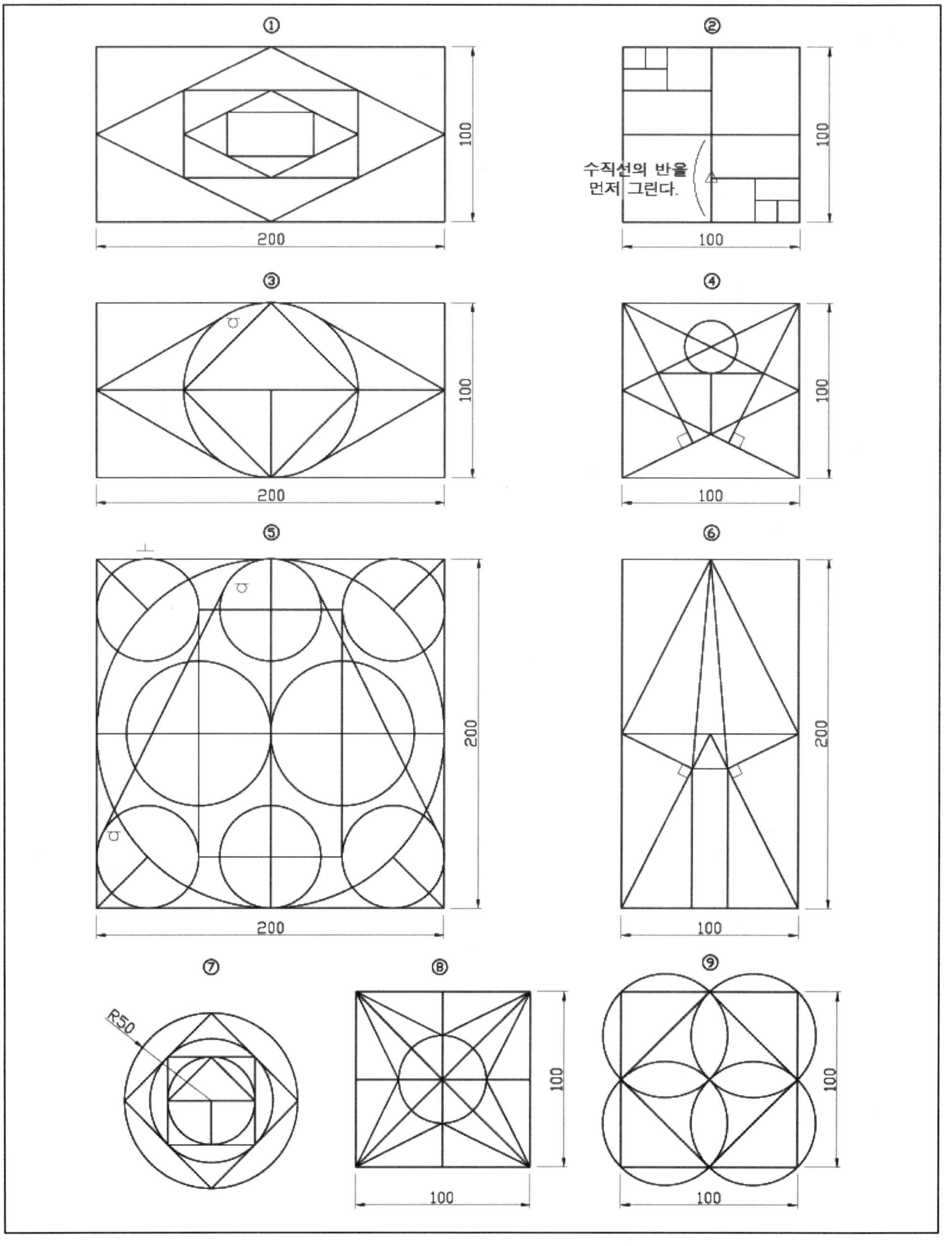

도면 예제 따라 그리기

(1) 도면 예제 1-6-① (58쪽)

먼저 '직교모드' 기능을 이용해 사각형을 그린다.

- ▶ 명령줄 : line Enter↵ (혹은 l Enter↵)
- ▶ 첫 번째 점 지정 : P1 (임의의 점) 클릭
- ▶ 다음 점 지정 또는 [명령취소(U)] : 200 Enter↵
- ▶ 다음 점 지정 또는 [닫기(C)/명령취소(U)] : 100 Enter↵
- ▶ 다음 점 지정 또는 [닫기(C)/명령취소(U)] : 200 Enter↵
- ▶ 다음 점 지정 또는 [닫기(C)/명령취소(U)] : 100 Enter↵
- ▶ 다음 점 지정 또는 [닫기(C)/명령취소(U)] : Enter↵

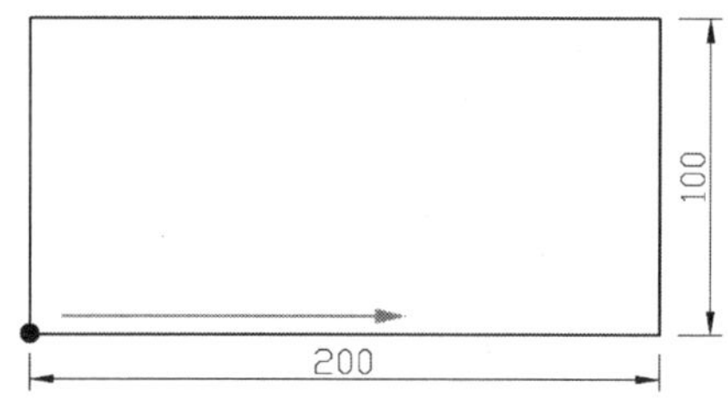

확인

다음 선을 그리기에 앞서 다음의 항목을 확인한다.

① OSNAP 자동실행 기능이 켜져 있는가? → F3 켜기/끄기 설정

② 자동실행시 실행되는 항목이 설정되어 있는가?

2008 이전 버전

켜진상태

2009 이후 버전

켜진상태

객체스넵 모드 설정 명령 따라하기

① 명령줄 이용하기

- ▶ 명령줄 : OS Enter↵
- ▶ 위의 명령 실행 후 사용하고자 하는 항목 선택 후 [확인] 버튼 눌러 종료하기

② 응용프로그램 상태막대 이용하기

- ▶ 마우스를 객체스넵 항목( ) 위에 위치시킨 후 마우스 오른쪽 버튼을 선택시 나타나는 메뉴에서 [설정] 선택하기
- ▶ 위의 명령 실행 후 사용하고자 하는 항목선택 후 [확인] 버튼 눌러 종료하기

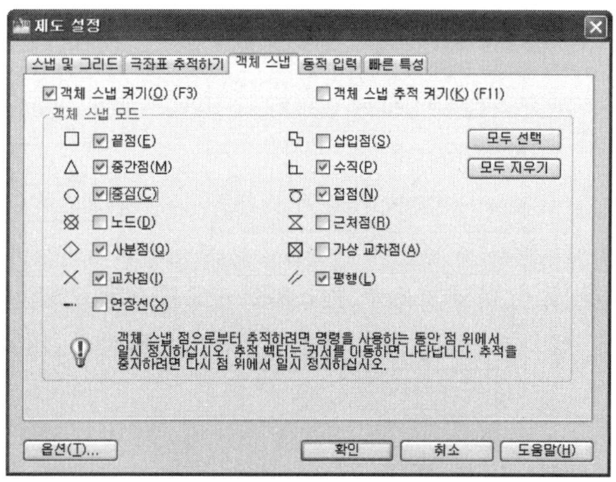

- ▶ 명령줄 : line Enter↵ (혹은 l Enter↵)
- ▶ 첫 번째 점 지정 : P1 위치에 마우스를 가리킨 후 가운데 점 기호(△)가 표시되면 마우스로 지정
- ▶ 다음 점 지정 또는 [명령 취소(U)] : P2 위치에 마우스를 가리킨 후 가운데 점 기호(△)가 표시되면 마우스로 지정
- ▶ 다음 점 지정 또는 [명령 취소(U)] : P3점 지정
- ▶ 다음 점 지정 또는 [명령 취소(U)] : P4점 지정
- ▶ 다음 점 지정 또는 [명령 취소(U)] : Enter↵

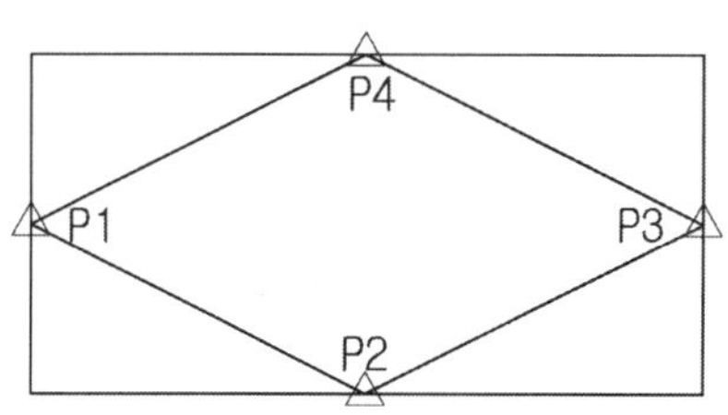

위와 동일한 방법으로 선을 그려 도면을 완성한다.

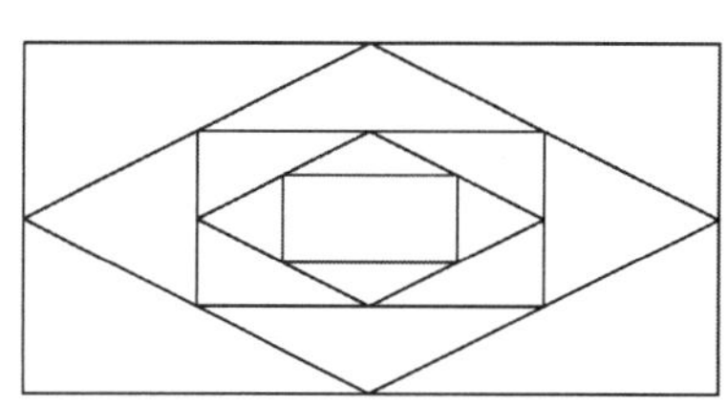

(2) 도면 예제 1-6-②번(58쪽) – 도면 예제 그리는 순서

❶ 사각형 그리기　❷ 가운데 점을 연결하는 선그리기　❸ 가운데 점을 연결하는 선그리기

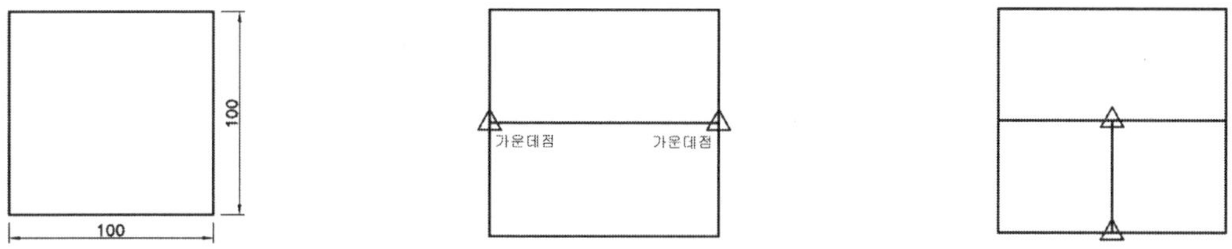

❹ 가운데 점을 연결하는 선그리기　❺ 가운데 점을 연결하는 선그리기　❻ 동일한 방법으로 도면 완성하기

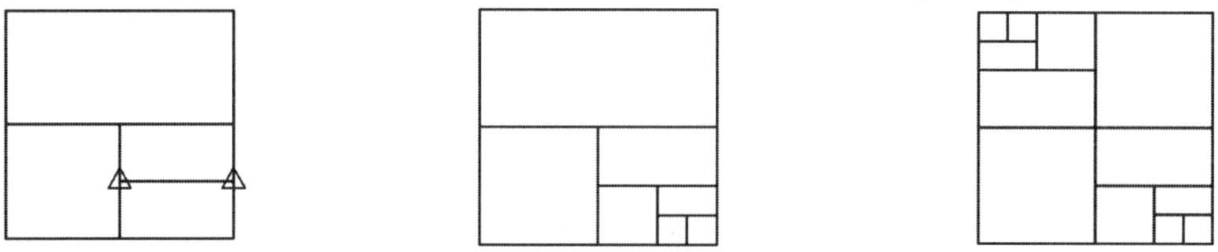

(3) 도면 예제 1-6-③번(58쪽) – 도면 예제 그리는 순서

❶ 사각형 그리기　❷ 아래 그림과 같이 선 그리기　❸ 원 그리기

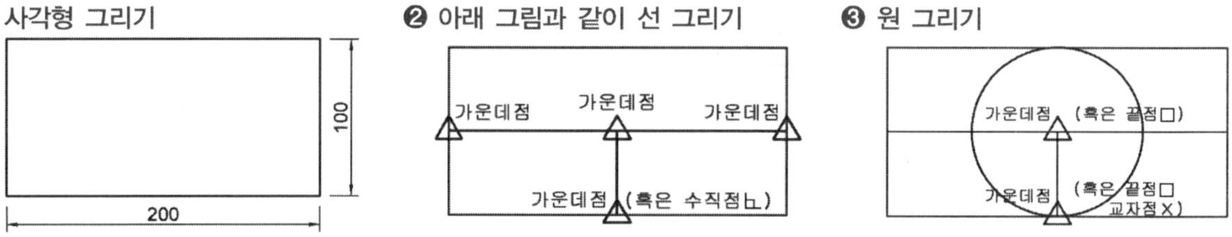

❹ 원의 사분점으로 연결된 선 그리기　❺ 접점으로 연결된 선 그리기　❻ 도면 완성하기

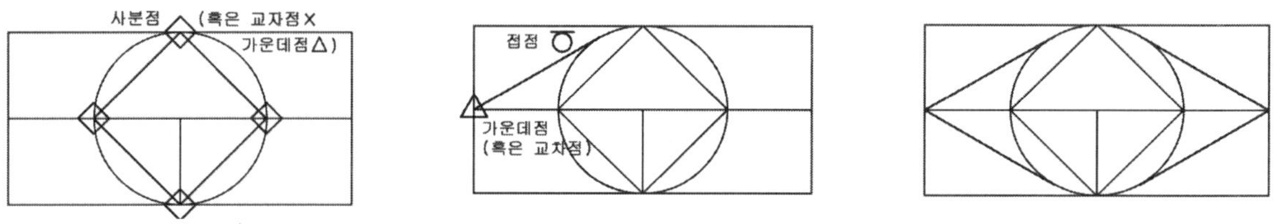

(4) 도면 예제 1-6-⑤번(58쪽) – 도면 예제 그리는 순서

❶ 아래 그림과 같이 선과 원 그리기　❷ 아래 그림과 같이 선 그리기　❸ 원 그리기

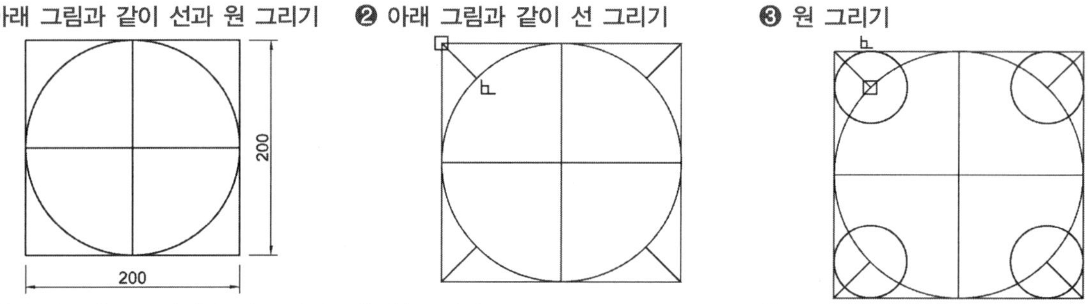

❹ 원의 사분점으로 연결된 선 그리기　❺ 원 그리기　❻ 접점으로 연결된 선 그리기

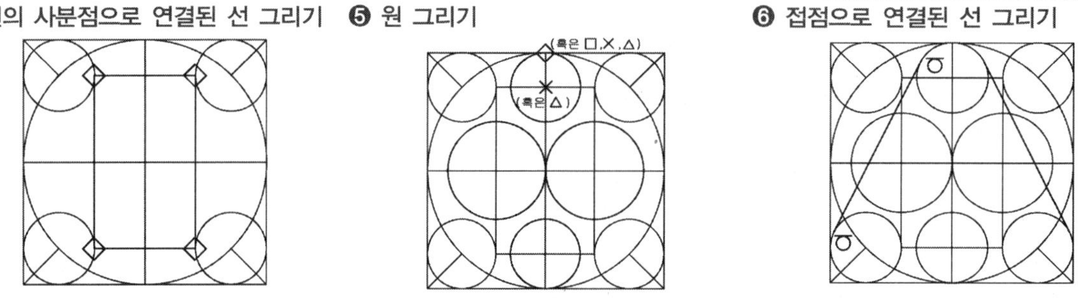

그리기 과정 1-6-⑤번의 ⑥단계에서 두 원에 접점으로 연결된 선의 경우 객체스냅을 자동실행 실정하는 것보다 바로가기 메뉴를 이용하는 경우가 많음(41쪽 OSNAP 기능 사용방법 중 바로가기메뉴사용 참고).

도면 예제 1-7 좌표 활용 종합

다음의 ①, ② 예제는 정확한 위치점을 가지기 때문에 첫 번째 점은 반드시 키보드로 지정한다.
다음의 ③, ④ 예제는 임의의 위치점을 가지기 때문에 첫 번째 점은 마우스로 지정한다.
모든 선을 처음부터 끝까지 한 번에 그릴필요는 없다(위치를 변경하면서 계속 그리면 된다).

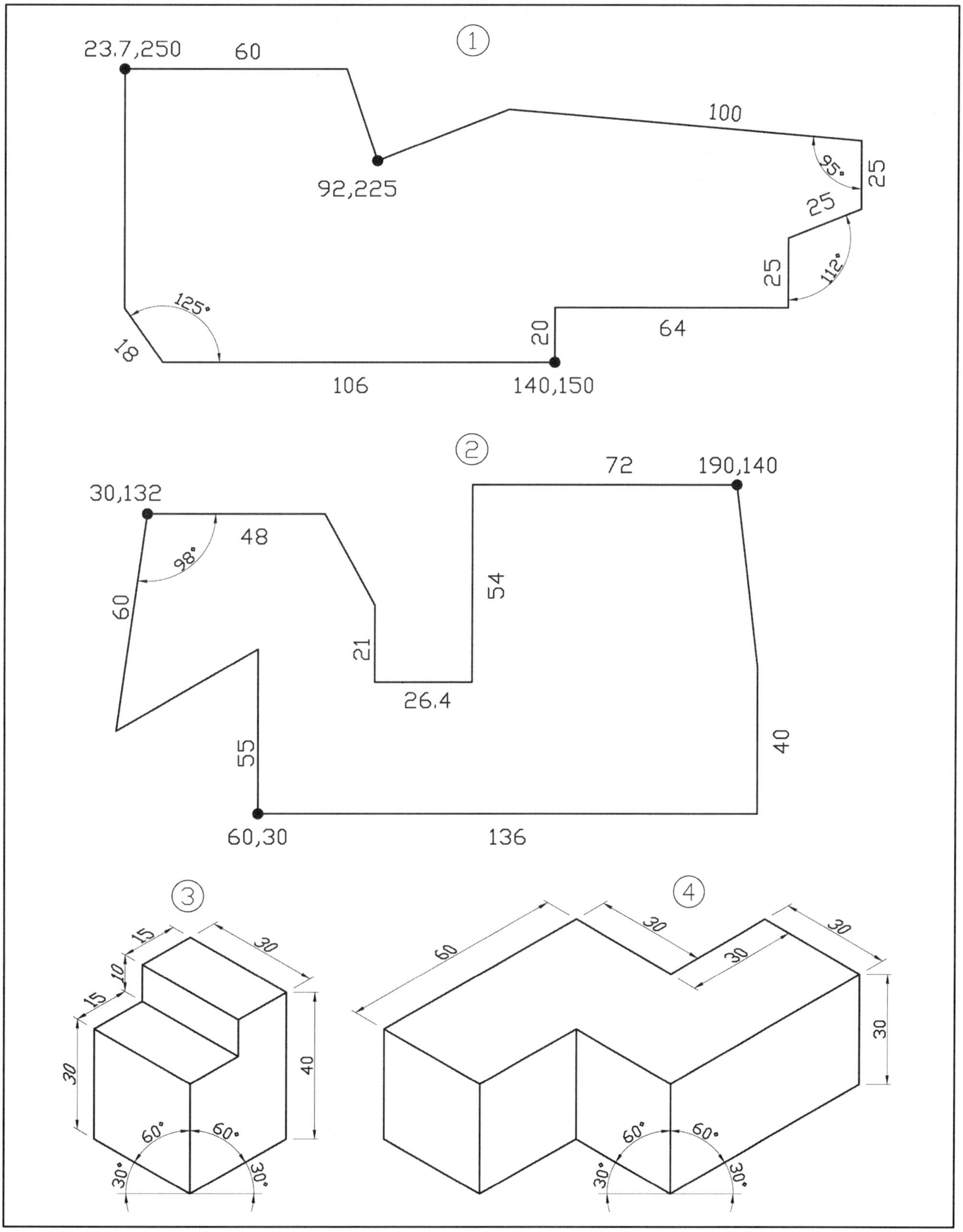

도면 예제 따라 그리기

(1) 도면 예제 1-7-①

이 예제는 위치점을 가지고 있기 때문에 첫 번째 점을 키보드로 좌표값을 직접 입력해야 한다. P1, P2, P3 세 위치점 중에서 여기에서는 P1 위치점에서 시작하도록 한다.

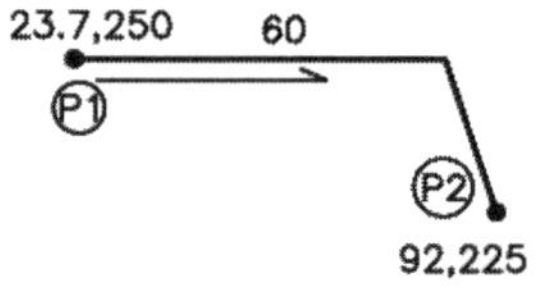

- ▸명령줄 : line [Enter↵] (혹은 l [Enter↵])
- ▸첫 번째 점 지정 : 23.7,250 [Enter↵]
- ▸다음 점 지정 또는 [명령취소(U)] : @60,0 [Enter↵]
- ▸다음 점 지정 또는 [닫기(C)/명령취소(U)] : 92,225 [Enter↵]
- ▸다음 점 지정 또는 [닫기(C)/명령취소(U)] : [Enter↵]

확인

선은 연속해 그리는 것이 효율적이지만 연속해서 그리지 못하는 경우도 많다. 이런 경우에는 명령을 종료 후 다른 위치에서 다시 선을 그리도록 한다(P2점에서 종료한 후 선 그리기 명령을 다시 실행해 P3에서 다시 그린다).

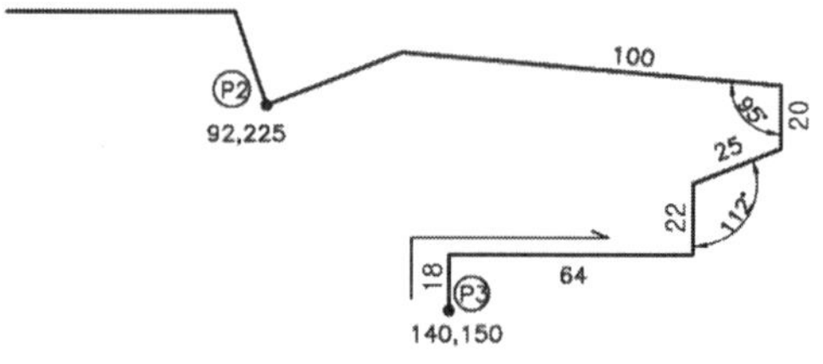

- ▸명령줄 : line [Enter↵] (혹은 l [Enter↵])
- ▸첫 번째 점 지정 : 140,150 [Enter↵]
- ▸다음 점 지정 또는 [명령취소(U)] : @0,15 [Enter↵]
- ▸다음 점 지정 또는 [닫기(C)/명령취소(U)] : @64,0 [Enter↵]
- ▸다음 점 지정 또는 [닫기(C)/명령취소(U)] : @0,19 [Enter↵]
- ▸다음 점 지정 또는 [닫기(C)/명령취소(U)] : @25,22 [Enter↵]
- ▸다음 점 지정 또는 [닫기(C)/명령취소(U)] : @0,17 [Enter↵]
- ▸다음 점 지정 또는 [닫기(C)/명령취소(U)] : @100<175 [Enter↵]
- ▸다음 점 지정 또는 [닫기(C)/명령취소(U)] : 92,225 [Enter↵]
- ▸다음 점 지정 또는 [닫기(C)/명령취소(U)] : [Enter↵]

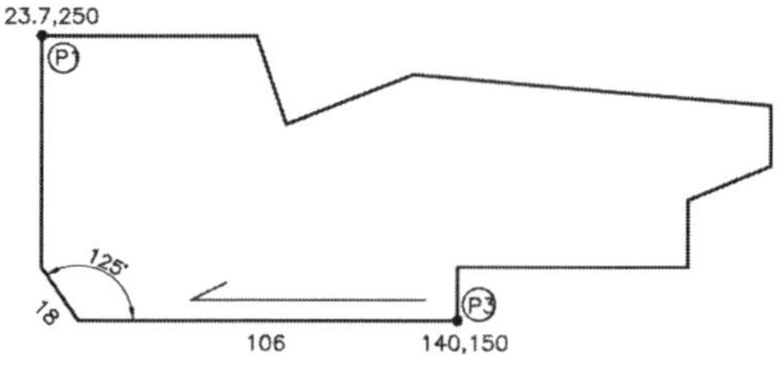

- ▸명령줄 : line [Enter↵] (혹은 l [Enter↵])
- ▸첫 번째 점 지정 : 140,150 [Enter↵]
- ▸다음 점 지정 또는 [명령취소(U)] : @-108,0 [Enter↵]
- ▸다음 점 지정 또는 [닫기(C)/명령취소(U)] : @18<12 [Enter↵]
- ▸다음 점 지정 또는 [닫기(C)/명령취소(U)] : 23.7,250 [Enter↵]
- ▸다음 점 지정 또는 [닫기(C)/명령취소(U)] : [Enter↵]

확인

위치점을 지정하는 방법

① 절대좌표 : x, y
② 상대좌표 : @x, y ➔ 마지막 위치점을 기준점으로 x, y 설정
③ 상대극좌표 : @거리<각도 ➔ 기준점으로부터 오른쪽(3시 방향)이 기준각도 0도
④ 직교기능을 이용한 방법(F8) ➔ 수평선과 수직선 그릴 때 많이 사용
⑤ 각도추적기능을 이용한 방법 ➔ 사용자가 원하는 각도를 미리 설정해 마우스로 각도 지정
⑥ 키보드로 각도값만 먼저 입력하는 방법 ➔ 크기값이 없이 각도값만 주어지는 경우 많이 사용
⑦ OSNAP을 이용한 방법 ➔ 이미 그려진 객체의 특정 위치를 마우스로 지정

AutoCAD 프로그램에서 기본 도형 그리기

1 점 : donut (do)

2 선

① 직선 : line (l), rectang (rec), polygon (pol)

② 곡선 : circle (c), arc (a), ellipse (el), spline (spl)

3 면 : hatch (h), hatchedit (he : **면수정 명령)**

4 문자 : mtext (mt), ddedit (ed : **문자 내용수정 명령)**

5 치수 : dimlinear (dli : **직선치수)**, dimaligen (dal : **경사치수)**, dimstyle (d : **치수유형설정)**

객체 구분	도형의 예
점	 [점] [도넛]
선	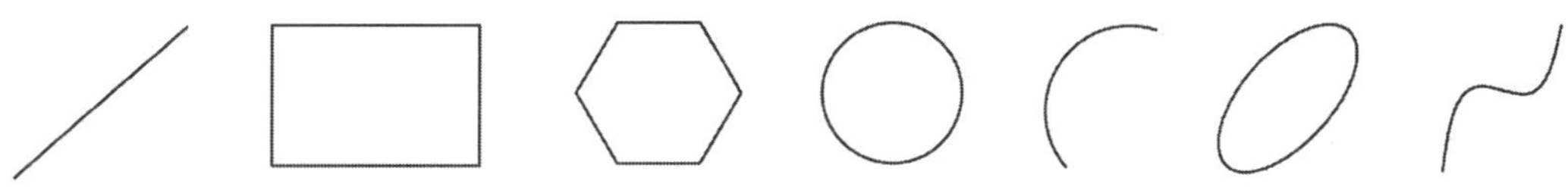 [선] [사각형] [다각형] [원] [호] [타원] [스플라인]
면	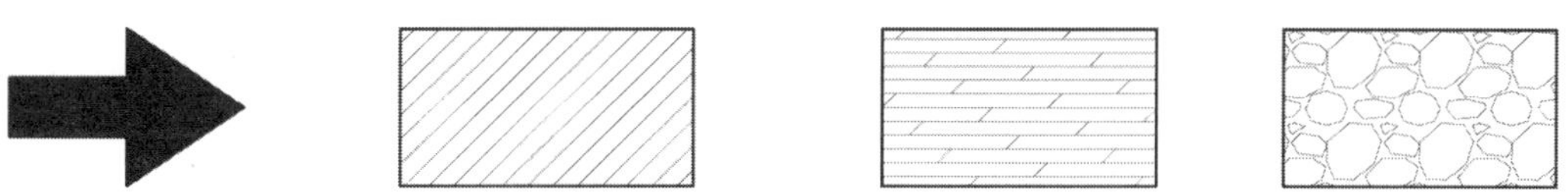 [화살표] [재료 표시 : 벽돌] [재료 표시 : 바닥] [재료 표시 : 자갈/호박돌]
문자	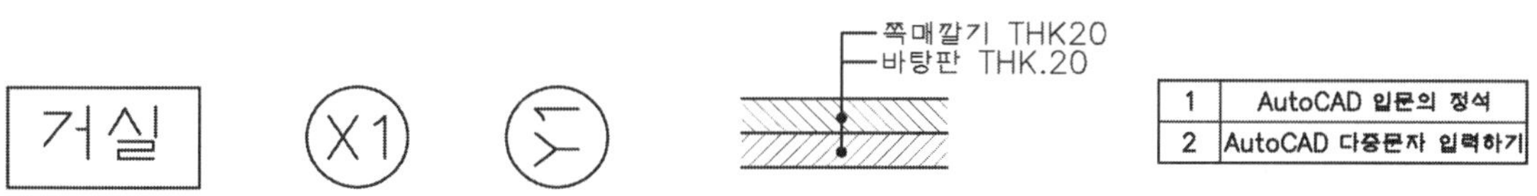 [일반 문자] [지시선(원) 문자] [지시선 문자] [표 문자]
치수	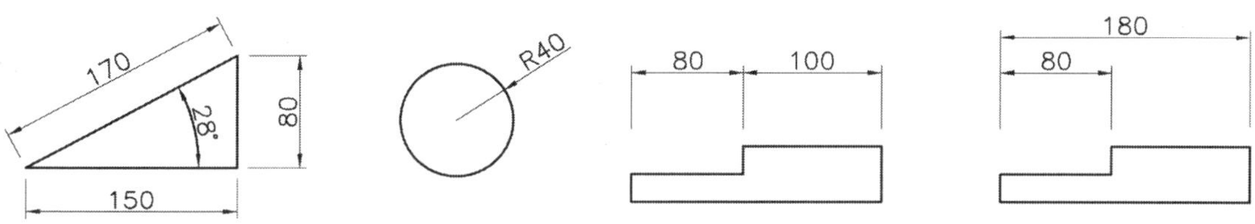 [선형, 정렬, 각도치수] [반지름치수] [연속치수] [기준치수]

1. 도넛 : donut (do)

- 2개의 원을 이용해 도넛을 그리는 명령
- 2개의 원 중에서 내부 지름을 '0'으로 설정하면 점이 된다.

1.1 도넛 그리기 명령

명령줄 사용 : donut Enter↵ (단축명령 : do)
리본메뉴 사용 : 홈 탭 ▶ 그리기 패널 ▶
주메뉴 사용 : 그리기(D) ▶ 도넛(D)
도구막대 사용 : 현재 도구막대에서는 사용할 수 없다.

1.2 도넛 그리기 옵션

► 명령 : donut Enter↵
► 도넛의 내부 지름 지정 〈0.5000〉 :
► 도넛의 외부 지름 지정 〈1.0000〉 :
► 도넛의 중심 지정 또는 〈종료〉 :

옵 션	내 용
내부 지름	2개 원 중 내부 원의 지름 지정(점을 표시하고자 할 경우 내부 원 지름 '0')
외부 지름	2개 원 중 외부 원의 지름 지정
중심 지정	도넛의 중심 위치 지정

1.3 도넛 따라 그리기

① 도넛 그리기 따라하기

► 명령 : donut Enter↵ (혹은 do Enter↵)
► 도넛의 내부 지름 지정 〈0.5000〉 : 10 Enter↵ → *안쪽 원의 크기값 10 입력*
► 도넛의 외부 지름 지정 〈1.0000〉 : 20 Enter↵ → *바깥쪽 원의 크기값 20 입력*
► 도넛의 중심 지정 또는 〈종료〉 : **중심점 지정** → *그리고자 하는 위치 지정. 마우스로 임의의 위치 클릭*
► 도넛의 중심 지정 또는 〈종료〉 : Enter↵ → *명령 종료*

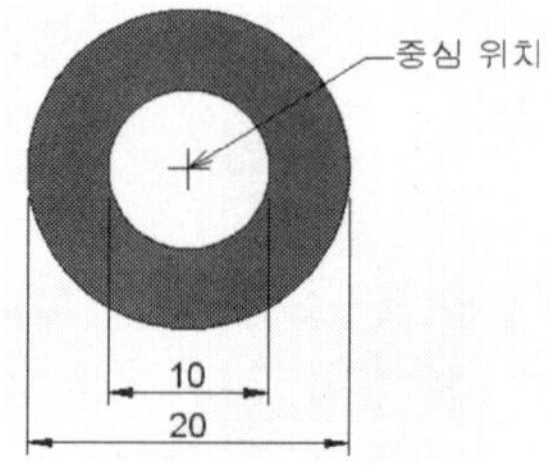

② 위치가 100,100이고 크기가 30인 점 그리기

► 명령 : do Enter↵ (혹은 donut Enter↵)
► 도넛의 내부 지름 지정 〈0.0000〉 : 0 Enter↵
► 도넛의 외부 지름 지정 〈10.0000〉 : 30 Enter↵
► 도넛의 중심 지정 또는 〈종료〉 : 100,100 Enter↵ → *정확한 점의 중심점 지정*
► 도넛의 중심 지정 또는 〈종료〉 : Enter↵

2. 직선 그리기 : line (l)

- 선을 그릴 때 사용하는 명령어

2.1 선 그리기 명령

명령줄 사용 : line [Enter↵] **(단축명령 : l)**
리본메뉴 사용 : 홈 탭 ▶ 그리기 패널 ▶
주메뉴 사용 : 그리기(D) ▶ 선(L)
도구막대 사용 : 그리기 도구막대 ▶

2.2 선 그리기 옵션

옵 션	내 용
첫 번째 점	선의 첫 번째 위치점 지정
다음 점 지정	선의 다음 위치점 지정
명령 취소(U)	마지막에 지정한 위치점 취소(위치점을 잘못 지정한 경우 사용)
닫기(C)	첫 번째 위치점으로 연결하여 닫힌 형태를 만듦

2.3 선 그리기 명령 사용방법

(1) 선 그리기 명령 기본 사용하기

► 명령줄 : line [Enter↵] (혹은 L [Enter↵])
► 첫 번째 점 지정 : 마우스로 **P1점 지정**
► 다음 점 지정 또는 [명령취소(U)] : **마우스로 P2점 지정**
► 다음 점 지정 또는 [닫기(C)/명령취소(U)] : **마우스로 P3점 지정**
► 다음 점 지정 또는 [닫기(C)/명령취소(U)] : U → *p2와 p3를 연결하는 선이 없어진다.*
► 다음 점 지정 또는 [닫기(C)/명령취소(U)] : P4
► 다음 점 지정 또는 [닫기(C)/명령취소(U)] : C

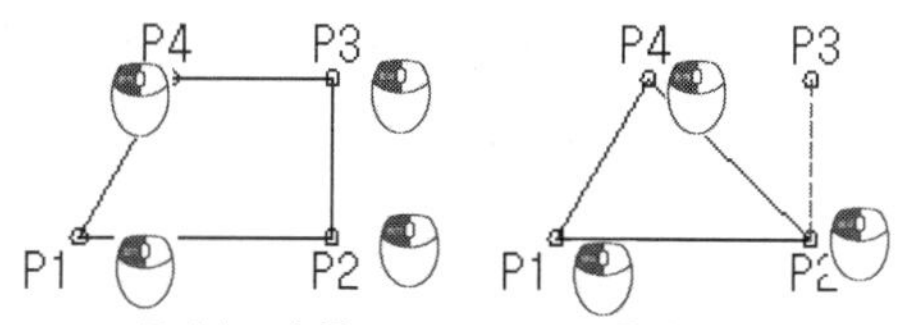

<c 옵션 이용> <u 옵션 이용>

선 그리기 명령 종료하는 방법
– 다음 점 지정 또는 [닫기(C)/명령취소(U)] : [Enter↵] **를 선택하면 명령 종료**
– 다음 점 지정 또는 [닫기(C)/명령취소(U)] : **C를 입력하면 닫힌 형태의 객체가 그려지면서 자동 종료**

객체 지우기 명령
► 명령줄 사용 : erase (혹은 e)
► 리본 메뉴 사용 : 홈 탭 ▶ 수정 패널 ▶
► 도구 막대 메뉴 사용 : 수정 도구막대 ▶
► 주메뉴 사용 : 수정(M)메뉴 ▶ 지우기(E)

3. 사각형 : rectang (rec)

- 사각형을 그리는 명령
- 대각선 방향의 두 점을 사용하여 정사각형이나 직사각형 그리기
- 사각형 명령으로 그려진 객체는 폴리선 속성(연결된 선이 결합된 형태)을 가짐.
- 결합된 사각형에서 한 개의 선만 선택할 경우 사각형을 분해해야 한다(분해 명령 : eXplode).

3.1 사각형 그리기 명령

명령줄 : rectang (단축 명령 : rec)

리본메뉴 사용 : 홈 탭 ▶ 그리기 패털 ▶

주메뉴 : 그리기 (D) ▶ 직사각형 (G)

도구막대 사용 : 그리기 도구막대 ▶

3.2 사각형 그리기 옵션

► 명령 : rectang Enter↵ (혹은 rec Enter↵)

► 첫 번째 구석점 지정 또는 [모따기(C)/고도(E)/모깎기(F)/두께(T)/폭(W)] :

► 다른 구석점 지정 또는 [면적(A)/치수(D)/회전(R)] : ➔ *첫 번째 구석점 지정 후 나타남.*

옵 션	내 용
첫 번째 구석점	사각형의 첫 번째 지점 지정
모따기(C)	사각형의 모깎기 지정
고도(E)	사각형을 그릴 때 사각형의 고도 지정
모깎기(F)	사각형의 라운딩 값을 지정
두께(T)	사각형을 그릴 때 직선의 높이 값을 지정
폭(W)	사각형을 구성하는 선의 두께를 지정
다른 구석점	사각형의 첫 번째 지점으로부터 대각선 방향으로 두 번째 지정
면적(A)	면적을 이용해 사각형 그리기
치수(D)	사각형의 가로, 세로 길이 지정
회전(R)	지정된 각도로 사각형 그리기

3.3 사각형 그리기 따라하기

① 사각형 그리기

► 명령 : rectang Enter↵ (혹은 rec Enter↵)

► 첫 번째 구석점 지정 또는 [모따기(C)/고도(E)/모깎기(F)/두께(T)/폭(W)] : P1 점 지정 ➔ *사각형을 그리기위한 임의의 첫 번째 점 지정*

► 다른 구석점 지정 또는 [영역(A)/치수(D)/회전(R)] : @100,50 Enter↵

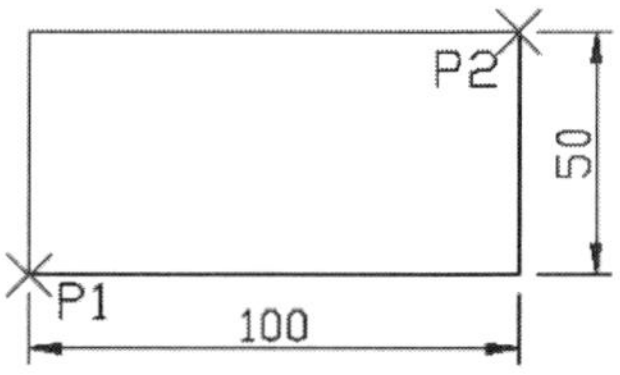

사각형 그리기할 경우 상대좌표를 이용해 위치를 지정한다.
상대좌표 : 마지막 위치점을 원점으로 가로,세로(x,y)로 위치를 지정하는 방법
상대좌표 입력 방법 : @x, y

② 모서리가 모따기가 적용된 사각형 그리기

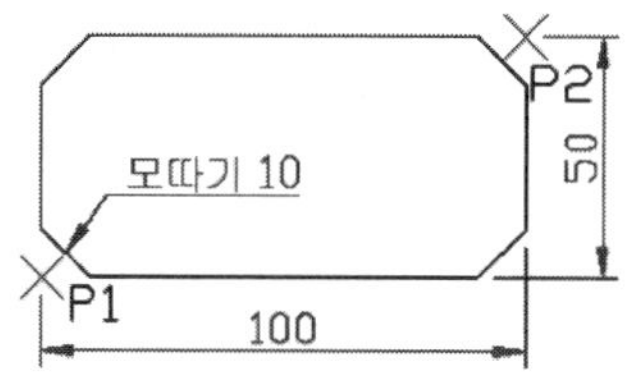

► 명령 : rectang (혹은 rec [Enter↵])
► 첫 번째 구석점 지정 또는 [모따기(C)/고도(E)/모깎기(F)/두께(T)/폭(W)] :
c [Enter↵] ➔ *모따기 옵션 선택*
► 직사각형의 첫 번째 모따기 거리 지정 〈0.0000〉 : 10 [Enter↵]
► 직사각형의 두 번째 모따기 거리 지정 〈10.0000〉 : 10 [Enter↵]
► 첫 번째 구석점 지정 또는 [모따기(C)/고도(E)/모깎기(F)/두께(T)/폭(W)] : P1
점 지정 ➔ *사각형을 그리기위한 임의의 첫 번째 점 지정*
► 다른 구석점 지정 또는 [영역(A)/치수(D)/회전(R)] : @100,50 [Enter↵]

③ 모서리가 모따기가 적용된 사각형 그리기

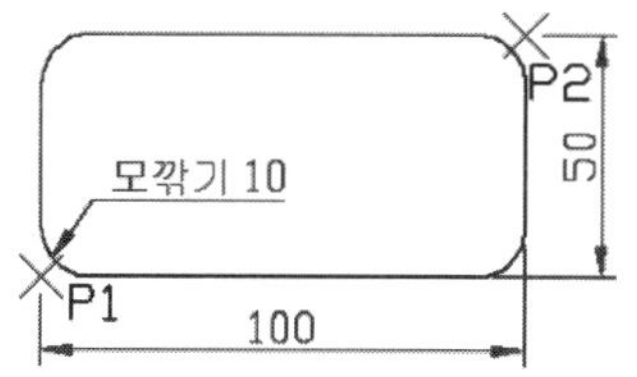

► 명령 : rectang (혹은 rec [Enter↵])
► 현재 직사각형 모드 : 모따기=10.0000x10.0000
► 첫 번째 구석점 지정 또는 [모따기(C)/고도(E)/모깎기(F)/두께(T)/폭(W)] :
f [Enter↵] ➔ *모깎기 옵션 선택*
► 직사각형의 모깎기 반지름 지정 〈10.0000〉 : 10 [Enter↵]
► 첫 번째 구석점 지정 또는 [모따기(C)/고도(E)/모깎기(F)/두께(T)/폭(W)] : P1
점 지정 ➔ *사각형을 그리기위한 임의의 첫 번째 점 지정*
► 다른 구석점 지정 또는 [영역(A)/치수(D)/회전(R)] : @100,50 [Enter↵]

④ 선 폭이 적용된 사각형 그리기

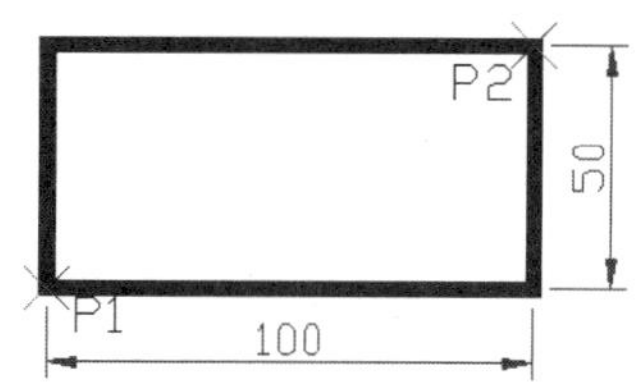

► 명령 : rectang (혹은 rec [Enter↵])
► 현재 직사각형 모드 : 모깎기=0.0000
► 첫 번째 구석점 지정 또는 [모따기(C)/고도(E)/모깎기(F)/두께(T)/폭(W)] :
w [Enter↵] ➔ *선 폭 설정을 위해 폭(W) 옵션 선택*
► 직사각형의 선 폭 지정 〈0.0000〉 : 3 [Enter↵] ➔ *선폭값 입력*
► 첫 번째 구석점 지정 또는 [모따기(C)/고도(E)/모깎기(F)/두께(T)/폭(W)] : P1
점 지정 ➔ *사각형을 그리기위한 임의의 첫 번째 점 지정*
► 다른 구석점 지정 또는 [영역(A)/치수(D)/회전(R)] : @100,50 [Enter↵]

4. 다각형 : polygon (pol)

- 다각형을 그리는 명령
- 3각형에서부터 1024각형까지의 다각형 가능
- POLYGON 명령으로 그려진 다각형 객체는 하나로 결합된 속성을 가짐(분해 명령 : eXplode).

4.1 다각형 그리기 명령

명령줄 : polygon (단축 명령 : pol)
리본메뉴 사용 : 홈 탭 ▶ 그리기 패널 ▶
주메뉴 : 그리기(D) ▶ 다각형(Y)
도구막대 사용 : 그리기 도구막대 ▶

4.2 다각형 그리기 옵션

► 명령 : polygon [Enter↵] (혹은 pol [Enter↵])
► 면의 수 입력 〈4〉 :
► 다각형의 중심을 지정 또는 [모서리(E)] :

옵 션	내 용
면의 수	다각형 면의 수 지정
중심 지정	다각형의 무게 중심 위치 지정
내접원(I)	원에 내접하는 다각형(다각형의 크기 : 중심점에서 꼭지점까지)
외접원(C)	원에 외접하는 다각형(다각형의 크기 : 중심점에서 한 변의 가운데 점까지)
반지름	다각형의 크기 지정
모서리(E)	한 변의 크기를 이용해 다각형 그리기
첫 번째 점 지정	그리고자 하는 다각형 면의 첫 번째 점 지정
두 번째 점 지정	그리고자 하는 다각형 면의 두 번째 점 지정

4.3 다각형 그리기 따라하기

① 내접하는 다각형 그리기
► 명령 : polygon [Enter↵] (혹은 pol [Enter↵])
► 면의 수 입력 〈5〉 : 6 [Enter↵] ➔ *6각형의 면의 수 입력*
► 다각형의 중심을 지정 또는 [모서리(E)] : P1점 지정 ➔ *임의의 점 지정*
► 옵션을 입력 [원에 내접(I)/원에 외접(C)] 〈I〉 : I [Enter↵] ➔ *내접 옵션 선택*
► 원의 반지름 지정 : 50 [Enter↵] ➔ *다각형의 내접 크기 입력*

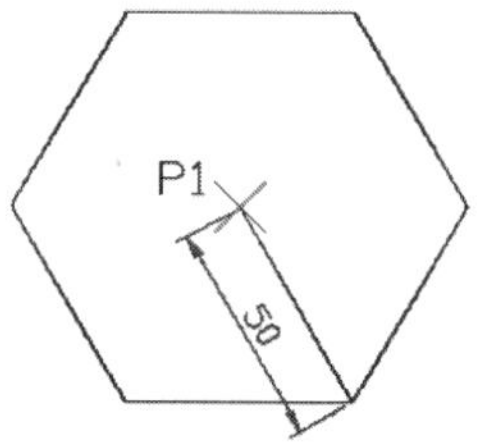

② 외접하는 다각형 그리기
► 명령 : polygon [Enter↵] (혹은 pol [Enter↵])
► 면의 수 입력 〈5〉 : 6 [Enter↵] ➔ *6각형의 면의 수 입력*
► 다각형의 중심을 지정 또는 [모서리(E)] : P1점 지정 ➔ *임의의 점 지정*
► 옵션을 입력 [원에 내접(I)/원에 외접(C)] 〈I〉 : c [Enter↵] ➔ *외접 옵션 선택*
► 원의 반지름 지정 : 50 [Enter↵] ➔ *다각형의 외접 크기 입력*

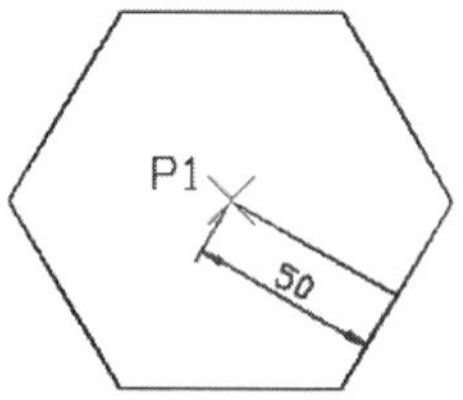

③ 한변의 크기를 이용한 다각형 그리기
► 명령 : polygon [Enter↵] (혹은 pol [Enter↵])
► 변의 수 입력 〈6〉 : 6 [Enter↵] ➔ *6각형의 면의 수 입력*
► 다각형의 중심을 지정 또는 [모서리(E)] : e [Enter↵] ➔ *모서리 옵션 선책*
► 모서리의 첫 번째 끝점 지정 : p1 [Enter↵] ➔ *임의의 점 지정*
► 모서리의 두 번째 끝점 지정 : @50<0 [Enter↵]

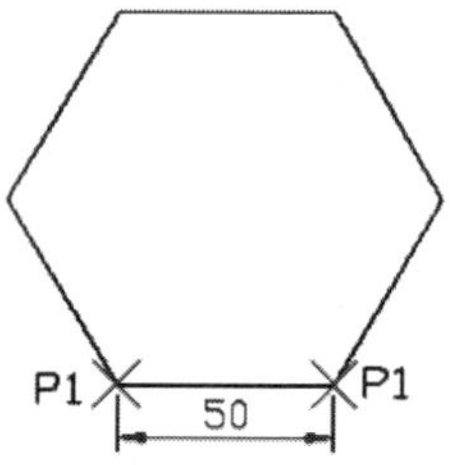

5. 원 : circle (c)

• 원을 그리는 명령

5.1 원 그리기 명령

명령줄 사용 : circle [Enter↵] (단축 명령 : c)

리본메뉴 사용 : 홈 탭 ▶ 그리기 패널 ▶

주메뉴 사용 : 그리기(D) ▶ 원(C)

도구막대 사용 : 그리기 도구막대 ▶

5.2 원 그리기 명령 옵션

옵 션	내 용
중심점	그려질 원의 중심점을 지정한다.
반지름	원의 반지름을 입력한다.
지름(D)	원의 지름을 입력한다.
3P(3P)	세 점을 연결하는 원을 그린다.
2P(2P)	두 점을 지름으로 하는 원을 그린다.
Ttr(T)	두 개의 접점과 반지름으로 원을 그린다.

5.3 원 그리기 명령 따라하기

(1) 중심점과 반지름으로 원 그리기

► 명령 : circle [Enter↵] (혹은 c [Enter↵])

► 원에 대한 중심점 지정 또는 [3점(3P)/2점(2P)/Ttr – 접선 접선 반지름(T)] : **P1점 지정**

➔ *원의 중심점 지정. (중심점이 임의라면 마우스 왼쪽 버튼 클릭)*

► 원의 반지름 지정 또는 [지름(D)] : 50 [Enter↵] ➔ *원의 반지름값 입력*

원을 지름값을 사용하려면 [지름(D)]를 선택하고 값을 입력하면 된다.

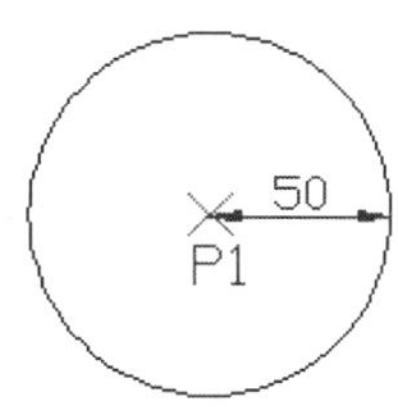

(2) 세 점으로 원 그리기

한 변의 크기가 100인 정삼각형을 그린 후 다음 단계를 따라한다.

► 명령 : circle [Enter↵] (혹은 c [Enter↵])

► 원에 대한 중심점 지정 또는 [3점(3P)/2점(2P)/Ttr – 접선 접선 반지름(T)] :

3p [Enter↵] ➔ *3점으로 원 그리기 선택*

► 원 위의 첫 번째 점 지정 : P1 **점 지정** ➔ *중간점을 지정*

► 원 위의 두 번째 점 지정 : P2 **점 지정** ➔ *중간점을 지정*

► 원 위의 세 번째 점 지정 : P3 **점 지정** ➔ *중간점을 지정*

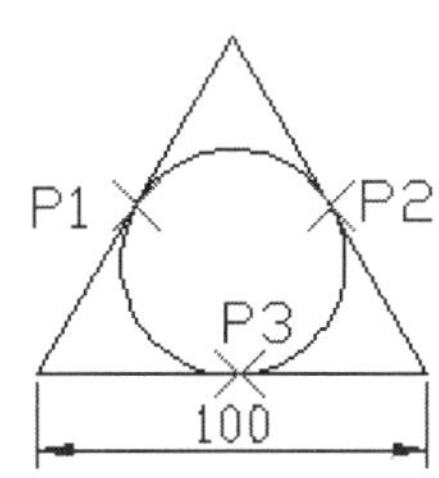

(3) 두 점으로 원 그리기(반드시 두 점이 원의 지름 크기에 해당해야 한다.)

한 변의 크기가 100인 정사각형을 그린 후 다음 단계를 따라한다.

► 명령 : circle (혹은 c Enter↵)

► 원에 대한 중심점 지정 또는 [3점(3P)/2점(2P)/Ttr – 접선 접선 반지름(T)] : 2p Enter↵ ➔ *2점으로 원 그리기 선택*

► 원 지름의 첫 번째 끝점을 지정 : **P1점 지정** ➔ *중간점을 지정*

► 원 지름의 두 번째 끝점을 지정 : **P2점 지정** ➔ *중간점을 지정*

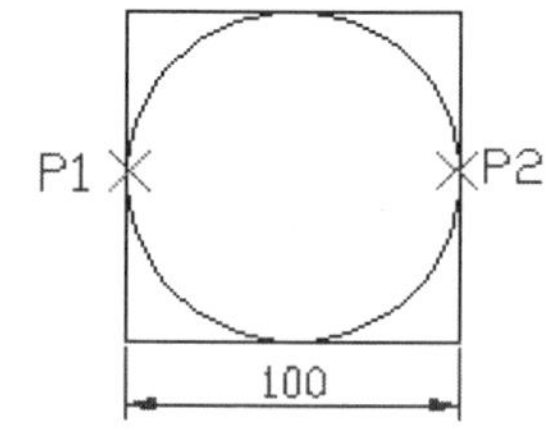

(4) 두 개의 객체 사이에 접하는 반지름을 가진 원 그리기

크기가 100인 수평선과 수직선을 오른쪽 그림과 같이 그린 후 다음 단계를 따라한다.

► 명령 : circle (혹은 c Enter↵)

► 원에 대한 중심점 지정 또는 [3점(3P)/2점(2P)/Ttr – 접선 접선 반지름(T)] : t Enter↵ ➔ *2객체에 접하는 원 그리기 선택*

► 원의 첫 번째 접점에 대한 객체위의 점 지정 : **S1 객체 선택**

► 원의 두 번째 접점에 대한 객체위의 점 지정 : **S2 객체 선택**

► 원의 반지름 지정 〈10.0000〉 : 50 Enter↵ ➔ *원의 반지름값 입력*

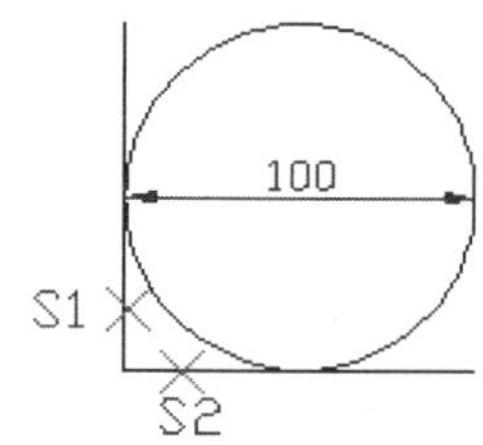

6. 호 : arc (a)

• 원의 일부인 "호"를 그리는 명령

6.1 호 그리기 명령

명령줄 사용 : arc Enter↵ (단축명령 : a)

리본메뉴 사용 : 홈 탭 ▶ 그리기 패널 ▶

주메뉴 사용 : 그리기(D) ▶ 호(A)

도구막대 사용 : 그리기 도구막대 ▶

6.2 호 그리기 명령 옵션

► 명령 : arc Enter↵ (혹은 a Enter↵)

옵 션	내 용
시작점	호의 시작점
중심점(C)	호의 중심점
끝점(E)	호의 끝점
두 번째 점	호의 두 번째 점
각도(A)	중심점에서 시작점과 끝점이 이루는 각도
현의 길이(L)	호의 시작점과 끝점을 연결하는 직선 거리
접선(D)	시작점이 이루는 접점각
반지름(R)	호의 반지름

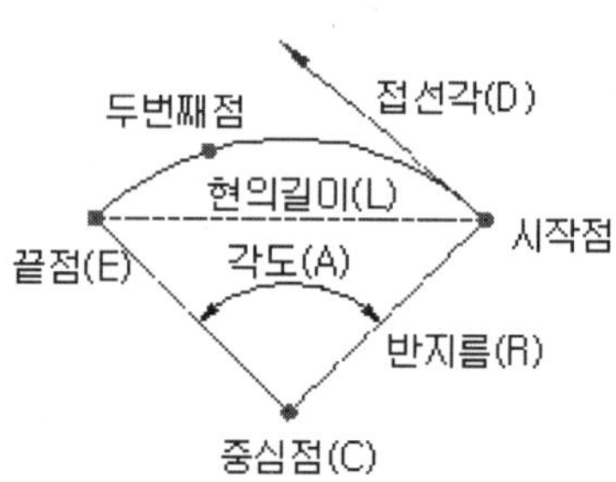

6.3 호 그리기 명령 따라하기

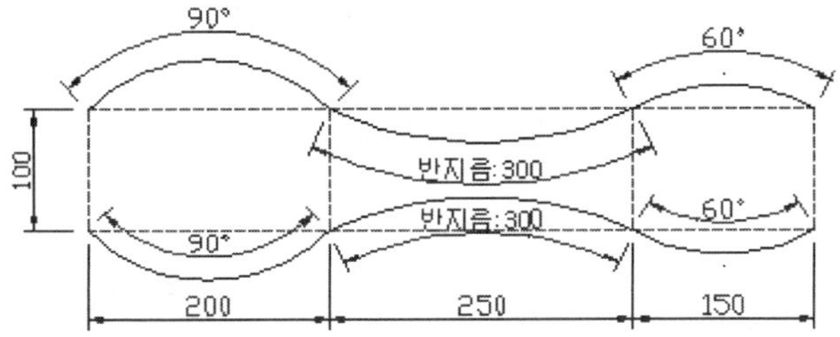

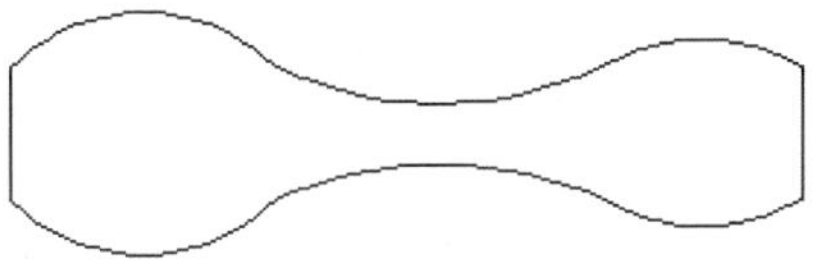

[결과도면]

(1) 먼저 오른쪽 그림과 같이 사각형을 그린다.

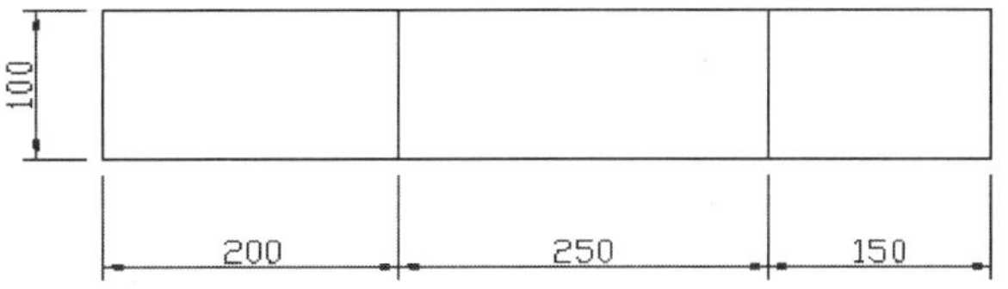

① 수평선과 수직선을 쉽게 그리기 위해 직교기능을 켠다.

- ► 사용명령 : line (l)
- ► 키보드로 기능키 F8 누른 후 응용프로그램 막대에서 직교기능항목( )이 선택되었는지 확인

② 선 그리기 명령을 실행해 표의 바깥쪽 사각형을 그린다.

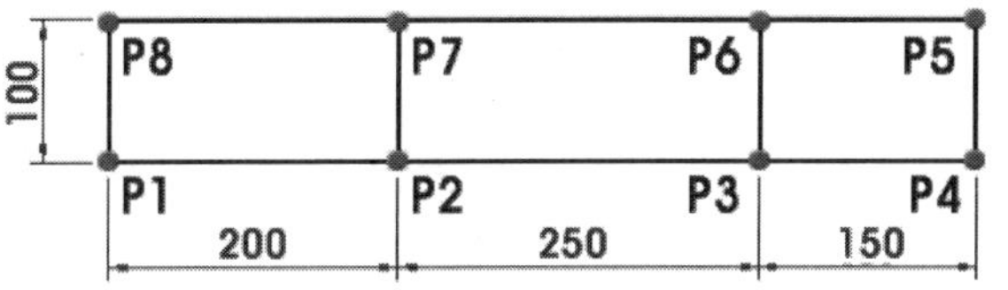

- ► 명령 : line Enter↵ (혹은 l Enter↵)
- ► 첫 번째 점 지정 : **임의의 위치점 P1점 지정**
- ► 다음 점 지정 또는 [명령 취소(U)] : **마우스를 오른쪽으로 이동 후 200** Enter↵
- ► 다음 점 지정 또는 [명령 취소(U)] : **마우스를 오른쪽으로 이동 후 250** Enter↵
- ► 다음 점 지정 또는 [닫기(C)/명령 취소(U)] : **마우스를 오른쪽으로 이동 후 150** Enter↵
- ► 다음 점 지정 또는 [닫기(C)/명령 취소(U)] : **마우스를 위쪽으로 이동 후 100** Enter↵
- ► 다음 점 지정 또는 [닫기(C)/명령 취소(U)] : **마우스를 왼쪽으로 이동 후 150** Enter↵
- ► 다음 점 지정 또는 [닫기(C)/명령 취소(U)] : **마우스를 왼쪽으로 이동 후 250** Enter↵
- ► 다음 점 지정 또는 [닫기(C)/명령 취소(U)] : **마우스를 왼쪽으로 이동 후 200** Enter↵
- ► 다음 점 지정 또는 [닫기(C)/명령 취소(U)] : C Enter↵

③ 사각형 안쪽 수직선을 그리기 위해 직교기능을 켠다.

- ► 키보드로 기능키 F3 누른 후 응용프로그램 막대에서 OSNAP기능항목( )이 선택되었는지 확인

④ 선 그리기 명령을 실행해 표의 바깥쪽 사각형을 그린다.

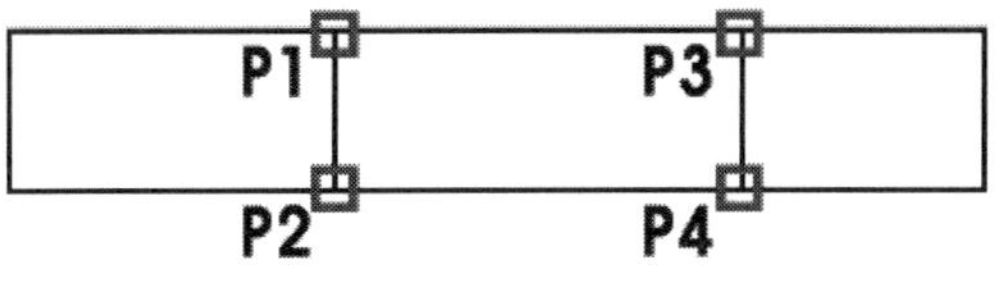

- ► 명령 : line Enter↵ (혹은 l Enter↵)
- ► 첫 번째 점 지정 : **끝점을 찾아 P1점 마우스로 지정**
- ► 다음 점 지정 또는 [명령 취소(U)] : **끝점(혹은 교차점)을 찾아 P2점 마우스로 지정**
- ► 다음 점 지정 또는 [명령 취소(U)] : C Enter↵

- ► 명령 : line Enter↵ (혹은 l Enter↵)
- ► 첫 번째 점 지정 : **끝점을 찾아 P3점 마우스로 지정**
- ► 다음 점 지정 또는 [명령 취소(U)] : **끝점(혹은 교차점)을 찾아 P4점 마우스로 지정**

► 다음 점 지정 또는 [명령 취소(U)] : C Enter↵

⑤ 수평선과 수직선을 쉽게 그리기 위해 OSNAP 기능을 켠다.

► 키보드로 기능키 F3 누른 후 응용프로그램 막대에서 OSNAP기능항목( )이 선택되었는지 확인

⑥ 각도가 90도인 호 그리기

► 명령 : arc Enter↵ (혹은 a Enter↵)
► 호의 시작점 또는 [중심(C)] 지정 : **끝점을 찾아 P1점 지정**
► 호의 두 번째 점 또는 [중심(C)/끝(E)] 지정 : e Enter↵
► 호의 끝점 지정 : **끝점을 찾아 P2점 지정**
► 호의 중심점 지정 또는 [각도(A)/방향(D)/반지름(R)] : a Enter↵
► 사이각 지정 : 90 Enter↵

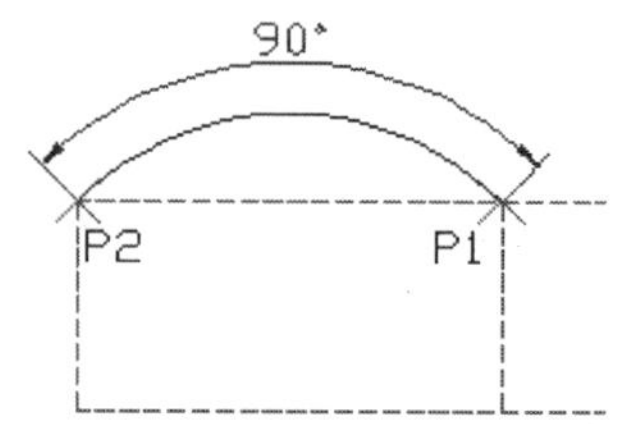

확인

호의 시작점과 끝점 구분

호는 기본적으로 시계 반대 방향으로 그려지기 때문에 위의 그림에서 P1점이 시작점이 된다.

⑦ 반지름이 300인 호 그리기

► 명령 : arc Enter↵ (혹은 a Enter↵)
► 호의 시작점 또는 [중심(C)] 지정 : **끝점을 찾아 P1점 지정**
► 호의 두 번째 점 또는 [중심(C)/끝(E)] 지정 : e Enter↵
► 호의 끝점 지정 : **끝점을 찾아 P2점 지정**
► 호의 중심점 지정 또는 [각도(A)/방향(D)/반지름(R)] : r Enter↵
► 호의 반지름 지정 : 300 Enter↵

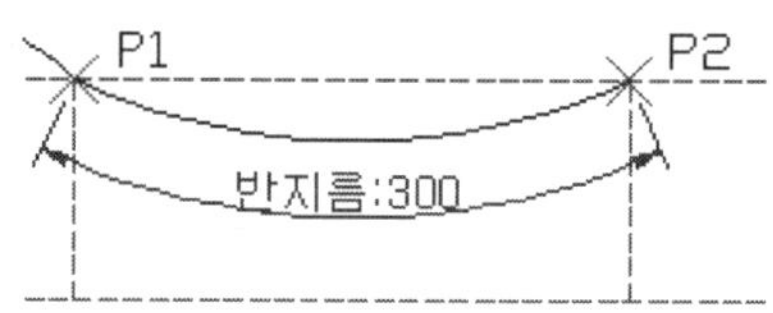

⑧ 각도가 60도인 호 그리기

► 명령 : arc (혹은 a Enter↵) (혹은 a Enter↵)
► 호의 시작점 또는 [중심(C)] 지정 : **끝점을 찾아 P1점 지정**
► 호의 두 번째 점 또는 [중심(C)/끝(E)] 지정 : e Enter↵
► 호의 끝점 지정 : **끝점을 찾아 P2점 지정**
► 호의 중심점 지정 또는 [각도(A)/방향(D)/반지름(R)] : a Enter↵
► 사이각 지정 : 60 Enter↵

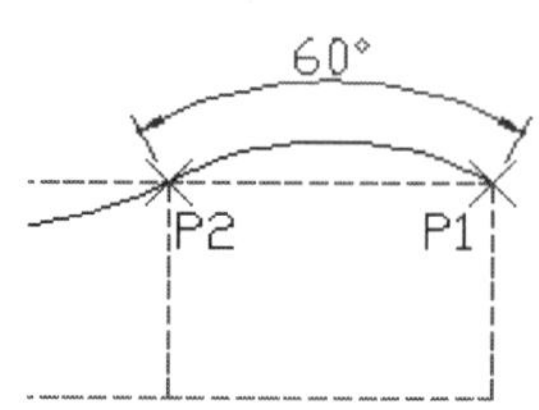

①~③ 과정과 동일한 방법으로 아랫부분의 나머지 '호'를 완성한다.

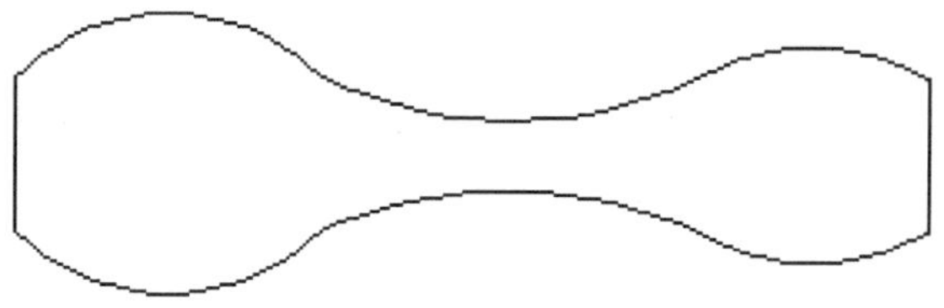

[결과도면]

7. 타원 : ellipse (el)

- 납작한 원인 타원을 그리는 명령
- 타원은 장축과 단축의 크기를 통해 그려짐.

7.1 타원 그리기 명령

명령줄 사용 : ellipse [Enter↵] (단축 명령 : el)
리본메뉴 사용 : 홈탭 ▶ 그리기 패널 ▶
주메뉴 사용 : 그리기(D) ▶ 타원(E)
도구막대 사용 : 그리기 도구막대 ▶

7.2 타원 그리기 옵션

► 명령 : ellipse [Enter↵] (혹은 el [Enter↵])
► 타원의 축 끝점 지정 또는 [호(A)/중심(C)] : 점을

옵　션	내　　　　　용
축 끝점	타원의 두 축의 끝점의 4군데 중 하나의 끝점 지정
축의 다른 끝점	위의 축 끝점과 같은 축에 해당되는 끝점 지정
distance(거리 지정)	다른 축의 반지름 거리를 지정
Rotation(회전)	한 축을 중심으로 다른 축의 회전각 지정
호(A)	타원형의 호 그리기
중심(C)	타원의 중심 지정

7.3 타원 그리기 따라하기

① 좌표점을 이용한 타원 그리기
► 명령 : ellipse [Enter↵] (혹은 el [Enter↵])
► 타원의 축 끝점 지정 또는 [호(A)/중심(C)] : P1점 지정 → *임의로 지정*
► 축의 다른 끝점 지정 : @200,0 [Enter↵] (혹은 직교모드 이용시 200 [Enter↵])
→ *P1에서 P2의 위치점을 상대좌표로 입력*
► 다른 축으로 거리를 지정 또는 [회전(R)] : 50 [Enter↵] → *타원 중심에서 P3까지의 크기 입력*

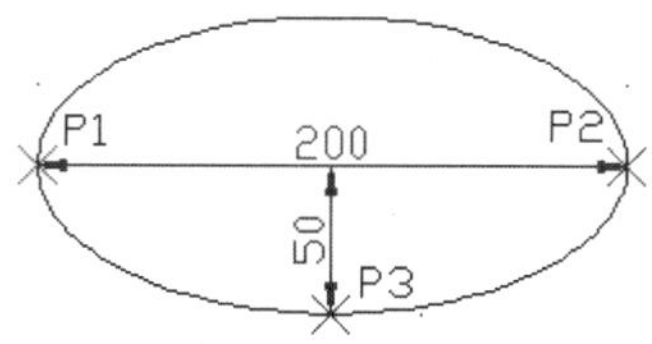

② 타원의 중심점을 이용한 타원 그리기
► 명령 : ellipse [Enter↵] (혹은 el [Enter↵])
► 타원의 축 끝점 지정 또는 [호(A)/중심(C)] : c [Enter↵]
► 타원의 중심 지정 : P1점 지정 → *임의로 지정*
► 축의 끝점 지정 : @100,0 [Enter↵] (혹은 직교모드 이용시 100 [Enter↵])
► 다른 축으로 거리를 지정 또는 [회전(R)] : 50 [Enter↵]

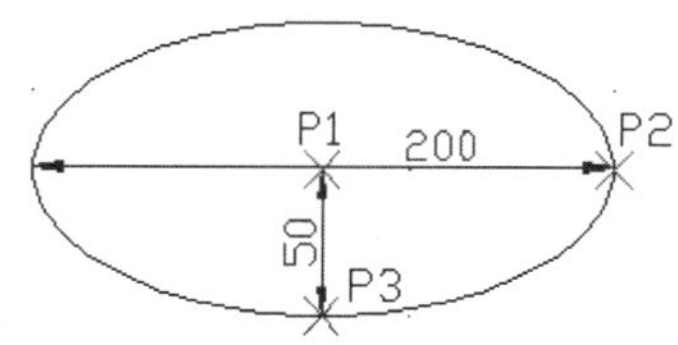

③ 회전을 통해 타원 그리기

- ►명령 : ellipse [Enter↵] (혹은 el [Enter↵])
- ►타원의 축 끝점 지정 또는 [호(A)/중심(C)] : P1점 지정 ➔ *임의로 지정*
- ►축의 다른 끝점 지정 : @200,0 [Enter↵]
  (혹은 직교모드 이용시 200 [Enter↵])
- ►다른 축으로 거리를 지정 또는 [회전(R)] : r [Enter↵]
- ►장축 주위로 회전 지정 : 60 [Enter↵] ➔ *타원 회전값 입력*

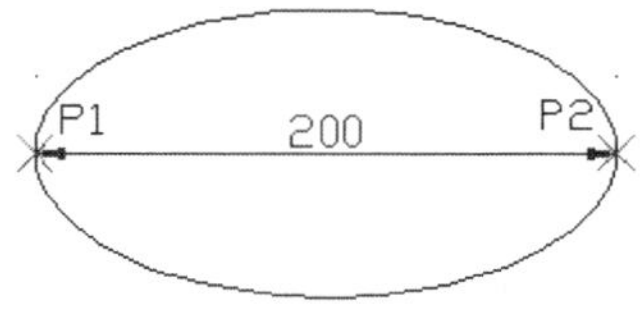

확인

회전을 통해 타원을 그릴 경우 회전의 기준축을 장축으로 인식하기에 항상 장축의 위치점을 먼저 지정한 후 회전값을 입력한다.

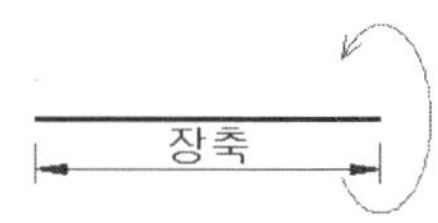

④ 타원형 호 그리기

- ►명령 : ellipse [Enter↵] (혹은 el [Enter↵])
- ►타원의 축 끝점 지정 또는 [호(A)/중심(C)] : a [Enter↵]
- ►타원 호의 축 끝점 지정 또는 [중심(C)] : P1점 지정 ➔ *임의로 지정*
- ►축의 다른 끝점 지정 : @200,0 [Enter↵]
  ➔ *P1에서 P2의 위치점을 상대좌표로 입력*
- ►다른 축으로 거리를 지정 또는 [회전(R)] : 50 [Enter↵]
  ➔ *타원 중심에서 P3까지의 크기 입력*
- ►시작점 지정 또는 [매개변수(P)] : 50 [Enter↵]
  ➔ *타원형 호의 시작점 위치의 각도 입력*
- ►끝각도를 지정 또는 [매개변수(P)/사이각(I)] : 180 [Enter↵]
  ➔ *타원형 호의 끝점 위치의 각도 입력*

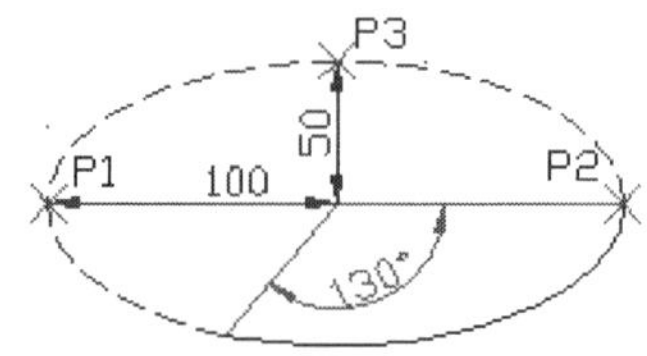

확인

타원형 호를 그릴 때 **처음 지정한 장축의 위치점 방향이 기준 방향(0도)이 되며 반시계 방향으로 각도를 계산**하게 된다.

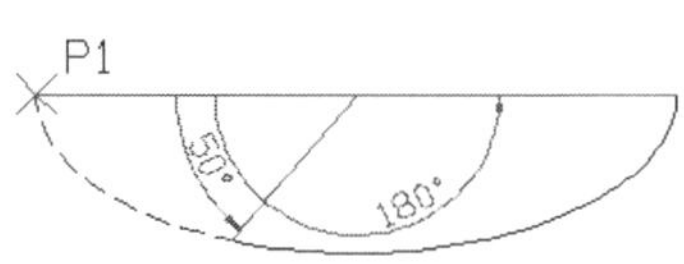

8. 자유곡선 : spline (spl)

- 자유곡선을 그리는 명령

8.1 자유곡선 그리기 명령

- 명령줄 사용 : spline [Enter↵] (단축 명령 : spl)
- 리본메뉴 사용 : 홈 탭 ▶ 그리기 패널 ▶
- 주메뉴 사용 : 그리기(D) ▶ 스플라인(S)
- 도구막대 사용 : 그리기 도구막대 ▶

8.2 자유곡선 그리기 옵션

► 명령 : spline [Enter↵] (혹은 spl [Enter↵])
► 첫 번째 점 지정 또는 [객체(O)] :
► 다음 점 지정 :
► 다음 점 지정 또는 [닫기(C)/공차 맞춤(F)] 〈시작 접선〉 :
► 시작 접선 지정 :
► 끝 접선 지정 :

옵 션	내 용
첫 번째 점 지정	스플라인의 시작점 지정
다음 점 지정	스플라인의 다음 점 지정
닫기(C)	시작점과 일치하도록 끝점을 정의함으로써 스플라인 곡선을 연결
공차 맞춤(F)	현 스플라인 커브의 적당한 허용한계 설정
객체(O)	2차원, 3차원 스플라인의 맞춤 폴리선을 스플라인으로 변경
시작 접선 지정	스플라인의 시작점의 접선 방향 설정
끝 접선 지정	스플라인의 끝점의 접선 방향 설정

8.3 자유곡선 그리기 따라하기

자유곡선은 다음 그림과 같은 내용을 그릴 때 많이 사용한다.

▪ 단면도 작도시 단면의 위치를 표시하고자 할 경우

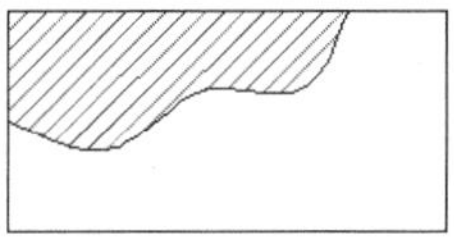

▪ 도면의 전체 내용이 아닌 일부분을 지시하고자 할 경우

(1) 자유곡선을 이용해 단면도 그리기

① 오른쪽 그림과 같이 사각형을 그린다.

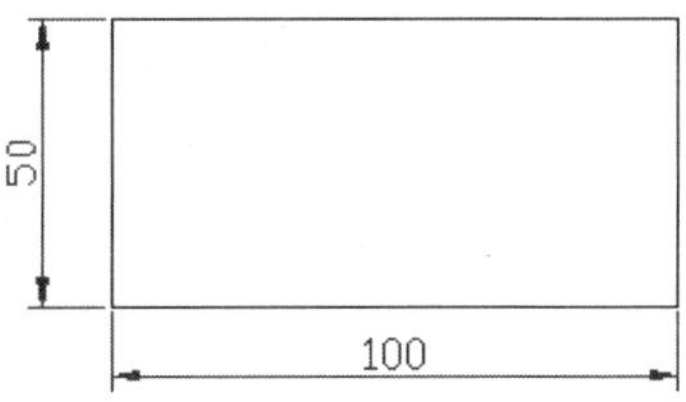

② 오른쪽 그림과 같이 스플라인 명령으로 자유곡선을 그린다.

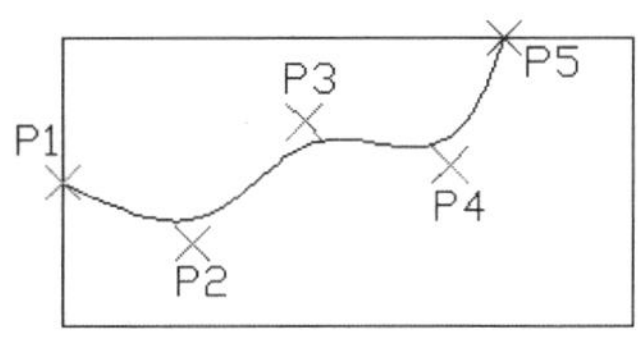

► 명령 : spline [Enter↵] (혹은 spl [Enter↵])
► 첫 번째 점 지정 또는 [객체(O)] : **P1점 지정**
► 다음 점 지정 : **P2점 지정**
► 다음 점 지정 또는 [닫기(C)/공차 맞춤(F)] 〈시작 접선〉 : **P3점 지정**
► 다음 점 지정 또는 [닫기(C)/공차 맞춤(F)] 〈시작 접선〉 : **P4점 지정**
► 다음 점 지정 또는 [닫기(C)/공차 맞춤(F)] 〈시작 접선〉 : **P5점 지정**
► 다음 점 지정 또는 [닫기(C)/공차 맞춤(F)] 〈시작 접선〉 : **P6점 지정**
► 시작 접선 지정 : [Enter↵]
► 끝 접선 지정 : [Enter↵]

③ 해치를 적용해 도면을 완성한다.
(해치 명령은 '패턴 적용하기 명령'에서 참고한다.)

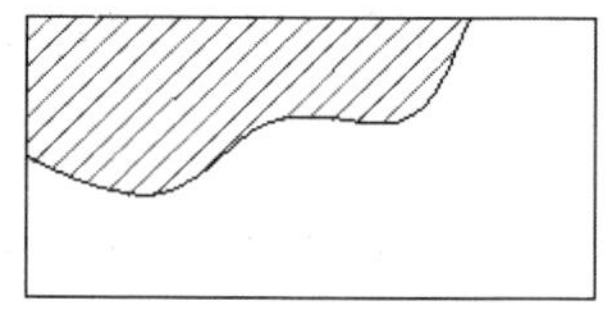

(2) 자유곡선을 이용해 절취선 그리기

① 오른쪽 그림과 같이 임의의 크기로 수평선을 그린다.

② 오른쪽 그림과 같이 스플라인 명령으로 자유 곡선을 그린다.
스플라인 명령으로 P1~P4점을 지나는 자유 곡선을 그린다.

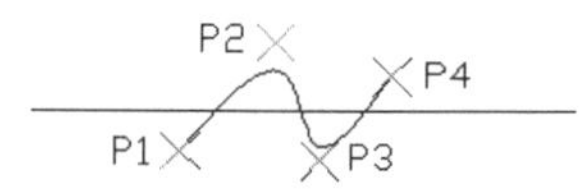

9. 패턴 적용하기

• 패턴을 적용할 수 있는 명령(면도 표현 가능)

> • **패턴 적용 명령 : Hatch**
> • **패턴 편집 명령 : Hatchedit (혹은 수정하고자 하는 패턴 더블클릭하기)**

9.1 패턴 적용 명령

> **명령줄 사용 : hatch** Enter↵ **(단축 명령 : h)**
> **리본메뉴 사용 : 홈탭 ▶ 그리기 패널 ▶**
> **주메뉴 사용 : 그리기(D) ▶ 해치(H)**
> **도구막대 사용 : 그리기 도구막대 ▶**

9.2 패턴 적용 명령 옵션

(1) 리본메뉴를 사용한 경우

► 명령 : hatch Enter↵ (혹은 h Enter↵)

► 내부 점 선택 또는 [객체 선택(S)/설정(T)] :

① 경계 : 해치를 적용할 영역 지정

② 패턴 : 적용할 해치 종류 설정

③ 특성 : 적용할 해치의 특성값 설정(해치 크기, 각도, 색상 등)

④ 원점 : 적용할 해치 원점 지정

⑤ 옵션 : 해치의 옵션 설정(연관해치 설정, 주석 적용 등)

⑥ 닫기 : 해치 명령 종료

(2) 리본메뉴를 사용하지 않은 경우

► 명령 : hatch [Enter↵] (혹은 h [Enter↵])

① 해치탭을 선택한 경우

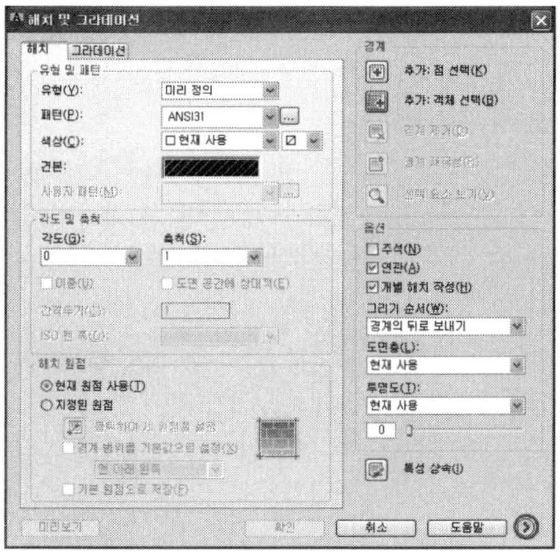

[대화상자를 모은 상태]

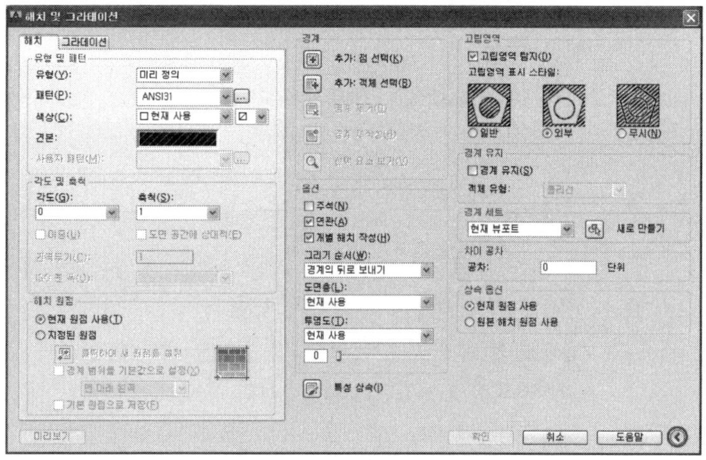

[대화상자를 펼친 상태]

② 그라데이션탭을 선택한 경우

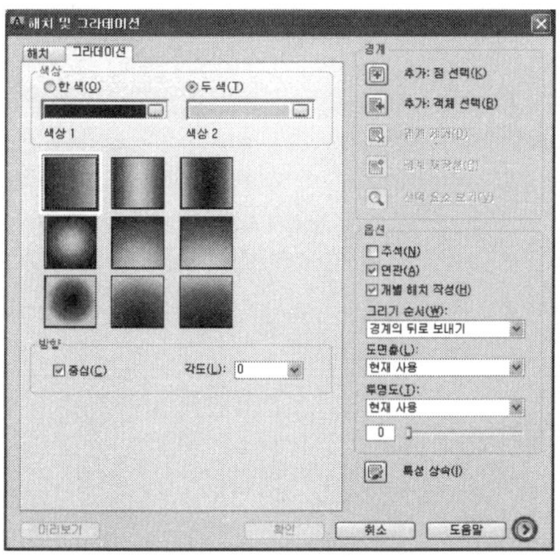

[대화상자를 모은 상태]

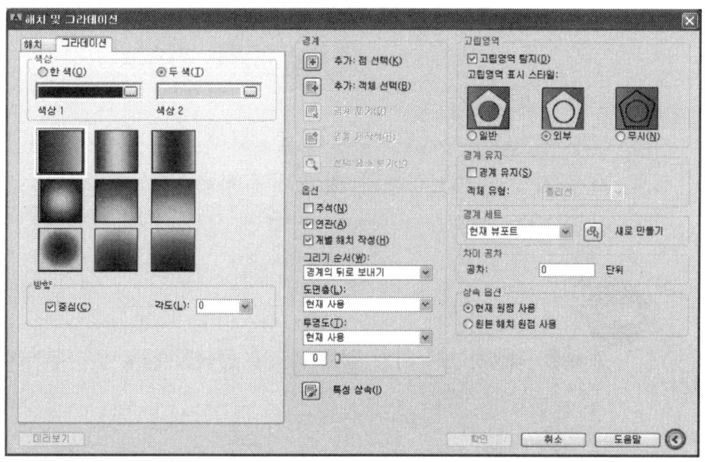

[대화상자를 펼친 상태]

(3) 유형 및 패턴

① 유형(Y) : 적용하고자 하는 패턴 적용 방법 선택
- **미리정의 :** 프로그램에서 제공하는 패턴 사용
- **사용자정의 :** 직선의 간격 설정을 통해 패턴 적용
- **사용자 :** 추가 설치된 패턴 사용

② 패턴(P) : 적용하고자 하는 패턴 종류 선택(유형에서 '미리정의' 선택 시 사용 가능)

③ 색상(C) : 패턴 색상과 배경 색상 설정

④ 견본 : 사용하고자 하는 패턴의 모양 미리보기

⑤ 사용자 패턴(M) : 유형에서 사용자 선택 시 사용 가능

(4) 각도 및 축척

① 각도(G) : 패턴 적용 각도 설정

② 축척(S) : 패턴 적용 크기 설정(축척값이 너무 작거나 큰 경우 패턴이 화면에 보이지 않는다.)

③ 이중(U)[유형에서 '사용자정의' 선택 시 사용가능] : 격자 모양의 패턴을 만듦.

④ 간격두기(C)[유형에서 '사용자정의' 선택 시 사용가능] : 선 패턴의 간격 설정

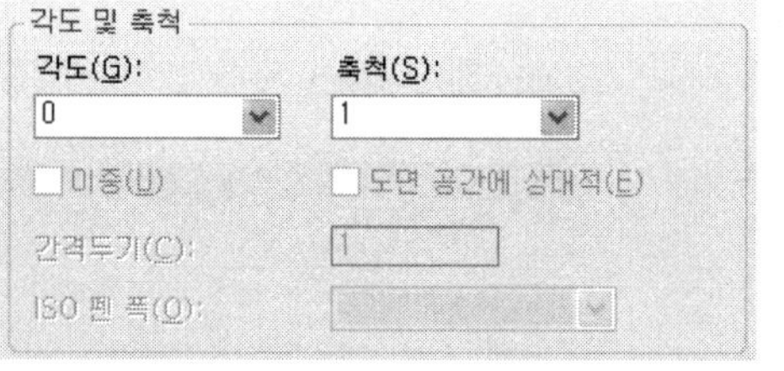

(5) 해치 원점

① 현재 원점 사용(T) : 패턴적용 기준으로 현재 원점을 사용

② 지정된 원점 : 원점을 사용자가 새로 설정

- **클릭하여 새 원점을 설정 :** 패턴 원점을 새로 지정
- **경계범위를 기본값으로 설정 :** 선택 영역을 기준으로 패턴 원점을 새로 지정(맨 아래 왼쪽, 맨 아래 오른쪽, 맨 위 오른쪽, 맨 위 왼쪽, 가운데)
- **기본 원점으로 저장(F) :** 새로 지정한 원점을 저장함.

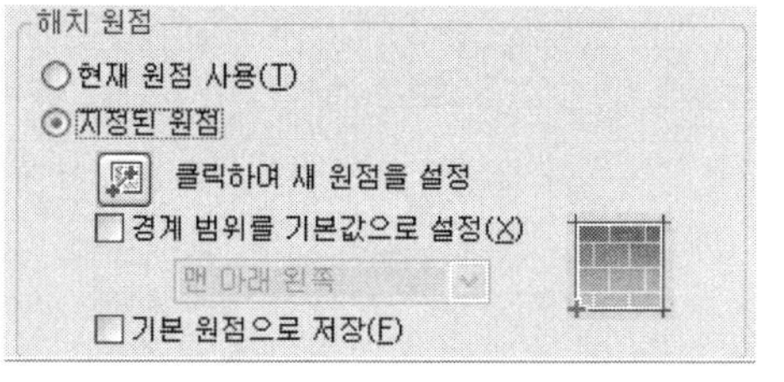

(6) 경계 : 해치를 적용할 영역을 선택하는 곳

① 추가 : 점 선택 : 패턴을 적용할 영역을 점으로 지정

② 추가 : 객체 선택 : 패턴을 적용할 영역을 객체선택으로 지정

③ 경계제거(D) : 선택된 영역 제거

④ 경계 재작성(R) : 적용된 패턴의 경계를 새롭게 객체를 생성

⑤ 선택 요소 보기(V) : 선택된 영역 보기

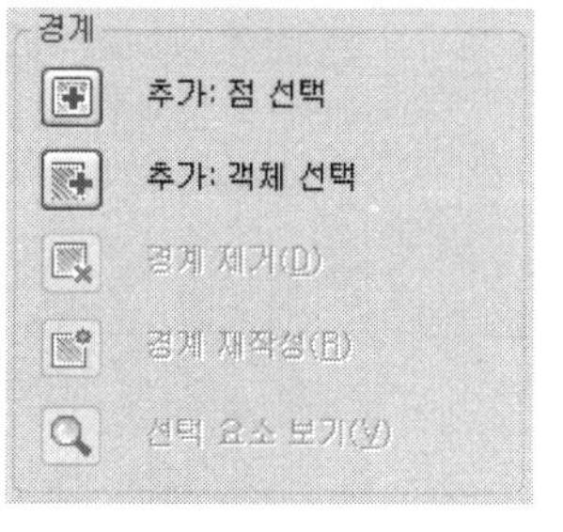

확인

패턴을 적용하고자 하는 경계 영역을 선택할 경우 알아두어야 할 사항

① 객체 선택( )으로 패턴 경계 영역을 선택하는 경우
끝점으로 연결된 닫힌 객체를 선택해야만 원하는 형태의 패턴 모양을 얻을 수 있다.

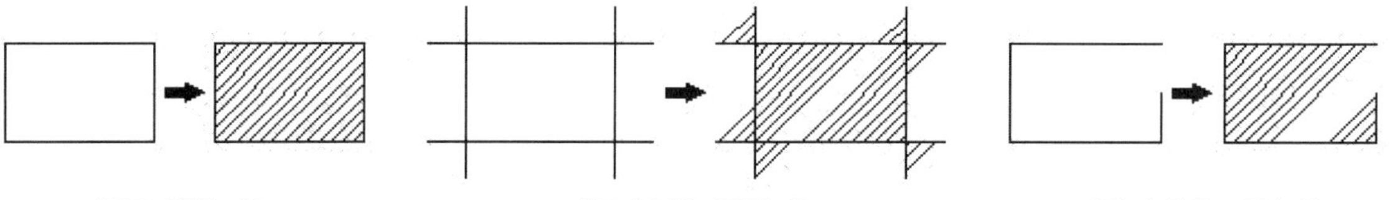

[좋은 경우(○)] [좋지 않은 경우(×)] [좋지 않은 경우(×)]

② 점 선택( )으로 패턴 경계 영역을 선택하는 경우
패턴을 적용하고자 하는 영역을 점 선택으로 선택 시 패턴 적용 경계 영역이 닫힌 형태의 객체로 만들어져 있어야 경계 선택이 가능하다.

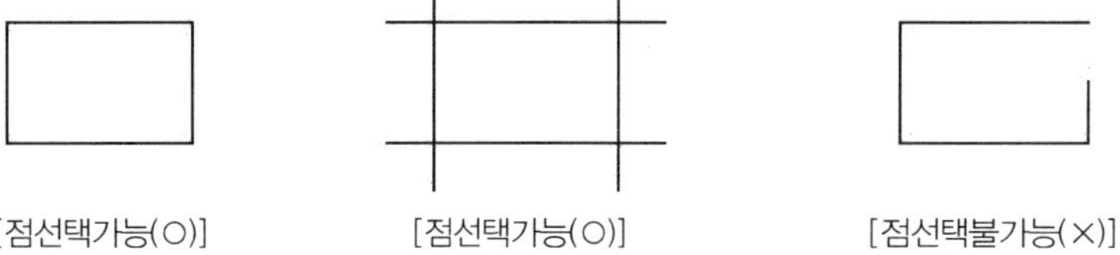

[점선택가능(○)] [점선택가능(○)] [점선택불가능(×)]

확인

패턴을 적용하고자 하는 경계 영역을 선택할 경우 알아두어야 할 사항

③ 점 선택( )으로 패턴 경계 영역을 선택하는 경우

패턴을 적용하고자 하는 영역을 점 선택으로 선택 시 패턴 적용 경계 영역이 닫힌 형태의 객체로 만들어져 있어도 점 선택시 화면상에 닫힌 형태로 보여야 경계 선택이 가능하다.

화면을 적절하게 확대/축소를 적용한 후 패턴 적용명령을 실행하도록 한다.

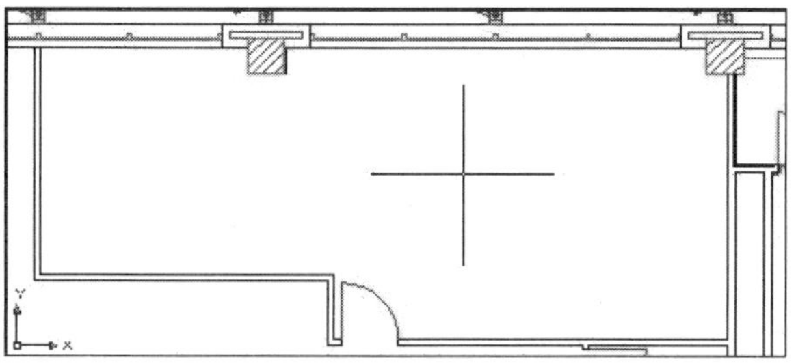
[패턴 경계 선택이 올바른 경우(○)]

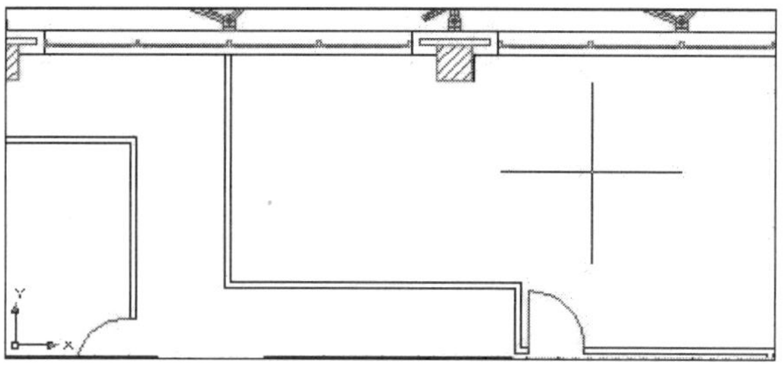
[패턴 경계 선택이 올바르지 않은 경우(×)]

(7) 옵션

① **주석** : 해치를 주석으로 지정

② **연관(A)** : 패턴과 영역 객체와의 연관성 설정(해치 영역 객체 수정시 연관된 패턴 자동 변경됨.)

③ **개별 해치 작성(H)** : 여러 개별 닫힌 경계를 지정할 경우, 단일 패턴 객체 또는 복수 패턴 객체를 작성하는지 여부를 조정

④ **그리기 순서(W)** : 패턴 그리기 순서를 지정

⑤ **도면층(L)** : 적용되는 패턴의 도면층 설정

⑥ **투명도(T)** : 적용되는 패턴의 투명도 설정

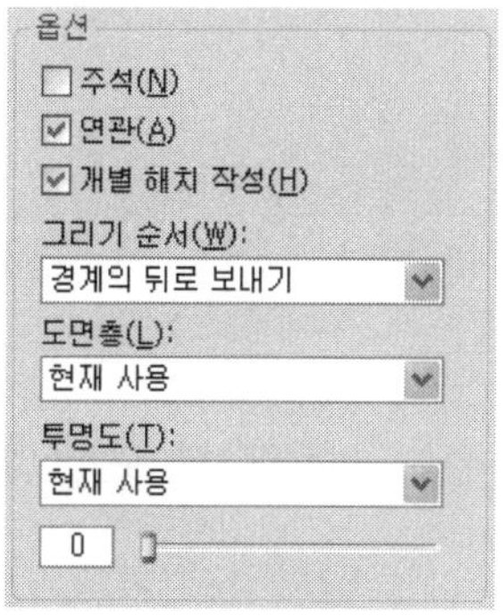

(8) 특성상속

이미 적용된 패턴과 동일한 패턴을 적용할 때 사용

(9) 고립영역

① **고립영역 탐지(L)** : 점 선택으로 패턴 경계 영역 선택 시 안쪽 고립영역의 객체에 대한 인식 여부 설정

② **고립영역 표시 스타일**

- **일반 :** 외부로부터 홀수 영역에만 패턴 적용
- **외부 :** 가장 바깥영역에만 패턴 적용
- **무시 :** 내부 고립 영역을 무시하고 전체에 패턴 적용

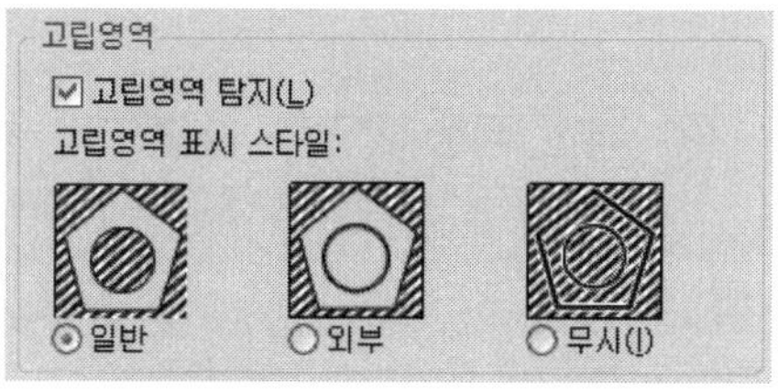

(10) 경계유지

① **경계유지(S)** : 패턴 경계에 새로운 객체 생성 여부 설정

② **객체유형** : 새로 생성되는 객체의 속성을 폴리선과 영역객체 중 원하는 유형으로 설정

(11) 경계셋트

① 경계셋트 : 패턴을 영역을 설정할 대상 객체 지정

- **현재 뷰포트** : 패턴 경계 선택시 화면의 모든 객체를 대상으로 패턴 적용 경계 지정
- **기존의 세트** : 새로 만들기를 통해 등록된 객체만을 대상으로 패턴 적용 경계 지정

② 새로만들기 : 패턴이 적용될 영역 선택시 사용될 객체 등록

(12) 차이공차

패턴은 끝점이 연결되어 닫힌 형태의 경계로 이루어져야 적용되지만, 경계선의 끝점이 서로 떨어진 경우 경계로 인식될 적정 거리값 설정

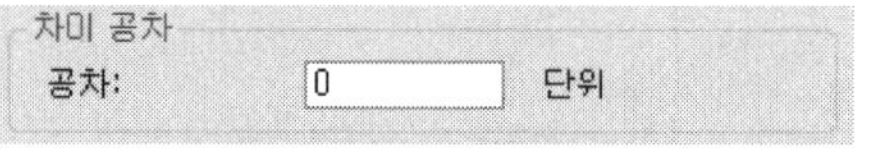

(13) 색상(그라데이션탭 선택시)

① 한 색(O) : 한 개의 색으로 음영과 색조로 그라데이션 표현
② 두 색(T) : 두 개의 색으로 그라데이션 표현
③ 유형미리보기 : 적용할 그라데이션 유형 선택
④ 방향(C) : 그라데이션의 중심과 적용 각도 설정

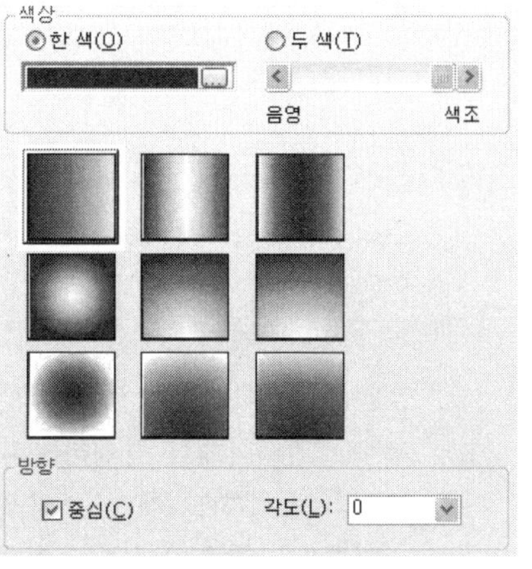

9.3 패턴적용 명령 따라하기

(1) 다음의 명령을 이용해 오른쪽 그림과 같이 도형을 그린다.

► 사용명령 : Line, Circle

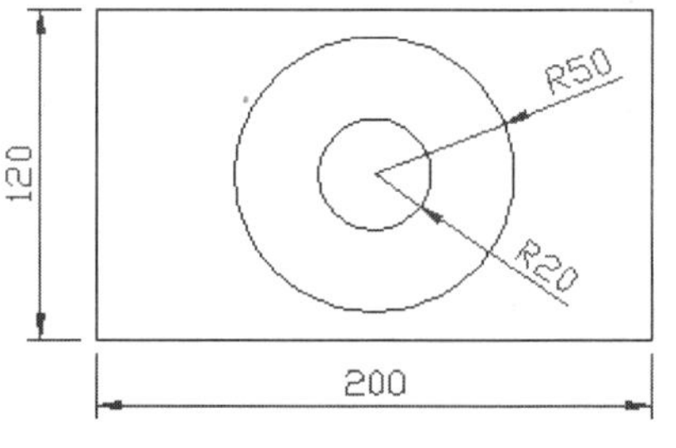

(2) 패턴 적용 명령을 실행한다.

► 사용명령 : Hatch Enter↵ (혹은 h Enter↵)

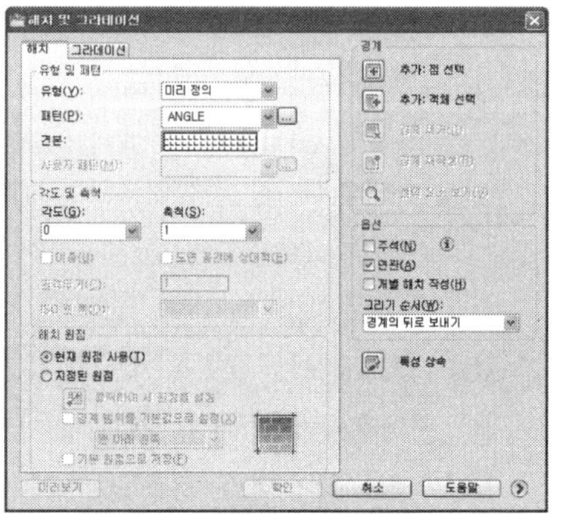

(3) 패턴을 적용하고자 하는 경계 영역을 선택한다.

① 추가 : 점 선택 버튼 선택

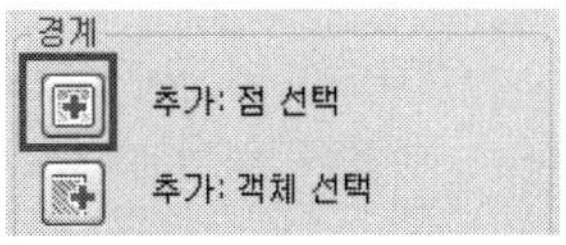

② 패턴을 적용하고자 하는 영역에 마우스 왼쪽 버튼 클릭(P1 점 지정)

③ 키보드 Enter↵ 선택해 해치 대화상자 되돌아오기

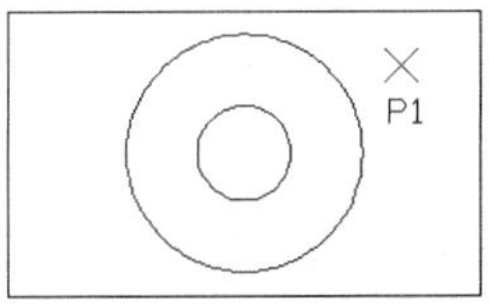

[영역 지정 전]

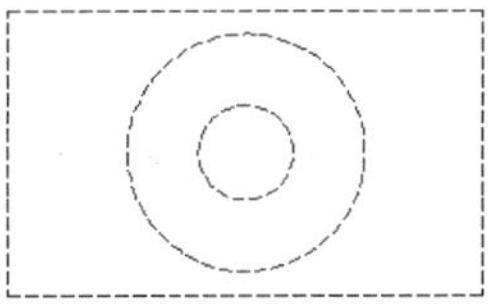
[영역 지정 후]

(4) 적용하고자 하는 패턴 유형[Y]과 패턴(P)을 선택한다.

- **유형(Y)** : 미리 정의 선택
- **패턴(P)** : ANSI31 선택

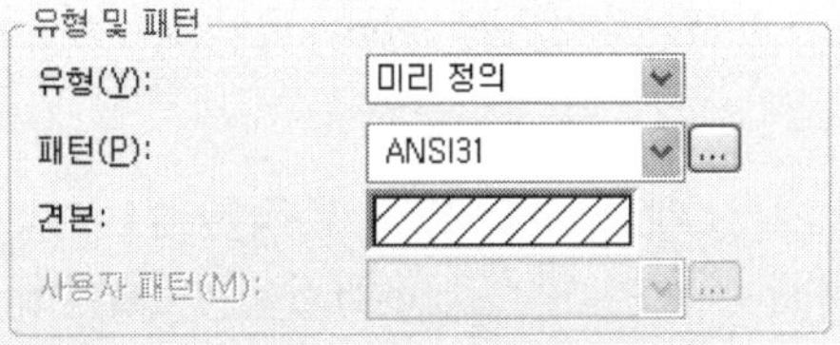

(5) 패턴의 적용 각도[G]와 축척[S]를 설정한다.

축척값이 너무 작거나 클 경우에 화면에 보이지 않을 수 있다.

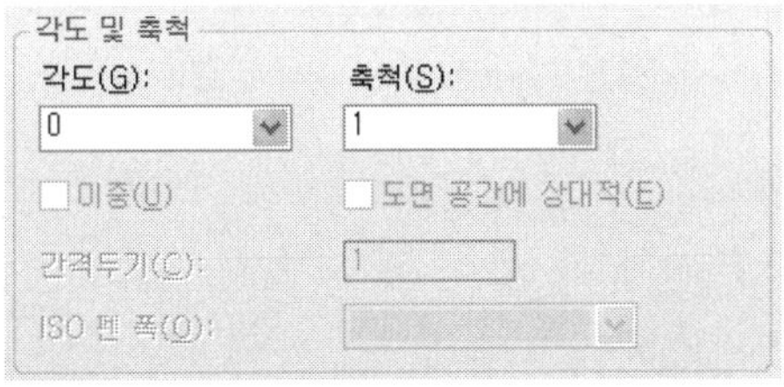

(6) 패턴이 어떻게 적용되는지 미리보기[미리보기]를 버튼을 선택한다.

(7) 원하는 모양, 크기, 각도가 나올 때까지 (5), (6)을 반복한다.

(8) 고립 영역이 있을 경우 원하는 고립영역 스타일을 선택한다(여기서는 일반을 선택한다).

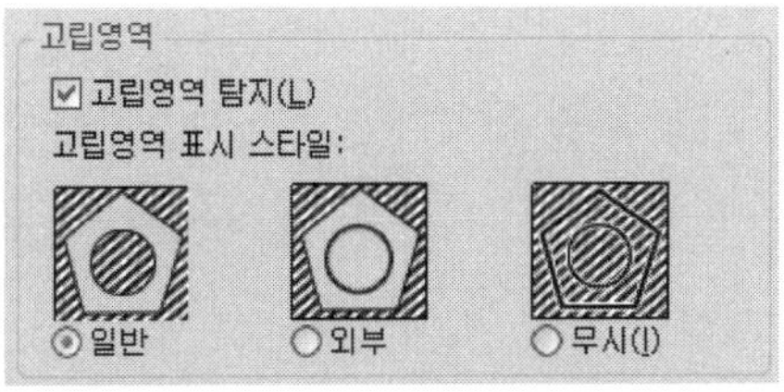

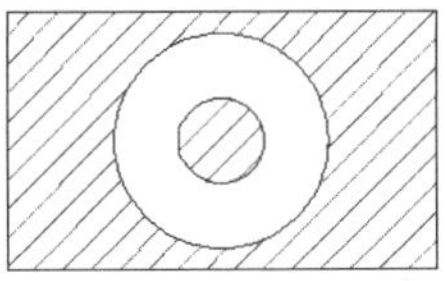
[일반 선택시]

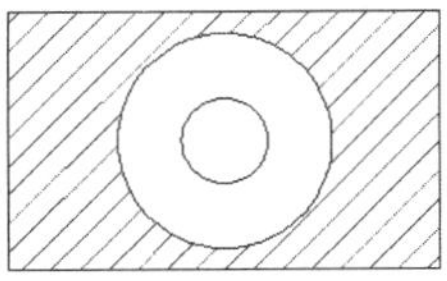
[외부 선택시]

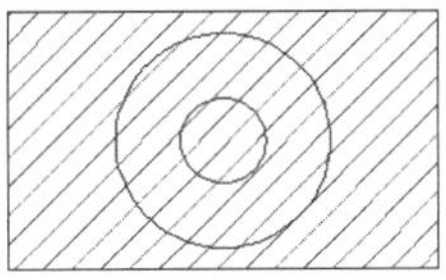
[무시 선택시]

(9) [미리보기]를 실행해 원하는 패턴이 나오면 [OK] 버튼을 선택해 패턴 명령을 종료한다.

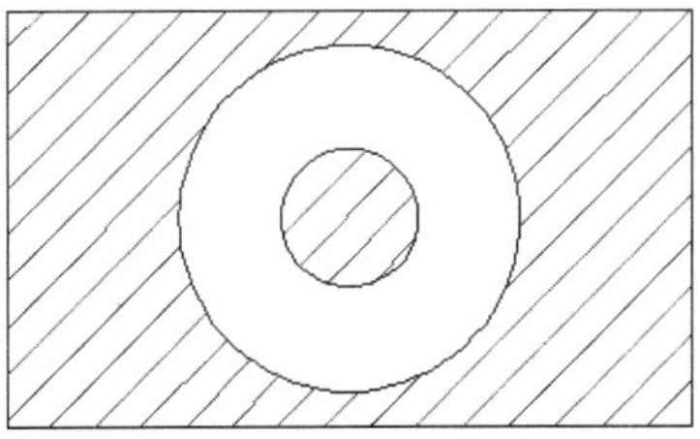
[패턴 적용 결과]

9.4 패턴 수정하기(he) – hatchedit

- 적용한 패턴을 수정하는 명령
- 적용된 해치를 왼쪽마우스로 두 번 빠르게 선택(더블클릭)해도 수정 명령 적용됨.

(1) 패턴 수정 명령

명령줄 사용 : hatchedit Enter↵ **(단축명령 : he)**
수정하고자 하는 해치를 마우스로 더블클릭 하기
주메뉴 사용 : 수정(M) ▶ 객체(O) ▶ 해치(H)
도구막대 사용 : 수정2 도구막대 ▶

(2) 패턴 수정 명령 따라하기

► 명령 : hatchedit Enter↵ (혹은 he Enter↵ 혹은 수정하고자 하는 해치 더블클릭)

➔ *실행하면 패턴 수정을 위한 대화상자가 나타남(내용은 해치 적용 명령 대화상자와 동일함).*

10. 문자 입력하기

- **문자 유형 설정 명령 : style (st)**
- **다중문자 입력 명령 : mtext (mt)**
- **다중문자 수정 명령 : ddedit (ed 혹은 수정문자 두 번 빠르게 선택하기)**

10.1 문자 유형설정하기 : style (st)

- 문자의 유형(글꼴, 문자 크기, 표현 효과 등)을 설정하는 명령
- 주로 사용하고자 하는 기본 글꼴을 설정하기위해 사용

확인

기본글꼴

① 영문→TXT, 한글→굴림

② 명령 실행 후 기본글꼴이 TXT로 보이지만 한글을 입력하면 자동으로 글꼴이 굴림이 됨.

(1) 문자 유형설정 명령 실행하기

명령줄 사용 : style Enter↵ **(단축명령 : st)**

리본메뉴 사용 : 홈 탭 ▶ 주석 패널

주메뉴 사용 : 형식(O) ▶ 문자 스타일(S)

도구막대 사용 : 문자 도구막대 ▶

(2) 문자 유형설정 옵션

► 명령 : style Enter↵ (혹은 st Enter↵)

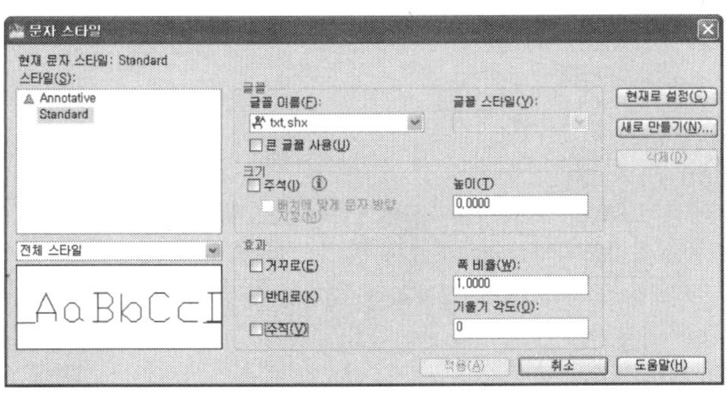

[AutoCAD 2013에서 실행한 경우]

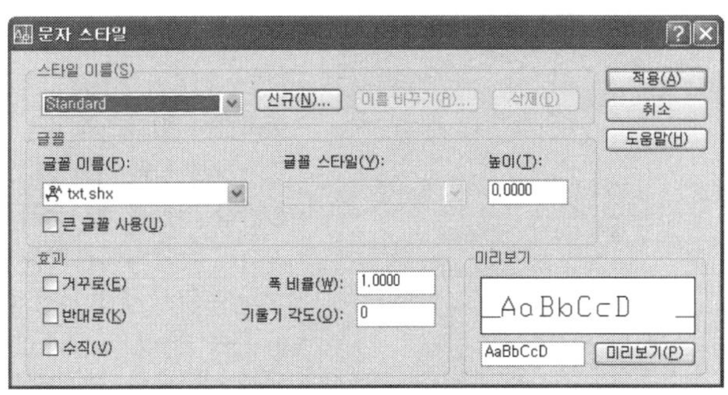

[AutoCAD 2007에서 실행한 경우]

① 스타일 : 문자 유형 목록을 보여줌.

- **스타일 추가하기 :** 전체스타일과 사용중인 스타일을 선택할 수 있다.

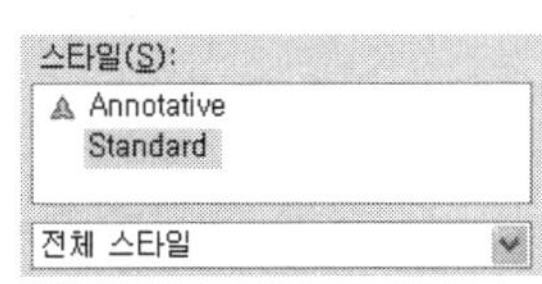

② 글꼴 : 글꼴 설정

- **글꼴이름 :** 사용할 수 있는 글꼴 목록을 보여줌.

[윈도우용 글꼴 선택시]

[큰 글꼴 사용 선택시]

- **큰 글꼴 사용 :** 한글(아시아어)CAD글꼴을 사용시 선택(단, 글꼴이름에서 SHX 글꼴(CAD 전용글꼴) 선택시에만 사용 가능)
- **글꼴 스타일**
  - 윈도우 글꼴 선택시 : 기울임꼴, 굵게, 보통 등 문자 형식 지정
  - CAD 전용글꼴 선택시 : 한글(아시아어)CAD글꼴 목록을 보여줌.

③ **크기** : 문자 높이 설정

- **주석 :** 선택하면 축척값 변경시 문자 크기를 축척값에 맞게 자동 변경할 수 있다.
- **높이 :** 문자 기본 크기값 설정

④ **효과** : 거꾸로, 반대로, 수직, 폭비율, 문자 기울기 각도 등 설정

⑤ **미리보기** : 글꼴을 변경하고 효과를 수정하면 동적으로 변경되는 샘플 문자 미리보기

(3) AutoCAD에서 지원하는 글꼴의 종류

글 꼴(font)	내 용
윈도우용 글꼴 : 트루타입(truetype)	• 윈도우즈 운영체제에 설치되어 사용되는 글꼴 • **아이콘이 T자가 겹쳐진 형태로 나타난다.** • **글꼴이름 목록에서 선택하며 한글, 영어 모두 표현가능**(단, 글꼴 종류에 따라 한글, 영어중 하나만 표시되거나 그림이 표시될 수 있음.) • 설치된 글꼴의 위치 : C:/windows/fonts • 글꼴 추가시 'C : /windows/fonts' 위치에 글꼴파일을 복사해 두면 됨. • textfill = 0 : 외곽선만 출력 • textfill = 1 : 속이 채워진 상태로 출력(기본값) • **출력시 문자에 선굵기값이 적용되지 않음.**
CAD전용 글꼴 : 쉐이프(shape)	• AutoCAD에 설치되어 사용되는 글꼴(확장자 : *.shx) • **아이콘이 컴파스와 A가 겹쳐진 형태로 나타난다.** • **영어글꼴 선택 : [글꼴이름] 목록에서 선택** • **한글글꼴 선택 : [큰글꼴 목록]에서 선택(단, [큰 글꼴 사용] 선택시 보여짐)** • 설치된 글꼴의 위치 : AutoCAD 프로그램 설치 위치/Fonts • 글꼴 추가시 '프로그램 설치 위치/Fonts' 위치에 글꼴파일을 복사해 두면 됨. • 한글은 '큰글꼴 사용' 선택시에만 사용가능 • 오직 선만으로 이루어진 폰트(내부가 비워져 있음) • **출력시 문자에 선굵기값이 적용됨.**

글꼴 보기 예

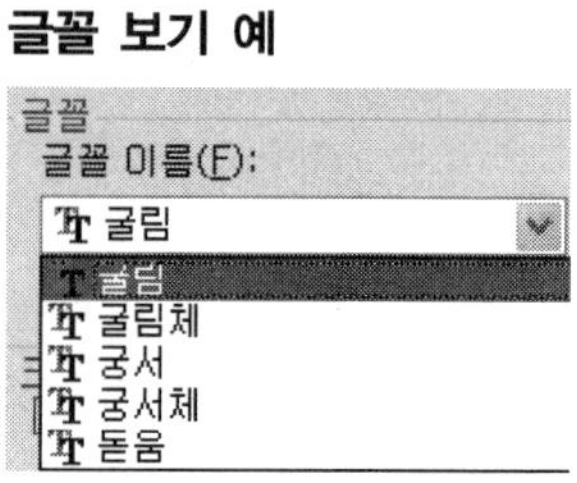

[윈도우용 글꼴 설정]

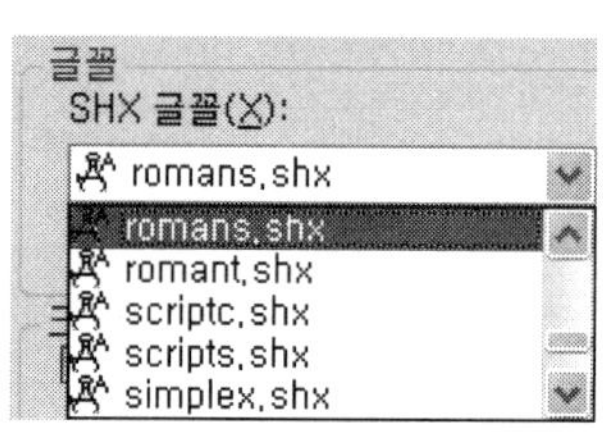

[CAD용 글꼴 설정]

[한글 큰 글꼴 설정]

10.2 문자 입력하기 : mtext (mt)

- 여러 줄 문자를 입력하는 명령
- 동시에 입력한 여러줄의 문자는 한 개의 객체로 인식

(1) 다중 문자 입력 명령 실행

명령줄 사용 : mtext [Enter↵] (단축명령 : mt 혹은 t)
리본메뉴 사용 : 홈 탭 ▶ 주석 패널 A
주메뉴 사용 : 그리기(D) ▶ 문자(X) ▶ 여러줄 문자(M)
도구막대 사용 : 그리기 도구막대 (혹은 문자 도구막대) ▶ A

(2) 다중 문자 입력 옵션

리본메뉴를 사용하지 않은 경우

► 명령 : mtext [Enter↵] (혹은 mt [Enter↵])
► 첫 번째 구석 지정 :
► 반대 구석 지정 또는 [높이(H)/자리맞추기(J)/선 간격두기(L)/회전(R)/스타일(S)/폭(W)/열(C)] :

옵 션	내 용	
첫 번째 구석 지정	다중 문자 입력을 위한 사각 영역의 첫 번째 구석 지정	
반대 구석 지정	다중 문자 입력을 위한 사각 영역의 두 번째 구석 지정	
높이(H)	문자 높이 설정	※이 옵션은 다중문자 입력기를 통해 많이 사용함
자리맞추기(J)	문자 가로, 세로 정렬 자리 맞추기	
선 간격두기(L)	문자 줄 간격 설정	
회전(R)	문자 입력 방향 각도 설정	
스타일(S)	문자 유형 설정	
폭(W)	문자 입력 사각 영역의 폭 설정	
열(C)	문자 입력 열 수 설정	

다중문자 입력기 : 명령 실행 후 2개의 구석지정을 하고나면 다음과 같이 입력기가 실행된다.

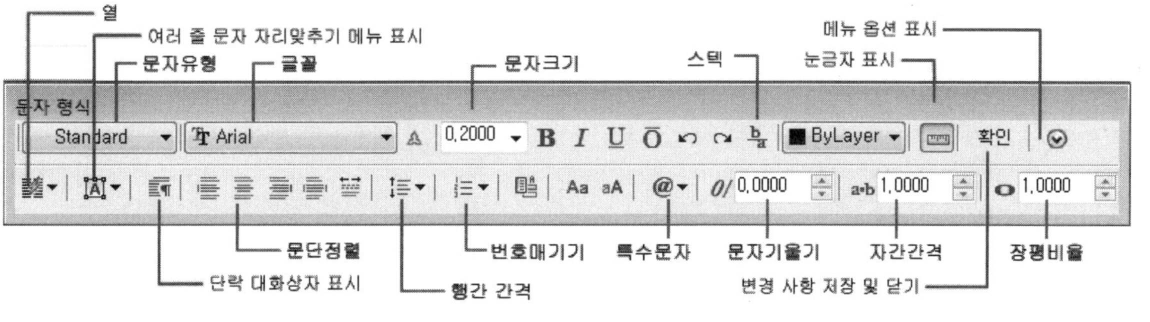

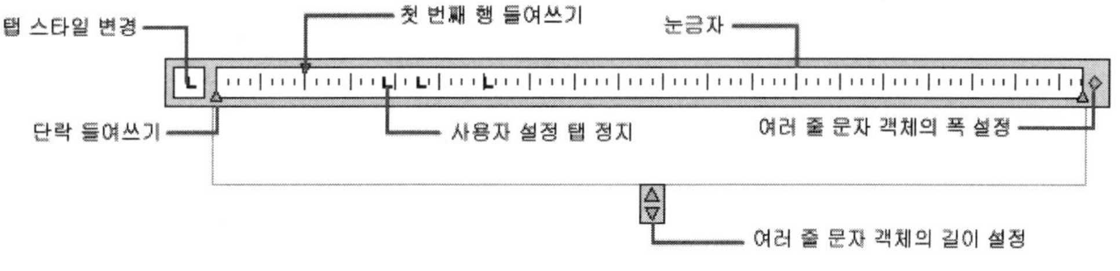

리본메뉴를 사용한 경우

► 명령 : style [Enter↵] (혹은 st [Enter↵])

- **스타일** : 문자 유형과 문자 크기 설정
- **형식지정** : 문자의 표현 형식 설정
- **단락** : 문자의 단락 설정
- **삽입** : 기호, 필드, 문자 열값 설정
- **철자검사** : 문자 철자 검사
- **도구** : 글자 찾기와 바꾸기
- **옵션** : 다중문자 편집기 옵션 설정
- **닫기** : 문자 편집기 명령 종료

10.3 다중 문자 입력 명령 따라하기

오른쪽 그림과 같이 표를 따라 그려본다.

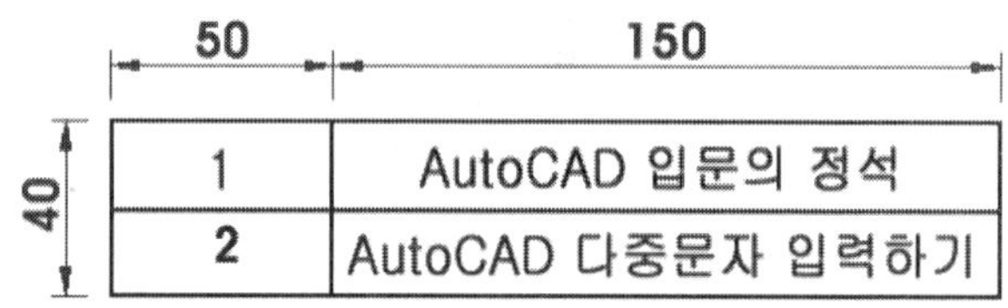

(1) 표 그리기

① 수평선과 수직선을 쉽게 그리기 위해 직교기능을 켠다.

► 키보드로 기능키 [F8] 누른 후 응용프로그램 막대에서 직교기능항목( )이 선택되었는지 확인

② 선 그리기 명령을 실행해 표의 바깥쪽 사각형을 그린다. (직교기능([F8])을 이용한다.)

► 명령 : line [Enter↵] (혹은 l [Enter↵])

► 첫 번째 점 지정 : 임의의 위치점 P1점 지정

► 다음 점 지정 또는 [명령 취소(U)] : 50 [Enter↵]

► 다음 점 지정 또는 [명령 취소(U)] : 150 [Enter↵]

► 다음 점 지정 또는 [닫기(C)/명령 취소(U)] : 40 [Enter↵]

► 다음 점 지정 또는 [닫기(C)/명령 취소(U)] : 150 [Enter↵]

► 다음 점 지정 또는 [닫기(C)/명령 취소(U)] : 50 [Enter↵]

► 다음 점 지정 또는 [닫기(C)/명령 취소(U)] : C [Enter↵]

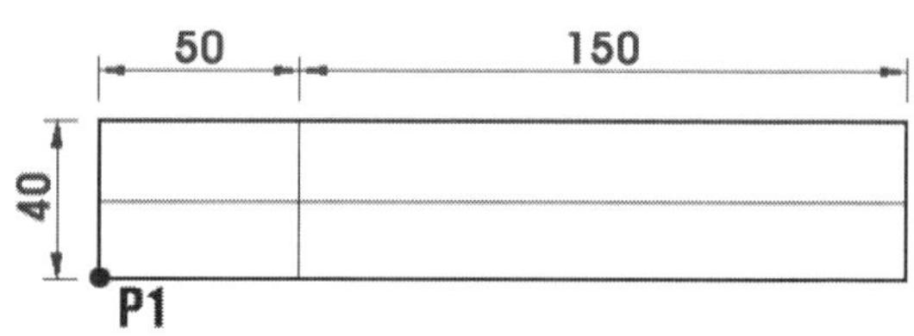

③ 수평선과 수직선을 쉽게 그리기 위해 OSNAP 기능을 켠다.

► 키보드로 기능키 [F3] 누른 후 응용프로그램 막대에서 OSNAP기능항목( )이 선택되었는지 확인

④ 선 그리기 명령을 실행해 표의 안쪽선을 그려 표를 완성한다.

- ►명령 : line [Enter↵] (혹은 l [Enter↵])
- ►첫 번째 점 지정 : **끝점 찾아(P1점) 마우스로 지정하기**
- ►다음 점 지정 또는 [명령 취소(U)] : **끝점(혹은 수직점) (P2점) 찾아 마우스로 지정하기**
- ►다음 점 지정 또는 [닫기(C)/명령 취소(U)] : C [Enter↵]

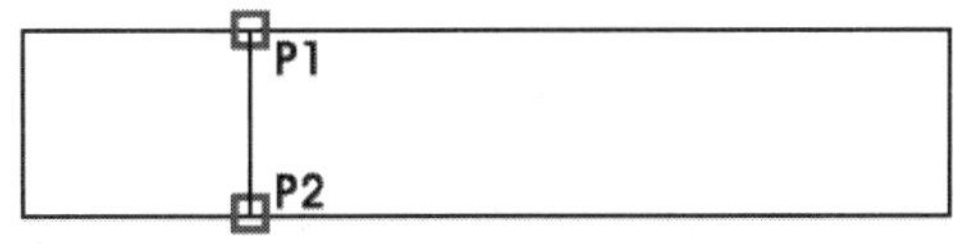

- ►명령 : line [Enter↵] (혹은 l [Enter↵])
- ►첫 번째 점 지정 : **가운데 점(P3점) 찾아 마우스 왼쪽 버튼 누르기**
- ►다음 점 지정 또는 [명령 취소(U)] : **가운데 점(혹은 수직점) (P4점) 찾아 마우스 왼쪽버튼 누르기**
- ►다음 점 지정 또는 [닫기(C)/명령 취소(U)] : C [Enter↵]

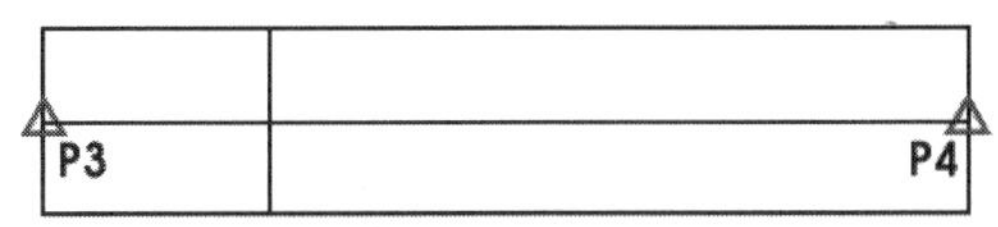

(2) 다중문자 입력하기

- ►명령 : mtext [Enter↵] (혹은 mt [Enter↵])
- ►첫 번째 구석 지정 : **마우스로 P1점 찾아 지정**
- ►반대 구석 지정 또는 [높이(H)/자리맞추기(J)/선 간격두기(L)/회전(R)/스타일(S)/폭(W)/열(C)] : **마우스로 P2점 찾아 지정**
- ►아래의 문자 입력기에 다음과 같이 문자를 입력하고 원하는 옵션을 설정한다.
  - ■**글꼴** : 굴림
  - ■**크기** : 7
  - ■**자리맞추기** : 중간중심
  - ■**중심 정렬**

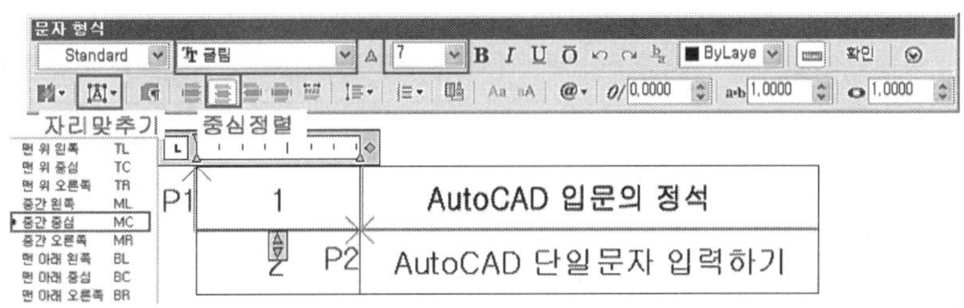

- ►문자 입력기에서 [확인] 버튼을 눌러 명령을 종료한다(혹은 화면의 빈공간을 선택해 종료).

확인

문자 내용이 한 줄이 아닌 두 줄 이상 표시되는 경우

① 원인 : 문자 입력 영역에 비해 문자 크기가 너무 큰 경우 자동 줄바꿈이 적용됨.

② 해결방안

- 문자 크기 줄이기 : 입력된 문자 선택 후 문자 크기값을 변경한다.

- 문자 입력 영역 늘리기 : 문자 영역 폭 조절 버튼을 이용해 폭을 늘린다.

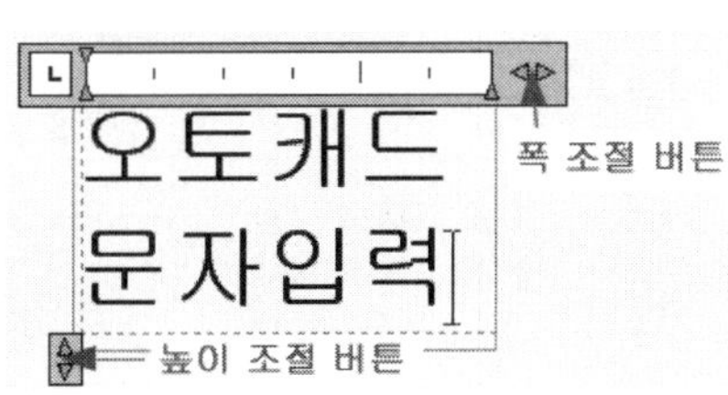

10.4 문자 수정하기 : ddedit (ed) 혹은 수정하고자 하는 문자 두 번 선택하기

• 문자 내용을 수정하는 명령

(1) 문자 내용 수정 명령 실행

> 명령줄 사용 : ddedit [Enter↵] (단축명령 : ed)
> 수정하고자 하는 문자 두 번 클릭하기
> 주메뉴 사용 : 수정(M) ▶ 객체(O) ▶ 문자(T) ▶ 편집(E)
> 도구막대 사용 : 문자 도구막대 ▶ A

(2) 문자 내용 수정 명령 옵션

► 명령 : ddedit [Enter↵] (혹은 ed [Enter↵])
► 주석 객체 선택 또는 [명령 취소(U)] :

옵 션	설 명
주석 객체 선택	수정할 문자 선택
명령 취소(U)	수정한 문자를 취소

(3) 문자 내용 수정 명령 따라하기

① 다중 문자 객체 수정하기

오른쪽과 같이 문자 내용을 변경한다.

1	AutoCAD 입문의 정석
2	AutoCAD 다중문자 입력하기

➡ 변경

10	AutoCAD 전문가의 정석
20	AutoCAD 다중문자 수정하기

► 명령 : ddedit [Enter↵] (혹은 ed [Enter↵]를 하거나 수정 문자 빠르게 두 번 클릭하기)
► 주석 객체 선택 또는 [명령 취소(U)] : 수정하고자 하는 문자 선택
► 문자 입력기 프로그램이 실행되면 문자 내용을 수정하고 [확인] 버튼을 눌러 종료한다.

11. 치수 표현하기

11.1 치수의 구성요소와 명령

치수는 치수보조선, 치수선, 문자, 화살표로 구성되어 있다.

치수 종류	단축명령	명령아이콘
선형치수	dli	
정렬치수	dli	
반지름치수	dra	
지름치수	ddi	
각도치수	dan	
기준치수	dba	
연속치수	dco	

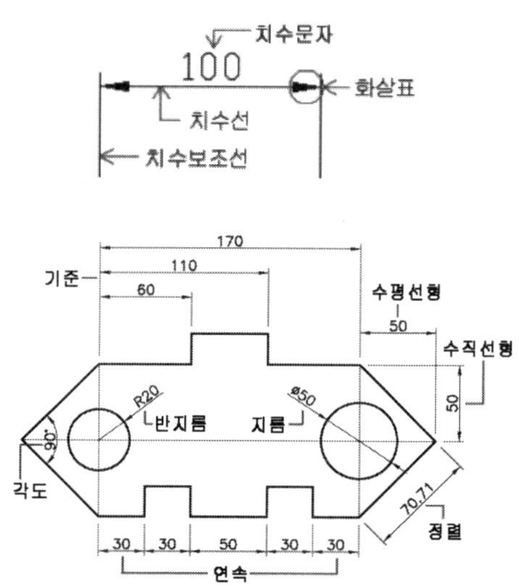

11.2 치수 유형 설정하기 : dimstyle (d)

- 치수 표현 모양을 설정하는 명령
- 여기에서는 치수크기를 설정하는 방법에 대해서만 알아보도록 한다.

(1) 치수 유형 설정 명령 실행

명령줄 사용 : dimdtyle Enter↵ (단축명령 : d)

리본메뉴 사용 : 홈 탭 ▶ 주석 패널 ▶

주메뉴 사용 : 형식 (O) ▶ 치수스타일 (D)

도구막대 사용 : 치수 도구막대 (혹은 스타일 도구막대) ▶

(2) 치수 유형 설정 명령을 이용해 치수크기 변경하기

► 명령 : dimstyle Enter↵ (혹은 d Enter↵)

► [수정(M)...] 버튼 선택

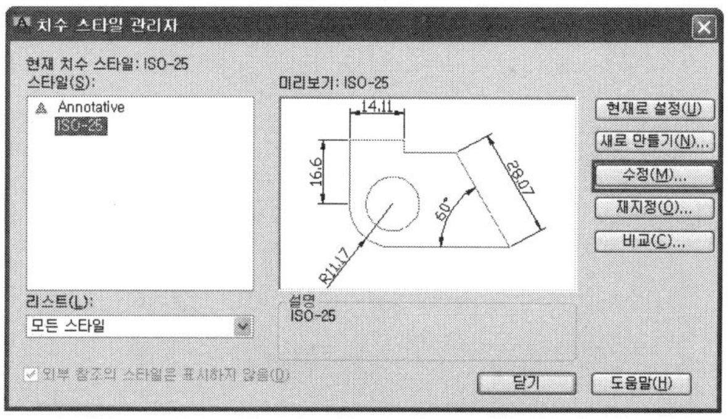

► [맞춤탭] 선택

► [치수피쳐 축척 영역]에서 전체 축척 사용값 변경 (기본값 : 1)

► [확인] 버튼 선택

► [닫기] 버튼 선택해 설정 명령 종료

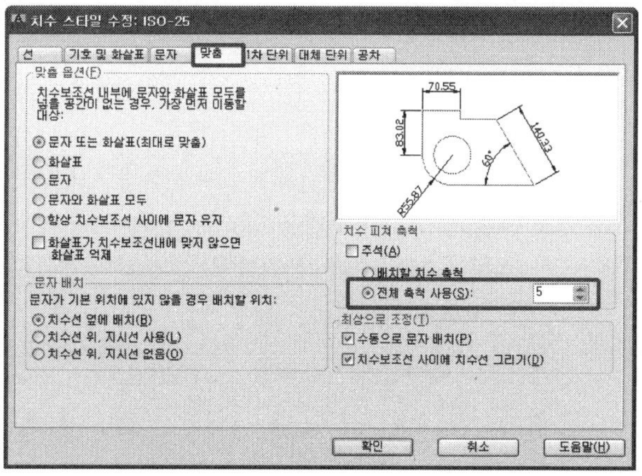

(3) 치수 측정 명령 따라하기

① 먼저 오른쪽 그림과 같이 도면을 그린다.

► 사용명령

- **직교기능 :** F8 (혹은 응용프로그램 상태막대)
- **OSNAP기능 :** F3 (혹은 응용프로그램 상태막대)
- **선 그리기 :** line (l)
- **원 그리기 :** circle (c)

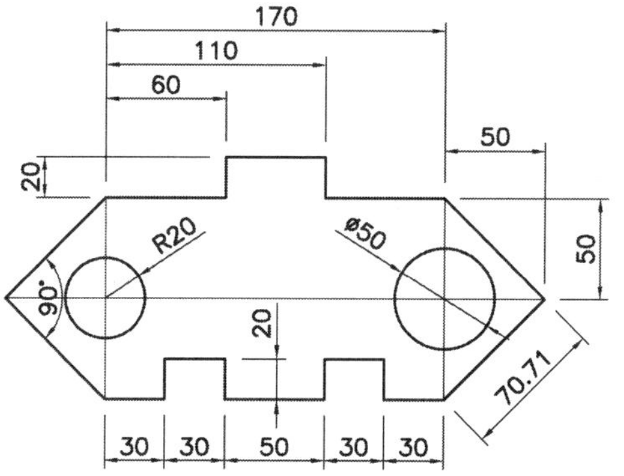

② 수평 선형 치수 측정하기

► 명령 : dli Enter↵ (혹은 ⊢⊣ 선택)

► 첫 번째 치수보조선 원점 지정 또는 〈객체 선택〉 : **P1점 지정**

► 두 번째 치수보조선 원점 지정 : **P2점 지정**

► 치수선의 위치 지정 또는 [여러 줄 문자(M)/문자(T)/각도(A)/수평(H)/수직(V)/회전(R)] : **P3점 지정** ➔ *임의의 위치점 지정*

수직선형 치수도 동일한 방법으로 측정한다.

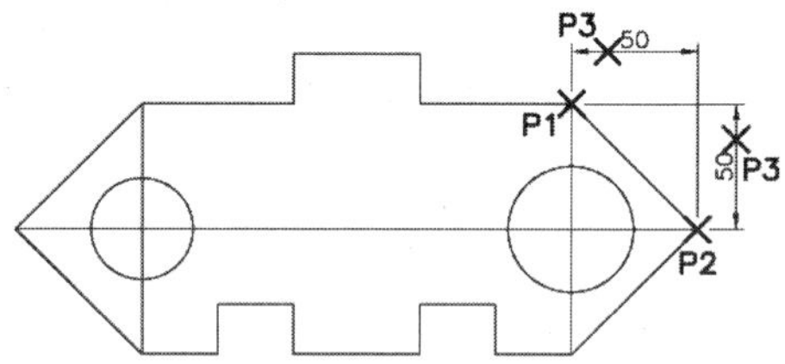

③ 정렬 치수 측정하기

► 명령 : dli Enter↵ (혹은 ↖↘ 선택)

► 첫 번째 치수보조선 원점 지정 또는 〈객체 선택〉 : **P1점 지정**

► 두 번째 치수보조선 원점 지정 : **P2점 지정**

► 치수선의 위치 지정 또는 [여러 줄 문자(M)/문자(T)/각도(A)/수평(H)/수직(V)/회전(R)] : **P3점 지정** ➔ *임의의 위치점 지정*

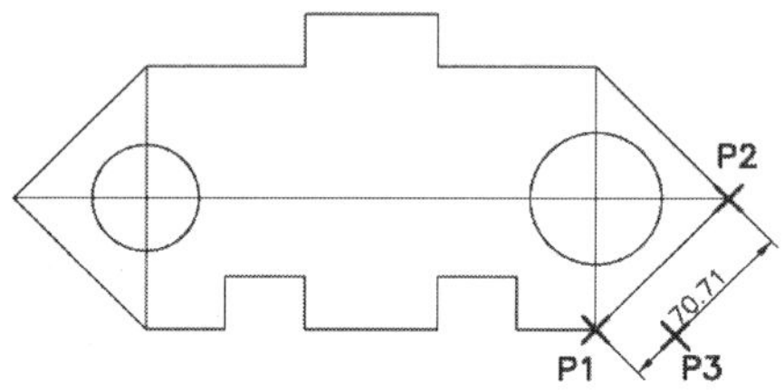

④ 반지름 측정하기

► 명령 : dra Enter↵ (혹은 ◷ 선택)

► 호 또는 원 선택 : **S1 객체 선택**

► 치수선의 위치 지정 또는 [여러 줄 문자(M)/문자(T)/각도(A)] : **S2점 지정** ➔ *임의의 위치점 지정*

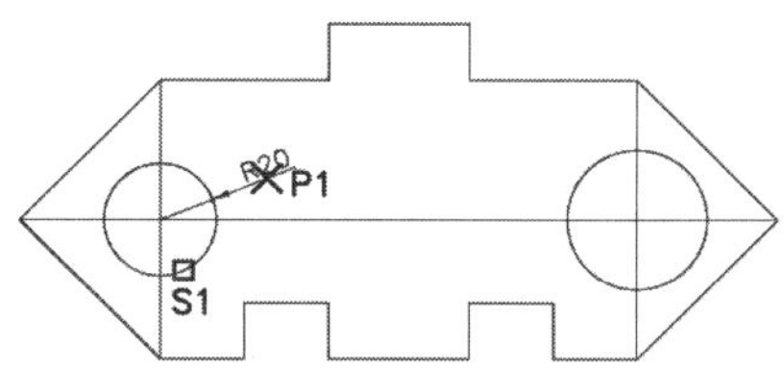

⑤ 지름 측정하기

► 명령 : ddi Enter↵ (혹은 ⊘ 선택)

► 호 또는 원 선택 : **S1 객체 선택**

► 치수선의 위치 지정 또는 [여러 줄 문자(M)/문자(T)/각도(A)] : **P1점 지정** ➔ *임의의 위치점 지정*

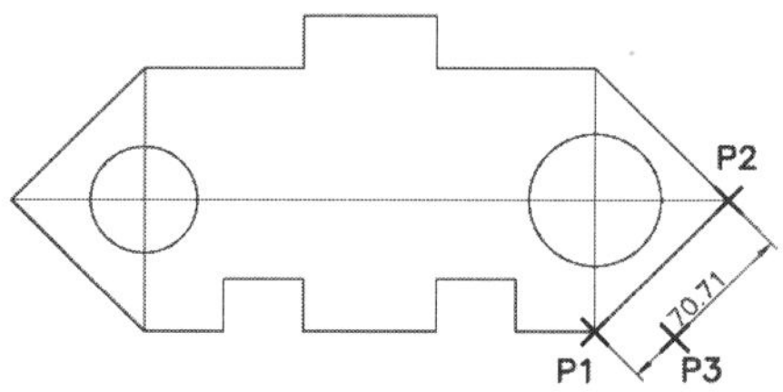

⑥ 각도 측정하기

► 명령 : dan Enter↵ (혹은 △ Enter↵)

► 호, 원, 선을 선택하거나 〈정점 지정〉 : **S1 객체 선택**

► 두 번째 선 선택 : **S2 객체 선택**

► 치수 호 선의 위치 지정 또는 [여러 줄 문자(M)/문자(T)/각도(A)/사분점(Q)] : **P1점 지정** ➔ *임의의 위치점 지정*

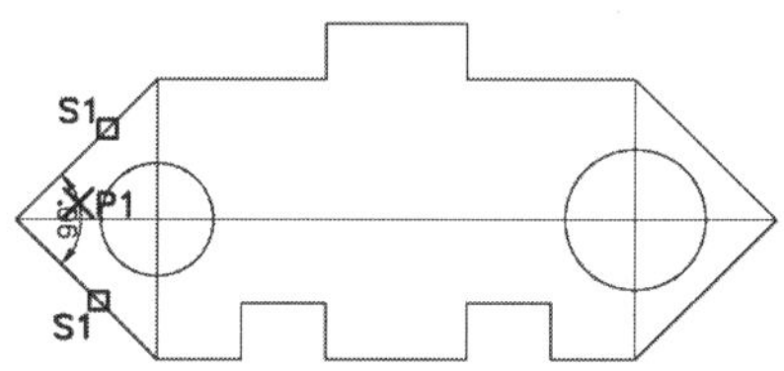

⑦ 기준치수 측정하기

㉮ 먼저 치수선간의 간격을 설정한다.

기본값 '3.75' → '8' 변경

► 사용명령 : ddim Enter↵ (혹은 d Enter↵)

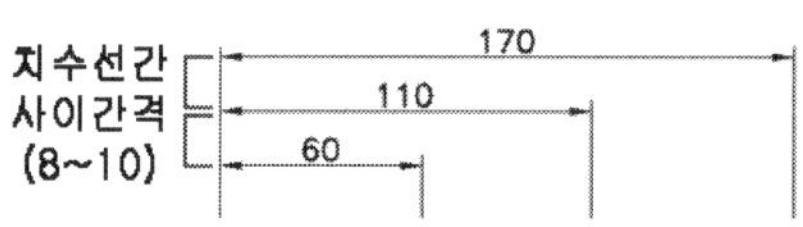

치수선간 간격을 다음과 같이 설정한다.

► 명령 : ddim [Enter↵] (혹은 d [Enter↵])

► 기준선 간격 : '8'로 설정한다.

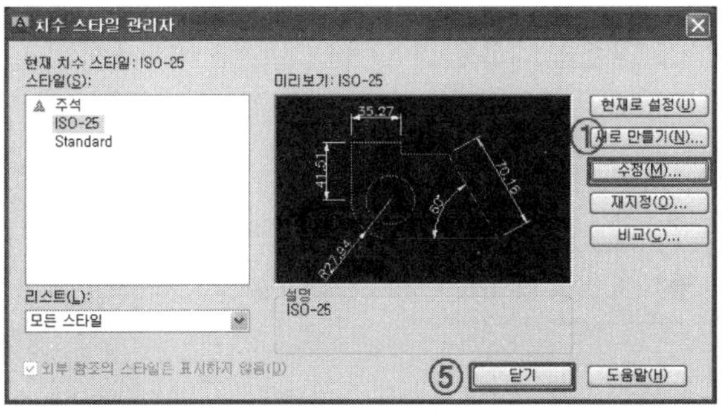

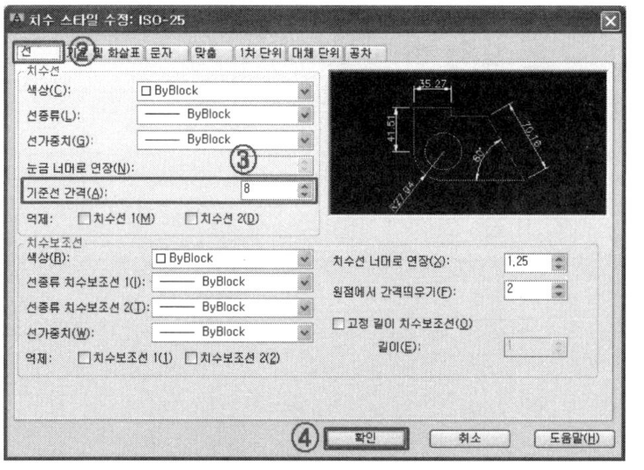

㉯ 먼저 선형치수 측정 명령으로 기준이 되는 치수를 표현한다.

► 명령 : dimlinear [Enter↵] (혹은 dli [Enter↵])

► 첫 번째 치수보조선 원점 지정 또는 〈객체 선택〉 : **P1점 지정**

► 두 번째 치수보조선 원점 지정 : **P2점 지정**

► 치수선의 위치 지정 또는 [여러 줄 문자(M)/문자(T)/각도(A)/수평(H)/수직(V)/회전(R)] : **P3점 지정**

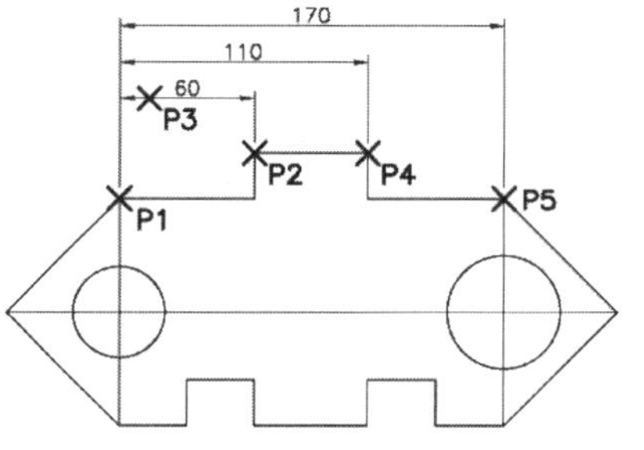

㉰ 기준치수 측정 명령 실행하기

► 명령 : dimbaseline [Enter↵] (혹은 dba)

► 두 번째 치수보조선 원점 지정 또는 [명령 취소(U)/선택(S)] 〈선택(S)〉 : **P4점 지정**

► 두 번째 치수보조선 원점 지정 또는 [명령 취소(U)/선택(S)] 〈선택(S)〉 : **P5점 지정**

► 두 번째 치수보조선 원점 지정 또는 [명령 취소(U)/선택(S)] 〈선택(S)〉 : [Enter↵]

► 기준 치수 선택 : [Enter↵]

⑧ 연속치수 측정하기

㉮ 먼저 선형치수 측정 명령으로 기준이 되는 치수를 표현한다.

► 명령 : dimlinear [Enter↵] (혹은 dli [Enter↵])

► 첫 번째 치수보조선 원점 지정 또는 〈객체 선택〉 : **P1점 지정**

► 두 번째 치수보조선 원점 지정 : **P2점 지정**

► 치수선의 위치 지정 또는 [여러 줄 문자(M)/문자(T)/각도(A)/수평(H)/수직(V)/회전(R)] : **P3점 지정**

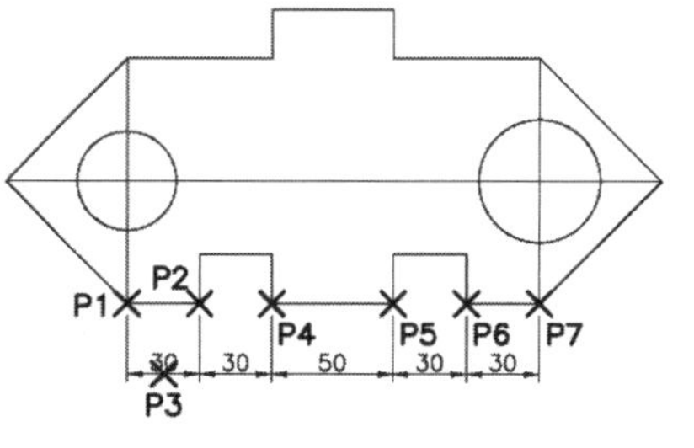

㉯ 연속치수 측정 명령 실행하기

► 명령 : dimcontinue [Enter↵] (혹은 dco)

► 두 번째 치수보조선 원점 지정 또는 [명령 취소(U)/선택(S)] 〈선택(S)〉 : **P4점 지정**

► 두 번째 치수보조선 원점 지정 또는 [명령 취소(U)/선택(S)] 〈선택(S)〉 : **P5점 지정**

► 두 번째 치수보조선 원점 지정 또는 [명령 취소(U)/선택(S)] 〈선택(S)〉 : **P6점 지정**

► 두 번째 치수보조선 원점 지정 또는 [명령 취소(U)/선택(S)] 〈선택(S)〉 : **P7점 지정**

► 두 번째 치수보조선 원점 지정 또는 [명령 취소(U)/선택(S)] 〈선택(S)〉 : [Enter↵]

► 연속된 치수 선택 : [Enter↵]

기본 도형 그리기 명령 따라하기

1. 기본 도형 따라 그리기 1

다음 도면을 따라 그린다.

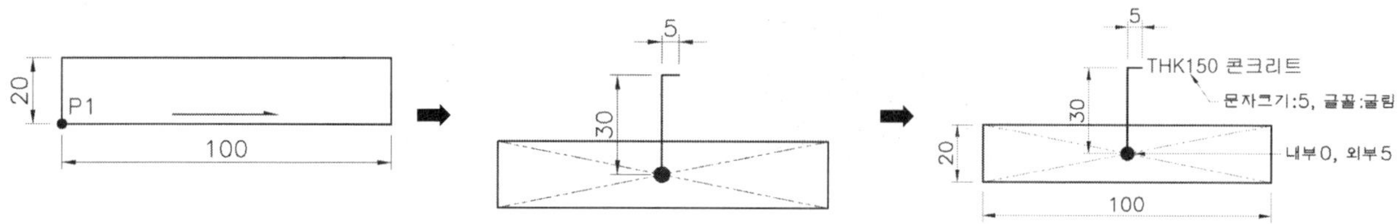

(1) 사각형을 그린다.

- 선을 그리기 전에 먼저 직교기능을 켠다.
- 기능키 F8 또는 응용프로그램 상태막대( )선택
- 명령 : line Enter↵ (혹은 l)
- 첫 번째 점 지정 : **마우스로 P1점 지정** ➔ 임의의 위치점 지정
- 다음 점 지정 또는 [명령 취소(U)] : 100 Enter↵
- 다음 점 지정 또는 [명령 취소(U)] : 20 Enter↵
- 다음 점 지정 또는 [닫기(C)/명령 취소(U)] : 100 Enter↵
- 다음 점 지정 또는 [닫기(C)/명령 취소(U)] : c Enter↵

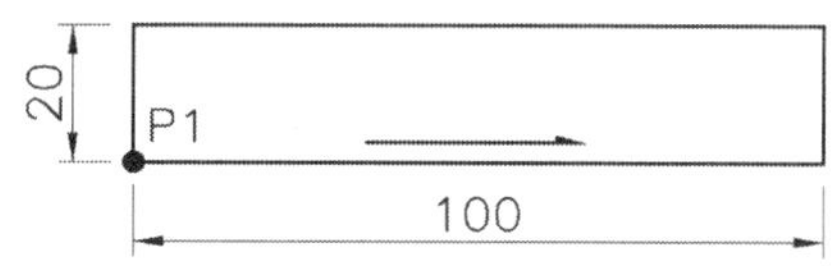

(2) 지시문자를 그린다.

① 먼저 지시선을 그릴 위치점을 찾는다.

- 선을 그리기 전에 먼저 OSNAP 기능을 켠다.
- 기능키 F3 또는 응용프로그램 상태막대( )선택
- 명령 : line Enter↵ (혹은 l)
- 첫 번째 점 지정 : **마우스로 P1점 지정**
- 다음 점 지정 또는 [명령 취소(U)] : **마우스로 P2점 지정**
- 다음 점 지정 또는 [명령 취소(U)] : Enter↵

다른 대각선도 같은 방법으로 그린다.

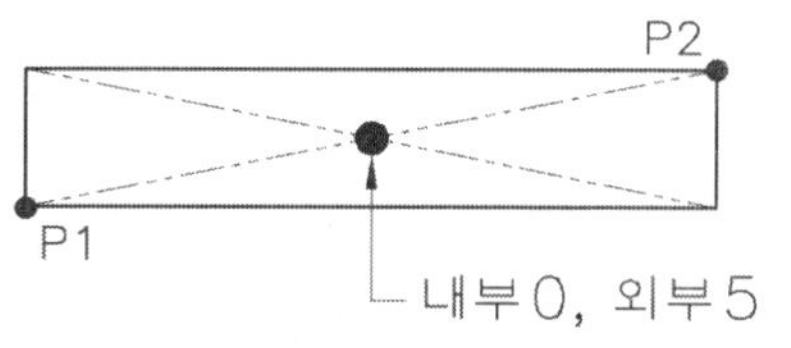

② 점을 그린다.

- 명령 : donut Enter↵ (혹은 do Enter↵)
- 도넛의 내부 지름 지정 〈0.5000〉 : 0 Enter↵
- 도넛의 외부 지름 지정 〈1.0000〉 : 5 Enter↵
- 도넛의 중심 지정 또는 〈종료〉 : **대각선의 교차점을 마우스로 지정**
- 도넛의 중심 지정 또는 〈종료〉 : Enter↵

③ 지시선과 연결선을 그린다.

- 사용명령 : line Enter↵

직교기능을 이용해 선을 그린다. (기능키 F8,)

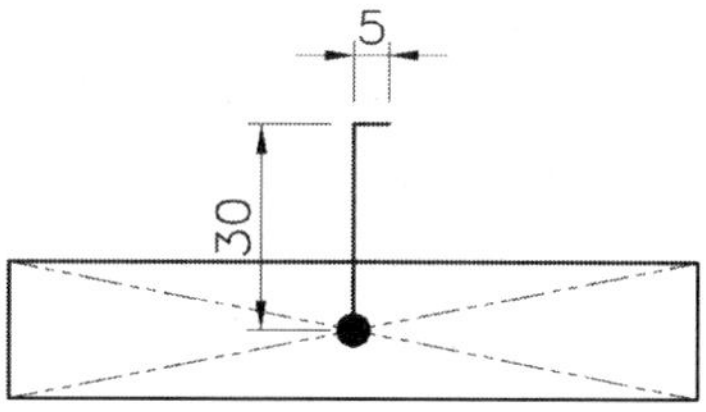

④ 문자를 입력한다.

- ► 명령 : dtext Enter↵ (혹은 dt Enter↵)
- ► 현재 문자 스타일 : "Standard", 문자 높이 : 2.5000, 주석 : 아니오
- ► 문자의 시작점 지정 또는 [자리맞추기(J)/스타일(S)] : j Enter↵
- ► 옵션 입력 [정렬(A)/맞춤(F)/중심(C)/중간(M)/오른쪽(R)/좌상단(TL)/상단중앙(TC)/우상단(TR)/좌측중간(ML)/중앙중간(MC)/우측중간(MR)/좌하단(BL)/하단중앙(BC)/우하단(BR)] : mc Enter↵
- ► 문자의 중간점 지정 : **마우스로 P1점 지정**
- ► 높이 지정 〈2.5000〉 : 5 Enter↵
- ► 문자의 회전 각도 지정 〈0〉 0 Enter↵
- ► 화면에 문자 입력 : **'THK150 콘크리트'** 문자 입력
- ► Enter↵ ➔ *문자 줄바꿈*
- ► Enter↵ ➔ *명령 종료*

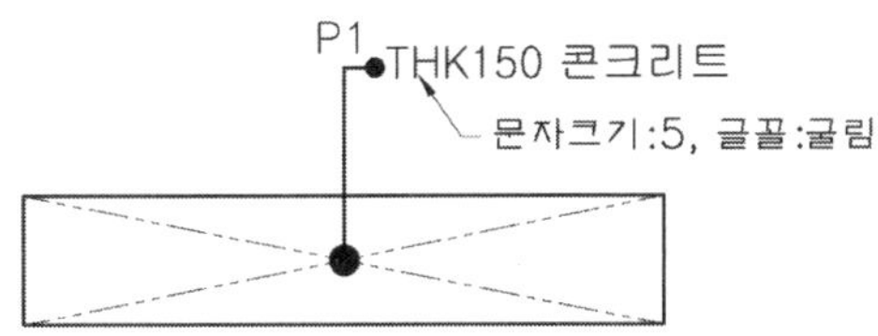

(3) 치수를 표현한다.

- ► 명령 : dli Enter↵ (혹은 치수도구막대 아이콘 선택)
- ► 첫 번째 치수보조선 원점 지정 또는 〈객체 선택〉 : **마우스로 P1점 지정**
- ► 두 번째 치수보조선 원점 지정 : **마우스로 P2점 지정**
- ► 비 연관 치수가 작성됨.
- ► 치수선의 위치 지정 또는 [여러 줄 문자(M)/문자(T)/각도(A)/수평(H)/수직(V)/회전(R)] : **마우스로 P3점 지정** ➔ *임의의 위치점*

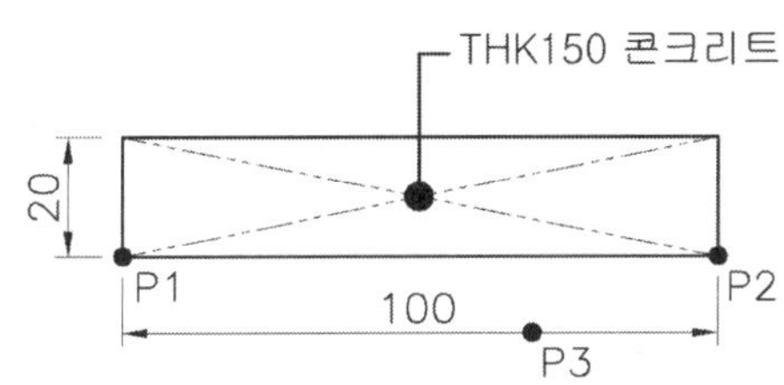

치수 문자, 화살표 등 치수 관련 크기가 작게 표시되는 경우 설정하기

- ► 명령 : ddim Enter↵ (혹은 d Enter↵)
- ► 아래 그림의 번호 순서대로 치수 관련 크기(전체 축척 사용)를 설정한다.

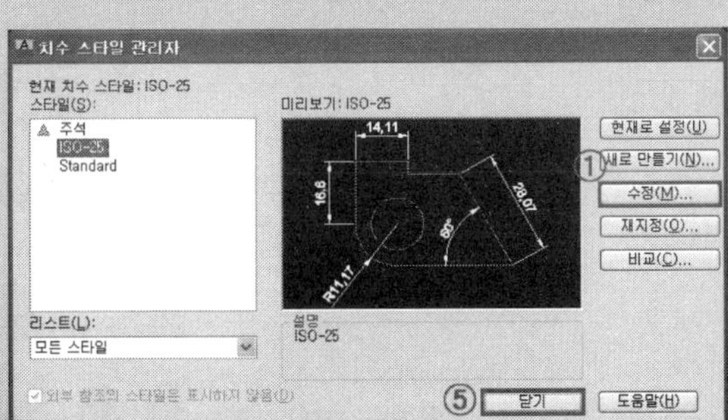

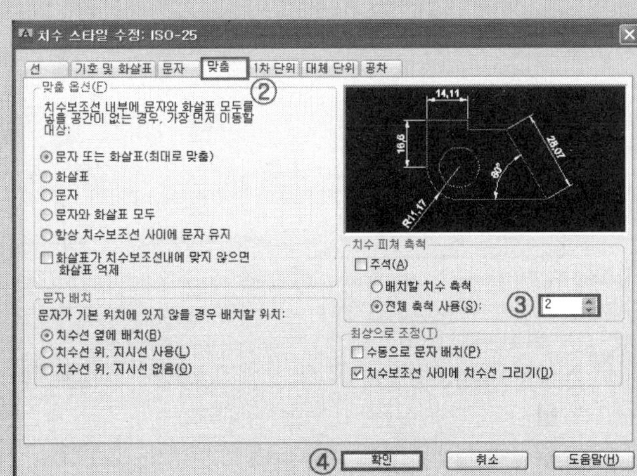

2. 기본 도형 따라 그리기 2

다음 도면을 따라 그린다.

(1) 오른쪽 그림과 같이 화살표 모양의 선을 그린다.

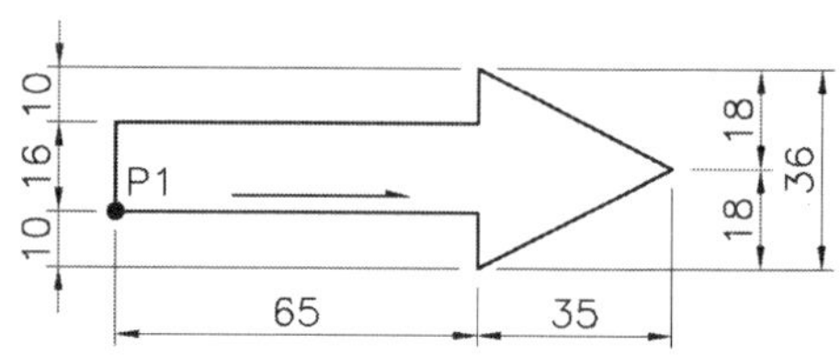

- ► 명령 : line [Enter↵] (혹은 l [Enter↵])
- ► 첫 번째 점 지정 : **마우스로 임의의 위치점 P1 지정**
- ► 다음 점 지정 또는 [명령 취소(U)] : 65 [Enter↵]
  - ➔ *직교 기능을 켜고 마우스로 오른쪽 방향지시 후 '65' 입력*
- ► 다음 점 지정 또는 [명령 취소(U)] : 10 [Enter↵]
  - ➔ *직교 기능을 켜고 마우스로 아래쪽 방향지시 후 '10' 입력*
- ► 다음 점 지정 또는 [닫기(C)/명령 취소(U)] : @35,18 [Enter↵]
- ► 다음 점 지정 또는 [닫기(C)/명령 취소(U)] : @−35,18 [Enter↵]
- ► 다음 점 지정 또는 [닫기(C)/명령 취소(U)] : 10 [Enter↵]
  - ➔ *직교 기능을 켜고 마우스로 아래쪽 방향지시 후 '10' 입력*
- ► 다음 점 지정 또는 [닫기(C)/명령 취소(U)] : 65 [Enter↵]
  - ➔ *직교 기능을 켜고 마우스로 왼쪽 방향지시 후 '65' 입력*
- ► 다음 점 지정 또는 [닫기(C)/명령 취소(U)] : c [Enter↵]

(2) 해치(면생성) 명령을 적용한다.

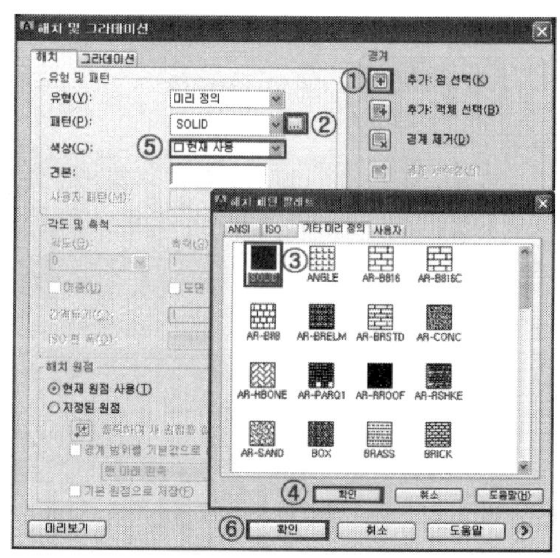

- ► 명령 : hatch [Enter↵] (혹은 h [Enter↵])
- ► ❶ 해치 적용 영역을 지정하기 위해 [추가 : 점 선택] 버튼을 선택한다.
- ► 내부 점 선택 또는 [객체 선택(S)/설정(T)] : **마우스로 P1점 지정**

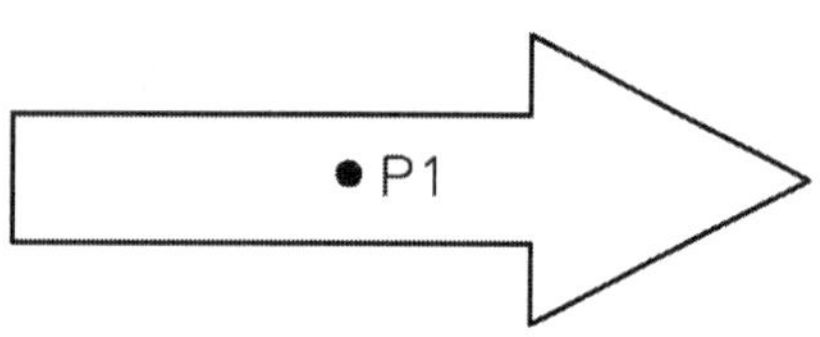

- ► 내부 점 선택 또는 [객체 선택(S)/설정(T)] : [Enter↵]
- ► ❷ 해치 종류 지정 버튼을 선택한다.
- ► ❸ 해치를 'SOLID'로 선택한다.
- ► ❹ [확인] 버튼을 선택한다.
- ► ❺ 해치(면)의 색상을 지정한다.
- ► ❻ [확인] 버튼을 선택해 명령을 종료한다.

(3) 치수를 표시한다.

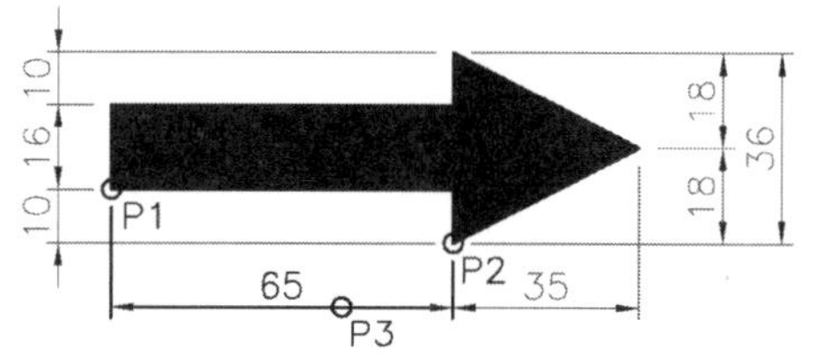

- 명령 : dli [Enter↵] (혹은 치수도구막대 아이콘 선택)
- 첫 번째 치수보조선 원점 지정 또는 〈객체 선택〉 : **마우스로 P1점 지정**
- 두 번째 치수보조선 원점 지정 : **마우스로 P2점 지정**
- 비 연관 치수가 작성됨.
- 치수선의 위치 지정 또는 [여러 줄 문자(M)/문자(T)/각도(A)/수평(H)/수직(V)/회전(R)] : **마우스로 P3점 지정** ➔ *임의의 위치점*

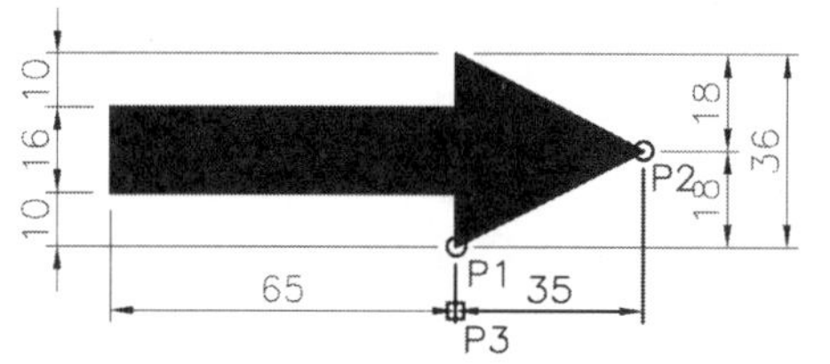

- 명령 : dli [Enter↵] (혹은 치수도구막대 아이콘 선택)
- 첫 번째 치수보조선 원점 지정 또는 〈객체 선택〉 : **마우스로 P1점 지정**
- 두 번째 치수보조선 원점 지정 : **마우스로 P2점 지정**
- 비 연관 치수가 작성됨.
- 치수선의 위치 지정 또는 [여러 줄 문자(M)/문자(T)/각도(A)/수평(H)/수직(V)/회전(R)] : **마우스로 P3점 지정**

  ➔ *'65' 치수 화살표 끝점을 지정해 치수선의 높이를 같게 표시한다.*

나머지 치수도 동일한 방법으로 표시한다.

3. 기본 도형 따라 그리기 3

다음 도면을 따라 그린다.

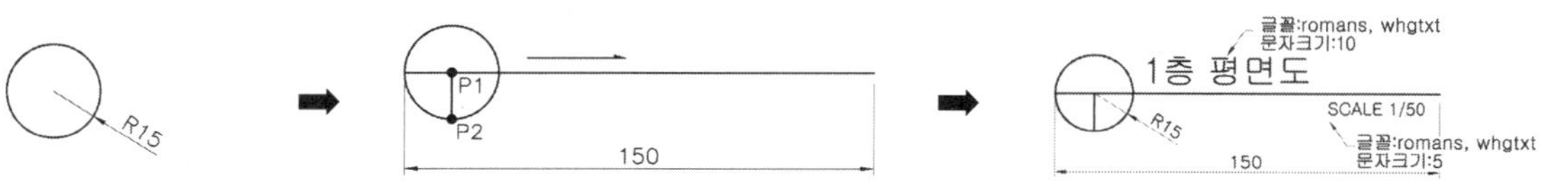

(1) 기호선을 그린다.

① 원을 그린다.

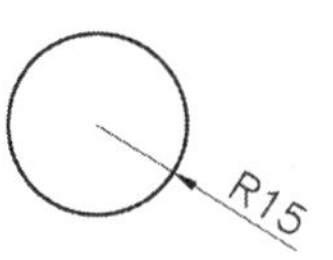

- 명령 : circle [Enter↵] (혹은 c [Enter↵])
- 원에 대한 중심점 지정 또는 [3점(3P)/2점(2P)/Ttr – 접선 접선 반지름(T)] : 마우스로 임의의 위치를 지정한다.
- 원의 반지름 지정 또는 [지름(D)] : 15 [Enter↵]

② 선을 그린다.

먼저 OSNAP 기능이 켜져 있는지 확인한다.

➔ *기능키 [F3] 또는 응용프로그램 상태막대( )*

- 명령 : line [Enter↵] (혹은 l [Enter↵])
- 첫 번째 점 지정 : **원의 사분점을 지정한다.**
- 다음 점 지정 또는 [명령 취소(U)] : 150 [Enter↵] ➔ *직교 기능을 켜고 마우스로 오른쪽 방향지시 후 '150' 입력*
- 다음 점 지정 또는 [명령 취소(U)] : [Enter↵]

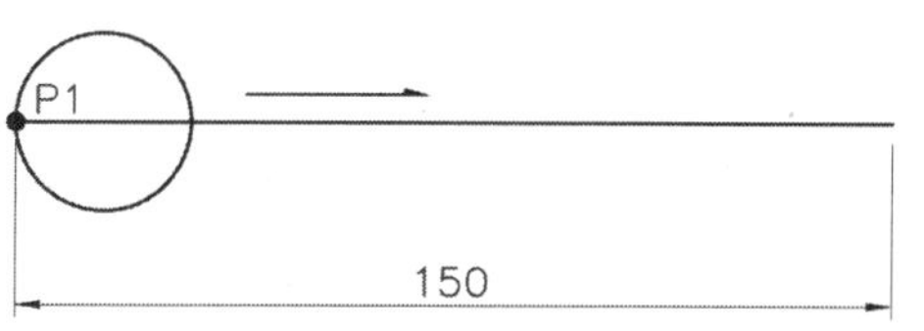

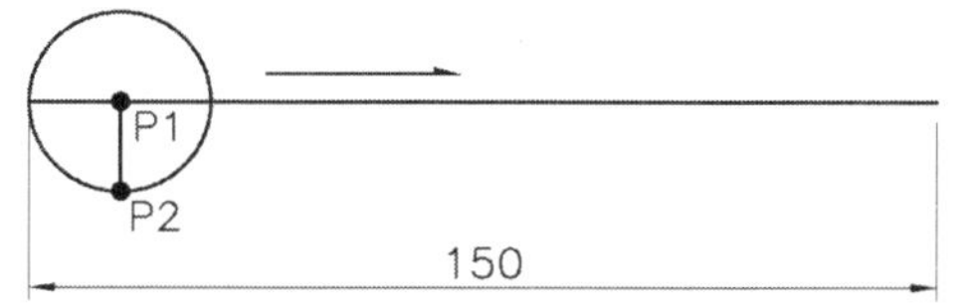

► 명령 : line [Enter↵] (혹은 l [Enter↵])
► 첫 번째 점 지정 : **마우스로 P1점 지정**
► 다음 점 지정 또는 [명령 취소(U)] : **마우스로 P2점 지정**
► 다음 점 지정 또는 [명령 취소(U)] : [Enter↵]

(2) 문자를 입력한다.

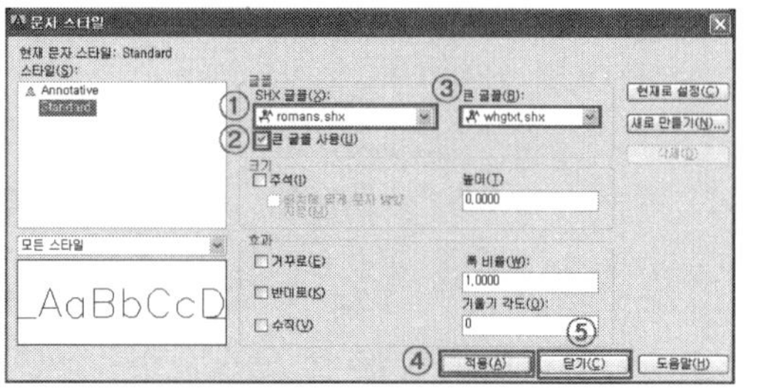

① 문자 기본 글꼴을 설정한다.

► 명령 : style [Enter↵] (혹은 st [Enter↵])
► 글꼴 이름(F) : **'romans.shx' 선택**
► 큰 글꼴 사용(U) : **항목 선택**
► 큰글꼴(Y) : **'whgtxt.shx' 선택**

② '도면명' 문자를 입력한다.

► 명령 : mtext [Enter↵] (혹은 mt [Enter↵])
► 현재 문자스타일 : "Standard", 문자 높이 : 5, 주석 : 아니오
► 첫 번째 구석 지정 : **마우스로 P1점 지정** ➔ *임의의 위치점*
► 반대 구석 지정 또는 [높이(H)/자리맞추기(J)/선 간격두기(L)/회전(R)/스타일(S)/폭(W)/열(C)] : **마우스로 P2점 지정**
➔ *임의의 위치점*
► 다음과 같이 설정하고 문자를 입력한다.

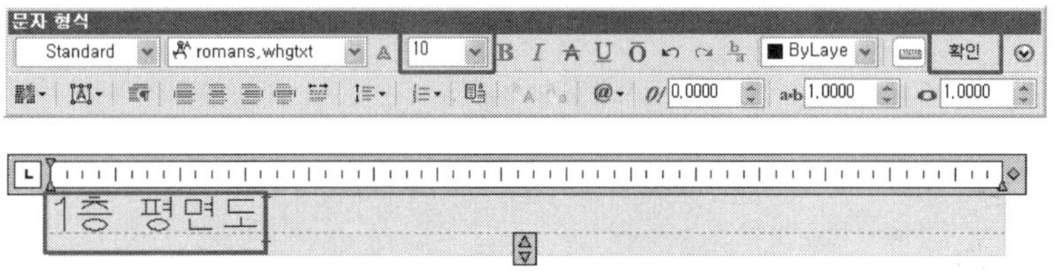

► 문자 크기값 : **'10'로 변경**
► 문자 입력 : **'1층 평면도'라고 문자 입력**
► **[확인] 버튼을 선택해 명령을 종료한다.**

③ '축척값' 문자를 입력한다.

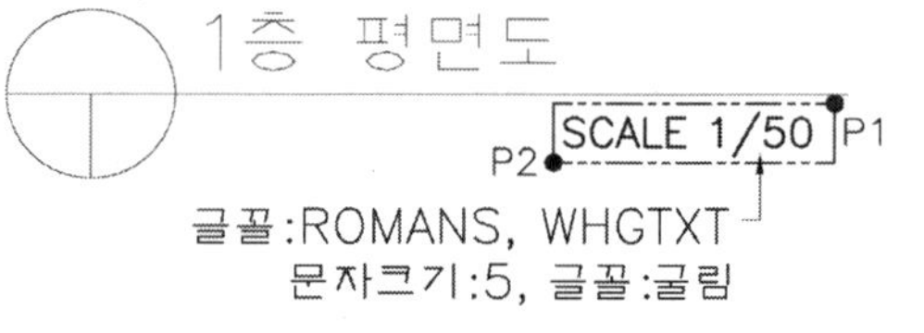

► 명령 : mtext [Enter↵] (혹은 mt [Enter↵])
► 현재 문자 스타일 : "Standard", 문자 높이 : 5, 주석 : 아니오
► 첫 번째 구석 지정 : **마우스로 P1점 지정** ➔ *임의의 위치점*
► 반대 구석 지정 또는 [높이(H)/자리맞추기(J)/선 간격두기(L)/회전(R)/스타일(S)/폭(W)/열(C)] : **마우스로 P2점 지정**
➔ *임의의 위치점*
► ②번 과정과 동일하게 다음과 같이 설정하고 문자를 입력한다.
► 문자 크기값 : **'5'로 변경**
► 문자 입력 : **'SCALE 1/50'라고 문자 입력**
► **[확인] 버튼을 선택해 명령을 종료한다.**

도면 예제 1-8 기본 도형 그리기

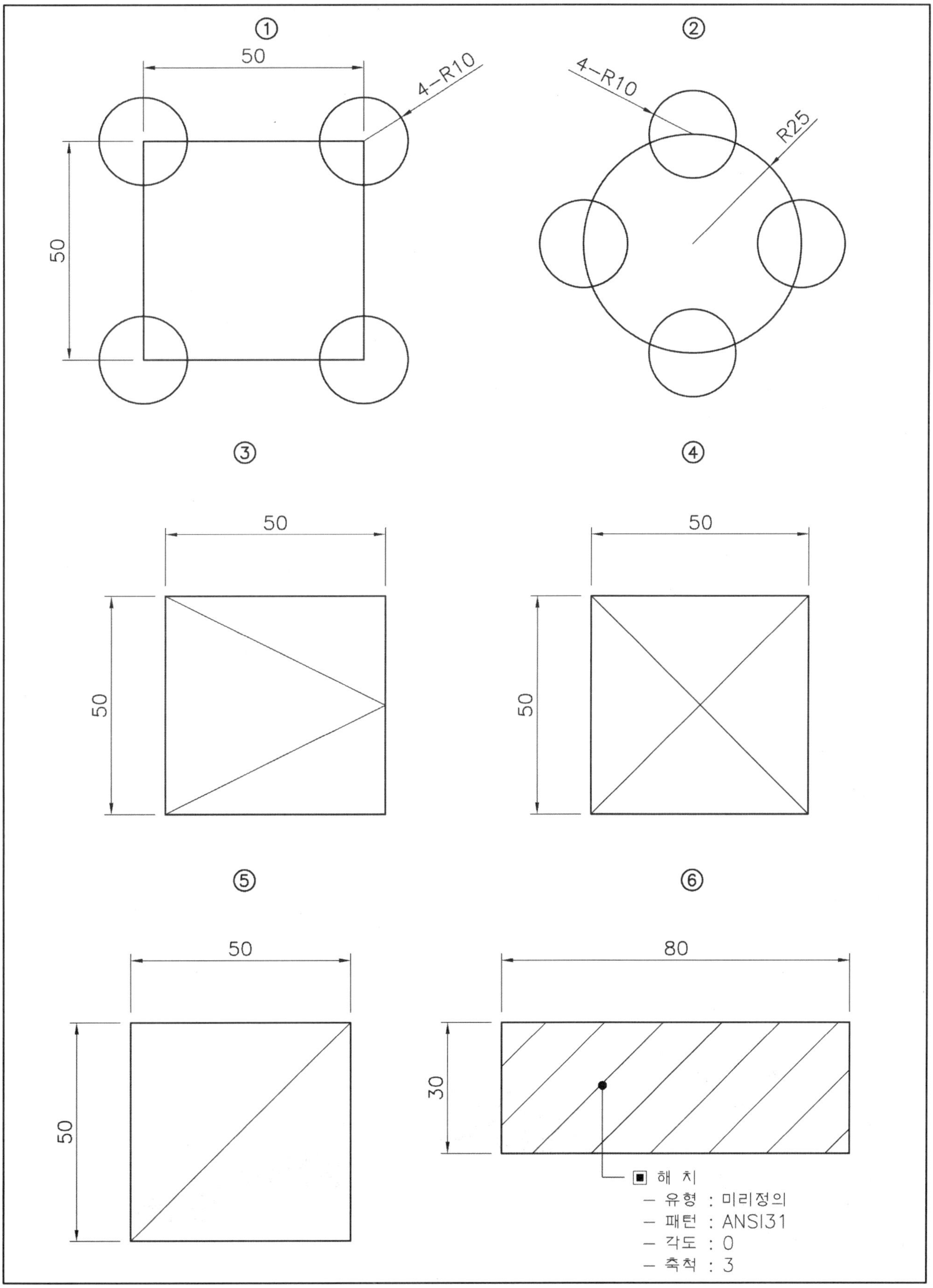

도면 예제 1-9 기본 도형 그리기

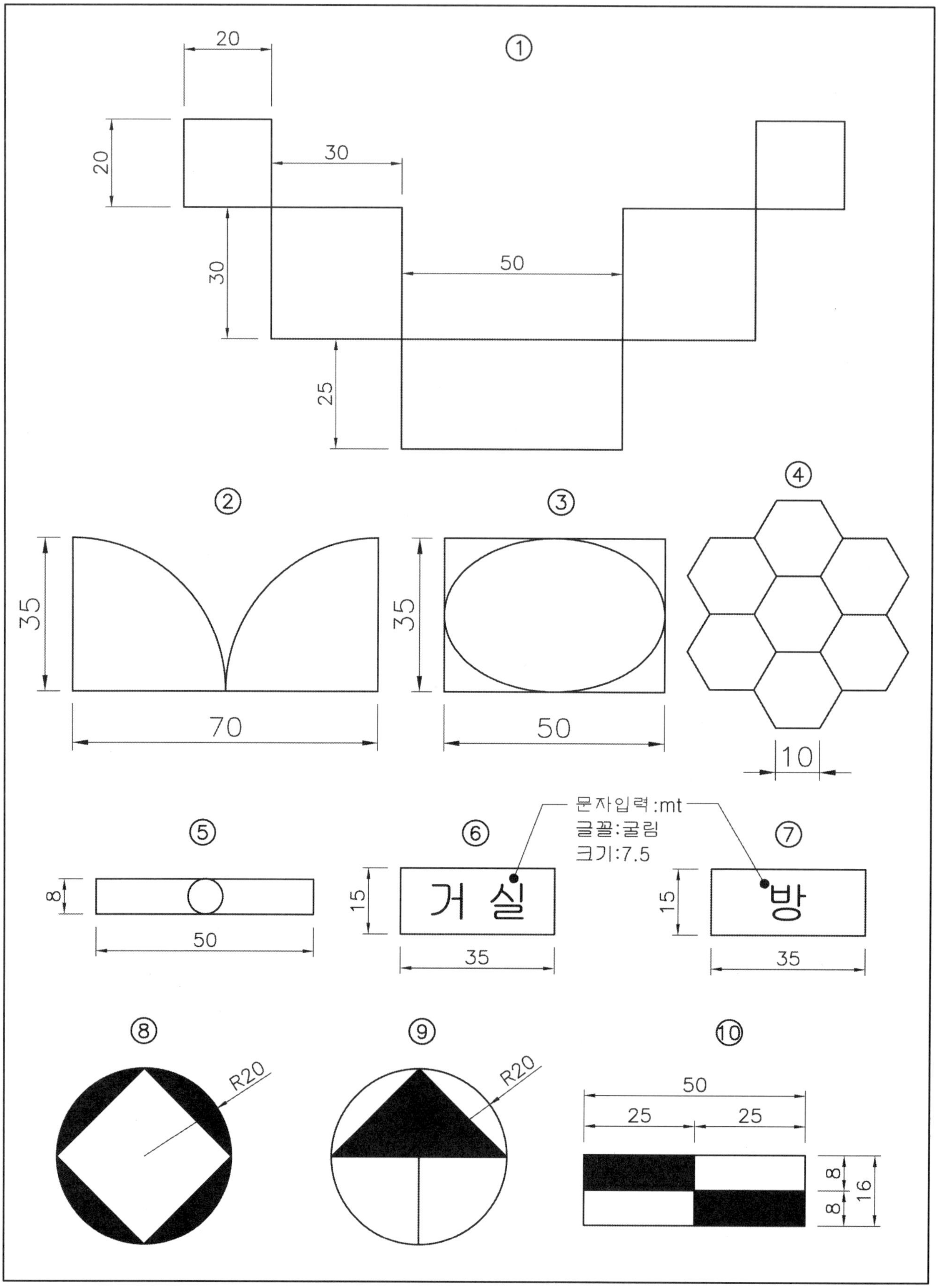

도면 예제 1-10 기본 도형 그리기

①

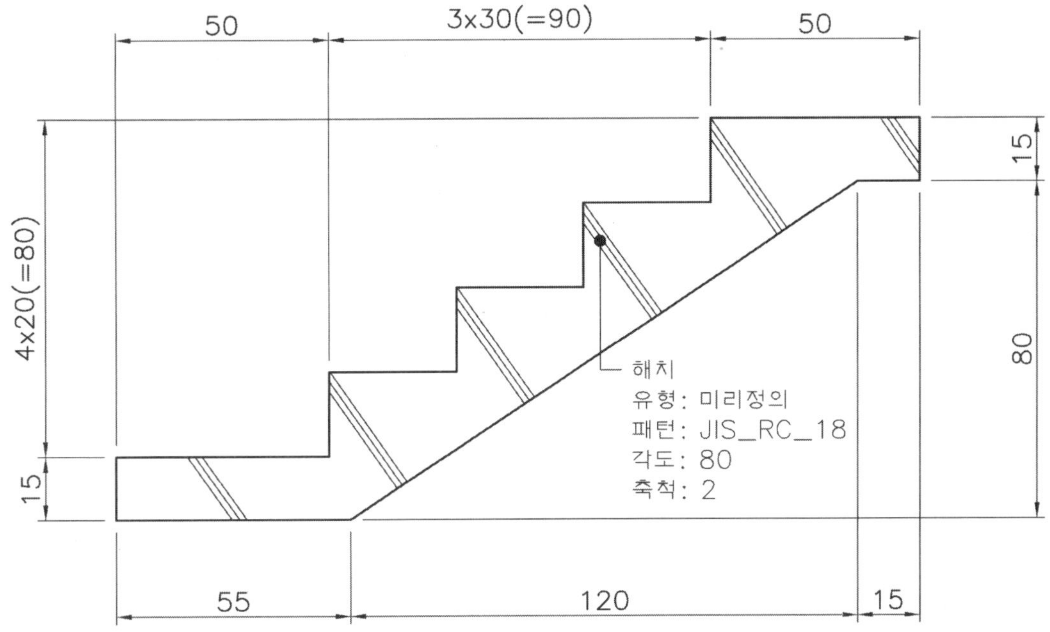

②

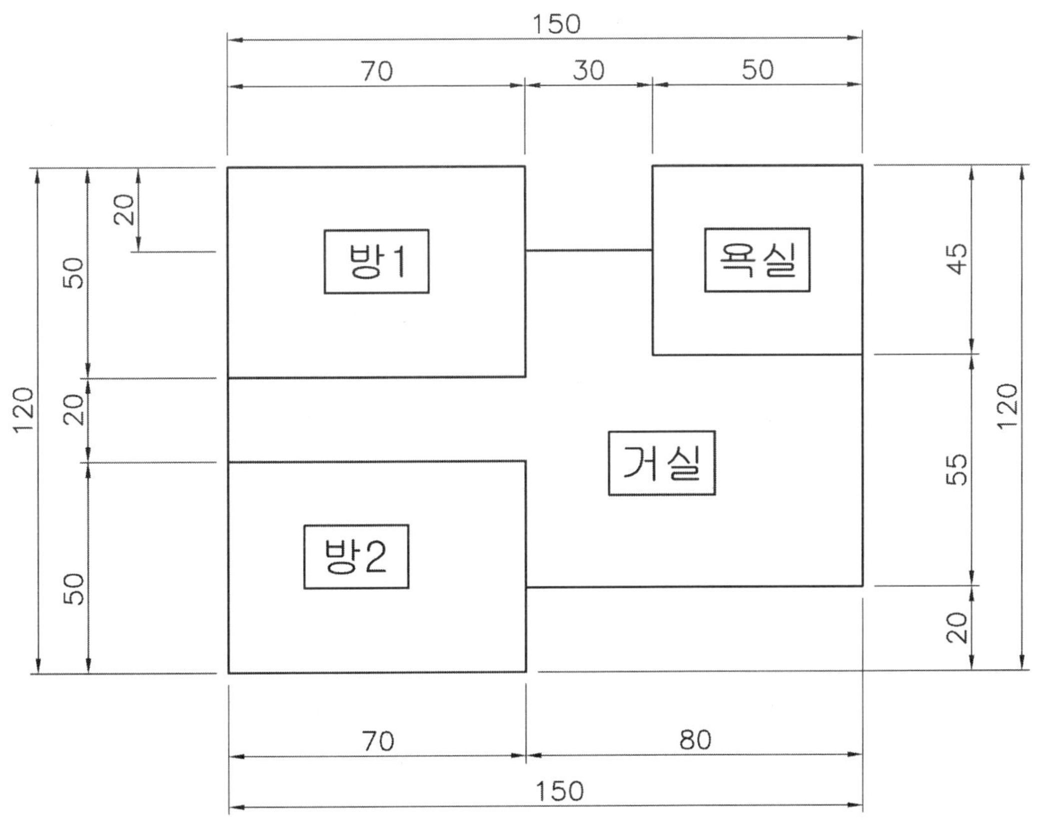

LESSON 02 도면 작업 영역 설정과 위치와 크기값을 찾아 기본도형 그리기

학습목표

- 도면의 작업 단위를 설정할 수 있다.
- 도면의 작업 영역을 설정할 수 있다.
- 그리고자 하는 도형의 위치와 크기값을 찾을 수 있다.

선행학습

- 위치에 대해 이해를 하고 활용할 수 있다.
- AutoCAD 기본 도형에 대해 이해하고 그릴 수 있다.

학습명령

- 도면 작업 단위 설정 : units, new ➔ 마법사 설정
- 도면 작업 영역 설정
- 작업 영역 설정 : limits
- 작업 영역 화면에 전체 보이게 하기 : zoom ➔ all옵션
- 간격띄워복사하기 : offset (o)
- 간격등분하기 : divide (div)
- 간격 길이분할하기 : measure (me)

학습내용

① 학습내용 1

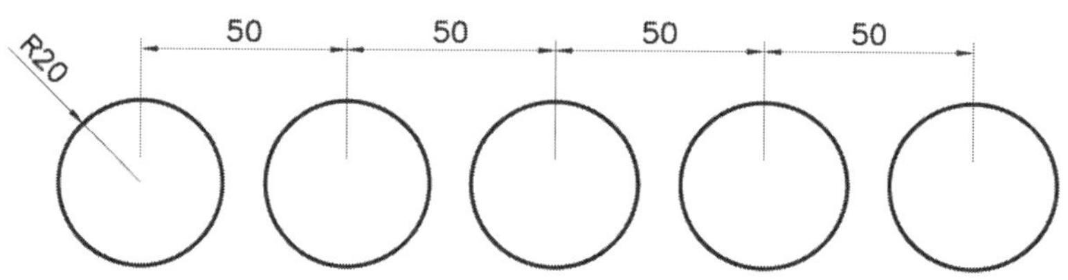

② 학습내용 2

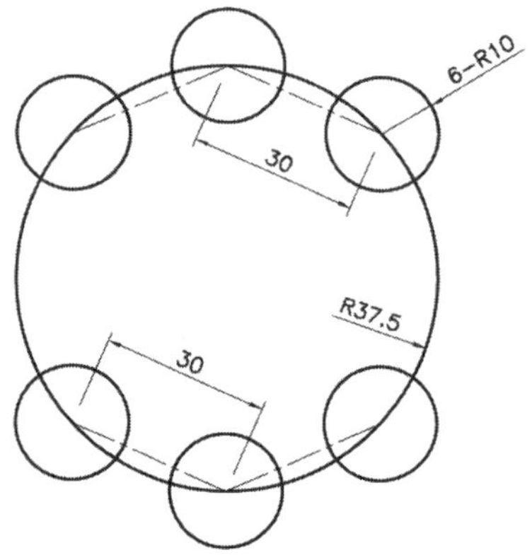

③ 학습내용 3

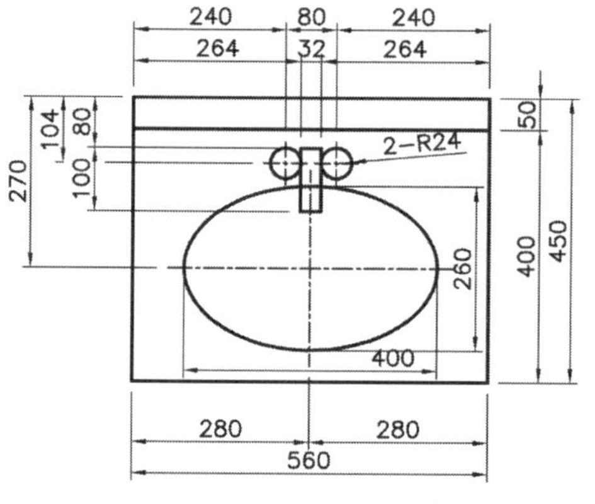

비 고

설계 도면의 내용은 모두 점, 선, 면, 문자, 치수의 5가지 요소로 구성되어 있으며, 이 5가지의 구성 요소를 통해 모든 모양의 설계 도면이 그려진다. 그러기에 본 단원의 내용은 매우 중요하기에 반드시 기본 도형을 그릴 수 있도록 익히도록 한다.

도면 작업 단위와 영역 설정하기

1 도면 작업 단위 설정 : new → 마법사 기능, units
2 도면 작업 영역 설정
① 도면 작업 영역 설정 : limits
② 설정한 작업 영역을 화면에 보이게 하기 : zoom → all

1. 도면 작업 단위 설정

• new ▶ 마법사 사용 : 도면 작업 단위 설정 후 빈 문서 열기
• uints : 문서 열기 후 도면 작업 단위 확인 및 변경

1.1 도면 작업 단위 설정 → new → 마법사 사용

• 도면 단위를 설정하면서 빈 문서를 열 수 있다.
• 마법사 사용에는 고급설정과 신속설정의 2가지 설정 방법이 있다.
• 고급설정에는 5가지의 설정 항목이 있다(도면 단위, 각도, 각도 측정값, 각도 방향, 영역).
• 신속설정에는 2가지의 설정 항목이 있다(도면 단위, 영역).

(1) new 명령을 이용한 도면 작업 단위 설정하기

명령줄 사용 : new Enter↵ ▶ 새로만들기(N) ▶ 마법사 사용
주메뉴 사용 : 파일(F) ▶ 새로만들기(N) ▶ 마법사 사용
도구막대 사용 : 표준 도구막대 ▶  ▶ 

(2) new 명령을 이용한 도면 작업 단위 설정 옵션

① 고급 설정을 통한 작업 단위 설정
► 명령 : new Enter↵
► 마법사 선택 영역에서 고급설정 선택 후 확인

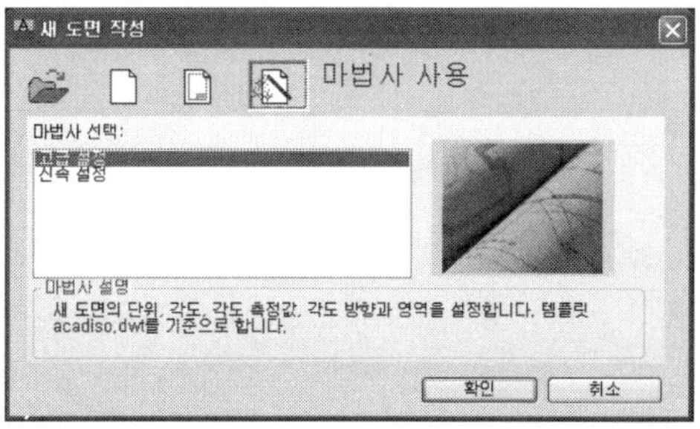

► 측정단위의 단위 선택
■ **십진** : 측정값을 십진 표기법으로 표시
■ **엔지니어링** : 측정값을 피트 및 소수 인치로 표시
■ **건축** : 측정값을 피트, 인치 및 분수 인치로 표시
■ **분수** : 측정값을 대분수(정수 및 분수) 표기법으로 표시
■ **과학** : 측정값을 과학 표기법(0에서 10 사이의 십진수와 10의 제곱과의 곱의 형태로 표시된 수)으로 표시한다.

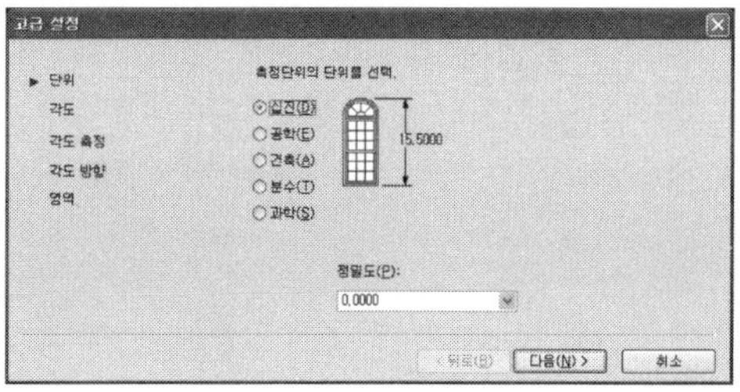

► 각도의 측정단위와 각도에 대한 정밀도 선택

■ **십진 도수** : 부분 도수를 십진법으로 표시

■ **도/분/초** : 부분 도수를 분 및 초로 표시

■ **그래드** : 각도를 그래드로 표시

■ **라디안** : 각도를 라디안으로 표시

■ **측량사** : 각도를 측량사 단위로 표시

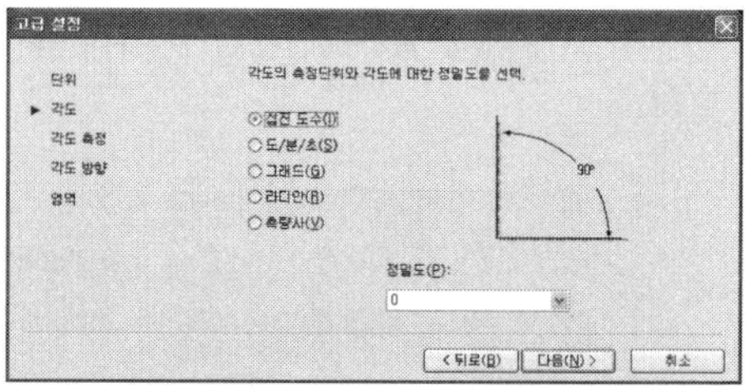

► 각도 측정의 기본 방향 선택

■ **동** : 나침반의 동쪽 방향을 각도 0으로 지정

■ **북** : 나침반의 북쪽 방향을 각도 0으로 지정

■ **서** : 나침반의 서쪽 방향을 각도 0으로 지정

■ **남** : 나침반의 남쪽 방향을 각도 0으로 지정

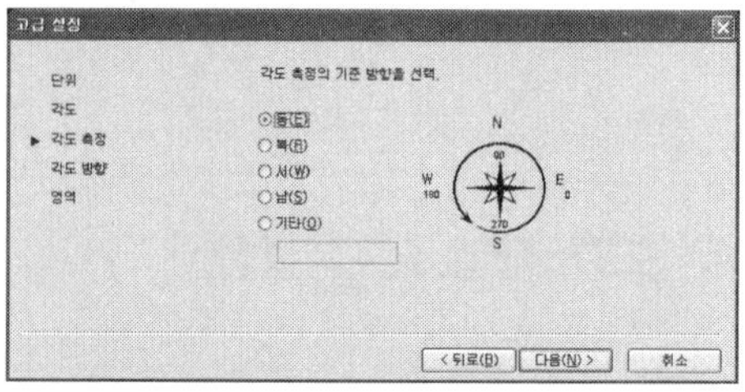

► 각도 측정 방향 선택

■ **반시계 방향** : 양의 각도 값을 반시계 방향으로 지정

■ **시계방향** : 양의 각도 값을 시계방향으로 지정

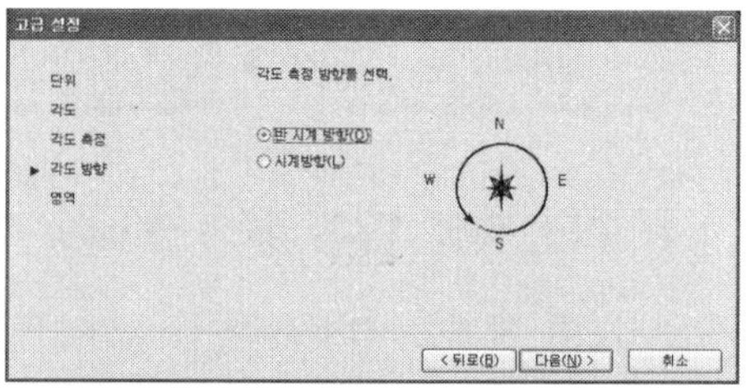

► 작업 공간 영역 설정

■ **폭** : 작업 공간 크기의 폭값 지정

■ **길이** : 작업 공간 크기의 길이값 지정

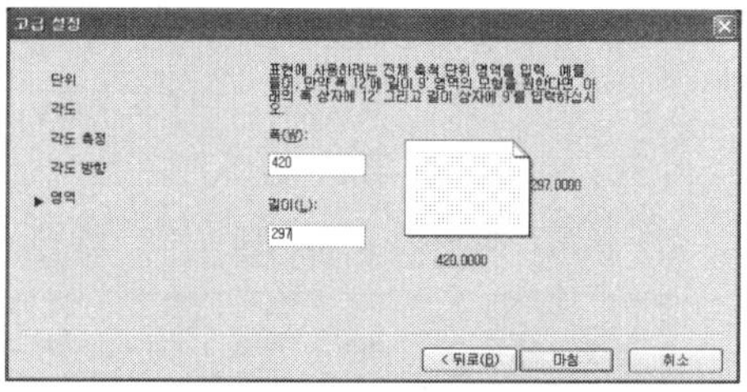

limits 명령으로 영역 설정을 변경할 수 있다.

② 신속 설정을 통한 작업 단위 설정

► 명령 : new Enter↵

► 마법사 선택 영역에서 신속설정 선택 후 확인

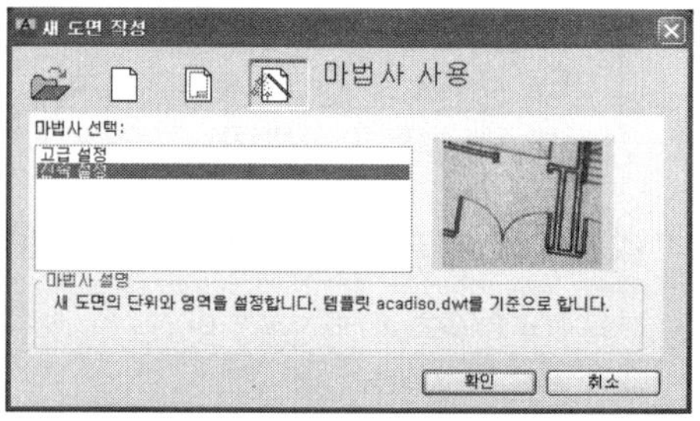

► 측정 단위 선택

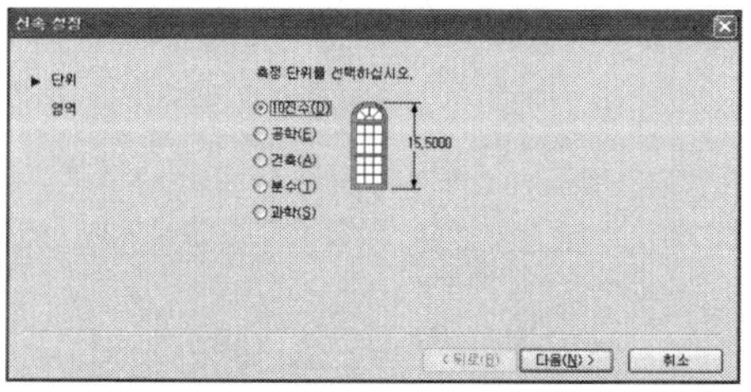

► 작업 공간 영역 설정

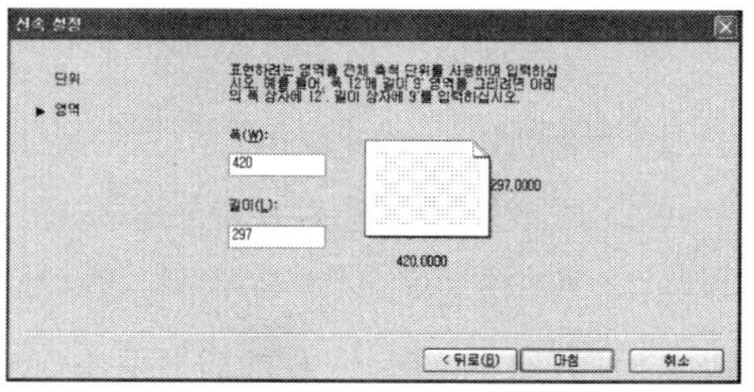

1.2 도면 작업 단위 확인 및 변경 – units

- 좌표 및 각도에 대해 표시된 정밀도 및 형식을 조정하는 명령
- 현재 도면이 설정 단위를 확인하거나 변경할 수 있다.

(1) 도면 작업 단위 확인 및 변경 명령

명령줄 사용 : units [Enter↵]

주메뉴 사용 : 형식(O) ▶ 단위(U)

(2) 도면 작업 단위 설정 명령 옵션

▶ 명령 : units [Enter↵]

- **길이 :** 현재 측정 단위와 정밀도를 지정
  - 유형 : 측정 단위의 현재 형식을 설정
  - 정밀도 : 단위 정밀도 설정
- **각도 :** 현재 각도 형식과 현재 각도 표시의 정밀도
  - 유형 : 현재 각도 형식을 설정
  - 정밀도 : 현재 각도 표시의 정밀도를 설정
- **시계 방향 :** 시계 방향으로 양의 각도로 지정
- **삽입 축척 :** 현재 도면에 삽입된 블록 및 도면의 측정 단위를 조정
- **샘플 출력 :** 현재 단위 및 각도 설정의 예를 표시
- **조명 :** 현재 도면의 포토메트릭 웹 라이트 광도에 대한 측정 단위 조정
- **방향 :** 각도 0(영)의 방향을 설정한다.

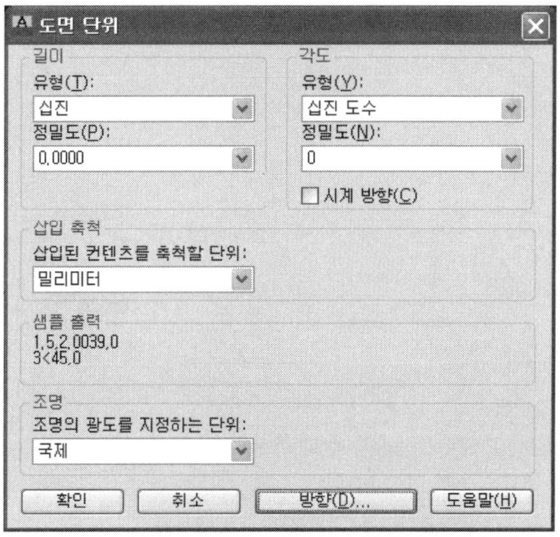

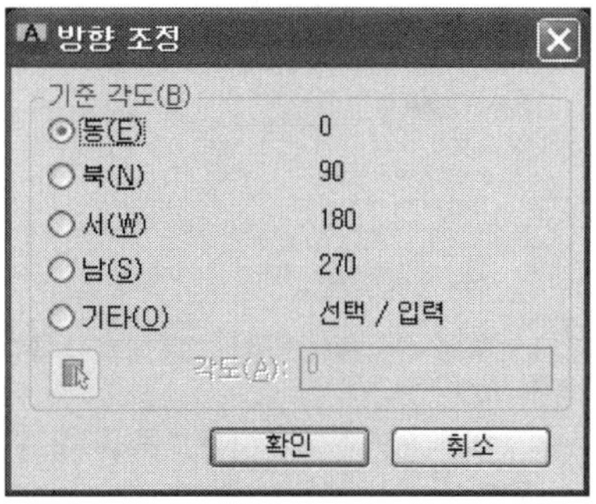

2. 도면 작업 영역 설정

1 limits, new → 마법사 사용 : 도면 출력 용지와 척도를 모르는 경우 사용
➡ 위 명령 실행 후 반드시 Zoom → All 옵션을 적용해야 함.
➡ 작업 영역 크기는 도면 전체 크기의 2~3배 정도 크게 적용한다.

2 mvsetup : 도면 출력 용지와 척도를 알고 있는 경우 사용
(limits, Zoom → All 옵션, RECtangle 3개의 명령이 동시 실행 됨)

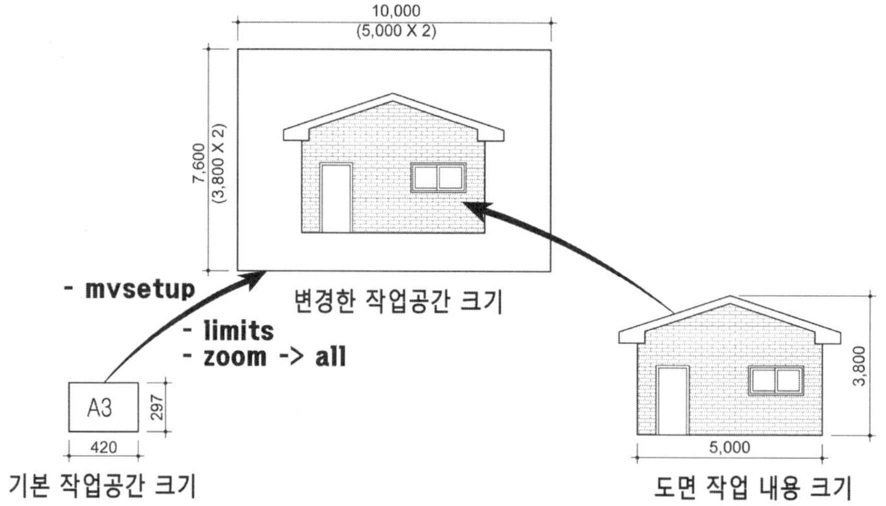

2.1 도면 작업 영역 설정하기 – Limits

- 도면 내용을 작업할 수 있는 영역 크기를 설정하는 명령(작업 내용에 비해 2~3배 크게 설정)

(1) 도면 한계 설정 명령

명령줄 사용 : limits [Enter↵]
주메뉴 사용 : 형식(O) ▶ 도면한계(I)
도구막대 사용 : 표준 도구막대 ▶ [아이콘] ▶ [아이콘]

(2) 도면 한계 설정 명령 옵션

► 명령 : linmits [Enter↵]
► 왼쪽 아래 구석 지정 또는 [켜기(ON)/끄기(OFF)] 〈현재〉 :
► 오른쪽 위 구석 지정 〈현재〉 :

옵　션	내　　　　용
ON(켜기)	도면 한계를 벗어난 영역에서 그리기 작업을 할 수 없다.
OFF(끄기)	도면 한계의 영역과는 관계없이 그리기 작업을 할 수 있다.
왼쪽 아래 구석 지정	왼쪽 하단의 좌표점을 입력한다. 일반적으로 (0,0)으로 기본값을 그대로 사용한다.
오른쪽 위 구석 지정	오른쪽 상단의 좌표점을 입력한다. (입력방법 : 가로크기, 세로크기)

(3) 도면 작업 영역 설정 따라하기 – 명령줄 사용하기

① 도면 작업 한계 설정하기

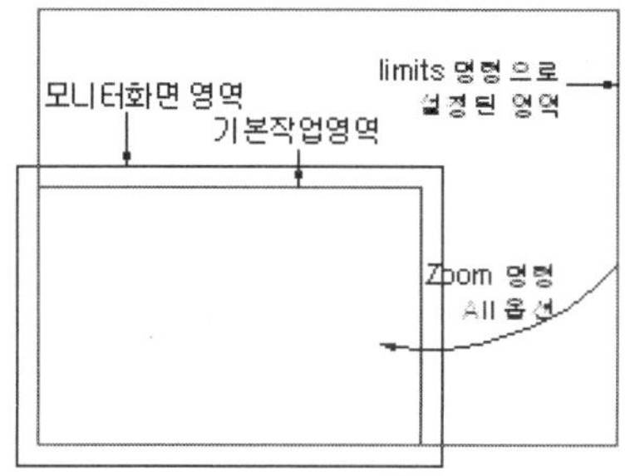

- ► 명령 : limits [Enter↵]
- ► 모형 공간 한계 재설정 :
- ► 왼쪽아래 구석지정 또는 [켜기(ON)/끄기(OFF)]〈0.0000,0.0000〉 :
  0,0 [Enter↵]
- ► 오른쪽 위 구석 지정〈420.0000,297.0000〉 : **42000,29700** [Enter↵]

② 설정한 영역을 화면에 전체 보이게 하기

- ► 명령 : zoom [Enter↵] (혹은 z [Enter↵])
- ► 윈도우 구석을 지정, 축척 비율 (nX 또는 nXP)을 입력, 또는
- ► [전체(A)/중심(C)/동적(D)/범위(E)/이전(P)/축척(S)/윈도우(W)/객체(O)] 〈실시간〉 : a [Enter↵]

> **확인**
>
> ① AutoCAD에서 새 도면 작성 시 기본 작업영역 : A3(420×297)
> ② LIMITS 명령 실행 후 설정된 영역을 화면에 보이도록 반드시 ZOOM명령의 ALL옵션 실행해야 함.
> ③ 도면 작업 영역 크기 설정법
> – 출력 용지와 척도를 아는 경우 : 도면 출력 용지×척도 분모값
> – 출력 용지와 척도를 모르는 경우 : 도면 내용의 전체 크기의 2~3배 크게 설정

(4) 도면 작업 영역 설정 따라하기 – 시작하기 대화상자 사용하기

> **확인**
>
> **아래의 대화상자가 나타나지 않으면 다음과 같이 'startup'설정값을 변경한다.**
> ► 명령줄 : startup [Enter↵]
> ► STARTUP에 대한 새 값 입력 〈0〉 : 1 [Enter↵] (값을 '1'로 설정하고 따라한다.)

① 새도면 열기 명령을 실행한다.

- ► 명령줄 : new [Enter↵] (혹은 [아이콘] 선택)

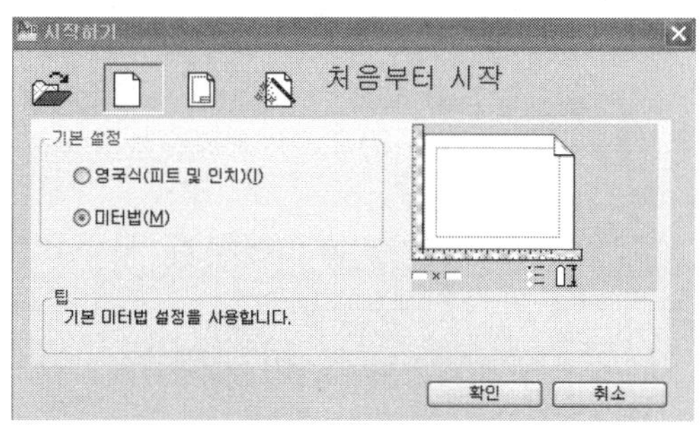

② 마법사 버튼클릭 후 신속설정 선택

이 상자에서 위의 네 가지 버튼 중에서 [아이콘] 를 선택하고 아래의 마법사 선택 영역에서 신속 설정을 선택하고 확인 버튼 선택.

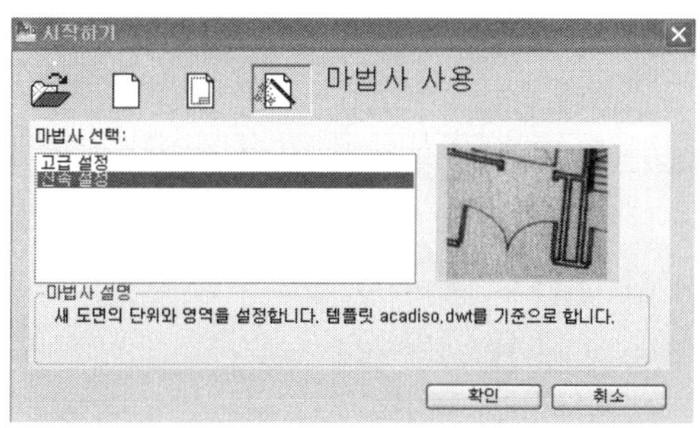

③ 작업 단위 설정

도면 작성시 사용하게 될 치수 사용 단위 방식에서 기본값 10진수 선택하고 다음 버튼 선택

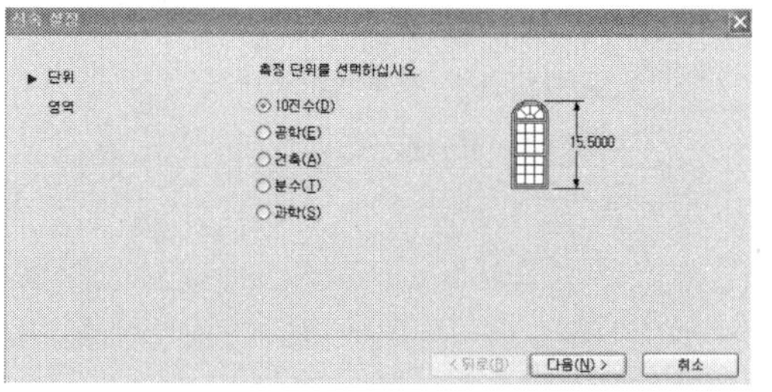

④ 도면 작업 영역 설정하기

도면 내용을 작업할 영역의 폭과 깊이값 입력 후 마침 선택

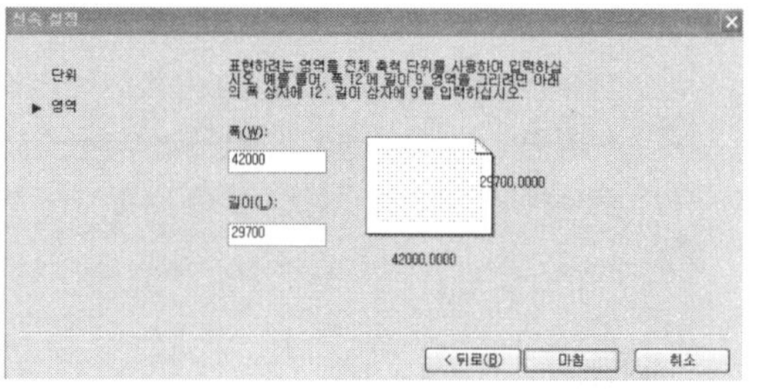

⑤ ZOOM명령을 통해 도면 작업 한계 설정한 영역을 전체 화면에 보이게 하기

limits 명령과 마찬가지로 설정한 작업 영역 전체를 화면에 보이도록 ZOOM→All를 실행한다.

► 명령 : zoom [Enter↵] (혹은 z [Enter↵])

► 윈도우 구석을 지정, 축척 비율 (nX 또는 nXP)을 입력, 또는

► [전체(A)/중심(C)/동적(D)/범위(E)/이전(P)/축척(S)/윈도우(W)/객체(O)] 〈실시간〉 : a [Enter↵]

2.2 도면 작업 영역 설정하기 – mvsetup

- 도면 내용을 작업할 수 있는 영역을 설정하는 명령
- 출력 용지와 도면 내용의 축척값을 알고 있는 경우에 사용 가능
- limits 명령과는 달리 설정된 영역이 화면 안에 전체 보이며 설정한 영역이 사각형으로 표시 (mvsetup=limits+zoom→All옵션+사각형그리기)

(1) 도면 한계설정 명령

명령줄 사용 : mvsetup [Enter↵]

(2) MVSETUP 명령 따라하기

► 명령줄 : mvsetup [Enter↵]

► 도면 공간을 사용가능하게 합니까? [아니오(N)/예(Y)] 〈Y〉 : n [Enter↵] ➔ *도면 공간 사용 안함.*

► 단위 유형 입력 [공학(S)/십진(D)/엔지니어링(E)/건축(A)/미터법(M)] : m [Enter↵] ➔ *미터법 단위 사용*

► 미터 축척

==================

(5000) 1 : 5000

(2000) 1 : 2000

(1000) 1 : 1000

(500) 1 : 500

(200) 1 : 200

(100) 1 : 100

(75) 1 : 75

(50)　1 : 50
(20)　1 : 20
(10)　1 : 10
(5)　1 : 5
(1)　전체

► 축척 비율 입력 : 50 Enter↵ ➔ *도면 내용 축척값 입력('50'이라고 가정)*
► 용지 폭 입력 : 420 Enter↵ ➔ *도면 출력 용지의 가로 크기값 입력(출력용지를 A3로 가정)*
► 용지 높이 입력 : 297 Enter↵ ➔ *도면 출력 용지의 세로 크기값 입력(출력용지를 A3로 가정)*

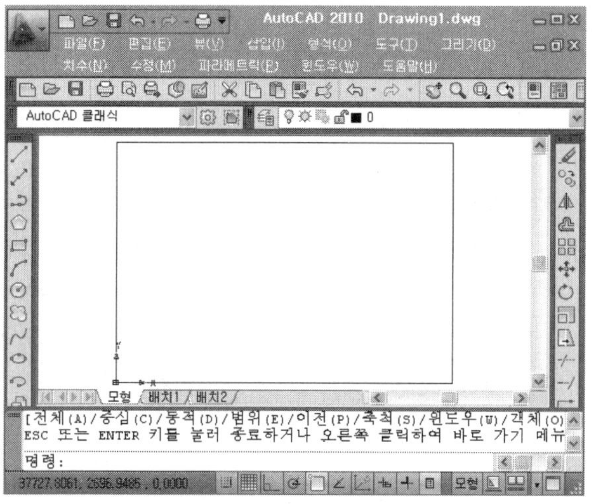

[mvsetup 명령 실행 결과]

2.3 제도 용지 크기

제도에 사용되어지는 용지의 기본 규격은 다음과 같다.

용지크기	규　격 (단위 : mm) (A X B)
A0	1189 X 841
A1	841 X 594
A2	594 X 420
A3	420 X 297
A4	297 X 210

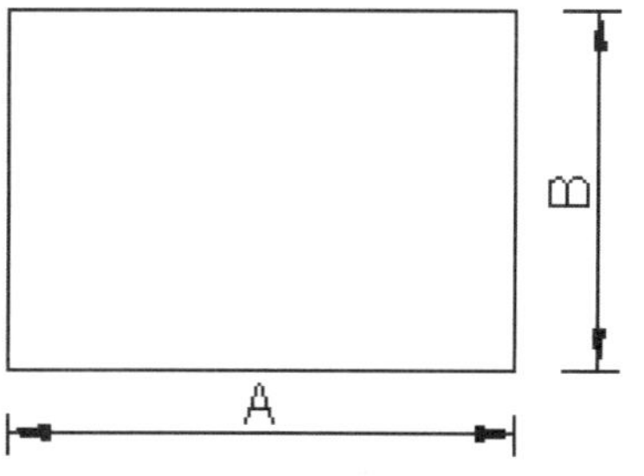

그리고자 하는 객체의 특정 위치점을 찾는 방법

객체를 그리기 위해 위치점을 찾아야 할 경우 다음의 명령들을 사용한다.

1 선(Line)을 이용한 방법 ➡ 수평, 수직 방향에 대한 위치점 찾을 때 많이 사용
2 원(Circle)을 이용한 방법 ➡ 사선 방향에 대한 위치점 찾을 때 많이 사용
3 간격띄우기(Offset)를 이용한 방법 ➡ 수평, 수직 방향에 대한 위치점 찾을 때 많이 사용
4 길이 등분하기(DIVide)를 이용한 방법 ➡ 관련 명령 : ddptype(위치점 표식기호 설정)
5 길이 분할하기(MEAsure)를 이용한 방법

3. 선 그리기 명령 이용하기 : Line (65쪽 line 명령 참고)

4. 원 그리기 명령 이용하기 : Circle (69쪽 circle 명령 참고)

5. 간격 띄워 복사 명령 이용하기 – offset (o)

- 원하는 간격만큼 띄워 선을 복사하는 명령(직선과 곡선(원, 타원)에 적용됨)
- 다음의 2가지 기능을 가지고 있다.
  ① 다른 객체의 위치점을 찾고자 할 때 위치점을 찾는 기능
  ② 일정한 간격에 객체를 복사하는 기능

5.1 간격 띄워 복사하기 명령

명령줄 사용 : Offset [Enter↵] (단축명령 : O)
리본메뉴 사용 : 홈 탭 ▶ 수정 패널 ▶
주메뉴 사용 : 수정(M) ▶ 간격띄우기(S)
도구막대 사용 : 수정 도구막대 ▶

5.2 간격 띄워 복사 명령 옵션

▸명령 : offset [Enter↵] (혹은 o [Enter↵])
▸현재 설정 : 원본 지우기 = 아니오, 도면층 = 원본, OFFSETGAPTYPE = 0
▸간격띄우기 거리 지정 또는 [통과점(T)/지우기(E)/도면층(L)] 〈통과점〉 :
▸간격띄우기할 객체 선택 또는 [종료(E)/명령 취소(U)] 〈종료〉 :
▸간격띄우기할 면의 점 지정 또는 [종료(E)/다중(M)/명령 취소(U)] 〈종료〉 :

옵 션	내 용
간격띄우기 거리	객체간의 띄울 간격 지정
통과점(T)	임의의 간격으로 띄울 때 사용
지우기(E)	띄우기할 원본객체는 지울 수 있음.
도면층(L)	띄워진 객체의 도면층 변경 방법 설정
객체 선택	띄우기할 객체 선택
간격띄우기할 면 지정	띄우기할 방향의 위치 지정
다중(M)	간격띄우기 작업을 반복해 띄울 방향 지정

5.3 간격띄워 복사하기 명령 따라하기

먼저 크기가 100인 선을 'ㄱ'자 모양으로 그린 후 따라하도록 한다.

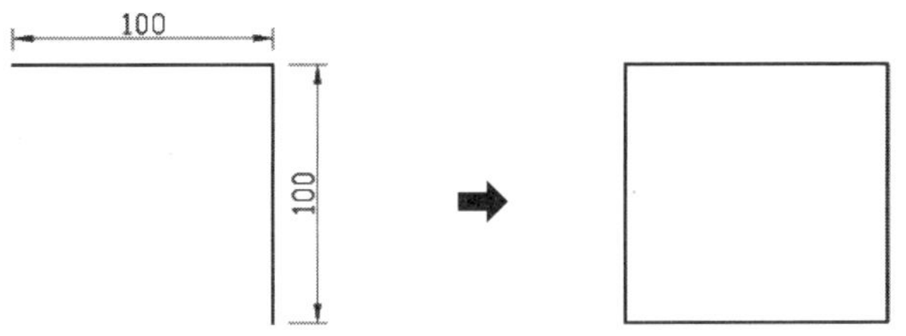

[Offset 명령 사용 전] [Offset 명령 사용 후]

- ► 명령 : offset Enter↵ 혹은 (O Enter↵)
- ► 간격띄우기 거리 지정 또는 [통과점(T)/지우기(E)/도면층(L)] 〈통과점〉 : 100 Enter↵
- ► 간격띄우기할 객체 선택 또는 [종료(E)/명령 취소(U)] 〈종료〉 : **띄우기할 객체 선택**
- ► 간격띄우기할 면의 점 지정 또는 [종료(E)/다중(M)/명령 취소(U)] 〈종료〉 : **P1점 지정** Enter↵
- ► 간격띄우기할 객체 선택 또는 [종료(E)/명령 취소(U)] 〈종료〉 : **띄우기할 객체 선택**
- ► 간격띄우기할 면의 점 지정 또는 [종료(E)/다중(M)/명령 취소(U)] 〈종료〉 : **P2점 지정** Enter↵
- ► 간격띄우기할 객체 선택 또는 [종료(E)/명령 취소(U)] 〈종료〉 : Enter↵

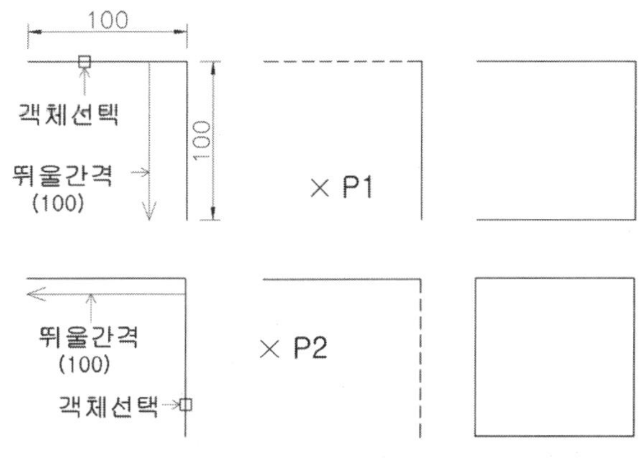

[간격지정, 객체선택] [띄울객체 선택] [결과]

> **참고**
>
> **offset의 2가지 기능**
>
> ① **복사기능 :** 동일한 형태의 객체를 일정한 위치에 간격을 띄워 복사를 할 수 있다.
>
> ② **위치를 찾는 기능 :** 새롭게 생성하고자 하는 객체의 위치를 찾을 수 있다.

6. 길이 등분하기(DIVide)를 이용해 위치점을 찾는 방법

- 객체에 동일한 간격으로 분할되는 위치점을 표시하기 위한 명령
- 객체를 자체를 분할하는 것이 아니라, 등분되는 위치에 포인트가 생성됩니다.

6.1 객체 등분할 위치점 표시 명령

명령줄 사용 : divide Enter↵ **(단축명령 : div)**
리본메뉴 사용 : 그리기 탭 ▶ 그리기 패널 ▶
주메뉴 사용 : 그리기(D) ▶ 점(O) ▶ 등분할(D)
도구막대 사용 : (도구막대 : 추가해야 함)

6.2 객체 등분할 위치점 표시 명령 옵션

- ► 명령 입력 : divide [Enter↵] (혹은 div [Enter↵])
- ► 등분할 객체 선택 : 등분할 위치점 표시할 객체 선택
- ► 세그먼트의 개수 입력 또는 [블록(B)] 입력 : 등분 개수 입력

옵 션	내 용
등분할 객체 선택	등분할 위치에 점을 표시할 객체
세그먼트의 개수 입력	등분할 개수 입력
블록	등분할 위치에 점(point)이 아닌 도형을 표시하고 싶은 경우 사용. 이 옵션은 도형이 반드시 블록으로 지정되어 있어야 함.
삽입할 블록 이름 입력	표시하고자 하는 블록 이름 입력
객체에 블록 정렬	블록을 등분할 객체를 따라 정렬시킬 것인가 설정 (yes/no)

6.3 객체 등분할 위치점 표시 명령 따라하기(한 개의 공간을 3개 공간으로 나누기)

① 오른쪽 그림과 같이 사각형을 그린다.

► 사용명령 : Line [Enter↵] (혹은 l [Enter↵])

직교기능(F8)을 이용해 선을 그린다.

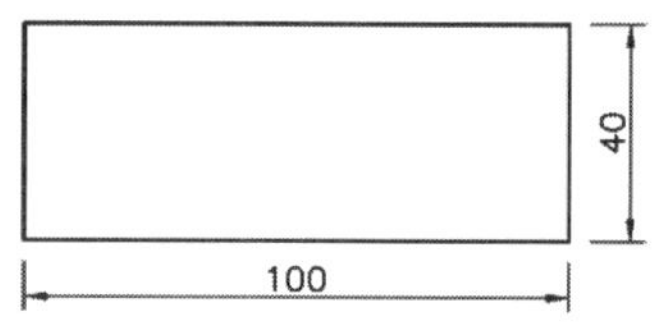

② 등분할 위치에 표시할 위치점 표시 모양을 설정한다.

► 사용명령 : ddptype [Enter↵]

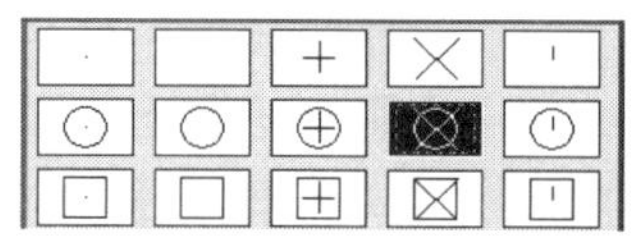

③ 객체 등분할 위치점 표시 명령을 이용해 3등분 되는 위치점을 표시한다.

- ► 명령 : divide [Enter↵] (혹은 div [Enter↵])
- ► 등분할 객체 선택 : S1객체 선택 → *등분할 위치점 표시할 객체 선택*
- ► 세그먼트의 개수 입력 또는 [블록(B)] 입력 : 3 [Enter↵] → *개수 입력*

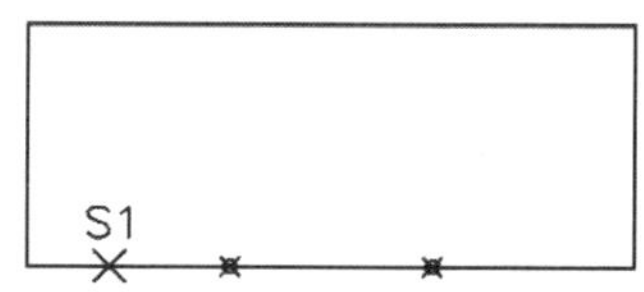

④ 표시된 위치점을 이용해 선을 그리고 완성한다.

► 사용명령 : Line [Enter↵] (혹은 l [Enter↵])

사용할 OSNAP 옵션 : node(노드), per(수직점)

► 선을 그리고 지우기 명령(erase)으로 표시점을 지우고 도면 완성

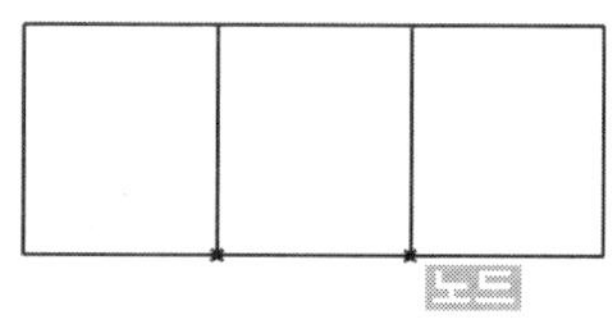

확인

위치점 표시 명령(ddptype)

► 명령 : ddptype [Enter↵]

→ *명령을 실행하면 점 스타일 대화상자가 나타난다.*

① **점크기 :** 점의 크기값 설정

② **화면에 상대적인 크기 설정(R) :** 화면 비율에 따라 점크기가 변경(화면 축소/확대하고 regen 명령 실행 후 점 크기 확인 가능)

③ **절대 단위로 크기 설정(A) :** 점 크기를 절대(고정된)크기로 설정(화면 축소/확대하고 regen 명령 실행 후 점 크기 확인 가능)

7. 길이 분할하기(MEAsure)를 이용해 위치점을 찾는 방법

- 원하는 간격으로 분할되는 위치에 위치점을 표시하는 명령
- 이 명령 역시 Divide 명령과 같이 분할되는 위치에 포인트가 생성된다.
- 분할 시 객체를 선택한 위치점에서 가까운 끝점부터 길이값이 적용된다.

7.1 객체 길이 분할 적용 명령

명령줄 사용 : measure [Enter↵] (단축명령 : me)
리본메뉴 사용 : 홈 탭 ▶ 그리기 패널 ▶
주메뉴 사용 : 그리기(D) ▶ 점(O) ▶ 길이분할(M)
도구막대 사용 : (도구막대 : 추가해야 함)

7.2 객체 길이 분할 명령 옵션

► 명령 : measure [Enter↵] (혹은 me [Enter↵])
► 길이분할 객체 선택 :
► 세그먼트의 길이 지정 또는 [블록(B)] :

옵 션	내 용
길이분할 객체 선택	길이분할 위치에 점을 표시할 객체
세그먼트의 길이 지정	길이분할 길이값 입력
블록	등분할 위치에 점(point)이 아닌 도형을 표시하고 싶은 경우 사용. 이 옵션은 도형이 반드시 블록으로 지정되어 있어야 함.
삽입할 블록 이름 입력	표시하고자 하는 블록 이름 입력
객체에 블록 정렬	블록을 등분할 객체를 따라 정렬시킬 것인가 설정(yes/no)

7.3 객체 길이분할 위치점 표시 명령 따라하기

⑤ 오른쪽 그림과 같이 사각형을 그린다.
► 사용명령 : Line [Enter↵] (혹은 l [Enter↵])
직교기능(F8)을 이용해 선을 그린다.

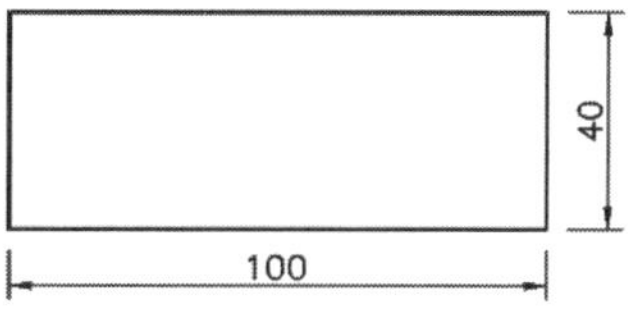

⑥ 길이분할 위치에 표시할 위치점 표시 모양을 설정한다.
► 사용명령 : ddptype [Enter↵]

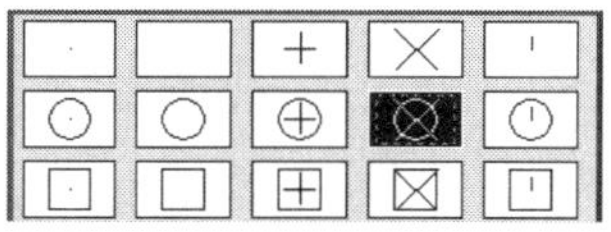

⑦ 객체 길이분할 위치점 표시 명령을 이용해 30간격으로 위치점을 표시한다.
► 명령 : measure [Enter↵] (혹은 me [Enter↵])
► 등분할 객체 선택 : S1객체 **선택** ➔ *등분할 위치점 표시할 객체 선택*
► 세그먼트의 개수 입력 또는 [블록(B)] 입력 : 30 [Enter↵] ➔ *간격 입력*

⑧ 표시된 위치점을 이용해 선을 그리고 완성한다.
► 사용명령 : Line [Enter↵] (혹은 l [Enter↵])
사용할 OSNAP 옵션 : node(노드), per(수직점)
► 선을 그리고 지우기 명령(erase)으로 표시점을 지우고 도면 완성

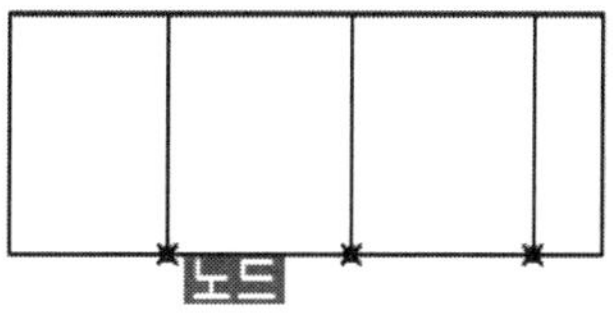

그리고자 하는 객체의 위치점 찾아 도형 그리기 따라하기 1

1. 반지름이 '20'인 원을 '50' 간격으로 5개의 원그리기

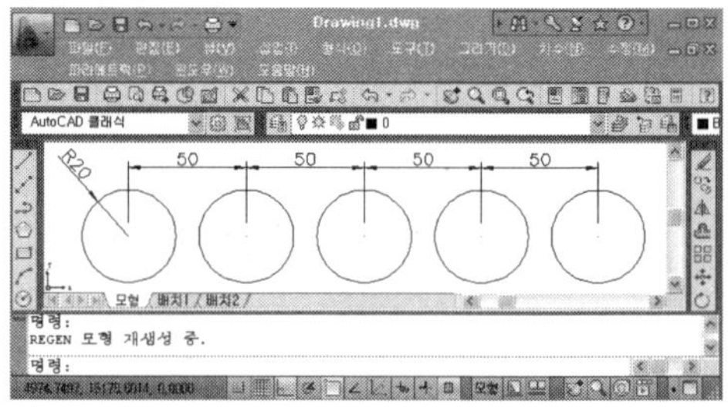

(1) 선그리기 명령을 이용해 위치를 찾아 도형 그리기

① 원그리기 명령으로 반지름 '20'인 원을 그린다.

- ► 명령 : c [Enter↵] (혹은 circle [Enter↵])
- ► CIRCLE 원에 대한 중심점 지정 또는 [3점(3P)/2점(2P)/Ttr – 접선 접선 반지름(T)] : 마우스로 임의의 위치점 지정
- ► 원의 반지름 지정 또는 [지름(D)] : 20 [Enter↵]

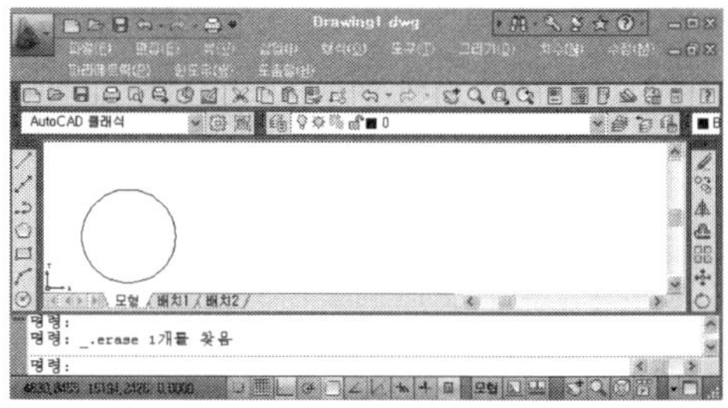

② 원의 중심점에서 '50' 크기의 수평선을 오른쪽으로 그린다(수평선 그리기 37쪽 참고).

- ► 명령 : l [Enter↵] (혹은 line [Enter↵])
- ► 첫 번째 점 지정 : **원의 중심점 지정**
- ► 다음 점 지정 또는 [명령 취소(U)] : 50 [Enter↵] → *(직교기능사용)*
- ► 다음 점 지정 또는 [명령 취소(U)] : [Enter↵] → *명령종료*

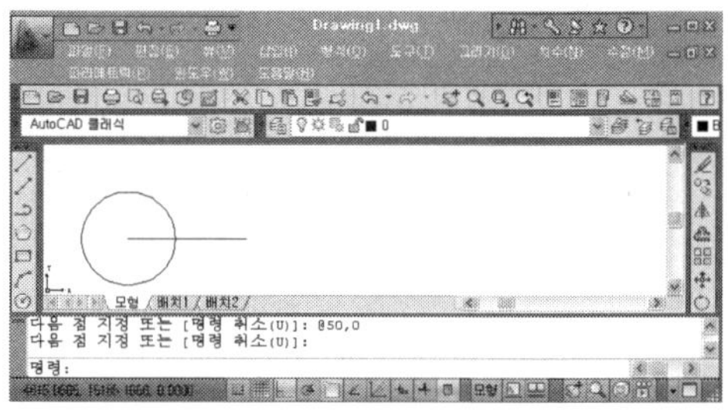

③ ②에서 그린 선의 오른쪽 끝점을 중심으로 반지름 '20'인 원을 그린다.

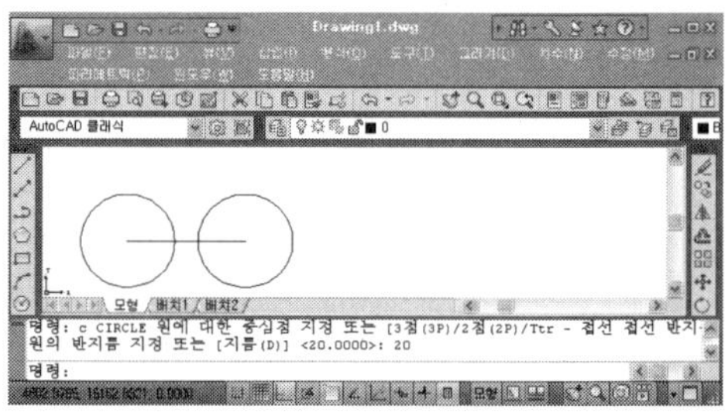

④ ②에서 그린 '50' 크기의 수평선은 더 이상 필요가 없기 때문에 지운다.

- ► 사용명령 : erase [Enter↵] (혹은 e [Enter↵])

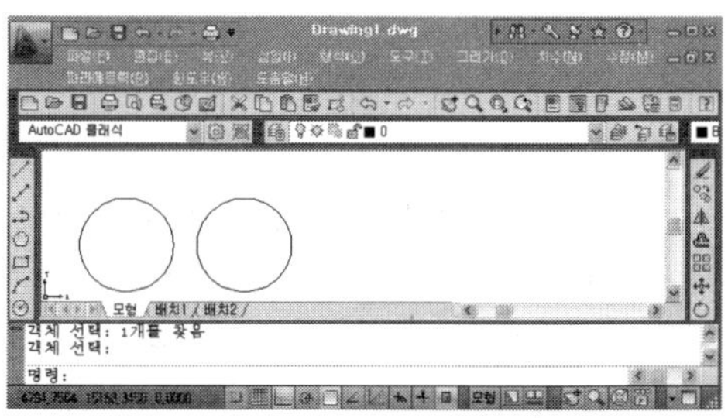

⑤ 위 ②~④과정을 반복해 5개의 원을 그려 도면 완성하기

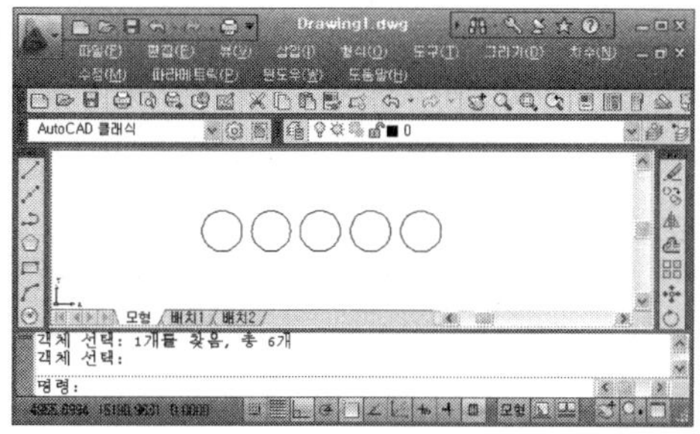

(2) 원그리기 명령을 이용해 위치를 찾아 도형 그리기

① 원 명령을 실행해 임의의 위치에 반지름 '20'인 원을 그린다.

- ► 명령 : c [Enter↵] (혹은 circle [Enter↵])
- ► CIRCLE 원에 대한 중심점 지정 또는 [3점(3P)/2점(2P)/Ttr – 접선 접선 반지름(T)] : 마우스로 임의의 위치점 지정
- ► 원의 반지름 지정 또는 [지름(D)] : 20 [Enter↵]

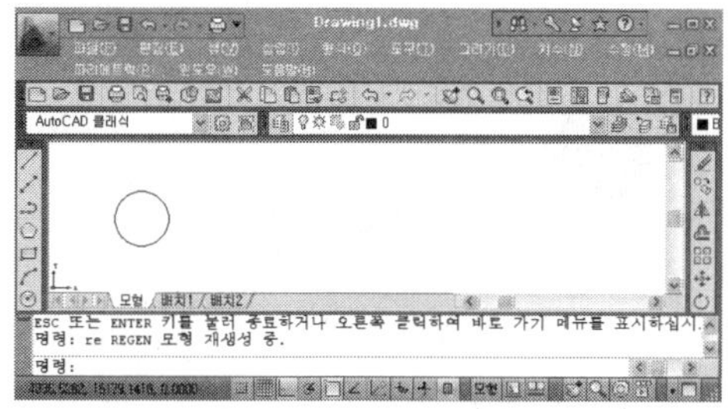

② ①에서 그린 원과 동일한 중심점에서 반지름이 '50' 크기인 원을 그린다.

- ► 명령 : c [Enter↵] (혹은 circle [Enter↵])
- ► CIRCLE 원에 대한 중심점 지정 또는 [3점(3P)/2점(2P)/Ttr – 접선 접선 반지름(T)] : 첫 번째 원의 중심점 지정
- ► 원의 반지름 지정 또는 [지름(D)] : 50 [Enter↵]

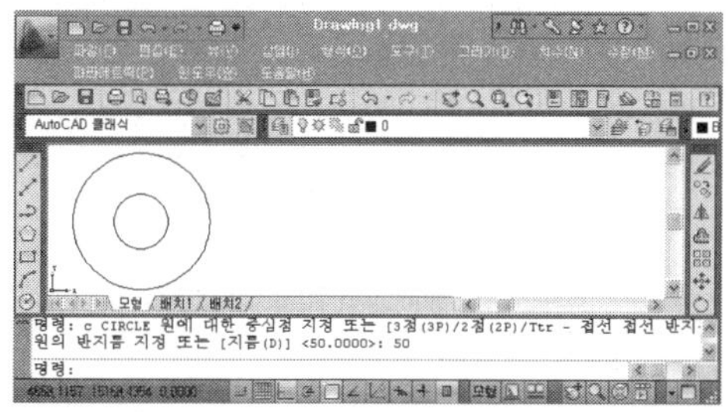

③ 반지름 '50' 크기 원의 사분점을 중심으로 반지름 '20'인 원을 그린다.

- ► 명령 : c [Enter↵] (혹은 circle [Enter↵])
- ► CIRCLE 원에 대한 중심점 지정 또는 [3점(3P)/2점(2P)/Ttr – 접선 접선 반지름(T)] : 반지름 50원이 사분점 지정
- ► 원의 반지름 지정 또는 [지름(D)] : 20 [Enter↵]

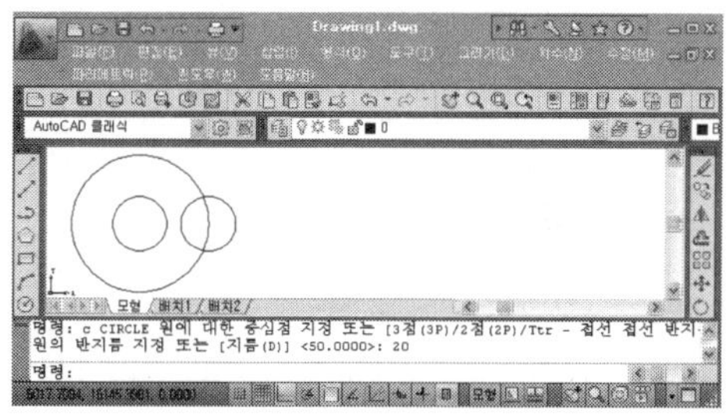

④ 필요없는 '50' 크기의 원을 지운다.

- ► 명령 : erase [Enter↵] (혹은 e [Enter↵])

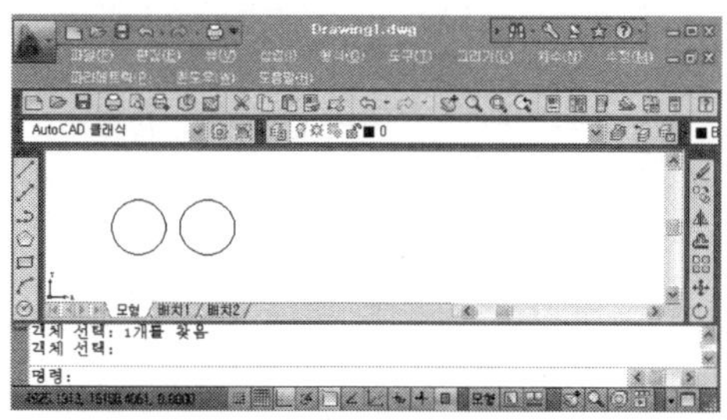

⑤ 위 ②~⑤ 과정을 반복해 도면을 완성한다.

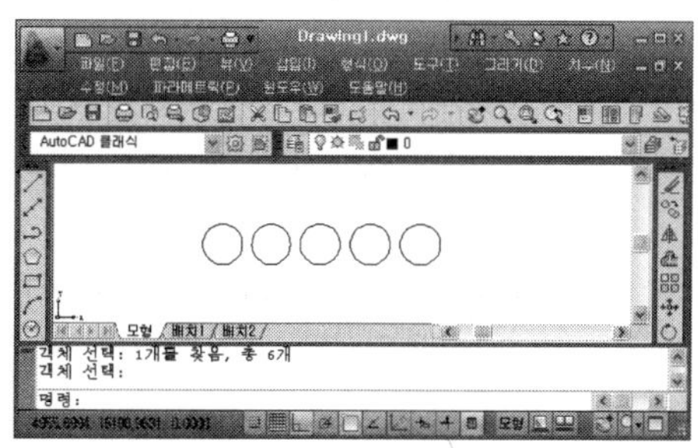

(3) Offset 명령을 이용해 위치를 찾아 도형 그리기

① 직교(F8)기능을 이용해 임의의 수평선을 길게 그린다.
자동추적(Auto Track)툴팁을 이용해 최소 '400' 크기 이상의 수평선을 그린다.

자동추적툴팁 : 그려지는 선의 크기 미리보기 기능

⇨ 자동추적 툴팁의 예) 직교 : 407.9896<0

- **직교** : 직교기능 사용함 표시
- **407.9896** : 마지막 위치로부터 십자선까지의 크기
- **<0** : 십자선이 가리키는 방향 각도

확인

Auto Track 툴팁 설정

① options 명령을 실행한다.
② 제도탭을 선택한다.
③ AutoTrack 설정 그룹에서 'Auto Track 툴팁 표시(K)' 항목을 선택한다.

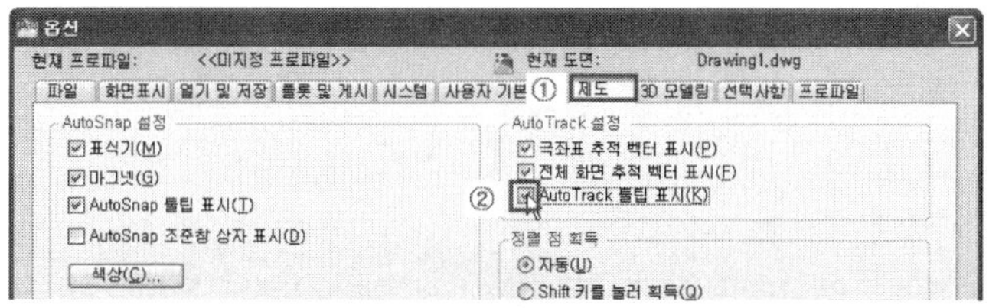

② 왼쪽 끝에 그림과 같이 수직선을 그린다.

► 사용명령 : Line Enter↵ (혹은 L Enter↵)

직교기능(F8)을 이용해 선을 그린다.

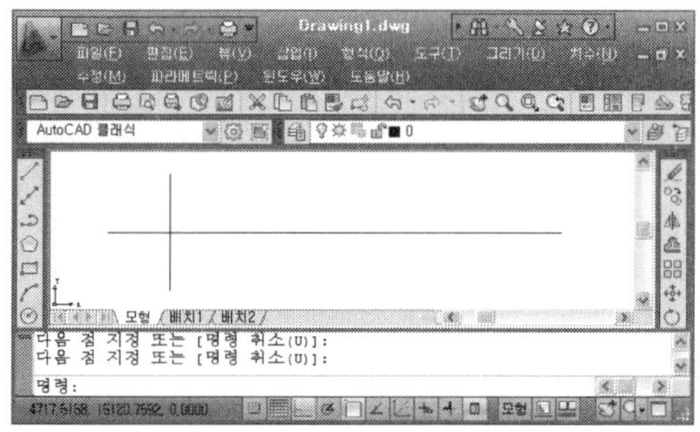

③ Offset 명령을 이용해 수직선을 50만큼 간격을 띄워 복사한다.

► 명령 : offset Enter↵ (혹은 O Enter↵)

► 간격띄우기 거리 지정 또는 [통과점(T)/지우기(E)/도면층(L)] 〈통과점〉 : 50 Enter↵

► 간격띄우기할 객체 선택 또는 [종료(E)/명령 취소(U)] 〈종료〉 : **마우스로 띄우기할 객체 선택**

► 간격띄우기할 면의 점 지정 또는 [종료(E)/다중(M)/명령 취소(U)] 〈종료〉 : m Enter↵ ➔ 4번 띄우기위해 다중선택

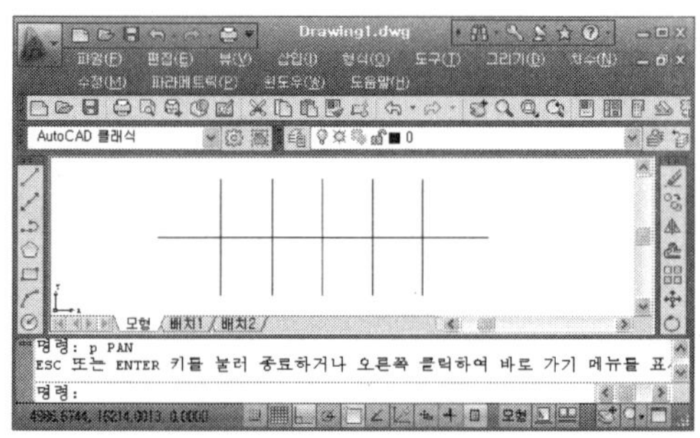

► 간격띄우기할 면의 점 지정 또는 [종료(E)/명령 취소(U)] 〈다음 객체〉 : **선택한 객체 오른쪽으로 마우스 이동 후 왼쪽 버튼 누르기**

► 간격띄우기할 면의 점 지정 또는 [종료(E)/명령 취소(U)]〈다음 객체〉 : **마우스 이동 후 왼쪽버튼 클릭**

► 간격띄우기할 면의 점 지정 또는 [종료(E)/명령 취소(U)]〈다음 객체〉 : **마우스 이동 후 왼쪽버튼 클릭**

► 간격띄우기할 면의 점 지정 또는 [종료(E)/명령 취소(U)]〈다음 객체〉 : **마우스 이동 후 왼쪽버튼 클릭**

► 간격띄우기할 면의 점 지정 또는 [종료(E)/명령 취소(U)]〈다음 객체〉 : **마우스 이동 후 왼쪽버튼 클릭**

► 간격띄우기할 면의 점 지정 또는 [종료(E)/명령 취소(U)]〈다음 객체〉 : Enter↵

► 간격띄우기할 객체 선택 또는 [종료(E)/명령 취소(U)] 〈종료〉 : Enter↵

④ 수평선과 수직선이 만나는 교차점을 중심으로 반지름이 '20'인 원을 필요한 만큼 그린다.

► 사용명령 : circle [Enter↵] 혹은 (c [Enter↵])

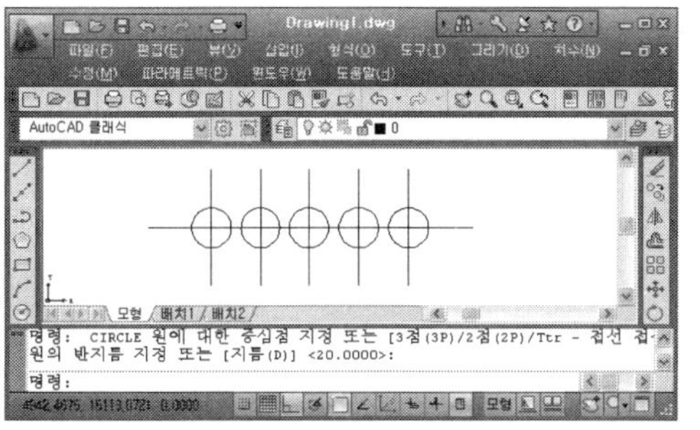

⑤ 필요없는 수평선과 수직선을 지우고 도면을 완성한다.

► 사용명령 : erase [Enter↵] (혹은 e [Enter↵])

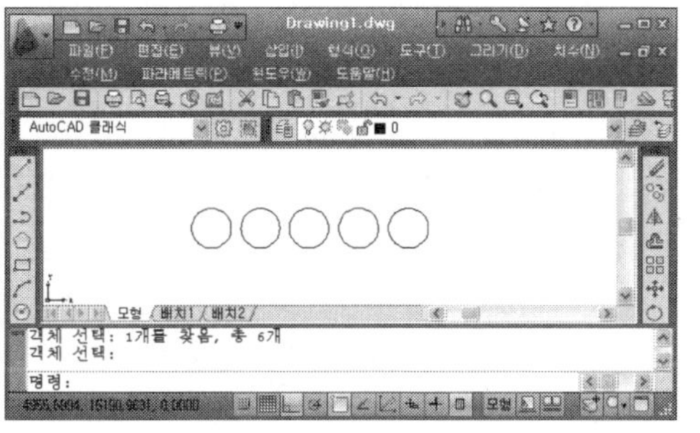

(4) MEasure 명령을 이용해 위치를 찾아 그리는 방법

① 직교(F8)기능을 이용해 임의의 수평선을 길게 그린다.
(자동추적(Auto Track)툴팁을 이용해 최소 '400' 크기 이상의 수평선을 그린다.)

자동추적툴팁 : 114쪽 참고

► 사용명령 : Line [Enter↵] (혹은 L [Enter↵])

② 객체 길이분할 위치에 표시할 위치점 표시 모양을 설정한다.

► 사용명령 : ddptype [Enter↵]

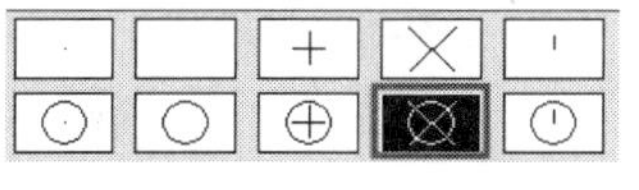

③ 객체 길이분할 위치점 표시 명령을 이용해 '50'간격이 되는 위치점을 표시한다.

► 명령 : measure [Enter↵] (혹은 me [Enter↵])

► 길이분할 객체 선택 :

► 세그먼트의 길이 지정 또는 [블록(B)] : 20 [Enter↵] ➔ *길이값 입력*

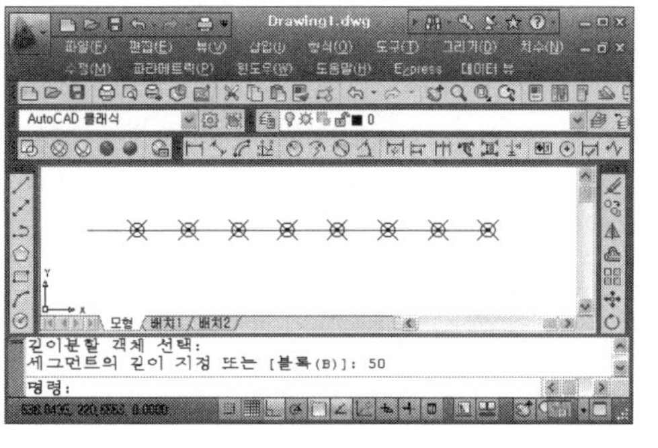

④ 생성된 포인트의 위치에 원을 그려 도면을 완성한다.

► 사용명령

► osnap : OSNAP 항목 설정(node 항목 설정)

► circle : 원 그리기

► erase : 객체 지우기(점과 선을 지운다.)

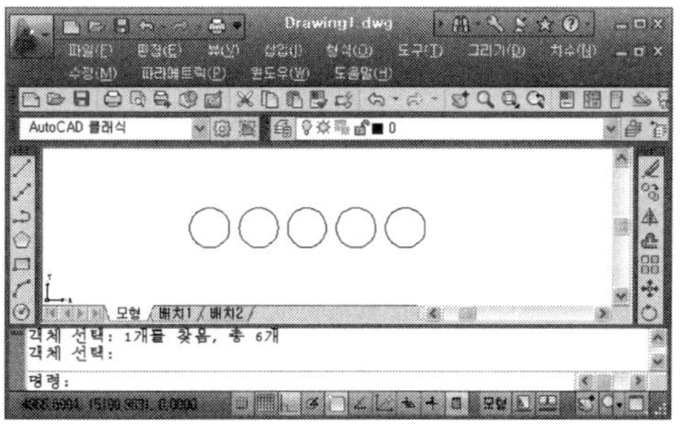

2. 사선 방향의 위치점 찾기 따라하기

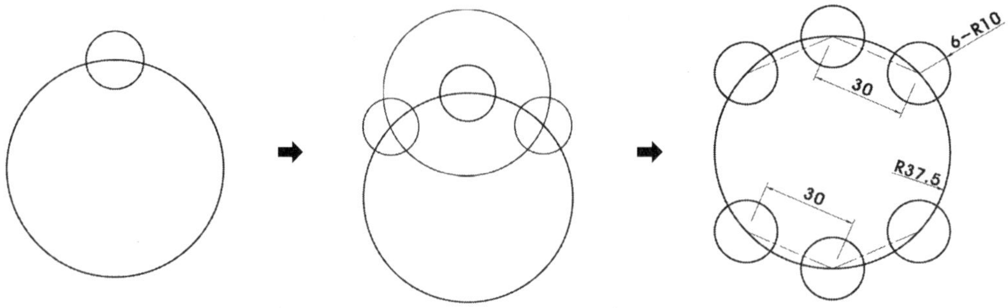

① 반지름이 '37.5', 'R10'인 원을 그린다.

▶ 명령 : circle [Enter↵] (혹은 c [Enter↵])

▶ 원에 대한 중심점 지정 또는 [3점(3P)/2점(2P)/Ttr – 접선 접선 반지름(T)] : **마우스로 임의의 P1점 지정**

▶ 원의 반지름 지정 또는 [지름(D)] : 37.5 [Enter↵]

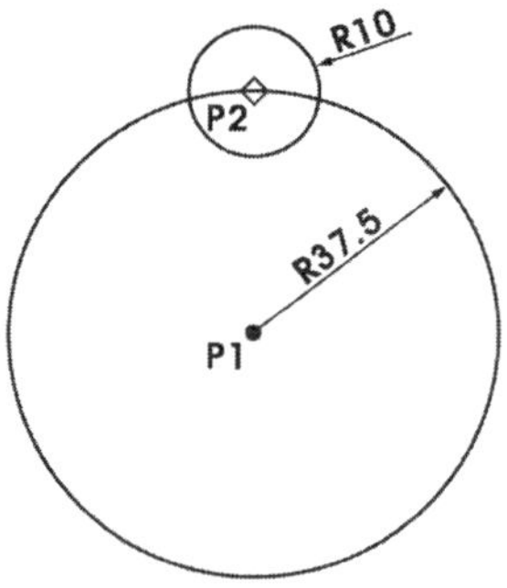

▶ 명령 : circle [Enter↵] 혹은 (c [Enter↵])

▶ 원에 대한 중심점 지정 또는 [3점(3P)/2점(2P)/Ttr – 접선 접선 반지름(T)] : **마우스로 P2점 지정** ➔ *OSNAP(F3) 기능을 이용해 마우스로 원의 사분점을 지정한다.*

▶ 원의 반지름 지정 또는 [지름(D)] : 10 [Enter↵]

② 반지름 '10'인 원의 위치점을 찾기 위해 반지름 '30'인 원을 그린다.

▶ 명령 : circle [Enter↵] 혹은 (c [Enter↵])

▶ 원에 대한 중심점 지정 또는 [3점(3P)/2점(2P)/Ttr – 접선 접선 반지름(T)] : **마우스로 P2점 지정**

▶ 원의 반지름 지정 또는 [지름(D)] : 30 [Enter↵]

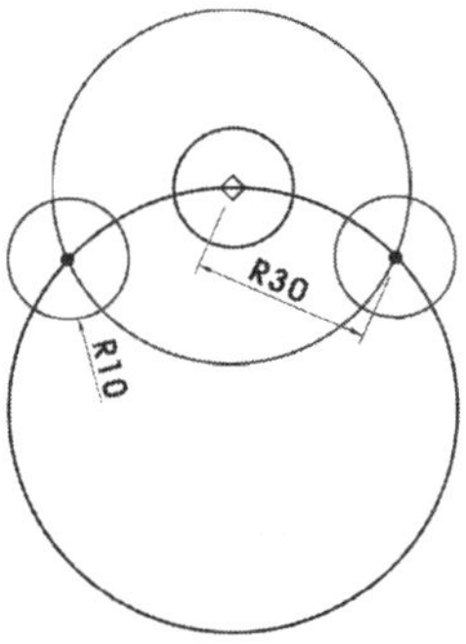

③ 반지름 '10'인 원을 그린다.

▶ 원에 대한 중심점 지정 또는 [3점(3P)/2점(2P)/Ttr – 접선 접선 반지름(T)] : **OSNAP (F3) 기능을 이용해 마우스로 교차점을 찾아 지정한다.**

▶ 원의 반지름 지정 또는 [지름(D)] : 10 [Enter↵]

④ 동일한 방법으로 아래쪽의 원도 그린다.

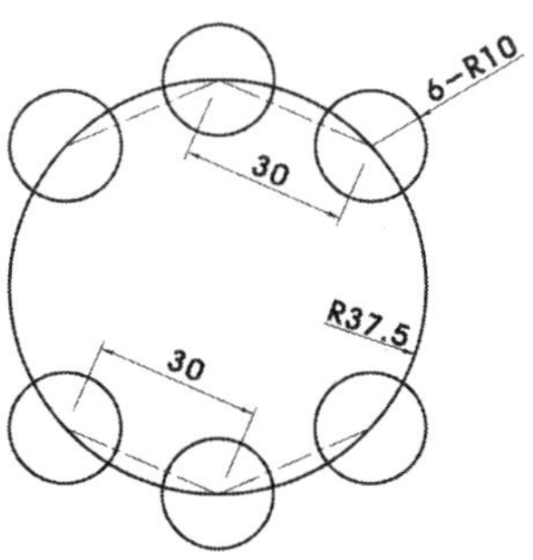

3. 세면대 따라 그리기

다음 도면을 따라 그린다.

- 작업영역 설정
- limits, zoom→all옵션
- 가로 : 1500(560×2~3)
- 세로 : 1000(450×2~3)

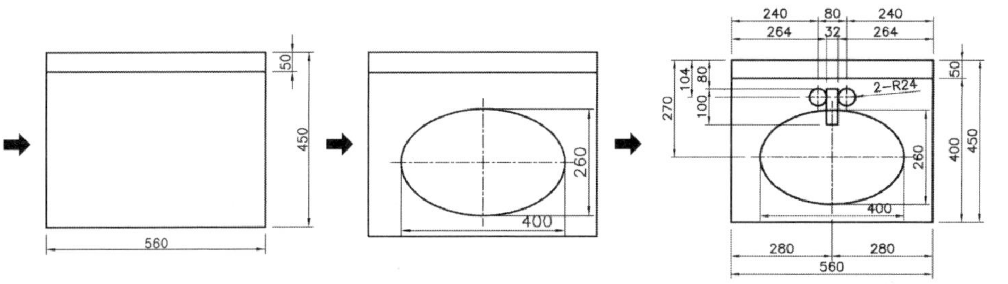

(1) 먼저 도면 작업 영역을 설정한다.

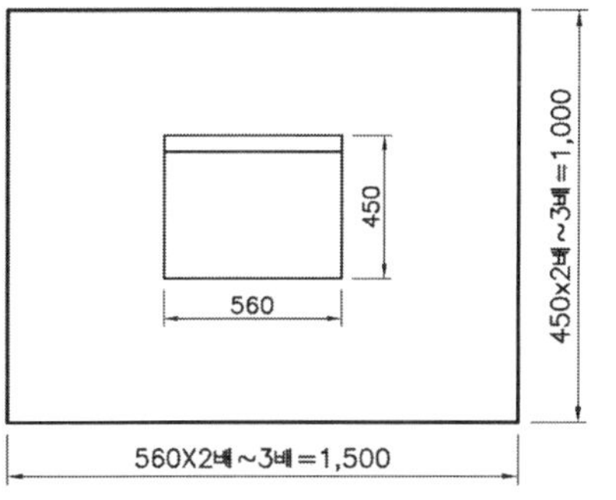

- ►명령 : limits [Enter↵] **(혹은 형식메뉴→도면한계)**
- ►모형 공간 한계 재설정 :
- ►왼쪽 아래 구석 지정 또는 [켜기(ON)/끄기(OFF)] 〈0.00,0.00〉 : 0,0 [Enter↵]
- ►오른쪽 위 구석 지정 〈3000.00,3000.00〉 : **1500,1000** [Enter↵]

- ►명령 : zoom [Enter↵] **(혹은 z [Enter↵])**
- ►윈도우 구석을 지정, 축척 비율 (nX 또는 nXP)을 입력, 또는 [전체(A)/중심(C)/동적(D)/범위(E)/이전(P)/축척(S)/윈도우(W)/객체(O)] 〈실시간〉 : a [Enter↵]

(2) 개수대 도면을 그린다.

① 오른쪽 그림과 같이 사각형을 그린다.

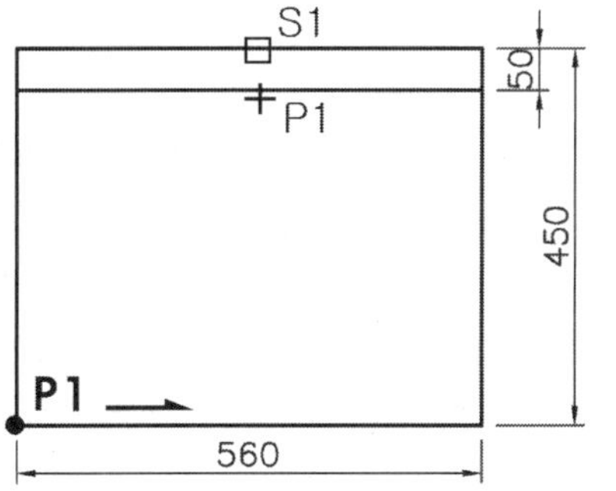

- ►명령 : line [Enter↵] **(혹은 l [Enter↵])**
- ►첫 번째 점 지정 : **마우스로 P1점 지정 ➔** *임의로 지정한다.*
- ►다음 점 지정 또는 [명령 취소(U)] : **560** [Enter↵]
- ►다음 점 지정 또는 [명령 취소(U)] : **450** [Enter↵]
- ►다음 점 지정 또는 [닫기(C)/명령 취소(U)] : **560** [Enter↵]
- ►다음 점 지정 또는 [닫기(C)/명령 취소(U)] : **c** [Enter↵]

- ►명령 : offset [Enter↵] **(혹은 o [Enter↵])**
- ►현재 설정 : 원본 지우기=아니오, 도면층=원본, OFFSETGAPTYPE=0
- ►간격띄우기 거리 지정 또는 [통과점(T)/지우기(E)/도면층(L)] 〈통과점〉 : 50 [Enter↵]
- ►간격띄우기할 객체 선택 또는 [종료(E)/명령 취소(U)] 〈종료〉 : **띄우기할 S1 객체 선택**
- ►간격띄우기할 면의 점 지정 또는 [종료(E)/다중(M)/명령 취소(U)]〈종료〉 : **띄우기할 방향(P1)점 지정**
- ►간격띄우기할 객체 선택 또는 [종료(E)/명령 취소(U)] 〈종료〉 : [Enter↵]

② 먼저 타원 모양의 개수부분을 그리기 위해 위치를 찾는다.

㉮ 가로 방향으로 '280' 간격을 띄운다.

- ► 명령 : offset [Enter↵] (혹은 o [Enter↵])
- ► 현재설정 : 원본 지우기 = 아니오, 도면층 = 원본, OFFSETGAPTYPE = 0
- ► 간격띄우기 거리 지정 또는 [통과점(T)/지우기(E)/도면층(L)] 〈통과점〉 : 280 [Enter↵]
- ► 간격띄우기할 객체 선택 또는 [종료(E)/명령 취소(U)] 〈종료〉 : **띄우기할 S1 객체 선택**
- ► 간격띄우기할 면의 점 지정 또는 [종료(E)/다중(M)/명령 취소(U)]〈종료〉 : **띄우기할 방향(P1)점 지정**
- ► 간격띄우기할 객체 선택 또는 [종료(E)/명령 취소(U)]〈종료〉 : [Enter↵]

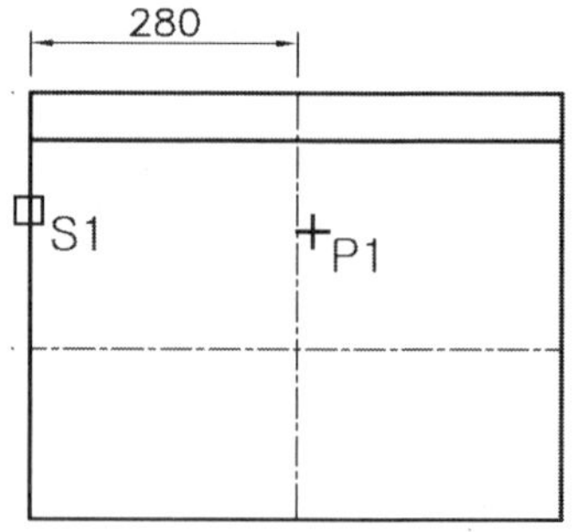

㉯ 세로 방향으로 '270' 간격을 띄운다.

- ► 명령 : offset [Enter↵] (혹은 o [Enter↵])
- ► 현재 설정 : 원본지우기 = 아니오, 도면층 = 원본, OFFSETGAPTYPE = 0
- ► 간격띄우기 거리 지정 또는 [통과점(T)/지우기(E)/도면층(L)] 〈통과점〉 : 270 [Enter↵]
- ► 간격띄우기할 객체 선택 또는 [종료(E)/명령 취소(U)] 〈종료〉 : **띄우기할 S2 객체 선택**
- ► 간격띄우기할 면의 점 지정 또는 [종료(E)/다중(M)/명령 취소(U)]〈종료〉 : **띄우기할 방향(P2)점 지정**
- ► 간격띄우기할 객체 선택 또는 [종료(E)/명령 취소(U)] 〈종료〉 : [Enter↵]

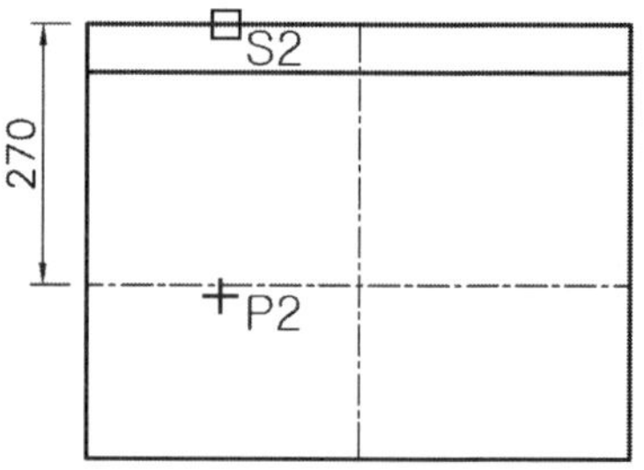

③ 개수부분의 타원을 그린다.

- ► 명령 : ellipse [Enter↵] 혹은 (el [Enter↵])
- ► 타원의 축 끝점 지정 또는 [호(A)/중심(C)] : c [Enter↵]
- ► 타원의 중심 지정 : 마우스로 타원 중심점 지정
- ► 축의 끝점 지정 : @200,0 [Enter↵]
  (혹은 직교기능을 이용해 마우스를 오른쪽으로 이동 후 100 [Enter↵])
- ► 다른 축으로 거리를 지정 또는 [회전(R)] : 130 [Enter↵]

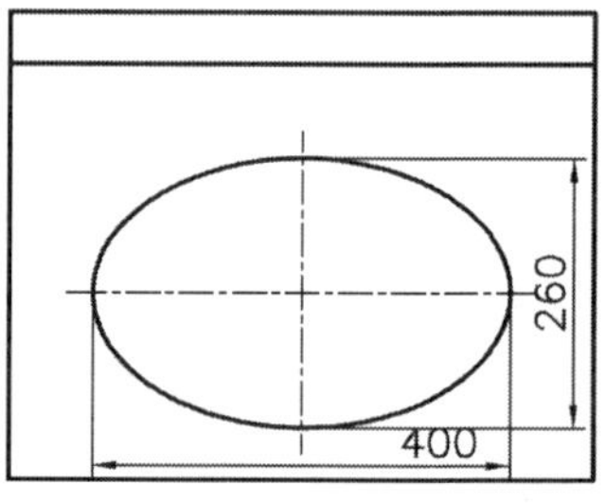

④ 수도꼭지 원의 중심점 위치를 찾아 2개의 원을 그린다.

- ► 명령 : offset [Enter↵] (혹은 o [Enter↵])
  ②단계와 동일한 방법으로 위치점을 찾는다.
- ► 명령 : circle [Enter↵] (혹은 c [Enter↵])

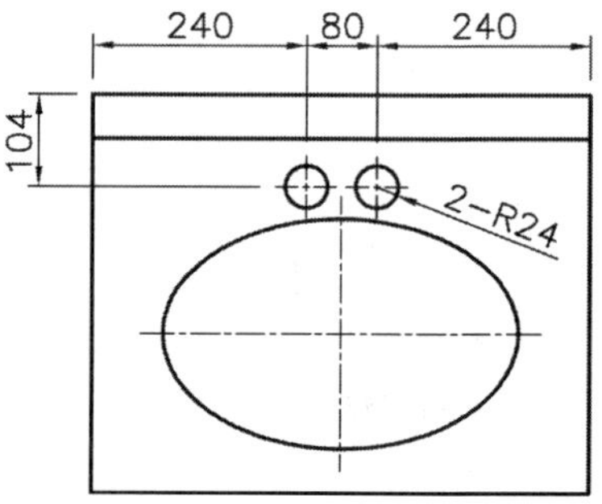

⑤ 수도꼭지의 사각형 모양의 위치를 찾는다.

► 명령 : offset Enter↵ (혹은 o Enter↵)

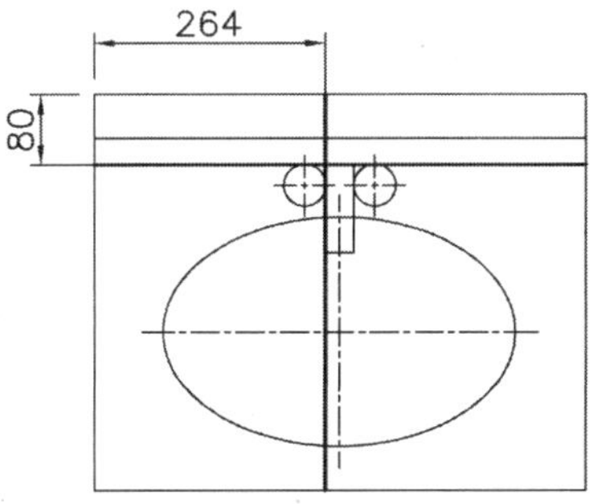

⑥ 수도꼭지의 사각형을 그린다.

line 명령으로 그릴 수 있지만 여기서는 사각형 명령으로 그린다.

► 명령 : rectang Enter↵ (혹은 rec Enter↵)

► 첫 번째 구석점 지정 또는 [모따기(C)/고도(E)/모깎기(F)/두께(T)/폭(W)] : 마우스로 P1점 지정

► 다른 구석점 지정 또는 [영역(A)/치수(D)/회전(R)] : @16,−50 Enter↵

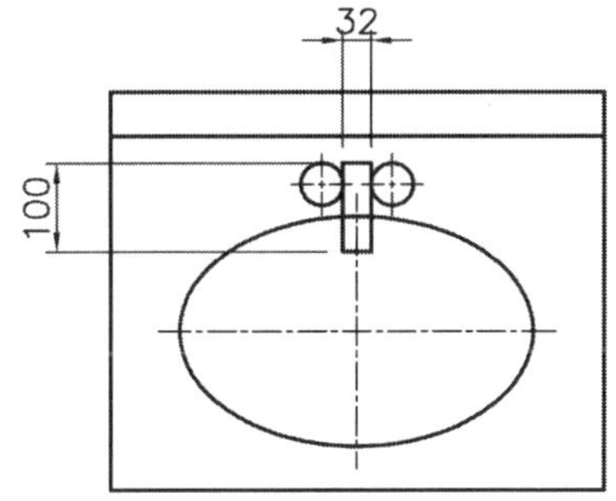

(3) 치수를 측정하고 세면대 도면을 완성한다.

① 치수 유형을 설정한다.

► 명령 : ddim Enter↵ (혹은 d Enter↵)

► 아래 그림과 같이 치수 크기를 설정한다(전체 축척 사용(S)값을 '8'로 설정한다).

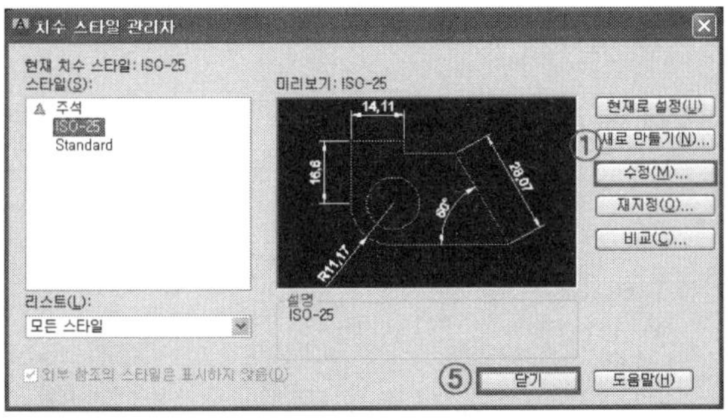

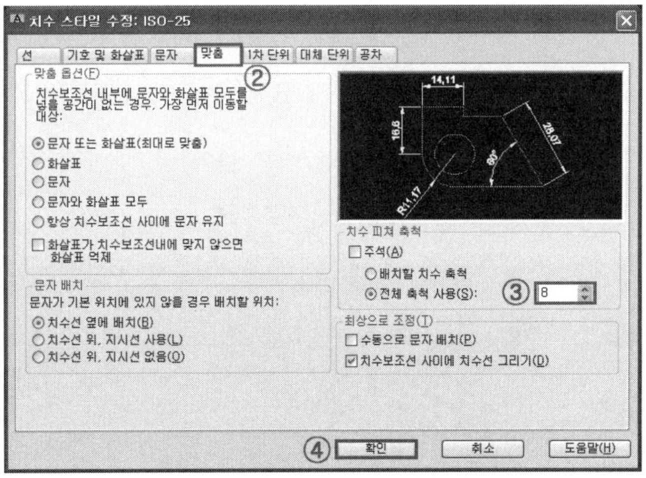

② 치수를 측정한다.

► 직선치수 측정 : dli Enter↵ (혹은 치수도구막대 [아이콘])

► 반지름치수 측정 : dra Enter↵ (혹은 치수도구막대 [아이콘])

► 치수문자 변경 : ddeidt Enter↵ (혹은 ed Enter↵)

→ *'2-R24'는 'R24'를 변경해 표현한다.*

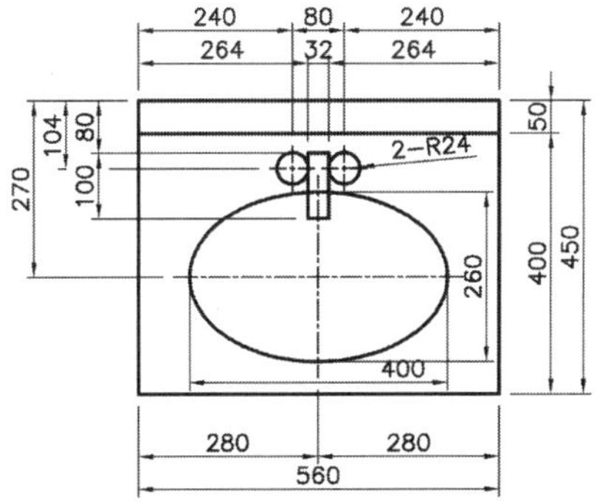

도면 예제 2-1 도면 작업 영역 설정과 위치, 크기값을 찾아 기본 도형 그리기

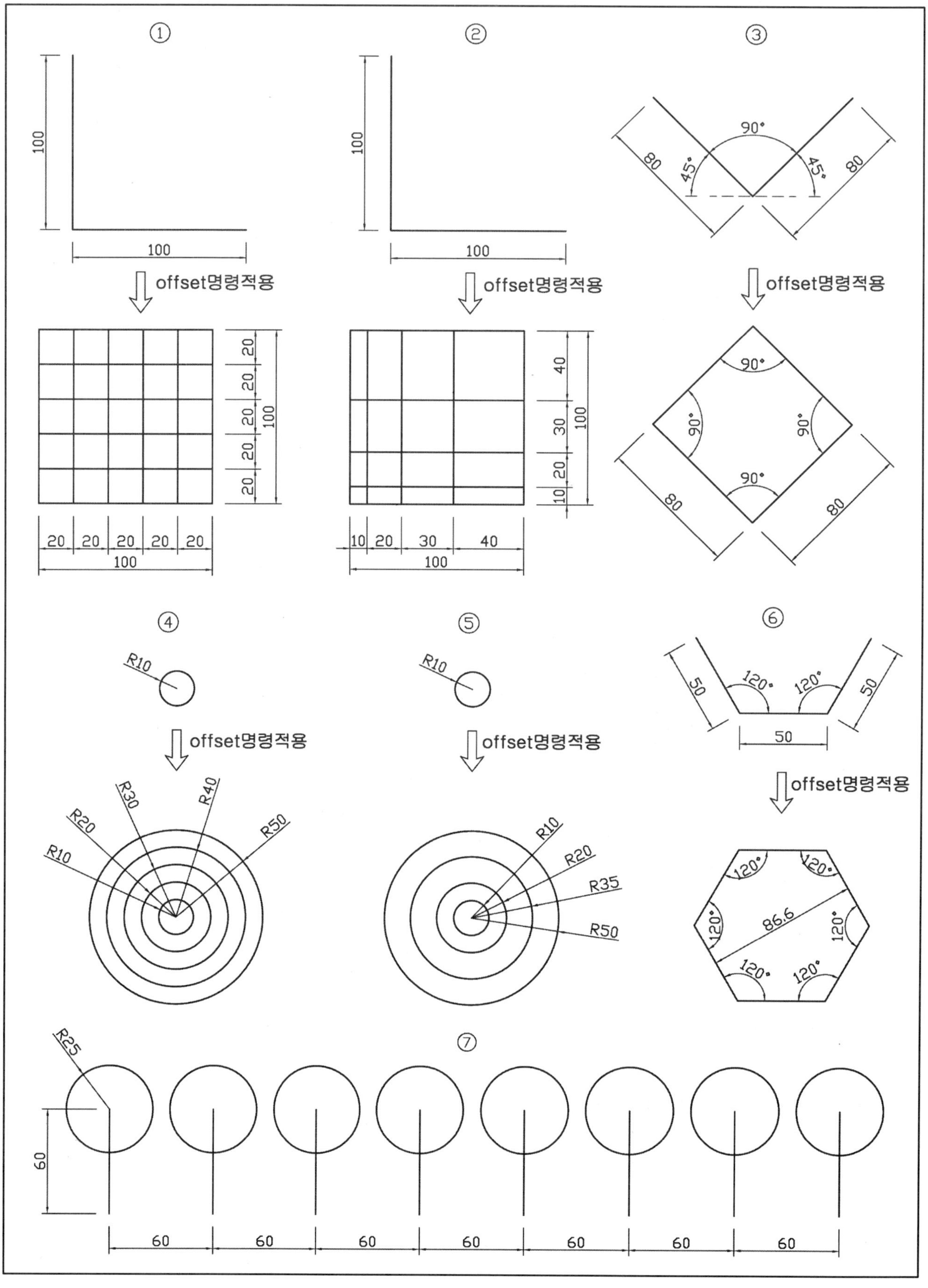

도면 예제 2-2 도면 작업 영역 설정과 위치, 크기값을 찾아 기본 도형 그리기

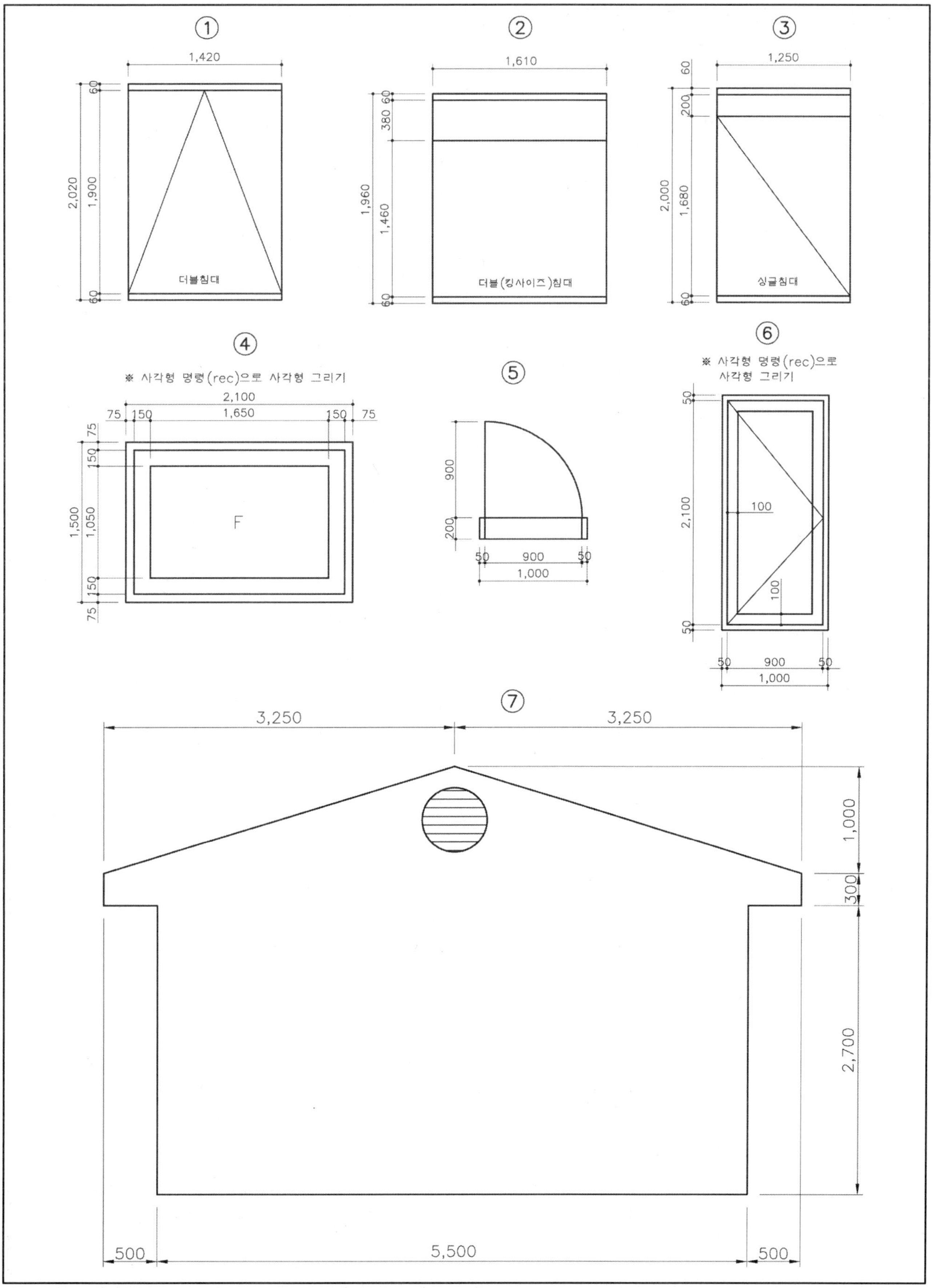

도면 예제 2-3 도면 작업 영역 설정과 위치, 크기값을 찾아 기본 도형 그리기

위치점을 찾는 방법을 이용해 다음 예제를 따라 그려본다.

점선은 참고할 뿐 실선 도형을 그린 후 지우도록 한다.

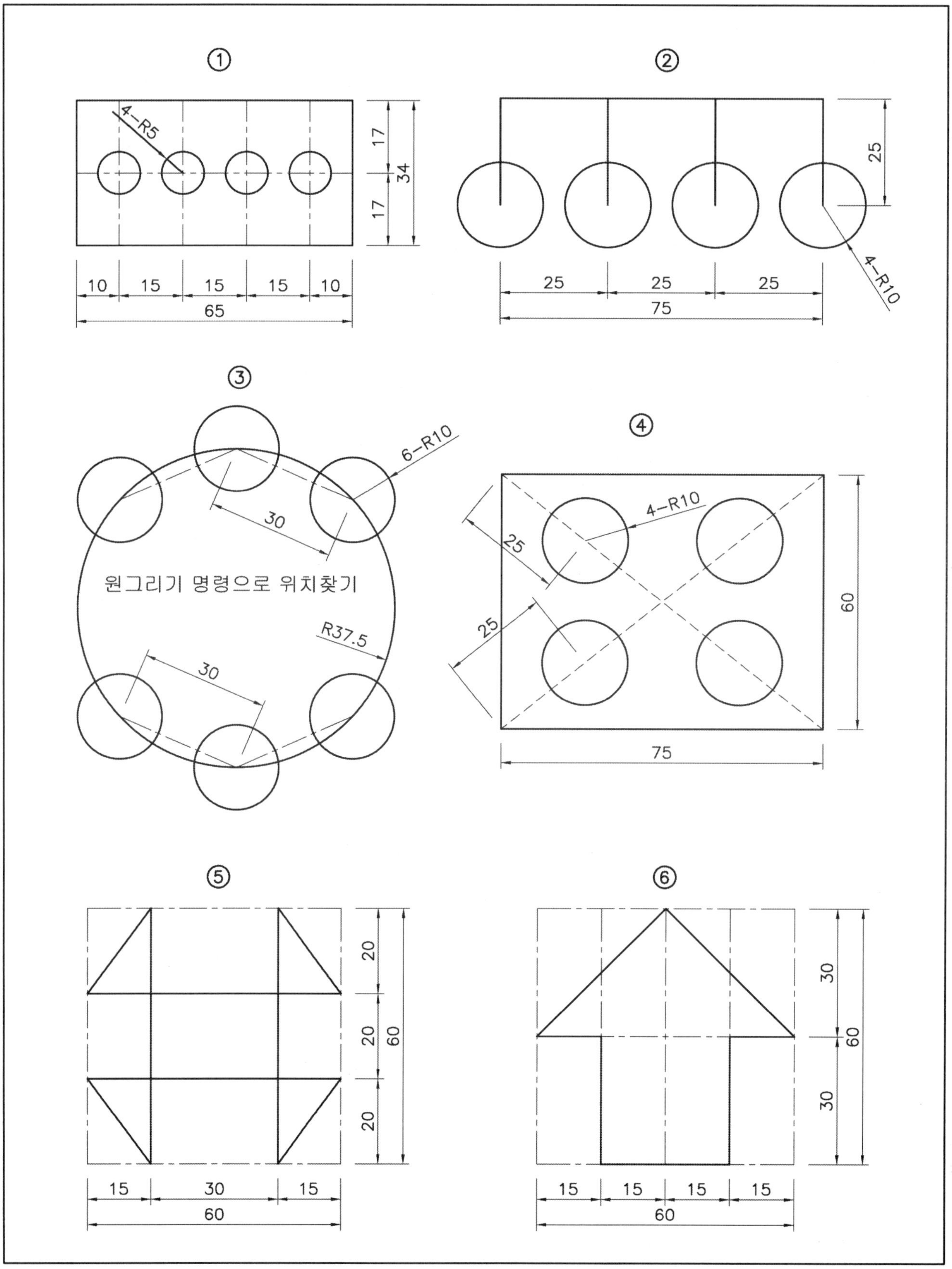

도면 예제 2-4 도면 작업 영역 설정과 위치, 크기값을 찾아 기본 도형 그리기

①

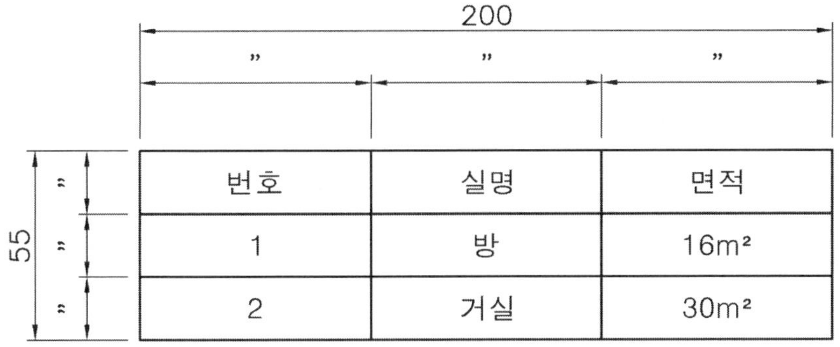

번호	실명	면적
1	방	$16m^2$
2	거실	$30m^2$

②

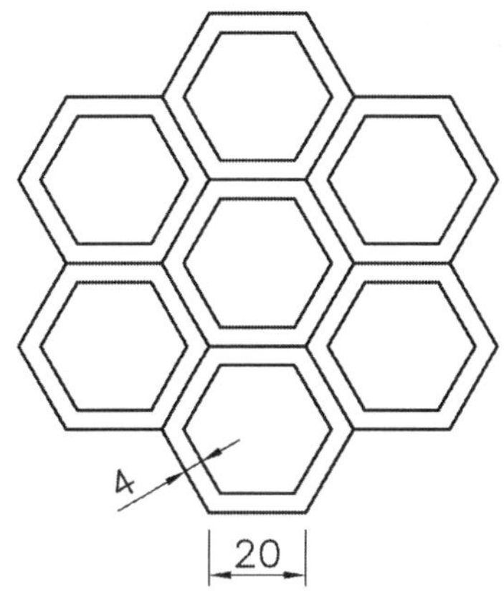

■ 등 분 할 : divide
■ 문자 입력 : mtext
- 글 꼴 : 돋움 - 크 기 : 10
- 정 렬 : 중간중심

③

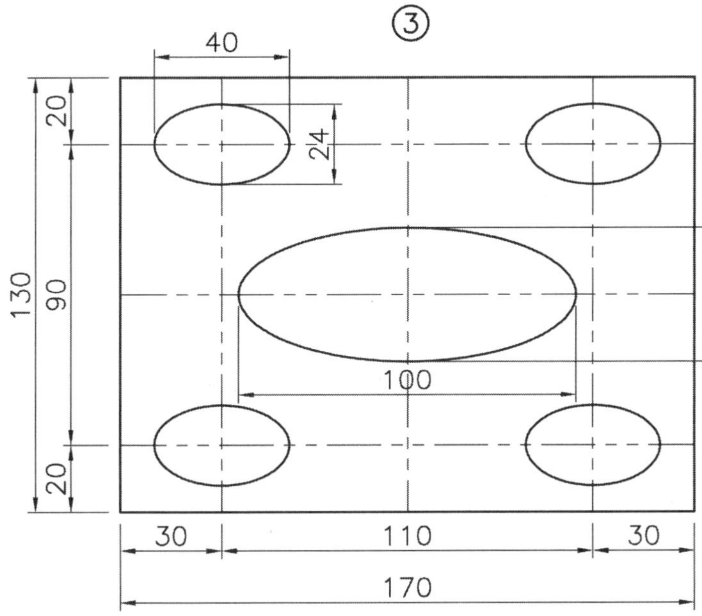

④

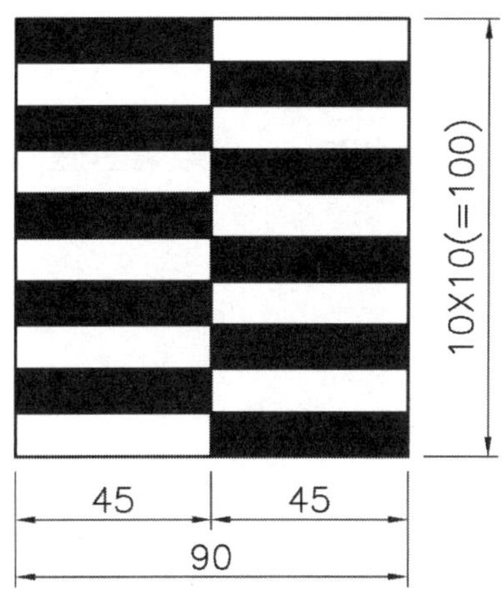

■ 해치 : hatch
- 유형 : 미리정의
- 패턴 : SOLID

⑤

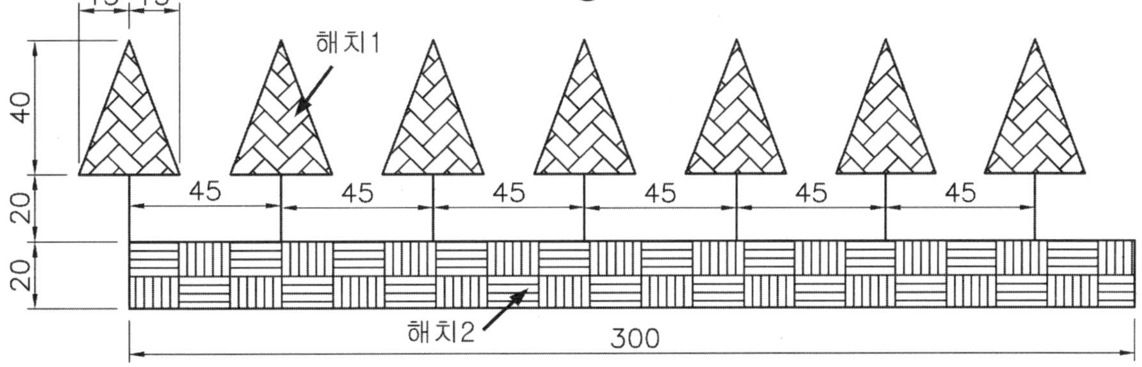

■ 해치1 : hatch
- 유형 : 미리정의 - 패턴 : AR-HBONE
- 각도 : 0 - 축척 : 0.05

■ 해치2 : hatch
- 유형 : 미리정의 - 패턴 : AR-PARQ1
- 각도 : 0 - 축척 : 0.05

LESSON 03

기본 객체 가공하기 1

trim, extend, lengthen, grip

학습목표

- 기본 객체의 길이를 변경해 원하는 크기로 만들 수 있다.

선행학습

- AutoCAD 기본 객체 5가지에 대한 이해와 그리기
- 그리려는 객체의 위치와 크기를 찾는 방법에 대한 이해와 활용
- 도면 작업 영역에 대한 이해와 설정하기

학습명령

1. **객체 길이 변경 명령**
   ① 객체 자르기 : trim (tr)
   ② 객체 연장하기 : extend (ex)
   ③ 객체 길이 조정하기 : lengthen (len)
   ④ 마우스로 수평선, 수직선 길이 늘리고 줄이기 : grip 이용
2. **공간 크기 조절 명령 :** stretch (s)
3. **도면 모서리 가공 명령**
   ① 모깎기 : fillet (f)
   ② 모따기 : chamfer (cha)

학습내용

① 학습내용 1 – 개수대 그리기

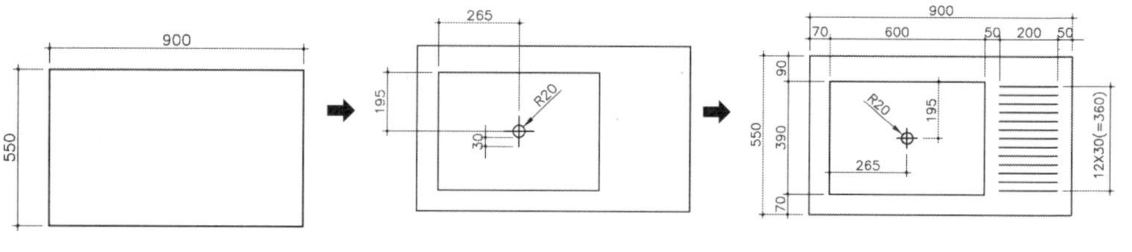

② 학습내용 2 – 창문 그리기

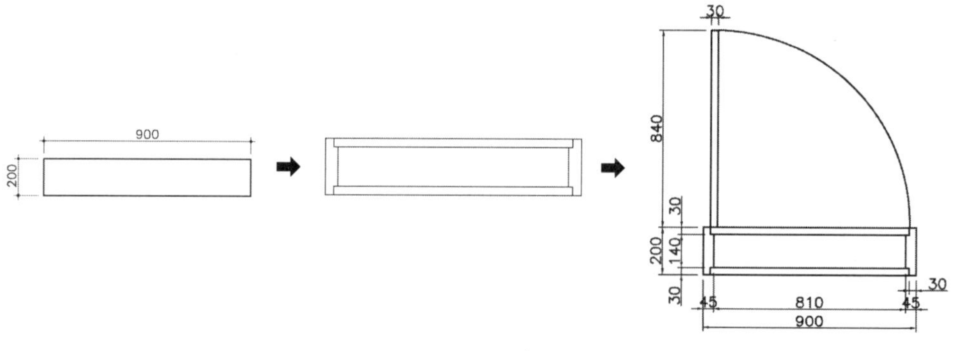

비 고

모든 설계 도면의 내용은 기본 도형인 선과 곡선(원, 타원 등)의 가공에 의해 완성된다. 여기에서 다루어지는 명령은 앞으로 배우게 될 AutoCAD 명령의 가장 기본이 되는 명령들이다. 확실하게 익혀두도록 한다.

기본 객체 가공하기 1

1 객체 길이 조절 명령

① 객체 자르기 : trim (tr) → 경계선을 통해 객체 잘림
② 객체 연장하기 : extend (ex) → 경계선을 통해 객체 연장
③ 객체 길이 조정하기 : lengthen (len) → 선 길이값을 통해 객체 길이 조절
④ 마우스로 수평선, 수직선 길이 늘리고 줄이기 : grip 이용

2 공간 크기 조절 명령 : stretch (s)

3 도면 모서리 가공 명령

① 모깎기 : fillet (f)
② 모따기 : chamfer (cha)
③ 구석연결 : fillet
④ 평행한 두선의 반원 연결 : fillet

객체 자르기(trim)	객체 연장하기(extend)	객체길이 조정하기(lengthen)
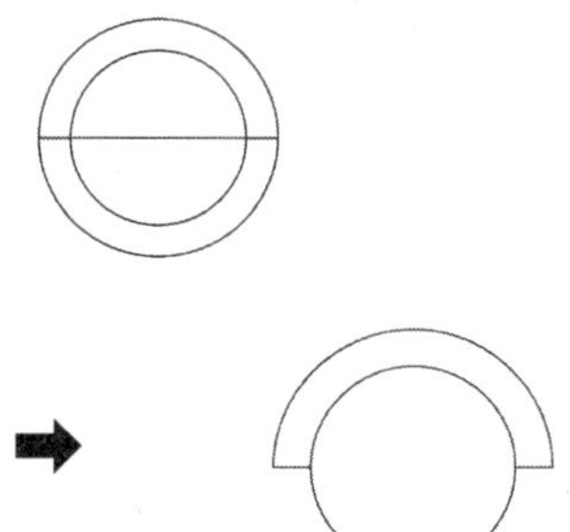	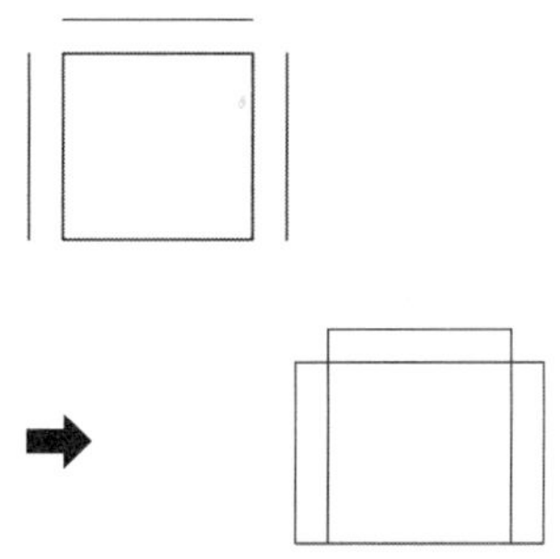	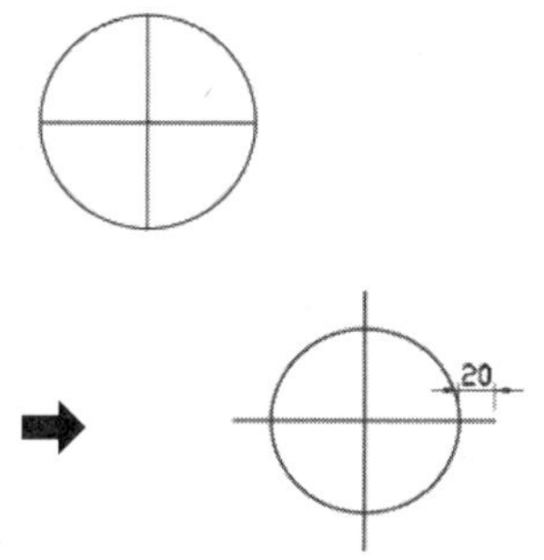
grip 활용	**공간크기 조절하기(stretch)**	**모깎기(fillet)**
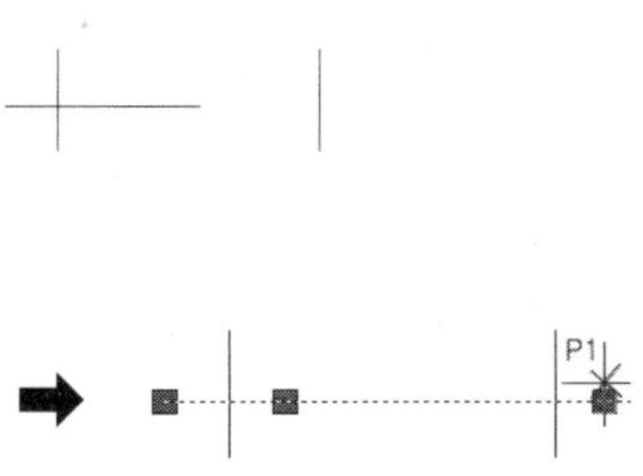	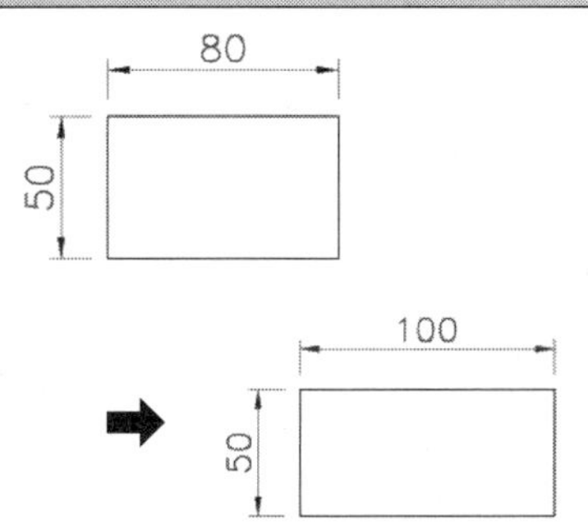	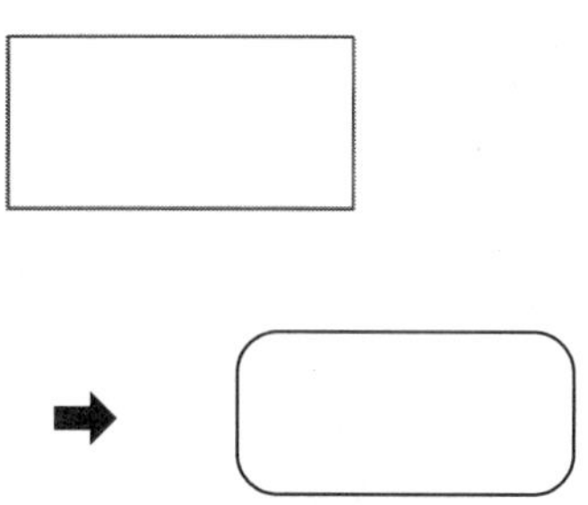
모따기(chamfer)	**구석연결(fillet, chamfer)**	**평행한 두선의 반원 연결(fillet)**
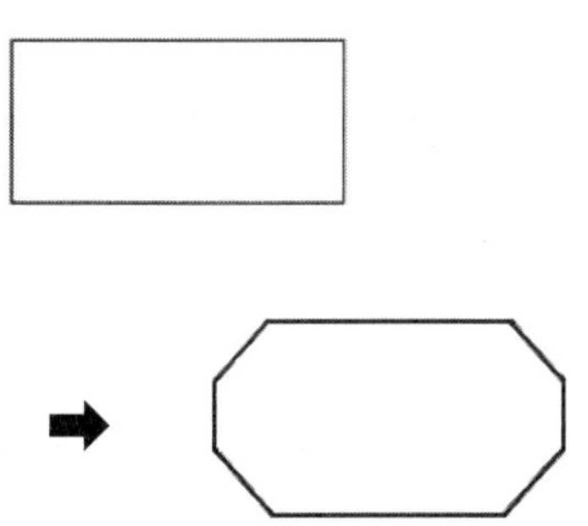	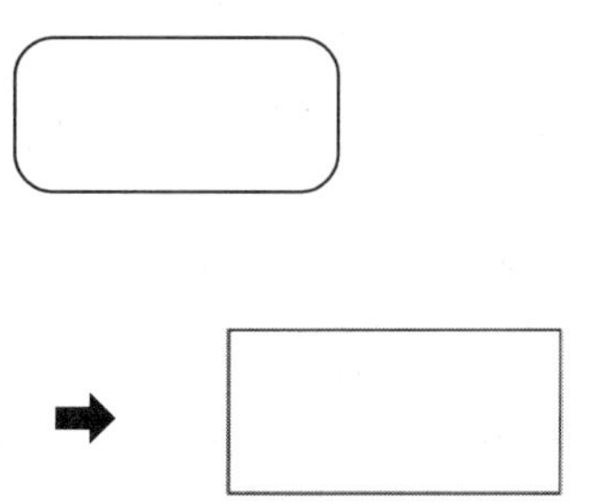	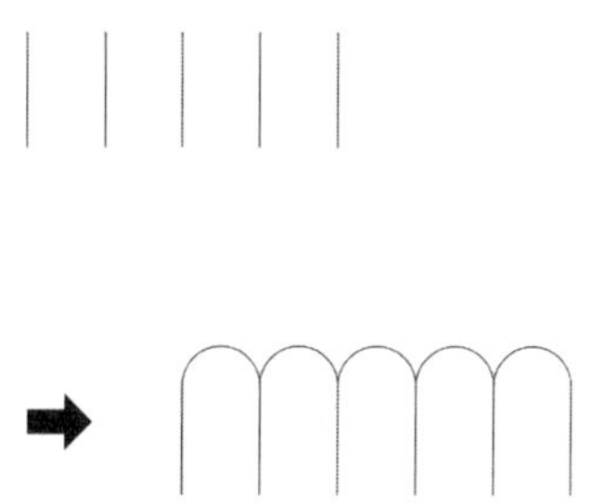

1. 객체 자르기 : trim (tr)

- 객체의 필요없는 일부분을 잘라내는 명령
- 자르고자 하는 위치를 지시하는 경계요소와 교차되는 부분까지 잘려짐.

자르기(trim)명령과 지우기(erase)명령의 구분

명 령	내 용	사 용 예
TRIM	객체의 일부분만 없어짐. 잘리는 부분과 남는 부분이 구분됨.	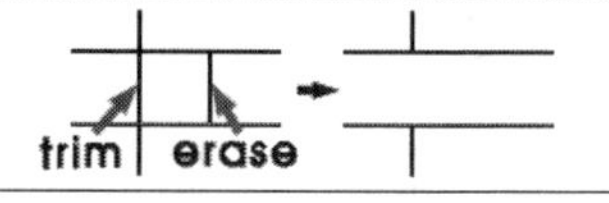
ERASE	객체의 전체가 없어짐.	

1.1 객체 자르기 명령

- 명령줄 사용 : trim [Enter↵] (단축 명령 : tr)
- 리본메뉴 사용 : 홈 탭 ▶ 수정 패널 ▶ -/--
- 주메뉴 사용 : 수정(M) ▶ 자르기(T)
- 도구막대 사용 : 수정 도구막대 ▶ -/--

1.2 객체 자르기 옵션

► 명령 : trim [Enter↵] (혹은 tr [Enter↵])
► 현재 설정 : 투영=UCS, 모서리=없음
► 절단 모서리 선택 ...
► 객체 선택 또는 〈모두 선택〉 :
► 자를 객체 선택 또는 [Shift] 키를 누른 채 선택하여 연장 또는 [울타리(F)/걸치기(C)/프로젝트(P)/모서리(E)/지우기(R)/명령 취소(U)] :

옵 션	내 용
객체 선택	잘리는 위치를 지시할 경계선 선택 (객체를 선택하지 않고 [Enter↵] 키 누르면 모든 객체가 경계선으로 선택됨)
자를 객체 선택	잘라낼 객체의 잘려질 부분 선택 ([Shift] 키를 누른 채 객체를 선택하면 연장(extend) 명령이 적용됨)
울타리(F)	잘리는 객체 선택 시 울타리 객체 선택 방법 적용
걸치기(C)	잘리는 객체 선택 시 점선 사각 선택 방법 적용
프로젝트(P)	도면요소를 절단할 때 투영모드를 사용할 것인가 결정(3차원 작업시 사용)
없음(N)	3차원 공간에서 절단 가장자리를 교차하는 도면 요소만을 절단
UCS(U)	3차원 공간에서 절단하려는 도면요소와 교차하지 않는 도면요소를 절단.
뷰(V)	현재의 뷰 방향을 따라 자른다.
모서리(E)	선택된 경계선의 속성 조절하기(127쪽 따라하기 참고)
연장(E)	선택된 경계요소 연장(경계선과 직접 만나지 않아도 잘림)
연장안함(N)	선택된 경계요소 연장 안함.(경계선과 만나는 것만 잘림)
지우기(R)	자르기 명령(Trim) 실행 중에 객체 지우기(Erase) 적용
Undo(명령취소)	바로 전에 절단하였던 것 취소

1.3 객체 자르기 명령 따라하기

객체 자르기 명령의 실행 과정에 대한 이해

명령실행 (trim) ➡ 경계선 객체 선택 ➡ Enter↵ ➡ 잘려질 부분 선택 ➡ Enter↵ (명령종료)

(1) 기본 옵션으로 객체 자르기 따라하기

① 먼저 오른쪽 그림과 같이 도면을 그린다.

► 사용명령 : circle (c), line (l)

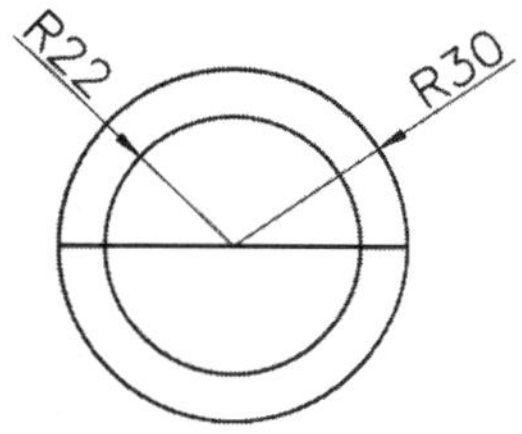

② 객체 자르기 명령을 실행한다.

► 명령 : TRIM Enter↵ (혹은 tr Enter↵)

► 현재 설정 : 투영 = UCS, 모서리 = 없음

► 절단 모서리 선택 ...

► 객체 선택 또는 〈모두 선택〉 : **S1객체 선택** ➔ *경계선 선택*

► 객체 선택 : **S2객체 선택** Enter↵ ➔ *경계선 선택*

► 객체 선택 : Enter↵ ➔ *경계선 선택 종료*

► 자를 객체 선택 또는 Shift 키를 누른 채 선택하여 연장 또는 [울타리(F)/걸치기(C)/프로젝트(P)/모서리(E)/지우기(R)/명령 취소(U)] : **P1객체 선택**
➔ *잘려질 부분 선택*

► 자를 객체 선택 또는 Shift 키를 누른 채 선택하여 연장 또는 [울타리(F)/걸치기(C)/프로젝트(P)/모서리(E)/지우기(R)/명령 취소(U)] : **P2객체 선택**
➔ *잘려질 부분 선택*

► 자를 객체 선택 또는 Shift 키를 누른 채 선택하여 연장 또는 [울타리(F)/걸치기(C)/프로젝트(P)/모서리(E)/지우기(R)/명령 취소(U)] : Enter↵ ➔ *명령 종료*

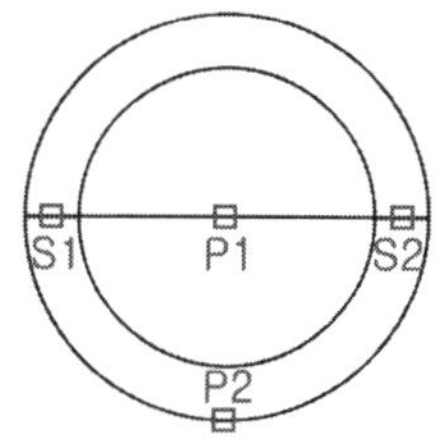

[명령 적용 전]

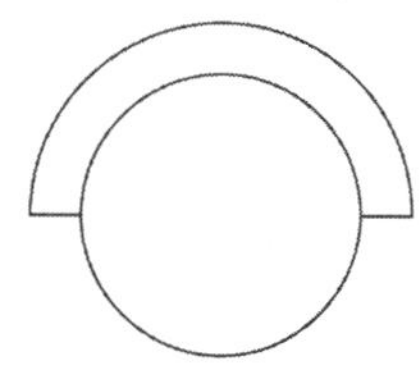

[명령 적용 후]

(2) 모서리 옵션이 '없음'으로 설정된 경우 따라하기

오른쪽 그림에서 '명령 적용 전'의 도면을 임의의 크기로 그린 후 따라한다.

► 명령 : trim Enter↵ (혹은 tr Enter↵)

► 현재 설정 : 투영 = UCS, **모서리 = 없음**

► 절단 모서리 선택 ...

► 객체 선택 또는 〈모두 선택〉 : **S1객체 선택** ➔ *경계선 선택*

► 객체 선택 : Enter↵ ➔ *경계선 선택 종료*

► 자를 객체 선택 또는 Shift 키를 누른 채 선택하여 연장 또는[울타리(F)/걸치기(C)/프로젝트(P)/모서리(E)/지우기(R)/명령 취소(U)] : e Enter↵

► 모서리 연장 모드 입력 [연장(E)/연장 안함(N)] 〈연장 안함〉 : n Enter↵

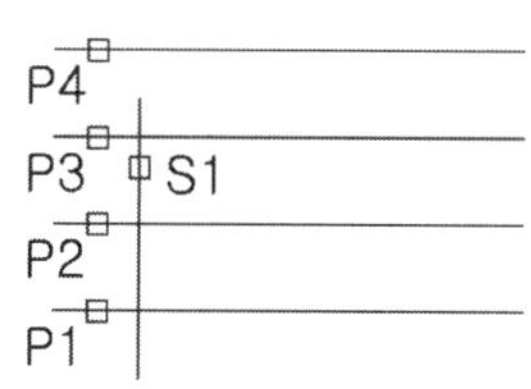

[명령 적용전]

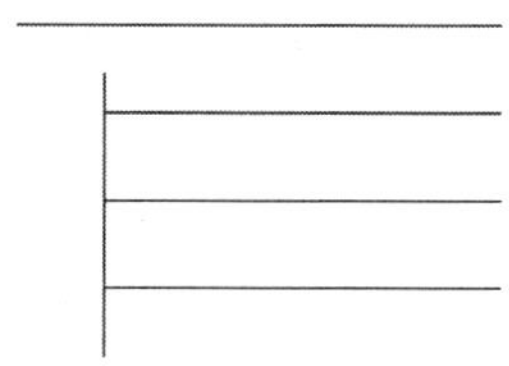

[명령 적용후]

- ▸ 자를 객체 선택 또는 [Shift] 키를 누른 채 선택하여 연장 또는 [울타리(F)/걸치기(C)/프로젝트(P)/모서리(E)/지우기(R)/명령 취소(U)] : **P1, P2, P3, P4를 차례대로 선택**
  ➔ *잘려질 부분 선택*
- ▸ 자를 객체 선택 또는 [Shift] 키를 누른 채 선택하여 연장 또는 [울타리(F)/걸치기(C)/프로젝트(P)/모서리(E)/지우기(R)/명령 취소(U)] : [Enter↵] ➔ *명령종료*

(3) 모서리 옵션이 '연장'으로 설정된 경우 따라하기

오른쪽 그림에서 '명령 적용전'의 도면을 임의의 크기로 그린 후 따라한다.

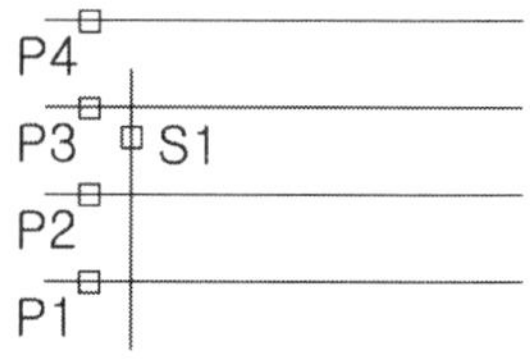

[명령 적용 전]

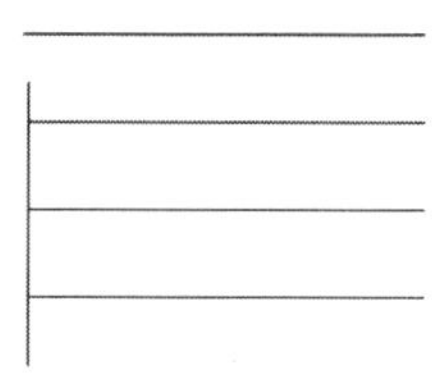

[명령 적용 후]

- ▸ 명령 : trim [Enter↵] (혹은 tr [Enter↵])
- ▸ 현재 설정 : 투영=UCS, **모서리=연장**
- ▸ 절단 모서리 선택 ...
- ▸ 객체 선택 또는 〈모두 선택〉 : **S1객체 선택** ➔ *경계선 선택*
- ▸ 객체 선택 : [Enter↵] ➔ *경계선 선택 종료*
- ▸ 자를 객체 선택 또는 [Shift] 키를 누른 채 선택하여 연장 또는 [울타리(F)/걸치기(C)/프로젝트(P)/모서리(E)/지우기(R)/명령 취소(U)] : e [Enter↵]
- ▸ 모서리 연장 모드 입력 [연장(E)/연장 안함(N)] 〈연장 안함〉 : e [Enter↵]
- ▸ 자를 객체 선택 또는 [Shift] 키를 누른 채 선택하여 연장 또는 [울타리(F)/걸치기(C)/프로젝트(P)/모서리(E)/지우기(R)/명령 취소(U)] : **P1, P2, P3, P4를 차례대로 선택** ➔ *잘려질 부분 선택*
- ▸ 자를 객체 선택 또는 [Shift] 키를 누른 채 선택하여 연장 또는 [울타리(F)/걸치기(C)/프로젝트(P)/모서리(E)/지우기(R)/명령 취소(U)] : [Enter↵] ➔ *명령 종료*

> **확인**
>
> **자르기 명령을 실행할 수 있는 기능**
>
> ① 객체 자르기
> ② 객체 지우기 : 지우기(R) 옵션 사용시 객체 지우기 적용됨.
> ③ 객체 연장하기 : [Shift] 를 누른 채 자릴 객체 선택하면 객체가 연장됨.

2. 객체 연장하기 : extend (ex)

- 필요한 길이보다 짧게 그려진 객체를 연장시켜 원하는 길이로 맞추는 명령
- 연장하고자 하는 방향의 선 끝점쪽을 선택해야 하며, 경계선까지 선이 연장 됨.
- 연장 명령 실행중에 [Shift] 키를 누른 채 객체를 선택하면 객체 자르기 명령이 적용 됨.

2.1 객체 연장하기 명령

명령줄 사용 : extend [Enter↵] (단축 명령 : ex)
리본메뉴 사용 : 홈 탭 ▶ 수정 패널 ▶
주메뉴 사용 : 수정(M) ▶ 연장(D)
도구막대 사용 : 수정 도구막대 ▶

2.2 객체 연장하기 옵션

► 명령 : extend [Enter↵] (혹은 ex [Enter↵])
► 현재 설정 : 투영 = UCS, 모서리 = 없음
► 경계 모서리 선택 ...
► 객체 선택 또는 〈모두 선택〉 :
► 연장할 객체 선택 또는 [Shift] 키를 누른 채 선택하여 자르기 또는 [울타리(F)/걸치기(C)/프로젝트(P)/모서리(E)/명령 취소(U)] :

옵 션	내 용
객체 선택	경계선을 선택(객체 선택없이 [Enter↵] 선택시 모든 객체가 경계선으로 선택)
연장할 객체 선택	연장할 객체 선택([Enter↵] 키를 누른 채 연장할 객체 선택 시 자르기 명령 적용됨)
울타리(F)	연장될 객체 선택 시 울타리 객체 선택 방법 적용
걸치기(C)	연장될 객체 선택 시 점선 사각 선택 방법 적용
프로젝트(P)	도면 요소를 연장할 때 투영 모드를 사용할 것인가 결정(3D 작업시 사용)
없음(N)	경계선과 교차하는 객체만을 연장
UCS(U)	지정된 경계선이 현 UCS의 평면에 투영되는 위치를 사용하여 객체 연장
뷰(V)	현재의 뷰 방향에 투영되는 위치를 사용하여 선택객체 연장
모서리(E)	선택된 경계선의 속성 설정(130쪽 명령 따라하기 참고)
연장(E)	선택된 경계요소 연장(경계선과 직접 만나지 않아도 연장됨)
연장 안함(N)	선택된 경계요소 연장하지 않음(경계선과 만나는 선만 연장됨)
명령취소(U)	바로 전에 절단하였던 것을 취소

2.3 객체 연장하기 명령 따라하기

객체 연장하기 명령의 실행 과정에 대한 이해

명령실행 (extend) ➡ 경계선 선택 ➡ [Enter↵] ➡ 연장할 객체 선택 ➡ [Enter↵]

(1) 가장 일반적인 사용법 따라하기

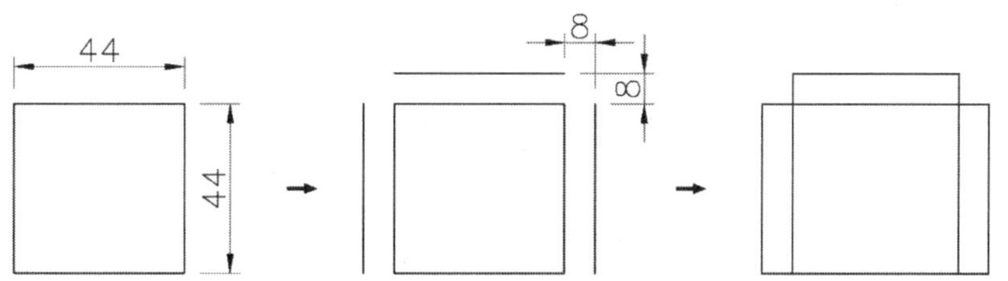

① 오른쪽 그림과 같이 사각형을 먼저 그린다.

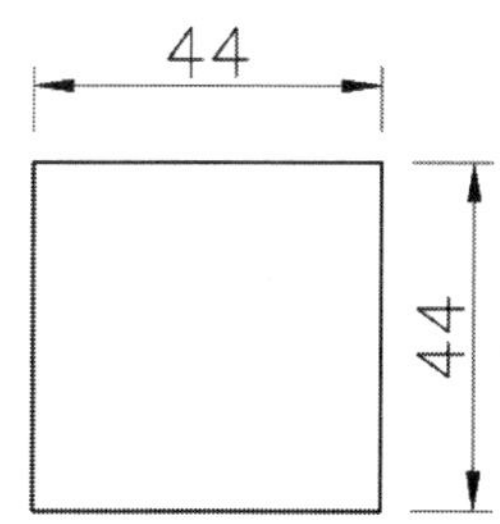

► 사용명령 : line (l)
► 첫 번째 점 지정 : 마우스로 임의의 위치점 지정
► 다음 점 지정 또는 [명령 취소(U)] : 44 [Enter↵] ➔ *직교기능(F8) 이용한다.*
► 다음 점 지정 또는 [명령 취소(U)] : 44 [Enter↵]
► 다음 점 지정 또는 [닫기(C)/명령 취소(U)] : 44 [Enter↵]
► 다음 점 지정 또는 [닫기(C)/명령 취소(U)] : c [Enter↵]

② 간격띄우기 명령을 적용한다.

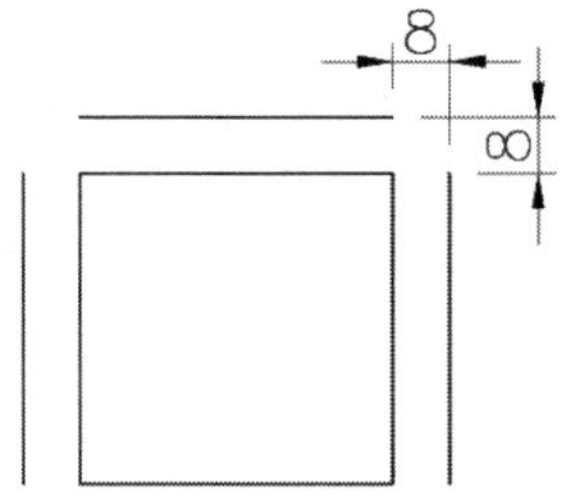

- ► 사용명령 : offset (o)
- ► 현재 설정 : 원본 지우기 = 아니오, 도면층 = 원본, OFFSETGAPTYPE = 0
- ► 간격띄우기 거리 지정 또는 [통과점(T)/지우기(E)/도면층(L)] 〈105.0000〉 : 8 Enter↵
- ► 간격띄우기할 객체 선택 또는 [종료(E)/명령 취소(U)] 〈종료〉 : **S1 객체 선택**
- ► 간격띄우기할 면의 점 지정 또는 [종료(E)/다중(M)/명령 취소(U)] 〈종료〉 : **P1 위치점 지정**
- ► 간격띄우기할 객체 선택 또는 [종료(E)/명령 취소(U)] 〈종료〉 : **S2 객체 선택**
- ► 간격띄우기할 면의 점 지정 또는 [종료(E)/다중(M)/명령 취소(U)] 〈종료〉 : **P2 위치점 지정**
- ► 간격띄우기할 객체 선택 또는 [종료(E)/명령 취소(U)] 〈종료〉 : **S3 객체 선택**
- ► 간격띄우기할 면의 점 지정 또는 [종료(E)/다중(M)/명령 취소(U)] 〈종료〉 : **P3 위치점 지정**
- ► 간격띄우기할 객체 선택 또는 [종료(E)/명령 취소(U)] 〈종료〉 : Enter↵

③ 연장명령을 적용해 도면을 완성한다.

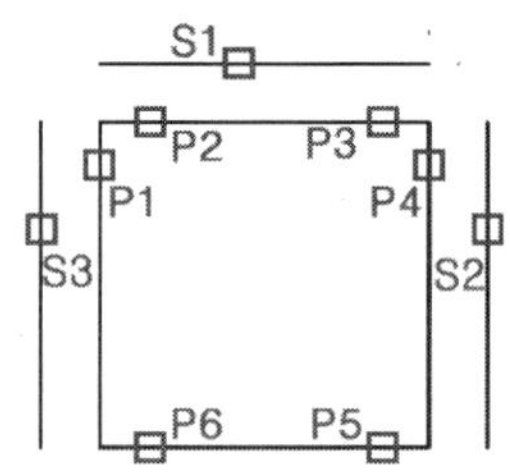

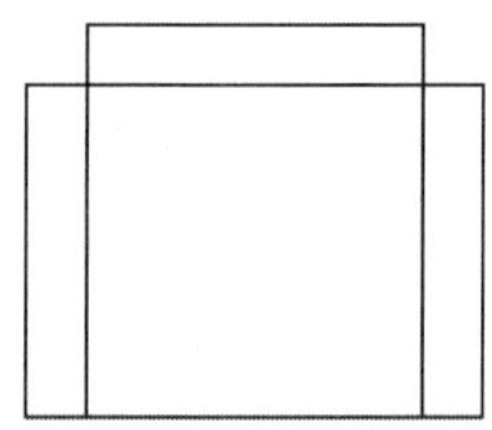

- ► 명령 : extend Enter↵ (혹은 ex Enter↵)
- ► 현재 설정 : 투영 = UCS, 모서리 = 없음
- ► 경계 모서리 선택 ...
- ► 객체 선택 또는 〈모두 선택〉 : **S1, S2, S3 객체 선택** ➔ *경계선 선택*
- ► 객체 선택 : Enter↵ ➔ *경계선 선택 종료*
- ► 연장할 객체 선택 또는 Shift 키를 누른 채 선택하여 자르기 또는 [울타리(F)/걸치기(C)/프로젝트(P)/모서리(E)/명령 취소(U)] : **P1~P6 객체 선택** ➔ *연장할 객체 선택*
- ► 연장할 객체 선택 또는 Shift 키를 누른 채 선택하여 자르기 또는 [울타리(F)/걸치기(C)/프로젝트(P)/모서리(E)/명령 취소(U)] : Enter↵ ➔ *명령 종료*

(2) 모서리 옵션이 연장 안함으로 설정된 경우 따라하기

오른쪽 그림에서 '명령 적용전'의 도면을 임의의 크기로 그린 후 따라한다.

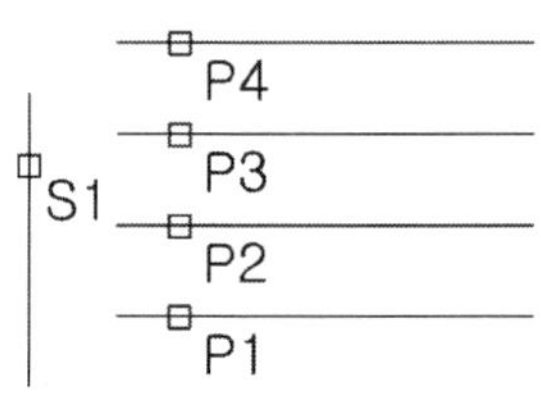

[명령 적용전]

- ► 명령 : extend Enter↵ (혹은 ex Enter↵)
- ► 현재 설정 : 투영 = UCS, **모서리 = 없음**
- ► 경계 모서리 선택 ...
- ► 객체 선택 또는 〈모두 선택〉 : **S1개 선택** ➔ *경계선 선택*
- ► 객체 선택 : Enter↵ ➔ *경계선 선택 종료*
- ► 연장할 객체 선택 또는 Shift 키를 누른 채 선택하여 자르기 또는 [울타리(F)/걸치기(C)/프로젝트(P)/모서리(E)/명령 취소(U)] : e Enter↵
- ► 모서리 연장 모드 입력 [연장(E)/연장 안함(N)] 〈연장 안함〉 : n Enter↵
- ► 연장할 객체 선택 또는 Shift 키를 누른 채 선택하여 자르기 또는 [울타리(F)/걸치기(C)/프로젝트(P)/모서리(E)/명령 취소(U)] : **P1~P4 선택** ➔ *연장할 객체 선택*
- ► 연장할 객체 선택 또는 Shift 키를 누른 채 선택하여 자르기 또는 [울타리(F)/걸치기(C)/프로젝트(P)/모서리(E)/명령 취소(U)] : Enter↵ ➔ *명령 종료*

[명령 적용후]

(3) 모서리 옵션이 연장으로 설정된 경우 따라하기

오른쪽 그림의 '명령 적용전'의 도면을 임의의 크기로 그린 후 따라한다.

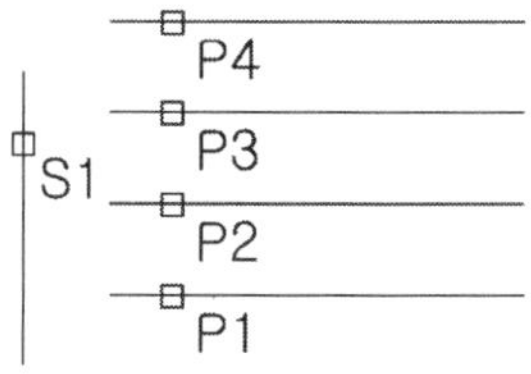

[명령 적용전]

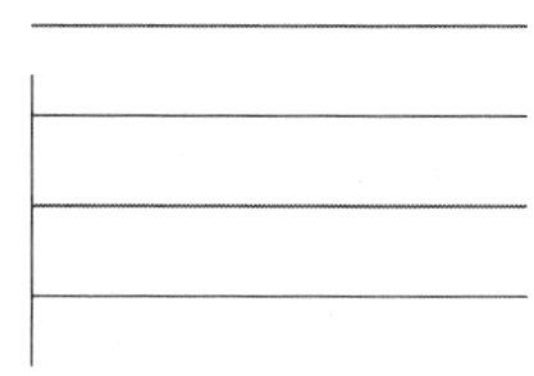
[명령 적용후]

- ► 명령 : extend [Enter↵] (혹은 ex [Enter↵])
- ► 현재 설정 : 투영=UCS, **모서리=연장**
- ► 경계 모서리 선택 ...
- ► 객체 선택 또는 〈모두 선택〉 : **S1개 선택** ➔ *경계선 선택*
- ► 객체 선택 : [Enter↵] ➔ *경계선 선택 종료*
- ► 연장할 객체 선택 또는 [Shift] 키를 누른 채 선택하여 자르기 또는 [울타리(F)/걸치기(C)/프로젝트(P)/모서리(E)/명령 취소(U)] : **e** [Enter↵]
- ► 모서리 연장 모드 입력 [연장(E)/연장 안함(N)] 〈연장 안함〉 : **e** [Enter↵]
- ► 연장할 객체 선택 또는 [Shift] 키를 누른 채 선택하여 자르기 또는 [울타리(F)/걸치기(C)/프로젝트(P)/모서리(E)/명령 취소(U)] : **P1~P4 선택**
- ► 연장할 객체 선택 또는 [Shift] 키를 누른 채 선택하여 자르기 또는 [울타리(F)/걸치기(C)/프로젝트(P)/모서리(E)/명령 취소(U)] : [Enter↵] ➔ *명령 종료*

3. 객체 길이 조정하기 : lengthen (len)

- 변경하고자 하는 길이값을 알고 있을 경우 그 길이값 만큼 객체를 늘리거나 줄여주는 명령
- 단, 닫혀진 객체는 길이 조정 명령이 적용 안 됨(원, 타원 등).

3.1 객체 길이 조정하기 명령

명령줄 : lengthen (단축 명령 : len)
리본메뉴 사용 : 홈 탭 ▶ 수정 패널 ▶
주메뉴 : 수정(M) ▶ 길이조정(G)
도구막대 사용 : 수정 도구막대 ▶ (명령 아이콘 추가해야 함)

3.2 객체 길이 조정하기 옵션

- ► 명령 : lengthen [Enter↵] (혹은 len)
- ► 객체 선택 또는 [증분(DE)/퍼센트(P)/전체(T)/동적(DY)] :

옵 션	내 용
객체 선택	길이를 변경하고자 하는 객체 선택(객체선택 이전에 옵션을 통해 변경값 먼저 입력)
증분(DE)	선택된 곳에서 가까운 끝점에서부터 설정된 길이, 각도만큼 늘어나거나 주어듦.
증분길이	추가로 늘리거나 줄이고자 하는 길이값 입력
각도(A)	추가로 늘리거나 줄이고자 하는 각도값 입력
퍼센트(P)	백분율로 선택한 객체의 길이(각도)를 조정
퍼센트 길이	변경할 객체의 변경할 백분율값 입력(예 : 현재 길이의 2배 적용시 → 200%입력)
전체(T)	선택한 대상의 길이(각도)를 절대길이(각도)로 조정(전체 길이를 새로 적용함.)
전체 길이	변경할 객체의 전체 길이값 입력
각도(A)	변경할 객체의 전체 각도값 입력
동적(DY)	Drag Mode를 사용하여 선택 대상을 조정(마우스로 임의의 길이 조정)

3.3 객체 길이 조정 명령 따라하기

(1) 객체 길이 조정 명령 기본 옵션 따라하기

① 현재 길이에서 추가로 길이 늘리기(가장 많이 사용)

크기가 100인 수평선을 먼저 그려놓고 따라한다.

- ▶ 명령 : lengthen [Enter↵] (혹은 len [Enter↵])
- ▶ 객체 선택 또는 [증분(DE)/퍼센트(P)/전체(T)/동적(DY)] : de [Enter↵]
- ▶ 증분 길이 또는 [각도(A)] 입력 〈0.0000〉 : 30 [Enter↵]
- ▶ 변경할 객체 선택 또는 [명령 취소(U)] : S1점 위치에서 객체 선택
- ▶ 변경할 객체 선택 또는 [명령 취소(U)] : [Enter↵]

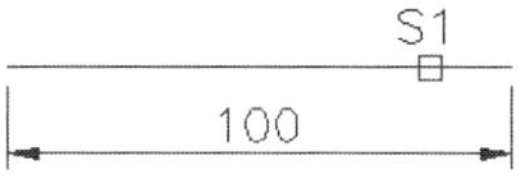

명령적용 전

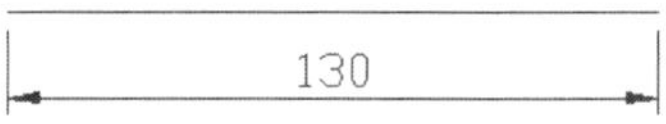

명령적용 후

확인

객체 선택시 선택한 위치점의 가까운 끝점으로부터 지정된 증분값만큼 길이가 변경된다.

① S1 위치 선택시 : D1 방향으로 길이가 늘어나거나 줄어듦.
② S2 위치 선택시 : D2 방향으로 길이가 늘어나거나 줄어듦.

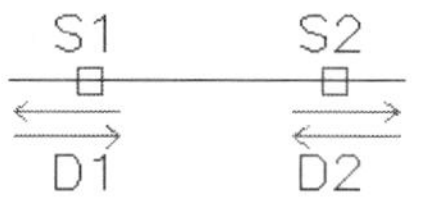

② 현재 각도에서 추가로 각도 늘리기

각도가 60인 호를 먼저 그려놓고 따라한다.

- ▶ 명령 : lengthen [Enter↵] (혹은 len [Enter↵])
- ▶ 객체 선택 또는 [증분(DE)/퍼센트(P)/전체(T)/동적(DY)] : de [Enter↵]
- ▶ 증분 길이 또는 [각도(A)] 입력 〈30.0000〉 : a [Enter↵]
- ▶ 증분 각도 입력 〈0〉 : 30 [Enter↵]
- ▶ 변경할 객체 선택 또는 [명령 취소(U)] : P1점 위치에서 객체 선택
- ▶ 변경할 객체 선택 또는 [명령 취소(U)] : [Enter↵]

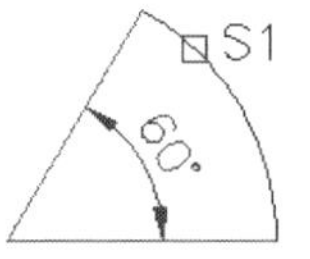

명령적용 전

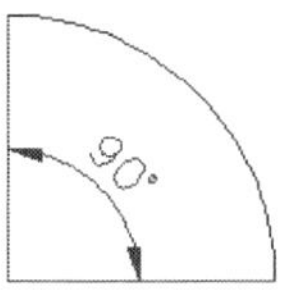

명령적용 후

③ 현재 길이를 30%만큼만 늘리기(100% → 130% 변경)

크기가 100인 수평선을 먼저 그려놓고 따라한다.

- ▶ 명령 : lengthen [Enter↵] (혹은 len [Enter↵])
- ▶ 객체 선택 또는 [증분(DE)/퍼센트(P)/전체(T)/동적(DY)] : p [Enter↵]
- ▶ 퍼센트 길이 입력 〈30.0000〉 : 130 [Enter↵]
- ▶ 변경할 객체 선택 또는 [명령 취소(U)] : P1점 위치에서 객체 선택
- ▶ 변경할 객체 선택 또는 [명령 취소(U)] : [Enter↵]

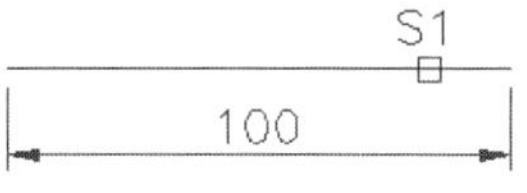

명령적용 전

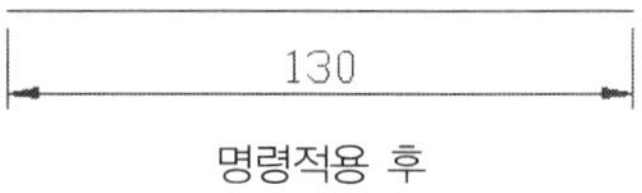

명령적용 후

④ 현재 길이에 새로운 크기값 적용하기

임의의 크기로 수평선을 먼저 그려놓고 따라한다.

- ▶ 명령 : lengthen [Enter↵] (혹은 len [Enter↵])
- ▶ 객체 선택 또는 [증분(DE)/퍼센트(P)/전체(T)/동적(DY)] : t [Enter↵]
- ▶ 전체 길이 지정 또는 [각도(A)] 〈1.0000)〉 : 130 [Enter↵]
- ▶ 변경할 객체 선택 또는 [명령 취소(U)] : P1점 위치에서 객체 선택
- ▶ 변경할 객체 선택 또는 [명령 취소(U)] : [Enter↵]

명령적용 전 (임의의 크기)

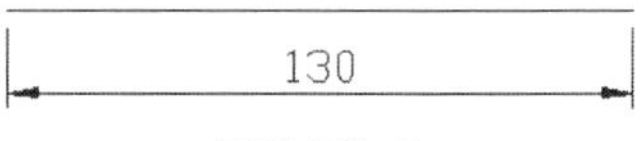

명령적용 후

⑤ 현재 길이를 마우스를 이용해 임의로 길이 늘리기

임의의 크기로 경사진 선을 먼저 그려놓고 따라한다.

- ► 명령 : lengthen [Enter↵] (혹은 len [Enter↵])
- ► 객체 선택 또는 [증분(DE)/퍼센트(P)/전체(T)/동적(DY)] : dy [Enter↵]
- ► 변경할 객체 선택 또는 [명령 취소(U)] : S1점 위치에서 객체 선택
- ► 새 끝점을 지정 : P1점 지정 ➔ *마우스로 P1점 지정*

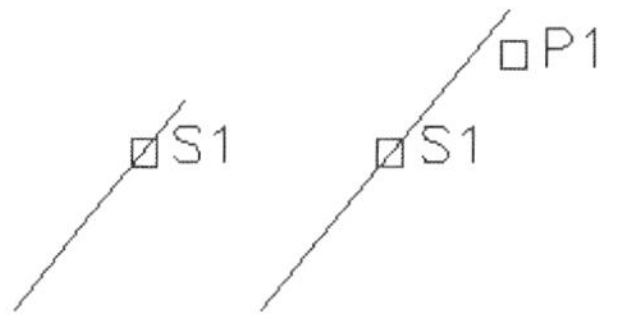

[명령적용 전] [명령적용 후]

(2) 길이 조정 명령의 실무 활용

① 먼저 오른쪽 그림과 같이 원과 선을 그린다.

- ► 사용명령 : circle (c), line (l)

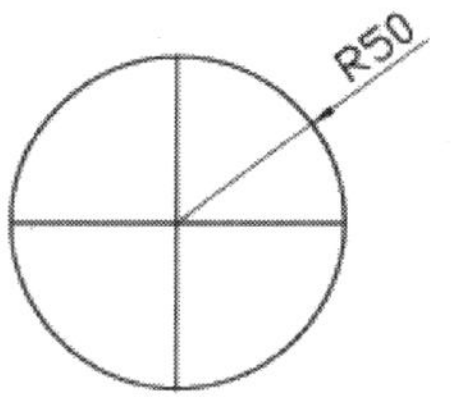

② 길이 조정 명령을 이용해 원의 중심선 길이를 '10' 늘린다.

- ► 명령 : lengthen [Enter↵] (혹은 len [Enter↵])
- ► 객체 선택 또는 [증분(DE)/퍼센트(P)/전체(T)/동적(DY)] : de [Enter↵]
- ► 증분 길이 또는 [각도(A)] 입력 〈0.0000〉 : 10 [Enter↵]
- ► 변경할 객체 선택 또는 [명령 취소(U)] : S1점 위치에서 객체 선택
- ► 변경할 객체 선택 또는 [명령 취소(U)] : [Enter↵]

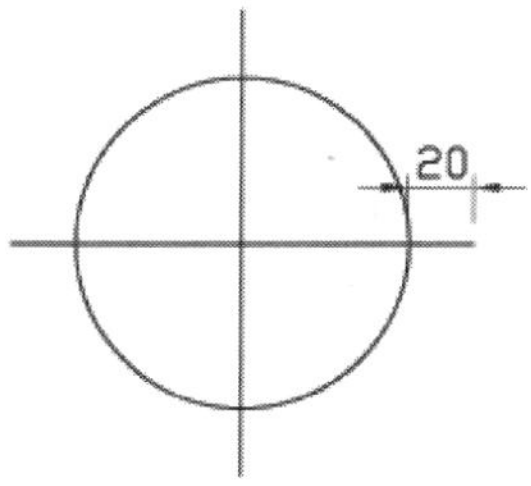

4. 마우스로 수평선, 수직선 길이 늘리고 줄이기 : grip 이용

- GRIP : 명령을 실행하지 않고 객체를 선택했을 때 표시되는 사각점
- 직교기능과 같이 사용해 수평선과 수직선 길이를 늘리거나 줄일 때 많이 사용한다.
- GRIP를 이용해 실행할 수 있는 명령 : 신축, 이동, 회전, 축척, 대칭→GRIP 선택 후 [Shift] 키를 선택하거나 마우스 오른쪽 버튼을 선택해 바로가기 메뉴를 사용한다.

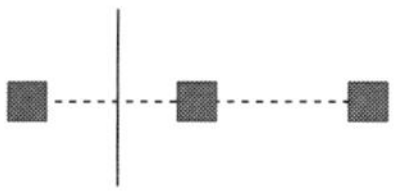

4.1 GRIP 설정

- ► 명령 : option [Enter↵] (혹은 op [Enter↵])
  - ■ **그립크기** : 그립 크기 설정
  - ■ **그립색상** : 그립 색상 설정
  - ■ **그립표시** : 그립표시 여부 설정

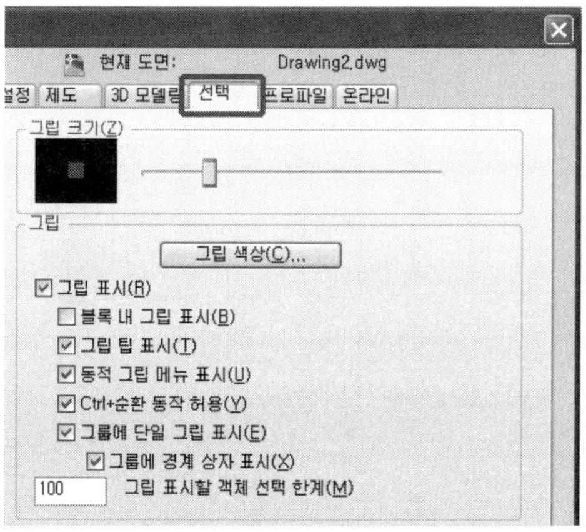

4.2 GRIP을 이용한 선 길이 조절 따라하기

① 먼저 오른쪽 그림과 같이 도면을 그린다.
Line 명령으로 임의의 크기인 수평선과 수직선을 그린다.

② 수편선을 선택한다.

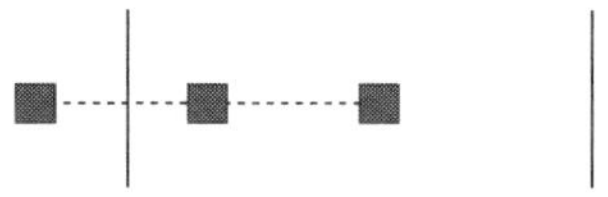

③ 표시된 Grip 중에 한 개의 Grip을 다시 선택한다.

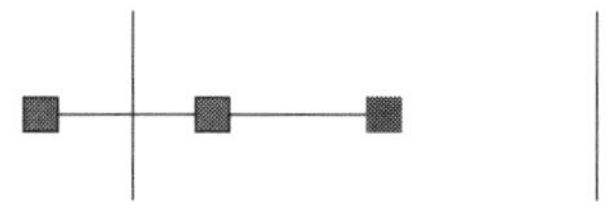

④ 직교모드를 적용한다(F8 를 선택해 직교모드 기능을 켬).

⑤ 원하는 위치만큼 마우스로 끌기한 후 P1위치점에서 마우스 왼쪽 버튼을 클릭한다.

⑥ 명령을 종료하기 위해 키보드 Esc 키를 눌러준다.

기본 객체 가공 명령 따라하기

1. 개수대 그리기

다음 도면을 따라 그린다.

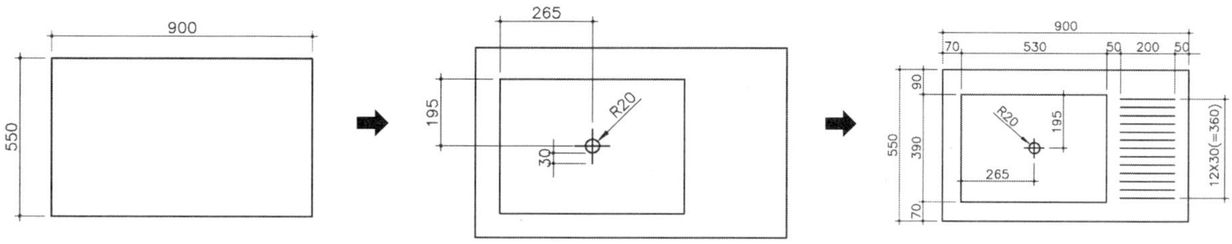

1.1 먼저 개수대를 그릴 도면 작업 영역을 설정한다.

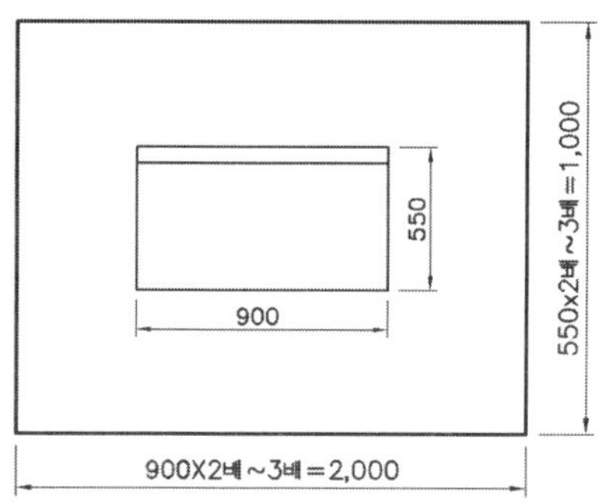

- 명령 : limits Enter↵ (혹은 형식메뉴 → 도면한계)
- 모형 공간 한계 재설정 :
- 왼쪽 아래 구석 지정 또는 [켜기(ON)/끄기(OFF)] 〈0.00,0.00〉 : 0,0 Enter↵
- 오른쪽 위 구석 지정 〈3000.00,3000.00〉 : 2000,1000 Enter↵
- 명령 : zoom Enter↵ (혹은 z Enter↵)
- 윈도우 구석을 지정, 축척 비율 (nX 또는 nXP)을 입력, 또는 [전체(A)/중심(C)/동적(D)/범위(E)/이전(P)/축척(S)/윈도우(W)/객체(O)] 〈실시간〉 : a Enter↵

1.2 개수대를 그린다.

(1) 전체 크기를 나타내는 사각형을 그린다.

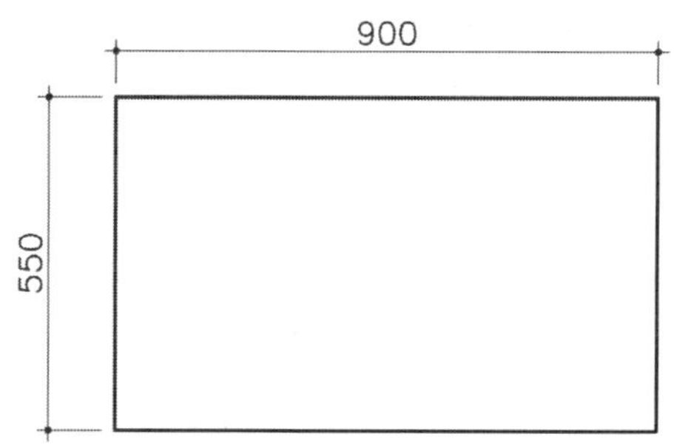

- 명령 : line Enter↵ (혹은 l Enter↵)
- 첫 번째 점 지정 : **마우스로 임의의 위치점 지정**
- 다음 점 지정 또는 [명령 취소(U)] : 〈직교 켜기〉 900 Enter↵

  → *직교 기능(F8)을 이용한다.*
- 다음 점 지정 또는 [명령 취소(U)] : 550 Enter↵
- 다음 점 지정 또는 [닫기(C)/명령 취소(U)] : 900 Enter↵
- 다음 점 지정 또는 [닫기(C)/명령 취소(U)] : c Enter↵

(2) 물을 담아 둘 수 있는 부분의 사각형과 구멍(원)을 그린다.

① 사각형을 그리기위해 간격띄우기를 적용한다.

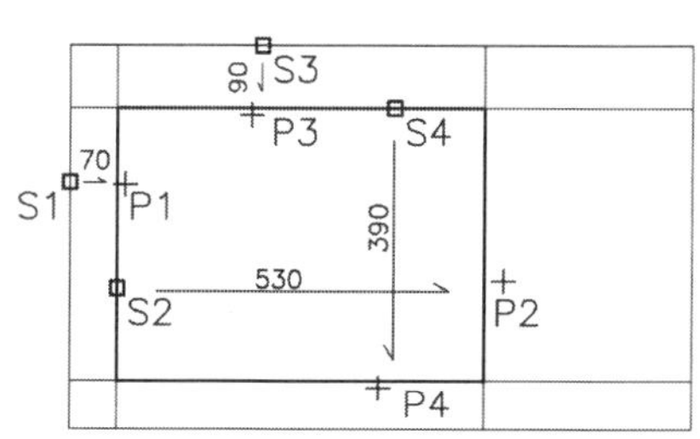

- 명령 : offset Enter↵ (혹은 o Enter↵)
- 현재 설정 : 원본 지우기=아니오, 도면층=원본, OFFSETGAPTYPE =0
- 간격띄우기 거리 지정 또는 [통과점(T)/지우기(E)/도면층(L)] 〈8.0000〉 : 70 Enter↵
- 간격띄우기할 객체 선택 또는 [종료(E)/명령 취소(U)] 〈종료〉 : **간격띄우기할 S1 객체 선택**

► 간격띄우기할 면의 점 지정 또는 [종료(E)/다중(M)/명령 취소(U)]〈종료〉 : **간격띄울 방향(P1)점 지정**
► 간격띄우기할 객체 선택 또는 [종료(E)/명령 취소(U)] 〈종료〉 : Enter↵
다른 선도 동일한 방법으로 간격을 띄운다.

② 자르기 명령을 실행해 간격띄우기한 선의 필요없는 부분을 자른다.

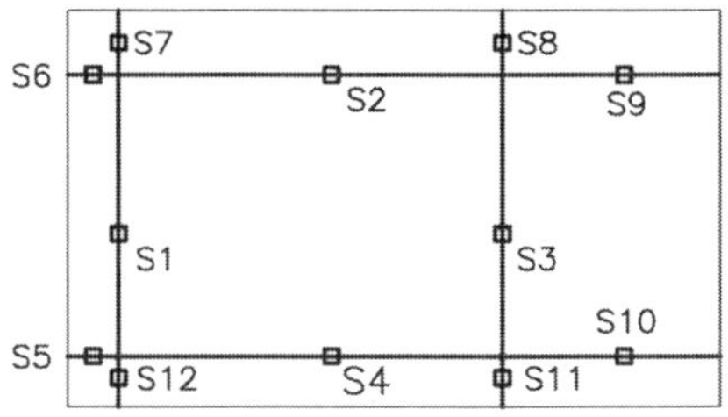

► 명령 : trim Enter↵ (혹은 tr Enter↵)
► 현재 설정 : 투영 = UCS, 모서리 = 없음
► 절단 모서리 선택 ...
► 객체 선택 또는 〈모두 선택〉 : **경계선 S1 객체 선택**
► 객체 선택 : **경계선 S2 객체 선택**
► 객체 선택 : **경계선 S3 객체 선택**
► 객체 선택 : **경계선 S4 객체 선택**
► 객체 선택 : Enter↵
► 자를 객체 선택 또는 Shift 키를 누른 채 선택하여 연장 또는 [울타리(F)/걸치기(C)/프로젝트(P)/모서리(E)/지우기(R)/명령 취소(U)] : **잘려질 부분 S5 위치에서 객체 선택**
► 자를 객체 선택 또는 Shift 키를 누른 채 선택하여 연장 또는 [울타리(F)/걸치기(C)/프로젝트(P)/모서리(E)/지우기(R)/명령 취소(U)] : **잘려질 부분 S6 위치에서 객체 선택**
► 자를 객체 선택 또는 Shift 키를 누른 채 선택하여 연장 또는 [울타리(F)/걸치기(C)/프로젝트(P)/모서리(E)/지우기(R)/명령 취소(U)] : **잘려질 부분 S7 위치에서 객체 선택**
► 자를 객체 선택 또는 Shift 키를 누른 채 선택하여 연장 또는 [울타리(F)/걸치기(C)/프로젝트(P)/모서리(E)/지우기(R)/명령 취소(U)] : **잘려질 부분 S8 위치에서 객체 선택**
► 자를 객체 선택 또는 Shift 키를 누른 채 선택하여 연장 또는 [울타리(F)/걸치기(C)/프로젝트(P)/모서리(E)/지우기(R)/명령 취소(U)] : **잘려질 부분 S9 위치에서 객체 선택**
► 자를 객체 선택 또는 Shift 키를 누른 채 선택하여 연장 또는 [울타리(F)/걸치기(C)/프로젝트(P)/모서리(E)/지우기(R)/명령 취소(U)] : **잘려질 부분 S10 위치에서 객체 선택**
► 자를 객체 선택 또는 Shift 키를 누른 채 선택하여 연장 또는 [울타리(F)/걸치기(C)/프로젝트(P)/모서리(E)/지우기(R)/명령 취소(U)] : **잘려질 부분 S11 위치에서 객체 선택**
► 자를 객체 선택 또는 Shift 키를 누른 채 선택하여 연장 또는 [울타리(F)/걸치기(C)/프로젝트(P)/모서리(E)/지우기(R)/명령 취소(U)] : **잘려질 부분 S12 위치에서 객체 선택**
► 자를 객체 선택 또는 Shift 키를 누른 채 선택하여 연장 또는 [울타리(F)/걸치기(C)/프로젝트(P)/모서리(E)/지우기(R)/명령 취소(U)] : Enter↵

③ 개수 구멍의 위치를 찾아 원을 그린다.

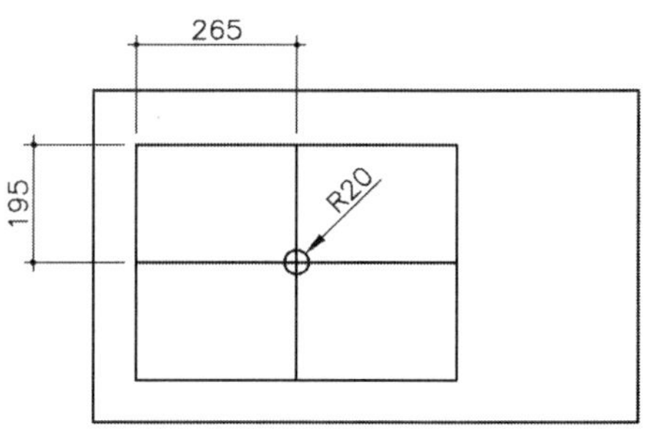

► 사용명령 : offset (o) → *원의 중심점 위치를 찾는다.*
► 사용명령 : circle (C)

④ 원의 중심선 길이를 조절한다.

먼저, 오른쪽 그림과 같이 원 크기에 맞게 중심선을 자른다.

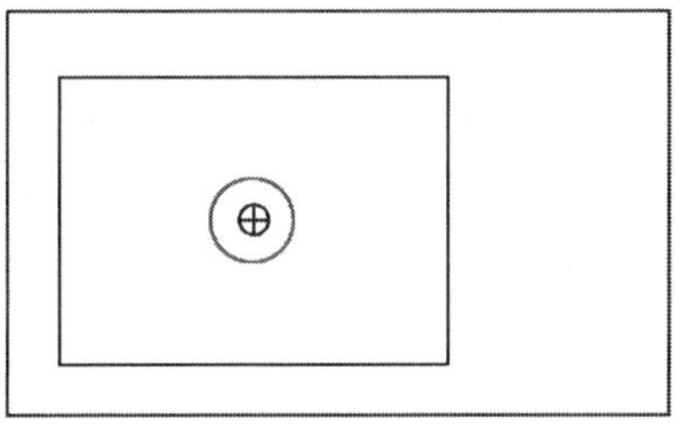

► 명령 : trim [Enter↵] (혹은 tr [Enter↵])
► 현재 설정 : 투영 = UCS, 모서리 = 없음
► 절단 모서리 선택 ...
► 객체 선택 또는 〈모두 선택〉 : **경계선 객체(원) 선택**
► 객체 선택 : [Enter↵]
► 자를 객체 선택 또는 [Shift] 키를 누른 채 선택하여 연장 또는 [울타리(F)/걸치기(C)/프로젝트(P)/모서리(E)/지우기(R)/명령 취소(U)] : **잘려질 부분(원 외부선) 객체 선택**
► 자를 객체 선택 또는 [Shift] 키를 누른 채 선택하여 연장 또는 [울타리(F)/걸치기(C)/프로젝트(P)/모서리(E)/지우기(R)/명령 취소(U)] : **잘려질 부분(원 외부선) 객체 선택**
► 자를 객체 선택 또는 [Shift] 키를 누른 채 선택하여 연장 또는 [울타리(F)/걸치기(C)/프로젝트(P)/모서리(E)/지우기(R)/명령 취소(U)] : **잘려질 부분(원 외부선) 객체 선택**
► 자를 객체 선택 또는 [Shift] 키를 누른 채 선택하여 연장 또는 [울타리(F)/걸치기(C)/프로젝트(P)/모서리(E)/지우기(R)/명령 취소(U)] : **잘려질 부분(원 외부선) 객체 선택**
► 자를 객체 선택 또는 [Shift] 키를 누른 채 선택하여 연장 또는 [울타리(F)/걸치기(C)/프로젝트(P)/모서리(E)/지우기(R)/명령 취소(U)] : [Enter↵]

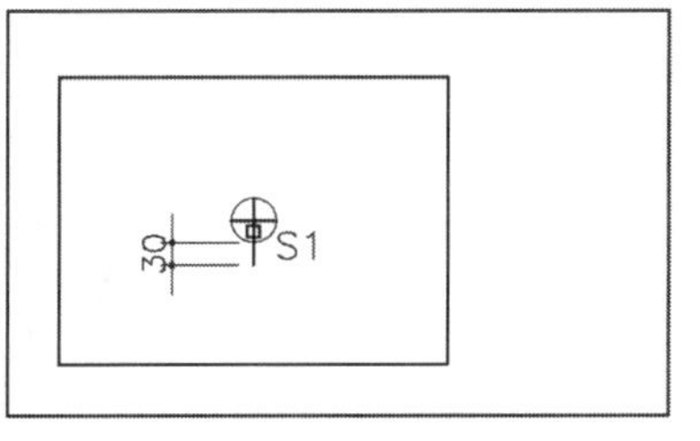

► 명령 : lengthen [Enter↵] (혹은 len [Enter↵])
► 객체 선택 또는[증분(DE)/퍼센트(P)/합계(T)/동적(DY)] : de [Enter↵]
► 증분 길이 또는 [각도(A)] 입력 〈20.0000〉 : 30 [Enter↵]
► 변경할 객체 선택 또는 [명령 취소(U)] : **길이를 늘리고자 하는 선을 마우스로 선택한다.**
► 변경할 객체 선택 또는 [명령 취소(U)] : [Enter↵]

동일한 방법으로 나머지부분도 선의 길이를 조절한다.

(3) 물건을 올려둘 수 있는 부분을 그린다.

① 기본선의 위치와 크기를 찾기위해 간격띄우기를 실행한다.

► 사용명령 : offset (o)

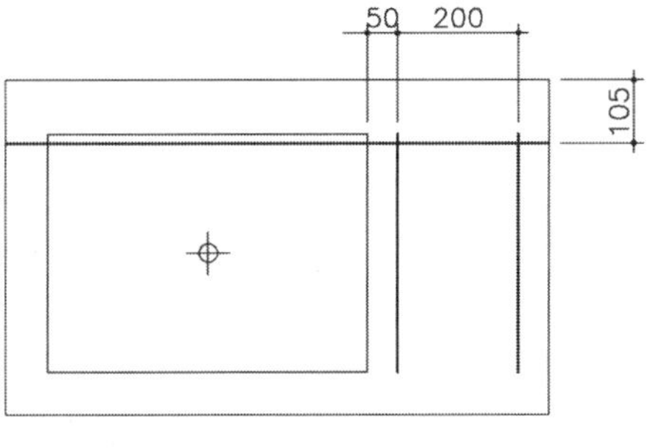

② 자르기 명령을 실행해 간격띄우기한 선을 자른다.

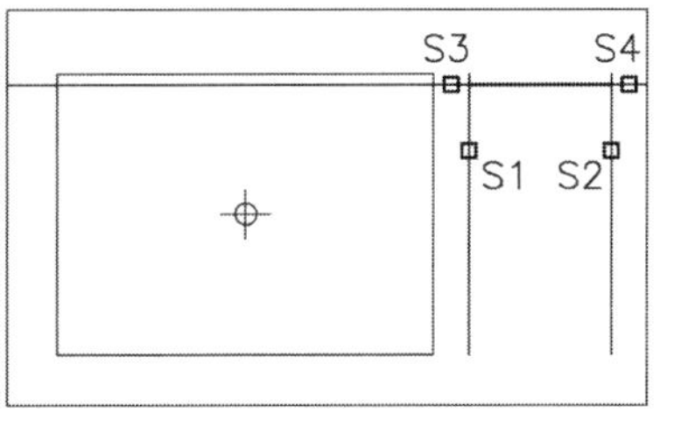

► 명령 : trim [Enter↵] (혹은 tr [Enter↵])
► 현재 설정 : 투영 = UCS, 모서리 = 없음
► 절단 모서리 선택 ...
► 객체 선택 또는 〈모두 선택〉 : **경계선 S1 객체 선택**
► 객체 선택 : **경계선 S2 객체 선택**

► 객체 선택 : Enter↵
► 자를 객체 선택 또는 Shift 키를 누른 채 선택하여 연장 또는 [울타리(F)/걸치기(C)/프로젝트(P)/모서리(E)/지우기(R)/명령 취소(U)] : **잘려질 부분 S3 위치에서 객체 선택**
► 자를 객체 선택 또는 Shift 키를 누른 채 선택하여 연장 또는 [울타리(F)/걸치기(C)/프로젝트(P)/모서리(E)/지우기(R)/명령 취소(U)] : **잘려질 부분 S4 위치에서 객체 선택**
► 자를 객체 선택 또는 Shift 키를 누른 채 선택하여 연장 또는 [울타리(F)/걸치기(C)/프로젝트(P)/모서리(E)/지우기(R)/명령 취소(U)] : Enter↵

③ 간격띄우기 명령을 실행해 30간격인 12개의 선을 그린다.
► 사용명령 : offset (o)

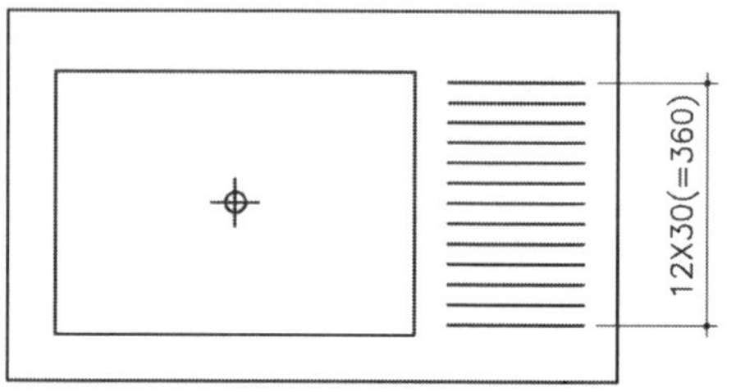

1.3 치수를 측정해 개수대 도면을 완성한다.

(1) 치수 유형을 설정한다.
► 명령 : ddim Enter↵ (혹은 d Enter↵)
► 아래 그림과 같이 치수 크기를 설정한다(**전체 축척 사용(S)값을 '8'로 설정한다**).

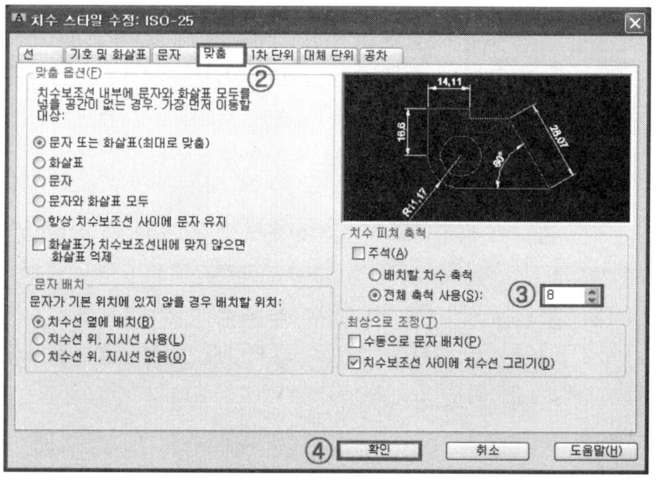

(2) 치수를 측정한다.
► 직선치수 측정 : dli Enter↵ (혹은 치수도구막대)
► 반지름치수 측정 : dra Enter↵ (혹은 치수도구막대)
► 치수문자 변경 : ddeidt Enter↵ (혹은 ed Enter↵)

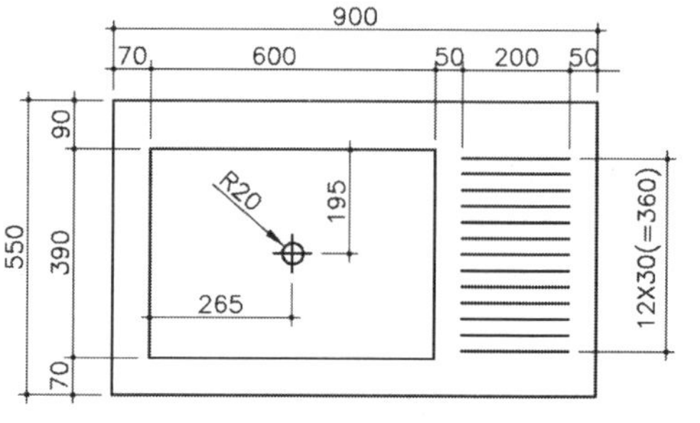

2. 문 그리기 따라하기

2.1 먼저 문을 그릴 도면 작업 영역을 설정한다.

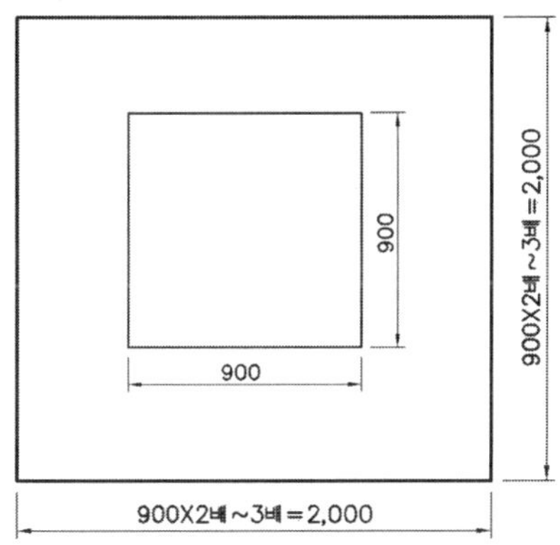

- ► 명령 : limits [Enter↵] (혹은 형식메뉴 → 도면한계)
- ► 모형 공간 한계 재설정 :
- ► 왼쪽 아래 구석 지정 또는 [켜기(ON)/끄기(OFF)] 〈0.00,0.00〉 : 0,0 [Enter↵]
- ► 오른쪽 위 구석 지정 〈3000.00,3000.00〉 : 2000,2000 [Enter↵]
- ► 명령 : zoom [Enter↵] (혹은 z [Enter↵])
- ► 윈도우 구석을 지정, 축척 비율 (nX 또는 nXP)을 입력, 또는 [전체(A)/중심(C)/동적(D)/범위(E)/이전(P)/축척(S)/윈도우(W)/객체(O)] 〈실시간〉 : a [Enter↵]

2.2 문을 그린다.

(1) 문틀 전체 크기를 나타내는 사각형을 그린다.

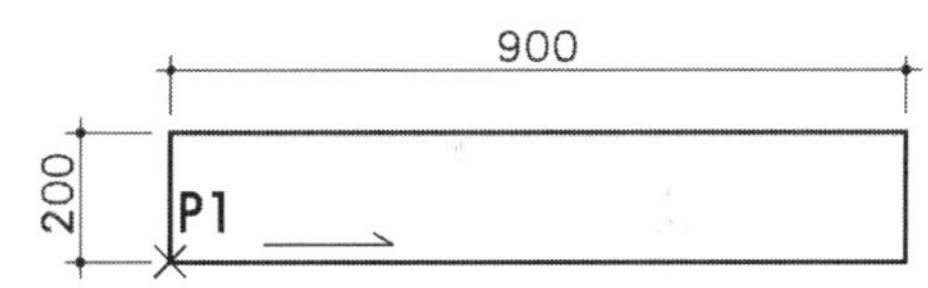

- ► 명령 : line [Enter↵] (혹은 l [Enter↵])
- ► 첫 번째 점 지정 : **마우스로 임의의 위치점(P1) 지정**
- ► 다음 점 지정 또는 [명령 취소(U)] : **〈직교 켜기〉 900** [Enter↵]
  - ➔ *직교기능(F8)을 이용한다.*
- ► 다음 점 지정 또는 [명령 취소(U)] : 200 [Enter↵]
- ► 다음 점 지정 또는 [닫기(C)/명령 취소(U)] : 900 [Enter↵]
- ► 다음 점 지정 또는 [닫기(C)/명령 취소(U)] : c [Enter↵]

(2) 사각형 양쪽에 문틀 단면을 그린다.

① 간격띄우기 명령을 이용해 문틀 단면의 크기선을 그린다.

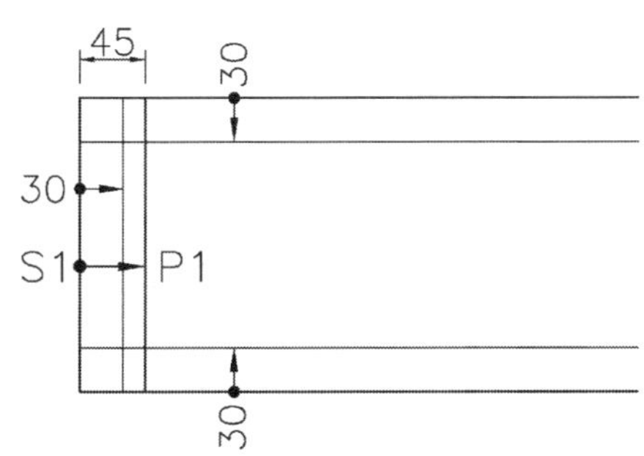

- ► 명령 : offset [Enter↵] (혹은 o [Enter↵])
- ► 현재설정 : 원본 지우기 = 아니오, 도면층 = 원본 OFFSETGAPTYPE = 0
- ► 간격띄우기 거리 지정 또는 [통과점(T)/지우기(E)/도면층(L)] 〈8.0000〉 : 45 [Enter↵]
- ► 간격띄우기할 객체 선택 또는 [종료(E)/명령 취소(U)] 〈종료〉 : **간격띄우기할 S1 객체 선택**
- ► 간격띄우기할 면의 점 지정 또는 [종료(E)/다중(M)/명령 취소(U)]〈종료〉 : **간격띄울 방향(P1)점 지정**
- ► 간격띄우기할 객체 선택 또는 [종료(E)/명령 취소(U)] 〈종료〉 : [Enter↵]

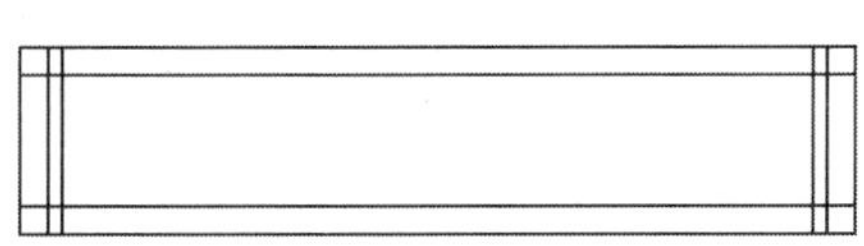
[간격띄우기 결과]

② 자르기 명령을 실행해 간격띄우기한 선의 필요없는 부분을 자른다.

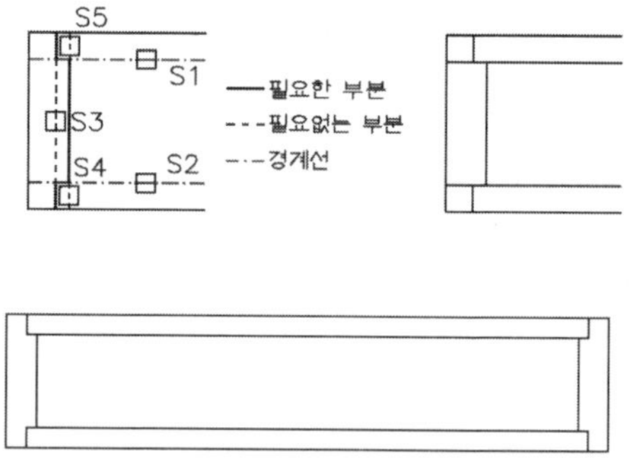

[자르기 적용 결과]

- 명령 : trim [Enter↵] (혹은 tr [Enter↵])
- 현재 설정 : 투영 = UCS, 모서리 = 없음
- 절단 모서리 선택 ...
- 객체 선택 또는 〈모두 선택〉 : **경계선 S1 객체 선택**
- 객체 선택 : **경계선 S2 객체 선택**
- 객체 선택 : [Enter↵]
- 자를 객체 선택 또는 [Shift] 키를 누른 채 선택하여 연장 또는 [울타리(F)/걸치기(C)/프로젝트(P)/모서리(E)/지우기(R)/명령 취소(U)] : **잘려질 부분 S3 위치에서 객체 선택**
- 자를 객체 선택 또는 [Shift] 키를 누른 채 선택하여 연장 또는 [울타리(F)/걸치기(C)/프로젝트(P)/모서리(E)/지우기(R)/명령 취소(U)] : **잘려질 부분 S4 위치에서 객체 선택**
- 자를 객체 선택 또는 [Shift] 키를 누른 채 선택하여 연장 또는 [울타리(F)/걸치기(C)/프로젝트(P)/모서리(E)/지우기(R)/명령 취소(U)] : **잘려질 부분 S5 위치에서 객체 선택**
- 자를 객체 선택 또는 [Shift] 키를 누른 채 선택하여 연장 또는 [울타리(F)/걸치기(C)/프로젝트(P)/모서리(E)/지우기(R)/명령 취소(U)] : [Enter↵]

(3) 문을 그린다.

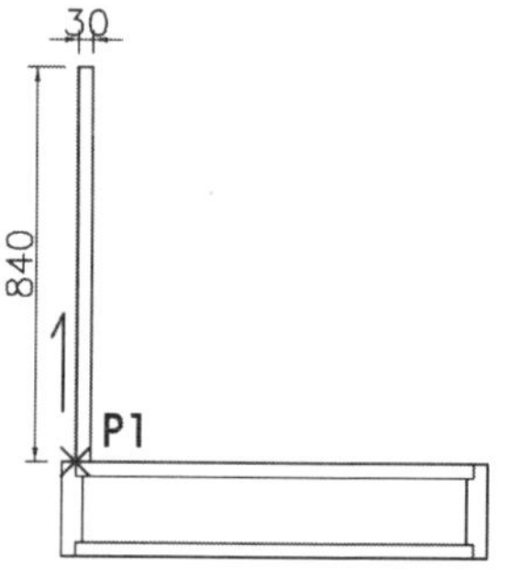

- 명령 : line [Enter↵] (혹은 l [Enter↵])
- 첫 번째 점 지정 : **마우스로 임의의 위치점(P1) 지정**
- 다음 점 지정 또는 [명령 취소(U)] : 〈**직교 켜기**〉 **840** [Enter↵]
  → *직교기능(F8)을 이용한다.*
- 다음 점 지정 또는 [명령 취소(U)] : 30 [Enter↵]
- 다음 점 지정 또는 [닫기(C)/명령 취소(U)] : 840 [Enter↵]
- 다음 점 지정 또는 [닫기(C)/명령 취소(U)] : [Enter↵]

(4) 문이 열리고 닫히는 방향을 나타내는 곡선을 호 명령으로 그린다.

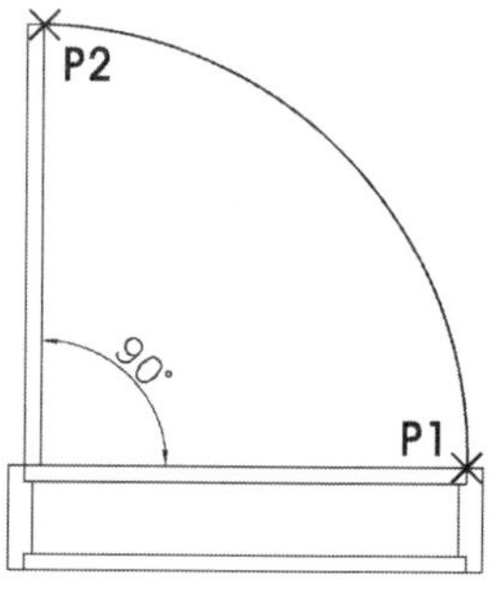

- 명령 : arc [Enter↵] (혹은 A [Enter↵])
- 호의 시작점 지정 또는 [중심(C)] : **마우스로 P1점 지정**
- 호의 두 번째 점 또는 [중심(C)/끝(E)] 지정 : e [Enter↵]
- 호의 끝점 지정 : **마우스로 P2점 지정**
- 호의 중심점 지정 또는 [각도(A)/방향(D)/반지름(R)] : A [Enter↵]
- 사이각 지정 : 90 [Enter↵]

호의 구성요소와 시작점 찾기

- **호의 구성요소(8개) :** 시작점, 끝점, 각도, 반지름, 중심점, 현의길이, 접선방향각, 두 번째 점
- **호의 시작점 찾기 :** 호는 각도의 속성을 가지고 있기 때문에 기본적으로 시계반대 방향으로 그려진다.

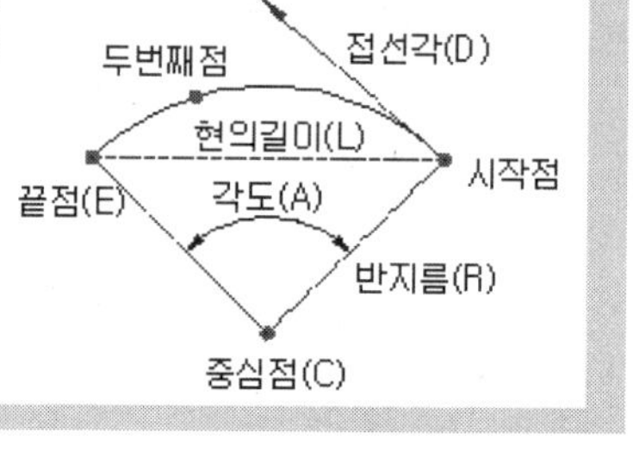

도면 예제 3-1 기본 객체 가공하기 1

간격띄우기(109쪽), 자르기(126쪽), 연장하기(128쪽) 명령은 AutoCAD에서 도면 설계시 반드시 알아두어야 할 명령이기에 그 사용법을 반드시 익혀두도록 한다.

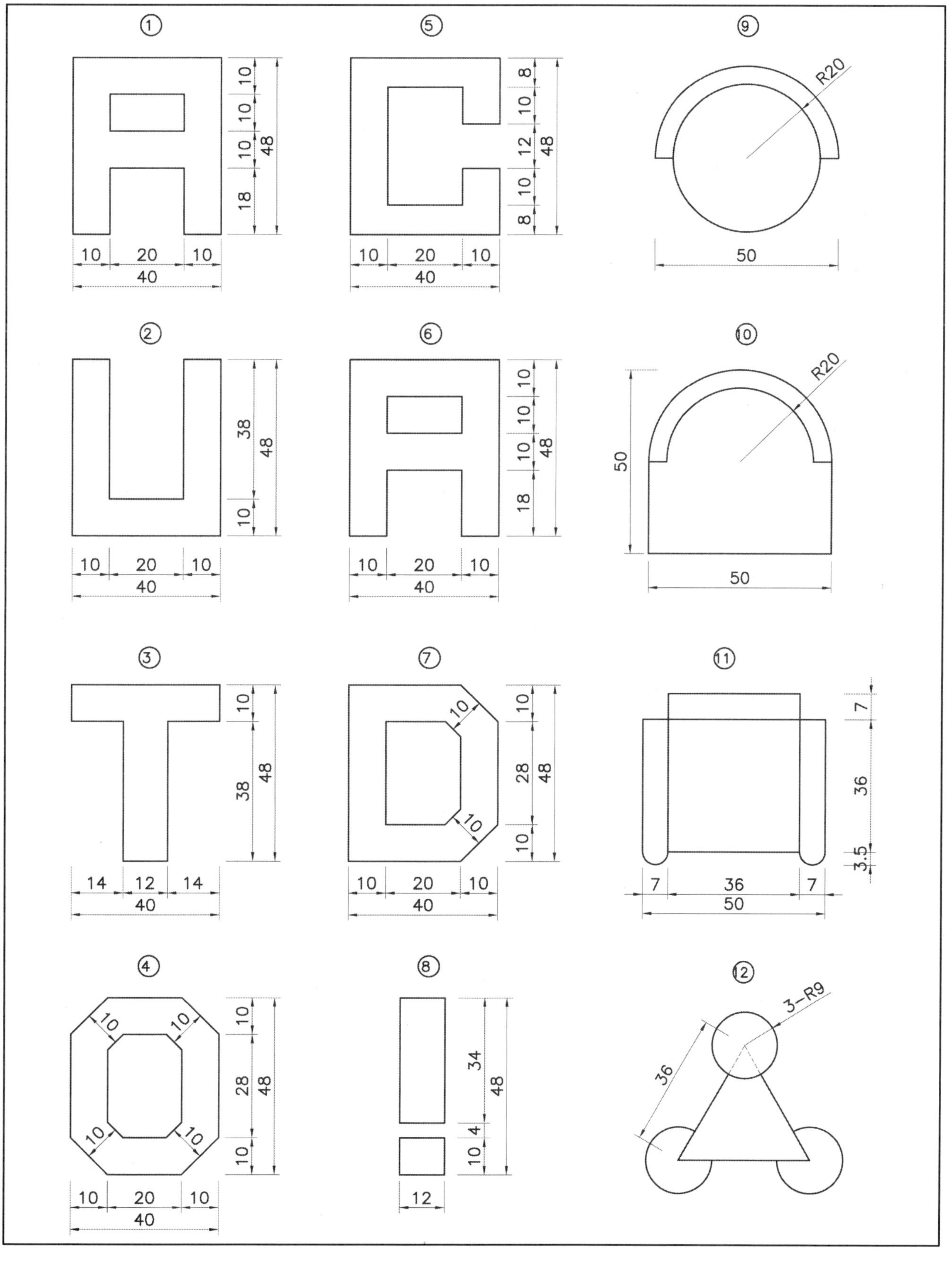

도면 예제 따라 그리기

▣ 도면 예제 3-1 ①번 따라하기

① 오른쪽 그림과 같이 'ㄱ'자 모양의 선을 그린다.

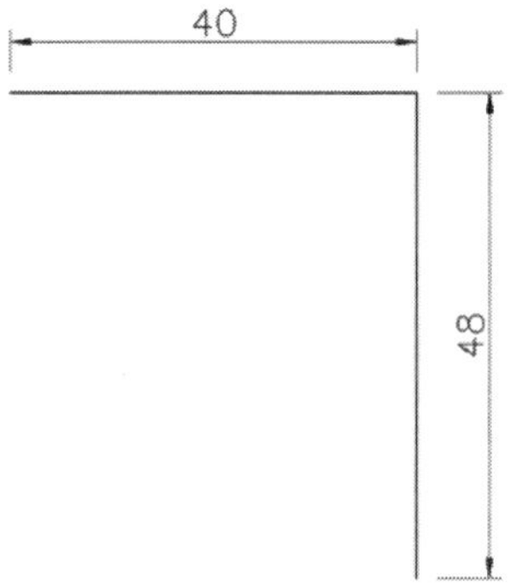

- 명령 : line Enter↵ (혹은 l Enter↵)
- 첫 번째 점 지정 : 마우스로 임의의 위치점 지정
- 다음 점 지정 또는 [명령 취소(U)] : @40,0 Enter↵
- 다음 점 지정 또는 [명령 취소(U)] : @0,-48 Enter↵
- 다음 점 지정 또는 [닫기(C)/명령 취소(U)] : Enter↵ ➔ *명령 종료*

직교기능(37쪽)을 이용하면 수평선과 수직선을 쉽게 그릴 수 있다(직교기능 사용 단축키 : F8).

② 간격띄우기(Offset) 명령을 이용해 수평선을 아래로 간격띄우기를 적용한다(109쪽 Offset 명령 참고).

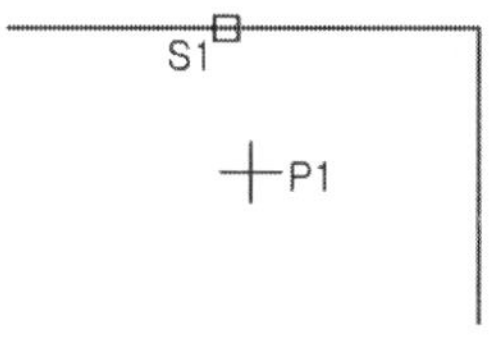

[명령 적용전]

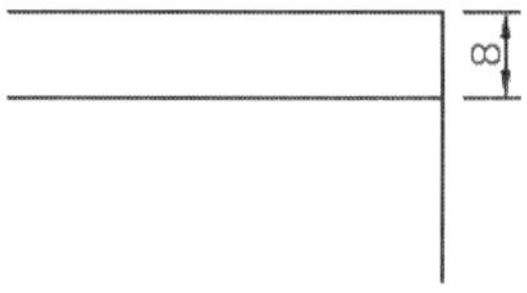

[명령 적용후]

- 명령 : offset Enter↵ (혹은 o Enter↵)
- 현재 설정 : 원본 지우기=아니오, 도면층=원본, OFFSETGAPTYPE=0
- 간격띄우기 거리 지정 또는 [통과점(T)/지우기(E)/도면층(L)] 〈1.0000〉 : 8 Enter↵
  ➔ *간격띄우기할 거리값 입력*
- 간격띄우기할 객체 선택 또는 [종료(E)/명령 취소(U)] 〈종료〉 : S1 객체 선택
- 간격띄우기할 면의 점 지정 또는 [종료(E)/다중(M)/명령 취소(U)] 〈종료〉 : 띄우기 할 방향 P1점 지정
- 간격띄우기할 객체 선택 또는 [종료(E)/명령 취소(U)] 〈종료〉 : Enter↵

띄울 간격이 다를 경우 한번 띄운 후 명령을 종료 후 다시 명령을 실행하고 간격을 입력하고 적용한다.

③ ②번과 동일하게 적용해 오른쪽 도면과 같이 수평선을 완성한다.

- 사용명령 : Offset

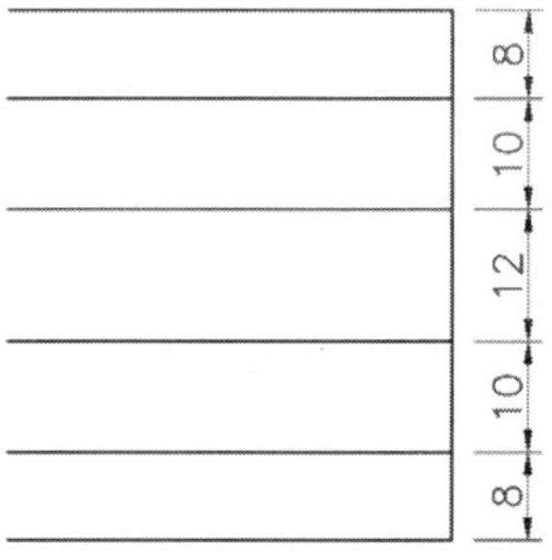

④ ②번과 동일하게 적용해 오른쪽 도면과 같이 수직선을 완성한다.

- 사용명령 : Offset

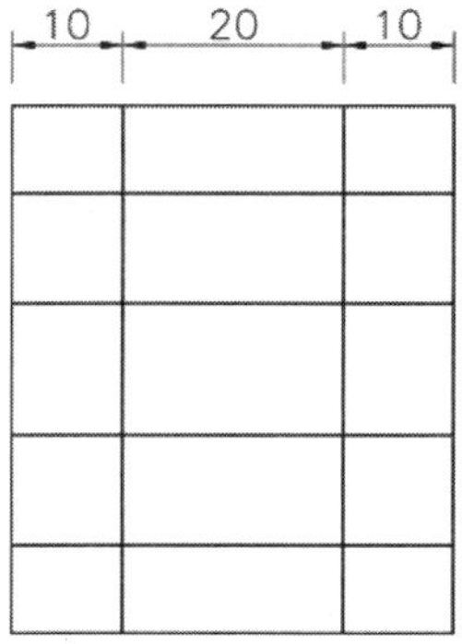

⑤ 자르기(TRim) 명령을 이용해 필요없는 부분을 자르고 완성한다.

- ► 명령 : trim [Enter↵] (혹은 tr [Enter↵])
- ► 현재 설정 : 투영 = 뷰, 모서리 = 연장
- ► 절단 모서리 선택 ...
- ► 객체 선택 또는 〈모두 선택〉 : **경계선 객체 T1 선택**
- ► 객체 선택 : **경계선 객체 T2 선택**
- ► 객체 선택 : [Enter↵]
- ► 자를 객체 선택 또는 [Shift] 키를 누른 채 선택하여 연장 또는 [울타리(F)/걸치기(C)/프로젝트(P)/모서리(E)/지우기(R)/명령 취소(U)] : **S1 위치에서 잘려질 부분 선택**
- ► 자를 객체 선택 또는 [Shift] 키를 누른 채 선택하여 연장 또는 [울타리(F)/걸치기(C)/프로젝트(P)/모서리(E)/지우기(R)/명령 취소(U)] : **S2 위치에서 잘려질 부분 선택**
- ► 자를 객체 선택 또는 [Shift] 키를 누른 채 선택하여 연장 또는 [울타리(F)/걸치기(C)/프로젝트(P)/모서리(E)/지우기(R)/명령 취소(U)] : [Enter↵] → *명령종료*

필요에 따라 선이 짧게 표현된 경우에는 연장(extend)명령을 사용한다(129쪽 extend 명령 참고).

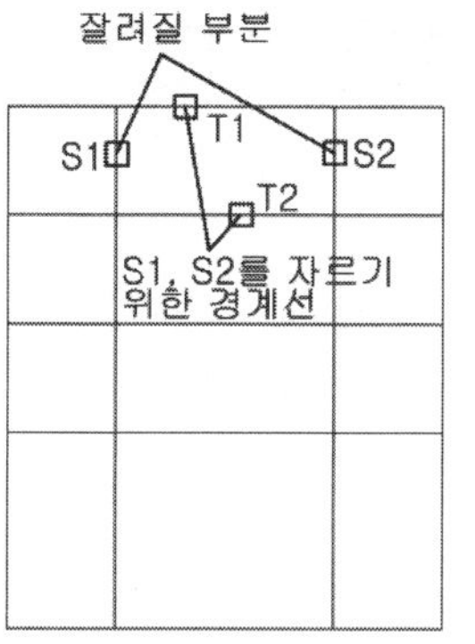

[명령 적용전]

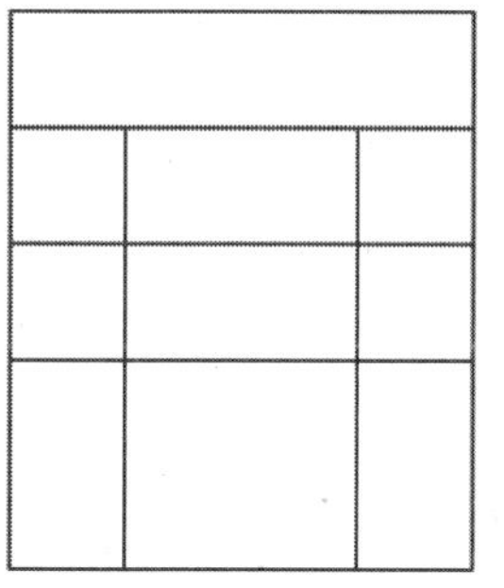

[명령 적용후]

① ⑤번과 동일한 방법으로 나머지 선도 자르기 명령을 적용해 오른쪽 그림과 같이 도면을 완성한다.

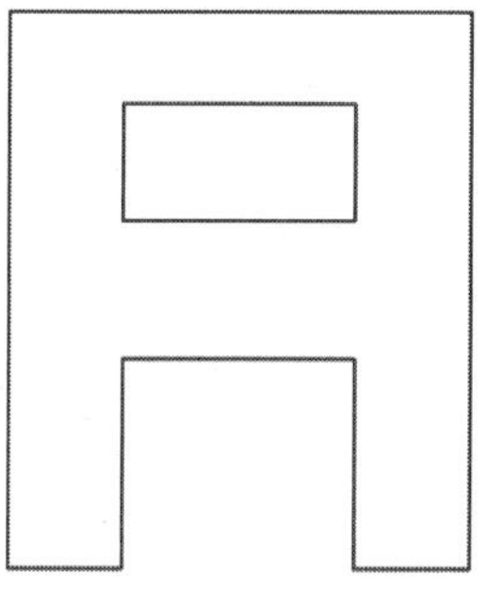

Tip

TRim과 Erase 명령의 비교

① TRim : 일부분을 자르는 명령으로 명령 실행 후 남겨진 부분이 반드시 있다.

② Erase : 객체 전체 지우기(잘리는 객체의 끝점이 경계선과 만나는 경우에는 지우기 명령 적용)

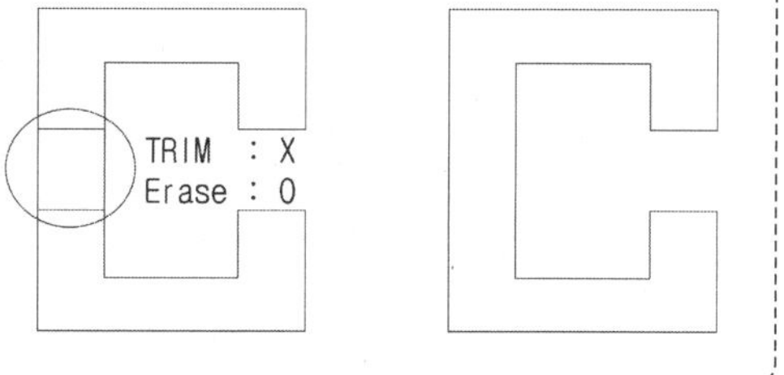

▣ 도면 예제 3-1 ⑩ 번 따라 그리기

❶ 사용 명령
→Circle, Line

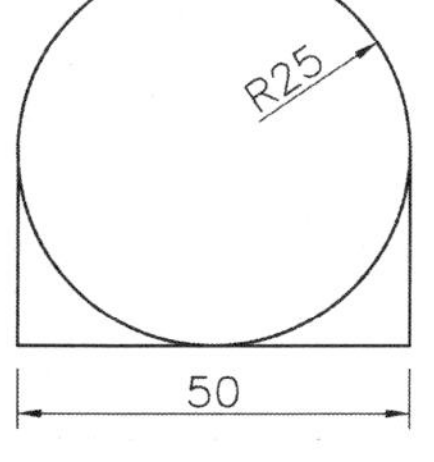

❷ 사용 명령
→TRim

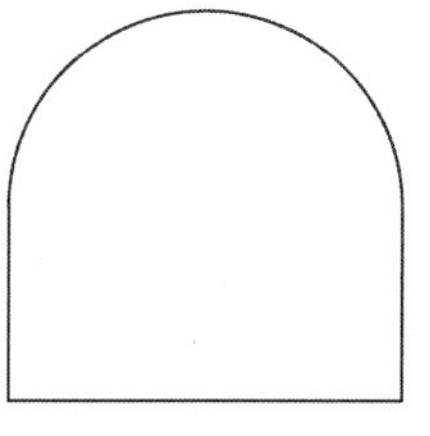

❸ 사용 명령
→Circle, Line

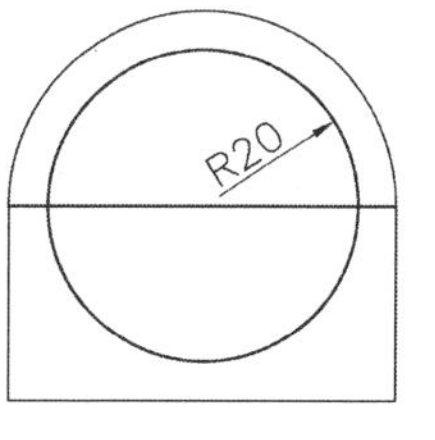

❹ 사용 명령
→TRim

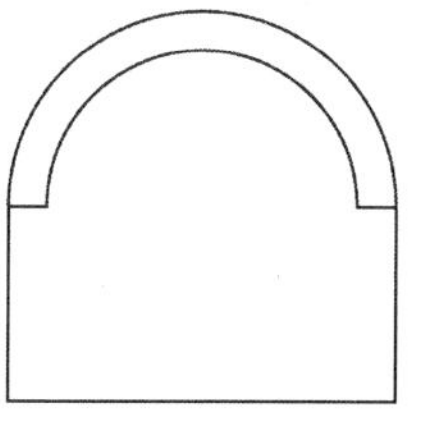

도면 예제 3-2 기본 객체 가공하기 1

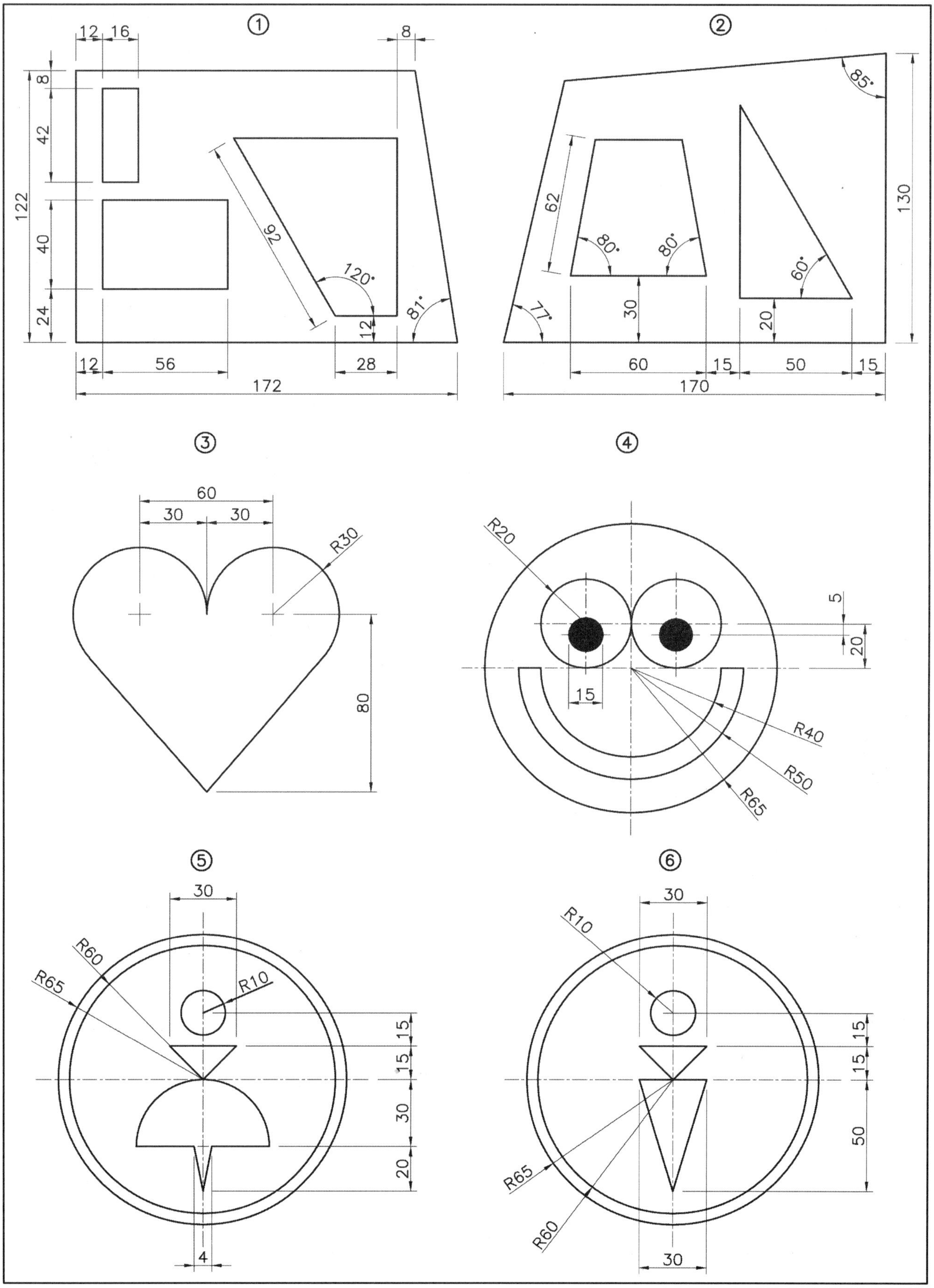

도면 예제 따라 그리기

■ 도면 예제 3-2 ①번 따라 그리기

❶ 직교기능을 이용해 선을 그린다.
- 사용명령 : Line

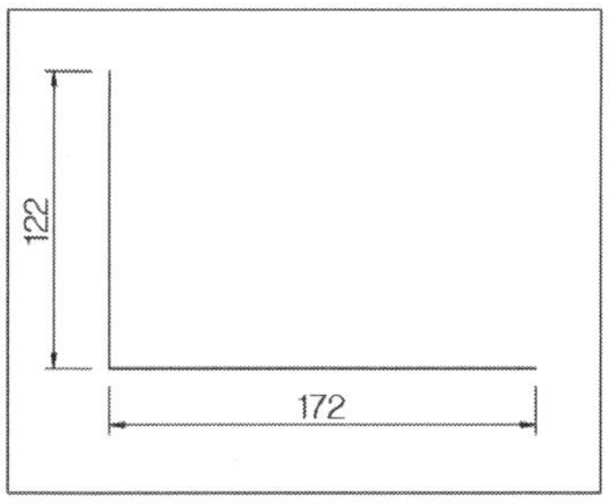

❷ 크기가 주어지지 않은 경우 : 크기는 임의로 정하고 각도만 정확해서 우선 선을 그린다.
- 사용명령 : line

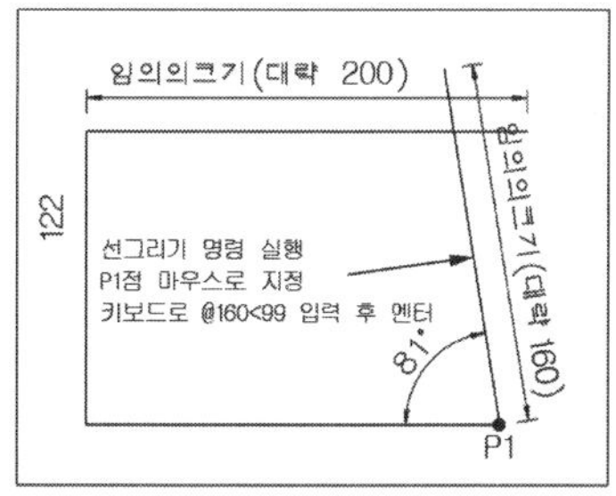

❸ 길게 그려진 선을 자른다.
- 사용명령 : TRim

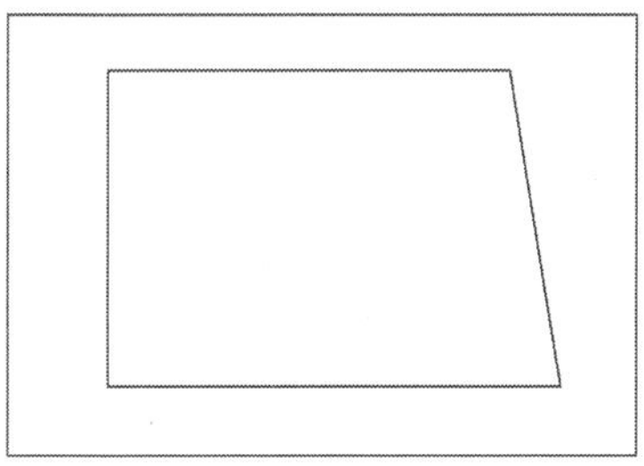

❹ 안쪽 사각형을 그리기 위해 간격띄우기 한다.
- 사용명령 : Offset

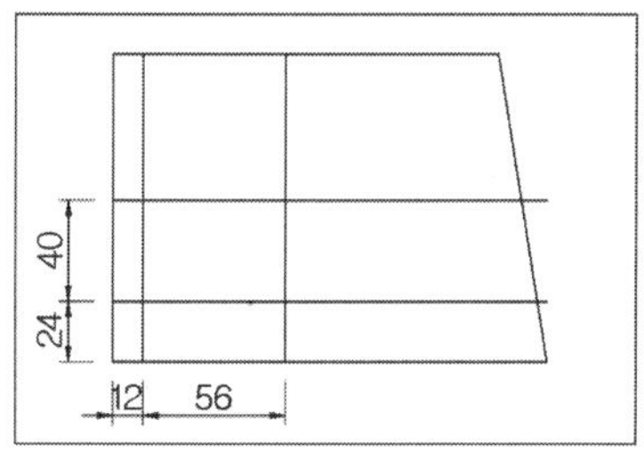

❺ 객체 자르기를 통해 안쪽 사각형을 만든다
- 사용명령 : TRim

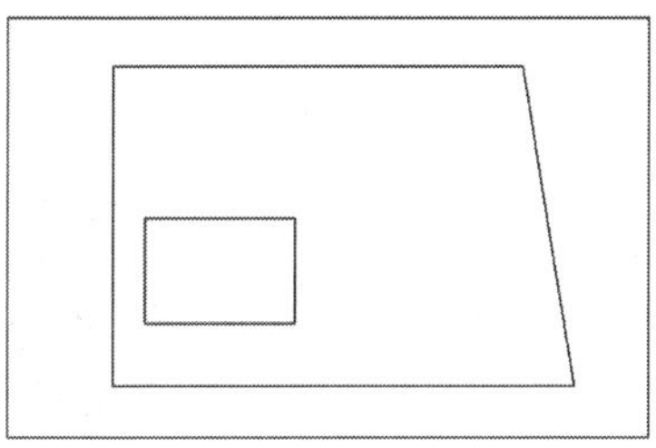

❻ 안쪽 작은 사각형을 그리기위해 간격띄우기 한다.
- 사용명령 : Offset

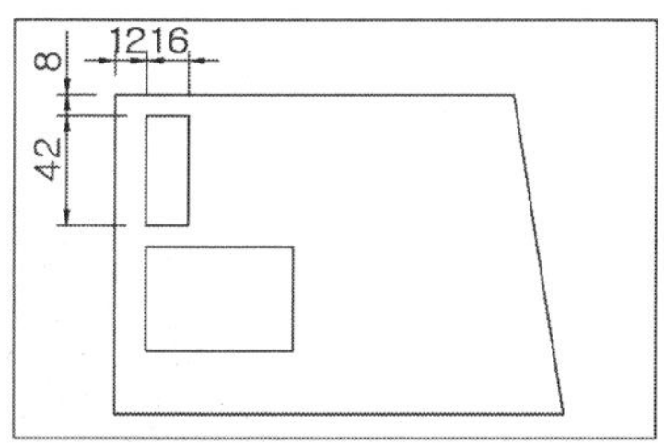

❼ 안쪽 도형의 위치를 찾기위해 임의의 수직선을 그린 후 간격띄우기 한다.
- 사용명령 : Line, Offset

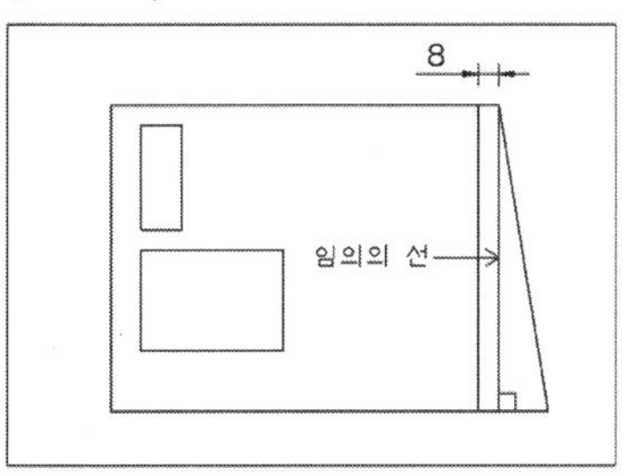

❽ 안쪽 도형의 '14'크기를 표시하기 위해 간격띄우기 한다.
- 사용명령 : Offset

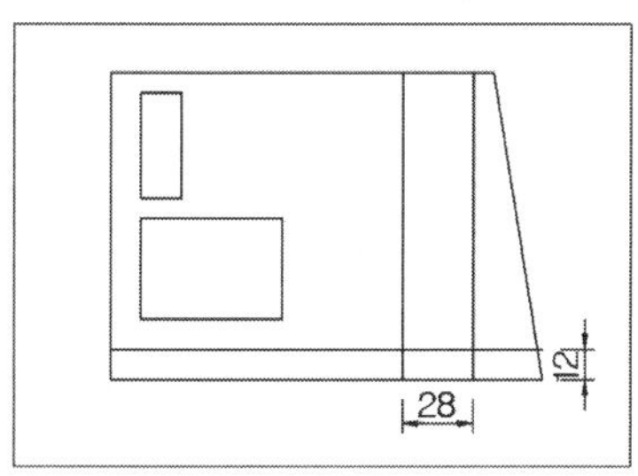

❾ 안쪽 도형을 완성하기 위해 선을 그린다.
- 사용명령 : Line

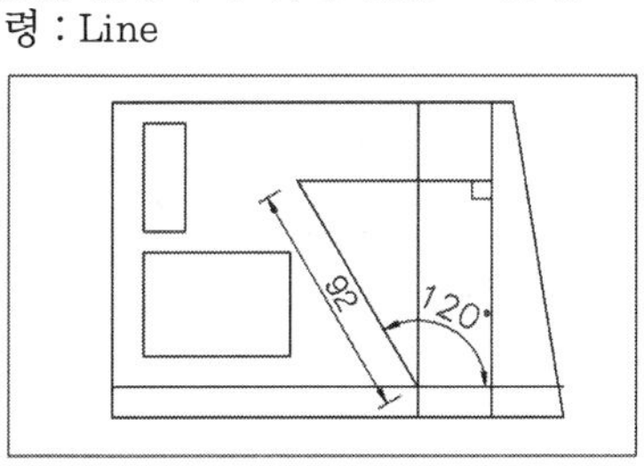

❿ 안쪽 도형에 자르기를 적용하고 도면을 완성한다.
- 사용명령 : TRim, Erase

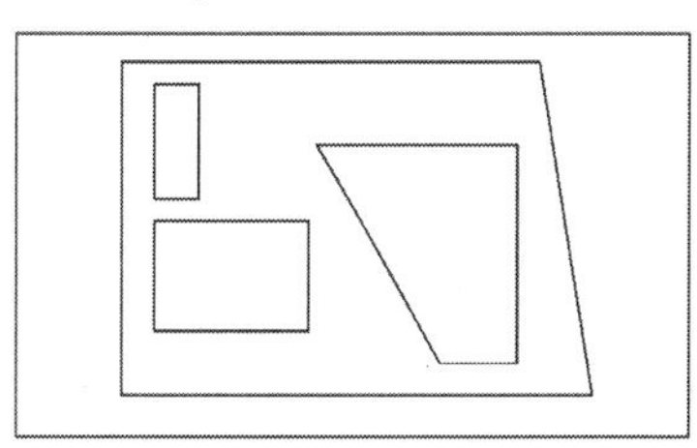

▣ 치수 표현하기 – 선택 원점에서 간격띄워 치수보조선 표시하기

144쪽 ①번 도면 예제를 145쪽을 참고해 완성한 후 다음 과정을 따라하면서 치수를 표기한다.

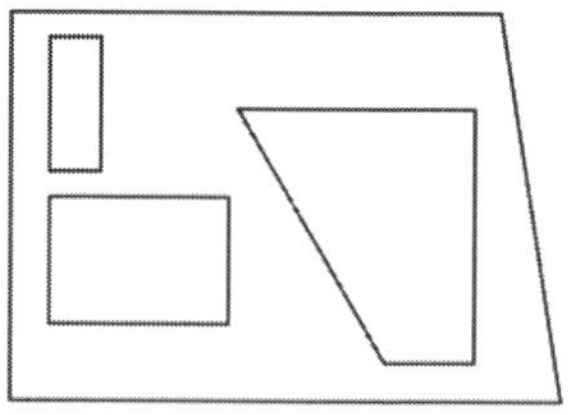

① 오른쪽 그림과 같이 선형 치수를 측정한다.

- ► 명령 : dli Enter↵ (혹은 치수도구막대 선형치수 명령 선택)
- ► 첫 번째 치수보조선 원점 지정 또는 〈객체 선택〉 : P1점 선택
- ► 두 번째 치수보조선 원점 지정 : P2점 선택
- ► 비 연관 치수가 작성됨.
- ► 치수선의 위치 지정 또는 [여러 줄 문자(M)/문자(T)/각도(A)/수평(H)/수직(V)/회전(R)] : **P3점 선택** ➔ *측정 치수문자 위치 지정*

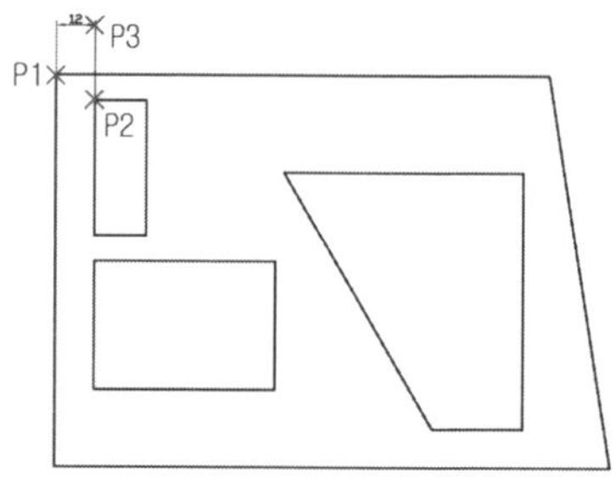

② **치수스타일 명령을 이용해 치수유형의 크기를 변경한다.**

- ► 명령 : dimstyle Enter↵ (혹은 d Enter↵) ➔ *89쪽 참고*

③ **치수보조선과 객체간의 간격을 변경한다.**

- ► 명령 : dimstyle Enter↵ (혹은 d Enter↵)
- ► ❶ 치수 크기값을 변경하기위해 **[수정]** 버튼 선택
- ► ❷ 치수 스타일 수정 대화상자의 **[선탭]** 선택
- ► ❸ 치수보조선 영역의 **원점에서 간격띄우기(F)값 변경** '2.5'
- ► ❹ 치수 스타일 수정 대화상자의 **[확인]** 버튼 선택
- ► ❺ 치수 스타일 관리자 대화상자의 **[닫기]** 버튼 선택해 명령 종료

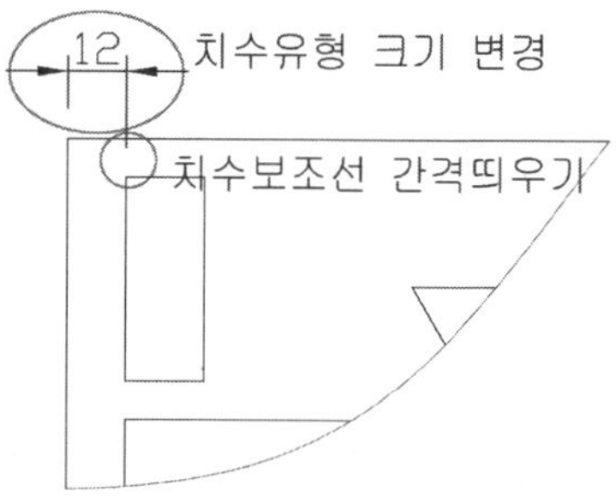

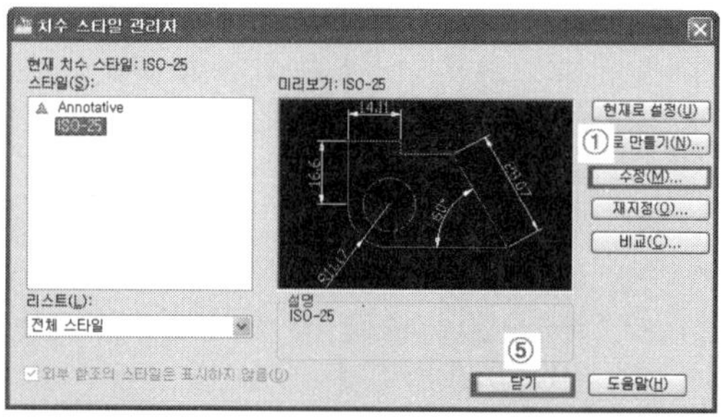

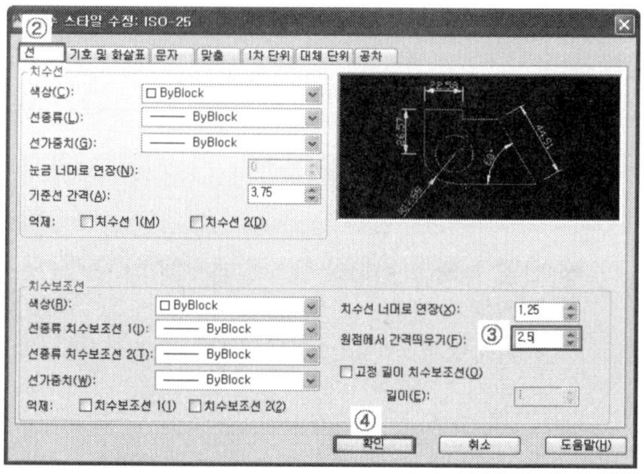

④ 이제 나머지 치수를 표기한다.

- ► 치수 측정명령
- ► 직선치수 : dli
- ► 경사치수 : dal
- ► 각도치수 : dan

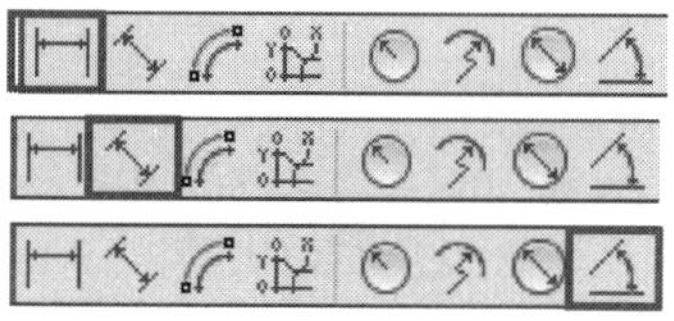

참고

- ► 반지름치수 : dra
- ► 지름치수 : ddi

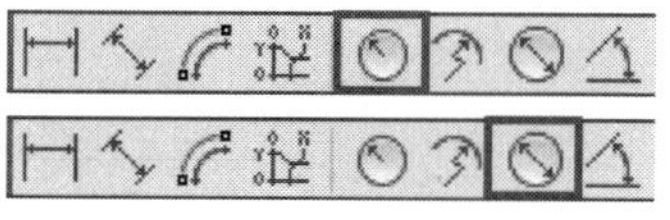

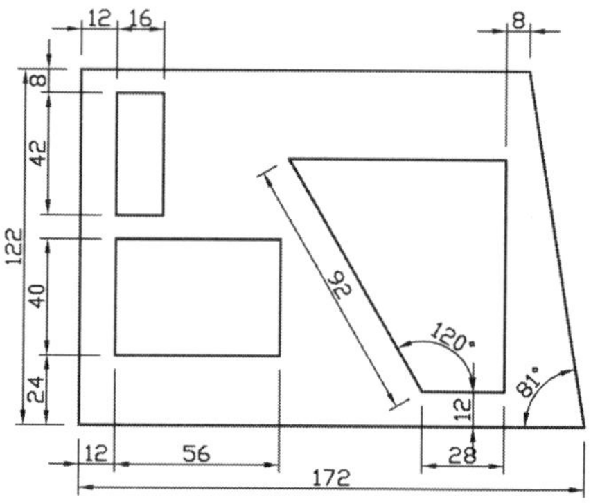

[완성 도면]

도면 예제 3-3 기본 객체 가공하기 1

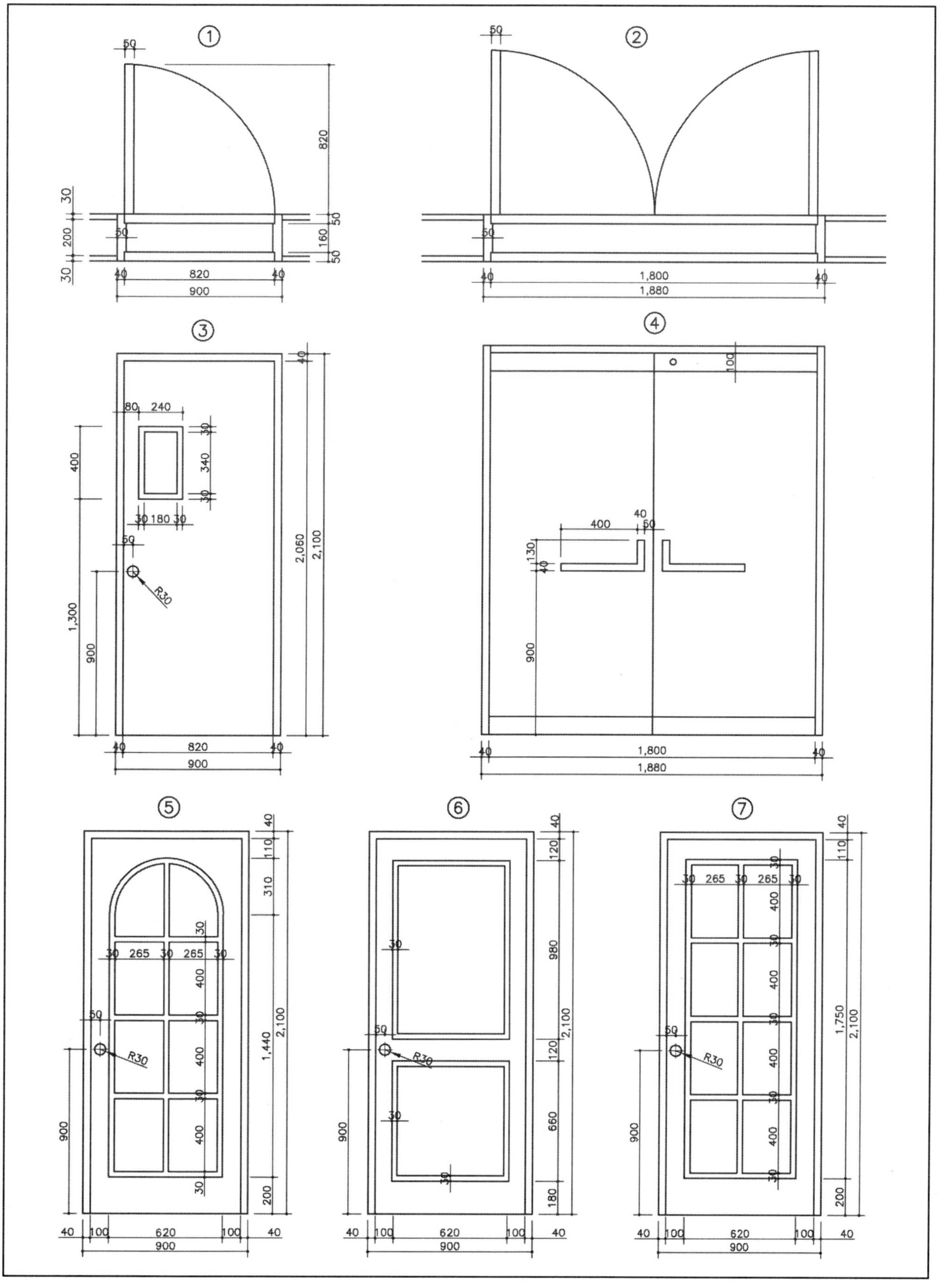

도면 예제 3-4 기본 객체 가공하기 1

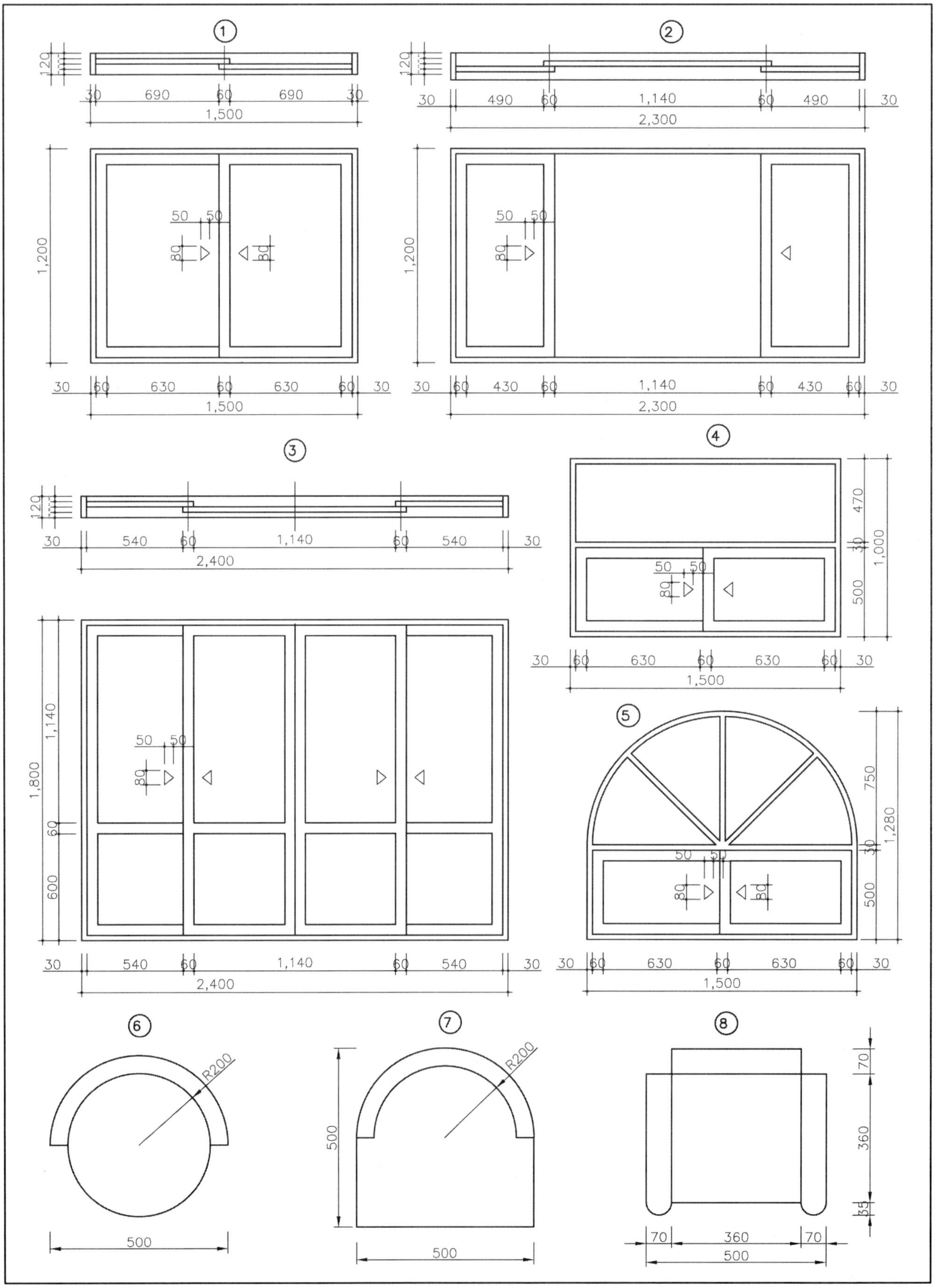

LESSON 04

기본 객체 가공하기 2

stretch, fillet, chamfer

학습목표

- 기본 객체의 길이를 변경할 수 있다.
- 도면의 공간 크기를 변경할 수 있다.
- 도면의 모서리를 가공할 수 있다.

선행학습

- AutoCAD 기본 객체 5가지에 대한 이해와 그리기
- 그리려는 객체의 위치와 크기를 찾는 방법에 대한 이해와 활용
- 도면 작업 영역에 대한 이해와 설정하기

학습명령

1. **객체 길이 변경 명령**
   ① 객체 자르기 : trim (tr)
   ② 객체 연장하기 : extend (ex)
   ③ 객체 길이 조정하기 : lengthen (len)
   ④ 마우스로 수평선, 수직선 길이 늘리고 줄이기 : grip 이용
2. **공간 크기 조절 명령 :** stretch (s)
3. **도면 모서리 가공 명령**
   ① 모깎기 : fillet (f)
   ② 모따기 : chamfer (cha)

학습내용

① 학습내용 1 – 창문 그리기

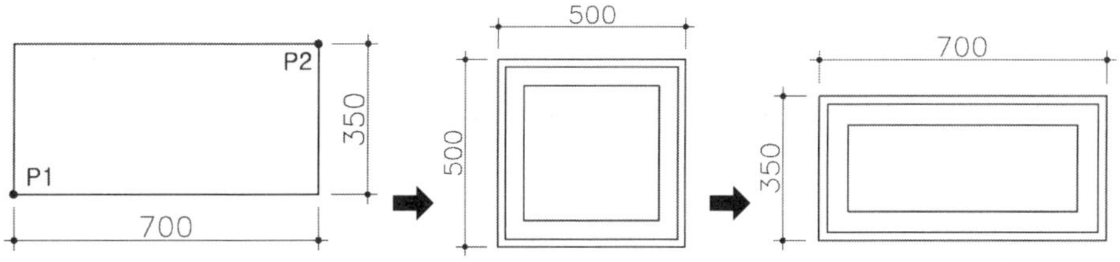

② 학습내용 2 – 세면대 그리기

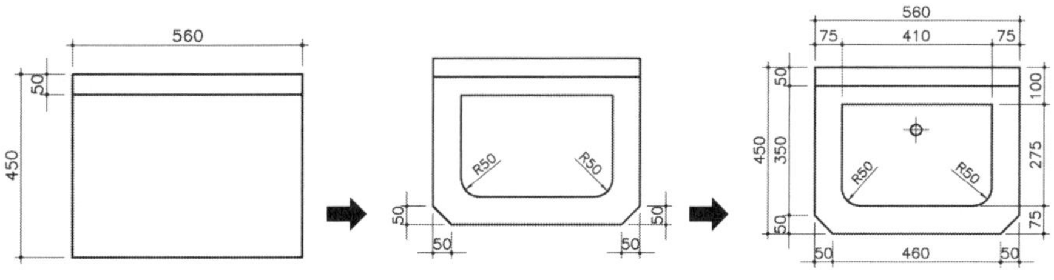

비　고

모든 설계 도면의 내용은 기본 도형인 선과 곡선(원, 타원 등)의 가공에 의해 완성된다. 여기에서 다루어지는 명령은 앞으로 배우게 될 AutoCAD 명령의 가장 기본이 되는 명령들이다. 확실하게 익혀두도록 한다.

기본 객체 가공하기

1 객체 길이 조절 명령

① 객체 자르기 : trim (tr) → 경계선을 통해 객체 잘림
② 객체 연장하기 : extend (ex) → 경계선을 통해 객체 연장
③ 객체 길이 조정하기 : lengthen (len) → 선 길이값을 통해 객체 길이 조절
④ 마우스로 수평선, 수직선 길이 늘리고 줄이기 : grip 이용

2 공간 크기 조절 명령 : stretch (s)

3 도면 모서리 가공 명령

① 모깎기 : fillet (f)
② 모따기 : chamfer (cha)
③ 구석연결 : fillet
④ 평행한 두선의 반원 연결 : fillet

객체 자르기(trim)	객체 연장하기(extend)	객체길이 조정하기(lengthen)
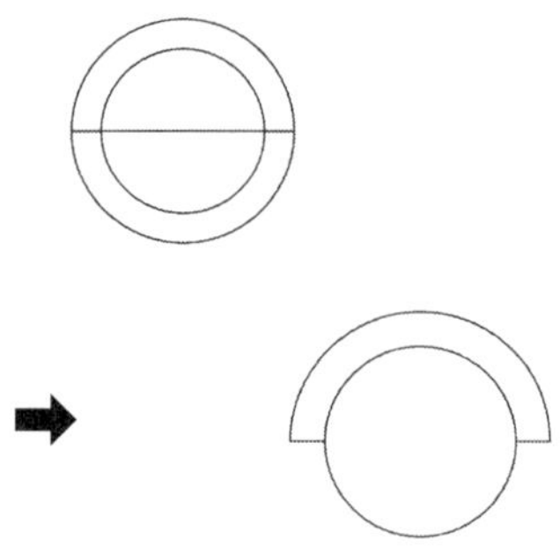	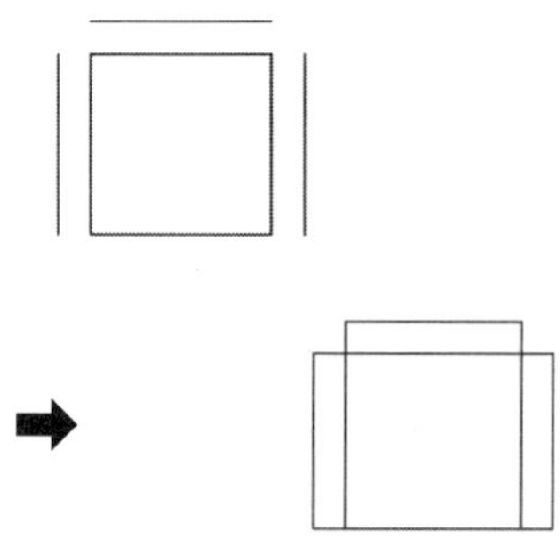	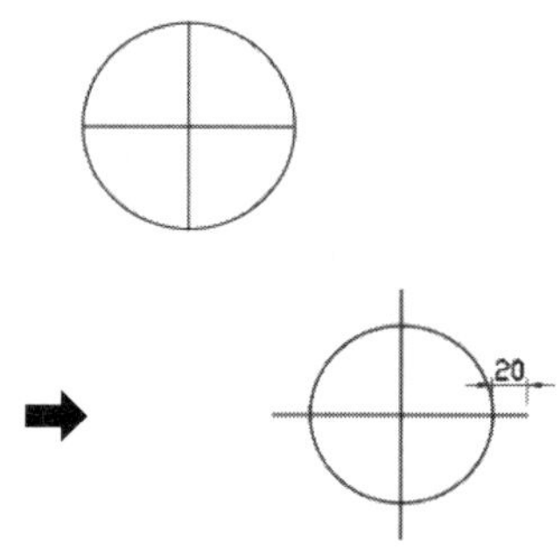
grip 활용	**공간크기 조절하기(stretch)**	**모깎기(fillet)**
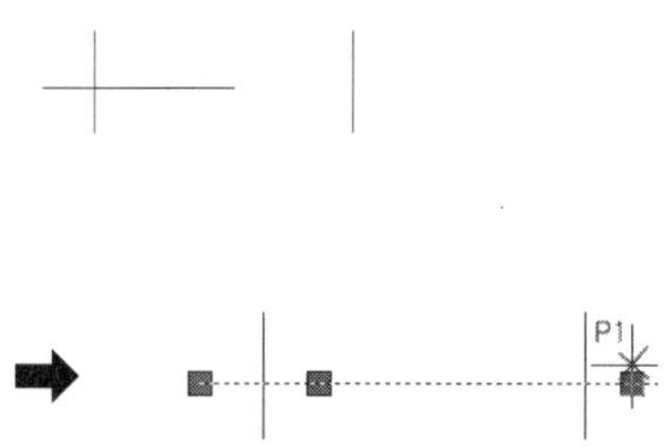	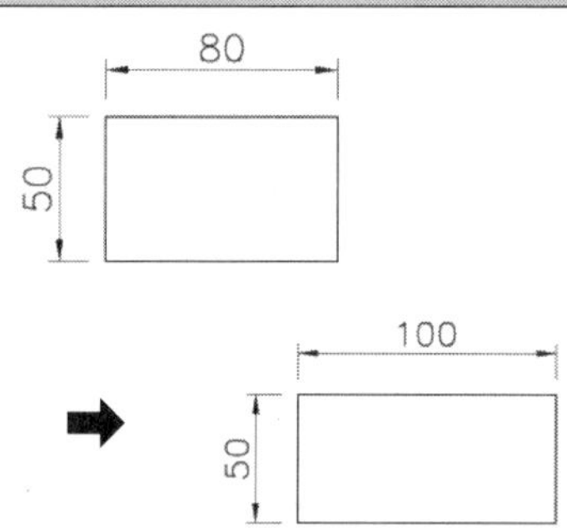	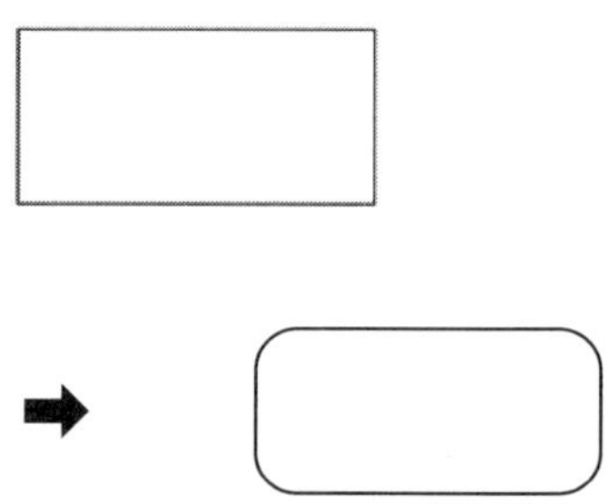
모따기(chamfer)	**구석연결(fillet, chamfer)**	**평행한 두선의 반원 연결(fillet)**
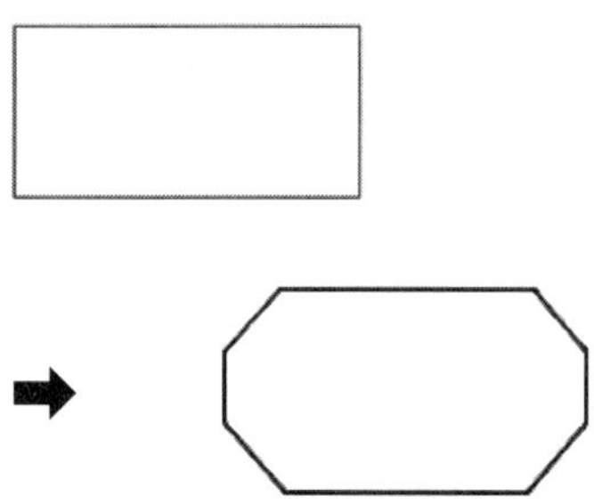	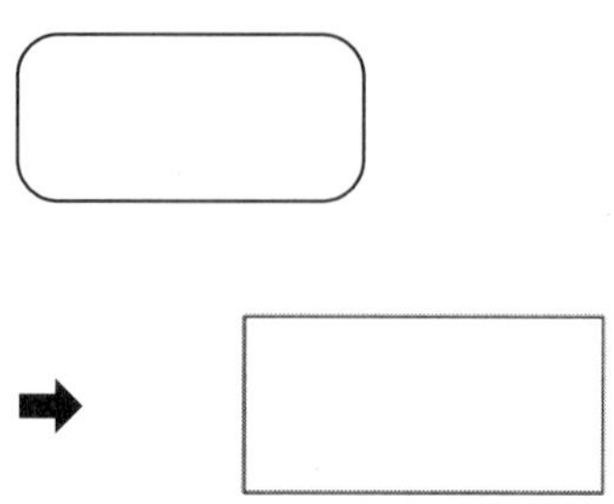	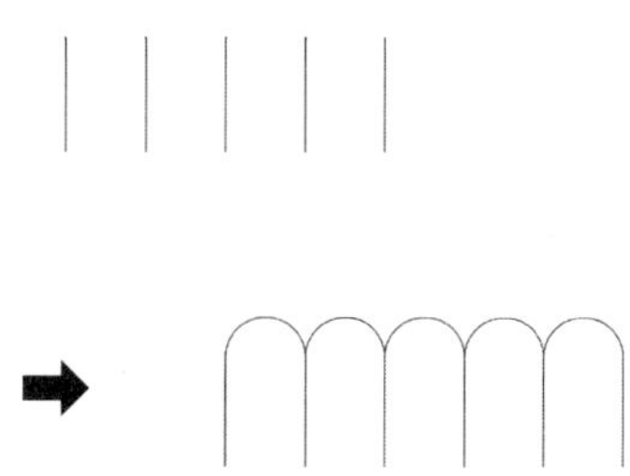

기본 객체 가공하기 2 - 공간 크기 조절하기

■ 공간 크기 조절하기 : stretch (s)

1. 공간 크기 조절 명령 : stretch (s)

- 여러개의 선을 동시에 길이를 변경하거나 공간 크기를 변경할 수 있는 명령
- 객체 선택은 반드시 걸침 윈도우와 걸침 다각형 방법으로 해야 늘리기 적용 됨.

1.1 여러개의 객체 동시 길이 변경하기 명령

명령줄 사용 : stretch (단축 명령 : s)
리본메뉴 사용 : 홈 탭 ▶ 수정 패널 ▶
주메뉴 사용 : 수정(M) ▶ 신축(H)
도구막대 사용 : 수정 도구막대 ▶

1.2 여러개의 객체 동시 길이 변경하기 옵션

►명령 : stretch [Enter↵] (혹은 s [Enter↵])
►걸침 윈도우 또는 걸침 다각형만큼 신축할 객체 선택...
►객체 선택 :
►기준점 지정 또는 [변위(D)] 〈변위〉 :
►두 번째 점 지정 또는
〈첫 번째 점을 변위로 사용〉 :

옵 션	설 명
객체 선택	신축할 객체 선택(걸침 윈도우, 걸침 다각형 방법으로 반드시 객체 선택)
기준점 지정	신축할 객체의 기준점 지정
두 번째 점 지정	신축할 객체의 두 번째 점 지정

1.3 Stretch 명령에 있어 객체 선택에 따라 길이가 늘어나는 원리에 대한 이해

- 객체 선택은 반드시 걸침 윈도우와 걸침 다각형 방법을 사용해야 한다(29쪽 참고).

(1) 선택된 영역의 위치점을 통한 선의 신축 여부 확인

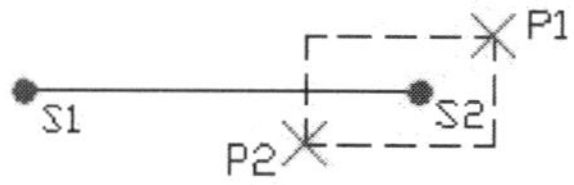

- **이동되는 위치점** : 객체 선택시 점선 사각형 안쪽에 위치한 점(S2)
- **고정되는 위치점** : 객체 선택시 점선 사각형 바깥쪽에 위치한 점(S1)

(2) 선택된 객체를 통한 선의 신축 여부 확인(공간 크기 변경)

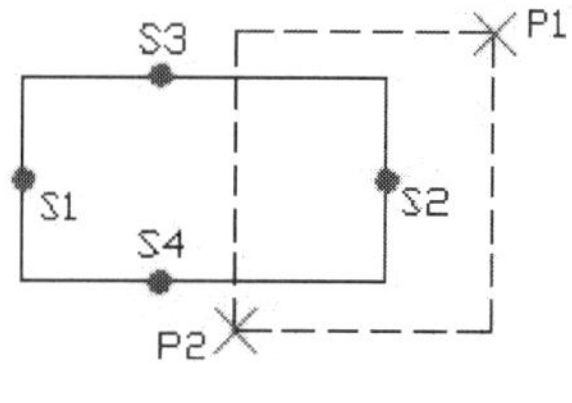

- **이동되는 객체** : 객체 선택시 점선 사각형 안쪽에 위치한 객체(S2)
- **고정되는 객체** : 객체 선택시 점선 사각형 바깥쪽에 위치한 객체(S1)
- **신축되는 객체** : 객체 선택시 점선 사각형에 걸쳐진 객체(S3, S4)

확인

신축 명령 사용시 이동되는 선과 고정되는 선의 구분

영역선택시 선택 영역 안의 위치점은 손에 잡힌 것으로 가지고 갈 수 있으니 이동되며, 선택 영역 안에 들어오지 않은 위치점은 손에 잡히지 않은 것으로 가지고 갈 수 없으니 고정된다.

1.4 여러개의 객체 동시 길이 변경 명령 따라하기

① 여러개의 선의 길이 동시에 변경하기

- 명령 : stretch Enter↵ (혹은 s Enter↵)
- 객체 선택 : **S1점 지정 ➔** *임의로 지정*
- 반대 구석 지정 : **S2점 지정 ➔** *걸침 윈도우 사용(S1점 지정 후 왼쪽방향 이동시 걸침 윈도우 선택방법 자동 적용됨.)*
- 기준점 지정 또는 [변위(D)] 〈변위〉 : **P1점 지정**
- 두 번째 점 지정 또는 〈첫 번째 점을 변위로 사용〉 : @20,0 Enter↵ (혹은 직교모드 이용시 마우스로 오른쪽 방향 지시 후 20 Enter↵)

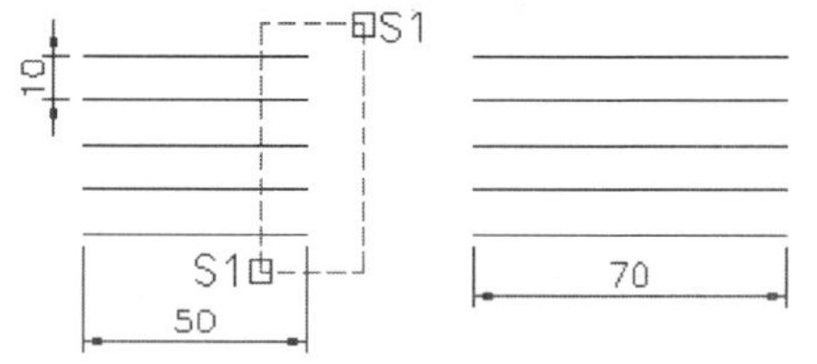

[명령적용 전] [명령적용 후]

② 도면 형상을 그대로 유지하면 길이 변경하기

- 명령 : stretch Enter↵ (혹은 s Enter↵)
- 객체 선택 : **S1점 지정 ➔** *임의로 지정*
- 반대 구석 지정 : **S2점 지정 ➔** *걸침 윈도우 사용(S1점 지정 후 왼쪽방향 이동시 걸침 윈도우 선택방법 자동 적용됨.)*
- 기준점 지정 또는 [변위(D)] 〈변위〉 : **P1점 지정**
- 두 번째 점 지정 또는 〈첫 번째 점을 변위로 사용〉 : @40,0 Enter↵ (혹은 직교모드 이용시 마우스로 오른쪽 방향 지시 후 20 Enter↵)

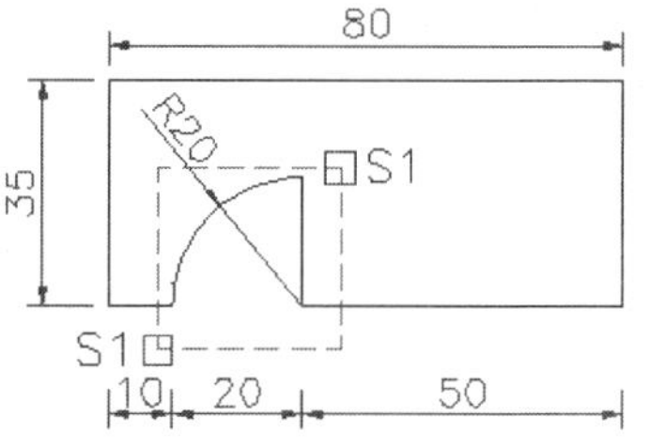

[명령적용 전]

오른쪽 그림의 [명령적용 후]에서 빨간색 점선은 이해를 돕기위해 표현되었을 뿐이지 명령적용 후에 표현되지 않는다.

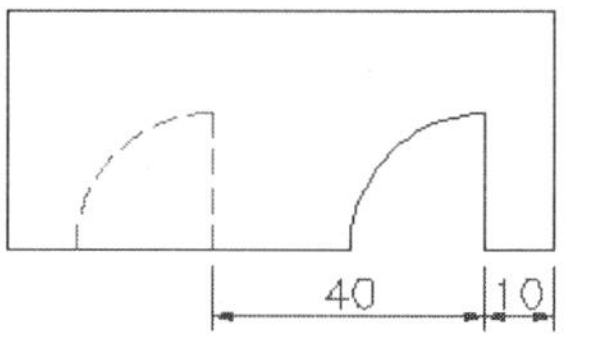

[명령적용 후]

③ 걸침 다각형으로 객체 선택해 길이 변경하기

- 명령 : stretch Enter↵ (혹은 s Enter↵)
- 객체 선택 : CP Enter↵ ➔ *걸침 다각형 옵션 선택*
- 첫 번째 다각형 점 : **S1점 지정**
- 선의 끝점 지정 또는 [명령 취소(U)] : **S1점 지정**
- 선의 끝점 지정 또는 [명령 취소(U)] : **S2점 지정**
- 선의 끝점 지정 또는 [명령 취소(U)] : **S3점 지정**
- 선의 끝점 지정 또는 [명령 취소(U)] : **S4점 지정**
- 선의 끝점 지정 또는 [명령 취소(U)] : **S5점 지정**
- 선의 끝점 지정 또는 [명령 취소(U)] : **S6점 지정**
- 선의 끝점 지정 또는 [명령 취소(U)] : **S7점 지정**
- 선의 끝점 지정 또는 [명령 취소(U)] : **S8점 지정**
- 객체 선택 : Enter↵
- 기준점 지정 또는 [변위(D)] 〈변위〉 : **P1점 지정**
- 두 번째 점 지정 또는 〈첫 번째 점을 변위로 사용〉 : @0,−5 Enter↵ (혹은 직교모드 이용 시 마우스를 아래쪽으로 지시 후 5 Enter↵)

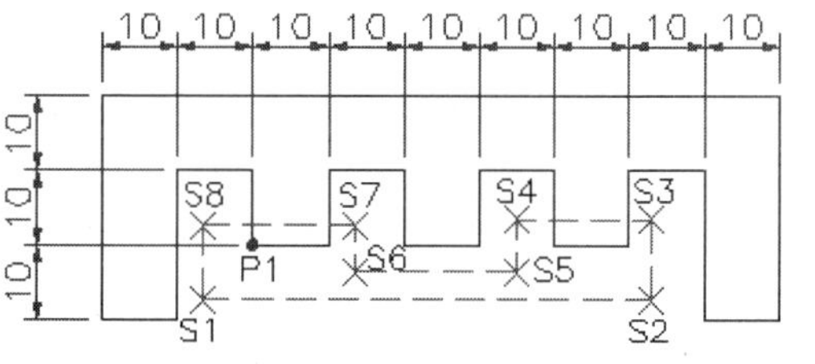

[명령적용 전]

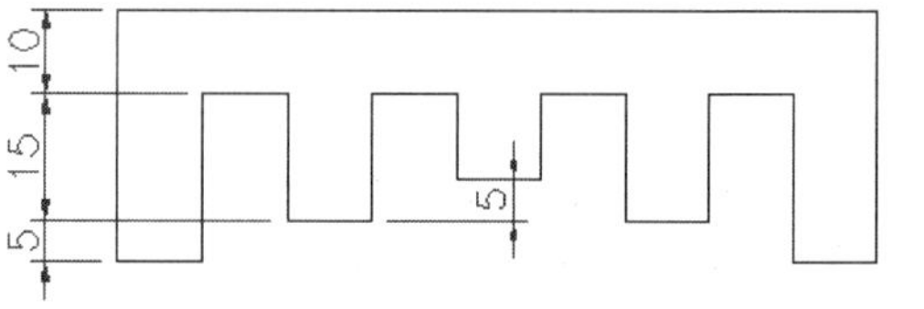

[명령적용 후]

기본 객체 가공하기 2 명령 따라하기 - 창문 그리기

다음 도면을 따라 그린다.

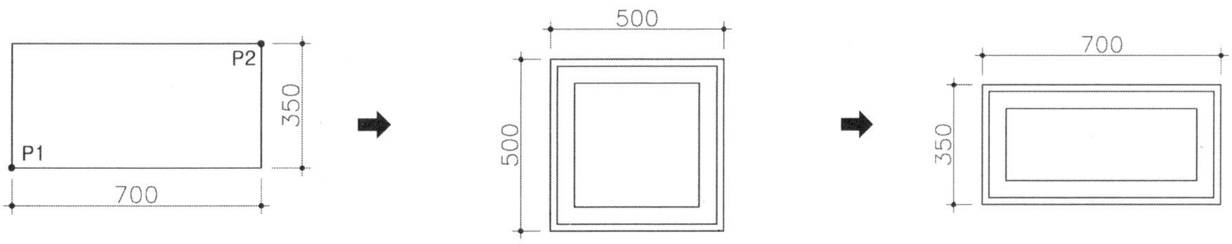

1.1 먼저 창문을 그릴 도면 작업 영역을 설정한다.

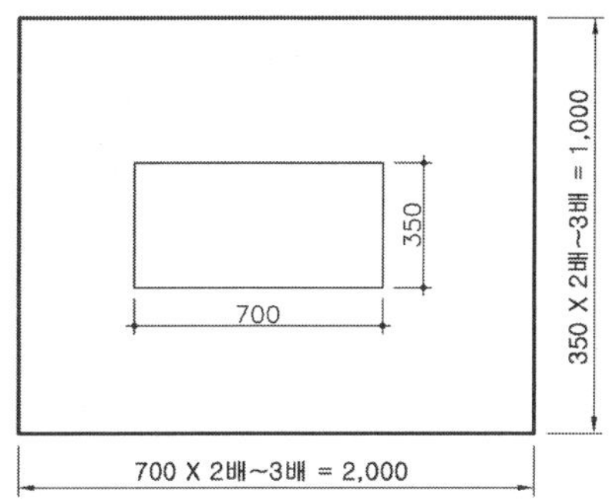

- ► 명령 : limits Enter↵ (혹은 형식메뉴 → 도면한계)
- ► 모형 공간 한계 재설정
- ► 왼쪽 아래 구석 지정 또는 [켜기(ON)/끄기(OFF)] 〈0.00,0.00〉 : **0,0** Enter↵
- ► 오른쪽 위 구석 지정 〈3000.00,3000.00〉 : **2000,1000** Enter↵

- ► 명령 : zoom Enter↵ (혹은 z Enter↵)
- ► 윈도우 구석을 지정, 축척 비율 (nX 또는 nXP)을 입력, 또는 [전체(A)/중심(C)/동적(D)/범위(E)/이전(P)/축척(S)/윈도우(W)/객체(O)] 〈실시간〉 : a Enter↵

1.2 창문을 그린다.

(1) 전체 크기를 나타내는 사각형을 그린다.

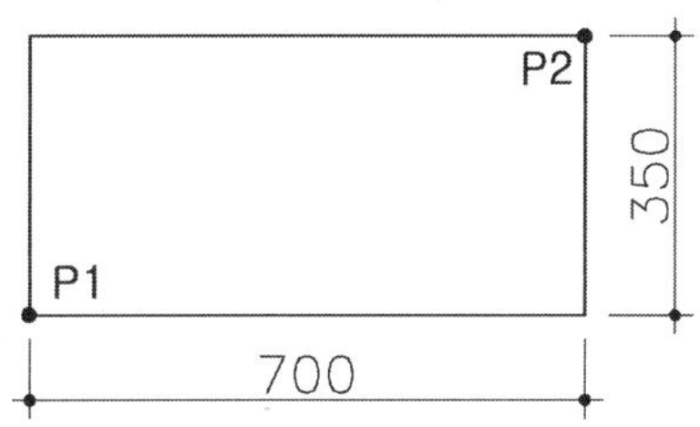

- ► 명령 : rectang Enter↵ (혹은 rec Enter↵)
- ► 첫 번째 구석점 지정 또는 [모따기(C)/고도(E)/모깎기(F)/두께(T)/폭(W)] : **마우스로 P1점 지정** ➔ *임의의 위치점*
- ► 다른 구석점 지정 또는 [영역(A)/치수(D)/회전(R)] : **@700,350** Enter↵
  ➔ *P2점이 지정됨*

(2) 창문을 그린다.

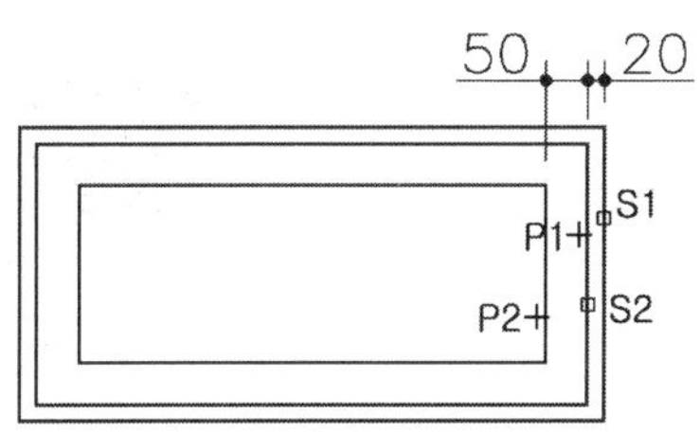

- ► 명령 : offset Enter↵ (혹은 o Enter↵)
- ► 현재 설정 : 원본 지우기 = 아니오, 도면층 = 원본, OFFSETGAPTYPE = 0
- ► 간격띄우기 거리 지정 또는 [통과점(T)/지우기(E)/도면층(L)] 〈50.0000〉 : 20 Enter↵
- ► 간격띄우기할 객체 선택 또는 [종료(E)/명령 취소(U)] 〈종료〉 : **마우스로 띄우기할 S1 객체 선택**
- ► 간격띄우기할 면의 점 지정 또는 [종료(E)/다중(M)/명령 취소(U)] 〈종료〉 : **마우스로 띄울 방향점(P1점) 지정** Enter↵
- ► 간격띄우기할 객체 선택 또는 [종료(E)/명령 취소(U)] 〈종료〉 : Enter↵

동일한 방법으로 안쪽으로 '50' 간격으로 한번 더 간격을 띄워 복사한다.

(3) 창문 크기를 변경한다.

① 창문의 가로 크기를 변경한다.

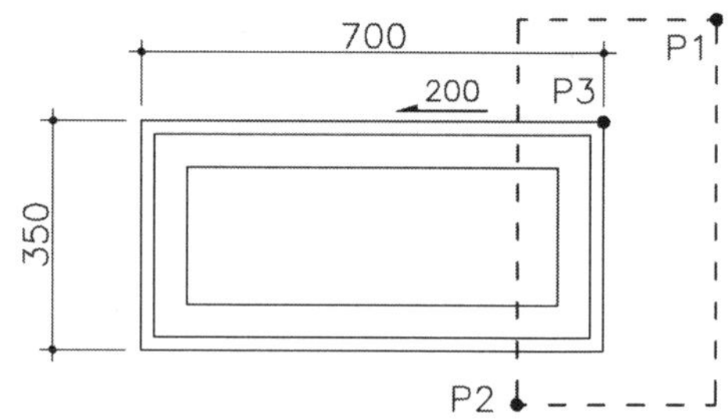

- 명령 : stretch [Enter↵] (혹은 s [Enter↵])
- 걸침 윈도우 또는 걸침 다각형만큼 신축할 객체 선택...
- 객체 선택 : **마우스로 P1점 지정** ➔ *임의의 위치점*
- 반대 구석 지정 : **마우스로 P2점 지정** ➔ *임의의 위치점*
- 객체 선택 : [Enter↵]
- 기준점 지정 또는 [변위(D)] 〈변위〉 : **마우스로 P3점 지정**
- 두 번째 점 지정 또는 〈첫 번째 점을 변위로 사용〉 : 200 [Enter↵]
  ➔ *변경 크기값(직교 기능(F8)을 사용한다.)*

② 창문의 세로 크기를 변경한다.

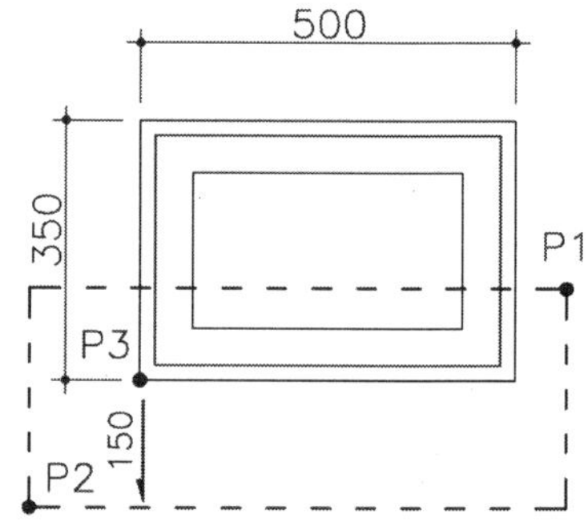

- 명령 : stretch [Enter↵] (혹은 s [Enter↵])
- 걸침 윈도우 또는 걸침 다각형만큼 신축할 객체 선택...
- 객체 선택 : **마우스로 P1점 지정** ➔ *임의의 위치점*
- 반대 구석 지정 : **마우스로 P2점 지정** ➔ *임의의 위치점*
- 객체 선택 : [Enter↵]
- 기준점 지정 또는 [변위(D)] 〈변위〉 : **마우스로 P3점 지정**
- 두 번째 점 지정 또는 〈첫 번째 점을 변위로 사용〉 : 150 [Enter↵] ➔ *변경 크기값(직교 기능(F8)을 사용한다.)*

1.3 치수를 측정해 창문 도면을 완성한다.

(1) 치수 유형을 설정한다.

- 직선치수 측정 : dli [Enter↵] (혹은 치수도구막대 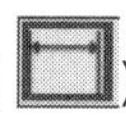)

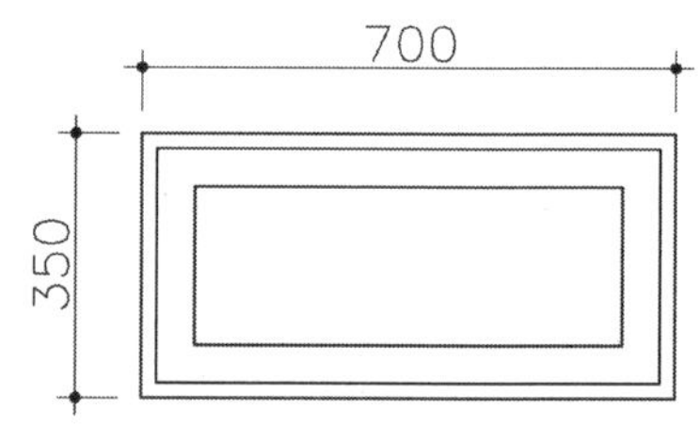

치수 크기가 작게 보이면 다음과 같이 설정한다.

- 명령 : ddim [Enter↵] (혹은 d [Enter↵])
- 아래 그림과 같이 치수 크기를 설정한다(**전체 축척 사용(S)값을 '8'로 설정한다**).

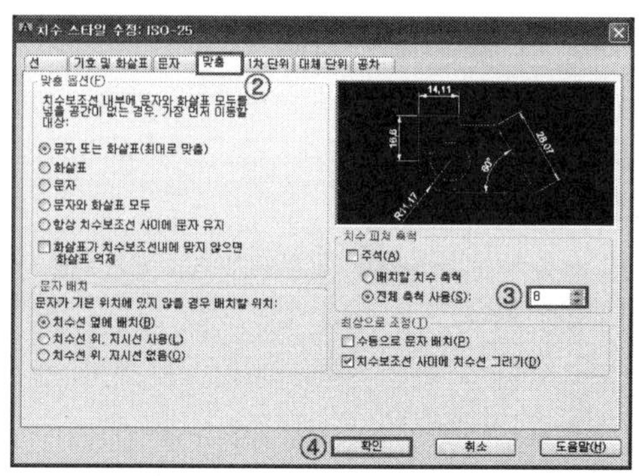

기본 객체 가공하기 3 - 객체 모서리 가공하기

1 두 객체를 곡선으로 연결하기 : Fillet(모깍기), Circle → Tttr 옵션
2 두 객체를 사선으로 연결하기 : CHAmfer
3 두 객체를 끝점으로 연결하기 : Fillet, CHAmfer
4 평행한 두 직선을 반원으로 연결하기 : Fillet

(1) 두 객체를 곡선으로 연결하기 : Fillet(모깍기), Circle → Ttr 옵션

① 두 직선이 곡선으로 연결된 형태

② 원과 직선이 곡선으로 연결된 형태

③ 원과 원이 곡선으로 연결된 형태

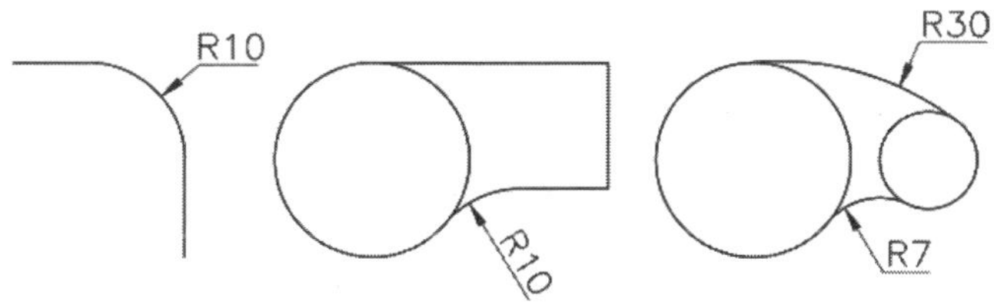

① 두 직선 연결　② 원과 직선 연결　③ 원과 원 연결

(2) 두 객체를 사선으로 연결하기 : CHAmfer(모따기)

두 개의 직선에 대해서만 적용됩니다.

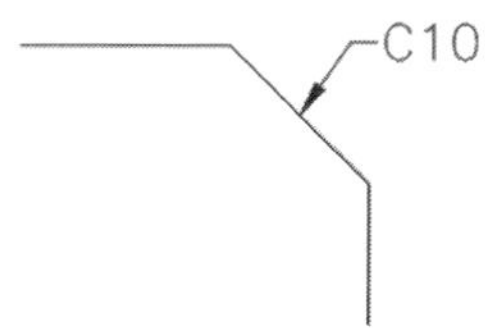

(3) 두 객체를 끝점으로 연결하기 : Fillet, CHAmfer, GRIP을 이용한 끌기

① 서로 떨어져 있거나 교차한 선을 끝점으로 연결

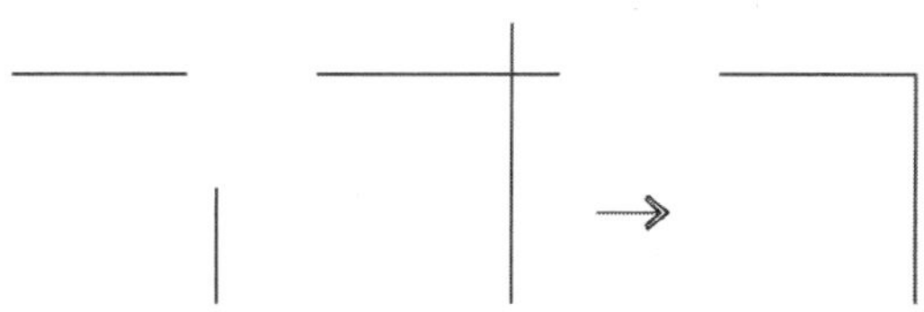

[명령 적용 전]　[명령 적용 후]

② 서로 떨어진 원과 선을 끝점으로 연결하기

[명령 적용 전]　[명령 적용 후]

③ 서로 평행한 두 직선을 반원으로 연결하기 : Fillet

평행한 두 개의 직선에 대해서만 적용된다.

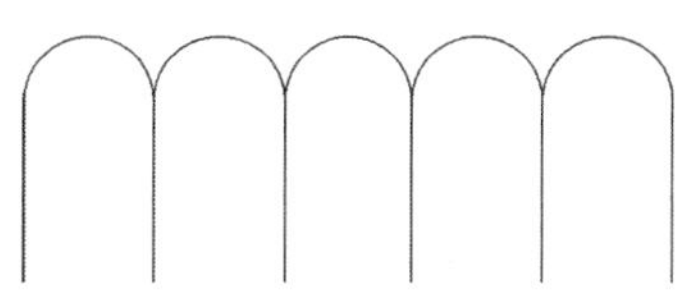

2. 두 객체를 곡선으로 연결하기

- Fillet (모깎기)
- Circle ▶ Tttr 옵션

2.1 두 객체를 곡선으로 연결하기 1 – Fillet (모깎기)

- 선택된 객체의 모서리 부분을 곡선으로 연결하는 명령(일반적으로 모깎기라고 함.)
- 곡선의 반지름 값을 지정하지 않았을 경우 선의 끝점이 연결되는 구석 연결이 적용됨.

(1) 모깎기 명령 실행

명령줄 사용 : fillet [Enter↵] (단축 명령 : f [Enter↵])

리본메뉴 사용 : 홈 탭 ▶ 수정 패널 ▶

주메뉴 사용 : 수정(M) ▶ 모깎기(F)

도구막대 사용 : 수정 도구막대 ▶

(2) 모깎기 명령 옵션

► 명령 : fillet [Enter↵] (혹은 f [Enter↵])

► 현재 설정 : 모드 = TRIM, 반지름 = 0.0000

► 첫 번째 객체 선택 또는 [명령 취소(U)/폴리선(P)/반지름(R)/자르기(T)/다중(M)] :

옵 션	내 용
명령 취소(U)	적용된 모깎기 명령 취소
폴리선(P)	한 개의 Polyline의 모든 모서리를 라운딩 처리
반지름(R)	모깎기를 적용할 곡선의 반지름 크기 설정(반지름이 '0'이면 구석점 연결됨)
자르기(T)	모깎기 적용시 원본 객체의 라운딩 처리부분의 삭제 여부를 설정
자르기(T)	모깎기 적용시 원본 객체의 라운딩 처리 모서리 부분을 삭제함.
자르지 않기(N)	모깎기 적용시 원본 객체의 라운딩 처리 모서리 부분을 그대로 유지함.
다중(M)	모깎기 여러번 실행하기(기본값은 1회 명령으로 1회 모깎기 적용됨)

(3) 모깎기 명령 따라하기

① 모서리 자르기 설정을 이용한 모깎기

먼저 모깎기 적용 전의 사각형 도형을 그린 후 따라하도록 한다.

► 명령 : fillet [Enter↵] (혹은 f [Enter↵])

► 현재 설정 : 모드 = TRIM, 반지름 = 0.0000

► 첫 번째 객체 선택 또는 [명령 취소(U)/폴리선(P)/반지름(R)/자르기(T)/다중(M)] : r [Enter↵] ➔ *모깎기 반지름값 입력 옵션 선택*

► 모깎기 반지름 지정 〈0.0000〉 : 20 [Enter↵] ➔ *모깎기 반지름값 입력*

► 첫 번째 객체 선택 또는 [명령 취소(U)/폴리선(P)/반지름(R)/자르기(T)/다중(M)] : t [Enter↵] ➔ *모깎기 적용시 모서리 자르기 설정 옵션 선택*

► 자르기 모드 옵션 입력 [자르기(T)/자르지 않기(N)] 〈자르기〉 : t [Enter↵]

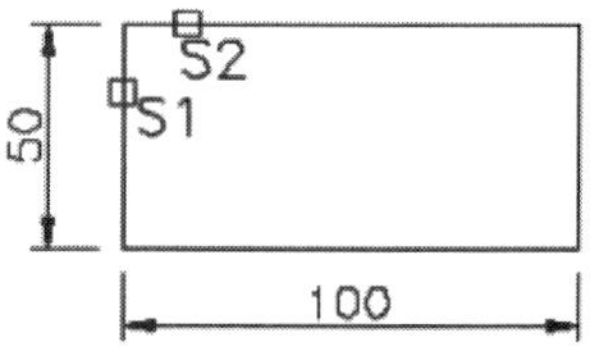

[모깎기 적용 전]

► 첫 번째 객체 선택 또는 [명령 취소(U)/폴리선(P)/반지름(R)/자르기(T)/다중(M)] : S1 객체 선택
► 두 번째 객체 선택 또는 Shift 키를 누른 채 선택하여 구석 적용 : S2객체 선택

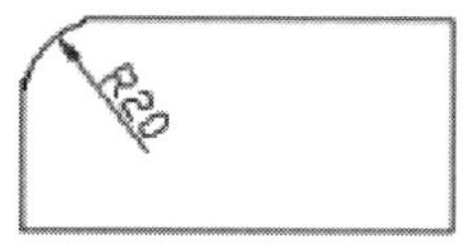

[모깎기 적용 후]

② 모서리 자르지 않기 설정을 이용한 모깎기
► 명령 : fillet Enter↵ (혹은 f Enter↵)
► 현재 설정 : 모드 = TRIM, 반지름 = 0.0000
► 첫 번째 객체 선택 또는 [명령 취소(U)/폴리선(P)/반지름(R)/자르기(T)/다중(M)] : r Enter↵ ➔ *모깎기 반지름값 입력 옵션 선택*
► 모깎기 반지름 지정 〈0.0000〉 : 20 Enter↵ ➔ *모깎기 반지름값 입력*
► 첫 번째 객체 선택 또는 [명령 취소(U)/폴리선(P)/반지름(R)/자르기(T)/다중(M)] : t Enter↵ ➔ *모깎기 적용시 모서리 자르기 설정 옵션 선택*
► 자르기 모드 옵션 입력 [자르기(T)/자르지 않기(N)] 〈자르기〉 : n Enter↵
► 첫 번째 객체 선택 또는 [명령 취소(U)/폴리선(P)/반지름(R)/자르기(T)/다중(M)] : S1 객체 선택
► 두 번째 객체 선택 또는 Shift 키를 누른 채 선택하여 구석적용 : S2객체 선택

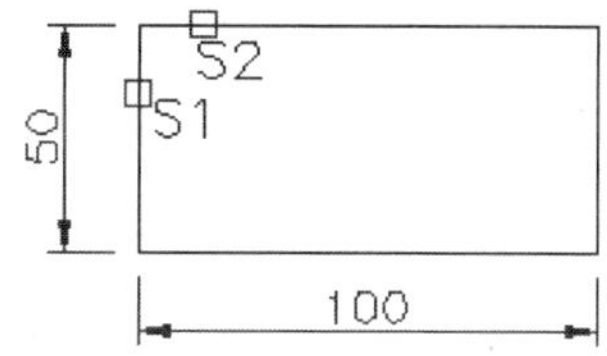

[모깎기 적용 전]

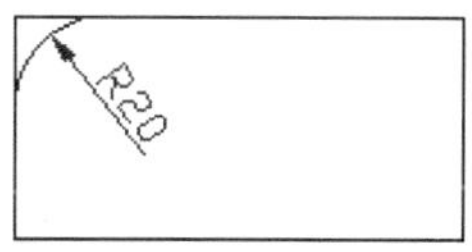

[모깎기 적용 후]

2.2 두 객체를 곡선으로 연결하기 2 – Circle(Ttr 옵션)

• 원 그리기 명령의 Ttr 옵션을 이용하면 두 객체를 곡선으로 연결할 수 있다.

(1) 원 그리기 명령을 이용해 두 객체를 곡선으로 연결하는 명령 실행

명령줄 사용 : circle Enter↵ ▶ Ttr 옵션

(2) 원 그리기 명령 옵션

원 그리기 명령 옵션을 참조한다(69쪽 참고).

(3) 원 그리기 명령의 Ttr 옵션을 이용한 두 객체 곡선 연결 따라하기

① 오른쪽 그림과 같이 사각형을 먼저 그린다.
► 사용명령 : Line (1)

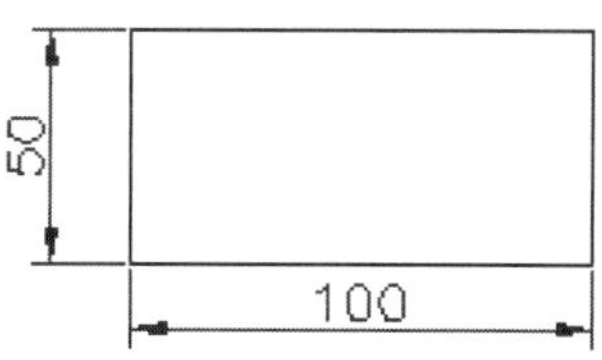

② 원 그리기 명령의 Ttr 옵션을 이용해 원을 그린다.
► 명령 : circle Enter↵ (혹은 c Enter↵)
► 원에 대한 중심점 지정 또는 [3점(3P)/2점(2P)/Ttr – 접선 접선 반지름(T)] : t Enter↵ ➔ *Ttr 옵션 선택*
► 원의 첫 번째 접점에 대한 객체위의 점 지정 : S1 객체 선택
► 원의 두 번째 접점에 대한 객체위의 점 지정 : S2 객체 선택
► 원의 반지름 지정 : 20 Enter↵ ➔ *원 반지름 입력*

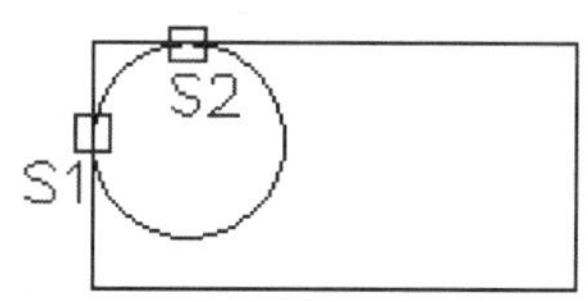

③ 자르기(TRim) 명령을 이용해 도면을 완성한다.
► 사용 명령 : trim Enter↵ (혹은 tr Enter↵)

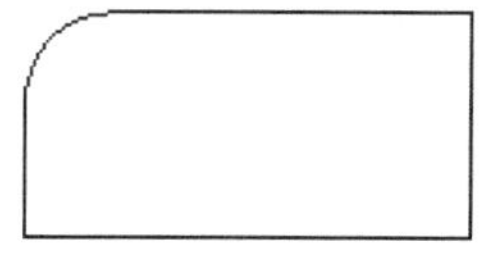

(4) 원 그리기 명령의 Ttr 옵션을 이용한 두 원을 볼록하게 연결하는 곡선 그리기

① 오른쪽 그림과 같이 선과 원을 먼저 그린다.

▸ 사용명령 : Line, Circle

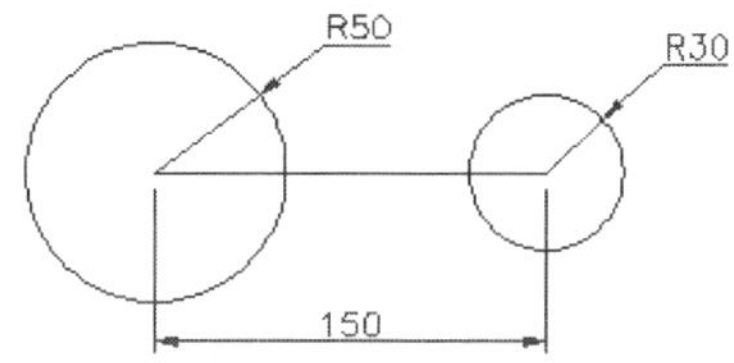

② 원 그리기 명령의 Ttr 옵션을 이용해 원을 그린다.

▸ 명령 : circle [Enter↵] (혹은 c [Enter↵])

▸ 원에 대한 중심점 지정 또는 [3점(3P)/2점(2P)/Ttr – 접선 접선 반지름(T)] :

t [Enter↵] ➔ *Ttr 옵션 선택*

▸ 원의 첫 번째 접점에 대한 객체위의 점 지정 : S1 객체 선택

▸ 원의 두 번째 접점에 대한 객체위의 점 지정 : S2 객체 선택

▸ 원의 반지름 지정 : 150 [Enter↵] ➔ *원 반지름 입력*

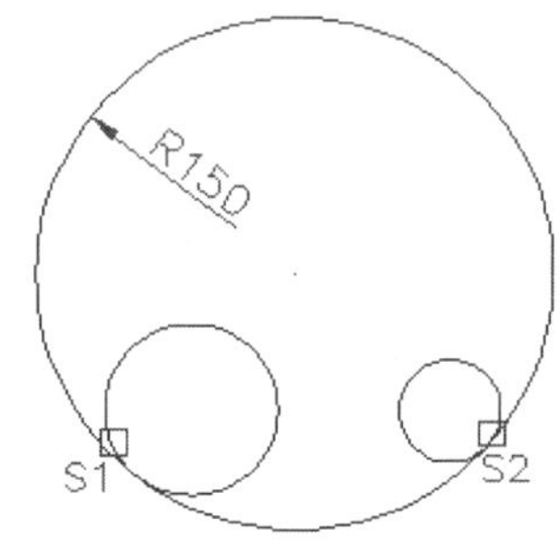

※ S1객체와 S2객체 선택시 반드시 원이 접하는 위치에 선택한다.

③ 자르기(TRim) 명령을 이용해 도면을 완성한다.

▸ 사용 명령 : TRim (126쪽 자르기 명령을 참조한다.)

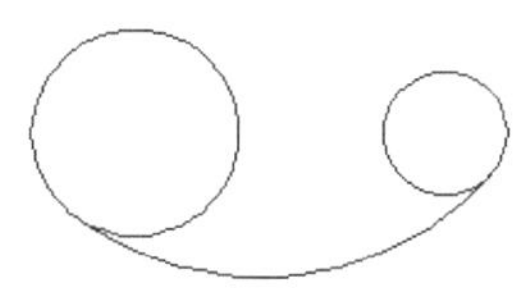

확인

두 개의 원을 연결하는 곡선 그리기

① S1 객체 곡선 그리기 가능 명령 : Fillet (모깎기), Circle (원) Ttr 옵션

② S2 객체 곡선 그리기 가능 명령 : Circle (원)의 Ttr 옵션으로만 가능
(단, 선택 위치 중요. 접하는 위치에서 선택)

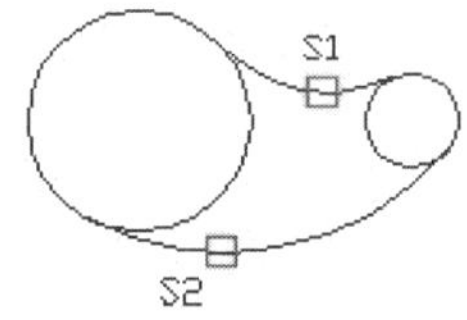

3. 두 객체를 사선으로 연결하기 – CHAmfer (모따기)

- 선택한 두 선의 교차점으로부터 지정한 거리에서 두 선을 연결하는 명령
- FILLET과는 달리 LINE과 PLINE에서만 적용됨.

3.1 모따기기 명령 실행

명령줄 사용 : chamfer [Enter↵] (단축 명령 : cha)

리본메뉴 사용 : 홈 탭 ▶ 수정 패널 ▶

주메뉴 사용 : 수정 (M) ▶ 모따기 (C)

도구막대 사용 : 수정 도구막대 ▶

3.2 모따기 명령 옵션

- ▶ 명령 : chamfer [Enter↵] (혹은 cha [Enter↵])
- ▶ (TRIM 모드) 현재 모따기 거리1 = 0.0000, 거리2 = 0.0000
- ▶ 첫 번째 선 선택 또는 [명령 취소(U)/폴리선(P)/거리(D)/각도(A)/자르기(T)/메서드(E)/다중(M)] :
- ▶ 두 번째 선 선택 또는 [Shift] 키를 누른 채 선택하여 구석 적용 :

옵　　션	내　　　　　용
첫 번째선 선택	모따기할 첫 번째 객체 선택
두 번째선 선택	모따기할 두 번째 객체 선택 [Shift]키를 누른 채 두 번째 선 선택하면 구석 연결이 적용 됨.
명령 취소(U)	모따기 명령 취소
폴리선(P)	한 개의 Polyline의 모든 모서리를 라운딩 처리
2D 폴리선 선택	2D로 된 폴리선 선택
거리(D)	모따기할 거리값 입력
첫 번째 모따기 거리 지정	모따기할 첫 번째 거리값 입력
두 번째 모따기 거리 지정	모따기할 두 번째 거리값 입력
각도(A)	거리와 각도를 지정하여 모따기의 거리를 정한다.
첫 번째 모따기 길이 지정	모따기할 객체의 첫 번째 선택한 객체로부터의 거리값 입력
모따기 각도 지정	모따기할 객체의 첫 번째 선택한 객체로부터의 각도값 입력
자르기(T)	실행하고자 하는 두 객체의 자르기 여부 설정
자르기(T)	모따기 적용되는 원본 가장자리를 절단한 채로 모따기 처리
자르지 않기(N)	모따기 적용되는 원본 가장자리를 남겨둔 채로 모따기 처리
메서드(E)	모따기의 방법 선택
거리(D)	두 거리에 의해 모따기
각도(A)	거리와 각도에 의해 모따기
다중(M)	모따기 여러번 실행하기(기본값은 1회 명령으로 1회 모깎기 적용됨)

3.3 모따기 명령 따라하기

(1) 모서리 자르기 옵션 설정을 이용한 모따기 적용하기

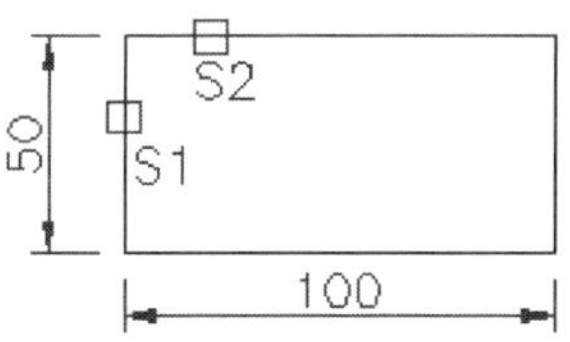

[모따기 적용 전]

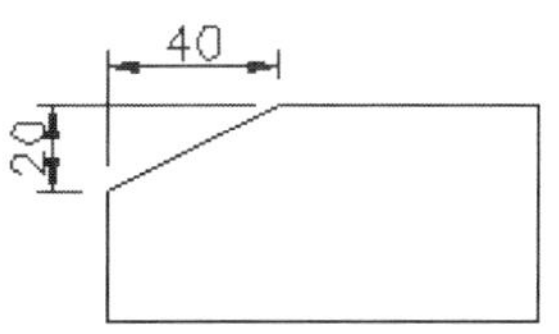

[모따기 적용 후]

- ▶ 명령 : chamfer [Enter↵] (혹은 cha [Enter↵])
  (TRIM 모드) 현재 모따기 거리1 = 0.0000, 거리2 = 0.0000
- ▶ 첫 번째 선 선택 또는 [명령 취소(U)/폴리선(P)/거리(D)/각도(A)/자르기(T)/메서드(E)/다중(M)] : d [Enter↵] ➔ *거리 설정 옵션 선택*
- ▶ 첫 번째 모따기 거리 지정 〈0.0000〉 : 20 [Enter↵]
- ▶ 두 번째 모따기 거리 지정 〈20.0000〉 : 40 [Enter↵]
- ▶ 첫 번째 선 선택 또는 [명령 취소(U)/폴리선(P)/거리(D)/각도(A)/자르기(T)/메서드(E)/다중(M)] : t [Enter↵] ➔ *자르기 설정 옵션 선택*
- ▶ 자르기 모드 옵션 입력 [자르기(T)/자르지 않기(N)] 〈자르기〉 : t [Enter↵]
- ▶ 첫 번째 선 선택 또는 [명령 취소(U)/폴리선(P)/거리(D)/각도(A)/자르기(T)/메서드(E)/다중(M)] : **S1 객체 선택**
- ▶ 두 번째 선 선택 또는 [Shift] 키를 누른 채 선택하여 구석 적용 : **S2 객체 선택**

(2) 모서리 자르지 않기 옵션 설정을 이용한 모따기 적용하기

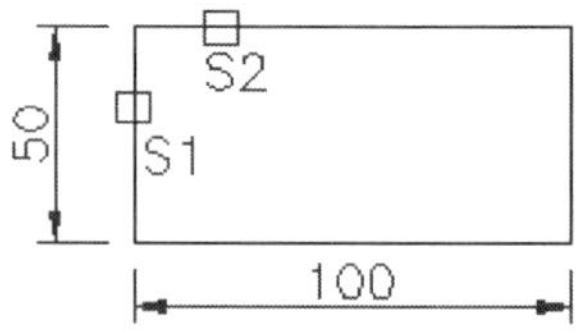

[모따기 적용 전]

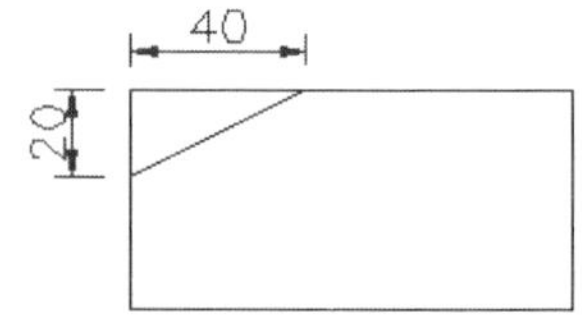

[모따기 적용 후]

- ► 명령 : chamfer Enter↵ (혹은 cha Enter↵)
  (TRIM 모드) 현재 모따기 거리1 = 0.0000, 거리2 = 0.0000
- ► 첫 번째 선 선택 또는 [명령 취소(U)/폴리선(P)/거리(D)/각도(A)/자르기(T)/메서드(E)/다중(M)] : d Enter↵ ➔ *거리 설정 옵션 선택*
- ► 첫 번째 모따기 거리 지정 〈0.0000〉 : 20 Enter↵
- ► 두 번째 모따기 거리 지정 〈20.0000〉 : 40 Enter↵
- ► 첫 번째 선 선택 또는 [명령 취소(U)/폴리선(P)/거리(D)/각도(A)/자르기(T)/메서드(E)/다중(M)] : t Enter↵ ➔ *자르기 설정 옵션 선택*
- ► 자르기 모드 옵션 입력 [자르기(T)/자르지 않기(N)] 〈자르기〉 : n Enter↵ ➔ *자르지 않기 설정*
- ► 첫 번째 선 선택 또는 [명령 취소(U)/폴리선(P)/거리(D)/각도(A)/자르기(T)/메서드(E)/다중(M)] : S1 객체 선택
- ► 두 번째 선 선택 또는 Shift 키를 누른 채 선택하여 구석 적용 : S2 객체 선택

(3) 길이와 각도값을 이용한 모따기 적용하기

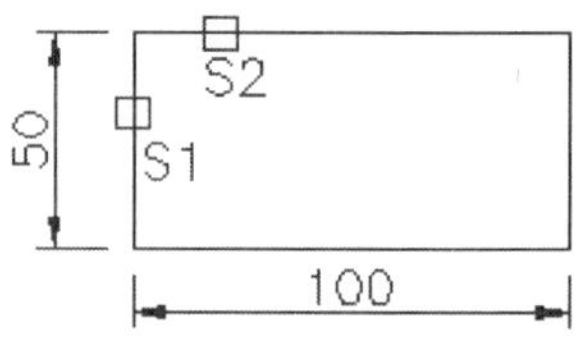

[모따기 적용 전]

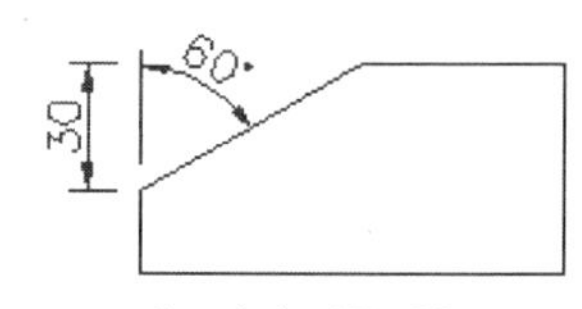

[모까기 적용 후]

- ► 명령 : chamfer Enter↵ (혹은 cha Enter↵)
  (TRIM 모드) 현재 모따기 거리1 = 20.0000, 거리2 = 40.0000
- ► 첫 번째 선 선택 또는 [명령 취소(U)/폴리선(P)/거리(D)/각도(A)/자르기(T)/메서드(E)/다중(M)] : a Enter↵
- ► 첫 번째 선의 모따기 길이 지정 〈0.0000〉 : 30 Enter↵
- ► 첫 번째 선으로부터 모따기 각도 지정 〈0〉 : 60 Enter↵
- ► 첫 번째 선 선택 또는 [명령 취소(U)/폴리선(P)/거리(D)/각도(A)/자르기(T)/메서드(E)/다중(M)] : S1 객체 선택
- ► 두 번째 선 선택 또는 Shift 키를 누른 채 선택하여 구석 적용 : S2 객체 선택

4. 두 객체를 끝점으로 연결하기(구석 연결하기)

- 객체 자르기(TRim), 객체 연장하기(EXtend)를 사용하지 않고 적용하는 방법이다.
- 두 객체가 끝점으로 연결된 형태를 구석 연결이라고 하며, 다음과 같은 방법이 있다.

> ▪ **Fillet 명령을 사용하는 경우**
> - 반지름을 '0'으로 설정해 명령 적용하기
> - 두 번째 객체를 키보드 Shift 키를 누른 채 객체 선택하기
>
> ▪ **CHAmfer 명령을 사용하는 경우**
> - 연결 거리값을 '0'으로 설정해 명령 적용하기
> - 두 번째 객체를 키보드 Shift 키를 누른 채 객체 선택하기
>
> ▪ **grip** : 명령을 실행하지 않고 선택한 객체의 끝점에 나타난 그립을 선택한 후 다른 선의 끝점으로 끌기하기 지정하기

4.1 Fillet 명령으로 두 선의 끝점 연결하기

(1) [Shift] 키를 이용해 구석 적용하기

① 임의의 크기로 오른쪽 그림과 같이 도면을 먼저 그린다.

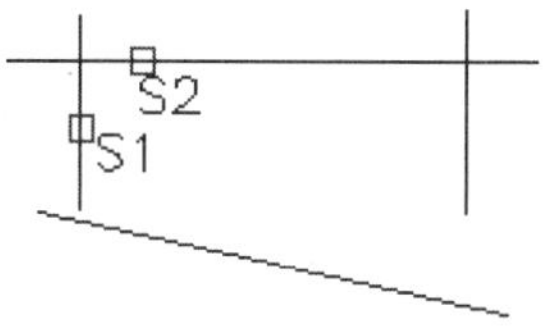

② 모깎기 명령을 실행해 구석점 연결을 적용한다.

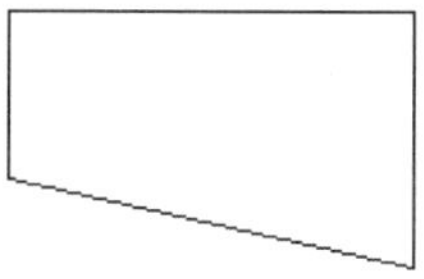

► 명령 : fillet [Enter↵] (혹은 f [Enter↵])

► 현재 설정 : 모드 = TRIM, 반지름 = 10.0000

► 첫 번째 객체 선택 또는 [명령 취소(U)/폴리선(P)/반지름(R)/자르기(T)/다중(M)] : S1 객체 선택

► 두 번째 객체 선택 또는 [Shift] 키를 누른 채 선택하여 구석 적용 : [Shift] 키를 누른 채 S2 객체 선택

(2) 반지름을 '0'으로 설정해 구석 적용하기

① 임의의 크기로 오른쪽 그림과 같이 도면을 먼저 그린다.

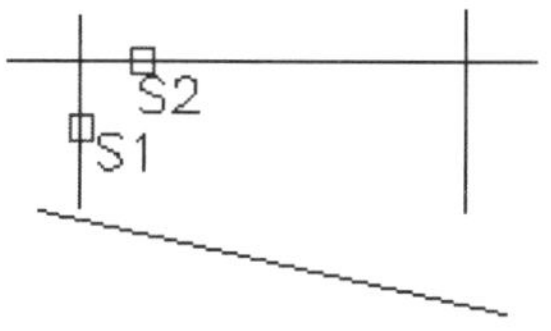

② 모깎기 명령을 실행해 구석점 연결을 적용한다.

모드 = TRIM, 반지름이 = 0으로 설정되어 있는지 꼭 확인한다.

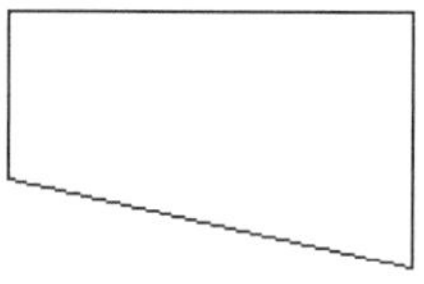

► 명령 : fillet [Enter↵] (혹은 f [Enter↵])

► 현재 설정 : 모드 = NOTRIM, 반지름 = 0.0000

► 첫 번째 객체 선택 또는 [명령 취소(U)/폴리선(P)/반지름(R)/자르기(T)/다중(M)] : r [Enter↵] ➔ *모깎기 반지름값 입력 옵션 선택*

► 모깎기 반지름 지정 〈0.0000〉 : 0 [Enter↵] ➔ *모깎기 반지름값 입력*

► 첫 번째 객체 선택 또는 [명령 취소(U)/폴리선(P)/반지름(R)/자르기(T)/다중(M)] : t [Enter↵] ➔ *모깎기 적용시 모서리 자르기 설정 옵션 선택*

► 자르기 모드 옵션 입력 [자르기(T)/자르지 않기(N)] 〈자르기〉 : t [Enter↵]

► 첫 번째 객체 선택 또는 [명령 취소(U)/폴리선(P)/반지름(R)/자르기(T)/다중(M)] : S1 객체 선택

► 두 번째 객체 선택 또는 [Shift] 키를 누른 채 선택하여 구석 적용 : S2 객체 선택

확인

객체 선택 위치에 따라 구석 연결의 모양이 다르게 나타날 수 있다(선택한 위치의 선이 남겨진다).

4.2 CHAmfer 명령으로 두선의 끝점 연결하기

(1) [Shift] 키를 이용해 구석 적용하기

① 임의의 크기로 오른쪽 그림과 같이 도면을 먼저 그린다.

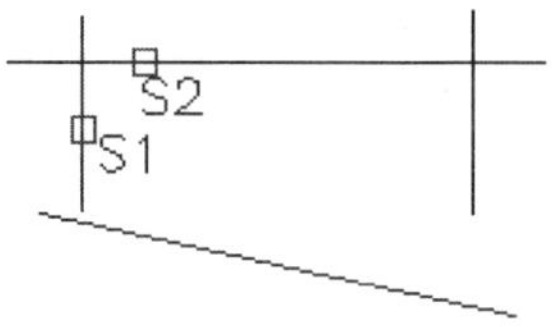

② 모따기 명령을 실행해 구석점 연결을 적용한다.

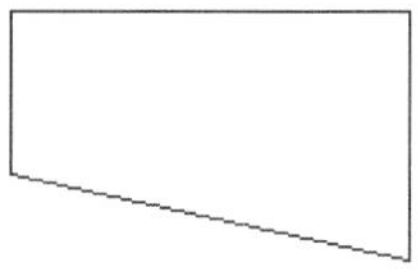

- ► 명령 : chamfer [Enter↵] (혹은 cha [Enter↵])
- ► (TRIM 모드) 현재 모따기 거리1 = 0.0000, 거리2 = 0.0000
- ► 첫 번째 선 선택 또는 [명령 취소(U)/폴리선(P)/거리(D)/각도(A)/자르기(T)/메서드(E)/다중(M)] : S1 객체 선택
- ► 두 번째 선 선택 또는 [Shift] 키를 누른 채 선택하여 구석 적용 : [Shift] 키를 누른 채 S2 객체 선택

나머지 선에 대해서도 적용한다.

(2) 거리값을 '0'으로 설정해 구석 적용하기

① 임의의 크기로 오른쪽 그림과 같이 도면을 먼저 그린다.

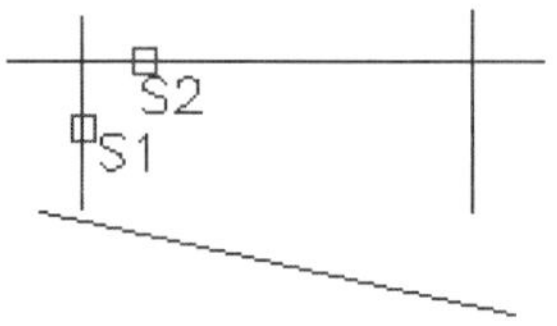

② 모따기 명령을 실행해 구석점 연결을 적용한다.

현재 모따기 거리1 = 0, 거리2 = 0, 모드 = TRIM으로 설정되어 있는지 꼭 확인한다.

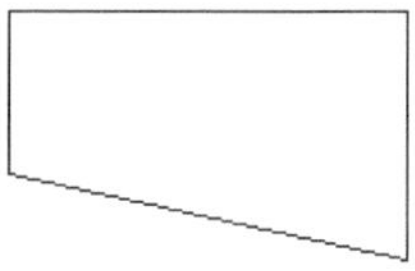

- ► 명령 : chamfer [Enter↵] (혹은 cha [Enter↵])
- ► (NOTRIM 모드) 현재 모따기 거리1 = 10.0000, 거리2 = 10.0000
- ► 첫 번째 선 선택 또는 [명령 취소(U)/폴리선(P)/거리(D)/각도(A)/자르기(T)/메서드(E)/다중(M)] : D [Enter↵]
- ► 첫 번째 모따기 거리 지정 〈0.0000〉 : 0 [Enter↵]
- ► 두 번째 모따기 거리 지정 〈0.0000〉 : 0 [Enter↵]
- ► 첫 번째 선 선택 또는 [명령 취소(U)/폴리선(P)/거리(D)/각도(A)/자르기(T)/메서드(E)/다중(M)] : t [Enter↵]
- ► 자르기 모드 옵션 입력 [자르기(T)/자르지 않기(N)] 〈자르지 않기〉 : t [Enter↵]
- ► 첫 번째 선 선택 또는 [명령 취소(U)/폴리선(P)/거리(D)/각도(A)/자르기(T)/메서드(E)/다중(M)] : S1 객체 선택
- ► 두 번째 선 선택 또는 [Shift] 키를 누른 채 선택하여 구석 적용 : S2 객체 선택

나머지 선도 동일한 방법으로 적용해 모든 모서리를 연결한다.

5. 평행한 두 선을 반원으로 연결하기 – fillet

- 평행한 두 직선을 Fillet 명령 실행 후 두 선을 선택하면 반원이 생성됨.
- 반지름 크기를 설정할 필요 없음.

5.1 명령 따라하기

① 먼저 오른쪽 그림과 같이 평행한 수직선을 그린다.

► 사용명령 : Line(직교모드 이용해 그리기), Offset

선은 반드시 평행해야 한다.

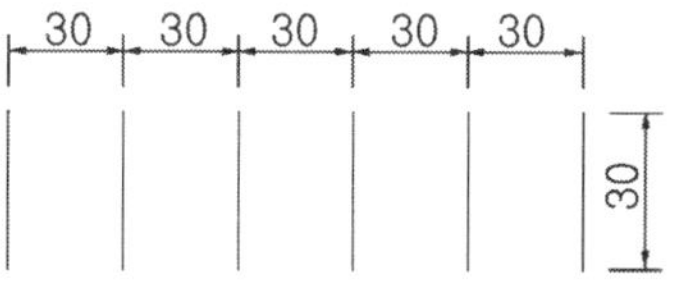

② 평행한 두 선을 반원으로 연결한다.

► 명령 : fillet [Enter↵] (혹은 f [Enter↵])

► 현재 설정 : 모드 = TRIM, 반지름 = 0.0000

► 첫 번째 객체 선택 또는 [명령 취소(U)/폴리선(P)/반지름(R)/자르기(T)/다중(M)] : **S1 객체 선택**

► 두 번째 객체 선택 또는 [Shift] 키를 누른 채 선택하여 구석 적용 : **S2 객체 선택**

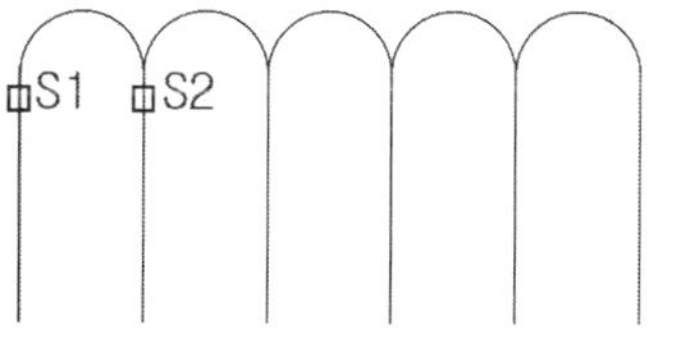

기본 객체 가공하기 3 명령 따라하기 - 세면대 그리기

다음 도면을 따라 그린다.

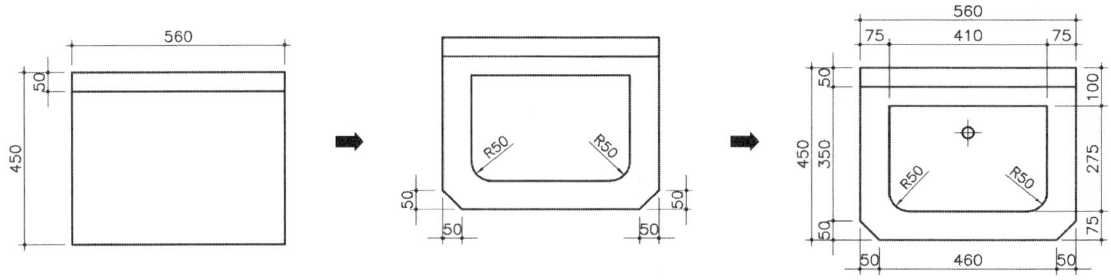

(1) 먼저 도면 작업 영역을 설정한다.

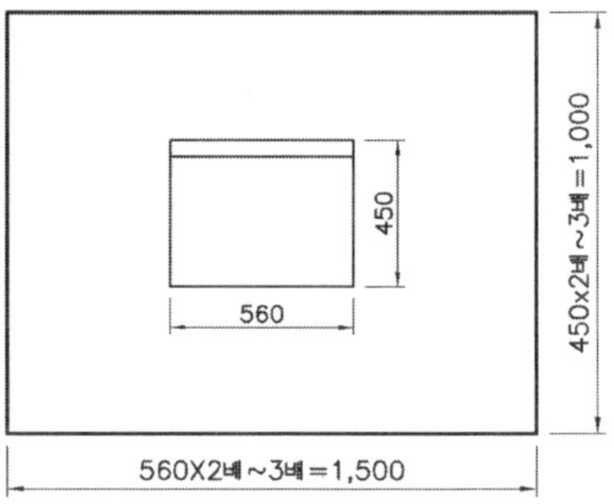

- ▸ 명령 : limits [Enter↵] (혹은 형식메뉴 → 도면한계)
- ▸ 모형 공간 한계 재설정 :
- ▸ 왼쪽 아래 구석 지정 또는 [켜기(ON)/끄기(OFF)] 〈0.00,0.00〉 : 0,0 [Enter↵]
- ▸ 오른쪽 위 구석 지정 〈3000.00,3000.00〉 : 1500,1000 [Enter↵]

- ▸ 명령 : zoom [Enter↵] (혹은 z [Enter↵])
- ▸ 윈도우 구석을 지정, 축척 비율(nX 또는 nXP)을 입력, 또는 [전체(A)/중심(C)/동적(D)/범위(E)/이전(P)/축척(S)/윈도우(W)/객체(O)] 〈실시간〉 : a [Enter↵]

(2) 세면대 도면을 그린다.

① 오른쪽 그림과 같이 사각형을 그린다.

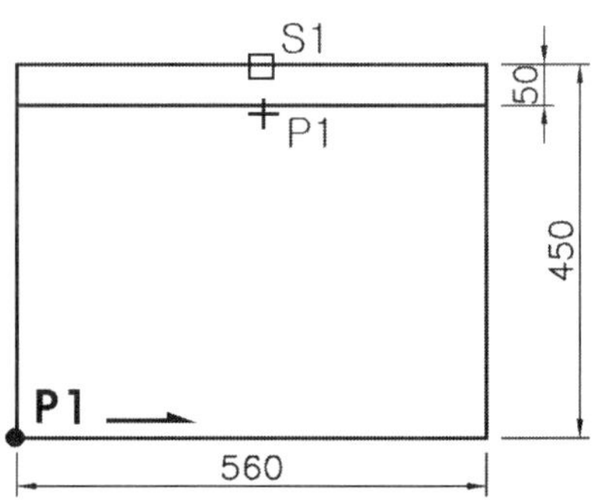

- ▸ 사용명령 : line [Enter↵] (혹은 l [Enter↵])

- ▸ 사용명령 : offset [Enter↵] (혹은 o [Enter↵])

② 아랫부분에 모따기를 적용한다.

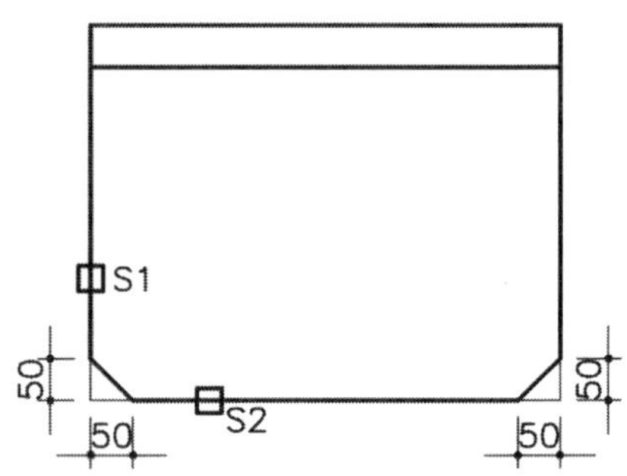

- ▸ 명령 : chamfer [Enter↵] (혹은 cha [Enter↵])
- ▸ (자르지 않기 모드) 현재 모따기 거리1 = 0.000, 거리2 = 0.000
- ▸ 첫 번째 선 선택 또는 [명령 취소(U)/폴리선(P)/거리(D)/각도(A)/자르기(T)/메서드(E)/다중(M)] : d [Enter↵]
- ▸ 첫 번째 모따기 거리 지정 〈0.0000〉 : 50 [Enter↵]
- ▸ 두 번째 모따기 거리 지정 〈50.0000〉 : 50 [Enter↵]
- ▸ 첫 번째 선 선택 또는 [명령 취소(U)/폴리선(P)/거리(D)/각도(A)/자르기(T)/메서드(E)/다중(M)] : **마우스로 S1 객체 선택**
- ▸ 두 번째 선 선택 또는 [Shift] 키를 누른 채 선택하여 구석 적용 또는 [거리(D)/각도(A)/메서드(M)] : **마우스로 S2 객체 선택**

③ 물을 담아둘 수 있는 부분을 그리기 위해 간격띄우기를 적용한 다음 모깎기를 적용한다.

► 명령 : fillet [Enter↵] (혹은 f [Enter↵])
► 현재 설정 : 모드 = 자르기 않기, 반지름 = 0.0000
► 첫 번째 객체 선택 또는 [명령 취소(U)/폴리선(P)/반지름(R)/자르기(T)/다중(M)] : r [Enter↵] ➔ *반지름 설정*
► 모깎기 반지름 지정 〈50.0000〉 : 50 [Enter↵]
► 첫 번째 객체 선택 또는 [명령 취소(U)/폴리선(P)/반지름(R)/자르기(T)/다중(M)] : t [Enter↵] ➔ *기존선 자르기 옵션 설정*
► 자르기 모드 옵션 입력 [자르기(T)/자르지 않기(N)] 〈자르지 않기〉 : t [Enter↵] ➔ *기존선 자르기 설정*
► 첫 번째 객체 선택 또는 [명령 취소(U)/폴리선(P)/반지름(R)/자르기(T)/다중(M)] : S1객체 선택 ➔ *모깎기할 두 객체 중 하나 선택*
► 두 번째 객체 선택 또는 [Shift] 키를 누른 채 선택하여 구석 적용 또는 [반지름(R)] : S2 객체 선택 ➔ *모깎기할 두 객체 중 나머지 선택*

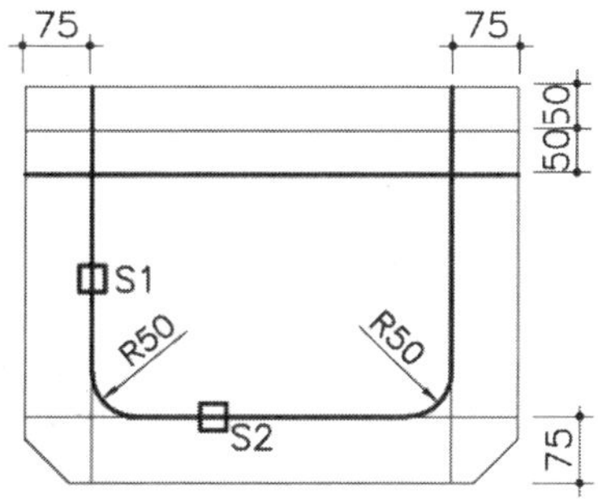

④ 물을 담아둘 수 있는 부분에 두 선에 구석 연결을 적용한다.

► 명령 : fillet [Enter↵] (혹은 f [Enter↵])
► 현재 설정 : 모드 = 자르기 않기, 반지름 = 50.0000
► 첫 번째 객체 선택 또는 [명령 취소(U)/폴리선(P)/반지름(R)/자르기(T)/다중(M)] : 마우스로 S1객체 선택
► 두 번째 객체 선택 또는 [Shift] 키를 누른 채 선택하여 구석 적용 또는 [반지름(R)] : 키보드 [Shift] 키를 누른 채 마우스로 S2 객체 선택

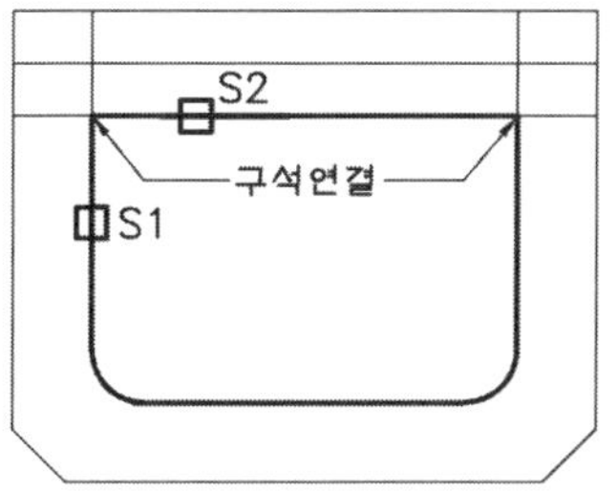

⑤ 물이 빠지는 부분에 원을 그린다.

► 사용명령 : offset (o)
► 사용명령 : circle (C)
► 사용명령 : trim (tr)
► 사용명령 : lengthen (len)

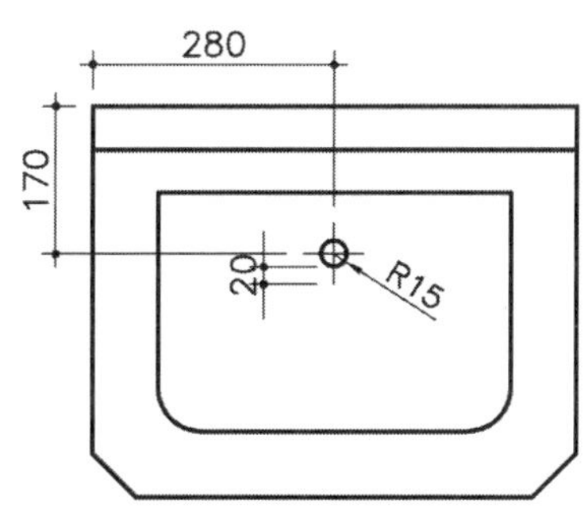

(3) 치수를 측정한다.

① 치수를 측정한다.

► 직선치수 측정 : dli [Enter↵] (혹은 치수도구막대)
► 반지름치수 측정 : dra [Enter↵] (혹은 치수도구막대)
► 치수문자 변경 : ddeidt [Enter↵] (혹은 ed [Enter↵])

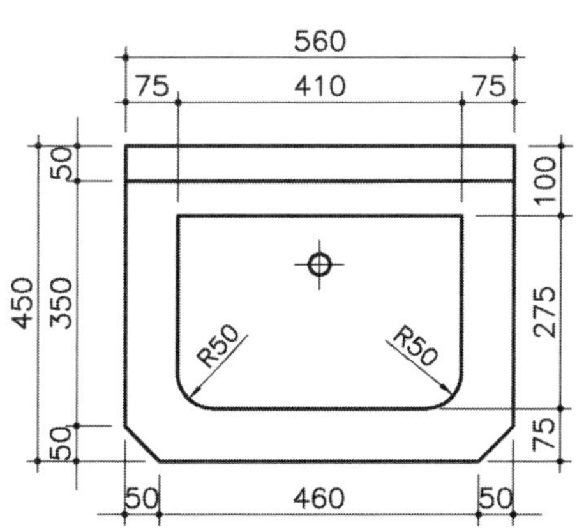

② 치수 크기가 너무 작거나 크다면 치수 유형을 다음과 같이 설정한다.

► 명령 : ddim Enter↵ (혹은 d Enter↵)

► 아래 그림과 같이 치수 크기를 설정한다(**전체 축척 사용(S)값을 '8'로 설정한다**).

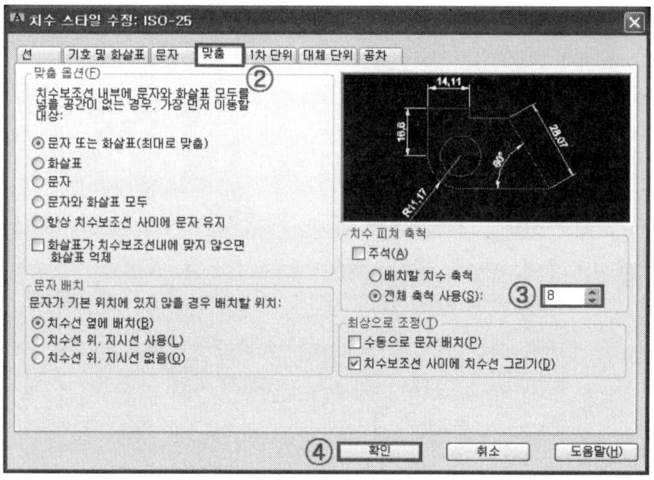

도면 예제 4-1 기본 객체 가공하기 2 : stretch

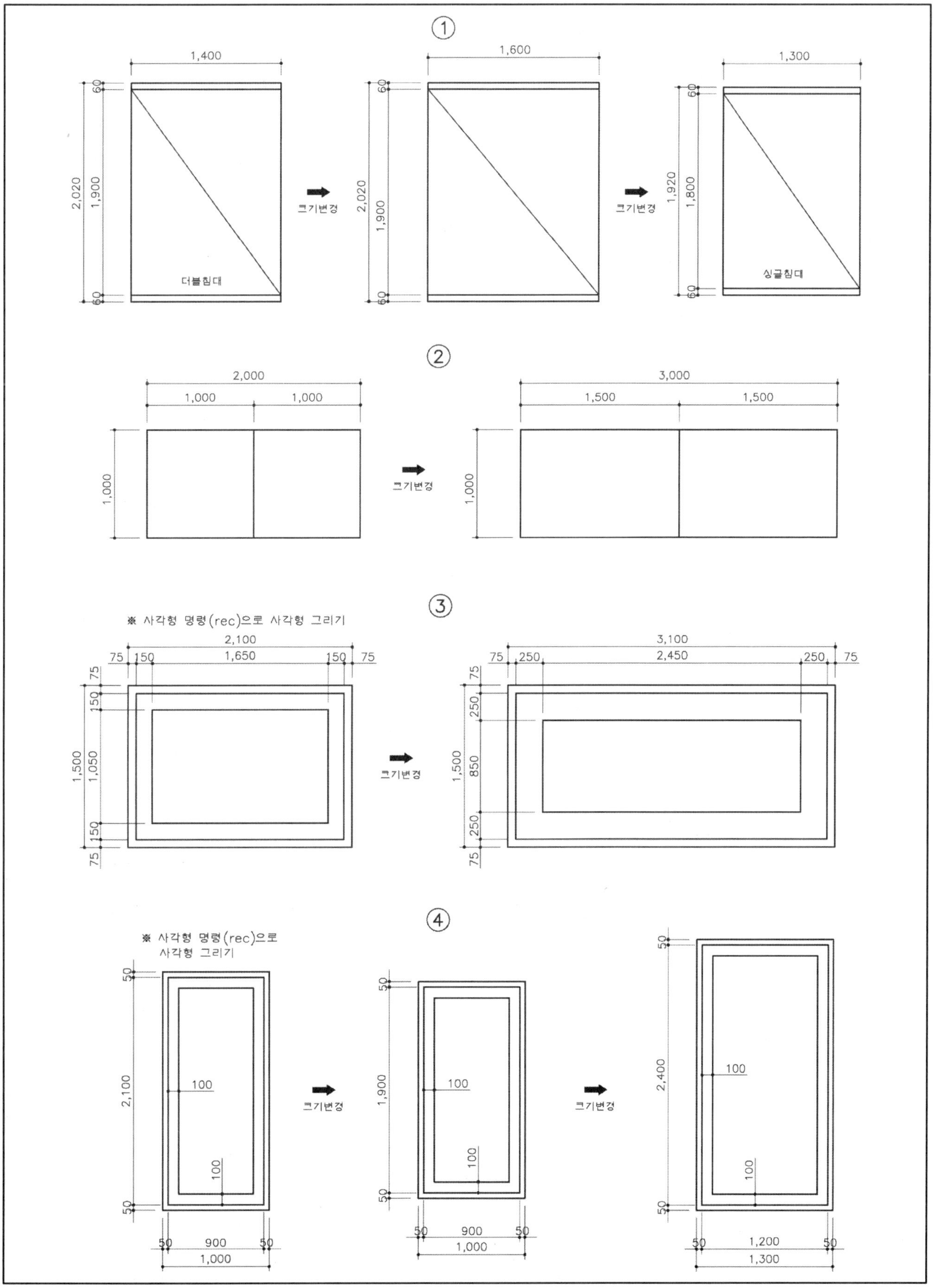

도면 예제 4-2 기본 객체 가공하기 2 : stretch

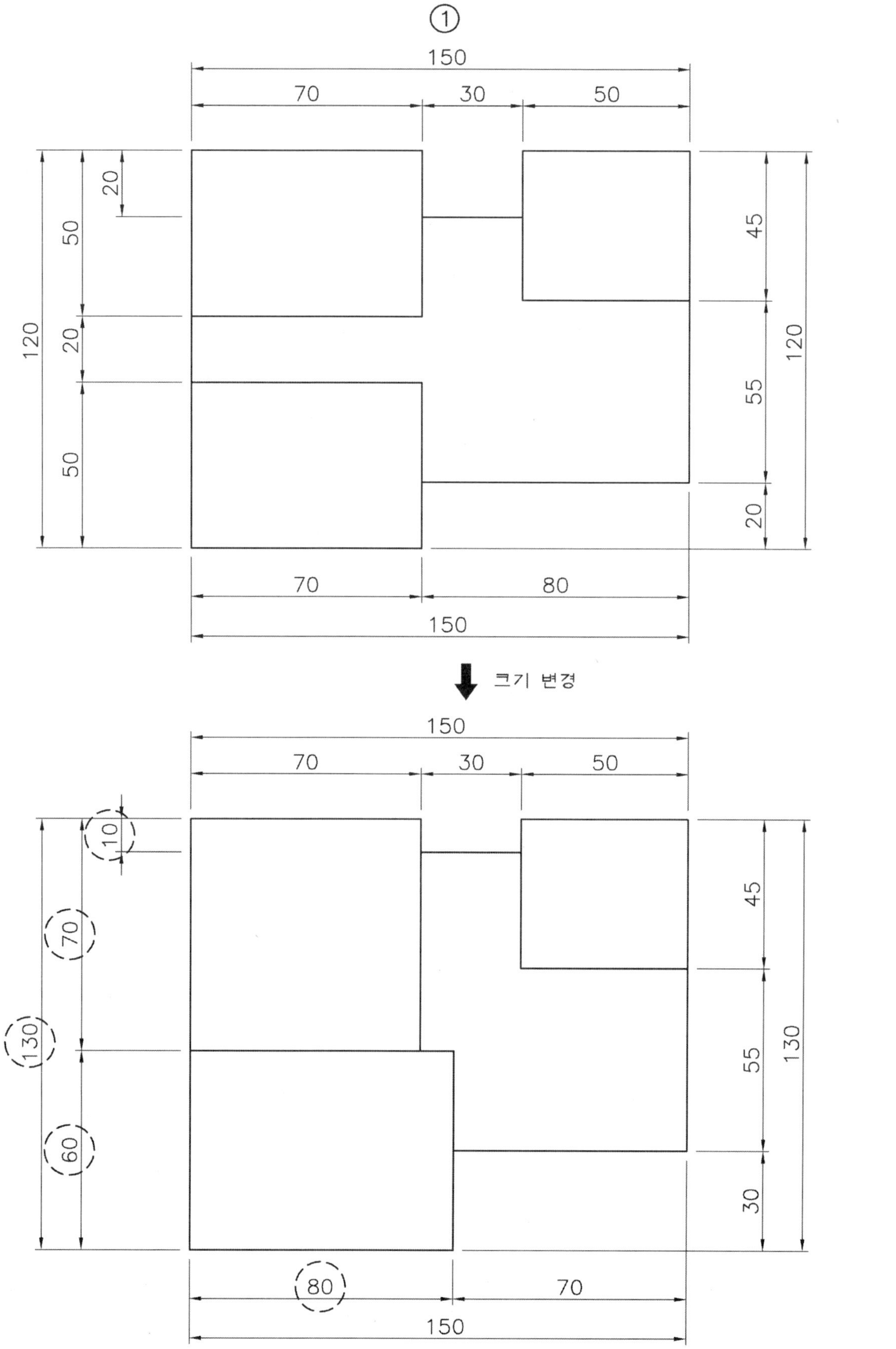

도면 예제 4-3 기본 객체 가공하기 2 : fillet, chamfer

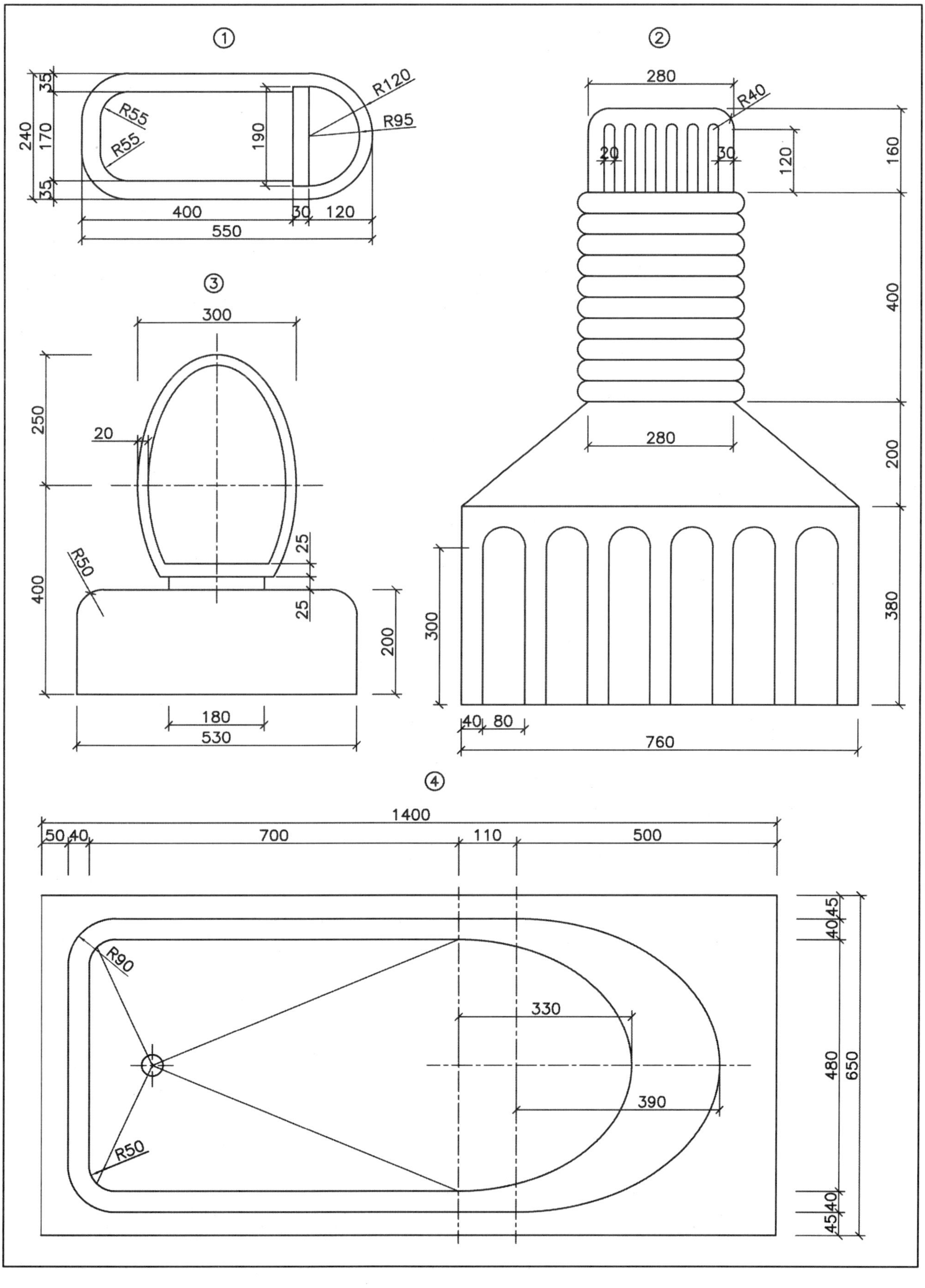

도면 예제 4-4 기본 객체 가공하기 2 : fillet, chamfer

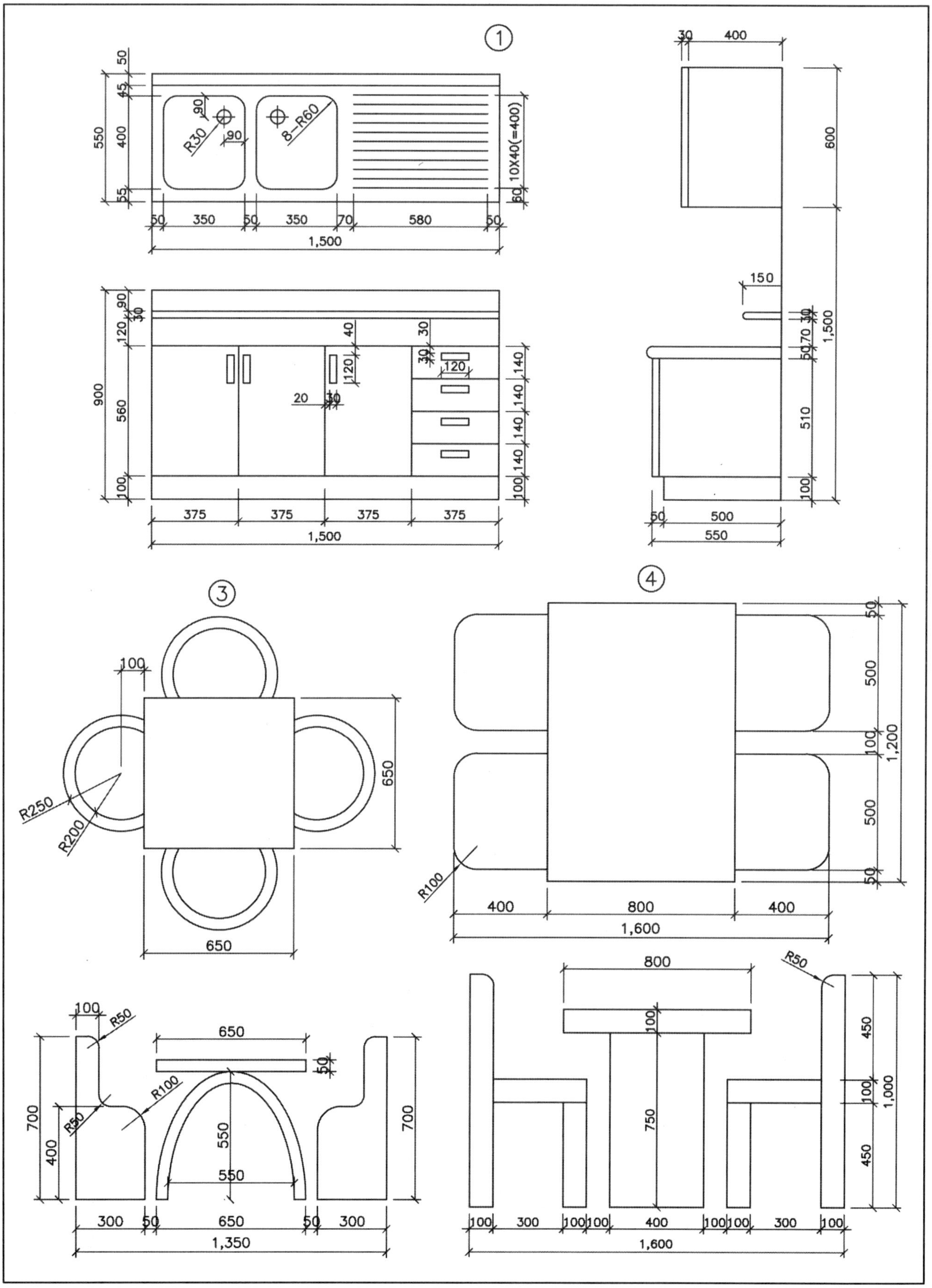

도면 예제 4-5　기본 객체 가공하기 2 : fillet, chamfer

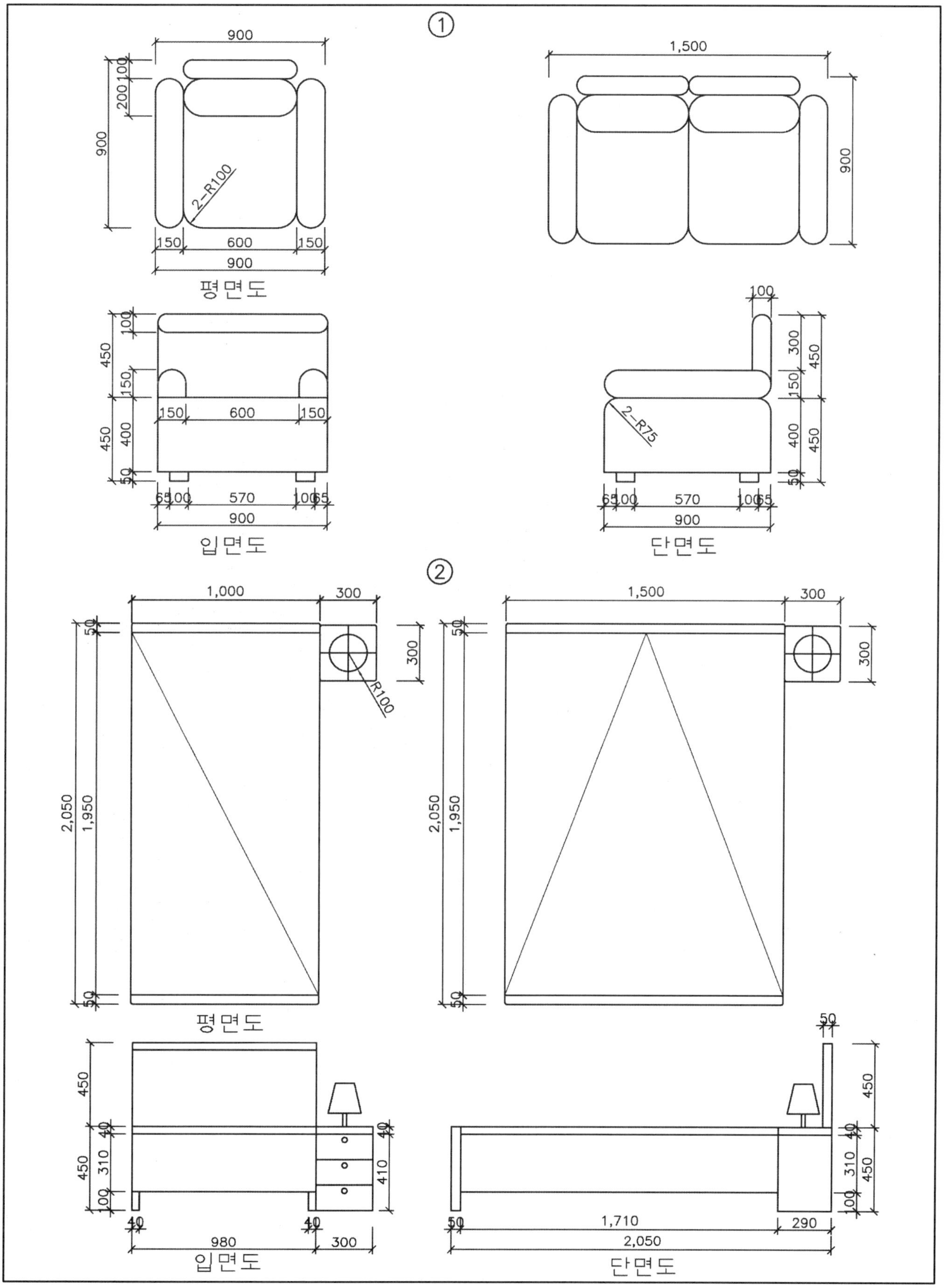

도면 예제 4-6 기본 객체 가공하기 2 : fillet, chamfer

①

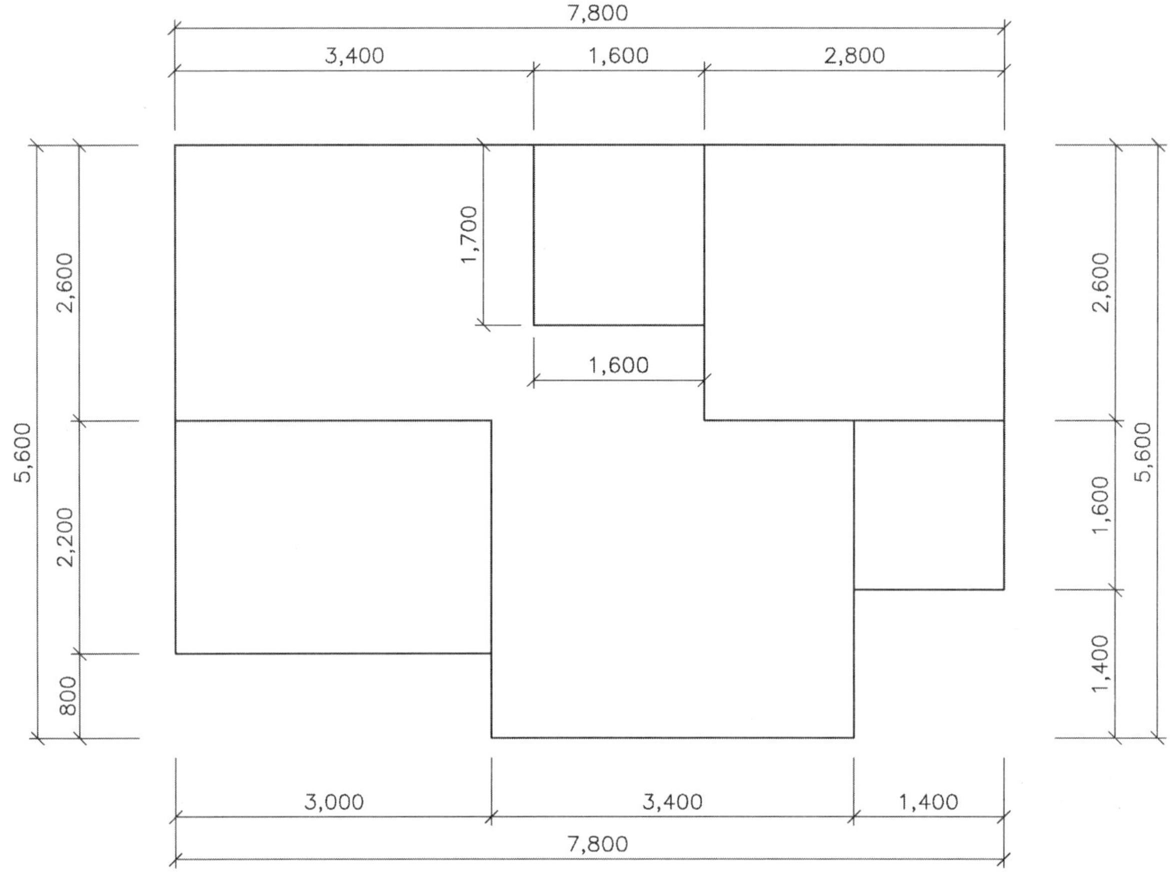

②

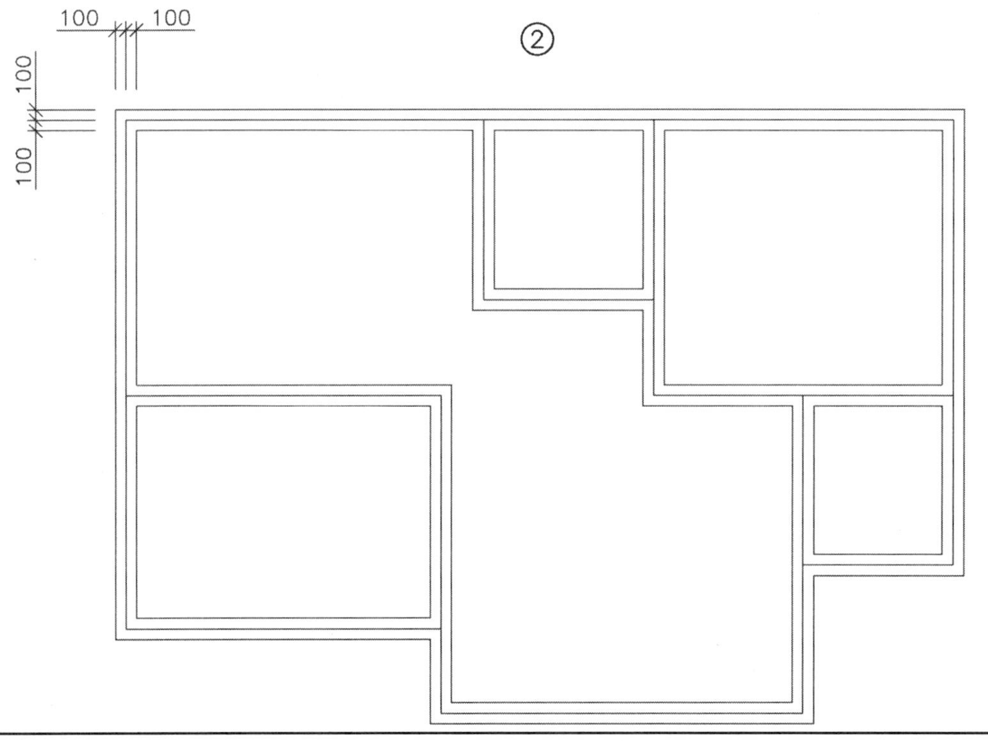

LESSON

05 객체 특성 적용 및 LAYER 사용하기

학습목표

- 객체에 특성(선색상, 선종류, 선굵기)를 적용할 수 있다.
- 도면층(LAYER)에 대해 이해하고 사용할 수 있다.

선행학습

- AutoCAD 기본 객체 5가지에 대한 이해와 그리기
- 객체 가공하기(특히 객체 자르기와 연장하기)

학습명령

1. 객체 특성 적용하기
   ① color (col)
   ② 선종류 적용과 점선간격 조절하기 : linetype (lt), ltscale (lts)
   ③ 선굵기 적용하기 : lineweight (lw)
   ④ 객체 특성 변경하기 : change, modyfy, propertise, matchprop
2. 도면층 사용하기 : layer (la)
   ① 도면층 삭제하기(purge)
   ② 이름 변경하기(rename)
   ③ 도면층 병합하기(laymrg)
   ④ 도면층 통합관리하기(laytrans)

학습내용

① 학습내용

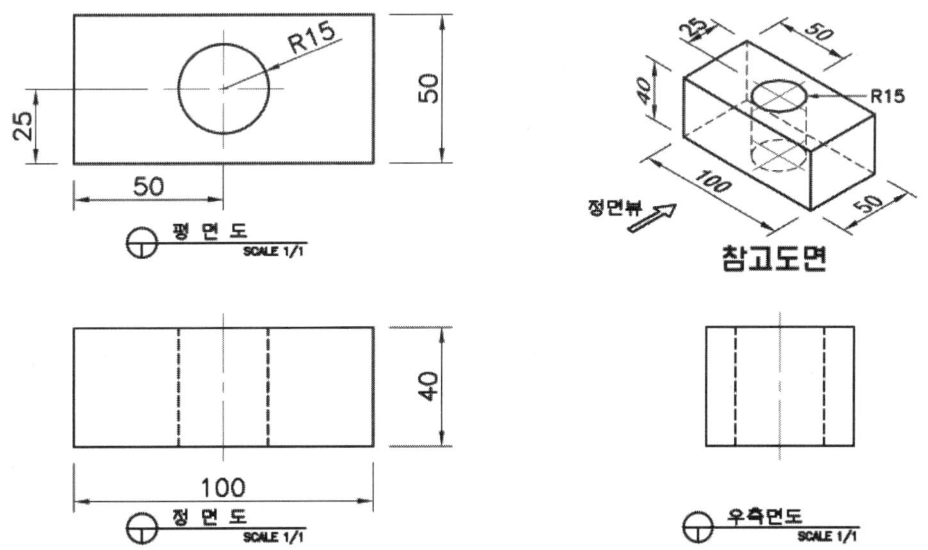

비 고

- 선색상의 용도 : 도면 내용을 보다 명확하게 구분하거나 출력시 선굵기를 다르게 적용하기 위해 사용한다.
- 선종류의 용도 : 선의 용도에 따라 선의 종류를 다르게 사용함으로 도면의 내용을 이해하는데 도움을 준다.
- 선굵기의 용도 : 선의 중요도에 따라 굵기를 다르게 함으로써 도면을 보다 명확하게 보고 이해하는데 도움을 준다.

객체 특성 적용 명령

1. 색상 설정하기 : Color
2. 선종류 설정하기 : LineType (점선 간격설정 : LTSscale)
3. 선가중치 설정하기 : LineWeight
4. 객체 특성 변경하기 : PRoperties/CHange/MOdify/Ctrl+1
5. 객체 특성 동일화하기 : MAtchprop

1. 선색상 적용하기 – color

- 객체의 색상을 설정하는 명령

색상을 사용하는 이유

① 용도별 선색상을 달리 적용함으로 도면 내용을 보다 명확하게 구분할 수 있다.

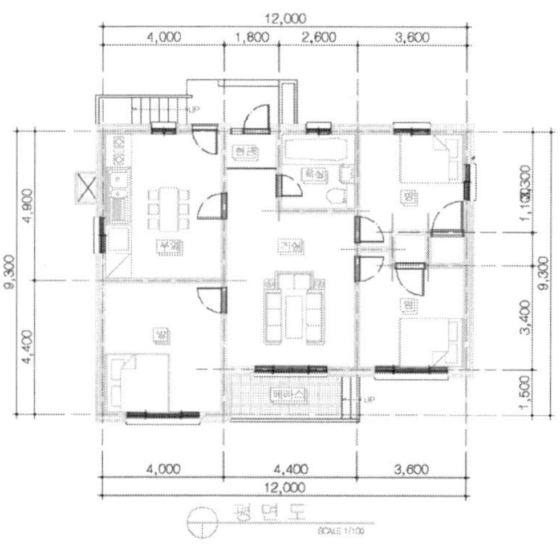

② 흑백 도면에서는 내용을 보다 쉽게 구분하기 위한 방법으로 선굵기를 사용하는데, 선굵기를 다르게 출력하는 여러 가지 방법 중의 하나가 색상을 이용하는 것이다.

1.1 색상 적용 명령

명령줄 사용 : color (단축 명령 : col)
리본메뉴 사용 : 홈 탭 ▶ 특성 패널 ▶
주메뉴 사용 : 형식(O) ▶ 색상(C)
도구막대 사용 : 특성 도구막대 ▶ ■ ByLayer

1.2 색상 적용 옵션

► 명령 : color Enter↵

① 색상 색인 : AutCAD에서 제공하는 255개의 색상 색인을 사용해 색상 설정
② 트루컬러 : 색상모델의 HSL과 RGB를 사용해 트루컬러로 색상 설정
③ 색상표 : 써드파티 색상표를 사용해 색상 설정
④ 표준색상 : 1~9번까지의 색
⑤ 회색음영색 : 250~255번까지의 색상
⑥ 도면층별 : 색상 설정을 도면층별로 설정
⑦ 블록별 : 색상을 블록별로 설정
⑧ 설정된 색상 이름 미리보기

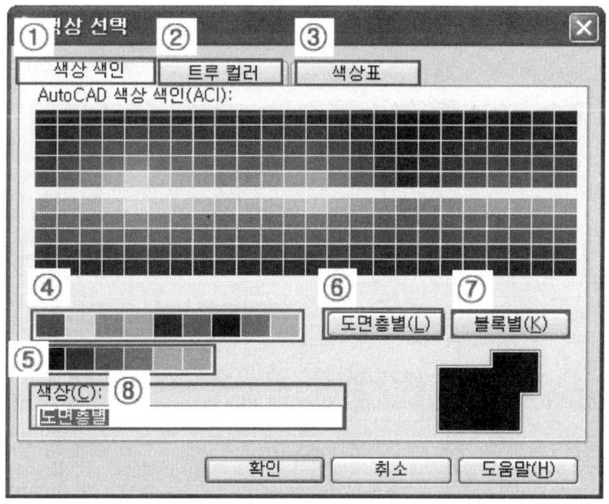

1.3 색상 적용 명령 따라하기

(1) 색상을 먼저 선택하고 객체 그리기

① '특성' 도구막대의 색상목록에서 원하는 색상을 선택한다.

색상번호	1	2	3	4
색상이름	빨간색	노란색	초록색	하늘색
색상번호	5	6	7	8
색상이름	파란색	선홍색	흰색	회색

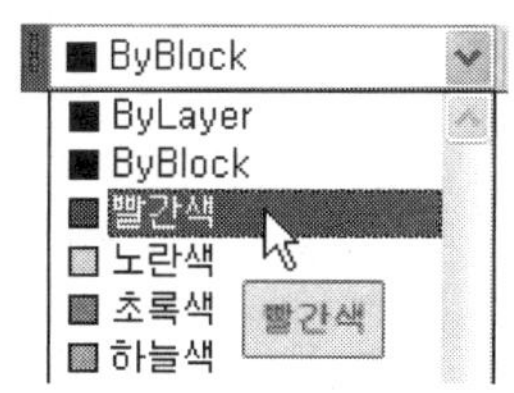

② 선이나 원을 그린 후 선택한 색상으로 그려지는 것을 확인한다.

(2) 그려진 객체 색상 변경하기

① 색상을 변경하고자 하는 객체를 선택한다.

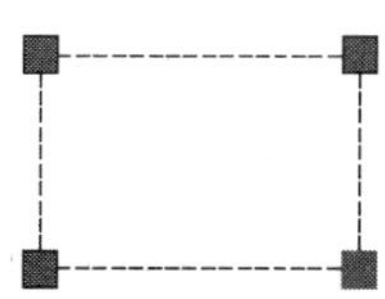

② '특성' 도구상자의 색상목록 (■ ByLayer)에서 원하는 색상을 지정한다.
→ 선택한 객체의 색상이 변경되는 것을 볼 수 있다.

③ 키보드 Esc 키를 눌러 선택된 객체를 취소하고 명령을 종료한다.

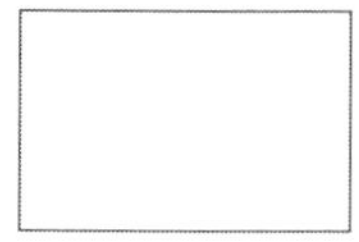

2. 선종류 적용하기 – LineType

- 객체의 선종류를 설정하는 명령
- 선의 용도에 따라 종류를 달리 사용함.
- 선종류를 사용할 경우 반드시 점선 간격 설정 명령(LTScale)을 같이 사용함.

2.1 선의 종류와 용도

[KS F 1501] 참고

구 분			용도에 따른 이름	AutoCAD 선종류 이름	용 도
종	류	모양			
실선	굵은 실선	━━━━	외형선	CONTINUOUS	단면의 윤곽 표시
실선	중간 실선	────	외형선	CONTINUOUS	보이는 부분의 윤곽 표시 또는 좁거나 작은 면의 단면 부분 윤곽 표시
실선	가는 실선	────	치수선	CONTINUOUS	치수문자를 기입하는 데 사용되는 가로선.
실선	가는 실선	────	치수보조선	CONTINUOUS	치수 표시를 위해 도형의 끝에서 끌어낸 세로선
실선	가는 실선	────	지시선	CONTINUOUS	특정 위치를 설명하기 위해 사용하는 선
실선	가는 실선	//////	해칭	CONTINUOUS	물체의 절단면을 표시하기위해 사용되는 선
실선	가는 실선		파단선	CONTINUOUS	부분 생략 또는 부분 단면의 경계 표시선
파선 또는 점선	파선	-----------	숨은선	HIDDEN	보이지 않는 부분이나 절단면보다 양면 또는 윗면에 있는 부분의 표시
1점쇄선	1점쇄선	—·—·—·—	중심선	CENTER	중심선, 절단선, 기준선, 경계선, 참고선 등의 표시
2점쇄선	2점쇄선	—··—··—	가상선	PHANTOM	상상선 또는 1점 쇄선과 구별할 필요가 있을 때

2.2 선종류 설정 명령

명령줄 사용 : linetype (단축 명령 : lt)
리본메뉴 사용 : 홈 탭 ▶ 특성 패널 ▶
주메뉴 사용 : 형식(O) ▶ 선종류(N)
도구막대 사용 : 특성 도구막대 ▶ ——— ByLayer

2.3 선종류 설정 옵션

► 명령 : linetype [Enter↵] (혹은 lt [Enter↵])

① 선종류 필터 : 표시하고자 하는 선종류 걸러내기
② 현재 선종류 : 현재 사용하고자 선택된 선종류
③ 선목록보기 : 현재 사용할 수 있는 선종류 목록
④ 로드(L) : 사용하고자 하는 선종류 가져오기
⑤ 삭제 : 로드한 선종류 삭제
⑥ 현재(C) : 현재 사용하고자 하는 선종류 선택
⑦ 자세히(D) : 선택한 선에 대한 상세 내용 보기

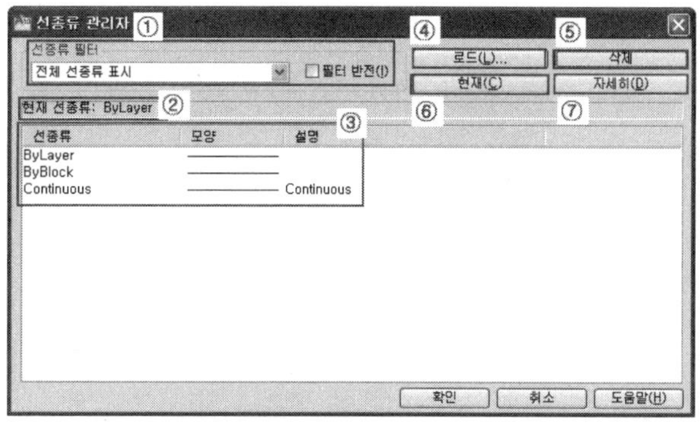

[로드(L)버튼을 선택했을 경우의 대화상자]

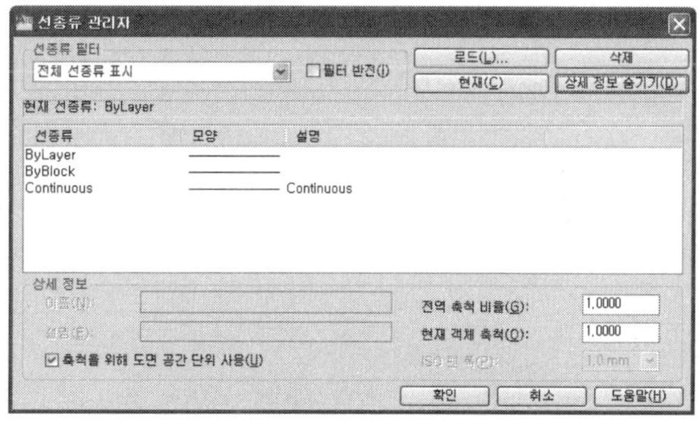

[자세히(D)버튼을 선택했을 경우의 대화상자]

2.4 선종류 적용 따라하기

(1) 먼저 선종류 선택한 후 객체 그리기

① 먼저 사용하고자 하는 선종류를 추가하기위해 선종류 관리자 대화상자를 실행한다.
다음 2개의 명령 중 하나를 이용해 선종류를 추가한다.

► 명령 : linetype [Enter↵] (혹은 lt [Enter↵])

►'특성' 도구막대의 선종류 목록에서 '기타' 선택

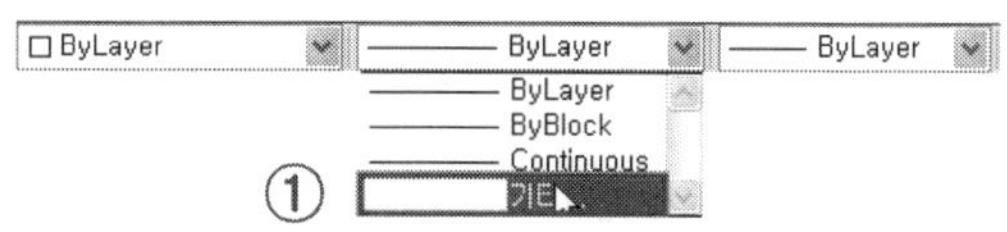

② '선종류 관리자' 대화상자에서 [로드(L)] 버튼 선택

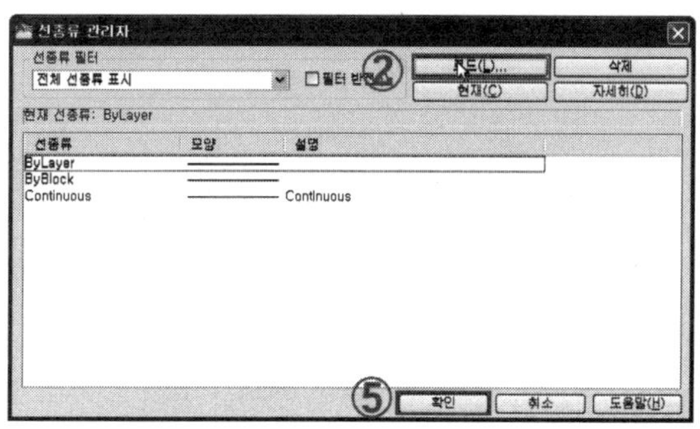

③ '선종류 로드' 대화상자에서 선종류 선택
- 중심선 : center
- 숨은선 : hidden
- 가상선 : phantom

④ '선종류 로드' 대화상자에서 [확인] 버튼 선택

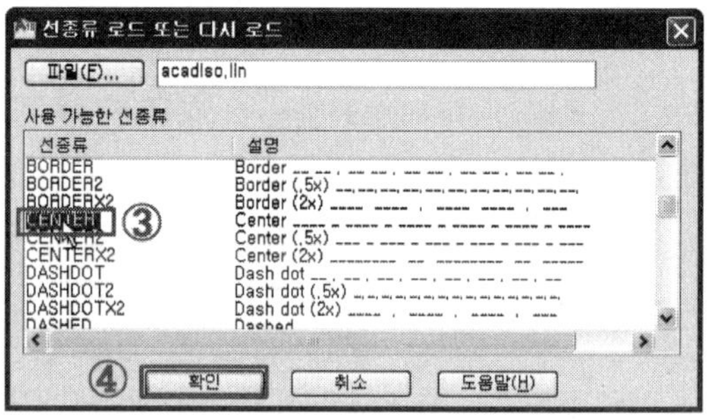

⑤ '선종류 관리자' 대화상자에서 [확인] 버튼 선택하고 선종류 가져오는 명령 종료

⑥ '특성' 도구막대의 선종류 목록에서 사용하고자 하는 선종류 선택(여기서는 center 선택)

⑦ 선과 원을 그린 후 확인한다.

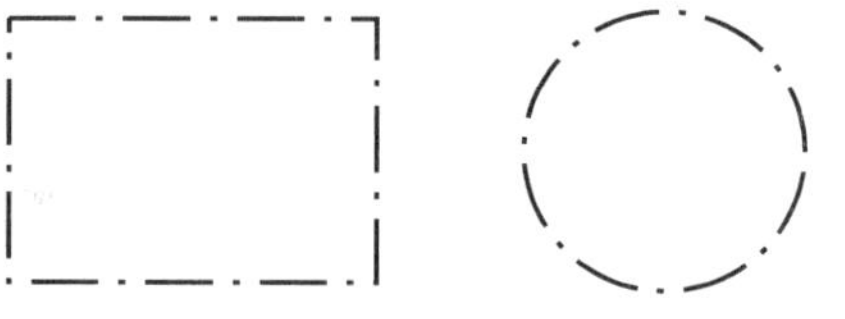

(2) 그려진 객체 선종류 변경 따라하기

① 임의의 선(사각형)을 그린 후 따라한다.

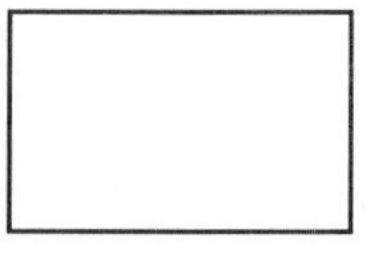

② 선종류를 변경하고자 하는 객체를 선택한다.

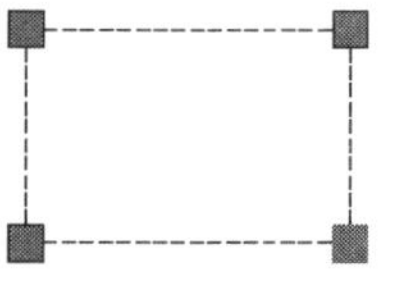

③ '특성'도구상자의 선종류 목록(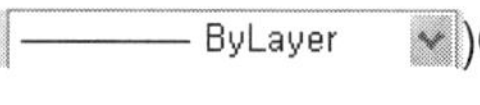)에서 원하는 선종류를 선택한다.

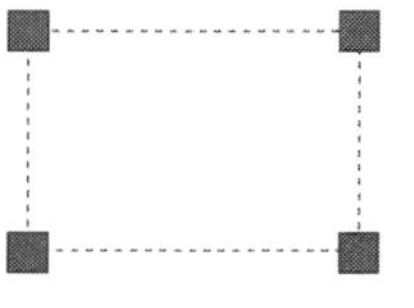

④ 그러면 선택한 객체의 선종류로 변경되는 것을 볼 수 있다.

⑤ 키보드 Esc 키를 눌러 선택된 객체를 취소하고 명령을 종료한다.

2.5 선종류의 점선 간격 설정하기 – LTScale

- 파선, 일점쇄선, 이점쇄선 등의 점선 간격을 설정하는 명령
- 그려진 모든 선의 점선 간격이 변경됨.

(1) 선종류 점선 간격 설정 명령

명령줄 사용 : ltscale (단축 명령 : lts)

(2) 선종류 점선 간격 설정 옵션

► 명령 : ltscale [Enter↵] (혹은 lts)

► LTSCALE 새 선종류 축척 비율 입력 〈1.0000〉 :

옵 션	설 명
축척 비율	선종류의 점선 간격의 크기 비율값 입력

(3) 선종류 점선 간격 설정 따라하기

① 먼저 사각형을 그린다.

► 사용명령 : line (l)

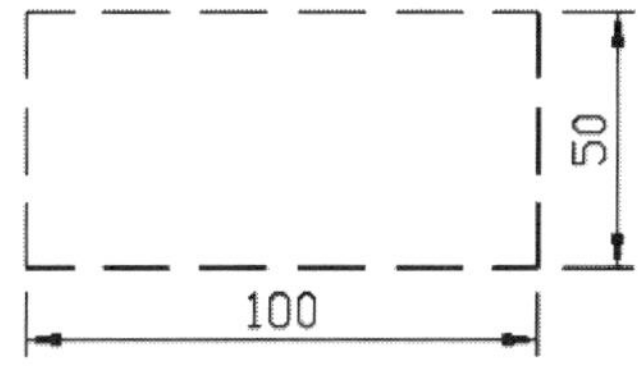

② 점선으로 변경한다.

► 사용명령 : 특성 도구막대 → 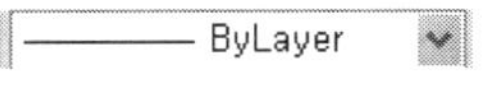

③ 점선 간격의 비율을 '2'로 변경한다.

► 명령 : ltscale [Enter↵] (혹은 lts [Enter↵])

► LTSCALE 새 선종류 축척 비율 입력 〈1.0000〉 : 2 [Enter↵]

점선 간격이 처음보다 2배 넓어진 것을 볼 수 있다.

④ 점선 간격의 비율을 '0.5'로 변경한다.

► 명령 : ltscale [Enter↵] (혹은 lts [Enter↵])

► LTSCALE 새 선종류 축척 비율 입력 〈1.0000〉 : 0.5 [Enter↵]

점선 간격이 처음보다 1/2배 좁아진 것을 볼 수 있다.

확인

점선 간격을 변경할 때 사용하는 명령

① LTScale : 그려진 모든 객체의 점선 간격이 변경(명령 적용시 객체 선택할 필요 없음)

② PRoperties/change/빠른특성상자 : 선택한 객체에 대해서만 점선 간격이 변경

3. 선굵기 표시 설정하기 – LWeight

- 복잡한 도면 내용의 구분이 용이하도록 화면상에 선의 두께를 설정하는 명령
- 선의 실제 두께를 적용하는 것이 아니라 가상으로 두께를 부여함.
- 선가중치는 화면표시 설정을 해주어야 객체에 설정한 선가중치가 화면에 표시됨. (옵션 참고)
- 선가중치의 기본값은 '0.25'로 설정되어 있음. (옵션 참고)
- 선가중치를 '0.25' 이상을 설정해야 화면에 선가중치가 표시됨.
- 가상으로 선 두께가 부여되지만 이 값을 사용하여 도면의 객체를 출력할 수 있음. (350쪽 참조)

3.1 선굵기 표시 설정 명령

명령줄 사용 : lweight (단축 명령 : lw)
리본메뉴 사용 : 홈 탭 ▶ 특성 패널 ▶
주메뉴 사용 : 형식(O) ▶ 선가중치(W)
도구막대 사용 : 특성 도구막대 ▶ ——— ByLayer

3.2 선굵기 표시 설정 옵션

► 명령 : lweight [Enter↵] (혹은 lw [Enter↵])

① 선가중치 목록 : 현재 사용하고자 하는 선가중치 선택
② 단위 : 선가중치 사용 단위 선택(mm, inch)
③ 선가중치 표시(D) : 화면에 선가중치 표시 설정
④ 기본값 : 선가중치의 기본값 선택
⑤ 화면표시 축척 조정 : 선가중치의 표시 축척 조절
⑥ 현재 선가중치 : 현재 선택된 선가중치 표시

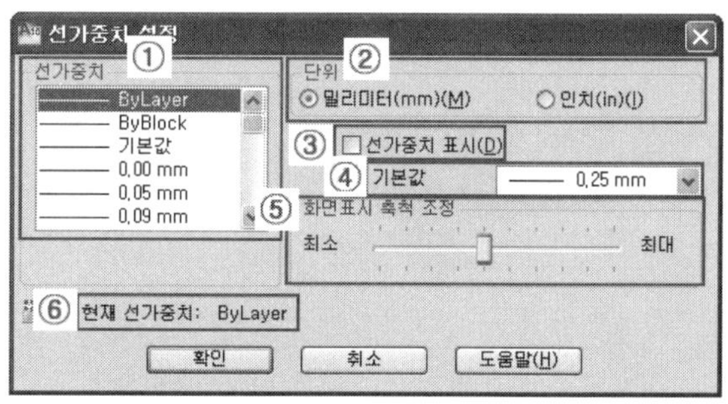

3.3 선굵기를 설정한 후 객체 그리기 따라하기

(1) 선가중치를 먼저 선택하고 객체 그리기

① 선가중치를 화면에 표시하기 위해 [선가중치 표시(D)] 선택 (혹은 화면 아래에 있는 응용프로그램 상태막대의 선가중치 버튼( ) 선택)

② '특성' 도구상자의 선가중치 목록에서 선굵기를 '0.3'선택

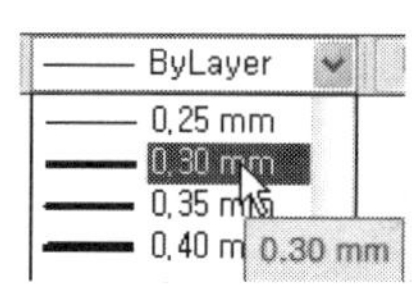

③ 선이나 원을 임의의 크기로 그려 확인한다.

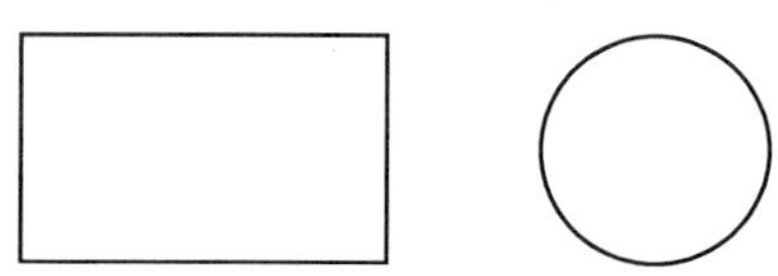

(2) 그려진 객체의 선가중치 변경하기

① 선가중치를 변경하고자 하는 객체를 선택한다.

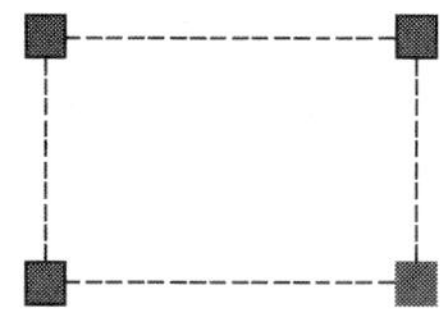

② '특성' 도구상자의 선종류 목록에서 원하는 선가중치를 선택한다.

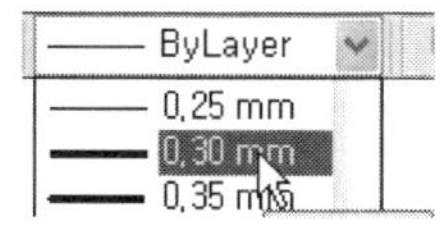

③ 키보드 Esc 키를 눌러 선택된 객체를 취소하고 명령을 종료한다.
위의 명령 실행 후 선굵기가 화면에 표시가 되지 않을 경우 '선가중치 화면 표시'( )기능이 활성화 되어 있는지 확인한다.

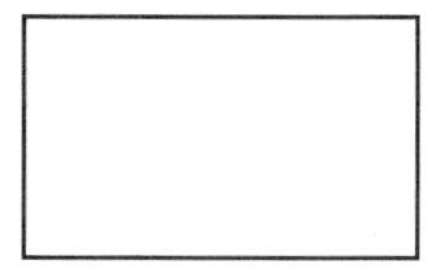

4. 객체 특성 변경하기 – PRoperties/빠른특성 대화상자/change

• 그려진 객체의 특성(색상, 선종류, 선가중치 등)을 변경하는 명령

4.1 PRoperties 명령을 이용한 객체 특성 변경하기

• 그려진 기존의 객체의 특성을 특성 팔레트를 통해 변경하는 명령

(1) PRoperties 명령

명령줄 사용 : properties (단축 명령 : pr)
리본메뉴 사용 : 뷰메뉴 ▶ 팔레트 패널 ▶
주메뉴 사용 : 수정(M) ▶ 특성(P)
도구막대 사용 : 표준 도구막대 ▶

(2) PRoperties 명령 옵션

► 명령 : properties Enter↵ (혹은 pr Enter↵)

① 객체 유형 : 선택한 객체의 유형 표시
② 객체 선택 : 적용하고자 하는 객체 선택하기 버튼
③ 일반 항목
- **색상 :** 선택된 객체에 적용하고자 하는 색상 선택
- **도면층 :** 선택된 객체에 적용하고자 하는 도면층 선택
- **선종류 :** 선택된 객체에 적용하고자 하는 선종류 선택
- **선종류 축척 :** 선택된 객체에 적용하고자 하는 점선 간격 설정
- **선가중치 :** 선택된 객체에 적용하고자 하는 선가중치 선택

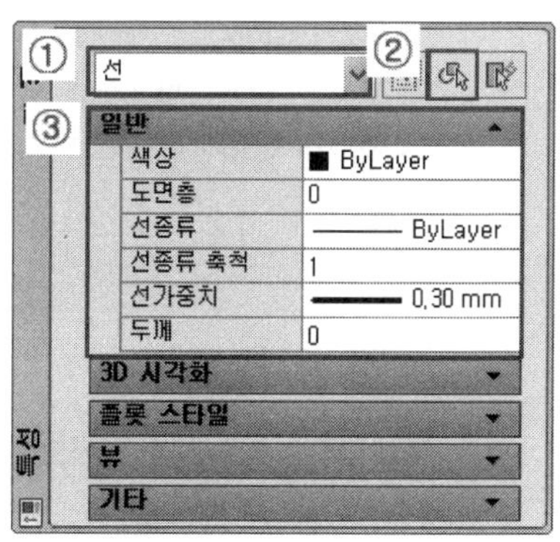

(3) PRoperties 명령 따라하기

① 특성 변경 명령을 실행한다.

► 명령 : properties Enter↵ (혹은 pr Enter↵)

(혹은 변경하고자 하는 선을 마우스 왼쪽버튼 빠르게 두 번 누르기)

② 특성을 변경하고자 하는 객체를 선택한다.

► [객체선택] 버튼을 이용해 특성을 변경하고자 하는 객체를 선택

(혹은 화면에서 바로 마우스로 객체 선택)

③ 변경하고자 하는 특성값을 적용한다.

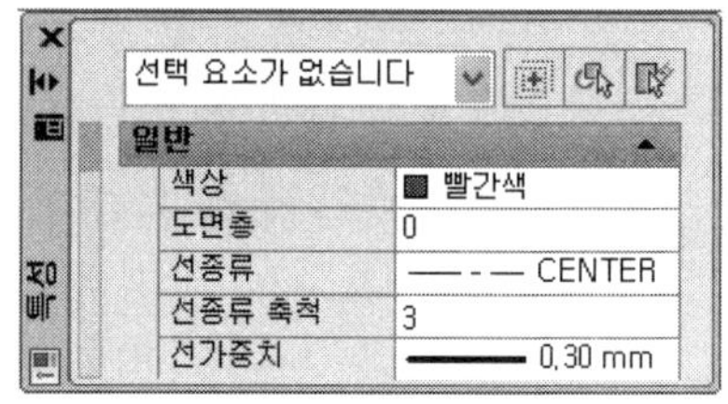

► 선색상 : '빨간색'으로 변경

► 선종류 : 'center'로 변경'(선종류는 로드되어 있어야 함.)

► 선종류 축척 : '3'으로 변경

► 선가중치 : '0.3mm'로 변경

④ 마우스를 작업공간으로 이동 후 키보드 Esc 키 눌러 명령 종료

4.2 빠른특성 팔레트를 이용한 객체 특성 변경하기

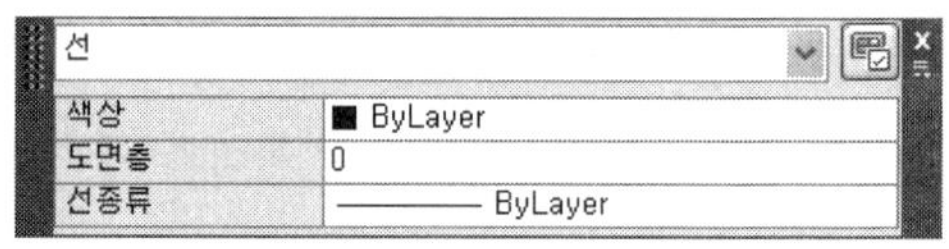

- 그려진 기존의 객체의 빠른 특성 상자를 통해 객체의 특성을 변경하는 명령
- 명령을 실행하지 않은 상태에서 객체를 선택하게 되면 선택된 객체의 우측상단에 빠른 특성 상자가 나타남.

(1) 빠른특성 팔레트가 실행되도록 설정하는 명령

① 명령줄에 명령을 입력해 설정하기

► 명령 : qpmode Enter↵

► QPMODE에 대한 새 값 입력 〈0〉 : 1 Enter↵

② 제도 설정 팔레트를 이용해 설정하기

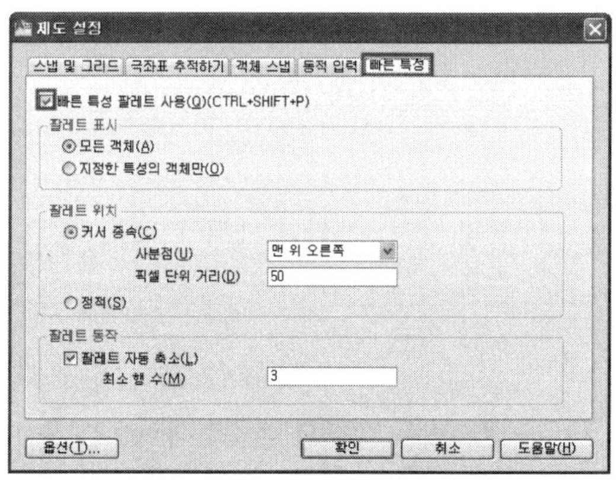

► 명령 : dsettings Enter↵ (혹은 ds Enter↵)

► [빠른특성]탭에서 '빠른 특성 팔레트 사용' 항목 선택

- **빠른 특성 팔레트 사용** : 사용여부 설정
- **팔레트 표시** : 팔레트를 적용할 대상 객체 설정
- **팔레트 위치** : 팔레트가 화면에 나타나는 위치 설정
- **팔레트 동작** : 팔레트의 크기 변경과 팔레트에 보여지는 기본 항목 수 설정

③ 화면 하단의 응용프로그램 막대에서 설정하는 방법

④ 단축키를 이용해 설정하기 : Ctrl+Shift+P

(2) 빠른특성 팔레트를 이용한 객체 특성 변경 따라하기

① 먼저 임의의 원을 그린다.

► 사용명령 : circle [Enter↵] (혹은 c [Enter↵])

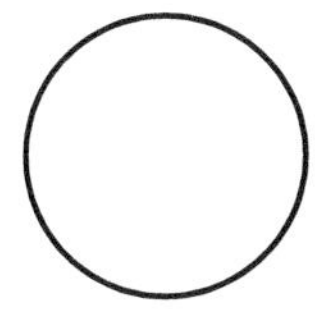

② 특성을 변경하고자 하는 객체를 선택한다.

► 변경하고자 하는 객체 선택

► 선택한 객체의 오른쪽 상단에 빠른특성 팔레트 확인

(빠른 특성 팔레트가 나타나지 않으면 [Ctrl]+[Shift]+[P])

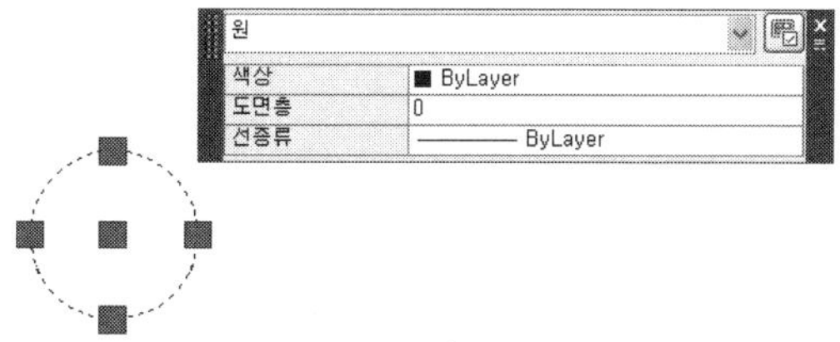

③ 변경하고자 하는 항목(빨간색)을 설정한다.

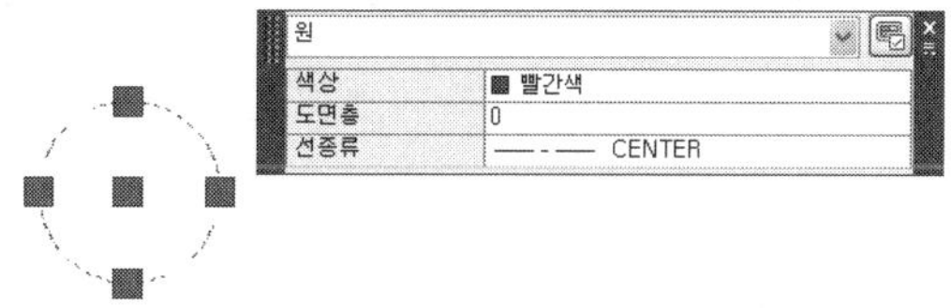

④ 마우스를 빠른 특성 팔레트에서 작업공간으로 이동 후 키보드 [Esc]키를 눌러 명령을 종료한다.

5. 객체 특성 동일화 시키기 – MAtchprop

• 선택한 객체의 특성을 다른 객체에 적용해 특성을 동일화 시키는 명령

5.1 객체 특성 동일화 시키기 명령

명령줄 사용 사용 : matchprop [Enter↵] (단축명령 : ma)

리본메뉴 사용 : 홈 탭 ▶ 클립보드 리본 ▶

주메뉴 사용 : 수정(M) ▶ 특성 일치(M)

도구막대 사용 : 표준 도구막대 ▶

5.2 객체 특성 동일화 시키기 명령 옵션

► 원본 객체를 선택하십시오 :

► 대상 객체를 선택 또는 [설정(S)] :

옵 션	내 용
원본 객체 선택	특성을 적용시킬 원본 객체 선택
대상 객체	원본 객체의 특성을 복사해 특성을 일치시킬 객체 지정
설정(S)	대상 객체에 복사할 객체 특성을 조정할 수 있는 특성 설정 대화상자를 표시 적용할 수 있는 특성 유형 : 색상, 도면층, 선종류, 선종류 축척, 선가중치, 플롯 스타일 및 기타 특정 특성 포함.

설정(S) 옵션 선택시

- 기본특성 : 색상, 도면층, 선종류, 선종류 축척, 선가중치, 두께, 플롯 스타일이 특성 적용여부 설정
- 특수 특성 : 치수, 문자, 해치, 폴리선, 뷰포트, 테이블, 재료 등 특성 적용 여부 설정

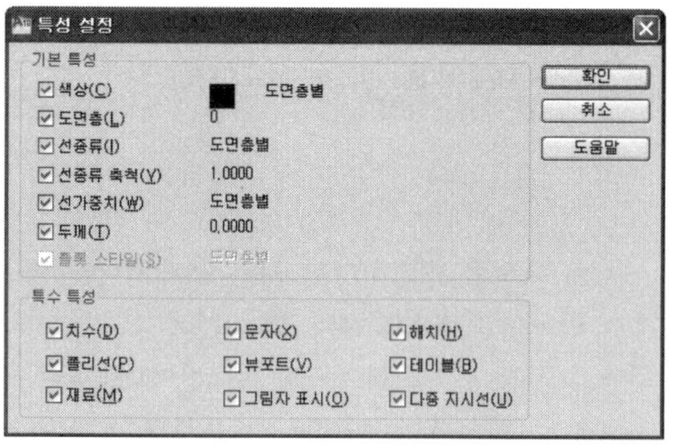

5.3 객체 특성 동일화 시키기 명령 따라하기

① 오른쪽 그림과 같은 조건으로 도형을 그린다.

② 객체 특성을 동일화하기 위해 명령을 실행한다.

► 명령 : matchprop [Enter↵] (혹은 ma [Enter↵])
► 원본 객체를 선택하십시오 : S1 객체 선택
► 대상 객체를 선택 또는 [설정(S)] : D1,D2 객체 선택
► 대상 객체를 선택 또는 [설정(S)] : [Enter↵]

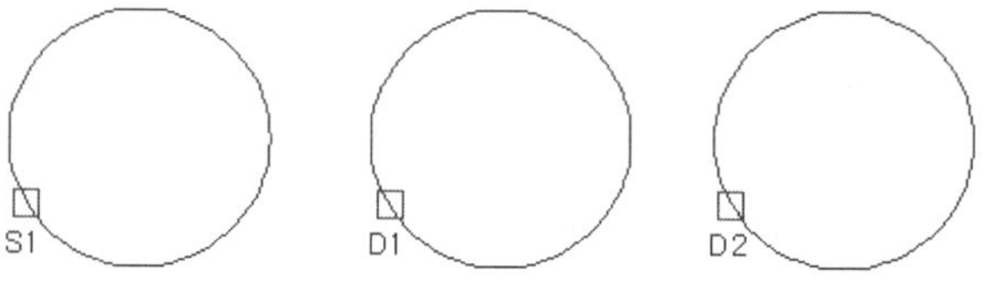

두 번째, 세 번째 원의 특성이 첫 번째 원의 특성과 동일하게 변경된 것을 볼 수 있다.

6. 도면층 – LAyer

- LAYER : 하나의 공간에 여러개의 도면을 겹겹이 겹쳐 놓은 형태를 말한다.
- LAYER는 도면 내용을 구분하여 작업할 수 있도록 각각 독립된 작업공간으로 인식한다.
- CAD 데이터 파일에서 요소의 속성을 구분하여 관리하기 위한 방식이다.
- 다중의 레이어 구조를 이용하여 요소 및 객체 데이터의 가시성을 제어하거나 효율적인 데이터 관리 및 전달을 위해 사용된다.
- 오른쪽 그림의 예는 도면의 내용을 4개로 구분해 4개의 도면층으로 이루어져 1개의 파일로 구성된 예이다.
  ① 중심선 ② 벽 ③ 창문 ④ 가구

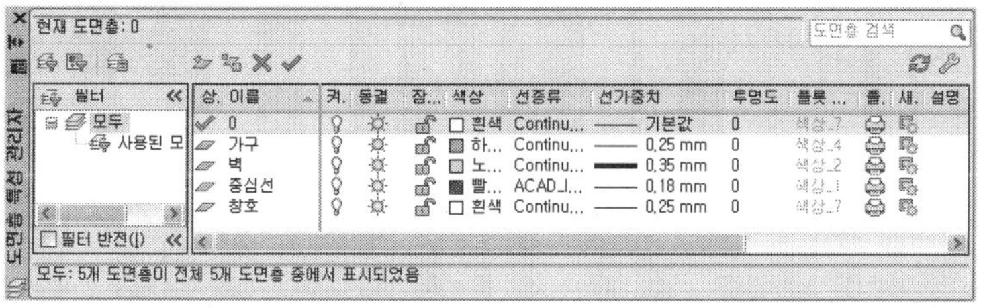

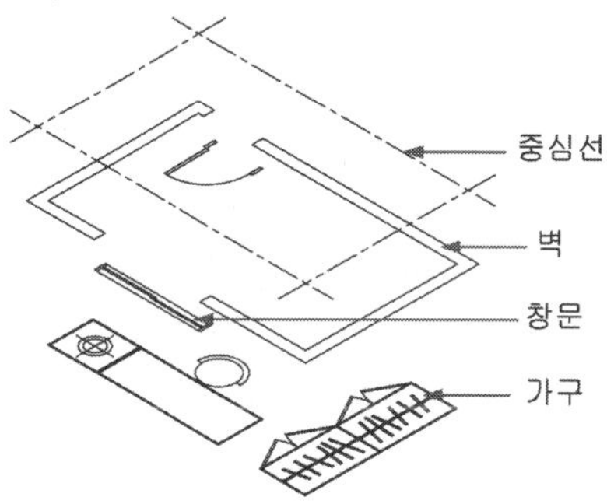

> **도면층을 사용하는 이유**
>
> ① 도면의 내용을 각 특성별(선색상, 선종류, 선굵기 등)로 구분해 일괄적인 통합관리가 가능하다.
>
> ② 효율적인 도면 관리 기능
>
> - 도면 내용의 숨김기능 : 도면의 내용이 복잡한 경우 일부 내용을 숨길 수 있다.
> - 도면 내용의 잠금기능 : 도면의 일부 요소에 명령이 적용되지 않도록 잠김 기능 적용이 가능하다.
>
> ③ 도면 내용을 선택적으로 출력할 수 있는 기능을 제공한다.

6.1 도면층 적용 명령 실행

- **명령줄 사용 : layer [Enter↵] (단축명령 : la)**
- **리본메뉴 사용 : 홈 탭 ▶ 도면층 패널 ▶**
- **주메뉴 사용 : 형식(O) ▶ 도면층(L)**
- **도구막대 사용 : 도면층 도구막대 ▶**

6.2 도면층 적용 명령 옵션

▶ 명령 : layer [Enter↵] (혹은 la [Enter↵])

① 도면층 설정

- : 새 도면층 생성
- : 도면층 삭제
- : 현재 선택된 도면층

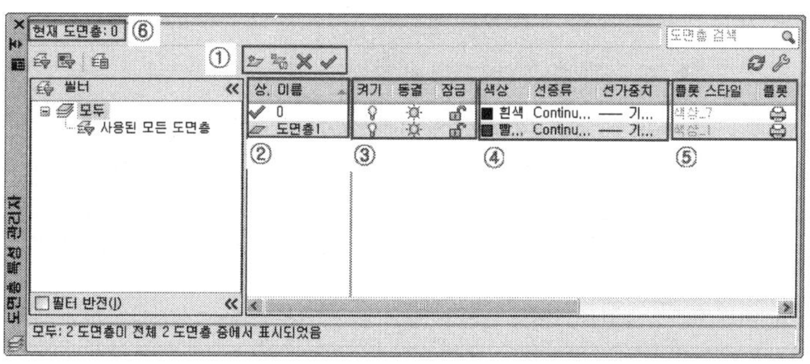

② 도면층 목록 보기

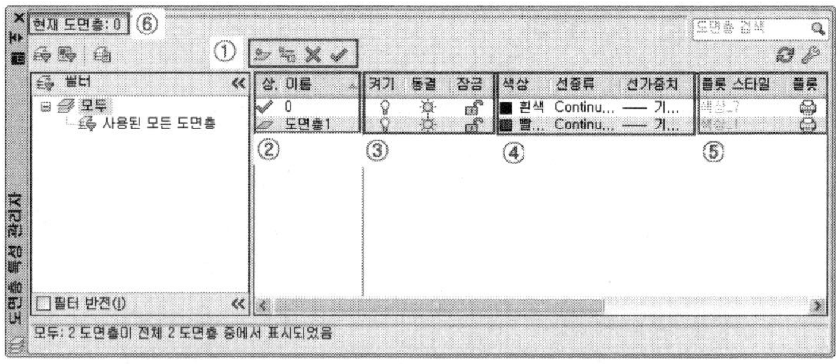

③ 도면층 속성 설정

- **켜기** : 선택한 도면층 켜거나 끄기
- **동결** : 선택된 모든 모면층 동결
- **잠금** : 선택한 도면층 잠그거나 잠금해제

④ 도면층 각 객체 특성 설정

- **색상** : 선택한 도면층에 포함된 객체의 색상 설정
- **선종류** : 택한 도면층에 포함된 객체의 선종류 설정
- **선가중치** : 선택한 도면층에 포함된 객체의 선가중치 설정

⑤ 도면층별 출력 여부 설정

⑥ 현재 도면층 : 현재 사용하고자 선택된 도면층을 보여줌. ✓ 에 의해 표시됨.

6.3 도면층(LAYER) 사용 따라하기

(1) 도면층(LAYER) 생성해 객체 그리기 따라하기

① 도면층 관리자 명령을 실행한다.

► 명령 : layer Enter↵ (혹은 la Enter↵)

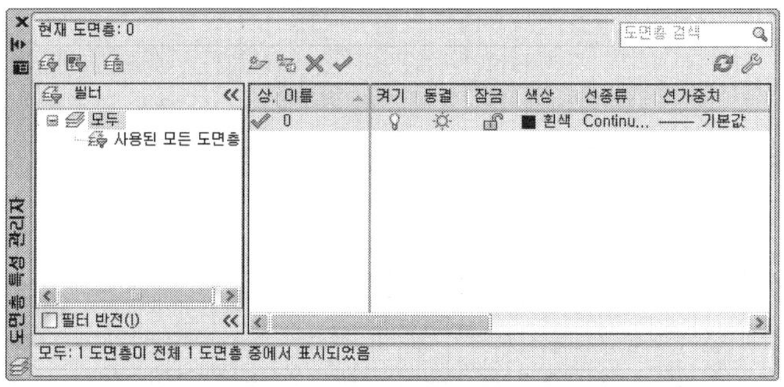

② 도면층(LAYER) 추가하기

㉮ 새 도면층 추가하기

► 선택해 새도면층 추가하기

► 혹은 기존 도면층을 마우스로 선택한 후 Enter↵ 를 누르면 새 도면층이 생성된다. (예 : 도면층 '0'을 선택한 후 Enter↵)

► 생성된 도면층의 이름을 '실선'이라고 입력한다.

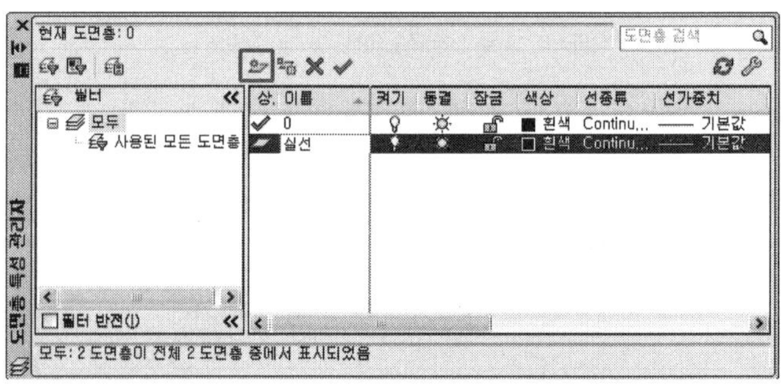

㉯ 도면층 이름 변경하기

► 이름을 변경할 도면층 선택한 후 F2를 선택해 이름 변경하기

► 이름을 변경할 도면층을 선택한 후 마우스로 다시 한번 선택해 이름 변경하기

► 이름을 변경할 도면층을 선택한 후 마우스 오른쪽 버튼을 눌러 바로가기 메뉴의 '**도면층** 이름바꾸기' 사용하기

㉰ 도면층 삭제하기

- 도면층 삭제 버튼(✕)을 선택한다.
- 삭제가 되지 않는 경우에는 오른쪽 그림과 같이 윈도우창이 나타나며 '도면층특성 관리자 상자'의 도면층 이름 목록에 삭제될 수 있는 도면층을 표시해 준다.

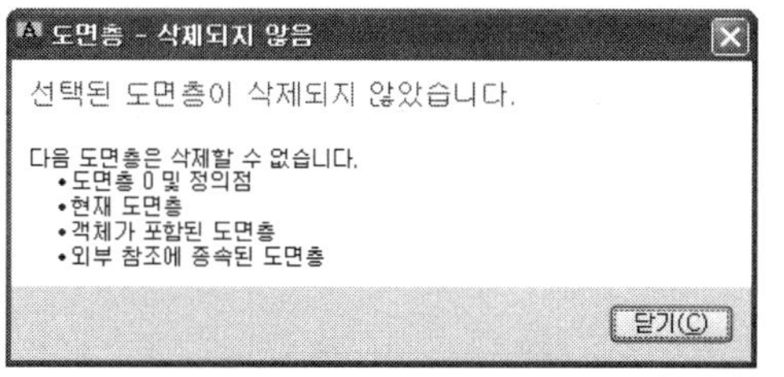

- 0 : 현재 도면층은 삭제할 수 없다.
- 도면층1 / 도면층2 / 도면층3 : 삭제 가능한 도면층
- 실선 : 삭제 불가능한 도면층

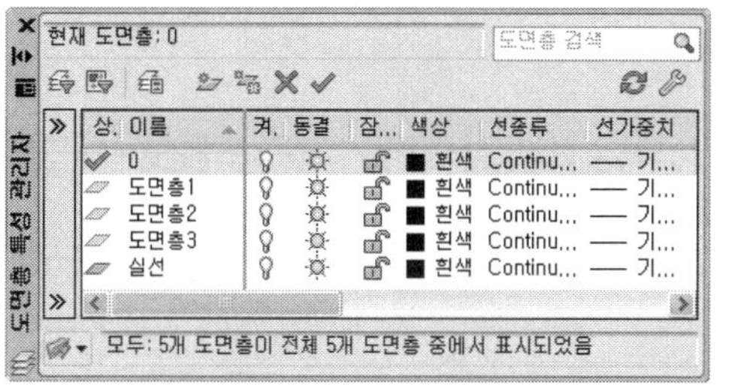

③ 도면층 색상 설정하기

- 오른쪽 그림의 순서와 같이 '실선' 도면층의 색상을 초록색으로 설정한다.

선 색상은 번호를 통해 선택할 수 있다.

번호	1	2	3	4
이름	빨간색	노란색	초록색	하늘색
번호	5	6	7	8
이름	파란색	선홍색	흰색 /검은색	회색

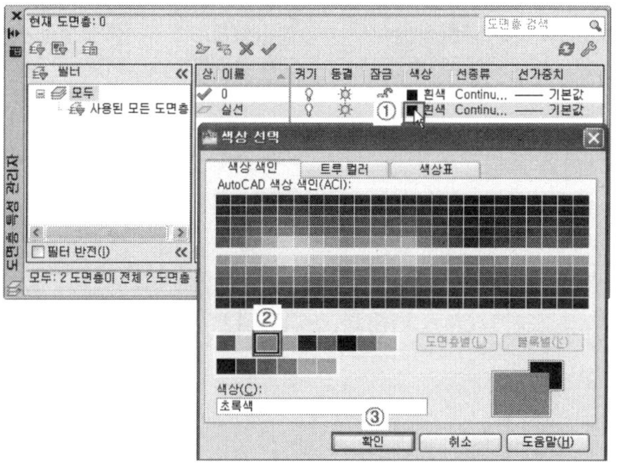

④ 도면층 선종류 설정하기

- 선종류를 추가하기위해 오른쪽 그림과 같이 실선 도면층의 선종류이름을 선택한다.

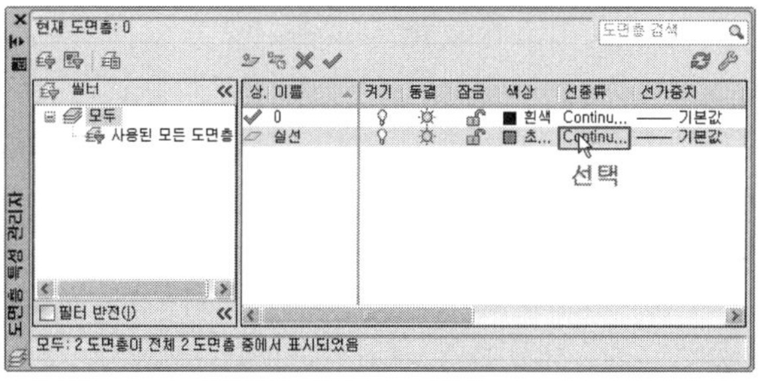

- 오른쪽 그림과 같이 [로드] 버튼을 선택한다.
(단, 선종류가 있으면 선종류를 선택하고 ⑤단계로 넘어간다.)

►'선종류 로드 다시 로드' 상자에서 사용하고자 하는 선종류를 선택하고 확인 버튼을 선택한다.
사용할 'center', 'hidden' 선종류를 선택해 로드한다.

⑤ 위와 같은 방법으로 도면층 2개를 더 추가해 다음과 같이 도면층을 만든다.

도면층 이름	색상(번호)	선종류
실선	초록색(3)	실선(Continuous)
점선	노란색(2)	점선(Hidden)
중심선	빨간색(1)	중심선(Center)

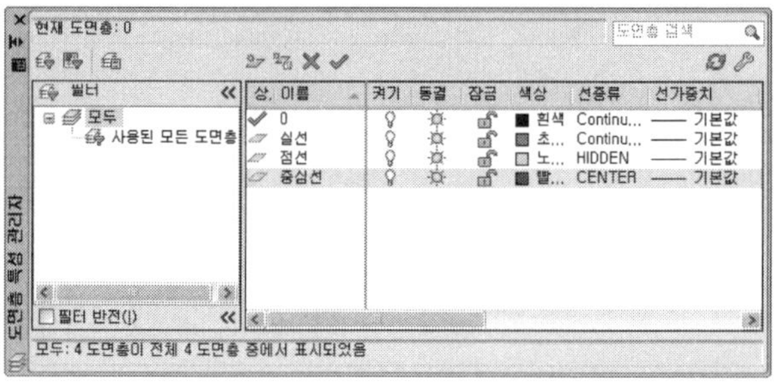

⑥ 도면층 특성 관리자 상자를 닫는다. ✖

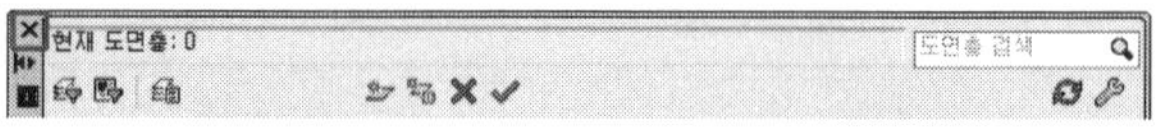

⑦ 사용하고자 하는 도면층을 선택한다.
'실선' 도면층을 선택한다.

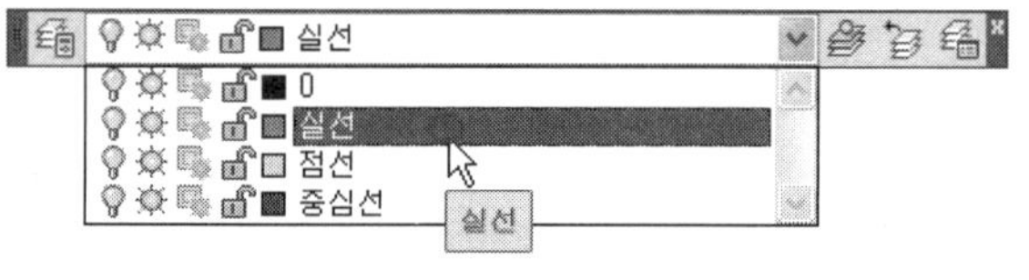

⑧ 반지름 '50'인 원을 하나 그린다.
► 원을 그리게 되면 오른쪽 그림과 같이 초록색 원이 그려지는 것을 볼 수 있다.

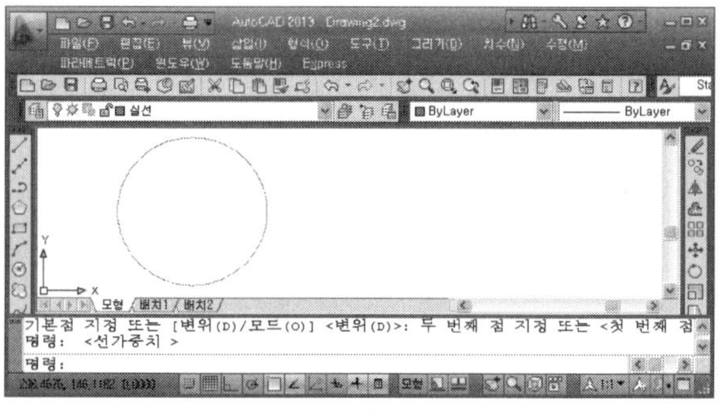

⑨ 동일한 방법으로 도면층 '점선'과 '중심선'을 차례대로 선택한 후 각각의 도면층에 반지름 '50'인 원을 그린다.
오른쪽 그림과 같이 나타나는 것을 확인한다.

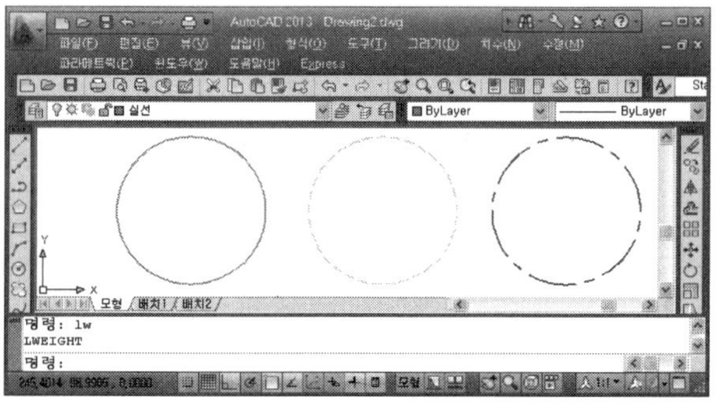

확인

도면층에서 설정한 색상, 선종류, 선굵기로 표현되지 않는 경우

① **원인 :** 위의 과정처럼 각각의 도면층을 선택한 후 그린 원이 각 도면층에 설정된 색상으로 나타나지 않는 경우에는 **'특성도구' 막대의 색상이 'Bylayer'로 선택되어 있지 않기 때문**이다.

② 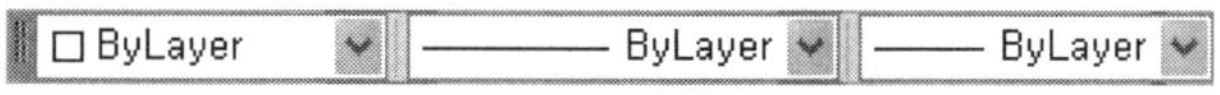

: 도면층 설정값으로 표현됨.

③ 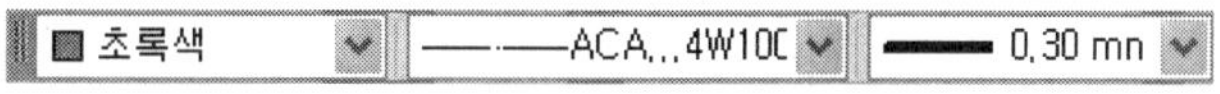

: 도면층에 설정된 값과 다르게 나타날 수 있음.

– **색상 목록에서의 Bylayer의 의미 :** 도면층에서 설정한 값으로 객체 색상을 표현하겠다는 것
– **선종류 목록에서의 Bylayer의 의미 :** 도면층에서 설정한 값으로 객체 선종류를 표현하겠다는 것
– **선굵기 목록에서의 Bylayer의 의미 :** 도면층에서 설정한 값으로 객체 선굵기를 표현하겠다는 것

(2) 객체를 다른 도면층으로 이동하기 따라하기

앞에서 도면층을 이용해 그린 원을 가지고 다음 과정을 따라한다.

중심선 도면층에 그려진 빨간색의 원을 실선 도면층으로 변경한다.

▶ 빨간색 원을 먼저 선택한다.

▶ 실선 도면층을 선택한다.

▶ 키보드 Esc키를 선택하고 명령을 종료한다.

명령 종료 후 선색상(초록색)과 선종류(실선) 모두 변경된 것을 볼 수 있다.

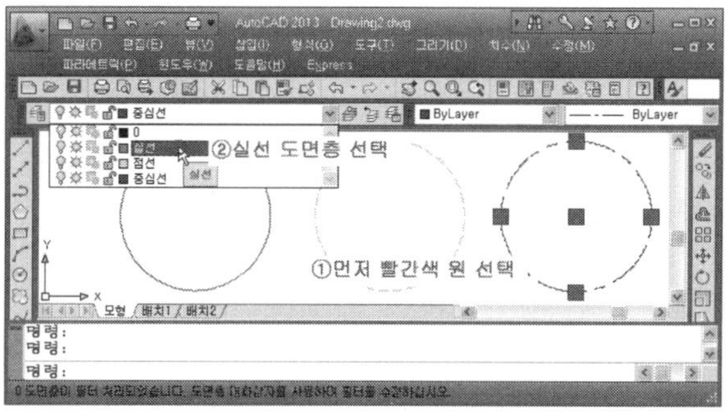

(3) '실선' 도면층의 내용이 보이지 않게 끄기 기능을 적용해 본다.

▶ 도면층 목록에서 '실선' 도면층의 끄기 버튼 (💡)을 선택한다.

▶ 마우스를 화면으로 이동한 후 마우스 왼쪽 버튼을 선택해 끄기 기능을 적용한다.

도면요소가 너무 많아 내용이 복잡해 명령을 적용하기 곤란할 때 사용한다.

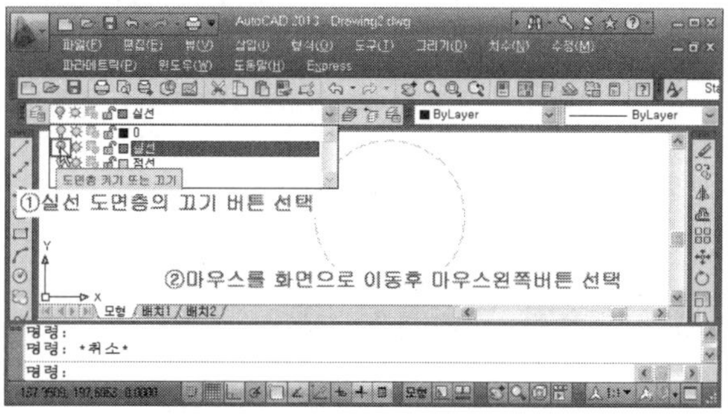

확인

현재 도면층은 도면층 끄기 기능을 적용하지 않는다.

① 이유 : 현재 도면층을 끄고 객체를 그리게 되면 그려진 객체가 바로 숨겨지기 때문에 화면에 보이지 않아 그려지지 않은 것으로 착각할 수 있기 때문이다.

② 현재 도면층 : 여러개의 도면층 중에 현재 선택되어 있는 도면층을 말한다.

(4) '점선' 도면층의 도면 요소에 명령이 적용되지 않도록 잠금 기능을 적용해 본다.

① 현재 도면층을 '0' 번 도면층으로 설정한다.

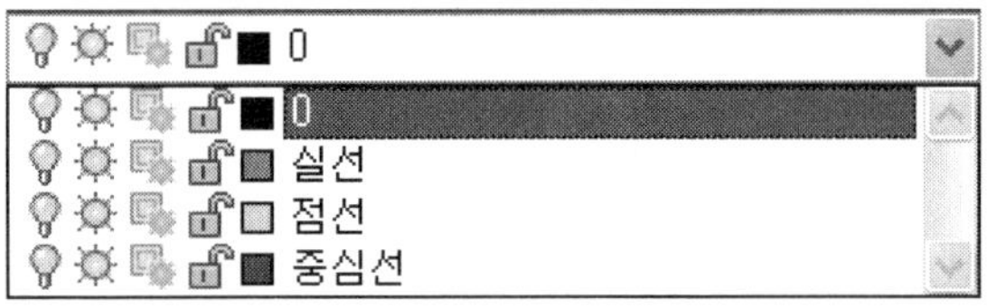

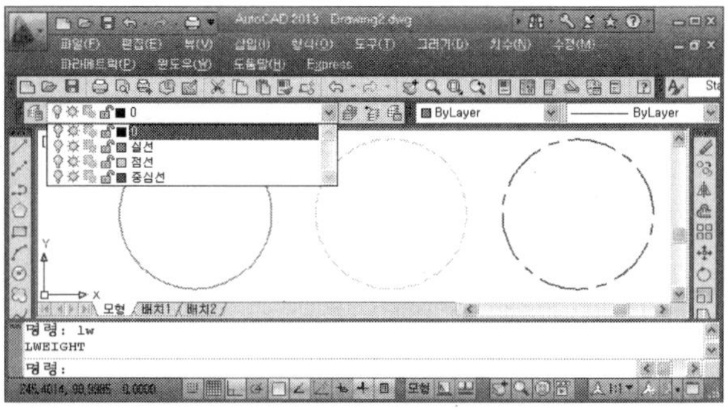

② '점선' 도면층의 내용에 명령이 적용되지 않게 잠금 기능을 적용한다.

- 도면층 목록에서 '점선' 도면층의 잠금 버튼(🔓)을 선택한다.
- 마우스를 화면으로 이동한 후 마우스 왼쪽 버튼을 선택해 잠금 기능을 적용한다.
- 명령을 적용하면 잠김 점선 도면층에 그려진 원이 반투명으로 보인다.

도면의 일부 요소에 명령이 적용되지 않도록 할 때 사용한다.

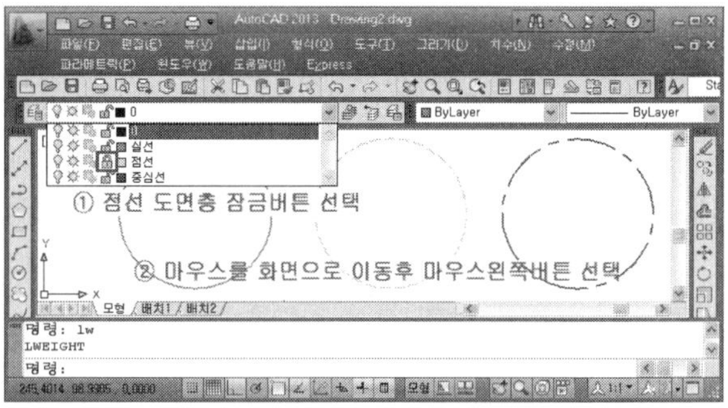

③ 지우기 명령(erase)으로 3개의 원을 지운다.

- 명령 : erase [Enter↵] (혹은 e [Enter↵])

실선과 중심선 도면층에 그려진 원은 지워지지만 점선 도면층에 그려진 원은 지워지지 않는 것을 볼 수 있다.

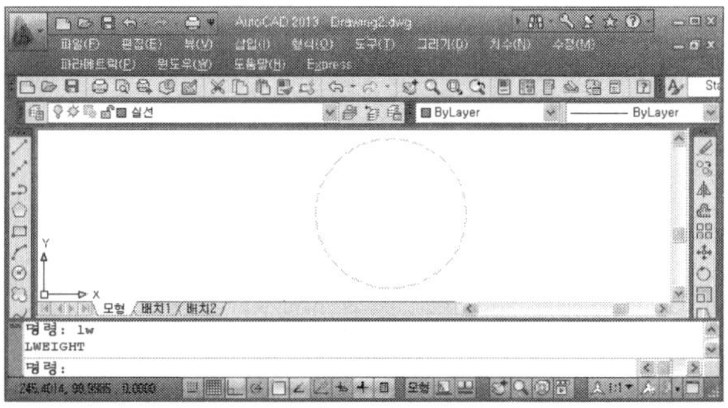

6.4 도면층 관리하기

(1) 도면층 이름 변경하기 – rename

> **명령줄 사용 : rename [Enter↵] (단축명령 : ren)**
> **주메뉴 사용 : 형식(O) ▶ 이름바꾸기(R)**

① 도면층 이름 변경 명령 옵션

- 명령 : rename [Enter↵] (혹은 ren [Enter↵])
  - **명명된 객체 :** 범주별로 명명된 객체를 나열한다.
  - **항목 :** 명명된 객체에 지정된 유형의 항목을 표시한다.
  - **이전 이름 :** 이름을 바꿀 항목을 지정한다.

    (단, 도면층 0 및 CONTINUOUS 선종류와 같은 일부 표준 항목의 이름은 바꿀 수 없다.)
  - **바꿀 이름 :** 항목의 새 이름을 입력하고 변경한다.

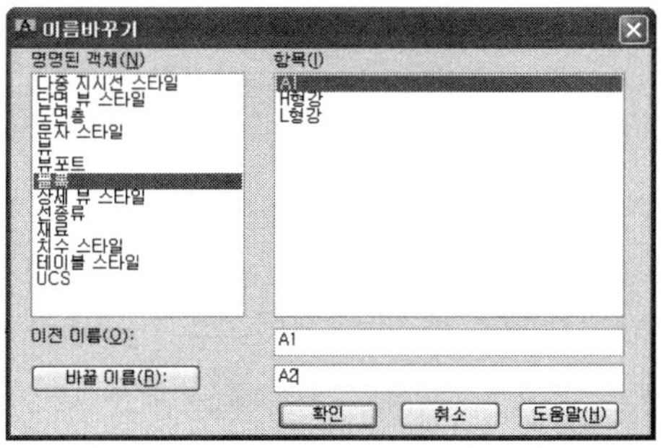

(2) 사용하지 않는 도면층 삭제하기 – purge (pu)

- 사용자가 생성한 항목(도면층, 블록, 문자 스타일, 선종류 등) 중에서 현재 도면에서 사용하고 있지 않은 것들을 찾아 자동으로 삭제할 수 있도록 하는 명령
- 파일의 용량을 줄이고자 할 경우에도 이 명령을 사용한다.

명령줄 사용 : purge [Enter↵] (단축명령 : pu [Enter↵])
주메뉴 사용 : 파일(F) ▶ 도면 유틸리티(U) ▶ 소거(P)
응용프로그램 메뉴 ▶ 도면 유틸리티 ▶ 소거

① 사용하지 않는 도면층 삭제 옵션

► 명령 : purge [Enter↵] (혹은 pu [Enter↵])

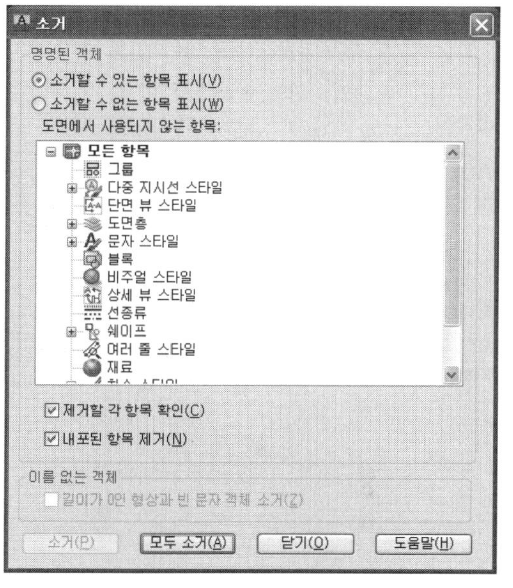

- **소거할 수 있는 항목 표시 :** 삭제 가능한 항목만 표시
- **소거할 수 없는 항목 표시 :** 삭제할 수 없는 항목만 표시
- **도면에 사용되지 않는 항목 :** 사용되지 않는 항목 보기
- **제거할 각 항목 확인 :** [소거] 버튼 선택시 다시 삭제할 것인가를 확인함(대화 상자가 나타남).
- **내포된 항목 제거 :** 하위 속성 항목까지 제거
- **이름없는 객체 :** 빈 정보를 가진 객체 삭제
- **소거 :** 선택한 항목 삭제하기
- **모두 소거 :** 모든 항목을 동시에 삭제하기
- **닫기 :** 명령 종료

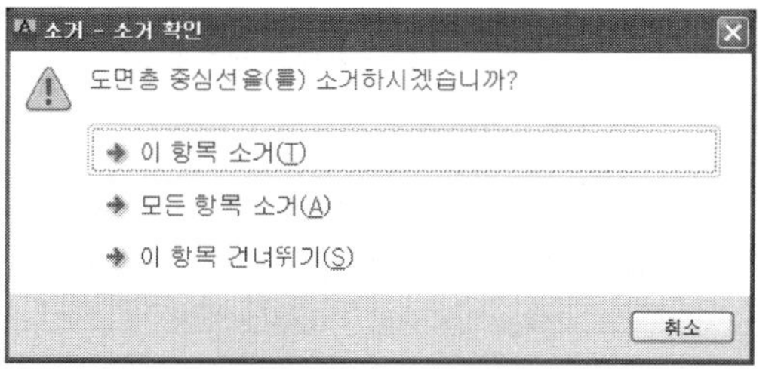

[제거할 각 항목 확인 항목] 선택하고 소거 버튼을 선택한 경우

- **이 항목 소거 :** 선택한 항목만 삭제하기
- **모든 항목 소거 :** 모든 항목 삭제하기
- **이 항목 건너뛰기 :** 선택한 항목 삭제하기 않기

확인

소거 가능한 항목 확인하기

① 소거할 내용이 있는 항목의 예 : 

② 소거할 내용이 없는 항목의 예 : 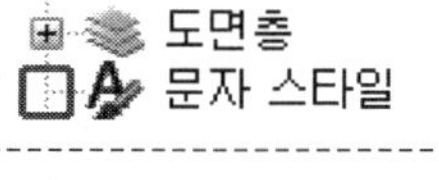

(3) 도면층 통합 관리하기

현재 사용 중인 여러 개의 도면층을 새롭게 통합하는 명령

> 명령줄 사용 : laytrans [Enter↵]
>
> 리본메뉴 사용 : 관리메뉴 ▶ CAD표준 리본 ▶
>
> 주메뉴 사용 : 도구(T) ▶ CAD 표준(S) ▶ 도면층 변환기(L)
>
> 도구막대 사용 : 표준 도구막대 ▶

① 도면층 통합 관리 명령 옵션

► 명령 : laytrans [Enter↵]

- **새로만들기 :** 새로 구성할 도면층 만들기
- **변환 원본 :** 현재 사용중인 도면층
- **변환 대상 :** 새로 만든 변환 대상 도면층
- **매핑 :** 변환 원본에서 선택한 도면층을 변환 대상에서 선택한 도면층으로 변환
- **도면층 변환 매핑 :** 변환될 특성 나열
- **변환 :** 매핑한 도면층의 도면층 변환 시작

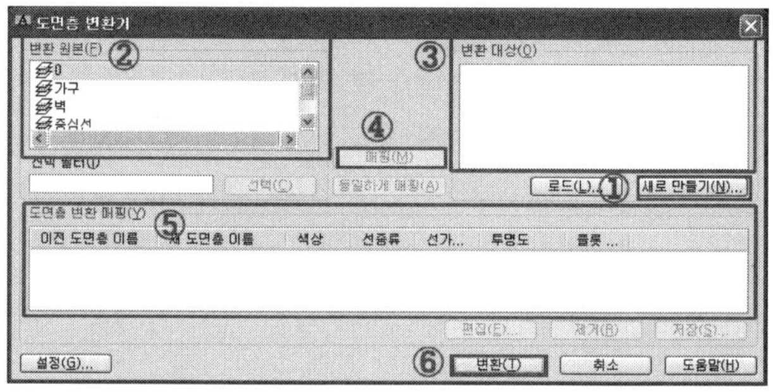

② 도면층 통합 관리 명령 따라하기

㉮ 도면층을 오른쪽 그림과 같이 만든다.

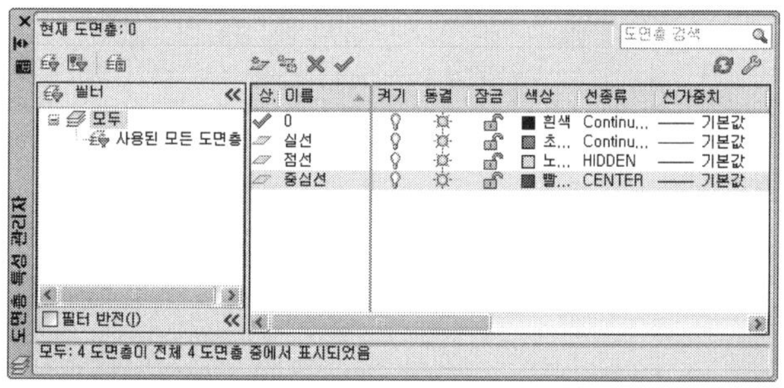

㉯ 도면층 변환 명령을 실행한다.

► 명령 : laytrans [Enter↵]

► [새로만들기] 버튼을 선택해 새로 구성할 도면층을 만든다.

► 이름을 'all'이라고 입력한다.

► [확인] 버튼을 선택해 '새 도면층 상자' 대화상자를 닫는다.

► [변환 원본] 목록에서 변환할 도면층을 선택한다.

► [변환 대상] 목록에서 변환 대상 도면층을 선택한다.

► [매핑] 버튼을 선택해 위에서 선택한 두 도면층을 매핑한다.

► 나머지 도면층도 모두 매핑을 적용한다.

► [변환] 버튼을 선택해 도면층 변환을 적용한다.

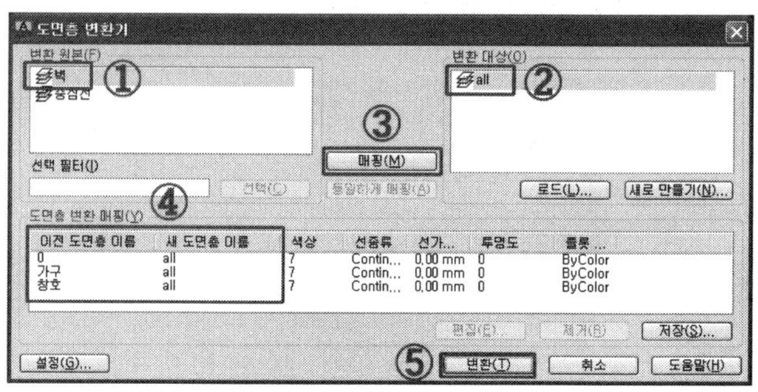

►[변환만] 버튼을 선택해 명령을 종료한다.

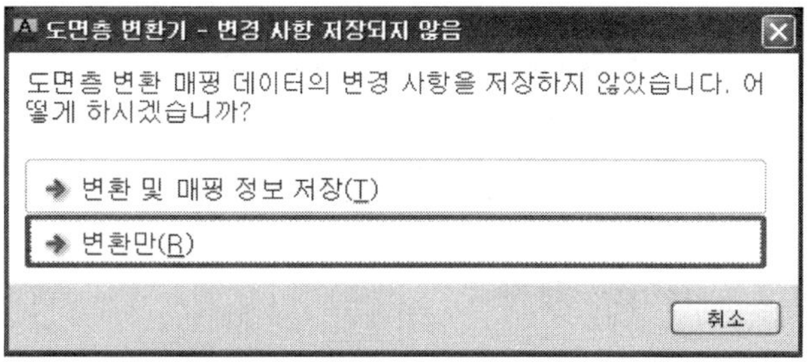

►'도면층 특성 관리자' 대화상자를 열어 결과를 확인한다.

'0' 도면층은 기본 도면층이기 때문에 변환 명령으로 변환이 되어도 다시 '0' 도면층은 자동 생성된다.

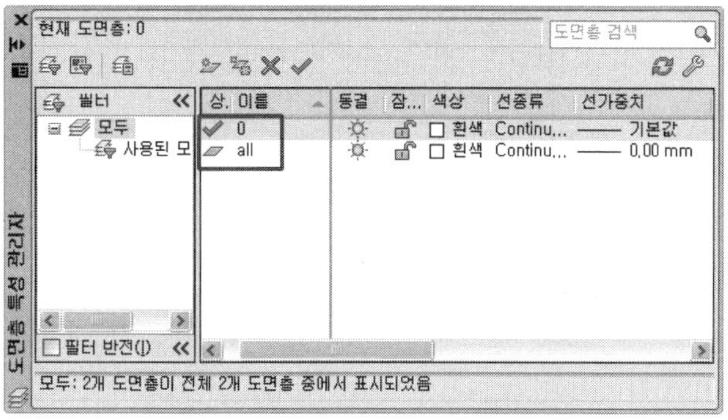

(4) 도면층 병합하기

2개 이상의 도면층을 1개의 도면층으로 결합하는 명령

명령줄 사용 : laymrg Enter↵
리본메뉴 사용 : 홈 탭 ▶ 도면층 패널 ▶
주메뉴 사용 : 형식(O) ▶ 도면층 도구(O) ▶ 도면층 병합(E)

① 도면층 병합 명령 옵션

►명령 : laymrg Enter↵
►병합할 도면층의 객체 선택 또는 [이름(N)/명령 취소(U)] :
►대상 도면층의 객체 선택 또는 [이름(N)] :
►계속하시겠습니까? [예(Y)/아니오(N)] 〈아니오(N)〉 : y

옵 선	내 용
병합할 도면층 객체 선택	객체를 이동하고 삭제할 도면층 선택
대상 도면층 객체 선택	특성을 유지할 도면층 선택
계속하시겠습니까?	병합 작업을 계속할 것인가를 확인
예(Y)	병합 작업을 계속함.
아니오(N)	병합 작업을 계속 안함.

② 도면층 병합 명령 따라하기

►명령 : laymrg Enter↵
►병합할 도면층의 객체 선택 또는 [이름(N)] : **객체를 이동하고 삭제할 도면층 선택**
►병합할 도면층의 객체 선택 또는 [이름(N)/명령 취소(U)] : **객체를 이동하고 삭제할 도면층 선택**
►대상 도면층의 객체 선택 또는 [이름(N)] : **특성을 유지할 도면층 선택**
►계속하시겠습니까? [예(Y)/아니오(N)] 〈아니오(N)〉 : y Enter↵

'건설CALS/EC 전자도면 작성표준 V2.0'의 CAD 도면층 원칙과 기준

7. CAD도면층 원칙과 기준

7.1 레이어 체계

(1) 레이어 체계의 원칙

레이어 체계는 문자 및 숫자로 표현하며 영문 알파벳 A~Z와 숫자 0~9, dash(–)를 사용할 수 있다.

(2) 레이어 체계의 구조

1) 레이어 체계의 구조는 다음과 같다.

AB–CCCC[–사용자정의]
①② ③ ④

2) 레이어 체계의 구체적 내용은 다음과 같다.

레이어 체계(권장)

구 분		형 식	자릿수	필수 여부	비 고
①	대분류	영문	1	필수	건설전문분야분류
②	중분류	영문/숫자	1	필수	건설전문분야분류 세분류
③	소분류	영문/숫자	4	필수	도면요소분류
④	사용자정의	영문/한글/숫자	임의	선택	-

① : 대분류에는 도면분류체계의 대분류를 적용하며 본 표준 '2.3 공통도면정보코드'에서 규정한 건설전문분야분류 코드를 적용한다.
② : 중분류에는 해당 건설전문분야의 성격에 따른 공종, 단위시설, 공간 등의 세분류를 발주자가 정의하여 적용한다.
③ : 소분류에는 도면요소 분류를 발주자가 정의하여 적용한다.
④ : 사용자정의는 발주자의 여건에 따라 임의로 정의할 수 있다.

(3) 타 정보와의 연계

1) 국내에서 작성된 도면정보가 외국에서 작성된 도면정보와 공유 또는 교환의 필요가 있을 경우 국제표준인 ISO–13567에서 규정한 레이어 체계와 호환될 수 있는 구조로 정의되어야 한다.
2) 도면정보가 GIS 정보와 공유 또는 교환의 필요가 있을 경우 NGIS에서 규정한 레이어 체계와 호환될 수 있는 구조로 정의되어야 한다. 단, NGIS 데이터를 건설도면의 일부로 사용할 때 NGIS 레이어가 건설도면의 레이어로 호환이 곤란할 경우 NGIS 레이어 체계를 그대로 사용할 수 있다.
3) 1) 또는 2)의 필요성이 발생하는 경우 별도의 매핑 테이블을 정의하여 사용한다.

건설전문분야 구분을 위한 코드

건설전문분야	코 드
건축 (Architecture)	A
토목 (Civil) / 공통 (Common)	C
전기설비 (Electrical)	E
시설관리 (Facilities Management)	F
일반 (general)	Z
지리정보 (GIS)	G
실내건축 (inteRiors)	R
조경 (Landscape)	L
기계설비 (Mechanical)	M
기타분야 (other disciplines)	X
구조 (Structural)	S
측량 (Survey/Mapping)	V
통신설비 (Telecommuniations)	T

8. 건축분야 레이어 목록

일반건축(Architecture) : AA

AA : 건축분야(A) + 일반건축(A)

번호	공통분류	레이어코드	요소	색상	선	내용	NGIS	비고
1	건축공통	AA-XXXX	-	-	-	건축 전체공통		
2		AA-XXXX-CNTL	LIN	1	CONT	중심선		
3		AA-XXXX-DIMS	LIN	7	CONT	치수선		
4		AA-XXXX-MARK	TXT	7	CONT	마크		
5		AA-XXXX-NOTE	TXT	3	CONT	메모		
6		AA-XXXX-PATT	LIN	9	CONT	해치		
7		AA-XXXX-SYMB	SYM	9	CONT	심벌		
8		AA-XXXX-TEXT	TXT	3	CONT	문자		
9		AA-XXXX-TABL	LIN	6	CONT	테이블		
10		AA-XXXX-GRID	LIN	9	CONT	그리드		
11	도각	AA-BORD	-	-	-	전체(타이틀블록)		
12		AA-BORD-FORM	LIN	7	CONT	타이틀블록 형상		
13		AA-BORD-TEXT	TXT	3	CONT	타이틀블럭 글자		
14	축선관련	AA-AXIS	-	-	-	전체		
15		AA-AXIS-LINE	LIN	1	A-CENTR01	축선		
16		AA-AXIS-BUBL	LIN	3	CONT	버블 및 문자		
17		AA-AXIS-DIMS	LIN	7	CONT	치수선		
18	공통표기	AA-MKXX	-	-	-	전체		
19		AA-MKXM	SYM	7	CONT	주요소 전체(도면명, 축척, 방위표시 등)		
20		AA-MKXS	TXT	3	CONT	표기요소 전체(실명, 입단면 안내, 전개상세 안내, 지시선, 레벨 등)		
21	입면관련	AA-ELEV	-	-	-	입면표기		
22		AA-ELEV-PCN#	-	VAR	-	입면도 색상별 구분		
23	단면관련	AA-SECT	-	-	-	단면표기		
24		AA-SECT-PCN#	-	VAR	-	단면도 색상별 구분		
25	상세관련	AA-DETL	-	-	-	상세표기		
26		AA-DETL-PCN#	-	VAR	-	상세도 색상별 구분		
27	면적관련	AA-AREA	-	-	-	면적표기		
28	배치관련	AA-STXX	-	-	-	전체		
29		AA-STXM	LIN	8	CONT	주요소 전체(도로, 경계선, 주차선)	A0013118 C0430230 C0433364	부지안도로 주차장경계 주차장기호
30		AA-STXS	LIN	8	CONT	부요소 전체(폐기물처리, 액체, 기체 및 전력 공급설비, 통신설비, 옥외설비 및 설치물 등)		
31	배치관련	AA-STXK	SYM	8	CONT	표기요소 전체(출입구 표시, 기타마킹 등)		

AA : 건축분야(A)+일반건축(A)

번호	공통분류	레이어코드	요소	색상	선	내용	NGIS	비고
32	부지	AA-GRXX	LIN	8	CONT	전체(지형, 지질, 지반, 지하부지)		
33		AA-GRXX-IDEN	-	-	-	면적계산		
34		AA-GRXX-BOND	-	-	-	대지경계선	B0014119 B0024120	집단가옥경계 (담장)미분류
35		AA-GRXX-BLDG	-	-	-	건물외곽선	B0014110 B0014111 B0014112 B0014113 B0014114 B0014115 B0014119	(건물경계)미분류 주택외건물 주택 연립주택 공사중건물 아파트 집단가옥경계
36		AA-GRXX-SURV	-	-	-	측량관련		
37	기초	AA-FDXX	-	-	-	전체		
38		AA-FDXM	LIN	2	CONT	주요소 전체		
39		AA-FDXM-PILE	LIN	2	CONT	주요소-파일기초		
40		AA-FDXM-FLOR	LIN	2	CONT	주요소-바닥기초(지반기초 등)		
41		AA-FDXM-DIRC	LIN	2	CONT	주요소-직접기초(독립, 연속 등)		
42		AA-FDXM-REBR	LIN	6	CONT	주요소-철근		
43		AA-FDXS	LIN	4	CONT	부요소 전체		
44		AA-FDXK	TXT	3	CONT	표기요소 전체		
45		AA-FDXK-PATT	LIN	9	CONT	표기요소-해치(재료표기)		
46		AA-FDXK-IDNT	SYM	4	CONT	표기요소-부호		
47		AA-FDXK-DIMS	LIN	7	CONT	표기요소-치수선		
48	기둥	AA-CLXX	-	-	-	전체		
49		AA-CLXM	LIN	2	CONT	주요소 전체		
50		AA-CLXM-STEL	LIN	2	CONT	주요소-철골, 형강, 조립		
51		AA-CLXM-CONC	LIN	2	CONT	주요소-콘크리트		
52		AA-CLXM-REBR	LIN	6	CONT	주요소-철근		
53		AA-CLXM-PCST	LIN	2	CONT	주요소-프리캐스트		
54		AA-CLXM-OTHR	LIN	2	CONT	주요소-기타		
55		AA-CLXS	LIN	4	CONT	부요소 전체		
56		AA-CLXS-FINL	LIN	4	CONT	부요소-마감선		
57		AA-CLXK	TXT	3	CONT	표기요소 전체		
58		AA-CLXK-PATT	LIN	9	CONT	표기요소-해치(재료표기)		
59		AA-CLXK-IDNT	SYM	3	CONT	표기요소-부호		
60		AA-CLXK-DIMS	LIN	7	CONT	표기요소-치수선		
61	보	AA-BMXX	-	-	-	전체		
62		AA-BMXM	LIN	2	CONT	주요소 전체		

AA : 건축분야(A) + 일반건축(A)

번호	공통분류	레이어코드	요소	색상	선	내용	NGIS	비고
63	보	AA-BMXM-STEL	LIN	2	CONT	주요소-철골, 형강, 조립, 플래트거더 등		
64		AA-BMXM-CONC	LIN	2	CONT	주요소-콘크리트		
65		AA-BMXM-REBR	LIN	6	CONT	주요소-철근		
66		AA-BMXM-PCST	LIN	2	CONT	주요소-프리캐스트		
67		AA-BMXM-OTHR	LIN	2	CONT	주요소-기타		
68		AA-BMXS	LIN	4	CONT	부요소 전체		
69		AA-BMXS-FINL	LIN	4	CONT	부요소-마감선		
70		AA-BMXK	TXT	3	CONT	표기요소 전체		
71		AA-BMXK-PATT	LIN	9	CONT	표기요소-해치(재료표기)		
72		AA-BMXK-IDNT	SYM	3	CONT	표기요소-부호		
73		AA-BMXK-DIMS	LIN	7	CONT	표기요소-치수선		
74	벽체	AA-WAXX	-	-	-	전체		
75		AA-WAXM	LIN	2	CONT	주요소 전체		
76		AA-WAXM-CONC	LIN	2	CONT	주요소-콘크리트		
77		AA-WAXM-REBR	LIN	6	CONT	주요소-철근		
78		AA-WAXM-BRCK	LIN	3	CONT	주요소-벽돌		
79		AA-WAXM-BLOK	LIN	3	CONT	주요소-블록		
80		AA-WAXM-NORT	LIN	3	CONT	주요소-비내력벽		
81		AA-WAXM-ASMB	LIN	4	CONT	주요소-조립식벽		
82		AA-WAXM-OPEN	LIN	4	CONT	벽 개구부		
83		AA-WAXM-CRTW	LIN	4	CONT	주요소-장막벽		
84		AA-WAXM-OTHR	LIN	4	CONT	주요소-기타벽		
85		AA-WAXS	LIN	4	CONT	부요소 전체		
86		AA-WAXS-FRAM	LIN	4	CONT	부요소-프레임		
87		AA-WAXS-FRPR	LIN	9	CONT	부요소-단열재		
88		AA-WAXS-FINL	LIN	4	CONT	부요소-마감선		
89		AA-WAXK	TXT	3	CONT	표기요소 전체		
90		AA-WAXK-PATT	LIN	9	CONT	표기요소-해치		
91		AA-WAXK-IDNT	SYM	4	CONT	표기요소-부호		
92		AA-WAXK-DIMS	LIN	7	CONT	표기요소-치수선		
93		AA-WAXK-CNTL	LIN	1	A-CENTR01	표기요소-중심선		
94	창호	AA-DWXX	-	-	-	전체		
95		AA-DWXM	LIN	7	CONT	주요소 전체		
96		AA-DWXM-DOOR	SYM	7	CONT	주요소-문		
97		AA-DWXM-WIND	SYM	7	CONT	주요소-창		
98		AA-DWXM-GLAZ	LIN	4	CONT	주요소-창문(유리)		
99		AA-DWXM-STHC	SYM	9	CONT	주요소-셔터해치		
100		AA-DWXM-OTHR	LIN	7	CONT	주요소-기타형태의 창호		
101		AA-DWXK	TXT	4	CONT	표기요소 전체		
102		AA-DWXK-PATT	LIN	9	CONT	주요소-해치		

AA : 건축분야(A)＋일반건축(A)

번호	공통분류	레이어코드	요소	색상	선	내용	NGIS	비고
103	창호	AA-DWXK-IDNT	SYM	4	CONT	주요소-부호		
104		AA-DWXK-DIMS	LIN	7	CONT	주요소-치수선		
105		AA-DWXK-CNTL	LIN	1	A-CENTR01	주요소-중심선		
106	바닥	AA-FLXX	-	-	-	전체		
107		AA-FLXM	LIN	7	CONT	주요소 전체		
108		AA-FLXM-FLOR	LIN	7	CONT	주요소-바닥경계 등		
109		AA-FLXM-REBR	LIN	6	CONT	주요소-철근		
110		AA-FLXS	LIN	4	CONT	부요소 전체		
111		AA-FLXS-RSFL	LIN	4	CONT	부요소-무대, 강단 등		
112		AA-FLXS-ATTC	LIN	4	CONT	부요소-트렌치 등		
113		AA-FLXS-OTHR	LIN	4	CONT	부요소-기타		
114		AA-FLXS-FINL	LIN	4	CONT	부요소-마감선		
115		AA-FLXK	TXT	3	CONT	표기요소 전체		
116		AA-FLXK-IDNT	SYM	3	CONT	표기요소-부호		
117		AA-FLXK-OPEN	LIN	9	A-HIDDN01	표기요소-개구부 표시		
118		AA-FLXK-PATT	LIN	9	CONT	표기요소-해치		
119		AA-FLXK-DIMS	LIN	7	CONT	표기요소-치수선		
120		AA-FLXK-CNTL	LIN	1	A-CENTR01	표기요소-중심선		
121	계단/경사로	AA-SSXX	-	-	-	전체		
122		AA-SSXM	LIN	7	CONT	주요소 전체		
123		AA-SSXM-CONC	LIN	3	CONT	주요소-콘크리트		
124		AA-SSXM-REBR	LIN	6	CONT	주요소-철근		
125		AA-SSXM-RAMP	LIN	2	CONT	램프 및 굴삭부		
126		AA-SSXM-STRS	LIN	4	CONT	계단		
127		AA-SSXS	LIN	4	CONT	부요소 전체(난간 등)		
128		AA-SSXS-HRAL	LIN	6	CONT	핸드레일		
129		AA-SSXK	TXT	3	CONT	표기요소 전체		
130	지붕	AA-RFXX	-	-	-	전체		
131		AA-RFXM	LIN	6	CONT	주요소 전체		
132		AA-RFXS	LIN	4	CONT	부요소 전체(처마, 난간 등)		
133		AA-RFXS-WATR	LIN	3	CONT	지붕 미장/방수		
134		AA-RFXS-HRAL	LIN	6	CONT	지붕손잡이/미끄럼방지		
135		AA-RFXS-STRS	LIN	6	CONT	지붕계단 난간/사다리		
136		AA-RFXK	TXT	3	CONT	표기요소 전체		
137	기타기본구조	AA-OTXX	LIN	8	CONT	전체		
138	천정	AA-CEXX	-	-	-	전체		
139		AA-CEXM	LIN	6	CONT	주요소 전체		
140		AA-CEXM-BASE	LIN	6	CONT	주요소-기본바탕		
141		AA-CEXM-ARCH	LIN	5	CONT	주요소-건축요소		
142		AA-CEXS	LIN	3	CONT	부요소 전체		
143	천정	AA-CEXK	TXT	4	CONT	주요소 전체		
144	내부설비	AA-FFXX	-	-	-	전체		

AA : 건축분야(A) + 일반건축(A)

번호	공통분류	레이어코드	요소	색상	선	내용	NGIS	비고
145	내부설비	AA-FFXM	SYM	4	CONT	주요소 전체		
146		AA-FFXM-GUID	SYM	4	CONT	주요소-통합안내설치물(표지판, 진열 등)		
147		AA-FFXM-FURN	SYM	4	CONT	주요소-휴식업무설비(가구집기)		
148		AA-FFXM-KICH	SYM	4	CONT	주요소-주방설비(싱크대, 냉장고)		
149		AA-FFXM-SANI	SYM	4	CONT	주요소-위생설비(변기, 세면기)		
150		AA-FFXM-CLEN	SYM	4	CONT	주요소-청소세탁설비		
151		AA-FFXM-STRG	SYM	4	CONT	주요소-저장차폐설비(저장고, 벽장, 금고 등)		
152		AA-FFXM-OTHR	SYM	4	CONT	주요소-기타내부설비(예술작품 등)		
153		AA-FFXS	LIN	4	CONT	부요소 전체		
154		AA-FFXK	TXT	3	CONT	표기요소 전체		

객체 특성 적용 명령 따라하기 - 정투상도 그리기

여기서 설명하는 정투상도 그리기에 대한 방법은 여러 가지 방법 중 한가지일 뿐이다. 도면의 내용에 따라 그리는 방법은 얼마든지 달라질 수 있다.

정투상도 관련 용어 정리 (KS A 3007)

- 투상 : 일정한 법칙에 의해서 대상물의 형태를 평면상에 그리는 것
- 투상도 : 투상을 그린 그림
- 투상면 : 투상에 의해서 대상물의 형태를 찍어내는 평면
- 정투상 : 대상물의 좌표면이 투상면에 평행인 직각 투상을 말하며, 일반적으로 3개의 투상면을 필요로 한다.
- 정투상도 : 정투상에 의해서 그린 도면
- 제3각법 : 대상물을 3 상한에 두고, 투상면에 정투상해서 그리는 도형의 표시 방법

정투상도는 입체적인 모양을 평면으로 표현하는 가장 대표적인 도면으로 정밀하고 정확하게 표시할 수 있는 특징이 있으며, 우리나라에서는 제3각법을 원칙으로 사용하고 있다.

다음의 정투상도 도면을 따라 그린다.

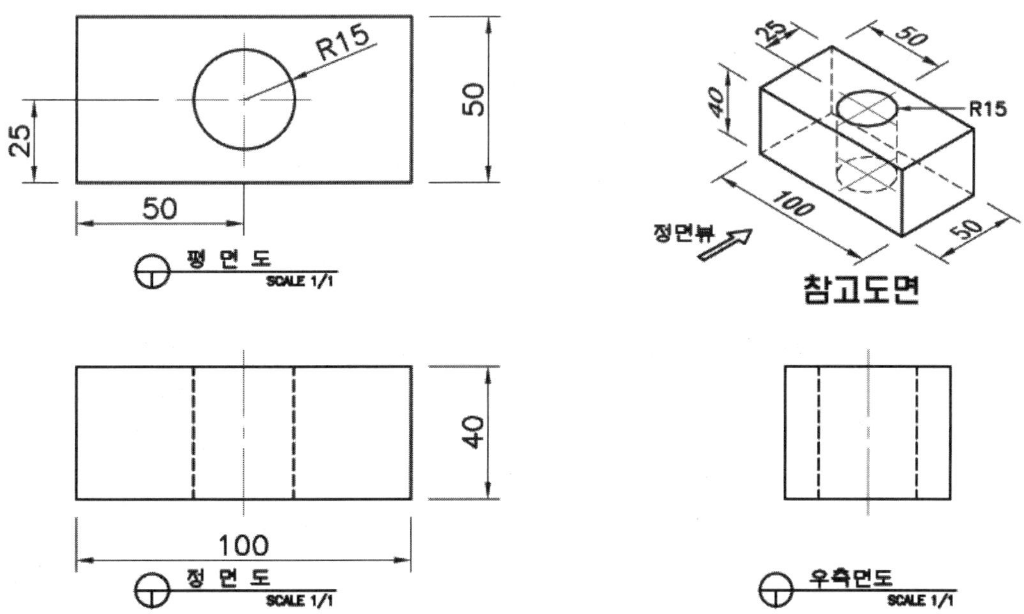

1.1 도면층을 생성한다.

오른쪽 그림과 같이 도면층을 먼저 생성한다.

► 명령 : layer [Enter↵] (혹은 la [Enter↵])

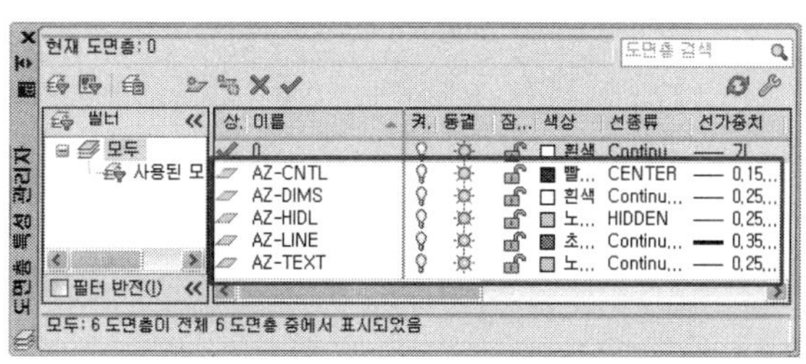

1.2 도면을 그린다.

(1) 먼저 평면도를 그린다.

① 'AZ-LINE' 도면층을 현재 도면층으로 선택한다.

오른쪽 그림은 '도구막대'를 이용한 방법이며, 리본메뉴에서는 '홈 탭→도면층패널'에서 현재 도면층을 선택할 수 있다.

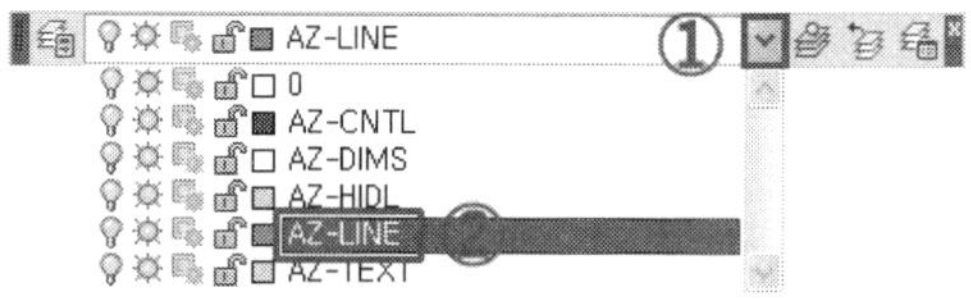

② 평면도의 전체 크기인 사각형을 그린다.

- 명령 : line Enter↵ (혹은 l Enter↵)
- 첫 번째 점 지정 : 마우스로 임의의 위치점(P1) 지정
- 다음 점 지정 또는 [명령 취소(U)] : 직교 가능(F8)을 켠 후 마우스를 오른쪽으로 가리킨 후 100 Enter↵
- 다음 점 지정 또는 [명령 취소(U)] : 50 Enter↵
- 다음 점 지정 또는 [닫기(C)/명령 취소(U)] : 100 Enter↵
- 다음 점 지정 또는 [닫기(C)/명령 취소(U)] : c Enter↵

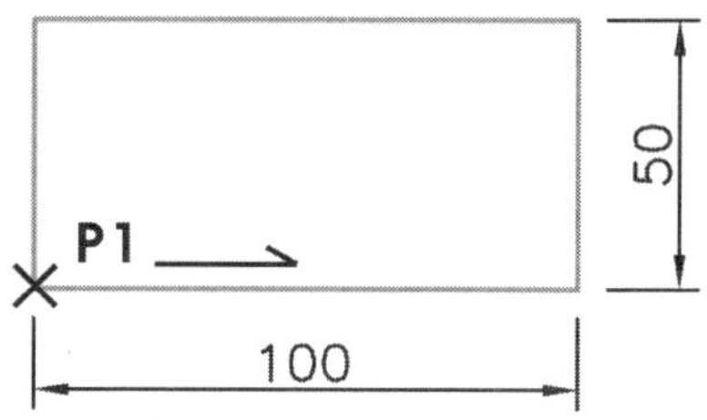

③ 구멍을 그리기 위해 중심점 위치를 찾는다.

- 명령 : offset Enter↵ (혹은 o Enter↵)
- 현재 설정 : 원본 지우기=아니오, 도면층=원본, OFFSETGAPTYPE=0
- 간격띄우기 거리 지정 또는 [통과점(T)/지우기(E)/도면층(L)] ⟨25.0000⟩ : 50 Enter↵
- 간격띄우기할 객체 선택 또는 [종료(E)/명령 취소(U)] ⟨종료⟩ : **간격띄우기할 S1 객체 선택**
- 간격띄우기할 면의 점 지정 또는 [종료(E)/다중(M)/명령 취소(U)] ⟨종료⟩ : **띄우기할 방향을 가리킬 임의의 P1점 지정**
- 간격띄우기할 객체 선택 또는 [종료(E)/명령 취소(U)] ⟨종료⟩ : Enter↵

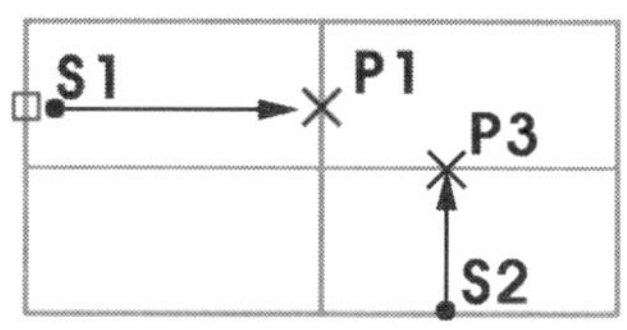

④ 간격띄우기한 선을 'AZ-CNTL' 도면층으로 변경한다.

- 도면층을 변경할 중심선 객체를 선택한다.
- 도면층 목록을 펼친다.
- 변결할 도면층 'AZ-CNTL' 이름을 선택한다.
- 마우스로 작업공간을 선택해 명령을 종료한다.

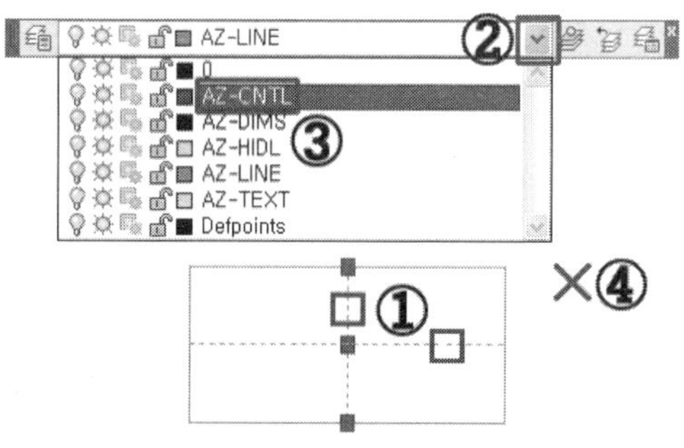

⑤ 중심선의 점선 간격을 조절한다.

- 명령 : ltscale Enter↵ (혹은 lts Enter↵)
- 새 선종류 축척 비율 입력 ⟨0.5000⟩ : 0.3 Enter↵

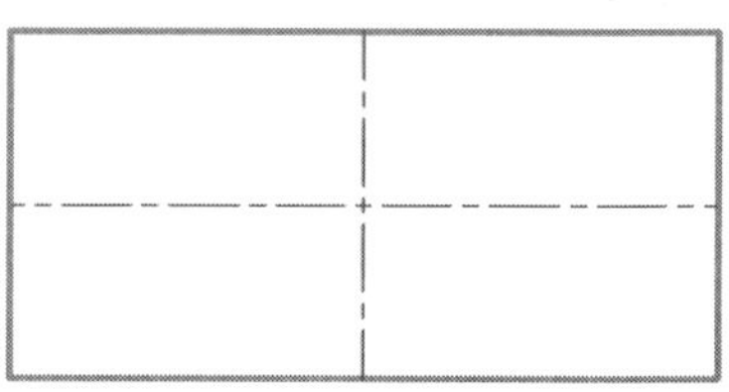

⑥ '반지름 R=5'인 원을 그린다.

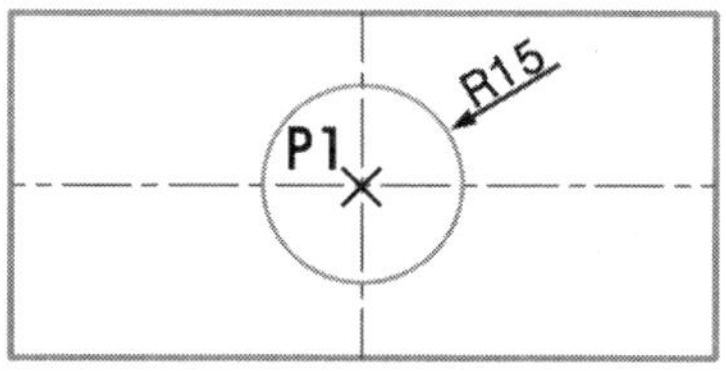

- ► OSNAP(F3)기능이 켜져 있는지 확인한다. 
- ► 명령 : circle [Enter↵] (혹은 c [Enter↵])
- ► 원에 대한 중심점 지정 또는 [3점(3P)/2점(2P)/Ttr – 접선 접선 반지름(T)] : **마우스로 P1점(교차점) 지정**
- ► 원의 반지름 지정 또는 [지름(D)] : 15 [Enter↵]

⑦ 원을 경계선으로 원 외부의 선을 자른다.

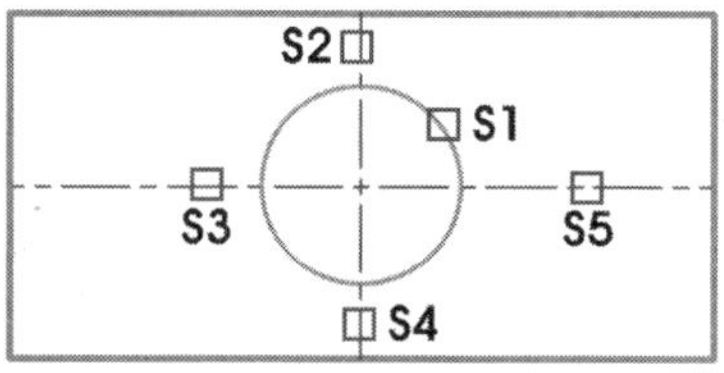

[명령 적용 전]

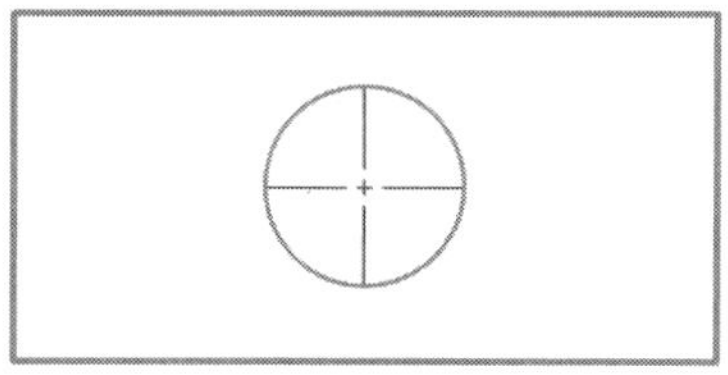
[명령 적용 후]

- ► 명령 : trim [Enter↵] (혹은 tr [Enter↵])
- ► 현재 설정 : 투영＝UCS, 모서리＝연장
- ► 절단 모서리 선택 ...
- ► 객체 선택 또는 〈모두 선택〉 : **경계선 S1 객체 선택**
- ► 객체 선택 : [Enter↵]
- ► 자를 객체 선택 또는 [Shift] 키를 누른 채 선택하여 연장 또는 [울타리(F)/걸치기(C)/프로젝트(P)/모서리(E)/지우기(R)/명령 취소(U)] : **잘려질 객체의 S2 위치에서 객체 선택**
- ► 자를 객체 선택 또는 [Shift] 키를 누른 채 선택하여 연장 또는[울타리(F)/걸치기(C)/프로젝트(P)/모서리(E)/지우기(R)/명령 취소(U)] : **잘려질 객체의 S3 위치에서 객체 선택**
- ► 자를 객체 선택 또는 [Shift] 키를 누른 채 선택하여 연장 또는 [울타리(F)/걸치기(C)/프로젝트(P)/모서리(E)/지우기(R)/명령 취소(U)] : **잘려질 객체의 S4 위치에서 객체 선택**
- ► 자를 객체 선택 또는 [Shift] 키를 누른 채 선택하여 연장 또는 [울타리(F)/걸치기(C)/프로젝트(P)/모서리(E)/지우기(R)/명령 취소(U)] : **잘려질 객체의 S5 위치에서 객체 선택**
- ► 자를 객체 선택 또는 [Shift] 키를 누른 채 선택하여 연장 또는 [울타리(F)/걸치기(C)/프로젝트(P)/모서리(E)/지우기(R)/명령 취소(U)] : [Enter↵]

⑧ 중심선의 길이를 '5' 만큼 늘린다.

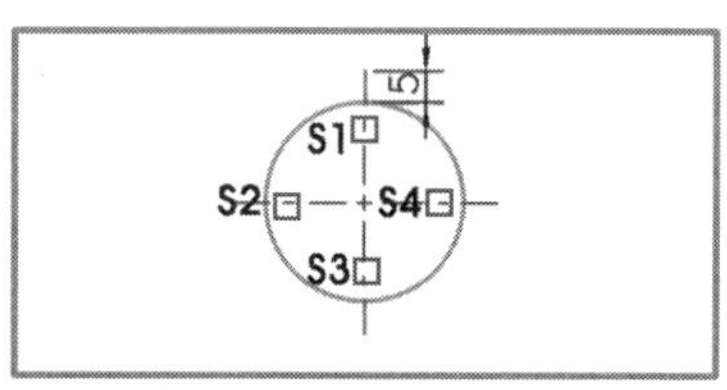

- ► 명령 : lengthen [Enter↵] (혹은 len [Enter↵])
- ► 객체 선택 또는 [증분(DE)/퍼센트(P)/합계(T)/동적(DY)] : de [Enter↵]
- ► 증분 길이 또는 [각도(A)] 입력 〈0.0000〉 : 5 [Enter↵]
- ► 변경할 객체 선택 또는 [명령 취소(U)] : **중심선을 S1 위치에서 선택**
- ► 변경할 객체 선택 또는 [명령 취소(U)] : **중심선을 S2 위치에서 선택**
- ► 변경할 객체 선택 또는 [명령 취소(U)] : [Enter↵]

(2) 정면도를 그린다.

① 평면도의 아래쪽으로 일정한 간격에 수평선을 그린다.

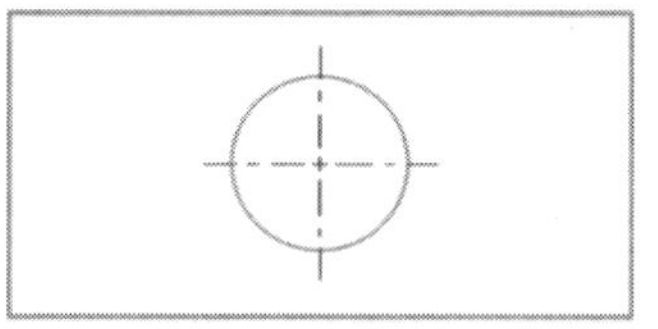

- 명령 : line [Enter↵] (혹은 l [Enter↵])
- 첫 번째 점 지정 : **마우스로 임의의 위치점(P1) 지정**
- 다음 점 지정 또는 [명령 취소(U)] : **직교 가능(F8)을 켠 후 마우스를 오른쪽으로 가리킨 후 임의의 위치에서 왼쪽버튼 선택**
- 다음 점 지정 또는 [명령 취소(U)] : [Enter↵]

평면도 가로 길이보다 길게 그린다.

② 그림과 같이 평면도에서 선을 연결해 그린다.

- OSNAP(F3)기능이 켜져 있는지 확인한다.
- 명령 : line [Enter↵] (혹은 l [Enter↵])
- 첫 번째 점 지정 : **마우스로 선의 끝점(P1점) 지정**
- 다음 점 지정 또는 [명령 취소(U)] : **마우스로 선의 수직점(P2점) 지정**
- 다음 점 지정 또는 [명령 취소(U)] : [Enter↵]

P3-P4를 연결하는 선도 동일한 방법으로 그린다.

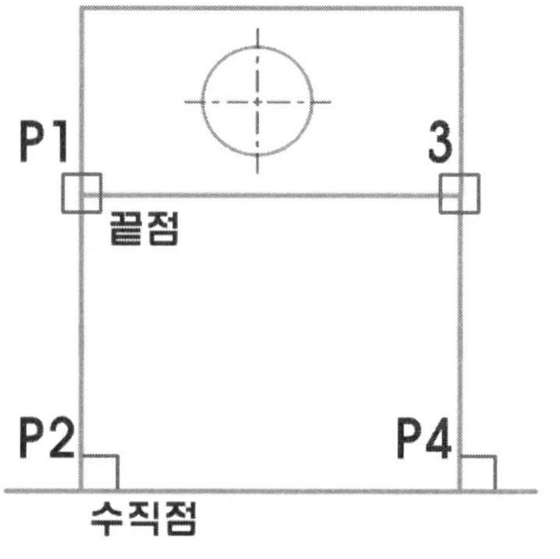

③ 간격띄우기 명령으로 정면도 높이 선을 나타낸다.

- 명령 : offset [Enter↵] (혹은 o [Enter↵])
- 현재 설정 : 원본, 지우기 = 아니오, 도면층 = 원본, OFFSETGAPTYPE = 0
- 간격띄우기 거리 지정 또는 [통과점(T)/지우기(E)/도면층(L)] 〈25.0000〉 : **40** [Enter↵]
- 간격띄우기할 객체 선택 또는 [종료(E)/명령 취소(U)] 〈종료〉 : **간격띄우기할 S1 객체 선택**
- 간격띄우기할 면의 점 지정 또는 [종료(E)/다중(M)/명령 취소(U)] 〈종료〉 : **띄우기할 방향을 가리킬 임의의 P1점 지정**
- 간격띄우기할 객체 선택 또는 [종료(E)/명령 취소(U)] 〈종료〉 : [Enter↵]

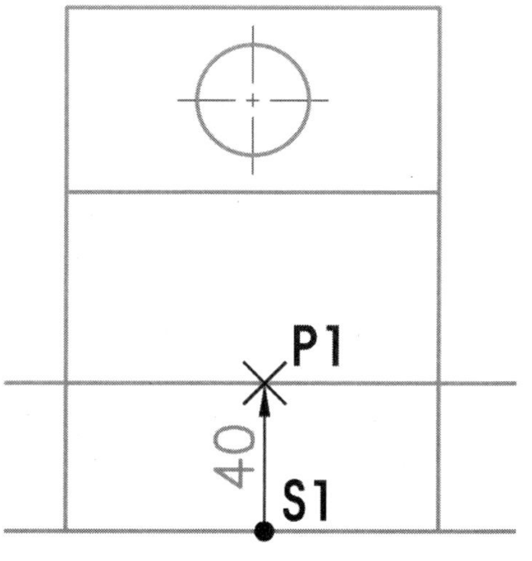

④ 객체 자르기 명령으로 정면도 전체 형상을 나타낸다.

- ►명령 : trim Enter↵ (혹은 tr Enter↵)
- ►현재 설정 : 투영＝UCS, 모서리＝연장
- ►절단 모서리 선택 ...
- ►객체 선택 또는 〈모두 선택〉 : **경계선 S1 객체 선택**
- ►객체 선택 또는 〈모두 선택〉 : **경계선 S2 객체 선택**
- ►객체 선택 또는 〈모두 선택〉 : **경계선 S3 객체 선택**
- ►객체 선택 : Enter↵
- ►자를 객체 선택 또는 Shift 키를 누른 채 선택하여 연장 또는 [울타리(F)/걸치기(C)/프로젝트(P)/모서리(E)/지우기(R)/명령 취소(U)] : **잘려질 객체의 S4 위치에서 객체 선택**
- ►자를 객체 선택 또는 Shift 키를 누른 채 선택하여 연장 또는[울타리(F)/걸치기(C)/프로젝트(P)/모서리(E)/지우기(R)/명령 취소(U)] : **잘려질 객체의 S5 위치에서 객체 선택**
- ►자를 객체 선택 또는 Shift 키를 누른 채 선택하여 연장 또는 [울타리(F)/걸치기(C)/프로젝트(P)/모서리(E)/지우기(R)/명령 취소(U)] : **잘려질 객체의 S6 위치에서 객체 선택**
- ►자를 객체 선택 또는 Shift 키를 누른 채 선택하여 연장 또는 [울타리(F)/걸치기(C)/프로젝트(P)/모서리(E)/지우기(R)/명령 취소(U)] : **잘려질 객체의 S7 위치에서 객체 선택**
- ►자를 객체 선택 또는 Shift 키를 누른 채 선택하여 연장 또는 [울타리(F)/걸치기(C)/프로젝트(P)/모서리(E)/지우기(R)/명령 취소(U)] : **잘려질 객체의 S8 위치에서 객체 선택**
- ►자를 객체 선택 또는 Shift 키를 누른 채 선택하여 연장 또는 [울타리(F)/걸치기(C)/프로젝트(P)/모서리(E)/지우기(R)/명령 취소(U)] : **잘려질 객체의 S9 위치에서 객체 선택**
- ►자를 객체 선택 또는 Shift 키를 누른 채 선택하여 연장 또는 [울타리(F)/걸치기(C)/프로젝트(P)/모서리(E)/지우기(R)/명령 취소(U)] : Enter↵

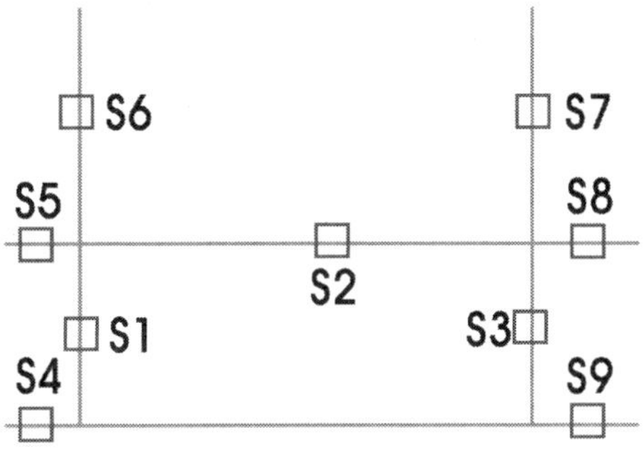

[명령 적용 전]

[명령 적용 후]

⑤ 그림과 같이 평면도의 원을 연결해 정면도에 구멍을 그린다.

- ►사용명령
  - ■**선그리기 :** line (l)
  - ■**객체 자르기 :** trim (tr)
  - ■**중심선 늘리기 :** lengthen (len)
  - ■객체 도면층 변경하기

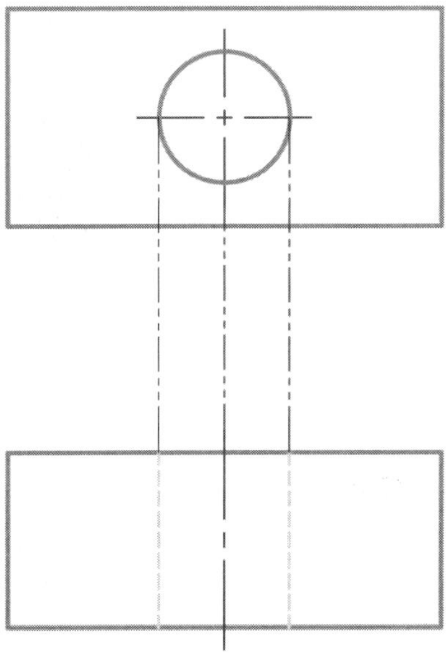

(3) 측면도(우측면도)를 그린다.

① 평면도와 정면도를 참고로 우측면도를 그리기위해 그림과 같이 임의의 위치에 45도 각도의 선을 그린다.

▸ 명령 : line [Enter↵] (혹은 l [Enter↵])

▸ 첫 번째 점 지정 : 임의의 위치점 (P1점) 지정

▸ 다음 점 지정 또는 [명령 취소(U)] : @120<45 [Enter↵]

▸ 다음 점 지정 또는 [명령 취소(U)] : [Enter↵]

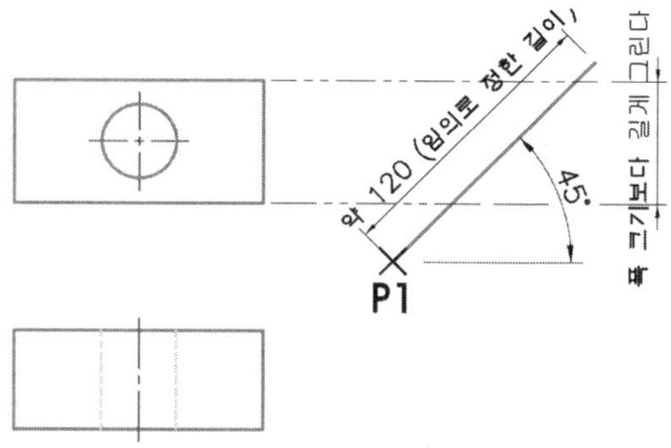

② 오른쪽 그림과 같이 평면도와 정면도의 선을 연결해 우측면도를 완성한다.

▸ 사용명령

- **선그리기** : line (l)
- **객체 자르기** : trim (tr)
- **중심선 늘리기** : lengthen (len)
- 객체 도면층 변경하기

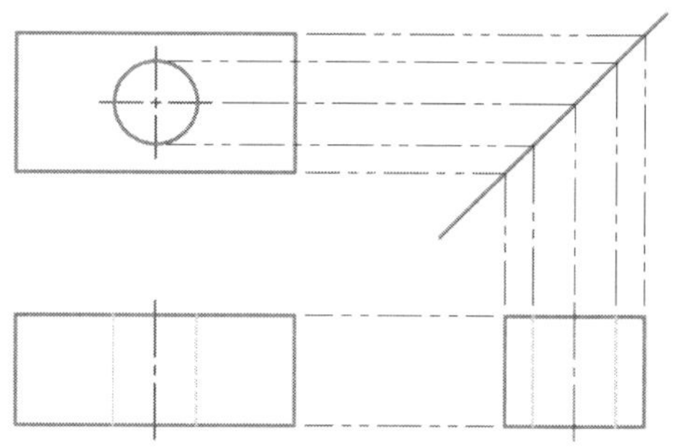

1.3 치수를 표기하고 도면을 완성한다.

① 치수 유형을 다음과 같이 설정한다.

▸ 사용명령 : dimstyle [Enter↵] (혹은 d [Enter↵])

▸ [맞춤탭]의 전체 축척 사용 : '2'로 설정

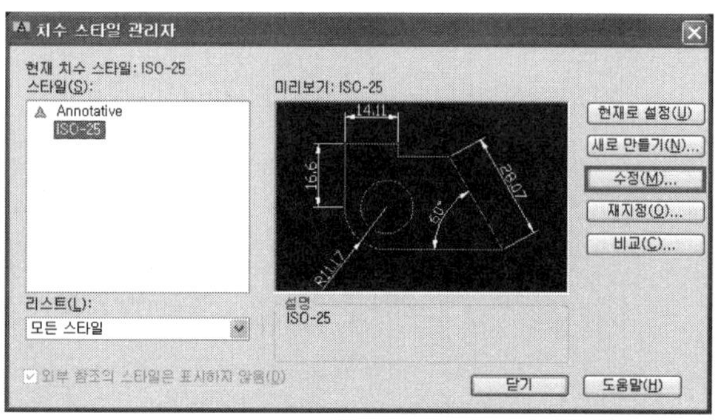

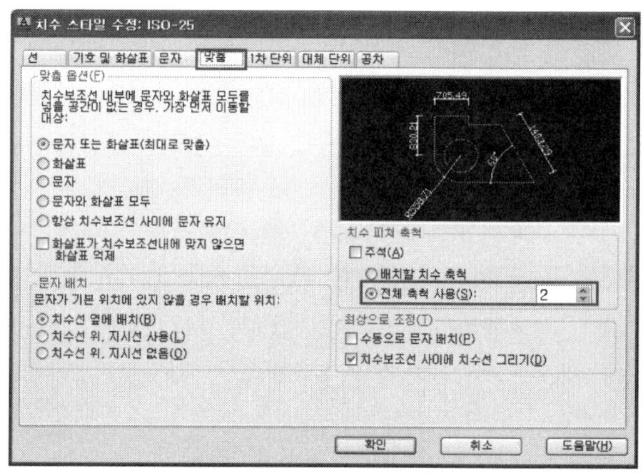

[치수 크기 설정]

② 오른쪽 그림과 같이 치수를 표기하고 도면을 완성한다.

▸ 사용명령 : dli [Enter↵] ➔ *직선 치수 명령*

▸ 사용명령 : dra [Enter↵] ➔ *반지름 치수 명령*

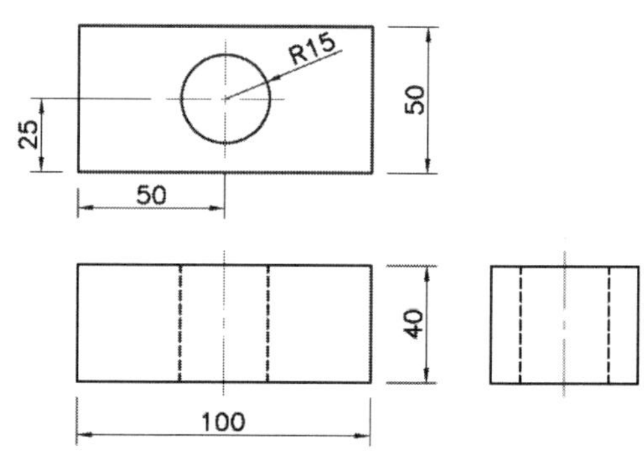

치수 도구막대를 사용하는 경우

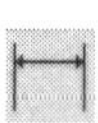 : 직선 치수 적용 명령

 : 반지름 치수 적용 명령

도면 예제 5-1 객체 특성 적용하기

※ 아래표에 설정된 값으로 선을 표현하도록 합니다.

구 분	선 종 류	설 명	색 상	선굵기
실선	continuous	보이는 선	초록색	0.35mm
숨은선	hidden	보이지 않는 선	노란색	0.25mm
중심선	center	기준이 되는 선	빨간색	0.15mm
가상선	phantom	가상 표시 선	흰색	0.15mm

①

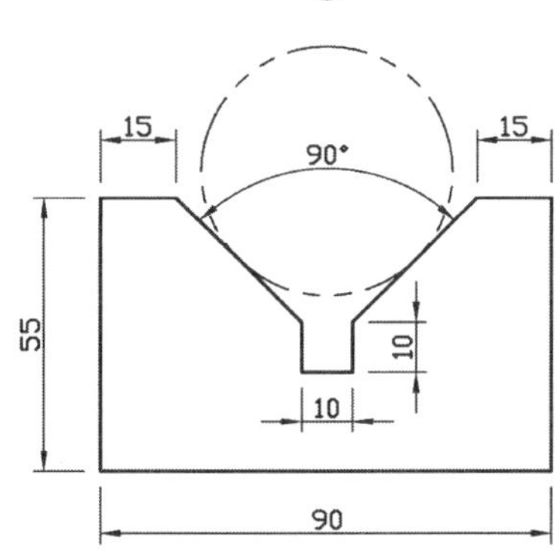

②

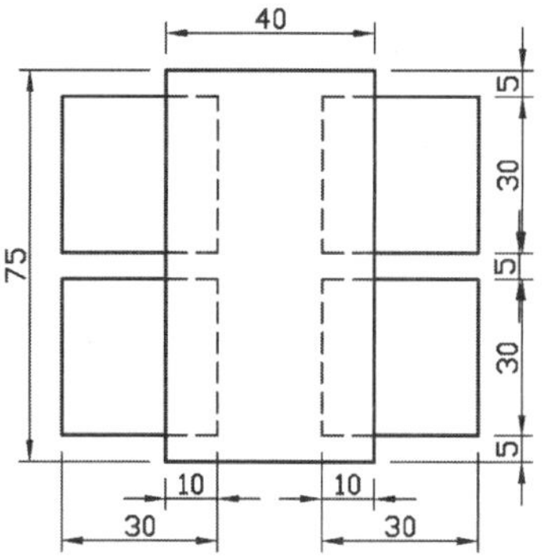

③

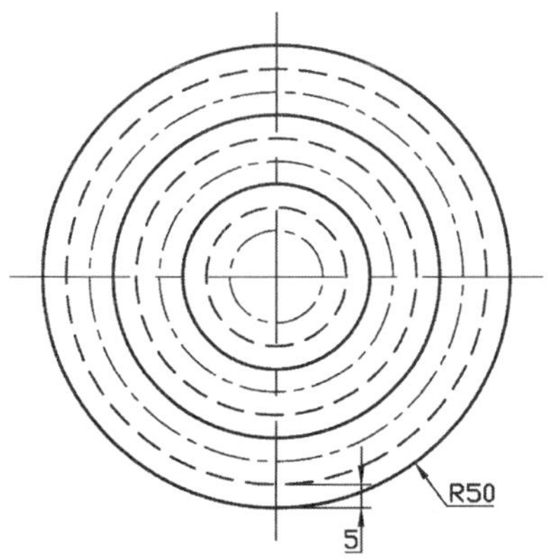

④

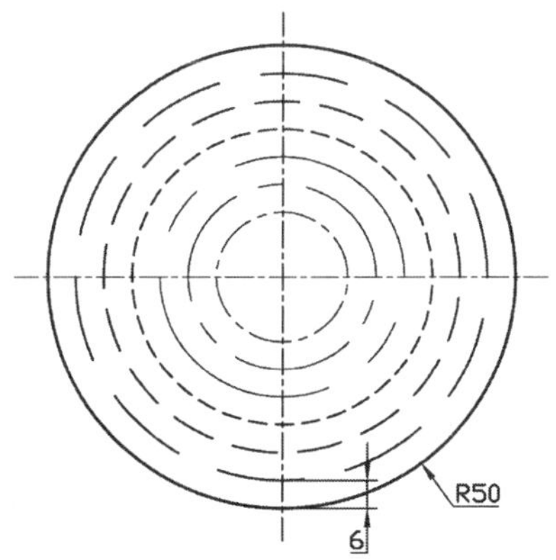

⑤

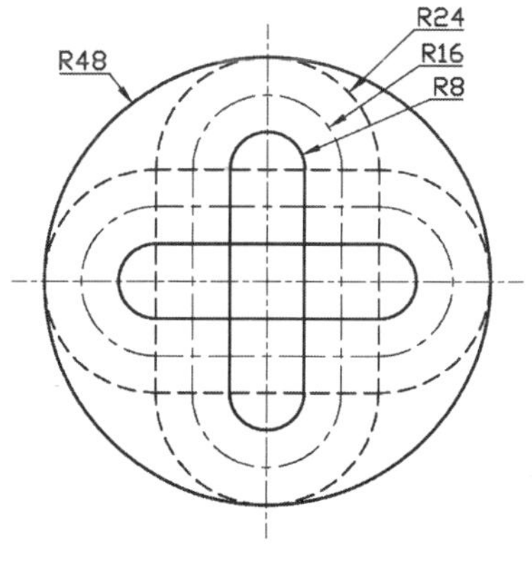

⑥

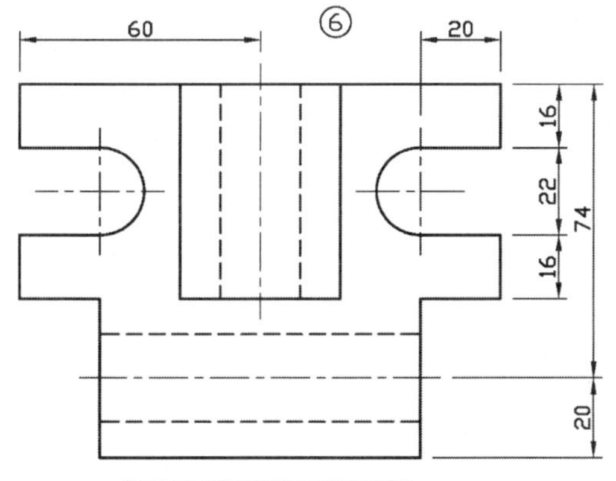

참고 도면을 위에서 본 모양

참고 도면

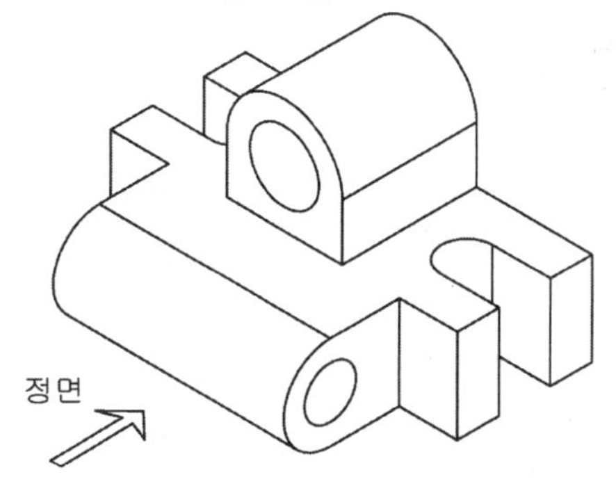

⑦

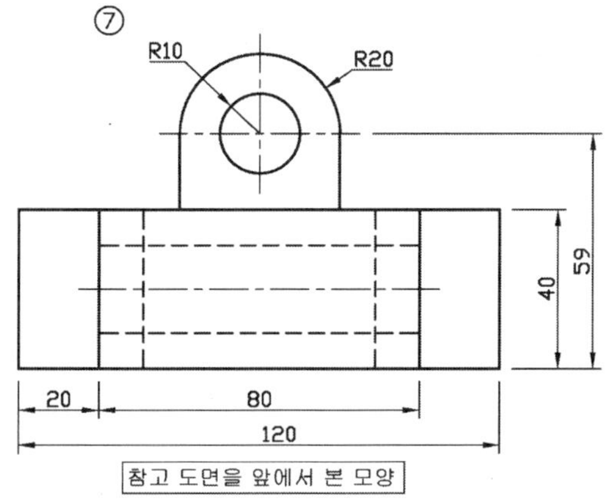

참고 도면을 앞에서 본 모양

⑧

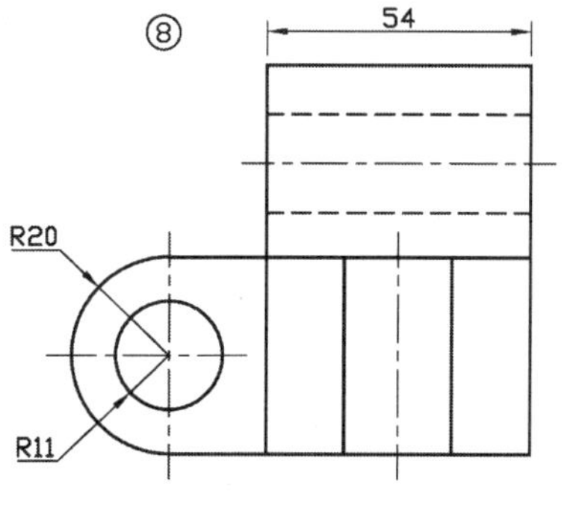

참고 도면을 위에서 오른쪽에서 본 모양

도면 예제 따라 그리기

▣ 도면 예제 9-1-①번 따라 그리기

도면에 사용할 선색상, 선종류, 선굵기

구 분	설 명	선종류	선색상	선굵기
실 선	형상이 보이는 선	CONTINUOUS	초록색	0.35mm
점 선	형상이 보이지 않는 선	HIDDEN	노란색	0.25mm
중심선	기준이 되는 선 (중심선)	CENTER	빨간색	0.15mm

⇨ 원하는 선색상, 선종류, 선굵기를 먼저 선택한 후 도면 그리는 방법

❶ 사용할 수 있는 선색상, 선종류, 선굵기값을 확인한다.

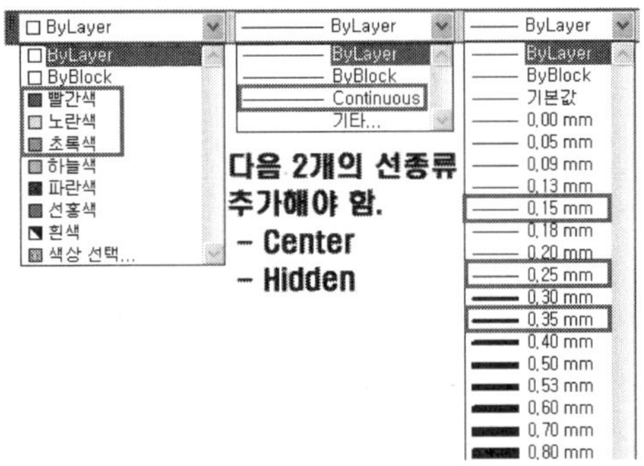

❷ 선종류를 추가명령을 실행한다.

1. 특성도구상자를 이용해 실행하기

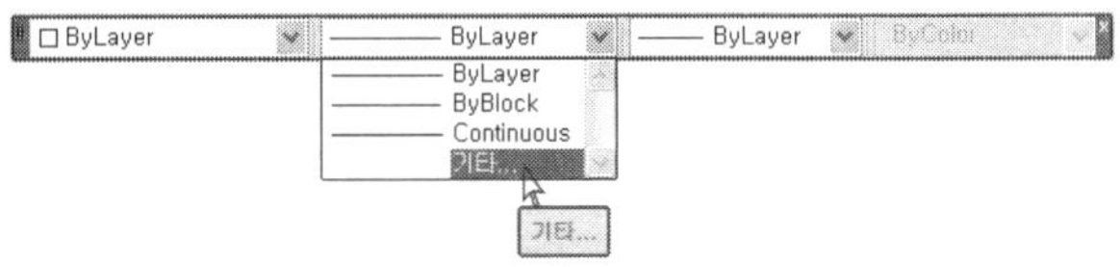

2. 명령줄에서 실행하기
   ▸ 명령 : LT Enter↵

❸ 다음 그림과 같이 선종류를 추가한다.

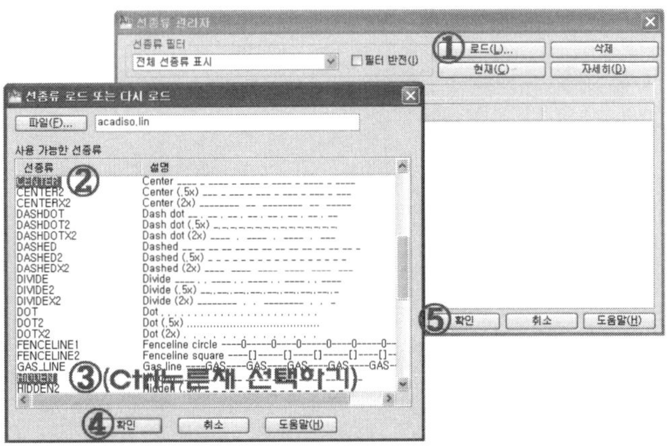

❹ 실선을 그리기위해 다음 그림과 같이 선색상, 선종류, 선굵기를 선택한다.

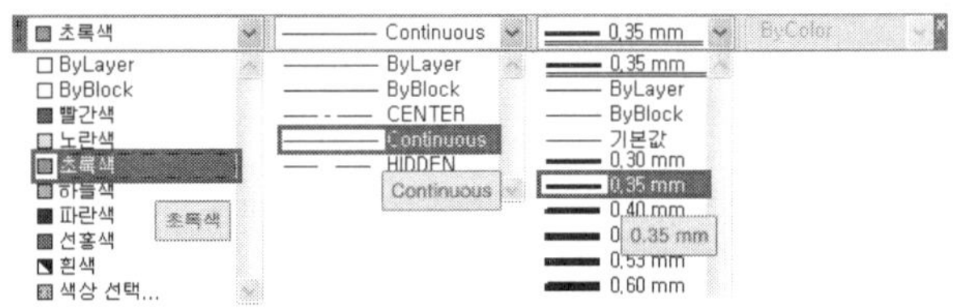

❺ 실선부분의 원을 그린다.

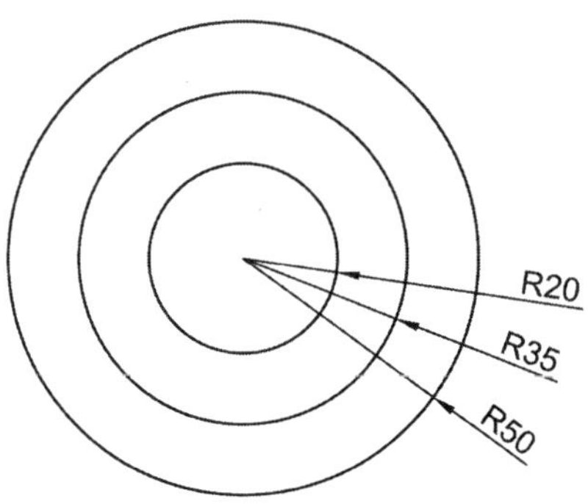

❻ 나머지 원도 ④-⑤과정과 같이 그리고 도면을 완성한다.

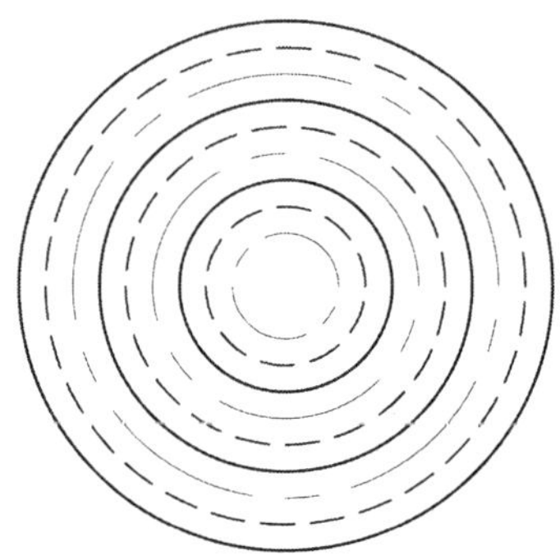

▣ 도면 예제 9-1-①번 따라 그리기

⇨ 도면을 그린 후 원하는 선색상, 선종류, 선굵기 적용하는 방법

❶ 사용할 수 있는 선색상, 선종류, 선굵기값을 확인한다.

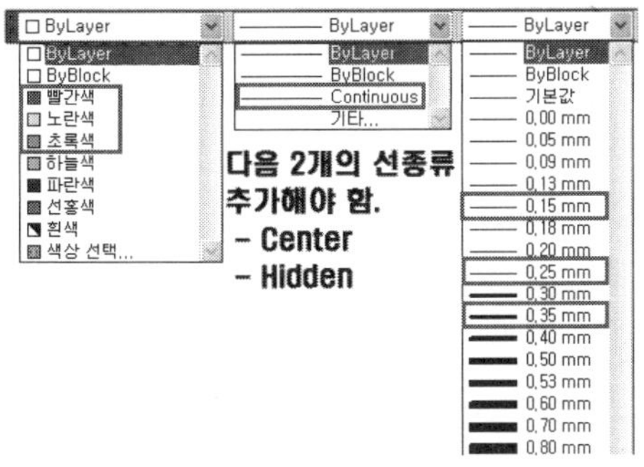

❷ 선종류를 추가명령을 실행한다.

1. 특성도구상자를 이용해 실행하기

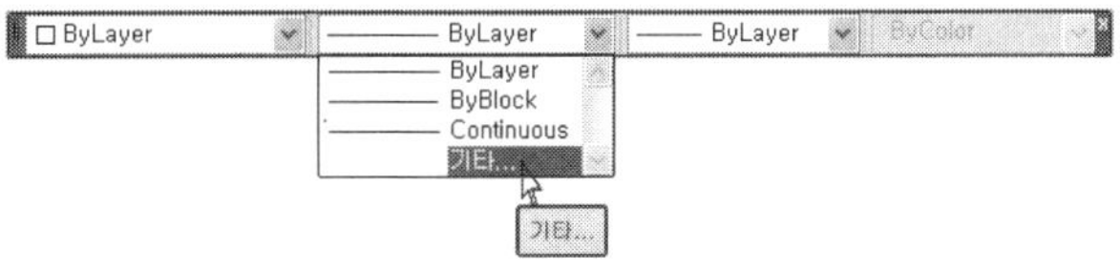

2. 명령줄에서 실행하기

► 명령 : LT Enter↵

❸ 다음 그림과 같이 선종류를 추가한다.

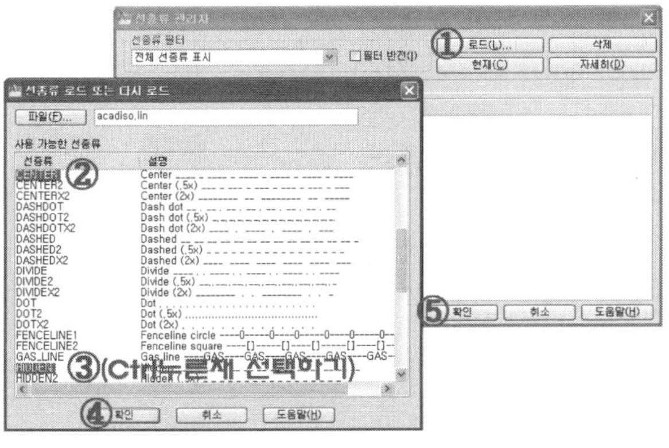

❹ 원을 모두 그린다.

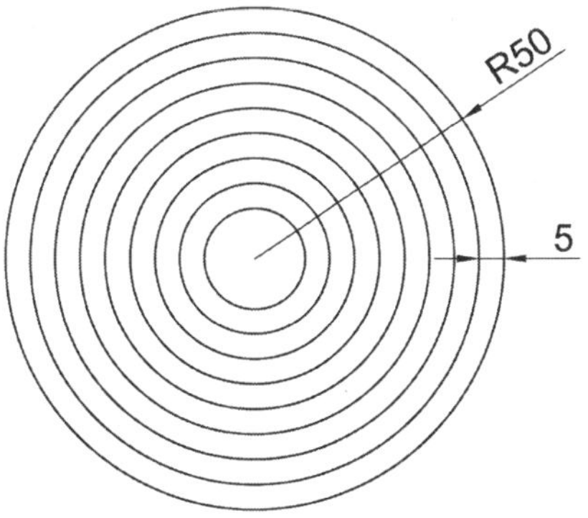

❺ 특성을 변경하고자하는 객체를 선택한다.
→명령을 실행하지 않은 상태에서 객체를 선택하면 아래 그림과 같이 점선으로 표현되며, 그립이 나타난다.

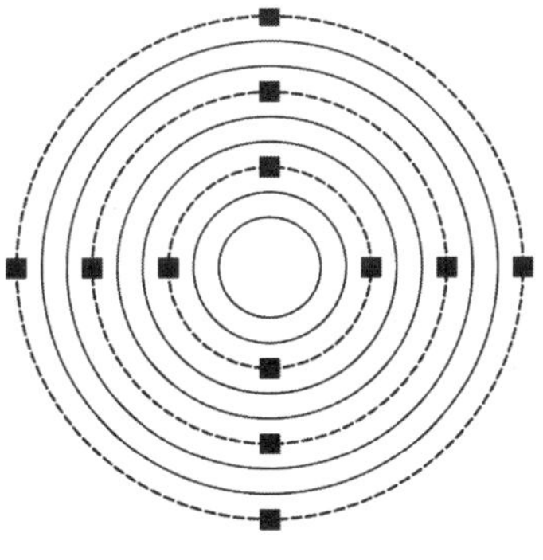

❻ 변경 색상, 선종류, 선굵기를 지정한다.
→특성 지정 후 선이 변경된 것을 확인한 후 명령을 종료하며, 종료는 반드시 Esc 키를 누른다.

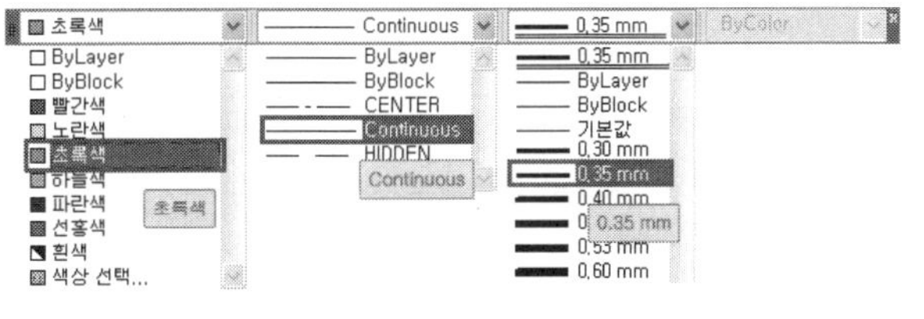

❼ ❺~❻ 과정과 같이 나머지 원도 특성을 변경한 후 도면을 완성한다.

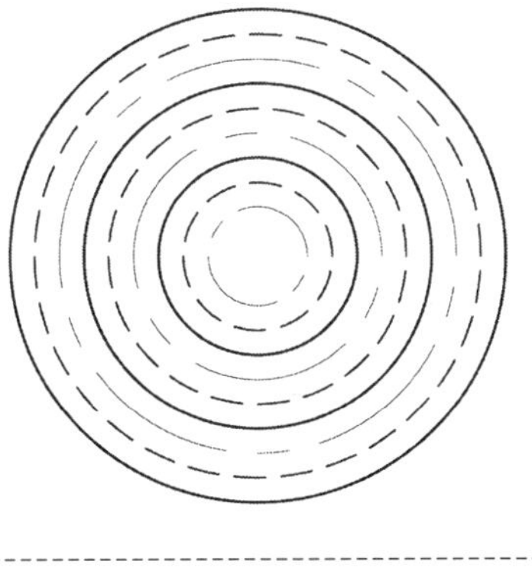

❽ 필요에 따라 점선 간격을 설정한다.
→사용명령 : LTScale (LTS) (179쪽 참고)

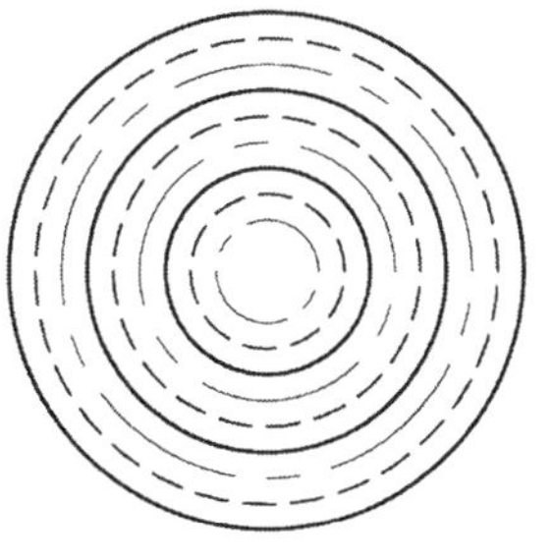

LTS = 1 인 경우

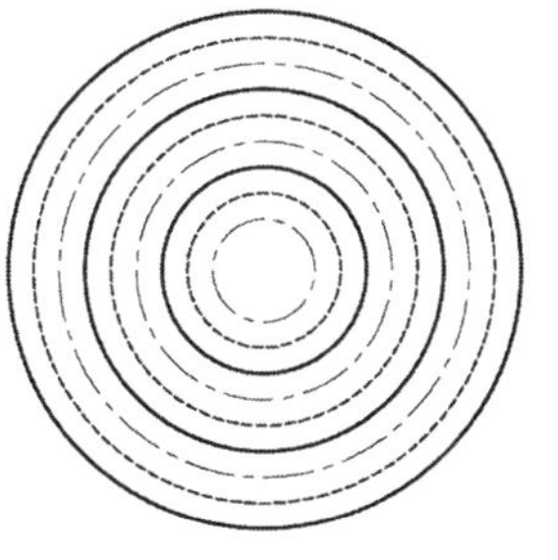

LTS = 0.5 인 경우

도면 예제 5-2 객체 특성 적용하기

※ 표의 내용을 참고로 레이어를 생성한후 도면에 적용한다.

레이어이름	선색상(색번호)	선종류	선가중치	레이어이름	선색상(색번호)	선종류	선가중치
실선	초록색(3)	continuous	0.35	점선	노란색(2)	hidden	0.25
중심선	빨간색(1)	center	0.15	치수	흰색(7)	continuous	0.25
문자	하늘색(4)	continuous	0.25	기타	흰색(7)	continuous	0.15

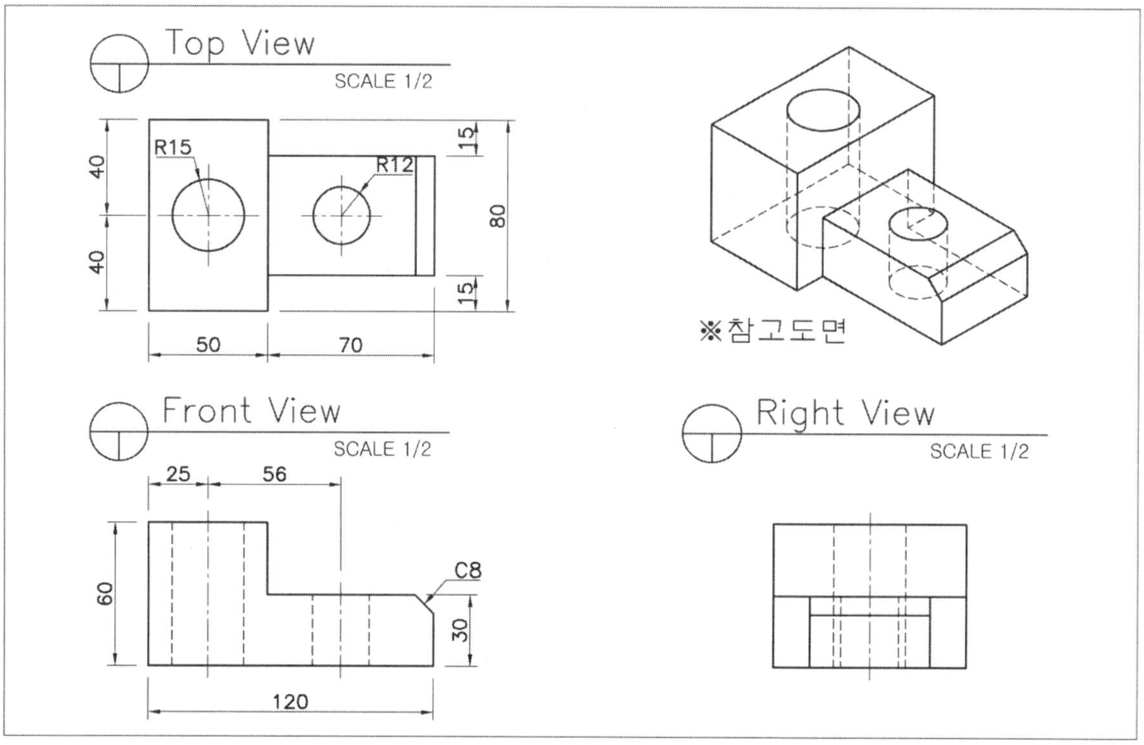

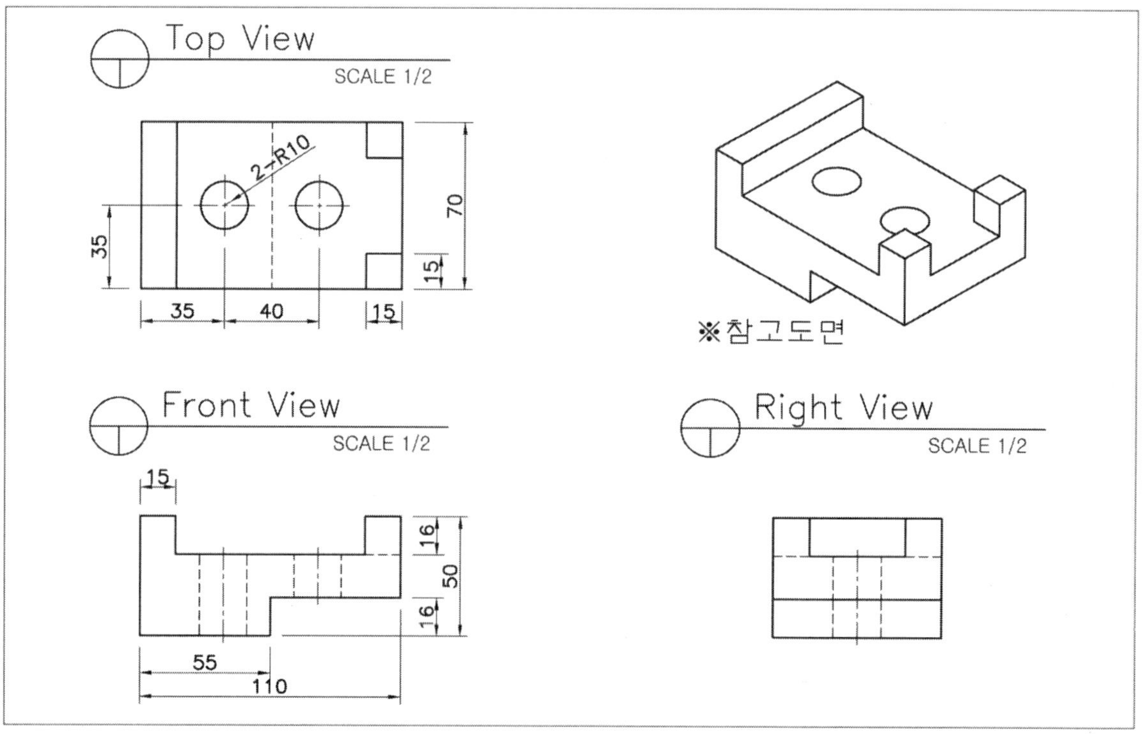

도면 예제 5-3 객체 특성 적용하기

※ 표의 내용을 참고로 레이어를 생성한후 도면에 적용한다.

레이어이름	용도	선색상(색번호)	선종류	선가중치	레이어이름	용도	선색상(색번호)	선종류	선가중치
AA-WAXX	구조체 (벽)	노란색(2)	continuous	0.35	AZ-TEXT	문자	초록색(3)	continuous	0.25
AZ-CNTL	중심선	빨간색(1)	center	0.15	AZ-DIMS	치수	흰색(7)	continuous	0.18
AA-WDXX	창호	흰색(7)	continuous	0.18	AZ-PATT	해치	진회색(8)	continuous	0.15
AA-FFXX	가구 및 설비	하늘색(4)	continuous	0.18	AZ-TEMP	기타	흰색(7)	continuous	0.18

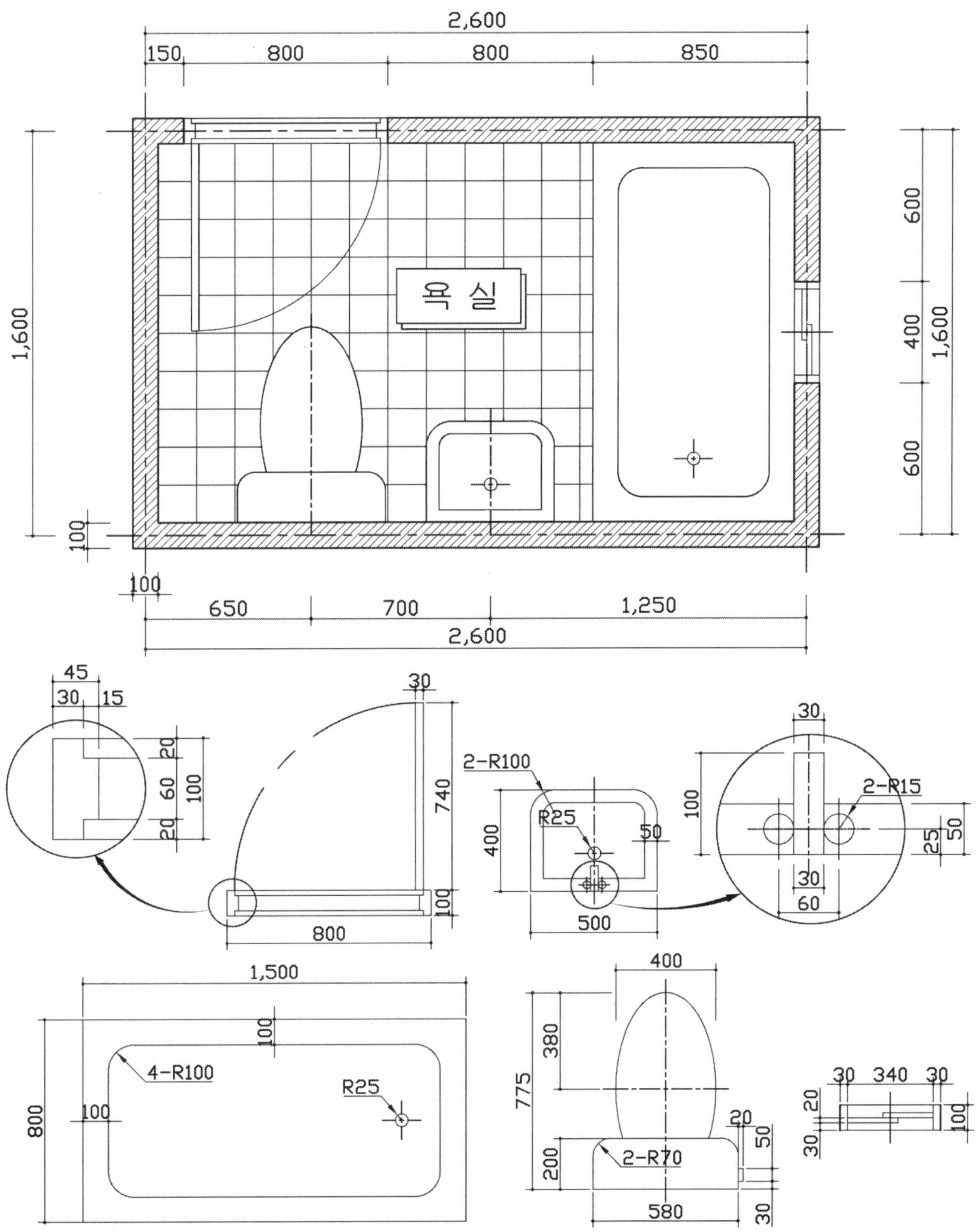

LESSON

06

AutoCAD에서 문자 입력하기

학습목표

- 문자 유형을 설정을 통해 기본 글꼴을 설정할 수 있다.
- 단일문자, 다중문자를 입력할 수 있다.
- 문자내용, 문자크기를 수정할 수 있다.
- 지시문자와 표를 그릴 수 있다.

선행학습

- 선색상, 선종류, 선굵기 등 객체 특성의 이해와 활용
- 모깎기와 모따기에 대한 이해와 활용

학습명령

1. 문자유형 설정 : style (st)
2. 일반문자 입력
   ① 단일문자 : dtext (dt)
   ② 다중문자 : mtext (mt)
3. 문자수정
   ① 문자 내용수정 : ddedit (ed)
   ② 문자 크기수정 : scaletext, change (ch)
4. 지시문자
   ① 지시선 : leader (le)
   ② 다중지시선 : mleaderstyle (mls), mleader (mld)
5. 표 그리기
   ① 표 유형설정 : tablestyle (ts)
   ② 표 그리기 : table (tb)

학습내용

① 학습내용 1

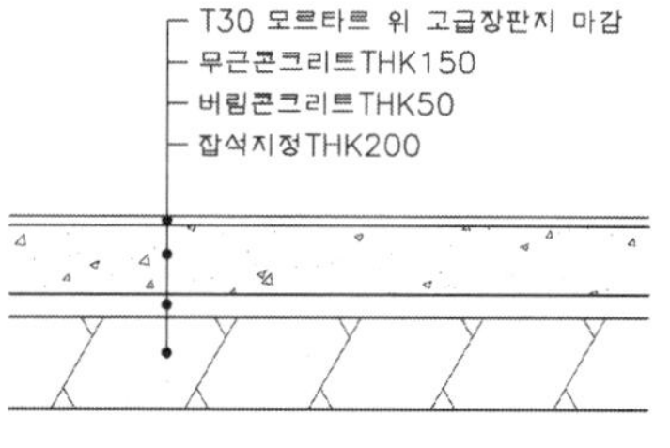

② 학습내용 2

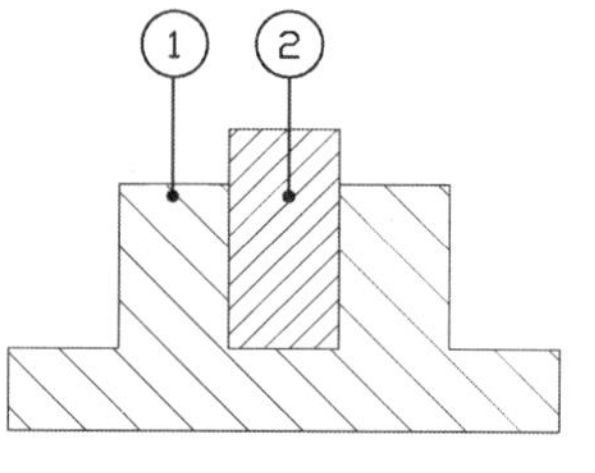

③ 학습내용 3

실별 재료마감표		
실 명	바 탕	마 감
현 관	T30 붙임모르타르 위	THK30 화강석물갈기판
거 실	온수난방 위 몰탈	데코후로링/목조후로링
안 방	온수난방 위 몰탈	데코후로링/목조후로링

비 고

- 기본글꼴
  – 단일문자 : 영문 (TXT), 한글 (TXT)
  – 다중문자 : 영문 (TXT), 한글 (굴림)
  → 기본글꼴을 변경하고자 할 경우 반드시 style 명령으로 변경해 사용한다.

AutoCAD에서 문자 사용하기

1 문자유형 설정 : style (st)

2 문자 입력

① 단일문자 : dtext (dt), mtext (mt)

② 다중문자 : mtext (mt)

3 문자수정

① 문자 내용수정 : ddedit (ed)

② 문자 크기수정 : scaletext, change (ch)

4 지시문자 입력 : 지시문자는 점, 선, 문자로 구성되어 있으며 동시 표현이 가능함.

① 지시선 : leader (le)

② 다중지시선 : mleaderstyle (mls), mleader (mld)

5 표 그리기

① 표 유형설정 : tablestyle (ts)

② 표 그리기 : table (tb)

③ 표 수정하기 : tabledit

6 치수 문자

① AutoCAD에서의 문자 구분에 따른 사용예

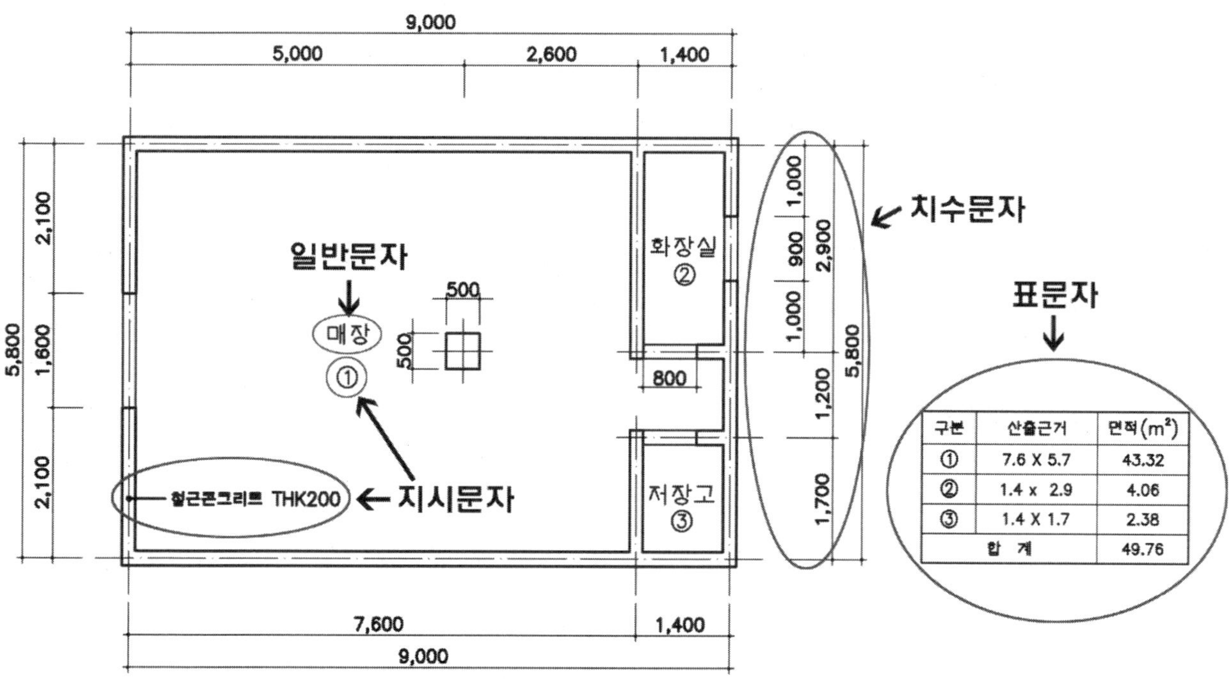

② AutoCAD에서의 문자 구분에 따른 사용의 이해

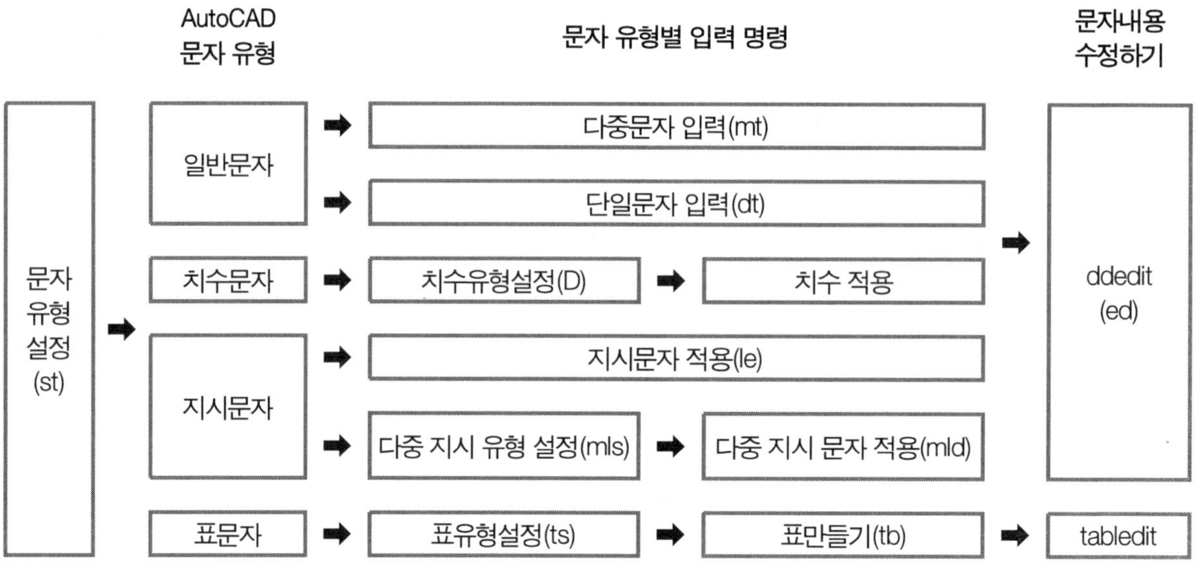

1. 문자 유형 설정하기 – STyle

- 문자의 유형을 설정하는 명령
- 문자 유형이란 사용하고자 하는 글꼴, 문자 크기, 효과 등을 말한다.

1.1 문자 유형 설정 명령 실행하기

명령줄 사용 : style Enter↵ (단축명령 : st)
리본메뉴 사용 : 홈 탭 ▶ 주석 패널 ▶
주메뉴 사용 : 형식(O) ▶ 문자 스타일(S)
도구막대 사용 : 문자 도구막대 혹은 스타일 도구막대 ▶

1.2 문자 유형 설정 옵션

► 명령 : style Enter↵ (혹은 st Enter↵)

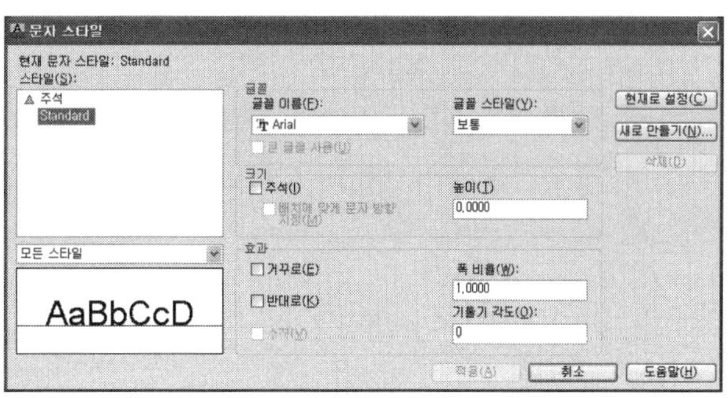

[AutoCAD 2013]에서 실행한 경우

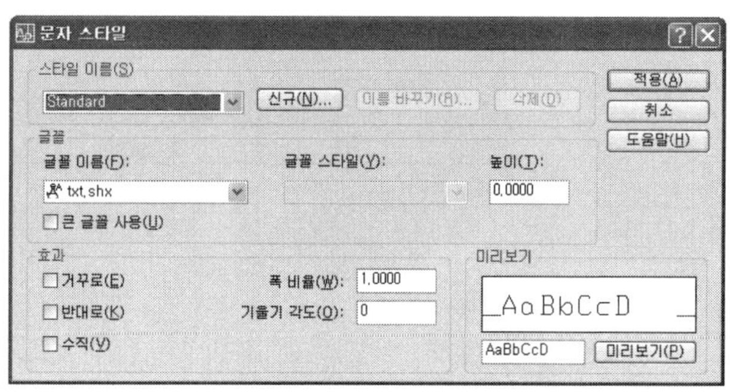

[AutoCAD 2007에서 실행한 경우]

(1) 스타일 : 문자 유형 목록을 보여줌.

① 스타일 추가하기 : [새로만들기(N)] 버튼 누르기

② 스타일 삭제하기 : [삭제(D)] 버튼 누르기

③ 스타일이름 변경하기 : 목록에서 변경하고자 하는 스타일 선택 후 F2 누르기 (혹은 변경하려는 스타일 선택 후 한번 더 선택, 혹은 바로가기메뉴 사용)

④ 스타일 선택하기 : [현재로 설정(C)] 버튼누르기(※문자입력시 선택가능)

⑤ 스타일 걸러보기 : 전체스타일과 사용 중인 스타일을 선택할 수 있다.

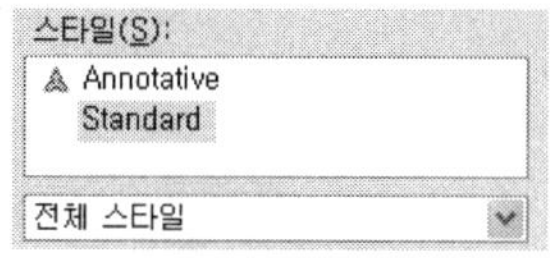

(2) 글꼴 : 글꼴 설정

① 글꼴이름 : 사용할 수 있는 글꼴 목록을 보여줌.

② 큰 글꼴 사용 : 한글(아시아어)CAD글꼴을 사용시 선택(단, 글꼴이름에서 SHX글꼴(CAD 전용글꼴) 선택시에만 사용 가능)

③ 글꼴 스타일

- 윈도우 글꼴 선택시 : 기울임꼴, 굵게, 보통 등 문자 형식 지정
- CAD 전용글꼴 선택시 : 한글(아시아어)CAD글꼴 목록을 보여줌.

[윈도우용 글꼴 선택시]

[큰 글꼴 사용 선택시]

(3) 크기 : 문자 높이 설정

① 주석 : 선택하면 축척값 변경시 문자 크기를 축척값에 맞게 자동 변경할 수 있다.

② 높이 : 문자 기본 크기값 설정

(4) 효과

① 거꾸로, 반대로, 수직, 폭비율, 문자 기울기 각도 등 설정

(5) 미리보기

① 샘플 문자 미리보기

1.3 AutoCAD에서 지원하는 글꼴의 종류

글 꼴(font)	내 용
윈도우용 글꼴 : 트루타입(truetype)	윈도우즈 운영체제에 설치되어 사용되는 글꼴 아이콘이 T자가 겹쳐진 형태로 나타난다. 글꼴이름 목록에서 선택하며 한글, 영어 모두 표현가능(단, 글꼴 종류에 따라 한글, 영어중 하나만 표시되거나 그림이 표시될 수 있음) 설치된 글꼴의 위치 : C:/windows/fonts textfill = 0 : 외곽선만 출력 textfill = 1 : 속이 채워진 상태로 출력(기본값)
CAD전용 글꼴 : 쉐이프(shape)	AutoCAD에 설치되어 사용되는 글꼴(확장자 : *.shx) 아이콘이 컴파스와 A가 겹쳐진 형태로 나타난다. 영어글꼴 선택 : [글꼴이름] 목록에서 선택 한글글꼴 선택 : [큰글꼴 목록]에서 선택(단, [큰 글꼴 사용] 선택시 보여짐) 설치된 글꼴의 위치 : AutoCAD 프로그램 설치 위치/Fonts 한글은 '큰글꼴 사용' 선택시에만 사용가능 오직 선만으로 이루어진 폰트(내부가 비워져 있음)

(1) AutoCAD에서의 글꼴 설정 예

① 윈도우용 글꼴인 트루타입을 선택한 경우

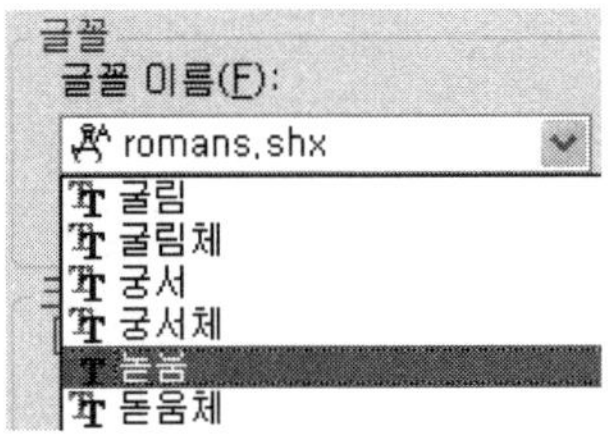

[트루타입(윈도우)용 글꼴 설정]

② CAD용 글꼴인 SHX체를 선택한 경우

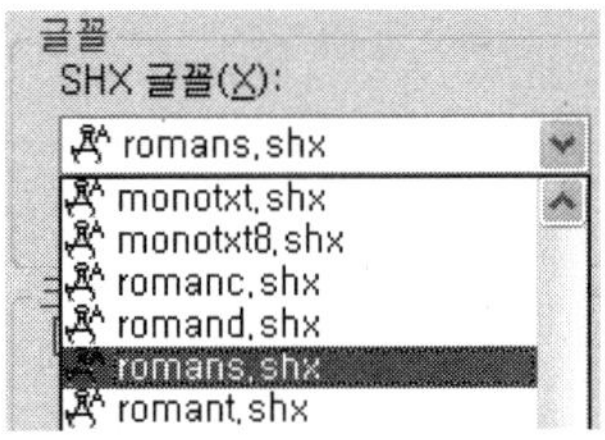

[벡터타입(CAD)용 글꼴 설정]

[한글 큰 글꼴 설정]

③ 한국산업 표준(KS F 1501)에서 지시한 건축제도에 사용되는 문자의 표현

(가) 글자는 명백히 쓴다.

(나) 문장은 왼쪽에서부터 가로쓰기를 원칙으로 한다. 다만, 가로쓰기가 곤란할 때에는 세로쓰기도 할 수 있다. 여러 줄일 때에는 가로쓰기로 한다.

(다) 숫자는 아라비아 숫자를 원칙으로 한다.

(라) 글자체는 수직 또는 15° 경사의 고딕체로 쓰는 것을 원칙으로 한다.

AutoCAD 프로그램에 설치된 글꼴 중에서 KS 기준에 준하는 글꼴

- 트루타입(윈도우용) 글꼴 : 돋움, 돋움체
- 벡터타입(CAD용) 글꼴 : iso, romans, simplex

KOSDICES(추가해야 함 : 한국건설기술연구원 개발 : http : //www.kict.re.kr)

(마) 글자의 크기는 각 도면의 상황에 맞추어 알아보기 쉬운 크기로 한다.

(바) 4자리 이상의 수는 3자리마다 휴지부를 찍거나 간격을 둠을 원칙으로 한다. 다만, 4자리의 수는 이에 따르지 않아도 좋다. 소수점은 밑에 찍는다.

(사) CAD 도면 작성에 따른 문자의 크기는 KS F 1541에 따른다(**KS F 1541 에서는 문자의 높이를** 1.5, 2, 2.5, 3, 3.5, 4.5, 5, 6, 7.5, 9, 11, 12, 25로 **규정하고 있지만** KS F 1501**에서 도면의 상황에 맞게 쉬운 크기로 사용할 수 있다고 되어 있다**).

척도에 따른 AutoCAD에 적용해야 할 문자 크기(실제 문자크기 X 척도 분모값을 적용함)

구분							
문자 크기	1.5	2	2.5	3	3.5	4.5	5
	6	7.5	9	11	12	25	
실척 1/1	1.5	2	2.5	3	3.5	4.5	5
	6	7.5	9	11	12	25	
축척 1/10	15	20	25	30	35	45	50
	60	75	90	110	120	250	
축척 1/50	75	100	125	150	175	225	250
	300	375	450	550	600	1250	

AutoCAD에서 문자 입력하기

- 문자 유형(STYLE)을 만들어 문자를 입력하면 문자 입력과 문자 관리가 편리함.

1 다중 문자 입력하기 : mtext (단축 명령 : mt)
2 단일 문자 입력하기 : dtext (단축 명령 : dt)

다음의 경우에 각각의 문자 입력 명령을 많이 사용한다.

다중문자(mtext)	단일문자(dtext)
- 사각형 영역에 문자를 입력할 경우 - 입력할 문자의 내용이 많은 경우	- 원문자를 나타내고자 하는 경우 - 한줄 단위로 문자를 입력할 경우(문자입력 위치를 마우스로 변경하면서 계속해서 문자 입력이 가능함)

2. 다중 문자 입력하기 : MTEXT

- 여러 줄 문자 객체를 작성하거나 수정하는 명령
- 동시에 입력한 여러줄의 문자는 한 개의 객체로 인식

2.1 다중 문자 입력 명령 실행

- 명령줄 사용 : mtext Enter↵ (단축명령 : mt 혹은 t)
- 리본메뉴 사용 : 홈 탭 ▶ 주석 패널 ▶ A
- 주메뉴 사용 : 그리기(D) ▶ 문자(X) ▶ 여러줄 문자(M)
- 도구막대 사용 : 그기기 도구막대 혹은 문자 도구막대 ▶ A

2.2 다중 문자 입력 옵션

► 명령 : mtext Enter↵ (혹은 mt Enter↵)
► 첫 번째 구석 지정 :
► 반대 구석 지정 또는 [높이(H)/자리맞추기(J)/선 간격두기(L)/회전(R)/스타일(S)/폭(W)/열(C)] :

옵 션	내 용	
첫 번째 구석 지정	다중 문자 입력을 위한 사각 영역의 첫 번째 구석 지정	
반대 구석 지정	다중 문자 입력을 위한 사각 영역의 두 번째 구석 지정	
높이(H)	문자 높이 설정	※이 옵션은 다중문자 입력기를 통해 많이 사용함.
자리맞추기(J)	문자 가로, 세로 정렬 자리 맞추기	
선 간격두기(L)	문자 줄 간격 설정	
회전(R)	문자 입력 방향 각도 설정	
스타일(S)	문자 유형 설정	
폭(W)	문자 입력 사각 영역의 폭 설정	
열(C)	문자 입력 열 수 설정	

다중문자 입력기 : 명령 실행 후 2개의 구석지정을 하고나면 다음과 같이 입력기가 실행된다.

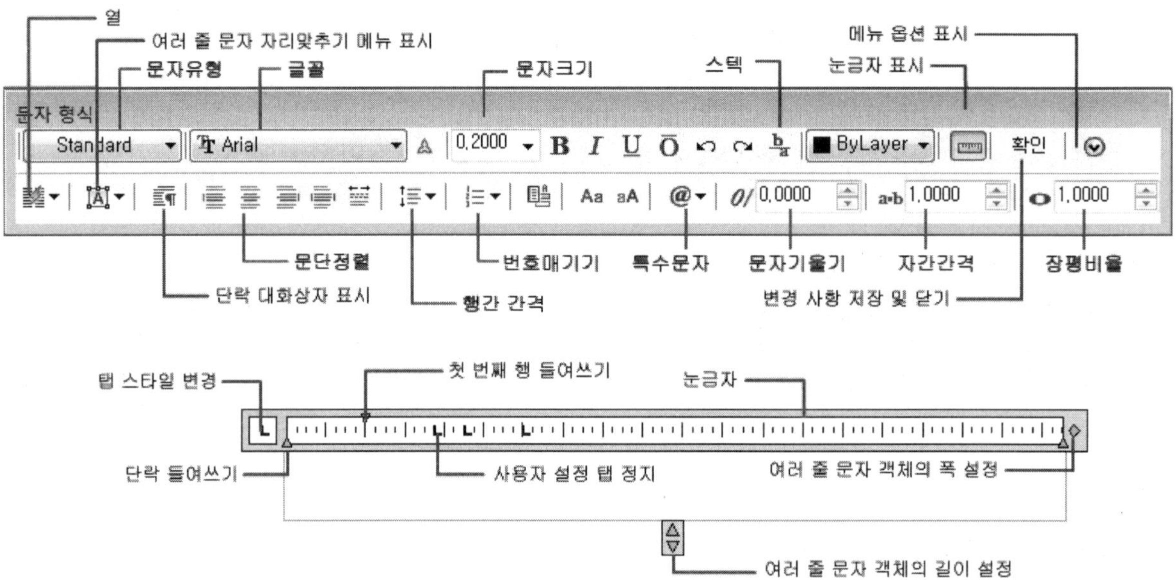

2.3 다중 문자 입력 명령 따라하기

① 먼저 오른쪽 그림과 같이 표를 그린다.

▸ 사용명령 : Line (l), offset (o)

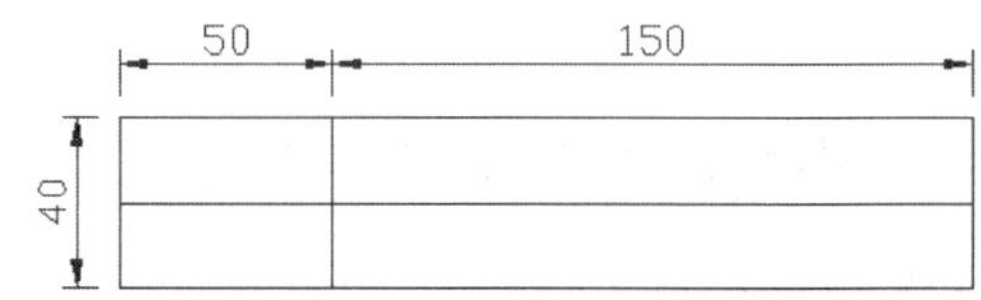

② 다중 문자 입력 명령을 실행해 문자를 입력한다.

▸ 명령 : mtext [Enter↵] (혹은 mt [Enter↵])

▸ 첫 번째 구석 지정 : **마우스로 P1점 지정**

▸ 반대 구석 지정 또는 [높이(H)/자리맞추기(J)/선 간격두기(L)/회전(R)/스타일(S)/폭(W)/열(C)] : **마우스로 P2점 지정**

▸ 문자 입력기가 실행되면 다음과 같이 옵션을 설정한다.

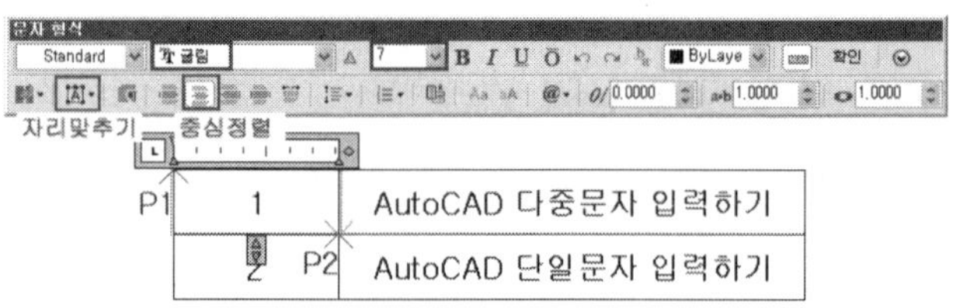

- **글꼴** : '굴림'
- **크기** : '7'
- **자리맞추기** : '중간중심'
- 중심 정렬 선택

▸ 문자를 입력한다. : '1'이라고 입력한다.

▸ 문자 입력기 프로그램에서 [확인] 버튼을 선택해 명령을 종료한다.

다중 문자 입력 명령으로 쓰여진 문자 내용과 크기 수정하기

- 수정하고자 하는 문자를 마우스로 두 번 빠르게 선택하면 수정할 수 있다.
- 이미 입력된 문자크기를 변경하려면 반드시 변경하고자 하는 문자를 블록 지정한 후에 문자 크기값을 입력해야 문자 크기가 변경된다.

3. 단일 문자 입력 – DText

- 한줄 문자 객체를 작성하는 명령
- 한번에 여러줄의 문자를 입력하였어도 각 행은 별개의 객체로 인식함.
- 명령 실행 중간에 문자의 위치를 변경하면서 입력할 수 있음.

3.1 단일 문자 입력 명령 실행

명령줄 사용 : dtext [Enter↵] (단축명령 : dt)
리본메뉴 사용 : 홈 탭 ▶ 주석 패널 ▶ A
주메뉴 사용 : 그리기(D) ▶ 문자(X) ▶ 단일행 문자(M)
도구막대 사용 : 문자 도구막대 ▶ A

3.2 단일 문자 입력 옵션

► 명령 : dtext [Enter↵] (혹은 dt [Enter↵])
► 현재 문자 스타일 : "standard", 문자 높이 : 2.5000, 주석 : 아니오
► 문자의 시작점 지정 또는 [자리맞추기(J)/스타일(S)] :
► 높이 지정 〈2.5000〉 :
► 문자의 회전 각도 지정 〈0〉 :

옵 션	내 용
문자의 시작점	문자의 시작점 지정
높이 지정	문자의 크기 지정. STYLE 명령에서 크기가 설정되었을 경우 생략됨.
문자의 회전 각도 지정	문자의 기입 방향 각도 지정
스타일(S)	STYLE 명령으로 지정해놓은 문자형태를 변경하여 사용
자리맞추기(J)	문자를 정렬
Align(정렬)	지정한 길이 안에 폭과 높이를 조정하여 정렬(1 : 1.3의 비율)
Fit(맞춤)	지정한 길이 안에 폭을 조정하여 정렬
Center(중심)	문장의 중심 하단부가 중심 정렬점이 된다.
Middle(중간)	문장의 중심이 중심 정렬점이 된다.
Right(오른쪽)	오른쪽 하단점이 오른쪽 정렬점으로 정렬
TL(Top Left)	상단 좌측점
TC(Top Center)	상단 중앙점
TR(Top Right)	상단 우측점
ML(Middle Left)	중앙 좌측점
MC(Middle Center)	Middle과 같은 위치
MR(Middle Right)	중앙 우측점
BL(Bottom Left)	하단 좌측점
BC(Bottom Center)	하단 중앙점
BR(Bottom Right)	하단 우측점

3.3 단일 문자 입력 명령 따라하기

① 문자 유설 설정하기

단일 문자 입력 명령(dtext)에는 글꼴을 지정하는 기능이 없기 때문에 문자 유형 설정 명령(STyle)을 통해 반드시 기본 글꼴을 설정한다.

- 명령 : style [Enter↵]
- 스타일 목록에서 'Standard' 항목 선택
- 글꼴이름에서 Romans.shx 선택
- 큰 글꼴 사용 선택
- 큰 글꼴에서 whgtxt.shx 선택
- [적용]버튼 선택
- [닫기]버튼 선택해 명령 종료

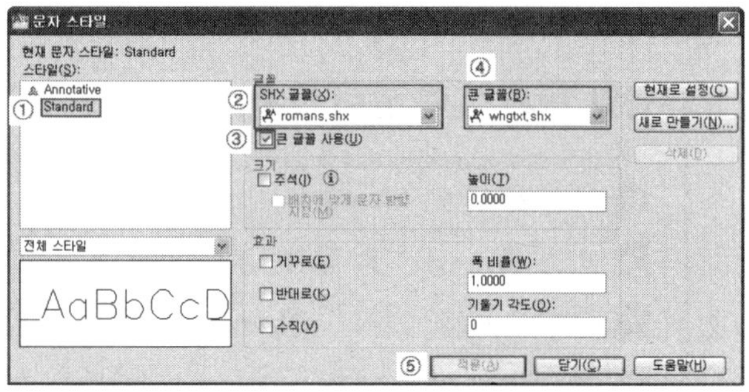

② 기본적인 문자 기입하기

- 명령 : dtext [Enter↵] (혹은 dt [Enter↵])
- 현재 문자 스타일 : "Standard", 문자 높이 : 2.5000, 주석 : 아니오
- 문자의 시작점 지정 또는 [자리맞추기(J)/스타일(S)] : **마우스**로 *문자를 입력하고자 하는 위치점 지정*
- 높이 지정 〈2.5000〉 : 12 [Enter↵] ➔ *문자 크기값 입력*
- 문자의 회전 각도 지정 〈0〉 : 0 [Enter↵] ➔ *문자 입력 방향 각도값 입력*
- 문자 입력 : AutoCAD [Enter↵] ➔ *작업 공간을 보면서 문자를 입력한다.*
- 문자 입력 : **문자기입하기** [Enter↵] ➔ *작업 공간을 보면서 문자를 입력한다.*
- 문자입력 : [Enter↵] ➔ *단일 문자 입력 명령 종료*

③ 각도를 입력해 문자 기입하기

- 명령 : dtext [Enter↵] (혹은 dt [Enter↵])
- 현재 문자 스타일 : "Standard", 문자 높이 : 2.5000, 주석 : 아니오
- 문자의 시작점 지정 또는 [자리맞추기(J)/스타일(S)] : *문자 입력 위치점 지정*
- 높이 지정 〈2.5000〉 : 12 [Enter↵] ➔ *문자 크기값 입력*
- 문자의 회전 각도 지정 〈0〉 : 15 [Enter↵] ➔ *문자 입력 방향 각도값 입력*
- 문자 입력 : AutoCAD [Enter↵] ➔ *작업 공간을 보면서 문자를 입력한다.*
- 문자 입력 : **문자기입하기** [Enter↵] ➔ *작업 공간을 보면서 문자를 입력한다.*
- 문자입력 : [Enter↵] ➔ *단일 문자 입력 명령 종료*

④ 문자 정렬하기 예1

먼저 Line 명령으로 선을 그린 후 따라한다.

→ 선 간격은 문자 높이의 1.5배(12×1.5=18)로 한다.

- 명령 : dtext [Enter↵] (혹은 dt [Enter↵])
- 현재 문자 스타일 : "Standard", 문자 높이 : 2.5000, 주석 : 아니오
- 문자의 시작점 지정 또는 [자리맞추기(J)/스타일(S)] : j [Enter↵] ➔ *자리맞추기 옵션 선택*
- 옵션 입력 [정렬(A)/맞춤(F)/중심(C)/중간(M)/오른쪽(R)/좌상단(TL)/상단중앙(TC)/우상단(TR)/좌측중간(ML)/중앙중간(MC)/우측중간(MR)/좌하단(BL)/하단중앙(BC)/우하단(BR)] : ml [Enter↵] ➔ *좌측중간 선택*
- 문자의 중간 왼쪽점 지정 : **P1점 지정** ➔ *문자 기준점 지정*

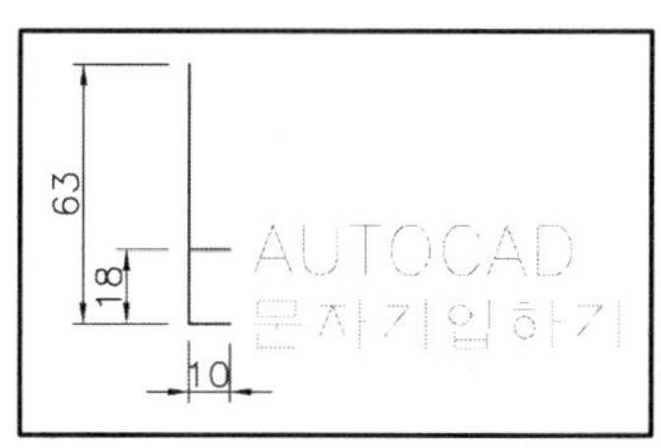

▶ 높이 지정 〈2.5000〉 : 12 [Enter↵] ➔ *문자 크기값 입력*
▶ 문자의 회전 각도 지정 〈0〉 : 0 [Enter↵] ➔ *문자 입력 방향 각도값 입력*
▶ 문자 입력 : AutoCAD [Enter↵] ➔ *작업 공간을 보면서 문자를 입력한다.*
▶ 문자입력 : **문자기입하기** [Enter↵] ➔ *단일 문자 입력 명령 종료*
▶ 문자 입력 : [Enter↵] ➔ *단일 문자 입력 명령 종료*

⑤ 문자 정렬하기 예2

먼저 Circle 명령으로 반지름이 15인 원을 그린 후 따라한다.

▶ 명령 : dtext [Enter↵] (혹은 dt [Enter↵])
▶ 현재 문자 스타일 : "Standard", 문자 높이 : 2.5000, 주석 : 아니오
▶ 문자의 시작점 지정 또는 [자리맞추기(J)/스타일(S)] : j [Enter↵] ➔ *자리맞추기 옵션 선택*
▶ 옵션 입력 [정렬(A)/맞춤(F)/중심(C)/중간(M)/오른쪽(R)/좌상단(TL)/상단중앙(TC)/우상단(TR)/좌측중간(ML)/중앙중간(MC)/우측중간(MR)/좌하단(BL)/하단중앙(BC)/우하단(BR)] : mc [Enter↵] ➔ *중앙중간 옵션 선택*
▶ 문자의 중간 왼쪽점 지정 : **P1점 지정** ➔ *문자 기준점 지정*
▶ 높이 지정 〈2.5000〉 : 12 [Enter↵] ➔ *문자 크기값 입력*
▶ 문자의 회전 각도 지정 〈0〉 : 0 [Enter↵] ➔ *문자 입력 방향 각도값 입력*
▶ 문자 입력 : 10 [Enter↵] ➔ *작업 공간을 보면서 문자를 입력한다.*
▶ 문자 입력 : [Enter↵] ➔ *단일 문자 입력 명령 종료*

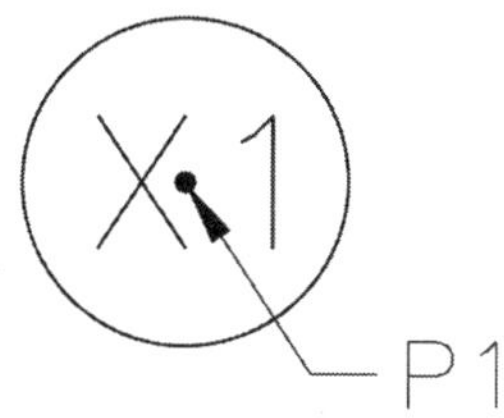

4. 특수기호 문자 입력하기

문자 입력 명령 실행 후 문자 입력 상태에서 아래 표의 입력값을 입력하면 된다.

구 분	입 력 값	결 과
문자 위에 선그리기	%%O 특수기호 %%O	------ 특수기호
문자 밑에 선그리기	%%U 특수기호 %%U	특수기호 ------
공 차	%%P 200	±200
각 도	30 %%D	30°
지 름	%%C 150	∅150
위첨자	100m₩U+00B2	100m^2

확인

다중문자와 단일문자 입력 명령은 다음의 경우에 각각 많이 사용한다.
① 다중문자 : 입력하고자 하는 문자의 내용이 많을 경우, 표에 문자를 입력하는 경우
② 단일문자 : 한줄 단위로 사용되는 문자를 입력하는 경우

5. 문자 내용 수정 : ddEDit

- 기존에 기입된 문자 내용을 수정하는 명령
- MTEXT 명령으로 입력된 문자는 수정 시에 내용뿐 아니라 글꼴과 문자 크기도 수정 가능
- DTEXT 명령으로 입력된 문자는 수정 시에 내용만 수정 가능

5.1 문자 내용 수정 명령 실행

- 명령줄 사용 : ddedit [Enter↵] (단축명령 : ed)
- 주메뉴 사용 : 수정(M) ▶ 객체(O) ▶ 문자(T) ▶ 편집(E)
- 도구막대 사용 : 문자 도구막대 ▶
- 수정하고자 하는 문자 두 번 클릭하기

5.2 문자 내용 수정 명령 옵션

► 명령 : ddedit [Enter↵]
► 주석 객체 선택 또는 [명령 취소(U)] :

옵　　션	설　　명
주석 객체 선택	수정할 문자 선택
명령 취소(U)	수정한 문자를 취소

5.3 문자 내용 수정 명령 따라하기

① 다중 문자 객체 수정하기

먼저 다중 문자 입력 명령(MTEXT)을 이용해 문자를 입력한 후 따라한다.

► 명령 : ddedit [Enter↵] (혹은 ed [Enter↵]를 하거나 수정 문자 빠르게 두 번 클릭하기)
► 주석 객체 선택 또는 [명령 취소(U)] : 수정하고자 하는 문자 선택
► 문자 입력기 프로그램이 실행되어 내용을 수정할 수 있음.

② 단일 문자 객체 수정하기

먼저 다중 문자 입력 명령(DTEXT)을 이용해 문자를 입력한 후 따라한다.

► 명령 : ddedit [Enter↵] (혹은 ed [Enter↵]를 하거나 수정 문자 빠르게 두 번 클릭하기)
► 주석 객체 선택 또는 [명령 취소(U)] : 수정하고자 하는 문자 선택
► 작업공간(화면)에 문자를 내용을 수정할 수 있도록 나타남.

6. 문자 크기 변경 : scaletext

- 기존에 기입된 문자 크기를 수정하는 명령

6.1 문자 내용 수정 명령 실행

- 명령줄 사용 : scaletext [Enter↵]
- 리본메뉴 사용 : 주석 탭 ▶ 문자 패널 ▶
- 주메뉴 사용 : 수정(M) ▶ 객체(O) ▶ 문자(T) ▶ 축척(S)
- 도구막대 사용 : 문자 도구막대 ▶

6.2 문자 크기 변경 명령 옵션

► 명령 : scaletext Enter↵
► 객체 선택 :
► 축척하기 위한 기준 점 옵션 입력[기존(E)/왼쪽(L)/중심(C)/중간(M)/오른쪽(R)/좌상단(TL)/상단중앙(TC)/우상단(TR)/좌측중간(ML)/중앙중간(MC)/우측중간(MR)/좌하단(BL)/하단중앙(BC)/우하단(BR)] 〈기존〉 :
► 새 모형 높이 또는 [용지 높이(P)/객체 일치(M)/축척 비율(S)] 지정 〈1〉 :

옵 션	설 명
객체 선택	수정할 문자 선택
옵션 입력	수정한 문자를 취소
새 모형 높이	문자 높이 설정
용지 높이(P)	주석 특성에 따라 문자 높이 설정
객체 일치(M)	특정 문자와의 높이 값을 동일하게 적용함
축척 비율(S)	문자를 비율로 높이를 설정

6.3 문자 크기 변경 명령 따라하기

① 문자 크기 변경하기

먼저 다중 문자 입력 명령(MTEXT)을 이용해 크기가 '10'인 문자를 입력한 후 따라한다.

► 명령 : scaletext Enter↵
► 객체 선택 : 크기를 변경하고자 하는 문자 객체 선택
► 축척하기 위한 기준 점 옵션 입력[기존(E)/왼쪽(L)/중심(C)/중간(M)/오른쪽(R)/좌상단(TL)/상단중앙(TC)/우상단(TR)/좌측중간(ML)/중앙중간(MC)/우측중간(MR)/좌하단(BL)/하단중앙(BC)/우하단(BR)] 〈기존〉 : Enter↵
► 새 모형 높이 또는 [용지 높이(P)/객체 일치(M)/축척 비율(S)] 지정 〈1〉 : 20 Enter↵

문자 크기 변경

[크기 '10'으로 입력된 문자]

문자 크기 변경

[크기 '20'으로 변경된 문자]

문자 크기 변경을 위한 또 다른 명령 : change (ch)

► 명령 : change Enter↵ (혹은 ch Enter↵)
► 수정하고자 하는 문자 선택하기
► 특성대화상자에서(오른쪽 그림 참고) 높이값을 변경한다.
► 특성대화상자를 닫는다.

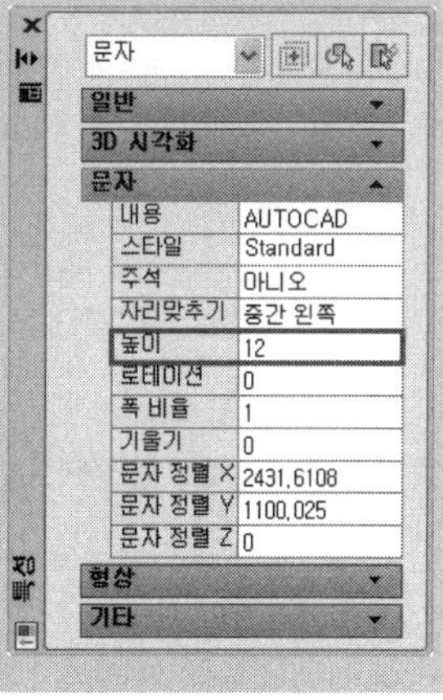

지시선 문자 입력하기

• 지시선 문자란 특정 위치나 부분에 대해 기술을 하거나 기호를 표시하기 위해 지시선과 연결선을 이용해 입력하는 문자를 말한다.

1 지시선 문자 입력 : qleader (단축 명령 : le)
2 다중지시선 문자 입력 : mleader (단축 명령 : mld)
3 다중지시선 문자 유형 설정 : mleaderstyle (단축 명령 : mls)
4 지시 문자 내용 수정하기 : ddEDit (단축 명령 : ed)

① 지시선 문자의 구조와 종류
지시선 문자는 다음 그림과 같이 화살촉, 지시선, 연결선, 컨텐츠로 구성되어 있다.

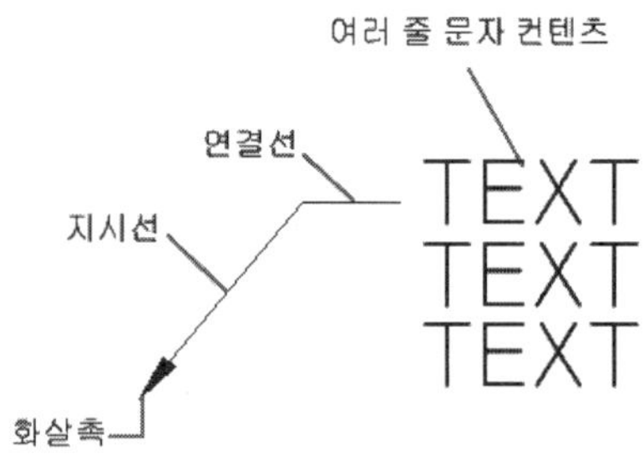

[여러줄 문자 컨텐츠]

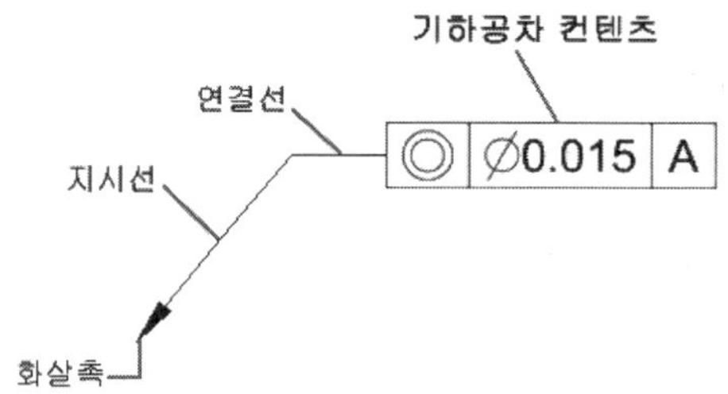

[기하공차 컨텐츠]

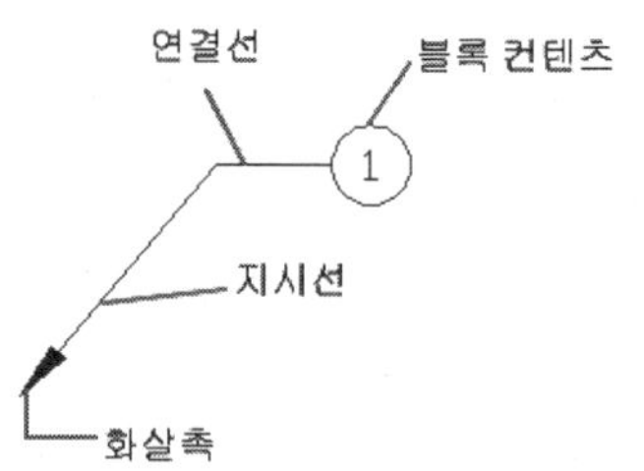

[블록 컨텐츠]

② 지시선 문자와 다중지시선 문자 명령의 비교

		지시선 문자 (leader : le)	다중지시선 문자 (mleader : mld)
여러줄 문자 컨텐츠		○	○
기하공차 컨텐츠		○	×
블록 컨텐츠		○ (단, 컨텐츠가 블록으로 등록되어 있어야 함)	○
구성 요소 크기 설정	화살촉	치수 유형설정명령 (d)	다중지시선 유형설정명령 (mls)
	지시선	마우스로 그립 끌기	마우스로 그립 끌기
	연결선	마우스로 그립 끌기	다중지시선 유형설정명령 (mls)
	문자	문자내용 수정명령 (ed)	다중지시선 유형설정명령 (mls)

7. 지시선 문자 입력 : qleader (le)

• 특정 위치나 부분에 설명글을 표현할 수 있는 명령
• 여러줄 문자 컨텐츠, 기하공차 컨텐츠, 블록 컨텐츠 모두 사용이 가능하다.
• 단, 블록 컨텐츠를 사용할 경우에는 사용하고자 하는 모양을 그린 후 블록만들기(Block)명령을 이용해 미리 블록으로 만들어두어야만 사용이 가능하다(블록만들기 315쪽을 참고한다).

7.1 지시선 문자 입력 명령 실행

명령줄 사용 : leader [Enter↵] **(단축명령 : le)**

도구막대 사용 : (명령 아이콘을 추가해야 사용 가능)

7.2 지시선 문자 유형 설정 옵션

► 명령 : qleader [Enter↵] (또는 le [Enter↵])

► 첫 번째 지시선 지정, 또는 [설정(S)]〈설정〉 : s [Enter↵]

(1) [주석] 탭

① 주석유형

- **여러줄문자(M)** : 지시선 끝에 문자 입력
- **객체 복사(M)** : 기존 컨텐츠 복사
- **공차(T)** : 지시선 끝에 기하공차 입력
- **블록 참조(B)** : 지시선 끝에 블록 입력
- **없음(O)** : 지시선만 표현

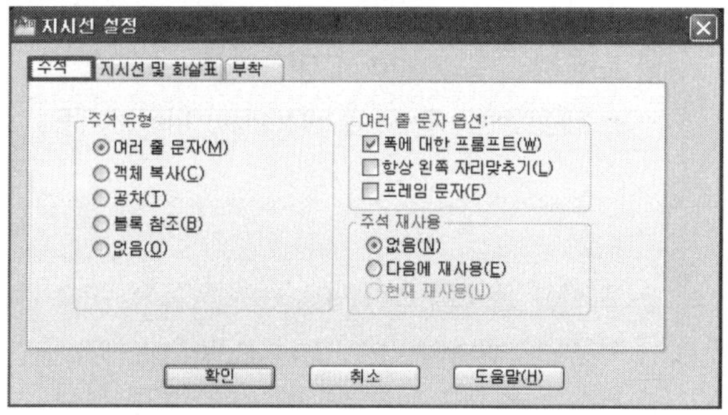

② 여러줄 문자 옵션

- **폭에 대한 프롬프트(W)** : 문자 입력폭 표시함.
- **항상 왼쪽 자리맞추기(L)** : 문자를 왼쪽정렬함.
- **프레임 문자(F)** : 문자 테두리를 생성함.

③ 주석 재사용 옵션

- **없음(N)** : 지시선을 반복 사용하지 않음.
- **다음에 재사용(E)** : 다음 지시선 명령 실행시 이전 지시문자를 반복 사용함.

(2) [지시선 및 화살표] 탭

① 지시선

- **직선(S)** : 지시선을 직선으로 표현
- **스플라인(P)** : 지시선을 곡선으로 표현

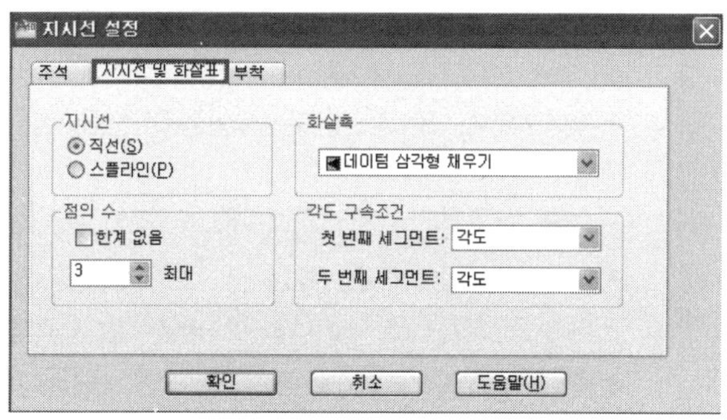

② 점의 수

- **한계 없음** : 지지선 지정 정점수의 제한없음.
- **최대** : 지정한 수만큼 정점수를 제한함.

③ 화살촉 : 화살촉의 모양 설정

④ 각도구속조건

- **첫 번째 세그먼트** : 첫 번째 지시선의 각도 설정
- **두 번째 세그먼트** : 두 번째 지시선의 각도 설정

(3) [부착] 탭

① 여러줄 문자 부착

주석의 유형이 여러줄 문자인 경우만 사용가능

- **좌측변상의 문자** : 지시선의 좌측에 오는 문자 정렬방법 설정
- **우측변상의 문자** : 지시선의 우측에 오는 문자 정렬방법 설정
- **맨 아래행에 밑줄** : 문자 밑에 밑줄을 생성함.

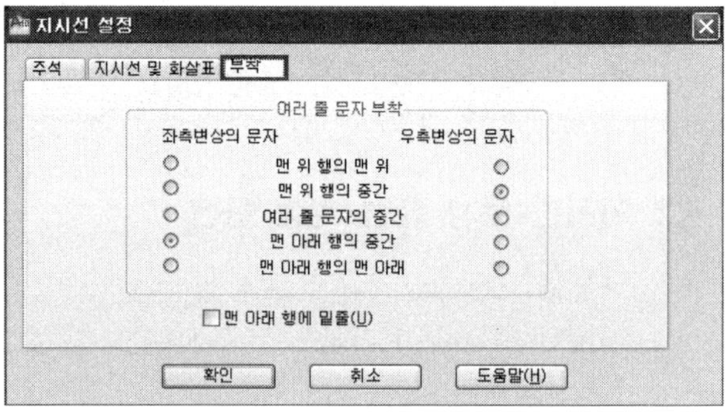

7.3 지시선 문자 입력 명령 따라하기

(1) 여러줄 문자 컨텐츠 형태의 지시선 문자 입력하기 1

① 오른쪽 그림과 같이 도면을 먼저 그린다.

► 사용 명령 : line (l), offset (o), trim (tr) 등

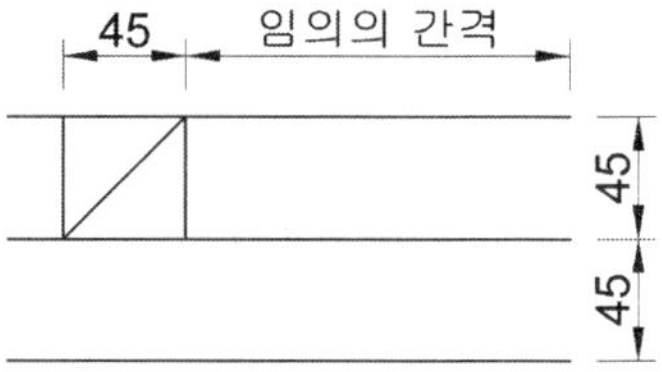

② 지시선 문자를 입력한다.

► 명령 : qleader [Enter↵] (또는 le [Enter↵])

► 첫 번째 지시선 지정, 또는 [설정(S)]〈설정〉 : S [Enter↵]

► 다음 그림과 같이 지시선 설정 대화상자에서 화살촉을 점으로 변경한다.

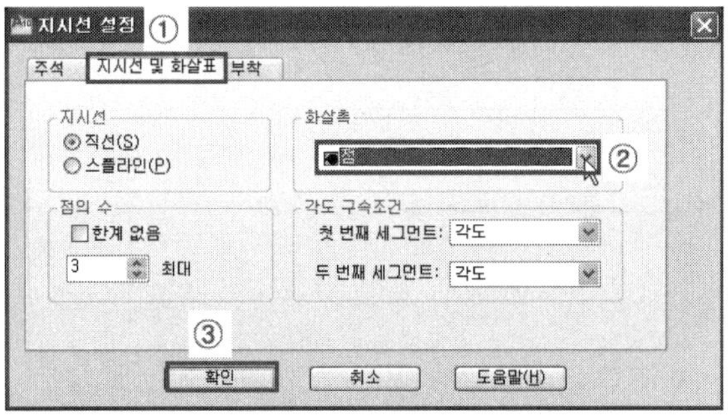

► 첫 번째 지시선 지정, 또는 [설정(S)]〈설정〉 : **P1점 지정** ➔ *지시선의 시작점 지정*

► 다음 점 지정 : **P2점 지정** ➔ *지시선의 두 번째 점 지정*

► 다음 점 지정 : **P3점 지정** ➔ *지시컨텐츠(문자) 시작 위치점 지정*

► 문자 폭 지정 〈0〉 : 0 [Enter↵] ➔ *문자를 입력할 가로 영역 지정*

► 주석 문자의 첫 번째 행 입력 또는 〈여러 줄 문자〉 : **반자틀 45X45@450** [Enter↵] ➔ *지시문자 입력*

► 주석 문자의 다음 행을 입력 : [Enter↵] ➔ *명령 종료*

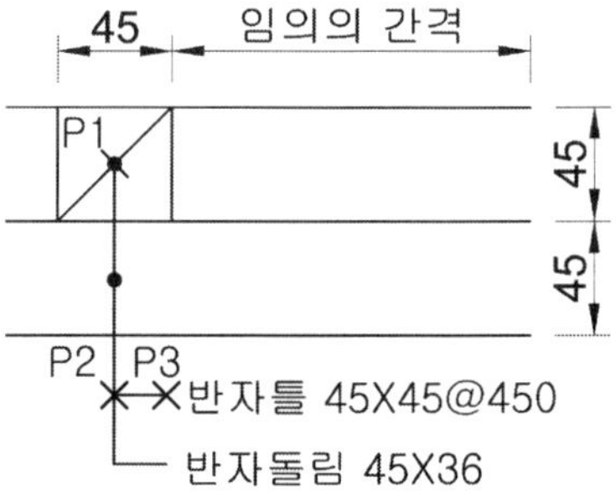

'반자돌림 45×36' 지시선문자는 명령을 다시 실행해 입력한다.
지시선 문자의 점 크기는 'dimstyle(d)' 명령에서 설정한다.

► 명령 : d [Enter↵] →[수정]버튼 선택→기호 및 화살표 탭 선택→화살표 크기값 설정

(2) 여러줄 문자 컨텐츠 형태의 지시선 문자 입력하기 2

① 오른쪽 그림과 같이 도면을 먼저 그린다.

► 사용 명령 : line (l), offset (o), chamfer (cha), trim (tr) 등

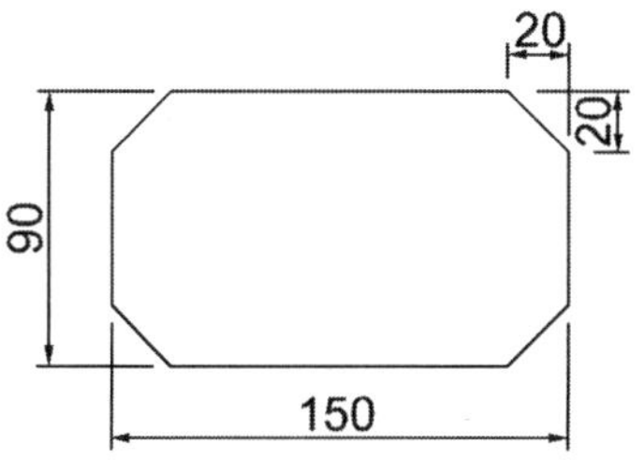

② 지시선 문자를 입력한다.

► 명령 : qleader Enter↵ (또는 le Enter↵)

► 첫 번째 지시선 지정, 또는 [설정(S)]〈설정〉 : S Enter↵

➔ *밑줄 설정하기*

► 오른쪽 그림과 같이 지시선 설정 대화상자에서 밑줄이 생성되도록 설정한다.

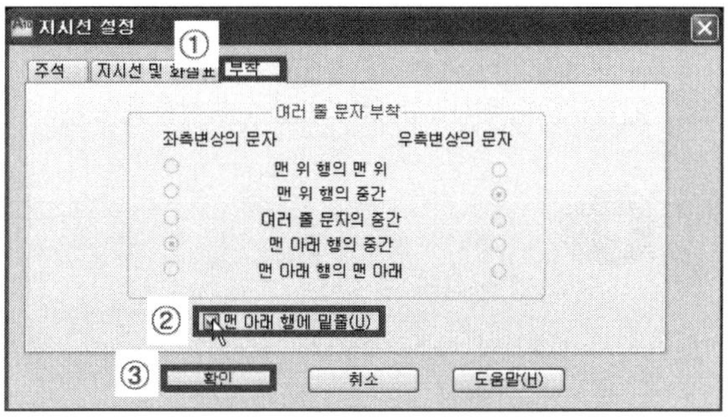

► 첫 번째 지시선 지정, 또는 [설정(S)]〈설정〉 : **P1점 지정** ➔ *지시선의 시작점 지정*

► 다음 점 지정 : **P2점 지정** ➔ *지시선의 두 번째 점 지정*

► 다음 점 지정 : **P3점 입력** ➔ *지시컨텐츠(문자) 입력 방향과 위치점 지정*

► 문자 폭 지정 〈0〉 : 0 Enter↵ ➔ *문자 입력 영역 지정*

► 주석 문자의 첫 번째 행 입력 또는 〈여러 줄 문자〉 : 4-C20 Enter↵

➔ *지시문자 입력*

► 주석 문자의 다음 행을 입력 : Enter↵ ➔ *명령 종료*

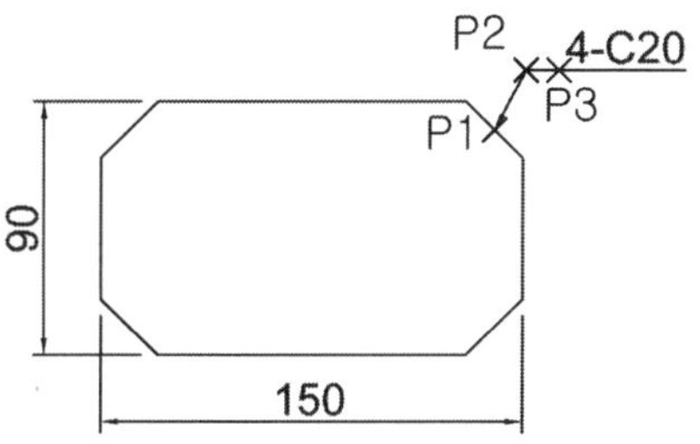

(3) 기하공차 컨텐츠 형태의 지시선 문자 입력하기

① 오른쪽 그림과 같이 도면을 먼저 그린다.

► 사용 명령 : line (l), offset (o), trim (tr) 등

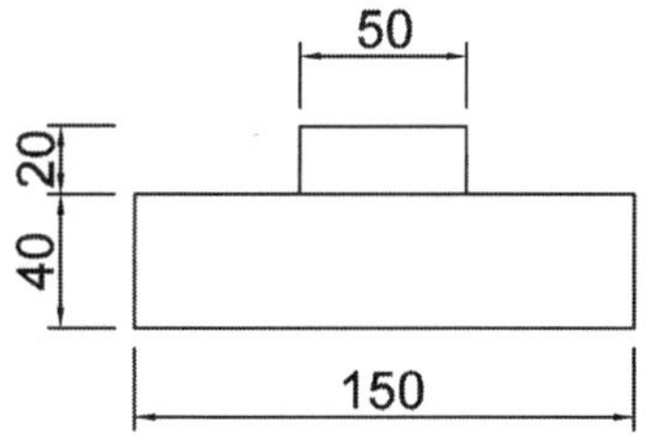

② 지시선 문자를 입력한다.

► 명령 : qleader Enter↵ (또는 le Enter↵)

► 첫 번째 지시선 지정, 또는 [설정(S)]〈설정〉 : S Enter↵

➔ *기하공차 컨텐츠 설정*

► 다음 그림과 같이 컨텐츠를 '공차'로 변경 설정한다.

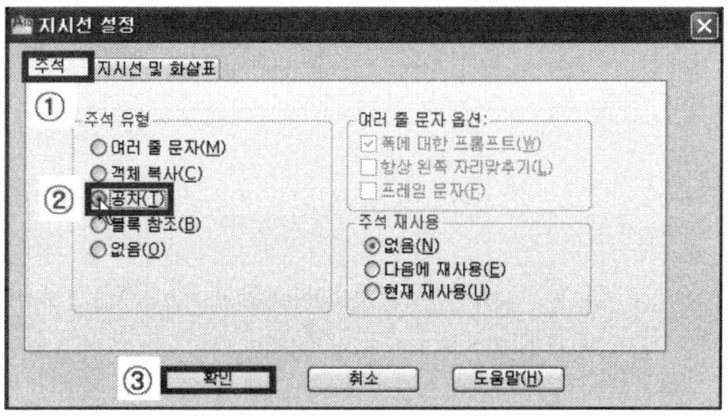

► 첫 번째 지시선 지정, 또는 [설정(S)]<설정> : **P1점 지정** ➔ *지시선의 시작점 지정*

► 다음 점 지정 : **P2점 지정** ➔ *지시선의 두 번째 점 지정*

► 다음 점 지정 : Enter↵

► 그림과 같이 값을 입력하고 [확인]버튼을 선택해 명령을 종료한다.

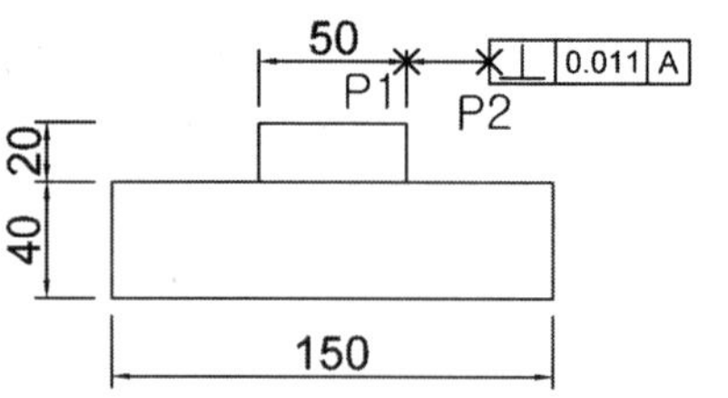

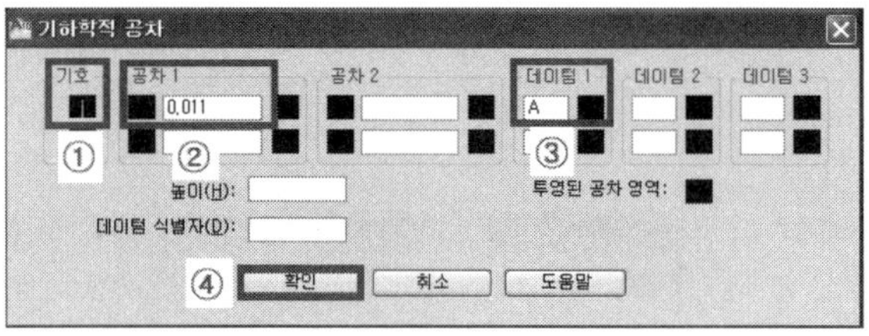

Tip

지시선 정점의 수 설정

지시선의 기본 정점수는 3개로 설정되어 있으며, 아래 그림과 같이 3개 이상의 정점 수가 필요한 경우 오른쪽 그림과 같이 설정하여야 한다.

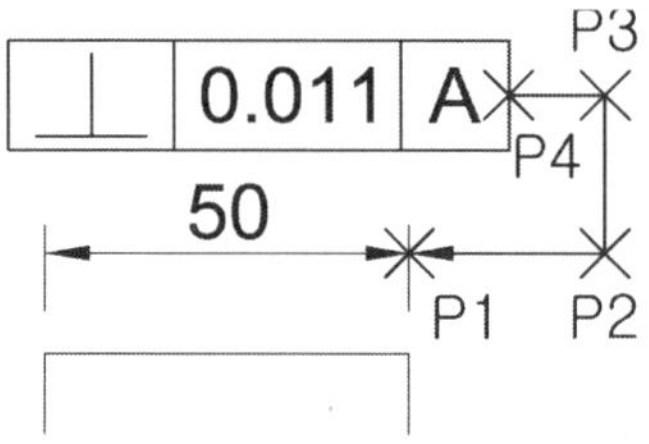

► 명령 : le Enter↵

► 첫 번째 지시선 지정, 또는 [설정(S)]<설정> : S Enter↵

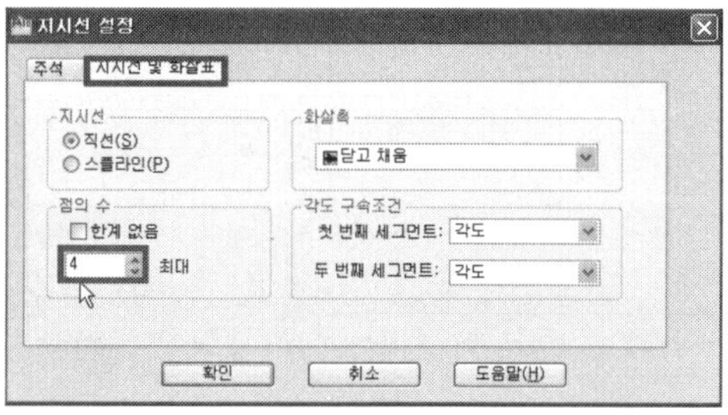

지시선 문자 입력 명령의 화살촉(점) 크기 변경

– 지시선문자 입력 명령(le)에는 설정항목 없음.

– 치수유형 설정 명령(D)에서 크기 변경함.

► 명령 : dimstyle Enter↵ (또는 d Enter↵)

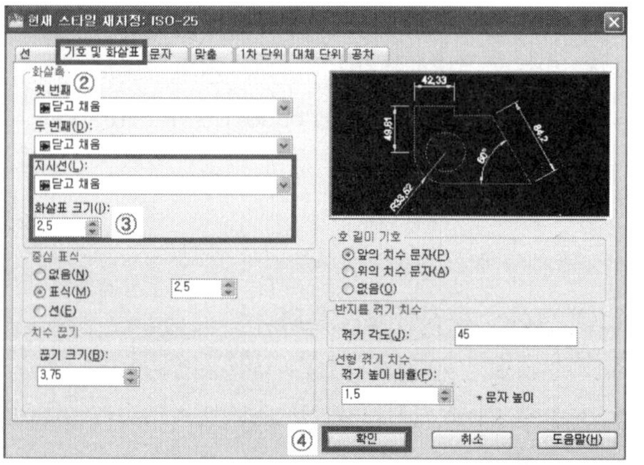

8. 다중지시선 문자 유형 설정

• 다중지시선 문자 유형을 설정하는 명령
• 다중지시선의 구성은 오른쪽 그림과 같이 이루어져 있다.

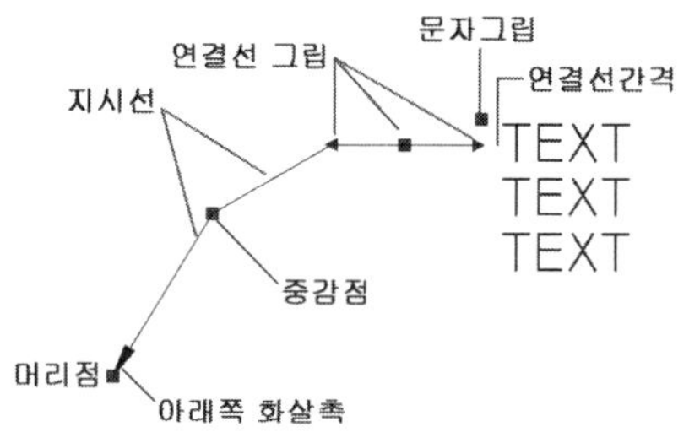

8.1 다중지시선 문자 유형 설정 명령 실행

명령줄 사용 : mleaderstyle [Enter↵] (단축명령 : mls)

리본메뉴 사용 : 홈탭 ▶ 주석 패널 ▶ ▶ (다중지시선 스타일)

주메뉴 사용 : 형식 ▶ 다중지시선 스타일

도구막대 사용 : 다중지시선 도구막대 혹은 스타일 도구막대 ▶

8.2 다중지시선 문자 유형 설정 옵션

► 명령 : mleaderstyle [Enter↵] (또는 mls [Enter↵])

(1) [다중지시선 스타일 관리자] 대화상자

① 현재 다중지시선 스타일 : 현재 사용되는 스타일 값을 보여줌.
② 스타일 : 다중지시선 유형 목록을 보여줌.
③ 리스트 : 스타일 목록 내용을 조절함.
④ 미리보기 : 스타일 목록에 선택된 스타일의 미리보기 이미지를 표시함.
⑤ 현재로 설정 : 사용하려는 다중지시선 선택
⑥ 새로 만들기 : 다중지시선 유형 새로 만들기
⑦ 수정 : 다중지시선 유형 내용 수정
⑧ 삭제 : 다중지시선 유형 삭제

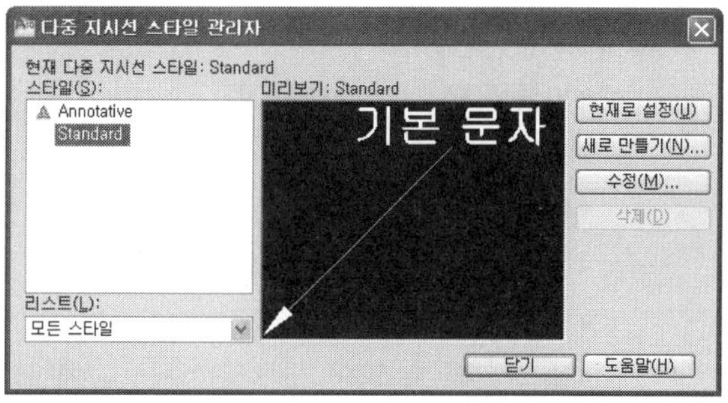

(2) [수정]→[지시선 형식] 탭

① 일반
- **유형** : 다중지시선의 유형결정.
- **색상** : 다중지시선의 색상 결정
- **선종류** : 다중지시선의 선종류 결정
- **선가중치** : 다중지시선의 선가중치 결정

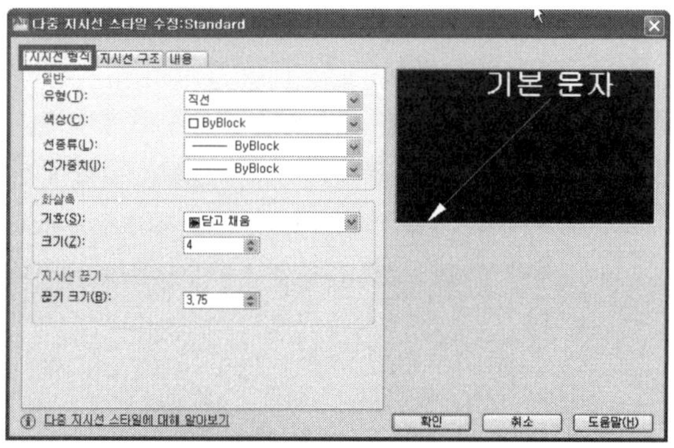

② 화살촉
- 다중지시선의 화살촉의 모양과 크기 설정

③ 지시선 끊기
- 다중지시선에 치수끊기 적용시 적용되는 값 설정

(3) [수정]→[지시선 구조] 탭

① 구속조건

- **최대 지시선 점 수 :** 지시선의 최대 점 수 지정
- **첫 번째 세그먼트 각도 :** 지시선이 첫 번째 점 각도
- **두 번째 세그먼트 각도 :** 지시선의 두 번째 점 각도

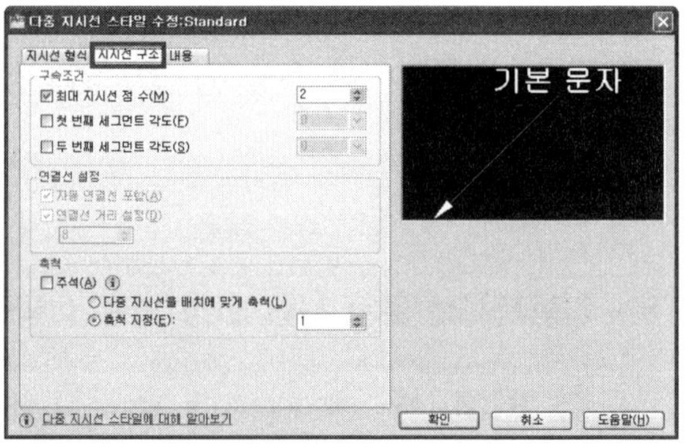

② 연결선 설정 : 내용탭에서 지시선 연결이 수평부착으로 설정된 경우 사용할 수 있음.

- **자동연결선 포함 :** 수평연결선을 다중지시선 컨텐츠에 부착
- **연결선 거리설정 :** 다중지시선 연결선이 고정 거리값

③ 축척

- **주석 :** 다중지시선이 주석이 되도록 설정
- **다중 지시선을 배치에 맞게 축척 :** 배치공간의 뷰포트 축척에 기반하여 축척 비율을 결정
- **축척 지정 :** 다중지시선의 축척을 직접 지정

(4) [수정]→[내용] 탭

① 다중지시선의 유형 : 다중지시선의 컨텐츠 유형을 문자 또는 블록을 사용할지 결정

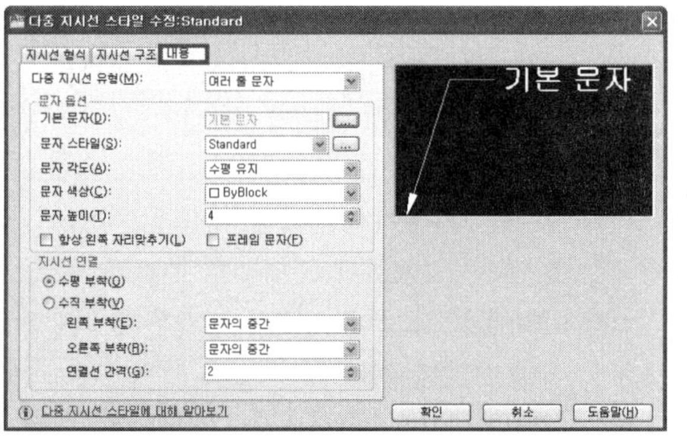

② 문자 옵션

- **기본 문자 :** 기본문자 설정
- **문자 스타일 :** 사용할 문자 스타일 결정
- **문자 각도 :** 다중지시선 문자의 회전 각도 설정
- **문자 색상 :** 다중지시선 문자 색상 설정
- **문자 높이 :** 다중지시선 문자 높이 설정
- **항상 왼쪽 자리맞추기 :** 다중지시선 문자 왼쪽정렬
- **프레임 문자 :** 문자 주위에 테두리상자를 표시함.

③ 지시선 연결 : 다중지시선의 연결 방향 설정

- **수평 부착 :** 문자를 가로 방향(왼쪽, 오른쪽)에 삽입
- **왼쪽 부착 :** 다중지시선이 문자의 왼쪽에 부착된 경우 연결선과 문자의 표현 방식 설정
- **오른쪽 부착 :** 다중지시선이 문자의 오른쪽에 부착된 경우 연결선과 문자의 표현 방식 설정
- **연결선 간격 :** 연결선과 문자의 간격 설정
- **수직 부착 :** 문자를 세로방향(위, 아래)에 삽입
- **맨 위 부착 :** 다중지시선이 문자의 위쪽에 부착된 경우 연결선과 문자의 표현 방식 설정
- **맨 아래 부착 :** 다중지시선이 문자의 아래쪽에 부착된 경우 연결선과 문자의 표현 방식 설정

9. 다중지시선 문자 입력

- 다중지시선 문자를 입력하는 명령
- 지시선 문자 입력 명령(qleader)보다 지시선 유형 설정 관리가 편리해졌음.
- 기하공차 컨텐츠는 표현이 안됨(기하공차 컨텐츠는 지시선 문자입력 명령(qleader)만 가능).

9.1 다중지시선 문자 입력 명령

명령줄 사용 : mleader Enter↵ (단축명령 : mld)

리본메뉴 사용 : 홈 탭 ▶ 주석 패널 ▶

주메뉴 사용 : 치수 ▶ 다중지시선

도구막대 사용 : 다중지시선 도구막대 ▶

9.2 다중지시선 문자 입력 옵션

► 명령 : mleader Enter↵ (또는 mld Enter↵)

► 지시선 화살촉 위치 지정 또는 [지시선 연결선 먼저(L)/컨텐츠 먼저(C)/옵션(O)] 〈옵션〉 :

옵　션		내　용
지시선 화살촉 위치 지정		다중지시선 객체의 화살촉 위치 지정
지지선 연결선 먼저(L)		다중지시선 객체의 연결선 위치를 먼저 지정한다.
컨텐츠 먼저(C)		다중지시선 객체와 연결된 문자 또는 블록의 위치를 먼저 지정한다.
옵션(O)		다중지시선 객체 배치에 대한 옵션 설정(mleaderstyle(mls)으로 가능)
	지시선 유형(L)	사용할 지시선의 유형을 지정(직선, 스플라인, 없음)
	지시선 연결선(A)	수평 연결선의 거리값 설정
	컨텐츠 유형(C)	사용될 컨텐츠 유형 설정(여러줄 문자, 블록, 없음)
	최대점(M)	재 지시선의 최대점 수 지정
	첫 번째 각도(F)	새 지시선의 첫 번째 점 각도 지정
	두 번째 각도(S)	새 지시선의 두 번째 점 각도 지정
	종료 옵션(X)	옵션 설정을 종료함. 다시 첫 번째 다중지시선 명령 실행 상태로 나감.

9.3 다중지시선 문자 입력 명령 따라하기

(1) 여러줄 문자 컨텐츠 지시선 문자 입력하기 1

① 먼저 오른쪽 그림과 같이 도면을 그린다.

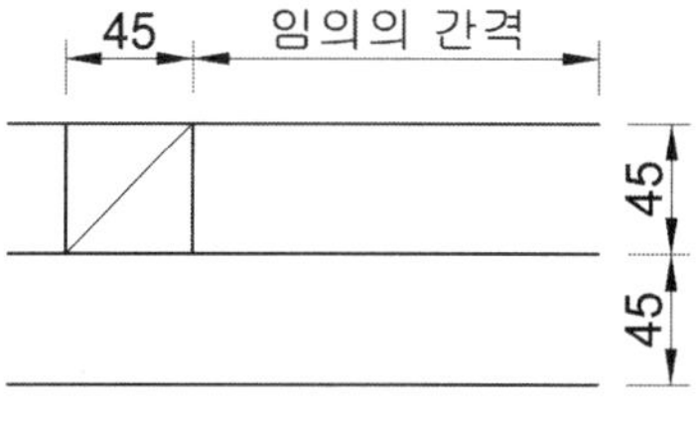

② 다중지시선 유형을 설정한다.

► 명령 : mleaderstyle [Enter↵] (또는 mls [Enter↵])

❶ 다중지시선 유형을 새로 만든다.

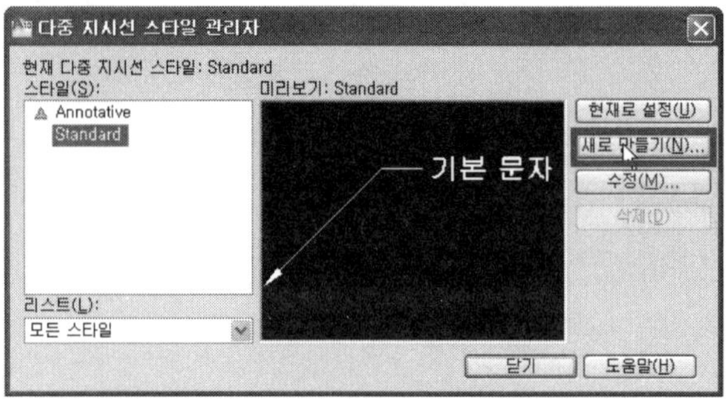

❷ '여러줄문자' 이름으로 스타일을 추가한다.

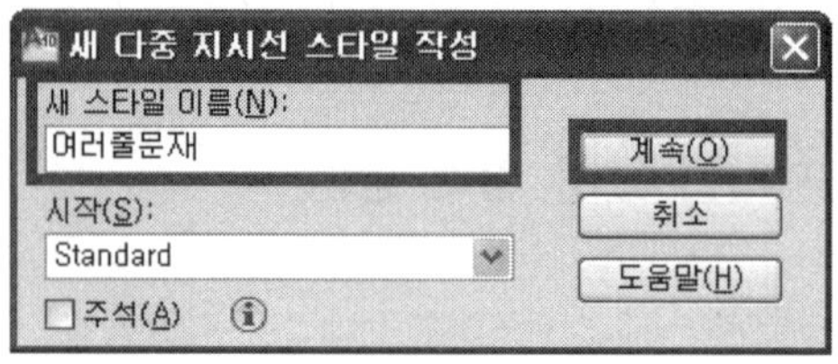

❸ [지시선 형식]탭에서 다음과 같이 설정한다.

- 일반 유형 : 직선
- 화살촉 기호 : 점
- 화살폭 크기 : 2

❹ [지시선 구조]탭에서 다음과 같이 설정한다.

- 최대지시선 점수 : 2
- 첫 번째 세그먼트 각도 : 90
- 연결선 거리 설정 : 5
- 축척 지정 : 5

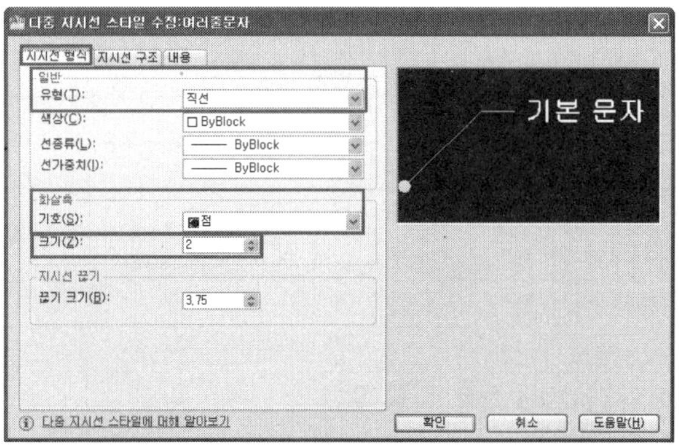

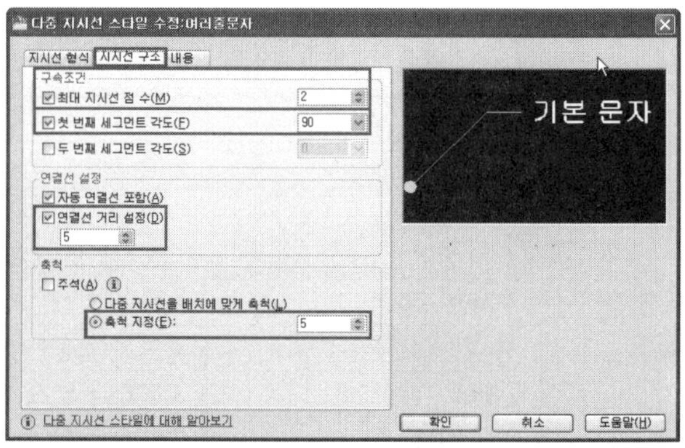

❺ [내용]탭에서 다음과 같이 설정한다.

- 다중지시선 유형 : 여러줄 문자
- 문자 높이 : 3
- 수평 부착 : 선택
- 왼쪽 부착 : 문자의 중간 선택
- 연결선 간격 : 2

❻ 새로 추가한 다중시시선 유형 '여러줄 문자'를 현재로 설정한 후 대화상자를 닫는다.

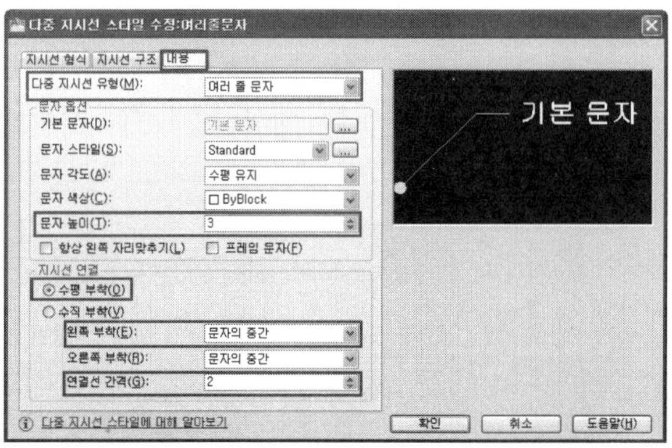

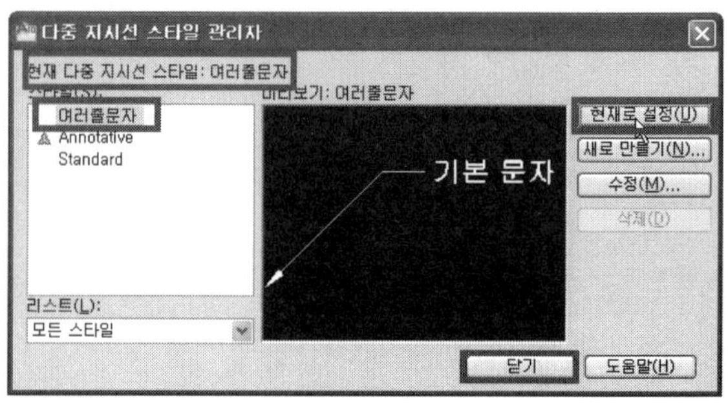

③ 다중지시선 문자 입력 명령을 실행한다.

► 명령 : mleader [Enter↵] (또는 mld [Enter↵])

► 지시선 화살촉 위치 지정 또는 [지시선 연결선 먼저(L)/컨텐츠 먼저(C)/옵션(O)] 〈옵션〉 : **P1점 지정**

► 지시선 연결선 위치 지정 : **P2점 지정**

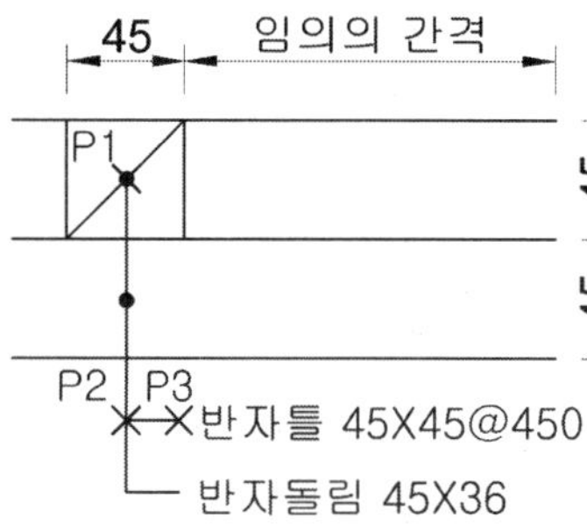

► 아래 그림과 같이 문자 입력 후 [확인] 버튼을 눌러 명령을 종료한다.

TIP

지시선 문자와 다중지시선 문자 명령의 연결선 표현의 비교(P2와 P3를 연결한 선)

① 지시선 문자 명령(qleader) : 직접 P3 위치점을 지정해 연결선을 표현해 주어야 한다.

② 다중지시선 문자 명령(mleader) : 자동으로 생성되기 때문에 P3 위치점 지정할 필요가 없다.

→ 다중지시선 유형 설정 명령의 [내용탭] '연결선 간격' 항목에서 연결선 길이값을 설정한다.

(2) 여러줄 문자 컨텐츠 지시선 문자 입력하기 2

① 먼저 오른쪽 그림과 같이 도면을 그린다.

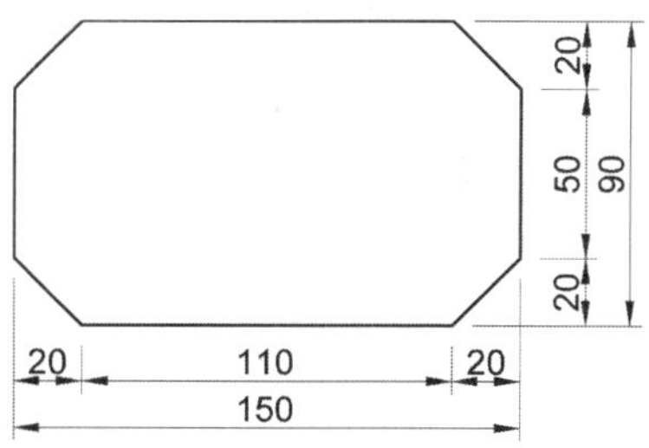

[다중지시선 적용 전]

② 다중지시선 유형을 설정한다.

► 명령 : mleaderstyle [Enter↵] (또는 mls [Enter↵])

❶ 다중지시선 유형을 새로 만든다.

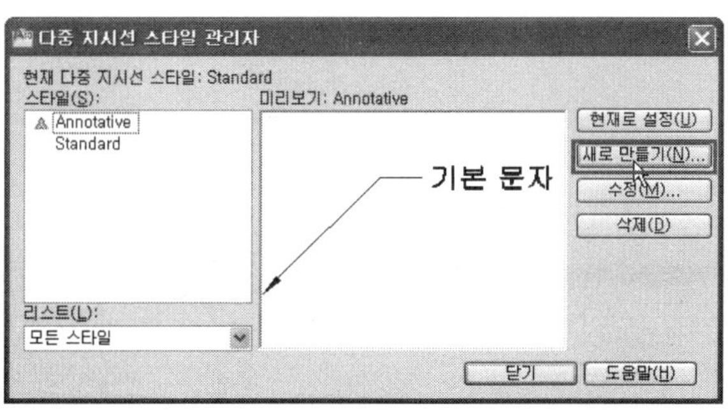

❷ 다음 그림과 같이 새 다중지시선 이름을 입력하고 [계속] 버튼을 누른다.

❸ [지시선 형식]탭에서 다음과 같이 설정한다.

- 일반 유형 : 직선
- 화살촉 기호 : 닫고 채움
- 화살폭 크기 : 4

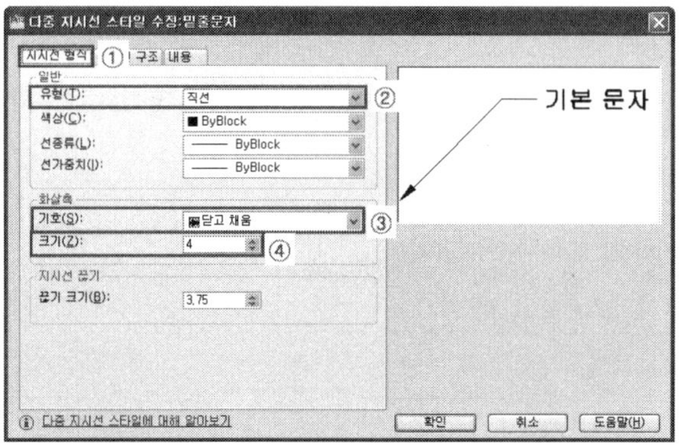

❹ [지시선 구조탭]에서 다음과 같이 설정한다.

- 구속조건 최대지시선 점수 : 2
- 첫 번째 세그먼트 각도 : 60
- 연결선 거리 설정 : 4
- 축척 지정 : 2

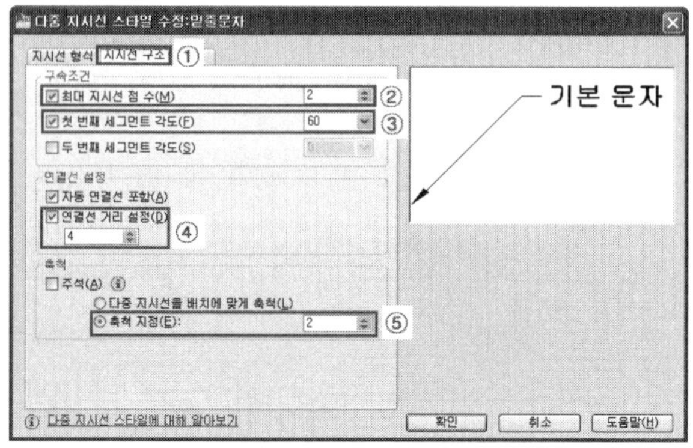

❺ [내용탭]에서 다음과 같이 설정한다.

- 다중지시선 유형 : 여러줄 문자
- 문자 높이 : 4
- 수평 부착 : 선택
- 왼쪽 부착 : 맨 아래행에 밑줄
- 연결선 간격 : 2

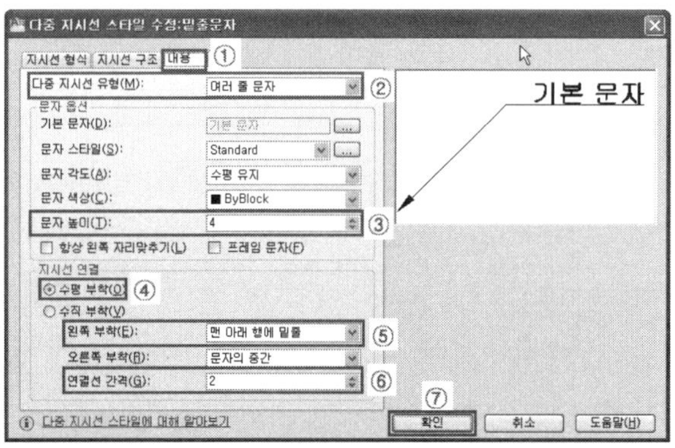

❻ 새로 추가한 다중시시선 유형 '밑줄문자'를 현재로 설정한 후 대화상자를 닫는다.

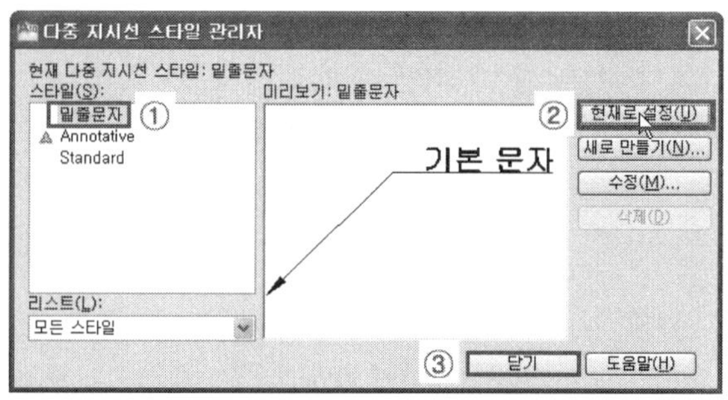

③ 다중지시선 문자 입력 명령을 실행한다.

► 명령 : mleader [Enter↵] (또는 mld [Enter↵])

► **지시선 화살촉 위치 지정** 또는 [지시선 연결선 먼저(L)/컨텐츠 먼저(C)/옵션(O)] 〈옵션〉 : **P1점 지정**

► 지시선 연결선 위치 지정 : **P2점 지정**

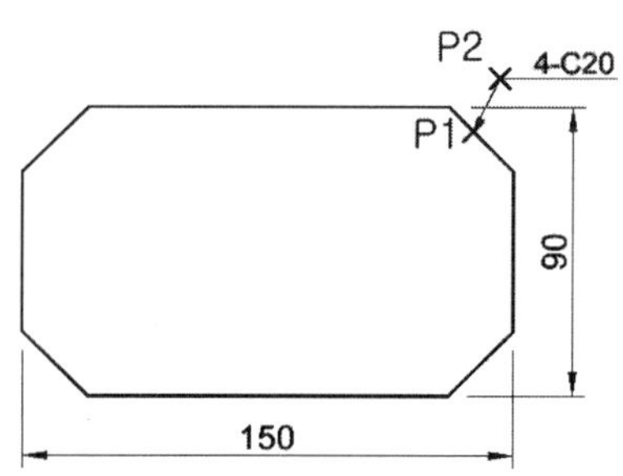

► 아래 그림과 같이 문자 입력 후 [확인] 버튼을 눌러 명령을 종료한다.

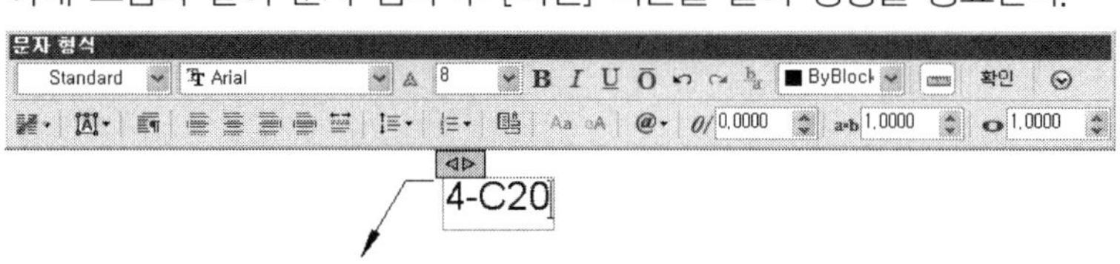

AutoCAD에서 문자 입력하기 - 지시선 문자 입력하기

1. 다음 그림과 같이 구조단면을 그려본다.

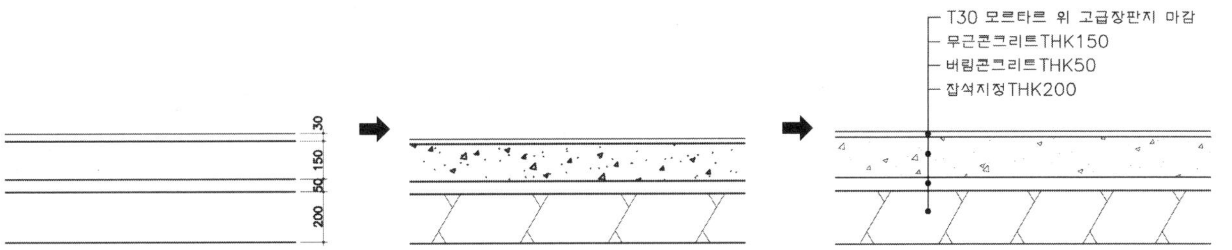

(1) 구조단면도의 선을 먼저 그린다.

① 먼저 오른쪽 그림과 같이 각 구조단면선을 그린다.

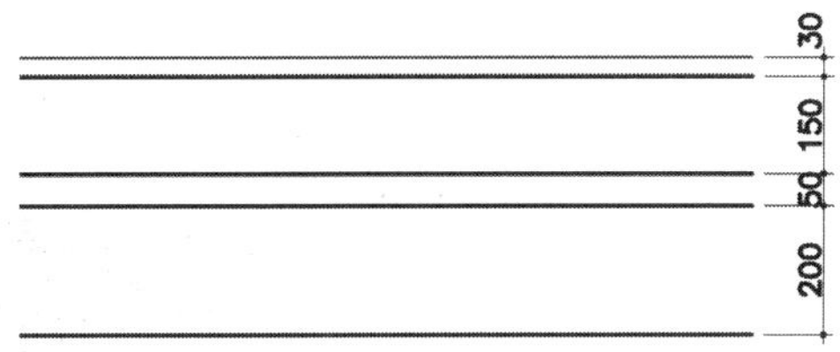

► 사용명령

■ **선 그리기 : line (l)** → 직교기능(F8)을 이용해 임의 크기의 수평선을 그린다.

■ **간격띄우기 : offset (o)** → 각각 '200', '50', '150', '30'을 띄운다.

② 잡석지정 재료 기호 표시를 한다.

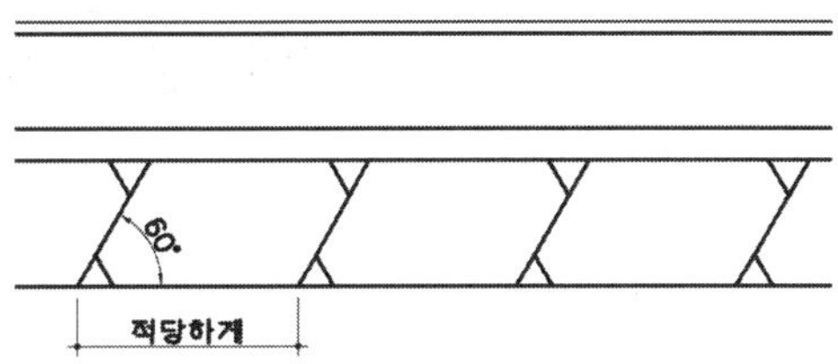

► 사용명령

■ **선그리기 : line (l)**

■ **객체 자르기 : trim (tr)**

③ 무근콘크리트 기호 표시를 한다.

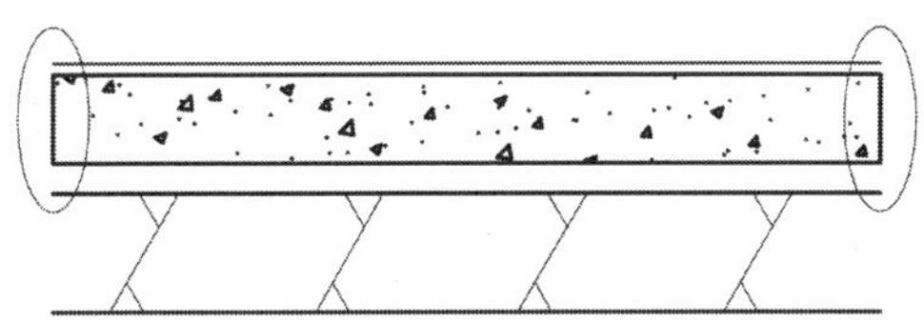

► 사용명령 : hatch(h) Enter↵

► [추가 점 선택] 버튼을 선택해 해치를 적용할 영역을 지정한다.

► 해치 유형을 '미리 정의'로 설정한다.

► 해치 패턴을 'AR-CONC'로 설정한다.

► 해치 각도를 '0'도로 설정한다.

► 해치 축척을 '1'로 설정한다.

► [확인] 버튼을 선택해 명령을 종료한다.

주의

① 해치를 적용하고자 하는 영역은 반드시 닫힌 형태여야만 한다(타원 안의 선을 그리고 해치 적용 후 지운다).

② [확인] 버튼을 선택해 명령을 종료하기 전에 반드시 [미리보기] 버튼을 선택해 적용한 해치값이 적당한가를 확인한다(너무 크거나 작을 경우에는 축척값을 변경한다).

(2) 구조단면도에 지시문자를 표기한다.

① 지시문자를 입력 위치점(선)을 먼저 그린다.

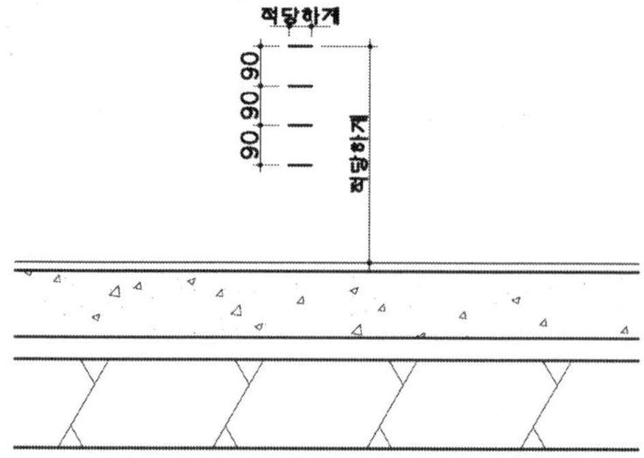

② 다중지시선 유형을 설정한다.

► 사용명령 : mls [Enter↵]

► 다음 그림과 같이 설정한다.

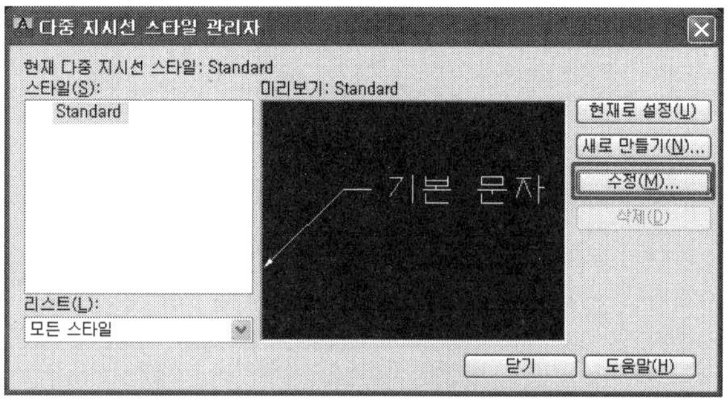

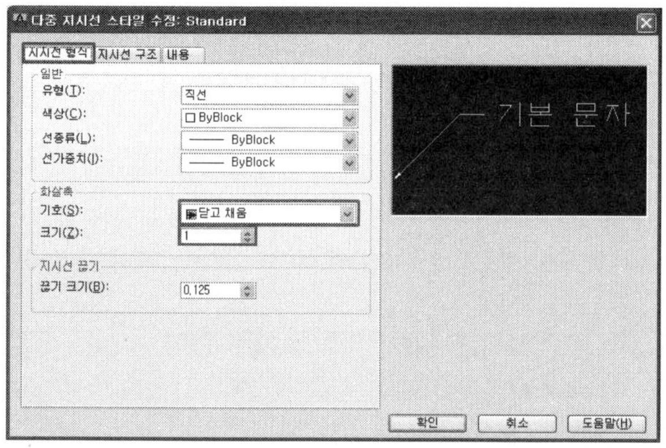

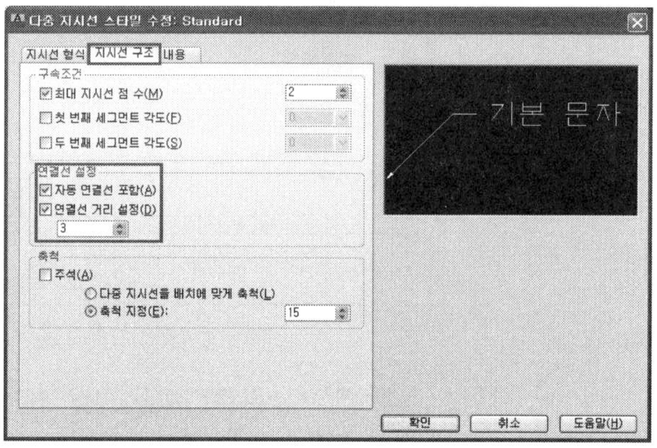

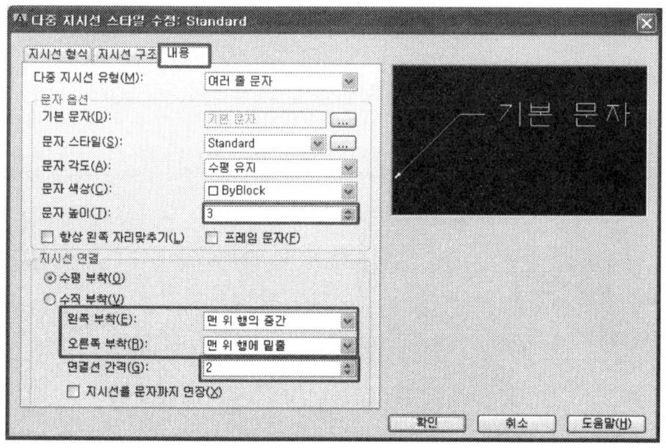

③ 다중지시선을 표기한다.

► 명령 : mld [Enter↵]

► 지시선 연결선 위치 또는 [지시선 화살촉 먼저(H)/컨텐츠 먼저(C)/옵션(O)] 지정 〈옵션〉 : **P1점 지정**

► 지시선 화살촉 위치 지정 : **P2점 지정** ➔ *지시하고자 하는 위치점 지정(대략적인 위치점 지정)*

► **'T30 모르타르 위 고급장판지 마감'** 입력

► **[확인] 버튼을 선택해 명령 종료** (혹은 마우스로 빈 공간 선택해서 명령종료)

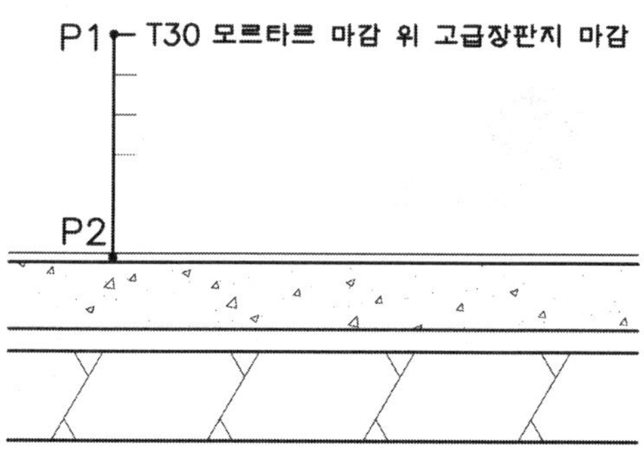

2. 다음 그림과 같이 원문자를 컨텐츠를 따라 그려본다.

다중지시선 문자 명령을 이용해 원문자 컨텐츠를 따라 그려본다.

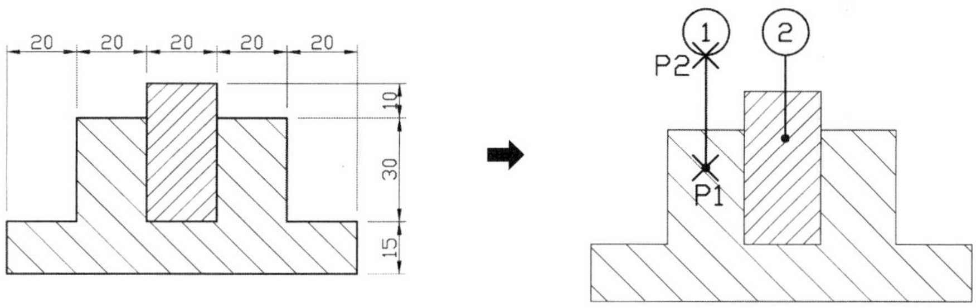

(1) 먼저 오른쪽 그림과 같이 도면을 그린다.

- ► 사용명령
- ► 선그리기 : line (l)
- ► 간격띄우기 : offset (o)
- ► 객체 자르기 : trim (tr)
- ► 해치 적용하기 : hatch (h)

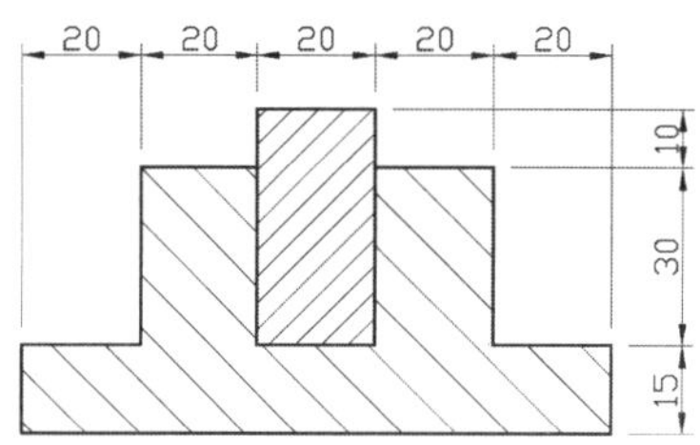

(2) 먼저 다중지시선 유형을 설정한다.

- ► 명령 : mleaderstyle [Enter↵] (또는 mls [Enter↵])

❶ 다중지시선 유형을 새로 만든다.

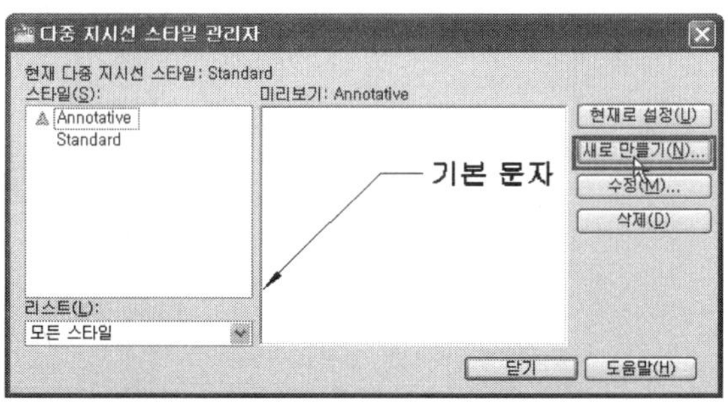

❷ '원문자' 이름으로 스타일을 추가한다.

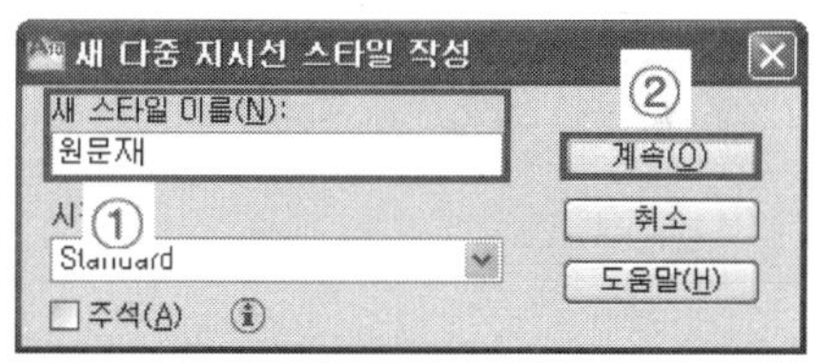

❸ [지시선 형식탭]에서 다음과 같이 설정한다.

- 일반 유형 : 직선
- 화살촉 기호 : 작은점
- 화살폭 크기 : 3

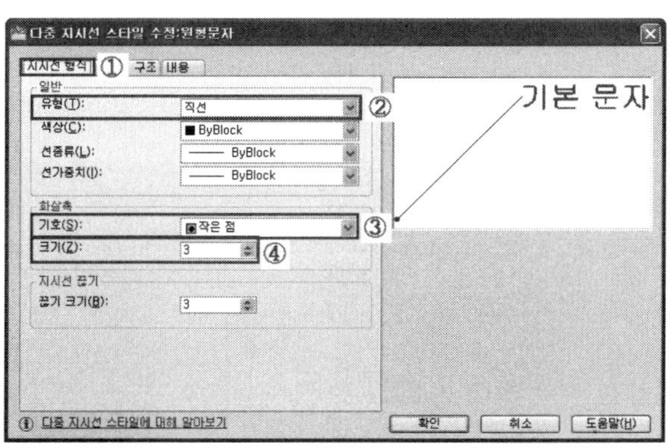

❹ [지시선 구조탭]에서 다음과 같이 설정한다.

- 구속조건 최대지시선 점수 : 2
- 축척 지정 : 3

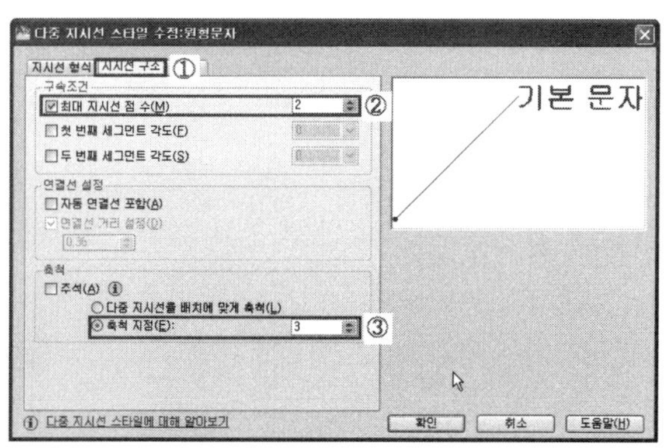

❺ [내용탭]에서 다음과 같이 설정한다.

- 다중지시선 유형 : 블록
- 원본블록 : 원
- 부착 : 삽입점
- 축척 : 0.5

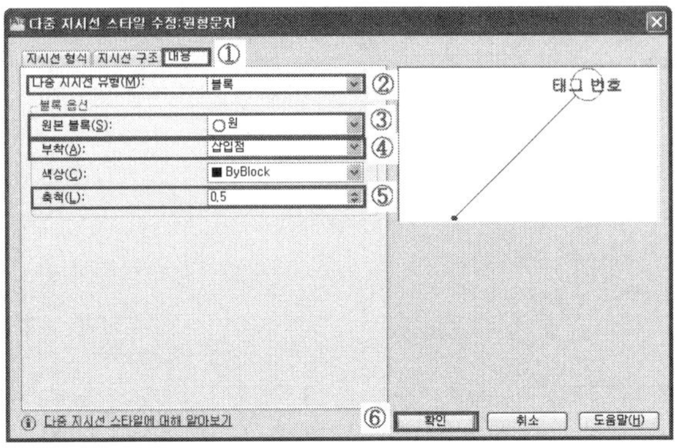

❻ 새로 추가한 다중시시선 유형 '원문자'를 현재로 설정한 후 대화상자를 닫는다.

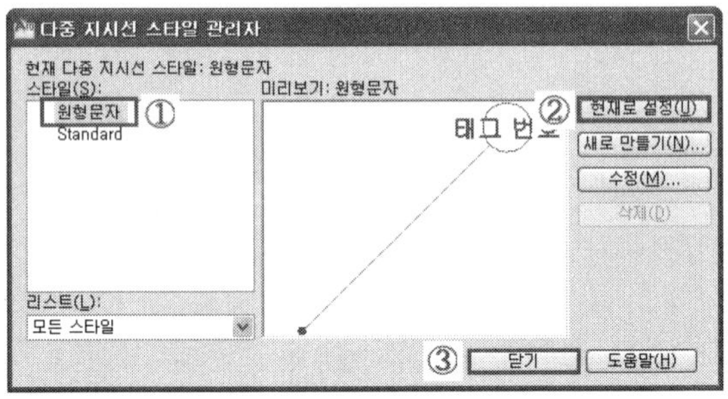

(3) 다중지시선 문자 입력 명령을 실행한다.

► 명령 : mleader [Enter↵] (또는 mld [Enter↵])

► 지시선 화살촉 위치 지정 또는 [지시선 연결선 먼저(L)/컨텐츠 먼저(C)/옵션(O)] 〈옵션〉 : P1점 지정

► 지시선 연결선 위치 지정 : P2점 지정

► 속성값 입력

► 태그 번호 입력 〈태그 번호〉 : 1 [Enter↵]

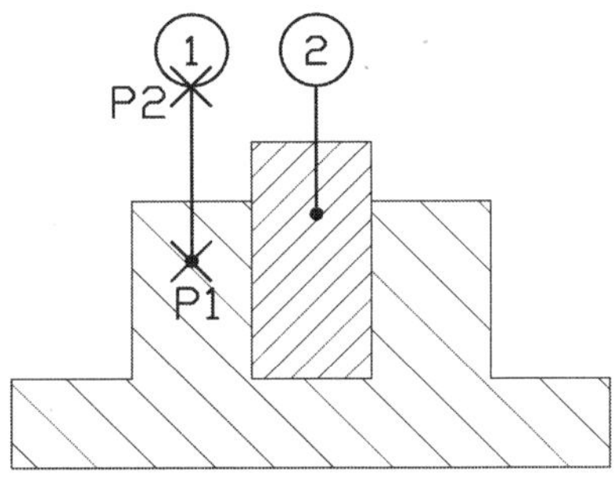

원문자 '2'도 동일한 방법으로 표현한다.

AutoCAD 표 만들기

1 표 유형 설정하기 : tablestyle
2 표 만들기 : table (혹은 tb)
3 표 내용 수정하기 : tabledit (혹은 수정하고자 하는 셀 더블클릭)
4 표 크기 조절하기 : 표 테두리선 선택 후 그립을 이용해 표 크기 변경
5 셀 설정하기 : 셀 선택 후 테이블 도구 막대를 이용해 셀 설정하기

10. 표 유형 설정하기 : tablestyle

- 표에 적용될 여러 가지 값을 설정한다(문자크기, 여백, 정렬, 테두리선 등).
- 표를 만들기 전에 먼저 표 유형을 설정한다.
- 표의 내용 구성은 제목, 머리글, 내용으로 이루어져 있다.

10.1 표 유형 설정 명령

명령줄 사용 : tablestyle [Enter↵] (단축 명령 : ts [Enter↵])
리본메뉴 사용 : 주석메뉴 ▶ 테이블 패널 ▶ ↘ ▶ 테이블 스타일
주메뉴 사용 : 형식(O) ▶ 테이블 스타일(B)
도구막대 사용 : 스타일 도구막대 ▶

10.2 표 유형 설정 명령 옵션

► 명령 : tablestyle [Enter↵]

(1) 테이블 스타일 대화상자
① 현재로 설정(U) : 표 만들기에 적용할 스타일지정
② 새로 만들기(N) : 표 유형 새로 만들기
③ 수정(M) : 설정된 표 유형값 변경하기
④ 삭제(D) : 표 유형 삭제하기

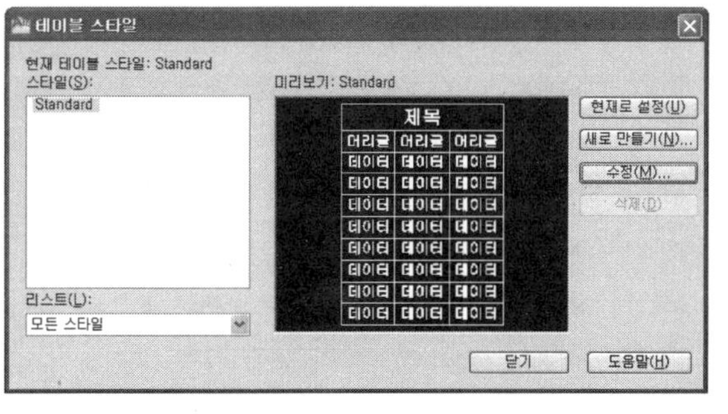

(2) 새 테이블 스타일 작성 대화상자
위의 [테이블 스타일]대화상자의 [새로 만들기(N)]버튼을 선택하면 다음과 같이 [새 테이블 스타일작성] 대화상자가 나타난다.
① 새 스타일 이름(N) : 표의 새 유형 이름 입력하기
② 찾기(S) : 새 유형에 적용할 기본 유형 찾기
③ 계속 : 새 유형 설정 계속하기
④ 취소 : 새 유형 만들기 취소

(3) 테이블 스타일 수정 대화상자

위의 [테이블 스타일] 대화상자의 [수정(M)] 버튼을 선택하면 다음과 같이 [테이블 스타일 수정] 대화상자가 나타납니다.

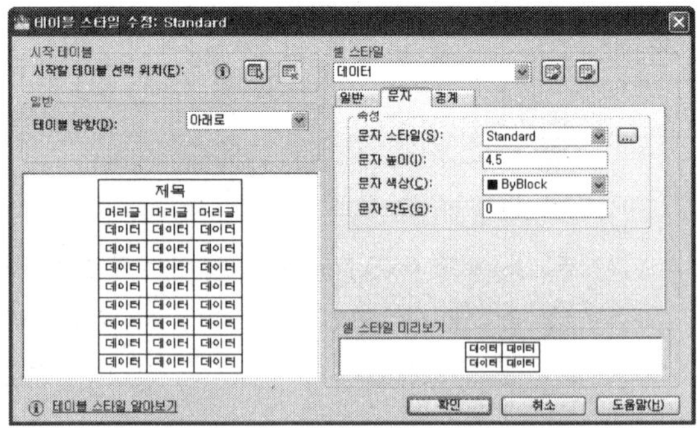

① 표의 각 셀에 입력되는 내용의 표현 형태

오른쪽 그림같이 3가지 유형(제목, 머리글, 데이터)을 가지고 있으며, 각 유형별로 표현 형태를 설정한다.

제목		
머리글	머리글	머리글
데이터	데이터	데이터
데이터	데이터	데이터

② 셀 스타일 : 셀 유형을 선택한다.

③ 테이블 방향 : 제목과 머리글에 해당되는 셀의 위치를 설정한다.

④ 일반 : 셀 유형의 일반적인 표현 형태를 설정한다.

속성

- **채우기 색상(F)** : 셀의 배경색 설정
- **정렬(A)** : 셀 안의 문자 정렬방식 설정
- **형식(O)** : 셀 문자의 표시 형식 설정
- **유형(T)** : 셀 유형을 데이터 또는 레이블로 지정

여백

- **수평(Z)** : 셀의 수평 여백 설정→문자 크기의 1/2로 설정
- **수직(V)** : 셀의 수직 여백 설정→문자 크기의 1/2로 설정

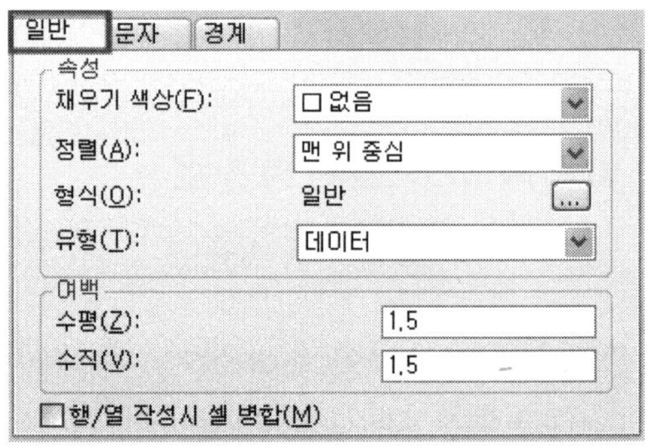

⑤ 문자 : 셀 유형의 문자 표현 형태를 설정한다.

- **문자 스타일(S)** : 문자 유형 지정
- **문자 높이(i)** : 문자 높이 지정
- **문자 색상(C)** : 문자 색상 지정
- **문자 각도(G)** : 문자 기울기 각도 지정

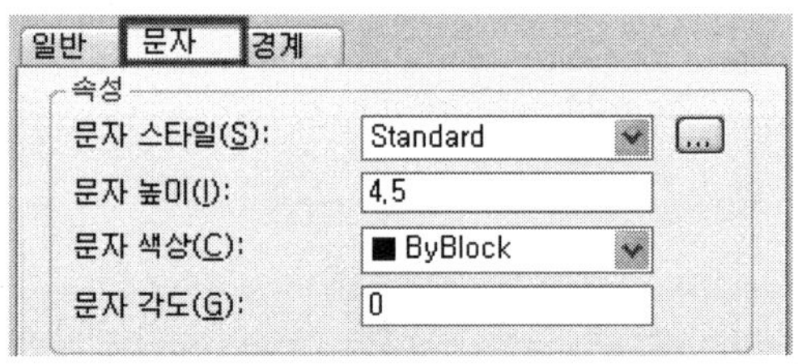

⑥ 경계 : 셀 유형의 표 테두리선 표현 형태를 설정한다.

- **선가중치(L)** : 표 테두리 선굵기 설정
- **선종류(N)** : 표 테두리 선종류 지정
- **색상(C)** : 표 테두리 선색상 지정
- **이중선(U)** : 표 테두리를 이중선으로 표시
- **간격두기(P)** : 이중선의 간격 설정

10.3 표 유형 설정 명령 따라하기

(1) 표 유형 설정 명령 실행하기

► 명령 : tablestyle [Enter↵] (혹은 ts [Enter↵])

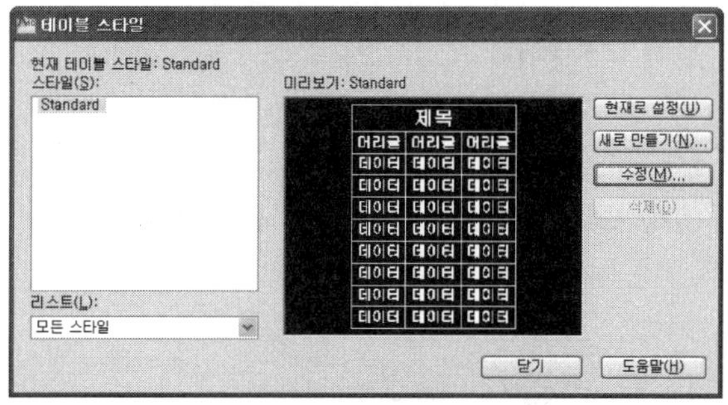

(2) 표 유형 추가하기

► [새로 만들기(n)] 버튼을 선택해 표 유형 추가하기

► 새 스타일 이름(N) : 'new01'이라고 입력

► [계속] 버튼 선택해 스타일 수정

(3) 표 유형 수정하기

① 제목 셀 스타일 설정하기

► 셀 스타일에서 제목 선택하기

► 일부 항목만 변경할 것이며, 나머지는 기본값 그대로 사용할 것이다.

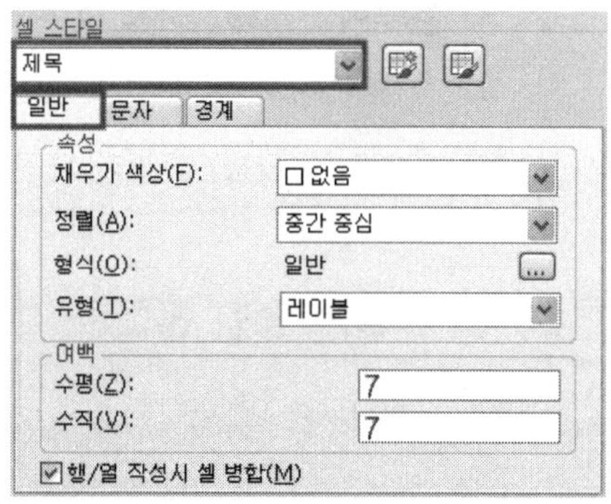

② 일반탭

► 정렬 : **중간 중심**

► 수평여백 : 7 ➔ *문자크기 20인 경우 사용예(문자크기×1/3~1/2)*

► 수직여백 : 7 ➔ *문자크기 20인 경우 사용예(문자크기×1/3~1/2)*

③ 문자탭

► 문자 높이 : 20

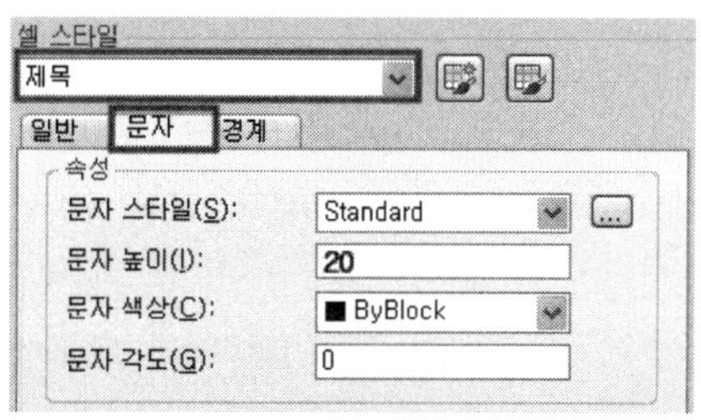

④ 경계탭

► 기본값 그대로 사용한다.

⑤ 머리글 셀 스타일 설정하기

제목 셀 스타일과 동일한 방법으로 다음과 같이 설정한다.

- **일반탭**
  - 정렬 : 중간 중심　　– 수평여백 : 5　　– 수직여백 : 5
- **문자탭**
  - 문자 높이 : 15

⑥ 데이터 셀 스타일 설정하기

제목 셀 스타일과 동일한 방법으로 다음과 같이 설정한다.

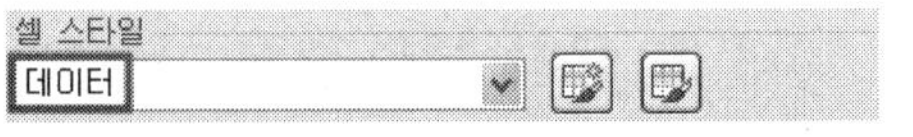

- **일반탭**
  - 정렬 : 중간 중심　　– 수평여백 : 3　　– 수직여백 : 3
- **문자탭**
  - 문자 높이 : 10

(4) 표 유형 만들기 명령을 종료한다.

11. 표 만들기 : table

- 표를 만드는 명령

11.1 표 만들기 명령

명령줄 사용 : table [Enter↵] **(단축명령 : tb)**
리본메뉴 사용 : 주석 탭 ▶ 테이블 패널 ▶
주메뉴 사용 : 그리기(D) ▶ 테이블
도구막대 사용 : 그리기 도구막대 ▶

11.2 표 만들기 명령 옵션

► 명령 : table [Enter↵]

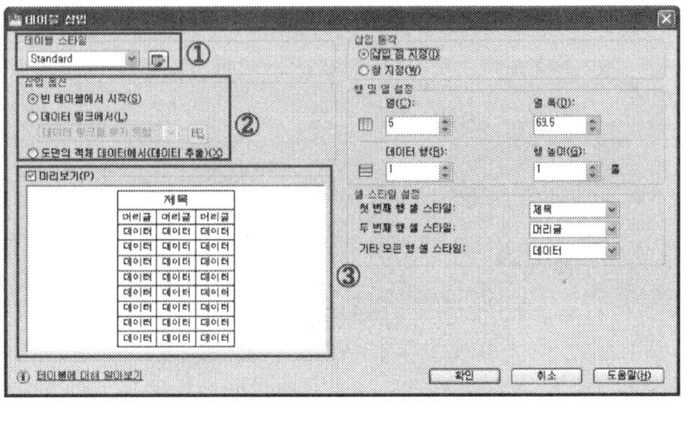

① 테이블 스타일 : 테이블 유형 선택

② 삽입 옵션

- **빈 테이블에서 시작 :** 표 새로 만들기
- **데이터 링크에서 :** 외부 데이터 파일을 이용해 표 만들기
- **도면의 객체 데이터에서 데이터 추출 :** 데이터 추출 마법사 실행해 데이터 정보를 표로 만들기

③ 미리보기 : 표 미리보기

④ 삽입동작 : 표 만들기 방법 지정
- **삽입점 지정 :** 표의 행과 열의 개수를 미리 설정한 후 표 만들기
- **창 지정 :** 열개수만 미리 지정하고 마우스 끌기를 통해 행의 개수를 지정하면 표 만들기

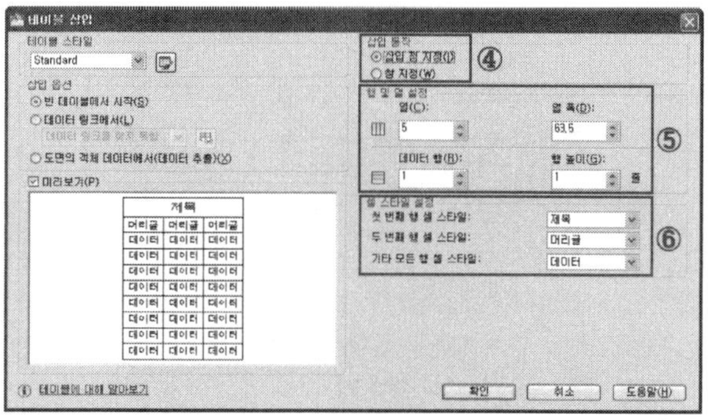

⑤ 행과 열 설정
- **열 :** 가로방향의 셀 개수 지정→표의 칸 수
- **열 폭 :** 셀 가로방향 크기
- **데이터 행 :** 세로방향의 셀 개수 지정→표의 줄 수
- **행 높이 :** 셀 세로방향 크기→문자 크기와 여백값을 기준으로 설정(1줄=문자크기+여백)

⑥ 셀 스타일 설정
- **첫 번째 행 셀 스타일 :** 첫 번째 줄의 셀의 스타일 지정. 제목, 머리글, 데이터 중 선택
- **두 번째 행 셀 스타일 :** 두 번째 줄의 셀의 스타일 지정. 제목, 머리글, 데이터 중 선택
- **기타 모든 행 셀 스타일 :** 첫 번째와 두 번째 줄을 제외한 셀의 스타일 지정

12. 표 수정하기

12.1 표 크기 수정하기

(1) 표 크기 조절하기 : 표 테두리선 선택 후 그립을 이용해 표 크기 변경
- 테이블이 작성된 후 테이블에 있는 테두리선을 클릭하여 선택한 다음 그립을 사용하여 테이블 테두리선을 수정할 수 있다.

① 표 테두리선을 선택했을 때 나타나는 위치에 따른 그립의 용도 설명

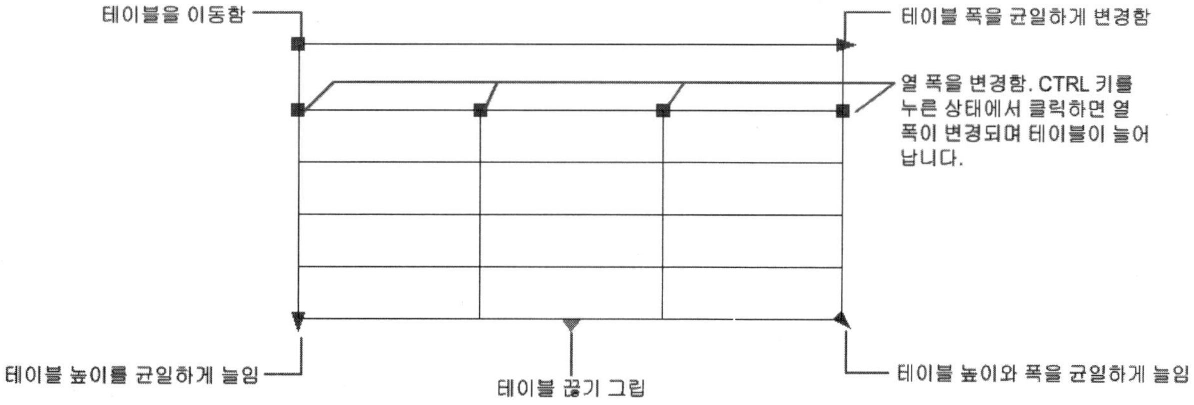

② 표 테두리선 위의 그립을 이용해 표의 크기 변경 사용예

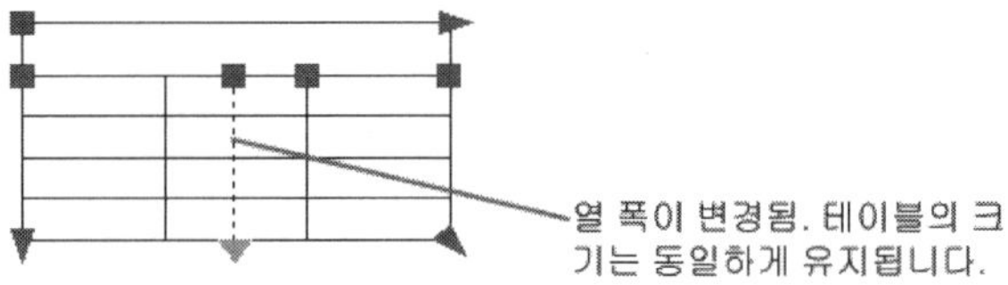

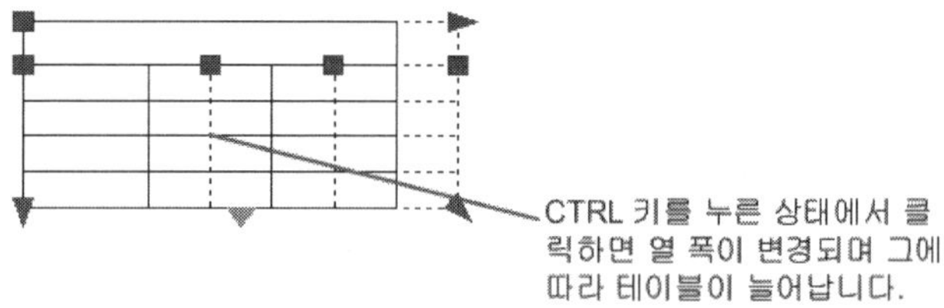

12.2 표 특성 수정하기

(1) 셀 수정하기 : 셀 선택 후 테이블 도구 막대를 이용해 셀 수정하기

셀을 선택하면 다음과 같은 내용의 테이블 셀을 수정할 수 있다.

① 행, 열의 추가 및 삭제하기

② 셀의 병합 및 병합 해제하기

③ 셀 배경색 지정

④ 셀 테두리선 모양 변경

⑤ 데이터 형식 및 정렬

⑥ 셀의 편집 잠금 및 해제

⑦ 블록, 필드 및 공식 삽입

⑧ 셀 스타일 작성 및 편집

⑨ 테이블을 외부 데이터로 링크

(2) 테이블 셀 수정 명령

마우스로 셀 선택하기

(3) 테이블 셀 수정 명령 옵션

► 마우스로 셀 선택해 셀 수정 명령 실행

➔ *다음 그림과 같이 테이블 도구막대와 테이블의 셀 수정인 상태로 나타난다.*

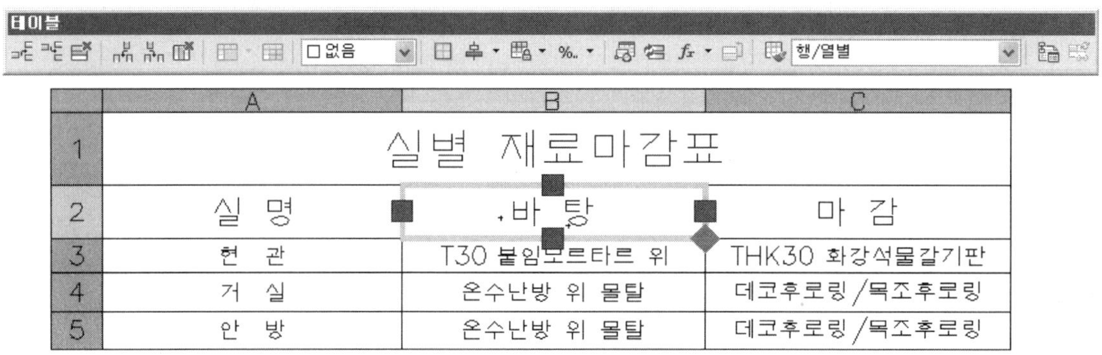

(1) 선택된 테이블 셀에 표시된 그림 설명

아래 각 항목에 대한 변경 방법은 사각점(그림)을 마우스로 선택해 끌기를 적용한다.

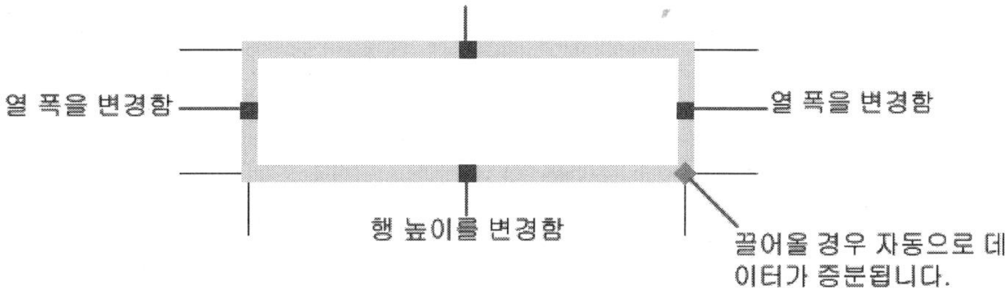

(2) 테이블 도구막대의 기능 설명

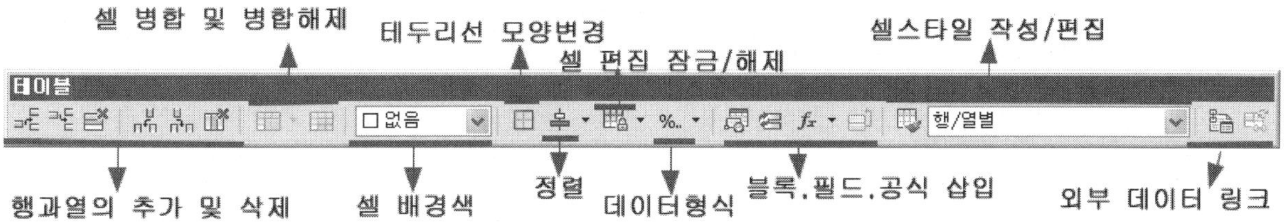

12.3 표 내용수정하기 : tabledit

• 표 내용을 수정하는 명령

(1) 표 내용 수정 명령

명령줄 사용 : tabledit [Enter↵]

마우스로 수정하고자 하는 셀 두 번 클릭하기

(2) 표 내용 수정 명령 따라하기

► 명령 : tabledit [Enter↵] (혹은 수정하고자 하는 셀 두 번 클릭)

► 테이블 셀 선택 : **수정하고자 하는 셀 선택 ➔** *셀을 선택하면 오른쪽 그림과 같이 실행됨.*

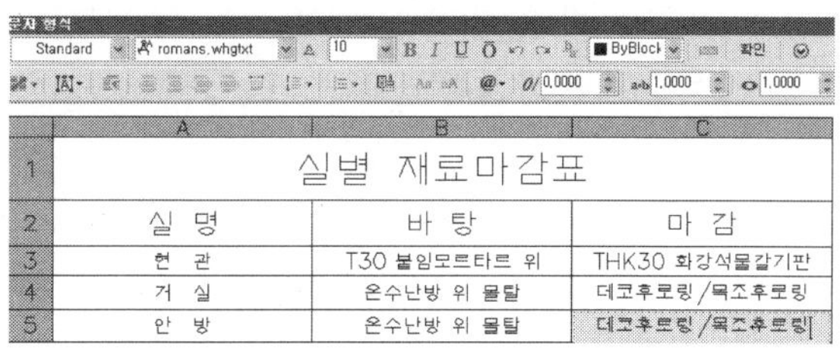

AutoCAD에서 문자 입력하기 - 표 만들기 따라하기

1. 오른쪽 그림과 같이 표 만들기

오른쪽 그림과 같이 표를 만들어본다.

실별 재료 마감표		
실명	바탕	마감
현관	T30 붙임모르타르 위	THK30 화강석 물갈기판
거실	온수난방 위 모르타르	데코플로링/목조후로링
안방	온수난방 위 모르타르	데코플로링/목조후로링

① 표 유형을 설정한다.

► 사용명령 : tablestyle [Enter↵] (혹은 ts [Enter↵])

'표 유형설정 명령 따라하기'에서 설정한 값을 사용하도록 한다.

■ **조건** : 문자크기

– 제목 문자 : 20 – 머리글 문자 : 15 – 데이터 문자 : 10

② 표 만들기 명령 실행하기

► 명령 : table [Enter↵] (혹은 tb [Enter↵])

► 테이블 스타일 : 'new01' 선택

► 삽입 옵션 : **빈 테이블에서 시작 선택**

► 삽입 동작 : **삽입 점 지정 선택**

► 행 및 열 설정

– 열 : 3 – 열 폭 : 170

– 데이터 행 : 3 – 행 높이 : 1 줄

► 셀 스타일 설정

– 첫 번째 행 셀 스타일 : 제목

– 두 번째 행 셀 스타일 : 머리글

– 기타 모든 행 셀 스타일 : 데이터

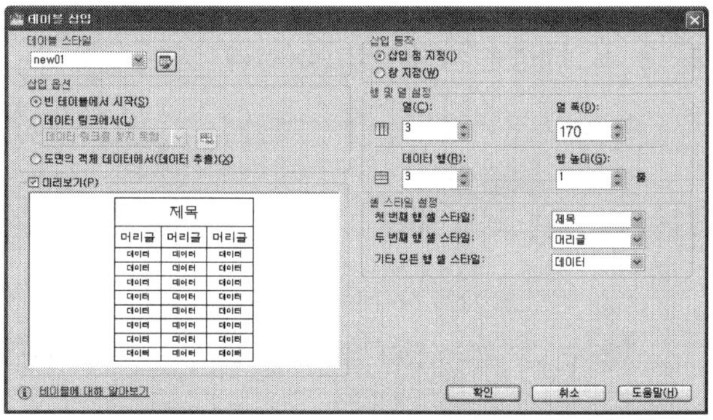

► [확인] 버튼 선택

► 입점 지정 : **마우스로 표를 삽입할 위치점 지정**

► 표 데이터 입력

► 표 만들기 명령 종료 ➔ *문자 형식 대화상자의 [확인]버튼을 선택하거나 빈공간을 선택해 명령을 종료한다.*

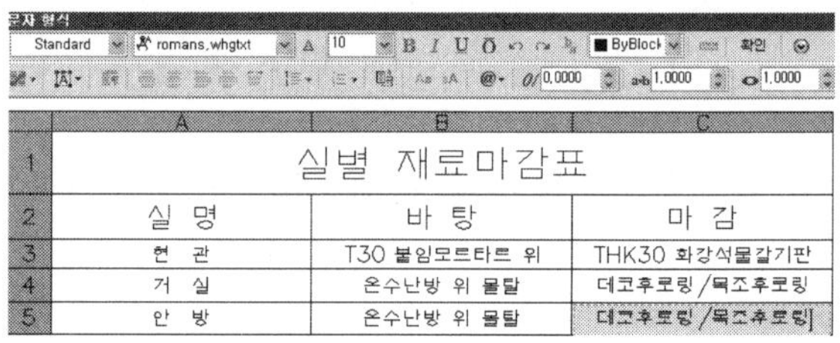

참고

① 셀간 이동하기

– [Enter↵] 사용하기 : 아래 셀으로만 이동

– 방향키 사용하기([←], [→], [↑], [↓]) : 상하좌우 셀로 이동

② 데이터 내용 추가 입력 또는 내용 수정하는 방법

– 데이터를 추가하거나 수정하고자 하는 셀을 더블클릭하기

도면 예제 6-1 AutoCAD 문자 사용하기

문자와 도면의 크기는 임의로 정해 그리도록 한다.

①

글꼴은 임의로 사용합니다.

▣ 건 축 개 요

▣ 면 적
- 주　　택 : 72.26m²(21.86평)
- 부속창고 : 15.32m²(4.63평)

▣ 구 조 : 철근콘크리트조
- 외벽 : THK 200철근콘크리트옹벽 + 0.5B적벽돌 치장쌓기
- 내벽 : 1.0B시멘트벽돌 쌓기
- 지붕 : 철근콘크리트 Slab, 처마나옴 : 600

▣ 계략 공사비 (3.3m² 당 공사금액)

구조체	마감재	3.3m²당 공사금액	비 고
철근콘크리트조	사이딩판넬	230~350	재료선택 및 품질에 의해 공사금액 조정
철근콘크리트조	적벽돌(0.5B)	300~370	
1.0B시멘트벽돌	적벽돌(0.5B)	250~300	

②

주 서

1.일반공차 － 가)가공부 : KS B ISO 2768
　　　　　　　나)주조부 : KS B 0250 CT-11
2.도시되고 지시없는 모떼기는 1X45°,
　피렛 및 라운드 R3
3.일반 모떼기는 0.2X45°
4. √부 외면 명청색, 명적색 도장 후 가공
　(품번 1, 3, 5)
5.표면 거칠기 기호 비교표
　√ = √ , － , －
　w/ = 12.5/ , Ry50 , N10
　x/ = 3.2/ , Ry12.5 , N8
　y/ = 0.8/ , Ry3.2 , N6

③

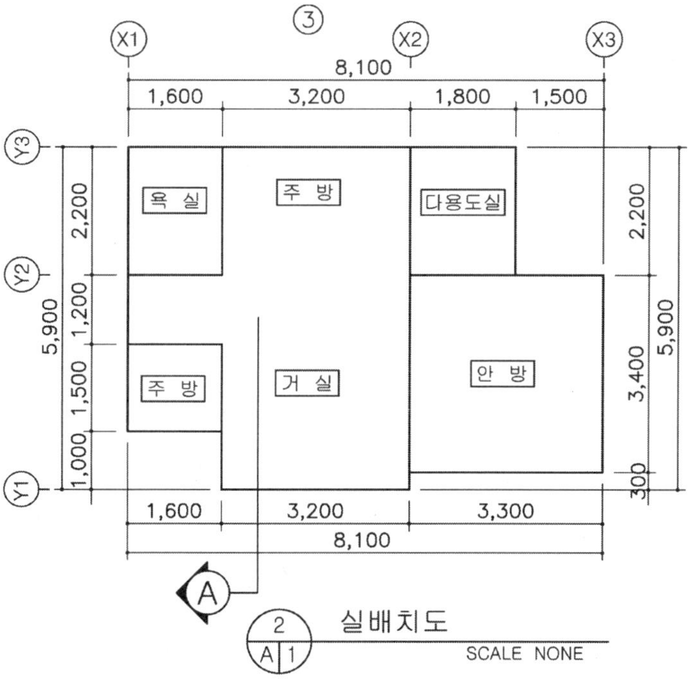

④

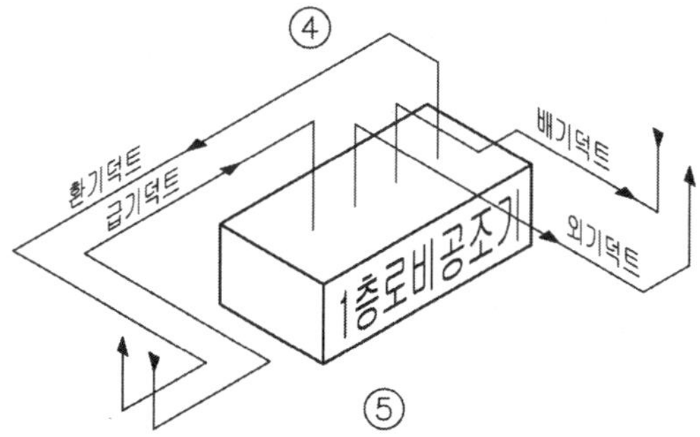

⑤

절 토 고			0.02		13
계 획 고			23.61	23.52	13
지 반 고		23.74	23.63	20.15	13
누가거리		0.00	14.04	20.00	13
측　　점	0+	0.00	14.04	20.00	13
30	15		14.04	5.96	5

도로종단면도

⑥

① x/ (y/)

주)전체 열처리 HRC50±2

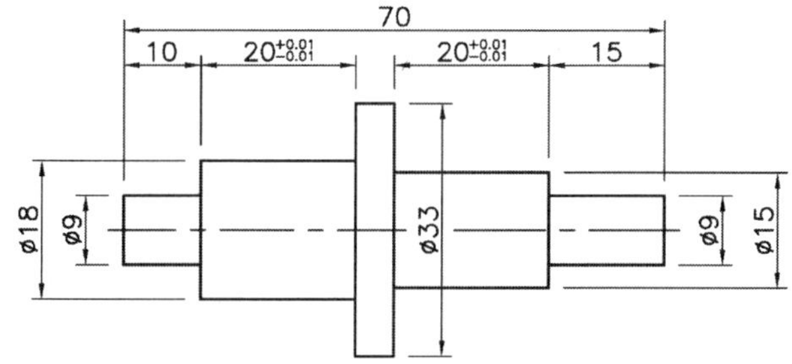

⑦

스퍼어기어			10
기어치형		표준	8
공	치형	보통이	8
	모듈	2	8
구	압력각	20°	8
잇수		24	8
피치원지름		ø48	8
정밀도		KS b 1405, 5급	8
30		40	

도면 예제 6-2 AutoCAD 문자 사용하기

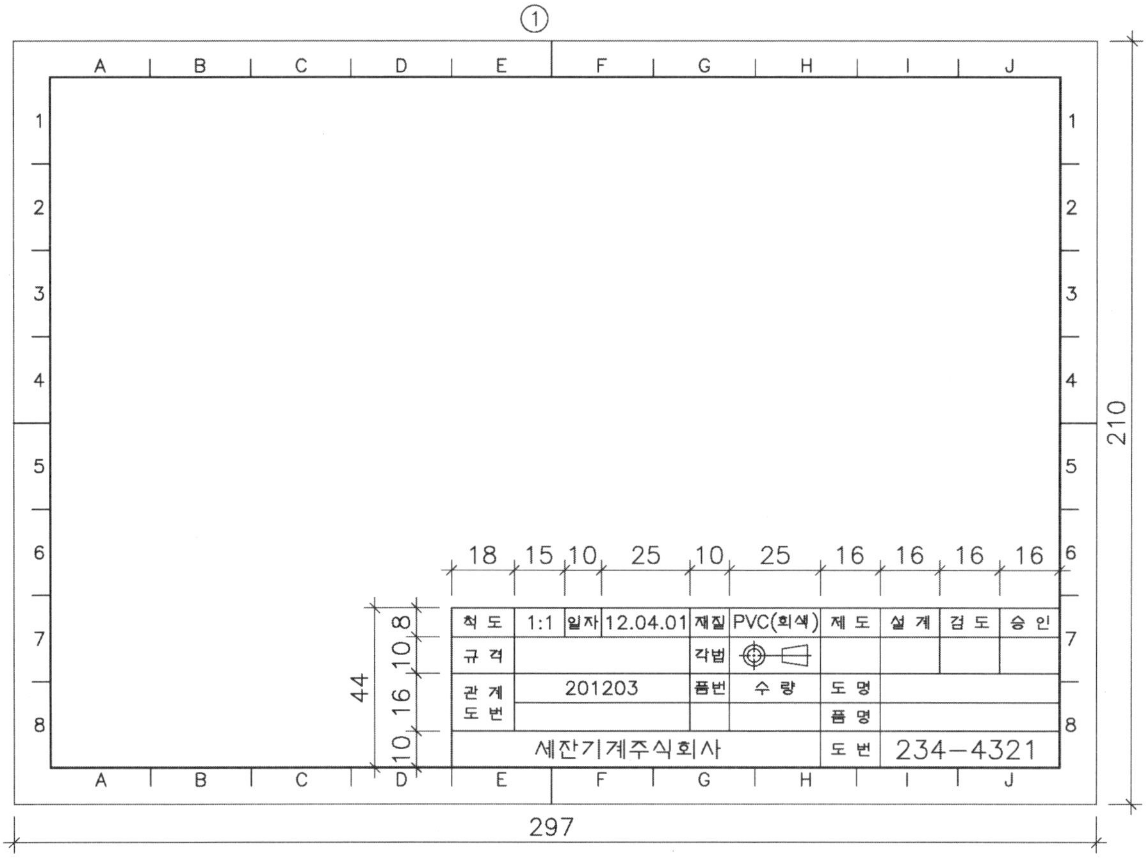

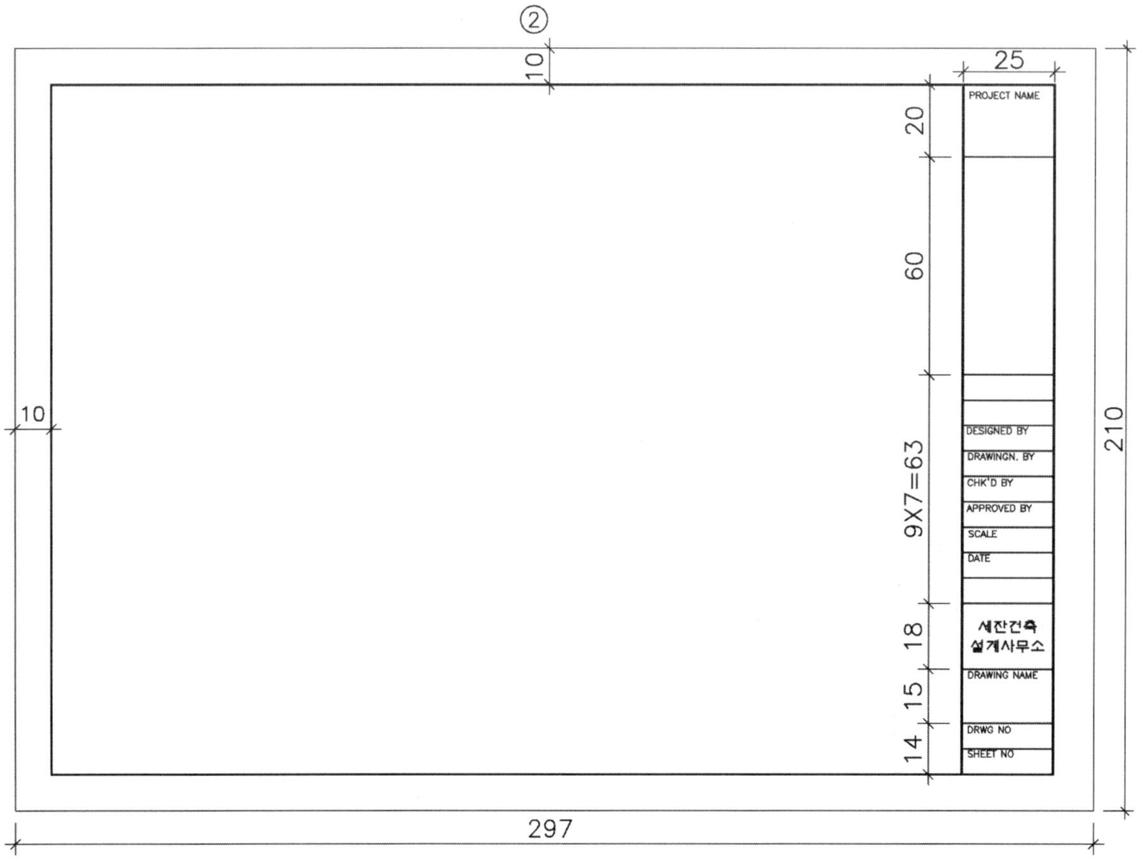

도면 예제 6-3 지시선 문자 사용하기

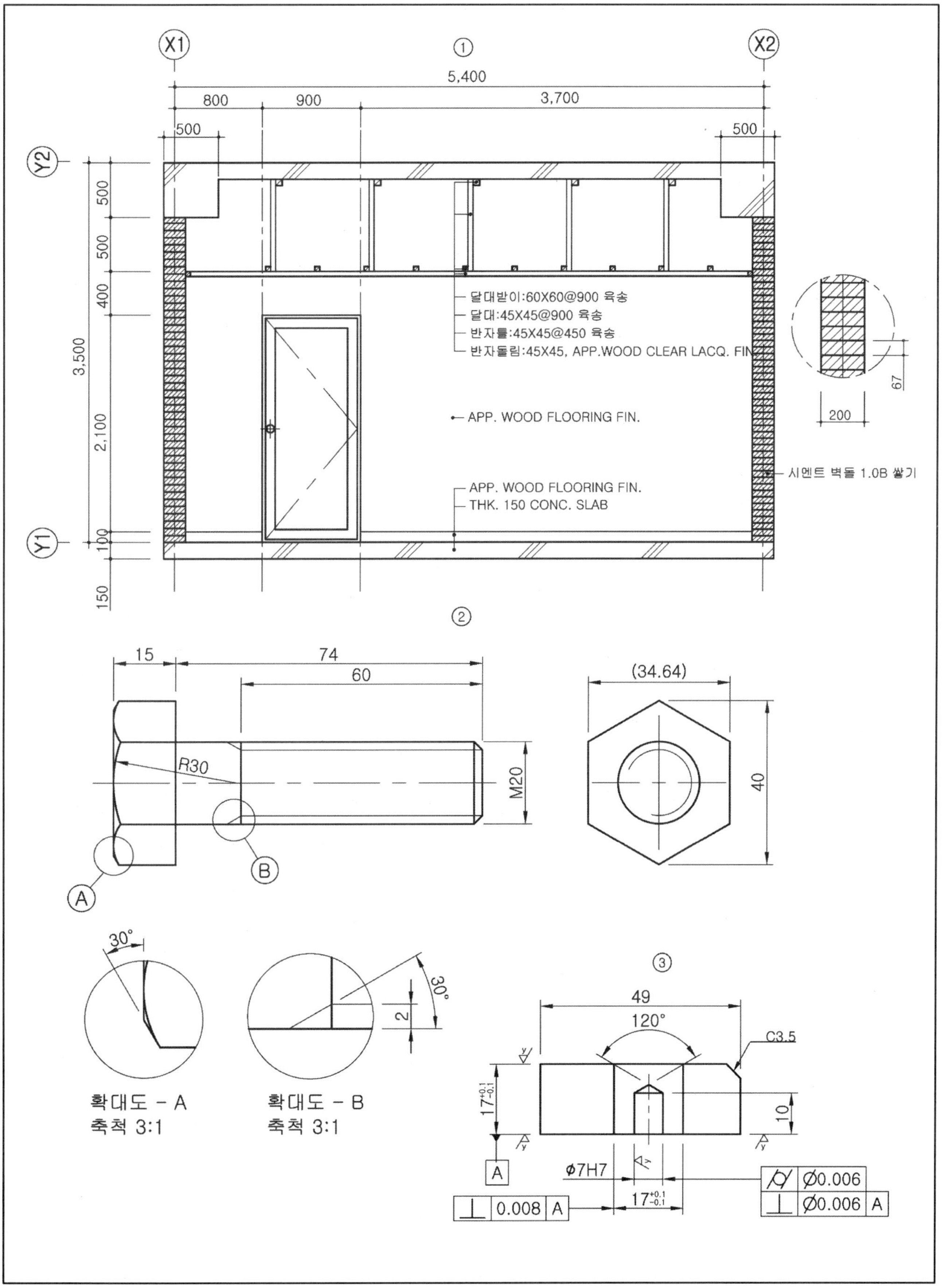

도면 예제 6-4 지시선 문자 사용하기

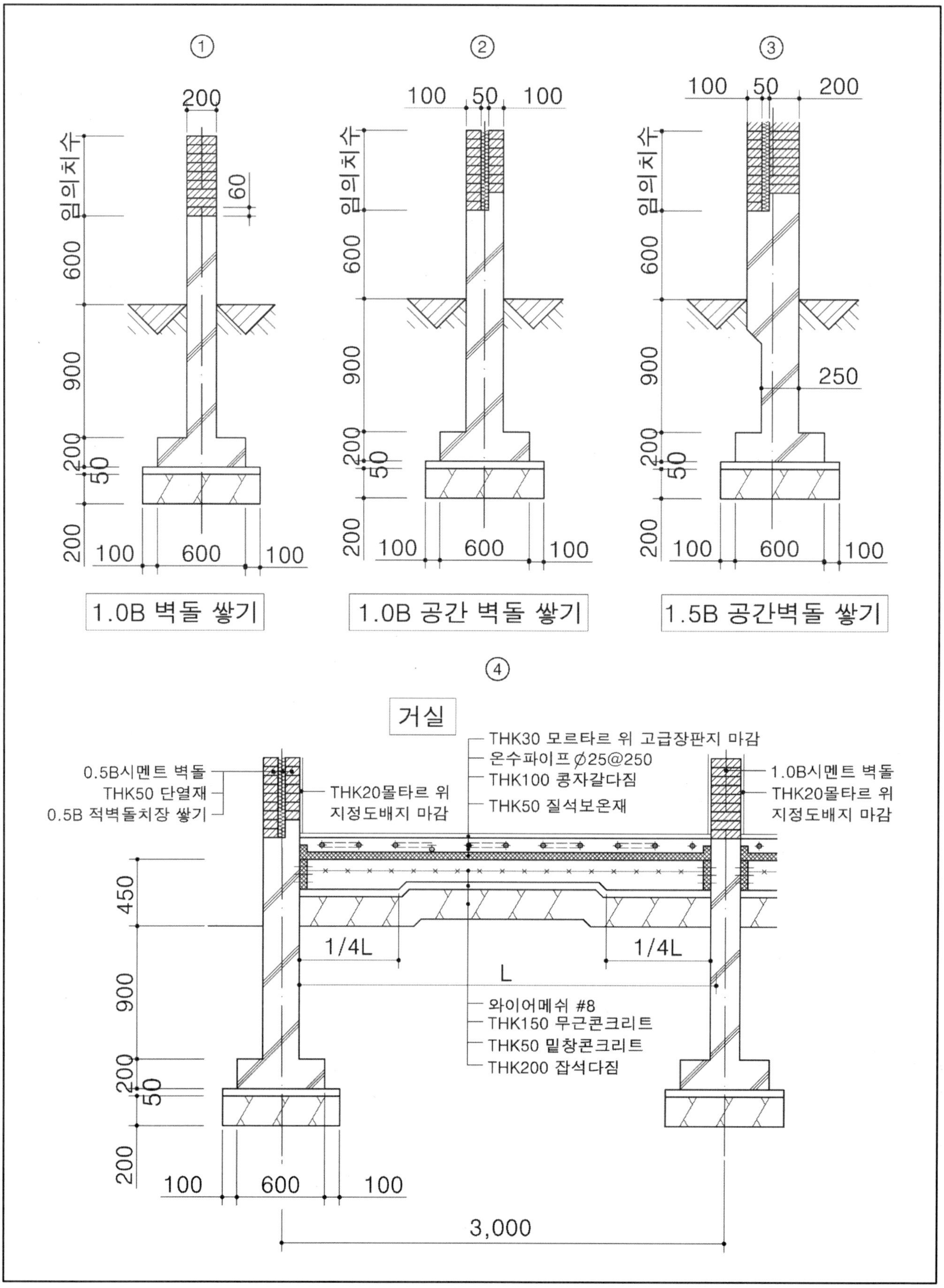

도면 예제 6-5 표 만들기(tablestyle, table, tabledit 등)

- 표 스타일 명령 : tablestyle 적용
- 표 스타일 이름 : 조경표
- 공통=>글꼴: romans.shx, 큰글꼴:whgtxt.shx
  =>기타 항목은 기본값 사용
- 제 목 : 문자크기:7 여백:2
- 머리글 : 문자크기:5 여백:1.5
- 데이터 : 문자크기:3 여백:1

- 표 만들기 명령 : table
- 표, 셀의 크기는 예제를 참고로한 임의의 크기
- ③번 예제 기호 크기:셀에 맞게 임의의 크기로

①

수목 수량표		
수 종	규 격	수 량
은행나무	H3.3XW1.5	15
서양측백	H3.5XW1.2	22
회화나무	H7.0XR1.5	2
청단풍	H3.0XR10	4
소나무	H3.0XR10	8
느티나무	H4.0XR10	34
쥐똥나무	H1.5XW0.4	500

②

스퍼기어		
기어치형		표준
공구	치형	보통이
	모듈	2
	압력각	20°
잇수		24
피치원지름		∅48
다듬질방법		호브절삭
정밀도		KS B 1405, 5급

③

소 방 기 호 범 례 표

기 호	명 칭	비 고
—— HSP ——	옥내소화전 및 스프링클러겸용배관	
—— FF ——	연 결 송 수 관	
	막 힘 후 렌 지	
	게 이 트 밸 브	
	알 람 밸 브	
	드 라 이 파 이 프 밸 브	
	방 수 구 함	
	방 수 용 기 구 함	
(소)	ABC분 말 소 화 기	
(확)	자 동 확 산 소 화 기	
(적)	적 응 소 화 기	

LESSON 07 폴리선(pline)과 다중선(mline) 사용하기

학습목표

- 폴리선에 대해 이해하고 사용할 수 있다.
- 다중선에 대해 이해하고 사용할 수 있다.

선행학습

- 객체 특성(선색상, 선종류, 선굵기)에 대한 이해와 활용
- 선 그리기와 호 그리기에 대한 이해와 활용

학습명령

1. 폴리선 사용하기
   ① 폴리선 그리기 : pline (pl), rectang (rec), polygon (pol)
   ② 폴리선 수정하기 : pedit (pe)
2. 다중선 사용하기
   ① 다중선 유형설정하기 : mlstyle
   ② 다중선 그리기 : mline (ml)
   ③ 다중선 수정하기 : mledit
3. 해치 적용하기(재료 표시하기)
   ① 해치 적용하기 : hatch (h)
   ② 해치 수정하기 : hatchedit (he)

학습내용

① 학습내용 1

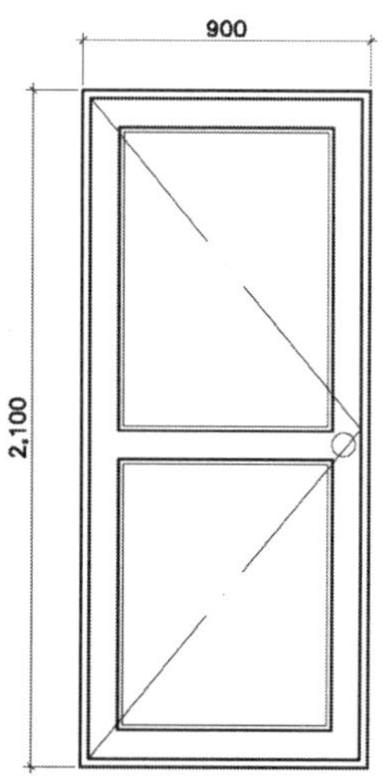

② 학습내용 2

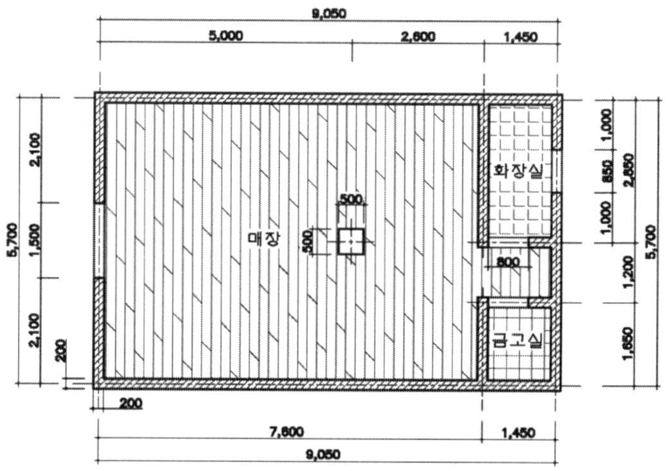

비 고

다음의 경우에 각각 폴리선과 다중선 명령을 많이 사용한다.

- 폴리선 : 하나의 객체로 결합된 선을 사용하고자 할 때
  특정 영역을 강조하기 위한 매우 굵은 선을 사용하고자 할 때
- 다중선 : 여러 개의 선을 한 번에 그리고자 할 때
  건축, 실내건축에서의 벽체선을 그리고자 할 때

폴리선 사용하기

1 폴리선 그리기
① 기본 폴리선 그리기 : pline (pl)
② 사각형 그리기 : rectang (rec)
③ 정다각형 그리기 : polygon (pol)
2 폴리선 수정하기 : pedit (pe)

① 폴리선을 사용하는 경우의 예

결합된 선		폭을 가지는 굵은선 표시
간격띄워기(offset) 명령 적용시 구성 편집이 편함		특정 영역을 강조하기 위해 사용
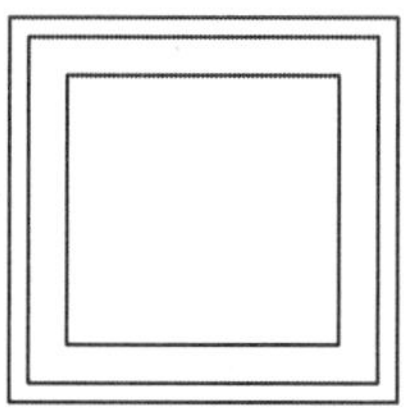 [연결과 결합된 선]	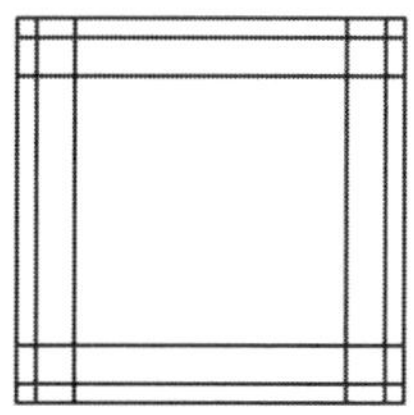 [연결만 된 선]	

② 선(Line)과 폴리선(PLine)의 특성 비교

	선 (Line)	폴리선 (PLine)
연결	○	○
결합	×	○
폭을 가지는 선	×	○
표현 가능한 모양	선만 표현 가능	선과 곡선(호) 동시 표현 가능
속성 상호 변경 명령	선 → 폴리선으로 속성 변경	peidt (pe)
	폴리선 → 선으로 속성 변경	explode (x)

1. 폴리선 그리기 : pline (pl), rectang (rec), polygon (pol)

1.1 기본 폴리선 그리기(pline : pl)

• 끝점으로 연결된 여러개의 선이 서로 결합된 속성을 가진 객체를 그리는 명령

(1) 폴리선 그리기 명령

명령줄 사용 : pline Enter↵ (단축명령 : pl)
리본메뉴 사용 : 홈 탭 ▶ 그리기 패널
주메뉴 사용 : 그리기(D) ▶ 폴리선(P)
도구막대 사용 : 그리기 도구막대 ▶

(2) 폴리선 그리기 옵션

► 시작점 지정 :

► 현재 선 폭은 〈0.0000〉임.

► 다음 점 지정 또는 [호/닫기/반폭/길이/명령 취소/폭] :

옵 선	내 용
시작점 지정	폴리선을 그리고자 하는 시작점 입력
다음 점 지정	폴리선을 그리고자 하는 다음 점 입력
호(A)	직선에서 호를 그릴 때 사용(※세부 옵션은 ARC명령 참조)
닫기(C)	시작점으로 연결해 닫히 도형을 그린 후 명령 종료
반폭(H)	폴리선 선의 반폭을 설정
길이(L)	마지막으로 그린 선의 방향으로 선을 연장
명령 취소(U)	이전 명령 취소
폭(W)	폴리선 선의 전체 폭을 설정

(3) 폴리선 그리기 따라하기

① 폴리선 명령을 이용한 선 그리기

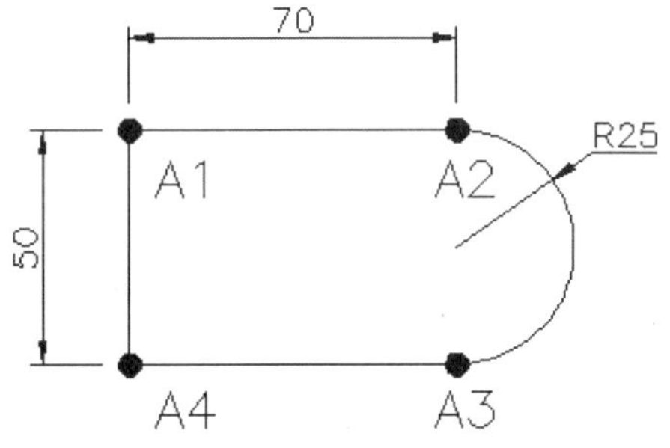

► 명령 : pline Enter↵ (혹은 pl Enter↵)

► 시작점 지정 : **A1점 지정**(마우스로 임의의 점 클릭)

► 현재의 선 폭은 0.0000임

► 다음 점 지정 또는 [호(A)/반폭(H)/길이(L)/명령 취소(U)/폭(W)] : **@70,0** Enter↵ (혹은 직교모드 이용시 마우스로 0도 방향 지시 후 70 Enter↵)

► 다음 점 지정 또는 [호(A)/닫기(C)/반폭(H)/길이(L)/명령 취소(U)/폭(W)] : a Enter↵ → *호 옵션 선택*

► 호의 끝점 지정 또는[각도(A)/중심(CE)/닫기(CL)/방향(D)/반폭(H)/선(L)/반지름(R)/두 번째 점(S)/명령 취소(U)/폭(W)] : **@0,–50** Enter↵ (혹은 직교모드 이용시 마우스로 270도 방향 지시 후 50 Enter↵)

► 호의 끝점 지정 또는 [각도(A)/중심(CE)/닫기(CL)/방향(D)/반폭(H)/선(L)/반지름(R)/두 번째 점(S)/명령 취소(U)/폭(W)] : l Enter↵ → *선 그리기 옵션 선택*

► 다음 점 지정 또는 [호(A)/닫기(C)/반폭(H)/길이(L)/명령 취소(U)/폭(W)] : **@–70,0** Enter↵ (혹은 직교 모드 이용시 마우스로 180도 방향 지시 후 70 Enter↵)

► 다음 점 지정 또는 [호(A)/닫기(C)/반폭(H)/길이(L)/명령 취소(U)/폭(W)] : c Enter↵ → *닫기 옵션 선택*

② 폴리선 명령의 폭 옵션을 이용한 화살표 그리기

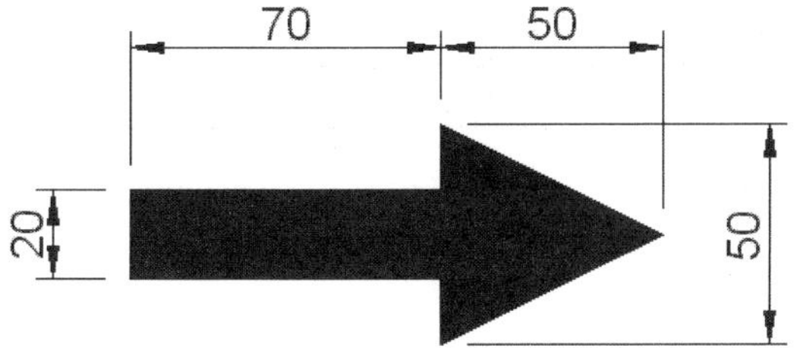

- ► 명령 : pline [Enter↵] (혹은 pl [Enter↵])
- ► 시작점 지정 : **마우스 왼쪽 버튼으로 임의의 점 지정**
- ► 현재의 선 폭은 0.0000임
- ► 다음 점 지정 또는 [호(A)/반폭(H)/길이(L)/명령 취소(U)/폭(W)] : **w** [Enter↵]
- ► 시작 폭 지정 〈0.0000〉 : **20** [Enter↵]
- ► 끝 폭 지정 〈20.0000〉 : **20** [Enter↵]
- ► 다음 점 지정 또는 [호(A)/반폭(H)/길이(L)/명령 취소(U)/폭(W)] : **@70,0** [Enter↵]
- ► 다음 점 지정 또는 [호(A)/닫기(C)/반폭(H)/길이(L)/명령 취소(U)/폭(W)] : **w** [Enter↵]
- ► 시작 폭 지정 〈20.0000〉 : **50** [Enter↵]
- ► 끝 폭 지정 〈50.0000〉 : **0** [Enter↵]
- ► 다음 점 지정 또는 [호(A)/닫기(C)/반폭(H)/길이(L)/명령 취소(U)/폭(W)] : **@50,0** [Enter↵]
- ► 다음 점 지정 또는 [호(A)/닫기(C)/반폭(H)/길이(L)/명령 취소(U)/폭(W)] : [Enter↵] ➔ *종료*

1.2 사각형 그리기 – RECtang

- 사각형을 그리는 명령
- 대각선 방향의 두 점을 사용하여 정사각형이나 직사각형 그리기
- 사각형 명령으로 그려진 객체는 폴리선 속성을 가짐.

(1) 사각형 그리기 명령

명령줄 사용 : rectang (단축 명령 : rec)

리본메뉴 사용 : 홈 탭 ▶ 그리기 패널 ▶

주메뉴 사용 : 그리기(D) ▶ 직사각형(G)

도구막대 사용 : 그리기 도구막대 ▶

(2) 사각형 그리기 옵션

- ► 명령 : rectang [Enter↵]
- ► 첫 번째 구석점 지정 또는 [모따기(C)/고도(E)/모깎기(F)/두께(T)/폭(W)] :
- ► 다른 구석점 지정 또는 [면적(A)/치수(D)/회전(R)] : ➔ *첫 번째 구석점 지정 후 나타남.*

옵 션	내 용
첫 번째 구석점	사각형의 첫 번째 지점 지정
다른 구석점	사각형의 첫 번째 지점으로부터 대각선 방향으로 두 번째 지점 지정
면적(A)	면적을 이용해 사각형 그리기
치수(D)	사각형의 가로, 세로 길이 지정
회전(R)	지정된 각도로 사각형 그리기
모따기(C)	사각형의 모깎기 지정
고도(E)	사각형을 그릴 때 사각형의 고도 지정
모깎기(F)	사각형의 라운딩 값을 지정
두께(T)	사각형을 그릴 때 직선의 높이 값을 지정
폭(W)	사각형을 구성하는 선의 두께를 지정

① 사각형 그리기 따라하기

㉮ 사각형 그리기

▶ 명령 : rectang Enter↵ (혹은 rec Enter↵)

▶ 첫 번째 구석점 지정 또는 [모따기(C)/고도(E)/모깎기(F)/두께(T)/폭(W)] : P1점 지정 ➔ *사각형을 그리기위한 임의의 첫 번째 점 지정*

▶ 다른 구석점 지정 또는 [영역(A)/치수(D)/회전(R)] : @100,50 Enter↵

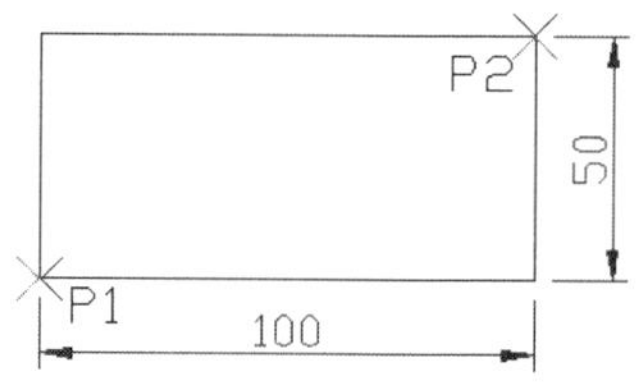

㉯ 모서리가 모따기가 적용된 사각형 그리기

▶ 명령 : rectang (혹은 rec Enter↵)

▶ 첫 번째 구석점 지정 또는 [모따기(C)/고도(E)/모깎기(F)/두께(T)/폭(W)] : c Enter↵ ➔ *모따기 옵션 선택*

▶ 직사각형의 첫 번째 모따기 거리 지정 〈0.0000〉 : 10 Enter↵

▶ 직사각형의 두 번째 모따기 거리 지정 〈10.0000〉 : 10 Enter↵

▶ 첫 번째 구석점 지정 또는 [모따기(C)/고도(E)/모깎기(F)/두께(T)/폭(W)] : P1점 지정 ➔ *사각형을 그리기위한 임의의 첫 번째 점 지정*

▶ 다른 구석점 지정 또는 [영역(A)/치수(D)/회전(R)] : @100,50 Enter↵

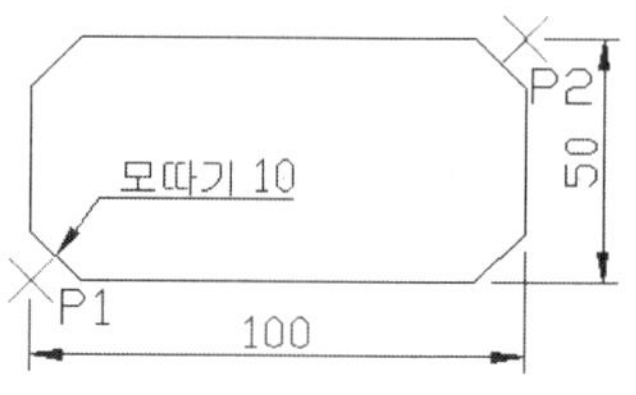

㉰ 모서리가 모따기가 적용된 사각형 그리기

▶ 명령 : rectang (혹은 rec Enter↵)

▶ 현재 직사각형 모드 : 모따기=10.0000 x 10.0000

▶ 첫 번째 구석점 지정 또는 [모따기(C)/고도(E)/모깎기(F)/두께(T)/폭(W)] : f Enter↵ ➔ *모깎기 옵션 선택*

▶ 직사각형의 모깎기 반지름 지정 〈10.0000〉 : 10 Enter↵

▶ 첫 번째 구석점 지정 또는 [모따기(C)/고도(E)/모깎기(F)/두께(T)/폭(W)] : P1점 지정 ➔ *사각형을 그리기위한 임의의 첫 번째 점 지정*

▶ 다른 구석점 지정 또는 [영역(A)/치수(D)/회전(R)] : @100,50 Enter↵

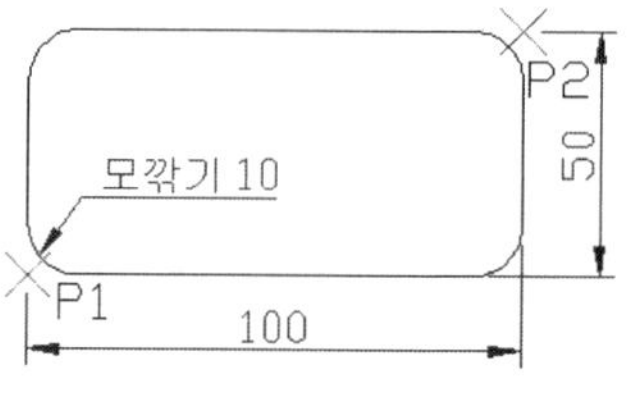

㉣ 선 폭이 적용된 사각형 그리기

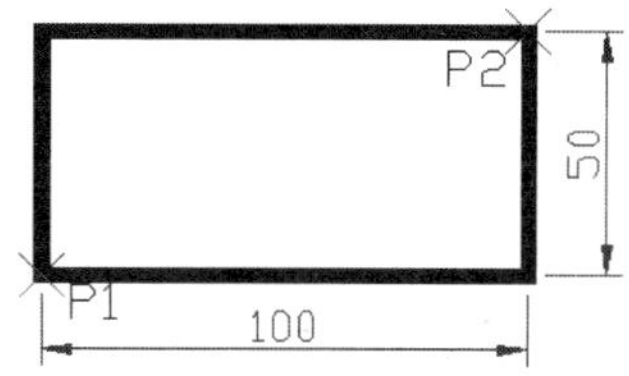

► 명령 : rectang (혹은 rec Enter↵)
► 현재 직사각형 모드 : 모깎기 = 10.0000
► 첫 번째 구석점 지정 또는 [모따기(C)/고도(E)/모깎기(F)/두께(T)/폭(W)] :
w Enter↵ ➔ *선 폭 설정을 위해 폭(W) 옵션 선택*
► 직사각형의 선 폭 지정 〈0.0000〉 : 3 Enter↵ ➔ *선폭값 입력*
► 첫 번째 구석점 지정 또는 [모따기(C)/고도(E)/모깎기(F)/두께(T)/폭(W)] : P1점 지정 ➔ *사각형을 그리기위한 임의의 첫 번째 점 지정*
► 다른 구석점 지정 또는 [영역(A)/치수(D)/회전(R)] : @100,50 Enter↵

1.3 정다각형 그리기 – POLygon

- 정다각형을 그리는 명령
- 3각형에서부터 1024각형까지의 다각형 가능
- POLYGON 명령으로 그려진 다각형 객체는 POLYLINE 속성을 가짐.

(1) 다각형 그리기 명령

명령줄 사용 : polygon (단축 명령 : pol)

리본메뉴 사용 : 홈 탭 ▶ 그리기 패널 ▶

주메뉴 사용 : 그리기(D) ▶ 다각형(Y)

도구막대 사용 : 그리기 도구막대 ▶

(2) 다각형 그리기 옵션

► 명령 : polygon
► 면의 수 입력 〈4〉 :
► 다각형의 중심을 지정 또는 [모서리(E)] :

옵　　션		내　　　　용
면의 수		다각형 면의 수 지정
중심 지정		다각형의 무게 중심 위치 지정
	내접원(I)	원에 내접하는 다각형(다각형의 크기 : 중심점에서 꼭지점까지)
	외접원(C)	원에 외접하는 다각형(다각형의 크기 : 중심점에서 한변의 가운데점까지)
	반지름	다각형의 크기 지정
모서리(E)		한 변의 크기를 이용해 다각형 그리기
	첫 번째 점 지정	그리고자 하는 다각형 면의 첫 번째 점 지정
	두 번째 점 지정	그리고자 하는 다각형 면의 두 번째 점 지정

(3) 다각형 그리기 따라하기

① 내접하는 다각형 그리기

원의 안쪽으로 그려지는 형태로 다각형이 크기가 중심에서 꼭지점까지이다.

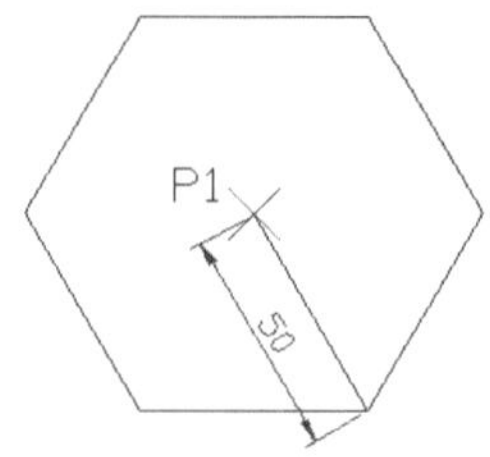

- ► 명령 : polygon [Enter↵] (혹은 pol [Enter↵])
- ► 면의 수 입력 〈5〉 : 6 [Enter↵] ➔ *6각형의 면의 수 입력*
- ► 다각형의 중심을 지정 또는 [모서리(E)] : **P1점 지정** ➔ *임의의 점 지정*
- ► 옵션을 입력 [원에 내접(I)/원에 외접(C)] 〈I〉 : I [Enter↵] ➔ *내접 옵션 선택*
- ► 원의 반지름 지정 : 50 [Enter↵] ➔ *다각형의 내접 크기 입력*

② 외접하는 다각형 그리기

원의 바깥쪽으로 그려지는 형태로 다각형의 크기가 중심에서 모서리의 가운데 점까지 이다.

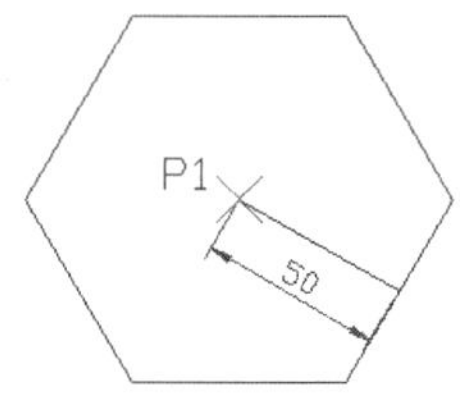

- ► 명령 : polygon [Enter↵] (혹은 pol [Enter↵])
- ► 면의 수 입력 〈5〉 : 6 [Enter↵] ➔ *6각형의 면의 수 입력*
- ► 다각형의 중심을 지정 또는 [모서리(E)] : **P1점 지정** ➔ *임의의 점 지정*
- ► 옵션을 입력 [원에 내접(I)/원에 외접(C)] 〈I〉 : c [Enter↵] ➔ *외접 옵션 선택*
- ► 원의 반지름 지정 : 50 [Enter↵] ➔ *다각형의 외접 크기 입력*

③ 한변의 크기를 이용한 다각형 그리기

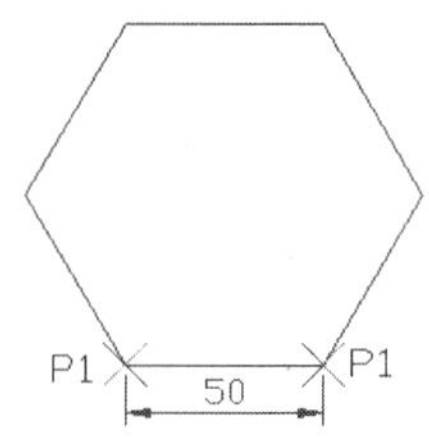

- ► 명령 : polygon [Enter↵] (혹은 pol [Enter↵])
- ► 변의 수 입력 〈6〉 : 6 [Enter↵] ➔ *6각형의 면의 수 입력*
- ► 다각형의 중심을 지정 또는 [모서리(E)] : e [Enter↵] ➔ *모서리 옵션 선책*
- ► 모서리의 첫번째 끝점 지정 : p1 [Enter↵] ➔ *임의의 점 지정*
- ► 모서리의 두번째 끝점 지정 : @50<0 [Enter↵]

2. 폴리선 수정하기 : pedit (pe)

- 폴리선을 편집하는 명령
- Line 명령으로 그려진 객체의 속성을 PLine으로 변경할 수 있다.

2.1 폴리선 편집 명령

명령줄 : pedit (단축 명령 : pe)
주메뉴 : 수정(M) ▶ 객체(O) ▶ 폴리선(P)
도구막대 사용 : 수정II 도구막대 ▶

2.2 폴리선 편집 명령 옵션

- ► 명령 : pline [Enter↵]
- ► 폴리선 선택 또는 [다중(M)] :
- ► 옵션 입력 [닫기(C)/결합(J)/폭(W)/정점 편집(E)/맞춤(F)/스플라인(S)/비곡선화(D)/선종류생성(L)/반전(R)/명령 취소(U)] :

옵 션	내 용
폴리선 선택	편집하고자 하는 폴리선 선택
다중(M)	편집하고자 하는 폴리선을 여러개 선택하고자 할 경우 사용
닫기(C)	열린 폴리선을 닫힌 형태로 만든다.
결합(J)	끝점으로 연결된 폴리선을 결합
폭(W)	폴리선의 전체 선굵기 설정
정점 편집(E)	폴리선의 각 정점을 이용해 폴리선 편집
다음(N)	편집하고자 하는 폴리선의 정점 위치 이동(정방향으로)
이전(P)	편집하고자 하는 폴리선의 정점 위치 이동(반대방향으로)
끊기(B)	폴리선의 중간선 끊어내기
삽입(I)	폴리선의 기존선의 중간에 폴리선 추가
이동(M)	폴리선의 정점 위치 이동
재생성(R)	폴리선을 재생성
직선화(S)	지정된 임의의 두 점 사이의 정점을 삭제해 직선화
접선(T)	폴리선의 접선 방향 설정
폭(W)	폴리선의 각 정점간 선굵기 설정
종료(X)	정점 편집 종료
맞춤(F)	폴리선을 곡선화함.
스플라인(S)	폴리선을 곡선화함.
비곡선화(D)	곡선화된 폴리선을 직선화함.
선종류생성(L)	폴리선의 각 정점 위치에서의 점선 표현 형태 조절
반전(R)	폴리선의 시작점 위치를 반전시킴.
명령 취소(U)	이전에 적용된 폴리선 편집 옵션 취소

2.3 폴리선 편집 명령 따라하기

(1) 폴리선을 PEdit 명령으로 편집하기(Width 옵션으로 선굵기 변경하기)

[PEdit 명령 적용 전]

[PEdit 명령 적용 후]

► 명령 : PEDIT Enter↵

► 폴리선 선택 또는 [다중(M)] : 옵션 입력 [닫기(C)/결합(J)/폭(W)/정점 편집(E)/맞춤(F)/스플라인(S)/비곡선화(D)/선종류생성(L)/반전(R)/명령 취소(U)] : w Enter↵ → *선폭을 주기 위해 폭(W)옵션 선택*

► 전체 세그먼트에 대한 새 폭 지정 : 5 Enter↵ → *선폭값 입력*

► 옵션 입력 [닫기(C)/결합(J)/폭(W)/정점 편집(E)/맞춤(F)/스플라인(S)/비곡선화(D)/선종류생성(L)/반전(R)/명령 취소(U)] : Enter↵ → *명령 종료*

(2) Line을 PEdit 명령으로 편집하기(Join 옵션으로 선 결합하기)

아래 그림은 폴리선과 Line을 구분하기 위해 객체를 선택한 경우다.
명령을 실행하지 않은 상태에서 객체를 선택하도록 주의한다.

[PEdit 명령 적용 전]　　[PEdit 명령 적용 후]

- ►명령 : pedit Enter↵ (혹은 PE Enter↵)
- ►폴리선 선택 또는 [다중(M)] : 임의의 선을 선택한다.
- ►선택된 객체가 폴리선이 아님.
- ►전환하기를 원하십니까? 〈Y〉 y Enter↵ ➔ *※선택한 객체가 폴리선이 아니기 때문에 나타남.*
- ►옵션 입력 [닫기(C)/결합(J)/폭(W)/정점 편집(E)/맞춤(F)/스플라인(S)/비곡선화(D)/선종류생성(L)/반전(R)/명령 취소(U)] : j Enter↵ ➔ *선을 결합하기 위해 결합(J) 옵션 선택*
- ►객체 선택 : **처음 선택한 선과 결합 할 모든 선 선택**
- ►객체 선택 : Enter↵ ➔ *결합한 옵션 종료, Pedit 명령은 종료 안됨.*
- ►3개의 세그먼트가 폴리선에 추가됨.
- ►옵션 입력 [닫기(C)/결합(J)/폭(W)/정점 편집(E)/맞춤(F)/스플라인(S)/비곡선화(D)/선종류생성(L)/반전(R)/명령 취소(U)] : Enter↵ ➔ *Pedit 명령 종료*

2.4 폴리선(PLine)과 선(Line) 속성 비교

폴리선과 선의 가장 큰 속성을 다음과 같다.

	연결 여부	결합 여부	객체 인식 여부
선	○	○	점과 점 사이의 선이 별개로 인식
폴리선	×	○	결합된 모든 폴리선이 하나로 인식

(1) 선과 폴리선의 속성 비교

먼저 한변의 크기가 '50'인 정사각형을 line 명령과 rectang(사각형) 명령으로 그린 후
선과 폴리선의 속성을 비교해 본다.

① 객체를 선택했을 때의 비교

- ▪ **폴리선을 선택한 경우 :** 4개의 선이 하나의 객체로 인식됨.
- ▪ **선을 선택한 경우 :** 1개의 선만 선택됨.

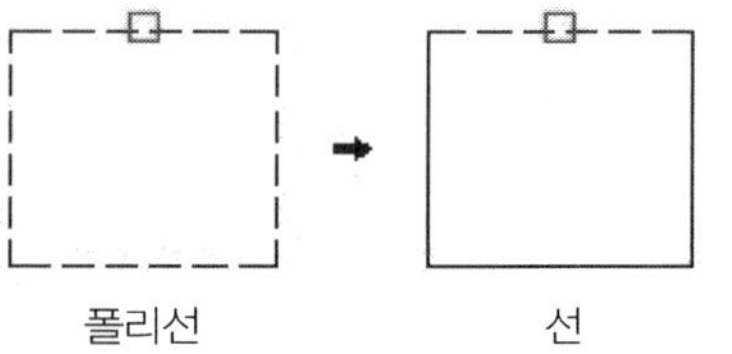

폴리선　　선

② 객체에 간격띄우기(Offset)명령을 적용했을 때의 비교

- ▪ **폴리선을 적용한 경우 :** 구석이 연결된 상태로 간격이 띄워짐.
- ▪ **선을 적용한 경우 :** 1개의 선만 띄워짐.

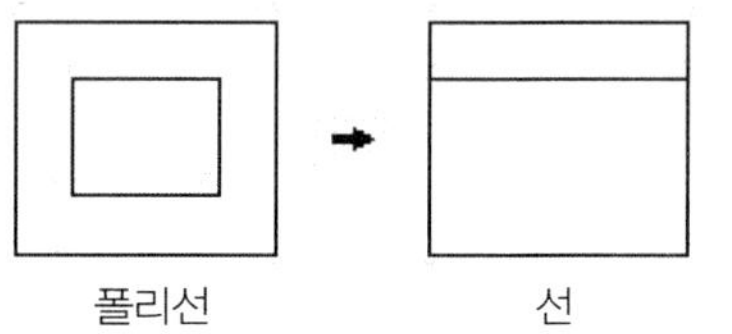

폴리선　　선

③ 객체 자르기(Trim)명령을 적용했을 때의 비교

- **폴리선을 적용한 경우** : 경계선 왼쪽 부분이 모두 잘려짐.
- **선을 적용한 경우** : 1개의 선만 잘려짐.

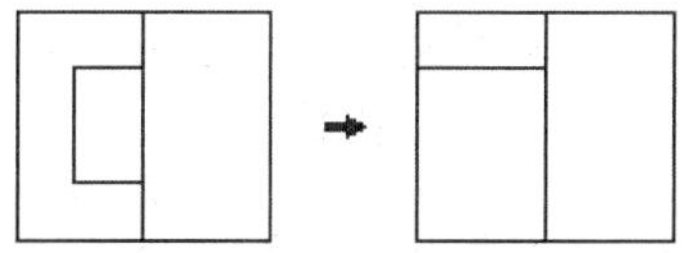

폴리선　　　　선

(2) 결합된 폴리선 분해하기 → Explode(결합된 폴리선을 분해하면 선의 속성으로 변환)

- 폴리선을 편집하는 명령
- Line 명령으로 그려진 객체의 속성을 PLine으로 변경할 수 있다.
- 여러개의 개체가 그룹형식으로 묶여 하나로 인식되는 도면 요소를 분해하는 명령
- 분해할 수 있는 형태의 도면 요소 : 블록, 폴리선, 다중선, 해치선, 치수 등

① 블록 분해 명령 실행

명령줄 사용 : explode [Enter↵] (단축명령 : x)
리본메뉴 사용 : 홈 탭 ▶ 수정 패널 ▶
주메뉴 사용 : 수정(M) ▶ 분해(X)
도구막대 아이콘 : 수정 도구막대 ▶

② 블록 분해 명령 옵션

► 명령 : explode [Enter↵] (혹은 x [Enter↵])
► 객체 선택 :

옵　션	설　　　명
객체 선택	분해할 객체 선택

③ 분해 명령 따라하기

► 명령 : explode [Enter↵] (혹은 x [Enter↵])
► 객체 선택 : 분해하고자 하는 선 선택
► 객체 선택 : [Enter↵] ➔ *명령 종료*

분해 명령을 적용한 후 객체를 선택하면 아래 그림과 같이 표시된다.

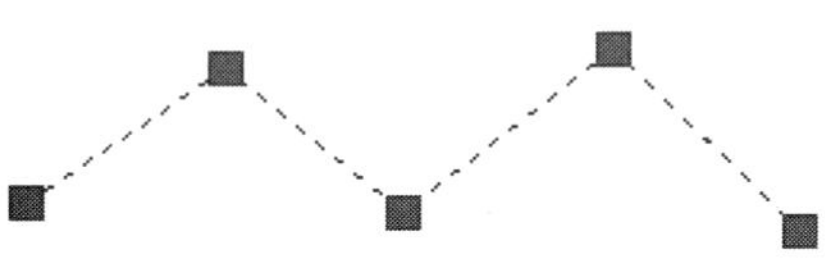

[분해 명령 적용 전]

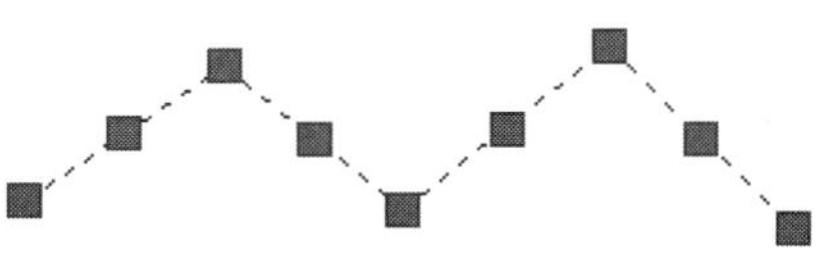

[분해 명령 적용 후]

다중선 사용하기

1 여러개의 선을 한 번에 그릴 수 있도록 하는 명령
2 건축 평면도나 도로선을 그릴 때 유용하게 사용
3 여러줄은 분해 명령(eXplode)으로 동시에 인식되는 여러개의 선을 낱개로 분해될 수 있음.
4 분해된 여러줄은 다시 여러줄로 인식될 수 없음.
5 다중선 관련 명령은 다음과 같다.
① 다중선 유형설정하기 : mlstyle
② 다중선 그리기 : mline (ml)
③ 다중선 수정하기 : mledit

3. 다중선 유형설정하기 : mlstyle

• 여러줄의 유형을 만들어 내는 명령

3.1 여러줄 유형 만들기 명령

명령줄 사용 : mlstyle Enter↵
주메뉴 사용 : 형식 (O) ▶ 여러줄스타일 (M)

3.2 여러줄 유형 만들기 대화상자 옵션

► 명령 : mlstyle Enter↵

(1) 여러줄 스타일 대화상자 옵션
① 스타일(S) : 여러줄 유형의 목록을 보여줌.
② 현재로 설정 : 사용하고자 하는 여러줄 유형 선택
③ 새로 만들기(N) : 여러줄 유형 추가
④ 수정(M) : 여러줄 유형 수정(사용한 여러줄은 수정안됨.)
⑤ 이름바꾸기(R) : 여러줄 유형 이름 바꾸기
⑥ 삭제(D) : 여러줄 유형 삭제(사용한 여러줄은 삭제안됨.)
⑦ 로드(L) : 저장된 여러줄 유형 불러오기
⑧ 저장(A) : 여러줄 유형 저장
⑨ 미리보기 : 여러줄 유형 미리보기
⑩ 현재로 설정(U)

여러줄 유형 중에서 사용하고자 하는 여러 줄 종류를 선택한다.

사용예 여러줄 스타일 목록에서 원하는 여러줄을 선택한 후 '현재로 설정' 버튼 클릭

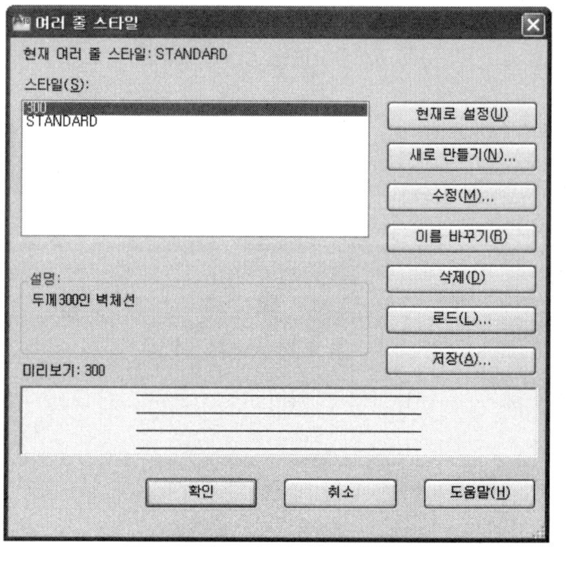

(2) 새로만들기(N)

① 새 스타일 이름(N) : 추가할 여러줄 유형 이름 입력

② 시작(S) : 여러줄 추가시 참조할 유형 선택

③ 계속 : 여러줄 유형 설정

④ 취소 : 여러줄 유형 추가 취소

(3) 수정(M)

- **설명 :** 추가할 여러줄 유형의 설명 입력
- **마개 :** 여러줄 끝의 유형 설정
- **채우기 :** 여러줄 내부 채우기
- **접합표시 :** 각 여러 줄의 정점에서의 접합부의 표시 조정
- **요소 :** 여러줄의 설정값 표시
- **추가 :** 여러줄의 선 추가
- **삭제 :** 여러줄의 선 삭제
- **간격띄우기 :** 여러줄의 선 간격 설정
- **색상 :** 여러줄의 선 색상 설정
- **선종류 :** 여러줄의 선종류 설정

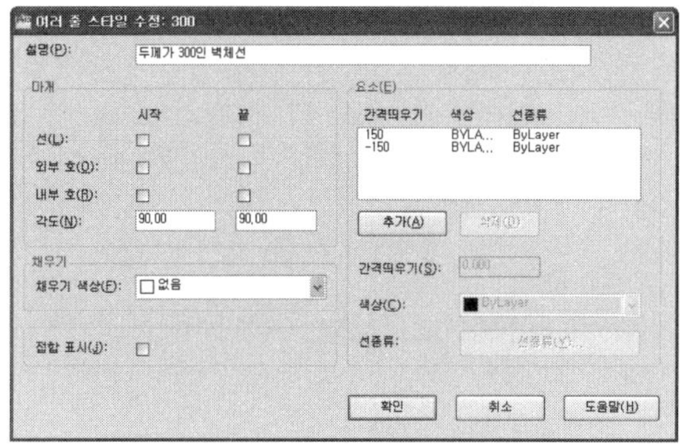

① 마개 : 여러 줄의 시작막음과 끝막음을 조정

- **선 마개 :** 여러줄의 시작과 끝을 선으로 막음.

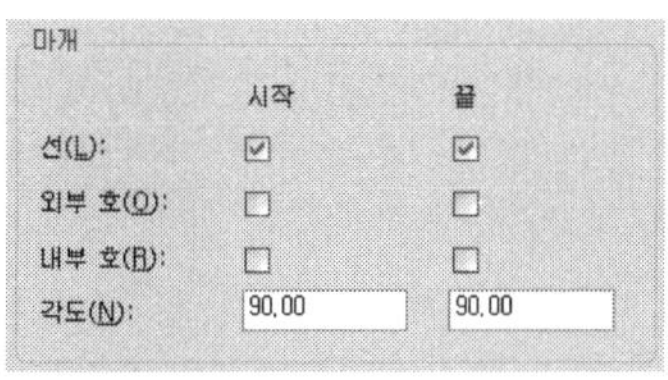

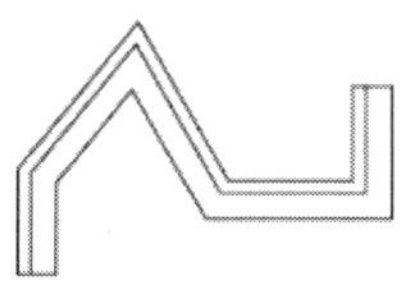

[선마개 적용]

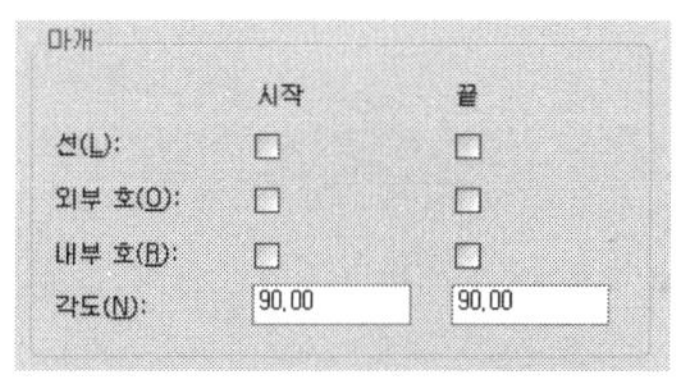

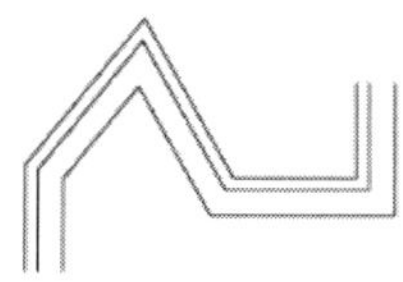

[선마개 미적용]

- **호 마개 :** 여러줄의 시작과 끝을 호로 막음.

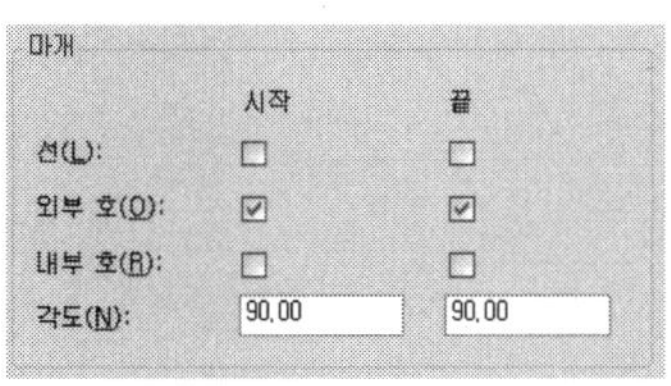

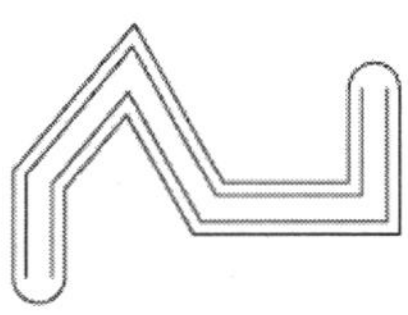

[외부호마개 적용]

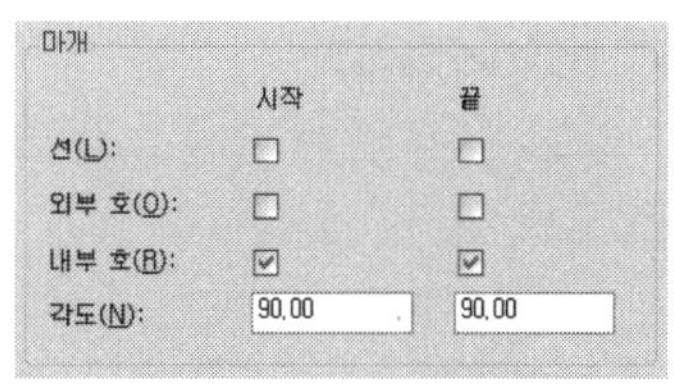

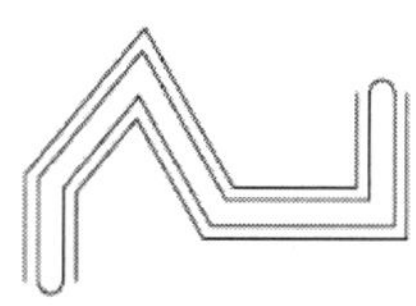

[내부호마개 적용]

- **각도 마개 :** 여러줄의 시작과 끝을 각도로 막음.

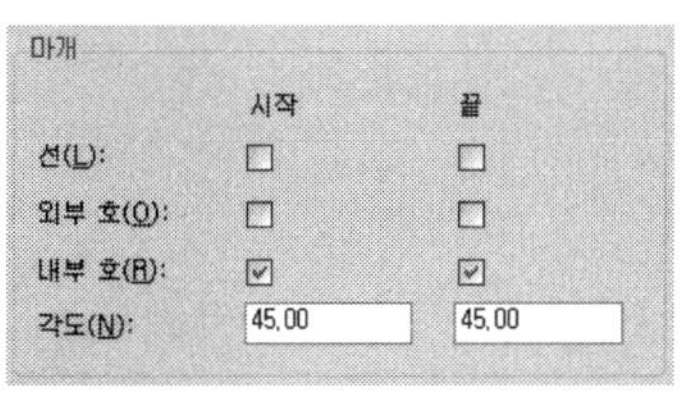

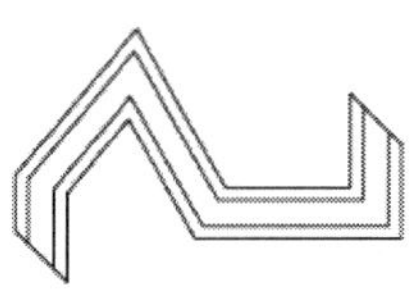

[각도(45°)마개 적용]

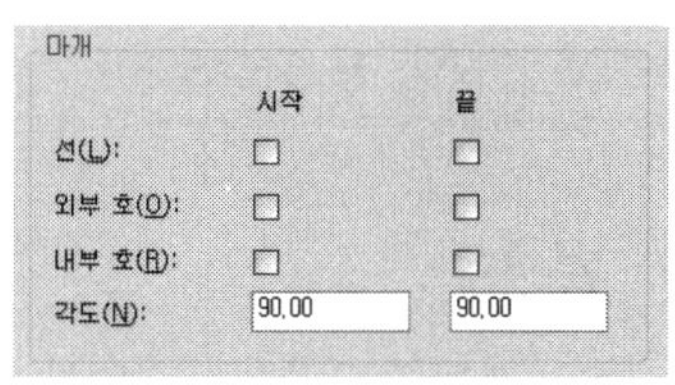

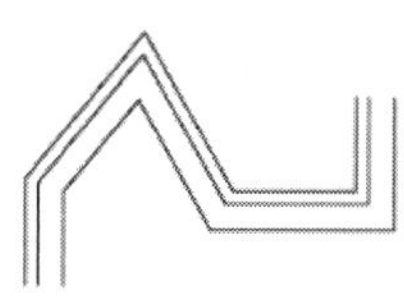

[각도(90°)마개 적용]

② 채우기

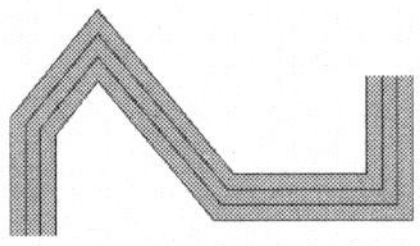

[채우기 적용]

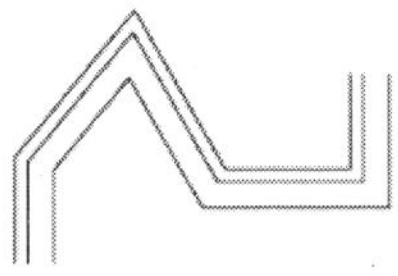

[채우기 미적용]

③ 접합표시

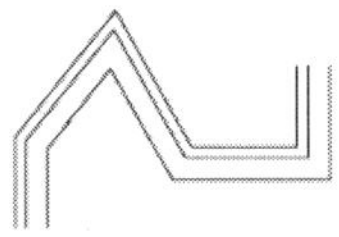

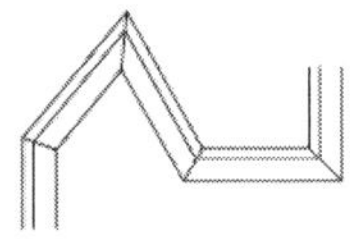

④ 요소

- **여러줄 요소 설정값 목록 :** 여러줄의 간격, 색상, 선종류를 보여줌.
- **추가(A) :** 여러줄 선 추가
- **삭제(D) :** 여러줄 선 삭제
- **간격띄우기(S) :** 여러줄 선 간격 설정(여러줄 요소의 선 간격 띄우기는 가운데를 기준으로 대칭으로 설정하도록 함.)
- **색상(C) :** 여러줄 선 색상 설정
- **선종류 :** 여러줄 선 종류 설정

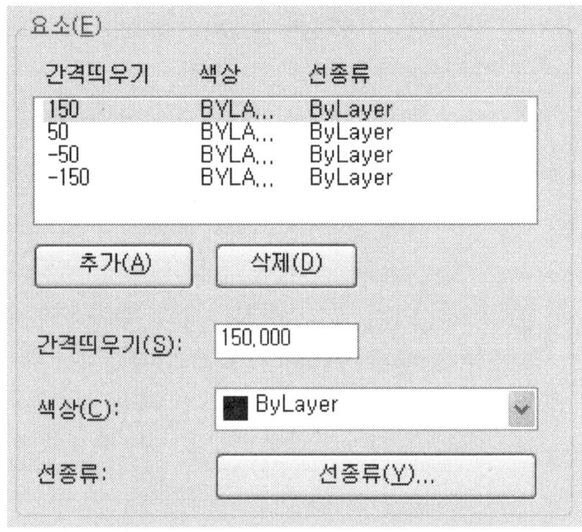

여러줄 선의 각 항목을 설정하는 방법

① 먼저, 목록에서 설정할 여러줄 선을 선택한다.

② 다음으로 설정할 항목의 값을 지정한다.

4. 다중선 그리기 : mline (ml)

- 여러줄을 그리는 명령

4.1 여러줄 그리기 명령

명령줄 사용 : MLine [Enter↵] **(단축명령 : ML)**

주메뉴 사용 : 그리기(D) ▶ 여러줄(U)

4.2 여러줄 그리기 옵션

► 명령 : mline [Enter↵] (혹은 ml [Enter↵])

► 현재 설정 : 자리맞추기 = 맨 위, 축척 = 20.00, 스타일 = STANDARD

► 시작점 지정 또는 [자리맞추기(J)/축척(S)/스타일(ST)] :

옵 션		설 명
시작점 지정		여러줄의 시작점 지정
자리맞추기(J)		여러줄의 기준점 설정
	맨위(T)	여러줄의 맨위(TOP)의 위치를 기준점으로 설정
	0(0)	여러줄의 0(Zero)의 위치를 기준점으로 설정
	맨아래(B)	여러줄의 맨아래(Bottom)의 위치를 기준점으로 설정
축척(S)		여러줄의 크기값 설정. 크기란 여러줄의 간격을 말함.
스타일(ST)		사용하고자 하는 여러줄의 유형를 선택. 여러줄의 유형을 모를 경우 [?]를 입력한다. 그러면 윈도우창에 여러줄의 종류 목록을 보여준다.

(1) 여러줄의 자리맞추기 옵션의 기준점 해석

① 여러줄이 그려지는 방향이 반시계 방향일 경우

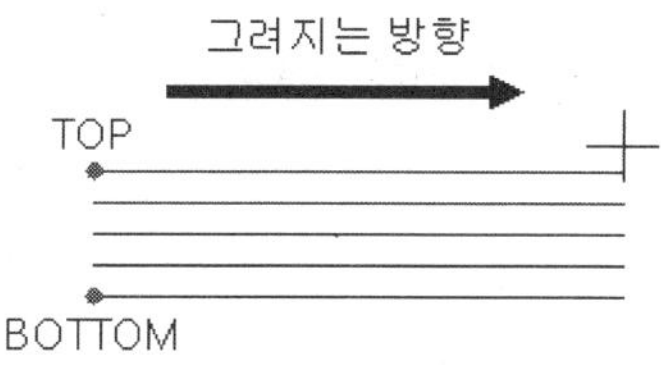

- **맨위(Top)** : 여러줄의 선 요소 중 맨 위쪽 선 끝점
- **0 (Zero)** : 여러줄 스타일 요소 설정시 지정한 '0' 위치 끝점
- **맨아래(Bottom)** : 여러줄의 선 요소 중 맨 아래쪽 위치

② 여러줄이 그려지는 방향이 시계 방향일 경우

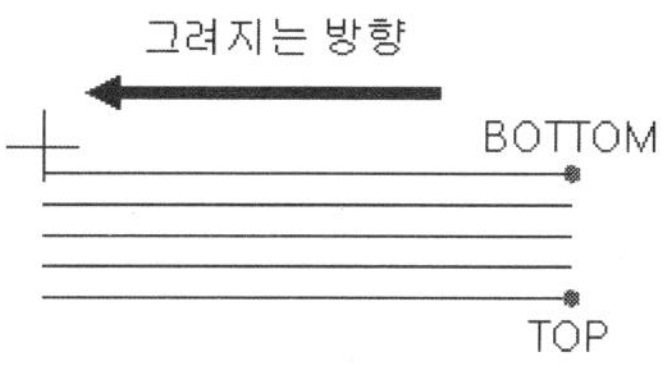

- **맨위(Top)** : 여러줄의 선 요소 중 맨 아래쪽 선 끝점
- **0 (Zero)** : 여러줄 스타일 요소 설정시 지정한 '0' 취치 끝점
- **맨아래(Bottom)** : 여러줄의 선 요소 중 맨 위쪽 선 끝점

4.3 여러줄 그리기 명령 따라하기

① 오른쪽그림과 같이 선을 먼저 그린다.

► 사용 명령 : Line (l)

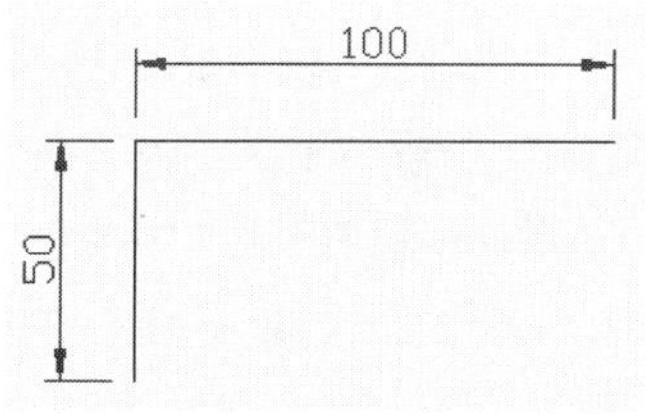

② MLine 명령을 사용해 오른쪽 그림과 같이 그린다.

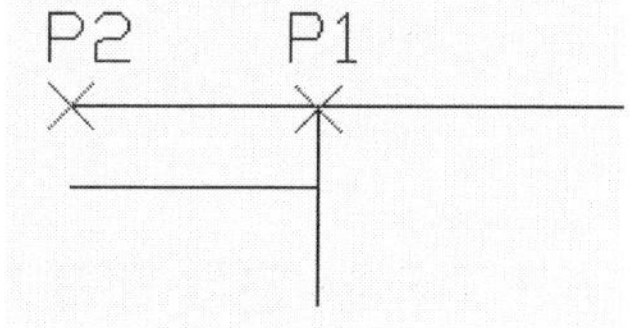

► 명령 : mline [Enter↵] **(혹은** ml [Enter↵]**)**
► 현재 설정 : 자리맞추기 = 맨 위, 축척 = 20.00, 스타일 = STANDARD
► 시작점 지정 또는 [자리맞추기(J)/축척(S)/스타일(ST)] : j [Enter↵]
► 자리맞추기 유형 입력 [맨 위(T)/0(Z)/맨 아래(B)] 〈맨 위〉 : b [Enter↵]
► 현재 설정 : 자리맞추기 = 맨 아래, 축척 = 20.00, 스타일 = STANDARD
► 시작점 지정 또는 [자리맞추기(J)/축척(S)/스타일(ST)] : **P1점 지정**
► 다음 점 지정 : **P2점 지정**
► 다음 점 지정 또는 [명령 취소(U)] : [Enter↵]

5. 다중선 수정하기 : mledit

- 그려진 여러줄을 편집하는 명령
- 여러줄은 분해(explode) 명령으로 개개의 선으로 분해할 수 있다.
- 분해된 여러줄은 속성이 선으로 변경되기 때문에 여러줄 편집 명령은 적용되지 않는다.

5.1 여러줄 편집하기 명령

명령줄 사용 : mledit [Enter↵]

주메뉴 사용 : 수정(M) ▶ 객체(O) ▶ 여러줄(M)

5.2 여러줄 편집하기 대화상자 옵션

► 명령 : mledit [Enter↵]

① 닫힌 십자형 : 개의 여러줄을 닫힌 십자형태로 편집
② 열린 십자형 : 2개의 여러줄을 열린십자형태로 편집
③ 병합된 십자형 : 2개의 여러줄을 병합된 자형태로 편집
④ 닫힌 T형 : 2개의 여러줄을 닫힌 T형태로 편집
⑤ 열린 T자형 : 2개의 여러줄을 열린 T형태로 편집
⑥ 병합된 T자형 : 2개의 여러줄을 병합된T형태로 편집
⑦ 구석 접합 : 두 개의 여러줄을 끝점으로 연결
⑧ 정점 추가 : 여러줄에 정점 추가
⑨ 정점 삭제 : 여러줄에 추가된 정점 삭제
⑩ 단일 자르기 : 여러줄 중에 한 개의 요소만 자르기
⑪ 전체 자르기 : 여러줄의 모든 요소의 선 자르기
⑫ 전체 용접 : 끊어진 여러줄의 모든 요소 연결

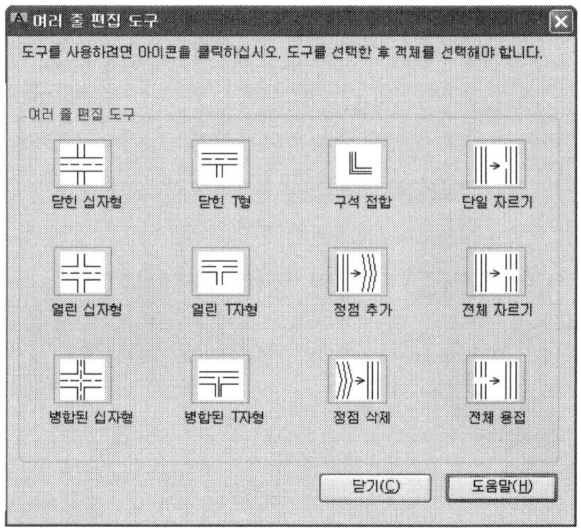

확인

① 열린 십자형과 병합된 십자형에 있어 3줄 이상일 경우 결과 다름(2개 선일 경우 결과 동일).
② 열린 T자형과 병합된 T자형에 있어 3줄 이상일 경우 결과 다름(2개 선일 경우 결과 동일).

5.3 여러줄 편집 명령 따라하기

① 먼저 오른쪽 그림과 같이 임의 크기의 다중선을 그린다.

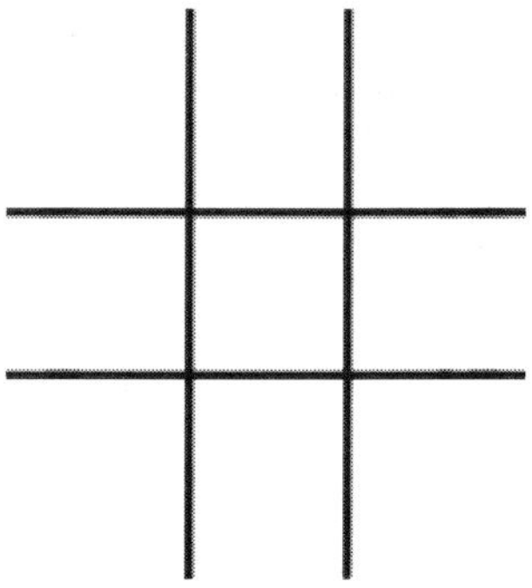

② 닫힌 십자형 옵션 따라하기

► 명령 : mledit Enter↵

► 여러줄 편집 도구 상자에서 닫힌 십자형 항목 선택. 

► 첫 번째 여러 줄 선택 : P1 객체 선택

► 두 번째 여러 줄 선택 : P2 객체 선택

► 첫 번째 여러 줄 선택 또는 [명령 취소(U)] : Enter↵

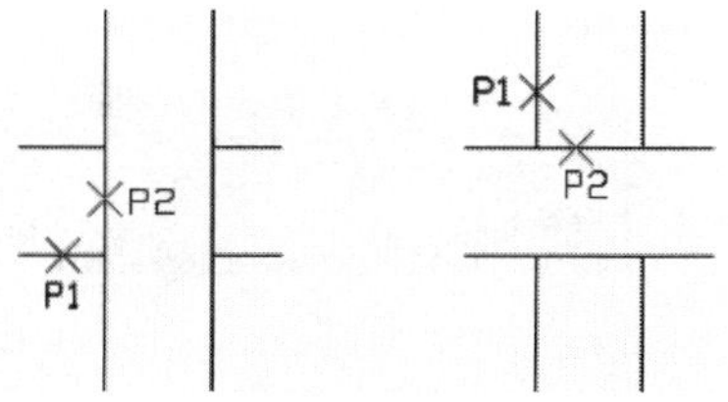

③ 닫힌 T자형 옵션 따라하기

► 명령 : mledit Enter↵

► 여러줄 편집 도구 상자에서 닫힌 T자형 항목 선택. 

► 첫 번째 여러 줄 선택 : P1 객체 선택

► 두 번째 여러 줄 선택 : P2 객체 선택

► 첫 번째 여러 줄 선택 또는 [명령 취소(U)] : Enter↵

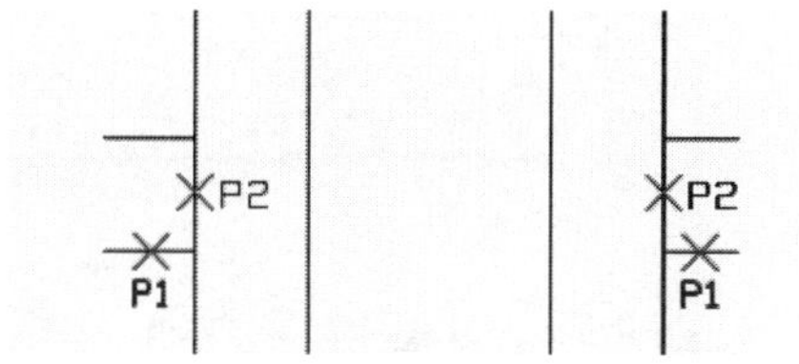

확인

여러줄 편집 명령 사용시 여러줄을 선택하는 순서에 따라 결과가 달라지며, **먼저 선택한 여러줄 객체가 잘려진다.**

① 구석연결의 여러줄 편집

적용 전	적용 후	
	S1 선택 후 S2 선택한 경우	S2 선택 후 S3 선택한 경우
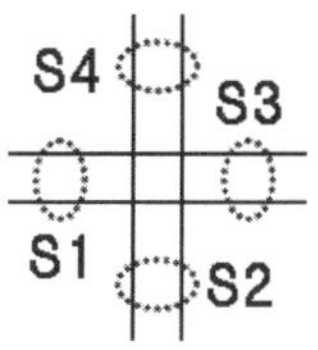	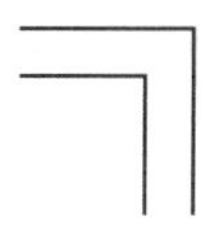	

② 병합된 T자형의 여러줄 편집

적용 전	적용 후	
	S1 선택 후 S2 선택한 경우	S2 선택 후 S3 선택한 경우
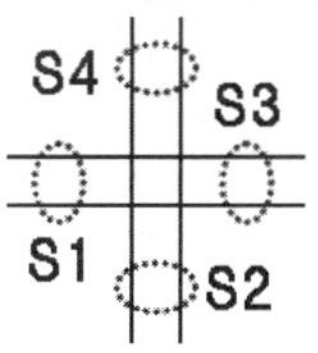	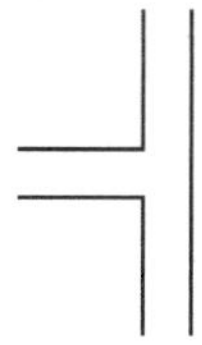	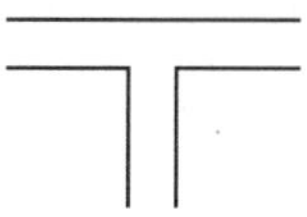

5.4 여러줄 그리기 따라하기

(1) 오른쪽 그림과 같이 선을 그린다.

► 사용명령 : line (l)

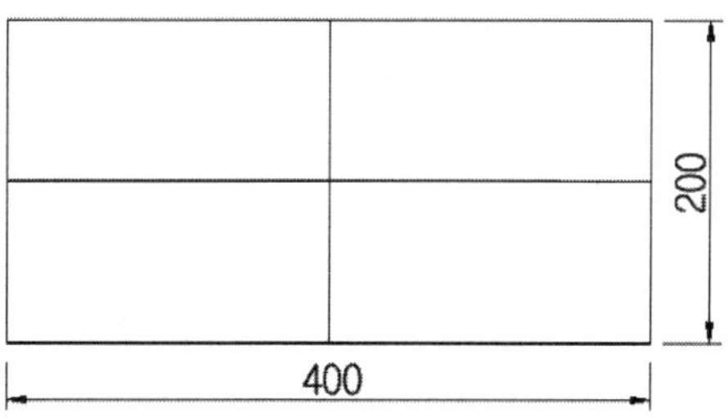

(2) 아래 그림과 같이 사용할 여러줄 유형을 만든다.

► 명령 : mlstyle [Enter↵]

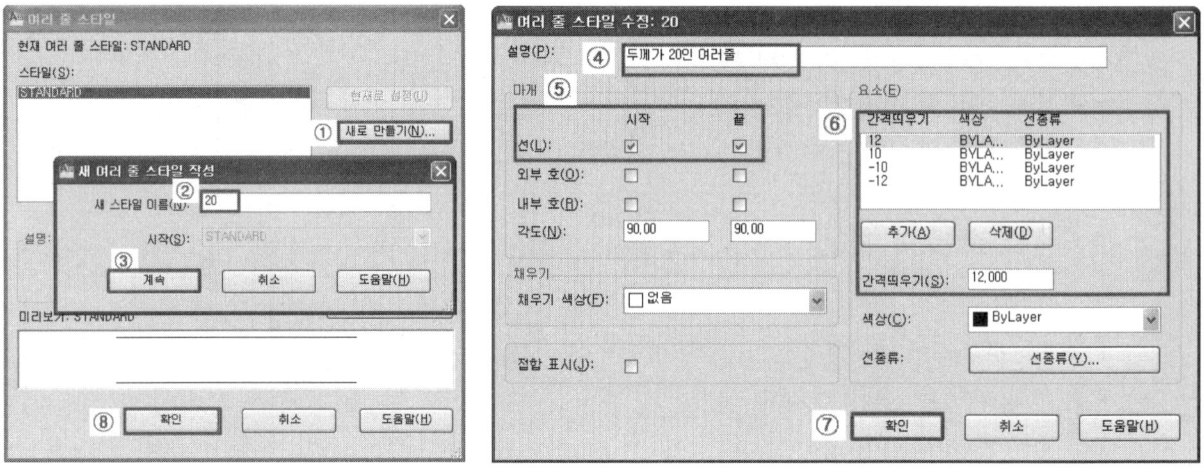

(3) 다음 그림과 같이 (1)에서 그린 선을 따라 여러줄을 그린다.

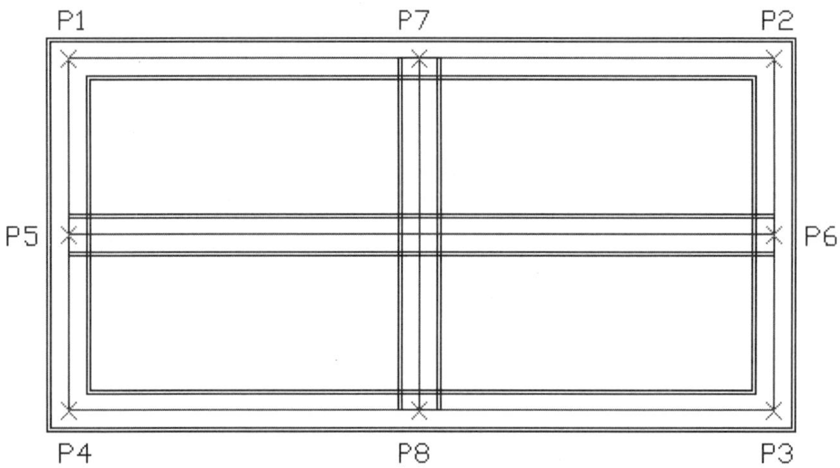

► 명령 : mline [Enter↵] (혹은 m [Enter↵])

현재 설정 : 자리맞추기 = 맨 위, 축척 = 20.00, 스타일 = STANDARD

► 시작점 지정 또는 [자리맞추기(J)/축척(S)/스타일(ST)] : st [Enter↵] → *여러줄 종류 선택*

► 여러 줄 스타일 이름 또는 [?] 입력 : 20 [Enter↵] → *(2)에서 만든 여러줄 유형 입력*

현재 설정 : 자리맞추기 = 맨 위, 축척 = 20.00, 스타일 = 20

► 시작점 지정 또는 [자리맞추기(J)/축척(S)/스타일(ST)] : s [Enter↵] → *여러줄 적용 축척 설정*

► 여러 줄 축척 입력 〈20.00〉 : 1 [Enter↵] → *여러줄 적용 축척값 입력*

현재 설정 : 자리맞추기 = 맨 위, 축척 = 1.00, 스타일 = 20

► 시작점 지정 또는 [자리맞추기(J)/축척(S)/스타일(ST)] : j [Enter↵] → *여러줄 기준점 선택*

► 자리맞추기 유형 입력 [맨 위(T)/0(Z)/맨 아래(B)] 〈맨 위〉 : z [Enter↵] → *여러줄 기준점 '0' 설정*

현재 설정 : 자리맞추기 = 0, 축척 = 1.00, 스타일 = 20

► 시작점 지정 또는 [자리맞추기(J)/축척(S)/스타일(ST)] : **P1 ~ P4점 지정** → *여러줄 그리기*

► 다음 점 지정 또는 [닫기(C)/명령 취소(U)] : c [Enter↵] → *닫힌 여러줄 그린 후 명령 종료*

계속해서 P5~P6과 P7~P8을 연결하는 여러줄을 그린다.

(4) MLEDIT 명령을 실행해 편집한다.

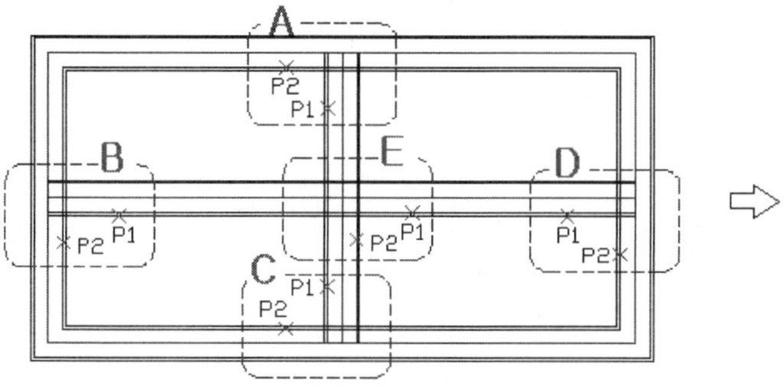

① A, B, C, D 영역 여러줄 편집하기

► 명령 : mledit Enter↵

'병합된 T자형 선택' ➔ *오른쪽 그림 참고*

► 첫 번째 여러 줄 선택 : P1 **객체 선택**

► 두 번째 여러 줄 선택 : P2 **객체 선택**

► 첫 번째 여러 줄 선택 또는 [명령 취소(U)] : Enter↵ ➔ *명령 종료*

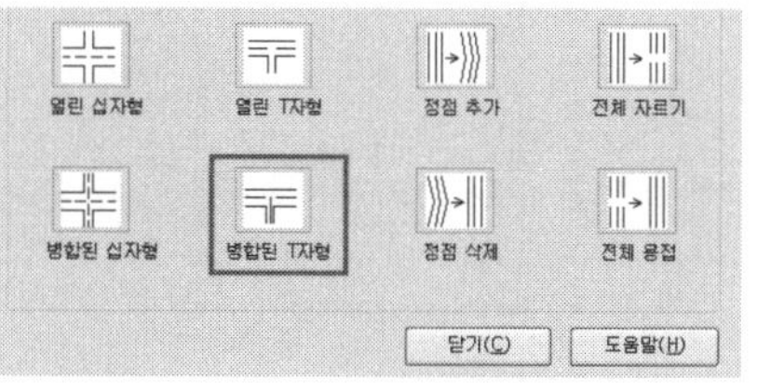

② E 영역 여러줄 편집하기

► 명령 : mledit Enter↵

'병합된 십자형 선택' ➔ *오른쪽 그림 참고*

► 첫 번째 여러 줄 선택 : P1 **객체 선택**

► 두 번째 여러 줄 선택 : P2 **객체 선택**

► 첫 번째 여러 줄 선택 또는 [명령 취소(U)] : Enter↵ ➔ *명령 종료*

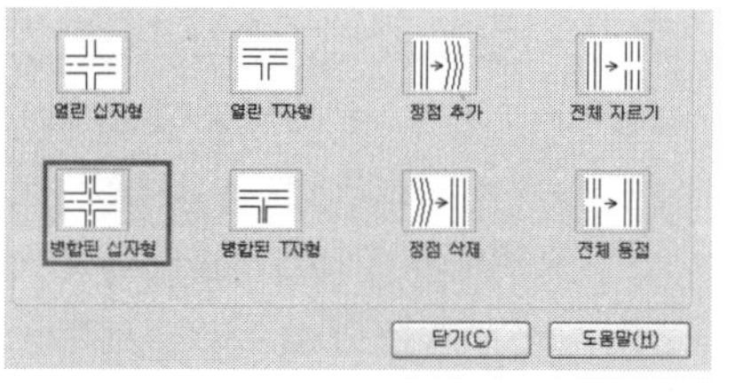

폴리선(pline)과 다중선(mline) 명령 따라하기

1. 폴리선을 이용한 창호 따라 그리기

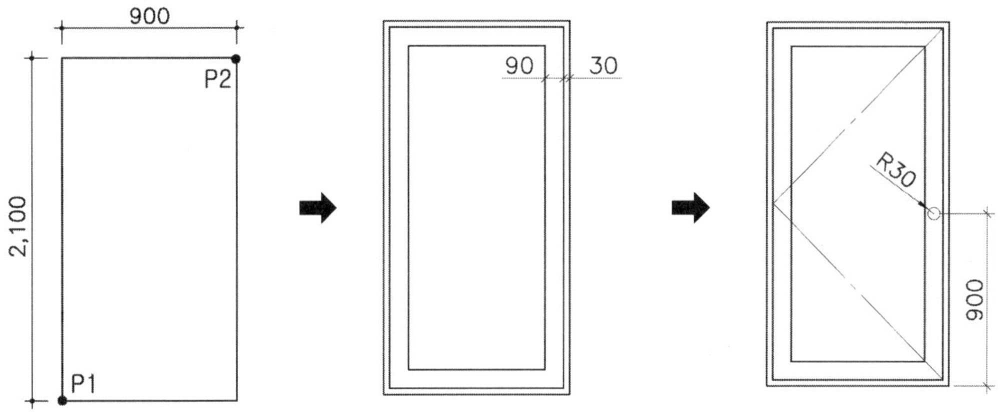

(1) 창호를 그릴 수 있을 정도의 작업 영역을 설정한다.

- ► 명령 : limits Enter↵ (혹은 형식메뉴 → 도면한계)
- ► 왼쪽 아래 구석 지정 또는 [켜기(ON)/끄기(OFF)] 〈0.00,0.00〉 : 0,0 Enter↵
- ► 오른쪽 위 구석 지정 〈3000.00,3000.00〉 : 2500,5000 Enter↵
- ► 명령 : zoom Enter↵ (혹은 z Enter↵)
- ► 윈도우 구석을 지정, 축척 비율 (nX 또는 nXP)을 입력, 또는 [전체(A)/중심(C)/동적(D)/범위(E)/이전(P)/축척(S)/윈도우(W)/객체(O)] 〈실시간〉 : a Enter↵

(2) 도면층을 만든다.

- ► 사용명령 : layer Enter↵ (혹은 la Enter↵)
- ► 오른쪽 그림과 같이 도면층을 만든다.

도면층이름	색상	선종류	선굵기
중심선	빨간색	center	0.09
창호	연회색	continious	0.25

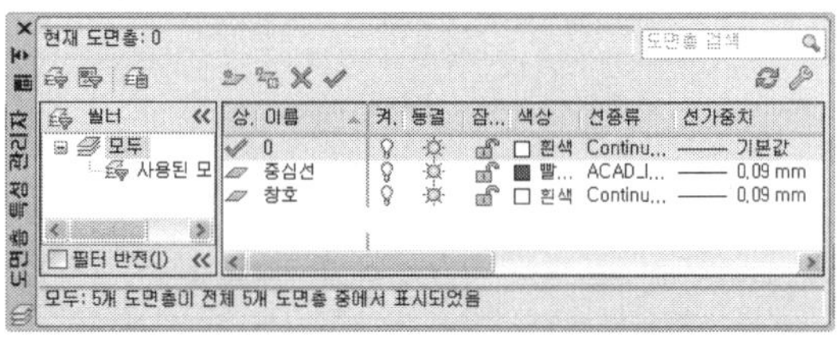

(3) 창호(문)을 그린다.

① 창호 도면층을 현재 도면층으로 선택한다.

② 문의 전체 크기의 사각형을 그린다.

- ► 명령 : rectang Enter↵ (혹은 rec Enter↵)
- ► 첫 번째 구석점 지정 또는 [모따기(C)/고도(E)/모깎기(F)/두께(T)/폭(W)] : P1 점 지정 → *마우스로 임의의 위치점 지정*
- ► 다른 구석점 지정 또는 [영역(A)/치수(D)/회전(R)] : @900,2100 Enter↵ → *P2 점 지정(상대좌표 이용)*

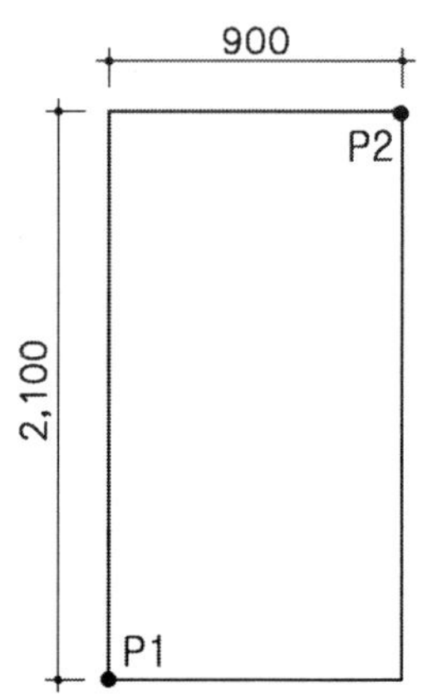

③ 문틀과 문의 윗막이, 밑막이, 양쪽 선대를 그린다.

► 명령 : offset [Enter↵] (혹은 o [Enter↵])

► 현재 설정 : 원본 지우기 = 아니오, 도면층 = 원본, OFFSETGAPTYPE = 0

► 간격띄우기 거리 지정 또는 [통과점(T)/지우기(E)/도면층(L)] 〈90.0000〉 : 30 [Enter↵]

► 간격띄우기할 객체 선택 또는 [종료(E)/명령 취소(U)] 〈종료〉 : **마우스로 간격띄우기할 객체 선택**

► 간격띄우기할 면의 점 지정 또는 [종료(E)/다중(M)/명령 취소(U)] 〈종료〉 : **마우스로 띄울 방향점 지정**

► 간격띄우기할 객체 선택 또는 [종료(E)/명령 취소(U)] 〈종료〉 : [Enter↵]

동일한 방법으로 '90' 간격을 안쪽으로 한번 더 띄운다.

④ 중간막이를 그린다.

㉮ 문틀의 바깥쪽 사각형을 분해한다.

► 명령 : explode [Enter↵] (혹은 x [Enter↵])

► 객체 선택 : S1 객체 선택

한 개의 선만 띄워야하기에 선을 분해한 것이다.

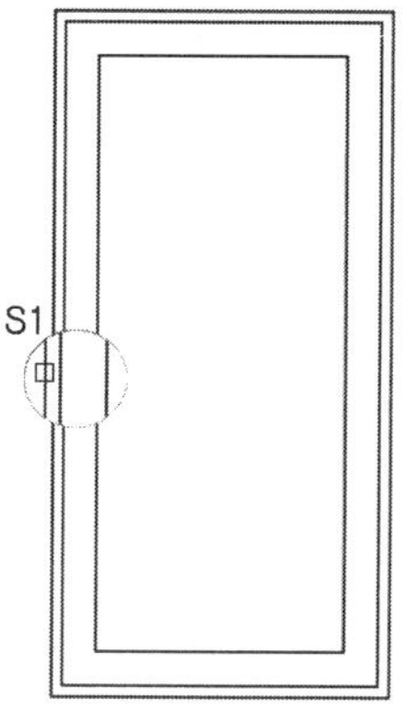

㉯ 중간선대의 위치를 찾아 그린다.

► 사용명령

■ **간격띄우기 :** offset (o)

■ **객체 자르기 :** trim (tr)

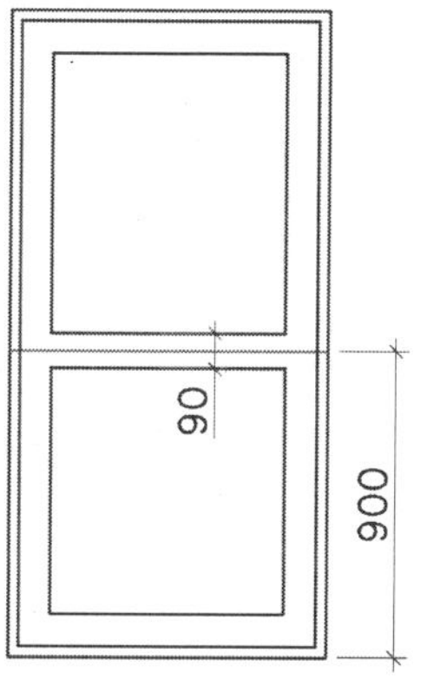

⑤ 문의 양판을 그린다.

㉮ 사각형을 결합한다.

► 명령 : pedit [Enter↵] (혹은 pe [Enter↵])

► 폴리선 선택 또는 [다중(M)] : S1 객체 선택

► 선택된 객체가 폴리선이 아님.

► 전환하기를 원하십니까? 〈Y〉 y [Enter↵]

► 옵션 입력 [닫기(C)/결합(J)/폭(W)/정점 편집(E)/맞춤(F)/스플라인(S)/비곡선화(D)/선종류생성(L)/반전(R)/명령 취소(U)] : j [Enter↵]

► 객체 선택 : S2 객체 선택

► 객체 선택 : S3 객체 선택

► 객체 선택 : S4 객체 선택

► 객체 선택 : [Enter↵]

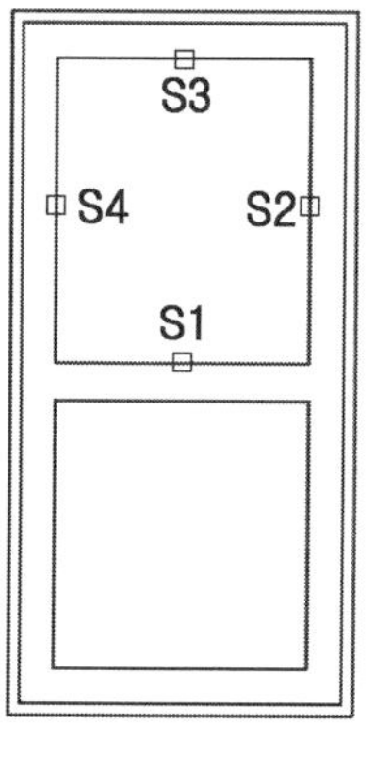

► 옵션 입력 [열기(O)/결합(J)/폭(W)/정점 편집(E)/맞춤(F)/스플라인(S)/비곡선화(D)/선종류생성(L)/반전(R)/명령 취소(U)] : Enter↵

④ 결합한 사각형을 띄워 양판을 표시한다.

► 사용명령

■ **간격띄우기 :** offset (o)

⑥ 문 손잡이와 문개폐 기호선을 그리고 문을 완성한다.

► 사용명령

■ **간격띄우기 :** offset (o)

■ **원 그리기 :** circle (c)

■ **선 그리기 :** line (l)

■ **선종류 적용하기 :** 'center'로 변경하기

■ **점선 간격 조절하기 :** ltscale (lts)

문개폐 기호는 '중심선' 도면층에 그린다.

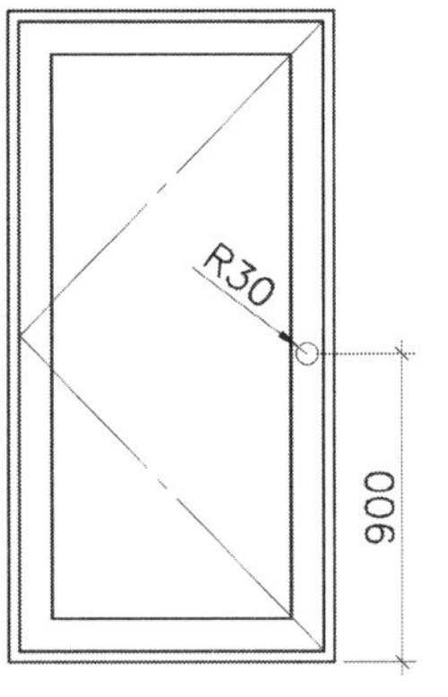

선 결합하기와 분해하기

■ 선 결합하기 : pedit (pe)

→간격띄우기 명령 적용시 연결된 선 모두 띄워야 하는데 하나만 띄워지는 경우 결합한다.

■ 선 분해하기 : explode (x)

→간격띄우기 명령 적용시 한 개의 선만 띄워야 하는데 연결된 선 모두 띄워질 때 분해한다.

2. 다중선을 이용해 평면도 따라 그리기

다음 평면도를 따라 그려본다.

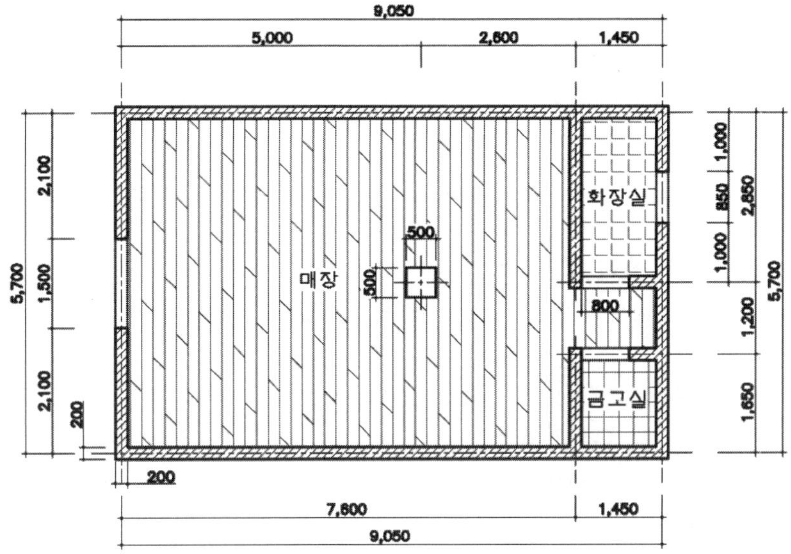

(1) 평면도를 그릴 수 있을 정도의 작업 영역을 설정한다.

► 명령 : limits Enter↵ (혹은 형식메뉴 → 도면한계)

► 왼쪽 아래 구석 지정 또는 [켜기(ON)/끄기(OFF)] 〈0.00,0.00〉 : 0,0 Enter↵

► 오른쪽 위 구석 지정 〈3000.00,3000.00〉 : 20000,15000 Enter↵

► 명령 : zoom Enter↵ (혹은 z Enter↵)

► 윈도우 구석을 지정, 축척 비율 (nX 또는 nXP)을 입력, 또는 [전체(A)/중심(C)/동적(D)/범위(E)/이전(P)/축척(S)/윈도우(W)/객체(O)] 〈실시간〉 : a Enter↵

(2) 도면층을 만든다.

► 사용명령 : layer Enter↵ (혹은 la Enter↵)

► 오른쪽 그림과 같이 도면층을 만든다.

도면층이름	색상	선종류	선굵기
AA-DWXX	흰색	continious	0.18
AA-WAXX	노란색	continious	0.35
AA-XXXX-CNTL	빨간색	center	0.09
AA-XXXX-DIMS	흰색	continious	0.18
AA-XXXX-TABL	흰색	continious	0.18
AA-XXXX-TEXT	초록색	continious	0.25

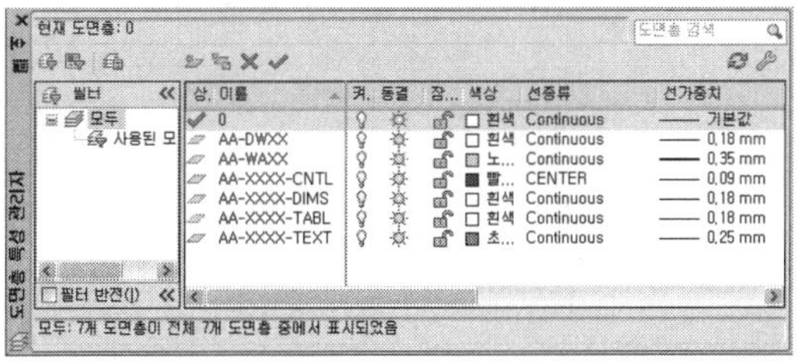

(3) 중심선을 그린다.

① 벽과 기둥 모양에 맞게 중심선을 그린다('AA-XXXX-CNTL' 도면층에 그린다).

► 사용명령

■ **선그리기 :** line (l)

■ **간격띄우기 :** offset (o)

■ **객체 자르기 :** trim (tr)

평면도에서 모든 치수의 기준이 되는 선으로 매우 중요한 선이다.

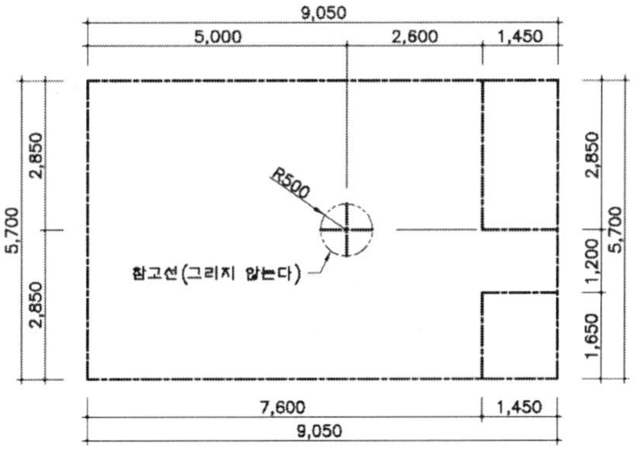

② 중심선을 기준 길이보다 길게 늘려준다.

■ **외벽부** : 500~1000

■ **내벽부** : 300~500(내부 설비, 가구와 겹치기 때문에 외벽부보다 짧게 늘려준다.)

► 사용명령 : lengthen [Enter↵] (혹은 len [Enter↵])

► 객체 선택 또는 [증분(DE)/퍼센트(P)/합계(T)/동적(DY)] : de [Enter↵]

► 증분 길이 또는 [각도(A)] 입력 〈0.0000〉 : 500 [Enter↵]

► 변경할 객체 선택 또는 [명령 취소(U)] : **늘리고자 하는 객체 선택** → *늘리고자 하는 객체를 계속 선택*

► 변경할 객체 선택 또는 [명령 취소(U)] : [Enter↵]

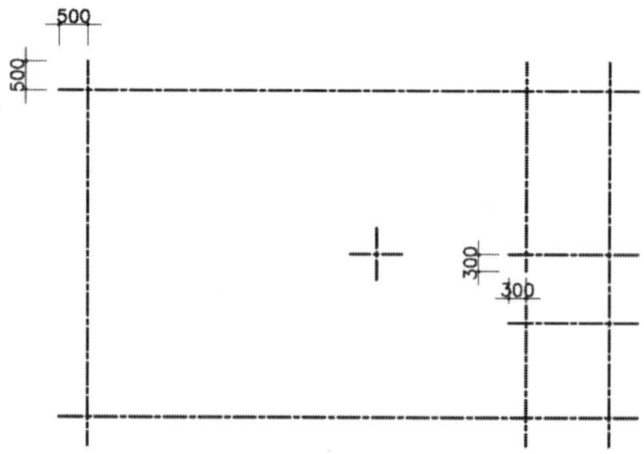

(4) 여러줄 명령으로 벽체선을 그린다.

① 여러줄 유형을 설정한다.

► 명령 : mlstyle [Enter↵]

► 다음 그림과 같이 설정한다.

■ **마개** : 시작 선택상자, 끝 선택상자 선택(양끝부분을 닫아줌.)

■ **여러줄 선 요소의 간격** : 0.5, −0.5(전체 간격 '1'로 설정)

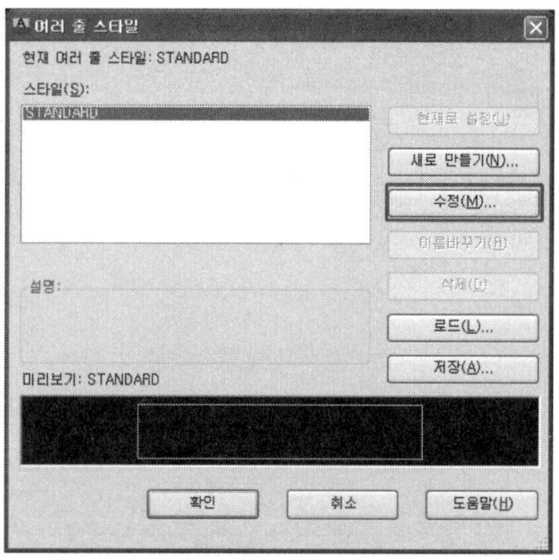

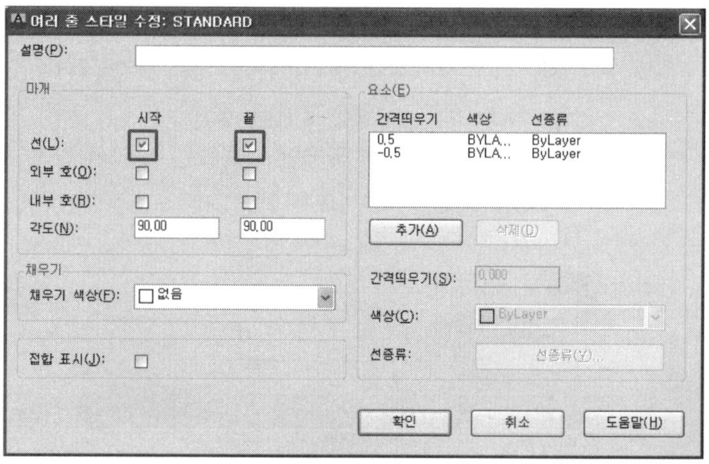

② 'AA-WAXX' 도면층을 선택해 현재 도면층으로 지정한다.

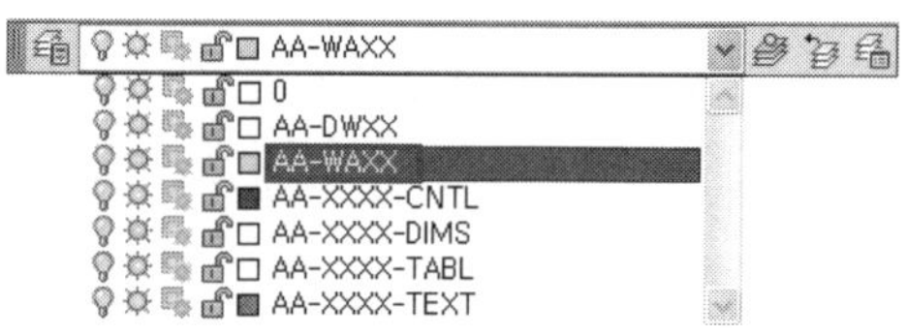

③ 여러줄 그리기 명령으로 벽체선을 그린다.

► 명령 : mline [Enter↵] (혹은 ml [Enter↵])

► 현재 설정 : 자리맞추기 = 맨 위, 축척 = 20.00, 스타일 = STANDARD

► 시작점 지정 또는 [자리맞추기(J)/축척(S)/스타일(ST)] : j [Enter↵] → *여러줄 자리 맞추기*

► 자리맞추기 유형 입력 [맨 위(T)/0(Z)/맨 아래(B)] 〈맨 위〉 : z [Enter↵]

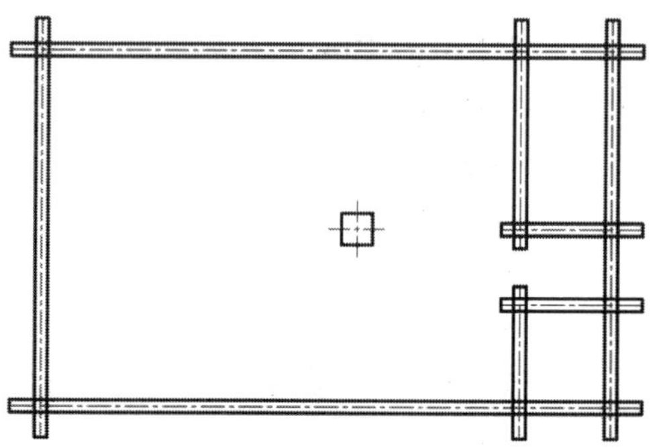

► 현재 설정 : 자리맞추기 = 0, 축척 = 20.00, 스타일 = STANDARD
► 시작점 지정 또는 [자리맞추기(J)/축척(S)/스타일(ST)] : s Enter↵
► 여러 줄 축척 입력 〈20.00〉 : **200** Enter↵
► 현재 설정 : 자리맞추기 = 0, 축척 = 200.00, 스타일 = STANDARD
► 시작점 지정 또는 [자리맞추기(J)/축척(S)/스타일(ST)] : **P1점 지정**
► 다음 점 지정 : **P2점 지정**
► 다음 점 지정 또는 [명령 취소(U)] : Enter↵

④ 벽체선의 모서리를 정리한다.

► 사용명령 : mledit Enter↵

► A부분 : **'구석접합'을 이용한 편집** 

➔ 교차점으로부터 선택한 위치의 다중선이 남는다.

► B부분 : **'병합된 T자형'을 이용한 편집** 

➔ 'T'영문자의 수직 부분을 먼저 선택한다.

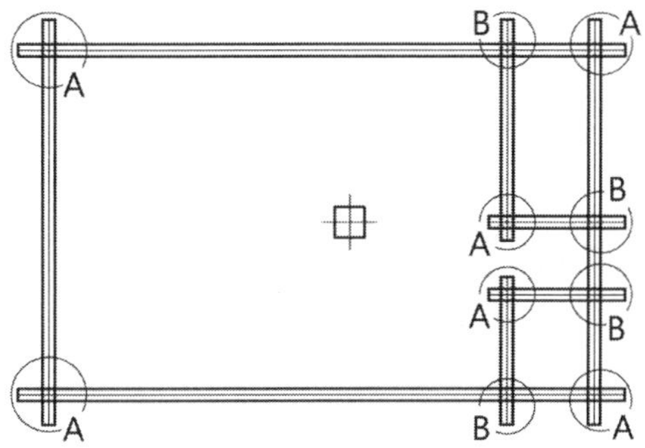

[명령 적용 전]

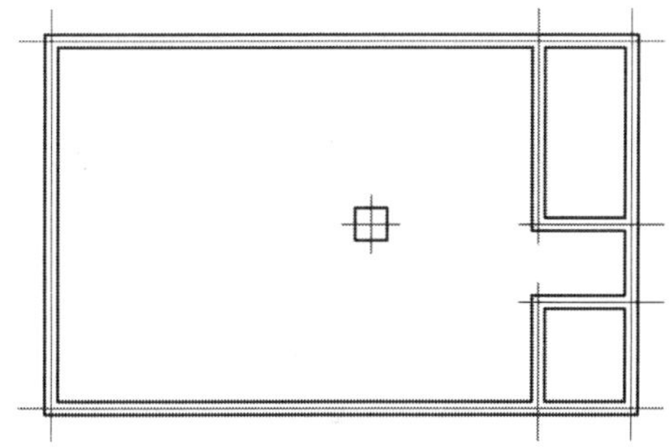

[명령 적용 후]

⑤ 창호가 들어가는 부분에 벽체선을 자른다.

► 사용명령

- **선그리기 :** line (l)
- **간격띄우기 :** offset (o)
- **객체 자르기 :** trim (tr)

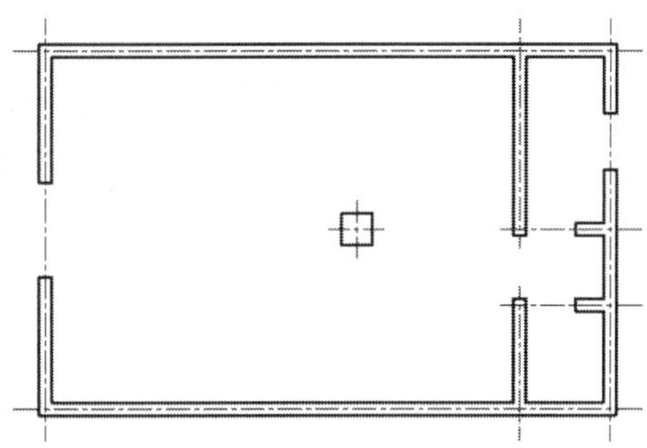

(5) 창호(창, 문)를 그린다.

► 사용명령 : RECTANG (REC)

여기서는 창호를 사각형으로만 표현하도록 한다.

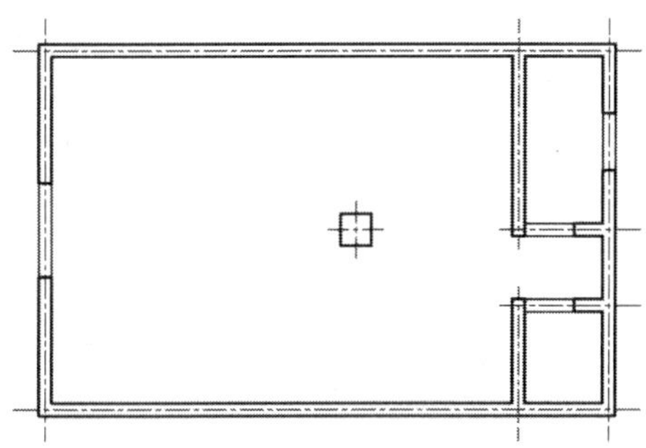

(6) 문자를 입력한다.

① 문자의 기본 글꼴을 설정한다.

► 사용명령 : style (st)

■ **기본글꼴 :** 'romans.shx' 선택

■ **큰글꼴 사용 :** 항목 선택

■ **큰글꼴 :** 'whgtxt.shx' 선택

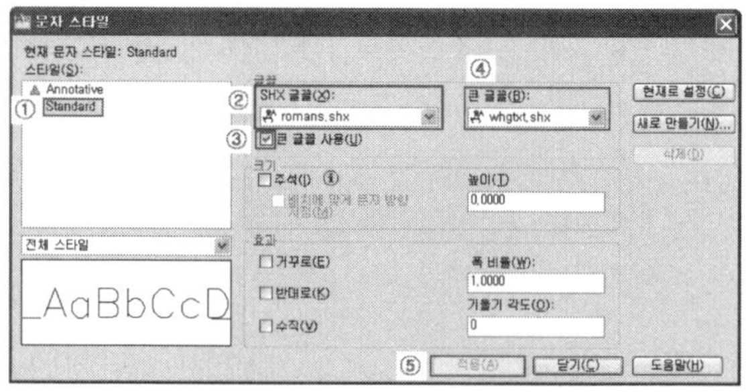

② 실명을 입력한다.

► 사용명령 : 다음 명령중 하나를 사용한다.

■ **다중문자 :** mtext (mt)

■ **단일문자 :** dtext (dt)

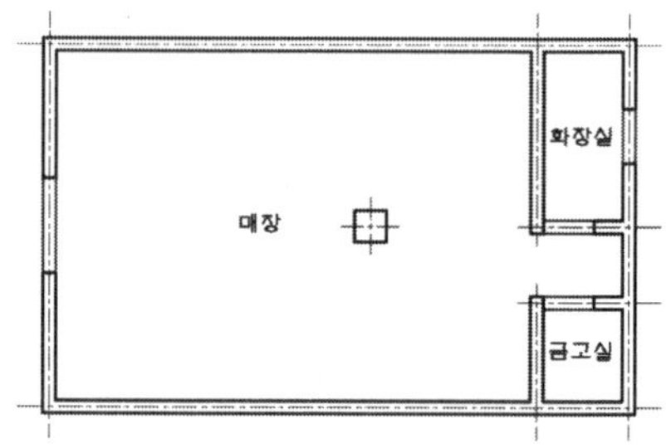

(7) 치수를 적용한다.

① 치수 유형을 설정한다.

오른쪽 그림과 같이 치수를 적용한다.

► 사용명령 : ddim [Enter↵] (혹은 d [Enter↵])

► 아래 그림과 같이 치수 유형을 설정한다.

치수 유형의 각 항목에 대한 설명은 부록(528쪽)을 참고한다.

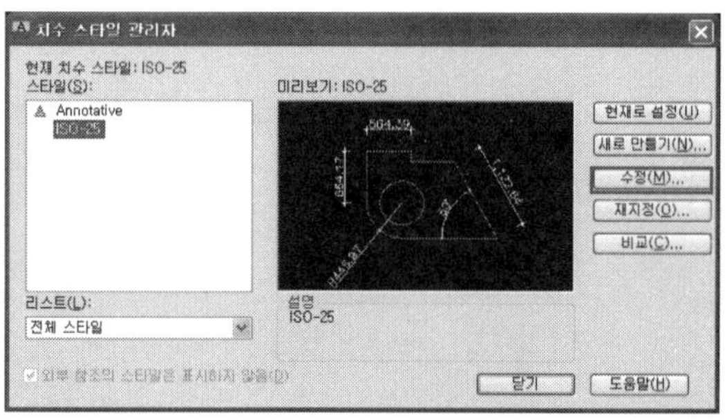

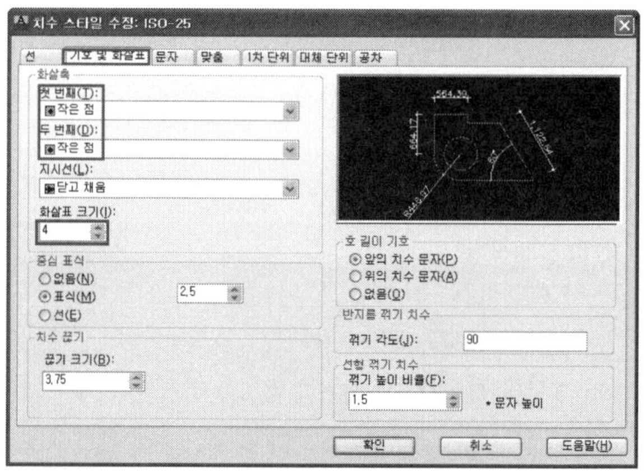

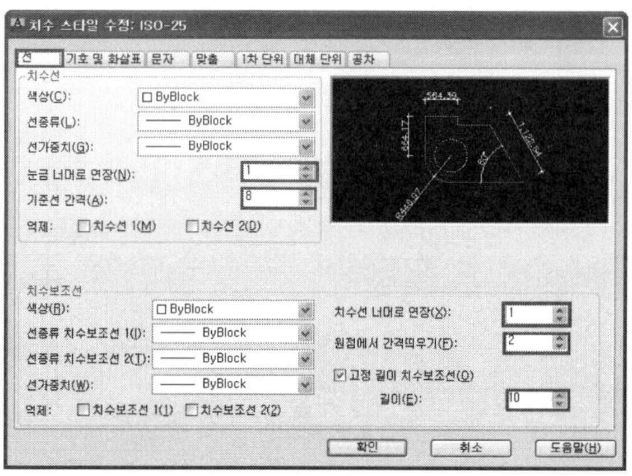

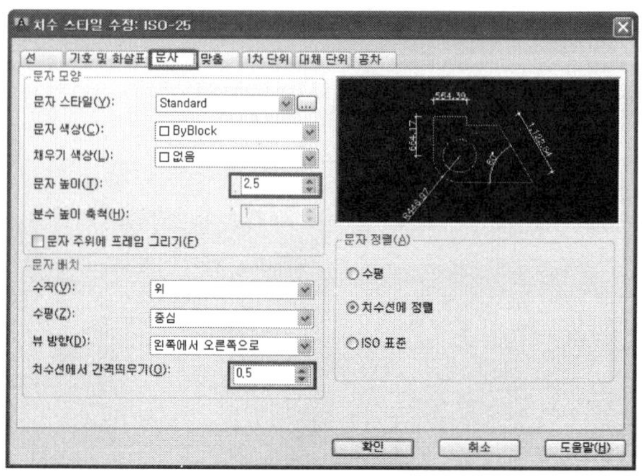

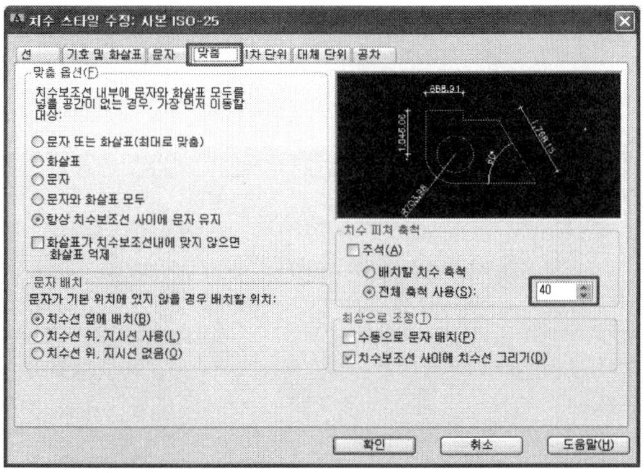

② 치수를 적용한다.

► 직선치수 측정 : dli [Enter↵] (혹은 치수도구막대)

► 직선치수 측정 : dco [Enter↵] (혹은 치수도구막대)

► 직선치수 측정 : dba [Enter↵] (혹은 치수도구막대)

치수선간의 간격이 일정하지 않다면 dimspace( ) 명령으로 조절한다.

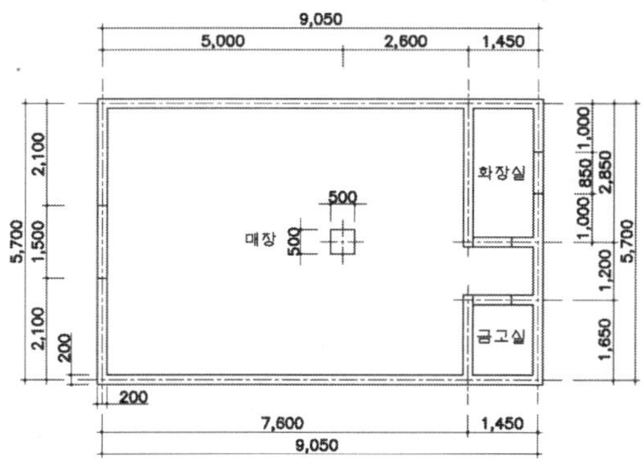

(8) 해치를 적용해 도면을 완성한다.

► 사용명령 : hatch [Enter↵] (혹은 h [Enter↵])

► 해치를 다음과 같이 각각 설정해 적용한다.

실명	유형	패턴	각도	축척
매장	미리정의	DOLMIT	90	20
화장실	미리정의	ANGLE	0	40
금고실	미리정의	NET	0	80

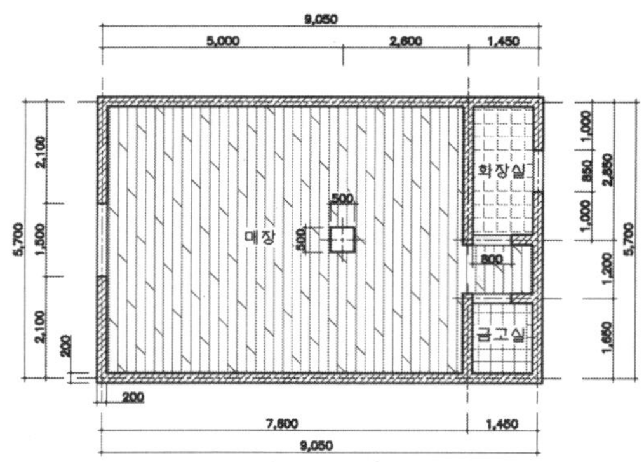

(해치 설정 예) **매장 바닥 재질 패턴 적용하기**

① 리본메뉴를 사용하지 않은 경우

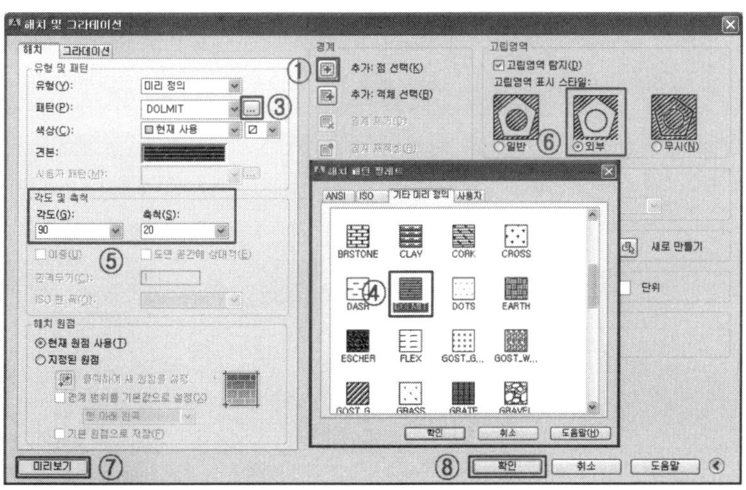

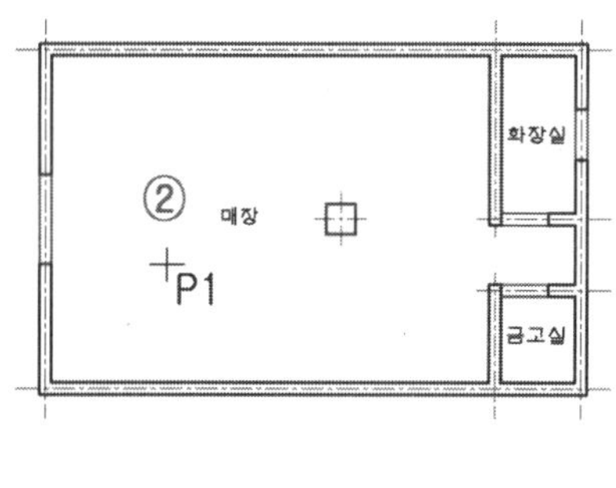

② 리본메뉴를 사용한 경우

다음 그림의 번호 순서대로 바닥 재료를 표시한다.

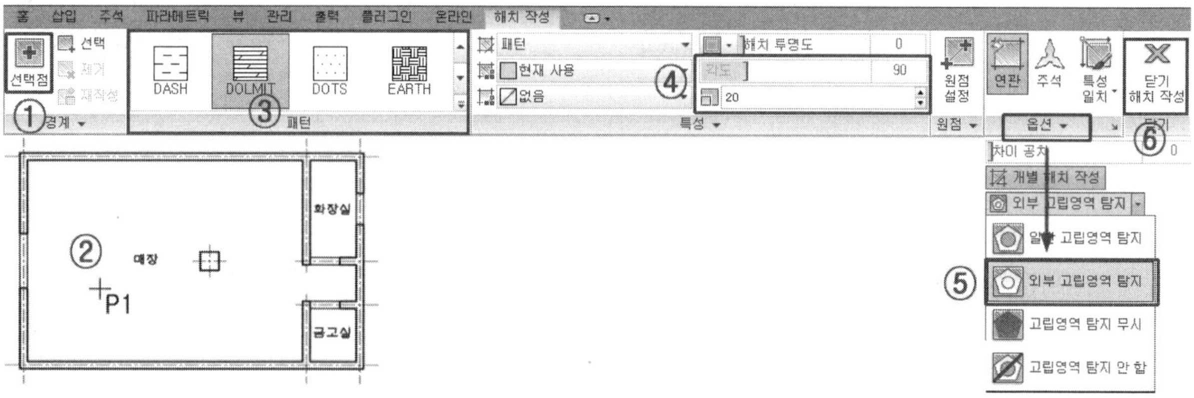

도면 예제 7-1 폴리선과 다중선 그리기

값이 주어지지 않은 도형의 크기는 임의로 정해서 그리도록 한다.

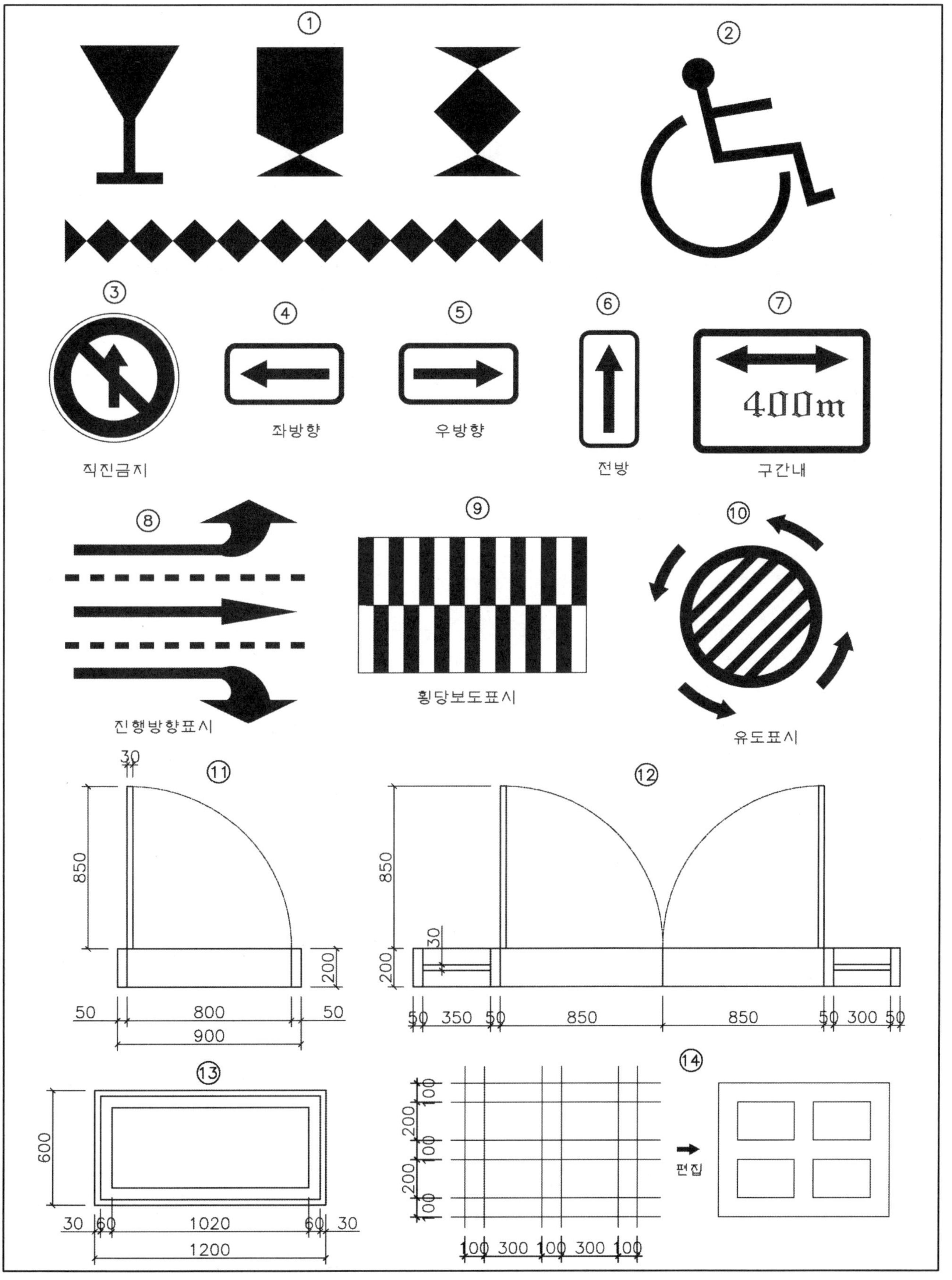

도면 예제 7-2 폴리선과 다중선 그리기

①

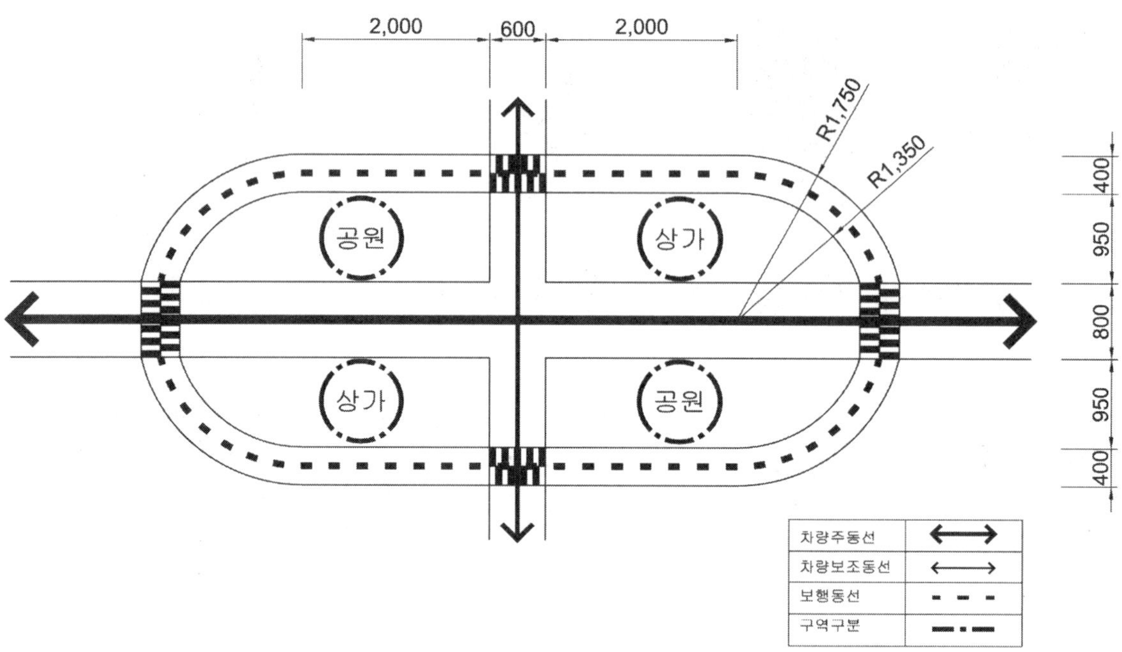

②

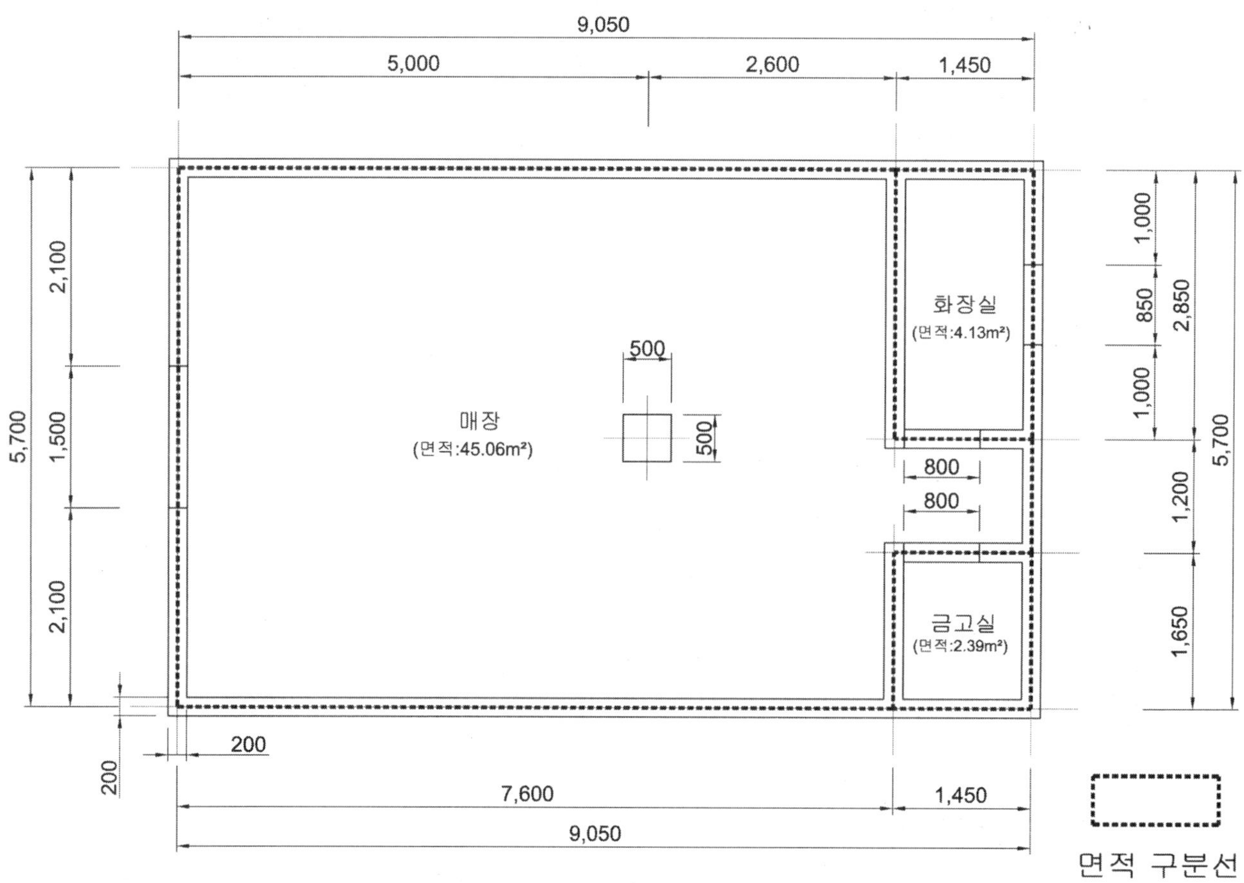

도면 예제 7-3 폴리선과 다중선 그리기

②

해치는 유형을 '사용자 정의'를 사용한다.

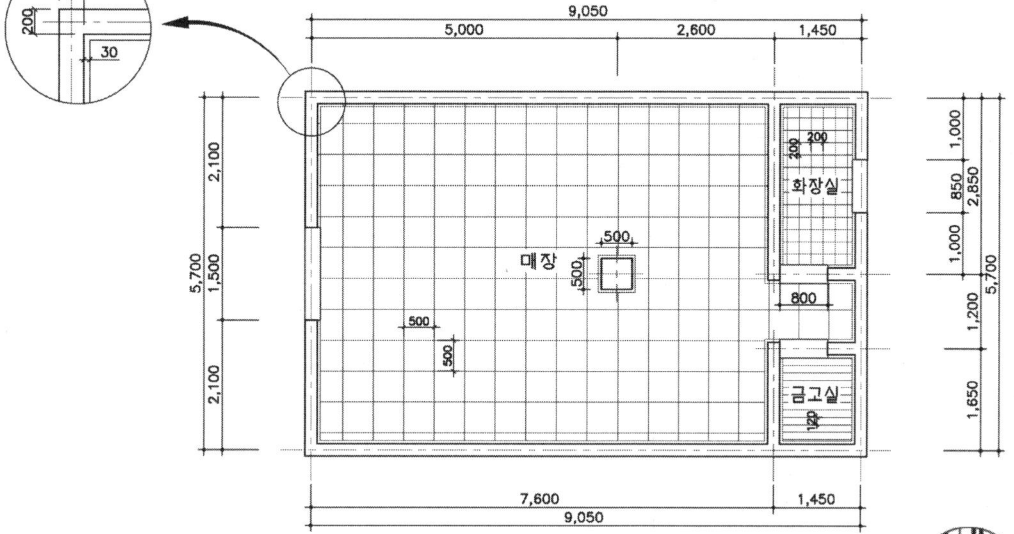

③

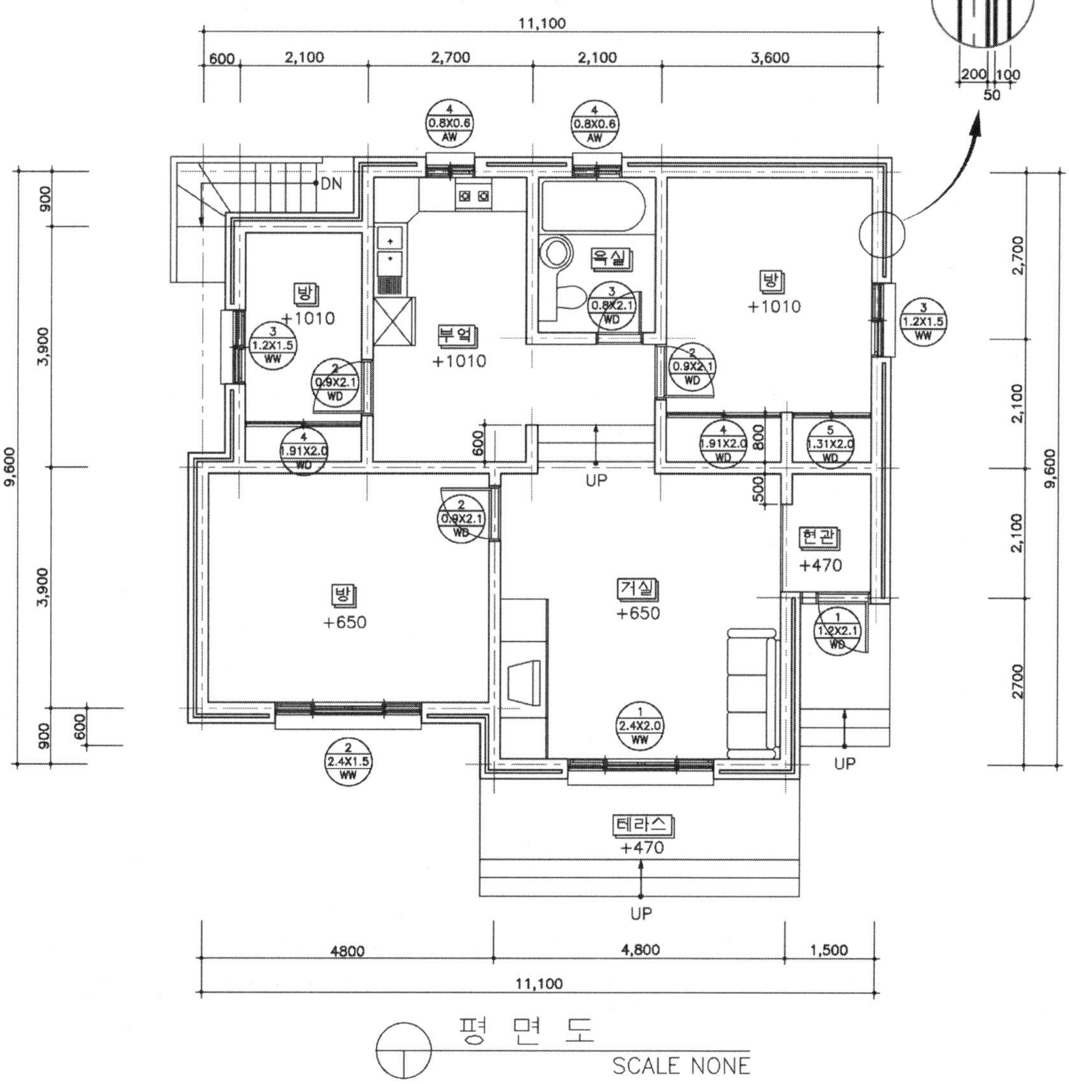

LESSON
08 객체 변형과 객체 복사하기

학습목표

- 그려진 객체를 원하는 위치, 방향, 크기로 수정할 수 있다.
- 그려진 객체를 원하는 곳에 복사할 수 있다.

선행학습

- 객체 선택 방법에 대한 이해와 활용
- 위치점의 지정에 대한 이해와 활용
- 작업 영역 설정에 대한 이해와 활용

학습명령

1. 객체 변형
   ① 객체 이동하기 : move (m)
   ② 객체 회전하기 : rotate (ro)
   ③ 객체 크기 변경하기 : 정비례 → scale (sc), 정비례 아닌 경우 → block, insert
   ④ 객체 대칭 적용하기 : mirror (mi)
   ⑤ 객체 정렬하기 : align (al)
2. 객체 복사
   ① 객체 이동복사 : copy (co)
   ② 객체 회전복사 : rotate (ro) → copy 옵션
   ③ 객체 대칭복사 : mirror (mi) → no 옵션
   ④ 객체 배열복사 : array (ar)
   ⑤ 객체 경로복사 : arraypath

학습내용

① 학습내용 1

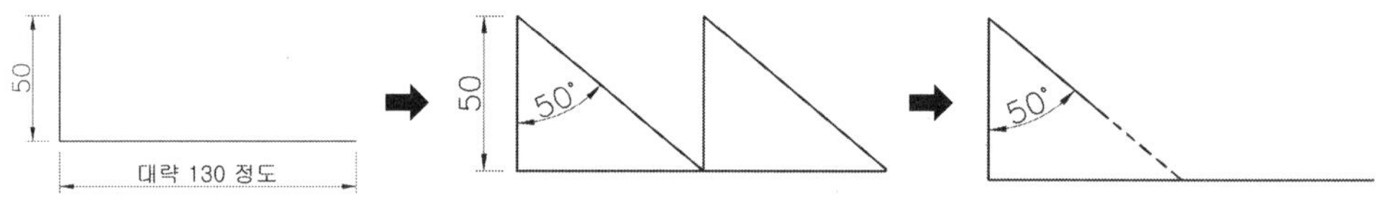

② 학습내용 2

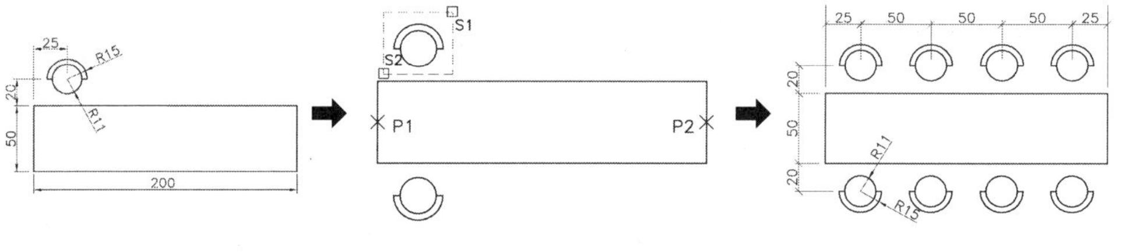

비 고

- 객체 변형(이동, 회전, 대칭, 크기변경) 명령은 도면 작도시 뿐 아니라 도면 수정시에도 많이 사용하는 명령이기에 그 사용법을 잘 익히도록 한다.
- 컴퓨터 작업을 할 때 가장 큰 장점이 객체를 복사할 수 있다는 것이다. 건축, 실내건축 도면에는 복사기능이 상당히 많이 사용되기에 그 사용법을 잘 익혀두도록 한다.

객체 변형하기

1 객체 이동하기 : move (m)
2 객체 회전하기 : rotate (ro)
3 객체 크기 변경하기 : scale (sc), block
4 객체 대칭 적용하기 : mirror (mi)
5 객체 정렬하기 : align (al)

1. 객체 이동 – move (m)

- 객체의 현재 모양을 그대로 유지하면서 원하는 위치로 이동시키는데 사용하는 명령

1.1 객체 이동 명령 실행

명령줄 사용 : move Enter↵ (단축명령 : m)
리본메뉴 사용 : 홈탭 ▶ 수정 패널 ▶
주메뉴 사용 : 수정(M) ▶ 이동(V)
도구막대 사용 : 수정 도구막대 ▶

1.2 객체 이동 명령 옵션

► 명령 : move Enter↵ (혹은 m Enter↵)
► 객체 선택 :
► 기준점 지정 또는 [변위(D)] 〈변위〉 :
► 두 번째 점 지정 또는 〈첫 번째 점을 변위로 사용〉 :

옵 션	내 용
객체 선택	옮기고자 하는 객체 선택
기준점 지정	선택한 객체의 기준점 지정
두 번째 점 지정	선택한 객체를 옮기고자 하는 위치 지정
첫 번째 점을 변위로 사용	옮기고자 하는 변위를 첫 번째 지정한 기준점을 상대좌표값으로 사용

1.3 객체 이동 명령 따라하기

① 마우스만 이용해 객체 이동하기

► 명령 : move Enter↵ (혹은 m Enter↵)
► 객체 선택 : **원 선택** → *이동할 객체 선택*
► 객체 선택 : Enter↵ → *다음 단계로 넘어가기*
► 기준점 지정 또는 [변위(D)] 〈변위〉 : **마우스로 P1점 지정**
► 두 번째 점 지정 또는 〈첫 번째 점을 변위로 사용〉 : **마우스로 P2점 지정**

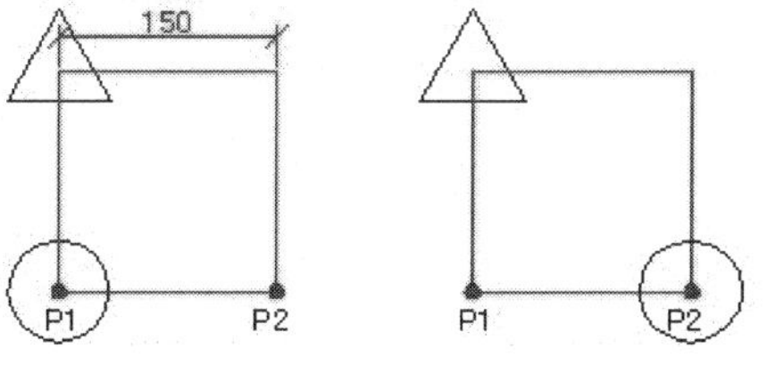

[명령실행 전] [명령실행 후]

② 이동점을 상대좌표(상대극좌표)를 이용해 객체 옮기기

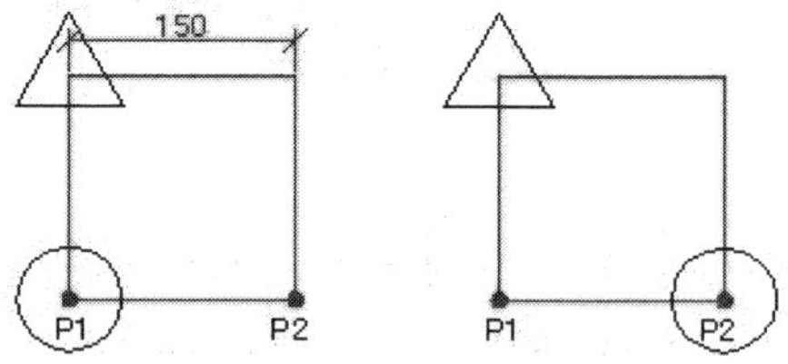

[명령실행 전] [명령실행 후]

- 명령 : move [Enter↵] (혹은 m [Enter↵])
- 객체 선택 : **원 선택** ➔ *이동할 객체 선택*
- 객체 선택 : [Enter↵] ➔ *다음 단계로 넘어가기*
- 기준점 지정 또는 [변위(D)] 〈변위〉 : **마우스로 P1점 지정**
- 두 번째 점 지정 또는 〈첫 번째 점을 변위로 사용〉 : **@150,0** [Enter↵]
  ➔ *상대좌표를 이용함*
- (또는 → 두 번째 점 지정 또는 〈첫 번째 점을 변위로 사용〉 : **@150<0** [Enter↵])
- (또는 → 두 번째 점 지정 또는 〈첫 번째 점을 변위로 사용〉 : **마우스로 오른쪽 방향 지시 후 150** [Enter↵]
  ➔ *직교모드(F8) 기능을 반드시 켠 상태에서 사용)*

2. 객체 회전하기 – ROtate

- 객체를 지정된 기준점을 중심으로 일정한 각도로 회전시키는 명령
- 참조 기능(R)을 이용하면 현재 도면 요소의 각도가 잘못되어 있어도 원하는 각도로 회전 가능
- 이미 그려지 객체의 방향을 변경할 경우에도 사용하지만 사이각을 이용해 도면을 그리는 경우에도 사용할 수 있다.
- 회전하면서 복사를 할 수도 있다.

2.1 객체 회전 명령 실행

명령줄 사용 : rotate [Enter↵] (단축명령 : ro)

리본메뉴 사용 : 홈탭 ▶ 수정 패널 ▶

주메뉴 사용 : 수정(M) ▶ 회전(R)

도구막대 사용 : 수정 도구막대 ▶

2.2 객체 회전 명령 옵션

- 명령 : rotate [Enter↵] (혹은 ro [Enter↵])
- 객체 선택 :
- 기준점 지정 :
- 회전 각도 지정 또는 [복사(C)/참조(R)] 〈0〉 :

옵 선		내 용
객체 선택		회전시킬 객체 선택
기준점		회전중심축 지정
회전각도 지정		회전각도 지정
복사(C)		회전 객체를 복사
참조(R)		지정한 각도를 절대각도(0도)로 인식하고 새 각도만큼 회전함.
	참조각도 지정	절대각도(0도)로 지정하고자 하는 각도값 지정
	새각도 지정	참조각도로 지정한 위치에서 회전할 각도 지정

2.3 객체 회전 명령 따라하기

① 회전 각도값을 이용해 회전하기

오른쪽 [회전 적용 전]의 그림을 그린 후 따라 적용한다.

- ▶ 명령 : rotate Enter↵ (혹은 ro Enter↵)
- ▶ 현재 UCS에서 양의 각도 : 측정 방향=시계 반대 방향 기준 방향=0
- ▶ 객체 선택 : **회전시킬 대상 객체 선택** ➔ *회전 적용 전의 전체 객체 선택*
- ▶ 객체 선택 : Enter↵ ➔ *다음 단계 넘어가기*
- ▶ 기준점 지정 : **P1점 지정** ➔ *회전 기준점 지정*
- ▶ 회전 각도 지정 또는 [복사(C)/참조(R)] 〈0〉 : 45 Enter↵ ➔ *회전시킬 값 지정*

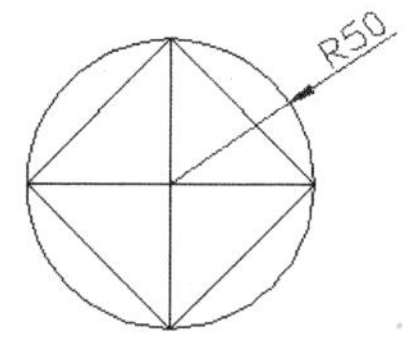

[회전 적용 전]

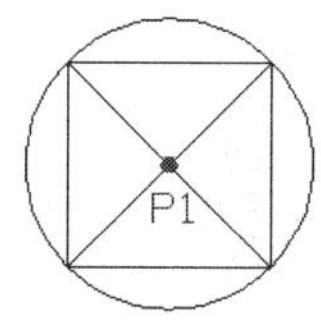

[회전 적용 후]

② 현재 각도값을 모르는 객체를 원하는 각도로 회전시키기

- ▶ 명령 : rotate Enter↵ (혹은 ro Enter↵)
- ▶ 현재 UCS에서 양의 각도 : 측정 방향=시계 반대 방향 기준 방향=0
- ▶ 객체 선택 : **회전시킬 대상 객체 선택** ➔ *회전 적용 전의 전체 객체 선택*
- ▶ 객체 선택 : Enter↵ ➔ *다음 단계 넘어가기*
- ▶ 기준점 지정 : **P1점 지정** ➔ *회전 기준점 지정*
- ▶ 회전 각도 지정 또는 [복사(C)/참조(R)] 〈0〉 : r Enter↵ ➔ *참조 옵션 선택*
- ▶ 참조 각도를 지정 〈0〉 : **P1점 지정** ➔ *절대각도(0도)로 지정하기위한 기준점 지정*
- ▶ 두 번째 점을 지정 : **P2점 지정** ➔ *절대각도(0도)로 지정하기위한 두 번째 점 지정*
- ▶ 새 각도 지정 또는 [점(P)] 〈0〉 : 60 Enter↵ ➔ *원하는 각도값 입력*

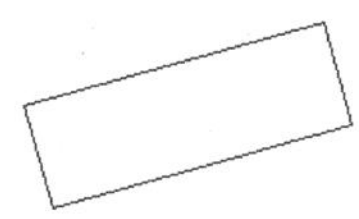

[회전 적용 전]

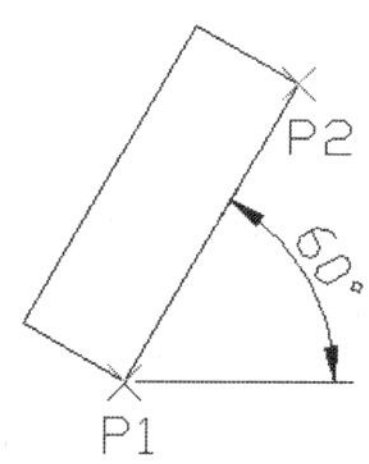

[회전 적용 후]

③ 각도값을 서로 모르는 두 객체의 각도 일치시키기

- ▶ 명령 : rotate Enter↵ (혹은 ro Enter↵)
- ▶ 현재 UCS에서 양의 각도 : 측정 방향=시계 반대 방향 기준 방향=0
- ▶ 객체 선택 : **회전시킬 대상 객체 선택** ➔ *회전 적용 전의 전체 객체 선택*
- ▶ 객체 선택 : Enter↵ ➔ *다음 단계 넘어가기*
- ▶ 기준점 지정 : **P1점 지정** ➔ *회전 기준점 지정*
- ▶ 회전 각도 지정 또는 [복사(C)/참조(R)] 〈0〉 : r Enter↵ ➔ *참조 옵션 선택*
- ▶ 참조 각도를 지정 〈0〉 : **P1점 지정** ➔ *절대각도(0도)로 지정하기위한 기준점 지정*
- ▶ 두 번째 점을 지정 : **P2점 지정** ➔ *절대각도(0도)로 지정하기위한 두 번째 점 지정*
- ▶ 새 각도 지정 또는 [점(P)] 〈0〉 : **P3점 지정** ➔ *일치시키고자 하는 선의 끝점 지정*

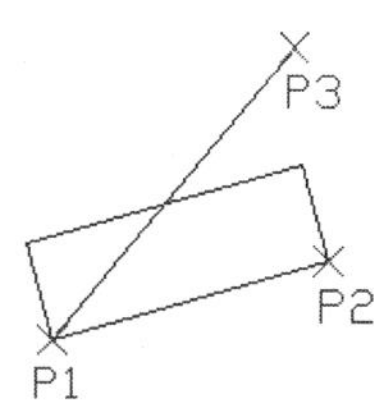

[회전 적용 전]

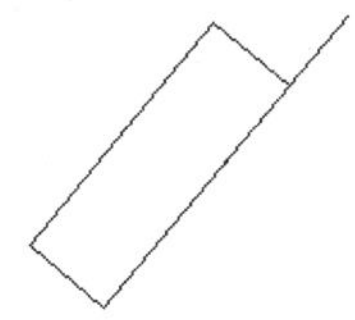

[회전 적용 후]

확인

참조를 이용해 회전할 경우 다음과 같은 경우에 매우 유용하다.

① 현재 각도값을 모르는 객체에 원하는 각도로 회전시키고자 하는 경우

② 각도값을 서로 모르는 두 객체의 각도를 일치시키고자 하는 경우

3. 객체 크기 변경하기

3.1 가로 세로 비율이 동일한 정비례로 크기 변경하기 – SCale

- 도면 요소의 크기를 확대하거나 축소하는데 사용하는 명령
- 가로 세로 비율이 동일한 비율로 확대하거나 축소한다(예 : 2배, 0.5배).
- 비율값을 분수 형식으로 입력이 가능하다(예 : 2/3).
- 비율값에 소수점이 포함된 분수 형식은 적용이 안 된다(예 : 2.5/3 → 25/30으로 변경 가능).

확인

가로, 세로 비율을 다르게 크기를 변경하기 위해서는 블록기능을 적용해야만 가능하다.

(1) 객체 크기 변경 명령 실행

명령줄 사용 : scale [Enter↵] (단축명령 : sc)

리본메뉴 사용 : 홈탭 ▶ 수정 패널 ▶

주메뉴 사용 : 수정(M) ▶ 축척(L)

도구막대 사용 : 수정 도구막대 ▶

(2) 객체 회전 명령 옵션

► 명령 : scale [Enter↵] (혹은 sc [Enter↵])
► 객체 선택 :
► 기준점 지정 :
► 축척 비율 지정 또는 [복사(C)/참조(R)] 〈1.0000〉 :

옵 션		내 용
객체 선택		크기를 조절할 객체 선택
기준점 지정		확대 또는 축소할 때의 중심축 지정
축척 비율 지정		스케일 비율 지정
복사(C)		축척을 적용하면서 객체 복사
참조(R)		선택한 객체를 참조 길이와 지정한 새 길이를 기준으로 축척을 적용 참조 길이를 절대 길이 '1'로 보고 새 길이값을 비율로 적용함.
	참조길이 지정	참조할 길이값 지정(여기서 지정한 참조 길이값을 절대 길이 '1'로 봄)
	새길이 지정	참조 길이값으로 부터의 새로운 길이값 지정

(3) 객체 크기 명령 따라하기

① 비율을 이용한 크기 변경하기

► 명령 : scale [Enter↵] (**혹은 sc** [Enter↵])
► 객체 선택 : **크기 변경할 객체 선택**
► 객체 선택 : [Enter↵] → *다음 단계 넘어가기*
► 기준점 지정 : P1점 지정 → *축척 기준점 지정*
► 축척 비율 지정 또는 [복사(C)/참조(R)] 〈1.0000〉 : 2 [Enter↵] → *2배확대*
(혹은 → 축척 비율 지정 또는 [복사(C)/참조(R)] 〈1.0000〉 : 2 [Enter↵] → *1/2 축소*)

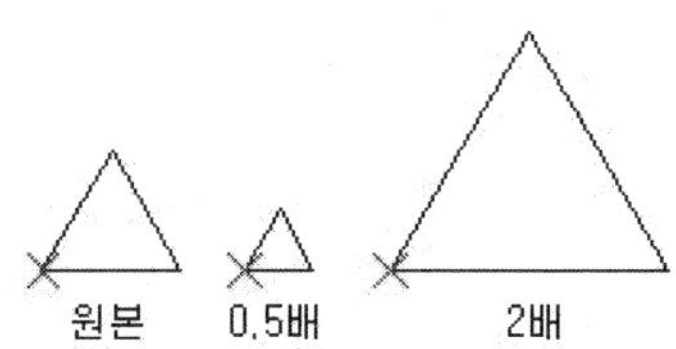

② 참조 옵션을 이용한 크기 변경하기

㉮ 원본 객체의 크기값과 변경하고자 하는 크기값을 아는 경우

► 명령 : scale [Enter↵] (혹은 sc [Enter↵])
► 객체 선택 : **크기 변경할 객체 선택**
► 객체 선택 : [Enter↵] ➔ *다음 단계 넘어가기*
► 기준점 지정 : **P1점 지정** ➔ *축척 기준점 지정*
► 축척 비율 지정 또는 [복사(C)/참조(R)] 〈1.0000〉 : **70/50** [Enter↵]

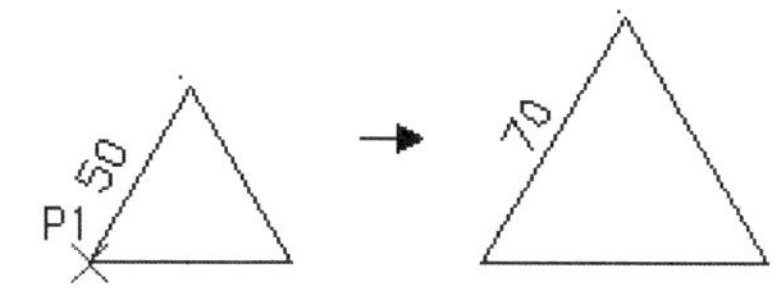

㉯ 원본 객체의 크기값과 변경하고자 하는 크기값을 모르는 경우

► 명령 : scale [Enter↵] (혹은 sc [Enter↵])
► 객체 선택 : **크기 변경할 객체 선택**
► 객체 선택 : [Enter↵] ➔ *다음 단계 넘어가기*
► 기준점 지정 : **P1점 지정** ➔ *축척 기준점 지정*
► 축척 비율 지정 또는 [복사(C)/참조(R)] 〈2.0000〉 : r [Enter↵]
► 참조 길이 지정 〈1.0000〉 : **P1점 지정** ➔ *참조 길이 원점 지정*
► 두 번째 점을 지정 : **P2점 지정** ➔ *참조 위치점 지정*
► 새 길이 지정 또는 [점(P)] 〈1.0000〉 : **P3점 지정** ➔ *새로운 길이를 지정할 위치점 지정*

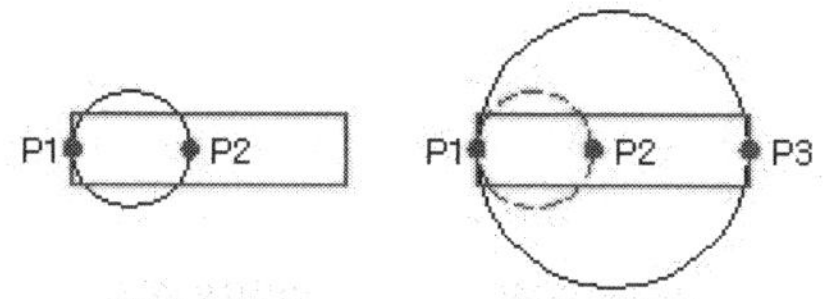

명령 실행 전　　명령 실행 후

3.2 가로 세로 비율을 다르게 크기 변경하기 – Block, Insert

- 가로 세로를 다른 비율로 확대하거나 축소할 수 있다(예 : X축→2배, Y축→0.5배).
- 도면 내용의 가로와 세로 크기 비율이 차이가 많이 나는 경우에 사용한다.
- 도면을 그린 후 블록으로 등록(block) 후 insert 명령으로 불러오면서 축척을 적용한다.

(1) 도면 블록 등록 명령 : Block ⇨ LESSON 9. 315쪽을 참고한다.

> **주메뉴 사용 : 그리기(D) ▶ 블록(K) ▶ 만들기(M)**
> **도구막대 아이콘 : (도구막대 이름 : 그리기)**
> **명령줄 사용 :** block [Enter↵] **(단축명령 : b)**
> **리본 : 홈메뉴 ▶ 블록 리본**

(2) 등록된 블록 불러오기 명령 : Insert ⇨ LESSON 9. 317쪽을 참고한다.

> **주메뉴 사용 : 삽입(I) ▶ 블록(B)**
> **도구막대 아이콘 : (도구막대 이름 : 그리기)**
> **명령줄 사용 :** insert [Enter↵] **(단축명령 : i)**
> **리본 : 홈메뉴 ▶ 블록 리본**

(3) 가로 세로 비율을 다르게 크기 변경 따라하기

다음 내용을 따라한다.

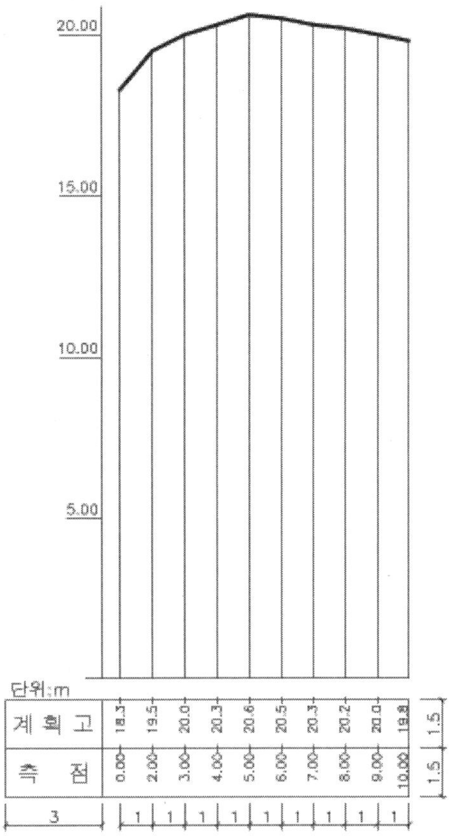

[명령 적용 전]

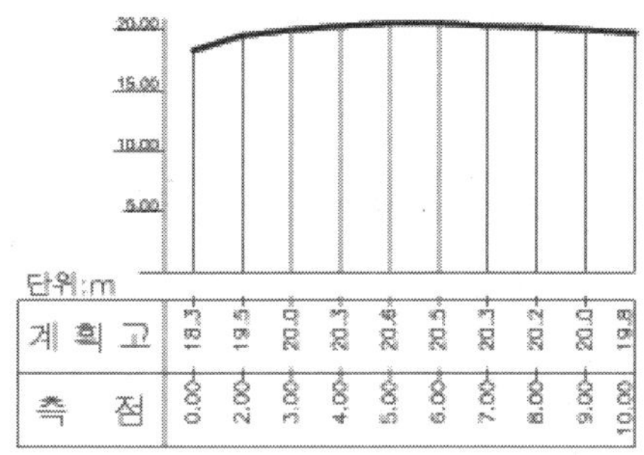

[명령 적용 후]

① 오른쪽 그림과 같이 도면을 그린다.

- ▸ 사용명령
- ▸ 선그리기 : line (l)
- ▸ 간격띄우기 : offset (o)
- ▸ 객체 자르기 : trim (tr)
- ▸ 객체 연장하기 : extend (ex)
- ▸ 객체 길이 조정하기 : lengthen (len)
- ▸ 문자 유성설정하기 : style (st)
- ▸ 문자 입력하기 : mtext (mt), dtext (dt)
- ▸ 문자 수정하기 : dedit (ed)

아래 그림을 참고해 그린다.

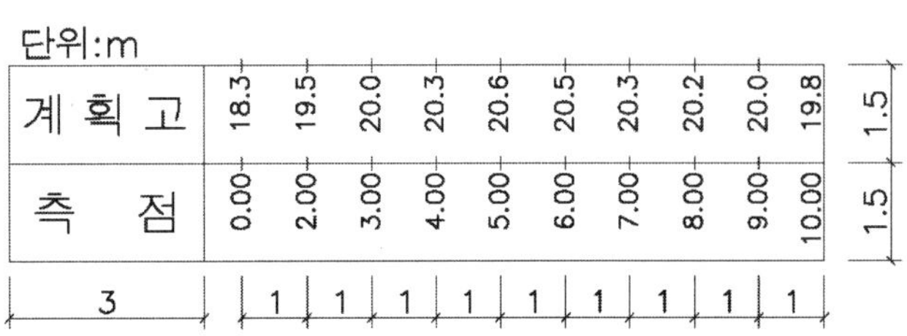

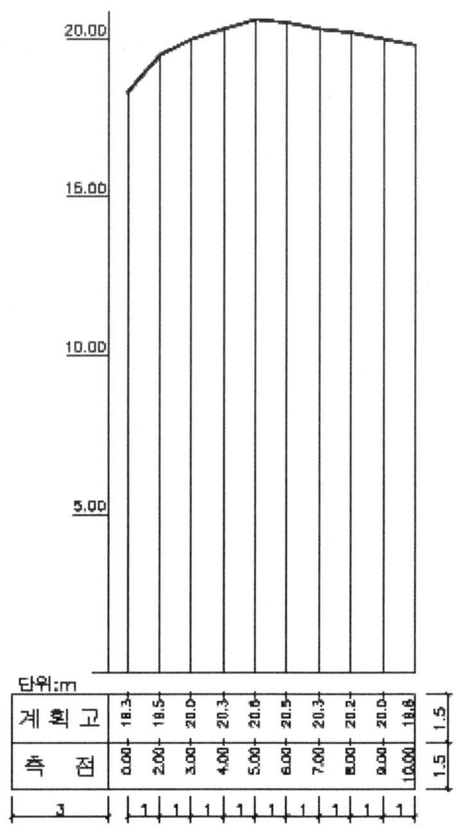

② 블록 만들기 명령을 실행한다.

► 명령 : block Enter↵ (혹은 b Enter↵)

► 블록으로 등록할 객체를 선택하기 위해 객체 선택 버튼 ( )을 선택한다.

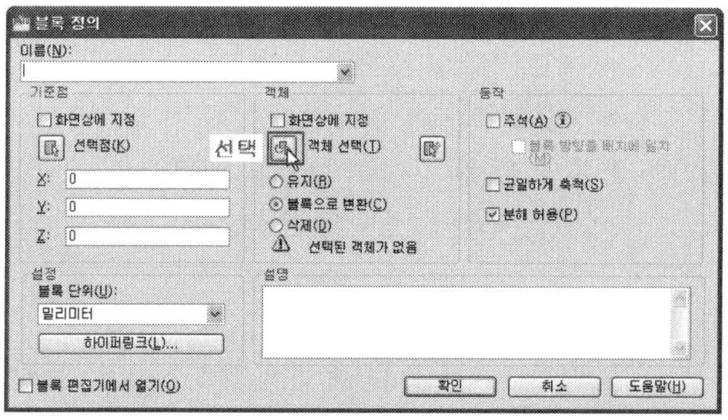

③ 작업공간 화면에서 블록으로 등록할 객체를 선택하고 Enter↵ 키를 눌러 블록 정의 대화상자로 되돌아간다.

► 작업공간 화면에서 블록으로 등록하고자 하는 객체 선택하기

► Enter↵ 키를 눌러 블록정의 대상상자로 되돌아가기

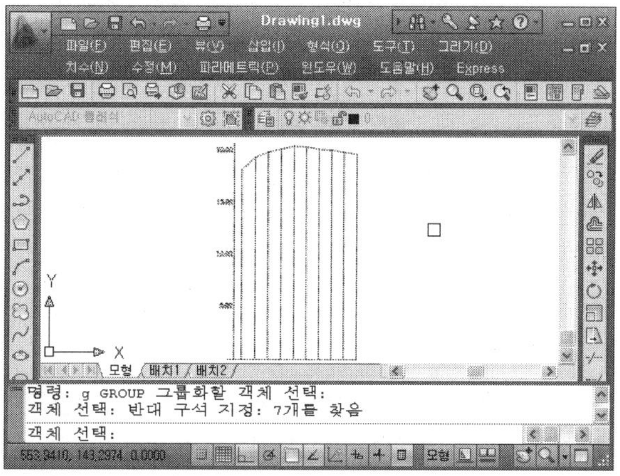

④ 블록 대화상자에 블록 이름을 입력하고 블록의 기준점을 설정한다.

► 이름(N) 영역에 블록 이름 입력하기

이름을 '종단면도'라고 입력한다.

► 블록의 기준점 지정하기 위해 선택점(K) 버튼 ( )선택

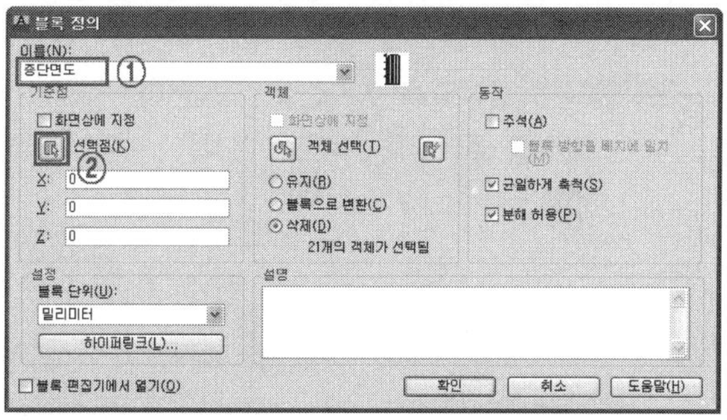

⑤ 작업공간 화면에서 블록을 만들 객체의 기준점을 선택한다.

► 삽입 기준점 지정 : P1점 지정

마우스로 기준점을 지정하고 나면 자동적으로 블록 정의 대화상자가 다시 나타난다.

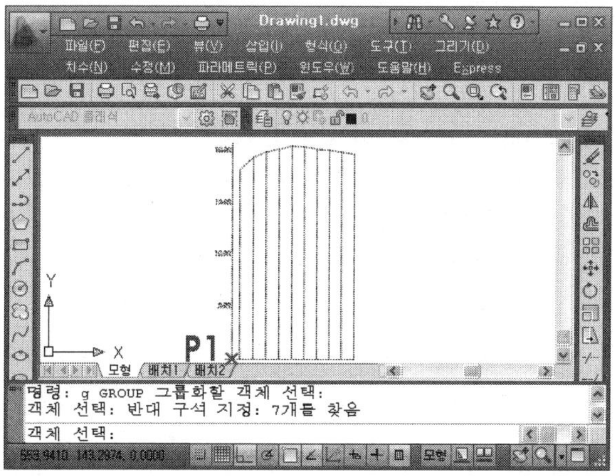

⑥ 블록 정의 대화상자에서 오른쪽 그림과 같이 설정한 후 명령을 종료한다.

- '삭제' 항목을 선택한다.
- '균일하게 축척' 항목을 선택하지 않는다.
- 분해 허용(P) 설정 항목을 선택한다.
- [확인] 버튼을 선택해 명령을 종료한다.

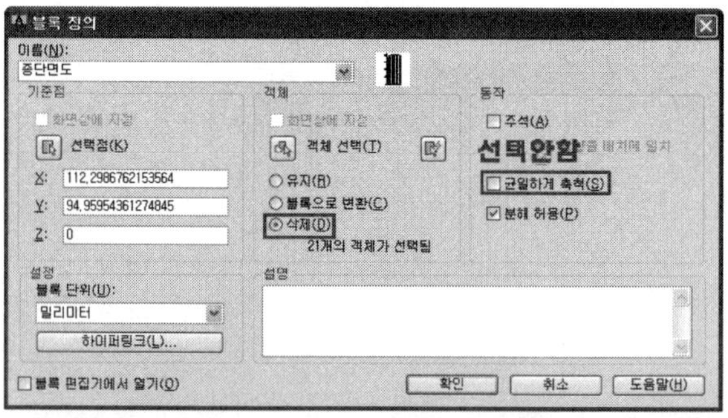

⑦ 블록 불러오기 명령을 실행하고 다음과 같이 설정한다.

- 명령 : insert [Enter↵] (혹은 I [Enter↵])
- 이름(N) 목록에서 불러들일 블록 선택하기

'종단면도' 이름을 선택한다.

- 삽입점 영역에서 '화면상에 지정(S)' 선택
- 축척 영역에서 다음과 같이 설정한다.
  - '화면상에 지정' 항목 선택 안한다.
  - 단일 축척 항목 선택 안한다.
  - 'X : 1, Y : 0.25, Z : 1'로 설정한다.

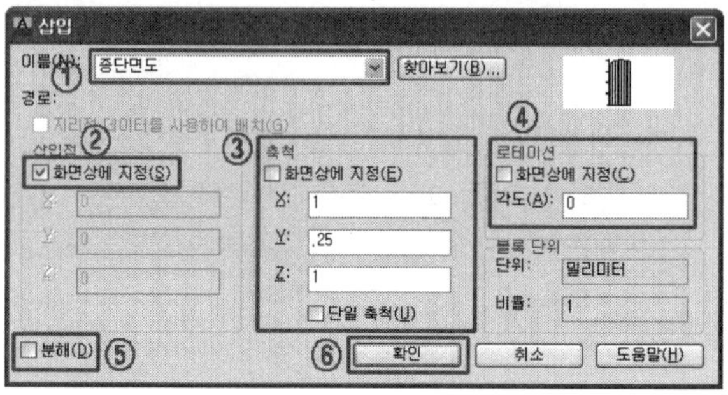

- 회전 영역에서 각도(A)값 '0'으로 설정한다.
- '분해' 항목을 선택하지 않는다.
- [확인] 버튼 선택해 '삽입' 대화상자를 닫고 다음을 적용한다.

⑧ 블록을 붙여넣을 위치점을 지정한다.

- 블록을 붙여넣을 위치점 지정하기 → *마우스로 임의의 위치점을 지정한다.*

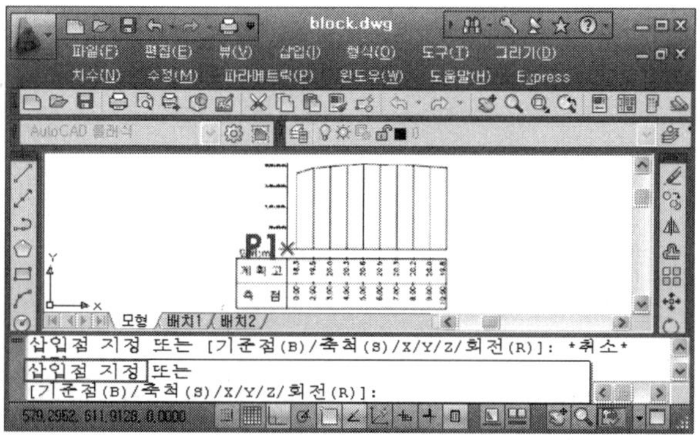

블록 삽입 후 블록 축척 변경하기

① 사용 명령 : change (ch)

② 사용방법

- 명령 : change [Enter↵] (혹은 ch [Enter↵])
- 축척을 변경할 블록 객체를 선택한다.
- 오른쪽 그림과 같이 변경할 축의 값을 수정한다.
- [Esc] 키를 눌러 명령을 종료한다.

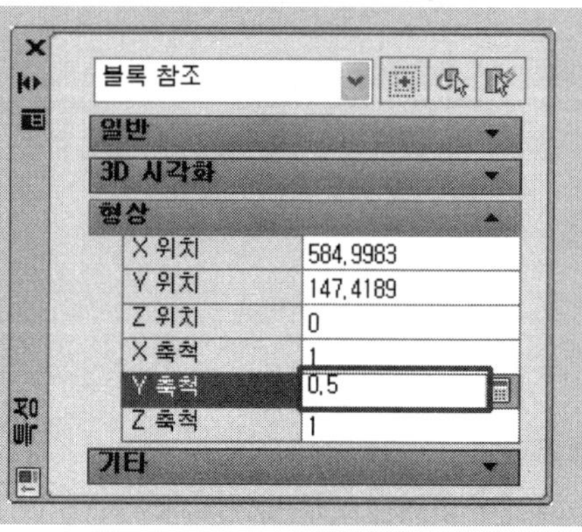

4. 객체 대칭시키기 – Mirror

- 지정한 도면 요소를 지정한 축을 중심으로 대칭시켜 이동하거나 복사하는 명령
- 대칭축은 원본과 복사본의 가운데에 점과 각을 이등분하는 위치를 지난다.
- 문자가 포함되어 있는 도면을 대칭시키면, 글자가 뒤집히는데, 이때 시스템 변수 MIRRTEXT를 이용해 뒤집히지 않게 할 수 있다(mirrtext=1→mirrtext=0으로 변경).

4.1 객체 대칭 명령 실행

명령줄 사용 : mirror [Enter↵] **(단축명령 : mi)**

리본메뉴 사용 : 홈탭 ▶ 수정 패널 ▶

주메뉴 사용 : 수정(M) ▶ 대칭(I)

도구막대 사용 : 수정 도구막대 ▶

4.2 객체 대칭 명령 옵션

►명령 : mirror [Enter↵] (혹은 mi [Enter↵])
►객체 선택 :
►대칭선의 첫 번째 점 지정 : 대칭선의 두 번째 점 지정 :
►원본 객체를 지우시겠습니까? [예(Y)/아니오(N)] 〈N〉 :

옵 션	설 명
객체 선택	대칭을 시키기 위한 객체 선택
첫 번째 점 지정	대칭축을 지정하기 위한 첫 번째 점 지정
두 번째 점 지정	대칭축을 지정하기 위한 두 번째 점 지정
원본 객체 지우기	대칭 원본의 삭제 유무를 설정
Yes	대칭을 시키기 위해 선택한 객체를 삭제
No	대칭을 시키기 위해 선택한 객체를 유지(기본값)→복사 적용됨.

4.3 객체 대칭 명령 따라하기

먼저 오른쪽 그림과 같이 도면을 그린 후 따라하도록 한다.

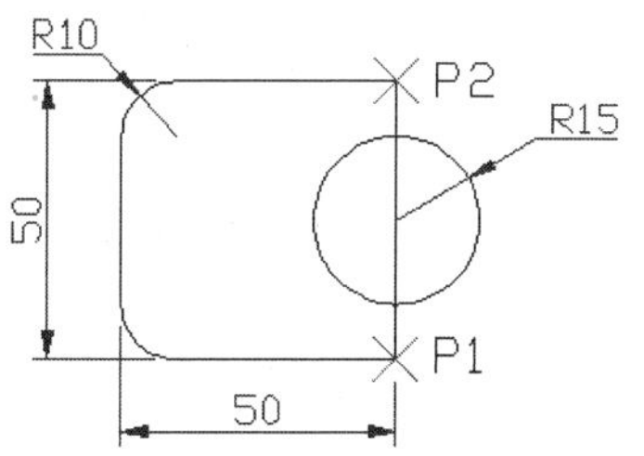

① 대칭 명령 적용하기 - 원본 객체 지우기

►명령 : mirror [Enter↵] (혹은 MI [Enter↵])
►객체 선택 : **대칭을 적용할 객체 선택**
►객체 선택 : [Enter↵] ➔ *다음 단계 넘어가기*
►대칭선의 첫 번째 점 지정 : **P1점 지정**
►대칭선의 두 번째 점 지정 : **P2점 지정**

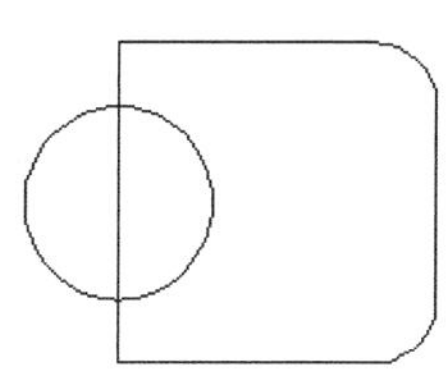

► 원본 객체를 지우시겠습니까? [예(Y)/아니오(N)] 〈N〉 : Y [Enter↵]

② 대칭 명령 적용하기 - 원본 객체 지우지 않기

► 명령 : mirror [Enter↵] (혹은 MI [Enter↵])
► 객체 선택 : **대칭을 적용할 객체 선택**
► 객체 선택 : [Enter↵] ➔ 다음 단계 넘어가기
► 대칭선의 첫 번째 점 지정 : **P1점 지정**
► 대칭선의 두 번째 점 지정 : **P2점 지정**
► 원본 객체를 지우시겠습니까? [예(Y)/아니오(N)] 〈N〉 : n [Enter↵]

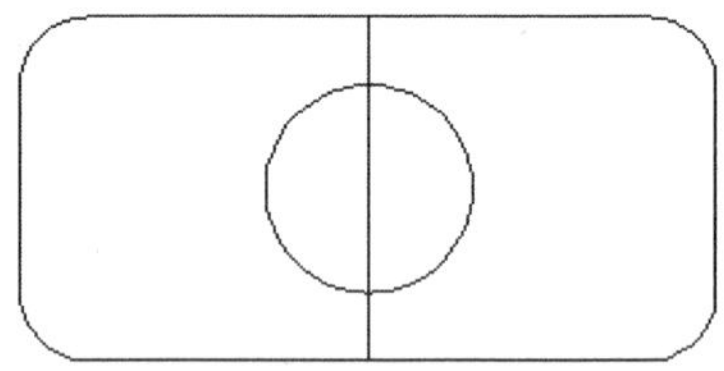

③ 문자 객체의 대칭 적용하기

► 명령 : mirrtext [Enter↵]
► MIRRTEXT에 대한 새 값 입력 〈0〉 : 0 [Enter↵] (혹은 1 [Enter↵])

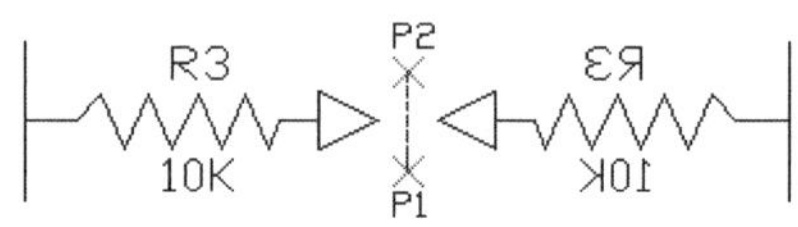

mirrtext=1 로 설정된 경우

► 명령 : mirror [Enter↵]
► 객체 선택 : **대칭을 적용할 객체 선택**
► 객체 선택 : [Enter↵] ➔ *다음 단계 넘어가기*
► 대칭선의 첫 번째 점 지정 : **P1점 지정** ➔ *임의의 P1점 지정*
► 대칭선의 두 번째 점 지정 : **P2점 지정** ➔ *P1에 수직인 P2점 지정*
► 원본 객체를 지우시겠습니까? [예(Y)/아니오(N)] 〈N〉 : y [Enter↵]

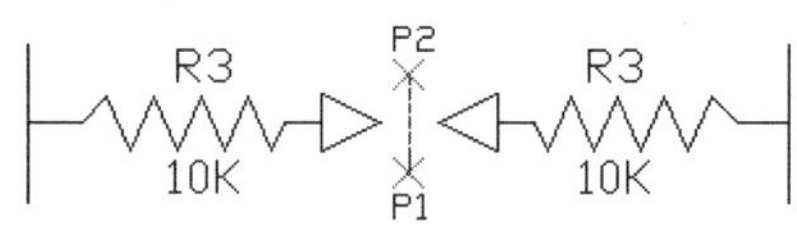

mirrtext=0 으로 설정된 경우

5. 객체 정렬시키기 – ALign

- 객체를 정렬시키는 명령
- 선택한 도면 요소를 다른 객체를 기준으로 MOVE, ROTATE, SCALE를 조절하는 명령
- 최대 3점을 이용하며 사용하는 점의 수에 따라 MOVE, ROTATE, SCALE 명령이 적용됨.

확인

ALIGN 명령 사용 시 이용하는 점의 수에 따라 사용 가능한 명령

사용 점의 수	1점 이용시	2점 이용시	3점 이용시
사용 가능한 명령	MOVE	MOVE+ROTATE+SCALE	MOVE+ROATTE

5.1 객체 정렬 명령 실행

명령줄 사용 : align [Enter↵] (단축명령 : al)

리본메뉴 사용 : 홈탭 ▶ 수정 패널 ▶ 

주메뉴 사용 : 수정(M) ▶ 3D 작업(3) ▶ 정렬(L)

도구막대 사용 : 모델링 도구막대 ▶ 

5.2 객체 정렬 명령 옵션

- ► 명령 : align [Enter↵] (혹은 al [Enter↵])
- ► 객체 선택 :
- ► 첫 번째 근원점 지정 :
- ► 첫 번째 대상점 지정 :
- ► 정렬점을 기준으로 객체에 축척을 적용합니까? [예(Y)/아니오(N)]

옵　션	설　　명
객체 선택	정렬할 객체 선택
첫 번째 근원점 지정	정렬할 원본 객체의 기준점 지정(3번까지 지정 가능)
첫 번째 대상점 지정	원본 객체가 위치할 지점 지정(3번까지 지정 가능)
축척 적용 여부	원본 객체의 크기 변경 여부 설정(2점 이용시 사용 가능)
예(Y)	원본 객체의 크기를 변경하도록 설정
아니오(N)	원본 객체의 크기 변경하지 않도록 설정

5.3 객체 정렬 명령 따라하기

먼저 오른쪽 그림과 같이 그린 후 정렬명령을 따라한다.

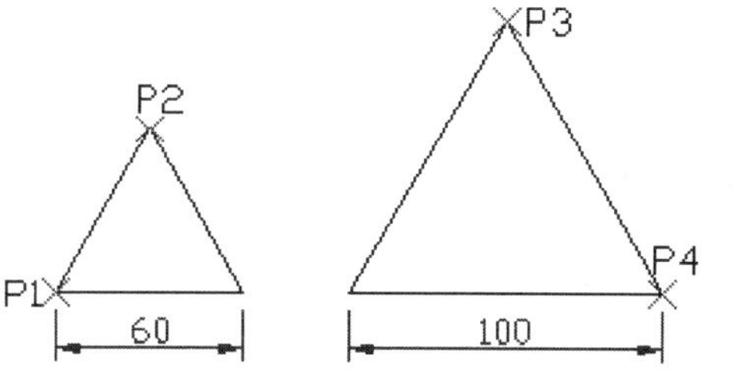

① 한쌍의 점을 이용한 객체 정렬 - Move 명령과 동일

- ► 명령 : align [Enter↵] **(혹은 al [Enter↵])**
- ► 객체 선택 : **정렬할 객체 선택**
- ► 객체 선택 : [Enter↵] ➔ *다음 단계 넘어가기*
- ► 첫 번째 근원점 지정 : **P1점 지정**
- ► 첫 번째 대상점 지정 : **P3점 지정**
- ► 두 번째 근원점 지정 : [Enter↵]

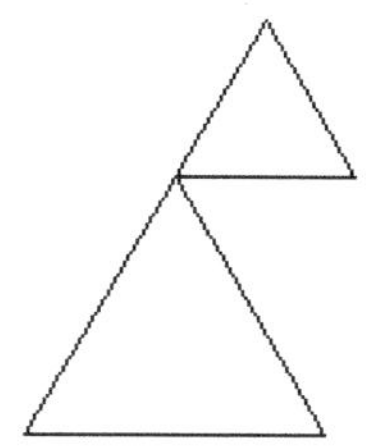

② 두쌍의 점을 이용한 객체 정렬 - Move+Rotate+Scale 명령 동시 적용 가능

- ► 명령 : align [Enter↵] **(혹은 al [Enter↵])**
- ► 객체 선택 : **정렬할 객체 선택**
- ► 객체 선택 : [Enter↵] ➔ *다음 단계 넘어가기*
- ► 첫 번째 근원점 지정 : **P1점 지정**
- ► 첫 번째 대상점 지정 : **P4점 지정**
- ► 두 번째 근원점 지정 : **P2점 지정**
- ► 두 번째 대상점 지정 : **P3점 지정**
- ► 세 번째 근원점 지정 또는 〈계속〉 : [Enter↵]
- ► 정렬점을 기준으로 객체에 축척을 적용합니까? [예(Y)/아니오(N)] 〈N〉 : y [Enter↵] ➔ *축척을 적용*

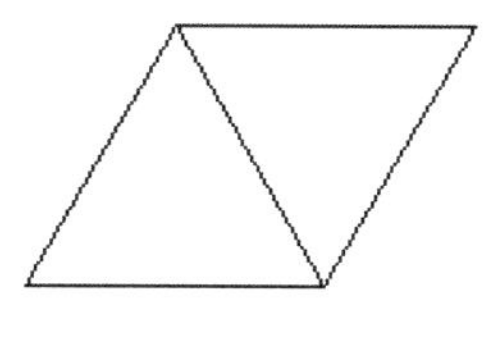

③ 세쌍의 점을 이용한 객체 정렬 - 3D 작업에 주로 사용(참고만 하면 됨.)

► 명령 : align Enter↵ (혹은 al Enter↵)

► 객체 선택 : **정렬할 객체 선택**

► 객체 선택 : Enter↵ ➔ *다음 단계 넘어가기*

► 첫 번째 근원점 지정 : **P1점 지정**

► 첫 번째 대상점 지정 : **P2점 지정**

► 두 번째 근원점 지정 : **P3점 지정**

► 두 번째 대상점 지정 : **P4점 지정**

► 세 번째 근원점 지정 또는 〈계속〉 : **P5점 지정**

► 세 번째 대상점 지정 : **P5점 지정**

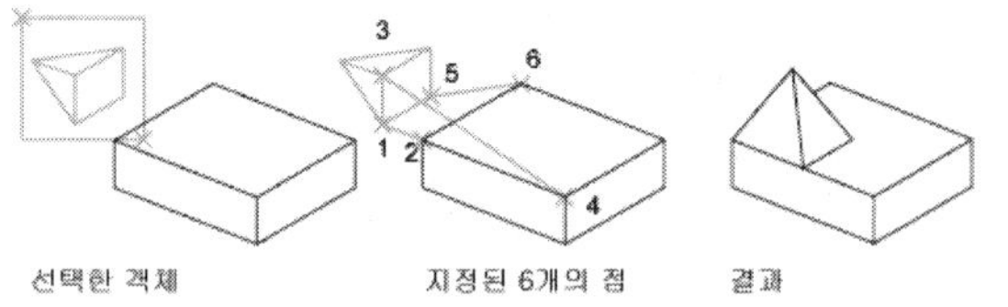

객체 복사하기

1 객체 이동복사 : copy (co)
2 객체 회전복사 : rotate (ro) → copy 옵션
3 객체 대칭복사 : mirror (mi) → no 옵션
4 객체 배열복사 : array (ar)
① arrayrect : 사각배열
② arraypolar : 원형배열
③ arraypath : 경로배열

6. 객체 이동복사 : copy (co)

- 도면 내용을 이동하면서 복사할 때 사용하는 명령
- 복사한 도면은 원본 객체와 방향 및 척도 등 같은 속성을 갖는다.

6.1 객체 이동 복사 명령 실행

- 명령줄 사용 : copy [Enter↵] (단축명령 : co)
- 리본메뉴 사용 : 홈탭 ▶ 수정 패널 ▶
- 주메뉴 사용 : 수정 (M) ▶ 복사 (Y)
- 도구막대 사용 : 수정 도구막대 ▶

6.2 기본 복사 명령 옵션

► 명령 : copy [Enter↵] (혹은 co [Enter↵])
► 객체 선택 :
► 현재 설정 : 복사 모드 = 다중(M)
► 기본점 지정 또는 [변위(D)/모드(O)] 〈변위(D)〉 :
► 두 번째 점 지정 또는 〈첫 번째 점을 변위로 사용〉 :

옵 션	내 용
객체 선택	복사하고자 하는 객체 선택
기본점 지정	선택한 객체의 기준점 지정
두 번째 점 지정	선택한 객체를 복사하고자 하는 위치 지정
변위(D)	좌표를 사용하여 상대 거리 및 방향 지정(거의 사용 안함)
모드(O)	선택한 객체를 계속적으로 여러개를 복사하는 기능
단일(S)	한 개만 복사하고 명령 종료
다중(M)	여러개 동시에 복사 가능(기본값)

6.3 기본 복사 명령 따라하기

① OSNAP을 이용해 마우스로 객체 복사하기

명령 실행 전의 도형을 그린 후 따라하도록 한다.

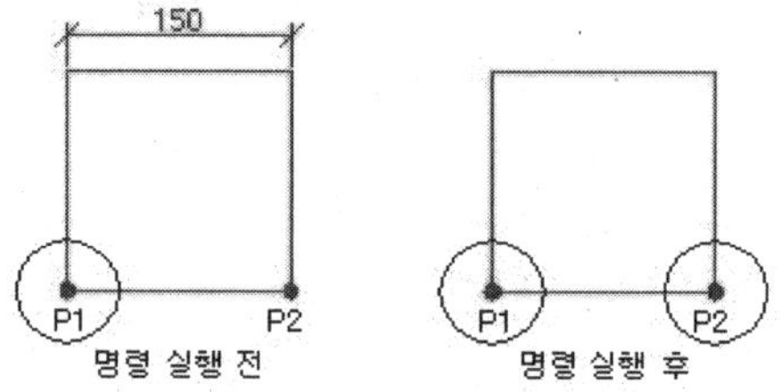

- ► 명령 : copy [Enter↵] (혹은 co [Enter↵])
- ► 객체 선택 : **원 선택** ➔ *복사할 객체 선택*
- ► 객체 선택 : [Enter↵]
- ► 현재 설정 : 복사 모드 = 다중(M)
- ► 기본점 지정 또는 [변위(D)/모드(O)] 〈변위(D)〉 : **P1점 지정** ➔ *OSNAP기능을 이용해 지정*
- ► 두 번째 점 지정 또는 〈첫 번째 점을 변위로 사용〉 : **P2점 지정** ➔ *OSNAP기능을 이용해 지정*
- ► 두 번째 점 지정 또는 [종료(E)/명령 취소(U)] 〈종료〉 : [Enter↵]

② 상대좌표를 이용해 객체 복사하기

명령 실행 전의 도형을 그린 후 따라하도록 한다.

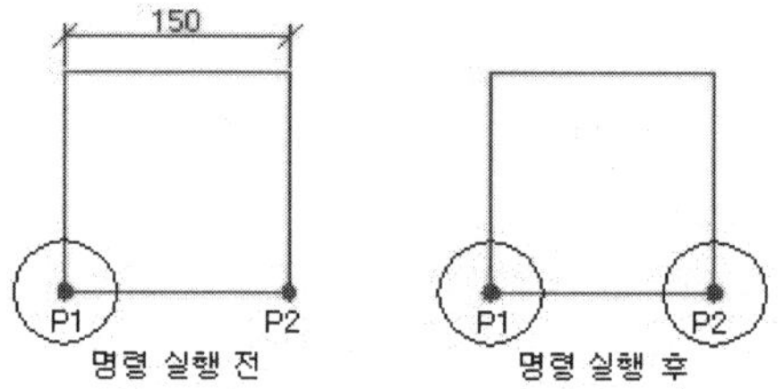

- ► 명령 : copy [Enter↵] (혹은 co [Enter↵])
- ► 객체 선택 : **원 선택** ➔ *복사할 객체 선택*
- ► 객체 선택 : [Enter↵]
- ► 현재 설정 : 복사 모드 = 다중(M)
- ► 기본점 지정 또는 [변위(D)/모드(O)] 〈변위(D)〉 : **P1점 지정**
- ► 두 번째 점 지정 또는 〈첫 번째 점을 변위로 사용〉 : @150,0 [Enter↵] ➔ *(혹은 ORTHO(F8)기능을 이용하는 경우 : 마우스로 오른쪽 방향 지시후 150 [Enter↵])*
- ► 두 번째 점 지정 또는 [종료(E)/명령 취소(U)] 〈종료〉 : [Enter↵]

7. 회전복사 – ROtate ➔ Copy 옵션 사용

- 객체를 회전하면서 복사를 할 수 있다.

7.1 회전 복사 명령

명령줄 사용 : rotate [Enter↵] (단축명령 : ro)
리본메뉴 사용 : 홈탭 ▶ 수정 패널 ▶
주메뉴 사용 : 수정(M) ▶ 회전(R)
도구막대 사용 : 수정 도구막대 ▶

7.2 객체 회전 명령 옵션

- ► 명령 : rotate [Enter↵] (혹은 ro [Enter↵])
- ► 객체 선택 :
- ► 기준점 지정 :
- ► 회전 각도 지정 또는 [복사(C)/참조(R)] 〈0〉 :

옵 션	내 용
객체 선택	회전시킬 객체 선택
기준점	회전중심축 지정
회전각도 지정	회전각도 지정
복사(C)	회전 객체를 복사

7.3 회전 복사 명령 따라하기

'100' 크기의 수직선 도형을 그린 후 따라하도록 한다.

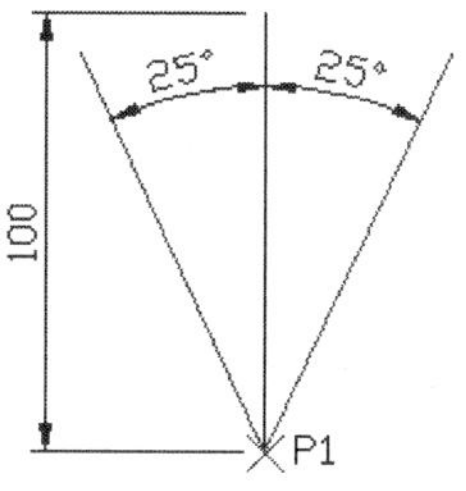

- ▸명령 : rotate [Enter↵] (혹은 ro [Enter↵])
- ▸현재 UCS에서 양의 각도 : 측정 방향＝시계 반대 방향 기준 방향＝0
- ▸객체 선택 : **회전시킬 대상 객체 선택** ➔ *회전 적용 전의 전체 객체 선택*
- ▸객체 선택 : [Enter↵] ➔ *다음 단계 넘어가기*
- ▸기준점 지정 : **P1점 지정** ➔ *회전 기준점 지정*
- ▸회전 각도 지정 또는 [복사(C)/참조(R)] 〈0〉 : c [Enter↵] ➔ *복사 옵션 선택*
- ▸회전 각도 지정 또는 [복사(C)/참조(R)] 〈0〉 : 25 [Enter↵] ➔ *회전값 입력*

동일한 방법으로 회전값을 '−25도' 적용해 오른쪽 그림을 완성한다.

8. 대칭복사－Mirror ➔ No 옵션 사용

- 객체를 대칭시키면서 복사를 할 수 있다.

8.1 대칭 복사 명령

명령줄 사용 : mirror [Enter↵] (단축명령 : mi)
리본메뉴 사용 : 홈탭 ▶ 수정 리본 ▶
주메뉴 사용 : 수정(M) ▶ 대칭(I)
도구막대 사용 : 수정 도구막대 ▶

8.2 대칭 복사 명령 따라하기

① 오른쪽 모양의 도면을 먼저 그린다.
- ▸사용명령 : Line, Circle, TRim, Offset 등

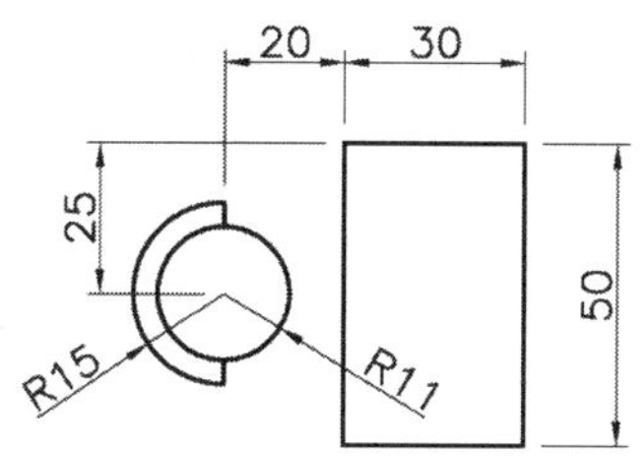

② 대칭명령을 이용해 반대쪽 원형의자를 완성한다.
- ▸명령 : mirror [Enter↵] (혹은 mi [Enter↵])
- ▸객체 선택 : S1점 클릭 후 S2점 클릭해 대칭을 적용할 객체 선택
- ▸객체 선택 : [Enter↵] ➔ *다음 단계 넘어가기*
- ▸대칭선의 첫 번째 점 지정 : **P1점 지정**
- ▸대칭선의 두 번째 점 지정 : **P2점 지정**
- ▸원본 객체를 지우시겠습니까? [예(Y)/아니오(N)] 〈N〉 : n [Enter↵]

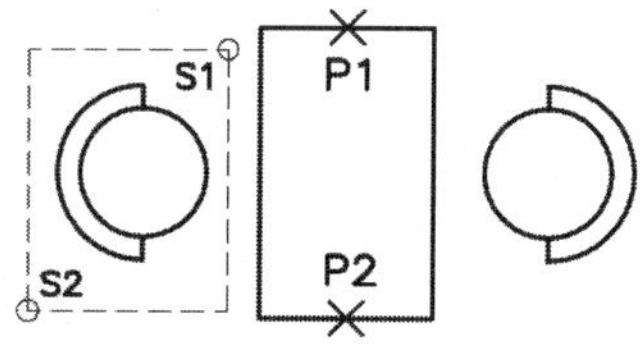

9. 배열복사 – ARray

- 한 번의 명령으로 결과물을 여러개 복사할 수 있는 명령
- 이동 배열복사(직사각형 배열) : 동일한 간격으로 복사되는 경우 사용
- 회전 배열복사(원형 배열) : 동이한 각도로 복사되는 경우 사용
- 경로 배열복사 : 객체 사본을 경로 또는 경로의 일부분을 따라 균일하게 복사한다.
- 이전 버전과는 달리 배열 명령 적용후 배열을 편집할 수 있다(arrayedit).
- 배열 복사된 객체는 동적블록 기능을 가진다(예 : 그립 끌기를 적용하면 복사 개수가 변경됨).

9.1 배열 복사 명령 실행

명령줄 사용 : array Enter↵ (단축명령 : ar)

리본메뉴 사용 : 홈 탭 ▶ 수정 패널 ▶ 배열 드롭다운 ▶

주메뉴 사용 : 수정(M) ▶ 배열(A)

도구막대 사용 : 수정 도구막대 ▶

9.2 리본메뉴를 이용한 배열 복사 명령 옵션

► 명령 : array Enter↵ (혹은 ar Enter↵)
► 객체 선택 :
► 배열 유형 입력 [직사각형(R)/경로(PA)/원형(PO)] 〈원형〉 :

(1) 직사각형(R) 배열 유형 선택

► 배열 유형 입력 [직사각형(R)/경로(PA)/원형(PO)] 〈원형〉 : r Enter↵
► 그립을 선택하여 배열을 편집하거나 [연관(AS)/기준점(B)/개수(COU)/간격두기(S)/열(COL)/행(R)/레벨(L)/종료(X)] 〈종료〉 :

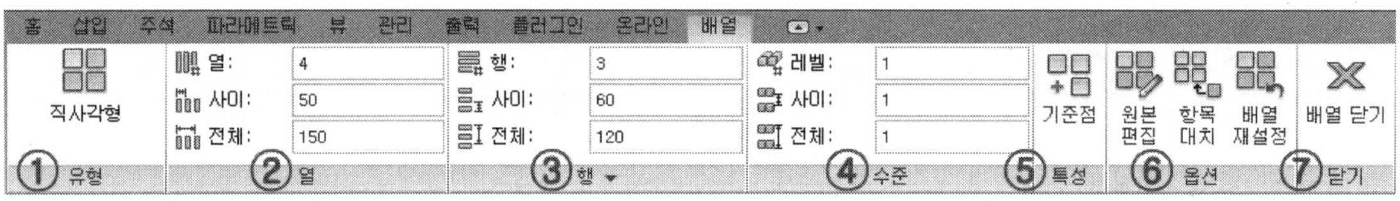

① 유형 : 직사각형 유형 배열

② 열 : 열(가로)방향 배열 개수와 간격 설정
- **열 :** 열(가로)방향 복사 개수 설정
- **사이 :** 복사 객체 사이 간격
- **전체 :** 배열 복사 전체 간격

③ 행 : 행(세로)방향 배열 개수와 간격 설정
- **행 :** 행(세로)방향 복사 개수 설정
- **사이 :** 복사 객체 사이 간격
- **전체 :** 배열 복사 전체 간격

④ 수준 : 수준(높이)방향 배열 개수와 간격 설정
- **레벨 :** 레벨(높이)방향 복사 개수 설정

- **사이 :** 복사 객체 사이 간격
- **전체 :** 배열 복사 전체 간격

⑤ **특성** : 배열 객체 기준점 설정

⑥ **옵션** : 배열 옵션 설정

- **원본 편집 :** 배열 복사본의 편집
- **항목 대치 :** 배열 복사 항목중 하나만 다른 도면 요소로 변경
- **배열 재설정 :** 배열값 다시 설정

⑦ **닫기** : 배열 복사 명령 종료

(2) 원형(PO) 배열 유형 선택

► 배열 유형 입력 [직사각형(R)/경로(PA)/원형(PO)] 〈원형〉 : po Enter↵

► 유형 = 원형, 연관 = 예

► 배열의 중심점 지정 또는 [기준점(B)/회전축(A)] :

► 그립을 선택하여 배열을 편집하거나 [연관(AS)/기준점(B)/항목(I)/사이의 각도(A)/채울 각도(F)/행(ROW)/레벨(L)/항목 회전(ROT)/종료(X)]〈종료〉 :

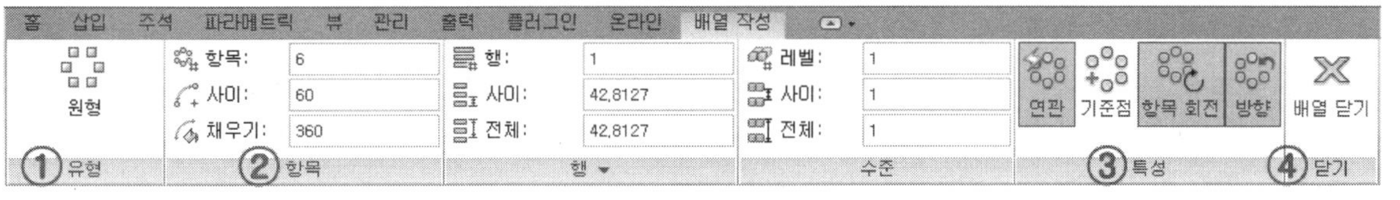

① **유형** : 원형 유형 배열

② **항목** : 회전 배열 개수와 간격 설정

- **항목 :** 회전 복사 배열 개수 설정
- **사이 :** 회전 복사 객체간 각도값 설정
- **채우기 :** 회전 복사 전체 각도값 설정

③ **특성** : 회전 배열 특성 설정

- **연관 :** 행(세로)방향 복사 개수 설정
- **기준점 :** 복사 객체 사이 간격
- **항목 회전 :** 배열 복사 전체 간격
- **방향 :** 회전 배열 방향 설정

④ **닫기** : 배열 복사 명령 종료

(3) 경로(PA) 배열 유형 선택

► 배열 유형 입력 [직사각형(R)/경로(PA)/원형(PO)] 〈원형〉 : pa Enter↵

► 경로 곡선 선택 :

► 그립을 선택하여 배열을 편집하거나 [연관(AS)/메서드(M)/기준점(B)/접선 방향(T)/항목(I)/행(R)/레벨(L)/항목 정렬(A)/Z 방향(Z)/종료(X)] 〈종료〉 :

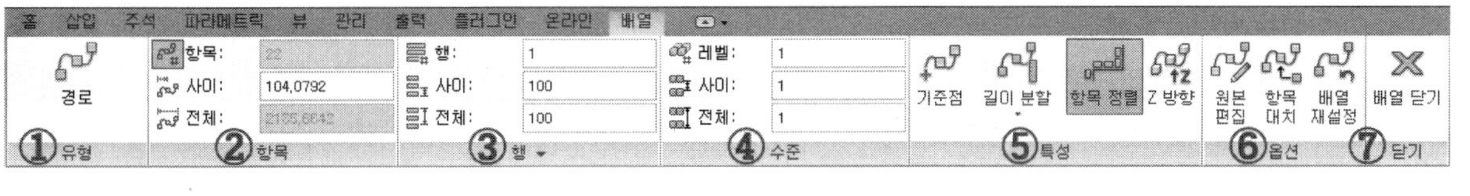

① **유형** : 경로 유형 배열

② **항목** : 경로 배열 특성에 따라 배열 개수와 간격 설정

- **항목** : 열(가로)방향 복사 개수 설정
- **사이** : 복사 객체 사이 간격
- **전체** : 배열 복사 전체 간격

③ **행** : 경로에 대한 수직방향 배열 개수와 간격 설정

- **행** : 행(세로)방향 복사 개수 설정
- **사이** : 복사 객체 사이 간격
- **전체** : 배열 복사 전체 간격

④ **수준** : 경로에 대한 수준(높이)방향 배열 개수와 간격 설정

- **레벨** : 레벨(높이)방향 복사 개수 설정
- **사이** : 복사 객체 사이 간격
- **전체** : 배열 복사 전체 간격

⑤ **특성** : 배열 객체의 특성 설정

- **기준점 설정** : 배열의 기준점을 재지정한다.
- **길이분할** : 항목을 지정된 간격으로 경로를 따라 복사한다.
- **등분할** : 지정된 수의 항목을 경로 길이를 따라 균일하게 복사한다.
- **항목 정렬** : 각 항목을 경로 방향에 접하도록 정렬할지 여부를 지정한다.
- **Z 방향** : 항목의 원래 Z 방향을 유지할지 아니면 경로를 따라 자연적으로 뱅크할지 조정한다.

⑥ **옵션** : 배열 옵션 설정

⑦ **닫기** : 배열 복사 명령 종료

⑧ **취소** : 배열복사 취소하기

⑨ **미리보기** : 배열 복사 적용 결과 미리보기(배열 상자가 없어지고 화면상에 미리보기 적용됨)

9.3 전통적인 배열 복사 명령 옵션 – arrayclassic

▶ 명령 : array Enter↵ (혹은 ar Enter↵)

[직사각형 배열]

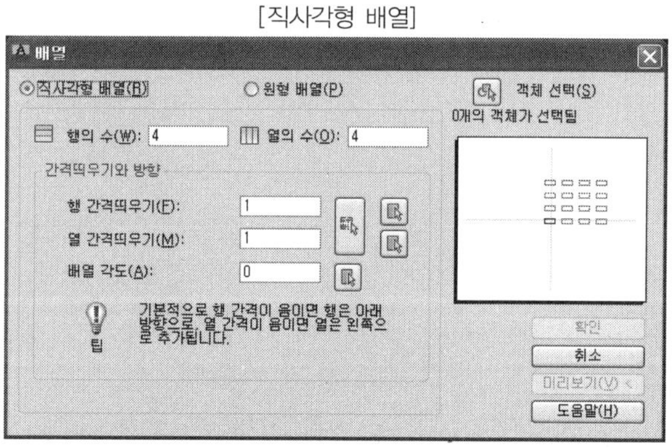

- **객체선택** : 복사 객체 선택
- **행의 수, 열의 수** : 복사 개수 지정
- **간격띄우기와 방향** : 복사 간격 설정
  - 행 간격 띄우기 : 세로 간격 설정
  - 열 간격 띄우기 : 가로 간격 설정
  - 배열 각도 : 배열 각도 설정

[원형 배열]

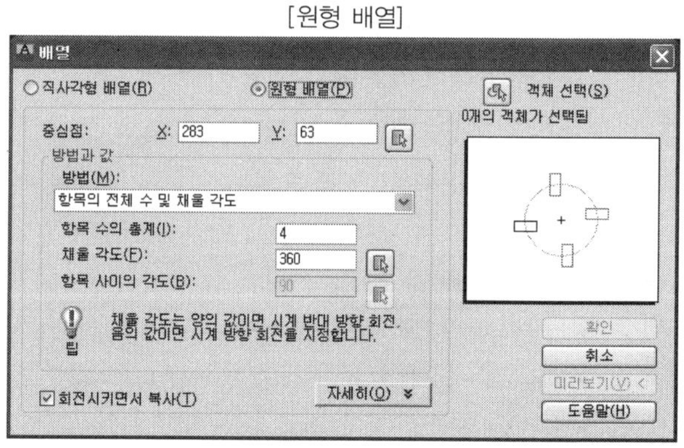

- **객체 선택** : 복사 객체 선택
- **중심점** : 회전 중심섬 지정
- **방법과 값**
  - 방법 : 원형배열 방법 설정
  - 항목 수의 총계 : 회전 배열 개수
  - 채울각도와 항목 사이의 각도 : 적용 각도
- **회전시키면서 복사**

9.4 배열 복사 명령 따라하기

(1) 직사각형 배열 복사 따라하기

① 오른쪽 그림과 같이 한개의 사각형을 그린다.

► 사용명령 : Line, Circle, TRim, Offset 등

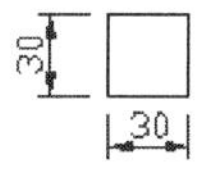

[명령 실행 전]

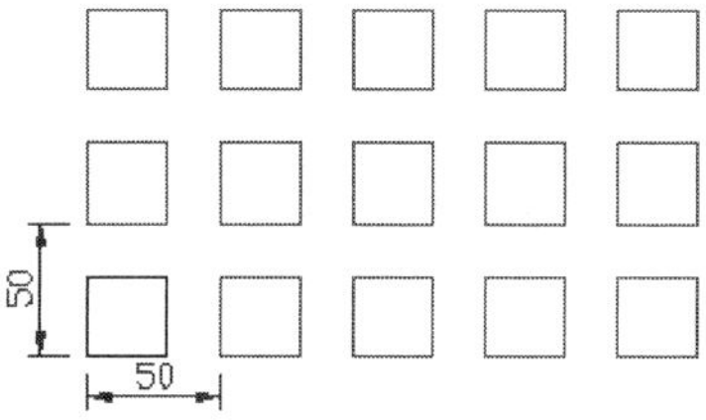

[명령 실행 후]

② 배열 복사 명령을 실행한다.

► 명령 : array [Enter↵] (혹은 ar [Enter↵])

► 객체 선택 : **사각형 선택**

► 배열 유형 입력 [직사각형(R)/경로(PA)/원형(PO)] 〈원형〉 : r [Enter↵]

③ 배열 복사를 적용할 객체를 선택한다.

► 객체 선택 버튼을 클릭한다(대화상자가 사라지고 작업공간(화면)이 나타난다).

► 화면에서 배열 복사를 적용할 객체를 선택한다.

► 선택을 다했으면 배열 대화상자로 되돌아가기 위해 [Enter↵]를 누른다.

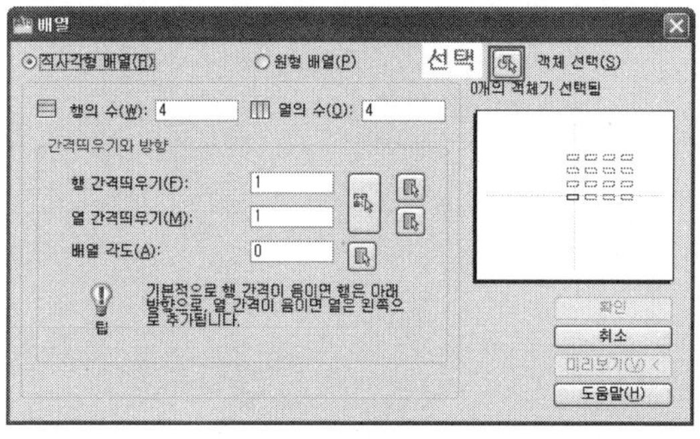

④ 배열 복사 유형을 선택하고 복사 개수, 간격띄우기와 방향을 설정한다.

► 직사각형 배열 선택

► 행의 수 : **3 입력**

► 열의 수 : **5 입력**

► 행 간격띄우기 : **50 입력**

► 열 간격띄우기 : **50 입력**

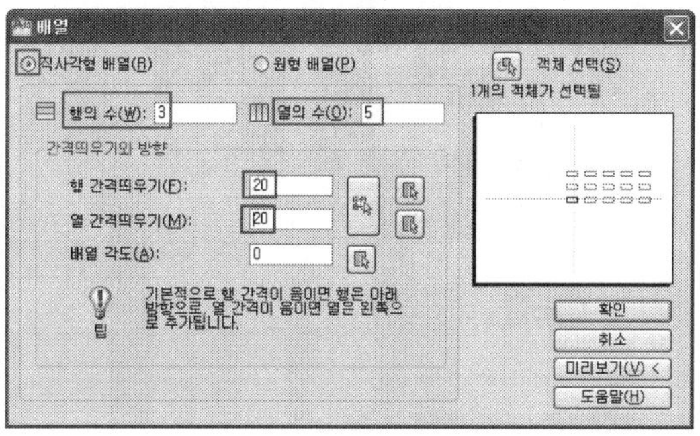

⑤ 미리보기 버튼을 선택해 작업 공간에서 결과를 미리보도록 한다.

► 배열 대화상자에서 미리보기(V) 버튼을 선택한다.

► 오른쪽 그림과 같이 작업 공간에서 결과 확인

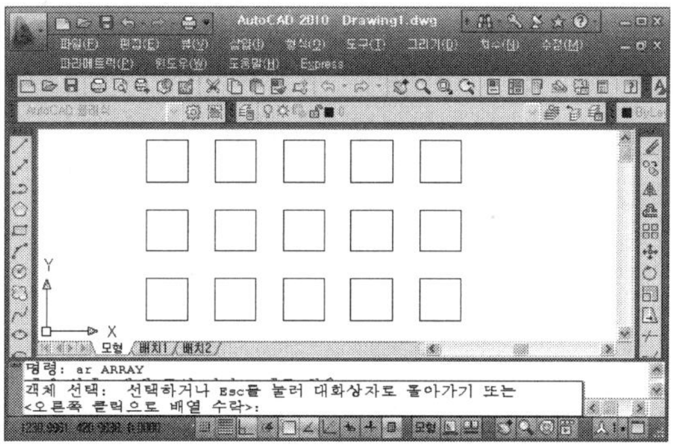

⑥ 배열 복사 미리보기 값이 잘못되어 설정을 변경하거나 명령을 종료한다.

- ► 배열 복사 설정값을 수정하려면 키보드 Esc 키나 마우스 왼쪽 버튼을 선택한다.
- ► 배열 복사 명령을 종료하려면 키보드 Enter↵ 키나 마우스 오른쪽 버튼을 선택한다.

(2) 원형 배열 복사 따라하기

① 오른쪽 그림과 같이 명령을 적용하기 전의 도형을 그린다.

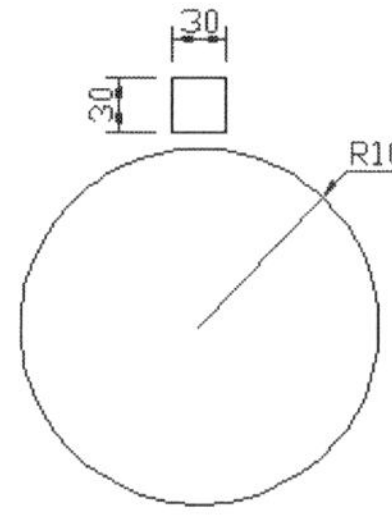

[명령실행 전]

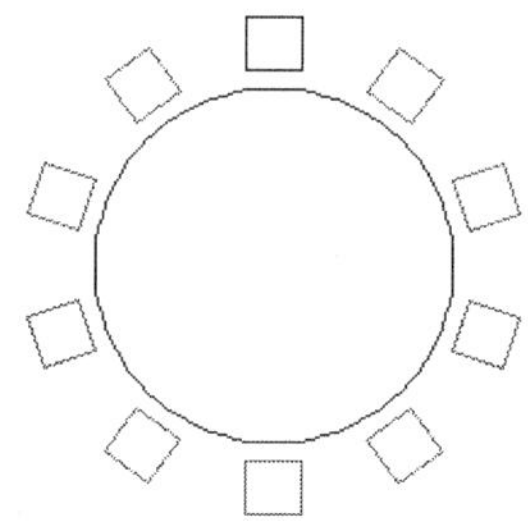

[명령실행 후]

② 배열 복사 명령을 실행하고 원형배열을 선택한다.

- ► 명령 : array Enter↵ (혹은 ar Enter↵)
- ► 원형 배열(P) 선택

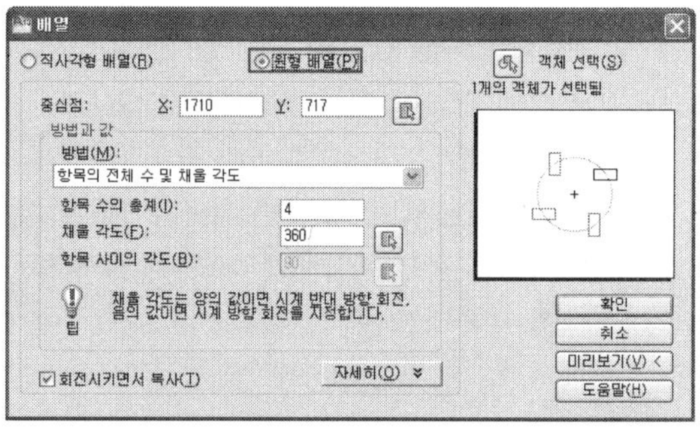

③ 배열 복사를 적용할 객체를 선택한다.

- ► 객체 선택 버튼을 클릭한다(대화상자가 사라지고 작업공간(화면)이 나타난다).
- ► 화면에서 배열 복사를 적용할 객체를 선택한다.
- ► 선택을 다했으면 배열 대화상자로 되돌아가기 위해 Enter↵ 를 누른다.

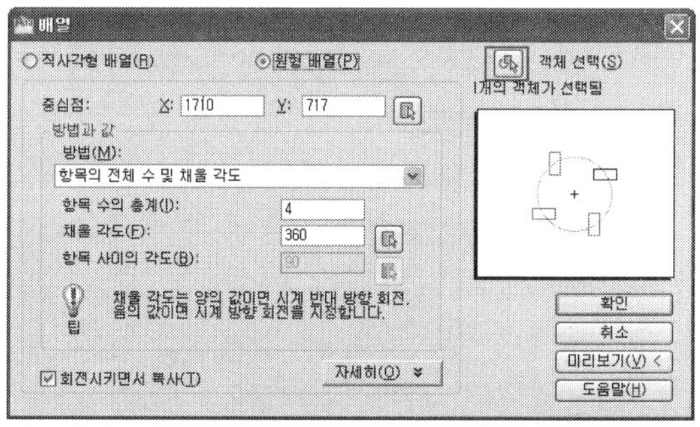

④ 원형 배열의 중심점을 지정한다.

- ► 중심점 지정 버튼을 선택한다(중심점 지정 버튼을 선택하면 배열 대화상자는 사라진다).
- ► 배열의 중심점으로 원의 중심점을 지정한다.
- ► 중심점을 지정하면 다시 배열 대화상자가 나타난다.

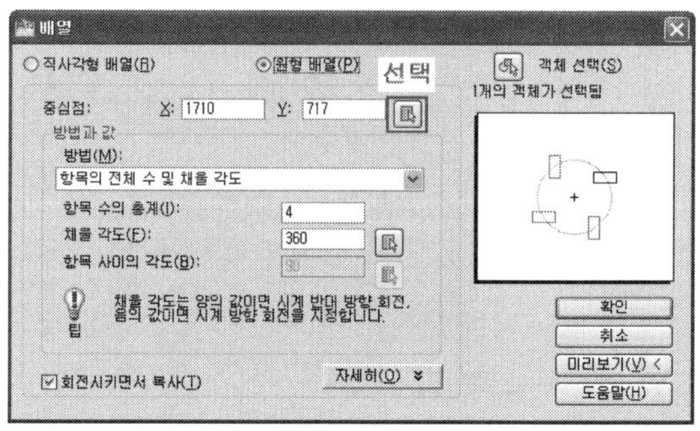

⑤ 원형 배열의 방법과 값을 설정한다.
- 방법 : 항목의 전체 수 및 채울 각도 선택
- 항목 수의 총계 : '10' 입력
- 채울 각도 : '360' 입력

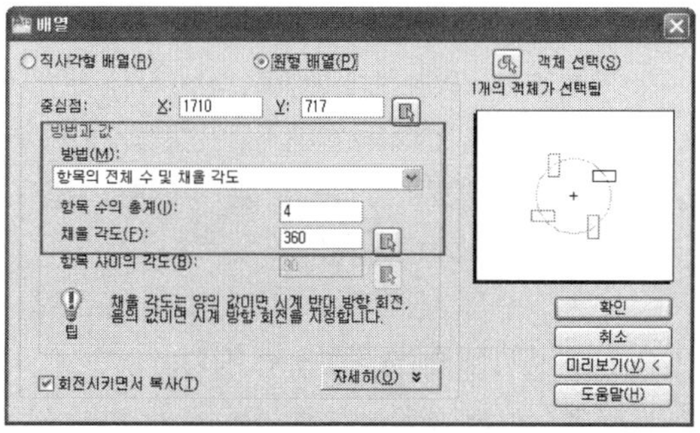

⑥ 미리보기 버튼을 선택하고 작업 공간에서 결과를 미리 보도록 한다.
- 배열 대화상자에서 미리보기(V) 버튼을 선택한다.
- 미리보기 버튼을 선택하면 배열 대화상자는 사라진다.
- 오른쪽 그림과 같이 작업 공간에서 결과를 확인한다.

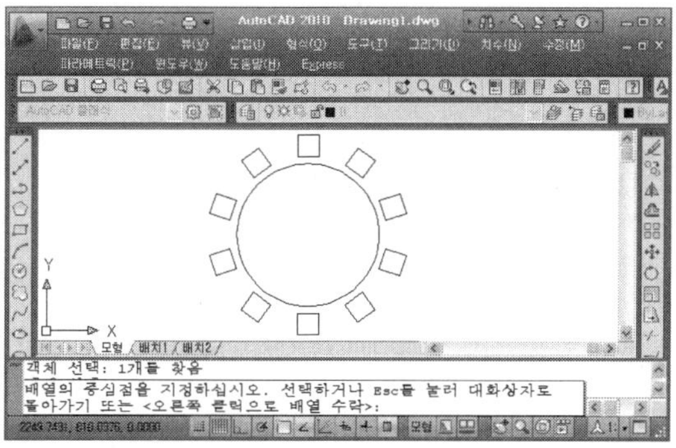

⑦ 배열 복사 미리보기 값이 잘못되어 설정을 변경하거나 명령을 종료한다.
- 배열 복사 설정값을 수정하려면 키보드 Esc 키나 마우스 왼쪽 버튼을 선택한다.
- 배열 복사 명령을 종료하려면 키보드 Enter↵ 키나 마우스 오른쪽 버튼을 선택한다.

(3) 경로배열 복사 따라하기

① 임의의 자유곡선을 그린다.
- 명령 : spline Enter↵ (혹은 spl)
- 현재 설정 : 메서드＝맞춤, 매듭＝현
- 첫 번째 점 지정 또는 [메서드(M)/매듭(K)/객체(O)] : **마우스로 임의의 점 지정**
- 다음 점 입력 또는 [시작 접촉부(T)/공차(L)] : **마우스로 임의의 점 지정**
- 다음 점 입력 또는 [끝 접촉부(T)/공차(L)/명령 취소(U)] : **마우스로 임의의 점 지정**
- 다음 점 입력 또는 [끝 접촉부(T)/공차(L)/명령 취소(U)/닫기(C)] : **마우스로 임의의 점 지정**
- 다음 점 입력 또는 [끝 접촉부(T)/공차(L)/명령 취소(U)/닫기(C)] : Enter↵

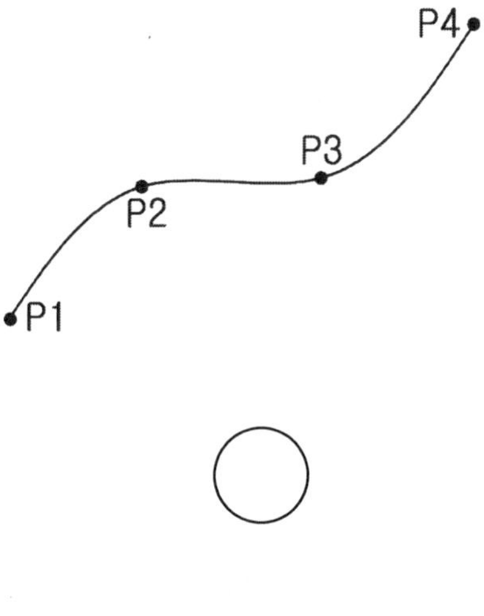

② 배열 복사할 원을 임의로 그린다.
- 사용명령 : circle Enter↵ (반지름 '30'인 원을 그린다.)

③ 경로배열 복사 명령을 적용한다.
- 명령 : array Enter↵ (혹은 ar Enter↵)
- 객체 선택 : 배열 복사 명령을 적용할 객체(원) 선택
- 객체 선택 : Enter↵
- 배열 유형 입력 [직사각형(R)/경로(PA)/원형(PO)] 〈직사각형〉 : pa Enter↵

► 유형 = 경로, 연관 = 예
► 경로 곡선 선택 : **경로 객체(자유곡선) 선택**
► 그립을 선택하여 배열을 편집하거나 [연관(AS)/메서드(M)/기준점(B)/접선 방향(T)/항목(I)/행(R)/레벨(L)/항목 정렬(A)/Z 방향(Z)/종료(X)] 〈종료〉 : b Enter↵
► 기준점 지정 또는 [키 점(K)] 〈경로 곡선의 끝〉 : **복사 객체의 기준점 재지정(원 중심점으로 지정)**
► 그립을 선택하여 배열을 편집하거나 [연관(AS)/메서드(M)/기준점(B)/접선 방향(T)/항목(I)/행(R)/레벨(L)/항목 정렬(A)/Z 방향(Z)/종료(X)] 〈종료〉 : Enter↵

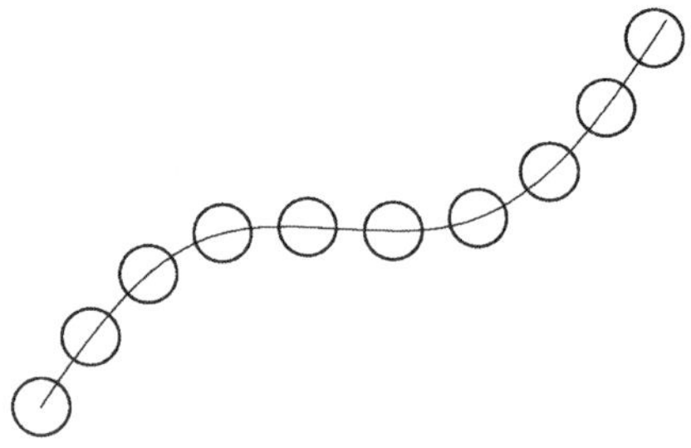

[경로배열실행 결과]

10. Grip을 이용해 복사하기

- 명령을 실행하지 않고 객체를 선택했을 때 나타나는 객체 위의 사각점을 GRIP이라고 한다.
- GRIP을 이용해 STRETCH, MOVE, ROTATE, SCALE, MIRROR 명령을 사용할 수 있다.
- 133쪽 GRIP 명령을 참조한다.

확인

GRIP을 이용해 사용할 수 있는 명령의 변경 방법
① 마우스 오른쪽 버튼을 통한 바로가기 메뉴 사용하기
② Space Bar 사용하기 : Space Bar 바를 한번씩 선택할 때마다 명령 변경된다(명령줄에서 확인).

10.1 GRIP을 이용한 복사 명령 따라하기

(1) GRIP을 이용해 신축 복사 적용하기

► 임의의 선을 그리고 선택한 다음 P1 위치의 GRIP을 선택한다.

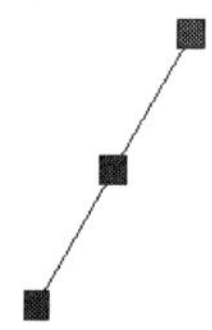

► 명령줄의 보이는 옵션 중 복사(C)옵션을 선택한다.
신축선(다중)
신축점 지정 또는 [기준점(B)/복사(C)/명령 취소(U)/종료(X)] : C Enter↵
► 마우스로 P2, P3, P4 위치점을 지정한다.

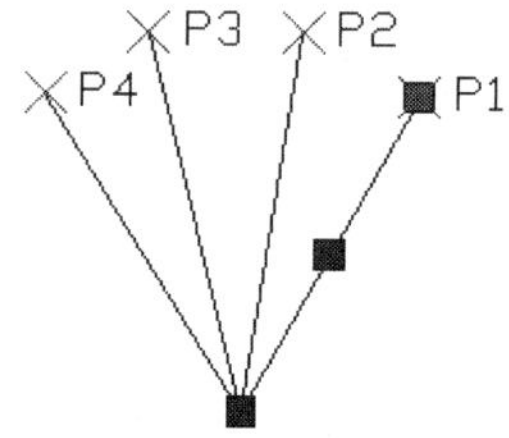

► Esc 키를 선택해 명령을 종료한다.

(2) GRIP을 이용해 회전 복사 적용하기

► 임의의 선을 그리고 선택한 다음 P1 위치의 GRIP을 선택한다.

► 다음 중 한 가지 방법으로 회전 명령을 선택한다.

■ 마우스 오른쪽 버튼을 선택해 보이는 바로가기 메뉴에서 회전 명령을 선택한다.

■ Space Bar 를 두 번 눌러 회전 명령을 선택한다.

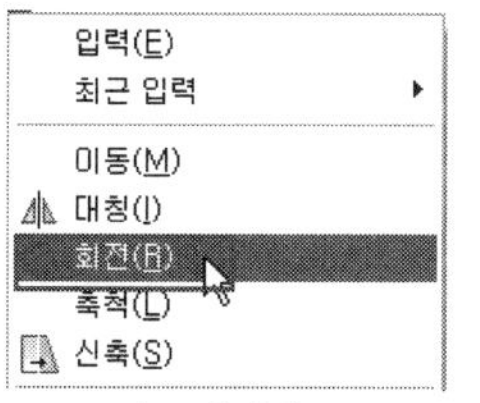

바로가기메뉴

► 명령줄에 보이는 옵션 중 복사(C)옵션을 선택 후 회전값을 입력한다.

■ **회전**

회전 각도 지정 또는 [기준점(B)/복사(C)/명령 취소(U)/참조(R)/종료(X)] : c Enter↵

회전 각도 지정 또는 [기준점(B)/복사(C)/명령 취소(U)/참조(R)/종료(X)] : 20 Enter↵

회전 각도 지정 또는 [기준점(B)/복사(C)/명령 취소(U)/참조(R)/종료(X)] : 40 Enter↵

회전 각도 지정 또는 [기준점(B)/복사(C)/명령 취소(U)/참조(R)/종료(X)] : 60 Enter↵

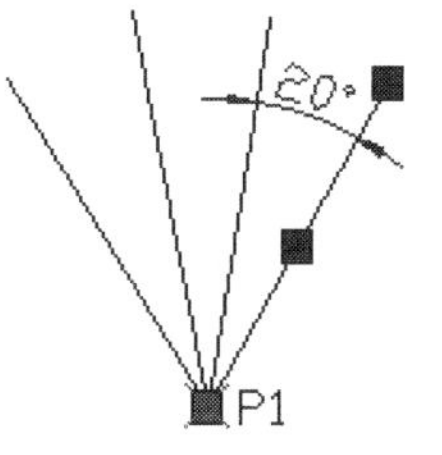

► Esc 키를 선택해 명령을 종료한다.

객체 변형과 객체 복사하기 - 명령 따라하기 1

다음 도면을 따라 그린다.

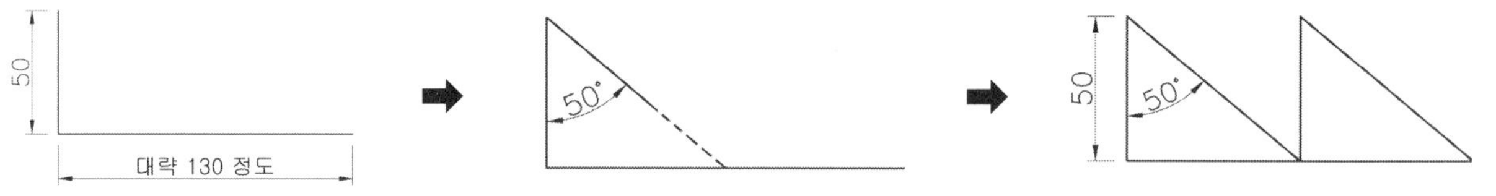

① 직교기능을 이용해 오른쪽 그림과 같이 선을 그린다.

► 사용명령 : Line ← 직교모드(F8) 이용하기

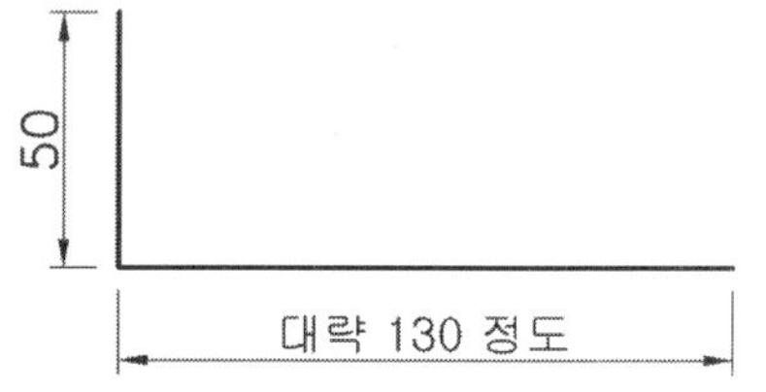

② 회전 명령을 이용해 선을 그린다.

► 명령 : rotate Enter↵ (혹은 ro Enter↵)
► 현재 UCS에서 양의 각도 : 측정 방향 = 시계 반대 방향, 기준 방향 = 0
► 객체 선택 : **회전시킬 대상 객체 S1 선택**
► 객체 선택 : Enter↵ ➔ *다음 단계 넘어가기*
► 기준점 지정 : **P1점 지정** ➔ *회전 기준점 지정*
► 회전 각도 지정 또는 [복사(C)/참조(R)] 〈0〉 : c Enter↵
► 회전 각도 지정 또는 [복사(C)/참조(R)] 〈0〉 : 50 Enter↵

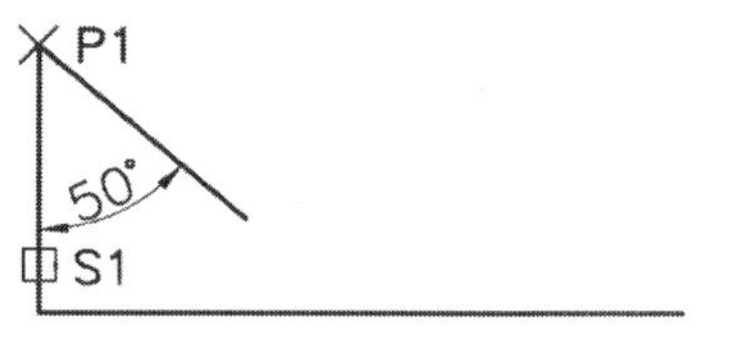

③ 회전시킨 선을 필요한 만큼 연장시킨다.

► 명령 : extend Enter↵ (혹은 ex Enter↵)
► 현재 설정 : 투영 = UCS, **모서리 = 없음**
► 경계 모서리 선택 ...
► 객체 선택 또는 〈모두 선택〉 : **S1개 선택**
► 객체 선택 : Enter↵ ➔ *경계선 선택 종료*
► 연장할 객체 선택 또는 Shift 키를 누른 채 선택하여 자르기 또는 [울타리(F)/걸치기(C)/프로젝트(P)/모서리(E)/명령 취소(U)] : **S2선택**
► 연장할 객체 선택 또는 Shift 키를 누른 채 선택하여 자르기 또는 [울타리(F)/걸치기(C)/프로젝트(P)/모서리(E)/명령 취소(U)] : Enter↵

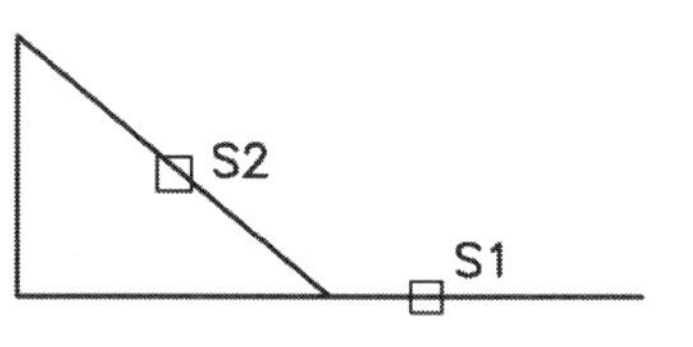

④ 도형을 복사해 도면을 완성한다.

► 명령 : copy Enter↵ (혹은 co Enter↵)
► 객체 선택 : **복사할 객체 S1, S2 선택**
► 객체 선택 : Enter↵
► 현재 설정 : 복사 모드 = 다중(M)
► 기본점 지정 또는 [변위(D)/모드(O)] 〈변위(D)〉 : **P1점 지정**
► 두 번째 점 지정 또는 〈첫 번째 점을 변위로 사용〉 : **P2점 지정**
► 두 번째 점 지정 또는 [종료(E)/명령 취소(U)] 〈종료〉 : Enter↵

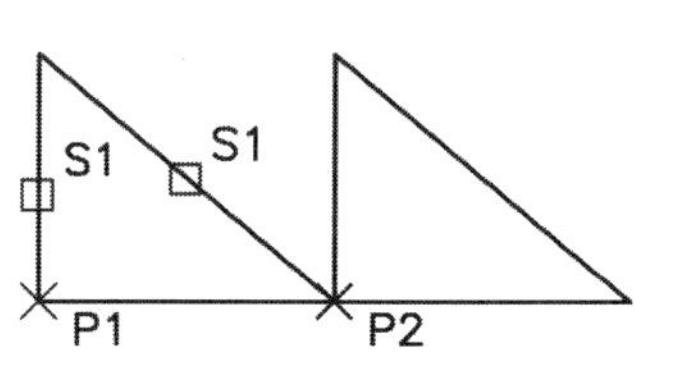

객체 변형과 객체 복사하기 - 명령 따라하기 2

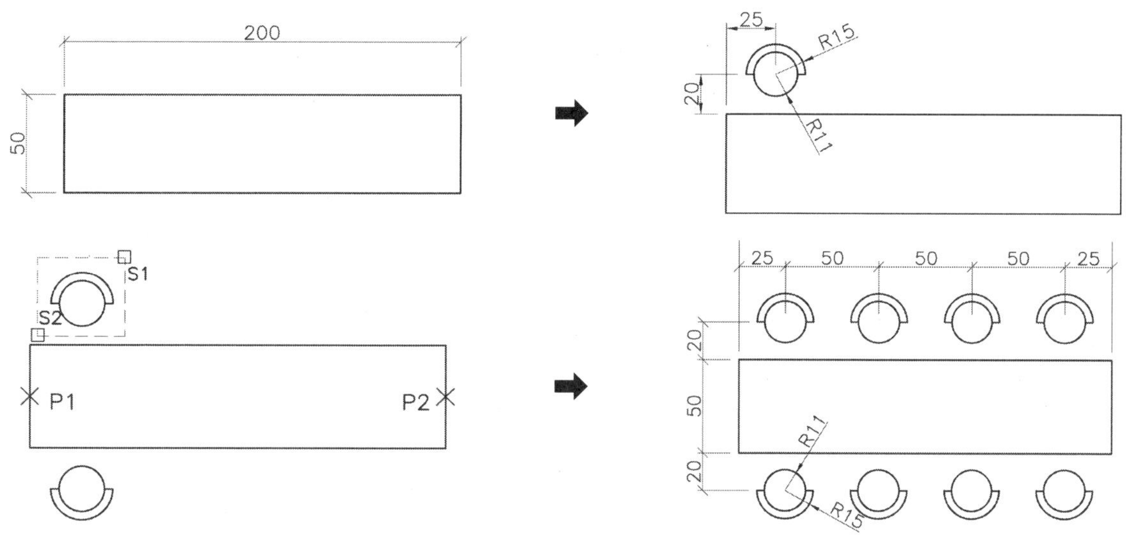

① 직교기능을 이용해 오른쪽 그림과 같이 선을 그린다.

▸ 사용명령 : Line ← 직교모드(F8) 이용하기

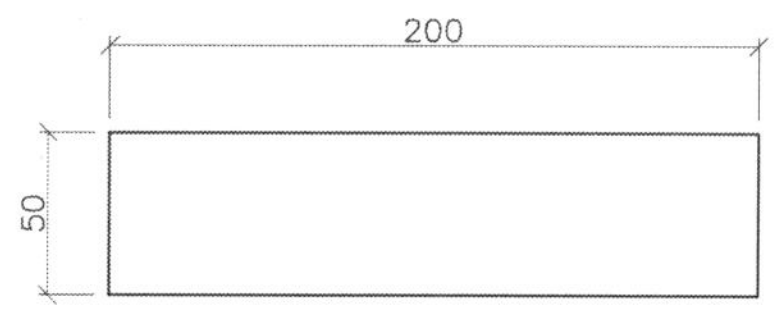

② 다음 명령을 이용해 원형의자를 그린다.

▸ 사용명령 : Line, Circle, Offset, TRim

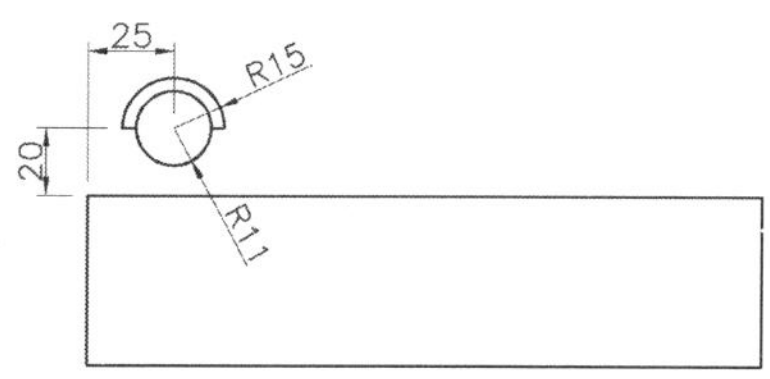

③ 위에서 그린 원형의자를 반대쪽에 대칭복사 한다.

▸ 명령 : mirror Enter↵ (혹은 mi Enter↵)

▸ 객체 선택 : S1점 클릭 후 S2점 클릭해 대칭을 적용할 객체 선택

▸ 객체 선택 : Enter↵ → *다음 단계 넘어가기*

▸ 대칭선의 첫 번째 점 지정 : **P1점 지정**

▸ 대칭선의 두 번째 점 지정 : **P2점 지정**

▸ 원본 객체를 지우시겠습니까? [예(Y)/아니오(N)] 〈N〉 : n Enter↵

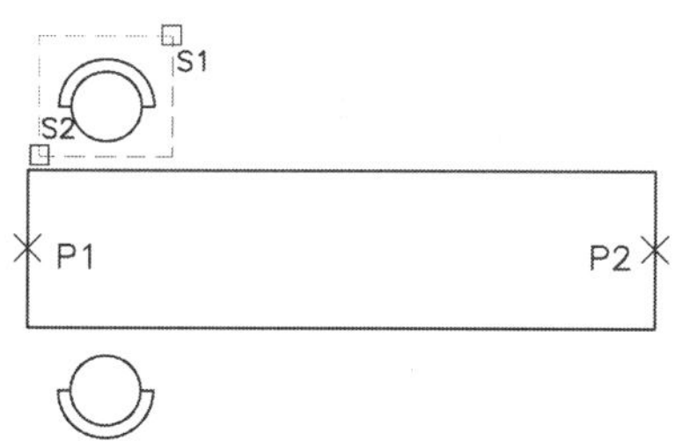

④ 배열복사 명령을 이용해 나머지 원형의자를 완성한다.

▸ 명령 : array Enter↵ (혹은 ar Enter↵)

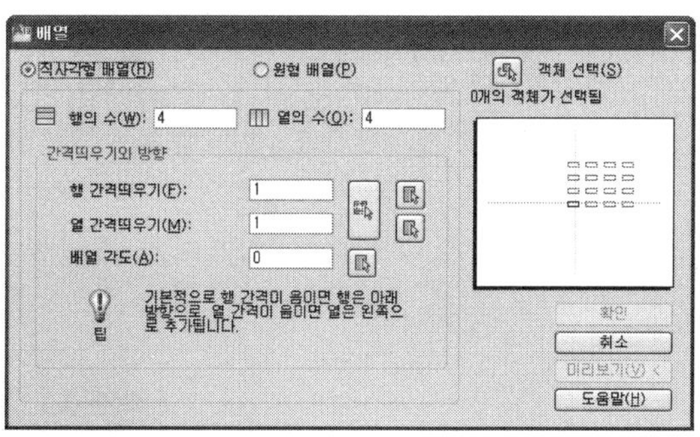

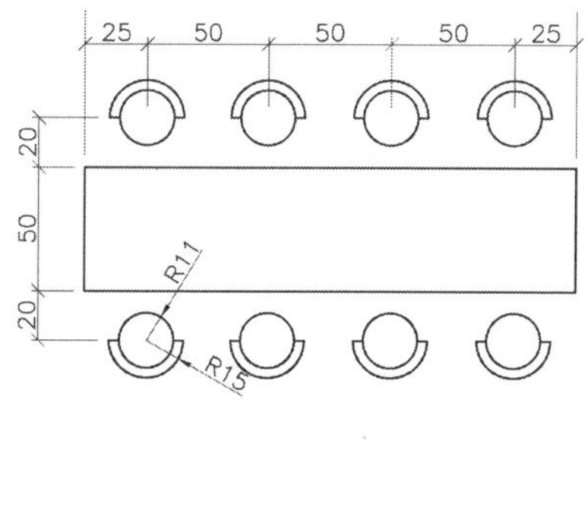

도면 예제 8-1 객체 변형과 객체 복사하기

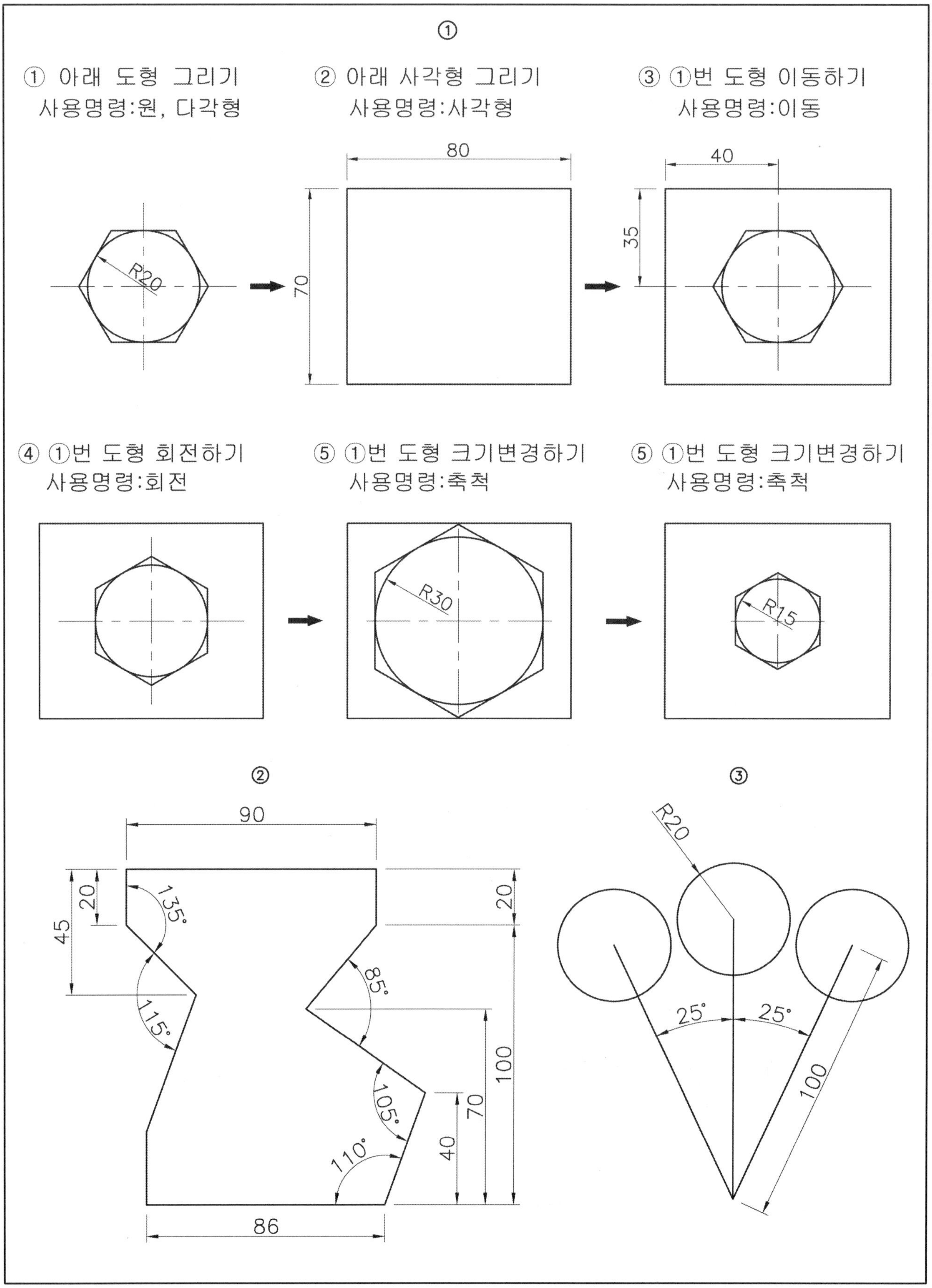

도면 예제 8-2 객체 변형과 객체 복사하기

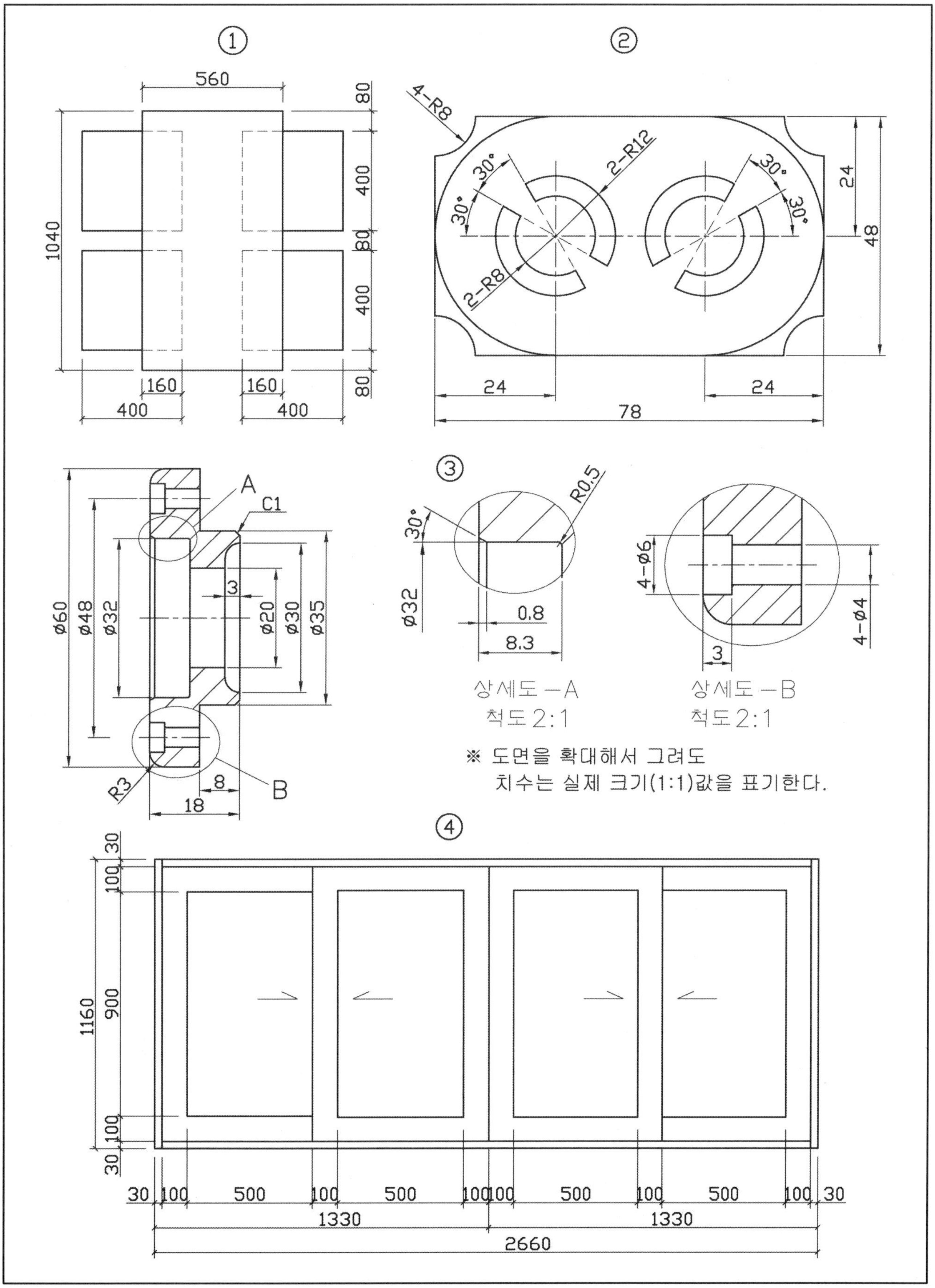

도면 예제 8-3 객체 변형과 객체 복사하기

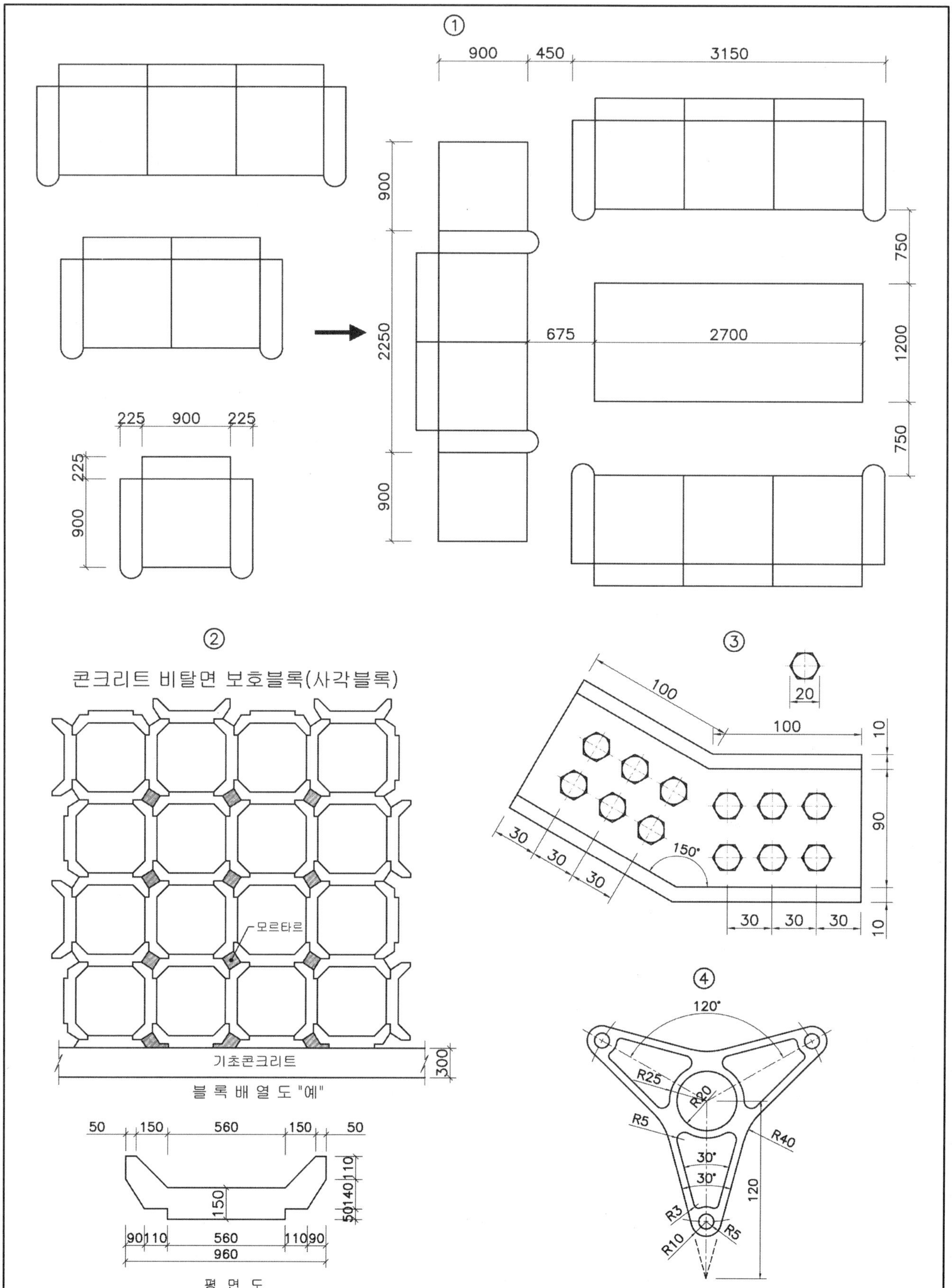

도면 예제 8-4 객체 변형과 객체 복사하기

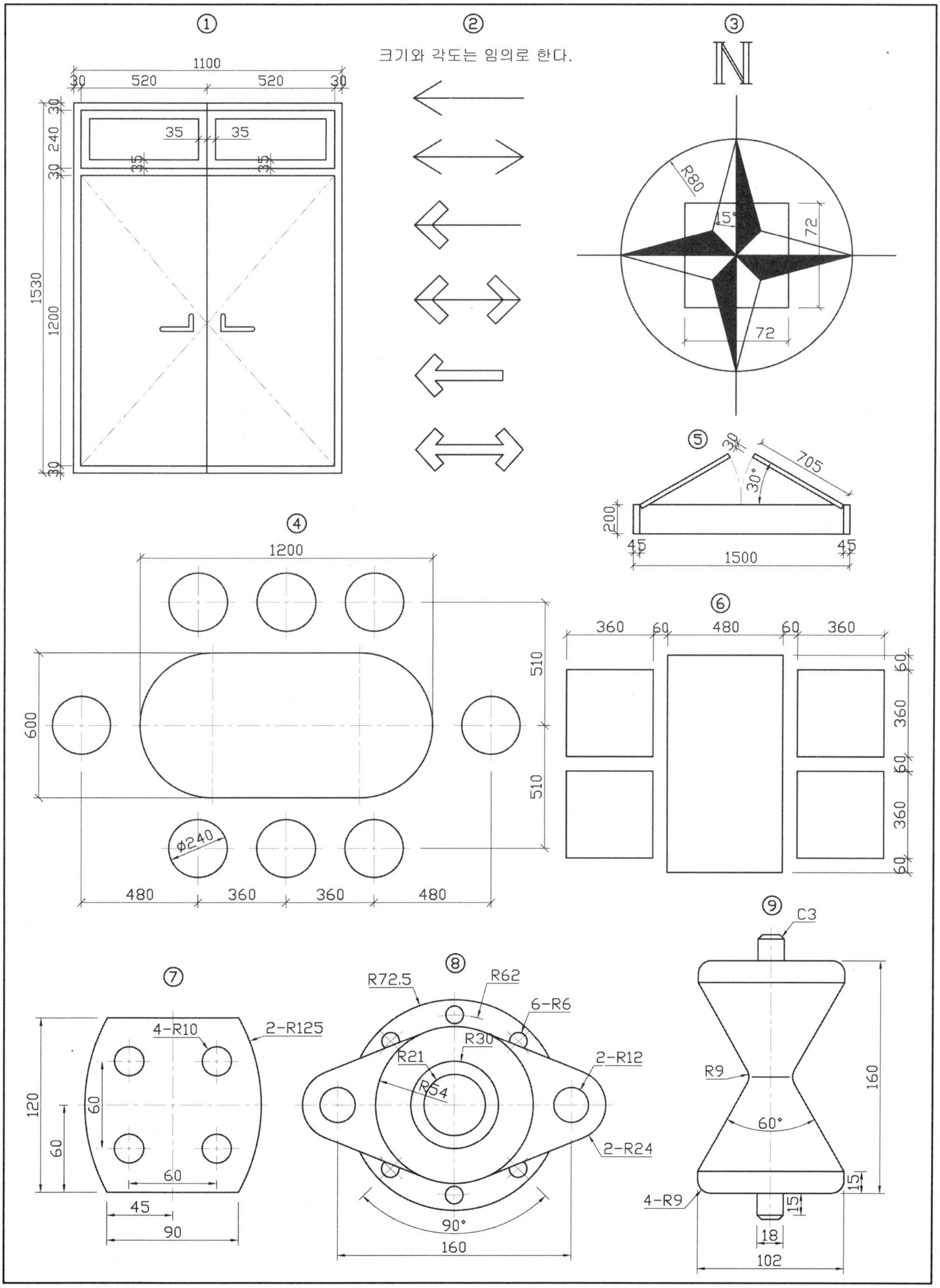

도면 예제 8-5 객체 변형과 객체 복사하기

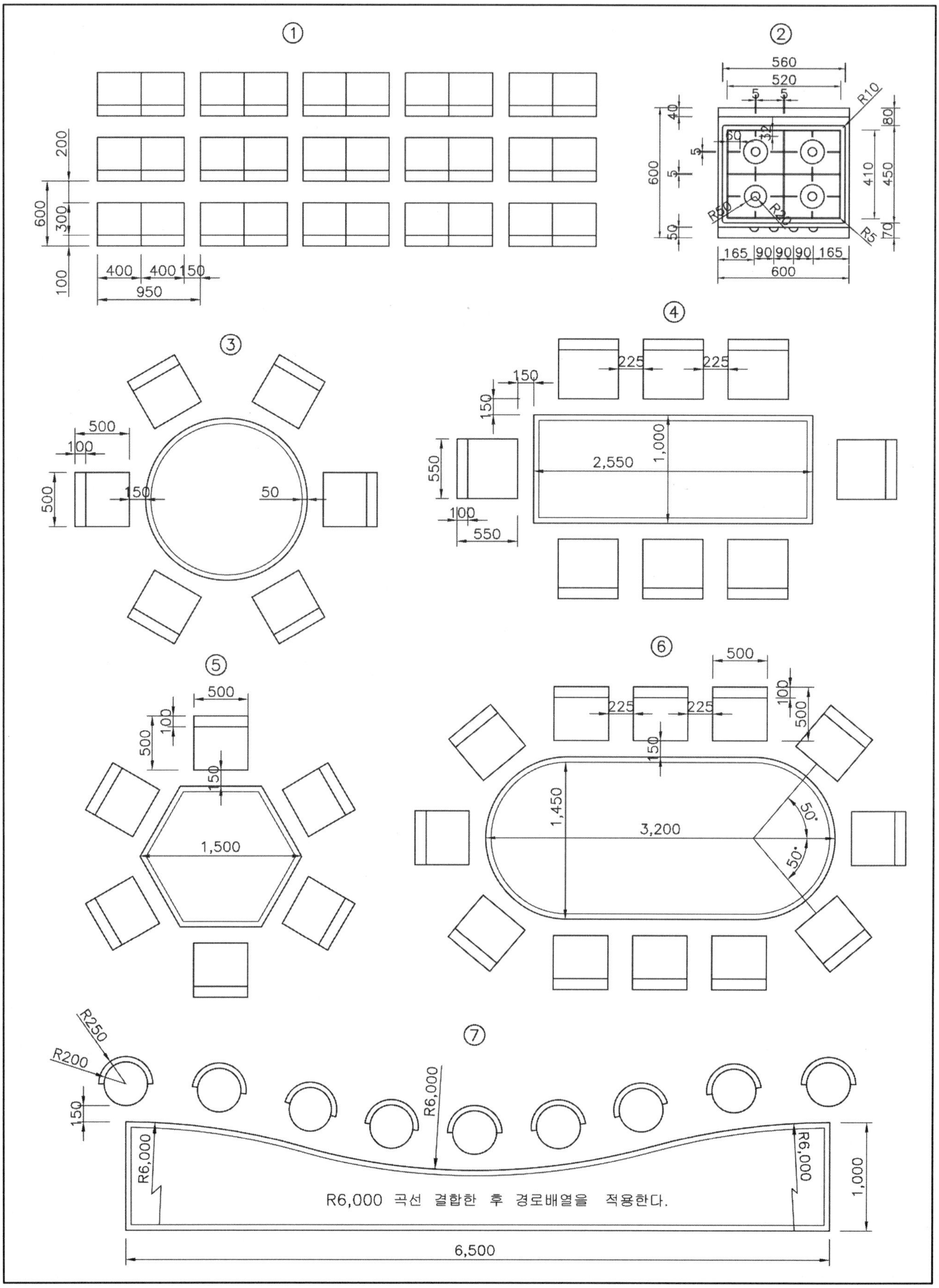

LESSON

09 블록 사용하기

학습목표

- 블록의 개념에 대해 이해할 수 있다.
- 블록의 등록하고 사용할 수 있다.

선행학습

- 간격띄우기를 이용한 평면도 벽체 그리기에 대한 이해와 활용

학습명령

1. 블록 사용하기
   ① 블록 만들어 메모리에 등록하기 : makeblock (b)
   ② 메모리에서 블록 불러오기 : insert (i)
   ③ 블록 수정하기 : refedit(내용 수정), rename(블록 이름 변경)
   ④ 사용하지 않는 블록 삭제하기 : purge (pu)
   ⑤ 블록 활용하기
      ㉠ 표(table)에 블록 삽입하기
      ㉡ 블록을 이용해 사용자가 원하는 화살표 사용하기

학습내용

① 학습내용 1 – 블록을 이용한 천정도 그리기

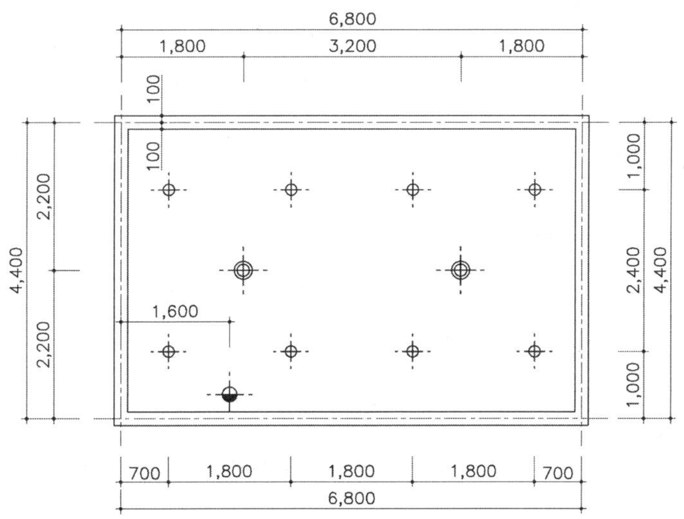

조명범례		
기호	이름	개수
	BRACKET	1EA
	DOWNLIGHT2	2EA
	DOWNLIGHT1	8EA

비 고

- 객체의 블록명령 실행시 적용할 수 있는 기능
  ① 동일한 블록이름의 객체는 모두 정보를 공유하기 때문에 일괄적인 관리가 가능하다.
  ② 도면에 사용된 블록 개수를 자동 계산할 수 있다.
  ③ 여러개의 객체를 하나의 그룹으로 묶을 수 있다.

블록 사용하기

1 블록 만들어 메모리에 등록하기 : makeblock (b)
2 메모리에서 블록 불러오기 : insert (i)
3 블록 수정 및 변경하기
① 블록 내용 수정하기 : refedit, bedit (be)
② 블록 이름 변경하기 : rename
③ 블록 속성 없애기 : explode (x)
4 사용하지 않는 블록 삭제하기 : purge (pu)
5 블록 활용하기
① 표(table)에 블록 삽입하기
② 블록을 이용해 사용자가 원하는 화살표 사용하기

1. 블록 사용하기

(1) 블록 관련 명령의 정리

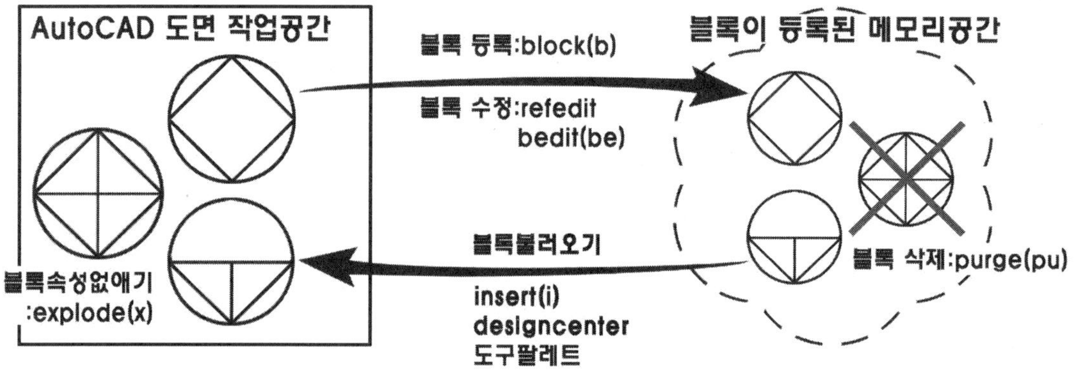

(2) 블록 개념에 대한 이해

- 블록은 블록 정의 테이블에 의해 똑같은 이름의 블록 객체는 서로 정보를 공유하게 된다.

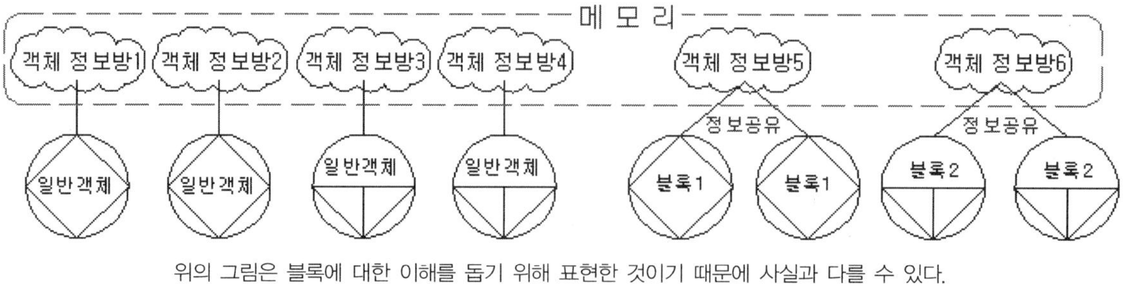

위의 그림은 블록에 대한 이해를 돕기 위해 표현한 것이기 때문에 사실과 다를 수 있다.

(3) 블록은 이럴 때 사용한다.

- 똑같은 모양의 도면소스를 일괄적으로 관리하고자 할 때 → 한개의 블록 수정 시 모든 블록이 동시 수정됨(단, 블록 수정 명령(refedit, bedit)으로 수정한 경우).

• 도면에 사용된 소스의 수량을 자동으로 계산하고자 할 때→table 명령으로 수량 자동 계산
• 도면 용량을 줄이고자 할 때

1.1 블록 만들어 메모리에 등록하기 : makeblock (b)

• 도면의 요소를 블록으로 등록하는 명령

(1) 블록 만들기 명령 실행

주메뉴 사용 : 그리기(D) ▶ 블록(K) ▶ 만들기(M)
도구막대 아이콘 : (도구막대 이름 : 그리기)
명령줄 사용 : block Enter↵ (단축명령 : b)
리본 : 홈메뉴 ▶ 블록 리본

(2) 블록 만들기 명령 옵션

►명령 : block Enter↵ (혹은 b Enter↵)

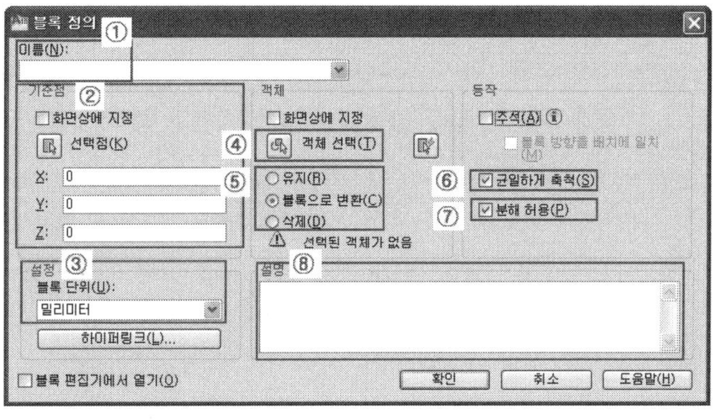

① 이름(N) : 블록 이름 지정
② 기준점 : 블록의 기준점 지정
  ■ **선택점(K)** : 마우스로 기준점 지정
③ 블록단위(U) : 블록의 사용 단위 설정
④ 객체 선택(T) : 블록을 설정할 객체 선택
⑤ 블록 생성으로 선택한 객체의 유형설정
  ■ **유지(R)** : 선택된 객체의 본래의 속성을 유지하면서 화면상에 그대로 유지됨.
  ■ **블록으로 변환(C)** : 선택된 객체의 속성이 블록 속성으로 변환됨.
  ■ **삭제(D)** : 블록 만들기 명령 종료 후 선택된 객체는 삭제됨.
⑥ 균일하게 축척(S) : x,y,z 값의 축척이 항상 동일하게 적용
⑦ 분해 허용(P) : 한 개의 객체로 묶여있는 블록을 각각의 객체로 분해하는 것을 허용/금지 설정
⑧ 설명 : 블록 설정된 객체에 대한 상세 설명 기재

(3) 블록 만들기 명령 따라하기

① 오른쪽 그림과 같이 도면을 그린다.
►사용명령 : line (l), circle (c)

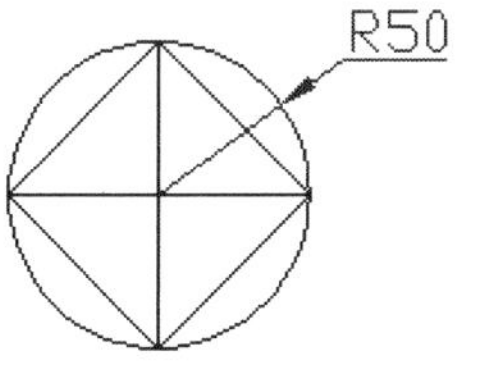

치수(R50)는 표기할 필요가 없다.

② 블록 만들기 명령을 실행한다.

- 명령 : block Enter↵ (혹은 b Enter↵)
- 블록으로 등록할 객체를 선택하기 위해 객체 선택 버튼( )을 선택한다.

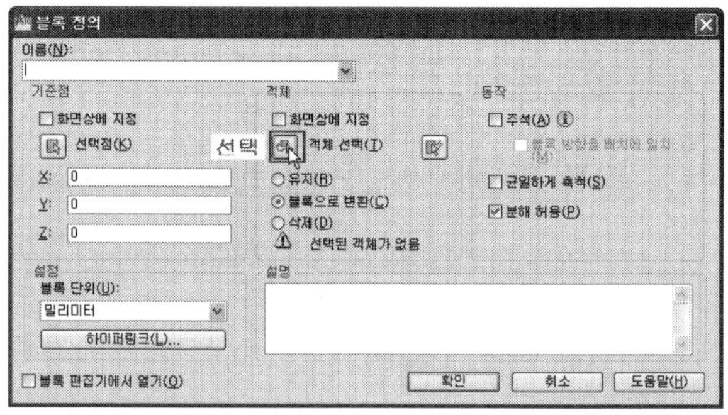

③ 작업공간 화면에서 블록으로 등록할 객체를 선택하고 Enter↵ 키를 눌러 블록 정의 대화상자로 되돌아간다.

- 작업공간 화면에서 블록으로 등록하고자 하는 객체 선택하기
- Enter↵ 키를 눌러 블록정의 대상상자로 되돌아가기

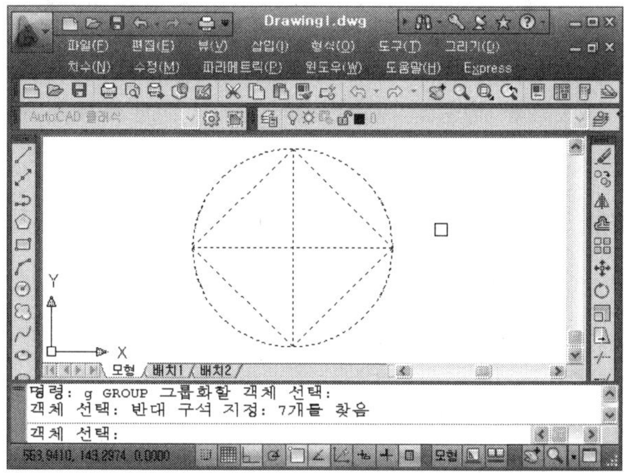

④ 블록 대화상자에 블록 이름을 입력하고 블록의 기준점을 설정한다.

- 이름(N) 영역에 블록 이름 입력하기
- 블록의 기준점 지정하기 위해 선택점(K) 버튼( ) 선택

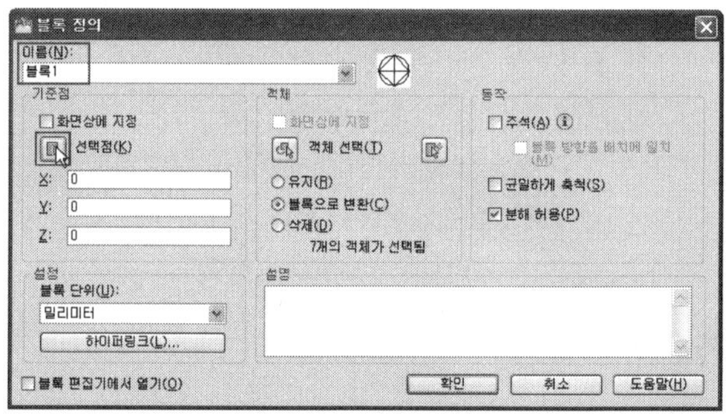

⑤ 작업공간 화면에서 블록을 만들 객체의 기준점을 선택한다.

- 삽입 기준점 지정 : P1점 지정

마우스로 기준점을 지정하고 나면 자동적으로 블록 정의 대화상자가 다시 나타난다.

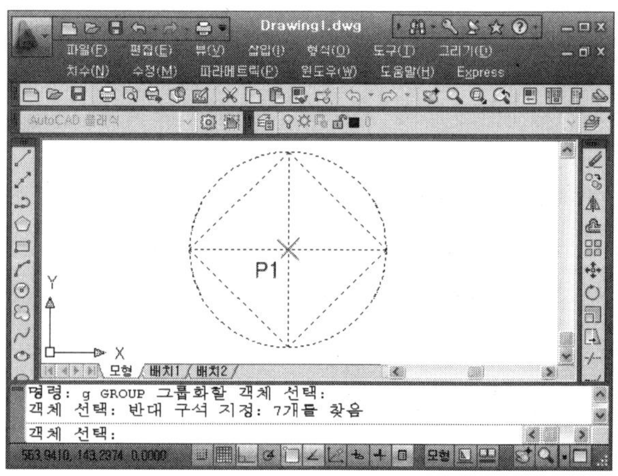

⑥ 블록 정의 대화상자에서 오른쪽 그림과 같이 설정한 후 명령을 종료한다.

► 블록으로 변환(C) 선택

삭제(D)를 선택하더라도 블록 불러오기 명령을 통해 블록을 작업 공간으로 불러올 수 있다.

► 분해 허용(P) 설정 선택

► 블록 단위를 밀리미터로 선택

► 확인 버튼을 선택해 명령 종료하기

⑦ 블록 만들기 명령을 종료한 후 블록으로 등록한 객체를 마우스로 선택해보면 하나의 객체로 묶여있는 것을 확인할 수 있으며, 이는 정상적으로 적용된 것이다.

1.2 블록 불러오기 – INSERT

- 메모리에 저장된 블록을 불러오는 명령
- 축척, 대칭, 회전 기능을 적용할 수 있다.
- 작업중인 파일 안의 블록 뿐 아니라 외부 파일을 불러올 수도 있다.
- 외부 파일을 불러오면 자동으로 블록으로 지정되면 블록 정보 테이블에 저장된다.

(1) 블록 불러오기 명령 실행

주메뉴 사용 : 삽입(I) ▶ 블록(B)

도구막대 아이콘 : (도구막대 이름 : 그리기)

명령줄 사용 : insert Enter↵ (단축명령 : i)

리본 : 홈메뉴 ▶ 블록 리본

(2) 블록 불러오기 명령 옵션

► 명령 : insert Enter↵ (혹은 I Enter↵)

① 이름(N) : 등록되어 있는 블록 목록보기

② 찾아보기(R) : 외부 파일 가져오기

③ 미리보기 : 선택된 블록 미리보기

④ 삽입점 : 불러들일 블록의 삽입 기준점 설정

■ '화면상에 지정(S)'을 선택하면 삽입점은 명령줄에서 삽입점을 지정하게 된다.

삽입점은 주로 마우스로 지정하는 경우가 많기 때문에 [화면상에 지정]을 선택하는 경우가 많다.

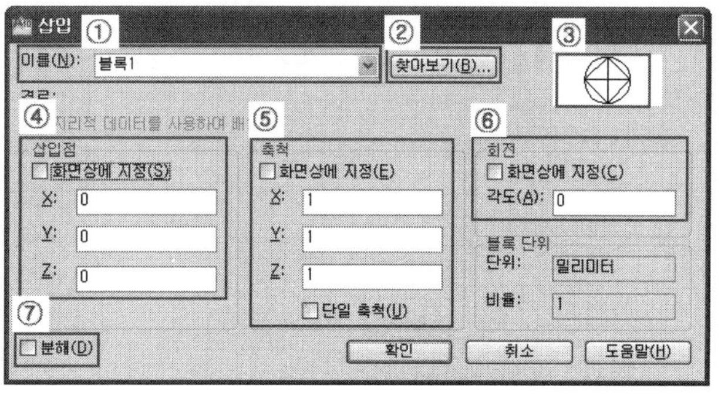

⑤ 축척 : 불러들일 블록의 축척값 설정

■ '화면상에 지정(S)' 선택시 삽입점은 명령줄에서 축척값을 지정하게 된다.

축척값은 비교적 확인하기 쉽기 때문에 대화상자에 직접 축척값을 입력한다.

⑥ 회전 : 불러들일 블록의 회전값 설정

■ '화면상에 지정(S)' 선택시 삽입점은 명령줄에서 회전값을 지정하게 된다.

회전값은 비교적 확인하기 쉽기 때문에 대화상자에 직접 회전값을 입력한다.

⑦ 분해(D) : 삽입할 도면 요소를 블록의 속성이 없어진 상태로 삽입하게 된다.

블록은 분해를 하지 않는 것이 좋으며, 필요에 의해 분해를 꼭 해야 할 경우에는 불러들인 다음 분해명령(explode)을 이용해 분해하는 것이 좋다. 이유는 분해를 선택하고 불러들일 경우 삽입되는 도면 요소가 화면상에 미리보기가 적용되지 않는다.

(3) 블록 불러오기 명령 따라하기

① 먼저 오른쪽 그림의 도형을 블록으로 등록한다.

블록 등록하기 명령 315쪽을 참고한다.

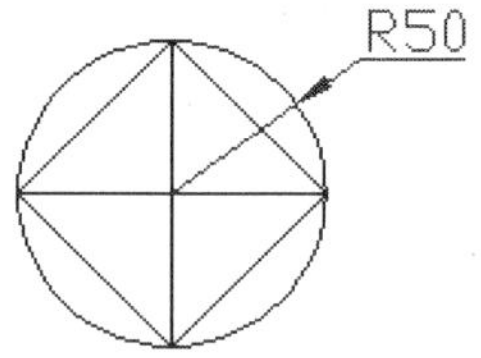

② 블록 불러오기 명령을 실행하고 다음과 같이 설정한다.

- ▶ 명령 : insert Enter↵ (혹은 I Enter↵)
- ▶ 이름(N) 목록에서 불러들일 블록 선택하기
- ▶ 삽입점 영역에서 '화면상에 지정(S)' 선택
- ▶ 축척 영역에서 x, y, z 값 모두 '1'로 설정
- ▶ 회전 영역에서 각도(A)값 '0'으로 설정
- ▶ 분해 적용하지 않기(선택 해제)
- ▶ 확인 버튼 선택하기

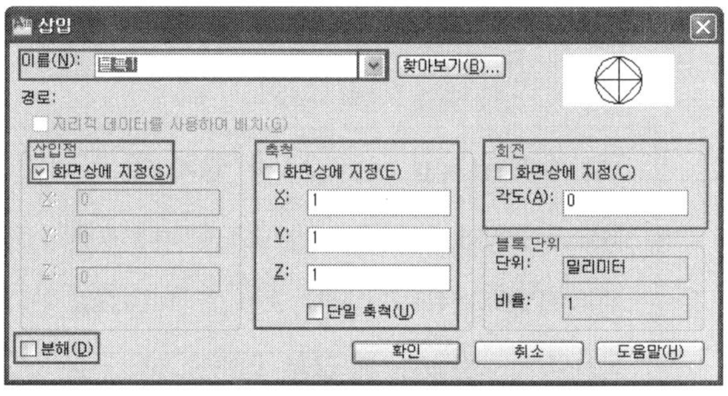

확인 버튼을 선택하면 명령이 종료되는 것이 아니라 작업공간 화면에서 삽입 위치점을 지정하게 된다.

③ 블록을 붙여넣을 위치점을 지정한다.

- ▶ 블록을 붙여넣을 위치점 지정하기 ➔ *마우스로 임의의 위치점을 지정한다.*

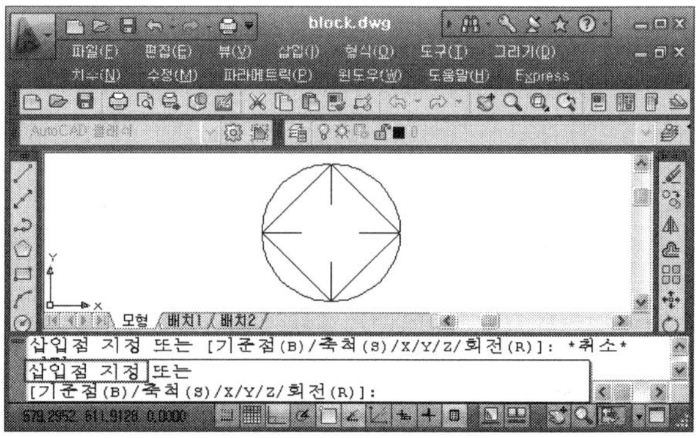

1.3 등록된 블록 내용 편집하기 1 – REFEDIT

- 블록을 분해하지 않고 편집할 수 있는 명령
- 명령을 실행하면 블록 편집을 위한 창이 실행되며, 편집할 블록 외의 객체는 연하게 표시됨.
- 블록 편집을 종료하려면 반드시 참조 편집 도구 막대를 사용한다.
- 블록을 편집한 후 정보를 공유하는 동일한 이름을 가진 모든 블록은 동시에 변경된다.

(1) 등록된 블록 내용 편집 명령 실행

주메뉴 사용 : 도구(T) ▶ 외부 참조 및 블록 내부 편집(D) ▶ 내부 참조 편집(E)

도구막대 아이콘 : (도구막대 이름 : 참조편집)

명령줄 사용 : refedit Enter↵ (단축명령 : refedit)

리본 : 삽입점 메뉴 ▶ 참조 리본

(2) 등록된 블록 내용 편집 명령 옵션

► 명령 : refedit Enter↵

► 참조를 선택하십시오.

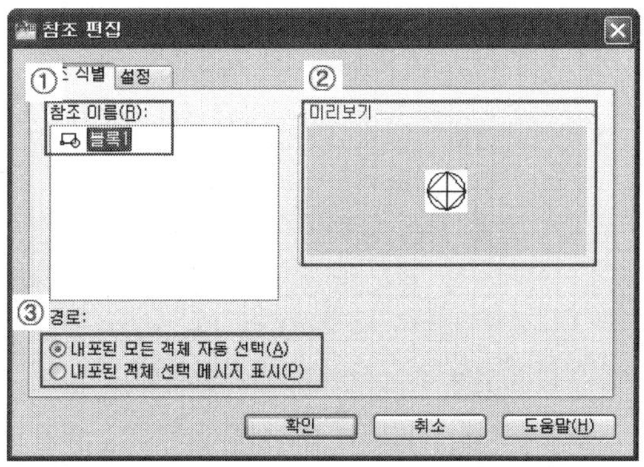

① 참조이름(R) : 편집할 블록 이름

② 미리보기 : 블록 도면 요소 미리보기

③ 경로 : 블록 편집 도면 요소 선택하기

- **내포된 모든 객체 자동 선택(A) :** 블록의 모든 도면 요소를 편집하게 됨.
- **내포된 객체 선택 메시지 표시(P) :** 블록의 도면에서 선택한 도면 요소만 편집하게 됨.

(3) 등록된 블록 내용 편집 따라하기 – refedit

① 먼저 오른쪽 그림의 도형을 그린다.

► 실행명령 : circle(c), line(l), block(b)

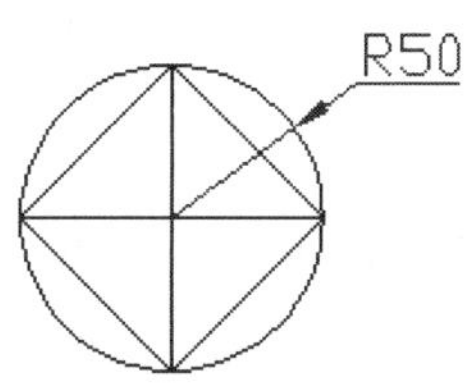

② 그린 도형을 블록으로 등록한다.

► 실행명령 : block(b)

► 등록할 [객체 선택]

► 블록 [이름] 입력 : A-00

► [기준점] 지정 : [선택점] 버튼으로 지정

► 객체 [삭제] 선택

► [확인] 버튼 선택해 명령 종료

블록 등록하기 명령 315쪽을 참고

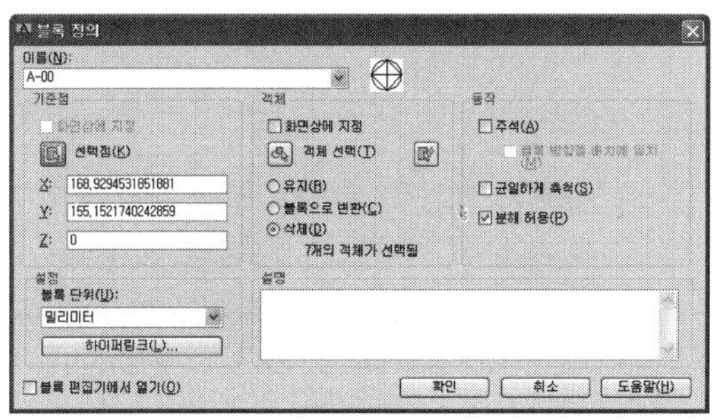

③ 등록한 블록을 불러들인다.

► 실행명령 : insert (i)

► [이름]목록에서 불러올 블록 선택 : A-00 선택

► 삽입점 : 화면성에 지정 선택

► 축척 : 화면상에 지정 선택 안함.

► 회전 : 화면사에 지정 선택 안함.

► 분해 : 선택안함.

► [확인]버튼 선택해 명령 종료

블록 불러오기 명령 317쪽 참고

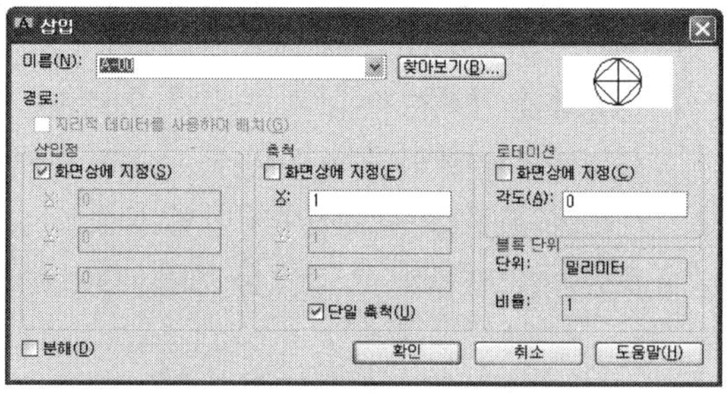

④ 불러들인 블록을 복사한다.

► 명령 : copy [Enter↵] (혹은 co [Enter↵])

복사 명령 295쪽 참고

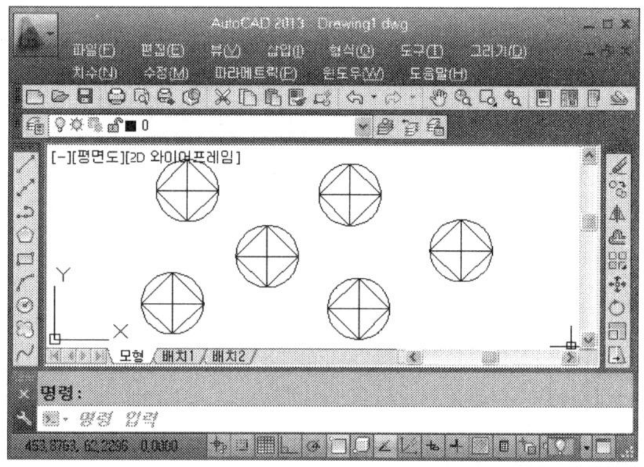

⑤ 블록 편집 명령을 실행한다.

► 명령 : refedit [Enter↵]

► 참조를 선택하십시오. ➔ *편집할 블록 선택하기*

► 참조 편집 대화상자 설정하기

■ 참조이름(R)에서 선택한 객체의 블록 이름 확인하기

■ 편집할 블록 미리보기

■ 내포된 모든 객체 자동 선택(A) 항목 선택하기

► [확인] 버튼 선택하기

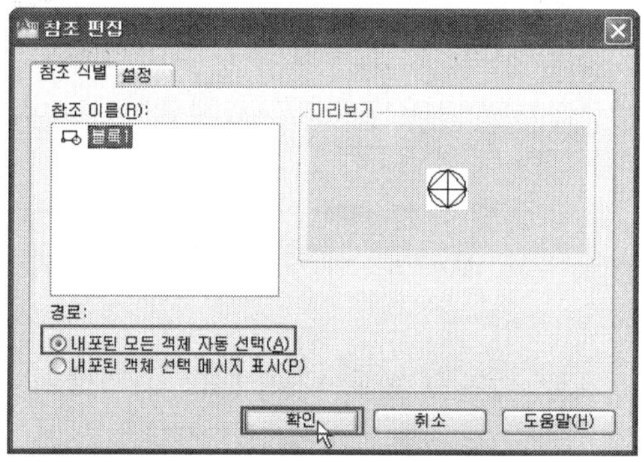

[확인] 버튼을 선택하고 나면 다음과 같이 작업 공간 화면이 실행된다.

■ 동일한 이름을 가진 블록 : 한 개의 블록 요소만 보인다.

■ 다른 요소의 객체 : 선이 투명하게 처리되어 나타난다.

■ [참조 편집 도구 막대]가 화면에 나타난다. 

⑥ 블록을 오른쪽 그림과 같이 편집한다.

► 원 안의 수직선과 수평선을 지운다.

► 사용명령 : erase [Enter↵] (혹은 e [Enter↵])

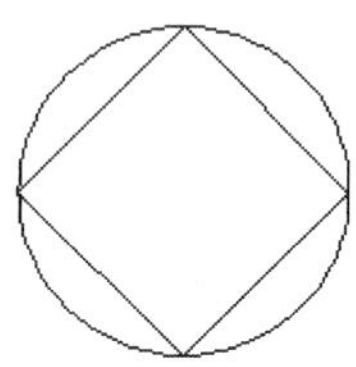

► 편집한 블록 내용을 저장하고 블록 편집 창에서 빠져 나온다.

► 참조 편집 도구 막대에서 저장 아이콘 선택

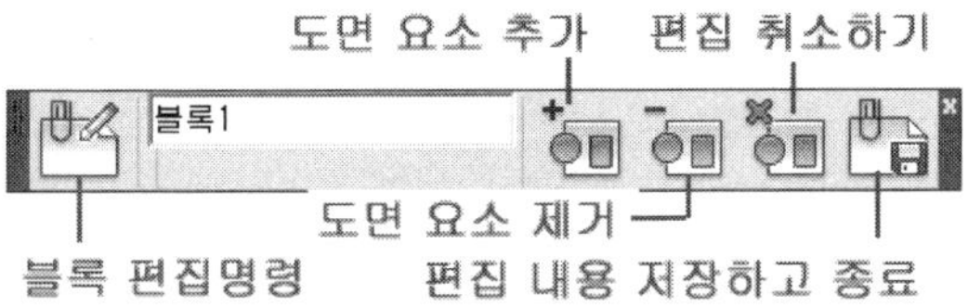

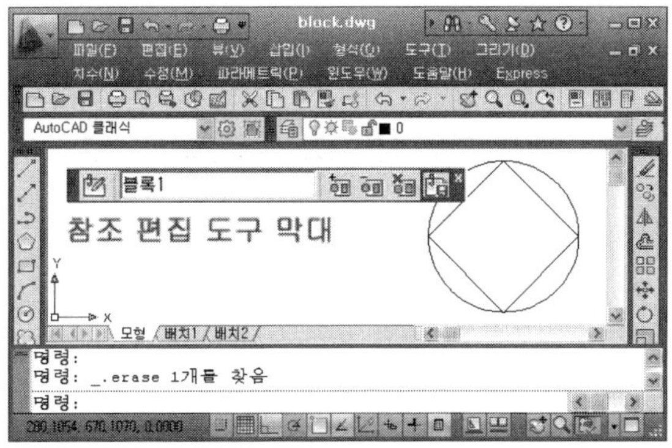

⑦ 참조 편집을 저장하라는 창에서 [확인] 버튼을 선택하고 종료한다.

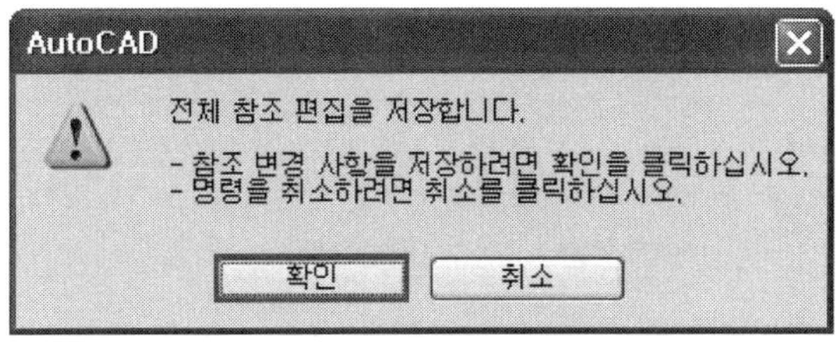

⑧ 수정된 블록을 확인한다.

블록을 편집하게 되면 동일한 블록이름을 가진 도면 요소는 모두 같이 변경된 것을 볼 수 있다.

※ 블록 이름이 다르거나 블록을 분해(explode)한 도면 요소는 정보를 공유하지 않기 때문에 변경되지 않는다.

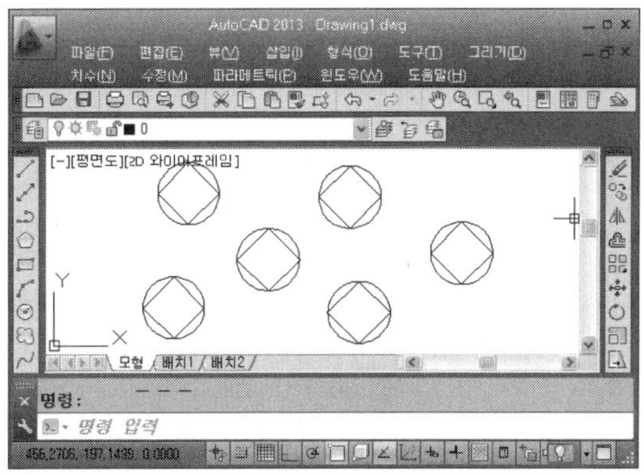

1.4 등록된 블록 편집하기 2 – bedit (be)

• 명령을 실행하면 블록 편집을 위한 창이 실행되며, 편집할 블록만 화면에 표시됨.

(1) 등록된 블록 편집하기 2(bedit) 명령 실행

주메뉴 사용 : 도구(T) ▶ 블록편집기(B)
도구막대 아이콘 : (도구막대 이름 : 표준)
명령줄 사용 : bedit Enter↵ (단축명령 : be)

(2) bedit (be) 명령으로 블록 편집 따라하기

► 명령 : bedit Enter↵ (혹은 be 혹은 더블클릭하기)

→ *bedit 명령을 실행하면 오른쪽 그림의 블록 정의 편집 대화상자가 나타난다.*

► 수정할 블록을 선택한다.

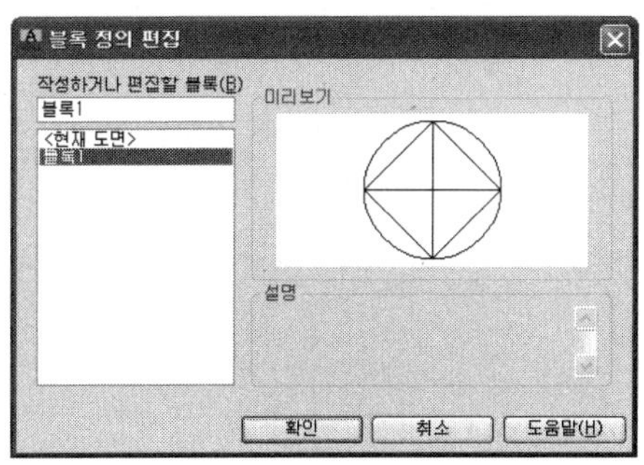

► 오른쪽 그림과 같이 블록을 수정한다.

► 블록 편집기 닫기 버튼을 선택한다.

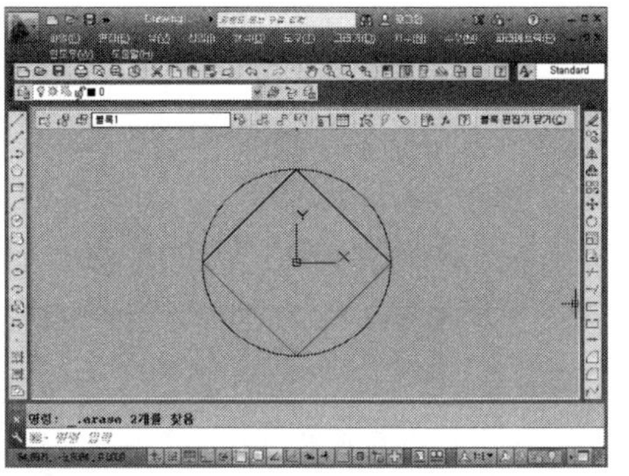

► [변경 사항을 블록에 저장] 항목을 선택한다.

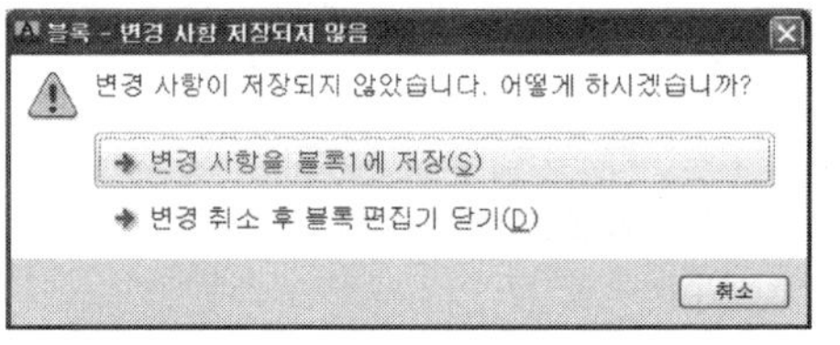

► 변경된 내용을 확인한다.

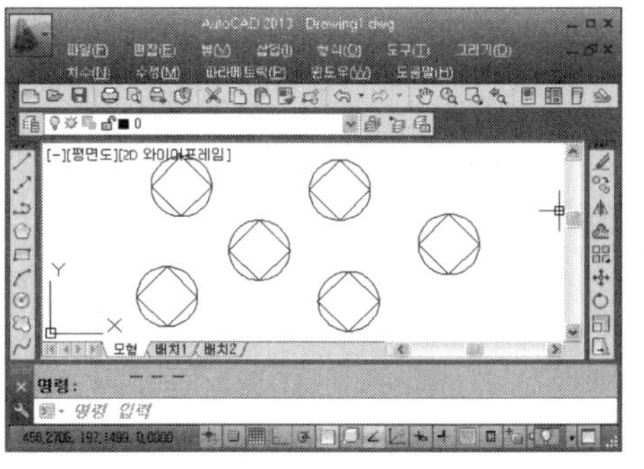

1.5 블록 이름 변경하기 – rename

- 도면층 및 치수 스타일과 같은 명명된 객체에 지정된 이름을 변경하는 명령
- 이름을 변경할 수 있는 항목 : 블록, 도면층, 문자 스타일, 치수 스타일, 치수 등

(1) 블록 이름 변경 명령 실행

주메뉴 사용 : 형식 (O) ▶ 이름바꾸기 (R)

명령줄 사용 : rename [Enter↵] (단축명령 : ren)

(2) 블록 이름 변경 명령 옵션

► 명령 : explode [Enter↵] (혹은 x [Enter↵])

- **명명된 객체 :** 범주별로 명명된 객체를 나열한다.
- **항목 :** 명명된 객체에 지정된 유형의 항목을 표시한다.
- **이전 이름 :** 이름을 바꿀 항목을 지정한다(단, 도면층 0 및 CONTINUOUS 선종류와 같은 일부 표준 항목의 이름은 바꿀 수 없다).
- **바꿀 이름 :** 항목의 새 이름을 입력하고 변경한다.

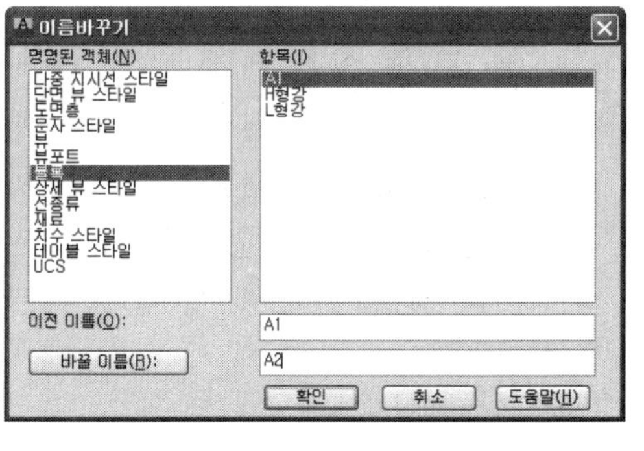

1.6 객체 분해하기(블록 속성 없애기) – explode (x)

- 여러개의 개체가 그룹형식으로 묶여 하나로 인식되는 도면 요소를 분해하는 명령
- 분해할 수 있는 형태의 도면 요소 : 블록, 폴리선, 다중선, 해치선, 치수 등

(1) 블록 분해 명령 실행

주메뉴 사용 : 수정(M) ▶ 분해(X)

도구막대 아이콘 : (도구막대 이름 : 수정)

명령줄 사용 : explode Enter↵ (단축명령 : x)

리본 : 홈 메뉴 ▶ 수정 리본

(2) 블록 분해 명령 옵션

► 명령 : explode Enter↵ (혹은 x Enter↵)

► 객체 선택 :

옵 션	설 명
객체 선택	분해할 객체 선택

(3) 블록 분해 명령 따라하기

① 블록 분해하기

먼저 블록을 만든 후 다음 명령을 따라 한다.

► 명령 : explode Enter↵ (혹은 x Enter↵)

► 객체 선택 : 분해 할 객체 선택

► 객체 선택 : Enter↵ ➔ *명령 종료*

명령 실행 후 각 객체를 선택해 보면 도면의 요소가 하나씩 선택될 것이다.

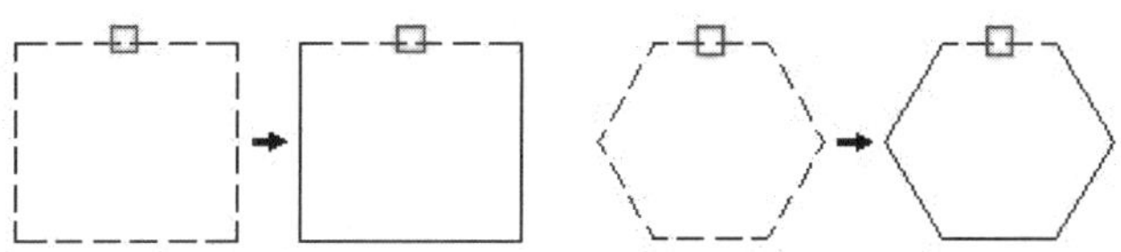

명령 실행 전 명령 실행 후 명령 실행 전 명령 실행 후

(4) 분해 명령의 실행 전 · 후의 객체 속성 비교

EXPLODE 명령은 블록뿐 아니라 폴리선, 다중선, 치수, 다중문자 등을 분해할 수 있다.

분해 전의 객체 속성	분해 후의 객체 속성
폴리선(Pline, Rectang, Polygon) 두께를 가지는 폴리선	선(Line)과 호(Arc) 두께가 없는 선(Line)과 호(Arc)
치수(DIM)	치수 측정 위치점 : 블록(Block) 치수선, 치수보조선 : 선(Line) 치수문자 : 다중문자(MText) 화살표 : 솔리드(Solid)
다중문자(MText)	일반 문자(Text)
다중선(MLINE)	선(Line)

주의

분해되어진 객체는 다시 분해하기 전의 속성으로 되돌리기 어려운 경우가 많기 때문에 분해를 해야 한다면 항상 수정, 편집을 위한 마지막 수단으로 사용하는 것이 좋다.

1.7 사용하지 않는 블록 삭제하기 – purge (pu)

- 생성은 하였지만 실제 도면 작업에 사용되지 않는 항목을 삭제시켜주는 명령
- 삭제할 수 있는 항목 : 블록, 도면층, 문자유형, 치수유형, 선종류, 다중선 유형 등
- 블록을 등록하고 사용하지 않을 경우 파일 용량만 차지하기 때문에 삭제하는 것이 좋다.
- 파일 용량을 줄이기 위한 하나의 방법으로도 사용한다.

(1) 사용하지 않는 블록 삭제 명령

주메뉴 사용 : 파일(F) ▶ 도면 유틸리티(U) ▶ 소거(P)
응용프로그램 메뉴 ▶ 도면 유틸리티 ▶ 소거
명령줄 사용 : purge Enter↵ (단축명령 : pu Enter↵)

(2) 사용하지 않는 블록 삭제 옵션

▸명령 : purge Enter↵ (혹은 pu Enter↵)

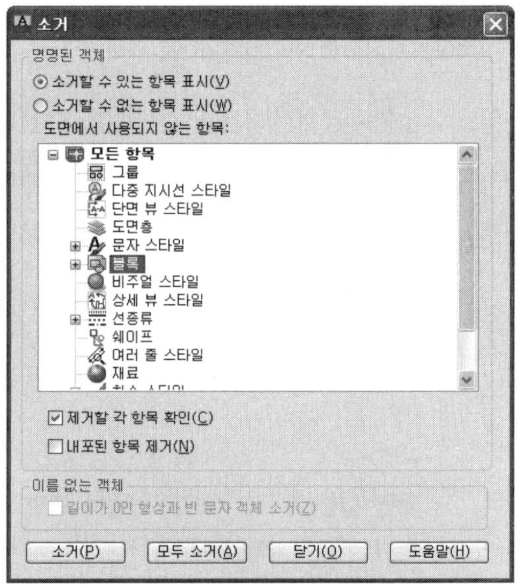

- **소거할 수 있는 항목 표시 :** 삭제 가능한 항목만 표시
- **소거할 수 없는 항목 표시 :** 삭제할 수 없는 항목만 표시
- **도면에 사용되지 않는 항목 :** 사용되지 않는 항목 보기
- **제거할 각 항목 확인 :** [소거]버튼 선택시 다시 삭제할 것인가를 확인함(대화 상자가 나타남).
- **내포된 항목 제거 :** 하위 속성 항목까지 제거
- **이름없는 객체 :** 빈 정보를 가진 객체 삭제
- **소거 :** 선택한 항목 삭제하기
- **모두 소거 :** 모든 항목을 동시에 삭제하기
- **닫기 :** 명령 종료

[제거할 각 항목 확인 항목] 선택하고 소거 버튼을 선택한 경우

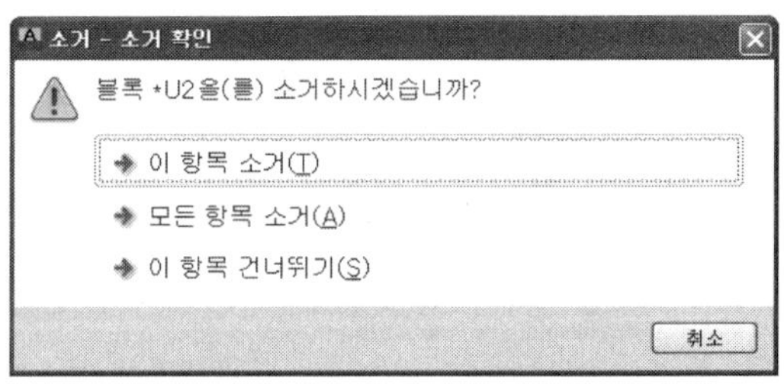

- **이 항목 소거 :** 선택한 항목만 삭제하기
- **모든 항목 소거 :** 모든 항목 삭제하기
- **이 항목 건너뛰기 :** 선택한 항목 삭제하기 않기

확인

소거 가능한 항목 확인하기

① 소거할 내용이 있는 항목의 예 : 

② 소거할 내용이 없는 항목의 예 : 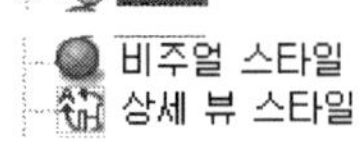

1.8 블록에 사용되는 문자 입력하기 – 블록 속성 정의하기(ATTDEF)

- 블록으로 등록할 도면 요소에 문자가 포함된 경우에 문자를 입력하는 명령
- 일반 문자 입력명령(MText, DText)으로 블록에 문자를 사용한 경우 문자 내용을 다르게 표현할 수 없다(만약 문자 내용을 다르게 하려면 블록을 분해를 해야 가능하다).

일반문자(mt, dt)와 블록 속성 정의(attdef)로 입력된 문자를 포함한 블록 속성에 대한 이해

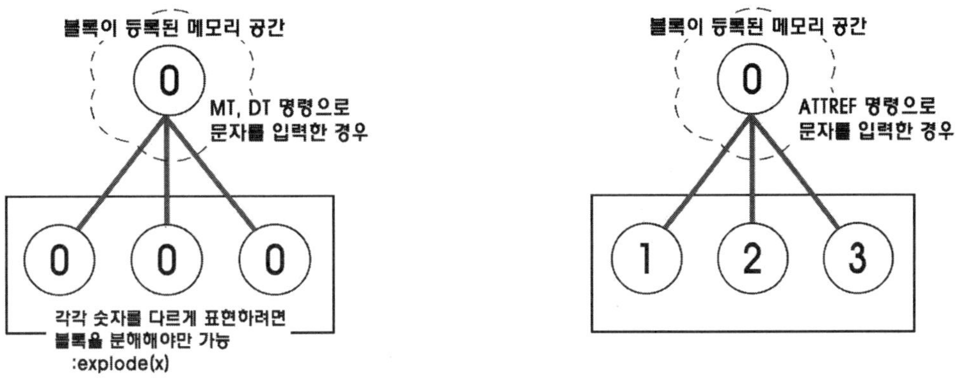

확인

블록 속성 정의 명령을 사용하는 이유

블록 등록 후 다시 분해를 한다면 굳이 블록을 등록할 필요가 없다. 그래서 블록에 사용되는 문자는 일반 문자 입력 명령(mt, dt)을 사용하지 않고 블록 속성 정의 명령을 사용한다.

(1) 블록 속성 문자 정의 명령

- **주메뉴 사용 : 그리기(D) ▶ 블록(K) ▶ 속성정의(D)**
- **리본메뉴 사용 : 삽입점탭 ▶ 속성패널 ▶**
- **도구막대 아이콘 : (도구막대 : 추가해야 됨)**
- **명령줄 사용 : attdef** Enter↵

(2) 블록 속성 문자 정의 명령 옵션

► 명령 : attdef Enter↵

① 모드

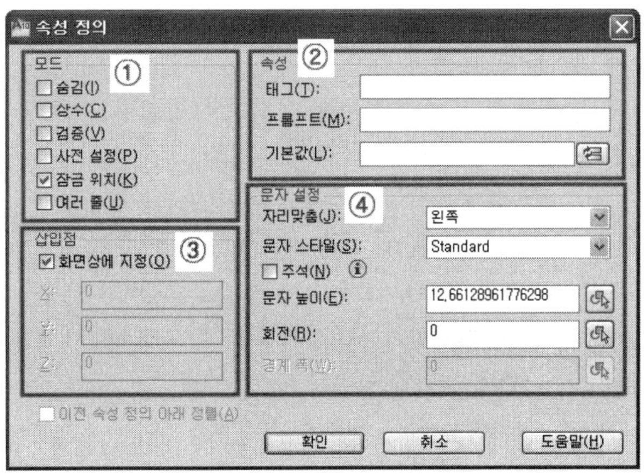

- **숨김 :** 블록 삽입시 속성값(문자)이 표시되거나 인쇄되지 않도록 지정
- **상수 :** 블록 삽입시 속성값(문자)이 고정됨.
- **검증 :** 블록 삽입시 속성값이 정확한지 검증할 수 있도록 명령줄에 표시함.
- **사전설정 :** 블록 삽입시 속성값을 기본값으로 지정된 값을 사용하도록 설정
- **잠금위치 :** 블록 참조 내 속성의 위치를 잠금
- **여러줄 :** 블록 속성값이 여러줄 문자를 포함할 수 있도록 지정

② 속성

- **태그** : 도면에서 발견되는 각 속성을 식별할 내용 지정
- **프롬프트** : 볼록 삽입시 명령줄에 표시될 내용 지정
- **기본값** : 블록 삽입시 사용될 기본값 지정

③ 삽입점

- **화면상에 지정** : 블록 삽입점을 화면상에서 마우스로 지정할 것인지 여부를 설정

④ 문자설정

- **자리맞춤** : 블록 속성 문자의 자리맞추기 지정
- **문자스타일** : 블록 속성 문자에 사용할 사전 정의된 문자 스타일 지정
- **주석** : 블록 속성이 주석임을 지정
- **문자높이** : 블록 속성 문자의 높이 지정
- **회전** : 블록 속성 문자의회전 각도 지정

(3) 블록 속성 문자 수정 명령

주메뉴 사용 : 수정(M) ▶ 객체(O) ▶ 속성(A) ▶ 단일(S)
도구막대 아이콘 : (도구막대 : 수정 II)
명령줄 사용 : eattdef Enter↵
수정하고자 하는 블록 속성 문자 더블클릭하기

(4) 블록 속성 문자 수정 명령 옵션

► 명령 : eattedit Enter↵

① 속성탭

블록 속성 문자목록을 보며 문자내용을 수정한다.

- **블록속성 목록보기** : 블록 속성 정의 내용 보기
- **값** : 블록 속성 정의 문자 내용 변경하기

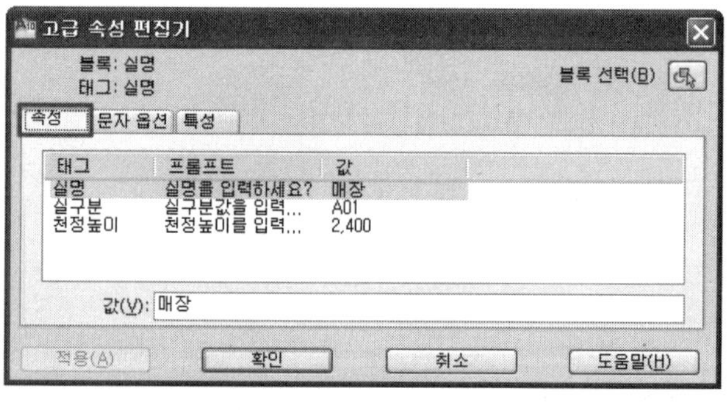

② 문자 옵션탭

블록속성 문자가 도면에 표시되는 방법을 정의하는 특성을 설정한다.

- **문자 스타일(S)** : 속성 문자 스타일 지정
- **자리맞춤(J)** : 속성 문자의 정렬 방법 지정
- **반대로(K)** : 속성 문자 반대로 표시여부 지정
- **거꾸로(D)** : 속성 문자 거꾸로 표시여부 지정
- **높이(E)** : 속성 문자 높이 지정
- **폭비율(W)** : 속성 문자 폭 비율 지정

- **회전(R)** : 속성 문자 회전 각도 지정
- **기울기 각도(O)** : 속성 문자의 기울기 지정(수직이 기준임)
- **주석(N)** : 속성 문자를 주석으로 지정

③ 특성탭

속성이 켜진 도면층과 속성 문자의 선가중치, 선종류 및 색상을 지정한다.

- **도면층(L)** : 속성의 도면층 지정
- **선종류(T)** : 속성의 선종류 지정
- **색상(C)** : 속성의 색상 지정
- **선가중치(W)** : 속성의 선가중치 지정
- **플롯 스타일** : 속성의 플롯 스타일을 지정
- 현재 도면이 색상 종속 플롯 스타일을 사용하는 경우, 플롯 스타일 리스트가 제공되지 않는다.

(5) 블록 속성 정의 명령 따라하기

① 오른쪽 그림과 같이 평면도를 그린다.

► 사용명령 : Line, Offset, MLine, TRim 등

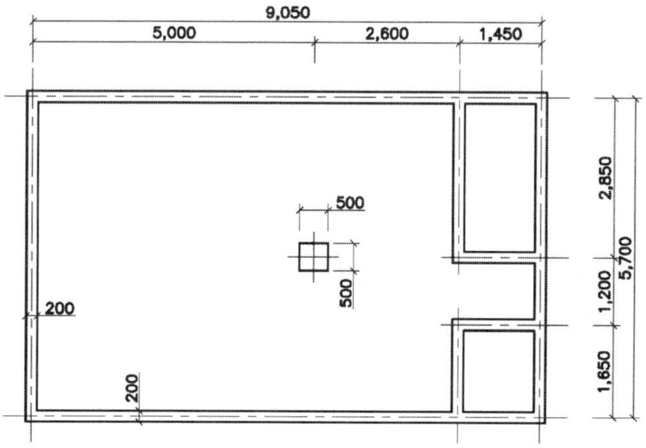

② 오른쪽 그림과 같이 실명을 기입할 모양을 그린다.

► 사용명령 : Line, Offset, TRim 등

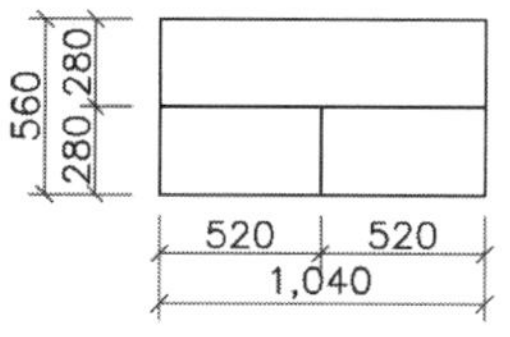

③ 문자 기본 글꼴을 다음과 같이 변경한다.

► 명령 : style Enter↵ (혹은 st Enter↵)
► 스타일 : standard 선택
► 글꼴이름 : romans.shx 선택
► 큰글꼴 사용 : 상자 선택
► 큰 글꼴 : whgtxt.shx 선택
► 확인 버튼 선택해 명령 종료

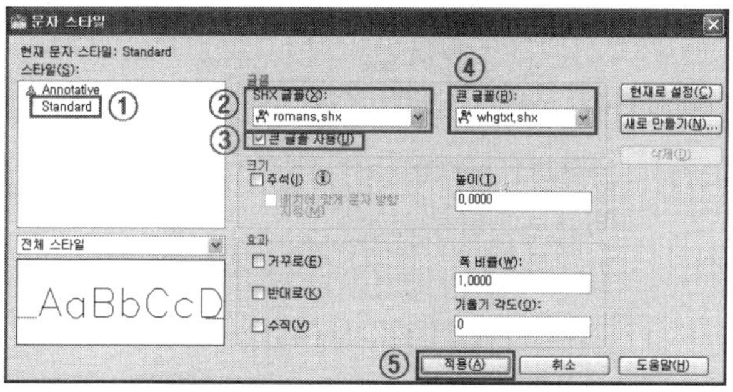

④ 실명을 기입할 영역에 블록 속성 정의 문자를 기입한다.

► 명령 : attdef Enter↵

속성 정의 대화상자에 다음과 같이 설정한다.

㉮ 모드 : 그림과 같이 기본값으로 지정

㉯ 속성

- **태그 :** '실명'으로 입력
- **프롬프트 :** '실명을 입력하세요?'로 입력
- **기본값 :** '매장'으로 입력

㉰ 삽입점

- **화면상에 지정 :** 마우스로 문자 기준점 지정하기 위해 화면상에 지정 항목 선택

㉱ 문자 설정

- **자리맞춤 :** 중간중심 선택
- **문자 스타일 :** standard 선택
- **주석 :** 주석 사용하지 않기(선택 안함)
- **문자 높이 :** '160' 입력
- **회전 :** '0' 입력

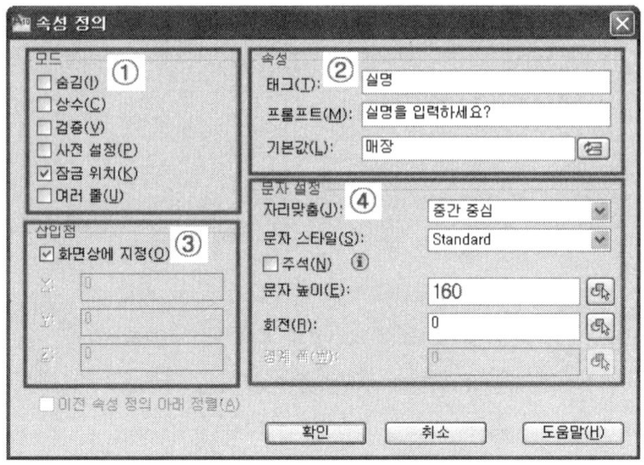

㉲ 위와 같이 속성 정의 대화상자를 설정하고 [확인] 버튼 선택 후 속성 문자 시작점을 지정한다.

► 시작점 지정 : P1점 지정

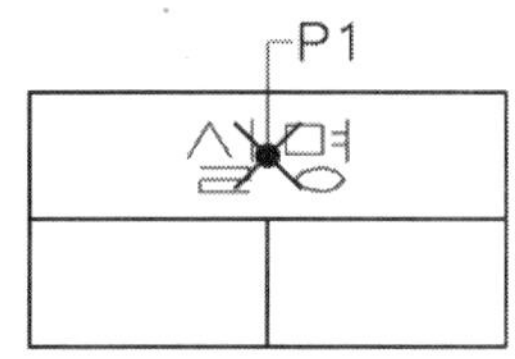

⑤ ③번 과정과 같이 블록 정의 문자를 기입해 오른쪽 그림과 같이 블록 모양을 완성한다.

㉮ 실구분 표시

㉠ 속성값

- **태그 :** '실구분'으로 입력
- **프롬프트 :** '실구분값을 입력하세요?'로 입력
- **기본값 :** 'A01'로 입력

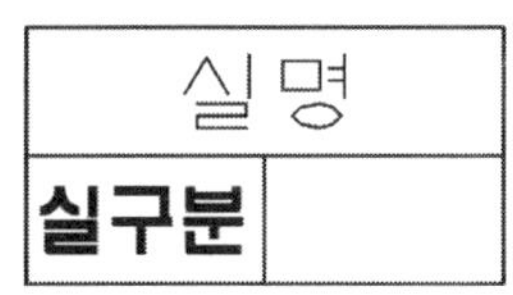

㉯ 삽입점

- **화면상에 지정 :** 마우스로 문자 기준점 지정하기 우해 화면상에 지정 항목 선택

㉡ 문자 설정

- **자리맞춤 :** 중간중심 선택
- **문자 스타일 :** 기본 선택(단, STANDARD 유형의 글꼴이 한글글꼴이어야 한글이 나타남.)
- **주석 :** 주석 사용하지 않기(선택 안함)
- **문자 높이 :** '100' 입력
- **회전 :** '0' 입력

㉰ 천정높이 표시

㉠ 속성값

- **태그 :** '천정높이'으로 입력
- **프롬프트 :** '천정높이를 입력하세요?'로 입력
- **기본값 :** '2400'으로 입력

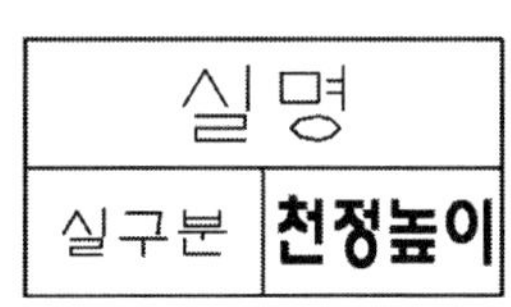

㉡ 삽입점

■ **화면상에 지정 :** 마우스로 문자 기준점 지정하기 우해 화면상에 지정 항목 선택

㉢ 문자 설정

■ **자리맞춤 :** 중간중심 선택

■ **문자 스타일 :** 기본 선택(단, STANDARD 유형의 글꼴이 한글글꼴이어야 한글이 나타남.)

■ **주석 :** 주석 사용하지 않기(선택 안함)

■ **문자 높이 :** '100' 입력

■ **회전 :** '0' 입력

⑥ ②~⑥단계까지 그린 모양을 블록으로 지정한다.

► 명령 : block [Enter↵] (혹은 b [Enter↵])

■ **블록 객체 선택하기 :** 객체 선택 을 이용해 블록 지정 객체 선택하기

■ **블록 이름 입력 :** '실명' 입력

■ **기준점 지정 :** 선택점 을 이용해 블록의 기준점 지정하기

■ 선택한 객체 삭제하기 선택

■ 나머지는 기본값 사용하고 확인 버튼 선택해 명령을 종료한다.

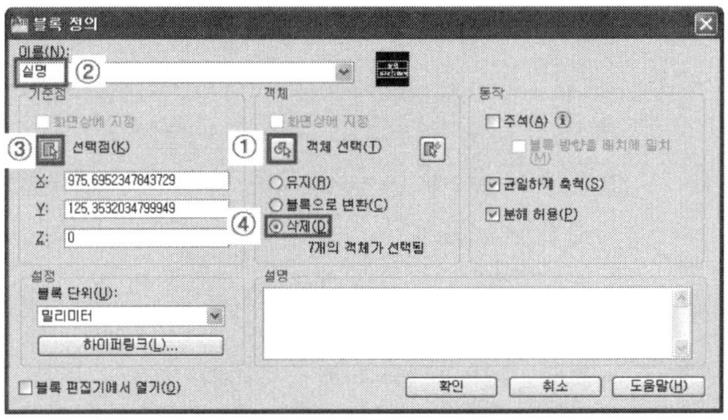

⑦ 블록을 불러온다.

► 명령 : insert [Enter↵] (혹은 i [Enter↵])

오른쪽 그림과 같이 삽입 대화상자 설정

■ **블록 이름 선택 :** '실명' 선택

■ **삽입점 :** 화면상에 지정 선택→마우스로 삽입점 지정하기

■ **축척 :** 화면상에 지정 선택안함

■ **회전 :** 화면상에 지정 선택안함

■ **분해 :** 선택 안함→블록을 분해하지 않음

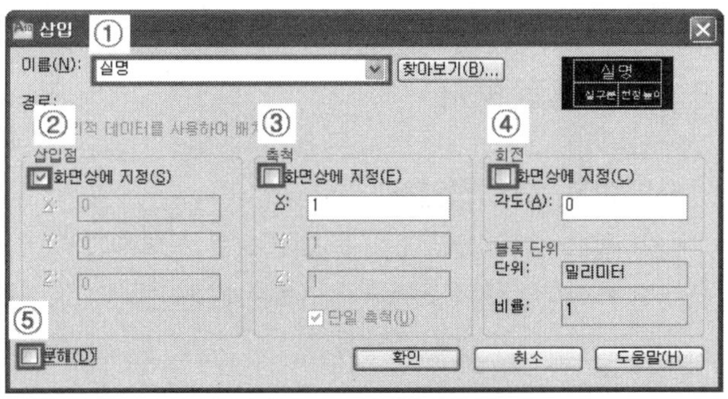

위와 같이 삽입 대화상자를 설정하고 [확인] 버튼 선택 후 블록을 넣고자하는 위치의 삽입점을 지정하고 다음과 같이 블록 속성 문자를 내용에 맞게 입력한다.

► 삽입점 지정 또는[기준점(B)/축척(S)/회전(R)] : **P1지정**

► 속성값 입력

► 실명을 입력하세요? 〈매장〉 : **매장** [Enter↵]

► 실구분값을 입력하세요? 〈A01〉 : **A01** [Enter↵]

► 천정높이를 입력하세요? 〈2,400〉 : **2,400** [Enter↵]

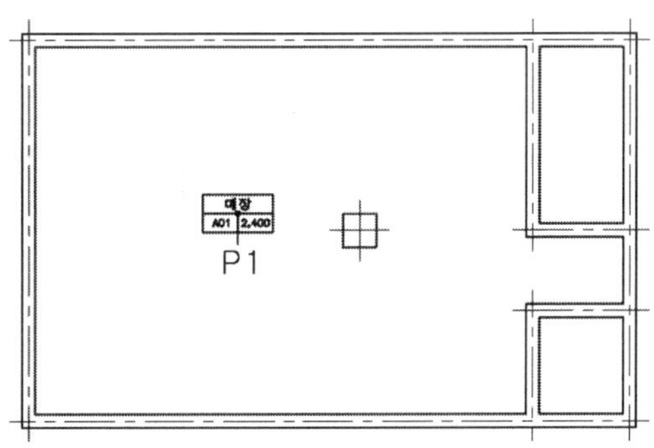

⑧ 오른쪽 그림을 참고해 화장실과 금고실에 블록을 복사한다.

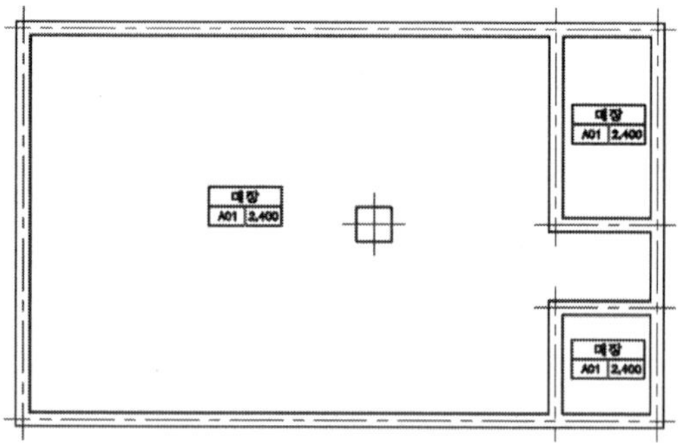

- ▶ 사용명령 : copy [Enter↵] (혹은 co [Enter↵])
- ▶ 객체 선택 : 복사할 블록 선택
- ▶ 객체 선택 : [Enter↵]
- ▶ 현재 설정 : 복사 모드 = 다중(M)
- ▶ 기본점 지정 또는 [변위(D)/모드(O)] 〈변위(D)〉 : **마우스로 기준점을 블록의 가운데를 지정 ➔** *임의로 지정*
- ▶ 두 번째 점 지정 또는 〈첫 번째 점을 변위로 사용〉 : **화장실 공간의 가운데 지정 ➔** *임의로 지정*
- ▶ 두 번째 점 지정 또는 [종료(E)/명령 취소(U)] 〈종료〉 : **금고실 공간의 가운데 지정 ➔** *임의로 지정*
- ▶ 두 번째 점 지정 또는 [종료(E)/명령 취소(U)] 〈종료〉 : [Enter↵]

⑨ 복사한 블록 속성 정의 문자를 수정한다.

- ▶ 명령 : eattedit [Enter↵] (혹은 블록 문자 더블클릭)
- ▶ 블록선택 : 수정하려는 블록정의 문자 선택하기
- ▶ [속성]탭에서 수정하려는 태그 항목 선택
- ▶ 값 영역에서 새로운 값 입력
- ▶ 다음과 같이 블록 내용을 수정한다.

화장실	
A02	2,200

금고실	
A03	2,000

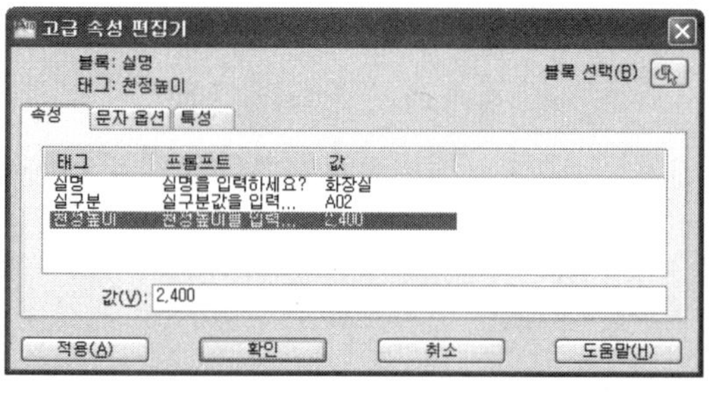

2. 블록 활용하기

(1) 표에 블록 삽입하기

① 필요한 모양을 그린 후 블록으로 등록한다.

- ▶ 사용명령 : line [Enter↵] (혹은 l [Enter↵])

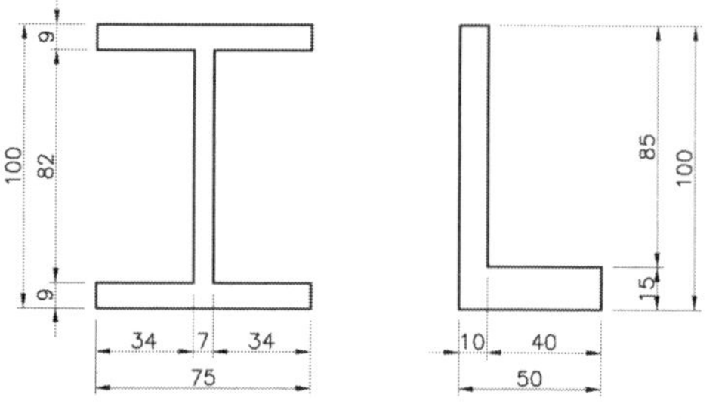

② 블록으로 등록한다.

- ▶ 사용명령 : block [Enter↵] (b [Enter↵])

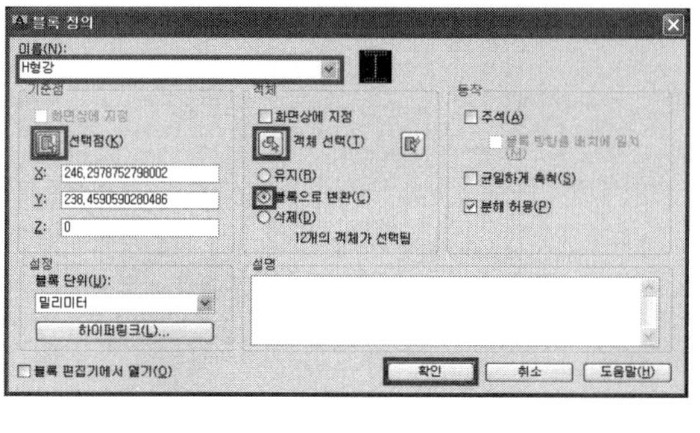

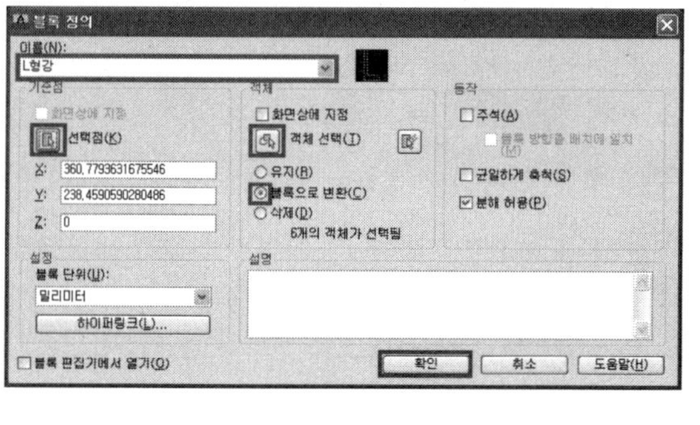

③ 표에 입력할 문자 기본 글꼴을 설정한다.

► 사용명령 : style Enter↵ (혹은 st Enter↵)
► [새로만들기] 버튼을 선택해 'table–text' 이름으로 스타일 추가
► [글꼴이름]에서 'romans.shx' 글꼴 선택
► [큰 글꼴 사용] 항목 선택
► [큰 글꼴]에서 'whgtxt.shx' 글꼴 선택
► [적용][닫기] 버튼을 차례대로 선택하고 명령 종료

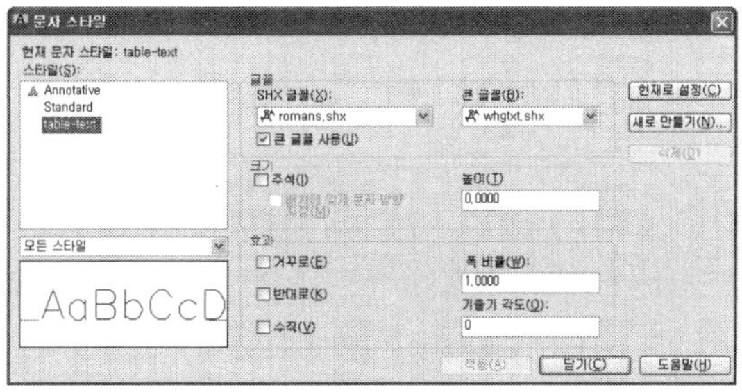

④ 표를 만든다.

표 유형 설정하기

► 사용명령 : tablestyle Enter↵

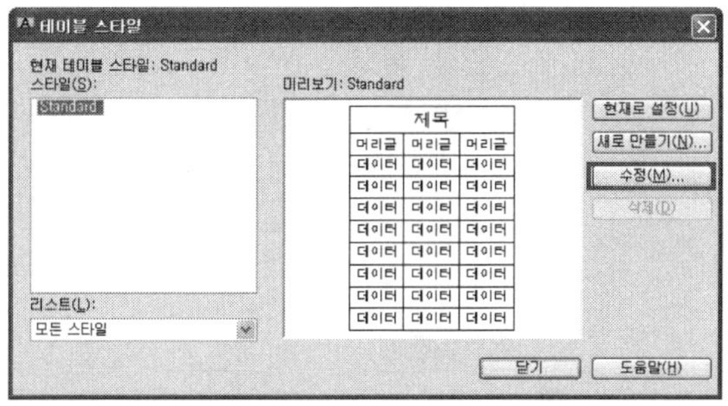

셀 스타일을 다음과 같이 설정한다.

영역 / 구분	제목	머리글	데이터
문자스타일	table-text	table-text	table-text
문자 높이	50	40	30
문자 정렬	중간 중심	중간 중심	중간 중심
여 백	20	15	10

표 만들기

► 사용명령 : table Enter↵ (혹은 tb Enter↵)
► 오른쪽 그림과 같이 설정한 후 [확인] 버튼 선택
► table 삽입점 지정 : 표를 삽입할 위치점 지정

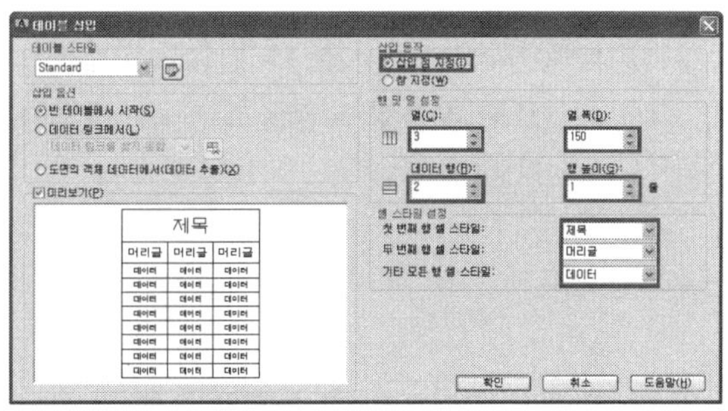

► 표 내용 입력
► 표 내용을 수정하거나 추가 입력을 해야 할 경우 표 셀을 두 번 빠르게 선택한다.

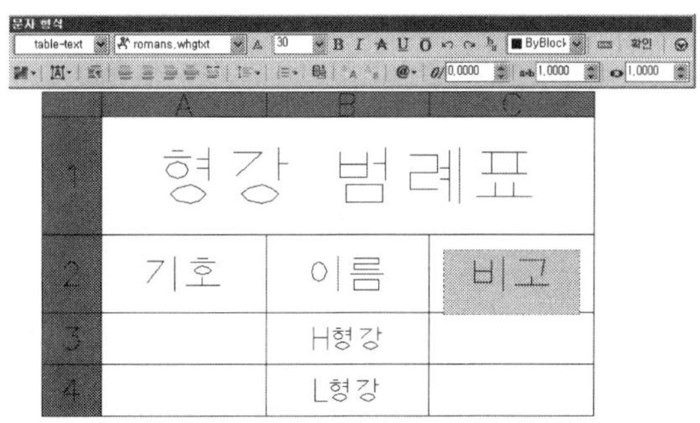

⑤ 표 특성 수정 명령을 실행한다.

▸ 사용명령 : 블록 기호를 삽입할 셀을 한번만 선택한다.

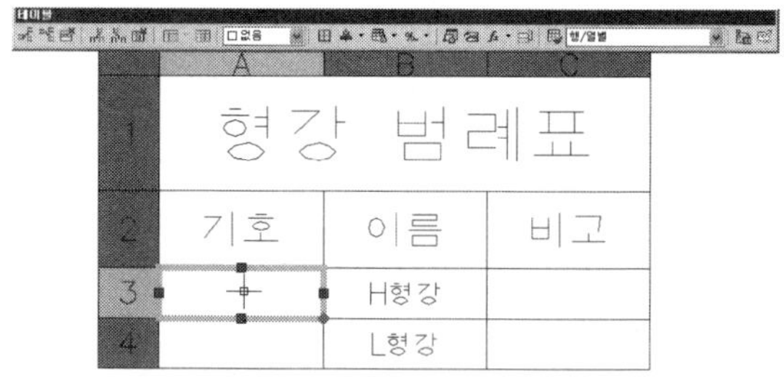

⑥ 표 수정 도구막대에서 블록 삽입 버튼을 선택한다.

⑦ 표에 삽입할 블록을 선택하고 다음과 같이 설정한다.

- **이름** : 삽입할 블록 선택→H형강 선택
- **축척** : 자동 맞춤 선택
- **회전 각도** : '0'도 입력
- **전체 셀 정렬** : 중간 중심 설정
- [확인] 버튼을 선택해 명령 종료

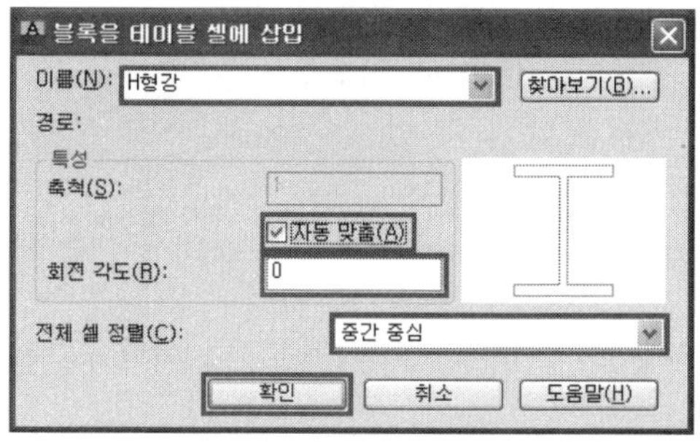

⑧ 'L' 형강 기호도 삽입해 표를 완성한다.

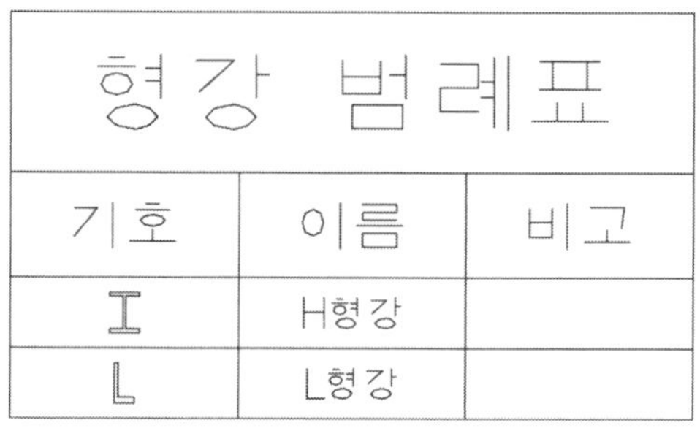

(2) 블록을 이용해 사용자 화살표 만들어 사용하기

① 화살표로 사용할 모양을 오른쪽 그림과 같이 그린다.

▸ 사용명령 : line

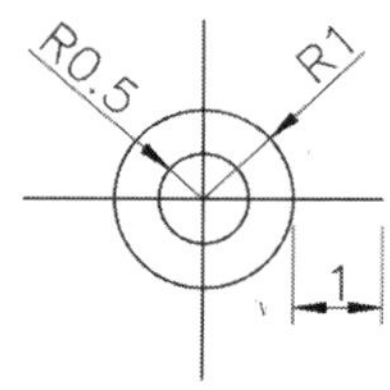

② 위에서 그린 모양을 블록으로 등록한다.

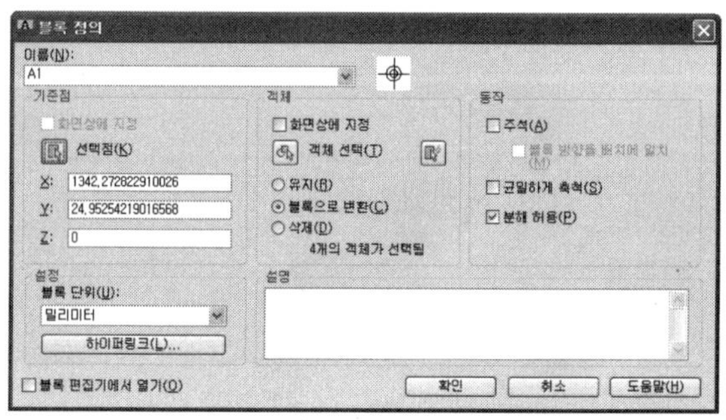

③ 치수 유형 설정 명령을 실행해 화살표를 블록으로 지정한다.

► 사용명령 : d [Enter↵]

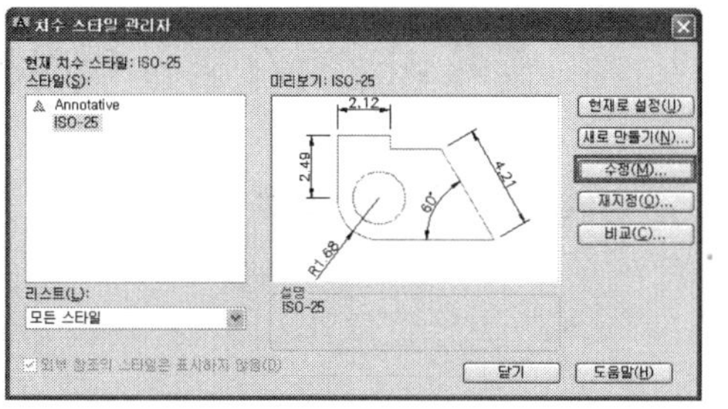

► 화살표를 등록한 블록으로 변경하기위해 사용자 화살표 항목을 선택한다.

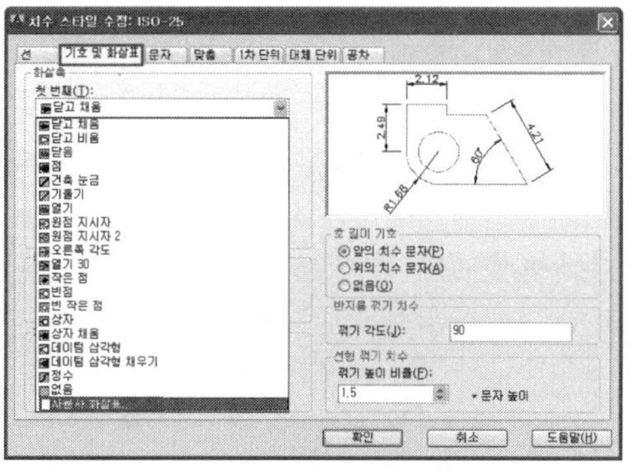

► 등록된 블록 중에서 화살표로 사용할 블록을 선택하고 명령을 종료한다.

④ 치수 명령측정 명령으로 치수를 표시해 확인한다.

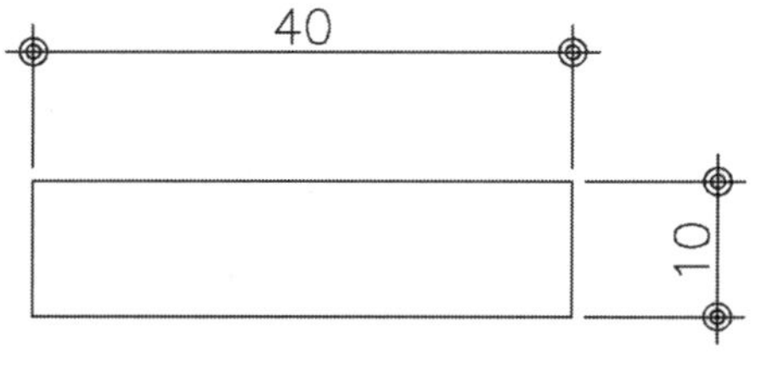

블록 사용하기 명령 따라하기

1. 파일에 사용된 블록 개수(소스 개수)를 표 만들기로 자동 생성하기

천정도 도면을 그리고, 3가지의 조명을 블록 설정 후 표 만들기 명령을 이용해 조명범례를 만들어본다.

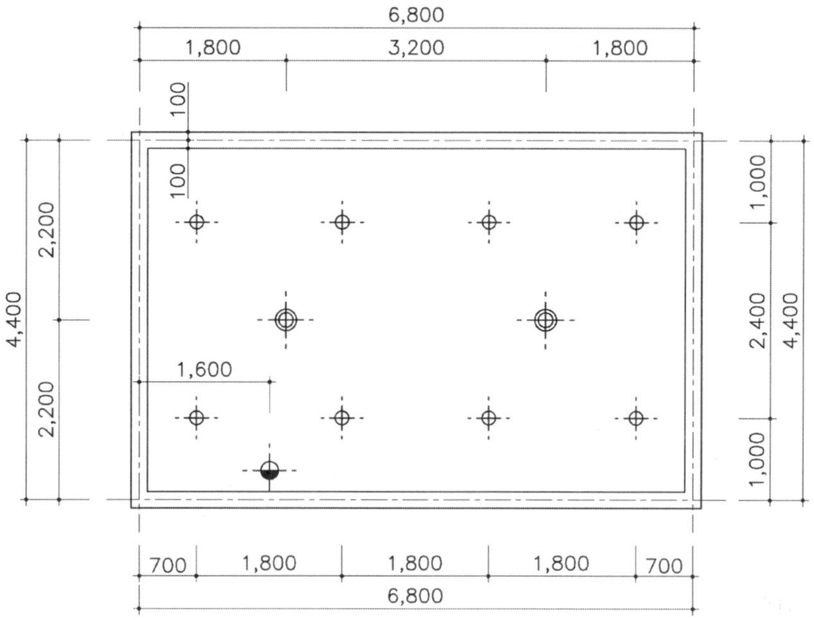

조명범례		
기호	이름	개수
	BRACKET	1EA
	DOWNLIGHT2	2EA
	DOWNLIGHT1	8EA

① 다음 그림과 같이 중심선을 그린다.
- ▸ 사용명령 : Line, TRim, LENgthen, Color, LineType 등

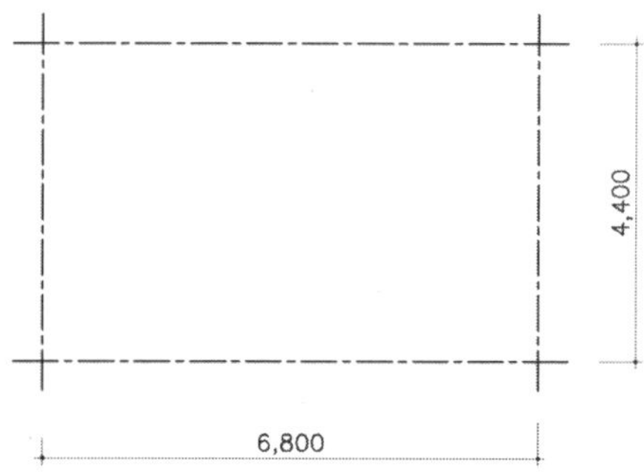

② 벽체선을 그린다.
- ▸ 사용명령 : Offset, TRim, MLine 등

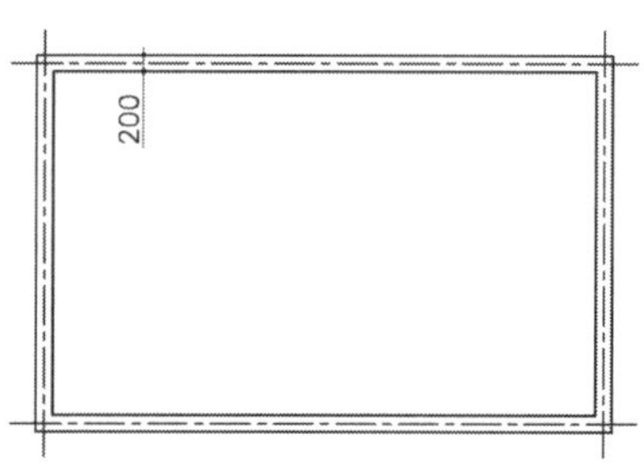

③ 3가지 종류의 조명을 그린다.
- ▸ 사용명령 : Line, Circle, TRim, ARray
- ▸ 조명 크기는 천정도 도면에 적당한 크기로 그린다.

DOWNLIGHT1	DOWNLIGHT2	BRACKET

④ 각각의 조명에 블록 설정을 한다.

► 사용명령 : Block [Enter↵] (혹은 b [Enter↵])
► [객체 선택 버튼]을 이용해 'DOWNLIGHT1' 객체 선택
► 선택한 객체의 블록 이름 지정 : DOWNLIGHT1
► 기준점 지정 : **선택한 객체의 중심 위치 지정**
► 선택한 객체 삭제 항목 선택
► [확인] 버튼 선택 후 명령 종료

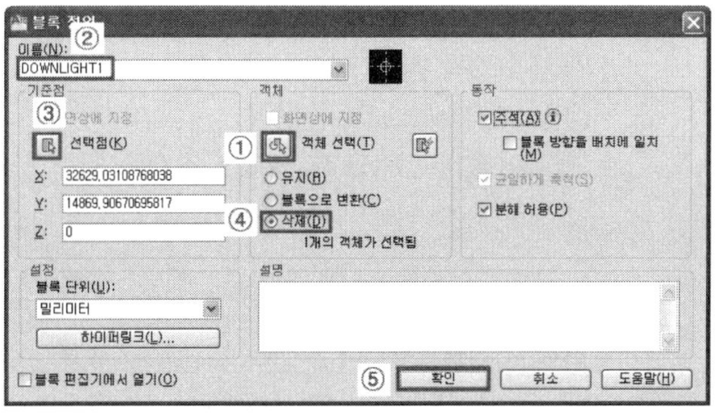

위와 동일한 방법으로 DOWNLIGHT2, BRACKET 조명도 블록 등록을 한다.

⑤ 조명이 들어갈 위치를 표시한다.

► 사용명령 : Offset [Enter↵] (혹은 o [Enter↵])

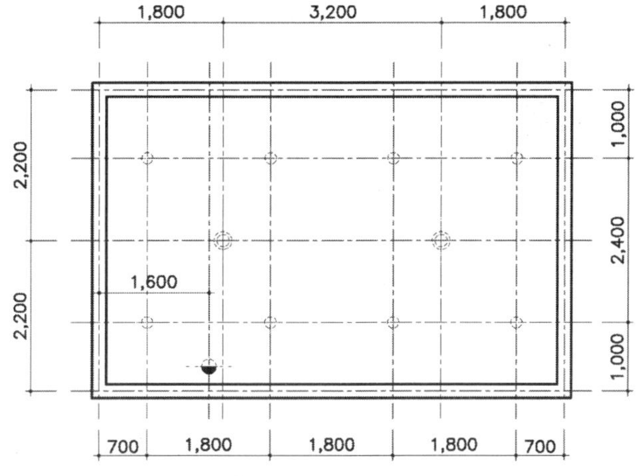

⑥ 조명 블록을 불러와 도면에 표시한다.

► 사용명령 : Insert, COpy, Move 등

► 명령 : insert [Enter↵]
► 블록 선택 : DOWNLIGHT1 선택
► 삽입점 : **상자 선택**
► 축척 : **상자 선택 안함(X,Y,Z 값 '1'로 설정)**
► 회전 : **상자 선택 안함(각도 '0'으로 설정)**
► 분해 : **상자 선택 안함**

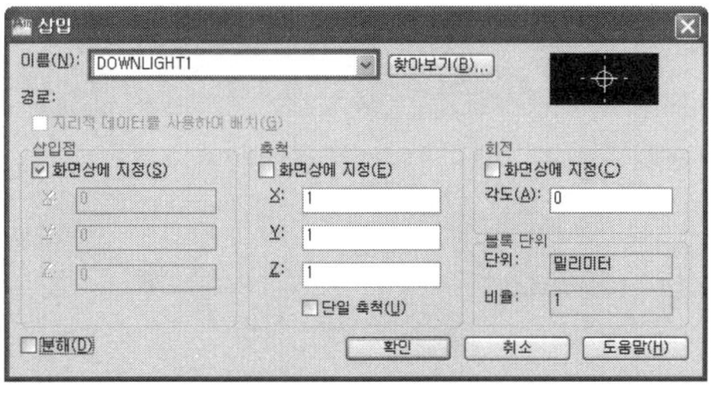

위와 같은 방법으로 DOWNLIGHT2, BRACKET 조명을 불러와 오른쪽 그림과 같이 도면에 조명을 표시한다.

► 각각의 조명 블록은 단 한번만 불러오면 되며, 필요한 수량은 복사명령(COpy)을 사용한다.
► 조명의 위치가 맞지 않다면 이동명령(Move)을 사용한다.

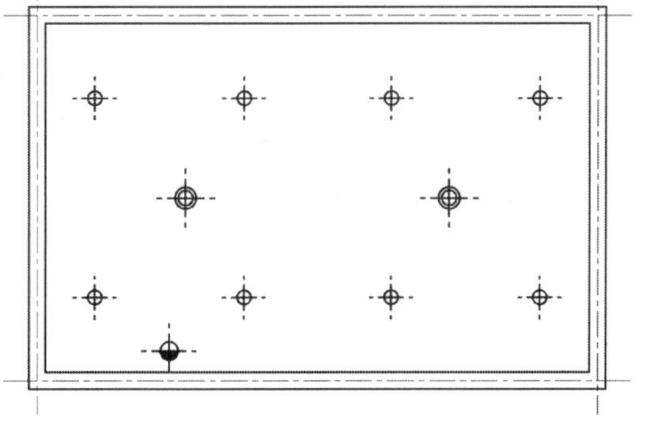

⑦ 표 유형 만들기 명령을 이용해 표 유형을 설정한다(표 유형 만들기 239쪽 참고).

► 사용명령 : tablestyle [Enter↵]

► [새로만들기] 선택해 표 유형을 추가한다.

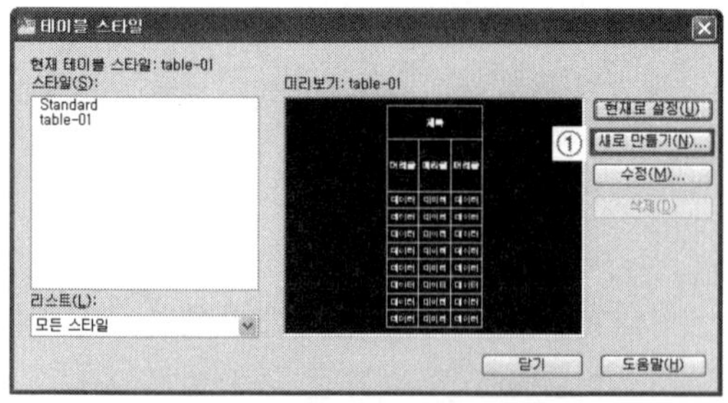

► 유형 이름을 'table–01' 입력 후 [계속] 버튼 선택

► 테이블 스타일 수정 대화상자에서 셀 스타일을 설정한다.

확인

여기에서 제시하지 않은 항목은 기본값 그대로 사용한다.

■ **데이터, 머리글, 제목 셀 스타일 설정**(모두 동일하게 설정)

– 일반탭 → 정렬 : 중간중심, 수평여백 : 50, 수직여백 : 50, 행/열 작성시 셀 병합 : 선택안함.

– 문자탭 → 문자 높이 : 150

– 경계탭 → 기본값 그대로

다음은 데이터 셀 스타일 설정의 사용예이다.

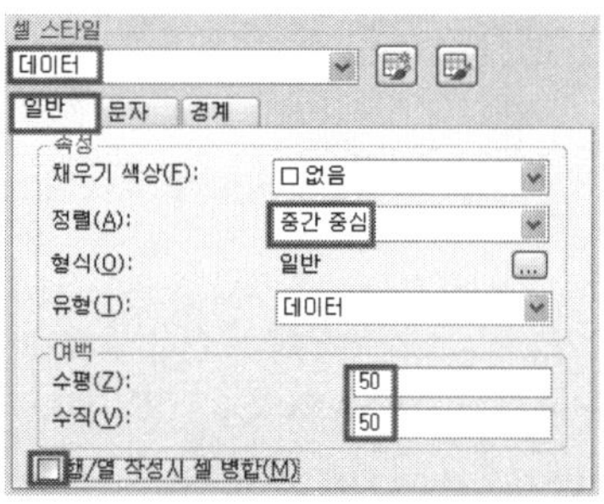

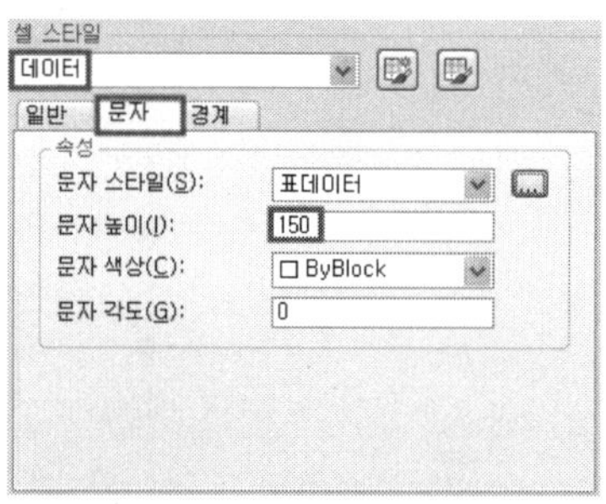

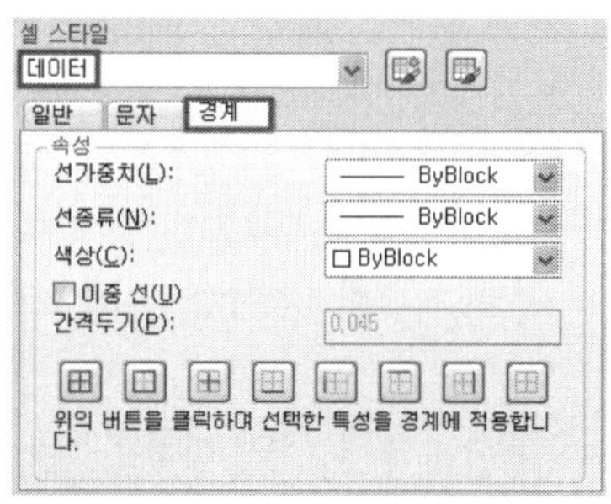

⑧ 표 만들기 명령을 이용해 조명 범례표를 생성한다(표 만들기 242쪽 참고).
조명 블록의 사용 개수는 자동적으로 계산이 이루어진다.

► 사용명령 : table [Enter↵] (혹은 tb [Enter↵])

블록 사용 개수를 자동 계산하기 위해 다음과 같이 실행한다.

㉮ 테이블 삽입 대화상자의 삽입 옵션에서 '도면의 객체 데이터에서 데이터 추출' 항목을 선택한다.

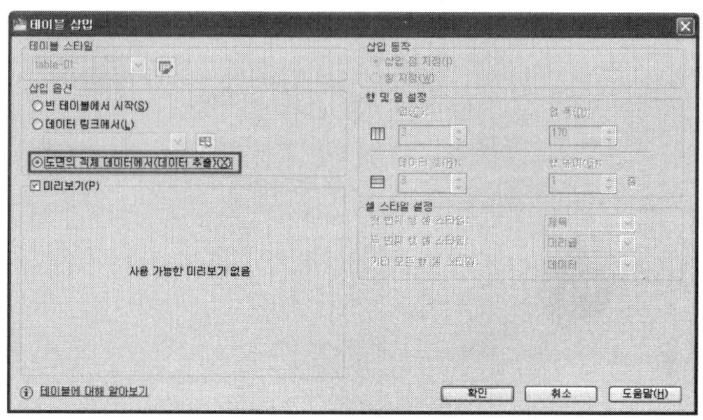

㉯ 데이터 추출 - 시작(1/8페이지) 대화상자에서 새 데이터 추출 작성 항목 선택 후 [다음] 선택

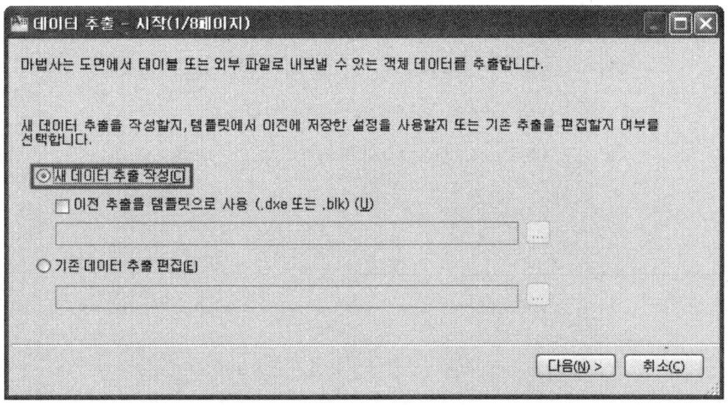

㉰ 데이터 추출 정보를 저장할 파일 이름 입력 → table-01이라고 입력

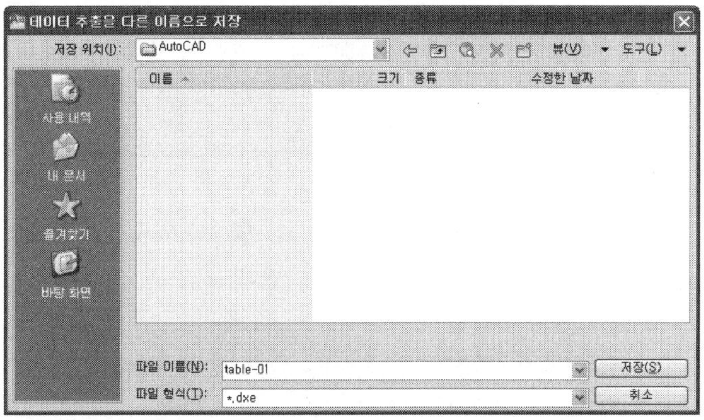

㉱ 데이터 추출 - 데이터 소스정의(2/8페이지) 대화상자에서 기본값 그대로 설정하고 [다음] 선택

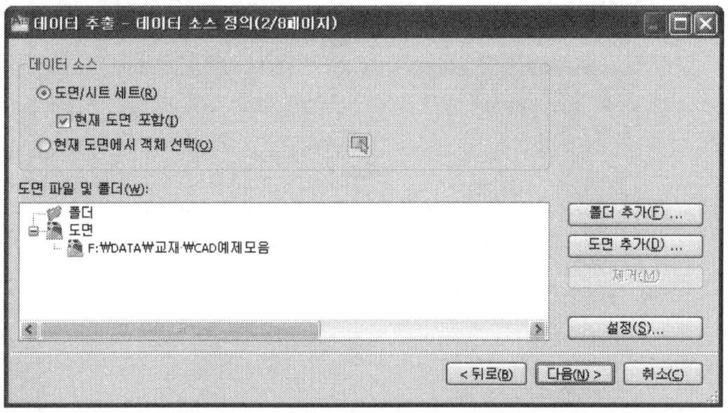

㉲ 데이터 추출 - 객체 선택(3/8페이지) 대화상자에서 오른쪽 그림과 같이 설정 후 [다음] 선택

- **모든 객체 유형 표시 :** 선택 안함
- **블록만 표시 :** 선택
- **비블록만 표시 :** 선택 안함
- **속성 포함 블록만 표시 :** 선택 안함
- **현재 사용 중인 객체만 표시 :** 선택

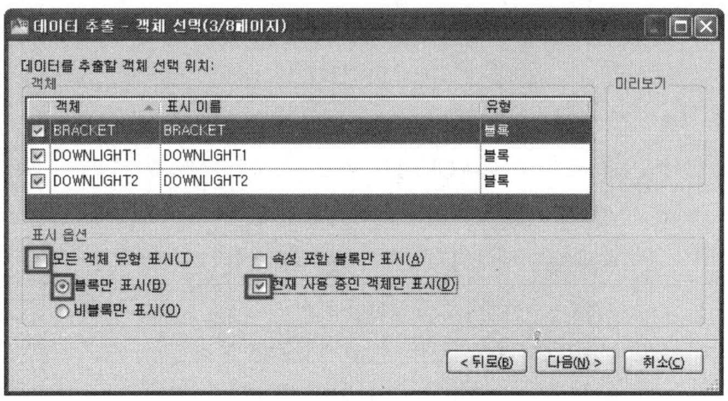

㉶ 데이터 추출 - 특성 선택(4/8페이지) 대화상자에서 오른쪽 그림과 같이 설정 후 [다음] 선택

- 범주 필터에서 '도면' 항목만 선택
- 속성에서 키워드만 선택하고 모두 선택 해제함.

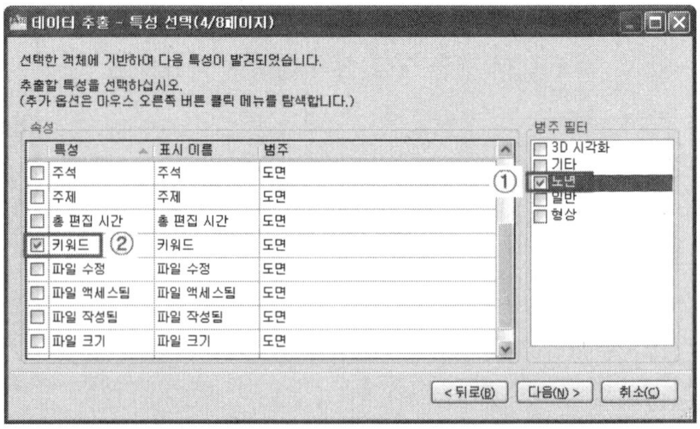

㉷ 데이터 추출 - 데이터 재정의(5/8페이지) 대화상자에서 테이블 열제목의 이름과 위치를 오른쪽 그림과 같이 변경한다.

- **테이블 열제목 위치 변경방법 :** 옮길려는 열제목 위에서 마우스를 누른채 끌기해 원하는 위치에서 마우스를 놓으면 열제목의 위치가 변경되게 된다.
- **테이블 열제목 이름 변경방법 :** 열제목 위에서 마우스 오른쪽버튼을 누르면 나타나는 바로가기 메뉴항목에서 '이름 바꾸기'를 선택한 후 이름을 변경한다.

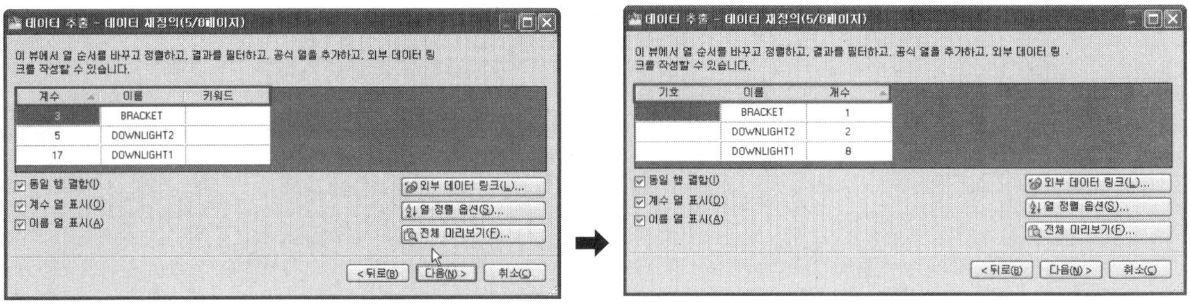

㉸ 데이터 추출 - 출력 선택(6/8페이지) 대화상자에서 도면에 데이터 추출 테이블 삽입 항목을 선택한다.

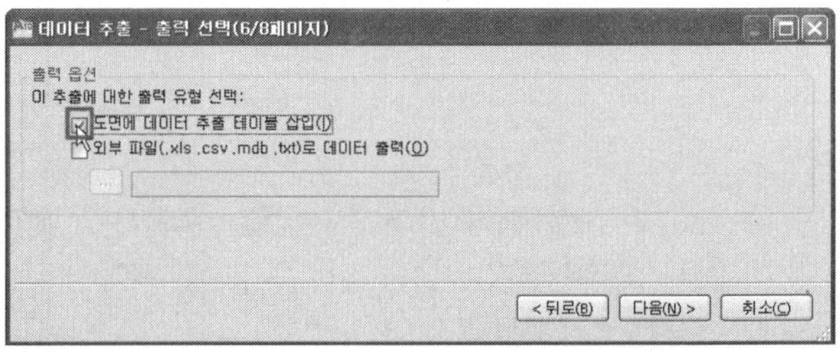

㉹ 데이터 추출 - 테이블 스타일 대화상자에서 오른쪽 그림과 같이 설정한다.

- **테이블 스타일 :** table-01 선택(앞 단계에서 만든 테이블 스타일이다.)
- **테이블 제목 입력 :** '조명 범례표' 입력
- **제목 셀 스타일 :** '머리글'로 선택
- **머리글 셀 스타일 :** '데이터'로 선택
- **데이터 셀 스타일 :** '데이터'로 선택
- **특성 이름을 추가 열 머리글로 사용 :** 항목 선택

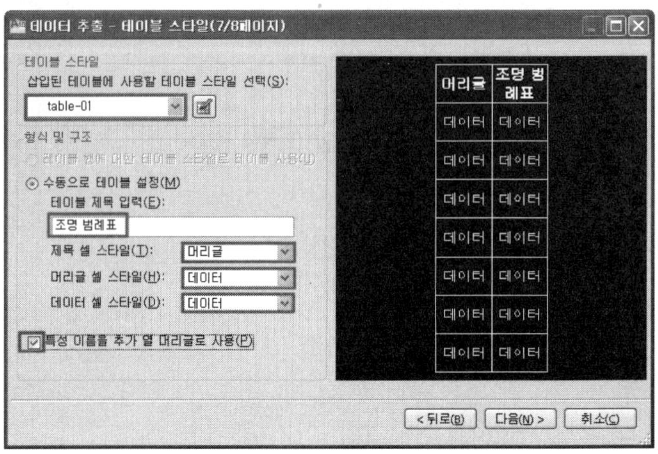

㉮ 데이터 추출 - 마침(8/8페이지) 대화상자에서 [마침] 버튼을 선택하고 데이터 추출 명령을 종료한다.

[마침]버튼을 선택하고 나면 테이블을 삽입하고자 하는 위치점을 지정하게 된다.

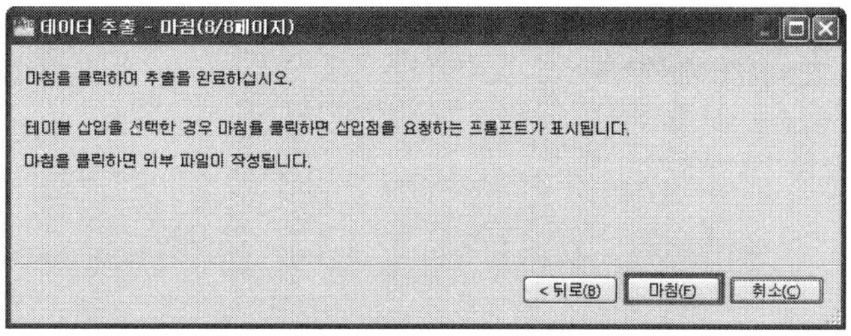

⑨ 테이블을 삽입하고자 하는 위치점 지정하기

► 삽입점 지정 : **테이블을 삽입하고자 하는 위치점 지정**

⑩ 테이블 셀에 블록 기호 삽입하기

► 블록을 넣고자 하는 셀 선택하기 ➔ *셀을 선택하면 오른쪽 그림과 같이 테이블 도구막대가 나타난다.*

► 테이블 도구막대의 '잠금' 아이콘을 선택해 잠금해제를 한다.

► 테이블 도구막대의 '블록삽입' 아이콘을 선택해 '블록을 테이블 셀에 삽입' 대화상자를 띄운다.

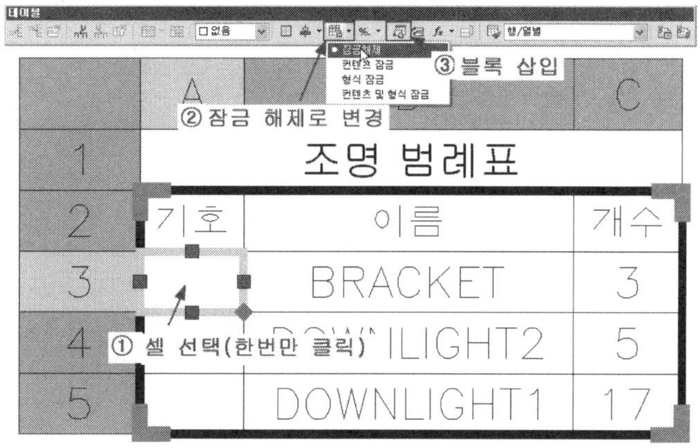

► '블록을 테이블 셀에 삽입' 대화상자에서 오른쪽 그림과 같이 설정한다.

■ **이름 :** BRACKET 블록 선택

■ **축척 :** 자동 맞춤 선택

■ **회전 각도 :** '0' 입력

■ **전체 셀 정렬 :** 중간 중심 선택

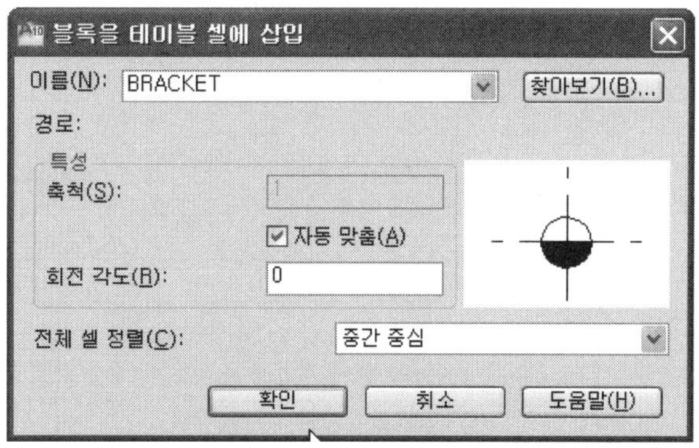

► 명령 종료 후 블록 기호가 삽입된 것을 확인한다.

조명 범례표		
기호	이름	개수
	BRACKET	1
	DOWNLIGHT2	2
	DOWNLIGHT1	8

⑪ 위와 동일한 방법으로 나머지 DOWNLIGHT2, DOWNLIGHT1 조명 블록 기호를 삽입하고 테이블을 완성한다.

조명 범례표		
기호	이름	개수
	BRACKET	1EA
	DOWNLIGHT2	2EA
	DOWNLIGHT1	8EA

도면 예제 9-1 블록 사용하기

①

각 기호 크기는 도면에 적당한 크기로 한다.

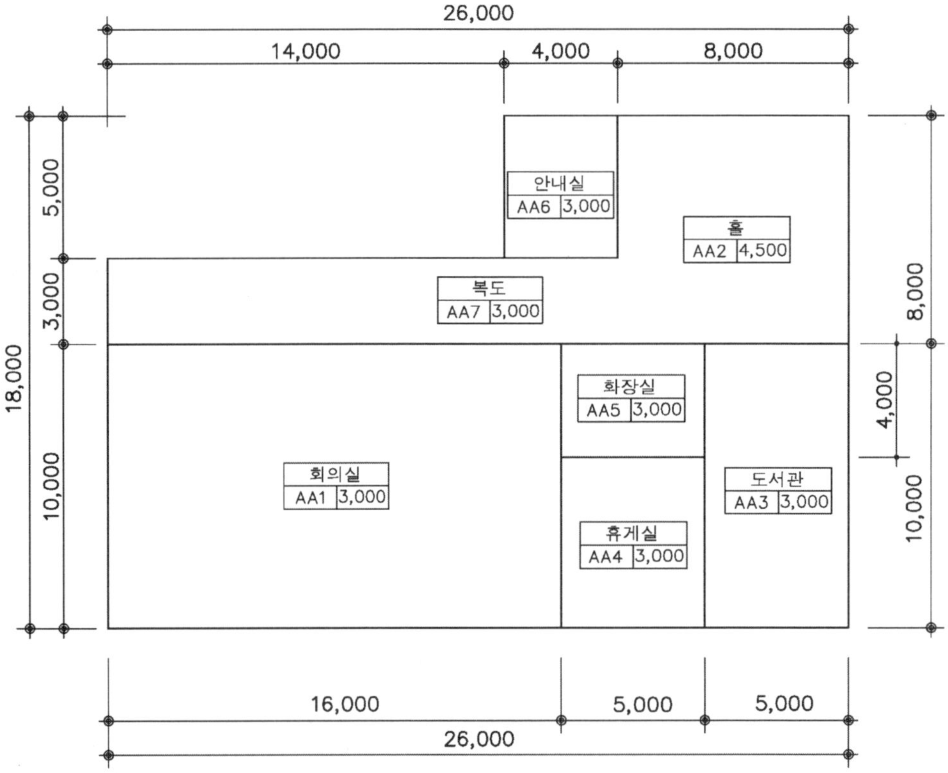

■ 구적표

구 분	실 명	면적
AA1	회의실	$160m^2$
AA2	홀	$64m^2$
AA3	도서관	$50m^2$
AA4	휴게실	$30m^2$
AA5	화장실	$20m^2$
AA6	안내실	$20m^2$
AA7	복도	$54m^2$

②

각 기호 크기는 도면에 적당한 크기로 한다.

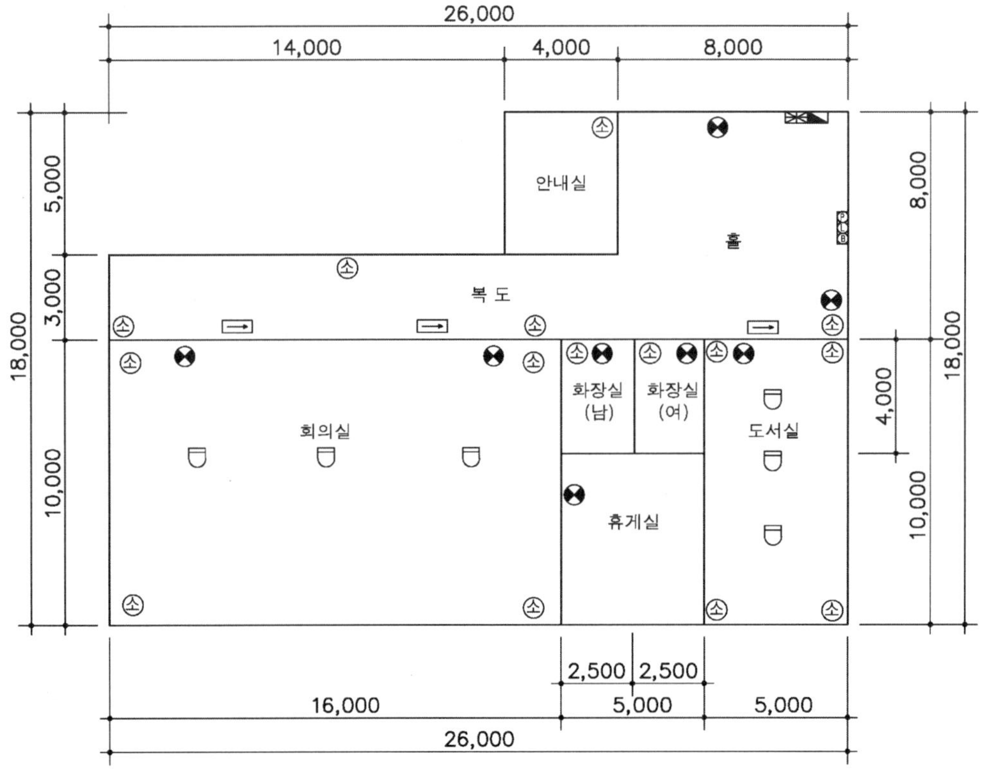

■ 소방설비 범례

기호	이름	수량
	발신기	1
	분전함	1
	소화기	15
	수신기	1
	유도등	8
	감지기	6
	통로유도등	3

LESSON 10

모형 공간에서 도면 출력하기

학습목표

- 평면도를 그릴 수 있다.
- 모형 공간에서 도면을 출력할 수 있다.
- 도면 축척에 이해할 수 있다.

선행학습

- 작업 공간 영역 설정하기
- 도면층(LAYER) 사용하기
- 다중선 그리기

학습명령

1. **출력 설정 저장하기 :** pagesetup
2. **출력하기 :** plot (Ctrl+P)

학습내용

① 학습내용 1

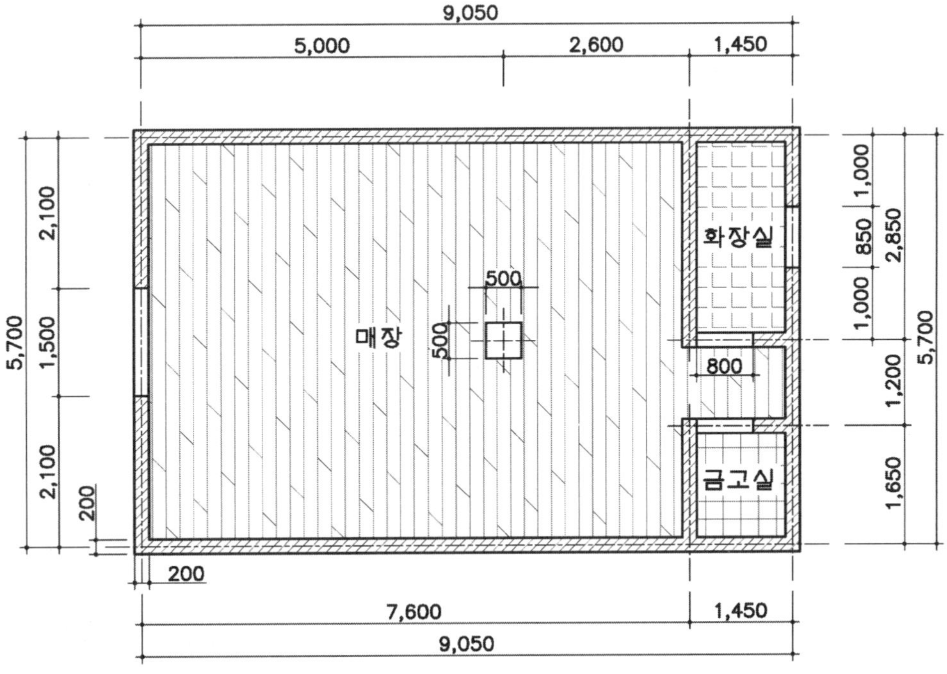

비 고

- 도면 출력 축척에 따른 선의 표기 방법과 선굵기 설정에 대한 이해
  ① 축척에 따른 선의 표기 방법 : 출력 축척이 높을수록 선의 표현 형태로 간단하게 이루어진다.
  ② 축척에 따른 선굵기 설정 : 흑백으로 출력하는 경우 출력 축척이나 출력 용지 크기에 따라 선굵기 값을 다르게 설정해 출력한다.

출력에 대한 이해와 활용

1 출력 설정 저장하기 : pagesetup
2 출력하기 : plot

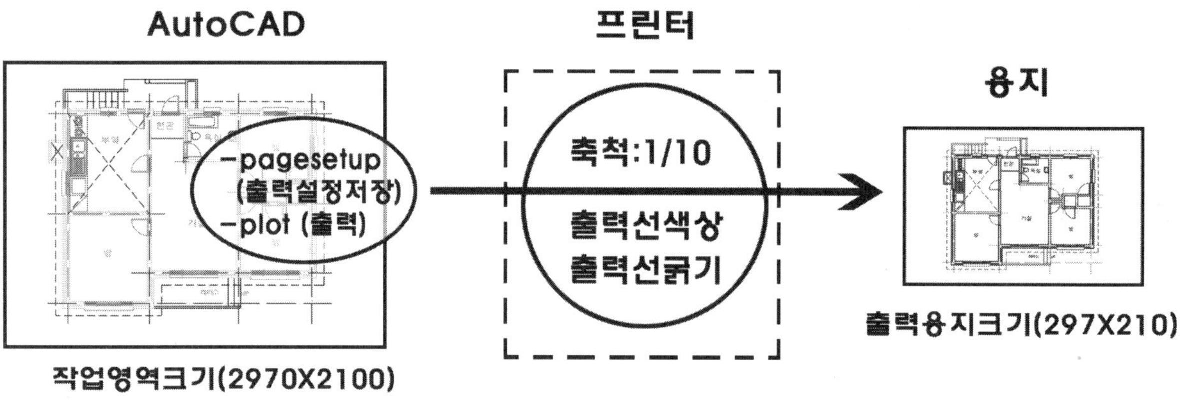

1. 출력 설정 – PAGESETUP

• 출력을 어떻게 할 것인가를 출력하기 전에 미리 설정하는 명령

1.1 출력 설정 명령 실행

- 주메뉴 사용 : 파일(M) ▶ 페이지 설정 관리자(G)
- 명령줄 사용 : pagesetup [Enter↵] (단축명령 : –)
- 리본 : 출력 메뉴 ▶ 플롯 리본

1.2 출력 설정 명령 옵션

► 명령 : pagesetup [Enter↵]

(1) 페이지 설정 관리자 대화상자

① 페이지 설정 목록 보기
② 현재로 설정 : 페이지 설정 유형에서 사용하고자 하는 페이지 유형 선택하기
③ 새로 만들기(N) : 새로운 페이지 설정 만들기
④ 수정(M) : 기존의 페이지 설정 유형 수정하기
⑤ 가져오기(I) : 저장된 페이지 설정 유형 가져오기

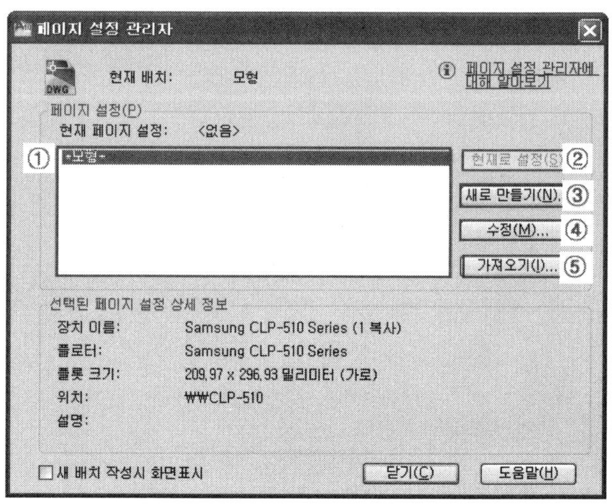

(2) 수정(M) 버튼을 선택했을 경우의 대화상자

① 프린터/플로터 : 사용할 프린트 선택

② 용지 크기(Z) : 출력 용지 선택

③ 플롯 영역 : 출력 도면 영역 지정

④ 출력 축척 : 도면 출력 크기 설정

⑤ 플롯 간격띄우기 : 출력 위치 설정

- X : 출력 가로 위치 설정
- Y : 출력 세로 위치 설정
- 플롯의 중심(C) : 출력 영역을 도면의 가운데 위치에 출력하도록 설정

⑥ 도면 방향 : 도면 출력 방향 설정

- 세로 : 용지를 세로 방향을 길게 출력
- 가로 : 용지를 가로 방향을 길게 출력

⑦ 플롯 스타일 테이블 : 출력되는 선의 색상과 선굵기값 설정

⑧ 미리지기 : 프린트 미리보기 실행

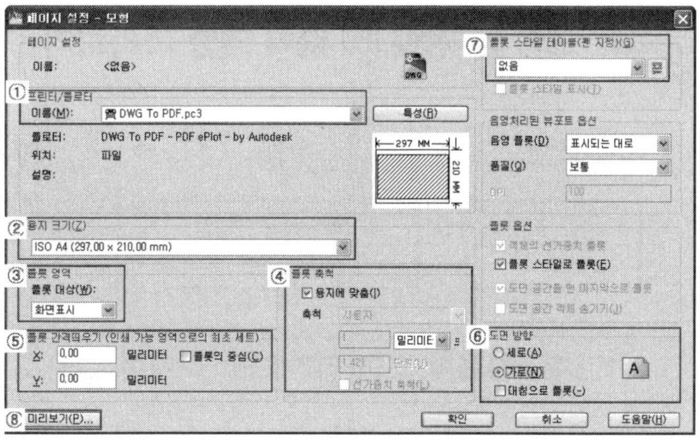

2. 출력하기 – Plot

- 도면 내용을 출력하는 명령

2.1 출력 명령 실행

주메뉴 사용 : 파일(M) ▶ 플롯(P)

도구막대 아이콘 : (도구막대 이름 : 표준)

명령줄 사용 : plot Enter↵ (단축명령 : –)

리본 : 출력 메뉴 ▶ 플롯 리본

2.2 출력 명령 옵션(각 항목에 대한 설명은 출력 설정 명령(Pagesetup) 참조)

► 명령 : plot Enter↵

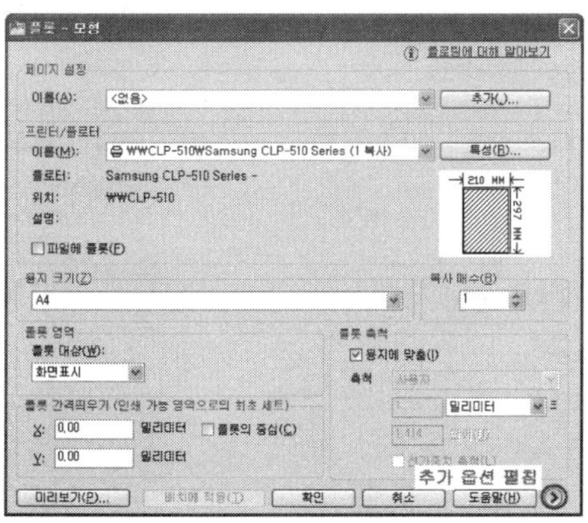

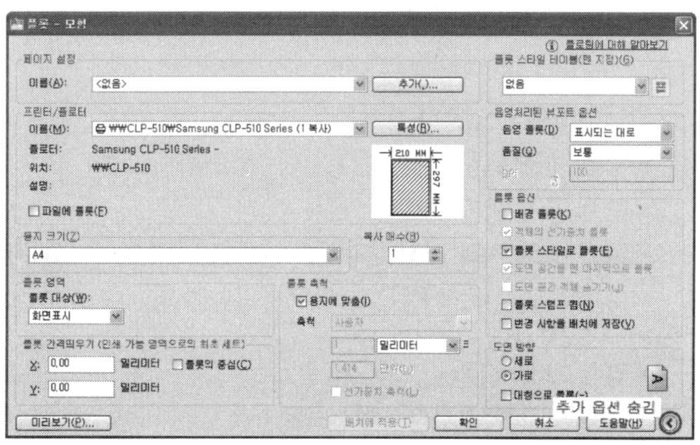

모형 영역에서의 출력 명령 따라하기

1단계	2단계	3단계	4단계	5단계
도면 완성	프린트 설정 저장	표제란 삽입	프린트 영역 재설정	출력
-	pagesetup	insert	pagesetup	plot

1.1 1단계 – 출력할 도면(평면도)을 아래쪽 그림과 같이 그린다.

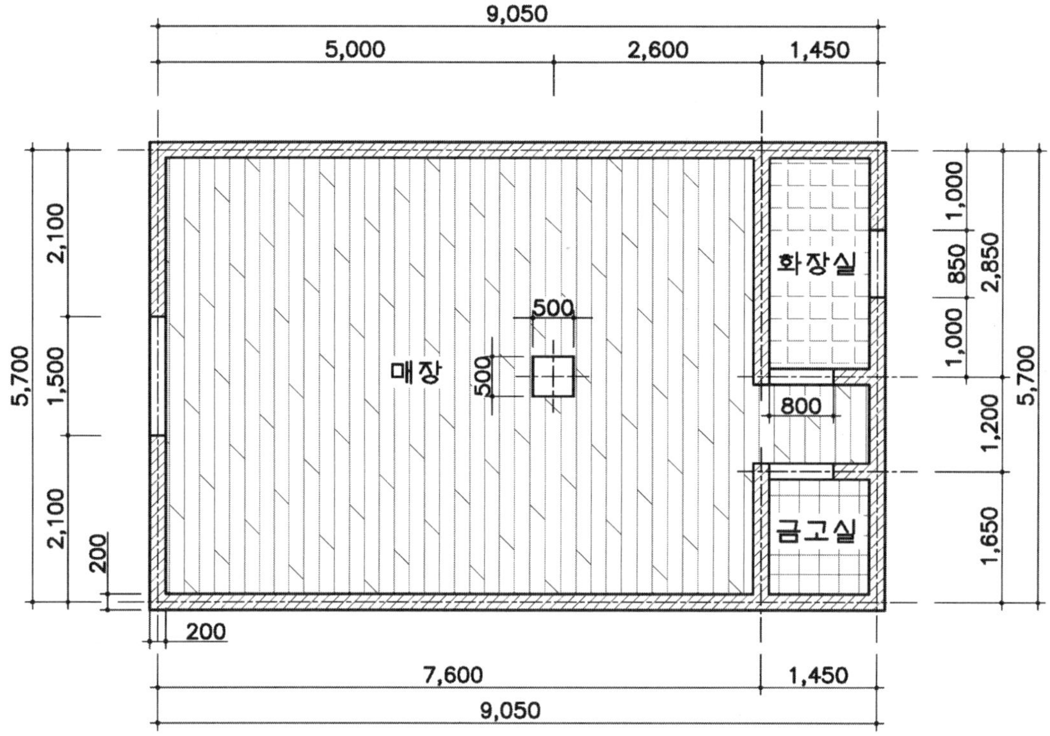

① 빈문서를 연다.

► 사용명령 : new Enter↵

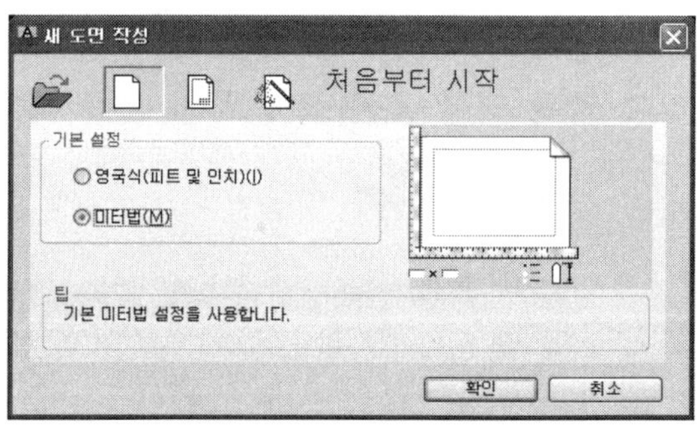

② 작업영역을 설정한다.

► 명령 : limits Enter↵

► 모형 공간 한계 재설정 :

► 왼쪽 아래 구석 지정 또는 [켜기(ON)/끄기(OFF)] 〈0.0000,0.0000〉 : 0,0 Enter↵

► 오른쪽 위 구석 지정 〈420.0000,297.0000〉 : 30000,20000 Enter↵

► 명령 : zoom Enter↵

► 윈도우 구석을 지정, 축척 비율 (nX 또는 nXP)을 입력, 또는

► [전체(A)/중심(C)/동적(D)/범위(E)/이전(P)/축척(S)/윈도우(W)/객체(O)] 〈실시간〉 : a Enter↵

③ 도면층을 만든다.

► 사용명령 : layer [Enter↵] (혹은 명령 : la [Enter↵])

오른쪽 그림을 참고해 도면층을 만든다.

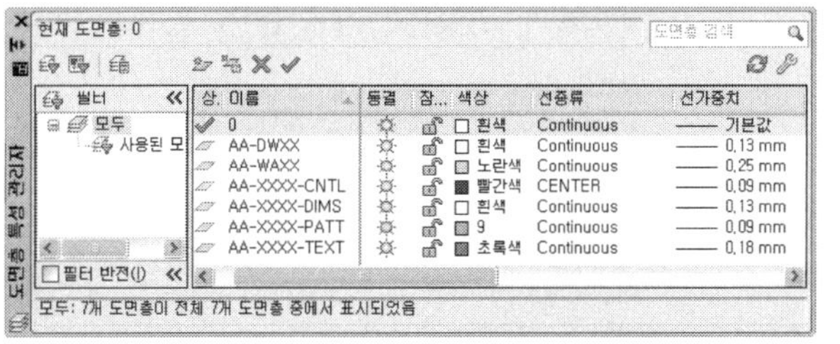

④ 'AZ-XXXX-CNTL' 도면층에 중심선을 그린다.

► 사용명령

- **선 그리기 :** line [Enter↵] (혹은 l [Enter↵])
- **간격띄우기 :** offset [Enter↵] (혹은 o [Enter↵])
- **객체 자르기 :** trim [Enter↵] (혹은 tr [Enter↵])

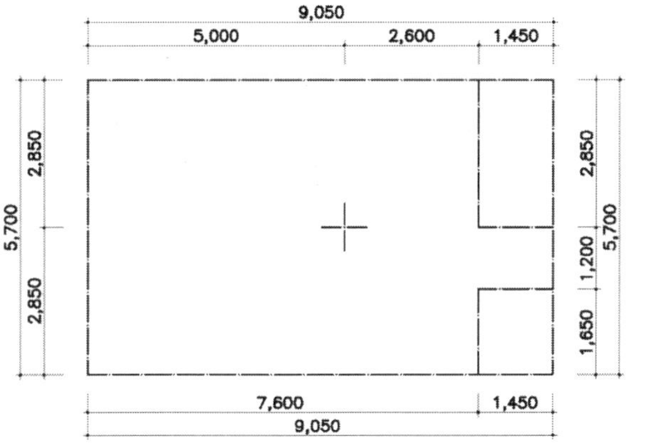

⑤ 중심선을 늘린다.

► 사용명령 : lengthen [Enter↵] (혹은 len [Enter↵])

- **외부로 늘릴 선 :** 500~1000 정도
- **내부로 늘릴 선 :** 300~600 정도

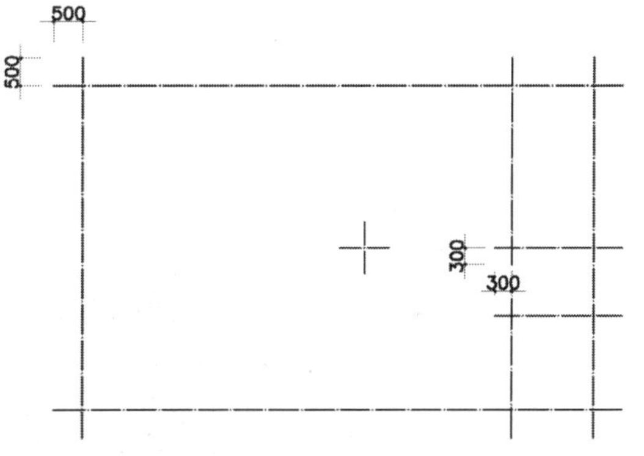

⑥ 'AA-WAXX' 도면층에 벽체선을 그린다.

► 사용명령 :

- **다중선 유형 설정하기 :** mlstyle [Enter↵]
- **다중선 그리기 :** mline [Enter↵] (혹은 ml [Enter↵])
- **다중선 편집하기 :** mledit [Enter↵]

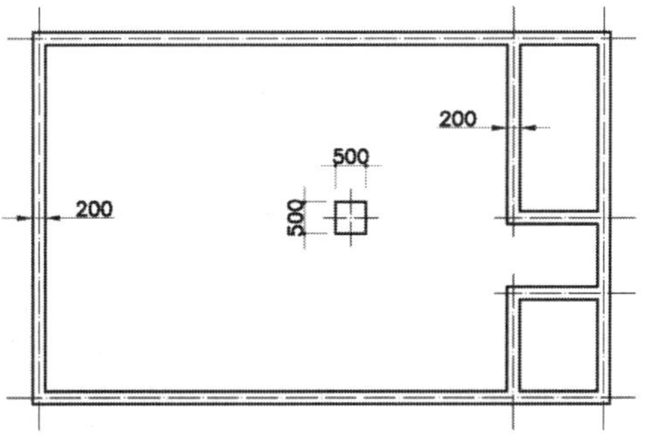

⑦ 창과 문이 들어갈 위치에 벽을 자른다.

► 사용명령 : offset [Enter↵] (혹은 o [Enter↵])

► 사용명령 : trim [Enter↵] (혹은 tr [Enter↵])

► 사용명령 : erase [Enter↵] (혹은 e [Enter↵])

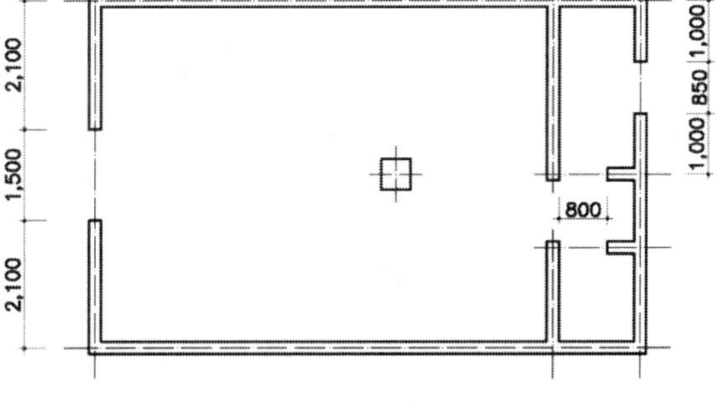

⑧ 'AA-WDXX' 도면층에 창과 문이 들어갈 위치에 사각형을 그린다.

► 사용명령 : rectang Enter↵ (혹은 rec Enter↵)

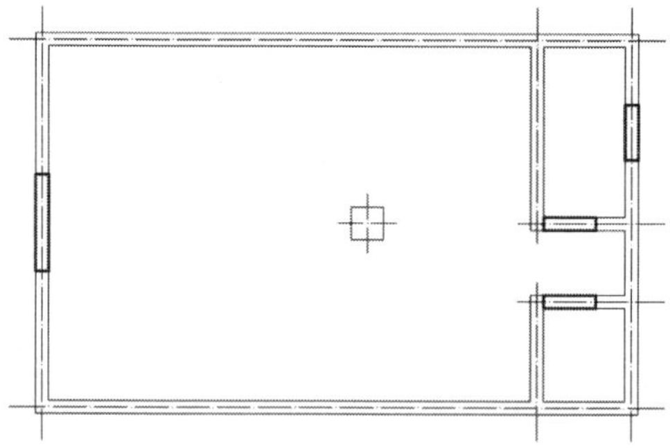

⑨ 'AA-XXXX-TEXT' 도면층에 문자를 입력한다.

기본글꼴설정 : romans, whgtxt(큰글꼴)

► 사용명령 : style Enter↵ (혹은 st Enter↵)

문자입력

► 사용명령 : mtext Enter↵ (혹은 mt Enter↵)

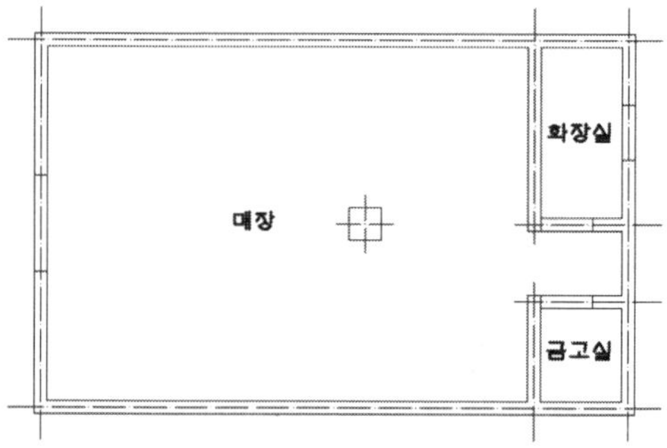

⑩ 'AZ-XXXX-DIMS' 도면층에 치수를 적용한다.

치수 유형 설정

► 사용명령 : dimstyle Enter↵ (혹은 d Enter↵)

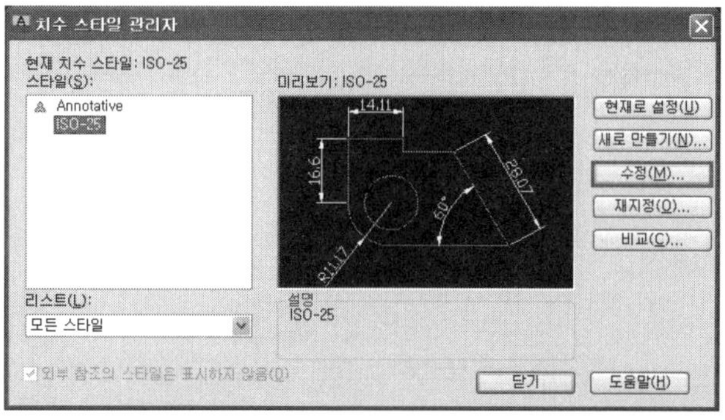

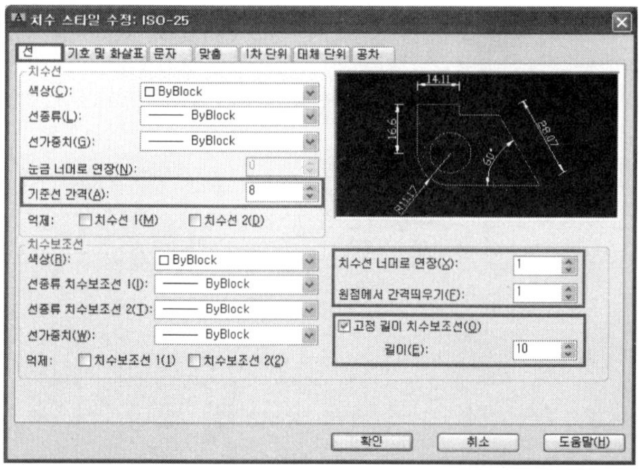

[치수선, 치수보조선 설정]

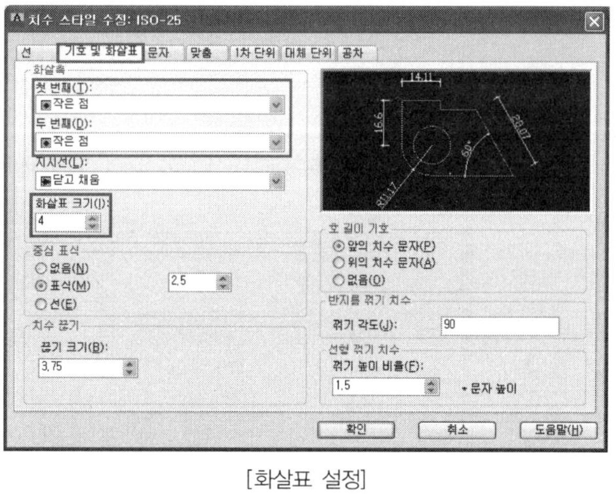

[화살표 설정]

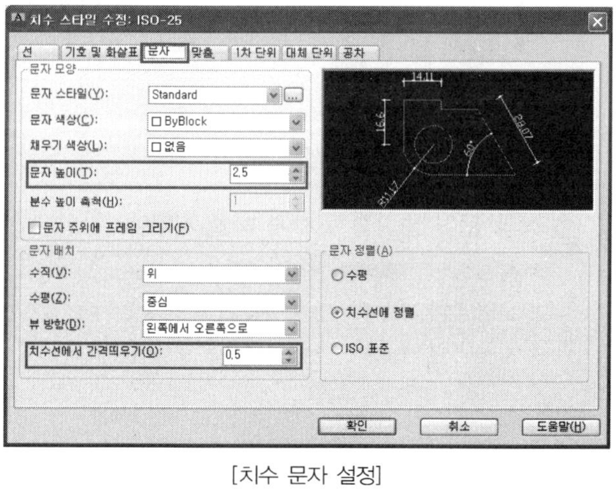

[치수 문자 설정]

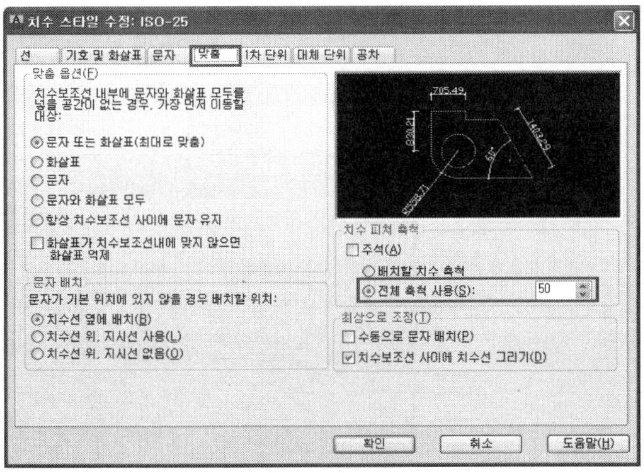

[치수 전체 크기 설정]

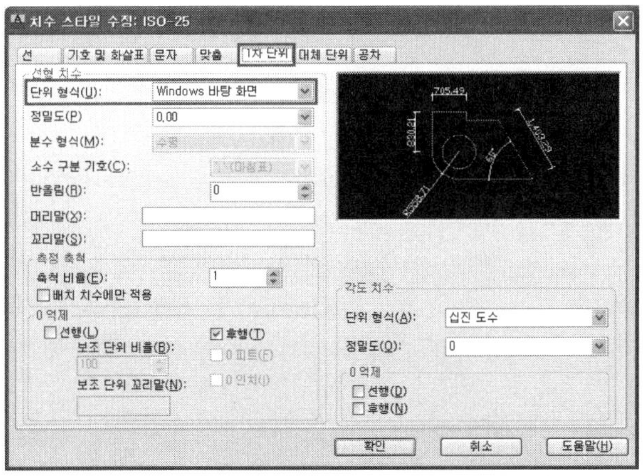

[천단위 표시 설정]

오른쪽 그림과 같이 치수를 적용한다.

- ► 사용명령 : dli [Enter↵] → *직선 치수 적용*
- ► 사용명령 : dco [Enter↵] → *연속 치수 적용*
- ► 사용명령 : dba [Enter↵] → *기준 치수 적용*
- ► 사용명령 : dimspace [Enter↵] → *치수선 간격설정*

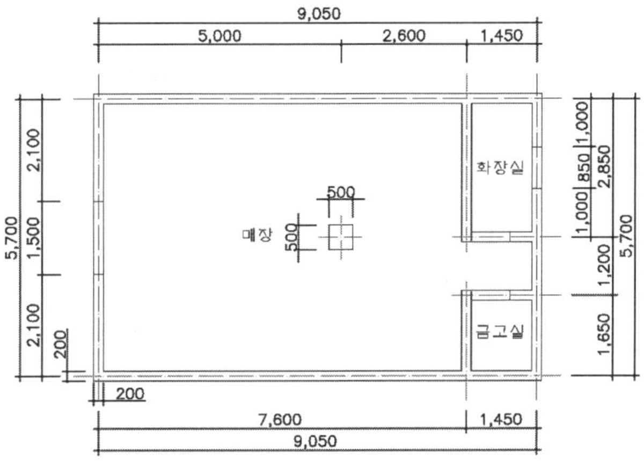

치수 적용 도구막대

- ►  : 직선 치수 적용 명령
- ►  : 연속 치수 적용 명령
- ►  : 기준 치수 적용 명령
- ► 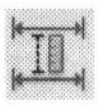 : 치수선 간격 설정 명령

⑪ 'AZ-XXXX-PATT' 도면층에 해치를 적용해 도면을 완성한다.

- ► 사용명령 : hatch [Enter↵] (혹은 h [Enter↵]) → *해치 적용*
- ► 사용명령 : hatchedit [Enter↵] (혹은 he [Enter↵], 수정하려는 해치 빠르게 두 번 선택) → *해치 수정*

■ **매장 영역**
- 유형 : 미리정의
- 패턴 종류 : DILMIT
- 각도 : 90
- 축척 : 30

■ **화장실 영역**
- 유형 : 미리정의
- 패턴 종류 : ANGLE
- 각도 : 0
- 축척 : 40

■ **금고실 영역**
- 유형 : 사용자 정의
- 각도 : 0
- 간격두기 : 250
- 이중 : 항목 선택

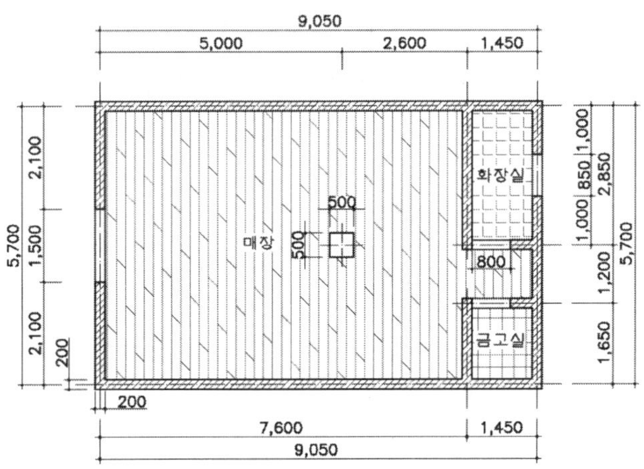

1.2 2단계 – 출력할 정보를 설정해 저장한다.

① 출력 설정 명령을 실행한다.

► 명령 : pagesetup [Enter↵]

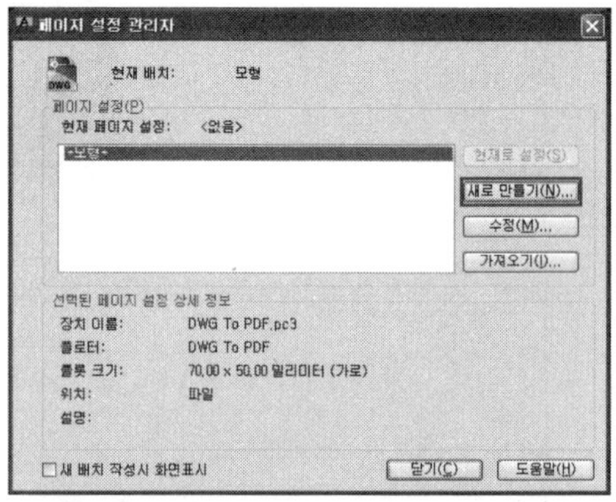

② 출력 설정 유형을 새롭게 만들기 위해 '새로 만들기' 버튼을 선택한다.

► [새로만들기] 버튼 클릭하기

► 새 플롯 설정 이름(N)에 'A4출력'이라고 입력하기

► [확인] 버튼 선택해 새로 만들기 상자 닫기

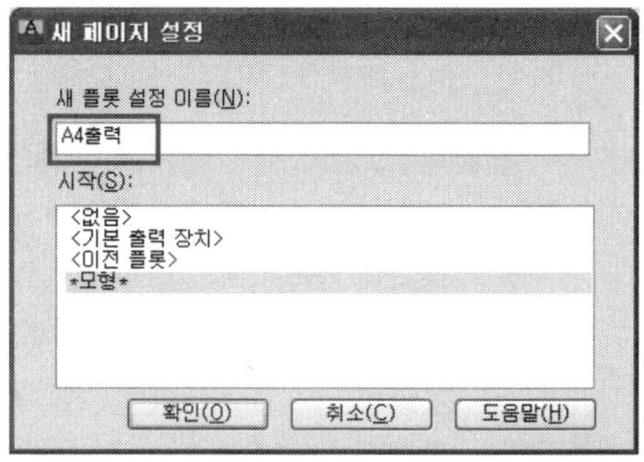

③ 새로 만든 유형을 선택하고 '수정' 버튼을 선택해 출력을 위한 세부 항목을 설정하도록 한다.

► 새로 만들 출력 유형 'A4출력' 선택하기

► 출력 세부 항목 설정을 위해 [수정(M)] 버튼 선택하기

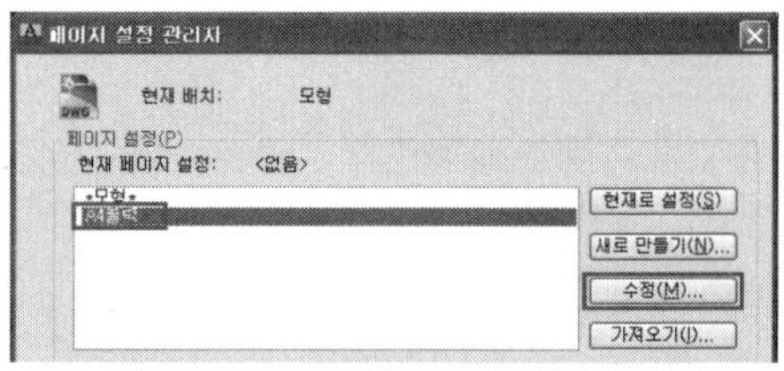

④ 다음과 같이 출력을 위한 세부 항목을 설정한다.

㉮ 출력하고자 하는 프린트를 선택한다.

► 내 PC와 연결된 프린트 종류 선택하기

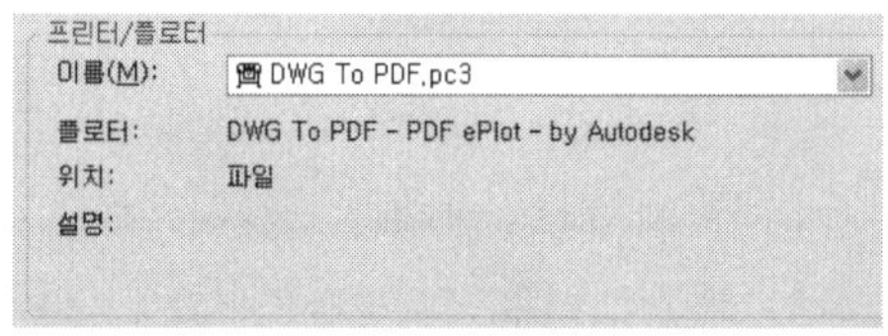

㉯ 출력 용지를 선택한다.

► 여기서는 **'ISO 전체 페이지 A4(297×210)' 용지 선택**

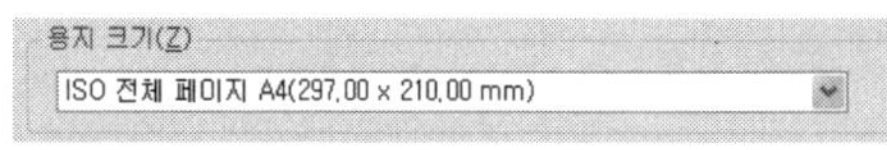

㉰ 출력 용지의 출력 방향을 설정한다.

► 여기서는 **'가로' 방향**을 선택한다.

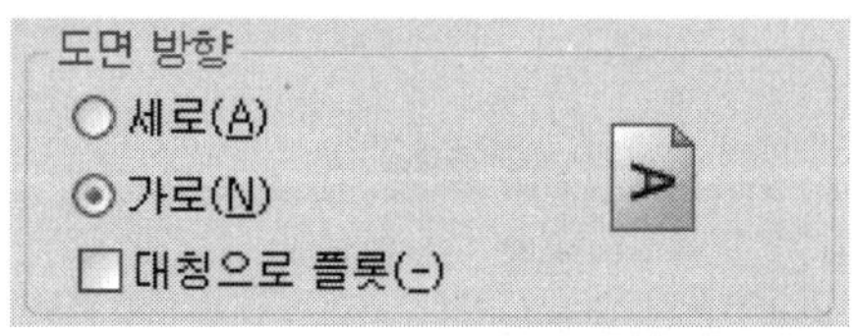

㉱ 출력 용지의 여백을 설정한다.

► '프린트/플로트' 영역에서 [특성정보] 버튼 선택

'특성(R)' 버튼은 프린트의 속성을 설정하는 영역이지만 주로 용지 여백 설정시 사용한다.

►플로트 구성 편집기 대화상자에서 오른쪽 그림과 같이 실행한다.

① 표준 용지 크기 수정(인쇄 가능 영역) 선택

② 표준 용지 크기 편집 목록에서 출력 용지 선택

※앞 단계에서 선택한 출력 용지와 똑같은 용지를 선택한다.

③ 수정(M) 버튼 선택하기

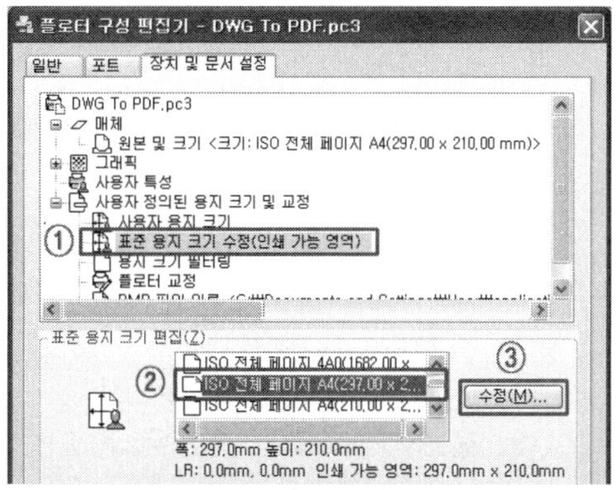

►사용자 용지 크기-인쇄 가능 영역 대화상자에서 인쇄 가능 영역(여백)을 오른쪽 그림과 같이 설정한다.

여기서는 여백값을 '0'으로 설정하도록 한다.

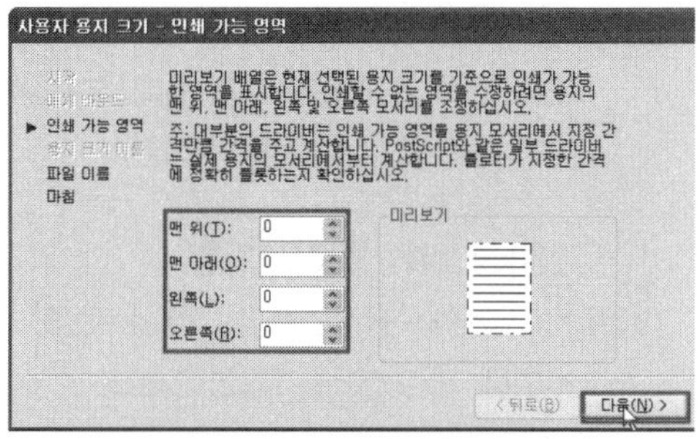

►사용자 용지 크기－파일 이름 대화상자에서 지금까지 설정한 값을 저장하기 위한 파일 이름을 입력한다.

기존에 저장된 파일 이름과 동일한 경우에는 경고 상자가 나타나며, 그런 경우에는 다른 이름을 입력하고 다음으로 넘어가면 된다.

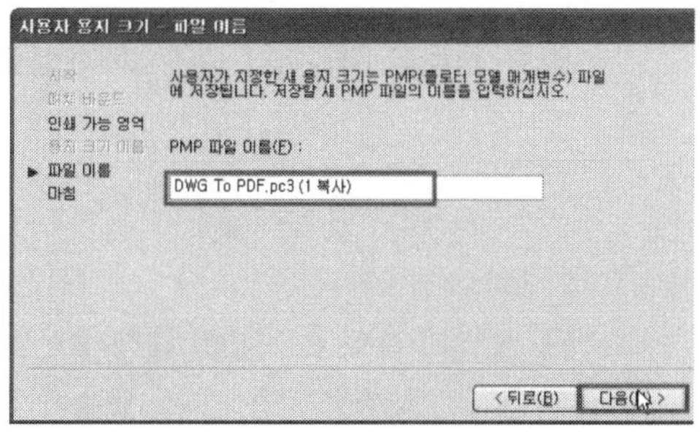

►사용자 용지 크기－마침 대화상자에서 **[마침] 버튼을 선택해 프린트 여백 설정을 종료**한다.

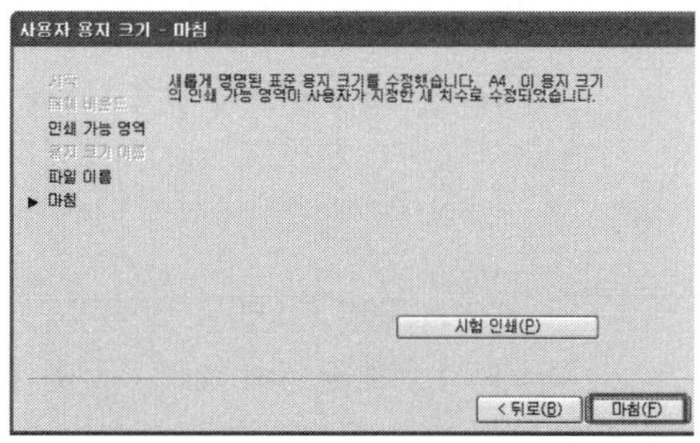

►플로터 구성 편집기 대화상자에서 **[확인] 버튼을 선택**하고 상자를 닫는다.

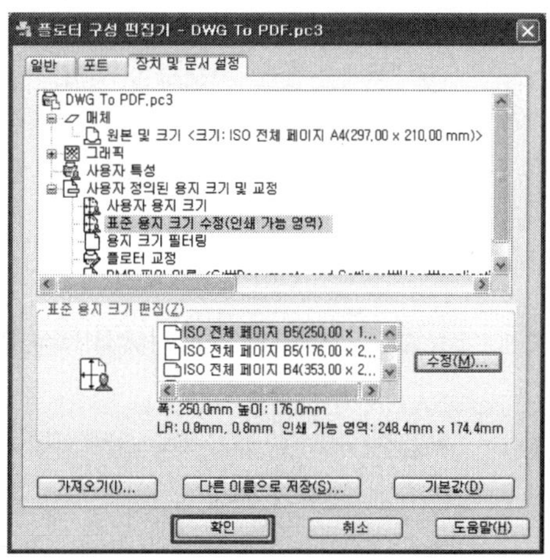

▸ 프린터 구성 파일 변경 상자에서 [확인] 버튼을 선택해 상자를 닫는다.

저장 위치는 기본값 그대로 사용하면 된다.

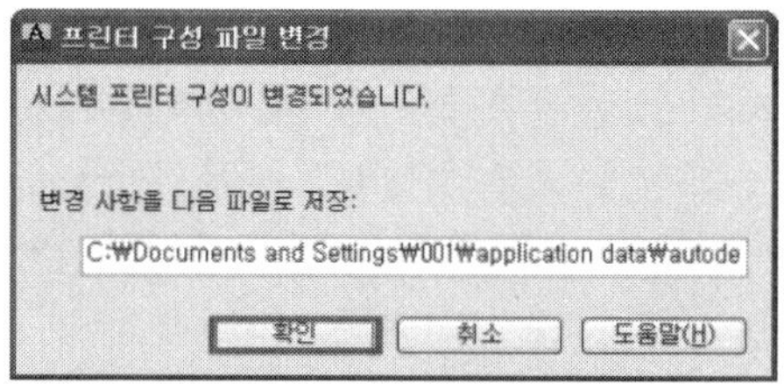

㉤ 도면의 출력 영역을 설정한다.

▸ 플롯 대상(W)에서 [윈도우] 항목 선택하기([윈도우] 버튼이 있는 경우에는 버튼을 선택한다.)

윈도우 버튼을 선택하면 출력설정 상자를 사라지고 작업공간이 나타나며, 이때 출력 영역을 지정한다.

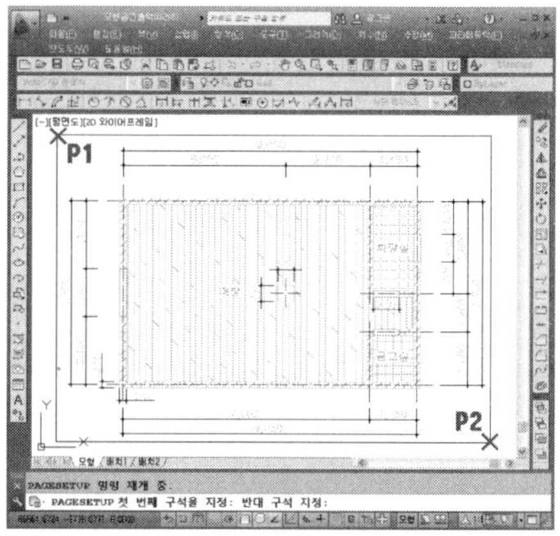

인쇄를 위한 윈도우 지정

▸ 첫 번째 구석을 지정 : P1점 지정

▸ 반대 구석 지정 : P2점 지정

출력 영역을 지정하면 다시 출력 설정 상자가 나타난다.

㉥ 도면의 출력 축척값을 설정한다.

■ 용지에 맞춤(I) 사용 : 자동 맞춤이 적용된다.

■ 축척 : 도면 출력의 정확한 축척값이 필요할 때 사용

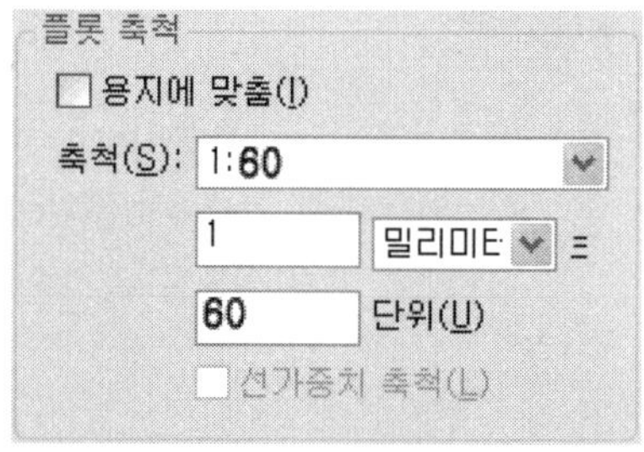

미리보기 버튼을 이용해 출력 용지에 적당한 축척값을 찾아 입력한다.

▸ 여기서는 '1 : 60'으로 설정한다.

㉦ 도면의 출력 위치값을 설정한다.

미리보기 버튼을 통해 출력 위치를 확인한다.

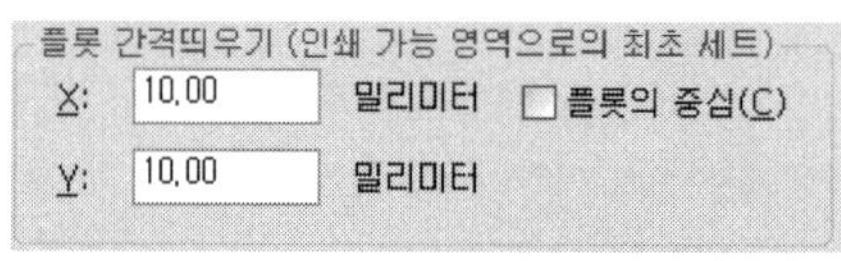

㉧ 도면의 출력 선색상과 선굵기값을 설정한다.

▸ 플롯 스타일 목록에서 'monochrome.ctb' 선택하기

■ 컬러 프린트로 도면 출력할 경우 : acad.ctb 선택

■ 흑백 프린트로 도면 출력할 경우 : monochrome.ctb 선택

▸ 출력 선색상과 선굵기값의 세부항목 설정을 하려면 편집 버튼( )을 선택한다.

▸ 플롯 스타일에서 색상 선택하기 ➔ *AutoCAD에서 도면 작업한 색상*

▸ 특성 영역의 색상(C) 목록에서 출력 선색상 설정하기 ➔ *용지에 출력할 선색상 지정*

▸ 선가중치(W) 목록에서 출력 선굵기값 설정하기 ➔ *용지에 출력할 선굵기 지정*

■ **사용예**　빨강1 : 색상→출력 선색상 검은색 설정
　　　　　　선가중치→출력 선굵기값 0.1mm 설정

►[저장 및 닫기] 버튼 선택해 플롯스타일 테이블 편집기 닫기

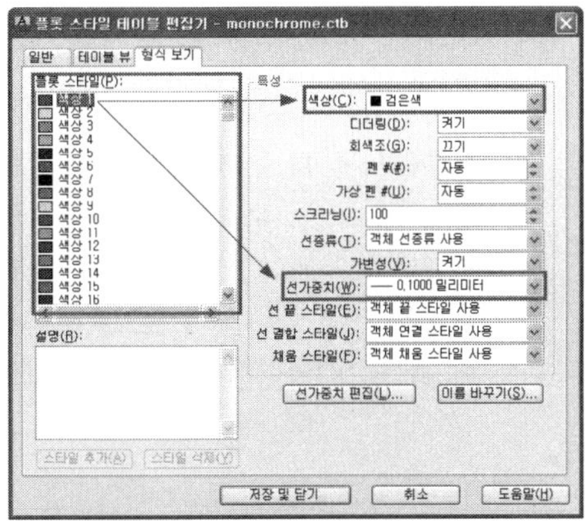

⑤ 마지막으로 미리보기를 통해 출력 설정이 잘 되었는지 확인한다.

► 미리보기 버튼 선택해 출력 설정 미리보기

미리보기 버튼을 선택하면 출력 상자가 사라지고 미리보기 화면이 나타난다.

► 출력 설정을 확인하고 Esc 키를 선택하거나 ⊗ 선택해 미리보기에서 빠져나오기

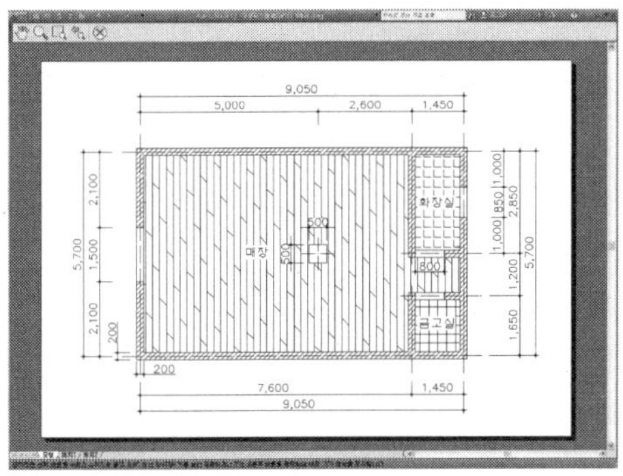

⑥ 출력 설정이 끝났으면 [확인] 버튼을 선택해 출력 설정 명령을 종료한다.

1.3 3단계 – 표제란을 삽입한다.

► 사용명령 : insert Enter↵ (혹은 I Enter↵)

►[찾아보기] 버튼을 선택해 표제란 파일을 가져온다.

►[단일축척]을 선택한다.

► 축척값을 '60'으로 설정한다.

►[확인] 버튼을 선택한다.

► 삽입점 지정 또는 [기준점(B)/축척(S)/회전(R)] : 표제란을 삽입할 위치점을 마우스로 지정한다.

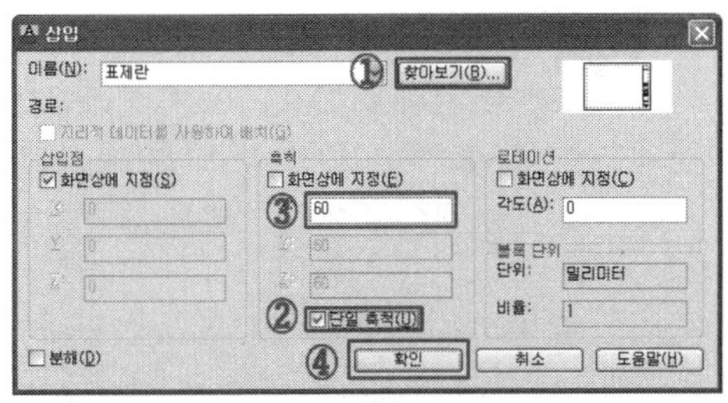

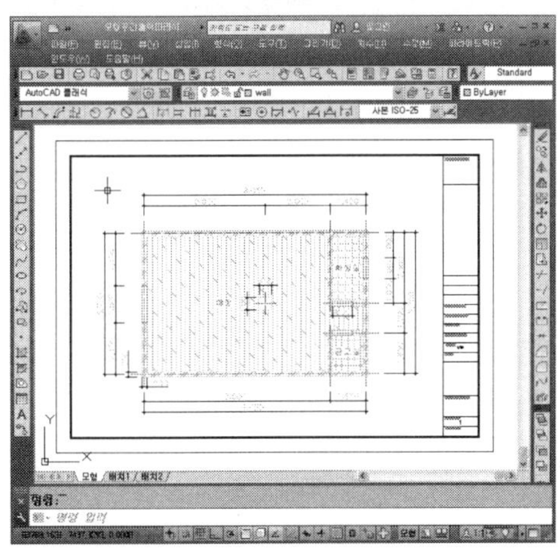

1.4 4단계 – 프린트설정 명령을 실행해 표제란까지 포함된 출력영역을 다시 설정한다.

► 사용명령 : pagesetup Enter↵
► 페이지 설정 유형 목록에서 'A4' 항목 선택
► [수정] 버튼 선택
► 플롯 영역에서 [윈도우] 버튼 선택
► 출력 영역 재지정 ➔ *표제란을 포함한 영역 지정*
► [확인] 버튼을 선택해 페이지 설정 명령 종료

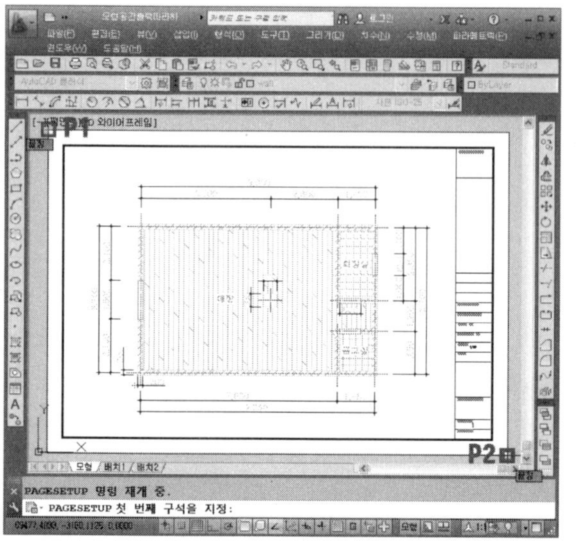

1.5 5단계 – 다음과 같이 출력 명령을 실행해 출력한다.

► 명령 : plot Enter↵
► 페이지 설정 이름(A)에서 'A4출력' 선택하기
► [확인] 버튼 선택해 출력하기

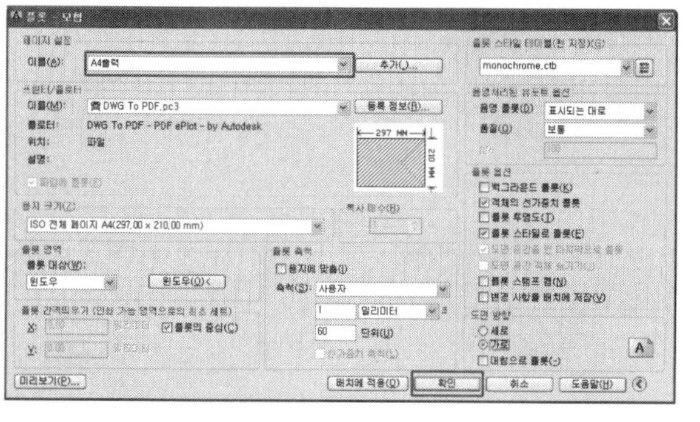

참고

프린트 종류를 'DWG To PDF.pc3'를 선택한 경우

① 'DWG To PDF.pc3' 프린트는 출력 결과물을 종이에 출력해주는 것이 아니라 PDF 문서 파일로 만들어주는 종류이다. 그래서 이 항목으로 프린트를 선택한 경우 출력을 하게 되면 저장할 파일의 위치와 파일이름을 요구하는 대화상자가 나타난다.

② AutoCAD 프로그램이 없는 곳에 설계도면을 보내거나 보여주고자 할 때 PDF 문서로 출력해 사용하면 매우 유용할 것이다.

출력 축척값에 따른 CAD 작업시 주의해야 할 것들

3. 도면 선굵기 표현

- 도면 내용을 칼라로 출력하는 것과는 달리 흑백으로 출력할 경우에는 도면 내용의 중요성에 따라 선굵기를 달리 표현해야 보다 명확하게 도면 내용을 전달할 수 있다.

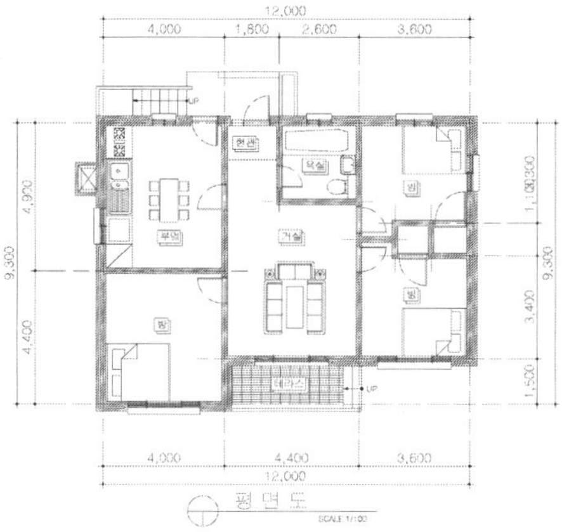

[선굵기가 구분 안된 경우]

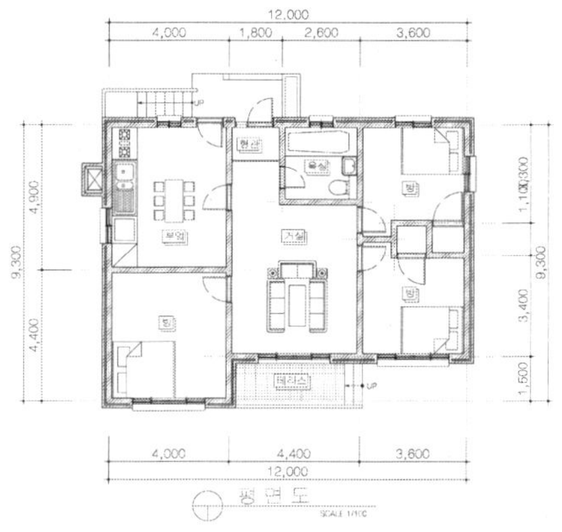

[선굵기가 구분된 경우]

(1) AutoCAD 프로그램에서 선굵기를 적용할 수 있는 방법(2가지)

① 선 색상에 의한 선굵기값 적용

- 동일한 색상은 모두 동일한 선굵기로 출력된다.
- 비교적 도면 내용 전체의 선굵기 설정이 쉽다(출력시에 색상에 따른 선굵기 설정).
- 일반적으로 많이 사용

② 선 가중치에 의한 선굵기값 적용

- 동일한 색상이라도 선굵기를 다르게 출력할 수 있다.
- 도면 작업시 도면 내용의 모든 객체에 선굵기(선가중치)값을 하나씩 적용해야 한다.

(2) 선색상과 선 가중치에 의한 2가지 중 출력시 적용되는 방법 지정하기

출력 명령의 플롯스타일 테이블에서 선굵기 적용 방법을 결정한다.

►사용명령 : plot Enter↵

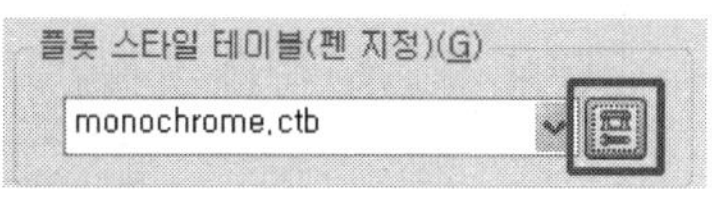

① 도면작업시 사용한 선색상, 선굵기값 설정(180쪽 참조) ② 색상에 의한 선색상, 선굵기값 재설정

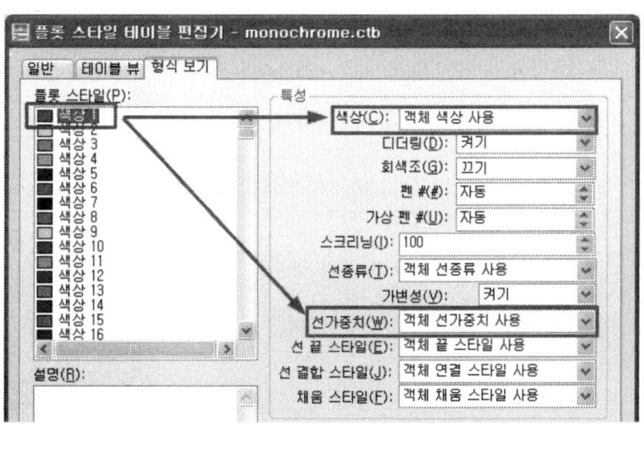

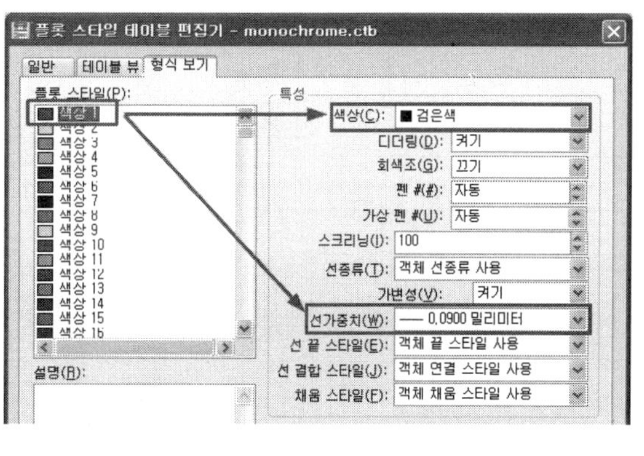

(3) (사)한국건축가협회의 '건축도면 공동 표준화지침'에서 제시한 색상과 선의 굵기

- 선 굵기의 기준은 0.13, 0.18, 0.25, 0.35, 0.5, 0.7, 1.0, 1.4, 2.0mm로 한다.
- 단일 도면에서 사용하는 선의 굵기의 종류는 가급적 적게 사용한다.
- 굵기의 호수는 가장 가는 굵기를 1호로 하여 기준을 삼는다.

① 도면 내용의 용도에 따른 선 색상의 구분

번호	굵기 호칭	출력물 색상	화면색상	RGB 비율			용 도
				R	G	B	
1	1호	검정	빨강색 (Red)	255	0	0	가는선, 중심선
2	5회	검정	노랑색 (Yellow)	255	255	0	구조체, 주요단면서 경계선과 같이 중요한 부분
3	4호	검정	초록색 (Green)	0	255	0	각종문자, 각종기호, 비내력벽(조적)
4	2호	검정	하늘색 (Cyan)	0	255	255	마감선, 입면선, 가구, 조립식벽 엘리베이터, 위생기, 설비
5	1호	검정	파랑색 (Blue)	0	0	255	예비
6	1호	검정	보라색 (Magenta)	255	0	255	예비
7	3호	검정	하양색 (White)	255	255	255	창호(프레인 포함) 치수선, 지시선 개정표시(구름표시)
8	1호	검정	진회색 (Gray)	128	128	128	해칭, 배치관련 도로, 주차, 사람, 조경, 자동차
9	1호	검정	연회색 (Gray)	192	192	192	예비
10 이상	-	검정/칼라	-				예비

② 굵기호칭에 따른 출력굵기의 세트

굵기호칭에 따른 출력물의 굵기는 출력 도면의 크기와 용도, 출려장비의 성능 등에 의한 적절한 출력굵기의 세트를 사용한다.

굵기 호칭	해당 색상	세트1	세트2	세트3	세트4
1호	빨강색(기타색)	0.05	0.09	0.13	0.18
2호	하늘색	0.09	0.13	0.18	0.25
3호	하양색	0.13	0.18	0.25	0.35
4호	초록색	0.18	0.25	0.35	0.5
5호	노랑색	0.25	0.35	0.5	0.7
용지 규격		A4~A3	A3~A2	A2~A1	A1~A0

4. 출력 축척에 따른 도면 내용의 표기

- CAD 도면 출력 축척에 따라 용지에 출력되는 도면 내용의 선 간격은 달라진다.
- 출력 축척값이 높으면 좁은 간격으로 이루어진 선은 하나의 굵은 선으로 출력되어 도면 내용이 왜곡될 수 있다.
- 이러한 왜곡 현상을 없애기 위해 선 간격을 실제보다 넓게 하거나 선의 일부를 생략한다.

(1) 동일한 CAD도면 내용을 서로 다른 축척으로 출력했을 때의 선 표기

- 다음 그림에서 축척이 '1/200'인 경우에는 선이 붙어 출력되는 것을 볼 수 있다.
- 이 경우 매우 굵은선으로 표현되어 도면을 표현하는데 부정적인 영향을 미치게 된다.
- 그래서 축척에 따라 도면에서 선의 표기 형태를 조금씩 다르게 한다.

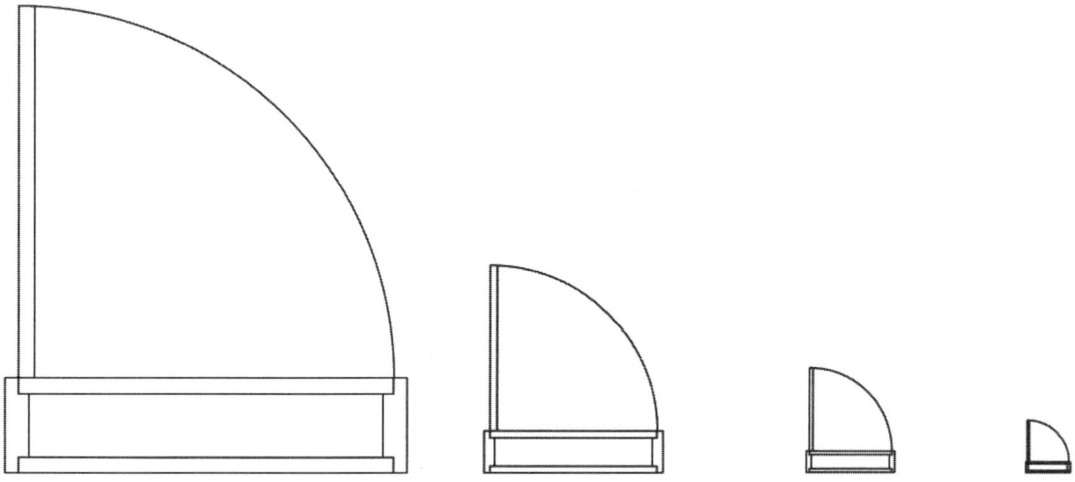

[축척 : 1/20] [축척 : 1/50] [축척 : 1/100] [축척 : 1/200]

① (사)한국건축가협회의 '건축도면 공동 표준화지침'에서 제시한 축척에 따른 도면 선의 표기

<table>
<tr><th>항 목</th><th>~1/200</th><th>1/100</th><th>1/50~1/20</th><th>1/10~</th></tr>
<tr><td>마감선</td><td>×</td><td>× : 마감두께
50mm 이하
○ : 마감두께
50mm 초과</td><td>○</td><td rowspan="6">- 각 부 재료의 형태 및 두께 등을 표기한다.
- 세부모양 및 치수를 상세하게 표기한다.
- 마감의 두께를 나타낸다.
- 기타 실제에 가깝게 그린다.</td></tr>
<tr><td>천장선</td><td>단면도에서
단선으로 표시</td><td>단면도에서
단선으로 표시
(천장틀 생략)</td><td>단면도에서
두선으로 표시</td></tr>
<tr><td>바닥재료의 줄눈</td><td>×</td><td>일부분만
효과적으로 표시</td><td>○</td></tr>
<tr><td>계단손잡이</td><td>×</td><td>단선으로 표시</td><td>○</td></tr>
<tr><td>미끄럼 방지대
(논슬립)</td><td>×</td><td>×</td><td>○</td></tr>
<tr><td>창호</td><td>단선표시
FRAME은
표시하지 않음</td><td>단선표시,
FRAME은
4각형으로 표시</td><td>창호 FRAME은 실제에
가깝게 표시
창호는 두선으로 표시</td></tr>
<tr><td>비고</td><td>1/200 이하의
작은 축척</td><td></td><td></td><td>1/10 이상의 큰 축척</td></tr>
</table>

② (사)한국건축가협회의 '건축도면 공동 표준화지침'에서 제시한 축척에 따른 도면 선의 표기예
다음 그림과 같이 출력 축척이 크면 도면의 선을 보다 간단하게 표현해 간격이 좁은 선이 서로 뭉치지 않도록 표현한다.

㉮ 축척에 따른 문 그리기

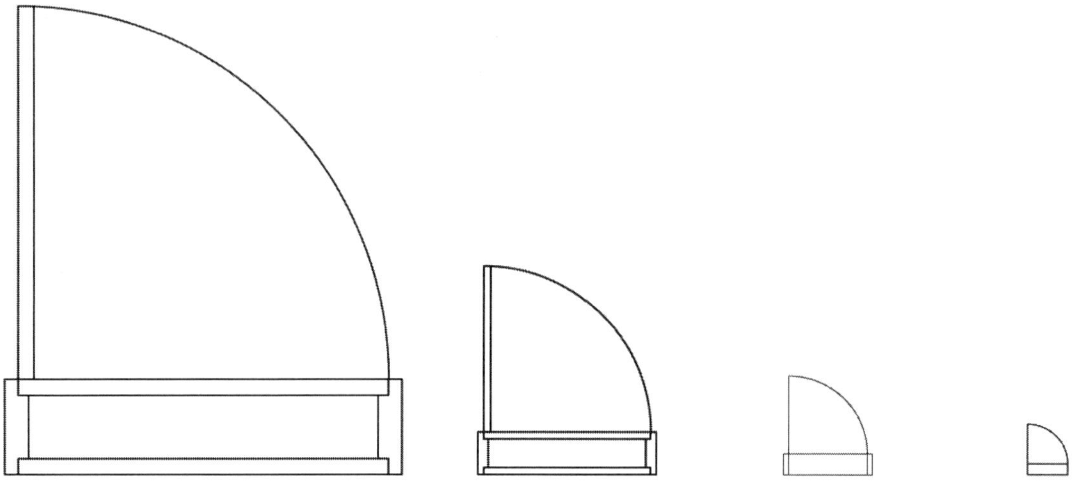

[축척 : 1/20] [축척 : 1/50] [축척 : 1/100] [축척 : 1/200]

㉯ 축척에 따른 창 그리기

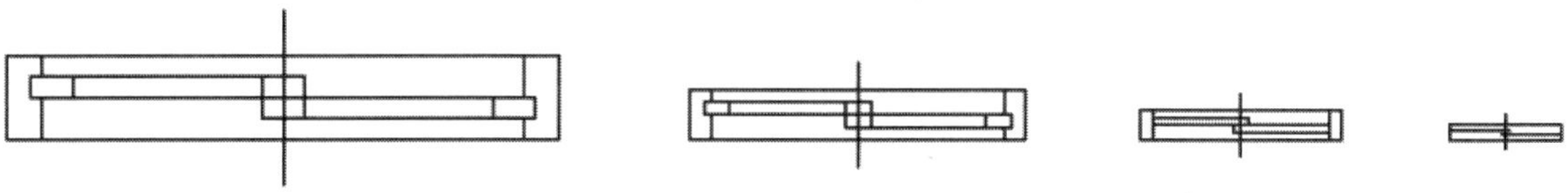

[축척 : 1/20] [축척 : 1/50] [축척 : 1/100] [축척 : 1/200]

도면 예제 10-1 모형 공간에서 도면 출력하기

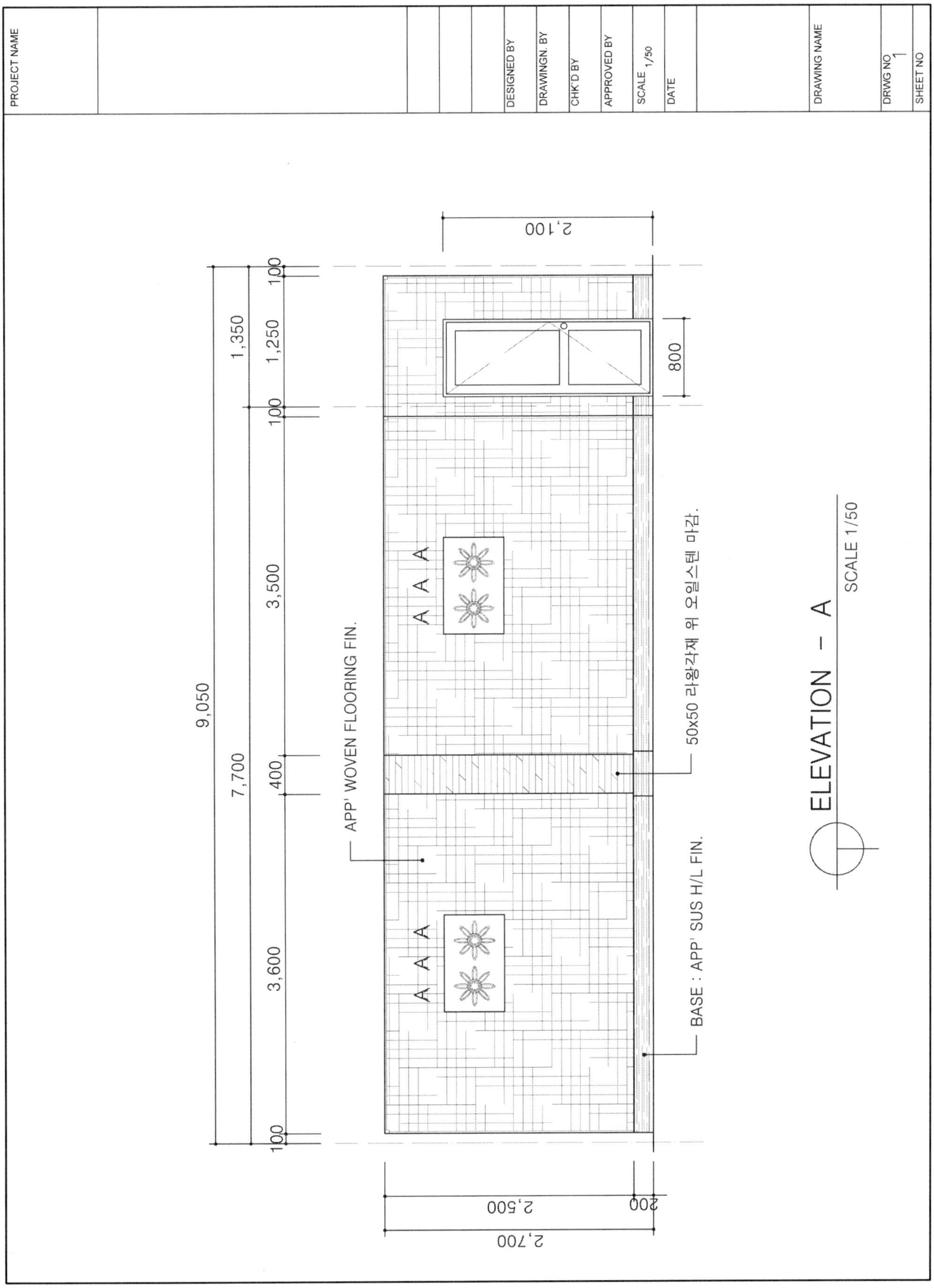

도면 예제 10-2 모형 공간에서 도면 출력하기

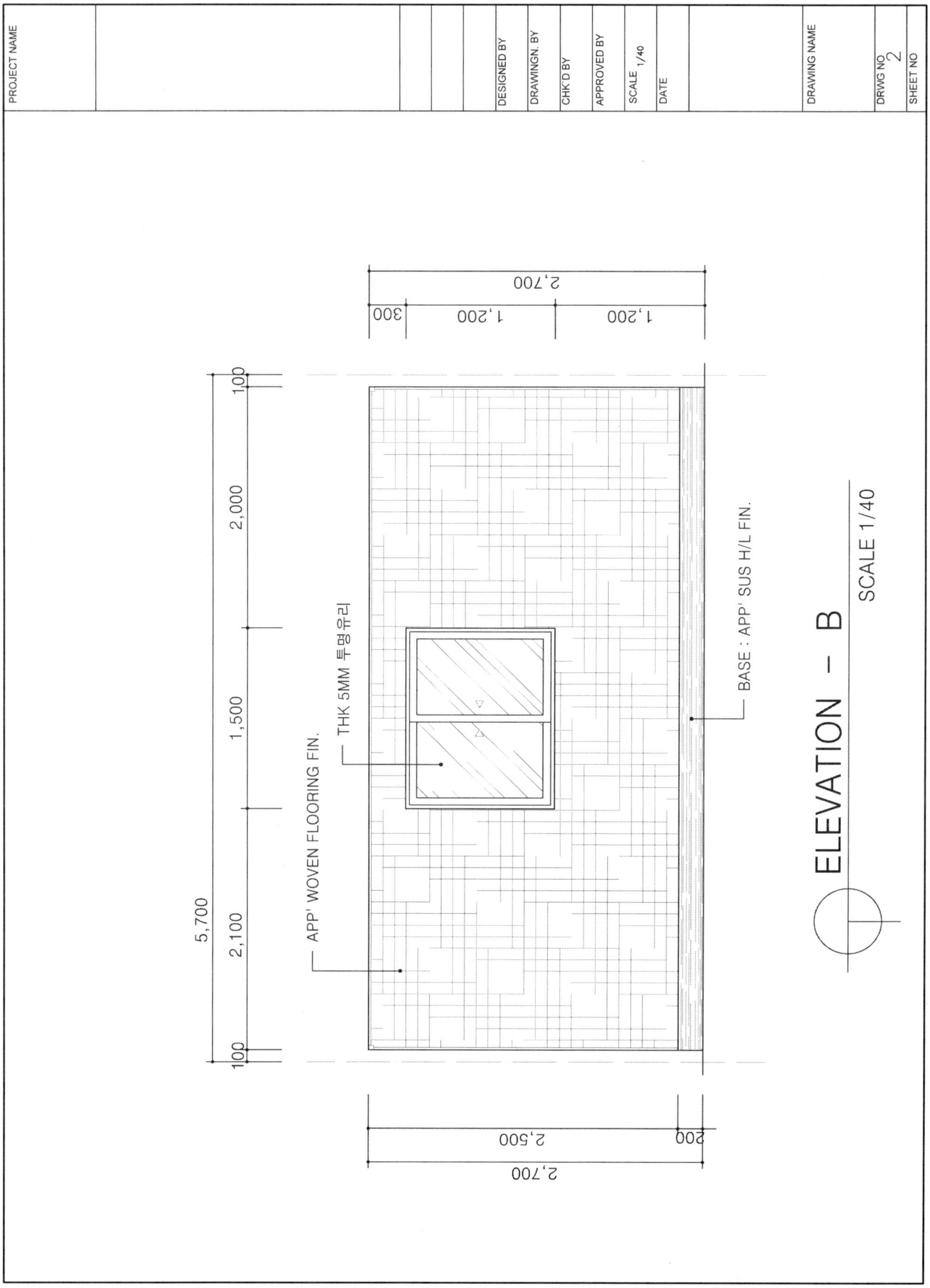

LESSON 11

CAD 심벌 활용과 축척에 따른 주석 적용 및 파일 관리하기

학습목표

- AutoCAD에서 심벌을 사용할 수 있다.
- AutoCAD프로그램에서 생성한 파일을 관리할 수 있다.

선행학습

- AutoCAD 기본 객체와 위치 지정에 대한 이해와 활용
- 블록에 대한 이해와 활용

학습명령

1. 심벌 활용하기
   ① 복사하기(COPYCLIP)와 PASTECLIP(붙여넣기) (단축키 : Ctrl+C, Ctrl+V)
   ② 블록삽입하기 : Insert (i)
   ③ 디자인센터 : adcenter (adc)
   ④ 외부 파일 참조하기 : xref
   ⑤ 이미지 파일 불러오기 : image (xref 명령과 동일함)
2. AutoCAD 파일 관리하기
   ① 객체 위치점 확인 : id
   ② 객체 길이(크기) 확인 : dist (di)
   ③ 객체 면적 확인 : area (aa)
   ④ 객체 정보 조회 : list (li)
3. 파일 복구하기

학습내용

① 학습내용 1

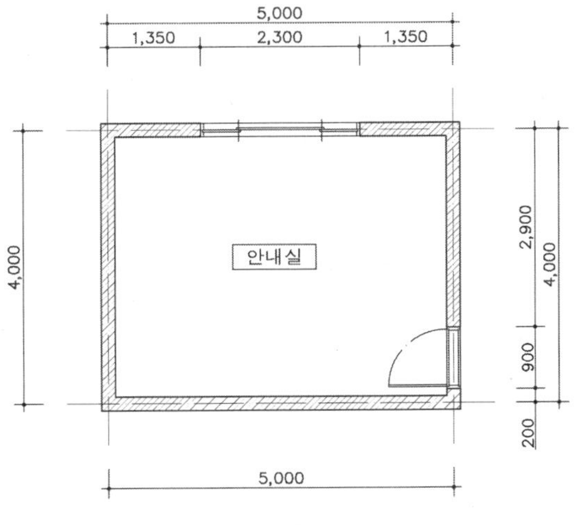

비 고

- 건축, 실내건축 도면 작업에 있어 건물의 주요 구조부에 대한(내력벽, 기둥, 바닥, 보, 지붕틀, 주계단) 내용은 건물의 형상에 따라 다르기에 항상 새롭게 그려주지만 이 이외의 도면 내용(창, 문, 가구 등)은 그 모양이 정해져 있기에 심벌을 많이 사용하고 있다.
- 심벌의 사용에 대해 아무리 강조해도 지나치지 않는다. 설계 작업을 많이 하는 사람에게는 심벌이 매우 유익한 자산이다.

심벌 활용하기

심벌이란 도면에서 공통적으로 사용되는 부호(또는 기호)의 그룹을 말하며, AutoCAD에서는 다음의 명령을 사용한다.

1. 복사하기(COPYCLIP)와 PASTECLIP(붙여넣기) (단축키 : Ctrl+C, Ctrl+V)
2. 블록삽입하기 : Insert (단축키 : i)
3. 디자인센터 : adcenter (단축키 : adc)
4. 외부 파일 참조하기 : xref
5. 이미지 파일 불러오기 : image (xref 명령과 동일함)

건축과 실내건축에서 사용하는 심벌의 예

문(평면)	창(평면)	쇼파
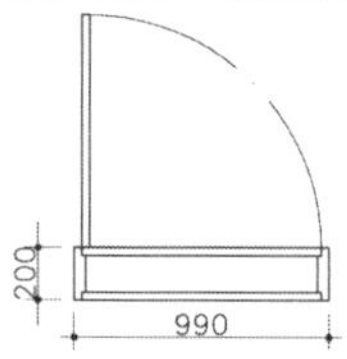	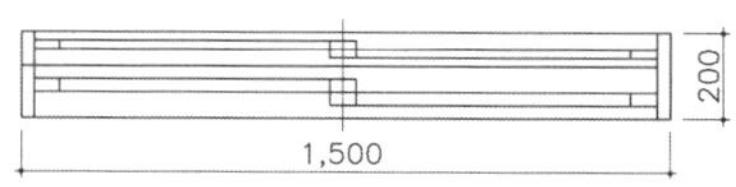	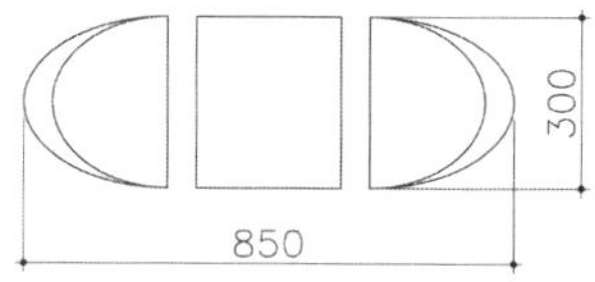
문(입면)	**창(입면)**	**세면대**
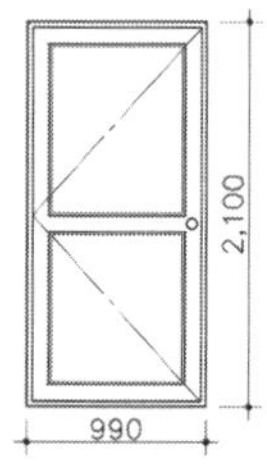	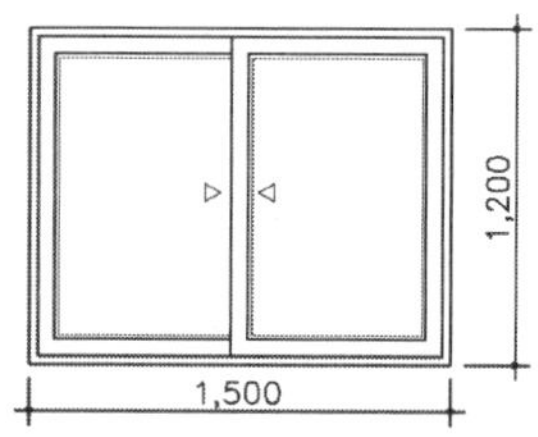	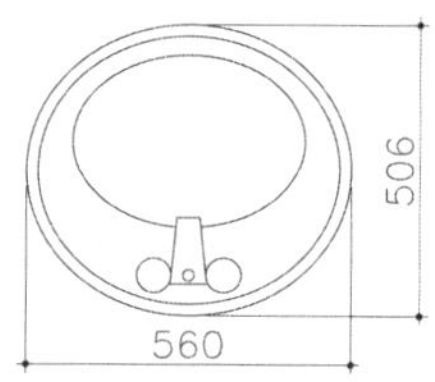
방위 표시 기호	**전개안내 기호**	**도면명**
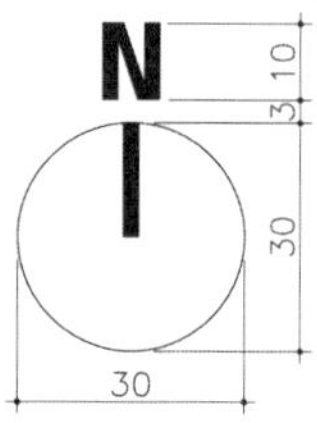	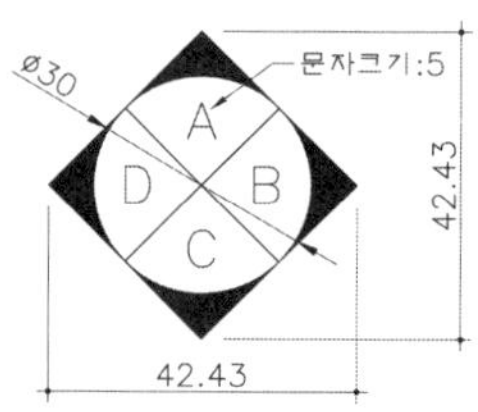	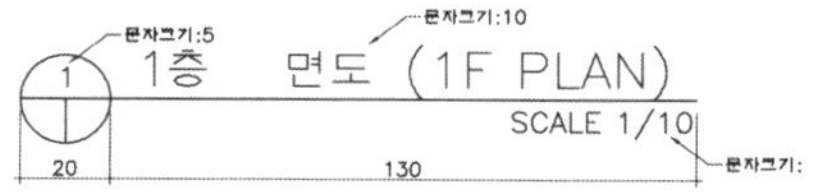

심벌을 만들어 사용할 때는 블록으로 등록해 사용하는 것이 좋다.

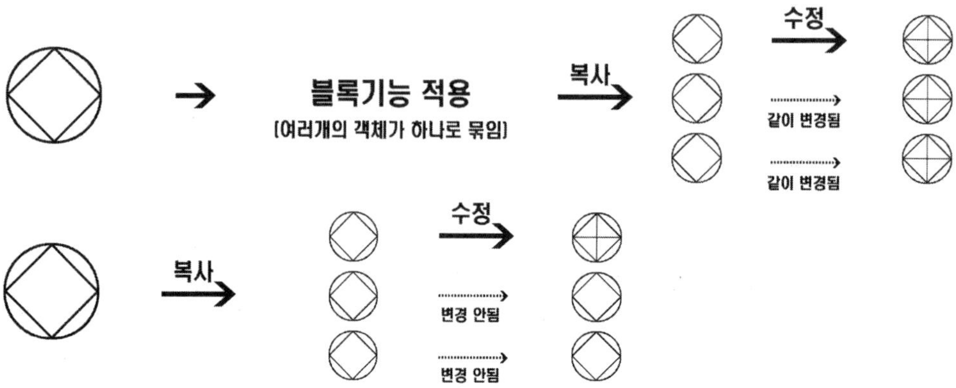

1. 외부파일 복사하기와 외부파일 붙여넣기

- **외부파일 복사하기 :** copyclip ([Ctrl]+[C]), copybase ([Ctrl]+[Shift]+[C])
- **외부파일 붙여넣기 :** pasteclip ([Ctrl]+[V]), pasteblock ([Ctrl]+[Shift]+[V])

- 파일 내용을 파일과 파일간에 복사해 붙여넣기를 사용하는 명령
- 작업 파일과 심벌 파일이 반드시 열려 있어야 사용 가능함.

1.1 외부파일 복사하기 명령

- 명령줄 사용 : copyclip [Enter↵] ([Ctrl]+[C]), copybase [Enter↵] ([Ctrl]+[Shift]+[C])
- 리본메뉴 사용 : 홈 탭 ▶ 클립보드 패널 ▶ ☐
- 주메뉴 사용 : 편집(E) ▶ 복사(C), 기준점 사용하여 복사(B)
- 도구막대 사용 : 표준 도구 막대 ▶ ☐

1.2 외부파일 붙여넣기 명령

- 명령줄 사용 : pasteclip [Enter↵] ([Ctrl]+[V]), pasteblock [Enter↵] ([Ctrl]+[Shift]+[V])
- 리본메뉴 사용 : 홈 탭 ▶ 클립보드 패널 ▶ ☐
- 주메뉴 사용 : 편집(E) ▶ 붙여넣기(P), 블록으로 붙여넣기(K)
- 도구막대 사용 : 표준도구 막대 ▶ ☐

1.3 복사하기와 붙여넣기 명령 따라하기

① 심벌이 있는 파일을 열기 명령(open)으로 열도록 한다.

② 복사하기 명령을 실행해 심벌로 사용할 파일을 선택한다(심벌이 있는 파일에서 실행한다).
- ▶명령 : copyclip [Enter↵] (혹은 심벌 객체 선택 후 [Ctrl]+[C])
- ▶객체 선택 : 심벌로 사용할 객체 선택하기 ➔ *명령줄에 선택 복사된 객체 정보 표시*
- ▶객체 선택 : [Enter↵] ➔ *명령 종료*

③ 심벌을 붙여넣기 할 파일로 이동하기
- ▶[윈도우] 주메뉴에서 심벌을 붙여넣을 파일을 선택한다.

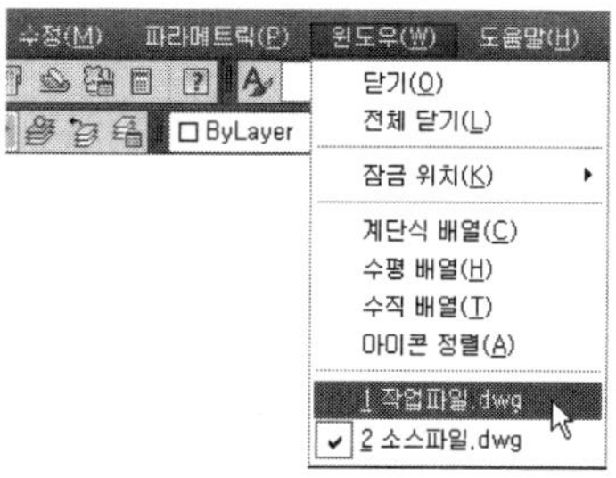

④ 심벌 붙여넣기 명령 실행하기
- ▶명령 : pasteclip [Enter↵] (혹은 [Ctrl]+[V])
- ▶삽입점 지정 : 붙여넣고자 하는 위치점 지정하기

2. 블록삽입하기 : Insert

- 블록을 삽입하는 명령
- 파일 안에 설정된 블록뿐 아니라 외부 파일을 삽입할 수도 있다.

2.1 블록 삽입 명령

명령줄 사용 : insert Enter↵ (단축명령 : i Enter↵)
리본메뉴 사용 : 홈 탭 ▶ 블록 패널 ▶
주메뉴 사용 : 삽입(I) ▶ 블록(B)
도구막대 사용 : 그리기 도구막대 ▶

2.2 블록 삽입 명령 옵션

2.3 블록 삽입 명령 따라하기(외부 파일 가져오기)

► 명령 : insert Enter↵ (혹은 i Enter↵)
► 삽입 대화상자에서 [찾아보기] 버튼 선택하기

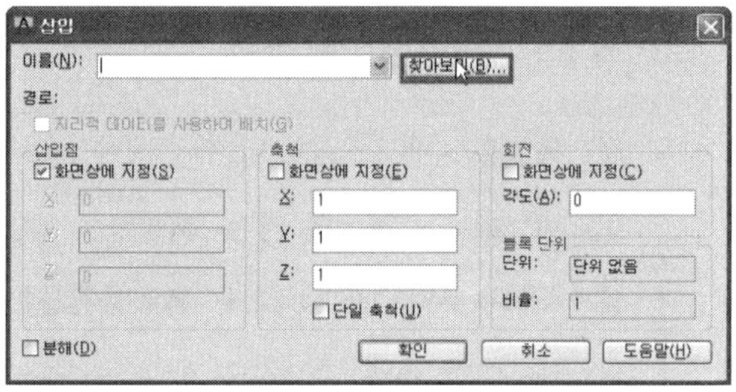

► 불러오고자 하는 심벌 파일 선택하기
► [확인] 버튼 선택해 '도면 파일 선택' 상자 닫기

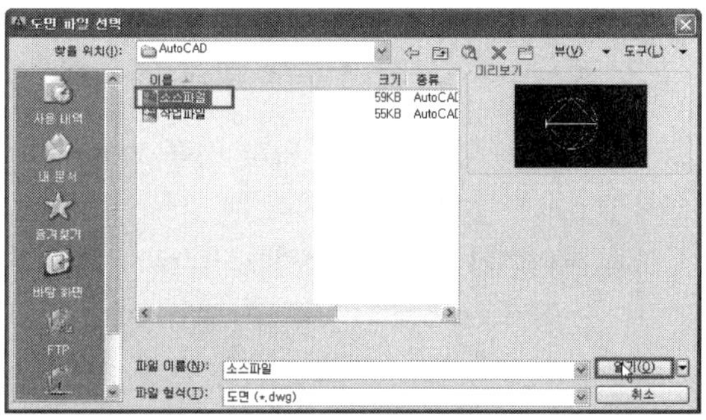

► 삽입 방법 설정하기
■ 삽입점 항목 : 선택
■ 축척 항목 : 해제 → 필요시 축척값 입력
x,y,z 값 '1' 설정
■ 회전 항목 : 해제 → 필요시 회전값 입력
각도값 '0' 설정
► [확인] 버튼 선택해 '삽입' 상자 닫기
► 삽입점 지정 또는 [기준점(B)/축척(S)/X/Y/Z/회전(R)] :
넣고자 하는 위치점 마우스로 지정

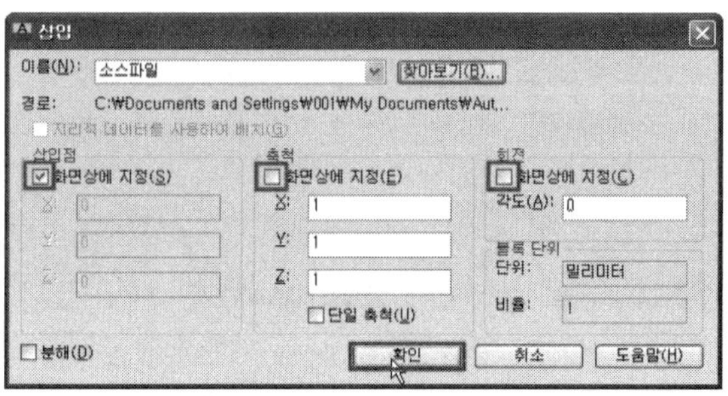

3. 디자인센터 사용하기 – adcenter

- 디자인센터에서는 파일에 사용된 여러 가지 정보들 볼 수 있다(블록, 도면층, 문자 스타일, 배치, 선종류, 외부참조, 치수 스타일, 테이블 스타일, 다중 지시선 스타일).
- 위의 모든 정보를 원본 도면에서 현재 도면으로 끌기해 적용할 수 있다.
- 도면, 블록 및 해치를 도구 팔레트로 끌기해 적용할 수 있다.

3.1 디자인센터 명령

명령줄 사용 : adcenter Enter↵ (혹은 adc Enter↵) (단축키 : Ctrl+2 Enter↵)

리본메뉴 사용 : 뷰 탭 ▶ 팔레트 패널 ▶

주메뉴 사용 : 도구(T) ▶ 팔레트 ▶ DesignCenter (D)

도구막대 사용 : 표준 도구막대 ▶

3.2 디자인센터 명령 옵션

► 명령 : adcenter Enter↵

① 트리뷰 전환 : 폴더를 트리뷰로 전환함.
② 미리보기 : 미리보기 적용
③ 설명보기 : 항목에 대한 설명보기
④ 뷰설정 : 항목 보기 형태 설정

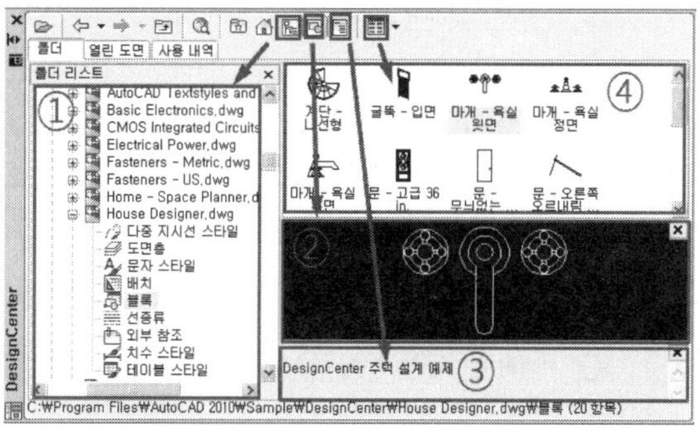

3.3 디자인센터 명령 따라하기

디자인센터 명령으로 심벌을 가져오고자 할 경우 반드시 심벌 파일안의 도면 심벌이 블록으로 지정되어 있어야 사용 가능하다.

① 디자인센터 명령을 실행한다.
► 명령 : adcenter Enter↵ (혹은 adc Enter↵)

② 디자인센터 대화상자의 폴더 리스트에서 도면 심벌이 있는 파일을 선택한다(사용예제 파일 : C:/Program Files/AutoCAD 2013/Samples/Designcenter/House Designer.dwg).

③ 디자인센터 대화상자의 뷰상자에서 [블록]을 빠르게 두 번 선택한다.

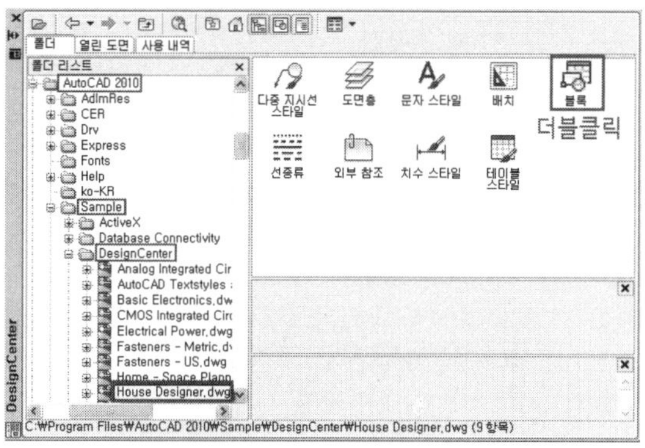

④ 블록 항목에서 가져오고자 하는 도면 심벌을 선택해 작업 파일에 삽입한다.
다음 2가지 방법 중 하나를 사용한다.
㉮ 도면 심벌 끌기해 가져오기
→copypaste 명령으로 실행됨.
㉯ 도면 심벌 더블클릭해 가져오기
→insert 명령으로 실행됨.

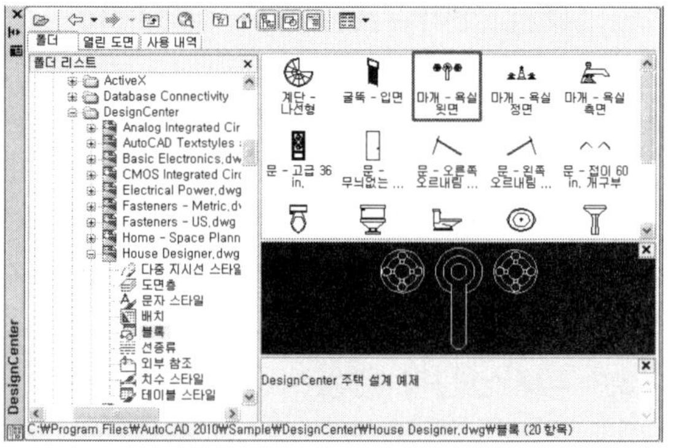

4. 외부 파일 참조하기

- CAD파일 뿐 아니라 DWF, DWFx, PDF 및 래스터 이미지 파일도 삽입할 수 있다.
- 작업파일에 삽입된 파일 내용(형상뿐아니라 용량까지)이 완전하게 포함되는 'insert' 명령과는 달리 참조명령은 형상만 보여줄 뿐이기에 위치에 대한 정보만 저장한다.
- 참조된 원본 파일 내용이 변경되면 참조한 모든 파일에도 변경된 내용이 적용된다.
- 한개의 CAD 파일을 여러개의 CAD 파일에서 같이 공유하고자 할 때 사용한다.

4.1 외부 파일 참조 명령

명령줄 사용 : externalreferences Enter↵ (단축명령 : xref Enter↵)
리본메뉴 사용 : 삽입 탭 ▶ 참조 패널 ▶ ↘
주메뉴 사용 : 삽입(I) ▶ 외부참조(N)
도구막대 사용 : 참조 도구막대 ▶

4.2 외부 파일 참조 명령 옵션

① 참조하기 위한 파일의 종류 선택
참조할 수 있는 파일 종류
- DWG 파일
- 이미지 파일
- DWF 파일 : 고도로 압축된 웹용 CAD 도면 파일
- DGN 파일 : 국데이터 프로그램으로 작성된 파일
- PDF 파일 : 문서 파일의 한 형태

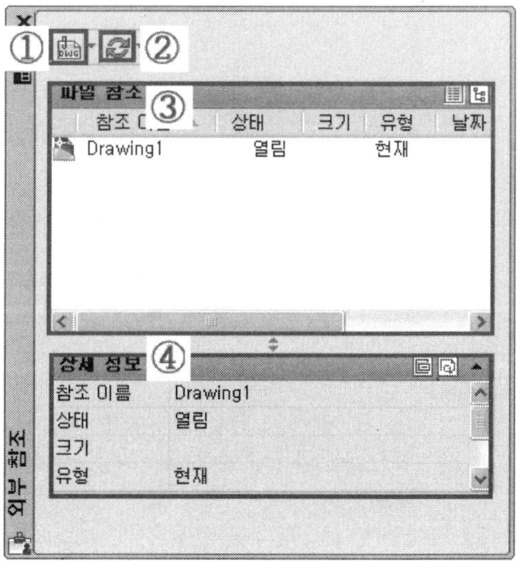

② 참조한 파일 다시 불러오기

③ 파일 참조 : 참조된 파일의 내역 표시

④ 상세 정보 : 참조된 파일의 상세한 정보 표시

4.3 외부 파일 참조 명령 따라하기 1 – CAD 파일 참조하기

① 외부 파일 참조 명령을 실행한다.

► 명령 : xref Enter↵

위의 명령을 실행하면 화면에 오른쪽 그림과 같은 대화상자가 나타나는 것을 볼 수 있다.

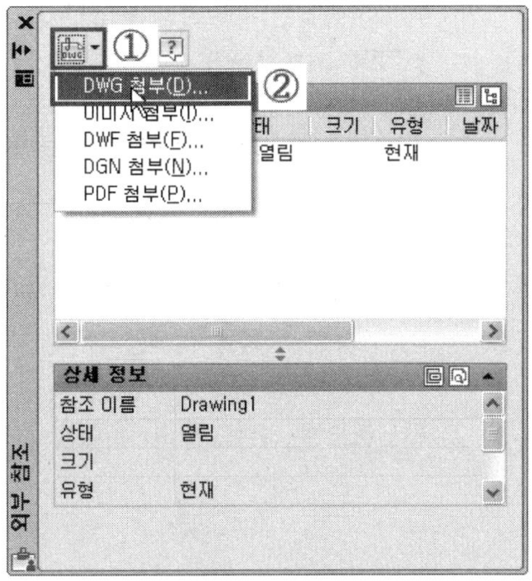

② 오른쪽 그림의 대화상자에서 CAD 파일을 참조하기 위해 'DWG 첨부' 항목을 선택한다.

③ 참조하고자 하는 CAD 파일을 선택한다.

► 임의의 파일을 선택한다.

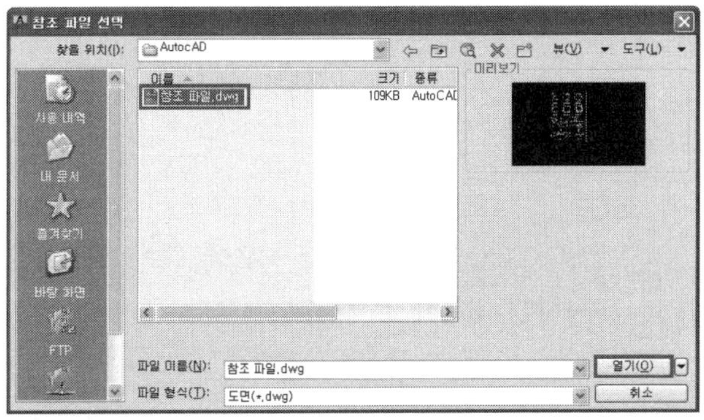

④ 참조하고자 하는 CAD 파일에 대한 부착값을 설정 후 [확인] 버튼을 선택한다.

► 축척 : 화면상에 지정 항목 선택 안함

x,y,z 값 '1'로 설정

► 삽입점 : 화면상에 지정 항목 선택

► 회전 : 화면상에 지정 선택 안함

각도값 '0'으로 설정

► [확인] 버튼 선택

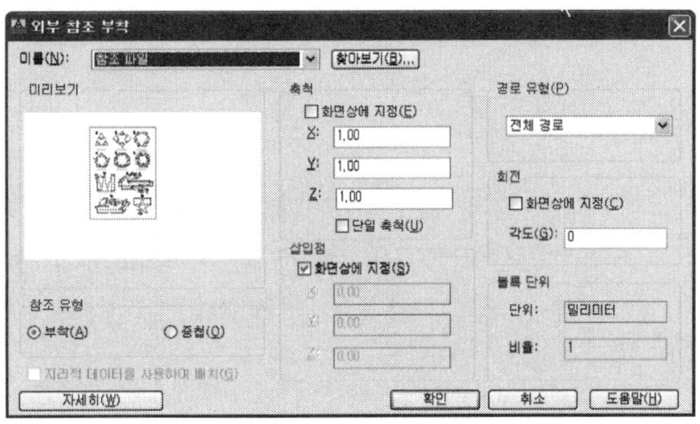

⑤ 참조하고자 하는 CAD 파일의 위치점을 지정하고 명령을 종료한다.

► 삽입점 지정 또는 [축척(S)/X/Y/Z/회전(R)/플롯축척(PS)/PX(PX)/PY(PY)/PZ(PZ)/플롯회전(PR)] : 마우스로 삽입할 위치점을 지정하고 명령을 종료한다.

확인

xref 명령으로 추가한 파일 투명도 설정하기

명령 : op Enter↵

화면표시탭 ▶ 페이드 컨트롤 ▶ 외부 참조 표시값 조절

4.4 외부 파일 참조 명령 따라하기 2 – 이미지 파일 참조하기

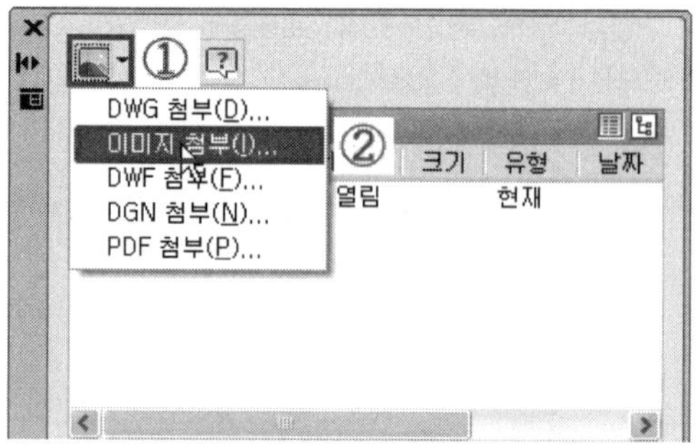

① 외부 파일 참조 명령을 실행한다.

► 명령 : xref Enter↵

위의 명령을 실행하면 화면에 오른쪽 그림과 같은 대화상자가 나타나는 것을 볼 수 있다.

② 오른쪽 그림의 대화상자에서 이미지 파일을 참조하기 위해 '이미지 첨부' 항목을 선택한다.

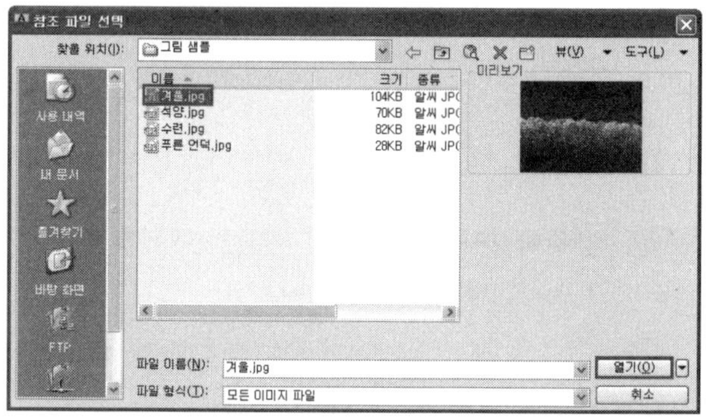

③ 참조하고자 하는 이미지 파일을 선택한다.

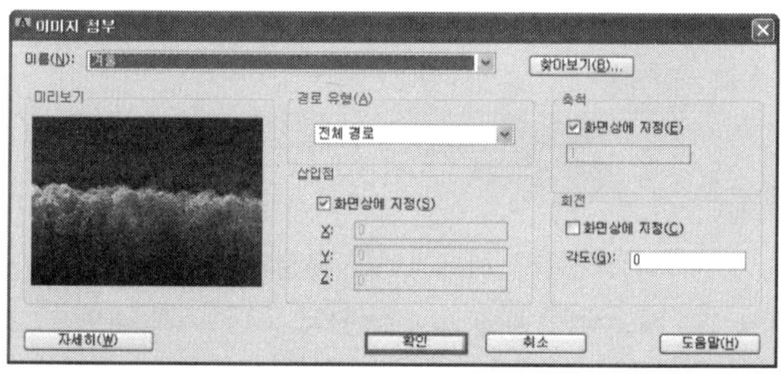

④ 참조하고자 하는 이미지 파일에 대한 부착값을 설정 후 확인 버튼을 선택한다.

⑤ 참조하고자 하는 CAD 파일의 위치점과 축척 비율을 지정하고 명령을 종료한다.

► 삽입점 지정<0,0> : **이미지를 부착하고자 하는 위치점을 마우스로 임의로 지정한다.**

► 축척 비율 지정 또는 [단위(U)]<1> : 1 Enter↵ **(혹은 마우스로 크기를 임의로 지정한다.)** ➔ *이미지 크기는 명령 실행 후 변경이 가능함.*

확인

도면 심벌 사용하기 명령의 비교

사용 명령	1개의 파일에 저장 가능한 심벌 개수	심벌에 블록 기능 적용 유무	심벌 사용시 파일 열기 유무	기 타
copyclip paste	개수 제한 없음	○ (선택)	○	
insert	1개	×	×	파일 기준점 설정이 필요(base)
adcenter	개수 제한 없음	○ (필수)	×	
xref	1개	×	×	원본 파일 변경시 참조한 파일도 변경됨.

출력 축척에 맞게 도면 설계 요소 그리기

1 도면 설계 요소에 축척값을 계산해 그리기
2 도면 설계 요소에 축척값을 자동으로 적용하기 – 주석 축척 기능 이용

5. AutoCAD에 그려지는 도면 설계 요소와 용지에 출력되는 도면 설계 요소의 관계

일반적으로 이야기하는 도면 설계 요소의 크기의 의미

- 실설계 도면 요소 : 축척값이 적용되지 않은 실제크기
- 실설계 도면 요소 이외의 것들(문자, 치수, 해치, 기호 등) : 축척값이 적용된 크기

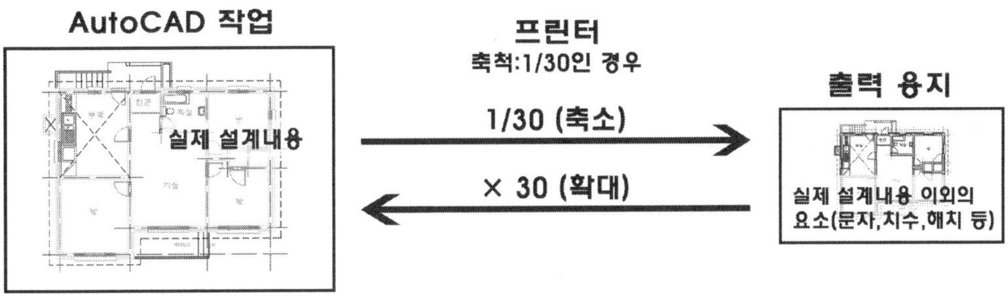

적용 예(축척이 1/30이라고 가정했을 경우)

	일반적으로 이야기하는 크기	AutoCAD 작업시 적용값	출력 결과값
창문크기	1500	1500	50 (1500÷30)
문자크기	2.5	75 (2.5×30)	2.5

6. 도면 축척값 확인하기

다음 도면을 각각 A4, A3에 출력한다고 하였을 때 축척값이 어떻게 되는지 확인해 보자.

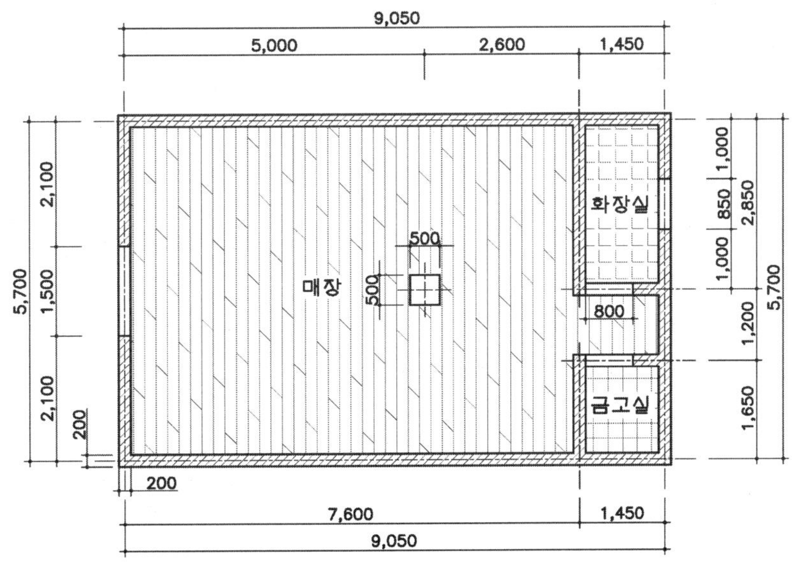

6.1 축척값 직접 계산하기

- 직접 계산하는 것은 대략적인 값에 불과하다.
- 정확한 축척값은 프린트 설정 후 미리보기를 통해 확인해야만 정할 수 있다.

① 가로방향 전체 출력 영역 : 9,050+치수표기 영역(≒4,000)+여백추가(≒4,000)≒17,000
② 세로방향 전체 출력 영역 : 5,700+치수표기 영역(≒4,000)+여백 추가(≒4,000)≒13,000
③ A4, A3 용지에 대한 출력값 확인하기

출력 용지	방향	계산식	계산값	축척 결과값
A4(297×210)	가 로	17,000 / 297	≒ 57.2	1 : 60
	세 로	14,000 / 210	≒ 66.7	
A3(420×297)	가 로	17,000 / 420	≒ 40.5	1 : 40
	세 로	14,000 / 297	≒ 47.1	
A2(594×420)	가 로	17,000 / 594	≒ 28.6	1 : 30
	세 로	14,000 / 420	≒ 33.3	

6.2 pagesetup 명령을 이용해 축척값 확인하기

- pagesetup 명령을 이용하면 축척에 따른 미리보기가 가능해 정확한 축척값을 알 수 있다.
- 도면 내용의 일부분을 미리 그려야만 확인이 가능하다.

(1) 오른쪽 그림과 같이 도면의 대략적인 내용을 그린다.

오른쪽 도면을 A4에 출력한다고 했을 경우를 가정하고 출력 축척값을 확인해 보자.

중심선과 치수 적용하기

► 사용명령 : line, offsey, trim, 치수적용 명령

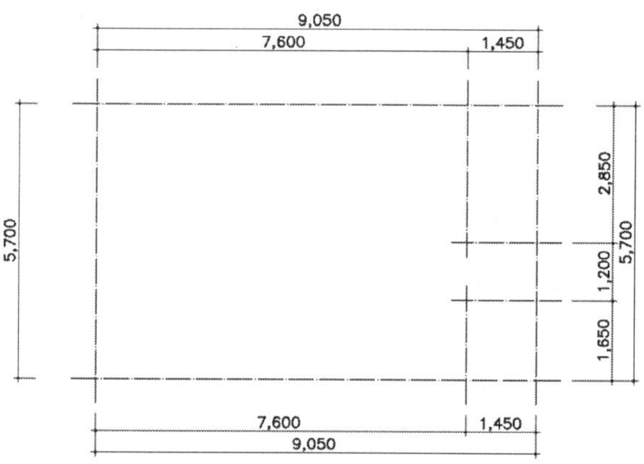

(2) 프린트 설정 명령을 실행해 축척값을 확인한다.

► 사용명령 : pagesetup Enter↵

► [수정] 버튼 선택

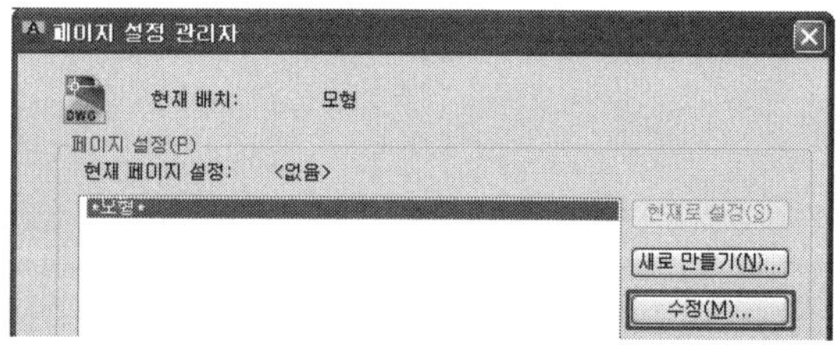

(3) 프린트 설정을 한다.

① 프린터/플로터 설정 : DWG To PDF.pc3 선택

② 출력 용지 크기 설정 : ISO 전체 페이지 A4 선택

③ 출력 도면 방향 설정 : 가로 방향 선택

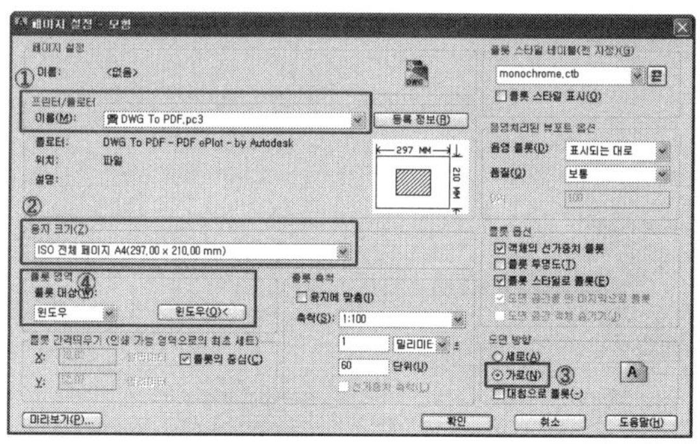

④ 출력 영역 지정

출력 영역을 지정하는 게 처음인 경우

► 목록에서 [윈도우]항목 선택해 영역 지정

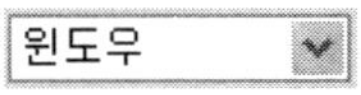

출력 영역을 지정하는 게 처음이 아닌 경우

► 혹은 [윈도우] 버튼 선택해 영역 지정

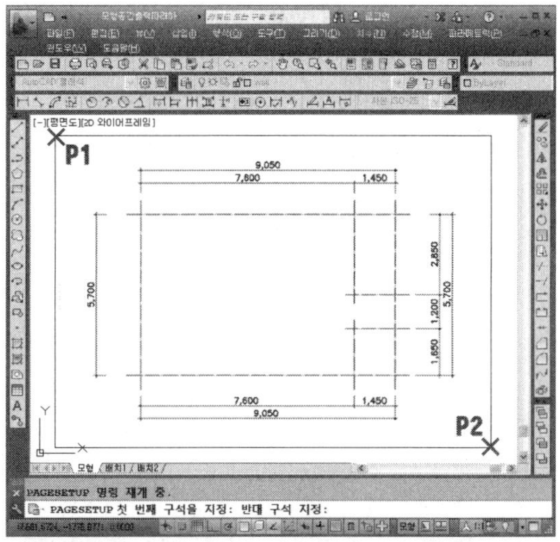

⑤ 축척자동맞춤 제거 : 용지에 맞춤 항목 제거

⑥ 축척값 입력 : '1 : 60'으로 입력

⑦ 출력 위치 지정 : 플롯의 중심 항목 선택

⑧ [미리보기] 버튼 선택

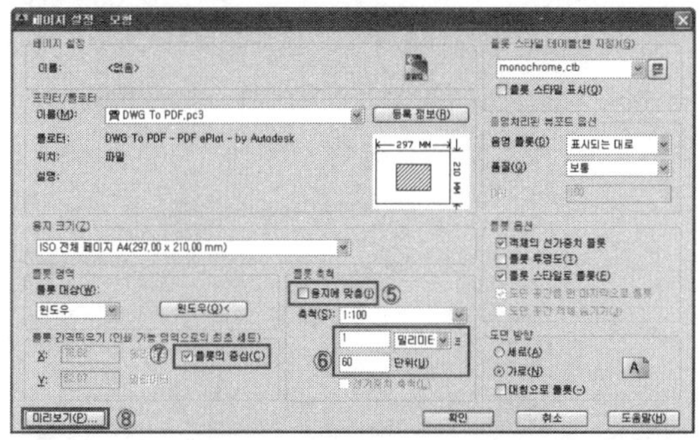

⑨ 미리보기 확인 후 ⊗ 선택해 미리보기 종료
키보드 Esc 버튼을 눌러도 미리보기 종료됨.

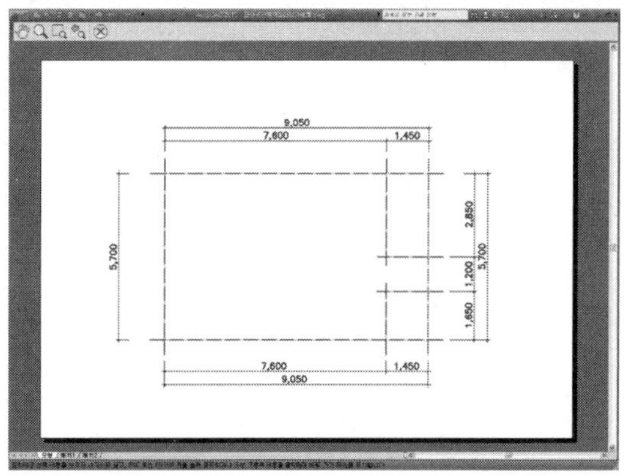

⑩ 도면 내용이 적당한 크기로 미리보기가 될 때까지 축척값을 변경하면서 미리보기를 반복 실행한다.

⑪ 적당한 축척값을 확인하였다면 [확인] 버튼을 선택해 pagesetup 명령을 종료한다.

[미리보기]를 실행했을 때 축척값에 따라 보여지는 도면 내용 크기

축소를 많이 한 경우

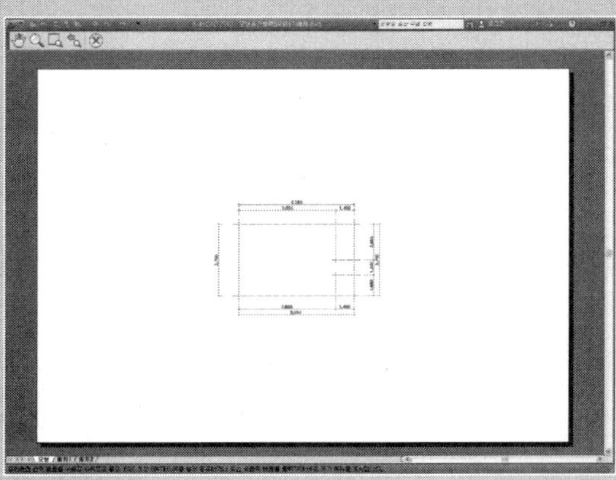

[축척값을 크게 설정한 경우 : 1:100]

축소를 적게 한 경우

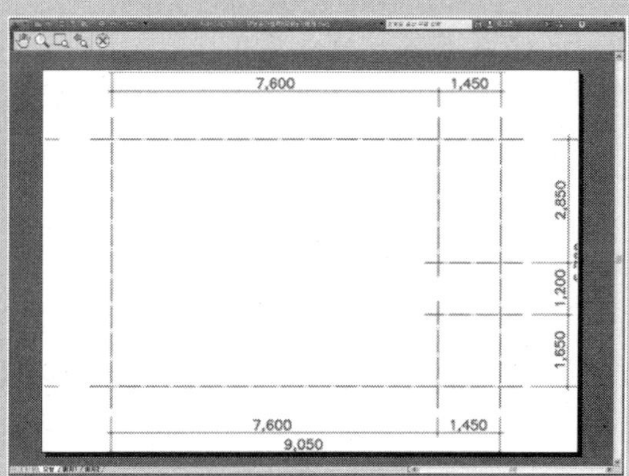

[축척값을 작게 설정한 경우 : 1:40]

7. 도면 설계 요소에 축척값을 계산해 그리기

다음은 한국산업표준 규격 KS F 1501에 규정되어 있는 척도의 종류이다.
척도의 종류는 실척, 축척, 배척으로 구별하며, 목적에 따라 다음의 것에서 선택 사용한다.

- 실척 : 1/1
- 축척 : 1/2, 1/3, 1/4, 1/5, 1/10, 1/20, 1/25, 1/30, 1/40, 1/50, 1/100, 1/200, 1/250, 1/300, 1/500, 1/600, 1/1000, 1/1200, 1/2000, 1/25000, 1/3000, 1/5000, 1/6000
- 배척 : 2/1, 5/1

7.1 문자를 척도에 맞게 적용하기

(1) 한국산업규격의 규정에 따른 문자 크기

- KS F 1541 : 건설 CAD 도면 작성을 위한 항목별 개념과 기본 원칙에 대한 규정한 한국산업규격
- KS F 1541에서 규정한 문자의 높이 : 1.5, 2, 2.5, 3, 3.5, 4.5, 5, 6, 7.5, 9, 11, 12, 25
- AutoCAD에 문자 입력시 척도에 따른 글자의 크기(일부 척도에 따른 문자 크기)
  - KS F 1541에서 규정한 문자 크기는 출력 결과에 따른 크기이기 AutoCAD에 문자를 입력할 경우 척도 분모값을 곱한 값을 사용한다(예 척도가 1/5인 경우 : 2×5=10).

문자 크기	1.5	2	2.5	3	3.5	4.5	5
	6	7.5	9	11	12	25	
실척	1.5	2	2.5	3	3.5	4.5	5
1/1	6	7.5	9	11	12	25	
축척	7.5	10	12.5	15	17.5	22.5	25
1/5	30	37.5	45	55	60	125	
축척	15	20	25	30	35	45	50
1/10	60	75	90	110	120	250	
축척	30	40	50	60	70	90	100
1/20	120	150	180	220	240	500	
축척	45	60	75	90	105	135	150
1/30	180	225	270	330	360	750	
축척	60	80	100	120	140	180	200
1/40	240	300	360	440	480	1000	
축척	75	100	125	150	175	225	250
1/50	300	375	450	550	600	1250	
축척	150	200	250	300	350	450	500
1/100	600	750	900	1100	1200	2500	

(2) 도면 요소에 따른 문자 크기 설정

① 실내건축 도면 작성시 문자 크기 적용예

	사 용 예	A2	A3	A4
도 면 명	평면도, 입면도, 단면도, 천장도, 단면상세도 등	7.5~11	5~7.5	4.5~5
실 명	문제의 타이틀명(원방, 커피숍, 사무실, 패션숍 등)	5~6	3.5~4.5	3~3.5
소 실 명	주실 내의 소실(거실, 주방, 욕실, 창고 등)	4.5	3	2.5~3
재료명/조명설비명/집기명/치수/기타	바닥 : 지정 모르타르 위 장판 마감 벽 : 지정 고급 실크 벽지 마감 책상, 옷장, 테이블, 침대, 화장대 등	3	2	1.5~2

도면 축척에 따라 문자 크기는 변경될 수 있다.

② 건축 도면 작성시 문자 크기 적용예

	A2	A3	A4
주 도 면 명	7.5~11	5~7.5	4.5~5
보조도면명, 주열기호 문자	5~6	3.5~4.5	3~3.5
표제란 내의 도면명, 도면번호	5~6	3.5~4.5	3~3.5
NOTE, 실명, 재료명, 도면내 문자, 치수 등	3	2~2.5	1.5~2
기타 참고 문자(주차대수 번호 등)	2.5	2	1.5

도면 축척에 따라 문자 크기는 변경될 수 있다.

7.2 치수를 축척에 맞게 적용하기

- 치수 유형설정의 각 항목별 크기값 : 용지에 출력을 했을 때의 값(척도를 적용한 값)으로 설정
- 치수 유형설정의 전체 축척 사용 크기값 : 용지에 출력하기 위한 척도값으로 설정

각 항목별 크기값

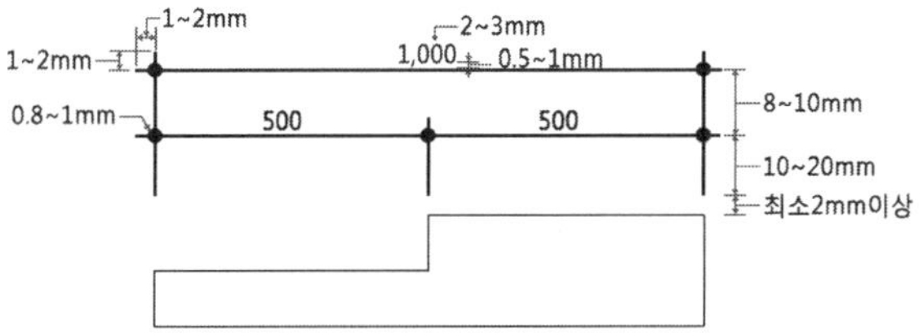

×

전체 축척 사용 크기값

용지에 출력하기 위한
축척 분모값
(설정예의 ⑥ 항목에서 설정)

(1) A3 용지에 축척 1/50로 출력하는 경우의 치수 유형 설정 예

① 치수 유형 설정 명령을 실행한다.

- 사용 명령 : dimstyle [Enter↵] (d [Enter↵])
- [새로 만들기] 버튼을 선택한다.

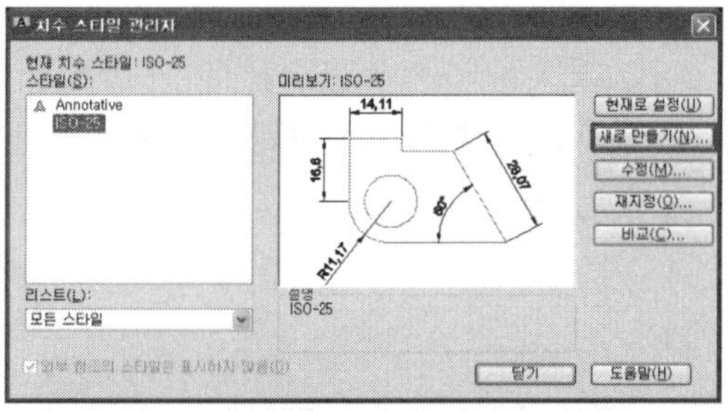

② 새 스타일 이름을 입력한다.

- 이름을 'scale50'으로 입력한다.
- [계속] 버튼을 선택한다.

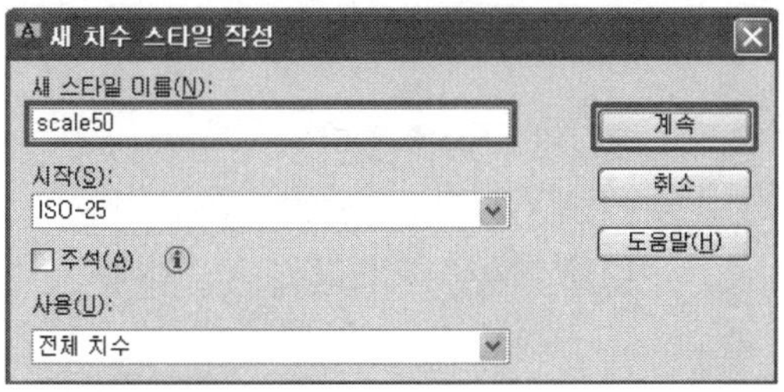

③ 화살표를 작은 점으로 변경 설정한다.

- [기호 및 화살표]탭을 선택한다.
- [첫 번째 화살표]를 작은 점으로 변경한다.
- [두 번째 화살표]도 작은 점으로 변경한다.
- [화살표 크기]를 '3.2'로 설정한다. ➔ *0.25(작은 점의 기본크기값) × 3.2 = 0.8*

다른 항목은 '기본값'을 사용한다.

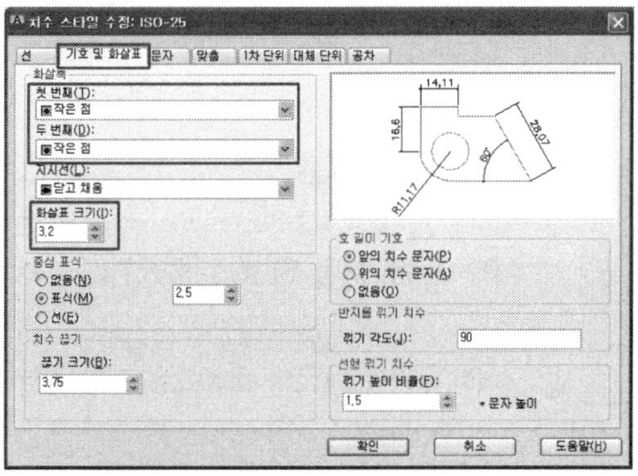

④ 치수선과 치수보조선을 설정한다.

[선]탭을 선택한다.

►[치수선] 항목을 다음과 같이 설정한다.

►[눈금 너머로 연장]을 '1'로 설정한다.

►[기준선 간격]을 '8'로 설정한다.

[치수보존선] 항목을 다음과 같이 설정한다.

►[치수선 너머로 연장]을 '1'로 설정한다.

►[원점에서 간격띄우기]를 '1'로 설정한다.

►[고정 길이 치수보조선] 항목을 선택한다.

►[길이]를 '10'으로 설정한다.

다른 항목은 '기본값'을 사용한다.

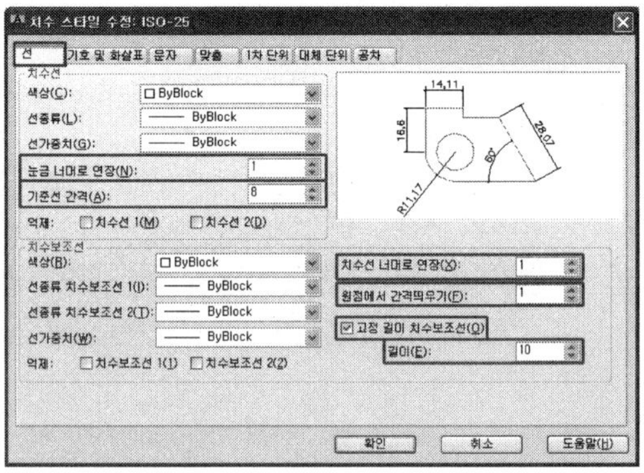

⑤ 치수 문자를 설정한다.

►[문자 높이]를 '2.5'로 설정한다.

►[치수선에서 간격띄우기]를 '0.5'로 설정한다.

다른 항목은 '기본값'을 사용한다.

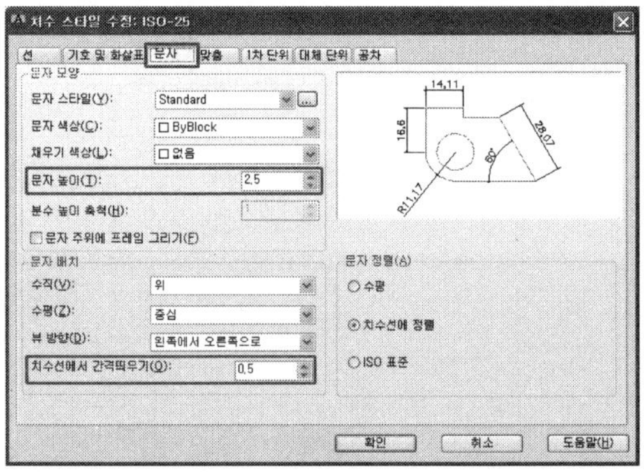

⑥ 치수의 전체 축척값을 설정한다.

►[전체 축척 사용]값을 '50'으로 설정한다.

다른 항목은 '기본값'을 사용한다.

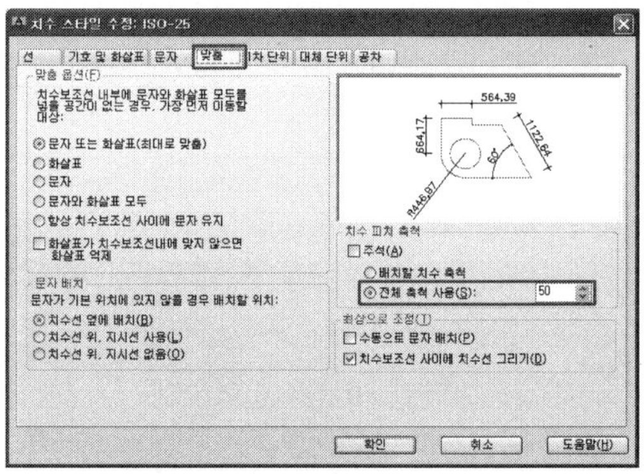

⑦ 천단위 표시를 한다.

►[단위 형식]을 'windows 바탕화면'으로 선택한다.

다른 항목은 '기본값'을 사용한다.

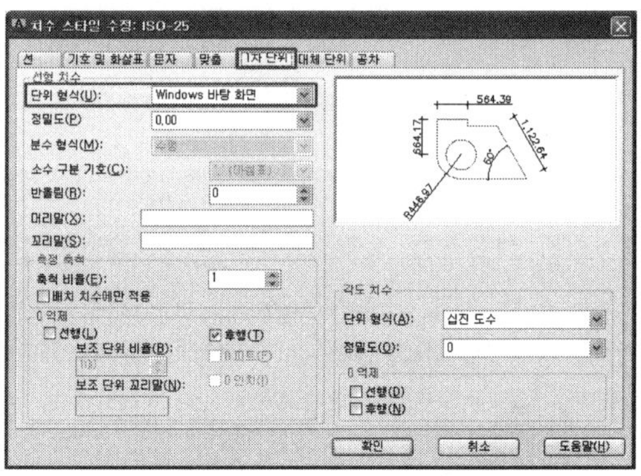

⑧ 치수 유형 설정 명령을 종료한다.

⑨ 치수 유형을 'scale 50'으로 선택하고 치수를 적용한다.

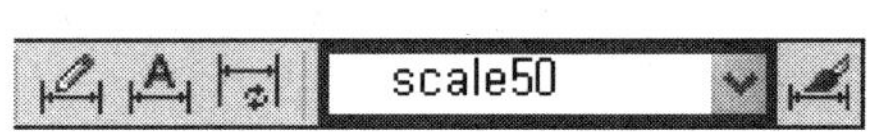

7.3 블록을 축척에 맞게 적용하기

(1) 블록은 다음과 같은 기능을 제공한다.

① 도면의 각 요소를 하나의 객체로 그룹으로 묶어주는 기능을 제공한다.

② 동일한 이름을 가지는 블록을 일괄적으로 수정 관리할 수 있게 해주는 기능을 제공한다.

(2) 축척을 적용하는 블록의 도면 요소

① 실제 설계 내용에 관련된 도면 요소에는 축척을 적용하지 않는다(예 : 창, 문, 가구 등).

→도면 출력 축척과 상관없이 항상 실제 크기값 그대로 사용한다.

창문(1500×200)	세면대(560×506)	가구(850×300)
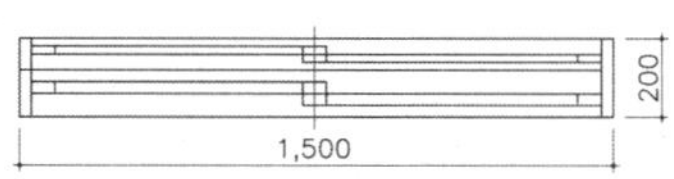	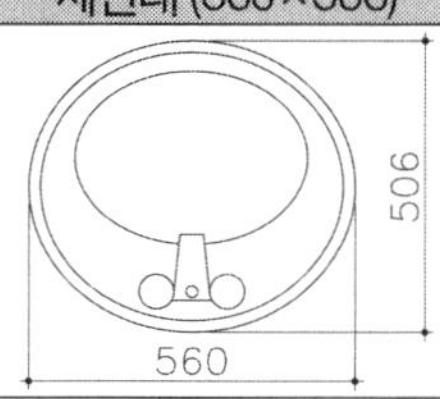	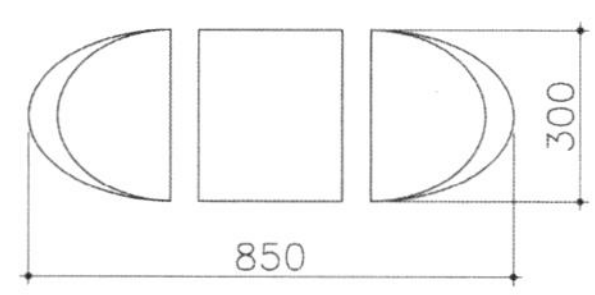

[각 도면 요소에 표기된 크기는 실제 크기임]

② 실제 설계 내용과 관련이 없는 도면 요소에 축척을 적용한다(예 : 입구표시, 도면 기호 등).

→도면 출력 축척에 따라 크기가 다르게 적용된다.

방위표시 기호	전개안내 기호	도면명
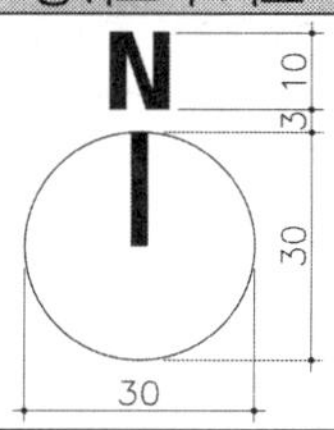	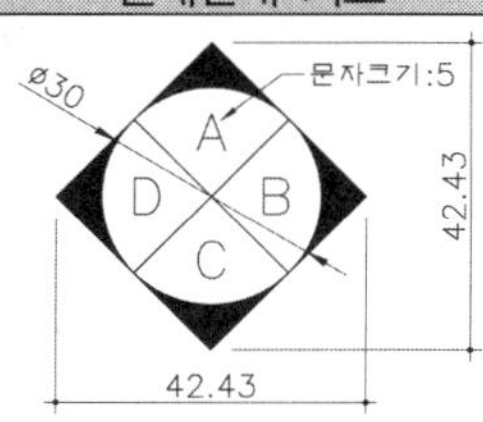	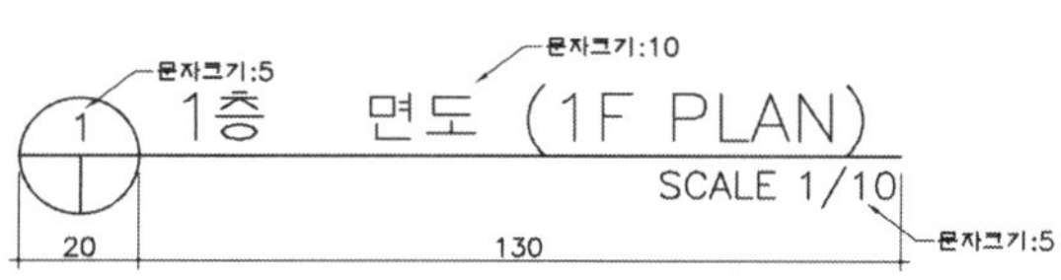

[각 도면 요소에 표기된 크기는 출력 했을 때의 크기임]

(3) 블록에 축척을 적용하는 방법

'블록×도면 출력 축척 분모값'을 적용한다.

① SCALE 명령을 이용해 블록을 1/5 축척에 맞게 적용하기

- ▸명령 : scale [Enter↵] (sc [Enter↵])
- ▸객체 선택 : **크기를 변경할 객체 선택**
- ▸객체 선택 : [Enter↵]
- ▸기준점 지정 : **마우스로 기준점 위치 지정**
- ▸축척 비율 지정 또는 [복사(C)/참조(R)] : 5 [Enter↵]

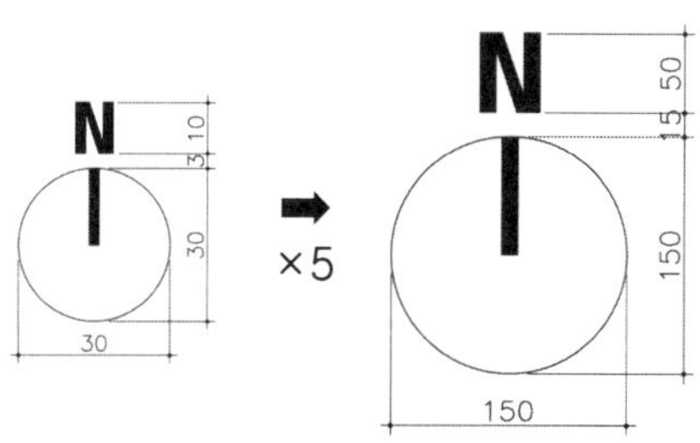

② INSERT 명령을 이용한 블록에 축척 적용하기

- ▸명령 : insert [Enter↵] (i [Enter↵])

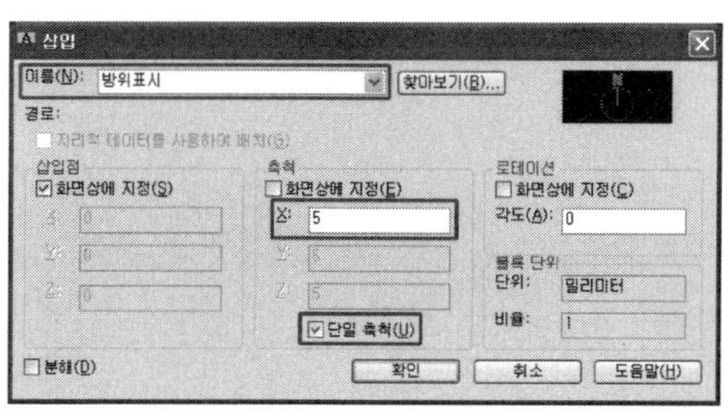

7.4 다중지시선

- 치수 유형설정의 각 항목별 크기값 : 용지에 출력을 했을 때의 값(척도를 적용한 값)으로 설정
- 치수 유형설정의 전체 축척 사용 크기값 : 용지에 출력하기 위한 척도값으로 설정

각 항목별 크기값

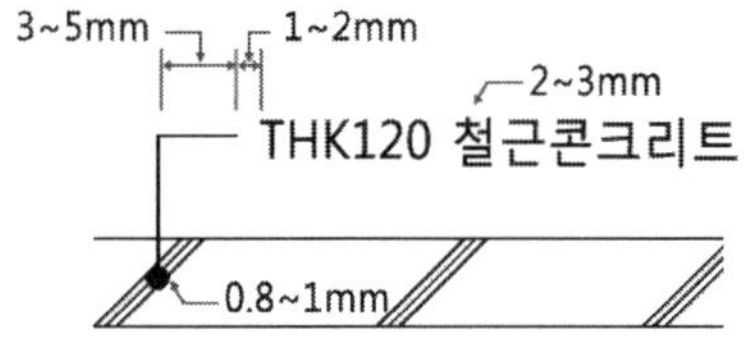

×

전체 축척 사용 크기값

용지에 출력하기 위한 축척 분모값

(설정예의 ④ 항목에서 설정)

(1) A3 용지에 축척 1/50로 출력하는 경우의 치수 유형 설정 예

① 다중지시선 유형 설정 명령을 실행한다.

► 사용 명령 : mleaderstyle [Enter↵] (mls [Enter↵])

► [새로 만들기] 버튼을 선택한다.

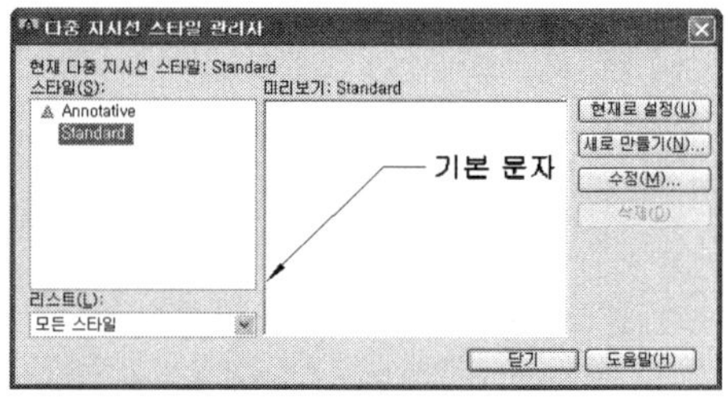

② 다중지시선 새 유형을 추가한다.

► 다중지시선 새 유형 이름을 'scale50'이라고 입력한다.

► [계속] 버튼을 선택한다.

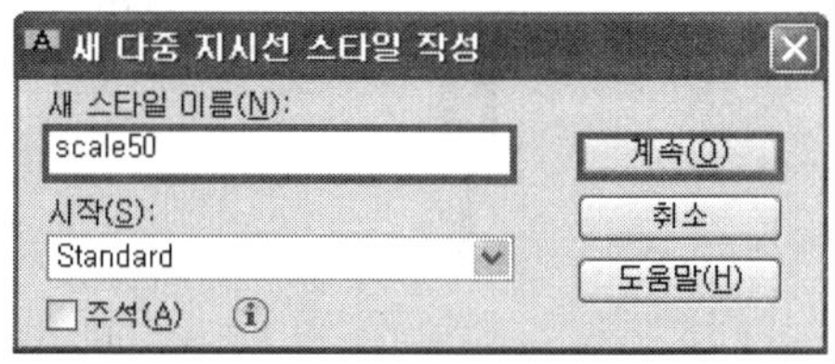

③ [지시선의 형식]탭을 설정한다.

► 화살촉을 '닫고채움'으로 선택한다.

► 화살촉의 크기를 '2.5'로 설정한다.

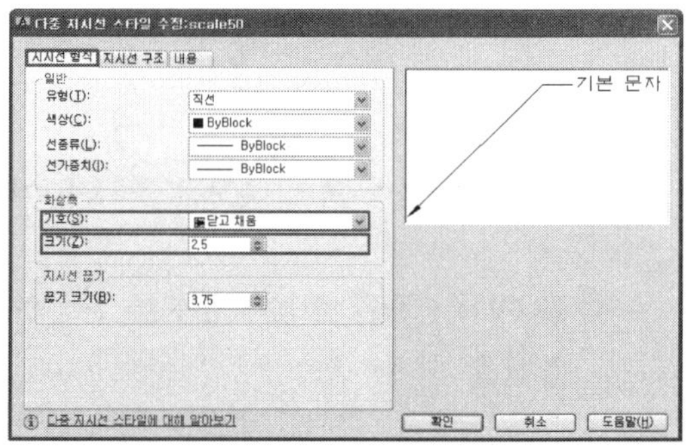

④ [지시선 구조]탭을 설정한다.

► 연결선 거리설정값을 '5'로 설정한다.

► 축척 지정값을 '50'으로 설정한다.

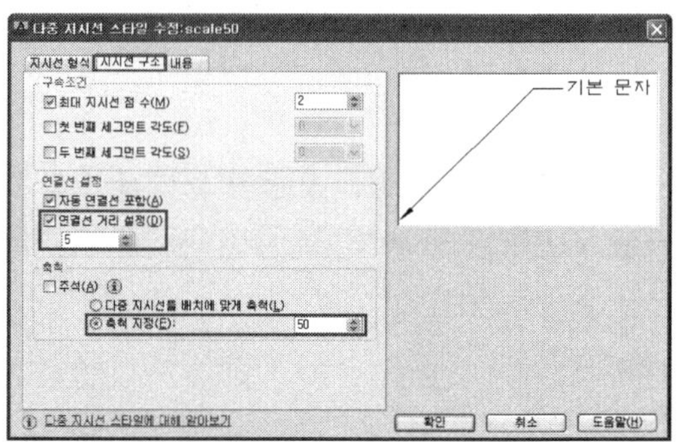

⑤ [내용]탭을 설정한다.
- ►문자 높이를 '2.5'로 설정한다.
- ►연결선 간격을 '1'로 설정한다.

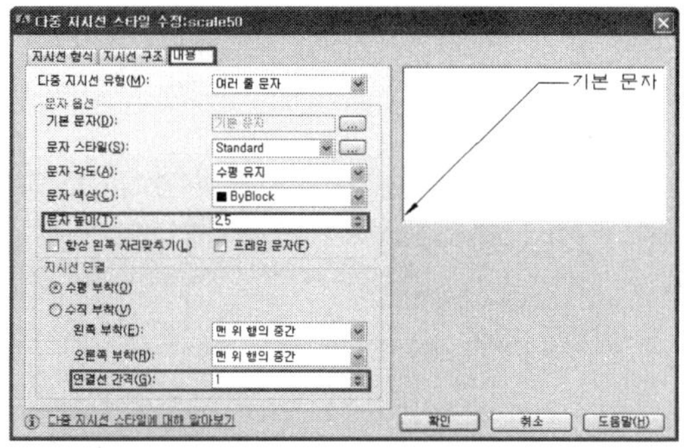

⑥ 다중지시선 유형 설정 명령을 종료한다.

⑦ 다중지시선 유형을 'scale 50'으로 선택하고 다중지시선 명령을 적용한다.

8. 도면 설계 요소에 축척값을 자동으로 적용하기 – 주석 축척 기능 이용

- 도면 주석 축척 기능을 통해 축척 주석 프로세스를 자동화할 수 있다.
- 도면 주석 축척 기능을 적용할 수 있는 도면 요소 : 문자, 치수, 블록, 해치, 다중지시선 등

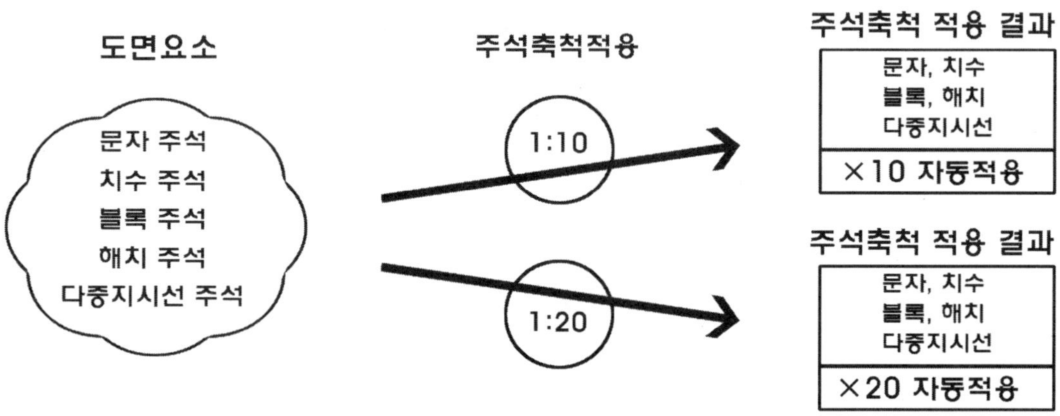

적용예

도면 요소		주석축척 적용		주석 축척 적용 결과
문자 크기 : 3	➡	1 : 10	➡	주석 기능 적용된 모든 문자 크기 : 30 자동 변경

주석 축척기능을 적용하지 않은 경우에는 모든 문자 크기를 '30'으로 직접 입력해야 한다.

8.1 문자에 주석 축척 기능 적용하기

(1) 문자에 주석 축척 기능 적용하기

① 주석 축척 기능이 적용된 문자 스타일을 만들기
- ►명령 : style [Enter↵] (st [Enter↵])
- ►문자 스타일 대화상자에서 [새로 만들기] 선택

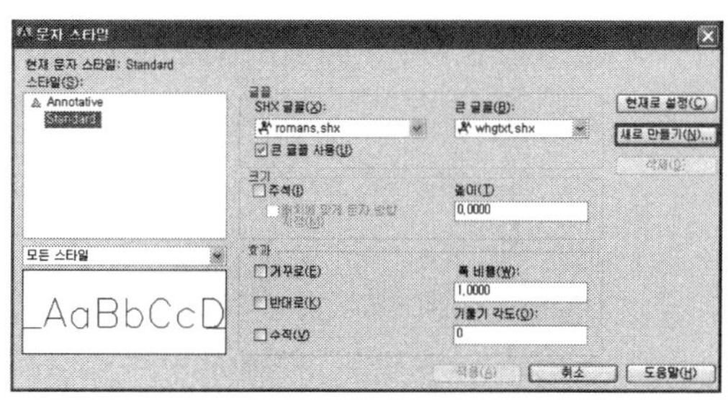

- 새 문자 스타일 대화상자에서 새 스타일 이름 입력 : 'H-3mm'이라고 입력
- [확인] 버튼 선택

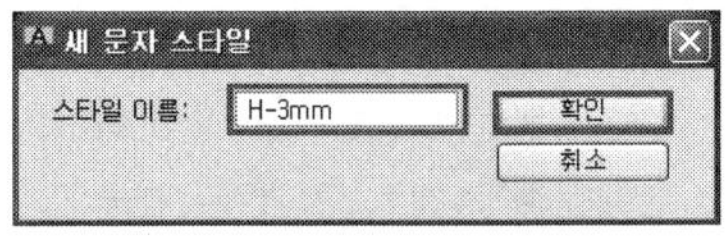

- 문자 스타일 대화상자의 크기에서 [주석] 선택
- [도면 문자 높이] 상자에서 도면에 표시할 문자의 높이 입력 : '3' 입력
- [적용] 버튼 선택
- 새로 생성한 'H-3mm' 유형을 현재 문자 스타일로 설정 : [현재로 설정] 버튼 선택
- [닫기] 버튼 선택해 문자 유형 명령 종료

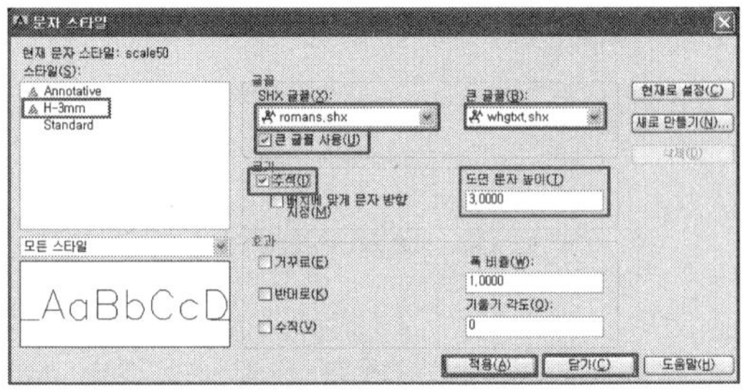

② 주석 문자 유형으로 문자 입력하기

- 명령 : dtext [Enter↵] (혹은 dt [Enter↵])
- 주석 축척 선택 대화상자에서 적용할 축척값 선택 : '1 : 1'을 선택한다.

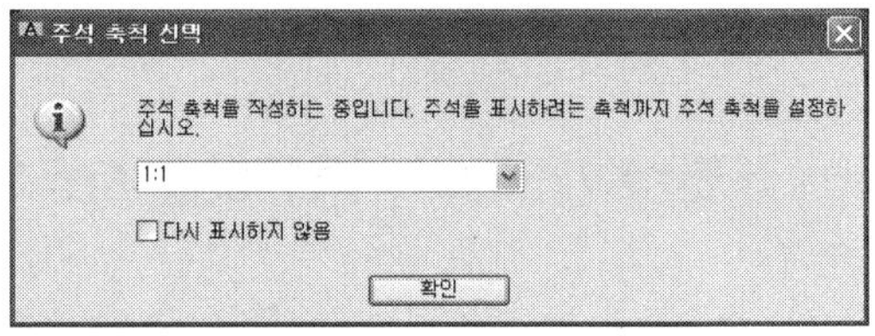

- 현재 문자 스타일 : "H-3mm", 문자 높이 : 3.0000, 주석 : 예
- 문자의 시작점 지정 또는 [자리맞추기(J)/스타일(S)] : 마우스로 임의의 위치점을 지정한다.
- 문자의 회전 각도 지정 〈0〉 : 0 [Enter↵]
- 문자입력 : 주석문자 입력 연습1 [Enter↵]
- 문자입력 : 주석문자 입력 연습2 [Enter↵]
- 문자입력 : [Enter↵]

③ 주석 축척 변경시 자동으로 모든 주석 문자에 축척 적용하기

- 주석 가시성, 자동 축척 기능을 켠다. 
- 주석 축척 막대에서 적용할 축척값을 지정한다. → *'1 : 5'를 지정한다.* 
- 주석 문자 크기가 자동으로 변경되는지 확인한다.

주석 관련 응용프로그램 막대

- **주석 축척 :** 주석 축척값 적용
- **주석 가시성 :** 모든 축척에 대한 주석 객체 표시 여부 설정
- **자동 축척 :** 주석 축척 변경시 모든 주석 객체에 축척 적용 여부 설정

④ 주석 축척 변경시 수동으로 원하는 주석 문자에만 축척 적용하기

- 자동 축척 기능을 끈다. 
- 주석 축척 막대에서 적용할 축척값을 지정한다. → '*1 : 10'를 지정한다.* 
- 주석 축척을 적용하고자 하는 문자를 선택한다.
- 마우스 오른쪽 버튼을 선택해 바로가기 메뉴를 생성한다.
- '주석 객체 축척'을 선택한다.
- '현재 축척 추가'를 선택해 주석 축척을 적용한다.
- 키보드 [Esc] 키를 선택해 명령을 종료한다.

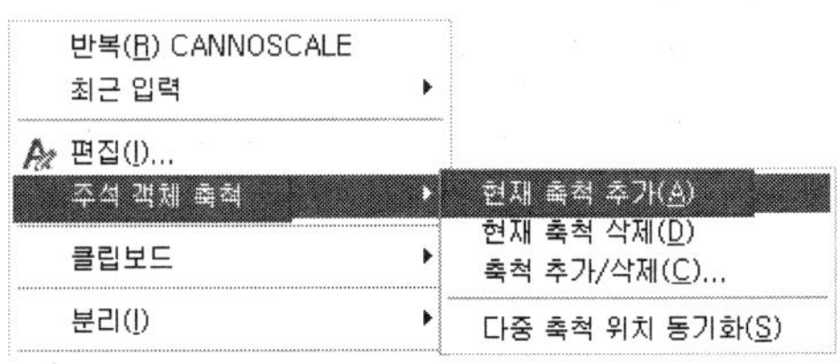

(2) 주석 기능이 적용되지 않은 문자에 주석 축척 기능 적용하기

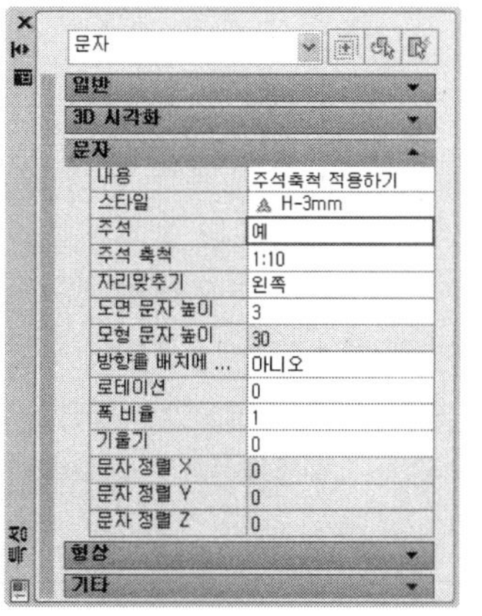

- ► 명령 : change Enter↵ (혹은 ch Enter↵)
- ► 객체 선택 : 주석 축척을 적용하고자 하는 문자 선택
- ► 특성 상자에서 [문자]영역에서 주석을 '예'로 변경한다.
- ► 키보드 Esc 키를 선택해 명령을 종료한다.

- ► 주석 축척값을 변경해 문자 크기가 자동으로 변경되는지 확인한다.

8.2 치수에 주석 축척 기능 적용하기

(1) 치수에 주석 축척 기능 적용하기

① 주석 축척 기능이 적용된 치수 스타일을 만들기

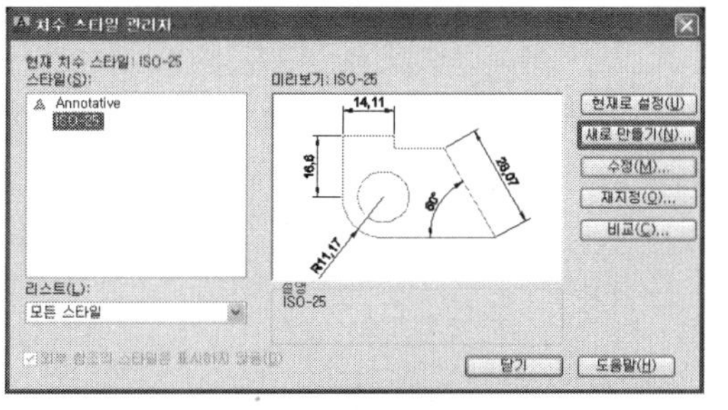

- ► 명령 : dimstyle Enter↵ (d Enter↵)
- ► 치수 스타일 관리자에서 [새로 만들기] 선택

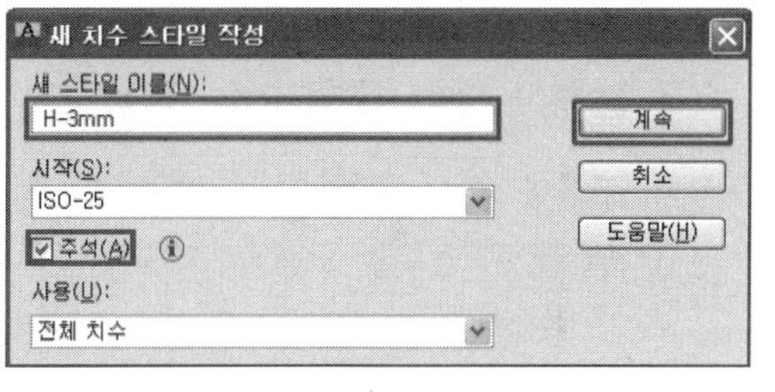

- ► 새 치수 스타일 대화상자에서 새 스타일 이름 입력 : 'H-3mm'이라고 입력
- ► 새 치수 스타일 작성 대화상자에서 [주석] 선택
- ► [계속] 버튼 선택

- ► [선], [기호 및 화살표], [문자], [맞춤], [1차 단위]탭에서 각 항목을 설정한다. 'A3 용지에 축척 1/50로 출력하는 경우의 치수 유형 설정 예'를 참고한다.

② 주석 축척 기능이 적용된 새 치수 스타일 'H-3mm'로 치수를 적용한다.

- ► 새로 생성한 치수 스타일 'H-3mm'를 선택한다. 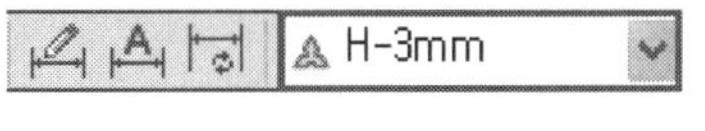

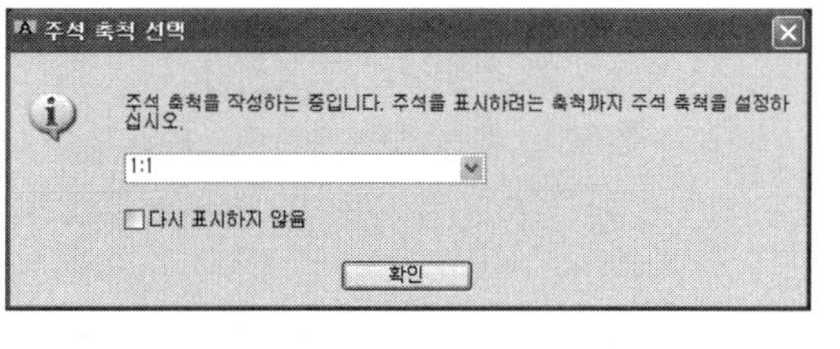

- ► 치수를 측정명령을 실행한다.
- ► '추석 축척 선택' 상자에서 축척값을 지정한다. ➔ *여기에서는 '1 : 1'을 설정한다.*
- ► 치수를 표기한다.

③ 주석 축척 변경시 자동으로 주석 축척 기능이 적용된 치수에 축척 적용하기

- ► 주석 가시성, 자동 축척 기능을 켠다. 
- ► 주석 축척 막대에서 적용할 축척값을 지정한다. ➔ *'1 : 5'를 지정한다.* 
- ► 주석 치수 크기가 자동으로 변경되는지 확인한다.

④ 주석 축척 변경시 수동으로 원하는 치수에만 주석 축척 기능 적용하기

► 자동 축척 기능을 끈다. 

► 주석 축척 막대에서 적용할 축척값을 지정한다. → *'1 : 10'를 지정한다.* 

► 주석 축척을 적용하고자 하는 치수를 선택한다.
► 마우스 오른쪽 버튼을 선택해 바로가기 메뉴를 생성한다.
► '주석 객체 축척'을 선택한다.
► '현재 축척 추가'를 선택해 주석 축척을 적용한다.
► 키보드 Esc키를 선택해 명령을 종료한다.

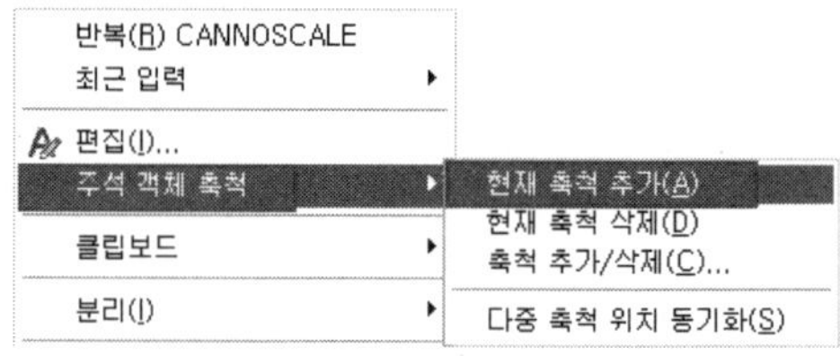

(2) 주석 축척 기능이 적용되지 않은 치수에 주석 축척 기능 적용하기

► 명령 : change Enter↵ (혹은 ch Enter↵)
► 객체 선택 : 주석 축척을 적용하고자 하는 치수 선택
► 특성 상자에서 [기타]영역에서 주석을 '예'로 변경한다.
► 키보드 Esc 키를 선택해 명령을 종료한다.

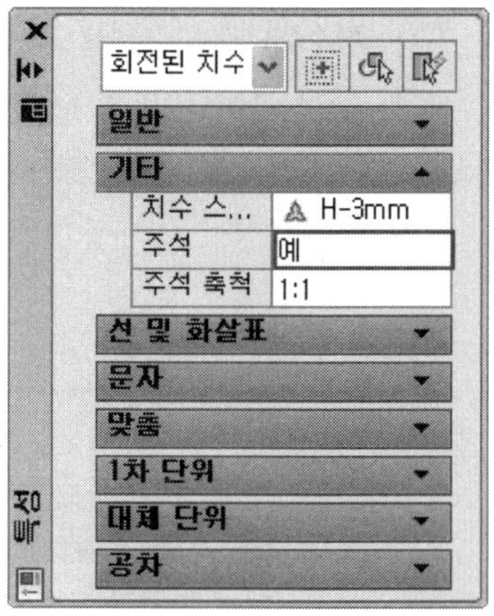

► 주석 축척값을 변경해 치수 크기가 자동으로 변경되는지 확인한다.

8.3 블록에 주석 축척 기능 적용하기

(1) 블록에 주석 축척 기능 적용하기

① 블록으로 등록할 도면을 그린다.

► 사용명령 : circle, line, hatch, dtext (mtext) 등

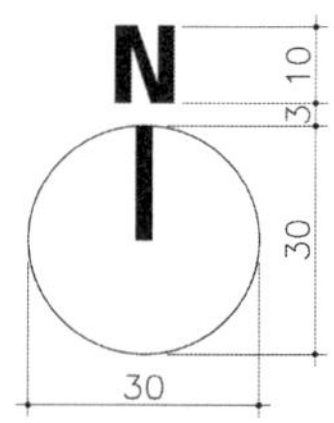

② 주석 축척 기능이 적용된 블록을 등록한다.

► 명령 : block Enter↵ (혹은 b Enter↵)
► 블록으로 등록할 객체를 선택한다.
► 선택한 객체를 블록 속성으로 변환한다.
► 선택한 객체 이름을 '바위'로 입력한다.
► 블록의 기준점을 지정한다.
► 블록에 주석 축척 기능을 적용한다.
► [확인] 버튼을 선택해 명령을 종료한다.

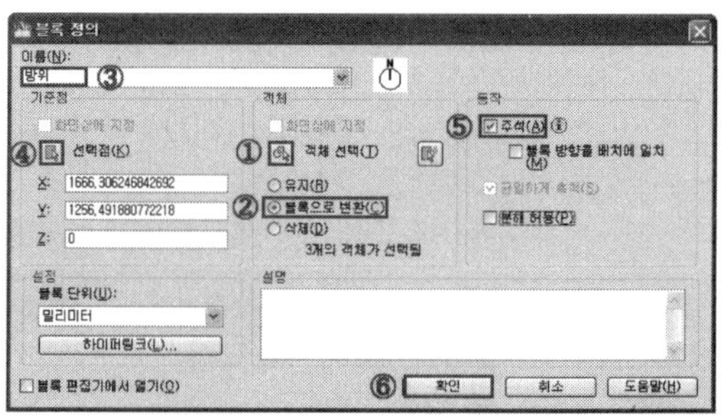

③ 주석 축척 변경시 자동으로 주석 축척 기능이 적용된 블록에 축척 적용하기

► 주석 가시성, 자동 축척 기능을 켠다. 

► 주석 축척 막대에서 적용할 축척값을 지정한다. → *'1 : 5'를 지정한다.* 

► 주석 블록 크기가 자동으로 변경되는지 확인한다.

④ 주석 축척 변경시 수동으로 원하는 치수에만 주석 축척 기능 적용하기

► 자동 축척 기능을 끈다. 

► 주석 축척 막대에서 적용할 축척값을 지정한다. → *'1 : 10'를 지정한다.* 

► 주석 축척을 적용하고자 하는 블록을 선택한다.

► 마우스 오른쪽 버튼을 선택해 바로가기 메뉴를 생성한다.

► '주석 객체 축척'을 선택한다.

► '현재 축척 추가'를 선택해 주석 축척을 적용한다.

► 키보드 Esc 키를 선택해 명령을 종료한다.

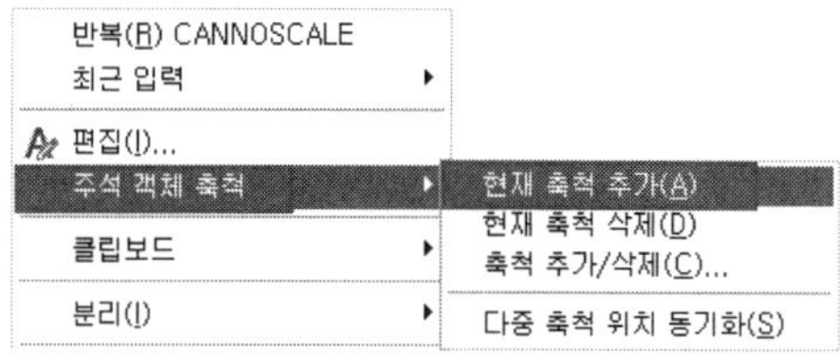

(2) 주석 축척 기능이 적용되지 않은 블록에 주석 축척 기능 적용하기

► 명령 : change Enter↵ (혹은 ch Enter↵)

► 객체 선택 : 주석 축척을 적용하고자 하는 치수 선택

► 특성 상자에서 [기타]영역에서 주석을 '예'로 변경한다.

► 키보드 Esc 키를 선택해 명령을 종료한다.

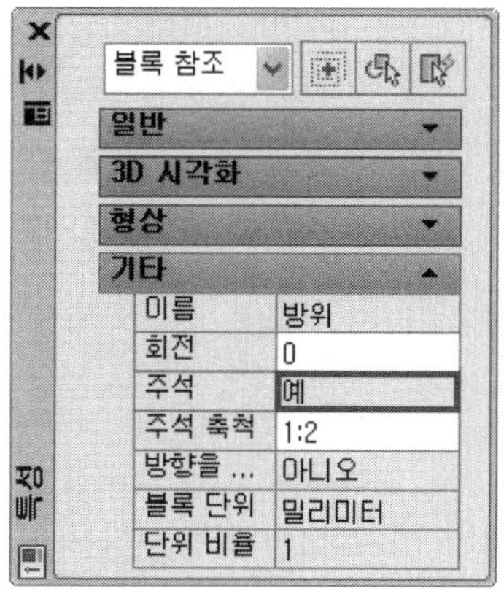

► 주석 축척값을 변경해 블록 크기가 자동으로 변경되는지 확인한다.

8.4 다중지시선에 주석 축척 기능 적용하기

(1) 다중지시선에 주석 축척 기능 적용하기

① 주석 축척 기능이 적용된 다중지시선 스타일을 만들기

► 명령 : mleaderstyle Enter↵ (mls Enter↵)

► 다중지시선 스타일 관리자에서 [새로 만들기] 선택

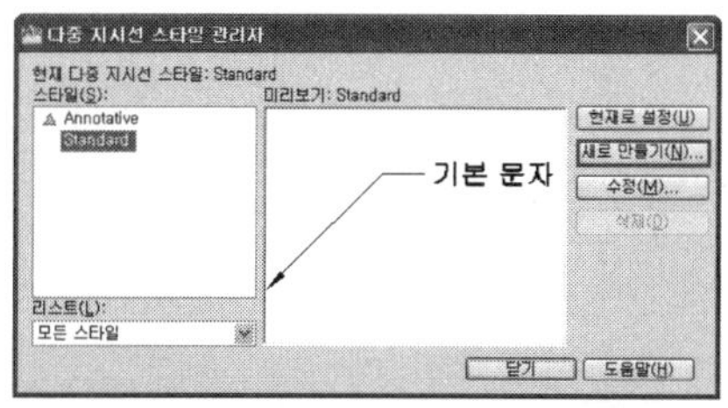

► 새 다중지시선 스타일 대화상자에서 새 스타일 이름 입력 : 'H–3mm' 이라고 입력

► 새 치수 스타일 작성 대화상자에서 [주석] 선택

► [계속]버튼 선택

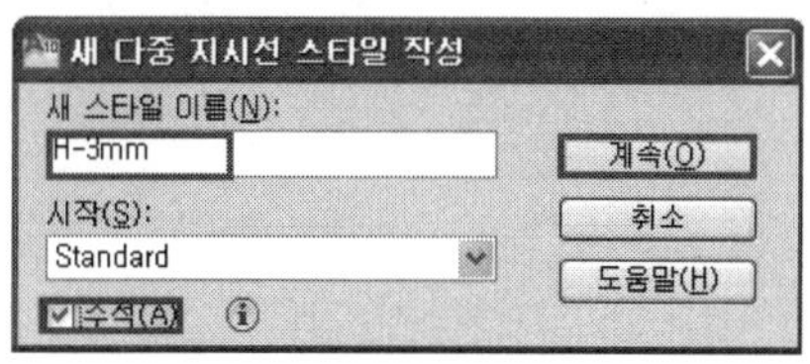

► [지시선 형식], [지시선 구조], [내용]탭에서 각 항목을 설정한다.

'A3 용지에 축척 1/50로 출력하는 경우의 치수 유형 설정 예'를 참고한다.

② 주석 축척 기능이 적용된 새 다중선 스타일 'H-3mm'로 지시문자를 적용한다.

► 새로 생성한 치수 스타일 'H–3mm'를 선택한다.

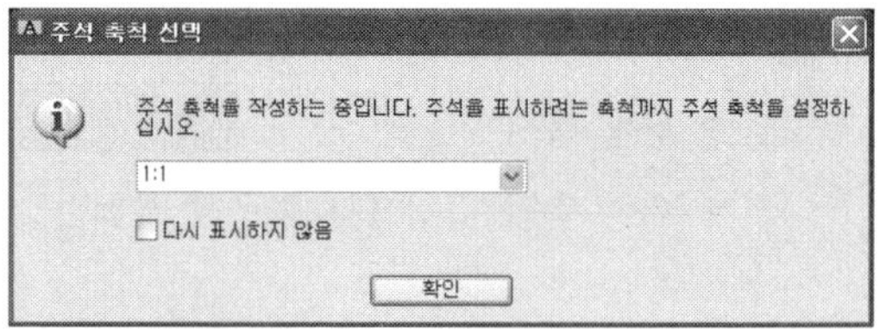

- ► 다중지시선 표기 명령을 실행한다.
- ► '주석 축척 선택' 상자에서 축척값을 지정한다. ➔ *여기에서는 '1 : 1'을 설정한다.*
- ► 치수를 표기한다.

③ 주석 축척 변경시 자동으로 주석 축척 기능이 적용된 다중지시선에 축척 적용하기

- ► 주석 가시성, 자동 축척 기능을 켠다. 
- ► 주석 축척 막대에서 적용할 축척값을 지정한다. ➔ *'1 : 5'를 지정한다.* 
- ► 주석 치수 크기가 자동으로 변경되는지 확인한다.

④ 주석 축척 변경시 수동으로 원하는 다중지시선에만 주석 축척 기능 적용하기

- ► 자동 축척 기능을 끈다. 
- ► 주석 축척 막대에서 적용할 축척값을 지정한다. ➔ *'1 : 10'를 지정한다.* 

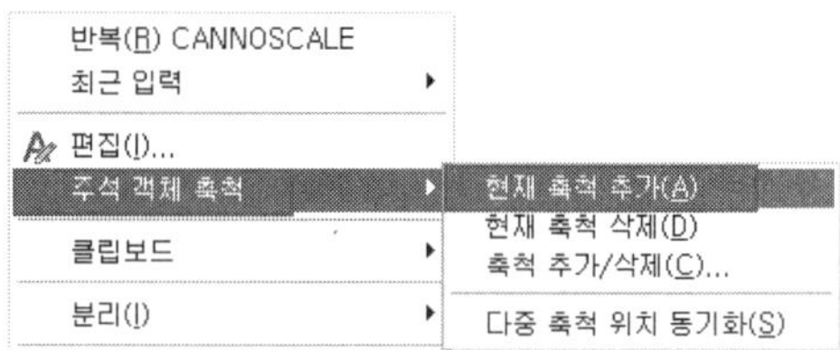

- ► 주석 축척을 적용하고자 하는 치수를 선택한다.
- ► 마우스 오른쪽 버튼을 선택해 바로가기 메뉴를 생성한다.
- ► '주석 객체 축척'을 선택한다.
- ► '현재 축척 추가'를 선택해 주석 축척을 적용한다.
- ► 키보드 Esc 키를 선택해 명령을 종료한다.

(2) 주석 축척 기능이 적용되지 않은 다중지시선에 주석 축척 기능 적용하기

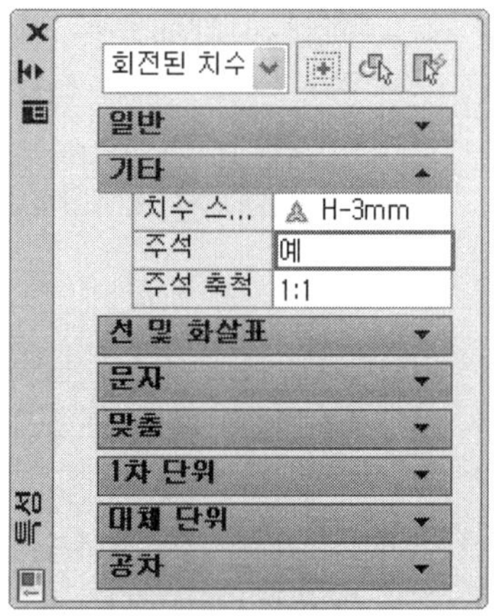

- ► 명령 : change Enter↵ (혹은 ch Enter↵)
- ► 객체 선택 : 주석 축척을 적용하고자 하는 치수 선택
- ► 특성 상자에서 [기타]영역에서 주석을 '예'로 변경한다.
- ► 키보드 Esc 키를 선택해 명령을 종료한다.
- ► 주석 축척값을 변경해 치수 크기가 자동으로 변경되는지 확인한다.

객체 정보조회하기

1 객체 위치점 확인 : id
2 객체 길이(크기) 확인 : dist (혹은 di)
3 객체 면적 확인 : area (혹은 aa)
4 객체 정보 조회 : list (혹은 li)

9. 객체 위치점 확인하기 – ID

- 지정한 위치의 절대좌표값을 조회하기위한 명령
- 측정된 위치값은 명령줄에 표시된다.

9.1 객체 위치점 확인 명령

명령줄 사용 : id Enter↵
리본메뉴 사용 ▶ 홈 탭 ▶ 유틸리티 패널 ▶
주메뉴 사용 : 도구(T) ▶ 조회(Q) ▶ ID점(I)
도구막대 사용 : 조회 도구막대 ▶

9.2 객체 위치점 확인 명령 옵션

► 명령 : id Enter↵

옵　　션	설　　　　명
점 지정	측정하고자 하는 위치점 지정

9.3 객체 위치점 확인 명령 따라하기

► 명령 : id Enter↵
► 점 지정 : 측정하고자 하는 위치점 지정

위의 명령 실행 후 명령줄에 객체의 위치점에 대한 정보가 나타난다.

```
명령: id 점 지정:  X = 2831.5054     Y = 1605.0571     Z = 0.0000
명령 입력
```

10. 거리 측정 : DIST

- 지정한 두 좌표점의 거리값을 측정하기 위한 명령

10.1 거리 측정 명령

명령줄 사용 : dist [Enter↵] (단축명령 : di [Enter↵])
리본메뉴 사용 : 홈 탭 ▶ 유틸리티 패널 ▶
주메뉴 사용 : 도구(T) ▶ 조회(Q) ▶ 거리(D)
도구막대 사용 : (도구막대 이름 : 조회)

10.2 거리 측정 명령 옵션

► 명령 : dist [Enter↵] (혹은 di [Enter↵])
► 첫 번째 점 지정 :
► 두 번째 점 지정 :

옵 션	설 명
첫 번째 점 지정	거리를 측정하고자 하는 첫 번째 점 지정
두 번째 점 지정	거리를 측정하고자 하는 두 번째 점 지정
다중(M)	두 점 이상의 거리를 측정할 경우 사용

10.3 거리 측정 명령 따라하기

► 명령 : dist [Enter↵] (혹은 di [Enter↵])
► 첫 번째 점 지정 : 측정하고자 하는 첫 번째 점 지정
► 두 번째 점 또는 [다중 점(M)] 지정 : 측정하고자 하는 두 번째 점 지정

위의 명령 실행 후 명령줄에 측정한 거리값이 나타난다.

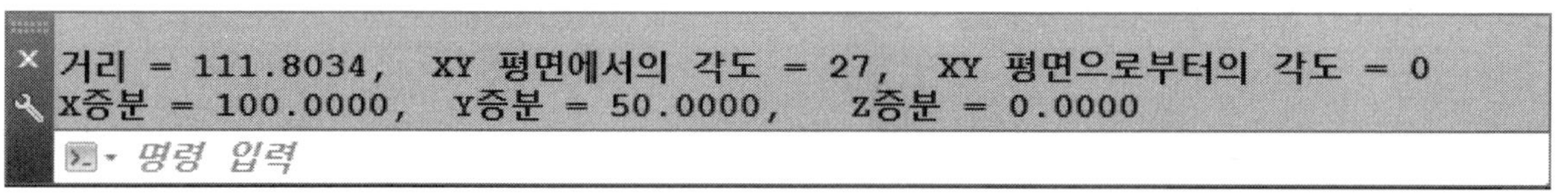

11. 면적 구하기 : AREA

- 면적을 측정하기위한 명령

11.1 면적구하기 명령

- 명령줄 사용 : area [Enter↵] (단축명령 : aa [Enter↵])
- 리본메뉴 사용 : 홈 탭 ▶ 유틸리티 패널 ▶
- 주메뉴 사용 : 도구(T) ▶ 조회(Q) ▶ 면적(A)
- 도구막대 사용 : 조회 도구막대 ▶

11.2 면적구하기 명령 옵션

► 명령 : area [Enter↵] (혹은 aa [Enter↵])
► 첫 번째 구석점 지정 또는 [객체(O)/면적 추가(AA)/면적 빼기(SA)] 〈객체〉 :

옵　　선	설　　　명
첫 번째 구석점 지정	거리를 측정하고자 하는 첫 번째 점 지정
다음 점 지정	거리를 측정하고자 하는 두 번째 점 지정
객체(O)	결합되고 닫힌 형태의 객체 면적 측정
면적 추가(AA)	여러개의 면적을 추가 하면서 계산
면적 빼기(SA)	총 면적에서 지정한 면적을 뺀 면적 계산

11.3 면적 구하기 명령 따라하기

(1) 직선 도형의 면적구하기

► 명령 : area [Enter↵] (혹은 aa [Enter↵])
► 첫 번째 구석점 지정 또는 [객체(O)/면적추가(AA)/면적 빼기(SA)] 〈객체〉 : P1점 선택
► 다음 점 또는 [호(A)/길이(L)/명령 취소(U)] 지정 : P2점 선택
► 다음 점 또는 [호(A)/길이(L)/명령 취소(U)] 지정 : P3점 선택
► 다음 점 또는 [호(A)/길이(L)/명령 취소(U)] 지정 : P4점 선택
► 다음 점 또는 [호(A)/길이(L)/명령 취소(U)] 지정 : [Enter↵]

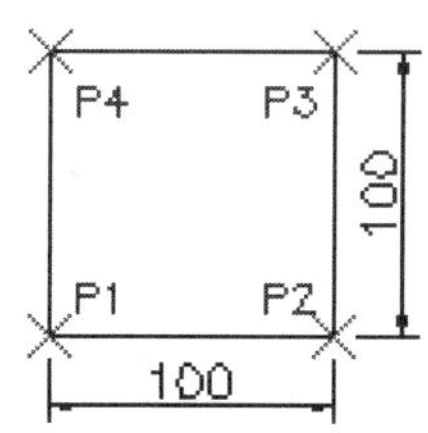

위의 명령을 실행 후 면적 측정에 대한 결과는 명령줄에 나타난다.

```
영역 = 10000.0000, 둘레 = 400.0000
명령 입력
```

(2) 곡선(원) 도형의 면적구하기

► 명령 : area [Enter↵] (혹은 aa [Enter↵])
► 첫 번째 구석점 지정 또는 [객체(O)/면적 추가(AA)/면적 빼기(SA)] 〈객체〉 : O [Enter↵]
► 객체 선택 : S1 객체 선택 → *면적을 측정하고자 하는 객체 선택*

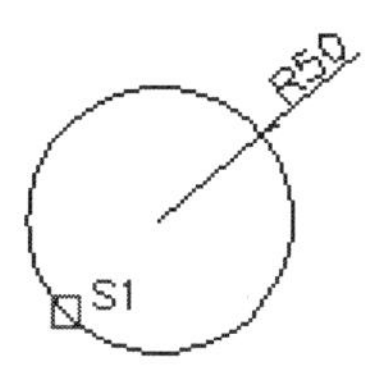

위의 과정을 실행한 면적 측정에 대한 결과는 명령줄에서 확인할 수 있다.

```
영역 = 7853.9816, 원주 = 314.1593
명령 입력
```

12. 객체의 정보 조회 – LIST

- 선택한 객체의 정보를 조회하기 위한 명령
- 명령의 실행 결과값은 윈도우 창에 나타난다.
- 객체의 종류, 도면층, 위치점, 크기, 각도 등 다양한 정보를 확인할 수 있다.

12.1 객체 정보 조회 명령

명령줄 사용 : list Enter↵ **(단축명령 : li** Enter↵**)**

주메뉴 사용 : 도구(T) ▶ 조회(Q) ▶ 리스트(L)

도구막대 사용 : 조회 도구막대 ▶

12.2 객체 정보 조회 명령 따라하기

► 명령 : list Enter↵

► 객체 선택 : 정보를 조회하고자 하는 객체 선택

► 객체 선택 : Enter↵

위의 명령 실행 후 객체에 대한 정보는 윈도우 창에 나타난다.

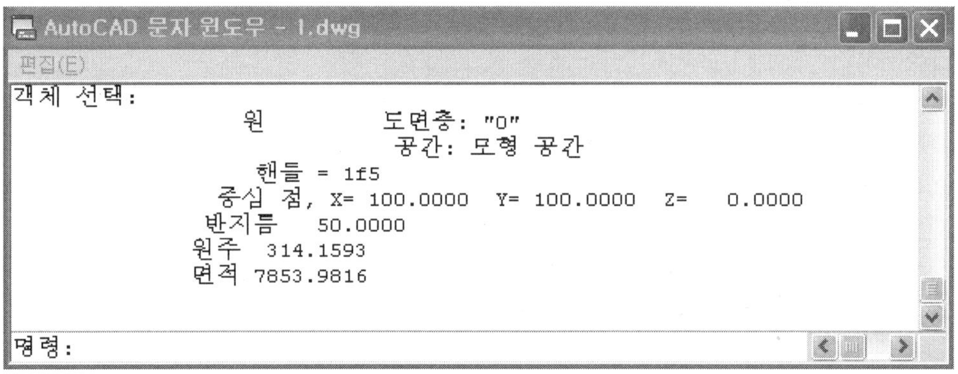

파일 관리하기

1 도면 객체 정보 이름 변경하기 : RENAME
2 불필요한 정보 소거하기 : PURGE
3 현재 작업 중인 파일 점검하기 – AUDIT
4 열리지 않는 파일 복구하기 – RECOVER

13. 도면 객체 정보 이름 변경하기 : RENAME

- 도면 객체 정보에 대한 이름을 변경하는 명령
- 각 객체 정보에 대한 이름을 변경하는 명령이 개별적으로 있지만 파일에 사용된 모든 객체 정보에 대한 이름을 동시에 변경할 수 있다.
- 도면 객체 정보 이름 변경 가능한 항목 : 블록, 치수 유형, 도면층, 선종류, 표유형
  문자유형, 재질, UCS, 뷰포트, 뷰 등

13.1 도면 객체 정보 이름 변경 명령

주메뉴 사용 : 형식(O) ▶ 이름 바꾸기
명령줄 사용 : rename Enter↵ (단축 명령 : ren Enter↵)

13.2 도면 객체 정보 이름 변경 명령 옵션

► 명령 : rename Enter↵ (혹은 ren Enter↵)
- 명명된 객체 : 도면 객체 정보 목록
- 항목 : 명명된 객체이 항목 보기
- 이전 이름 : 현재 사용중인 이름보기
- 이름 바꾸기 : 변경하고자 하는 새 이름 적용하기

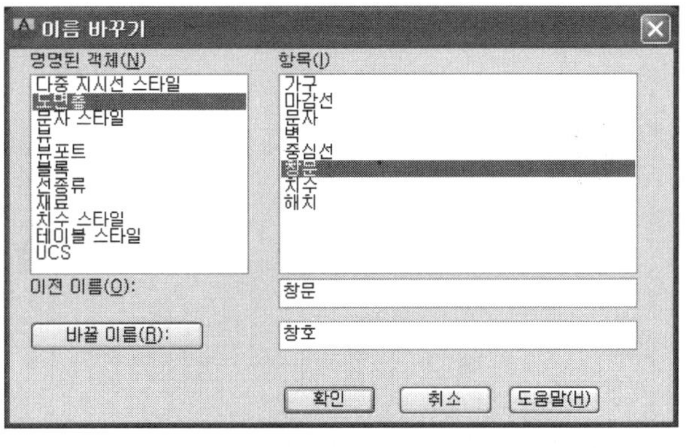

13.3 도면 객체 정보 이름 변경 명령 따라하기

► 명령 : rename Enter↵ (혹은 ren Enter↵)
► 오른쪽 그림의 대화상자의 명명된 객체 목록에서 객체 유형 선택하기
► 객체 유형의 항목 선택하기
► 선택한 유형 항목 이름 확인하기
► 변경할 새로운 이름 입력하기
► [이름 변경하기] 버튼 선택하기

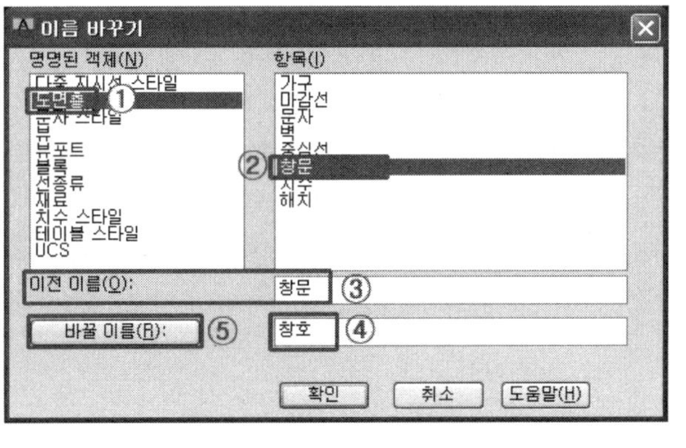

14. 불필요한 정보 소거하기 : PURGE

- 도면 데이터를 최적화시키는 명령
- 현 도면에 꼭 필요로 하지 않는 선유형, 도면층, 블럭, 폰트 등의 정보를 제거하여 파일을 최적화한다.
- 파일의 용량을 줄일 수도 있다.
- 파일을 작업 형태에 따라 purge 명령 실행 후 용량이 조금 많아질 수도 있다.

14.1 불필요한 정보 소거 명령

명령줄 사용 : purge [Enter↵]

주메뉴 사용 : 파일(F) ▶ 도면 유틸리티(U) ▶ 소거(P)

14.2 불필요한 정보 소거 명령 옵션

► 명령 : purge [Enter↵]

- ■ 소거할 수 있는 항목표시(V) : 제거 가능한 항목만 표시
- ■ 소거할 수 없는 항목표시(W) : 현재 사용중인 항목만 표시
- ■ 도면에서 사용되지 않는 항목(혹은 도면에서 사용 중인 항목) : 도면에서 사용하거나 사용하지 않는 항목 표시
- ■ 제거할 각 항목 확인(C) : 제거되는 항목을 확인할지 설정
- ■ 내포된 항목 제거 : 하위 항목까지 제거 설정
- ■ 소거(P) : 한 항목씩 소거 실행
- ■ 모두 소거(A) : 모든 항목 소거 실행
- ■ 닫기(O) : 소거 대화상자 닫기

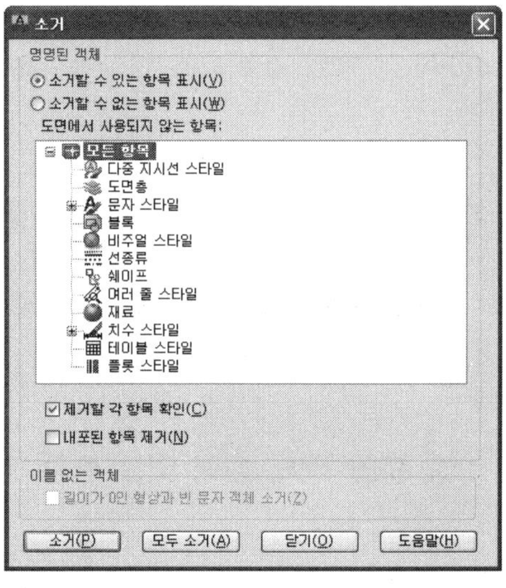

확인

소거 가능한 항목 확인

소거 가능한 항목 : 표시 상자에서 펼침기호[⊞]가 표시된 항목

14.3 소거 명령 따라하기

► 명령 : purge [Enter↵]

► 소거 대화상자에서 소거할 수 있는 항목 표시(V) 선택하기

► 도면에서 사용되지 않는 항목 영역에서 소거할 항목 선택

► 하나씩 삭제하려면 [소거 버튼] 선택(혹은 모든 항목을 삭제하려면 [모두 소거] 버튼 선택)

► 삭제할 항목이 맞는지 확인하고 소거를 한다.

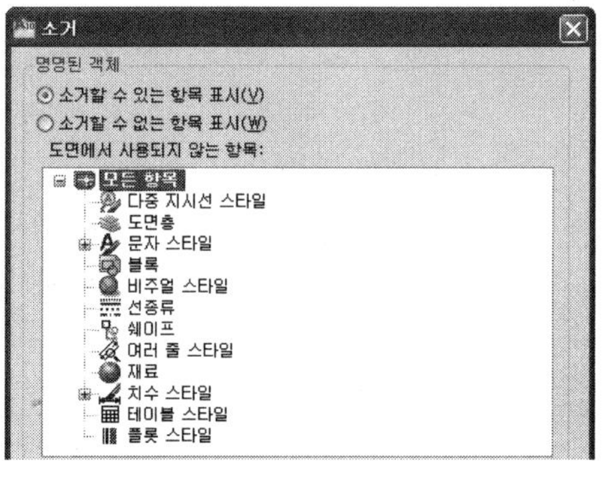

15. 현재 작업 중인 파일 점검하기 – AUDIT

- 현재 작업 중인 파일을 점검하는 명령
- 현재 작업 중이지 않은 파일은 RECOVER 명령을 사용해 파일을 점검한다.
- 도면을 완성한 후 마지막에 이 명령을 실행해 파일의 이상 유무를 점검하도록 한다.

15.1 현재 작업 중인 파일 점검하기 명령

명령줄 사용 : audit [Enter↵]

주메뉴 사용 : 파일(F) ▶ 도면 유틸리티(U) ▶ 감사(A)

15.2 현재 작업 중인 파일 점검하기 명령 옵션

► 명령 : audit [Enter↵]

► 탐지된 오류를 수정하겠습니까? [예(Y)/아니오(N)] 〈N〉 :

옵 션	설 명
탐지된 오류 수정	발견된 에러를 수정할 것인지의 여부 지정
예(Y)	발견된 에러를 수정 함.
아니오(N)	발견된 에러를 수정 수정하지 않음.

15.3 현재 작업 중인 파일 점검하기 명령 따라하기

► 명령 : audit [Enter↵]

► 탐지된 오류를 수정하겠습니까? [예(Y)/아니오(N)] 〈N〉 : y [Enter↵]

위의 명령을 실행하고 나면 명령 실행 결과가 명령줄에 나타난다.

```
0개 객체가 지워짐
명령: audit
탐지된 오류를 수정하겠습니까? [예(Y)/아니오(N)] <N>: y
헤더 감사 중
테이블 감사 중
도면요소 1 단계 감사 중
1 단계 100     개의 객체가 감사됨
도면요소 2 단계 감사 중
2 단계 100     개의 객체가 감사됨
감사 블록
 1        개의 블록이 감사됨
전체 0건의 오류를 찾아서 0건이 수정됨
0개 객체가 지워짐
명령:
```

16. 열리지 않는 파일 복구하기 – RECOVER

- 파일의 이상 유무를 점검하고 복구해주는 명령
- 파일을 열었는데 파일이 열리지 않는 경우에 사용할 수 있는 명령
- 파일을 100% 완전히 복구를 하지는 못한다.

16.1 파일 복구 명령

명령줄 사용 : recover Enter↵
주메뉴 사용 : 파일(F) ▶ 도면 유틸리티(U) ▶ 복구(R)

16.2 파일 복구 명령 따라하기

► 명령 : recover Enter↵
► 복구하고자 하는 파일 선택하고 [열기] 버튼 선택
► 선택한 파일을 복구하기 위해 잘못된 부분 검사 진행 과정이 보임.
► 검사와 복구가 완료되면 오른쪽 그림과 같은 상자가 나타난다.
► [확인] 버튼을 선택해 파일 복구 명령을 종료한다.

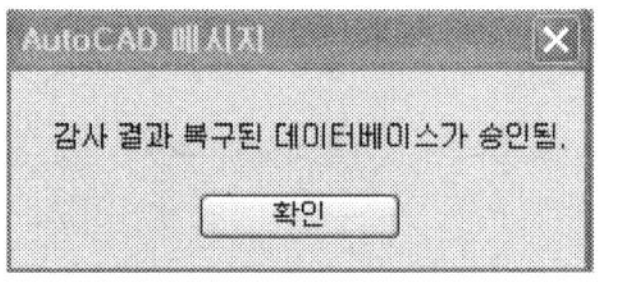

위의 명령을 실행하고 나면 명령 실행 결과는 명령줄에 나타난다.

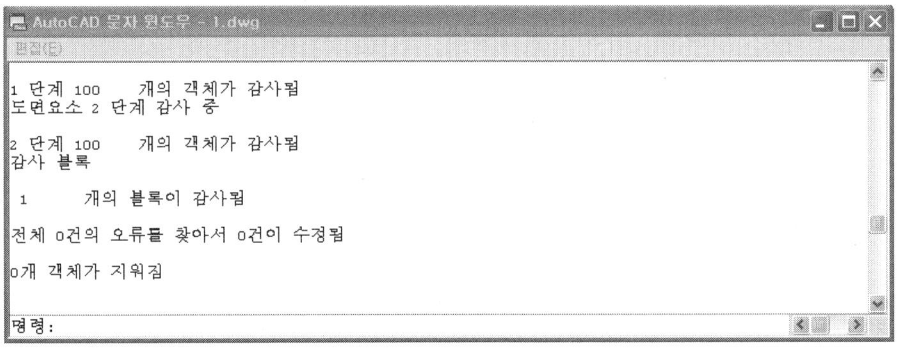

17. 비정상적인 프로그램 종료시 파일 복구하기 1 – drawingrecovery

- 하드웨어 오류, 전원 차단 또는 소프트웨어 오류 등으로 인해 비정상적으로 프로그램이 종료될 경우 파일을 복구하는 명령
- 자동 저장 시간 간격이 있기 때문에 최종 작업한 도면까지는 복구할 수 없다.

17.1 도면 복구 관리자 명령

명령줄 사용 : drawingrecovery Enter↵
주메뉴 사용 : 파일(F) ▶ 도면 유틸리티(U) ▶ 도면 복구 관리자(D)

17.2 도면 복구 관리자 명령 따라하기

▸ 명령 : drawingrecovery [Enter↵]

▸ 명령을 실행하면 오른쪽 그림과 같이 '도면 복구 관리자' 대화상자가 나타나며 '백업파일 영역'에서 복구하고자 하는 파일을 '더블클릭' 하면 파일이 복구된다.

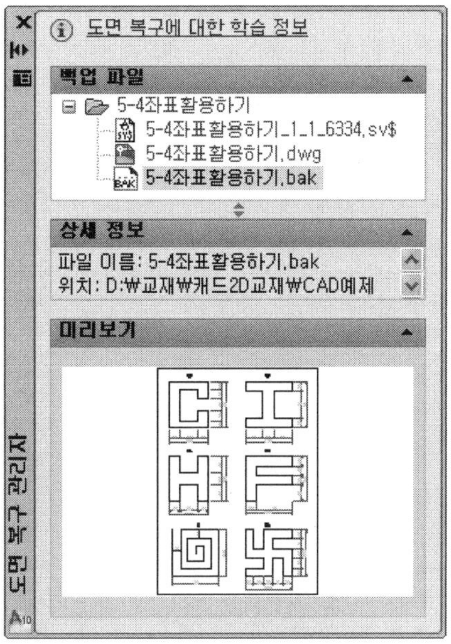

백업파일 저장 형식

다음과 같은 형식으로 백업파일이 저장된다.

– 파일명_recover.dwg
– 파일명.sv$
– 파일명.dwg
– 파일명.bak

17.3 비정상적인 프로그램 종료시 파일 복구하기 2 – 수동으로 복구하기

• 자동 저장된 파일을 내컴퓨터에서 직접 찾아 복구를 하여야 한다.
• 이 경우에도 복구가 되지 않는다면 복구할 수 있는 방법이 없다.

17.4 수동으로 도면 복구 따라하기

① 먼저, 자동저장이 되도록 되어 있는지 확인을 한다.

▸ 명령 : options [Enter↵] (혹은 op [Enter↵])

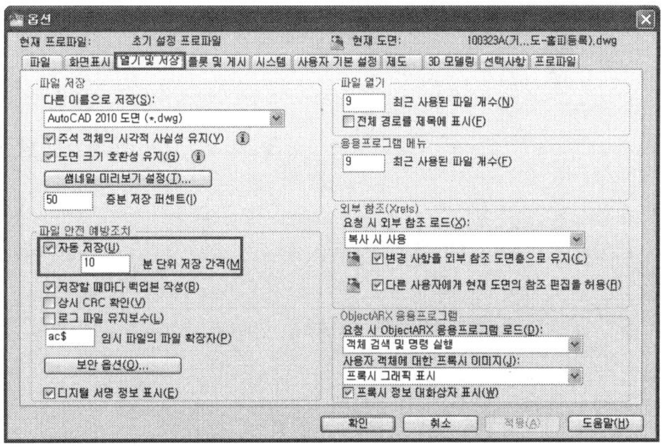

② 자동저장되는 위치를 확인한다.

▸ 명령 : options [Enter↵] (혹은 op [Enter↵])

자동저장 파일 위치 기본값

C : ₩Documents and Settings₩User ₩Local Settings₩Temp(기본값은 다를 수도 있다.)

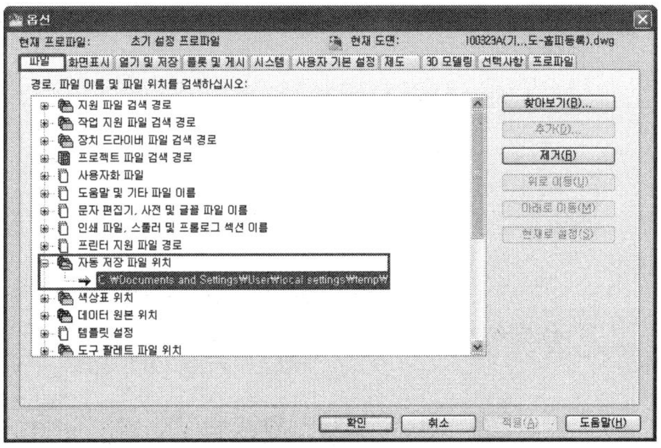

③ 자동 저장 되는 위치를 찾아 들어간다.
폴더 이동시 폴더명이 보이지 않는 경우가 있다.
('Local setting' 폴더는 기본적으로 보이지 않는다.)
→폴더가 화면에 보이지 않는다면 다음을 참고한다.

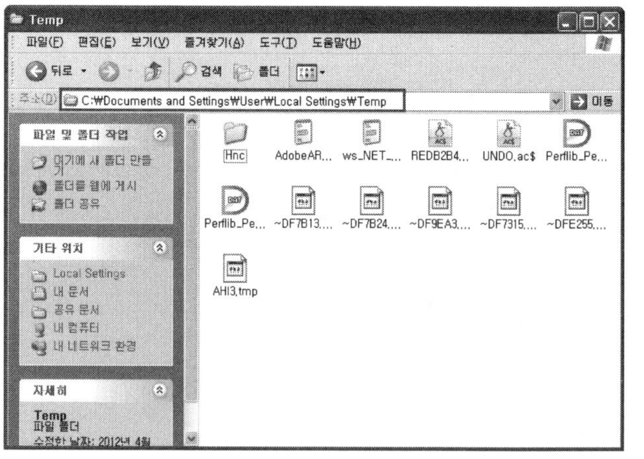

폴더명이 보이지 않는 경우의 해결 방법

[도구] 메뉴→[폴더 옵션] 실행 후 [보기]탭의 숨김 파일 및 폴더 표시 항목을 선택한다.

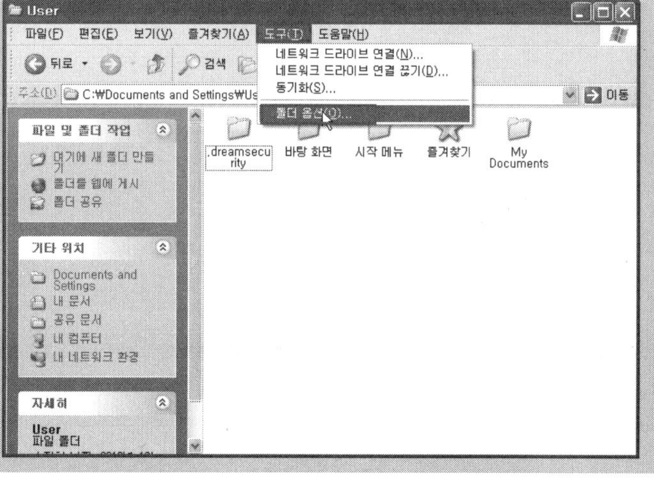

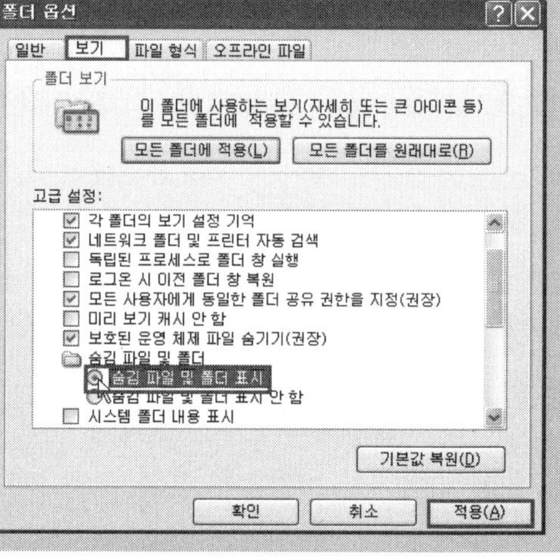

④ 복구할 파일을 찾는다.

- 파일과 폴더 보기를 '자세히'로 설정한다.
- [수정한 날짜]를 선택해 파일을 '내림차순'으로 정렬한다.
- 가장 최근에 생성된 파일을 찾는다.

다음 형식의 파일 중 하나를 찾은 후 파일명을 변경한다.

- 파일명_recover.dwg
- 파일명.sv$
- 파일명.dwg
- 파일명.bak

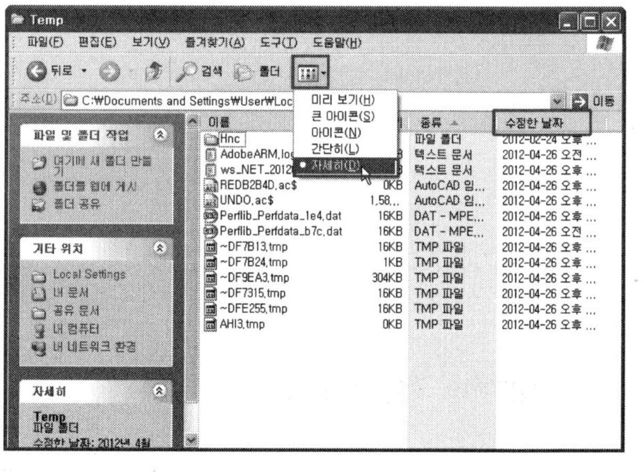

⑤ 파일명을 변경한다(파일명은 원하는 이름으로 하되 확장자명은 반드시 'DWG'로 해야 한다).
사용예 Drawing2_1_1_5705.SV$→복구.DWG

파일이름 변경시 확장자 명이 보이지 않는 경우에는 다음을 참고한다.

폴더명이 보이지 않는 경우의 해결 방법

[도구] 메뉴→[폴더 옵션]을 실행한 후 [보기]탭의 알려진 파일 형식의 확장자명 숨기기 항목이 선택되어 있는 것을 선택 취소한다.

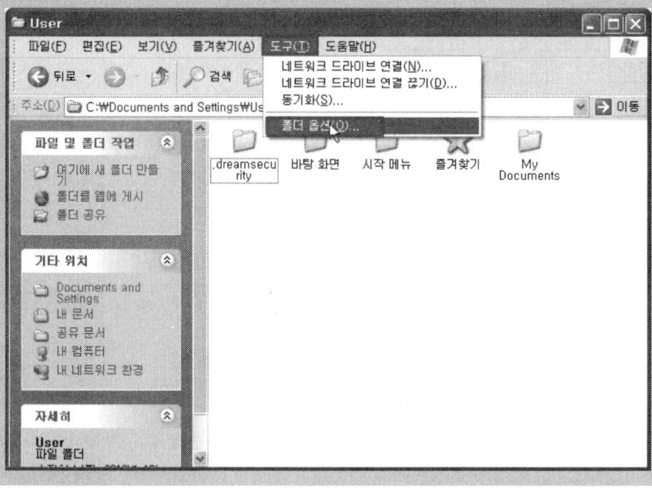

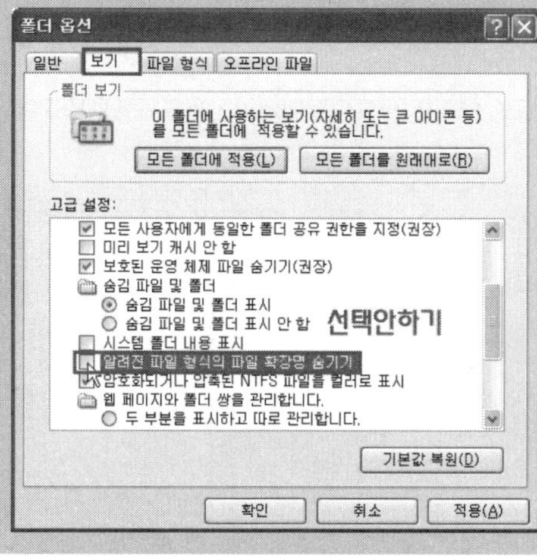

⑥ 이름을 변경한 파일을 더블클릭해 AutoCAD 프로그램을 실행한다.

⑦ 실행된 AutoCAD 프로그램에서 복구된 파일을 확인한다.

CAD 심벌 활용과 축척에 따른 주석 적용 명령 따라하기

심벌을 이용해 다음과 그림의 도면을 그린다.

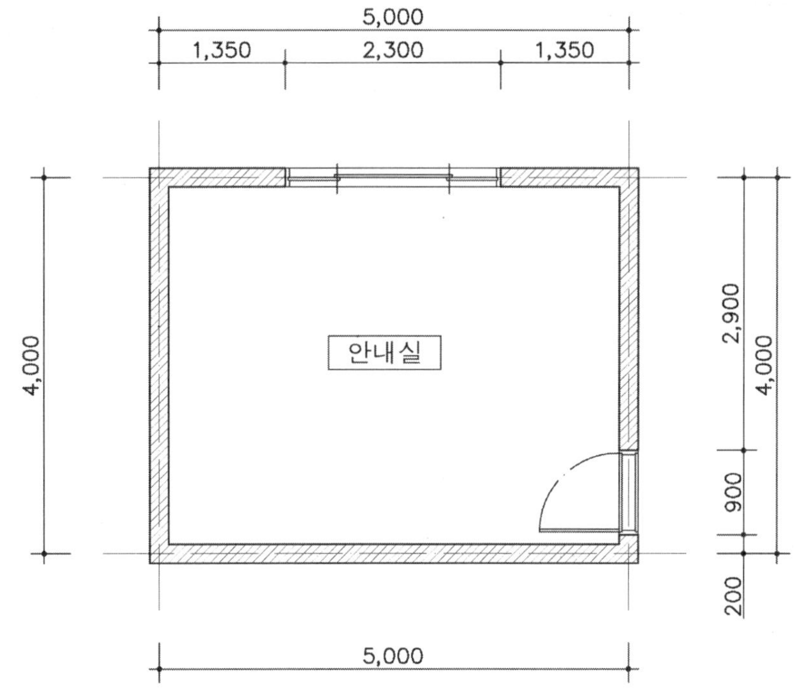

A4 scal=1 : 40

1. 도면에 사용할 심벌을 다음 그림을 참고해 그려 저장한다.

창(주석 기능 적용 안함)

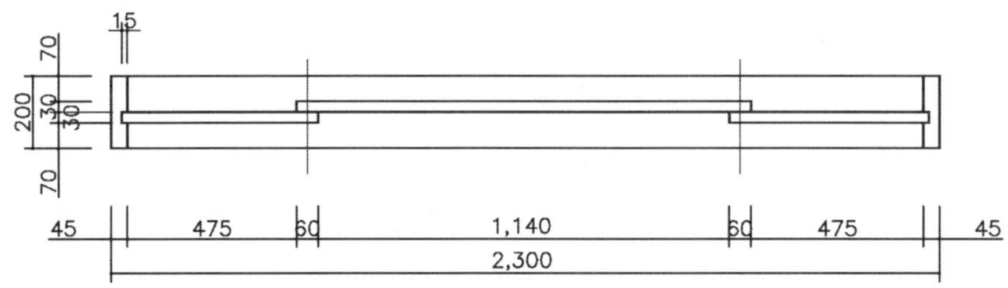

문(주석 기능 적용 안함)

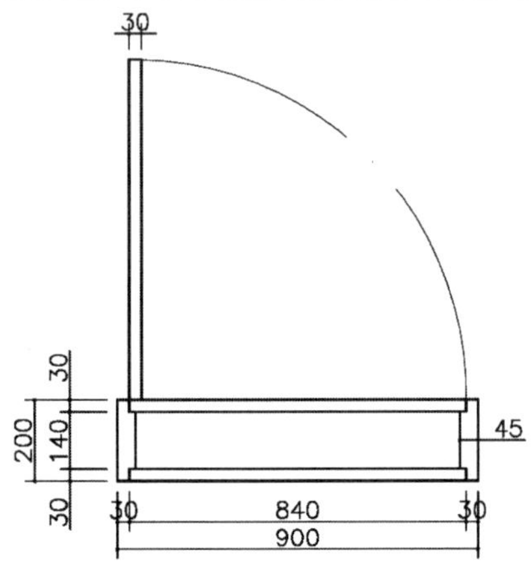

실명(주석 기능 적용 함)

1.1 창호심벌을 그리고 '창호심벌.dwg' 이름으로 파일을 저장한다.

창, 문을 하나의 파일에 그린 후 '창호심벌.dwg' 이름으로 파일을 저장한다.

(1) 창 도면을 그린 후 심벌로 등록한다.

① 오른쪽 그림과 같이 창 심벌을 그린다.
창 치수는 앞쪽에서 참고한다.

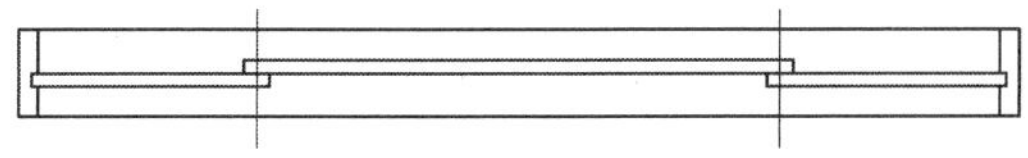

► 사용명령
- **선 그리기** : line (l)
- **간격띄우기** : offset (o)
- **객체 자르기** : trim (tr)

② 창 도면을 블록으로 등록한다.
► 사용명령 : block (b)

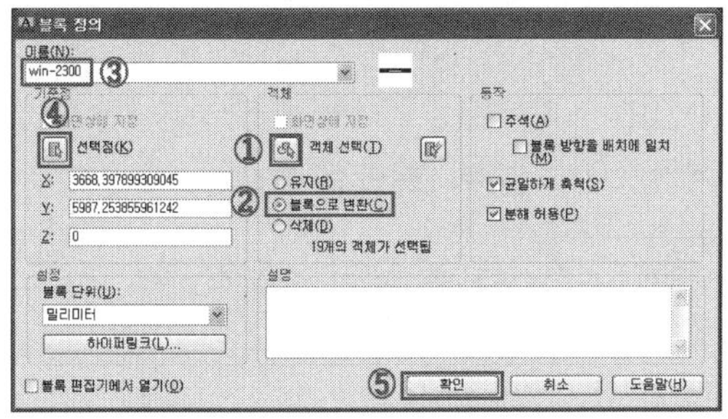

주석 기능을 적용하지 않고 블록으로 등록한다.
블록 이름을 'win-2300'으로 하고 오른쪽 그림을 참고해 창 도면을 블록으로 등록한다.

(2) 문 도면을 그린 후 심벌로 등록한다.

① 오른쪽 그림과 같이 문 심벌을 그린다.
문 치수는 앞쪽에서 참고한다.

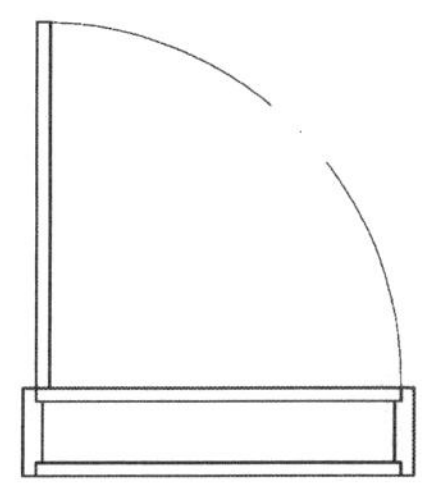

► 사용명령
- **선 그리기** : line (l)
- **간격띄우기** : offset (o)
- **객체 자르기** : trim (tr)

② 문 도면을 블록으로 등록한다.
► 사용명령 : block (b)

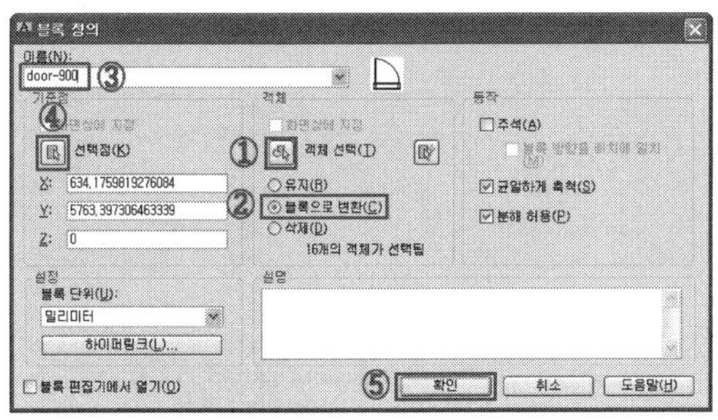

주석 기능을 적용하지 않고 블록으로 등록한다.
블록 이름을 'door-900'으로 하고 오른쪽 그림을 참고해 창 도면을 블록으로 등록한다.

반드시 창, 문을 하나의 파일에 그리며, '창호심벌.dwg' 이름으로 파일을 저장한다.

1.2 실명 기호를 그리고 '도면기호.dwg' 이름으로 파일을 저장한다.

① 오른쪽 그림과 같이 실명 심벌을 그린다.

실명 기호 치수는 앞쪽에서 참고한다.

► 사용명령

- **선 그리기 :** line (l)
- **문자 입력하기 :** mtext (mt)

② 실명 도면을 주석기능이 적용된 블록으로 등록한다.

► 사용명령 : block (b)

주석 기능을 적용해 블록으로 등록한다.
블록 이름을 '실명'으로 하고 오른쪽 그림을 참고해 창 도면을 블록으로 등록한다.

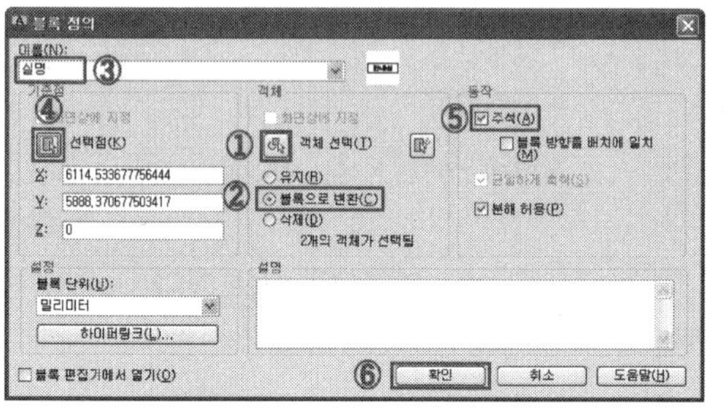

1.3 기본 도면 작업을 한다.

(1) 도면 작업을 위한 기본환경을 설정한다.

① 작업영역을 설정한다.

► 명령 : limits [Enter↵]

► 모형 공간 한계 재설정 :

► 왼쪽 아래 구석 지정 또는 [켜기(ON)/끄기(OFF)] 〈0.0000,0.0000〉 : 0,0 [Enter↵]

► 오른쪽 위 구석 지정 〈420.0000,297.0000〉 : 10000,10000 [Enter↵]

► 명령 : zoom [Enter↵]

► 윈도우 구석을 지정, 축척 비율 (nX 또는 nXP)을 입력, 또는

► [전체(A)/중심(C)/동적(D)/범위(E)/이전(P)/축척(S)/윈도우(W)/객체(O)] 〈실시간〉 : a [Enter↵]

② 도면층을 만든다.

► 사용명령 : layer [Enter↵] (혹은 명령 : la [Enter↵])

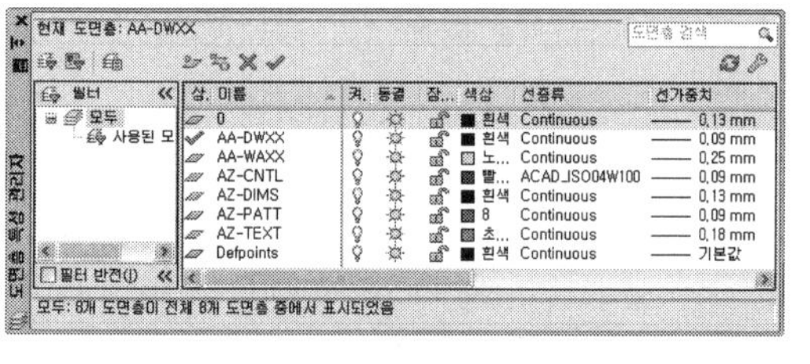

(2) 다음과 같이 벽체선을 그린다.

① 'AZ-CNTL' 도면층에 중심선을 그린다.

► 사용명령

- **선그리기 :** line (l)
- **점선 간격 조절하기 :** ltscale (lts)
- **간격띄우기 :** offset (o)
- **객체 지우기 :** trim (tr)
- **객체 늘리기 :** lengthen (len)

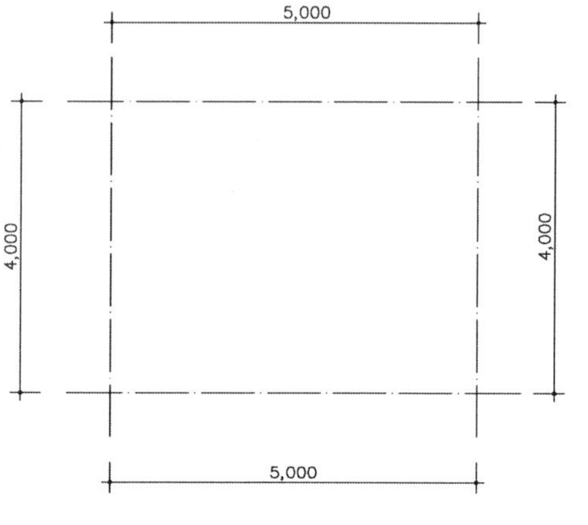

② 'AA-WAXX' 도면층에 벽체선을 그린다.

► 사용명령

■ **선그리기** : line (l)

■ **간격띄우기** : offset (o)

■ **객체 지우기** : trim (tr)

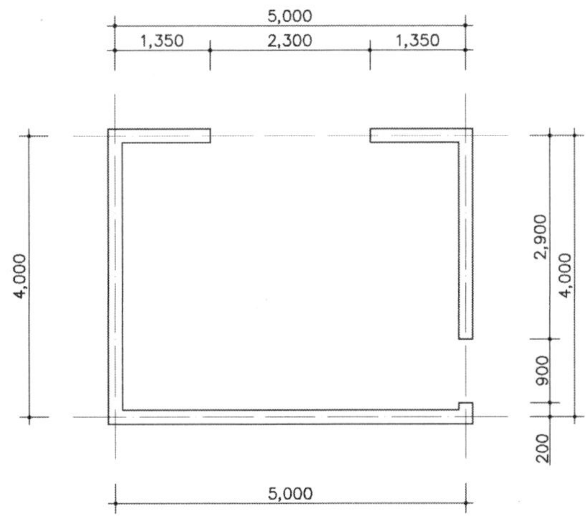

다중선을 사용할 경우 다음 명령을 사용한다.

► 사용명령

■ **다중선 유형 설정하기** : mlstyle

■ **다중선 그리기** : mline (ml)

■ **다중선 편집하기** : mledit

(3) 심벌을 삽입한다.

① '창호심벌.dwg' 파일과 '도면기호.dwg' 파일을 연다.

► 사용명령 : open Enter↵

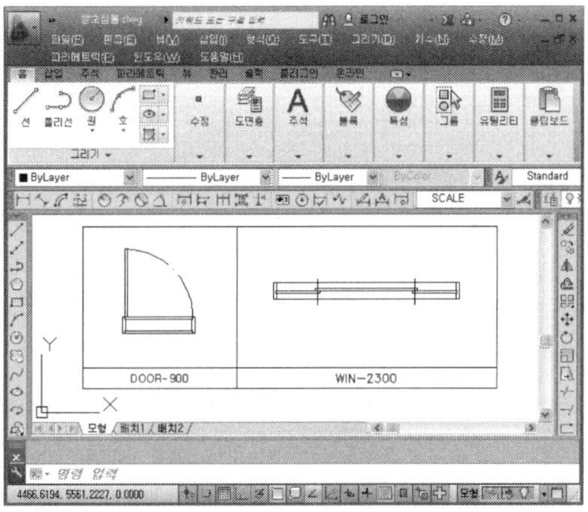

② 삽입할 심벌 파일을 복사한다.

► 사용명령 : copyclip Enter↵ (혹은 복사할 객체를 선택한 후 Ctrl+C)

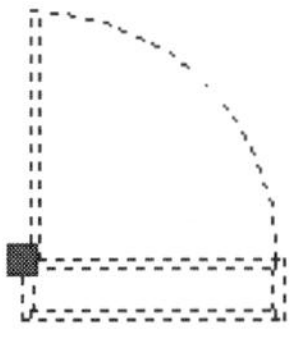

③ 기본 작업 도면으로 이동한다.

► 윈도우 메뉴에서 도면 작업을 한 '기본도면' 파일을 선택해 이동한다.

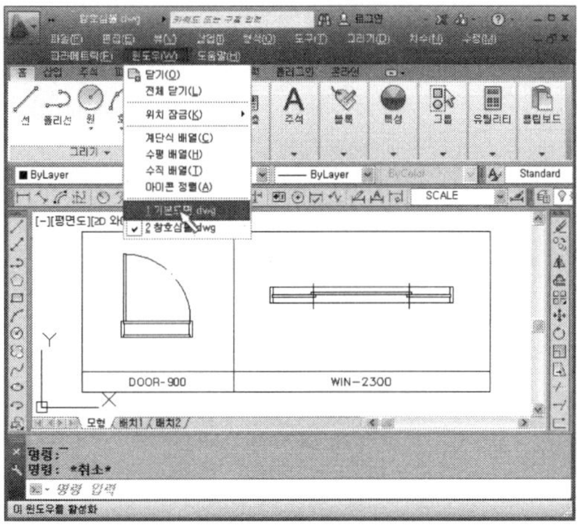

④ 창호(창, 문)심벌을 붙여넣기 한다.

► 사용명령

■ **심벌 붙여넣기 :** paste Enter↵ (혹은 Ctrl+V)

■ **객체 이동하기 :** move (m)

■ **객체 회전하기 :** rotate (ro)

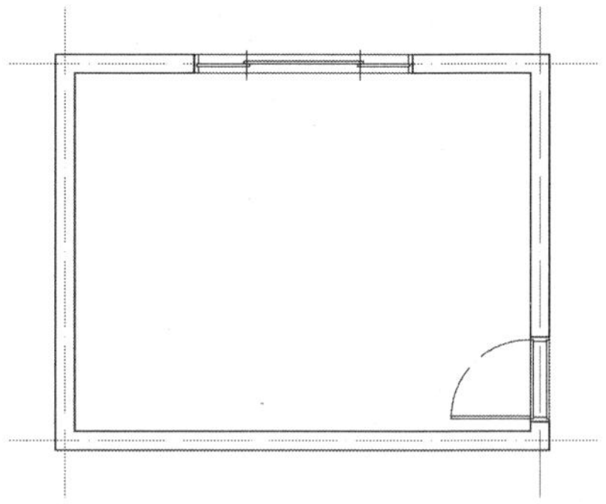

⑤ 실명 심벌을 붙여넣기 한다.

► 사용명령

■ **심벌 붙여넣기 :** paste Enter↵ (혹은 Ctrl+V)

■ **객체 이동하기 :** move (m)

매우 작은 크기로 '실명' 심벌이 삽입되며, 다음 단계를 적용해 도면에 맞는 크기로 변경한다.

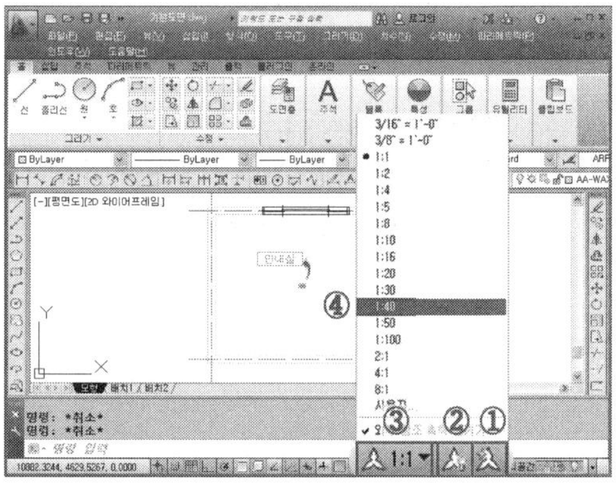

⑥ 붙여넣기한 '실명' 심벌에 주석 축척값을 적용한다.

► 주석 축척 변경시 자동으로 주석 객체에 축척 적용하기 기능을 활성화한다. ( )

► 주석 가시성을 기능을 활성화 한다. ( )

► 주석 축척값을 '1 : 40'으로 변경한다. (1:40)

(4) 오른쪽 그림과 같이 해치와 치수를 적용하고 도면을 완성한다.

► 사용명령

■ **해치 적용하기 :** hatch (h)

■ **치수유형 설정하기 :** dimstyle (d)

■ **치수 적용하기**

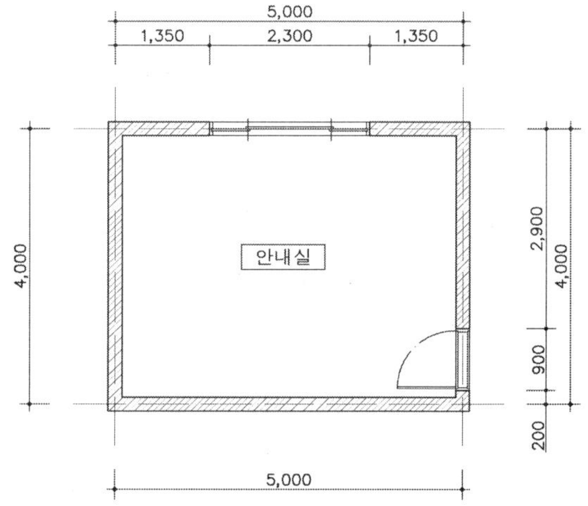

도면 예제 11-1 CAD 심벌 활용과 AutoCAD 파일 관리하기

①

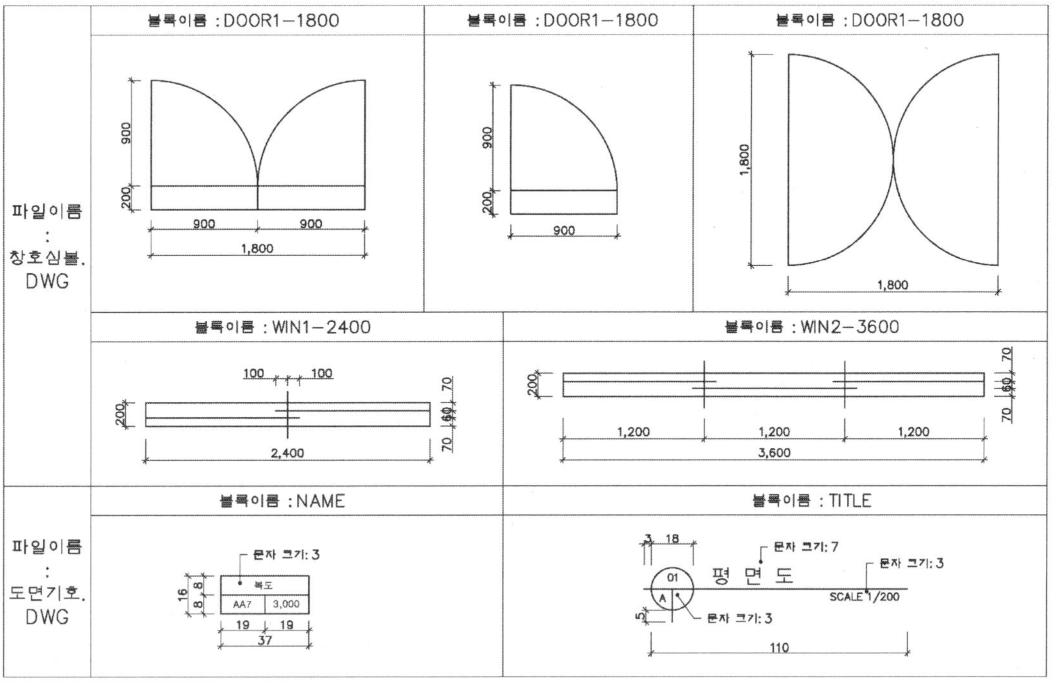

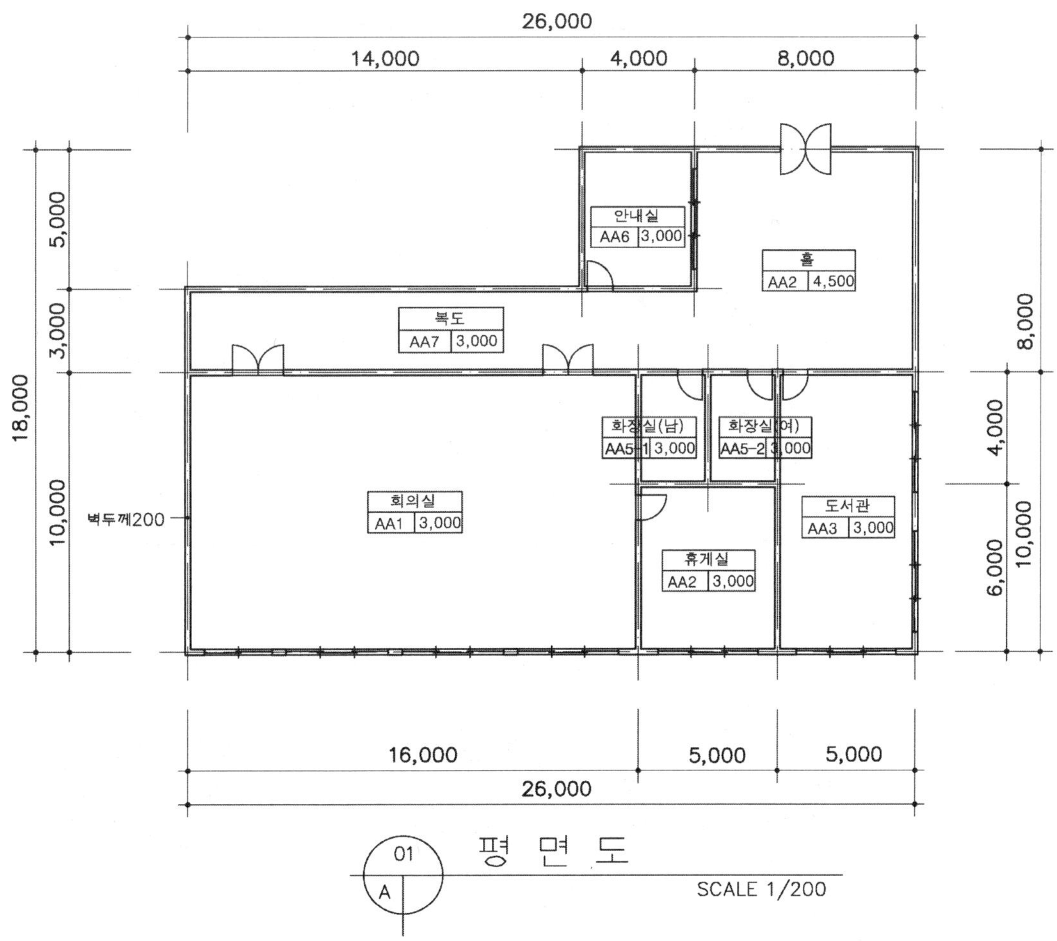

LESSON

12 배치공간에서 도면 출력하기

학습목표

- 단면도를 그릴 수 있다.
- 모형영역과 배치영역에 대해 이해하고 배치영역에서 단도면을 출력할 수 있다.

선행학습

- 작업 공간 영역 설정하기
- 도면층(LAYER) 사용하기
- 치수와 지시문자 적용하기

학습명령

1. **배치공간 이동하기 :** layout
2. **배치공간 설정**
   ① 배치공간에서 모델공간 보이게 하기 : mview (mv)
   ② 배치공간에서 모델작업 영역과 배치작업 영역 이동하기 : ms, ps
   ③ 배치공간에서 도면 축척 설정하기 : zoom ➔ scale, mvsetup

학습내용

① 학습내용

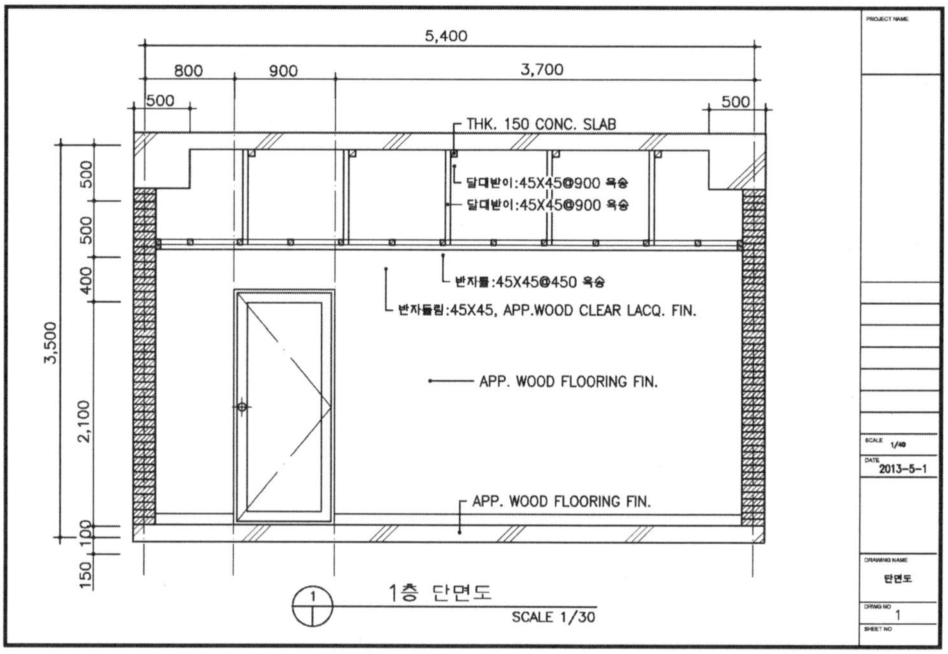

비 고

모형 영역과 배치 영역의 작업의 기본 단위 개념이 다르며 다음과 같이 도면 크기를 사용한다.

	실제 설계 내용	치수, 문자, 기호 등
모형 영역에 그리는 경우	실제 크기값 사용	(출력크기×축척분모값) 사용
배치 영역에 그리는 경우	그리지 않음	출력 크기값 사용

배치 영역에서의 도면 출력에 대한 이해와 활용

1 배치공간에서 출력을 하기위해 익혀야 할 명령

① mview : 모형 영역에 그려진 객체를 배치 영역에서 보여주는 명령
② psltscale : 배치 영역과 모형 영역의 점선 간격 설정의 관계성을 설정하는 명령
③ ps : 배치 영역에서 mview 창을 통해 모형공간에서 배치공간으로 이동하는 명령
④ ms 배치 영역에서 mview 창을 통해 배치공간에서 모형공간으로 이동하는 명령
⑤ zoom → scale 옵션 : mview 창의 도면 내용의 축척을 설정하는 명령

배치 영역에서의 도면 출력에 대한 이해

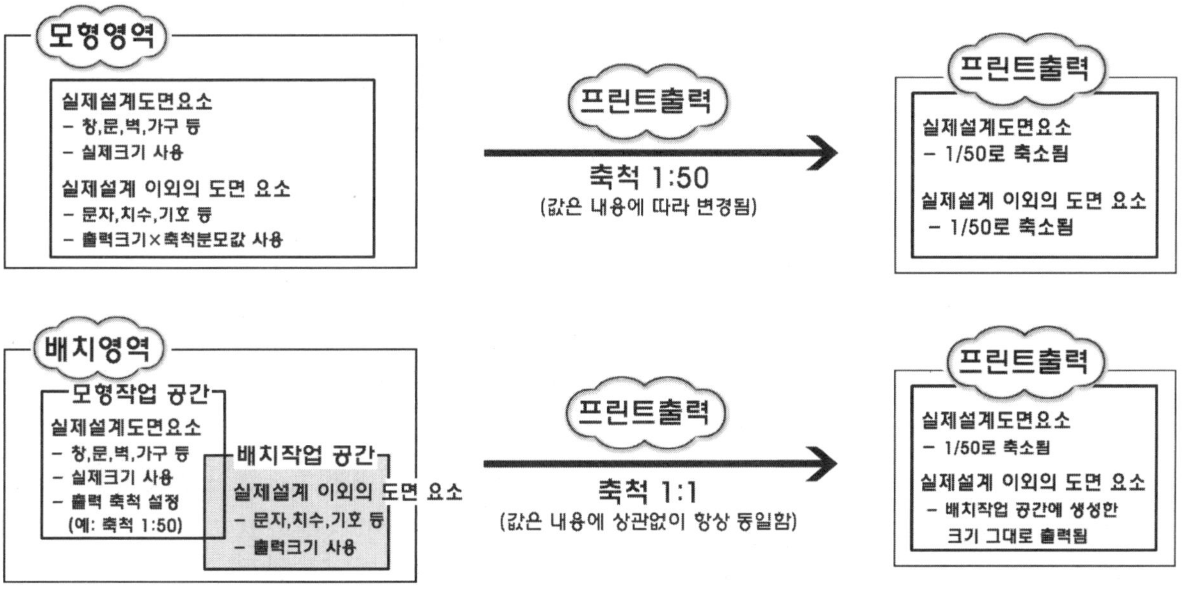

1. 배치 영역에서의 출력

1.1 모형 영역과 배치 영역의 전환하기

① 모형 영역에서 배치 영역으로 전환하기
► 오른쪽 그림과 같이 배치탭 선택하기

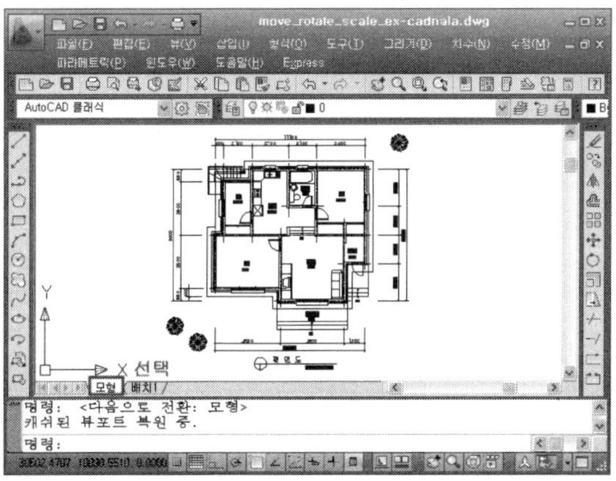

② 배치 영역에서 모형 영역으로 전환하기
► 오른쪽 그림과 같이 모형탭 선택하기

1.2 배치 영역 환경 설정하기

옵션 명령을 통해 배치 영역의 환경을 설정한다.

- ▶ 명령 : option [Enter↵] (혹은 op [Enter↵])
- ▶ [화면표시]탭 선택하기
- ▶ 배치요소 영역에서 환경 설정하기

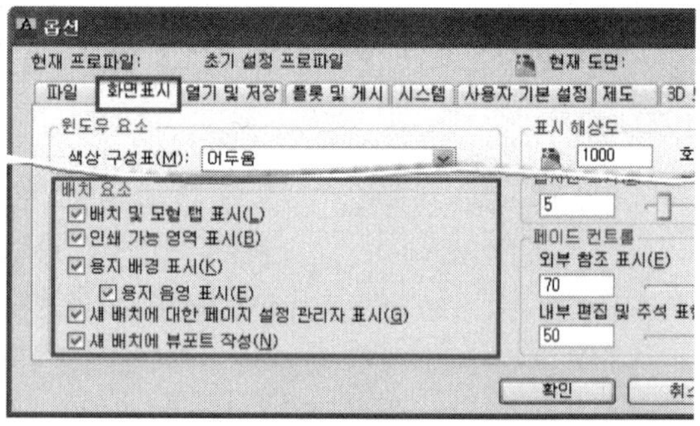

① 배치 및 모형 탭 표시(L) 설정

화면 아래쪽에 위치한 배치 및 모형 탭의 화면 표시 여부를 설정한다.

☑배치 및 모형 탭 표시(L)

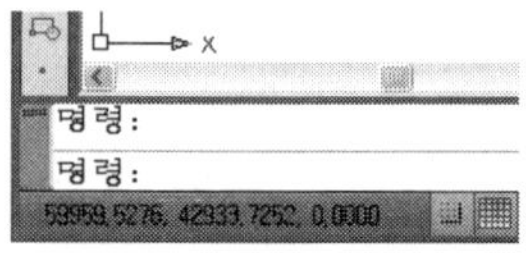

☐배치 및 모형 탭 표시(L)

② 인쇄 가능 영역 표시(R)

인쇄가 가능한 영역의 화면 표시 여부를 설정한다.

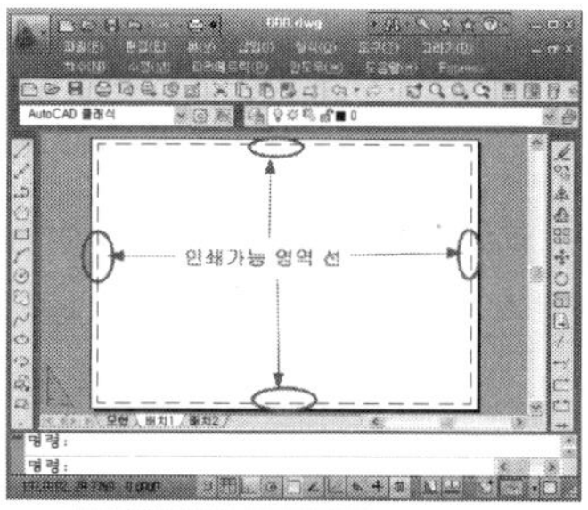

☑인쇄 가능 영역 표시(B)

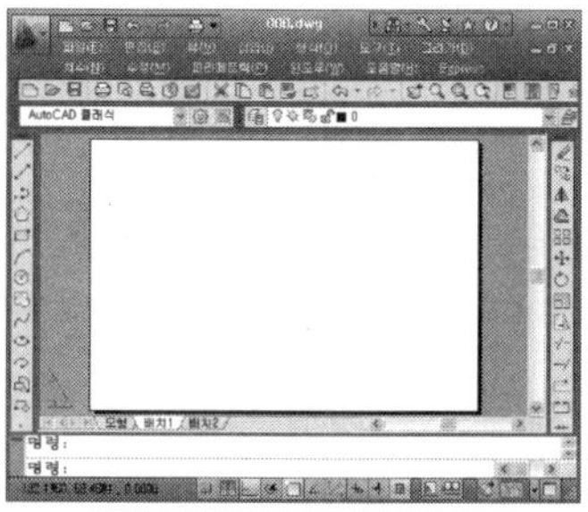

☐인쇄 가능 영역 표시(B)

③ 용지 배경 표시(K)

배치 영역 화면에 용지 영역의 표시 여부를 설정한다.

- ■ **용지 음영 표시 :** 용지 배경 표시에서만 사용할 수 있으며 용지 그림자를 표시함.

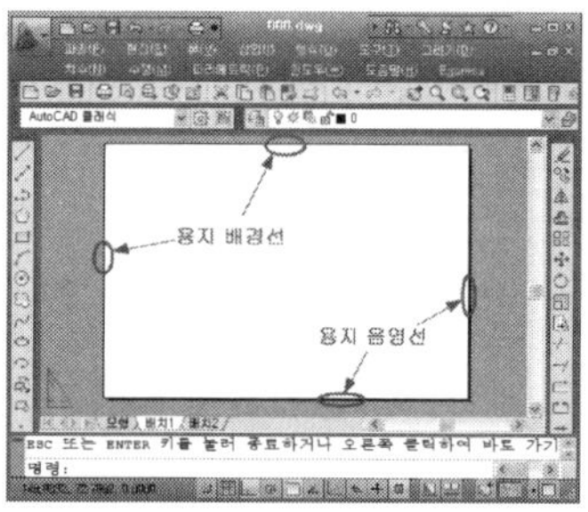

☑용지 배경 표시(K)

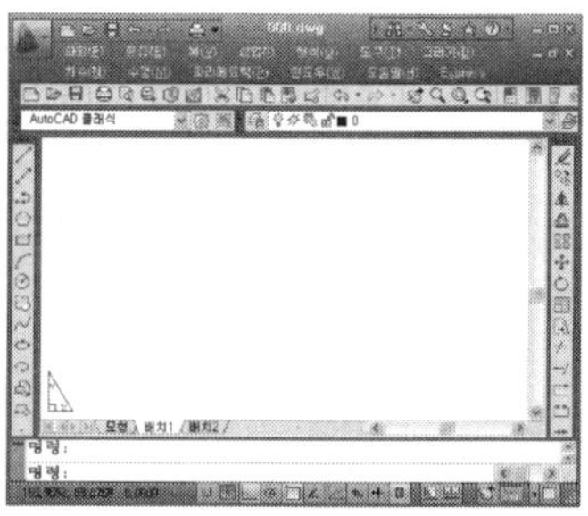

☐용지 배경 표시(K)

④ 새 배치에 대한 페이지 설정 관리자 표시(G)

출력 설정 명령(Pagesetup)이 자동으로 실행되도록 설정한다.

배치 탭을 처음 선택했을 경우에만 적용된다.

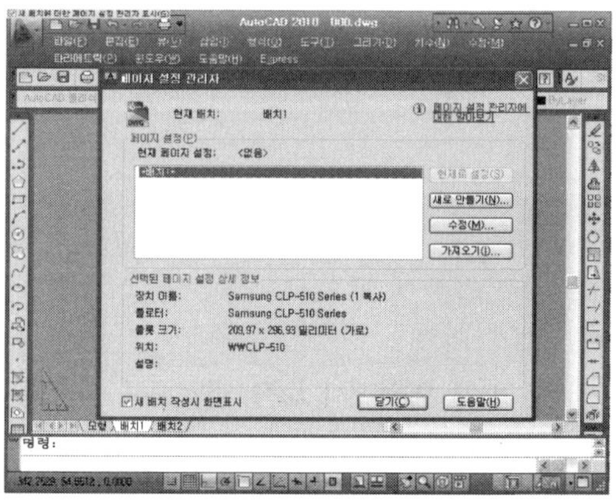

☑새 배치에 대한 페이지 설정 관리자 표시(G)

⑤ 새 배치에 뷰포트 작성(N)
MVIEW 명령이 자동 실행되어 MVIEW창이 자동 생성되도록 설정한다.
배치 탭을 처음 선택했을 경우에만 적용된다.

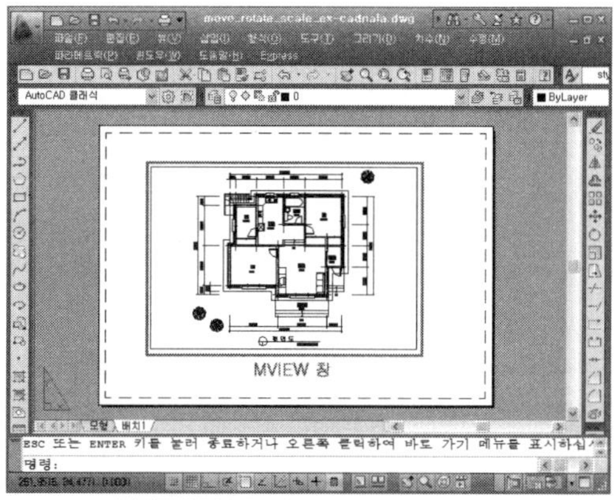

☑ 새 배치에 뷰포트 작성(N)

1.3 모형 영역에서 그린 도면 내용을 배치 영역에 불러오기 – MVIEW

- 모형 영역의 도면 내용을 배치 영역에서 볼 수 있도록 불러오는 명령
- MVIEW 명령에 의해 생성된 객체를 MVIEW 창이라 하며 다양한 모양의 창을 만들 수 있다.
- 하나의 배치에 MVIEW 창을 여러 개 만들 수 있으며, 각각 축척을 다르게 설정할 수 있다.

(1) MVIEW 명령 실행

주메뉴 사용 : 뷰(V) ▶ 뷰포트(V) ▶ 1개의 뷰포트(1)
도구막대 아이콘 : ▢ (도구막대 이름 : 뷰포트)
명령줄 사용 : mview Enter↵ (단축명령 : mv)

(2) MVIEW 명령 옵션

► 명령 : mview Enter↵ (혹은 mv Enter↵)
► 뷰포트 구석 지정 또는 [켜기(ON)/끄기(OFF)/맞춤(F)/음영플롯(S)/잠금(L)/객체(O)/다각형(P)/복원(R)/도면층(LA)/2/3/4] 〈맞춤(F)〉 :

옵 션	내 용
뷰포트 구석 지정	직사각형 뷰포트의 첫 번째 구석을 지정
반대 구석 지정	직사각형 뷰포트의 두 번째 구석을 지정
켜기(ON)	MVIEW창 안의 모형 영역 객체를 화면에 표시되도록 설정
끄기(OFF)	MVIEW창 안의 모형 영역 객체를 화면에 표시되지 않도록 설정
맞춤(F)	인쇄 가능 영역의 모서리까지 배치를 채우는 하나의 뷰포트 작성
음영플롯(S)	배치의 뷰포트가 플롯되는 방법 지정(3차원 객체 출력시에 적용)
잠금(L)	선택한 뷰포트의 줌 축척 비율이 모형 영역에서 변경되지 못하도록 설정
객체(O)	닫힌 폴리선, 타원, 스플라인, 영역 또는 원을 뷰포트로 변환
다각형(P)	지정한 점을 사용하여 불규칙한 모양의 뷰포트를 작성
복원(R)	저장된 뷰포트 구성을 복원
도면층(LA)	선택한 뷰포트에 대한 도면층 특성 재지정을 전역 도면층 특성으로 재설정
2	지정한 영역을 동일한 크기의 두 개의 뷰포트로 수평 또는 수직 분할
3	지정한 영역을 세 개의 뷰포트로 분할
4	지정한 영역을 동일한 크기의 네 개의 뷰포트로 수평 및 수직 분할

(3) MVIEW 명령 따라하기

① 한 개의 뷰포트창 만들기

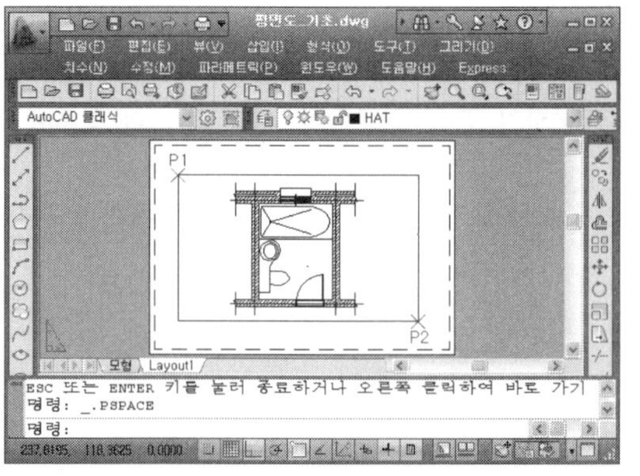

- 명령 : mview [Enter↵] (혹은 mv [Enter↵])
- 뷰포트 구석 지정 또는 [켜기(ON)/끄기(OFF)/맞춤(F)/음영플롯(S)/잠금(L)/객체(O)/다각형(P)/복원(R)/도면층(LA)/2/3/4] 〈맞춤(F)〉 : **P1점 지정**
- 반대 구석 지정 : **P2점 지정**

② 3개의 뷰포트창 만들기

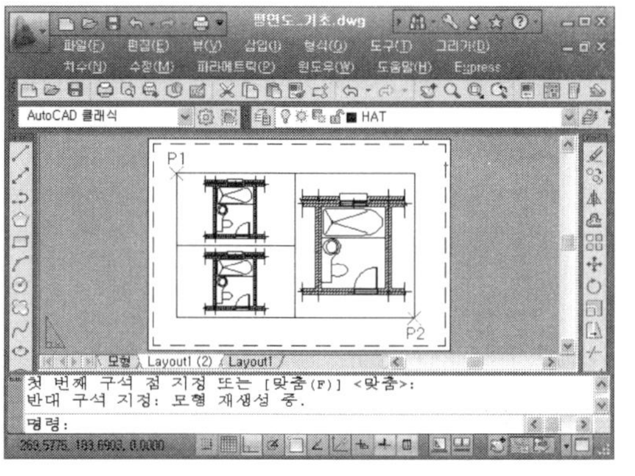

- 명령 : mview [Enter↵] (혹은 mv [Enter↵])
- 뷰포트 구석 지정 또는 [켜기(ON)/끄기(OFF)/맞춤(F)/음영플롯(S)/잠금(L)/객체(O)/다각형(P)/복원(R)/도면층(LA)/2/3/4] 〈맞춤(F)〉 : 3 [Enter↵]
- 뷰포트 정렬 입력[수평(H)/수직(V)/위(A)/아래(B)/왼쪽(L)/오른쪽(R)] 〈오른쪽(R)〉 : r [Enter↵]
- 첫 번째 구석 점 지정 또는 [맞춤(F)]〈맞춤〉 : **P1점 지정**
- 반대 구석 지정 : **P2점 지정**

(4) 객체를 이용해 뷰포트창 만들기

먼저 배치 영역에서 원을 그린다.

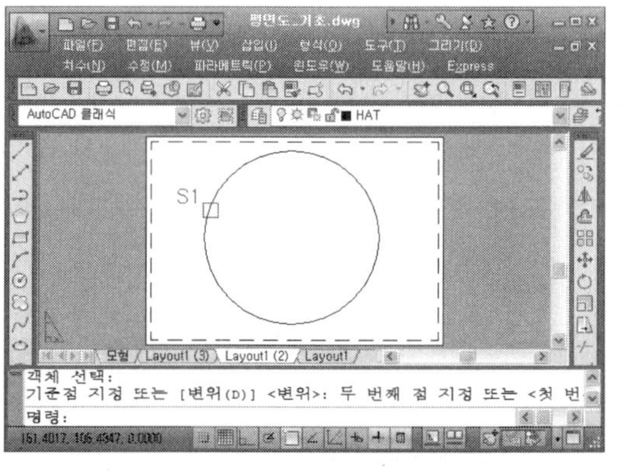

- 사용명령 : circle [Enter↵] (혹은 c [Enter↵])
- 원크기 : **임의의 크기로 한다.**

MVIEW 명령을 실행해 원를 뷰포트창으로 만든다.

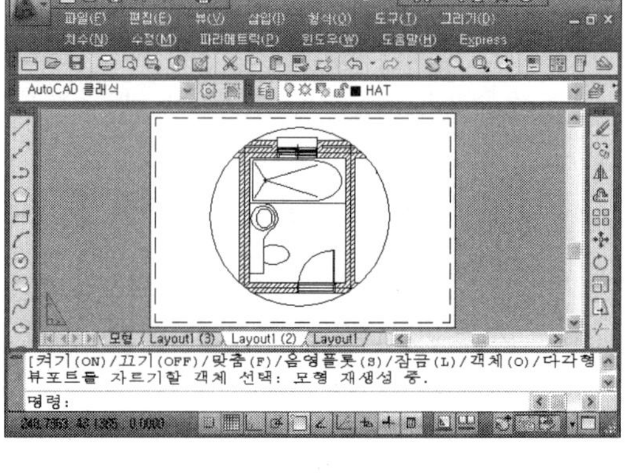

- 명령 : mview [Enter↵] (혹은 mv [Enter↵])
- 뷰포트 구석 지정 또는 [켜기(ON)/끄기(OFF)/맞춤(F)/음영플롯(S)/잠금(L)/객체(O)/다각형(P)/복원(R)/도면층(LA)/2/3/4] 〈맞춤(F)〉 : O [Enter↵]
- 뷰포트를 자르기할 객체 선택 : **S1 객체 선택**

1.4 배치 영역 내에서 모형공간과 출력공간 전환하기

- MVIEW 명령을 실행하게 되면 오른쪽 그림과 같이 MVIEW창을 기준으로 안쪽의 모형공간(MS)과 바깥쪽의 출력공간(PS)으로 나뉘어지게 된다.
- 배치 영역에서의 작업은 현재 작업공간이 모형공간인지 출력공간인지가 중요한다.
- 배치 영역에서의 명령 사용은 항상 어느 공간(모형과 출력)에서 사용해야 하는지를 확인하고 공간 이동 후 명령을 실행하도록 한다.

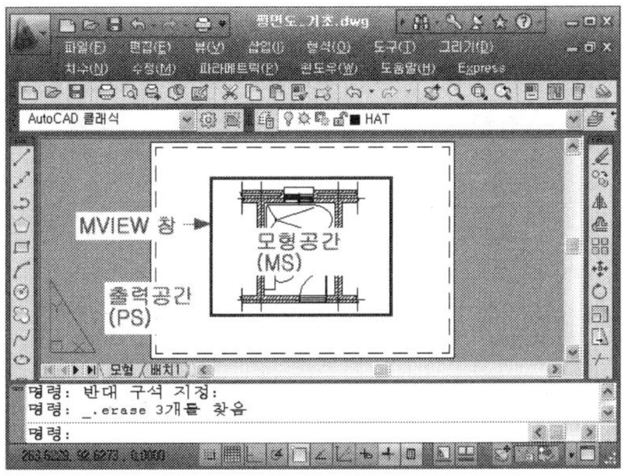

① 배치 영역에서 출력공간을 모형공간으로 전환하기

► 명령 : ms Enter↵ (혹은 MVIEW 창의 안쪽을 빠르게 두 번 선택하기)

명령을 실행하면 오른쪽 그림과 같이 UCS 아이콘이 생성된다.

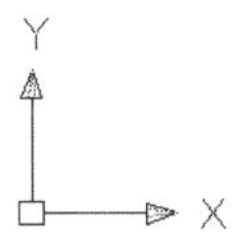

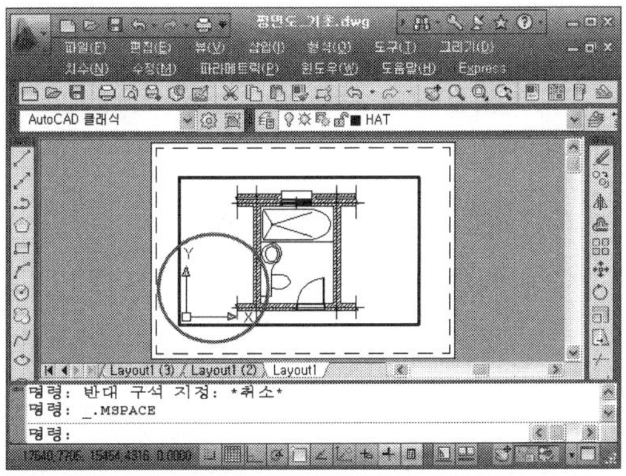

② 배치 영역에서 모형공간을 출력공간으로 전환하기

► 명령 : ps Enter↵ (혹은 MVIEW 창의 바깥쪽을 빠르게 두 번 클릭하기)

명령을 실행하면 오른쪽 그림과 같이 UCS 아이콘이 생성된다.

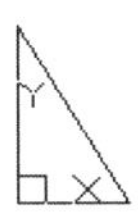

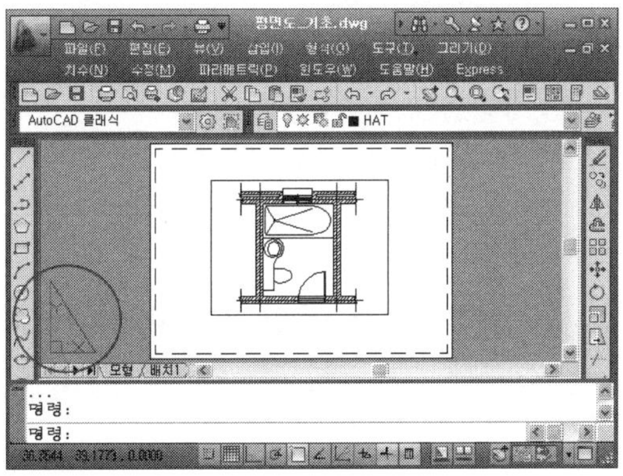

1.5 배치 영역에서 도면 내용의 축척 설정하기

► 명령 : zoom Enter↵ (혹은 z Enter↵)

► 윈도우 구석을 지정, 축척 비율(nX 또는 nXP)을 입력, 또는 [전체(A)/중심(C)/동적(D)/범위(E)/이전(P)/축척(S)/윈도우(W)/객체(O)] 〈실시간〉 : s Enter↵

► 축척 비율 입력(nX 또는 nXP) : **1/30xp** Enter↵ (혹은 1/20xp Enter↵)

축척 비율 입력

- **nX** : 현재 화면 크기를 기준으로 축척 비율이 적용됨.
- **nXP** : 도면의 1 : 1 크기를 기준으로 축척 비율이 적용됨.

1.6 배치 영역에서 점선 간격 설정하기 – PSLTSCALE

- MVIEW창의 도면 내용의 축척에 관계없이 배치 영역에서의 점선 간격을 모형 영역과 동일한 형태로 보여줄 것인가를 설정하는 명령
- MVIEW창의 도면 내용이 1 : 1인 경우 : 배치 영역의 점선 간격이 모형 영역과 같게 나타남.
- MVIEW창의 도면 내용이 축소된 경우 : 배치 영역의 점선 간격이 모형 영역보다 넓게 나타남.
- MVIEW창의 도면 내용이 확대된 경우 : 배치 영역의 점선 간격이 모형 영역보다 좁게 나타남.

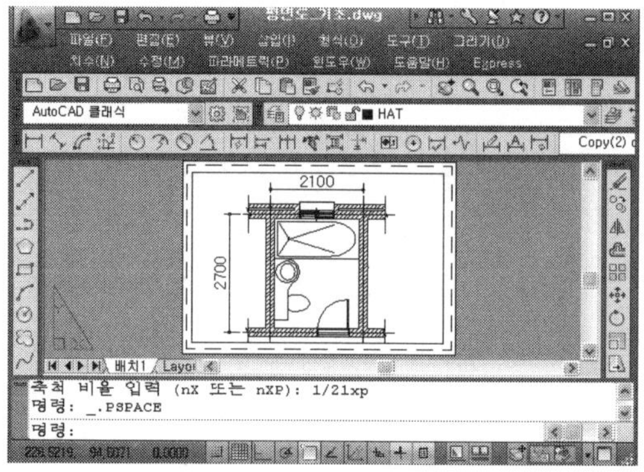

[축척 비율 1/20xp인 경우]

(1) PSLTSCALE 명령 실행

명령줄 사용 : psltscale Enter↵

(2) PSLTSCALE 명령 옵션

- ▸ 명령 : psltscale Enter↵
- ▸ PSLTSCALE에 대한 새 값 입력 〈0〉 :

옵 션	내 용
PSLTSCALE에 대한 새 값 입력	'0'으로 설정한 경우 : 모형 영역과 점선 간격을 동일하게 보여줌. '1'로 설정한 경우 : 모형 영역과 점선 간격을 다르게 보여줌.

(3) PSLTSCALE 명령 따라하기

- ▸ 명령 : psltscale Enter↵
- ▸ PSLTSCALE에 대한 새 값 입력 〈1〉 : 0 Enter↵

위의 명령을 실행한 후 배치 영역의 점선 간격이 모형 영역과 다르게 보일 경우 다음 명령을 실행한다.

- ▸ 명령 : regenall Enter↵

위의 명령을 실행한 후 중심선 간격을 확인한다.

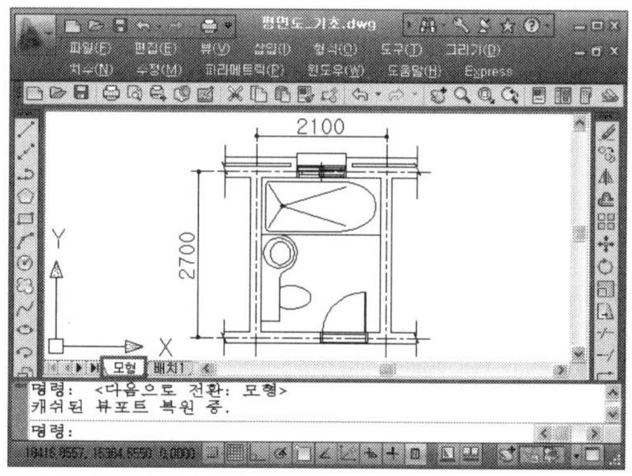

[모형영역에서의 중심선 표현]

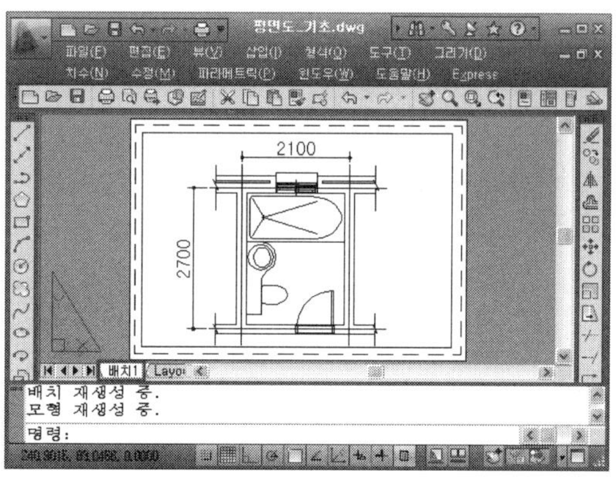

[배치영역에서의 중심선 표현 (PSLTSCALE=1)]

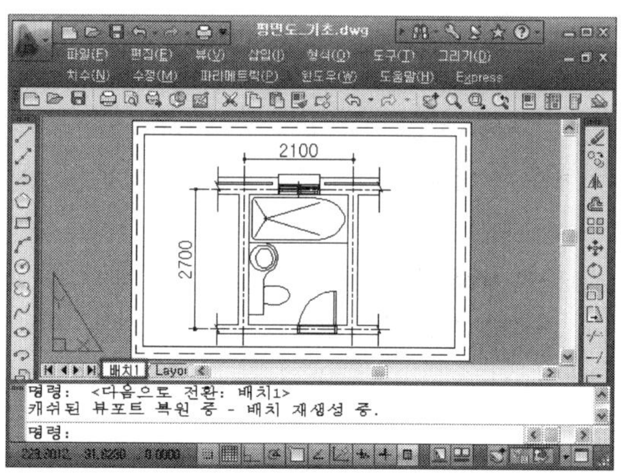

[배치영역에서의 중심선 표현 (PSLTSCALE=0)]

기본 도형 그리기 명령 따라하기 - 배치 영역에서의 출력 따라하기

1.1 먼저 아래 그림과 같은 도면을 그린다.

1단계	➡	2단계	➡	3단계	➡	4단계	➡	5단계
작업환경 설정		설계도면 내용 그리기		배치 환경 설정		문자, 치수, 기호 그리기		출력
모형 영역		모형 영역		배치 영역		배치 영역		배치 영역

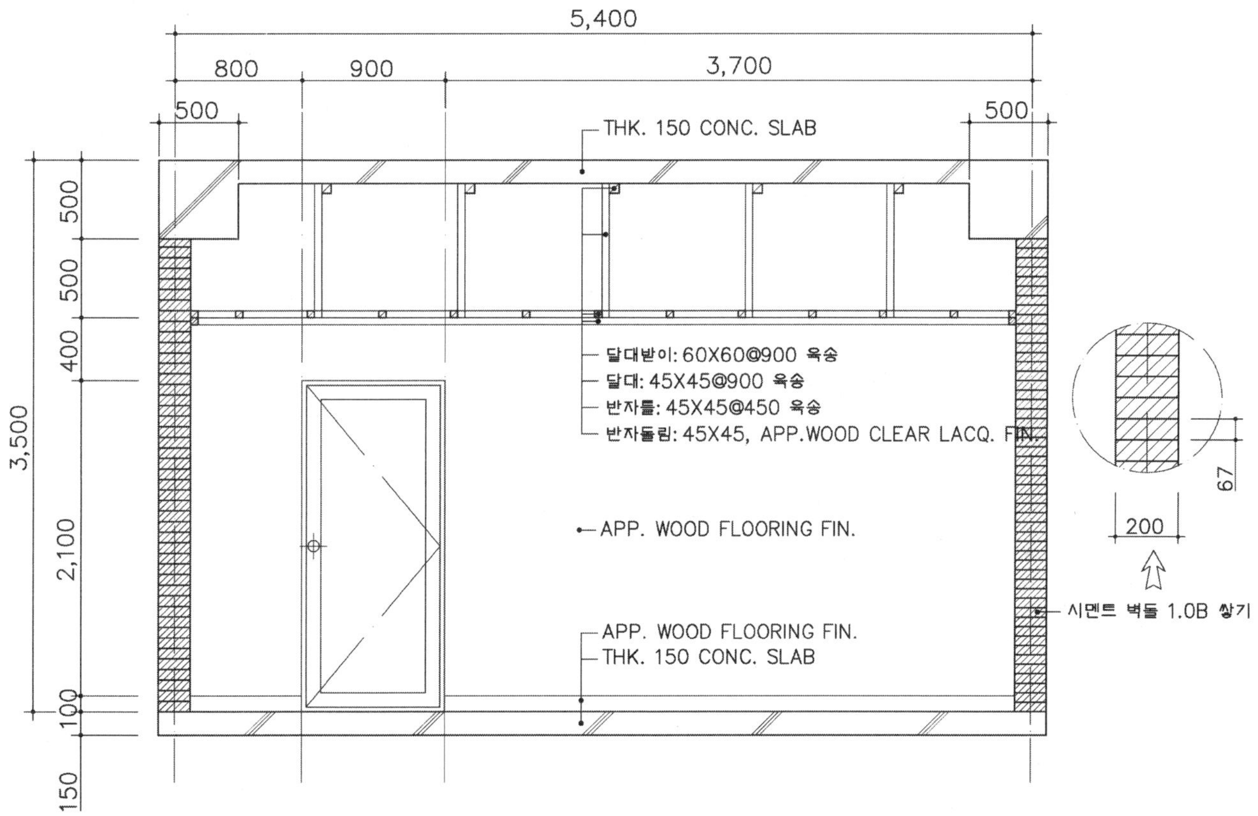

(1) 도면을 그리기 위한 환경을 설정한다.

① 도면 작업 영역을 설정한다.

- ►명령 : limits [Enter↵]
- ►왼쪽 아래 구석 지정 또는 [켜기(ON)/끄기(OFF)] 〈0.0000,0.0000〉 : 0,0 [Enter↵]
- ►오른쪽 위 구석 지정 〈420.0000,297.0000〉 : 11000,7000 [Enter↵]

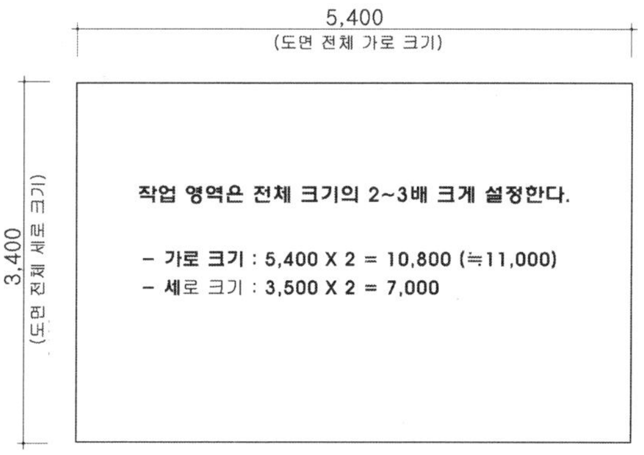

- ►명령 : zoom [Enter↵] (혹은 z [Enter↵])
- ►윈도우 구석을 지정, 축척 비율 (nX 또는 nXP)을 입력, 또는 [전체(A)/중심(C)/동적(D)/범위(E)/이전(P)/축척(S)/윈도우(W)/객체(O)]〈실시간〉 : a [Enter↵]

② 도면층을 생성한다.

► 명령 : layer [Enter↵] (la [Enter↵])

분류	레이어 이름	색상번호	선종류	선굵기
단면선	AZ-SECT-PCN2	2	실선	0.25
보조선	AA-SECT-PCN9	9	실선	0.09
입면선	AA-SECT-PCN7	7	실선	0.13
중심선	AZ-XXXX-CNTL	1	CENTER	0.09
문자	AZ-XXXX-TEXT	3	CONTINIOUS	0.18
치수	AZ-XXXX-DIMS	7	CONTINIOUS	0.13
해치	AZ-XXXX-PATT	9	CONTINIOUS	0.09

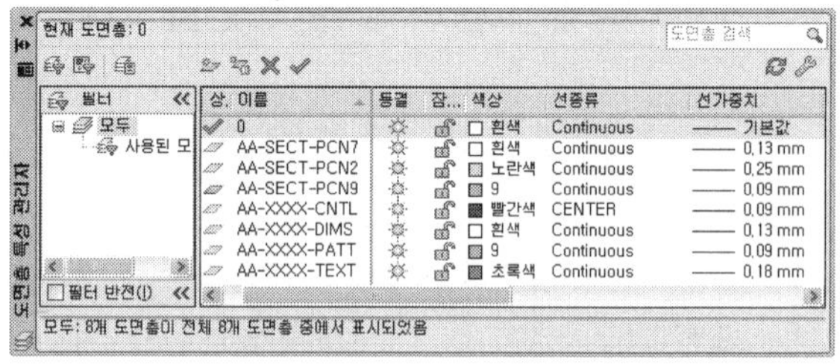

(2) 모형 영역에서 설계 도면 내용을 그린다.

① 도면의 기준선인 벽체 중심선을 그린다.

'AA-XXXX-CNTL' 도면층에 그린다.

► 사용명령 : 선그리기 ➔ line (l)

► 사용명령 : 간격띄워 복사하기 ➔ offset (o)

► 사용명령 : 점선 간격 조절 ➔ ltscale (lts)

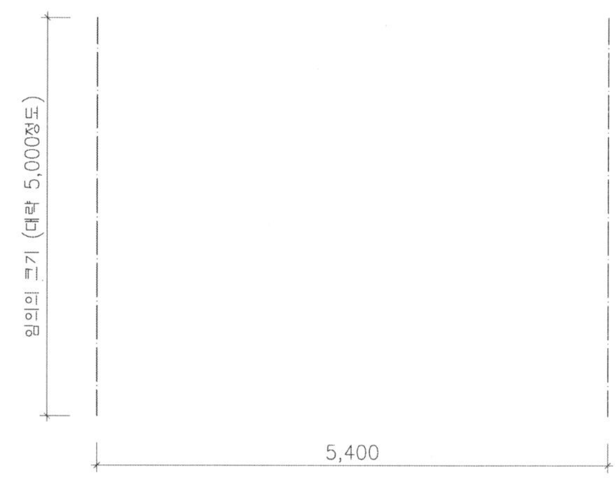

② 주요 구조부인 벽과 바닥슬라브를 그린다.

'AA-SECT-PCN2' 도면층에 그린다.

► 사용명령 : 선그리기 ➔ line (l)

► 사용명령 : 간격띄워 복사하기 ➔ offset (o)

► 사용명령 : 객체 자르기 ➔ trim (tr)

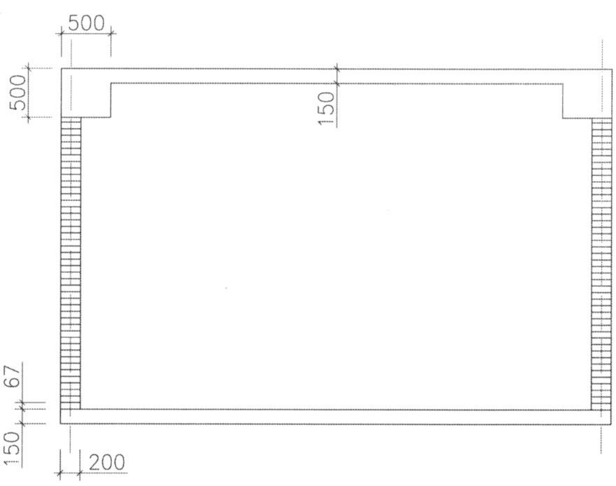

③ 천정 구조를 그린다.

단면선은 'AA-SECT-PCN2' 도면층에 그린다.

입면선은 'AA-SECT-PCN7' 도면층에 그린다.

► 사용명령 : 선그리기 ➔ line (l)

► 사용명령 : 간격띄워 복사하기 ➔ offset (o)

► 사용명령 : 객체 자르기 ➔ trim (tr)

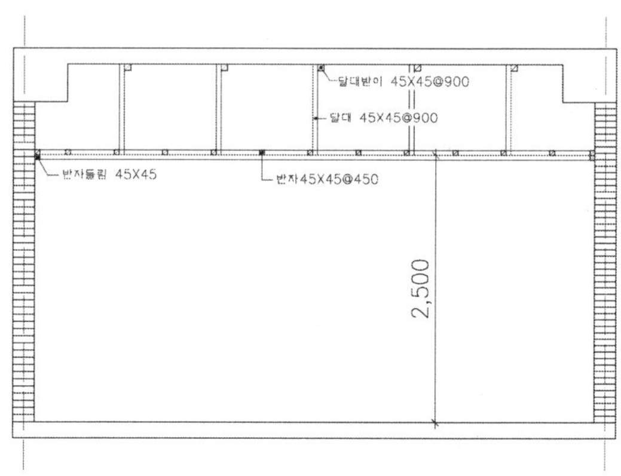

④ 바닥 걸레받이와 문을 그린다.

'AA-SECT-PCN7' 도면층에 그린다.

► 사용명령 : 선그리기 ➔ line (l)

► 사용명령 : 간격띄워 복사하기 ➔ offset (o)

► 사용명령 : 객체 자르기 ➔ trim (tr)

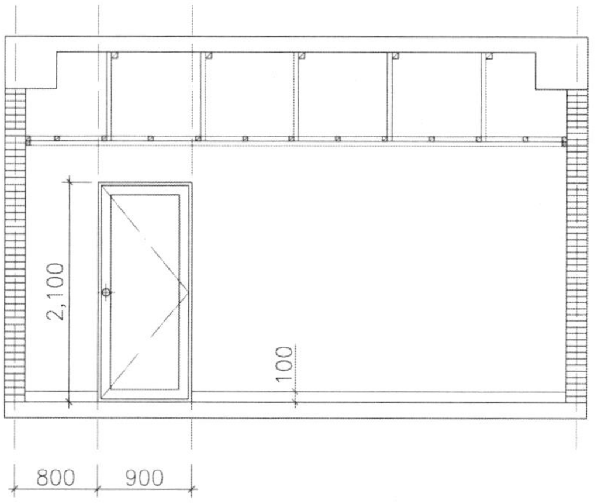

⑤ 구조물에 해치 명령을 이용해 재료 표시를 한다.

'AA-XXXX-PATT' 도면층에 그린다.

► 사용명령 : hatch Enter↵ (혹은 h Enter↵)

■ **벽돌 재료 표시**

- 유형 : 사용자 유형 지정
- 간격두기 : 30
- [이중] 항목 선택
- 기타 : 기본값 사용

■ **콘크리트 재료 표시**

- 유형 : 미리 정의
- 패턴 : JIS_RC_30 선택
- 축척 : 25
- 기타 : 기본값 사용

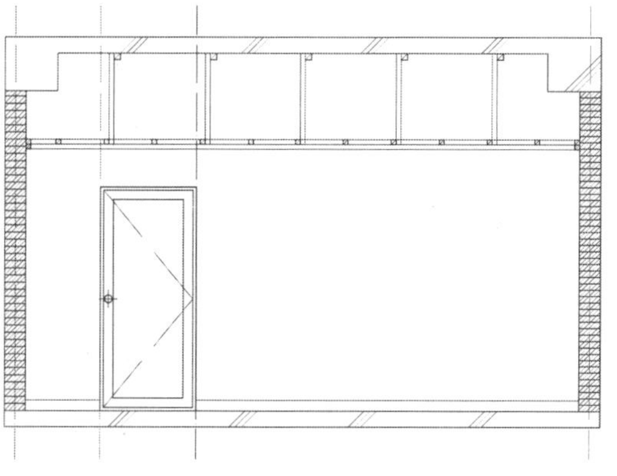

(3) 배치 영역에서 도면 출력 정보를 설정한다.

① 배치 영역의 화면 환경을 다음과 같이 설정한다.

► 새 배치에 대한 페이지 설정 관리자 표시(G) : 선택 해제

► 새 배치에 뷰포트 작성(N) : 선택 해제

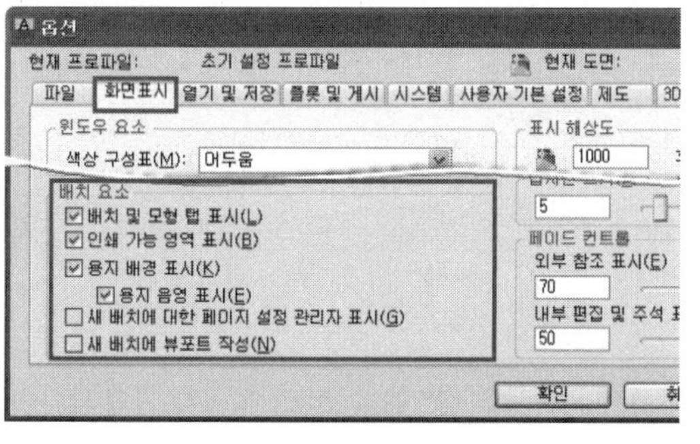

② 모형 영역에서 배치 영역으로 전환한다.

오른쪽 그림과 같이 배치탭 선택하기

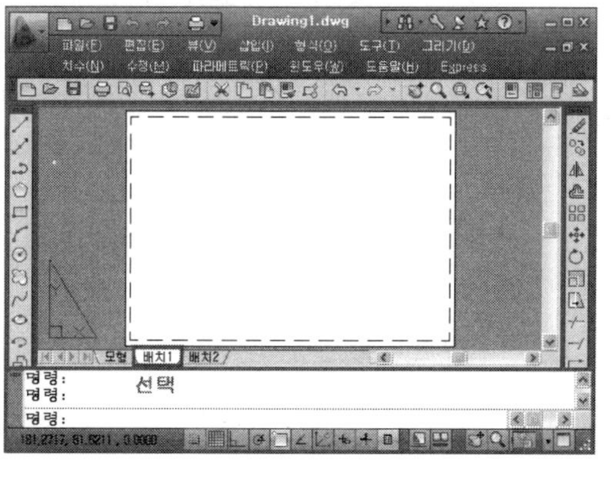

③ 출력 설정 명령을 실행해 다음과 같이 설정한다.

► 명령 : pagesetup [Enter↵]

각 항목에 대한 상세 내용은 '모형공간에서의 출력따라하기'를 참조한다.

❶ **프린터/플로터 선택 :** DWG To PDF 선택

❷ **용지 크기 선택 :** ISO 전체 페이지 A4(297X210)선택

❸ **도면 방향 설정 :** 가로 선택

❹ **[특성]버튼에서 출력 여백 설정 :** 모두 '10'으로 설정

❺ **출력 영역 설정 :** '배치'로 설정

❻ **출력 축척 설정 :** '1 : 1'로 설정

❼ **출력 위치 지정 :** X='0', Y='0'으로 설정

❽ 플롯 스타일 테이블에서 선색상과 선굵기값 설정

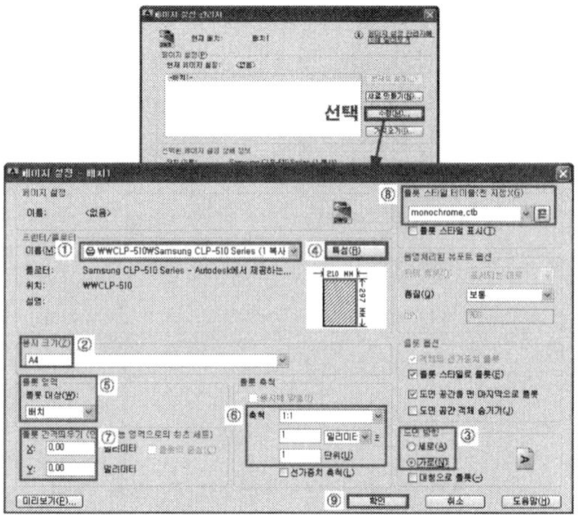

(4) 표제란을 삽입한다.

► 사용명령 : insert [Enter↵] (혹은 I [Enter↵])

► ❶ [찾아보기] 버튼을 선택해 '표제란' 파일을 가져온다.

► ❷ 삽입점에서 '화면상에 지정'을 선택 안한다.

► ❸ [단일축척]을 선택한다.

► ❹ 축척값을 '60'으로 설정한다.

► ❺ [확인] 버튼을 선택한다.

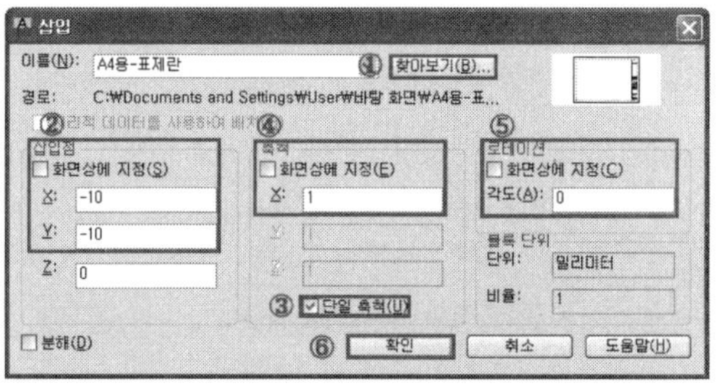

위의 명령을 실행하면 오른쪽 그림과 같이 표제란이 삽입되는 것을 확인할 수 있다.

표제란은 248쪽 도면예제를 참고해 그리도록 한다.

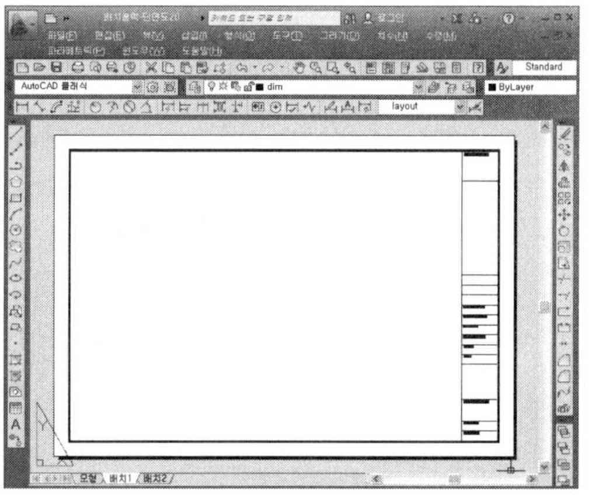

(5) 모형 영역에서 그린 도면 내용을 배치 영역에 보이도록 한다.

① MVIEW 명령을 실행한다.

► 명령 : mvsetup [Enter↵] (혹은 mv [Enter↵])

► 뷰포트 구석 지정 또는 [켜기(ON)/끄기(OFF)/맞춤(F)/음영플롯(S)/잠금(L)/객체(O)/다각형(P)/복원(R)/도면층(LA)/2/3/4] 〈맞춤(F)〉 : **마우스로 P1점 지정**

► 반대 구석 지정 : **마우스로 P2점 지정**

위의 명령을 실행하면 오른쪽 그림과 같이 모형 영역에서 그린 도면이 보인다.

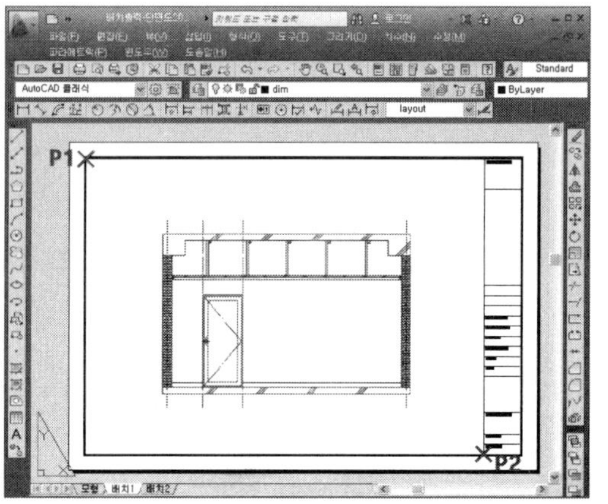

② 배치 영역 내에서 출력공간으로 이동해 도면의 축척을 설정한다.
- ►명령 : ms [Enter↵] (혹은 MVIEW 창 안에서 마우스 왼쪽 버튼을 빠르게 두 번 선택)

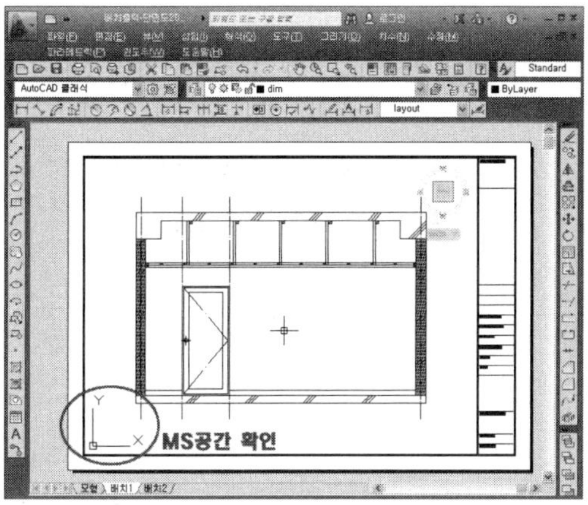

- ►명령 : zoom [Enter↵] (혹은 z [Enter↵])
- ►윈도우 구석을 지정, 축척 비율 (nX 또는 nXP)을 입력, 또는 [전체(A)/중심(C)/동적(D)/범위(E)/이전(P)/축척(S)/윈도우(W)/객체(O)] 〈실시간〉 : s [Enter↵]
- ►축척 비율 입력(nX 또는 nXP) : 1/30xp [Enter↵]

적당한 크기가 나올 때까지 줌 배율을 적용한다.

③ 문자, 치수, 기호를 기입할 수 있도록 도면을 적당하게 배치한다.
- ►사용명령 : pan [Enter↵] (p [Enter↵])

④ 도면이 축척과 화면 이동이 되지 않도록 mview 창에 잠금 기능을 적용한다.
- ►사용명령 : mview [Enter↵] (혹은 mv [Enter↵])
- ►뷰포트 구석 지정 또는 [켜기(ON)/끄기(OFF)/맞춤(F)/음영플롯(S)/잠금(L)/객체(O)/다각형(P)/복원(R)/도면층(LA)/2/3/4] 〈맞춤(F)〉 : L [Enter↵]
- ►뷰포트 뷰 잠금 [켜기(ON)/끄기(OFF)] : on [Enter↵]
- ►객체 선택 : all [Enter↵]
- ►객체 선택 : [Enter↵]

(6) 배치 영역에서 지시 문자를 입력한다.

① 문자, 치수, 기호를 그리기 위해 배치 영역으로 이동한다.
- ►명령 : ps [Enter↵] (혹은 MVIEW 창 밖에서 마우스 왼쪽 버튼을 빠르게 두 번 선택)

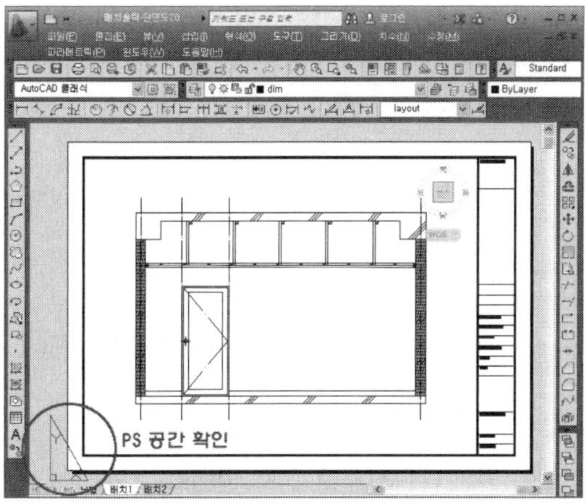

② 문자유형 설정 명령을 실행해 기본 글꼴을 변경한다.
- ►실행명령 : style [Enter↵] (혹은 st [Enter↵])
- ►SHX글꼴 : romans.shx 선택
- ►큰 글꼴 사용 : 항목 선택
- ►큰 글꼴 : whgtxt.shx 선택
- ►[적용] 버튼 선택해 설정값 저장
- ►[닫기] 버튼 선택해 명령 종료

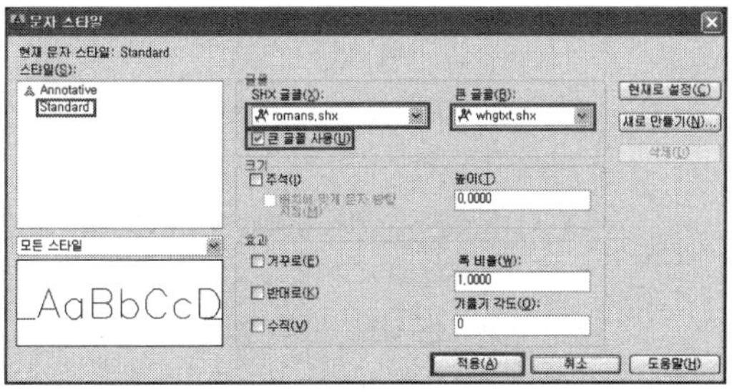

③ 다중지시선 명령을 이용해 문자를 입력한다.
문자는 'AA-XXXX-TEXT' 도면층에 그린다.

㉮ 다중지시선 유형을 설정한다.

다중지시선 유형을 설정한다.
- 사용명령 : mls [Enter↵]
- [수정] 버튼 선택

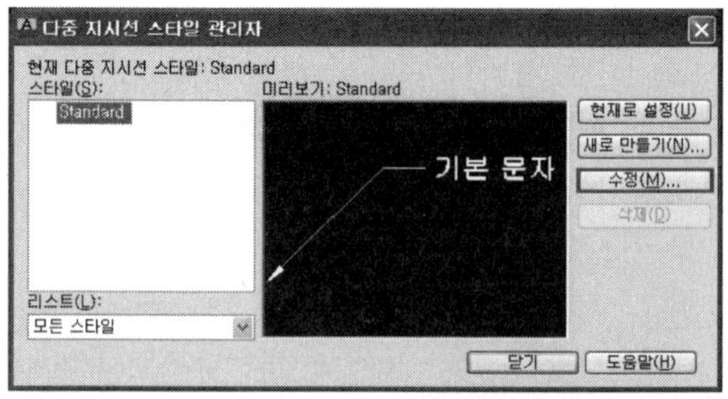

[지시선 형식]탭을 다음과 같이 설정한다.
- 화살촉 기호 : '점' 선택
- 크기 : '1' 입력

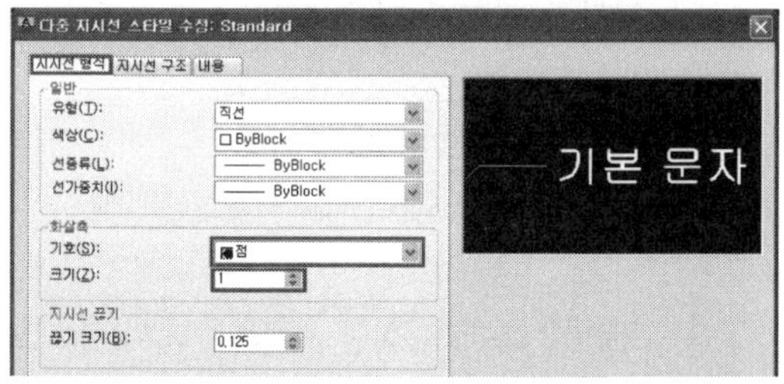

[지시선 구조]탭을 다음과 같이 설정한다.
- 연결선 거리 설정 : '5' 입력
- 축척 지정 : '1' 입력

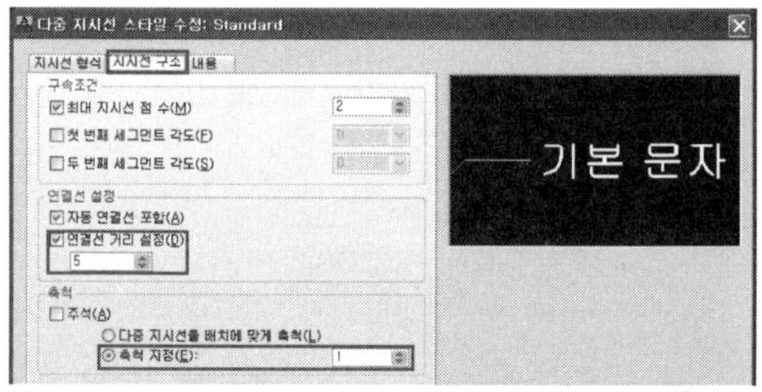

[내용]탭을 다음과 같이 설정한다.
- 다중지시선 유형 : '여러 줄 문자' 선택
- 문자 높이 : '2.5' 입력
- 왼쪽 부착 : '맨 위 행의 중간' 선택
- 오른쪽 부착 : '맨 위 행의 중간' 선택
- 연결선 간격 : '1' 입력

다중지시선 유형 설정 명령을 종료한다.

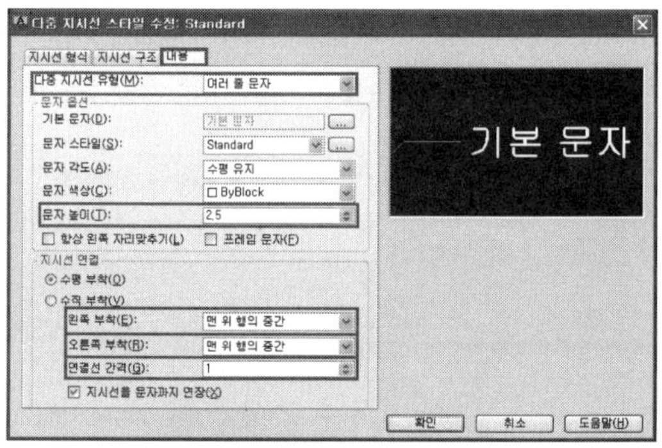

㉯ 다중지시선 입력 명령을 실행해 지시 문자를 입력한다.
- 사용명령 : mld [Enter↵]
- 지시선 화살촉 위치 지정 또는 [지시선 연결선 먼저(L)/컨텐츠 먼저(C)/옵션(O)] 〈옵션〉 : **P1점 지정**
- 지시선 연결선 위치 지정 : **P2점 지정**
- 문자 입력 : **'APP. WOOD FLOORING FIN.'** 입력한다.

다른 지시 문자도 모두 동일한 방법으로 입력한다.

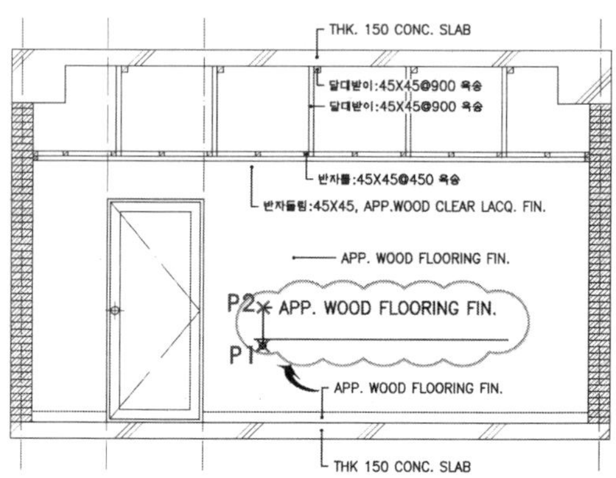

(7) 배치 영역에서 치수를 적용한다.

① 치수 유형을 설정한다.

► 사용명령 : dimstyle Enter↵ (혹은 st Enter↵)

► 치수를 다음 그림과 같이 설정한다.

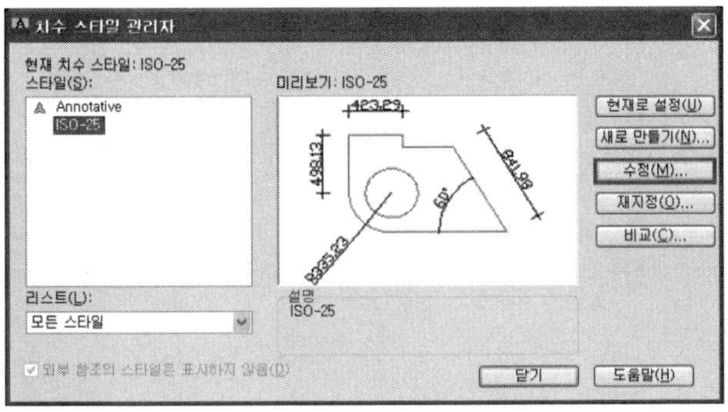

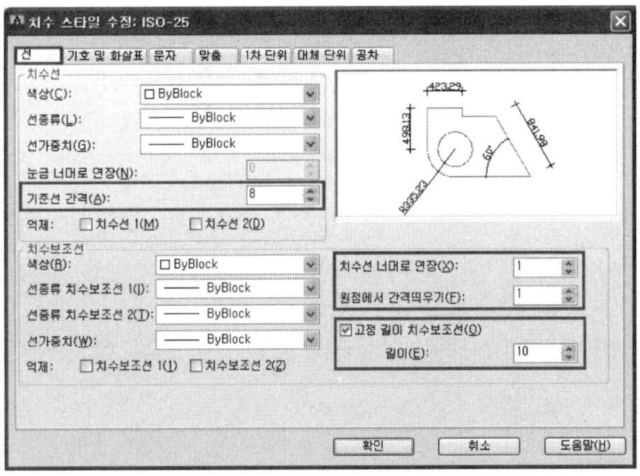

[치수선, 치수보조선 설정]

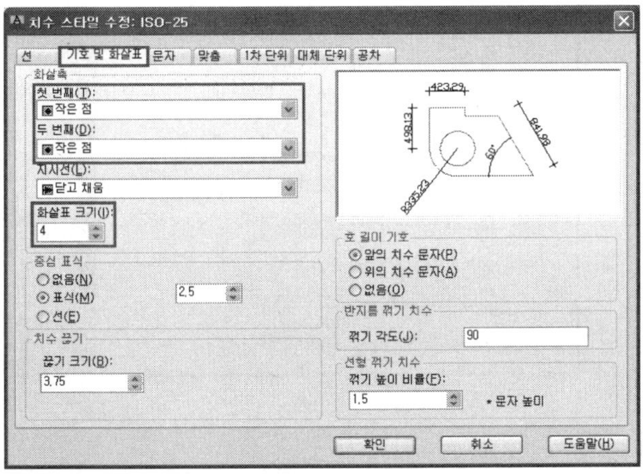

[점 모양 설정]

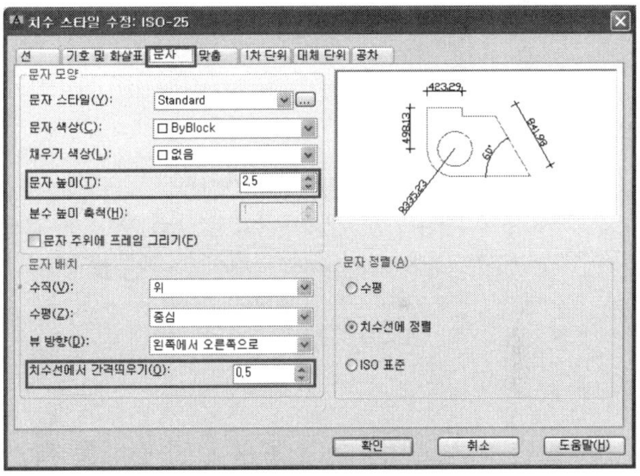

[치수 문자 설정]

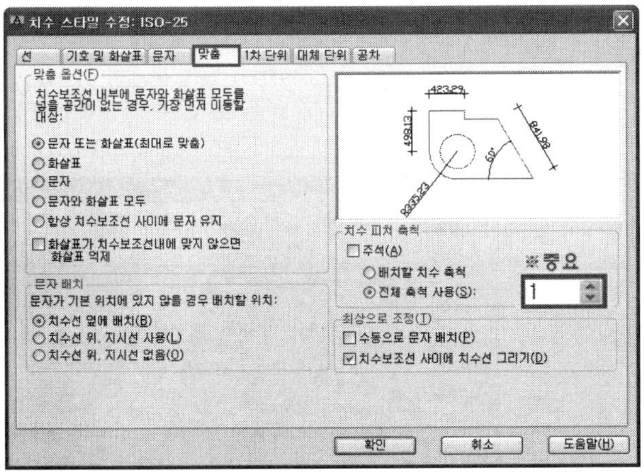

[치수 전체 크기 설정]

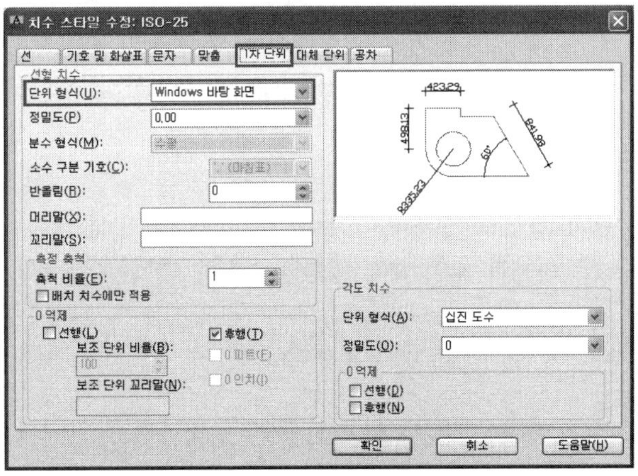

[천단위 표시 설정]

② 오른쪽 그림과 같이 치수를 적용한다.

치수는 'AA-XXXX-DIMS' 도면층에 그린다.

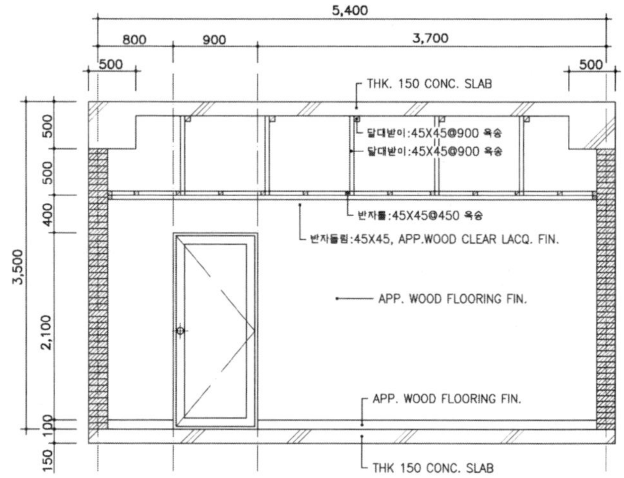

키보드로 명령을 입력하는 경우

- 사용명령 : dli Enter↵ ➔ *직선 치수 적용*
- 사용명령 : dco Enter↵ ➔ *연속 치수 적용*
- 사용명령 : dba Enter↵ ➔ *기준 치수 적용*
- 사용명령 : dimspace Enter↵ ➔ *치수선 간격설정*

도구막대를 사용하는 경우

-  : 직선 치수 적용 명령
-  : 연속 치수 적용 명령
-  : 기준 치수 적용 명령
-  : 치수선 간격 설정 명령

(8) 배치 영역에서 도면명 기호를 그린다.

- 다음 그림과 같이 적당한 위치에 도면명 기호를 그린다.

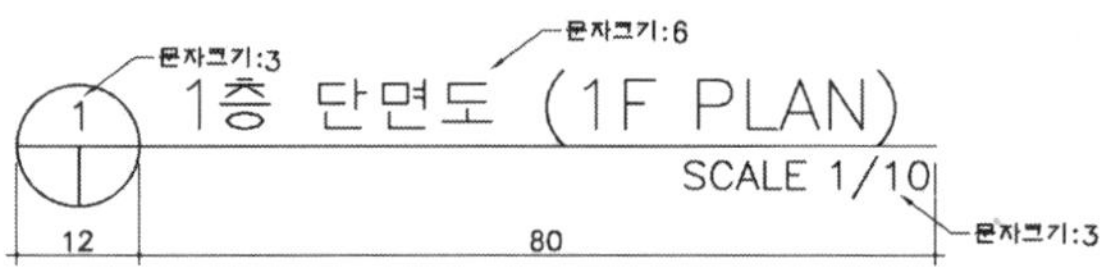

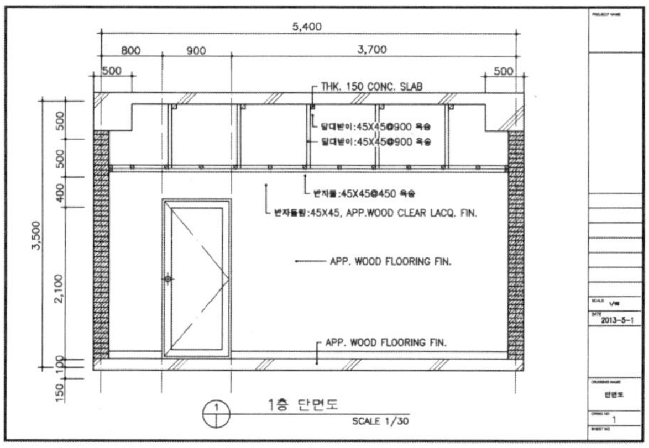

(9) 도면 미리보기를 통해 최종 도면 상태를 확인한다.

① 미리보기를 실행해 도면을 확인한다.

- 실행명령 : preview Enter↵ (혹은 pre Enter↵)

미리보기를 실행해 출력 선색상, 선굵기, 도면 내용 크기를 확인한다.

출력 선굵기는 도면을 확대해야 확인할 수 있다.

미리보기가 잘못된 경우에는 프린트 설정을 다시 한다.

(10) 도면을 출력한다.

① 다음과 같이 출력 명령을 실행해 출력한다.

- 명령 : plot Enter↵
- 확인 버튼 선택해 출력하기

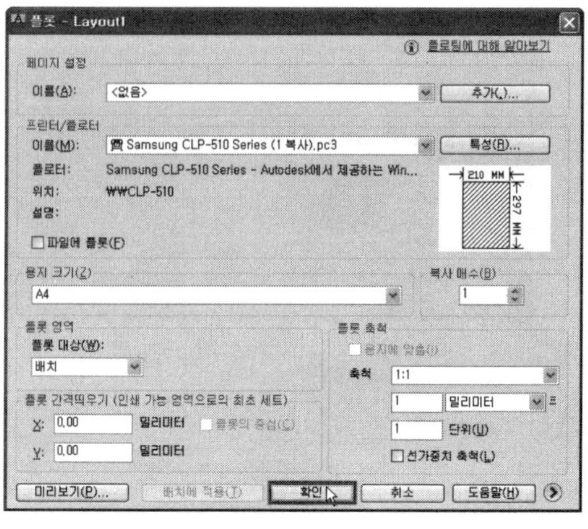

도면 예제 12-1 배치공간에서 단면도 출력하기

– 모형공간에서 도면 작업하기

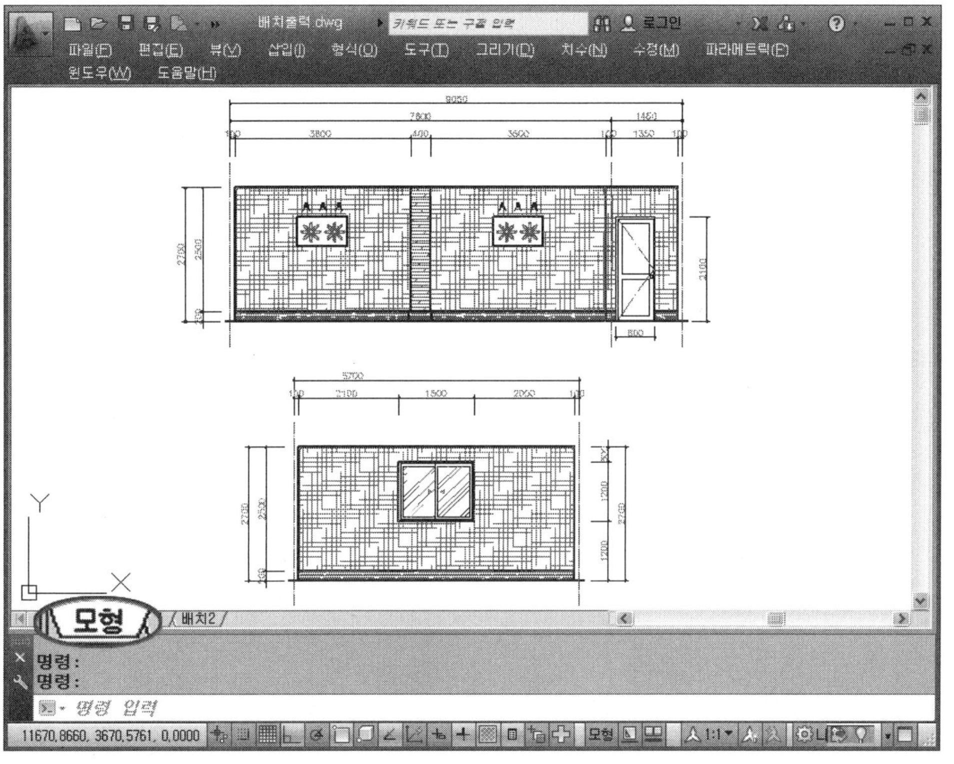

– 배치공간에서 도면 작업하기

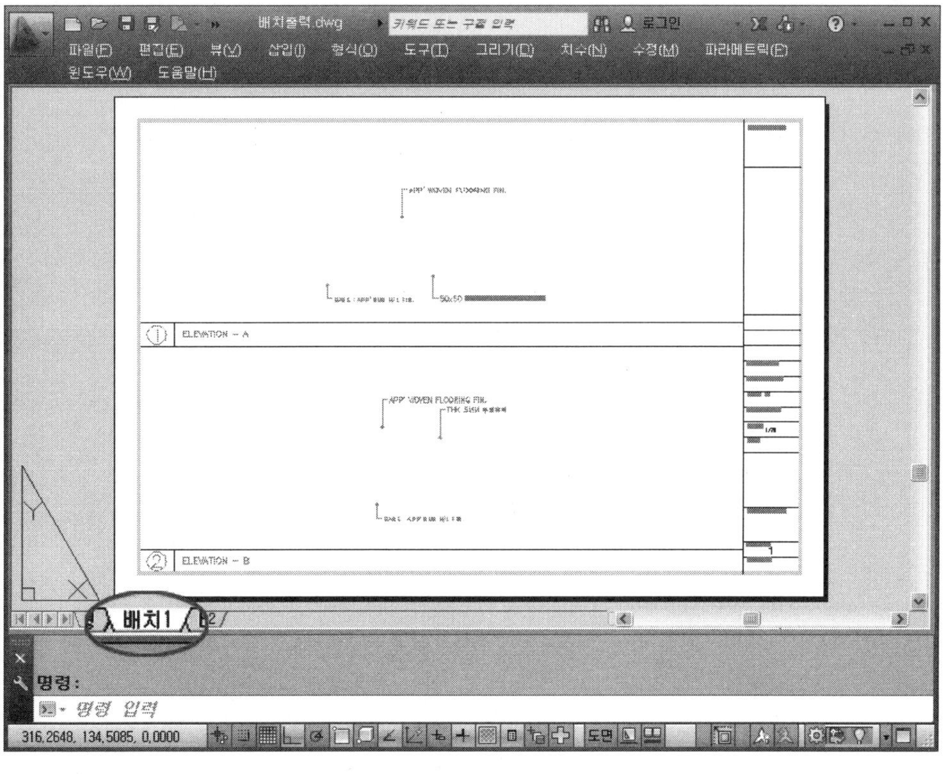

– 배치 공간에서 출력한 도면 결과

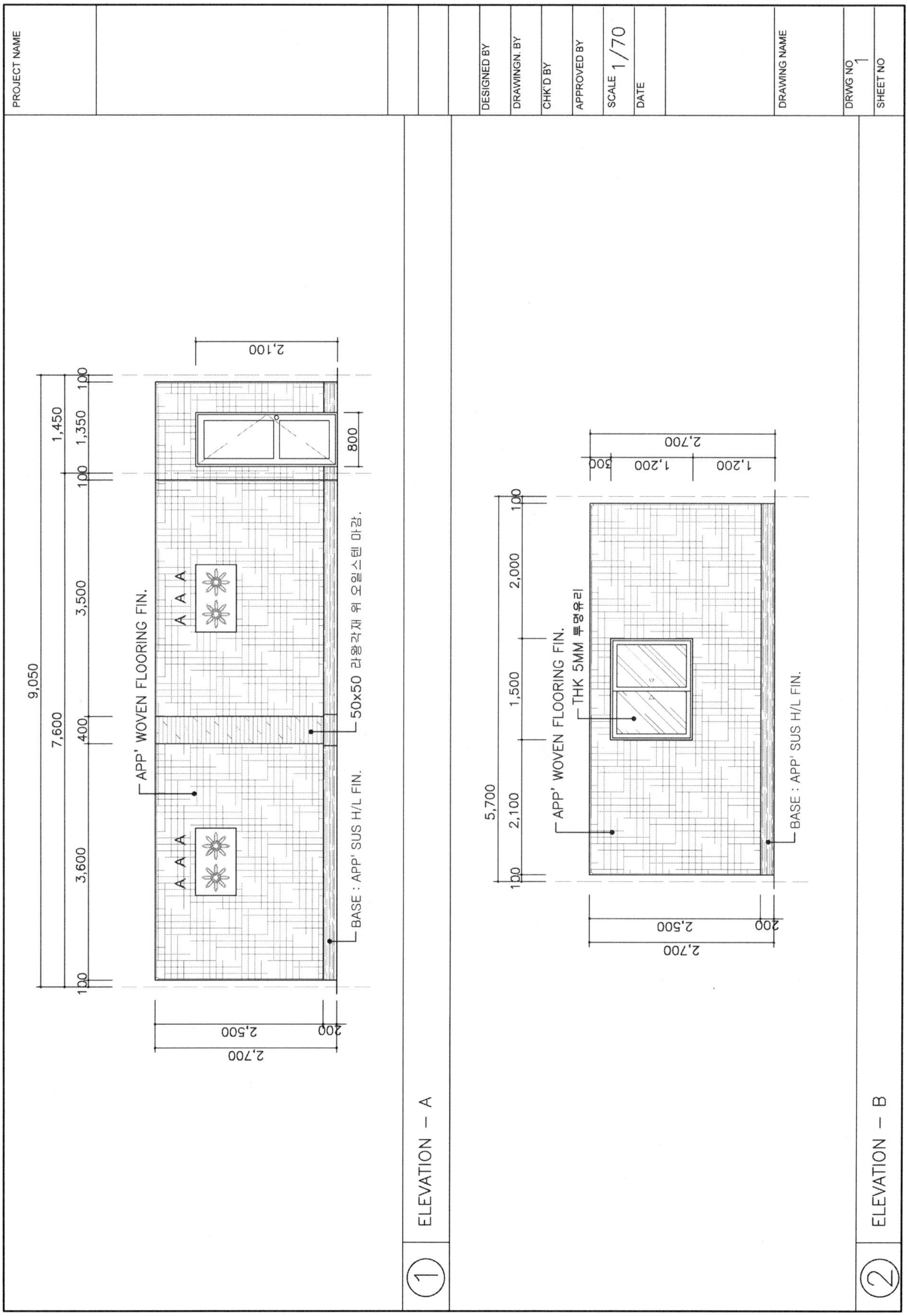

LESSON

13 실내건축 실무 도면 그리기 - 침실 도면 그리기

학습목표

- 침실 평면도를 그릴 수 있다.
- 침실 천정도를 그릴 수 있다.
- 침실 입면도를 그릴 수 있다.

선행학습

- 작업 공간 영역 설정에 대한 이해와 활용
- 도면층(layer)에 대한 이해와 활용

학습명령

1. **작업 영역 설정 :** limits, zoom → all 옵션
2. **도면층(layer)설정 :** layer
3. **다중선 그리기 :** mlstyle, mline, mledit
4. **선 길이 변경하기 :** trim (tr), extend (ex), lengthen (len)
5. **객체 속성 일치시키기 :** matchprop (ma)
6. **문자 입력하기 :** style (st), mtext (mt), stext (dt), ddeidt (ed), change (ch)
7. **치수 :** dimstyle (d), dimlinear (dli), dimaligen (dal), dincontinue (dco) 등
8. **재료 표시하기 :** hatch
9. **출력하기 :** pagesetup, plot

학습내용

① 학습내용 1 – 평면도

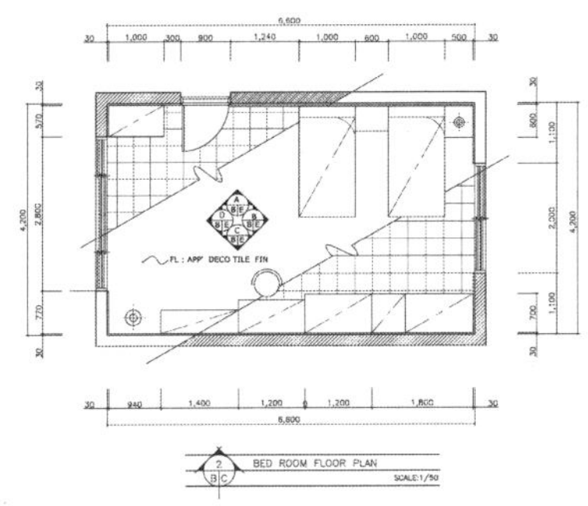

② 학습내용 2

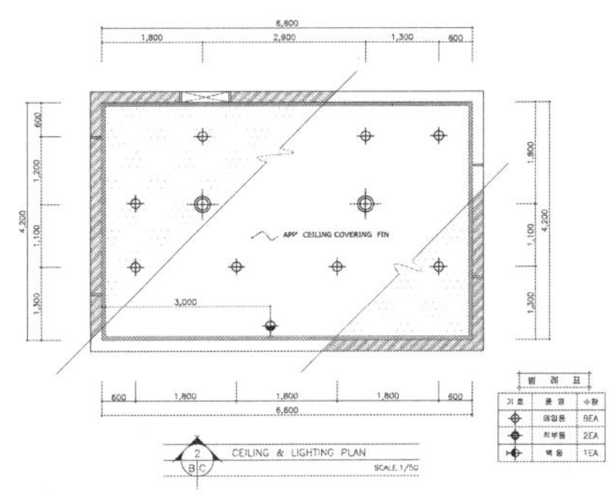

③ 학습내용 3

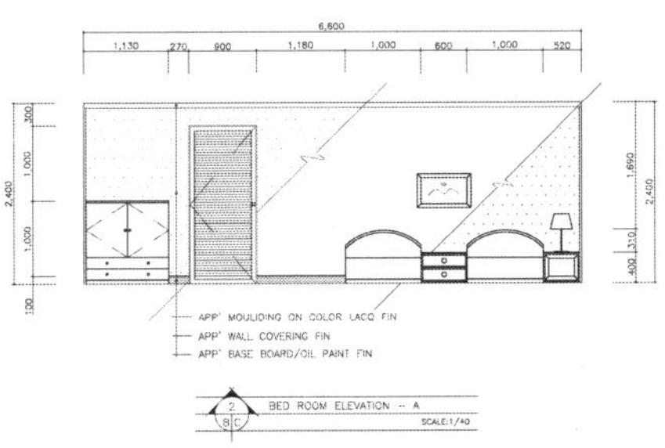

비 고

AutoCAD 프로그램을 사용한다고 실내건축설계 도면을 그릴 수 있는 건 아니다. 실내건축설계 도면을 해독하고 설계하는 방법을 알아야 도면을 그릴 수 있다. 그렇기에 반드시 실내건축설계 방법론에 대해 공부하도록 한다.

1. 실내건축 도면에 대한 이해

① 평면도

평면도는 건축도면 가운데 가장 기본이 되는 도면으로 바닥면에서 1200mm~1500mm 정도의 높이에서 공간을 수평으로 창호가 표시될 수 있도록 절단하여 위에서 수직으로 내려다 보이는 형태를 나타낸 도면으로 가구의 배치, 각 실의 배치, 재료의 구성 상태 등을 표현한다.

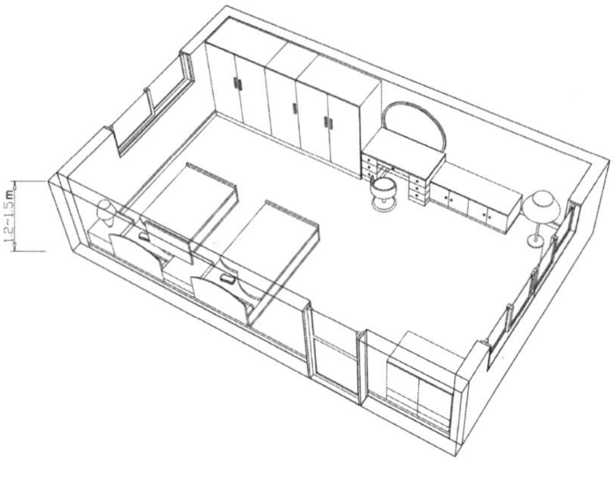

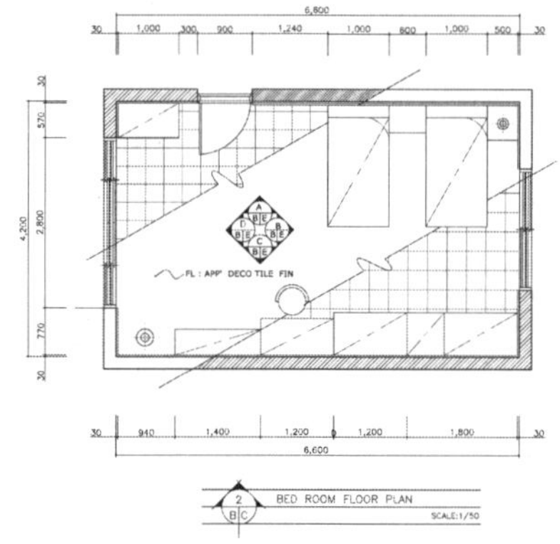

② 천정도

천정도는 천정 면을 나타내는 도면으로 천정 면에 배치되어진, 조명, 공조설비, 천정의 형태와 고저 마감재료 등이 표현되어지는 도면이다.

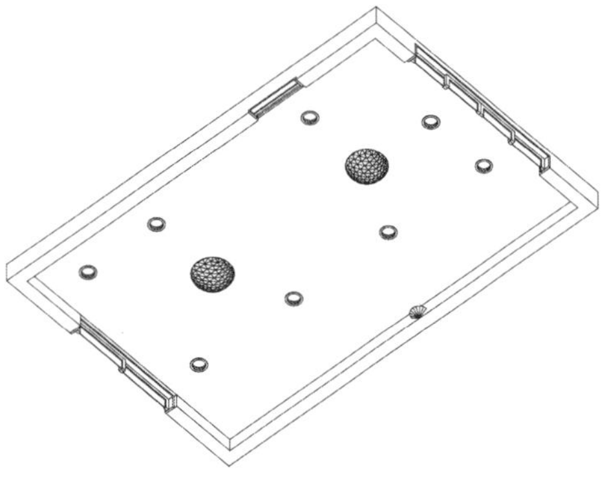

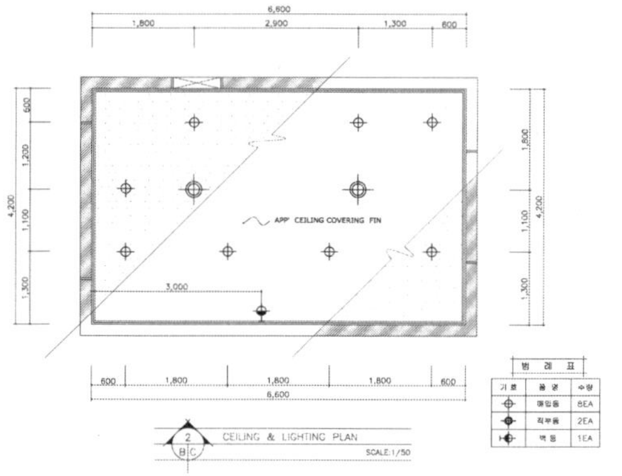

③ 입면도

입면도는 벽면을 수평으로 바라본 형태를 그린 도면으로서 공간의 의장을 표현하는데 매우 중요한 역할을 하며 벽체의 높이, 창호, 마감 등이 표시되어 있다. 실내건축에서는 벽면을 펼친 모양의 전개도로 많이 사용하며, 바닥 마감부터 천정까지의 높이를 기준으로 표현한다.

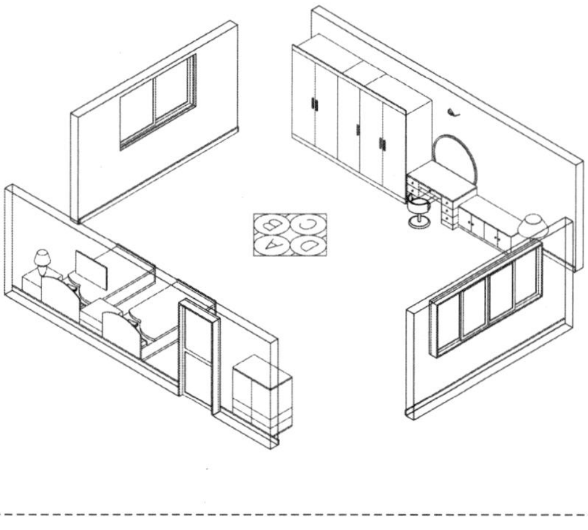

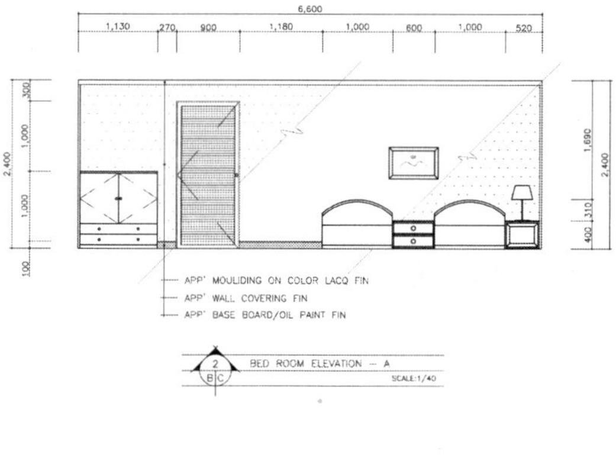

2. 평면도 그리기

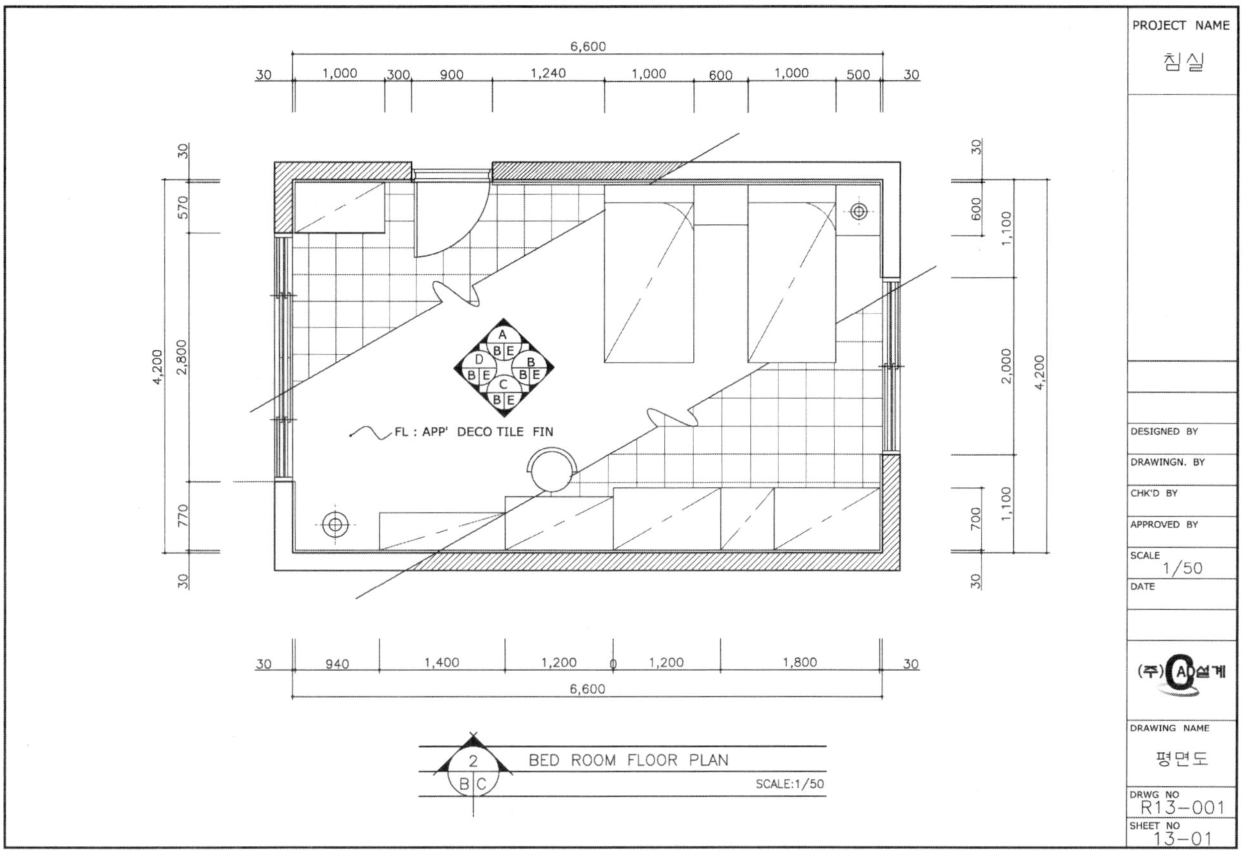

평면도 그리기 순서

환경설정 ➡ 중심선 그리기 ➡ 벽체선 그리기 ➡ 창호 그리기 ➡ 벽마감선 그리기

	환경설정	중심선 그리기	벽체선 그리기	창호 그리기	벽마감선 그리기
사용 명령	• units • limits • zoom → all • layer	• line (l) • trim (tr) • lengthen (len)	• mlstyle • mline • mledit • trim	소스불러오기 • insert (i) • Ctrl+C, Ctrl+V • designcenter	• mline

➡ 가구 그리기 ➡ 문자 입력하기 ➡ 치수 기입하기 ➡ 해치 적용하기 ➡ 기타 정리 도면완성

	가구 그리기	문자 입력하기	치수 기입하기	해치 적용하기	기타 정리 도면완성
사용 명령	소스불러오기 • insert (i) • Ctrl+C, Ctrl+V • designcenter	• style (st) • mtext (mt) • dtext (dt) • ddedit (ed) • mls • mld	• dimstyle (d) • 치수측정	• hatch (h) • hatchedit (he)	

(1) 평면도 작도를 위한 환경 설정을 한다.

① 빈문서를 연다.

► 사용명령 : new [Enter↵]

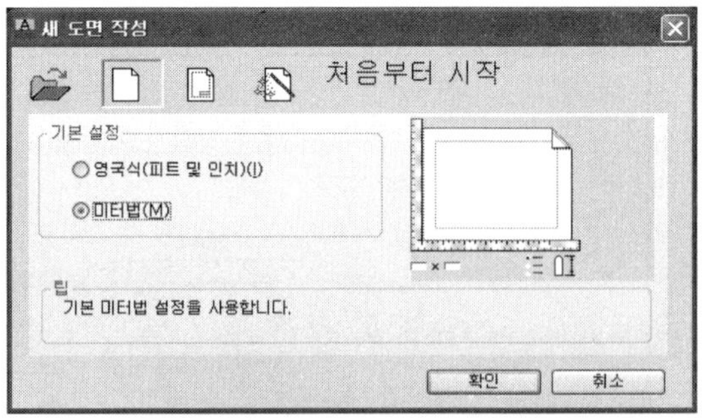

② 도면 작업 단위를 확인하고 설정한다.

► 사용명령 : units [Enter↵]

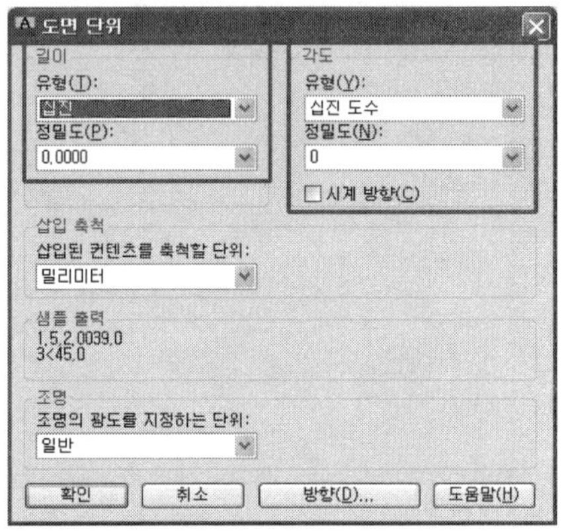

③ 작업 영역 크기를 설정한다.

► 명령 : limits [Enter↵]

► 모형 공간 한계 재설정 :

► 왼쪽 아래 구석 지정 또는 [켜기(ON)/끄기(OFF)] 〈0.0000,0.0000〉 : **0,0** [Enter↵]

► 오른쪽 위 구석 지정 〈420.0000,297.0000〉 : **20000,15000** [Enter↵]

► 명령 : zoom [Enter↵]

► 윈도우 구석을 지정, 축척 비율 (nX 또는 nXP)을 입력, 또는

► [전체(A)/중심(C)/동적(D)/범위(E)/이전(P)/축척(S)/윈도우(W)/객체(O)] 〈실시간〉 : a [Enter↵]

④ 도면층을 만든다. (185쪽 참조)

► 사용명령 : layer (la)

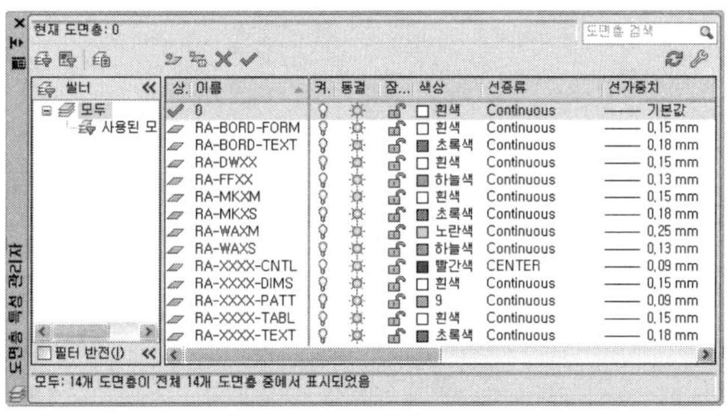

(2) 중심선을 그린다.

① 중심선 도면층을 선택한다.

►'AZ-CNTL' 도면층을 선택한다.

② 다음 명령을 이용해 오른쪽 그림과 같이 중심선을 그린다.

► 사용명령
- line (l)
- offset (o)
- trim (tr)
- lengthen (len)

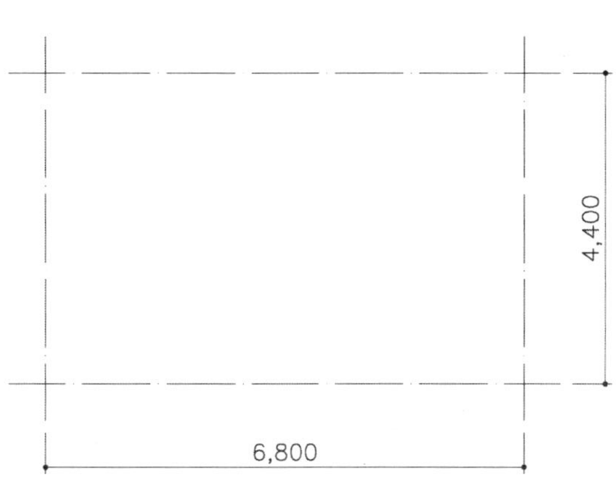

(3) 벽을 그린다

'RA-WAXM' 도면층에 벽을 그린다.

① 다중선 유형을 설정한다.

► 사용명령 : mlstyle
► 오른쪽 그림과 같이 설정한다.

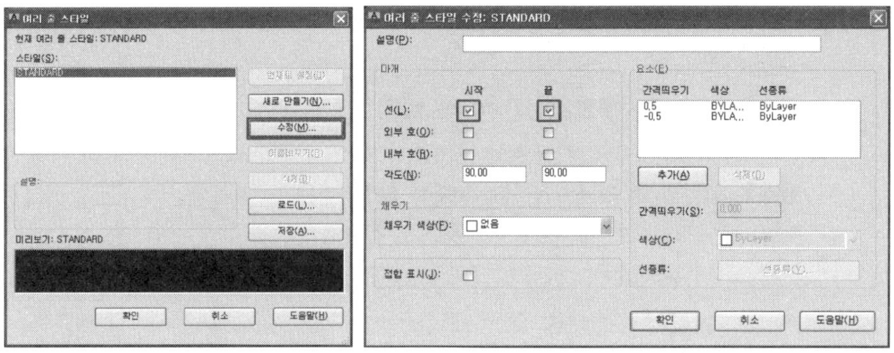

② 다중선 그리기 명령을 이용해 'RA-WAXX' 도면층에 벽체선을 그린다.

'200'크기의 벽체선을 그린다.

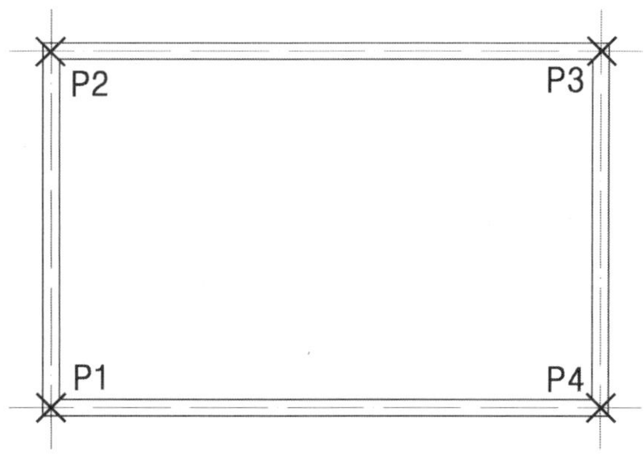

► 사용명령 : mline (ml) Enter↵
► 현재 설정 : 자리맞추기 = 맨 위, 축척 = 20.00, 스타일 = STANDARD
► 시작점 지정 또는 [자리맞추기(J)/축척(S)/스타일(ST)] : j Enter↵
► 자리맞추기 유형 입력 [맨 위(T)/0(Z)/맨 아래(B)] 〈맨 위〉 : z Enter↵
► 현재 설정 : 자리맞추기 = 0, 축척 = 20.00, 스타일 = STANDARD
► 시작점 지정 또는 [자리맞추기(J)/축척(S)/스타일(ST)] : s Enter↵
► 여러 줄 축척 입력 〈200.00〉 : **200** Enter↵
► 현재 설정 : 자리맞추기 = 0, 축척 = 75.00, 스타일 = STANDARD
► 시작점 지정 또는 [자리맞추기(J)/축척(S)/스타일(ST)] :
► 다음 점 지정 : **P1점**
► 다음 점 지정 또는 [명령 취소(U)] : **P2점 지정**
► 다음 점 지정 또는 [닫기(C)/명령 취소(U)] : **P3점**
► 다음 점 지정 또는 [닫기(C)/명령 취소(U)] : **P4점**
► 다음 점 지정 또는 [닫기(C)/명령 취소(U)] : c Enter↵

③ 창호가 들어가는 부분에 벽체선을 자른다.

► 사용명령
- line (l)
- offset (o)
- trim (tr)

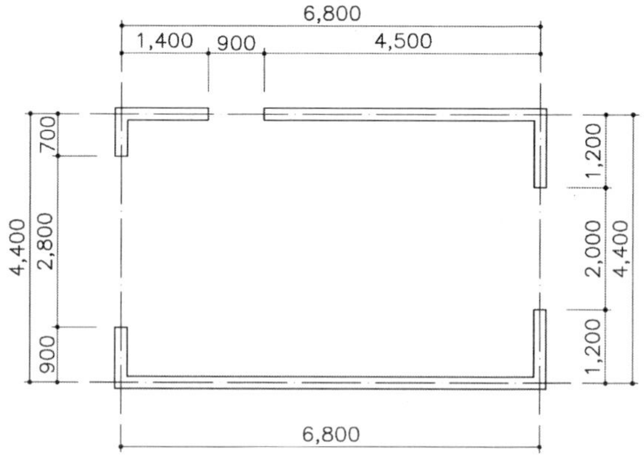

(4) 창호를 그리거나 삽입한다.

'RA-DWXX' 도면층에 창호를 그린다.

► 사용명령

창호를 그릴 때 사용명령(147, 148쪽 참조)

- line (l), offset (o), trim (tr)

창호를 삽입할 때 사용명령(361, 362쪽 참조)

※인터넷포털사이트에서 'cad 창호 소스'로 검색해 파일을 다운받아 사용한다.

- insert (i) 혹은 Ctrl+C, Ctrl+V
- move (m), rotate (ro), scale (sc), stretch (s)

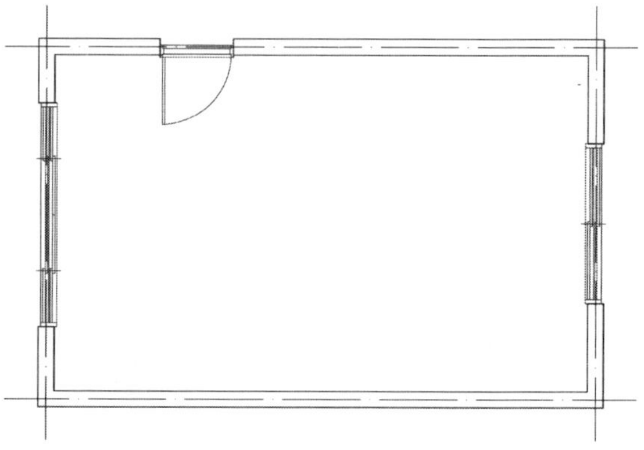

(5) 벽마감선을 그린다.

'RA-WAXS' 도면층에 벽마감선을 그린다.

'30' 크기의 벽체 마감선을 그린다.

► 사용명령 : mline (ml) Enter↵

► 현재 설정 : 자리맞추기 = 맨 위, 축척 = 20.00, 스타일 = STANDARD

► 시작점 지정 또는 [자리맞추기(J)/축척(S)/스타일(ST)] : j Enter↵

► 자리맞추기 유형 입력 [맨 위(T)/0(Z)/맨 아래(B)] 〈맨 위〉 : t Enter↵

► 현재 설정 : 자리맞추기 = 0, 축척 = 20.00, 스타일 = STANDARD

► 시작점 지정 또는 [자리맞추기(J)/축척(S)/스타일(ST)] : s Enter↵

► 여러 줄 축척 입력 〈200.00〉 : 30 Enter↵

► 현재 설정 : 자리맞추기 = 0, 축척 = 30.00, 스타일 = STANDARD

► 시작점 지정 또는 [자리맞추기(J)/축척(S)/스타일(ST)] :

► 다음 점 지정 : P1점

► 다음 점 지정 또는 [명령 취소(U)] :

► 다음 점 지정 또는 [닫기(C)/명령 취소(U)] : P3점

► 다음 점 지정 또는 [닫기(C)/명령 취소(U)] : Enter↵

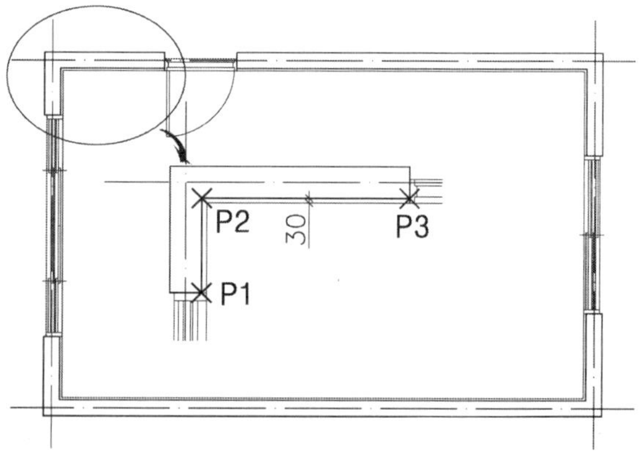

단, 축척이 1/50 이상인 경우에는 벽 마감선을 따로 그리지 않아도 된다.

(6) 가구를 그리거나 삽입한다.

'RA-FFXX' 도면층에 가구를 그린다.

► 사용명령

창호를 그릴 때 사용명령

■ line (l), offset (o), trim (tr)

창호를 삽입할 때 사용명령

■ insert (i), Ctrl+C, Ctrl+V

■ move (m), rotate (ro), stretch (s)

■ stretch (s)

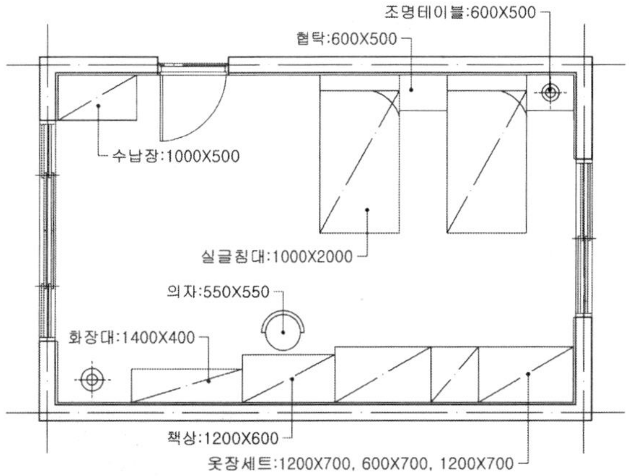

(7) 문자 및 기호를 기입한다.

① 문자 유형을 설정한다.

► 사용명령 : style (st)

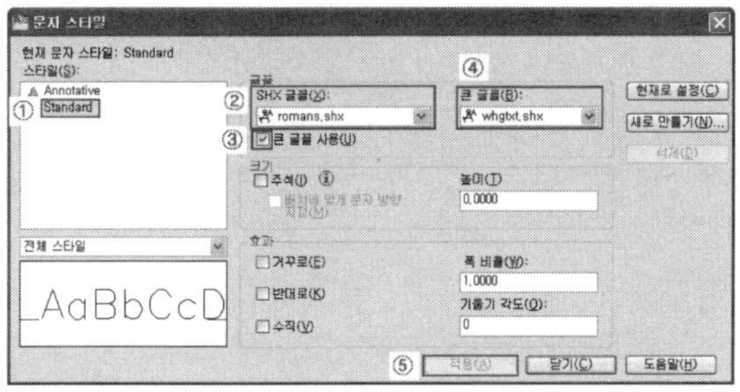

② 문자를 입력한다.

'RA-XXXX-TEXT' 도면층에 문자를 입력한다.

► 사용명령

■ mtext (mt)

■ dtext (dt)

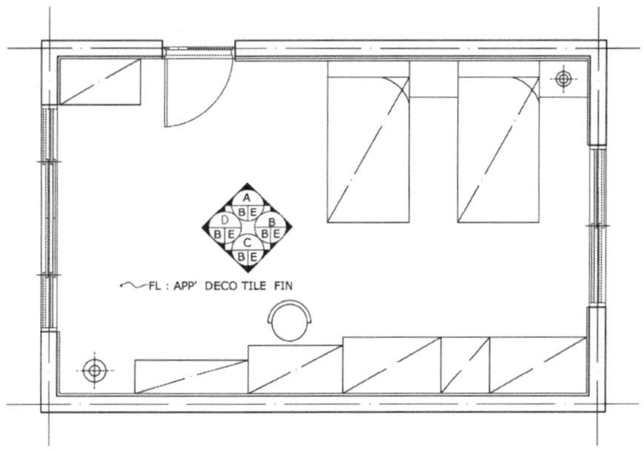

(8) 해치를 적용한다.

'RA-XXXX-PATT' 도면층에 문자를 입력한다.

► 사용명령

■ **해치 적용 명령 :** hatch (h)

■ **해치 수정 명령 :** hatchedit (he) 혹은 수정하고자 하는 해치 더블클릭하기

벽체선 영역 – 벽돌 단면

– 유형 : 미리정의

– 패턴 종류 : ANSI31

– 각도 : 0

– 축척 : 15

실바닥 영역

– 유형 : 사용자정의

– 패턴 종류 : user

– 간격 : 300

– 이중항목 : 선택

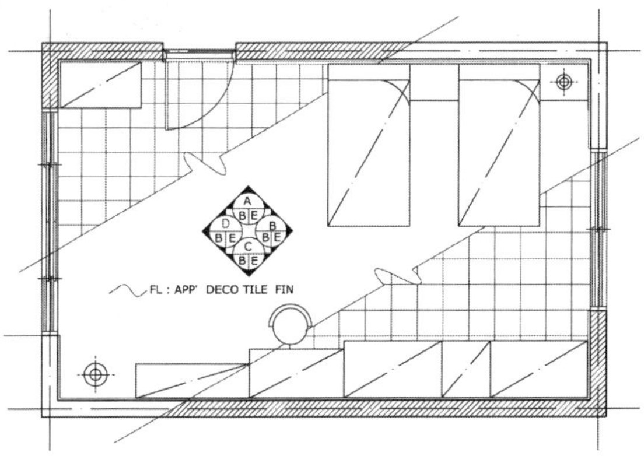

(9) 치수를 기입한다.

① 치수 유형을 설정한다.

► 사용명령 : dimstyle (d)

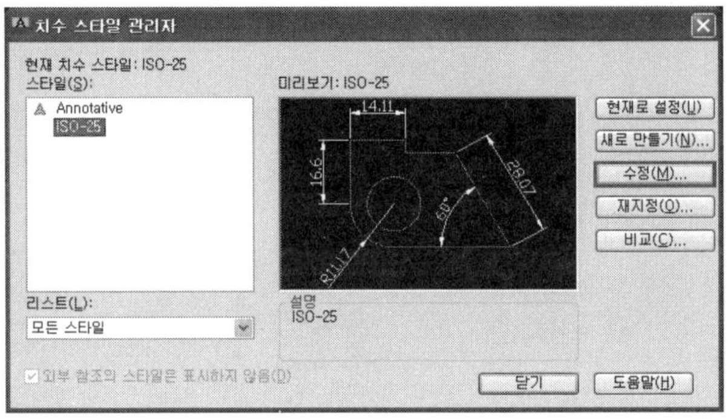

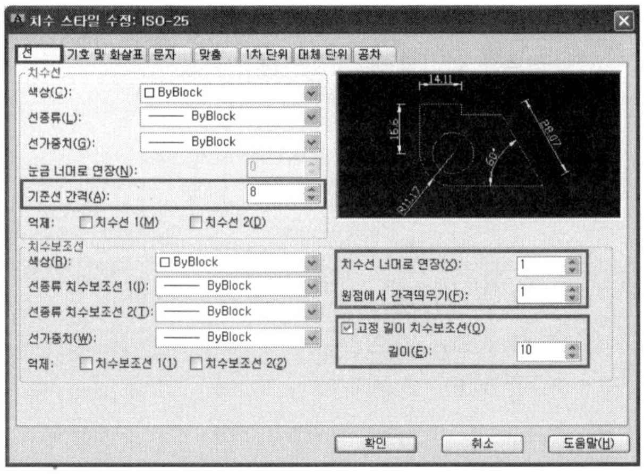

[치수선, 치수보조선 설정]

[화살표 설정]

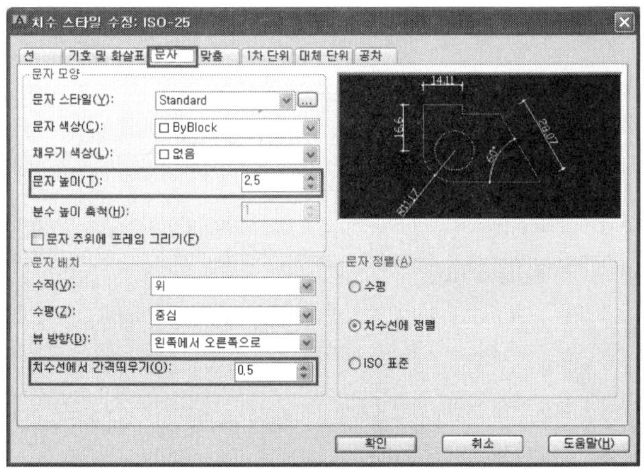

[치수 문자 설정]

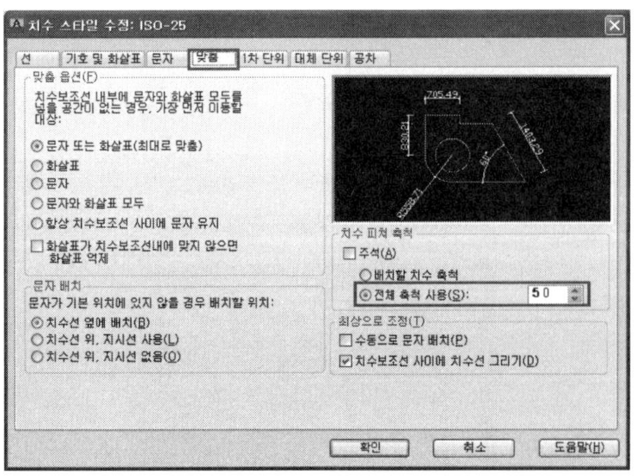

[치수 전체 축척 설정]

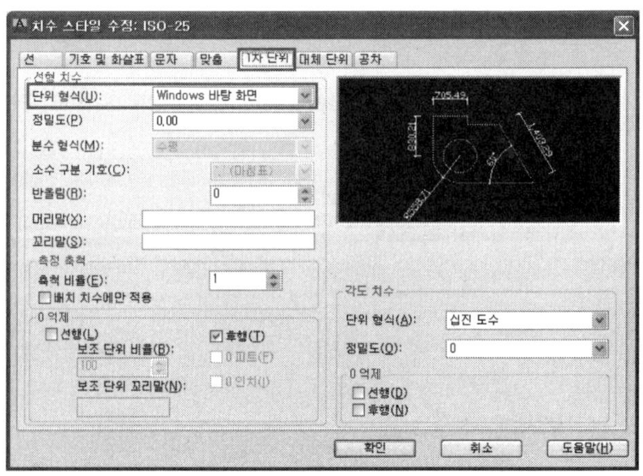

[천단위 표시 설정]

② 치수를 기입한다.
'RA-XXXX-DIMS' 도면층에 치수를 기입한다.

- ► 사용명령 : dli [Enter↵] ➔ *직선 치수 적용*
- ► 사용명령 : dco [Enter↵] ➔ *연속 치수 적용*
- ► 사용명령 : dba [Enter↵] ➔ *기준 치수 적용*
- ► 사용명령 : dimspace [Enter↵] ➔ *치수선 간격설정*

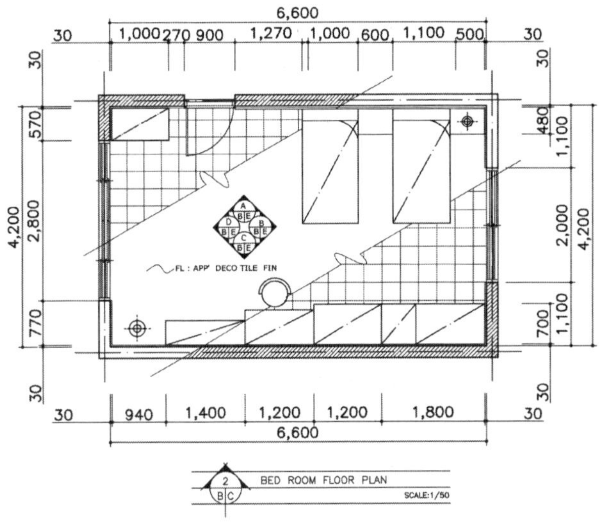

치수 적용 도구막대

- ► : 직선 치수 적용 명령
- ► : 연속 치수 적용 명령
- ► : 기준 치수 적용 명령
- ► : 치수선 간격 설정 명령

(10) 완성한 도면을 출력하기 위해 출력 정보를 설정해 저장한다.

① 출력 설정 명령을 실행한다.

- ► 명령 : pagesetup [Enter↵]

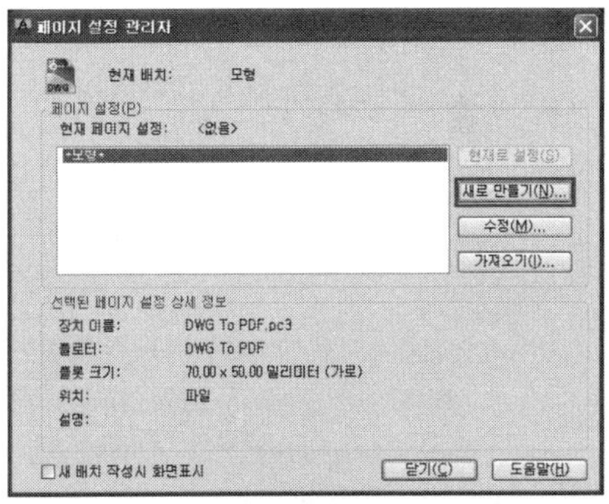

② 출력 설정 유형을 새롭게 만들기 위해 '새로 만들기' 버튼을 선택한다.

- ► [새로만들기] 버튼 클릭하기
- ► 새 플롯 설정 이름(N)에 'A4출력'이라고 입력하기
- ► [확인] 버튼 선택해 새로 만들기 상자 닫기

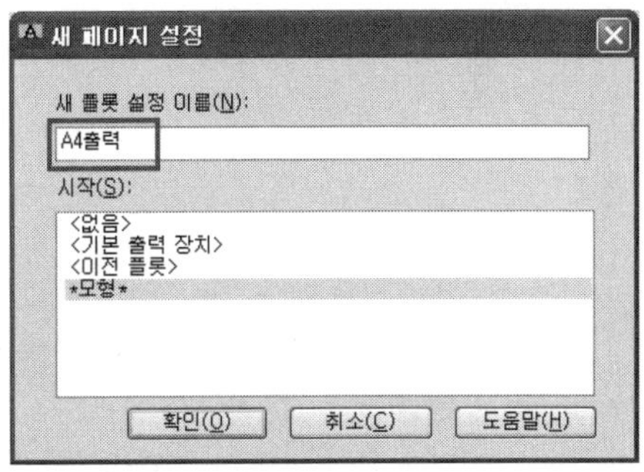

③ 새로 만든 유형을 선택하고 '수정' 버튼을 선택해 출력을 위한 세부 항목을 설정하도록 한다.

- ► 새로 만들 출력 유형 'A4출력' 선택하기
- ► 출력 세부 항목 설정을 위해 [수정(M)] 버튼 선택하기

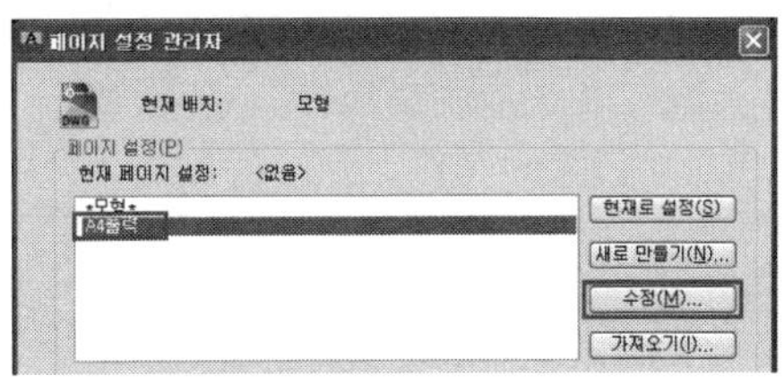

④ 다음과 같이 출력을 위한 세부 항목을 설정한다.

㉮ 출력하고자 하는 프린트를 선택한다.

- ► 내 PC와 연결된 프린트 종류 선택하기

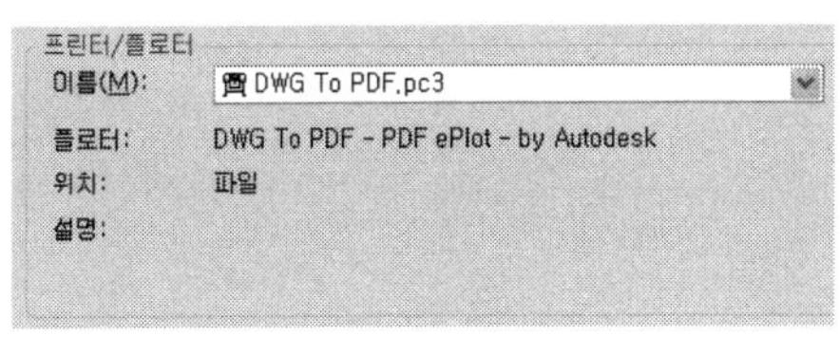

㉯ **출력 용지를 선택한다.**

► 여기서는 'ISO 전체 페이지 A4(297×210)' 용지 선택

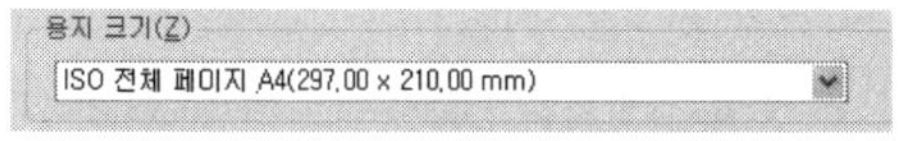

㉰ **출력 용지의 출력 방향을 설정한다.**

► 여기서는 '가로' 방향을 선택한다.

㉱ **출력 용지의 여백을 설정한다.**

►'프린트/플로트' 영역에서 [특성정보] 버튼 선택

'특성(R)' 버튼은 프린트의 속성을 설정하는 영역이지만 주로 용지 여백 설정시 사용한다.

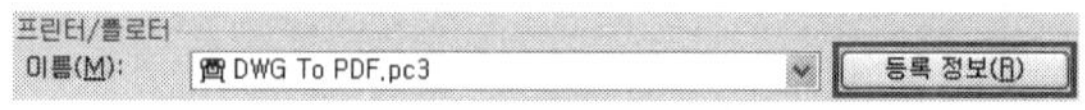

► 플로트 구성 편집기 대화상자에서 오른쪽 그림과 같이 실행한다.

① 표준 용지 크기 수정(인쇄 가능 영역) 선택

② 표준 용지 크기 편집 목록에서 출력 용지 선택

앞 단계에서 선택한 출력 용지와 똑같은 용지를 선택한다.

③ 수정(M) 버튼 선택하기

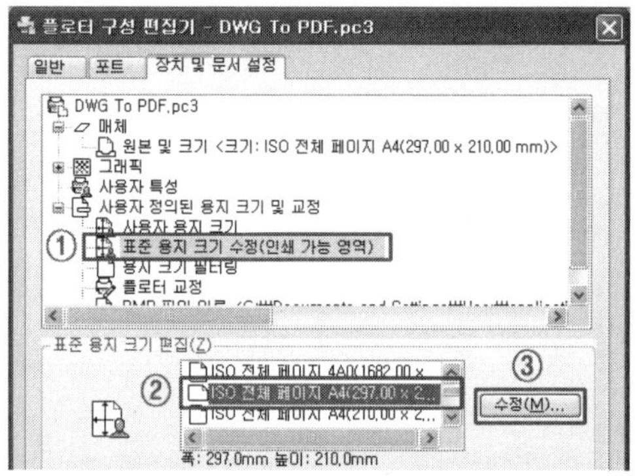

► 사용자 용지 크기 – 인쇄가능영역 대화상자에서 인쇄 가능 영역(여백)을 오른쪽 그림과 같이 설정한다.

여기서는 여백값을 '0'으로 설정하도록 한다.

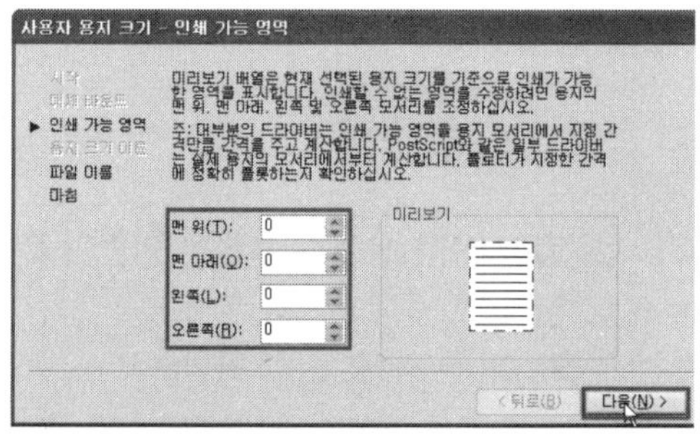

► 사용자 용지 크기 – 파일 이름 대화상자에서 지금까지 설정한 값을 저장하기 위한 파일 이름을 입력한다.

기존에 저장된 파일 이름과 동일한 경우에는 경고 상자가 나타나며, 그런 경우에는 다른 이름을 입력하고 다음으로 넘어가면 된다.

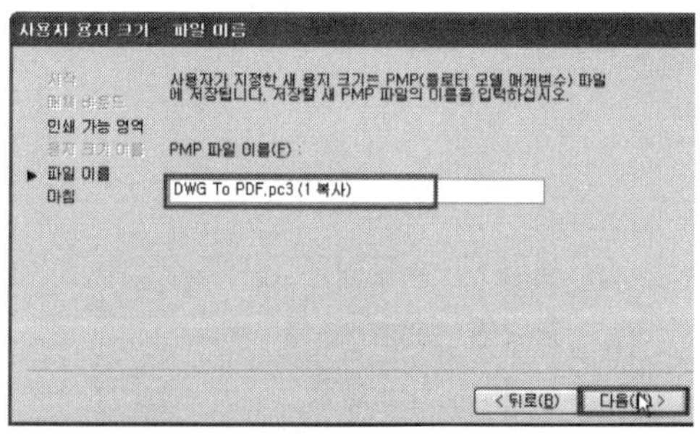

► 사용자 용지 크기 – 마침 대화상자에서 [마침] 버튼을 선택해 프린트 여백 설정을 종료한다.

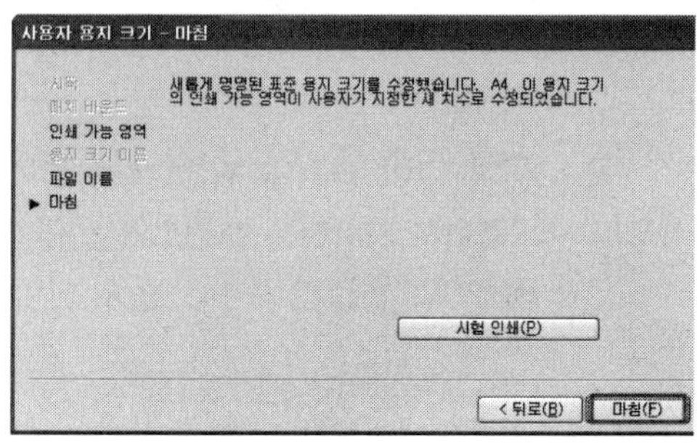

► 플로터 구성 편집기 대화상자에서 [확인] 버튼을 선택하고 상자를 닫는다.

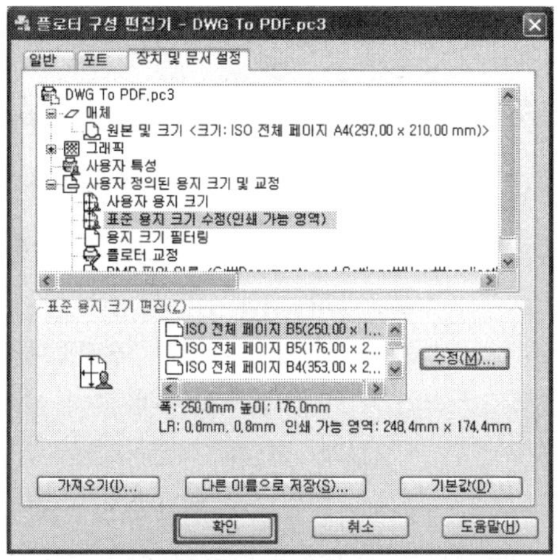

► 프린터 구성 파일 변경 상자에서 [확인] 버튼을 선택해 상자를 닫는다.

► 저장 위치는 기본값 그대로 사용한다.

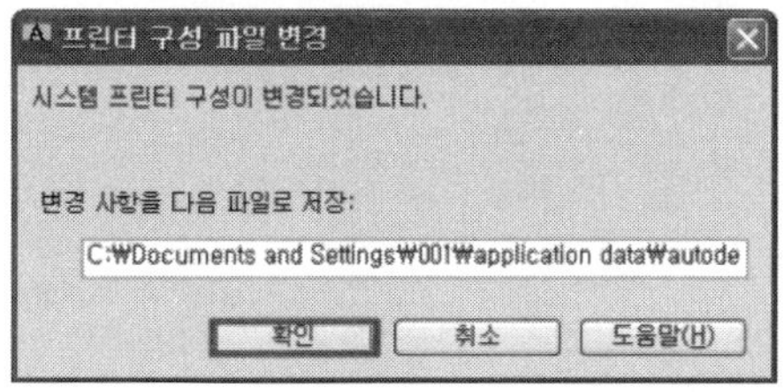

ⓜ 도면의 출력 영역을 설정한다.

► 플롯 대상(W)에서 [윈도우] 항목 선택하기([윈도우] 버튼이 있는 경우에는 버튼을 선택한다.)

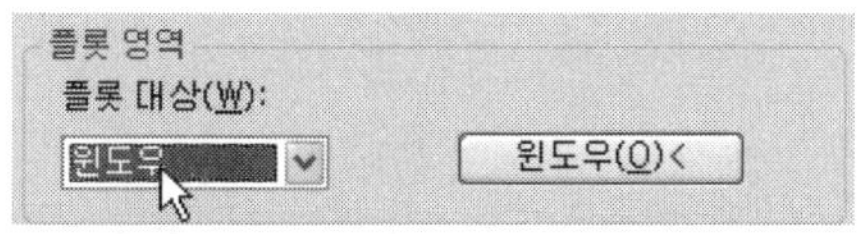

윈도우 버튼을 선택하면 출력설정 상자를 사라지고 작업공간이 나타나며, 이때 출력 영역을 지정한다.

인쇄를 위한 윈도우 지정

► 첫 번째 구석을 지정 : P1점 **지정**

► 반대 구석 지정 : P2점 **지정**

출력 영역을 지정하면 다시 출력 설정 상자가 나타난다.

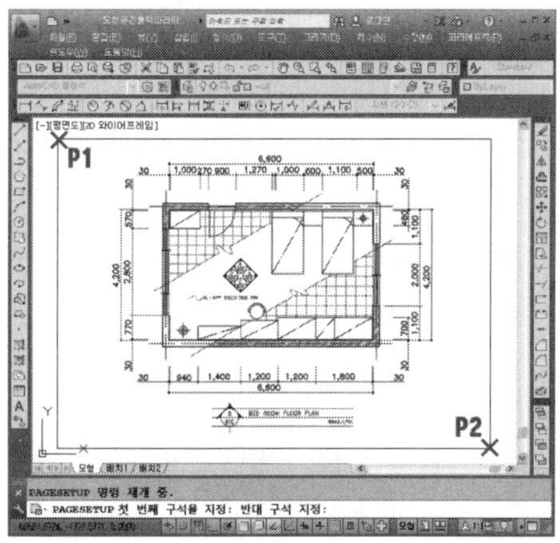

ⓑ 도면의 출력 축척값을 설정한다.

■ **용지에 맞춤(I) 사용 :** 자동 맞춤이 적용된다.

■ **축척 :** 도면 출력의 정확한 축척값이 필요할 때 사용

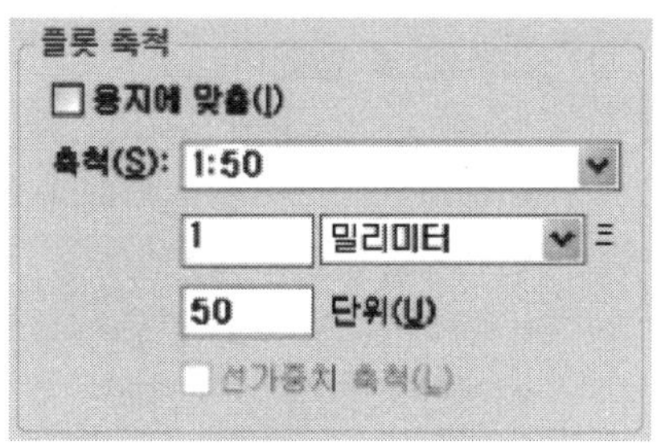

미리보기 버튼을 이용해 출력 용지에 적당한 축척값을 찾아 입력한다.

► 여기서는 '1 : 50'으로 설정한다.

ⓢ 도면의 출력 위치값을 설정한다.

미리보기 버튼을 통해 출력 위치를 확인한다.

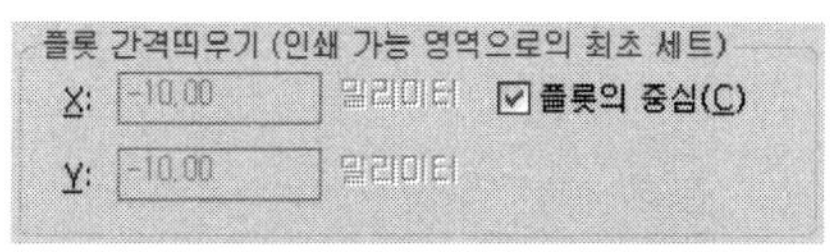

㉲ 도면의 출력 선색상과 선굵기값을 설정한다.

► 플롯 스타일 목록에서 'monochrome.ctb' 선택하기
- **컬러 프린트로 도면 출력할 경우** : acad.ctb 선택
- **흑백 프린트로 도면 출력할 경우** : monochrome.ctb 선택

► 출력 선색상과 선굵기값의 세부항목 설정을 하려면 편집 버튼( )을 선택한다.

► 플롯 스타일에서 색상 선택하기 ➔ *AutoCAD에서 도면 작업한 색상*

► 특성 영역의 색상(C) 목록에서 출력 선색상 설정하기 ➔ *용지에 출력할 선색상 지정*

► 선가중치(W) 목록에서 출력 선굵기값 설정하기 ➔ *용지에 출력할 선굵기 지정*

- **사용예 빨강1** : 색상→출력 선색상 검은색 설정
  선가중치→출력 선굵기값 0.1mm 설정

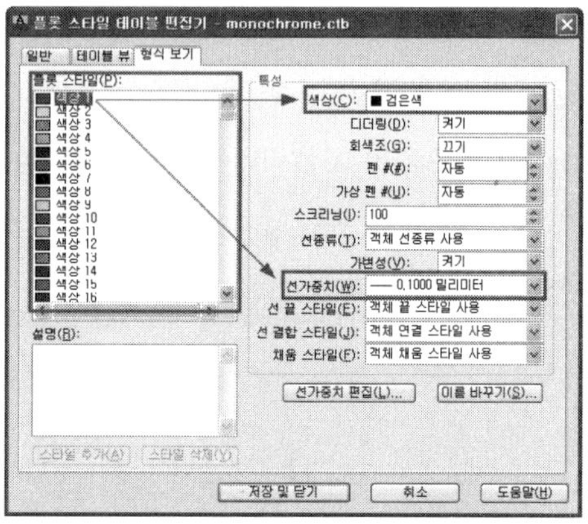

► [저장 및 닫기] 버튼 선택해 플롯스타일 테이블 편집기 닫기

⑤ 마지막으로 미리보기를 통해 출력 설정이 잘 되었는지 확인한다.

► 미리보기 버튼 선택해 출력 설정 미리보기

미리보기 버튼을 선택하면 출력 상자가 사라지고 미리보기 화면이 나타난다.

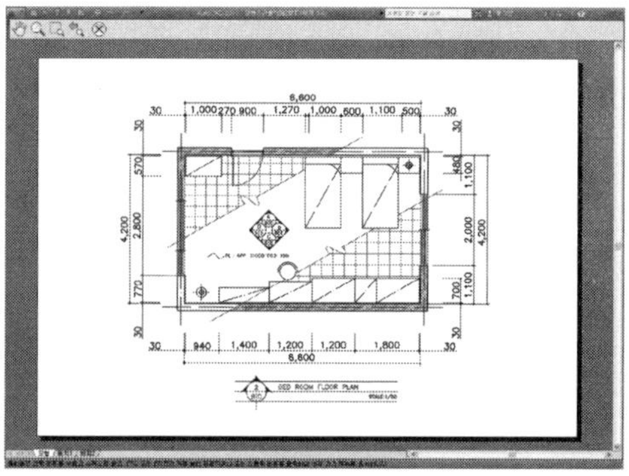

► 출력 설정을 확인하고 Esc 키를 선택하거나 ⊗ 선택해 미리보기에서 빠져나오기

⑥ 출력 설정이 끝났으면 [확인] 버튼을 선택해 출력 설정 명령을 종료한다.

(11) 표제란을 삽입한다.

► 사용명령 : insert Enter↵ (혹은 I Enter↵)

► [찾아보기] 버튼을 선택해 표제란 파일을 가져온다.

► [단일축척]을 선택한다.

► 축척값을 '50'으로 설정한다.

► [확인] 버튼을 선택한다.

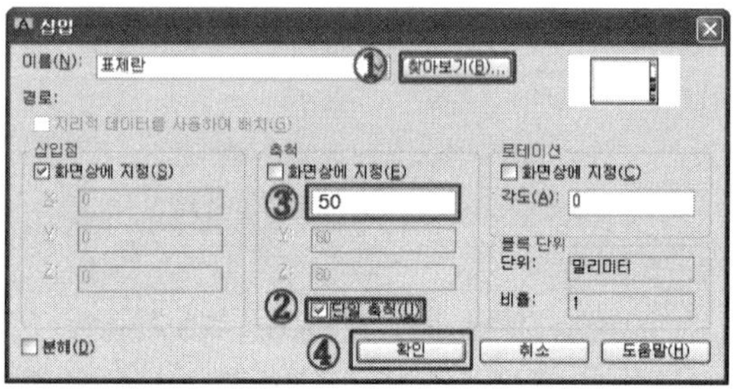

► 삽입점 지정 또는 [기준점(B)/축척(S)/회전(R)] : 표제란을 삽입할 위치점을 마우스로 지정한다.

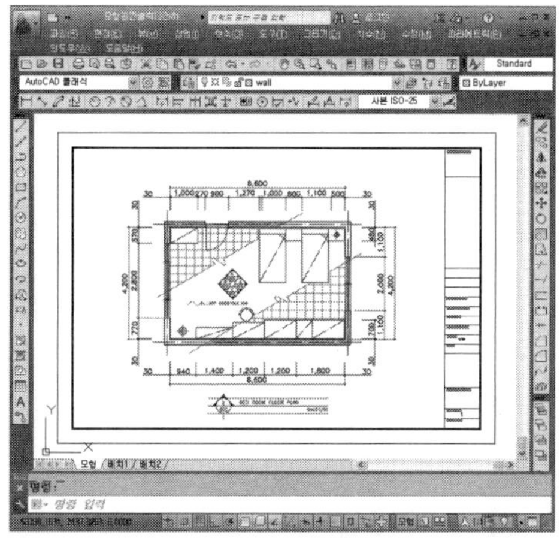

(12) **프린트설정 명령을 실행해 표제란까지 포함된 출력 영역을 다시 설정한다.**

► 사용명령 : pagesetup Enter↵

► 페이지 설정 유형 목록에서 'A4' 항목 선택

► [수정] 버튼 선택

► 플롯 영역에서 [윈도우] 버튼 선택

► 출력 영역 재지정 ➔ *표제란을 포함한 영역 지정*

► [확인] 버튼을 선택해 페이지 설정 명령 종료

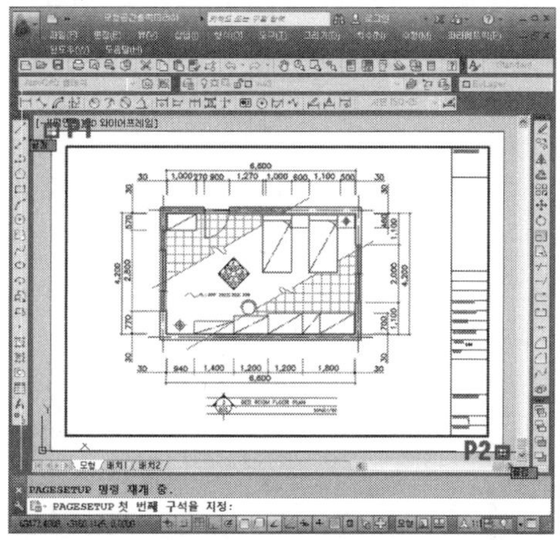

(13) **다음과 같이 출력 명령을 실행해 출력한다.**

► 명령 : plot Enter↵

► 페이지 설정 이름(A)에서 'A4출력' 선택하기

► [확인] 버튼 선택해 출력하기

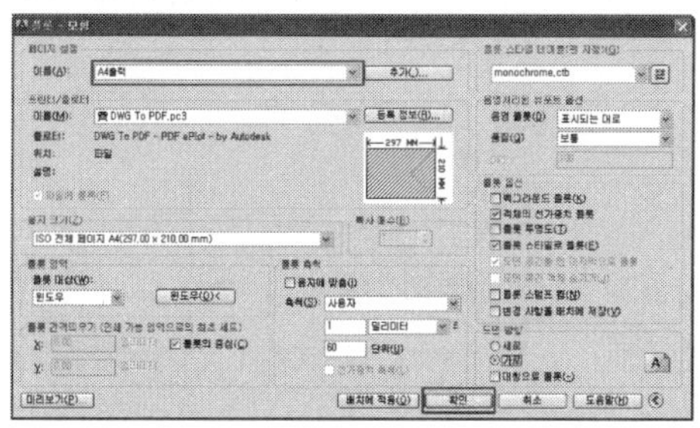

3. 천정도 그리기

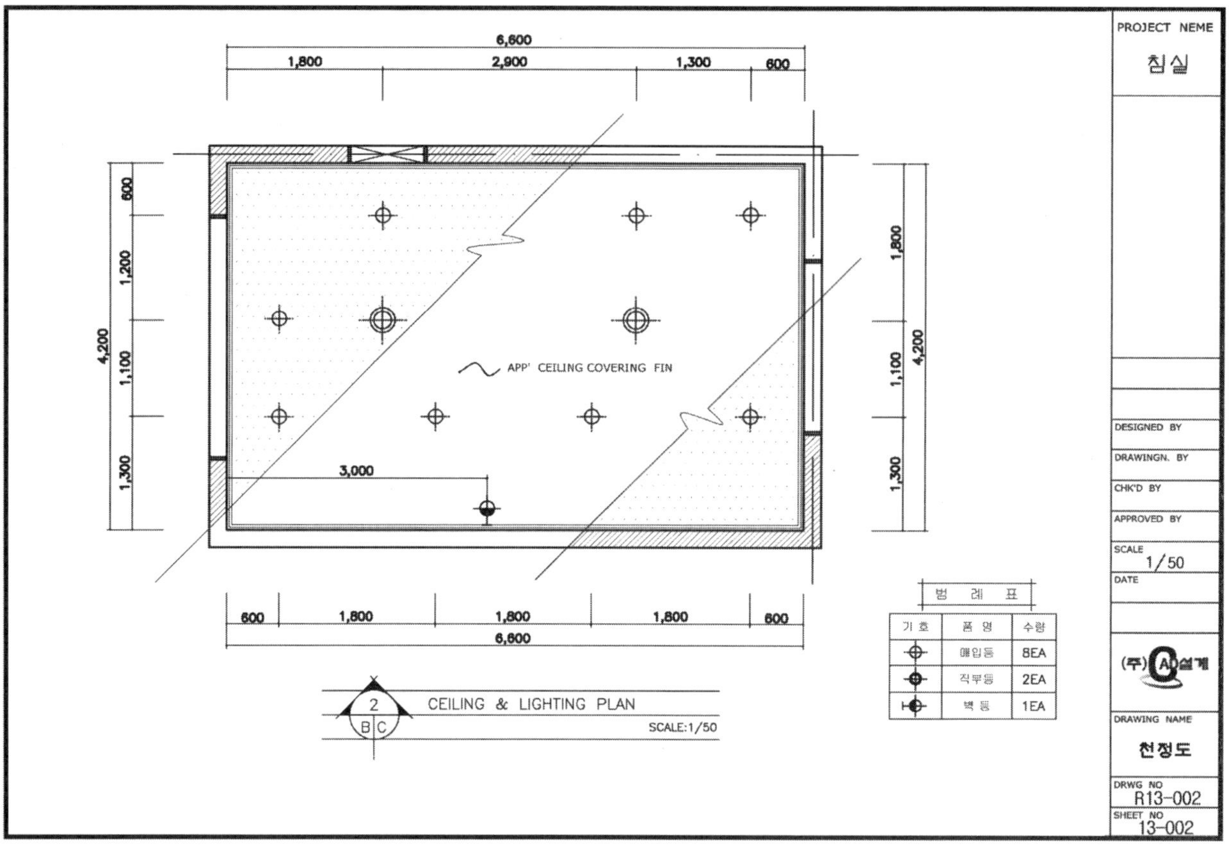

천정도 그리기 순서

환경설정 ➡ 중심선 그리기 ➡ 벽체선 그리기 ➡ 창호 그리기 ➡ 벽마감선 그리기

사용 명령

- 환경설정
  - units
  - limits
  - zoom → all
  - layer
- 중심선 그리기
  - line (l)
  - trim (tr)
  - lengthen (len)
- 벽체선 그리기
  - mlstyle
  - mline
  - mledit
  - trim
- 창호 그리기: 소스불러오기
  - insert (i)
  - Ctrl+C, Ctrl+V
  - designcenter
- 벽마감선 그리기
  - mline

➡ 가구 그리기 ➡ 문자 입력하기 ➡ 치수 기입하기 ➡ 해치 적용하기 ➡ 기타 정리 도면완성

사용 명령

- 가구 그리기: 소스불러오기
  - insert (i)
  - Ctrl+C, Ctrl+V
  - designcenter
- 문자 입력하기
  - style (st)
  - mtext (mt)
  - dtext (dt)
  - ddedit (ed)
  - mls
  - mld
- 치수 기입하기
  - dimstyle (d)
  - 치수측정
- 해치 적용하기
  - hatch (h)
  - hatchedit (he)

(1) 천정도를 그리기 위한 환경을 설정한다.

① 빈문서를 연다.

► 사용명령 : new [Enter↵]

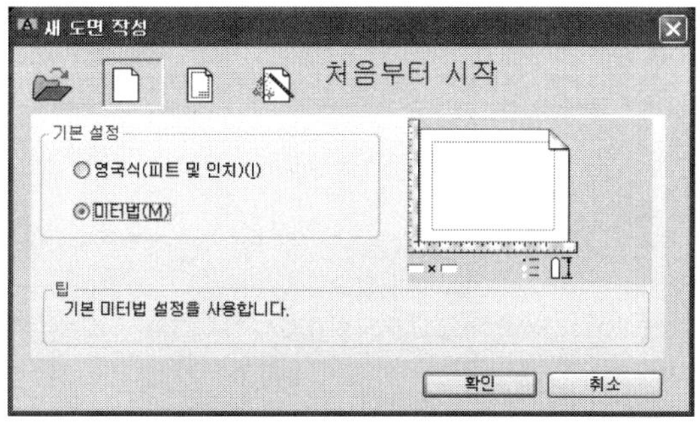

② 도면 작업 단위를 확인하고 설정한다.

► 사용명령 : units [Enter↵]

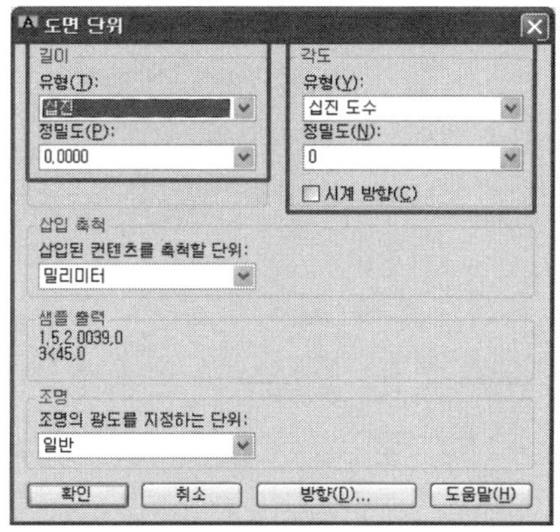

③ 작업 영역 크기를 설정한다.

► 명령 : limits [Enter↵]

► 모형 공간 한계 재설정 :

► 왼쪽 아래 구석 지정 또는 [켜기(ON)/끄기(OFF)] 〈0.0000,0.0000〉 : 0,0 [Enter↵]

► 오른쪽 위 구석 지정 〈420.0000,297.0000〉 : 20000,15000 [Enter↵]

► 명령 : zoom [Enter↵]

► 윈도우 구석을 지정, 축척 비율 (nX 또는 nXP)을 입력, 또는

► [전체(A)/중심(C)/동적(D)/범위(E)/이전(P)/축척(S)/윈도우(W)/객체(O)] 〈실시간〉 : a [Enter↵]

④ 도면층을 만든다.

► 사용명령 : layer (la)

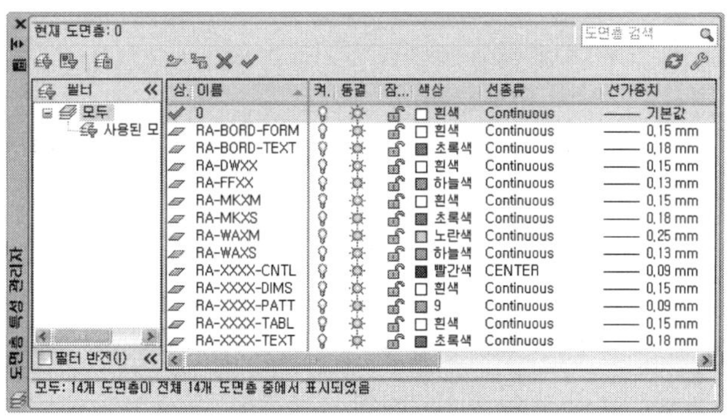

(2) 도면을 그린다.

① 중심선 도면층을 선택한다.

►'AZ–CNTL' 도면층을 선택한다.

② 다음 명령을 이용해 오른쪽 그림과 같이 중심선을 그린다.

► 사용명령

■ line (l)

■ offset (o)

■ trim (tr)

■ lengthen (len)

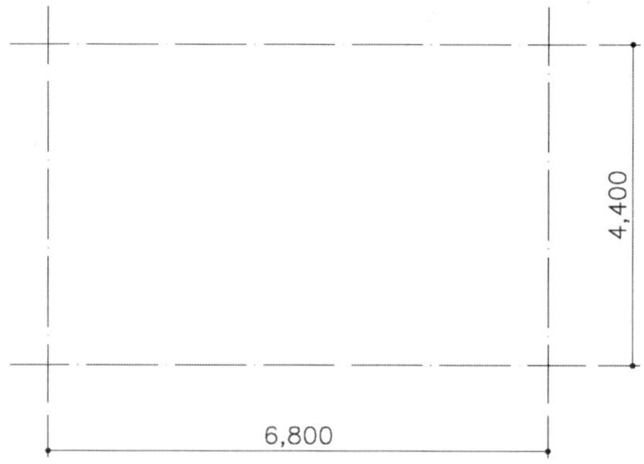

③ 벽을 그린다.

㉮ 다중선 유형을 설정한다.

► 사용명령 : mlstyle

► 오른쪽 그림과 같이 설정한다.

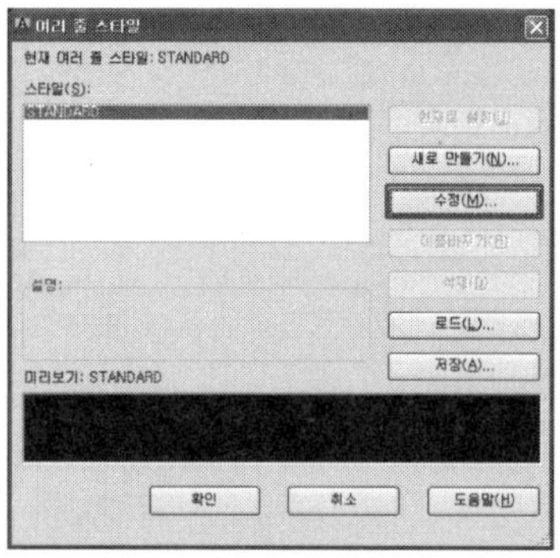

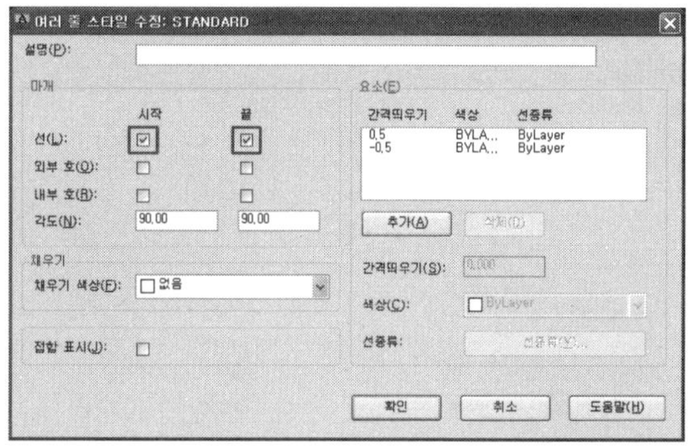

㉯ 다중선 그리기 명령을 이용해 'RA-WAXX' 도면층에 벽체선을 그린다.
'200' 크기의 벽체선을 그린다.

► 사용명령 : mline (ml) Enter↵

► 현재 설정 : 자리맞추기 = 맨 위, 축척 = 20.00, 스타일 = STANDARD

► 시작점 지정 또는 [자리맞추기(J)/축척(S)/스타일(ST)] : j Enter↵

► 자리맞추기 유형 입력 [맨 위(T)/0(Z)/맨 아래(B)] 〈맨 위〉 : z Enter↵

► 현재 설정 : 자리맞추기 = 0, 축척 = 20.00, 스타일 = STANDARD

► 시작점 지정 또는 [자리맞추기(J)/축척(S)/스타일(ST)] : s Enter↵

► 여러 줄 축척 입력 〈200.00〉 : 200 Enter↵

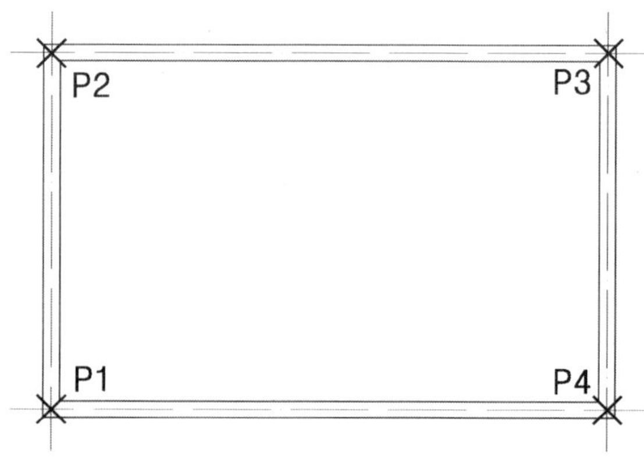

► 현재 설정 : 자리맞추기 = 0, 축척 = 75.00, 스타일 = STANDARD

► 시작점 지정 또는 [자리맞추기(J)/축척(S)/스타일(ST)] :

► 다음 점 지정 : P1점

► 다음 점 지정 또는 [명령 취소(U)] : P2점 지정

► 다음 점 지정 또는 [닫기(C)/명령 취소(U)] : P3점

► 다음 점 지정 또는 [닫기(C)/명령 취소(U)] : P4점

► 다음 점 지정 또는 [닫기(C)/명령 취소(U)] : c Enter↵

㉰ 창호가 들어가는 부분에 벽체선을 자른다.

► 사용명령

■ line (l)

■ offset (o)

■ trim (tr)

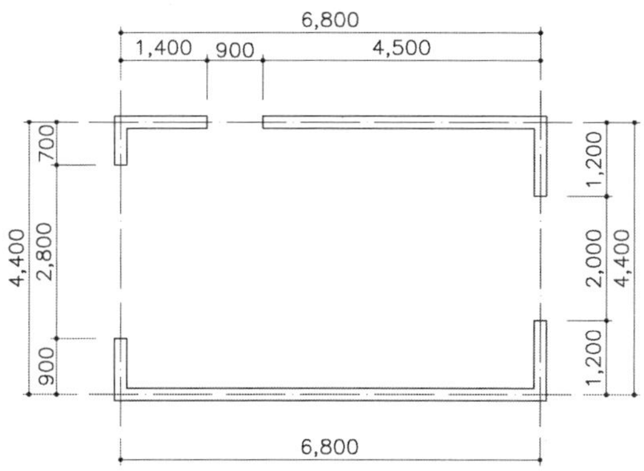

④ 창호와 벽체 마감선을 그린다.

창호는 비교적 간단하게 사각형으로 그려도 된다.

► 사용명령

■ line (l)

■ offset (o)

■ trim (tr)

► 벽체 마감선 그리기 명령

■ mlstyle

■ mline (ml)

■ mledit

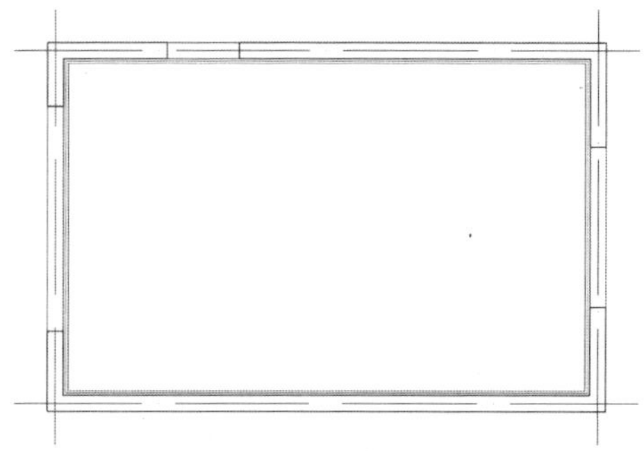

⑤ 조명 기호를 그리거나 삽입한다.

► 사용명령

창호를 그릴 때 사용명령

■ line (l), offset (o), trim (tr)

창호를 삽입할 때 사용명령

■ insert (i), Ctrl+C, Ctrl+V

■ move (m), rotate (ro), stretch (s)

■ stretch (s)

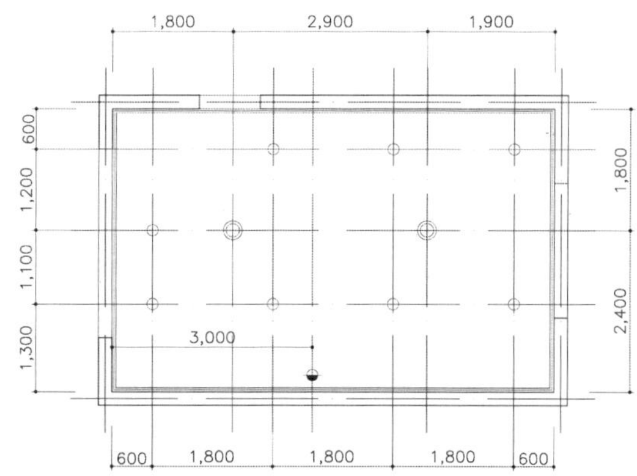

(3) 문자 및 기호를 기입한다.

① 문자 유형을 설정한다.

► 사용명령 : style (st)

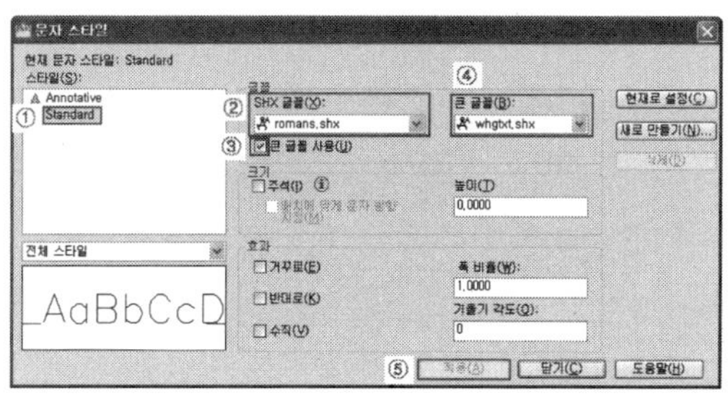

② 문자를 입력한다.

► 문자 입력 명령

■ mtext (mt)

■ dtext (dt)

► 문자 수정 명령

■ ddedit (ed)

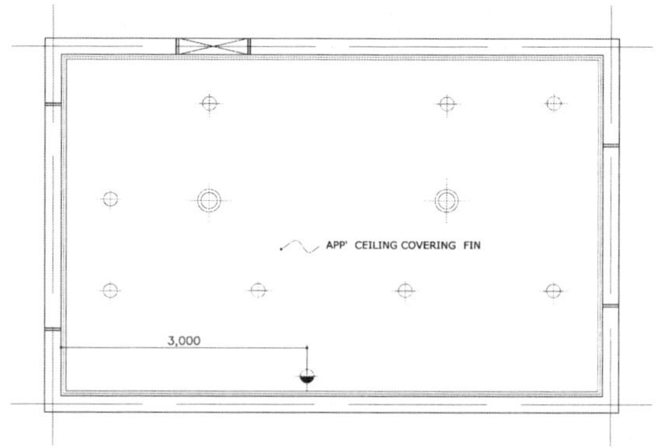

(4) 해치를 적용한다.

► 사용명령

■ **해치 적용명령 :** hatch (h)

■ **해치 수정명령 :** hatchedit (he) 혹은 수정하고자 하는 해치 더블클릭하기

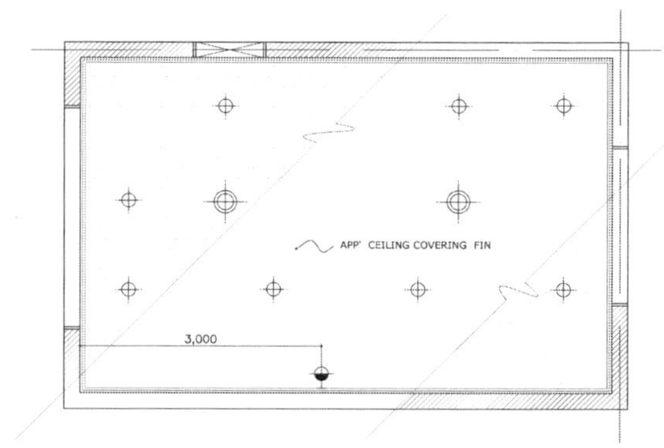

벽체선 영역 – 벽돌 단면

– 유형 : 미리정의

– 패턴 종류 : ANSI31

– 각도 : 0

– 축척 : 15

실바닥 영역

– 유형 : 사용자정의

– 패턴 종류 : user

– 간격 : 300

– 이중항목 : 선택

(5) 치수를 적용한다.

► 치수 유형 설정 명령 : dimstyle (d)

► 사용명령 : dli [Enter↵] → *직선 치수 적용*

► 사용명령 : dco [Enter↵] → *연속 치수 적용*

► 사용명령 : dba [Enter↵] → 기준 치수 적용

► 사용명령 : dimspace [Enter↵] → *치수선 간격설정*

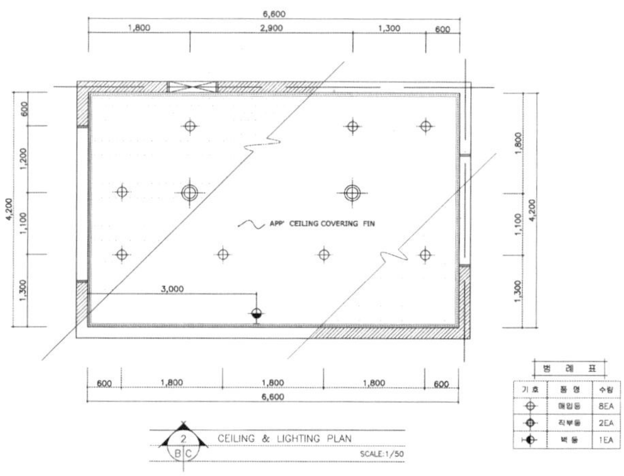

치수 적용 도구막대

►  : 직선 치수 적용 명령

►  : 연속 치수 적용 명령

►  : 기준 치수 적용 명령

► 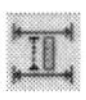 : 치수선 간격 설정 명령

(6) 표제란을 그리거나 삽입해 도면을 완성한다.

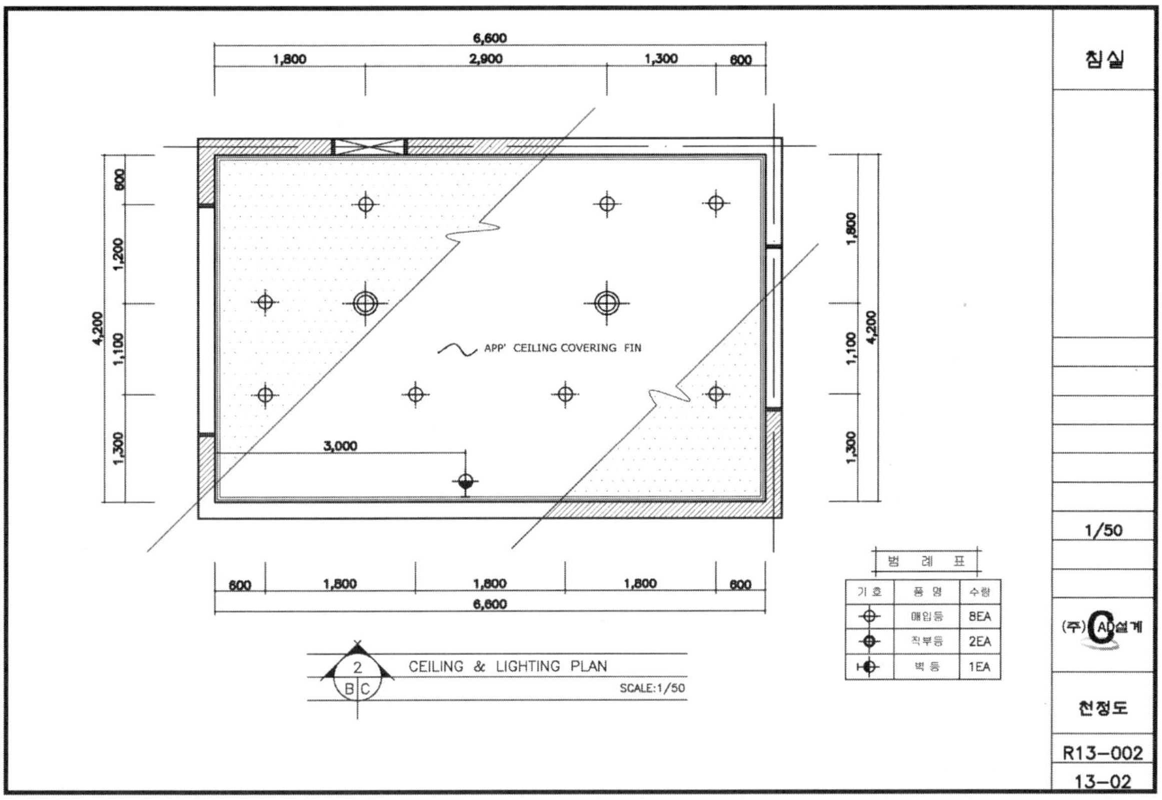

(7) 도면을 출력한다.

① 출력설정을 저장한다.

⇨ 423쪽을 참고한다.

② 도면을 출력한다.

⇨ 427쪽을 참고한다.

4. 입면도 그리기

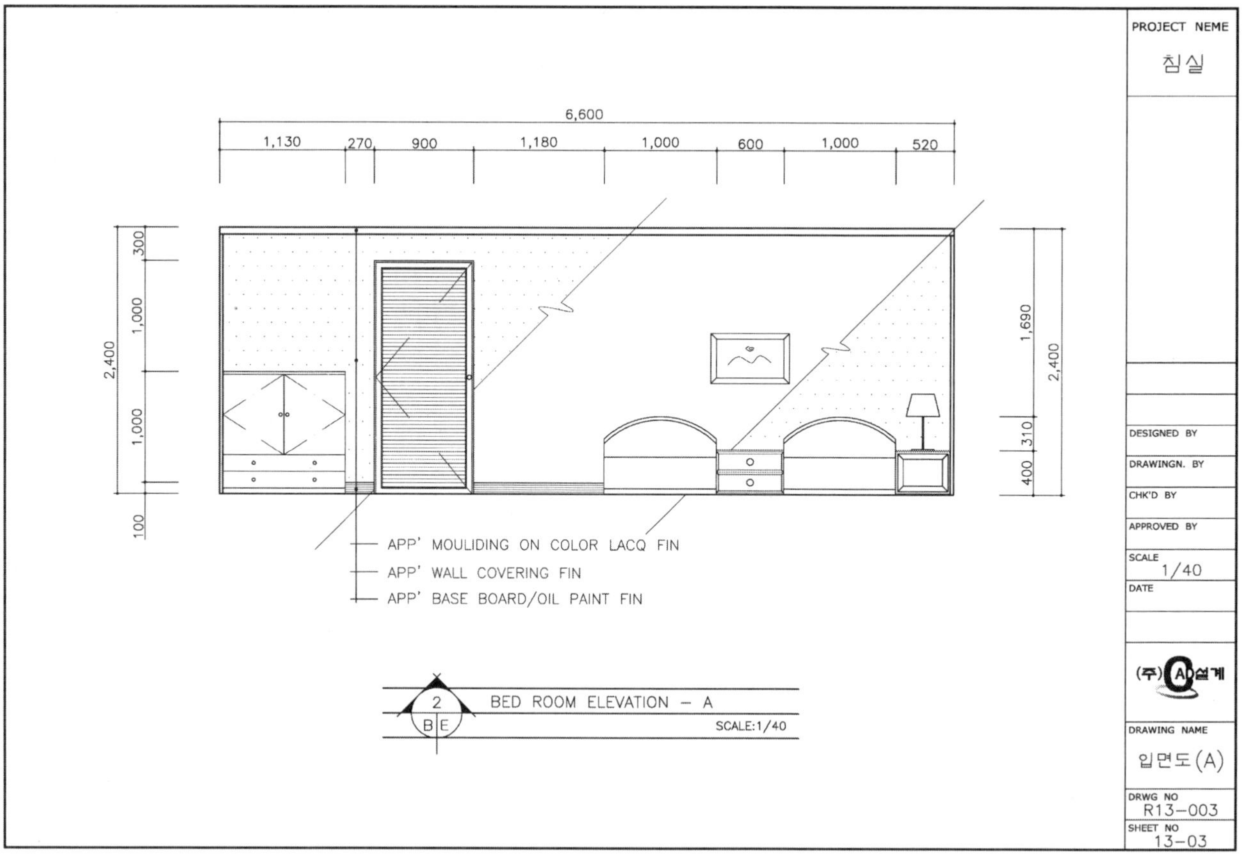

평면도 그리기 순서

환경설정 ➡ 중심선 그리기 ➡ 벽체선 그리기 ➡ 창호 그리기 ➡ 벽마감선 그리기

사용 명령

환경설정	중심선 그리기	벽체선 그리기	창호 그리기	벽마감선 그리기
• units • limits • zoom → all • layer	• line (l) • trim (tr) • lengthen (len)	• mlstyle • mline • mledit • trim	소스불러오기 • insert (i) • Ctrl+C, Ctrl+V • designcenter	• mline

➡ 가구 그리기 ➡ 문자 입력하기 ➡ 치수 기입하기 ➡ 해치 적용하기 ➡ 기타 정리 도면완성

사용 명령

가구 그리기	문자 입력하기	치수 기입하기	해치 적용하기	기타 정리 도면완성
소스불러오기 • insert (i) • Ctrl+C, Ctrl+V • designcenter	• style (st) • mtext (mt) • dtext (dt) • ddedit (ed) • mls • mld	• dimstyle (d) • 치수측정	• hatch (h) • hatchedit (he)	

(1) 입면도를 그리기 위한 환경을 설정한다.

① 빈문서를 연다.

► 사용명령 : new Enter↵

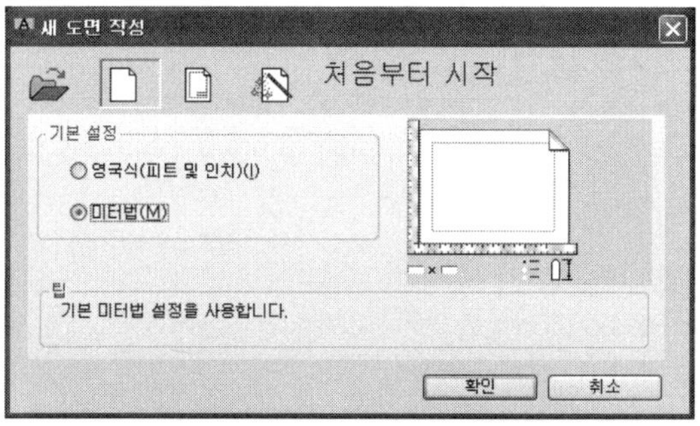

② 도면 작업 단위를 확인하고 설정한다.

► 사용명령 : units Enter↵

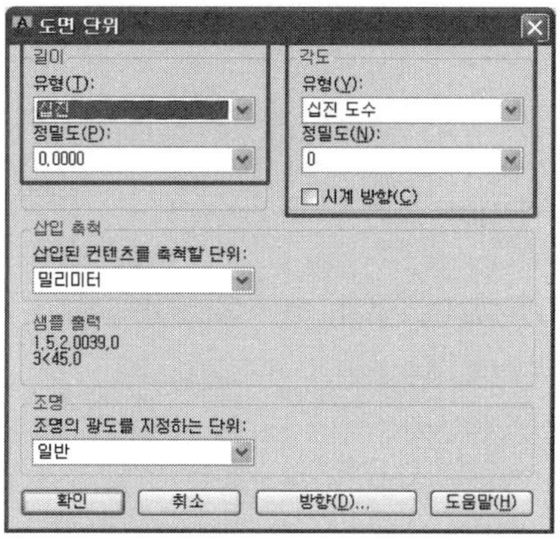

③ 작업 영역 크기를 설정한다.

► 명령 : limits Enter↵

► 모형 공간 한계 재설정 :

► 왼쪽 아래 구석 지정 또는 [켜기(ON)/끄기(OFF)] 〈0.0000,0.0000〉 : **0,0** Enter↵

► 오른쪽 위 구석 지정 〈420.0000,297.0000〉 : **20000,15000** Enter↵

► 명령 : zoom Enter↵

► 윈도우 구석을 지정, 축척 비율 (nX 또는 nXP)을 입력, 또는

► [전체(A)/중심(C)/동적(D)/범위(E)/이전(P)/축척(S)/윈도우(W)/객체(O)] 〈실시간〉 : a Enter↵

④ 도면층을 만든다.

► 사용명령 : layer (la)

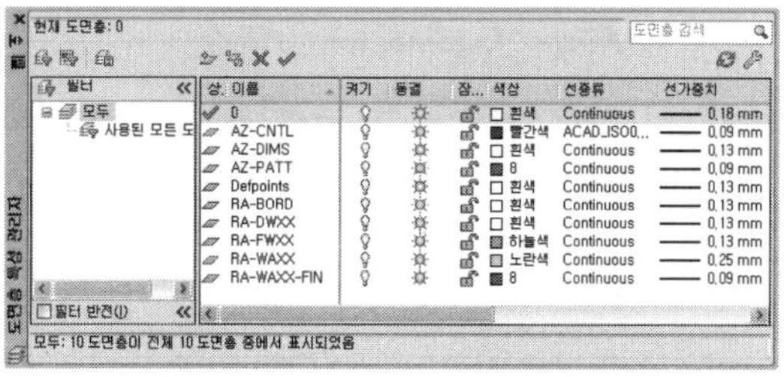

(2) 입면 도면을 그린다.

① 바닥면과 천장선, 벽면선을 그린다.

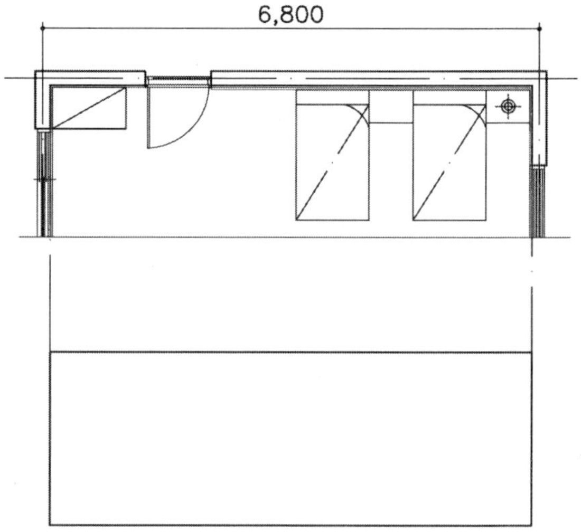

► 사용명령

- line (l)
- offset (o)
- tTrim (tr)

② 걸레받이, 몰딩, 벽 마감선을 그린다.

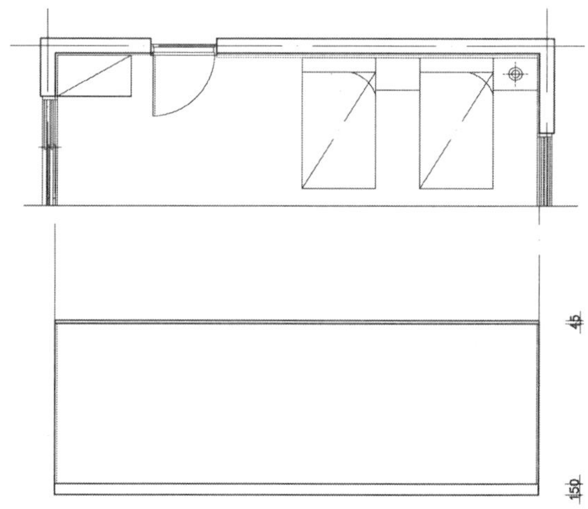

► 사용명령

- line (l)
- offset (o)
- tTrim (tr)

③ 가구를 그린다.

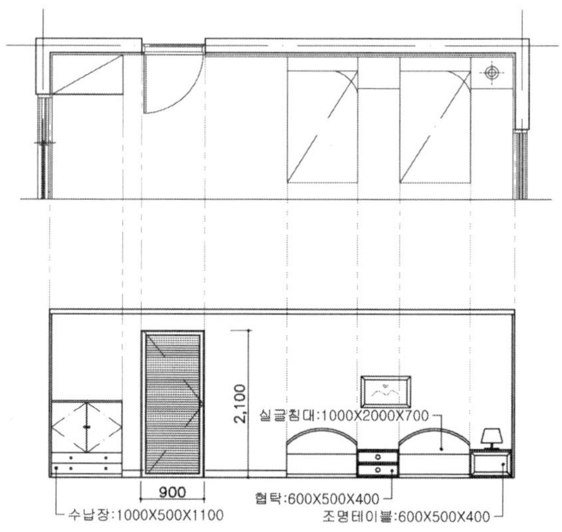

► 사용명령

창호를 그릴 때 사용명령

- line (l), offset (o), trim (tr)

창호를 삽입할 때 사용명령

- insert (i), Ctrl+C, Ctrl+V
- move (m), rotate (ro), stretch (s)
- stretch (s)

④ 문자를 기입한다.

㉮ 문자 유형을 설정한다.

► 사용명령 : style (st)

► 글꼴 : 돋움체

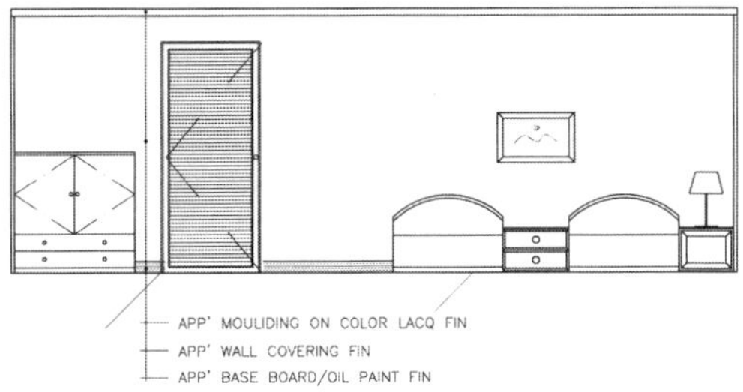

㉯ 문자를 입력하다.

► 사용명령

■ mtext (mt)

■ dtext (dt)

⑤ 해치를 적용한다.

► 사용명령

■ **해치 적용명령 :** hatch (h)

■ **해치 수정명령 :** hatchedit (he) 혹은 수정하고자 하는 해치 더블클릭하기

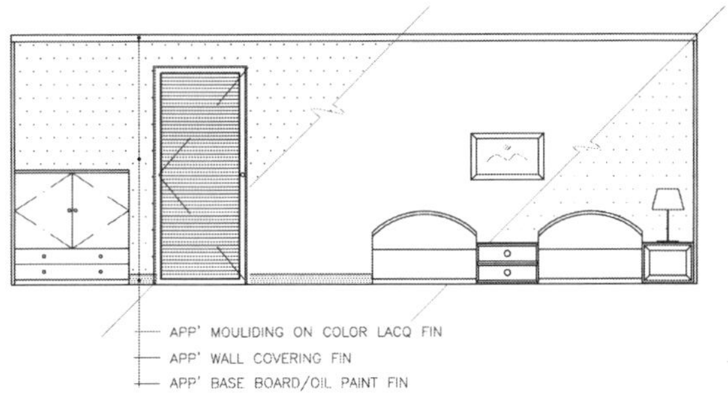

벽체선 영역 – 벽돌 단면

– 유형 : 미리정의

– 패턴 종류 : DOT

– 각도 : 0

– 축척 : 15

⑥ 치수와 도면명을 작성하고 완성한다.

㉮ 치수 작성하기

► 사용명령 : dimstyle (d) Enter↵ → *치수 유형 설정*

► 사용명령 : dli Enter↵ → *직선 치수 적용*

► 사용명령 : dco Enter↵ → *연속 치수 적용*

► 사용명령 : dba Enter↵ → *기준 치수 적용*

► 사용명령 : dimspace Enter↵ → *치수선 간격 설정*

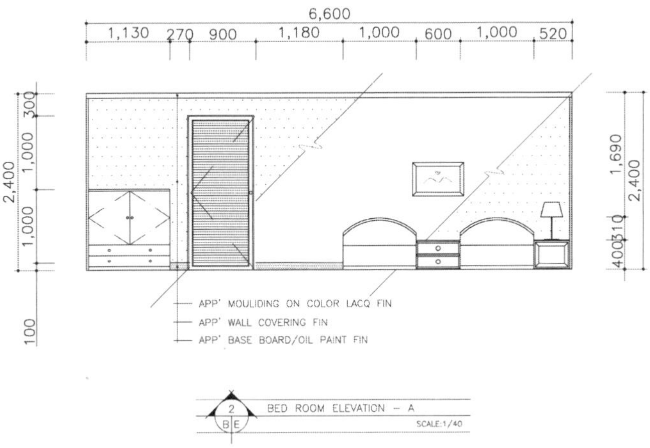

치수 적용 도구막대

►  : 직선 치수 적용 명령

►  : 연속 치수 적용 명령

►  : 기준 치수 적용 명령

►  : 치수선 간격 설정 명령

㉯ 도면명 작성하기

► 사용명령 : line (l) Enter↵ → *선그리기*

► 사용명령 : circle (c) Enter↵ → *원그리기*

► 사용명령 : hatch (h) Enter↵ → *면 채우기*

► 사용명령 : mtext (mt) Enter↵ → *문자 입력하기*

⑦ 표제란을 그리고 도면을 완성한다.

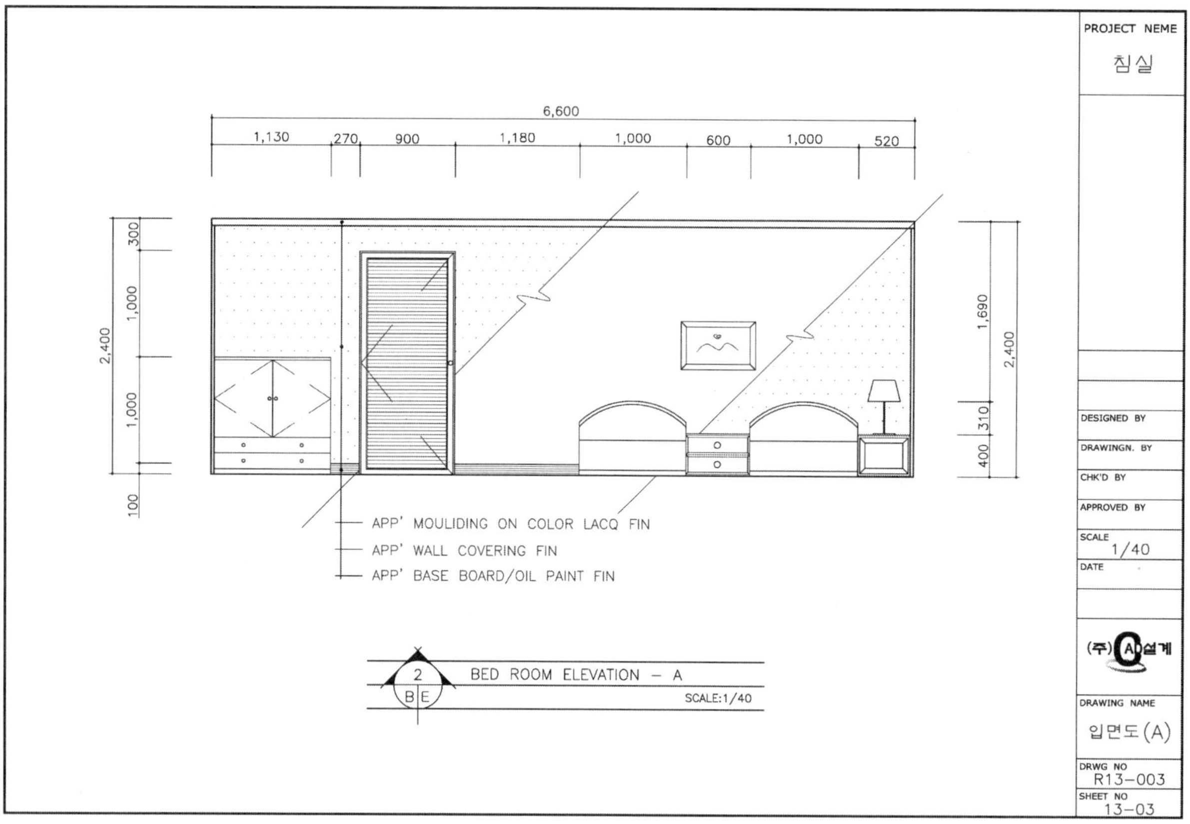

(3) 도면을 출력한다.

① 출력설정을 저장한다.

► 사용명령 : pagesetup

② 도면을 출력한다.

► 사용명령 : plot

도면 예제 13-1 실내건축 실무 도면 그리기 - ICE CREAM SHOP

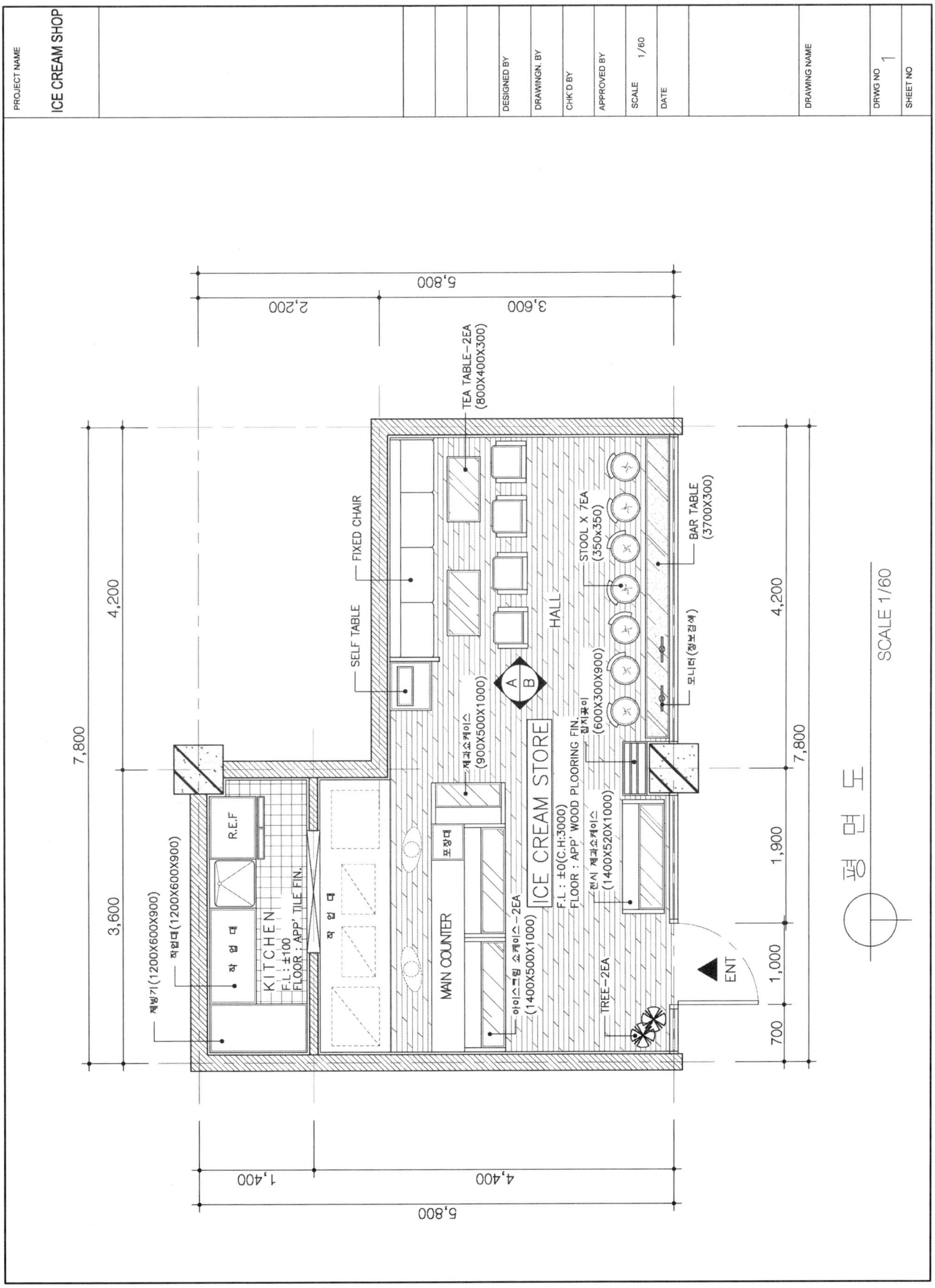

도면 예제 13-2 실내건축 실무 도면 그리기 - ICE CREAM SHOP

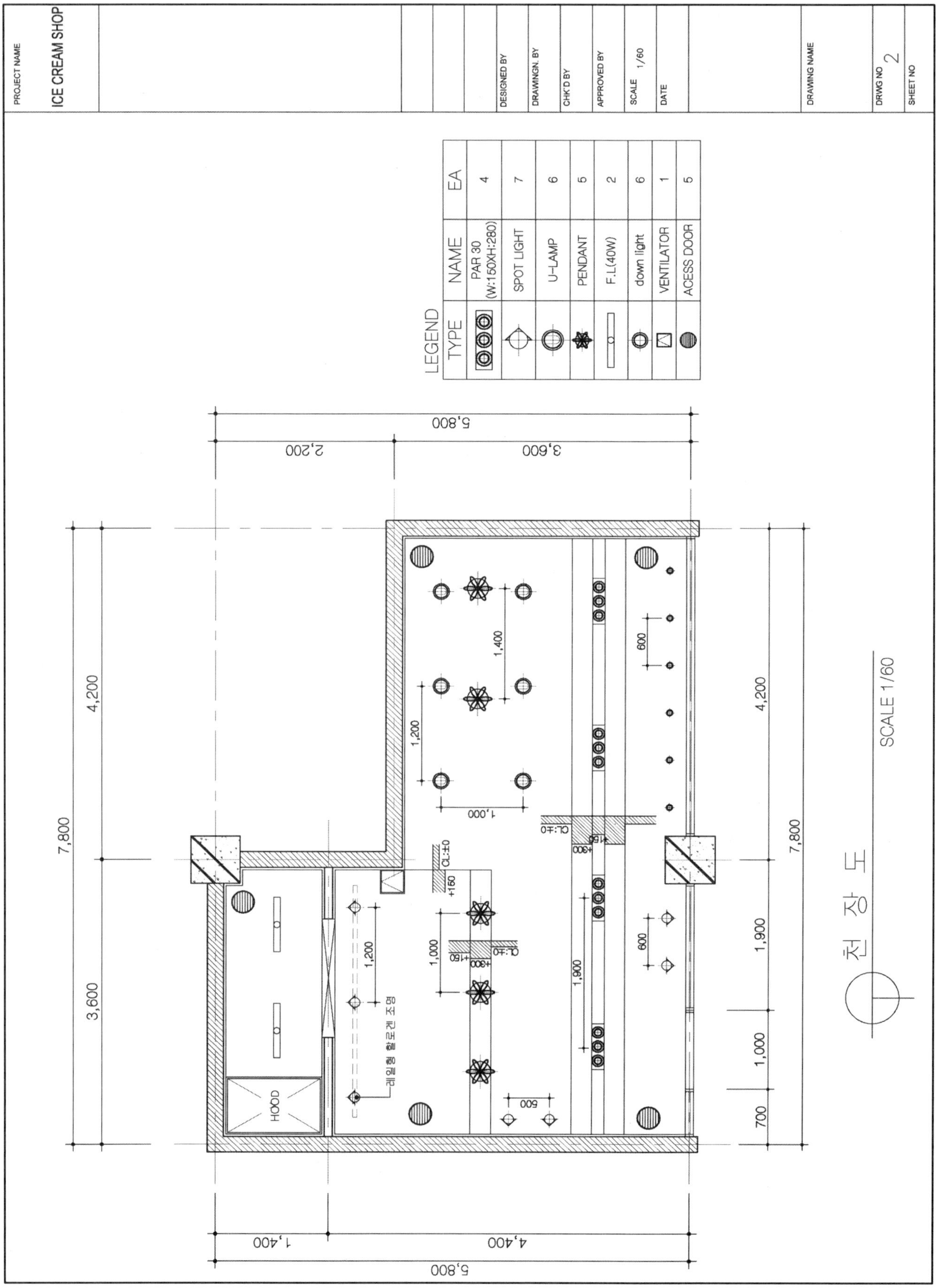

도면 예제 13-3 실내건축 실무 도면 그리기 - ICE CREAM SHOP

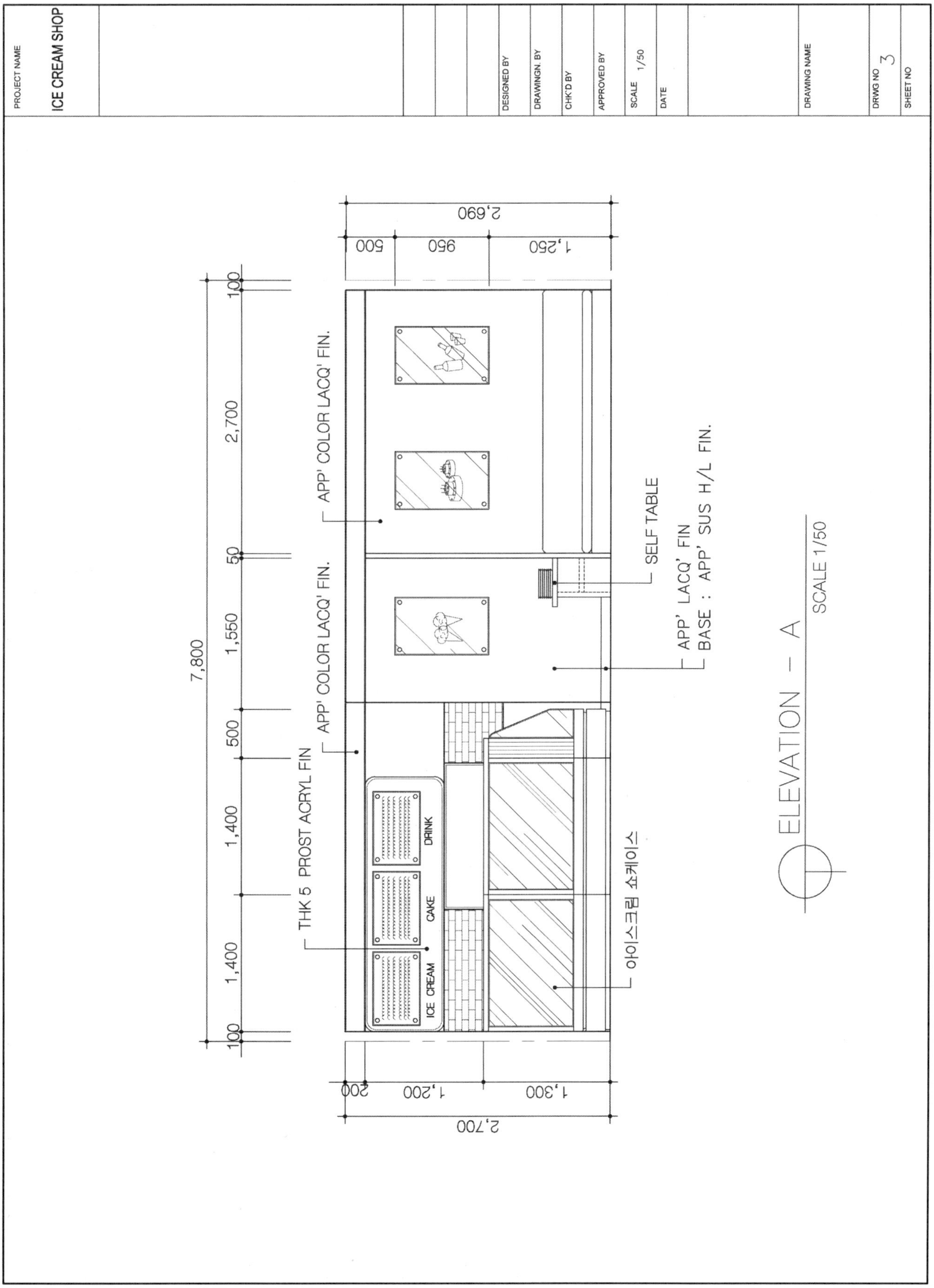

도면 예제 13-4 실내건축 실무 도면 그리기 - ICE CREAM SHOP

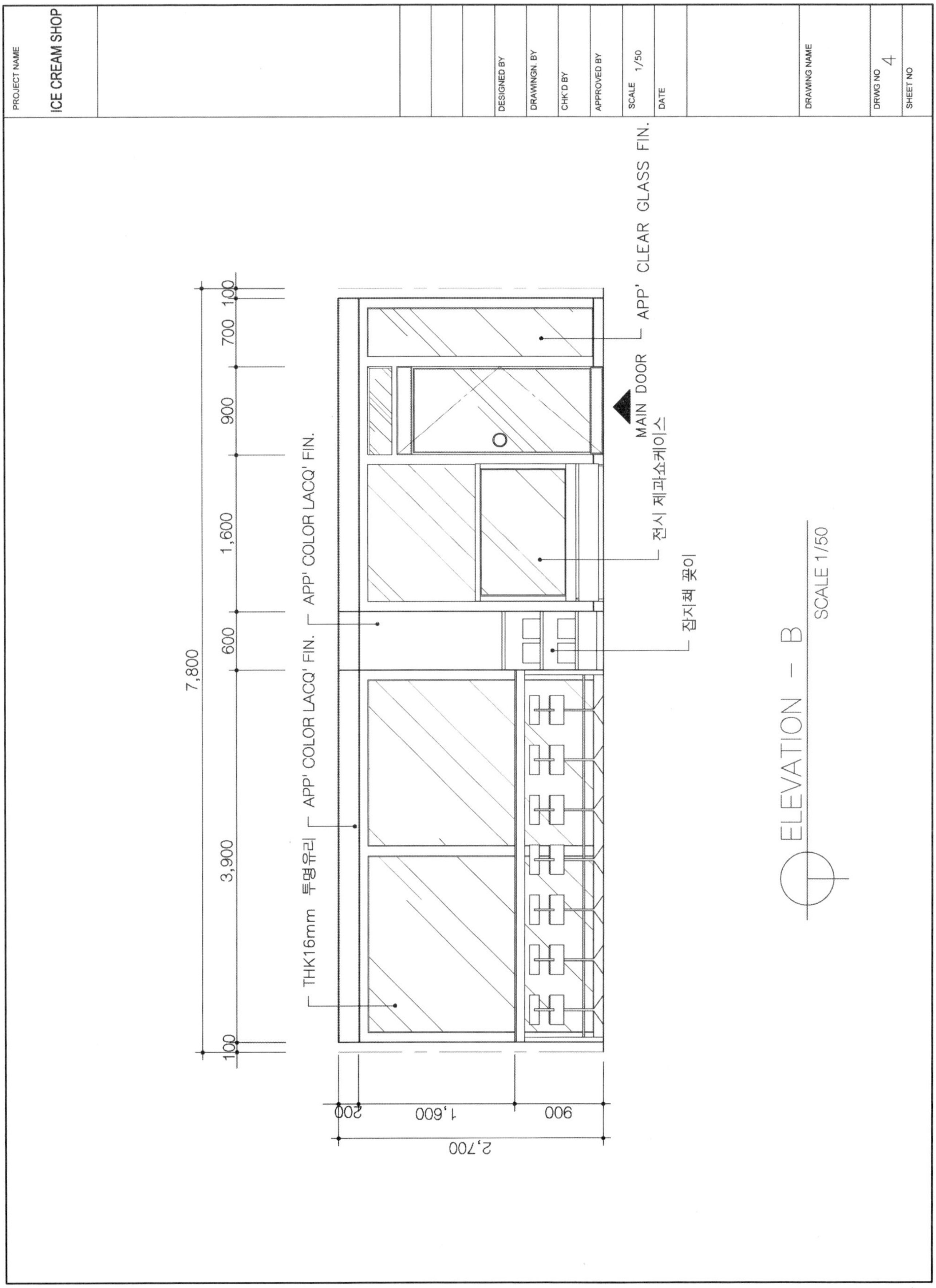

LESSON 14

건축 실무 도면 그리기 - 주택 도면 그리기

학습목표

- AutoCAD 프로그램을 이용해 주택 평면도를 그릴 수 있다.
- AutoCAD 프로그램을 이용해 주택 입면도를 그릴 수 있다.
- AutoCAD 프로그램을 이용해 주택 단면도를 그릴 수 있다.

선행학습

- 작업 공간 영역 설정에 대한 이해와 활용
- 도면층(layer)에 대한 이해와 활용

학습명령

1. **작업 영역 설정 :** limits, zoom → all 옵션
2. **도면층(layer)설정 :** layer
3. **다중선 그리기 :** mlstyle, mline, mledit
4. **선 길이 변경하기 :** trim (tr), extend (ex), lengthen (len)
5. **객체 속성 일치시키기 :** matchprop (ma)
6. **문자 입력하기 :** style (st), mtext (mt), stext (dt), ddeidt (ed), change (ch)
7. **치수 :** dimstyle (d), dimlinear (dli), dimaligen (dal), dincontinue (dco) 등
8. **재료 표시하기 :** hatch
9. **출력하기 :** pagesetup, plot

학습내용

① 학습내용 1

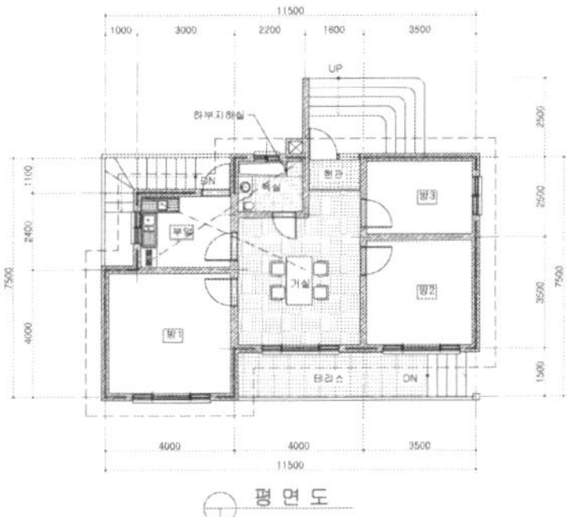

평 면 도

② 학습내용 2

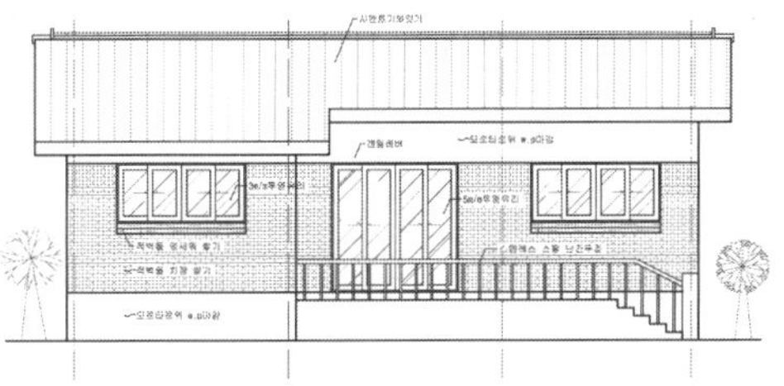

남 측 입 면 도

③ 학습내용 3

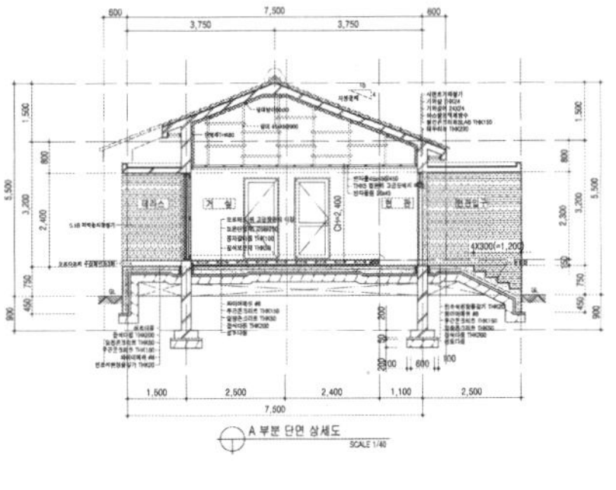

A 부분 단면 상세도

비 고

AutoCAD 프로그램을 사용할 수 있다고 건축설계 도면을 그릴 수 있는 건 아니다. 건축설계 도면을 해독하고 설계하는 방법을 알아야 건축 도면을 그릴 수 있다. 그렇기에 반드시 건축 설계 방법론에 대해 공부하도록 한다.

1. 건축 도면에 대한 이해

① 평면도

평면도는 해당 층 바닥에서부터 1.5m 높이에서 아래를 내려 본 상태를 표현한 도면으로서, 평면의 구획, 각 실의 출입 관계, 재료의 구성 상태, 개구부 등의 관련사항을 표현하기 위한 도면이다. 세부 표현이 필요한 부분은 확대 평면도를 작성하여 표현한다.

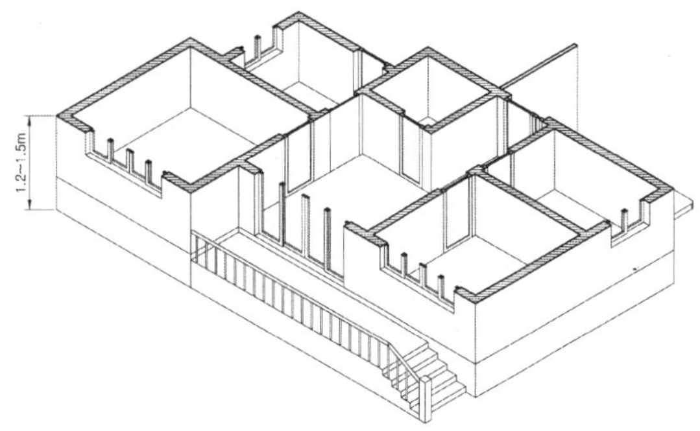

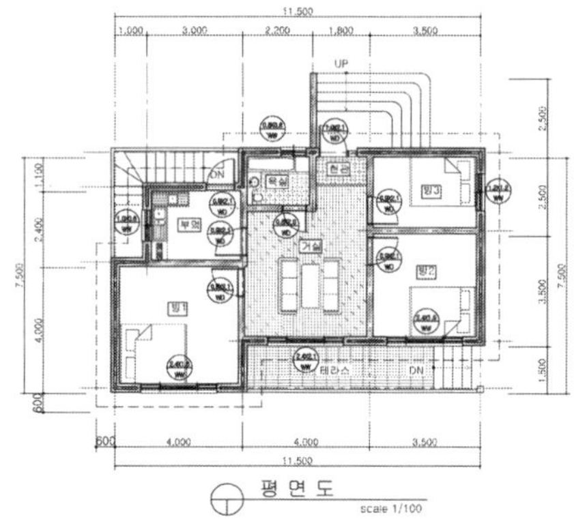

② 입면도

입면도는 건축물의 외관을 표현한 직립투상도로서 건물의 전체 높이, 건물바닥 마감선과 창문의 위치, 창문의 모양 및 개폐방향 그리고 외장재 등의 정보를 주는 도면이다.

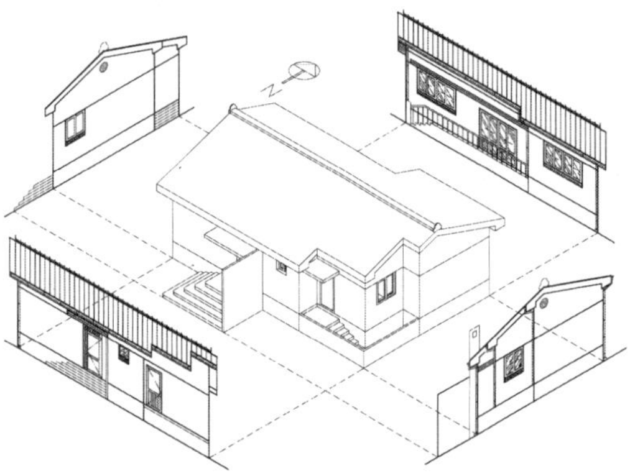

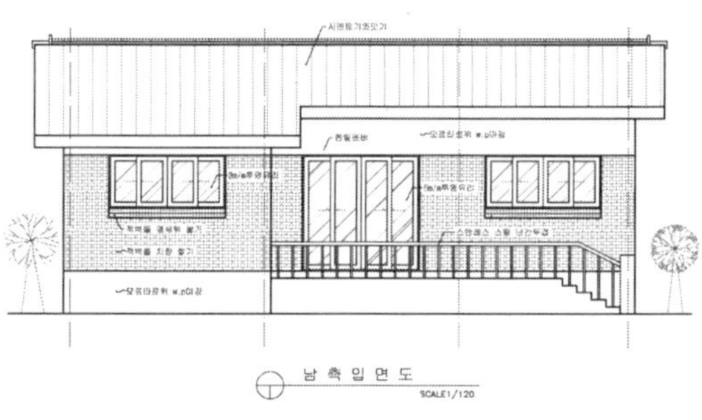

③ 주 단면도

주 단면도는 건물의 전체를 수직으로 절단한 도면으로서, 구조 및 설비시스템 등과 밀접한 관계가 있으며, 층고, 천장고, 보의 위치 및 크기, 마감레벨 및 지반레벨과의 관계 등을 표현한다.

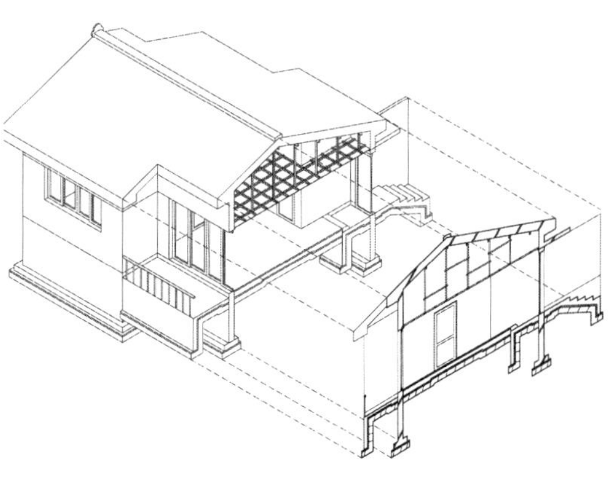

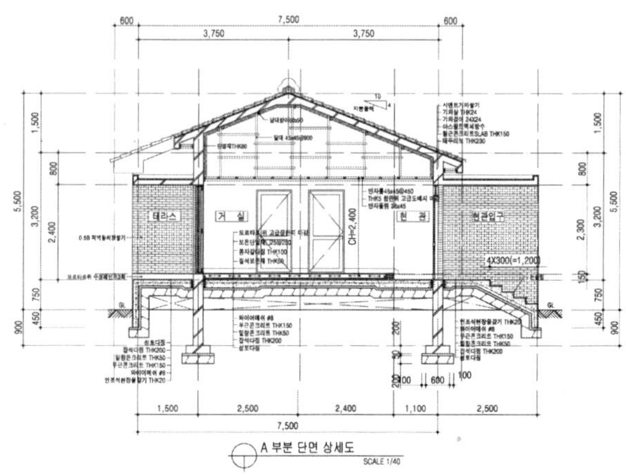

2. 평면도 그리기

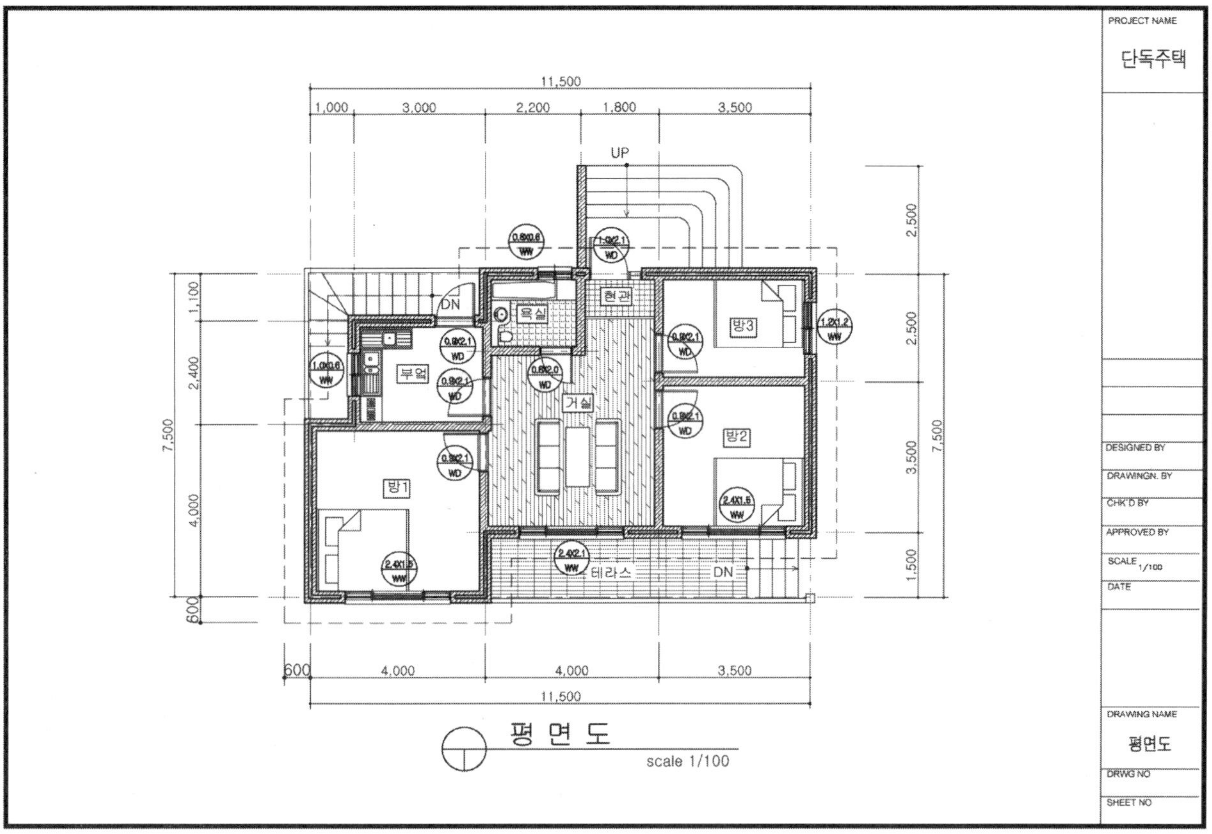

['SCALE 1/100'은 A4 출력시의 축척값임]

2.1 평면도 그리기

① 축척은 1/100을 기준으로 하되, 건물의 크기에 따라 적절한 축척을 선택하여 사용한다.

② 확대평면상세도가 그려진 부분은 가급적 간략하게 표기하며, 치수도 중요한 치수만 표기한다.

③ 방화구획은 기둥 중심간을 따라 굵은 일점쇄선으로 표기한다.

④ 화장실 관련 내용은 코어 평면상세도에서 표기한다.

⑤ 벽체의 종류를 명확히 표시하며 바닥, 벽 마감재의 변경선 및 재료명을 반드시 기입한다.

⑥ 당해 공사의 범위가 아닌 부분은 일점쇄선으로 표기하고 "별도공사"라고 기입한다.

⑦ 별도의 확대 평면도가 없는 부분(예 : 문, 개구부)은 문틀치수로 표기한다.

⑧ 창호의 부호표기는 창호 부호도를 작성하여 표기하는 것을 원칙으로 한다.

⑨ 실명표기는 각 실의 중앙에 표기하는 것을 원칙으로 한다. 그러나 부득이한 경우에는 인출선을 사용하여 외부에 표기한다.

⑩ 커튼월 등의 치수 기준선은 구체선에서 마감선까지의 치수를 표기한다.

⑪ 상부 바닥선, OPEN 범위, 상부돌출부, 천장선 등을 나타내는 표기는 점선으로 한다.

⑫ 공사의 구분을 명확히 한다.

⑬ 각종 설비기기를 표시할 경우는 그 형태를 점선으로 표시한다.

2.2 평면도 그리기 순서

	환경설정	➡	중심선 그리기	➡	벽체선 그리기	➡	창호 그리기	➡	벽마감선 그리기
사용 명령	• units • limits • zoom → all • layer		• line (l) • trim (tr) • lengthen (len)		• mlstyle • mline • mledit • trim		소스불러오기 • insert (i) • Ctrl+C, Ctrl+V • designcenter		• mline

기타 구조부	➡	가구 그리기	➡	문자 입력하기	➡	치수 기입하기	➡	해치 적용하기	➡	기타 정리 도면완성
• line (l) • offset (o) • trim (tr) • copy (co) • move (m) • rotate (ro)		소스불러오기 • insert (i) • Ctrl+C, Ctrl+V • designcenter		• style (st) • mtext (mt) • dtext (dt) • ddedit (ed) • mls • mld		• dimstyle (d) • 치수측정		• hatch (h) • hatchedit (he)		

2.3 평면도 따라 그리기

(1) 평면도 작도를 위한 환경 설정을 한다.

① 빈문서를 연다.

► 사용명령 : new Enter↵

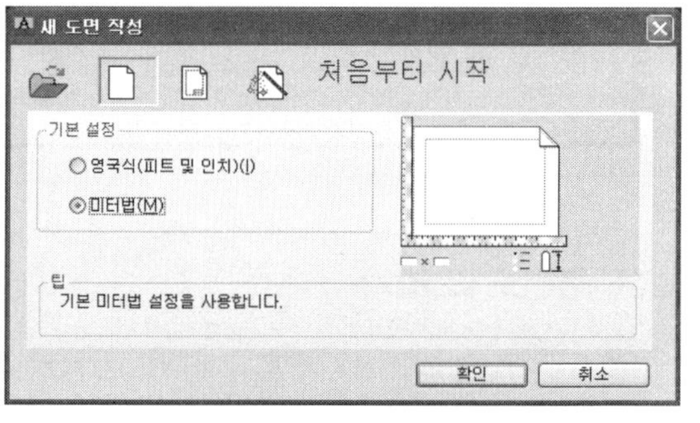

② 도면 작업 단위를 확인하고 설정한다.

► 사용명령 : units Enter↵

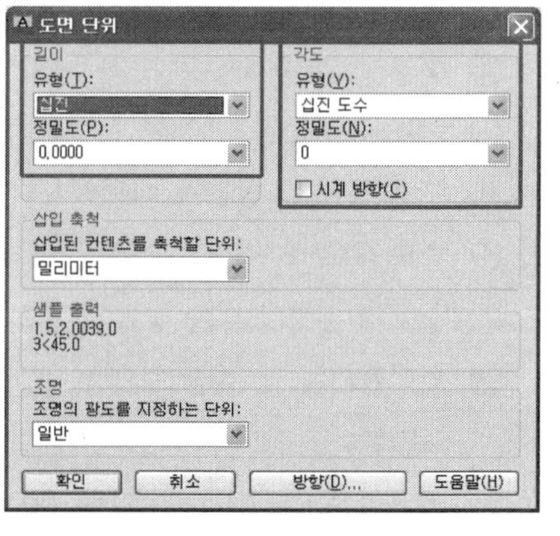

③ 작업 영역 크기를 설정한다.

► 명령 : limits Enter↵
► 모형 공간 한계 재설정 :
► 왼쪽 아래 구석 지정 또는 [켜기(ON)/끄기(OFF)] 〈0.0000,0.0000〉 : 0,0 Enter↵
► 오른쪽 위 구석 지정 〈420.0000,297.0000〉 : 20000,15000 Enter↵

► 명령 : zoom Enter↵
► 윈도우 구석을 지정, 축척 비율 (nX 또는 nXP)을 입력, 또는
► [전체(A)/중심(C)/동적(D)/범위(E)/이전(P)/축척(S)/윈도우(W)/객체(O)] 〈실시간〉 : a Enter↵

④ 도면층을 만든다. (185쪽 참조)

► 사용명령 : layer (la)

layer 이름에 따른 용도는 196쪽을 참고한다.

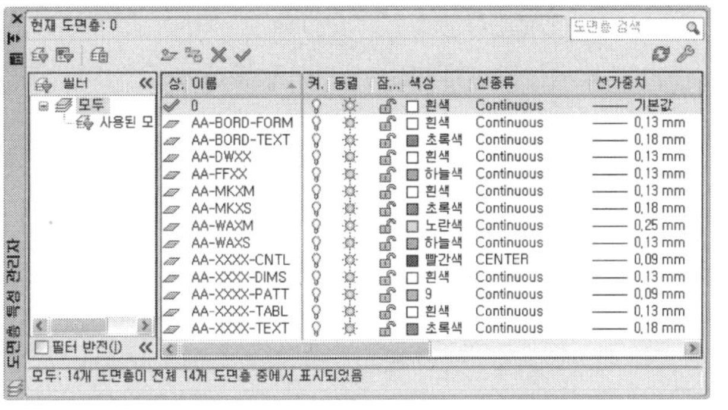

(2) 중심선을 그린다.

① 중심선 도면층을 선택한다.

► 'AZ-XXXX-CNTL' 도면층을 선택한다.

② 다음 명령을 이용해 오른쪽 그림과 같이 중심선을 그린다.

► 사용명령
- line (l)
- offset (o)
- trim (tr)
- lengthen (len)

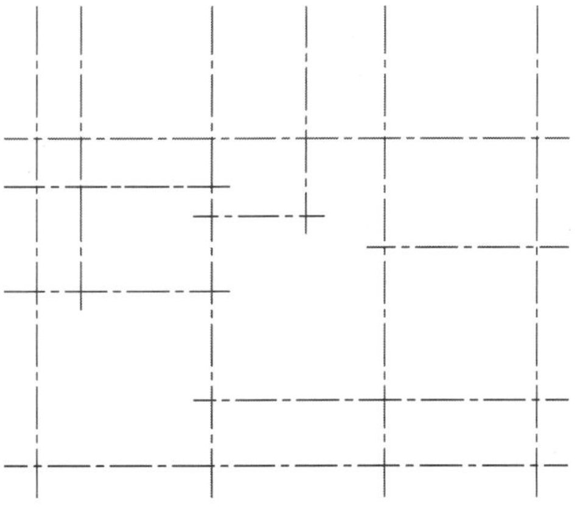

(3) 벽을 그린다

① 다중선 유형을 설정한다. (262쪽 참조)

► 사용명령 : mlstyle
► 오른쪽 그림과 같이 설정한다.

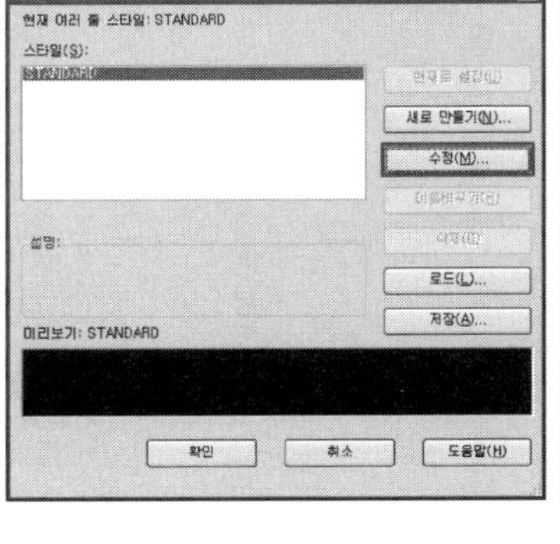

② 다중선 그리기 명령을 이용해 'AA-WAXM' 도면층에 벽체선을 그린다. (264쪽 참조)

㉮ '75' 크기의 공간벽체선을 그린다.

► 사용명령 : mline (ml) Enter↵
► 현재 설정 : 자리맞추기 = 맨 위, 축척 = 20.00, 스타일 = STANDARD
► 시작점 지정 또는 [자리맞추기(J)/축척(S)/스타일(ST)] : j Enter↵
► 자리맞추기 유형 입력 [맨 위(T)/0(Z)/맨 아래(B)] 〈맨 위〉 : z Enter↵
► 현재 설정 : 자리맞추기 = 0, 축척 = 20.00, 스타일 = STANDARD
► 시작점 지정 또는 [자리맞추기(J)/축척(S)/스타일(ST)] : s Enter↵

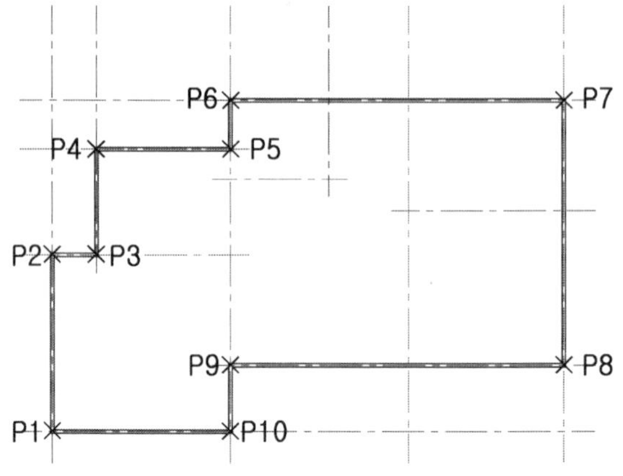

► 여러 줄 축척 입력 〈200.00〉 : 75 Enter↵
► 현재 설정 : 자리맞추기 = 0, 축척 = 75.00, 스타일 = STANDARD
► 시작점 지정 또는 [자리맞추기(J)/축척(S)/스타일(ST)] :
► 다음 점 지정 : **P1점**
► 다음 점 지정 또는 [명령 취소(U)] : **P2점 지정**
► 다음 점 지정 또는 [닫기(C)/명령 취소(U)] : **P3점~P10점 까지 지정**
► 다음 점 지정 또는 [닫기(C)/명령 취소(U)] : c Enter↵

㉯ '275' 크기의 벽체선을 그린다.

► 사용명령 : mline (ml) Enter↵
- **자리맞추기(j) :** z 설정
- **축척(S) :** 270

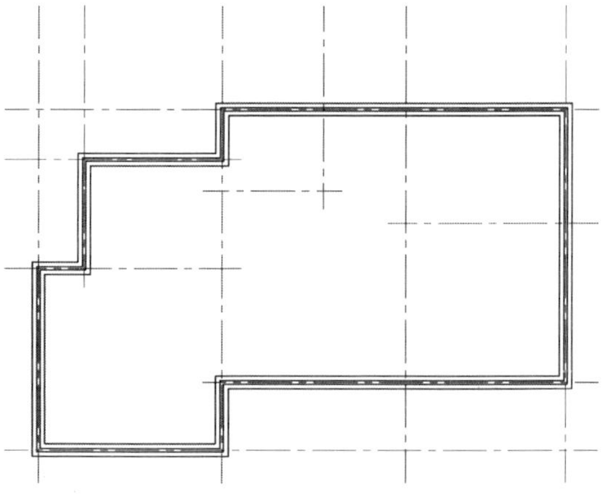

㉰ '200' 크기의 안쪽 벽체선을 그린다.

► 사용명령 : mline (ml) Enter↵
- **자리맞추기(j) :** t 설정 (혹은 b 설정)
- **축척(S) :** 200

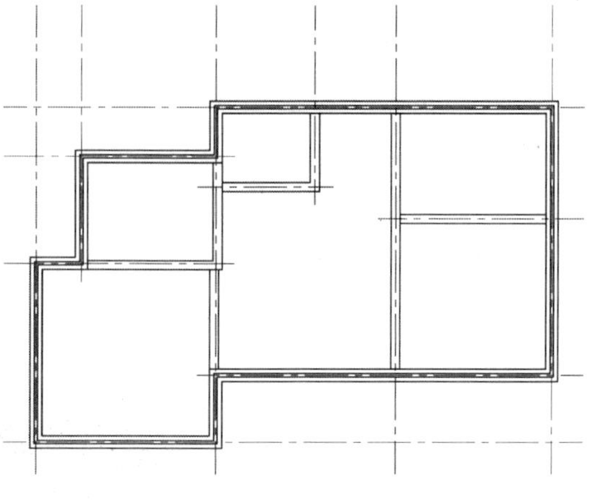

③ 다중선 편집 명령을 이용해 벽체선을 정리한다. (266쪽 참조)

► 사용명령 : mledit

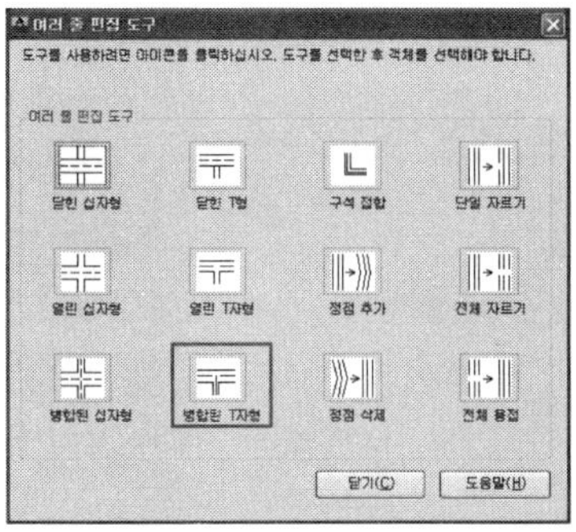

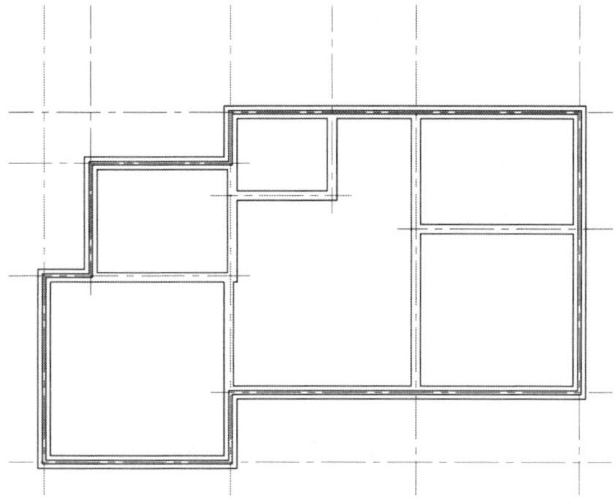

④ 창호가 들어가는 부분에 벽체선을 자른다.

► 사용명령

- line (l)
- offset (o)
- trim (tr)

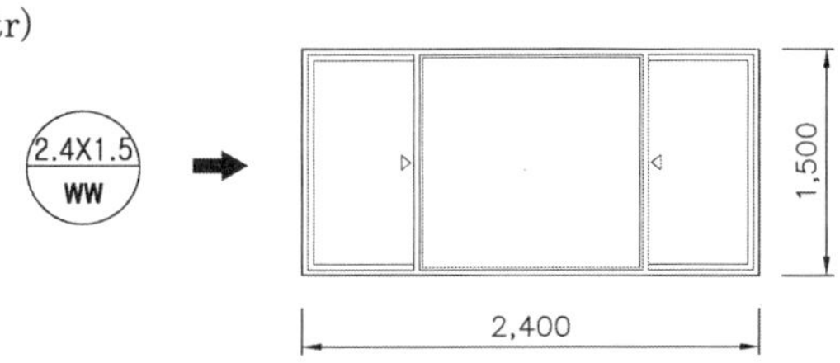

Wood Window

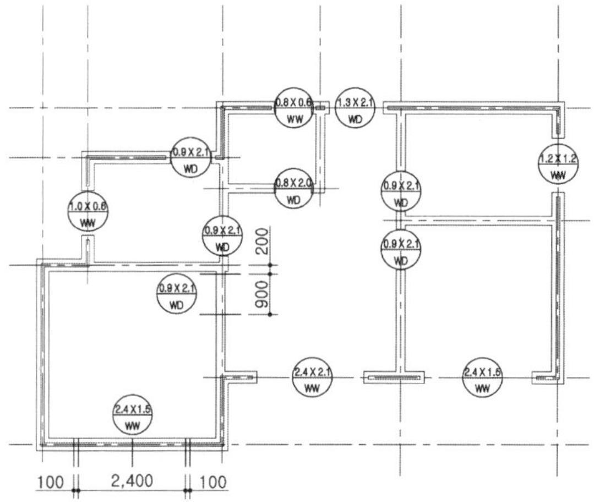

(4) 창호를 그린다.

'AA-DWXX' 도면층에 창호를 불러들인다. (361, 362쪽 참조)

※인터넷포털사이트에서 'cad 창호 소스'로 검색해 파일을 다운받아 사용한다.

► 사용명령

- insert (i)
- Ctrl+C, Ctrl+V
- move (m)
- rotate (ro)
- stretch (s)

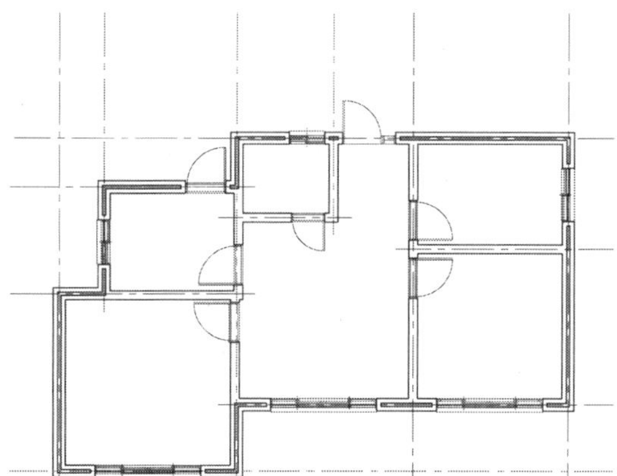

(5) 벽마감선을 그린다.

'AA-WAXS' 도면층에 벽 마감선을 그린다.

► 사용명령 : mline (ml)

► 단, 축척이 1/50 이상인 경우에는 벽 마감선을 따로 그리지 않아도 된다.

► 본 도면도 축척이 1/50 이상이기 때문에 벽 마감선을 그리지 않는 걸로 하겠다.

벽마감선을 그린다면 다음과 같이 설정해 그린다.

► 사용명령 : mline (ml) Enter↵

- **자리맞추기(j) :** t 설정 (혹은 b 설정)
- **축척(S) :** 20~30

(6) 기타 구조부를 그린다.

'AA-WAXS' 도면층에 기타 구조부를 그린다.

- 현관입구 계단
- 테라스
- 지하실 계단

► 사용명령

- ■ line (l)
- ■ offset (o)
- ■ trim (tr)
- ■ copy (co)
- ■ move (m)
- ■ rotate (ro)

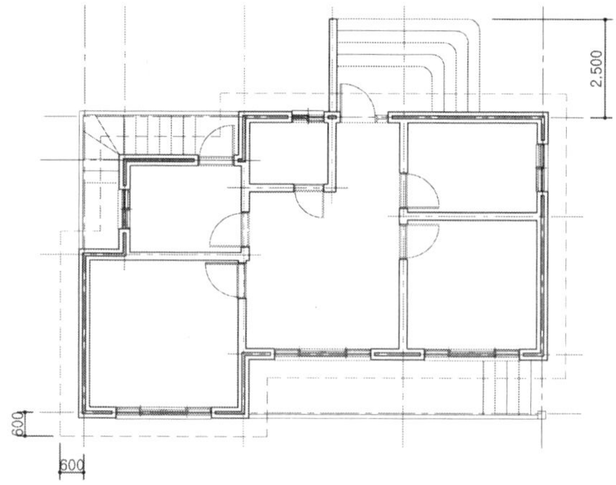

(7) 가구를 넣는다.

'AA-FFXX' 도면층에 가구를 불러들인다. (361, 362쪽 참조)

※인터넷포털사이트에서 'cad 가구 소스'로 검색해 파일을 다운받아 사용한다.

► 사용명령

- ■ insert (i)
- ■ Ctrl+C, Ctrl+V
- ■ move (m)
- ■ rotate (ro)
- ■ stretch (s)

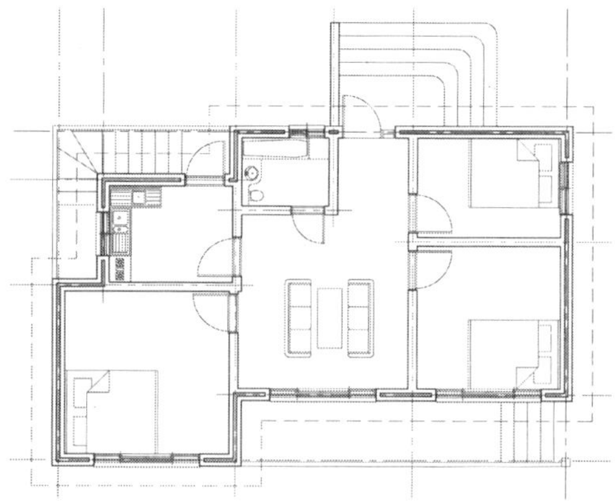

(8) 문자 및 기호를 기입한다.

① 문자 유형을 설정한다.

► 사용명령 : style (st)

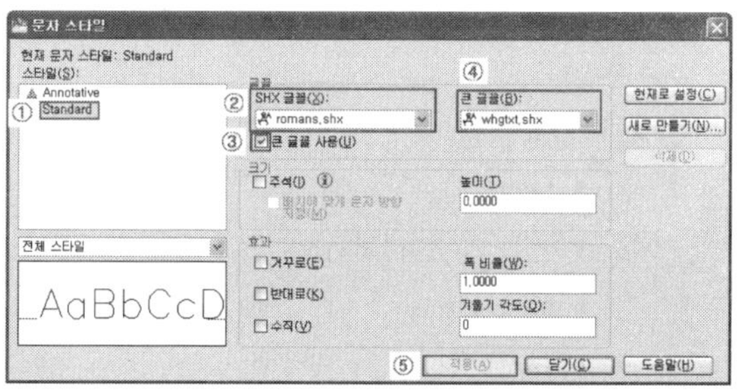

② 문자를 입력하다.

'AA-XXXX-TEXT' 도면층에 문자를 입력한다.

► 사용명령

- ■ mtext (mt)
- ■ dtext (dt)

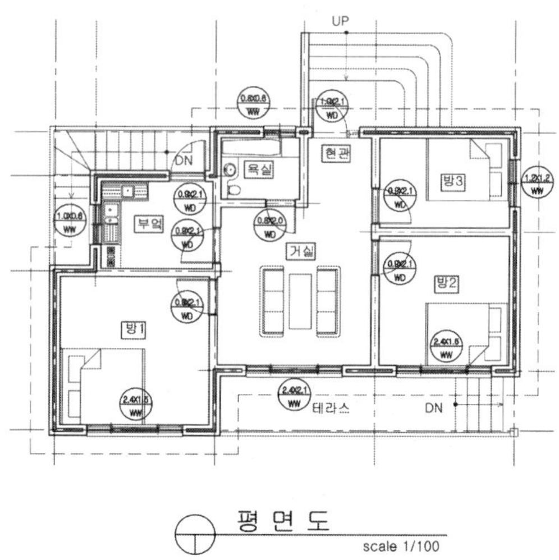

(9) 치수를 기입한다.

① 치수 유형을 설정한다.

► 사용명령 : dimstyle (d)

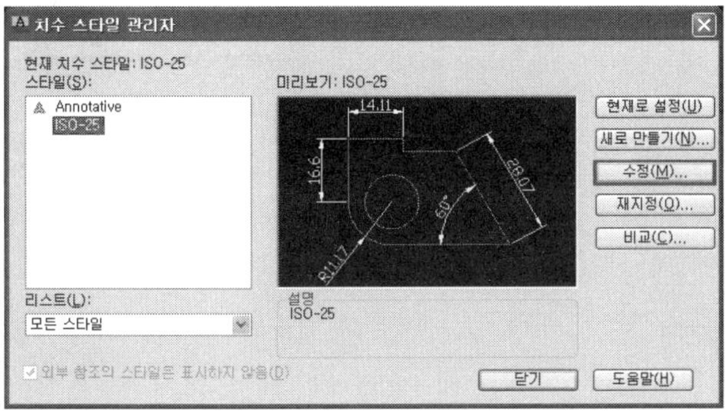

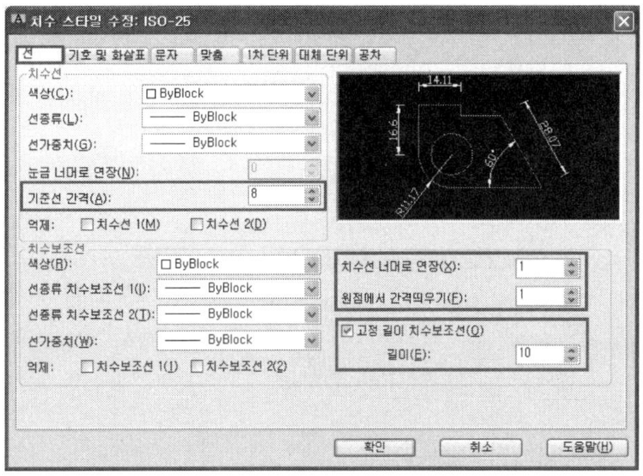

[치수선, 치수보조선 설정]

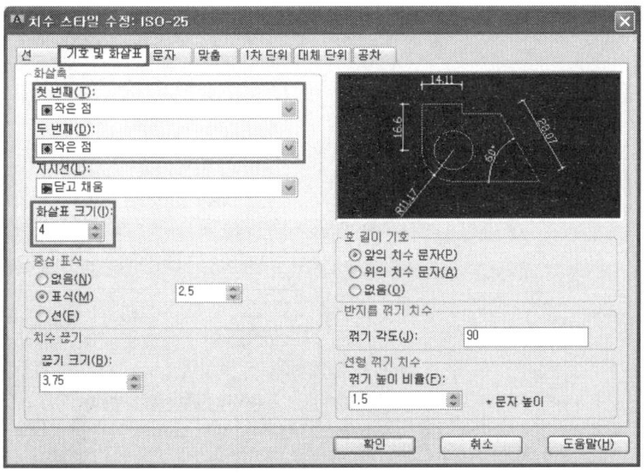

[화살표 설정]

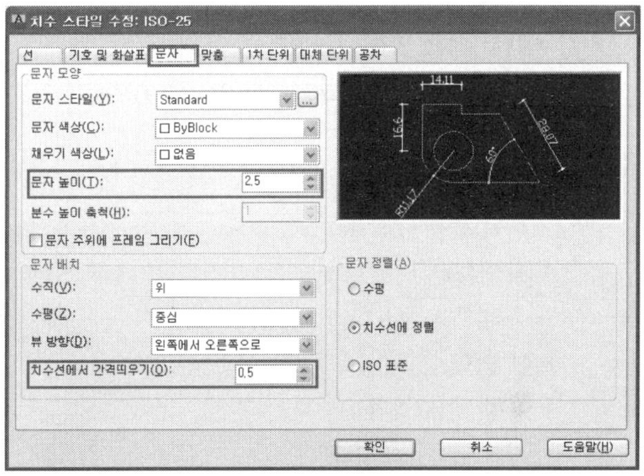

[치수 문자 설정]

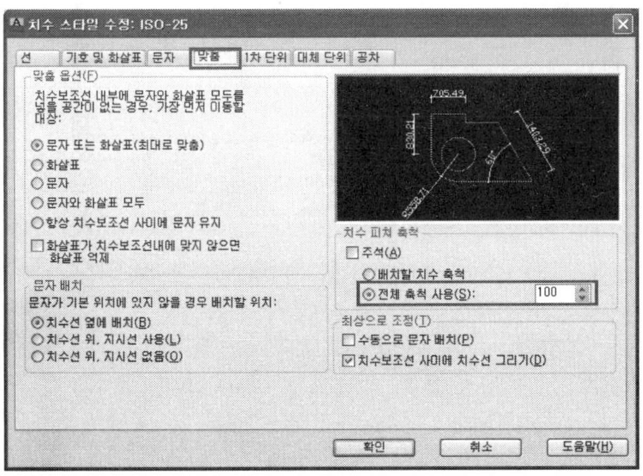

[치수 전체 크기 설정]

[천단위 표시 설정]

② 치수를 기입한다.

'AA-XXXX-DIMS' 도면층에 치수를 기입한다.

- ► 사용명령 : dli [Enter↵] → *직선 치수 적용*
- ► 사용명령 : dco [Enter↵] → *연속 치수 적용*
- ► 사용명령 : dba [Enter↵] → *기준 치수 적용*
- ► 사용명령 : dimspace [Enter↵] → *치수선 간격설정*

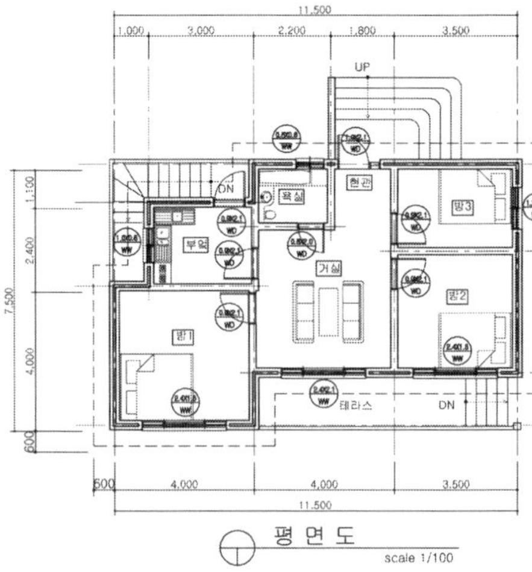

치수 적용 도구막대

- ► : 직선 치수 적용 명령
- ► : 연속 치수 적용 명령
- ► : 기준 치수 적용 명령
- ► : 치수선 간격 설정 명령

(10) 해치를 적용한다.

'AA-XXXX-PATT' 도면층에 해치를 적용한다.

► 사용명령

- ■ **해치 적용 명령 :** hatch (h)
- ■ **해치 수정 명령 :** hatchedit (he) 혹은 수정하고자 하는 해치 더블 클릭하기

벽체선 영역 – 벽돌 단면

- 유형 : 미리정의
- 패턴 종류 : ANSI31
- 각도 : 0
- 축척 : 20

욕실 영역

- 유형 : 미리정의
- 패턴 종류 : ANGLE
- 각도 : 0
- 축척 : 20

현관 영역

- 유형 : 미리정의
- 패턴 종류 : NET
- 각도 : 0
- 축척 : 40

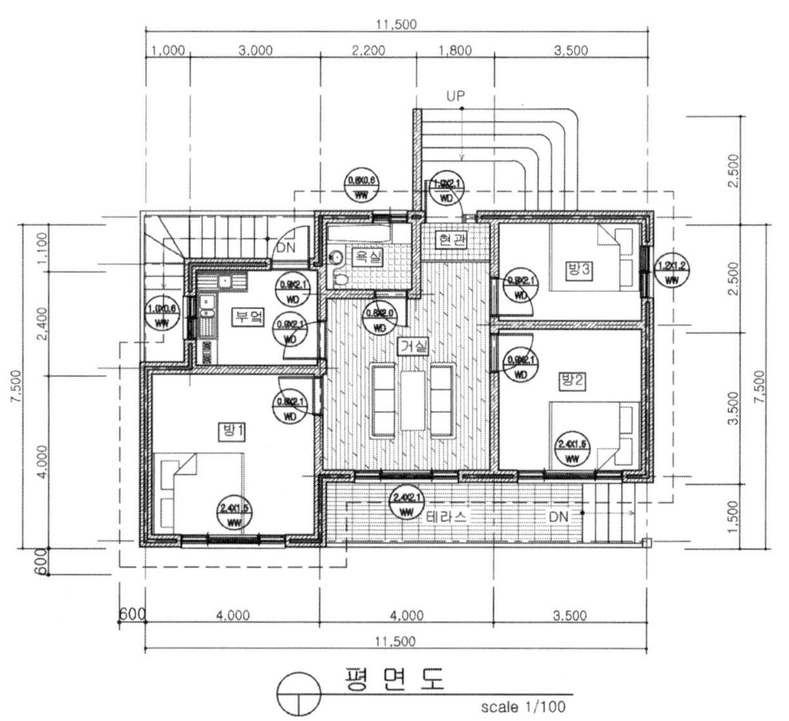

거실 영역

- 유형 : 미리정의
- 패턴 종류 : DOLMIT
- 각도 : 0
- 축척 : 15

테라스 영역

- 유형 : 미리정의
- 패턴 종류 : GRATE
- 각도 : 0
- 축척 : 120

(11) 완성한 도면을 출력하기 위해 출력 정보를 설정해 저장한다.

① 출력 설정 명령을 실행한다.

► 명령 : pagesetup Enter↵

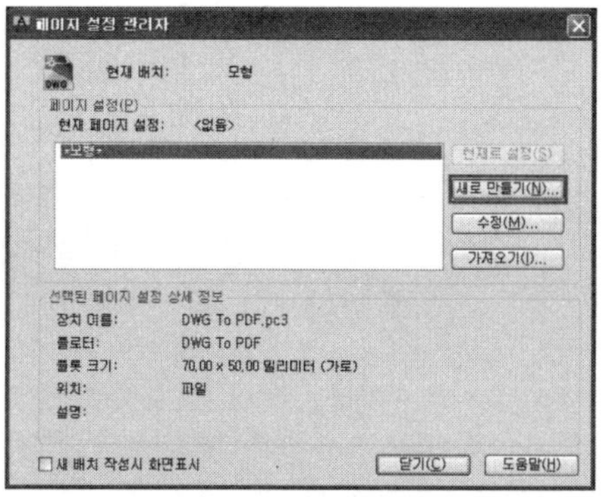

② 출력 설정 유형을 새롭게 만들기 위해 '새로 만들기' 버튼을 선택한다.

►[새로만들기] 버튼 클릭하기

► 새 플롯 설정 이름(N)에 'A4출력'이라고 입력하기

►[확인] 버튼 선택해 새로 만들기 상자 닫기

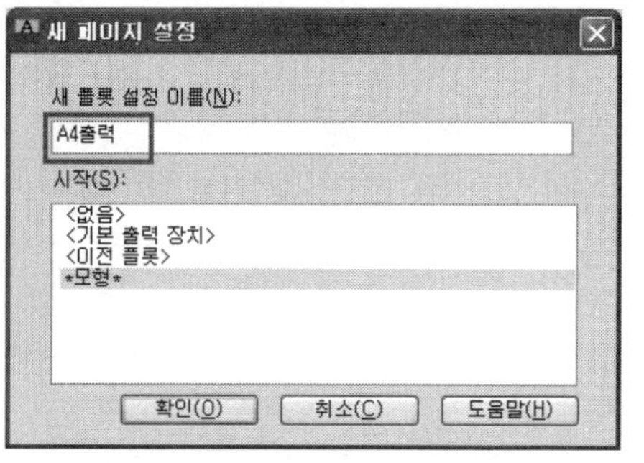

③ 새로 만든 유형을 선택하고 '수정' 버튼을 선택해 출력을 위한 세부 항목을 설정하도록 한다.

► 새로 만들 출력 유형 'A4출력' 선택하기

► 출력 세부 항목 설정을 위해 [수정(M)] 버튼 선택하기

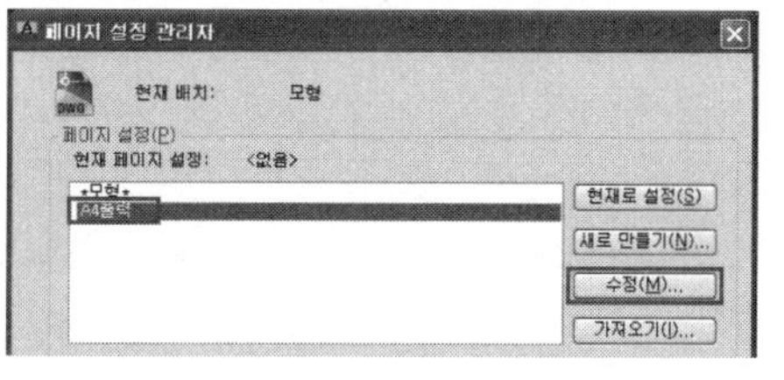

④ 다음과 같이 출력을 위한 세부 항목을 설정한다.

㉮ 출력하고자 하는 프린트를 선택한다.

► 내 PC와 연결된 프린트 종류 선택하기

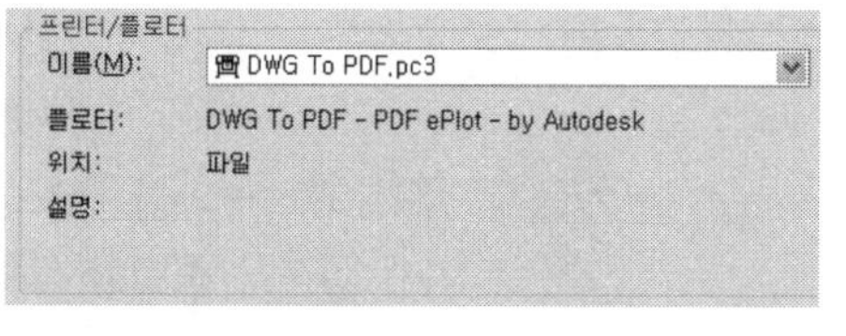

㉯ 출력 용지를 선택한다.

► 여기서는 'ISO 전체 페이지 A4(297×210)' 용지 선택

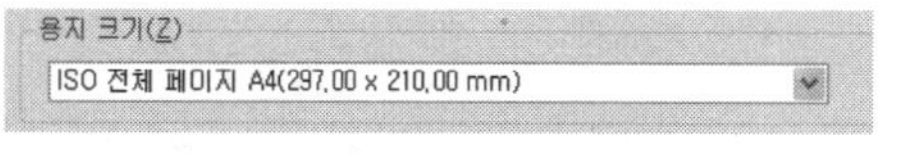

㉰ 출력 용지의 출력 방향을 설정한다.

► 여기서는 '가로' 방향을 선택한다.

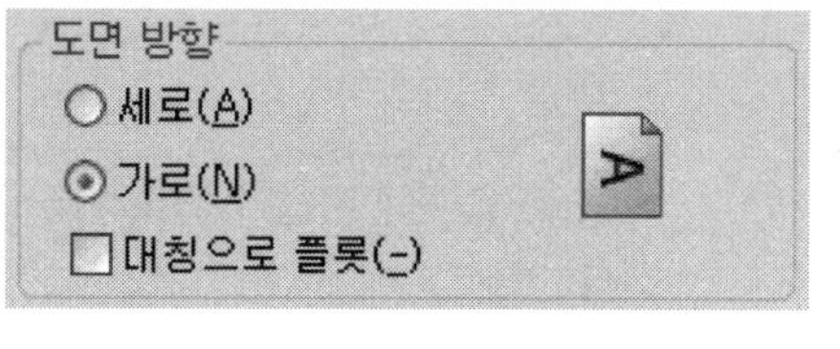

㉱ 출력 용지의 여백을 설정한다.

►'프린트/플로트' 영역에서 **[특성정보] 버튼 선택**

'특성(R)' 버튼은 프린트의 속성을 설정하는 영역이지만 주로 용지 여백 설정시 사용한다.

► 플로트 구성 편집기 대화상자에서 오른쪽 그림과 같이 실행한다.

① 표준 용지 크기 수정(인쇄 가능 영역) 선택

② 표준 용지 크기 편집 목록에서 출력 용지 선택

앞 단계에서 선택한 출력 용지와 똑같은 용지를 선택한다.

③ 수정(M) 버튼 선택하기

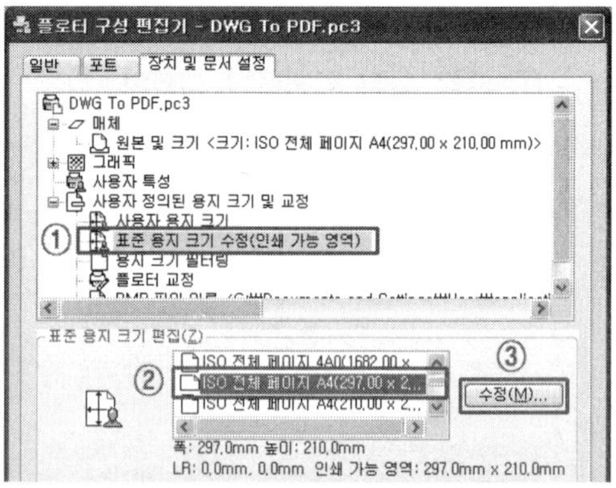

► 사용자 용지 크기 – 인쇄 가능 영역 대화상자에서 인쇄 가능 영역(여백)을 오른쪽 그림과 같이 설정한다.

여기서는 여백값을 '0'으로 설정하도록 한다.

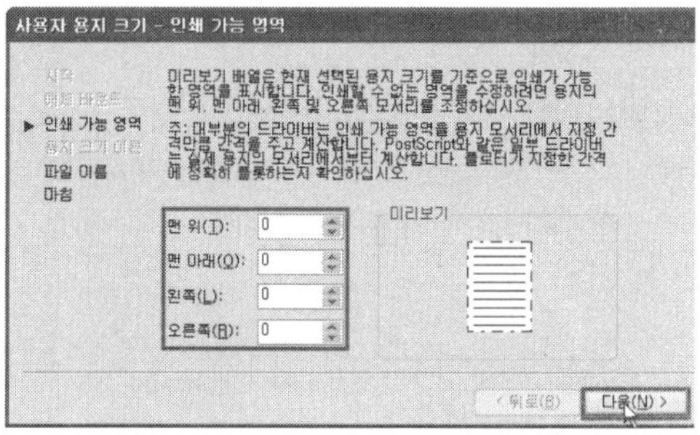

► 사용자 용지 크기 – 파일 이름 대화상자에서 지금까지 설정한 값을 저장하기 위한 파일 이름을 입력한다.

기존에 저장된 파일 이름과 동일한 경우에는 경고 상자가 나타나며, 그런 경우에는 다른 이름을 입력하고 다음으로 넘어가면 된다.

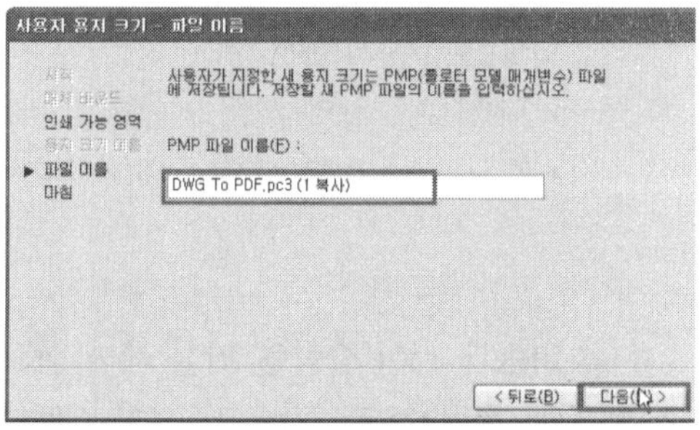

► 사용자 용지 크기 – 마침 대화상자에서 [마침] 버튼을 선택해 프린트 여백 설정을 종료한다.

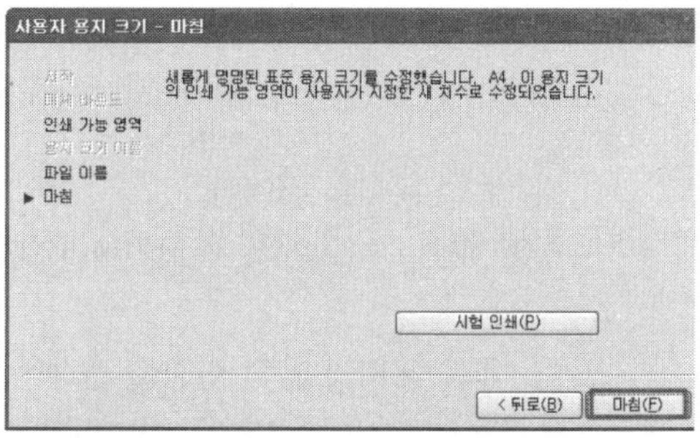

► 플로터 구성 편집기 대화상자에서 [확인] 버튼을 선택하고 상자를 닫는다.

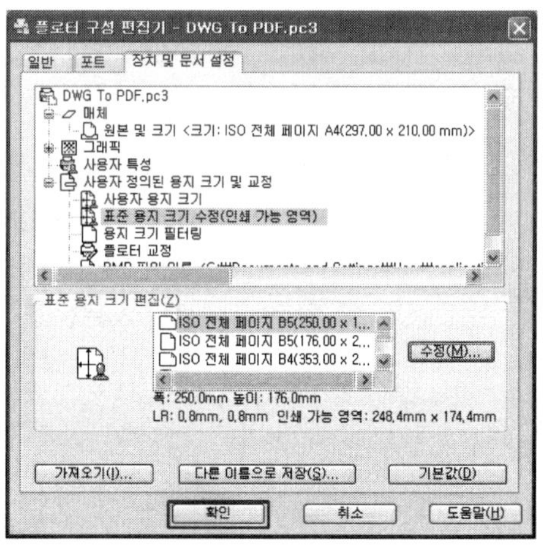

► 프린터 구성 파일 변경 상자에서 [확인] 버튼을 선택해 상자를 닫는다.

► 저장 위치는 기본값 그대로 사용한다.

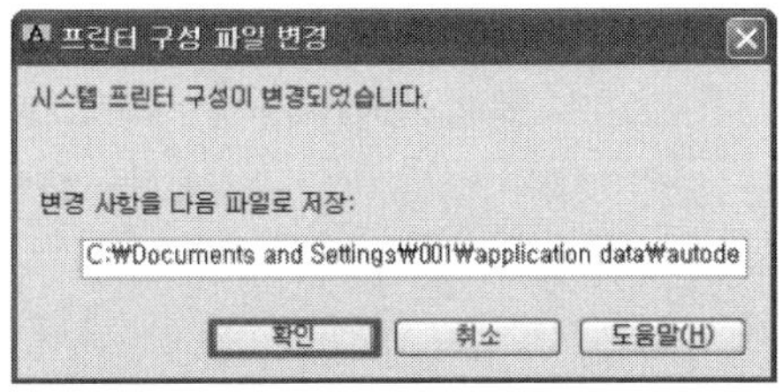

ⓜ 도면의 출력 영역을 설정한다.

► 플롯 대상(W)에서 [윈도우] 항목 선택하기([윈도우] 버튼이 있는 경우에는 버튼을 선택한다.)

윈도우 버튼을 선택하면 출력설정 상자가 사라지고 작업공간이 나타나며, 이때 출력 영역을 지정한다.

인쇄를 위한 윈도우 지정

► 첫 번째 구석을 지정 : **P1점 지정**

► 반대 구석 지정 : **P2점 지정**

출력 영역을 지정하면 다시 출력 설정 상자가 나타난다.

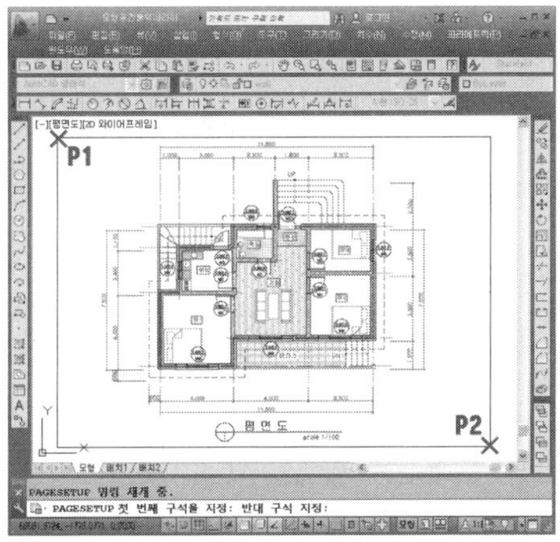

ⓑ 도면의 출력 축척값을 설정한다.

▪ **용지에 맞춤(I) 사용 :** 자동 맞춤이 적용된다.

▪ **축척 :** 도면 출력의 정확한 축척값이 필요할 때 사용

미리보기 버튼을 이용해 출력 용지에 적당한 축척값을 찾아 입력한다.

► 여기서는 '1 : 100'으로 설정한다.

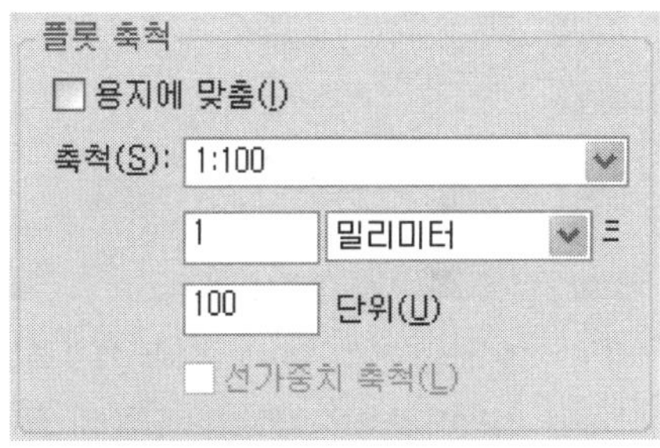

ⓢ 도면의 출력 위치값을 설정한다.

미리보기 버튼을 통해 출력 위치를 확인한다.

ⓞ 도면의 출력 선색상과 선굵기값을 설정한다.

► 플롯 스타일 목록에서 **'monochrome.ctb' 선택**하기

▪ **컬러 프린트로 도면 출력할 경우 :** acad.ctb 선택

▪ **흑백 프린트로 도면 출력할 경우 :** monochrome.ctb 선택

► **출력 선색상과 선굵기값의 세부항목 설정을 하려면 편집 버튼( )을 선택**한다.

► 플롯 스타일에서 색상 선택하기 ➔ *AutoCAD에서 도면 작업한 색상*

► 특성 영역의 색상(C) 목록에서 출력 선색상 설정하기 ➔ *용지에 출력할 선색상 지정*

► 선가중치(W) 목록에서 출력 선굵기값 설정하기 ➔ *용지에 출력할 선굵기 지정*

■ **사용예 빨강1 :** 색상→출력 선색상 검은색 설정

선가중치→출력 선굵기값 0.1mm 설정

► [저장 및 닫기] 버튼 선택해 플롯스타일 테이블 편집기 닫기

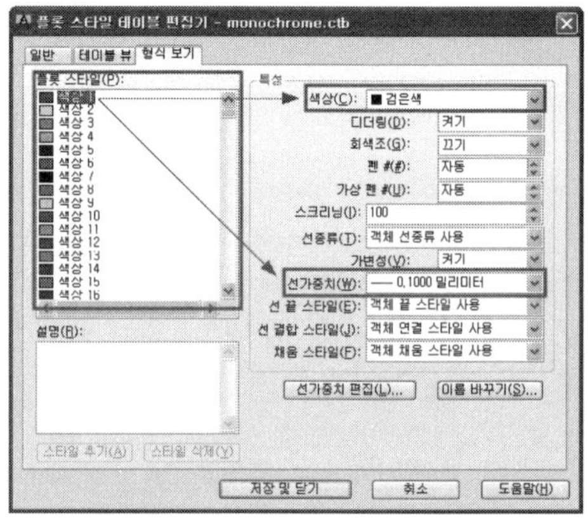

⑤ 마지막으로 미리보기를 통해 출력 설정이 잘 되었는지 확인한다.

► 미리보기 버튼 선택해 출력 설정 미리보기

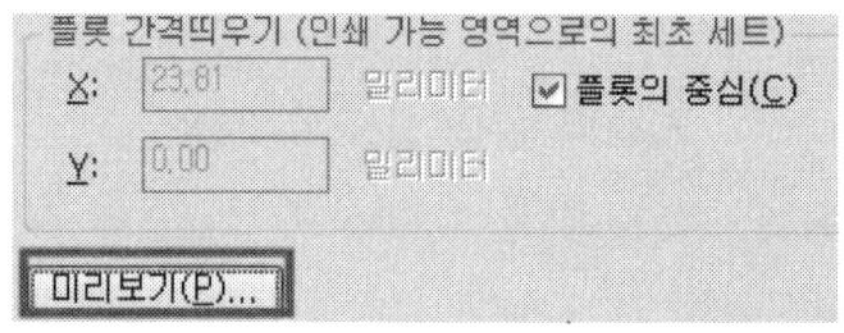

미리보기 버튼을 선택하면 출력 상자가 사라지고 미리보기 화면이 나타난다.

► 출력 설정을 확인하고 Esc 키를 선택하거나 ⊗ 선택해 미리보기에서 빠져나오기

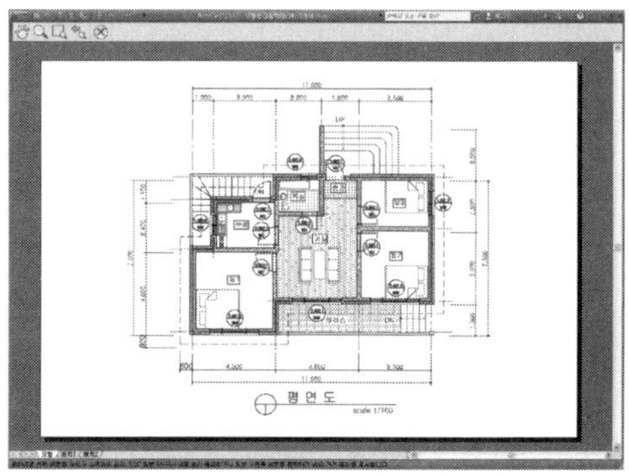

⑥ 출력 설정이 끝났으면 [확인] 버튼을 선택해 출력 설정 명령을 종료한다.

(12) 표제란을 삽입한다.

► 사용명령 : insert Enter↵ (혹은 I Enter↵)

► [찾아보기] 버튼을 선택해 표제란 파일을 가져온다.

► [단일축척]을 선택한다.

► 축척값을 '100'으로 설정한다.

► [확인] 버튼을 선택한다.

► 삽입점 지정 또는 [기준점(B)/축척(S)/회전(R)] : 표제란을 삽입할 위치점을 마우스로 지정한다.

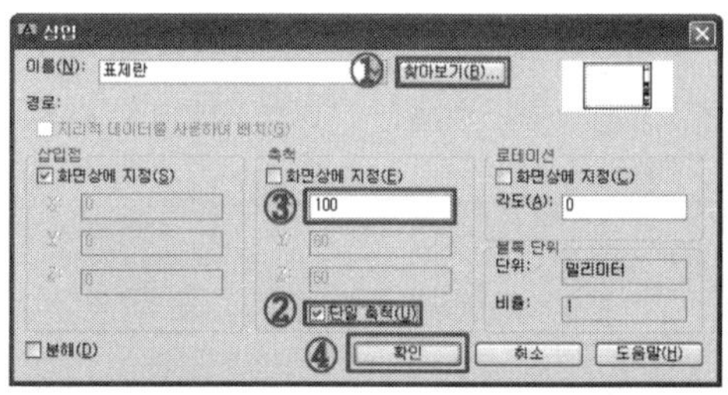

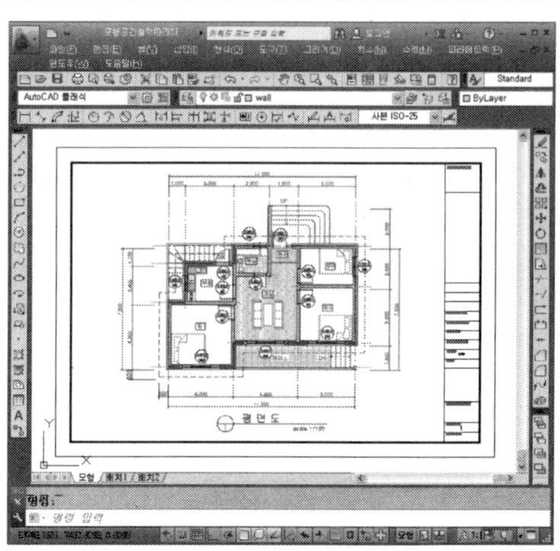

(13) 프린트설정 명령을 실행해 표제란까지 포함된 출력 영역을 다시 설정한다.

► 사용명령 : pagesetup [Enter↵]
► 페이지 설정 유형 목록에서 'A4' 항목 선택
► [수정] 버튼 선택
► 플롯 영역에서 [윈도우] 버튼 선택
► 출력 영역 재지정 ➔ *표제란을 포함한 영역 지정*
► [확인] 버튼을 선택해 페이지 설정 명령 종료

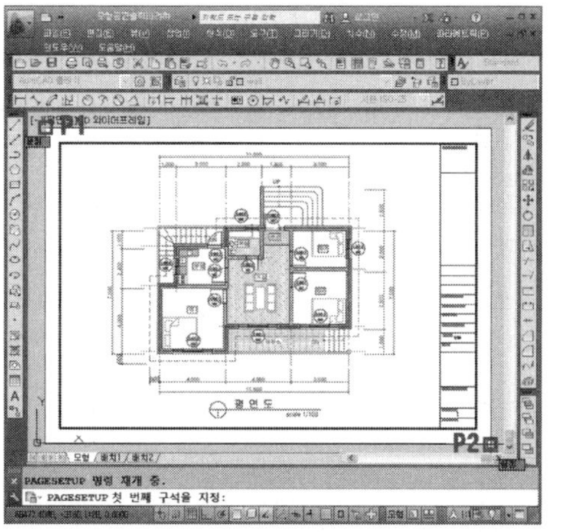

(14) 다음과 같이 출력 명령을 실행해 출력한다.

► 명령 : plot [Enter↵]
► 페이지 설정 이름(A)에서 'A4출력' 선택하기
► [확인] 버튼 선택해 출력하기

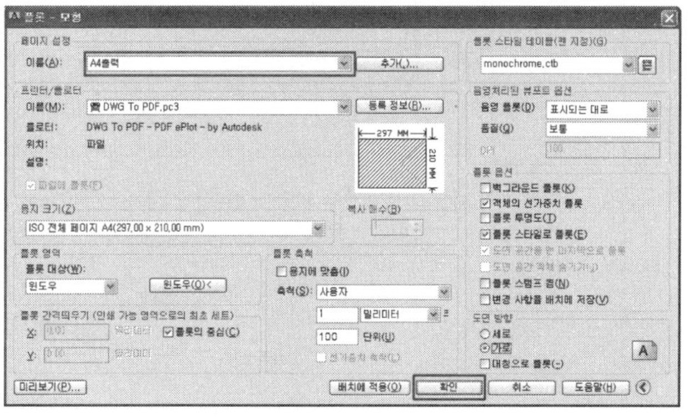

3. 입면도 그리기

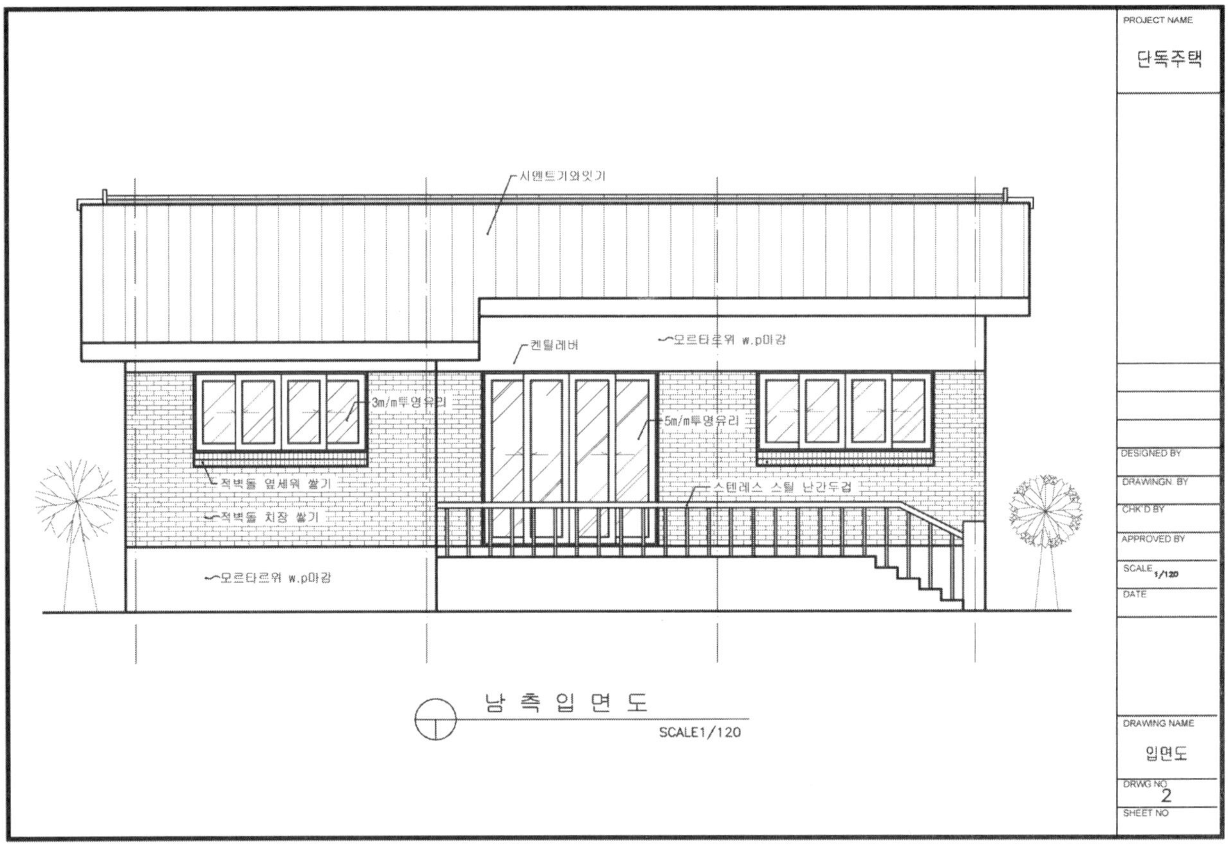

3.1 입면도 그리기

① 축척은 평면도와 같은 기준으로 한다.

② 입면도는 건물의 입지에 따라서 정면도, 배면도, 좌측면도, 우측면도 또는 동측면도, 서측면도, 남측면도, 북측면도로 표기하고, 입면의 방향이 불명확할 경우 Key-Plan을 작성하여 그 방향을 표기한다.

③ 건축평면도와 단면도가 서로 일치하도록 작성한다.

④ 상부에는 주열, 좌측에는 층을 표기한다.

⑤ 바닥 마감선을 기준으로 각 층을 표기하고, 하나의 Sheet 내에 입면이 좌, 우측에 배치될 때에는 두 입면의 중앙에 각층 표기를 한다.

⑥ 원근감의 표현을 위하여 G.L.의 표시는 1.5mm 정도, 건물의 외곽선은 0.5mm 정도의 굵은 실선으로 표기한다.

⑦ 외장재료는 정확히 표기하고, 그 구분을 명확히 한다.

⑧ 특별한 경우(Presentation Drawing)를 제외하고 인물, 수목 등을 표시하지 않는다.

3.2 입면도 그리기 순서

환경설정 ➡ 중심선·기준선 그리기 ➡ 주택 외부 윤곽 그리기 ➡ 지붕 및 창호 그리기

	환경설정	중심선·기준선 그리기	주택 외부 윤곽 그리기	지붕 및 창호 그리기
사용명령	• units • limits • zoom → all • layer	• line (l) • trim (tr) • lengthen (len)	• line (l) • offset (o) • trim (tr) • lengthen (len) • copy (co) • rotate (ro) • mirror (mi)	• line (l) • offset (o) • trim (tr) • lengthen (len) • copy (co) • rotate (ro) • mirror (mi)

➡ 기타 내용 그리기 ➡ 문자 입력하기 ➡ 해치 적용하기 ➡ 치수 기입하기 ➡ 기타 정리 도면완성

	기타 내용 그리기	문자 입력하기	해치 적용하기	치수 기입하기	기타 정리 도면완성
사용명령	소스불러오기 • insert (i) • Ctrl+C, Ctrl+V • designcenter	• style (st) • mtext (mt) • dtext (dt) • ddedit (ed) • mls • mld	• hatch (h) • hatchedit (he)	• dimstyle (d) • 치수측정	

3.3 입면도 따라 그리기

(1) 입면도 작도을 위한 환경 설정을 한다.

① 빈문서를 연다.

► 사용명령 : new Enter↵

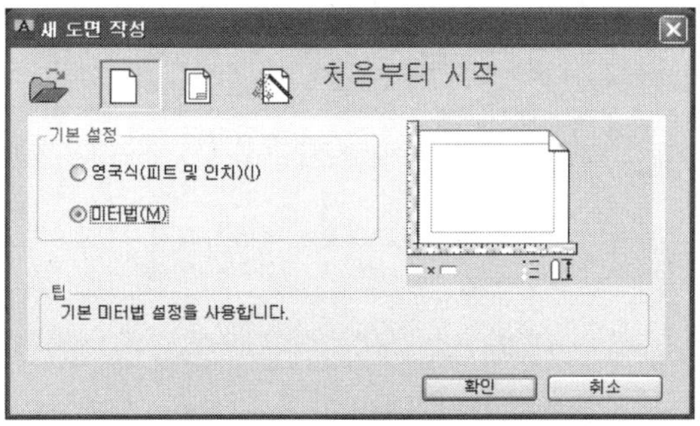

② 도면 작업 단위를 확인하고 설정한다.

► 사용명령 : units Enter↵

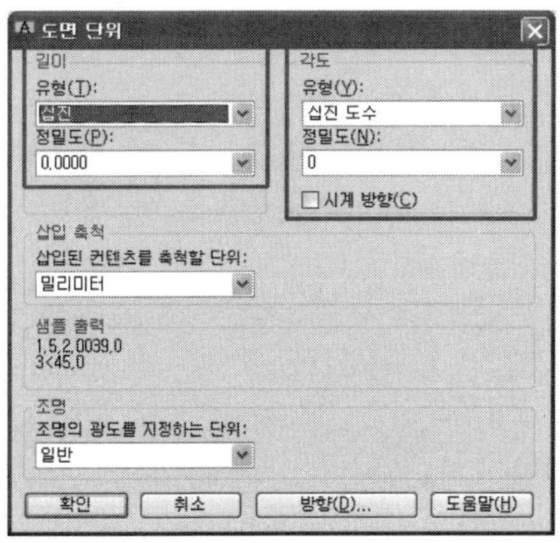

③ 작업 영역 크기를 설정한다.

- ► 명령 : limits Enter↵
- ► 모형 공간 한계 재설정 :
- ► 왼쪽 아래 구석 지정 또는 [켜기(ON)/끄기(OFF)] 〈0.0000,0.0000〉 : **0,0** Enter↵
- ► 오른쪽 위 구석 지정 〈420.0000,297.0000〉 : **20000,15000** Enter↵

- ► 명령 : zoom Enter↵
- ► 윈도우 구석을 지정, 축척 비율 (nX 또는 nXP)을 입력, 또는
- ► [전체(A)/중심(C)/동적(D)/범위(E)/이전(P)/축척(S)/윈도우(W)/객체(O)] 〈실시간〉 : a Enter↵

④ 도면층을 만든다.

- ► 사용명령 : layer (la)

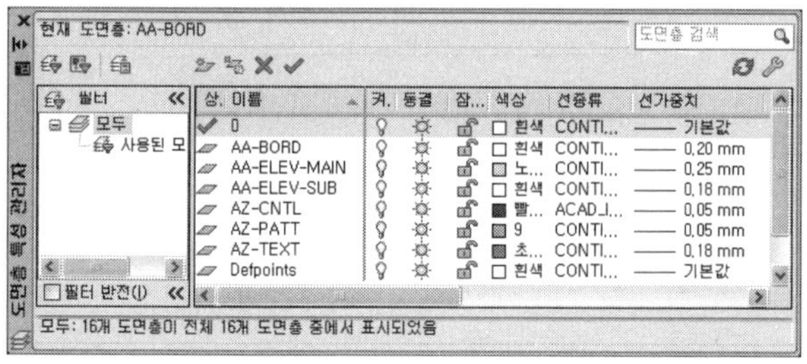

(2) 입면도의 치수 기준이 되는 지반선과 벽체 중심선을 그린다.

- ► 지반선은 'AA-ELEV-MAIN' 도면층에 그린다.
- ► 벽체 중심선은 'AZ-CNTL' 도면층에 그린다.

① 다음 명령을 이용해 오른쪽 그림과 같이 지반선과 중심선을 그린다.

- ► 사용명령
  - ■ line (l)
  - ■ ltscale (lts) → 점선 간격 조절 명령
  - ■ offset (o)
  - ■ trim (tr)
  - ■ lengthen (len)

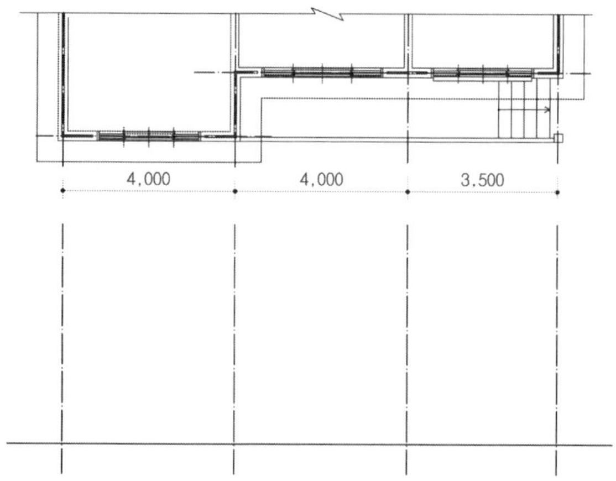

(3) 실바닥, 테라스 바닥, 테두리보 선을 그린다.

① 가로선은 평면도를 참고한다.

② 높이선은 계단과 반자높이를 기초로 산정한다.

- ► 테라스 바닥 : 5(계단수)×150=750
- ► 실바닥 : 테라스바닥+150=900
- ► 테두리보위치 : 실바닥+2400(반자높이)
  =3,300
- ► 테두리보높이 : 700

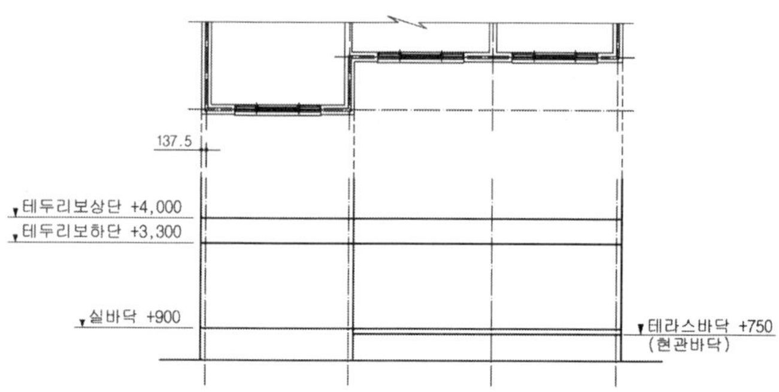

(4) 지붕을 그려 주택 입면의 전체 모양을 완성하다.

► 사용명령

- ■ line (l)
- ■ offset (o)
- ■ trim (tr)

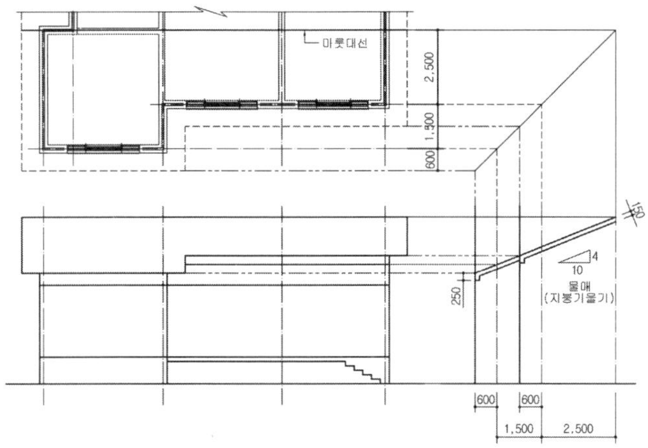

(5) 지붕에 기와 부분을 그린다.

► 사용명령

- ■ line (l)
- ■ offset (o)
- ■ trim (tr)

지붕의 기와선 그리기

- 유형 : 사용자 정의
- 각도 : 90
- 축척 : 300

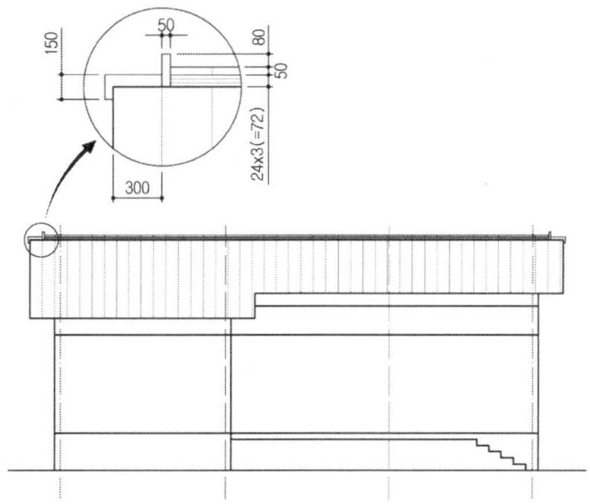

(6) 창호 입면을 그린다. (147, 148쪽 참조)

► 사용명령

- ■ line (l)
- ■ offset (o)
- ■ trim (tr)

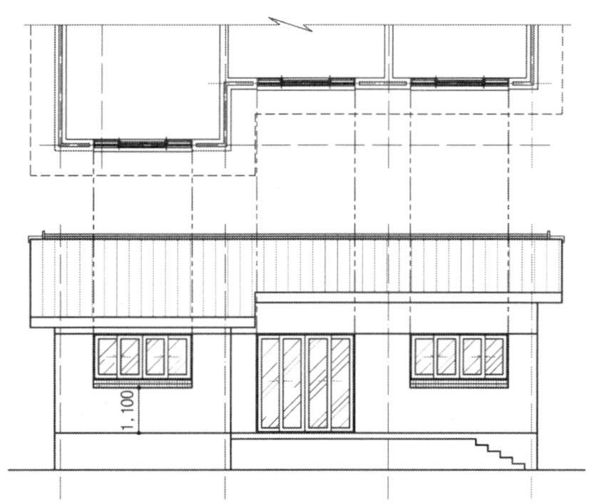

(7) 테라스 부분의 난간을 그린다.

► 사용명령

- ■ line (l)
- ■ offset (o)
- ■ trim (tr)

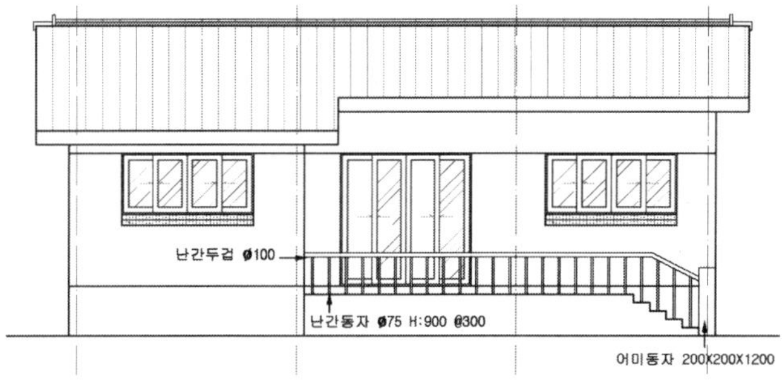

(8) 문자와 기호를 입력한다.

► 사용명령

- ■ line (l)
- ■ circle (c)
- ■ mtext (mt)
- ■ dtext (dt)
- ■ mleaderstyle (mls)
- ■ mleader (mld)

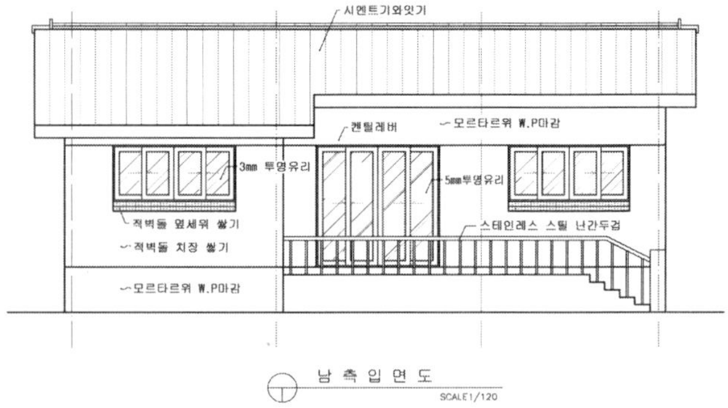

(9) 벽에 벽돌 해치를 적용한다.

벽체선 영역 – 벽돌 단면

- 유형 : 미리정의
- 패턴 종류 : AR-BRSTD
- 각도 : 0
- 축척 : 1

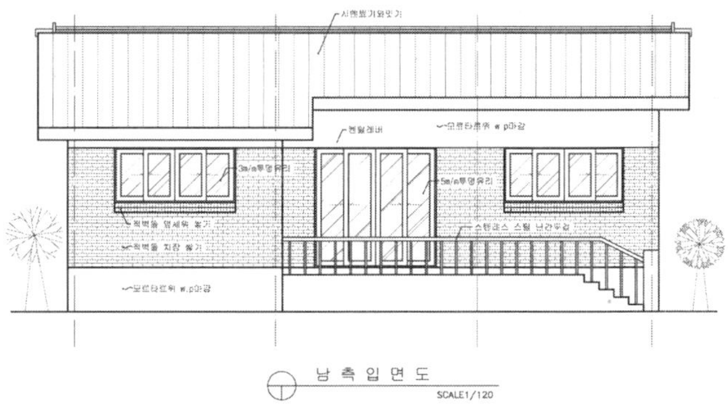

(10) 표제란을 그린다.

► 사용명령

- ■ insert (i)
- ■ Ctrl+C, Ctrl+V
- ■ move(m)

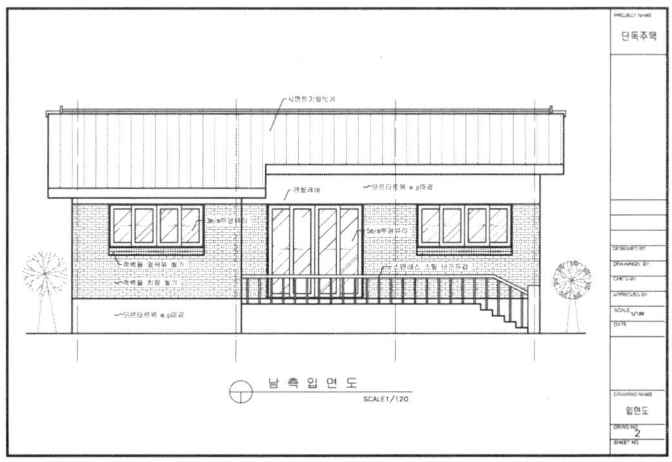

(11) 완성한 도면을 출력하기 위해 출력 정보를 설정해 저장한다.

► 사용명령 : pagesetup Enter↵

(12) 다음과 같이 출력 명령을 실행해 출력한다.

► 사용명령 : plot Enter↵

4. 단면도 그리기

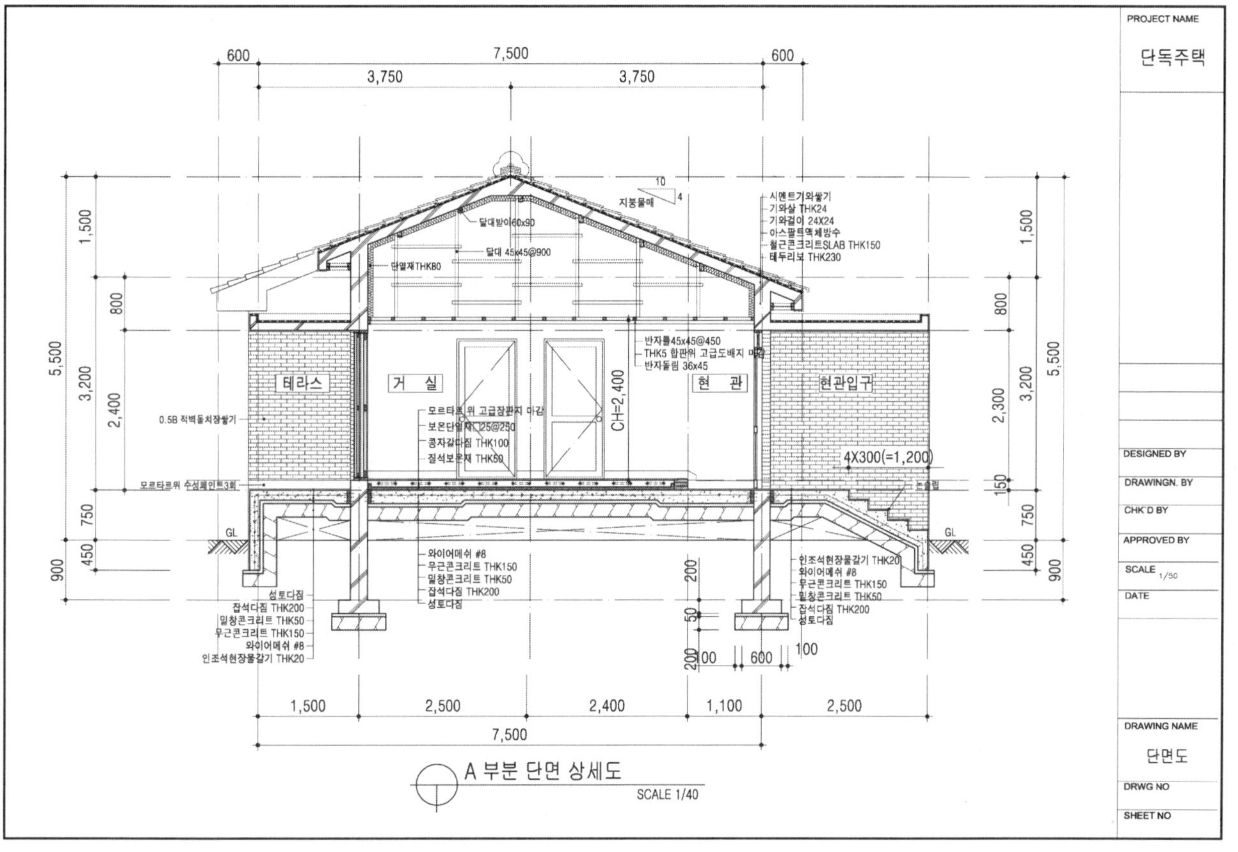

4.1 단면도 그리기

① 축척은 평면도와 동일한 축척을 사용하고, 그 내용이 부합되도록 한다.
② 구조 System을 쉽게 이해할 수 있도록 표현한다.
③ 바닥레벨 및 높이, 층표시는 마감선을 기준으로 하여 표기한다.
④ 건물의 전체높이와 최고높이, 각층의 층고 및 천장고, 기둥간 치수 등을 정확히 표기한다.
⑤ 익스펜션 조인트(Expansion Joint)가 있는 경우 그 위치를 표현한다.
⑥ 바닥, 천정, 벽 내부의 구성 요소를 표기한다.
⑦ 마감재를 자세히 표기한다.
⑧ 구조체와 마감재의 치수, 재료를 표기한다.

4.2 단면도 그리기 순서

환경설정 ➡ 중심선·기준선 그리기 ➡ 주요구조부 그리기 ➡ 공간별 단면 그리기

사용명령

- 환경설정
  - units
  - limits
  - zoom → all
  - layer
- 중심선·기준선 그리기
  - line (l)
  - offset (o)
  - trim (tr)
  - lengthen (len)
- 주요구조부 그리기
  - line (l)
  - offset (o)
  - trim (tr)
  - lengthen (len)
  - copy (co)
  - rotate (ro)
  - mirror (mi)
- 공간별 단면 그리기
  - line (l)
  - offset (o)
  - trim (tr)
  - lengthen (len)
  - copy (co)
  - rotate (ro)
  - mirror (mi)

➡ 문자 입력하기 ➡ 해치 적용하기 ➡ 치수 기입하기 ➡ 기타 정리 도면완성

사용명령

- 문자 입력하기
  - style (st)
  - mtext (mt)
  - dtext (dt)
  - ddedit (ed)
  - mls
  - mld
- 해치 적용하기
  - hatch (h)
  - hatchedit (he)
- 치수 기입하기
  - dimstyle (d)
  - 치수측정

4.3 단면도 따라 그리기

(1) 단면도 작도를 위한 환경 설정을 한다.

① 빈문서를 연다.

► 사용명령 : new Enter↵

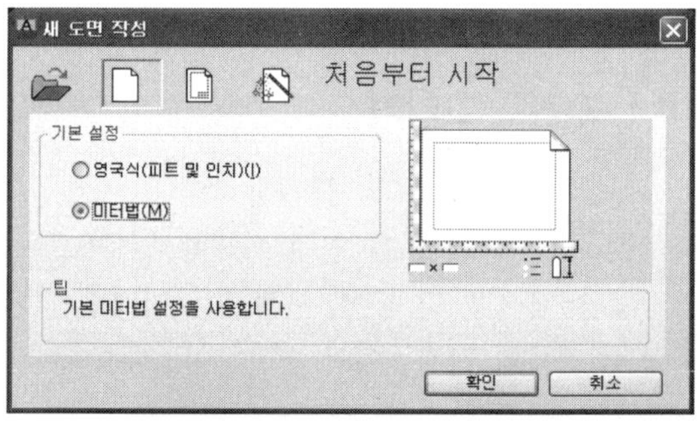

② 도면 작업 단위를 확인하고 설정한다.

► 사용명령 : units Enter↵

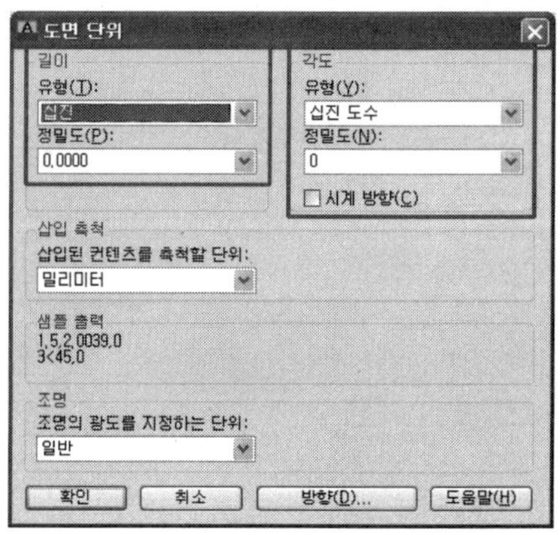

③ 작업 영역 크기를 설정한다.

► 명령 : limits [Enter↵]
► 모형 공간 한계 재설정 :
► 왼쪽 아래 구석 지정 또는 [켜기(ON)/끄기(OFF)] 〈0.0000,0.0000〉 : 0,0 [Enter↵]
► 오른쪽 위 구석 지정 〈420.0000,297.0000〉 : 20000,15000 [Enter↵]

► 명령 : zoom [Enter↵]
► 윈도우 구석을 지정, 축척 비율 (nX 또는 nXP)을 입력, 또는
► [전체(A)/중심(C)/동적(D)/범위(E)/이전(P)/축척(S)/윈도우(W)/객체(O)] 〈실시간〉 : a [Enter↵]

④ 도면층을 만든다.

► 사용명령 : layer (la)

분류	레이어 이름	색상번호	선종류	선굵기
단면선	AZ-SECT-PCN2	2	실선	0.25
보조선	AA-SECT-PCN9	9	실선	0.09
입면선	AA-SECT-PCN7	7	실선	0.13
중심선	AZ-XXXX-CNTL	1	CENTER	0.09
문자	AZ-XXXX-TEXT	3	CONTINIOUS	0.18
치수	AZ-XXXX-DIMS	7	CONTINIOUS	0.13
해치	AZ-XXXX-PATT	9	CONTINIOUS	0.09

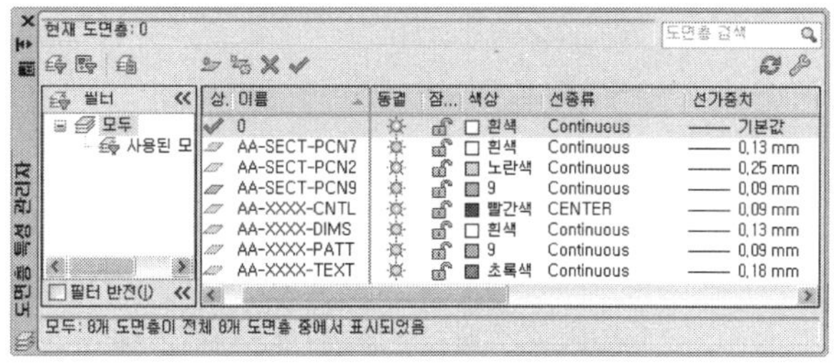

(2) 단면도를 그린다.

① 단면도의 치수 기준이 되는 지반선과 벽체 중심선을 그린다.

► 지반선은 'AA-SECT-MAIN' 도면층에 그린다.
► 벽체 중심선은 'AZ-CNTL' 도면층에 그린다.

► 사용명령
- **선 그리기 :** line (l)
- **점선간격 조절하기 :** ltscale (lts)
- **간격 띄우기 :** offset (o)
- **객체 자르기 :** trim (tr)
- **도면층 정리하기 :** 도구막대, 리본 사용하기

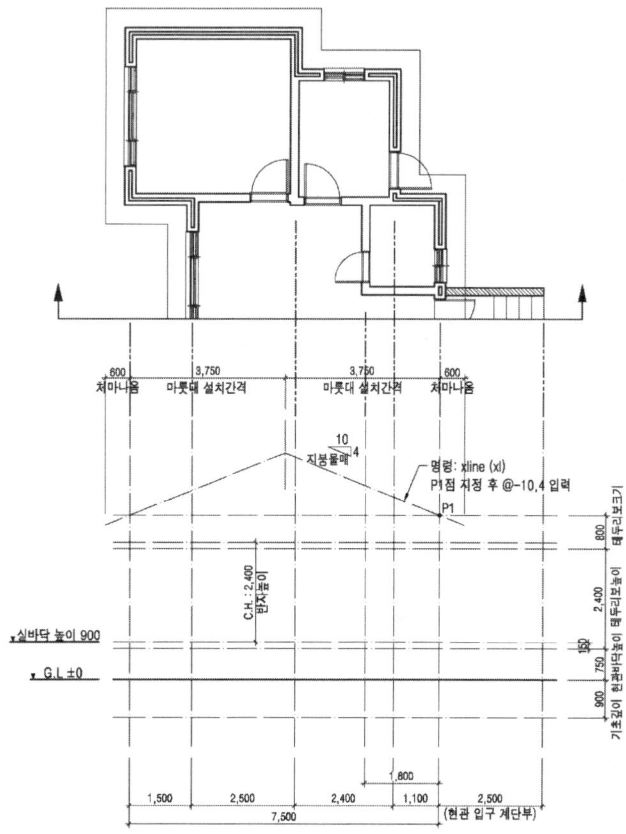

② 건물의 주요 구조부의 단면을 그린다.

► 사용명령

- **선 그리기 :** line (l)
- **간격 띄우기 :** offset (o)
- **객체 자르기 :** trim (tr)
- **도면층 정리하기 :** 도구막대, 리본 사용하기

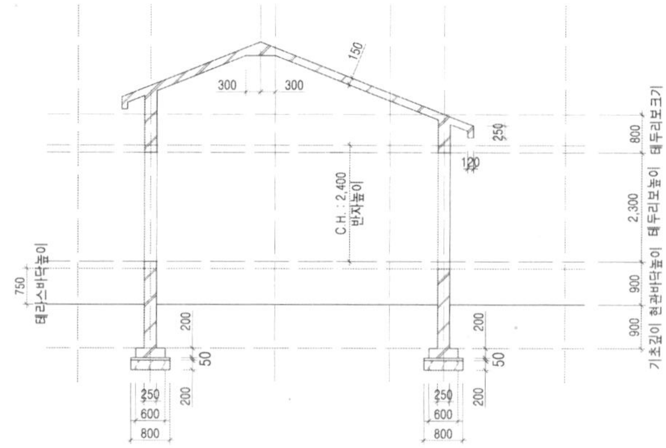

③ 현관 입구부의 계단 단면을 그린다.

► 사용명령

- **선 그리기 :** line (l)
- **간격 띄우기 :** offset (o)
- **객체 자르기 :** trim (tr)
- **문자유형 설정하기 :** style (st)
- **문자 입력하기 :** mtext (mt), dtetxt (dt)
- **도면층 정리하기 :** 도구막대, 리본 사용하기

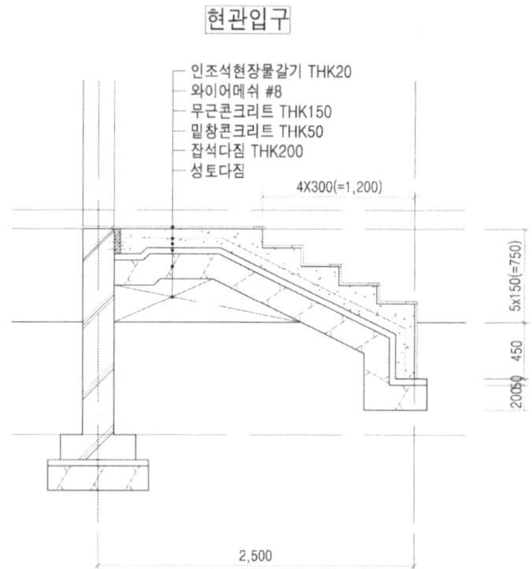

④ 거실과 현관의 단면을 그린다.

► 사용명령

- **선 그리기 :** line (l)
- **간격 띄우기 :** offset (o)
- **객체 자르기 :** trim (tr)
- **문자 입력하기 :** mtext (mt), dtetxt (dt)
- **도면층 정리하기 :** 도구막대, 리본 사용하기

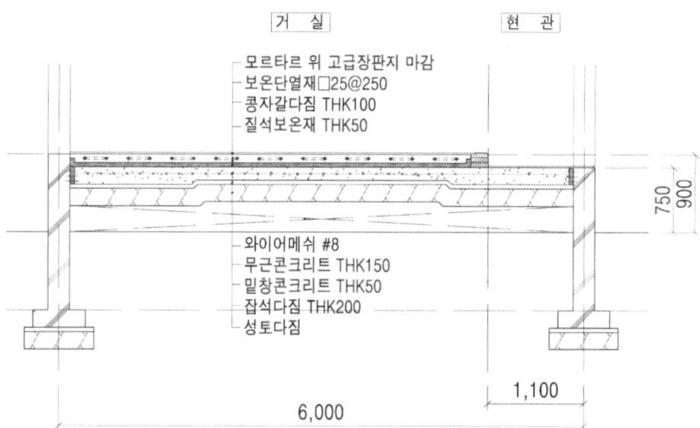

⑤ 테라스 단면을 그린다.

► 사용명령

- **선 그리기 :** line (l)
- **간격 띄우기 :** offset (o)
- **객체 자르기 :** trim (tr)
- **문자유형 설정하기 :** style (st)
- **문자 입력하기 :** mtext (mt), dtetxt (dt)
- **도면층 정리하기 :** 도구막대, 리본 사용하기

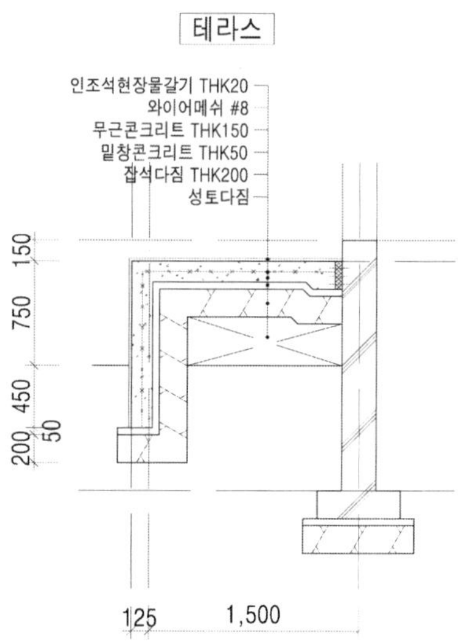

⑥ 현관문과 테라스 창 단면을 그린다.

► 사용명령

- **선 그리기 :** line (l)
- **간격 띄우기 :** offset (o)
- **객체 자르기 :** trim (tr)
- **도면층 정리하기 :** 도구막대, 리본 사용하기

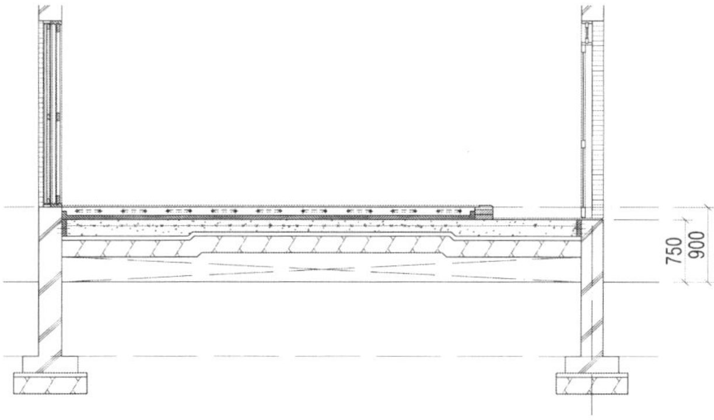

⑦ 천정 내부 단면을 그린다.

► 사용명령

- **선 그리기 :** line (l)
- **간격 띄우기 :** offset (o)
- **객체 자르기 :** trim (tr)
- **도면층 정리하기 :** 도구막대, 리본 사용하기

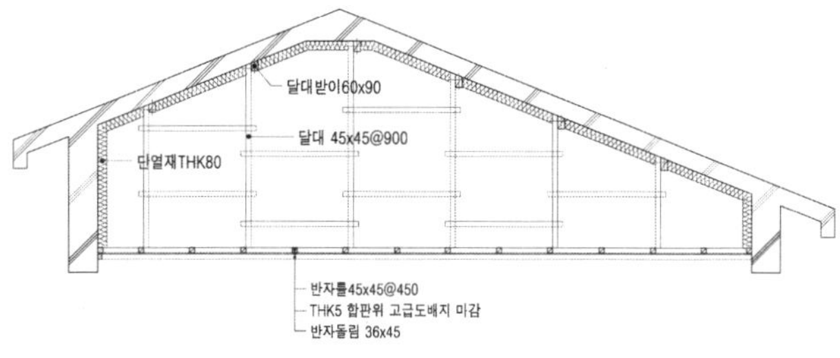

⑧ 지붕 마감과 기와를 그린다.

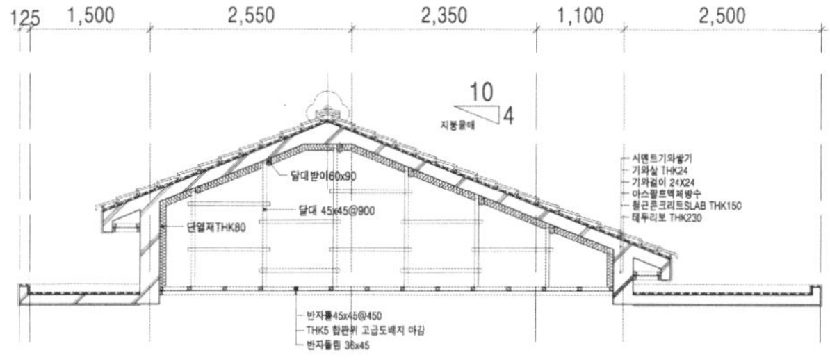

⑨ 입면부 및 도면을 정리한다.

► 사용명령

- **선 그리기 :** line (l)
- **간격 띄우기 :** offset (o)
- **객체 자르기 :** trim (tr)
- **도면층 정리하기 :** 도구막대, 리본 사용하기

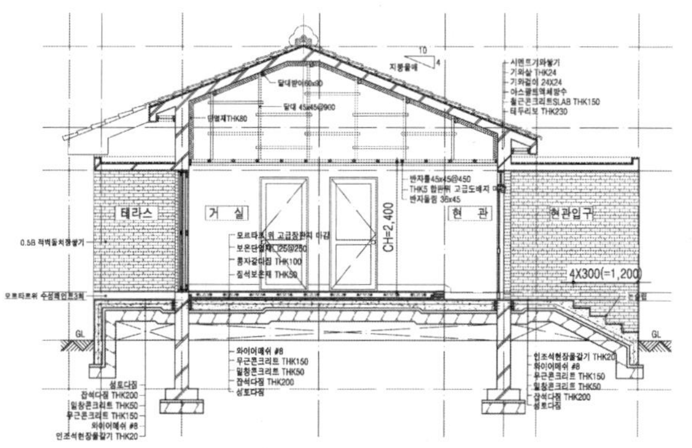

⑩ 도면 치수를 기입한다.

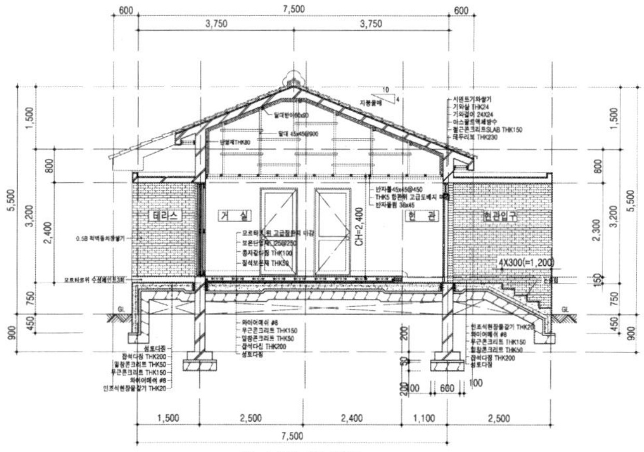

A 부분 단면 상세도
SCALE 1/40

⑪ 표제란을 만들고 도면을 완성한다.

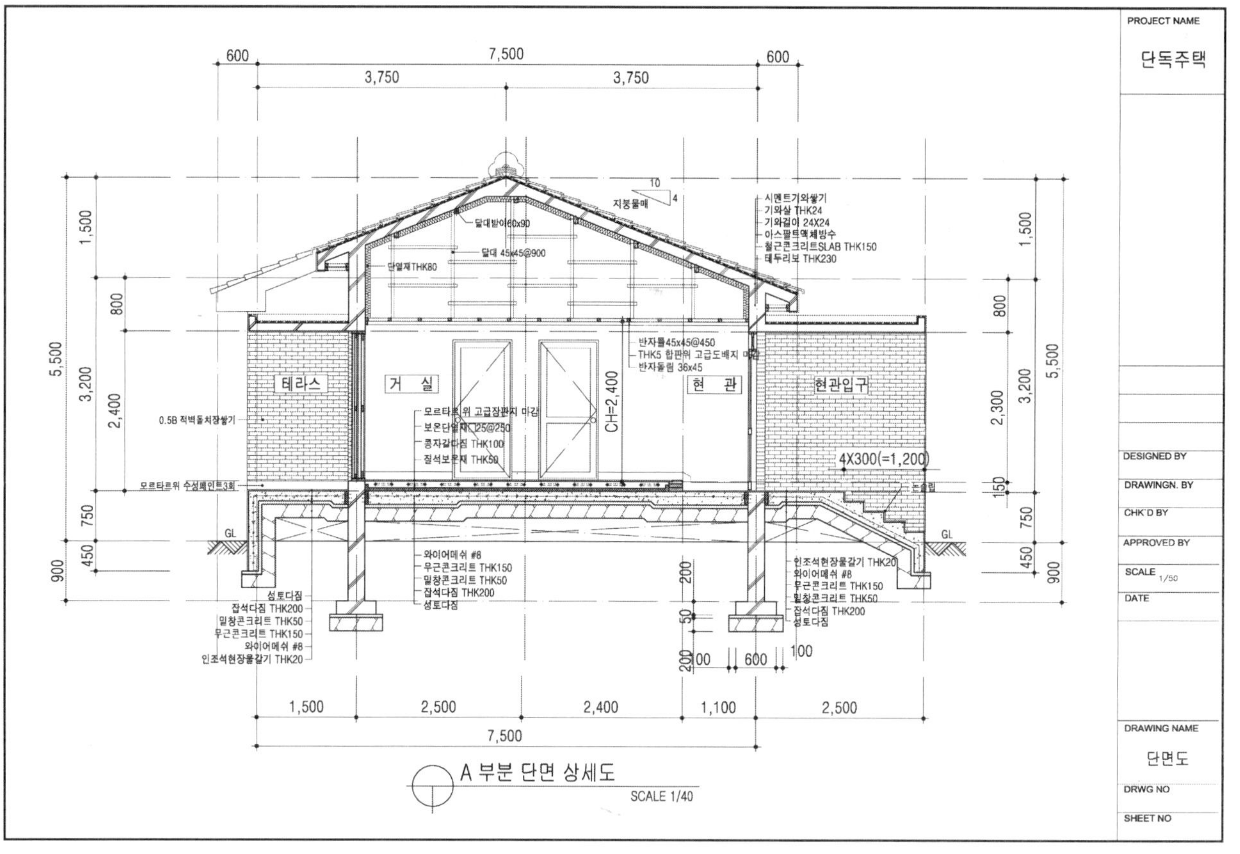

(3) 도면을 출력한다.

① 완성한 도면을 출력하기 위해 출력 정보를 설정해 저장한다.

► 사용명령 : pagesetup (453쪽을 참고한다.)

② 도면을 출력한다.

► 사용명령 : plot (457쪽을 참고한다.)

도면 예제 14-1 건축도면 그리기 - 평면도

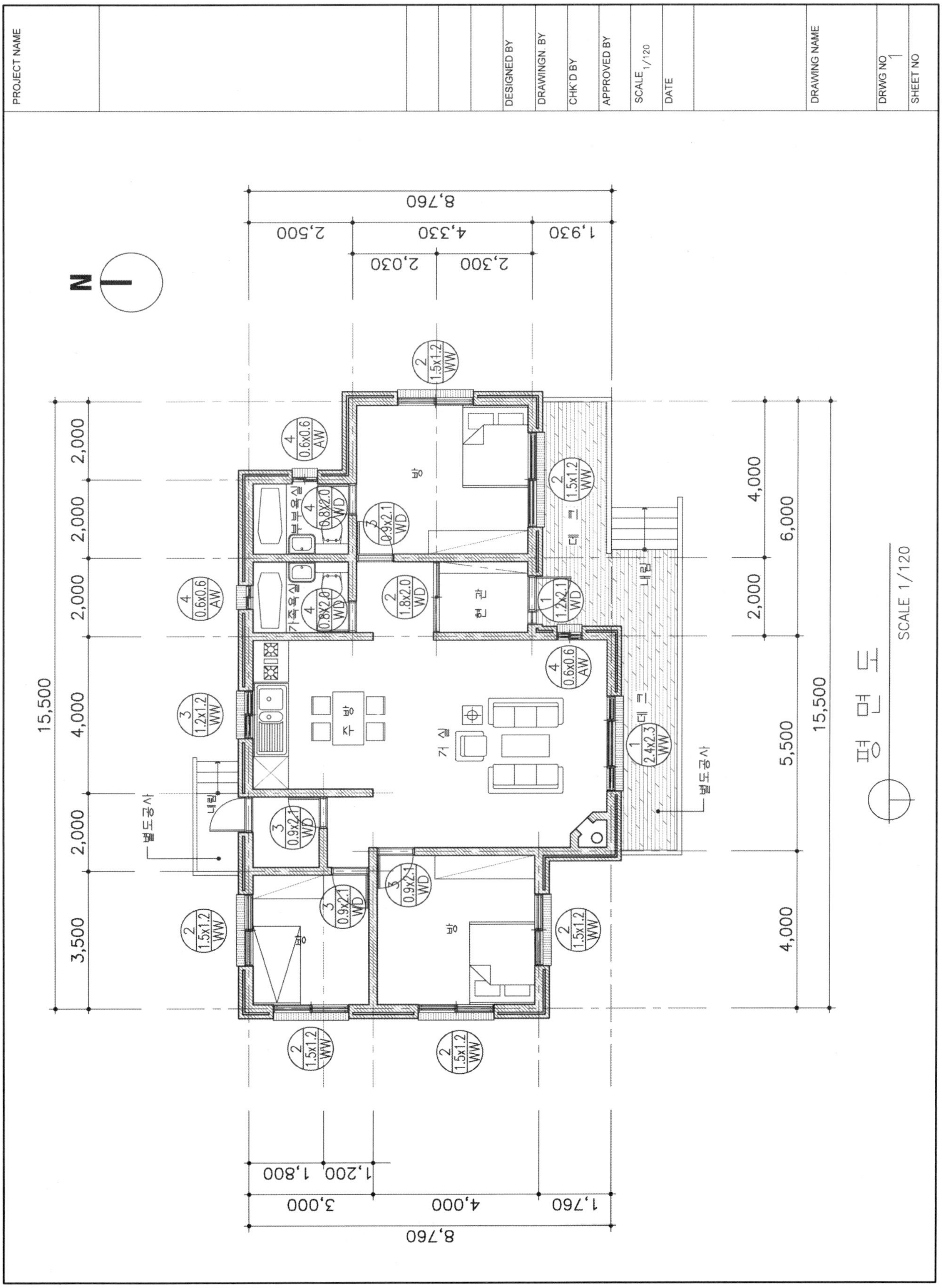

도면 예제 14-2 건축도면 그리기 - 지붕 평면도

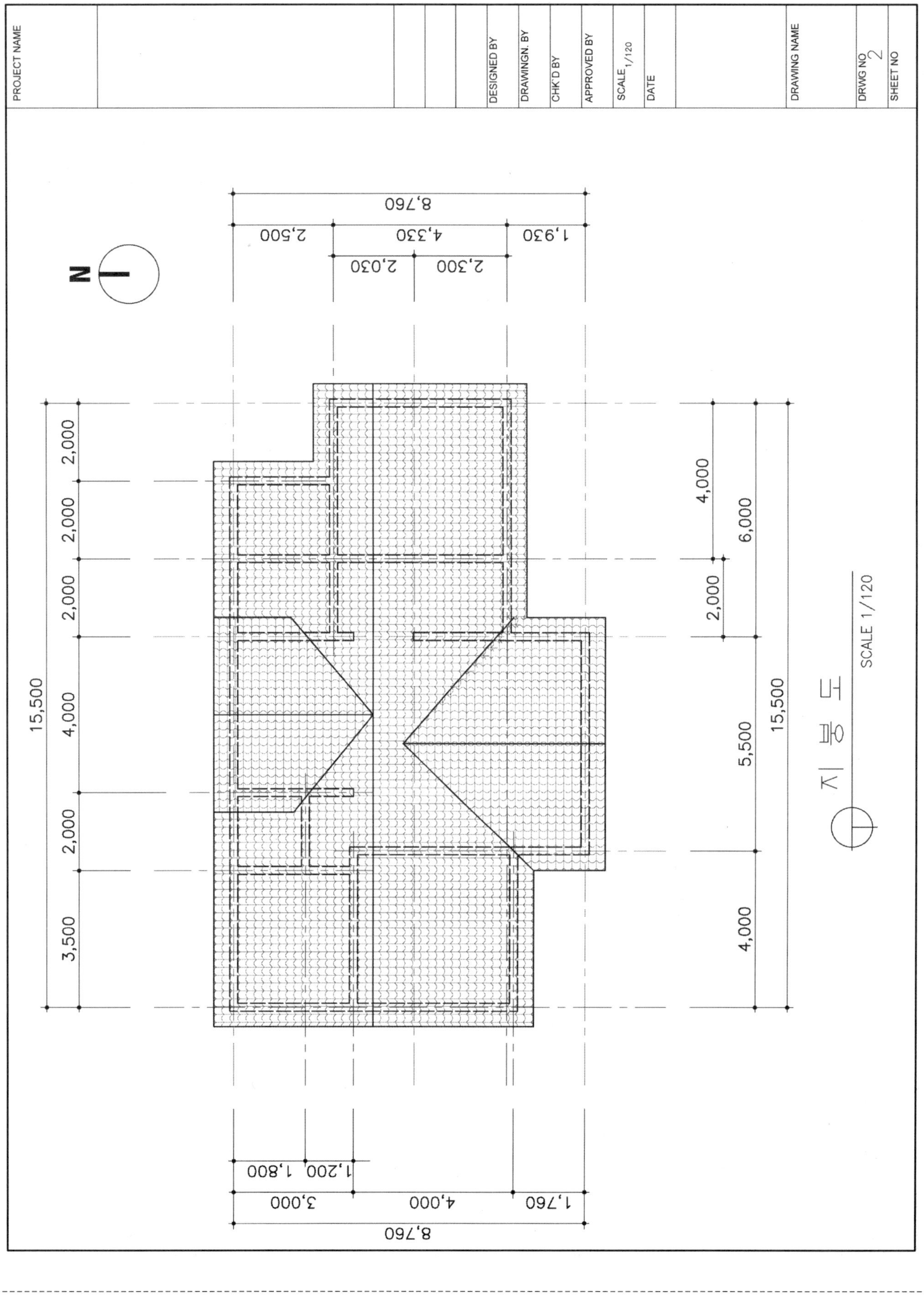

도면 예제 14-3 건축도면 그리기 - 입면도 1

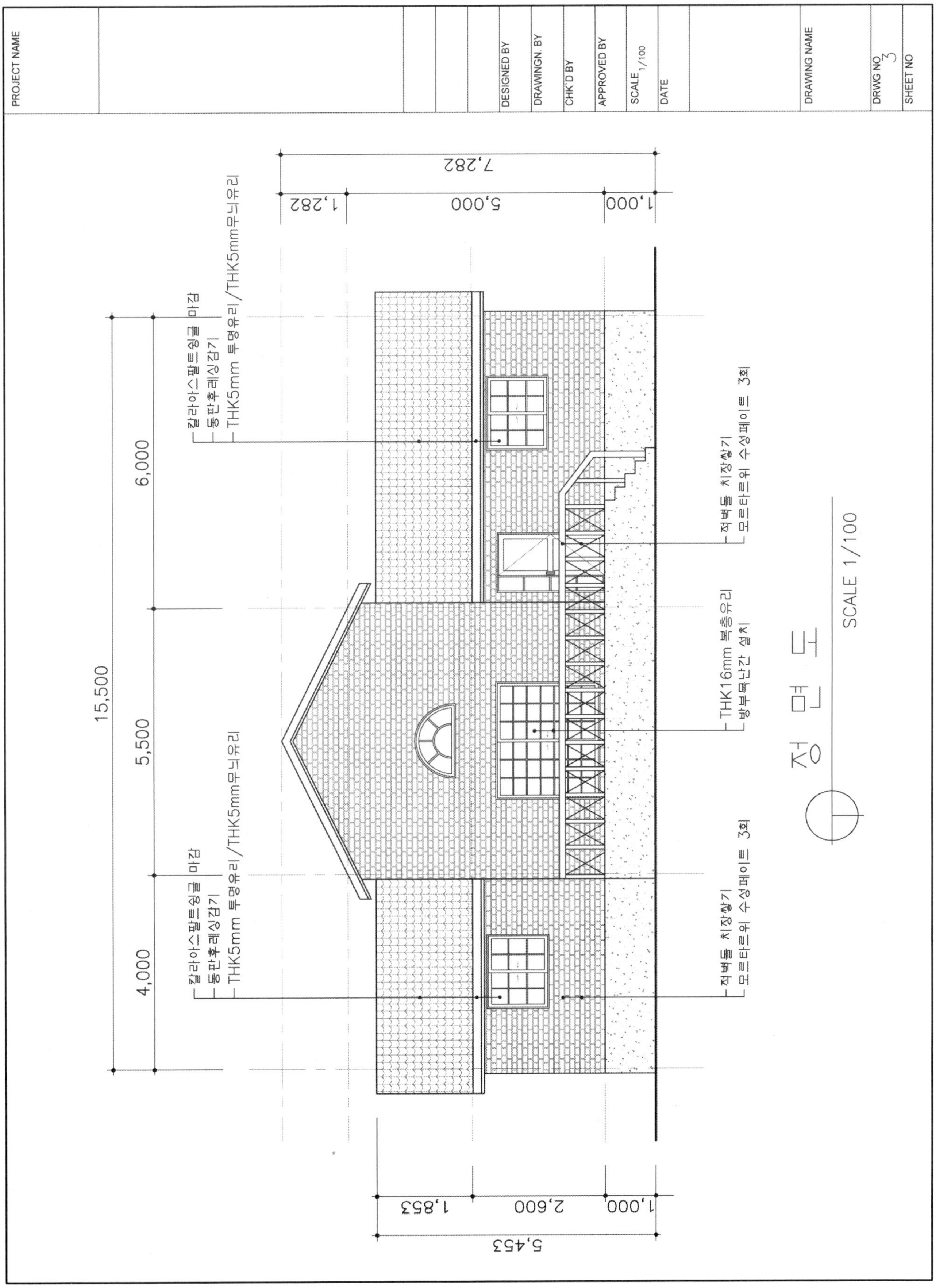

도면 예제 14-4 건축도면 그리기 - 입면도 2

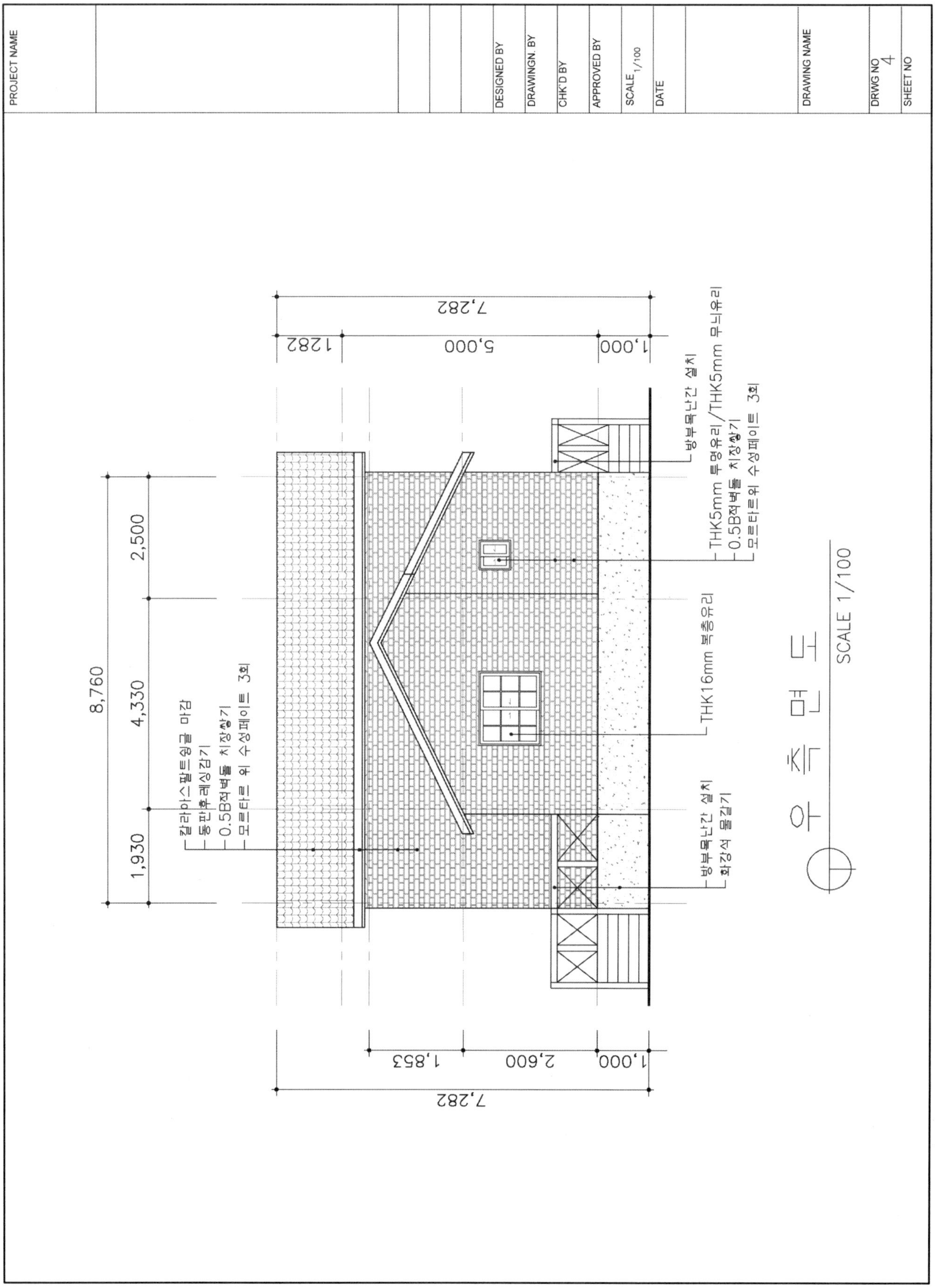

도면 예제 14-5 건축도면 그리기 - 입면도 3

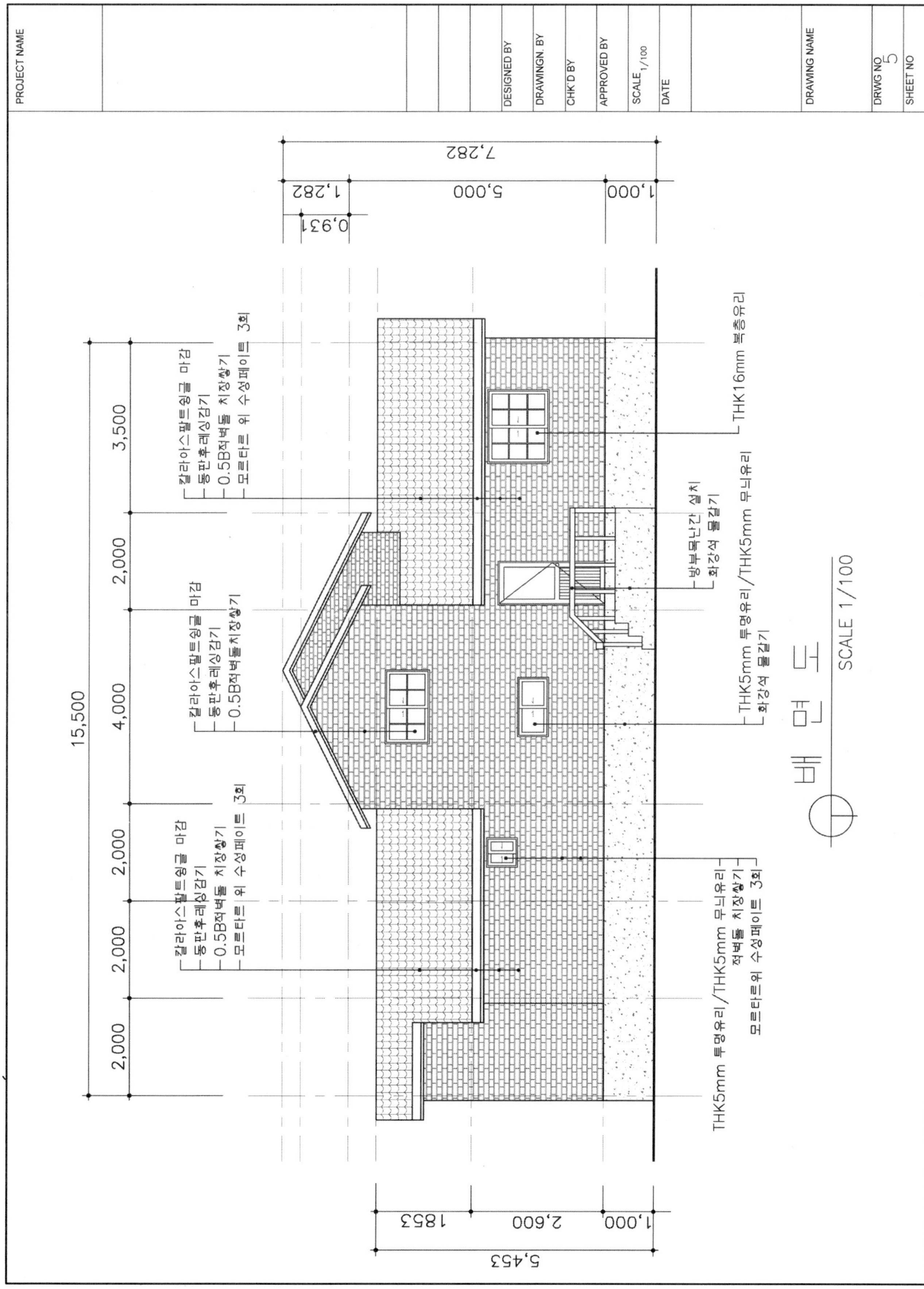

도면 예제 14-6 건축도면 그리기 - 입면도 4

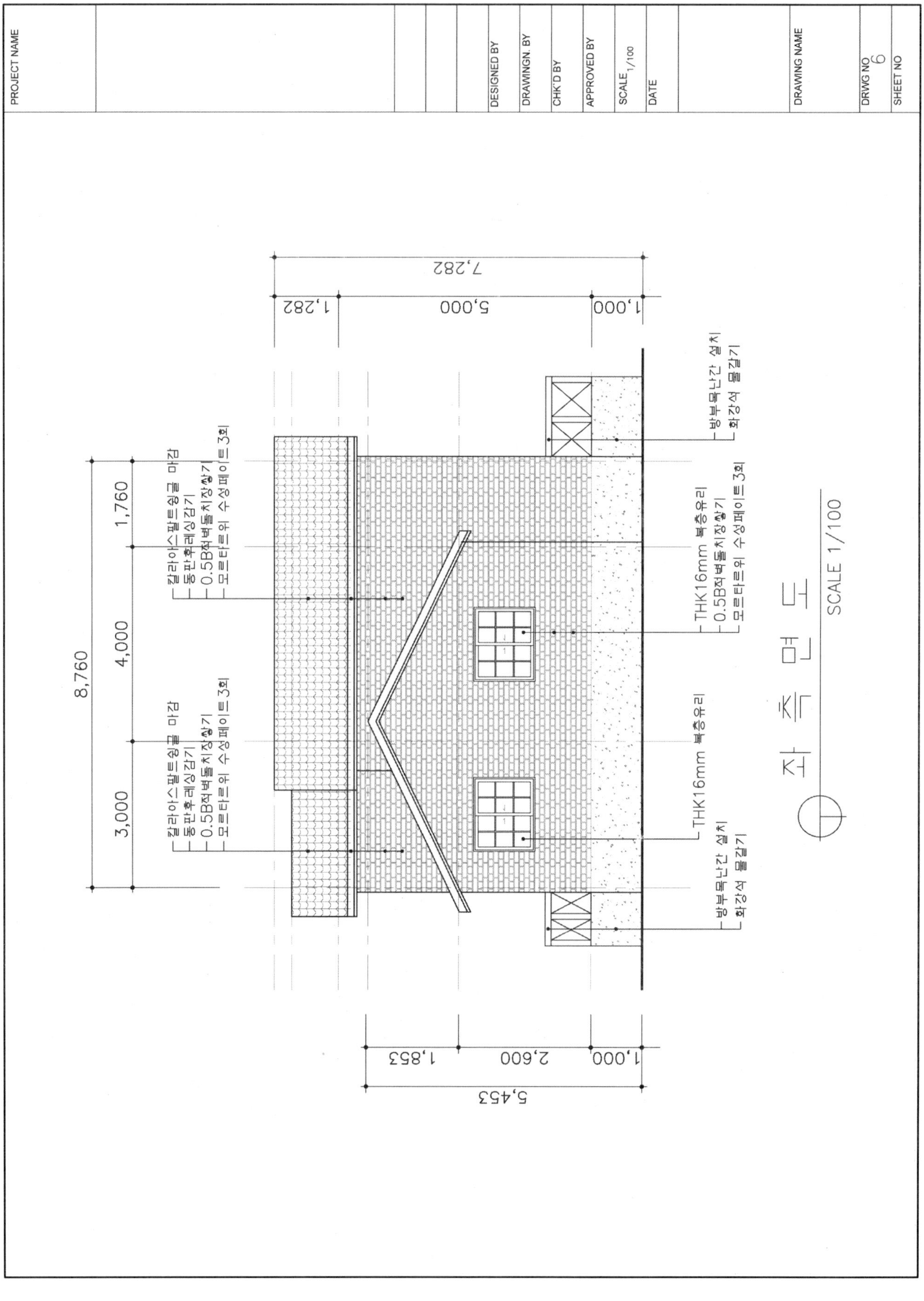

LESSON

15 AutoCAD와 외부 프로그램 간의 파일 교환하기

학습목표

- AutoCAD 프로그램에 외부 파일 내용과 이미지를 삽입할 수 있다.
- AutoCAD 프로그램에서 그린 도면을 엑셀, 한글 프로그램으로 옮길 수 있다.
- AutoCAD 파일을 다른 응용 프로그램(일러스트, 포토샵, 스케치업, 3D-MAX 등)에서 사용할 수 있도록 변환할 수 있다.

선행학습

- 벡터 이미지와 래스터 이미지에 대한 이해
- AutoCAD 프로그램의 파일 저장 형식에 대한 이해와 활용
- AutoCAD 프로그램에서의 도면 출력에 대한 이해와 활용

학습명령

1. PDF 이미지 파일, EPS 이미지 파일 출력하기
2. DWG 파일을 DXF 파일로 저장하기
3. DWG 파일 저장 버전 낮추기

학습내용

① 학습내용 1

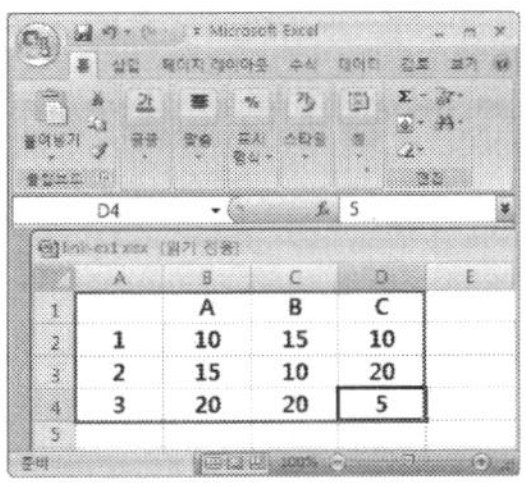

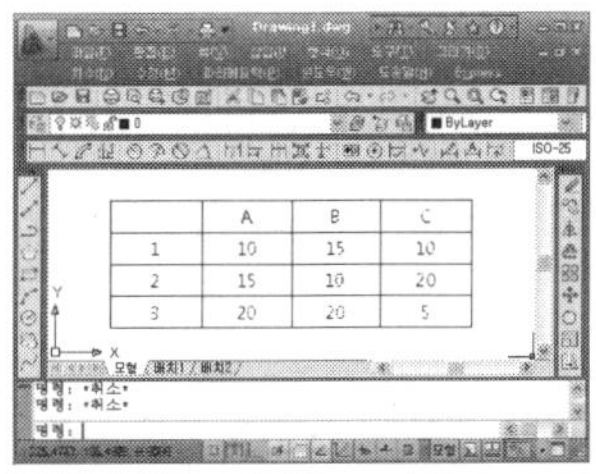

② 학습내용 2

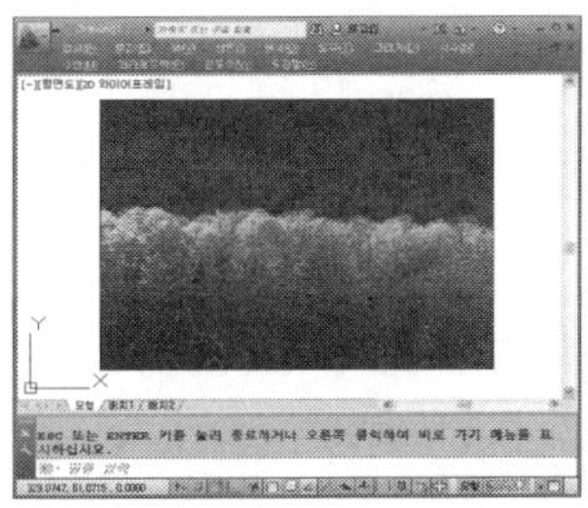

③ 학습내용 3

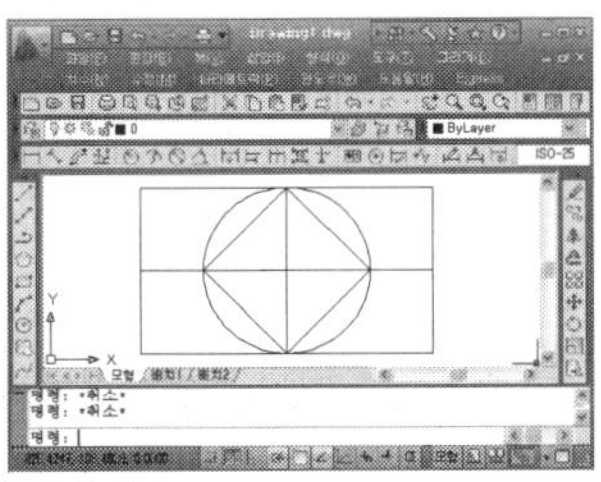

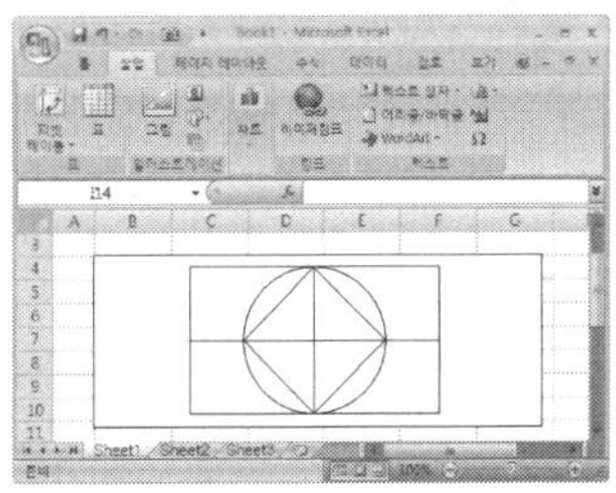

비 고

- 현재 사용되어지고 있는 여러 프로그램들은 각각의 장점을 가지고 있기 때문에 파일 내용을 서로 불러들이거나 내보내는 기능을 가지고 있다.
- AutoCAD 프로그램 또한 외부 프로그램의 내용을 가지고 오거나 외부 프로그램으로 도면을 내보내는 기능을 가지고 있다.

AutoCAD와 외부 프로그램 간의 파일 교환하기

1 AutoCAD 파일을 다른 프로그램으로 내보내기
① 파일 복사(copyclip), 파이 붙여넣기(pasteclip) 명령 사용하기 : Ctrl+C, Ctrl+V
② 내보내기 명령 사용하기 : export
③ 출력 명령 사용하기 : plot

2 다른 프로그램 파일을 AutoCAD 프로그램으로 불러오기
① import
② xref
③ 엑셀 파일 불러오기

1. 다른 프로그램 파일을 AutoCAD 프로그램으로 불러오기

- OLE 객체 명령 사용하기 : insertobj Enter↵ (단축키 : io Enter↵)
- 엑셀 데이터 링크 명령 사용하기 : datalink Enter↵ (단축키 : dl Enter↵)
- 이미지 불러오기 : xref Enter↵
- 가져오기 명령 사용하기 : import Enter↵

1.1 OLE 객체 삽입 명령 – insertobj

- 링크된 객체 또는 포함된 객체를 삽입한다.
- 엑셀 이외 다른 외부 프로그램(한글, 파워포인트 등)의 내용도 가져올 수 있다.

(1) OLE 객체 삽입 명령

명령줄 사용 : insertobj Enter↵ (단축명령 : io Enter↵)
리본메뉴 사용 : 삽입점 탭 ▶ 데이터 패널 ▶
주메뉴 사용 : 삽입(I) ▶ OLE 객체(O)
도구막대 아이콘 : 삽입 도구막대 ▶

(2) OLE 객체 삽입 명령 옵션

① 새로 만들기 : 데이터를 직접 새로 입력해 가져오기
② 파일로부터 만들기 : 작성되어 있는 파일의 내용 가져오기
③ 개체 유형 : 가져오고자 하는 파일의 응용프로그램 종류 선택하기
④ 아이콘으로 표시 : 프로그램 파일의 내용을 표시하지 않고 아이콘만 화면에 표시함.

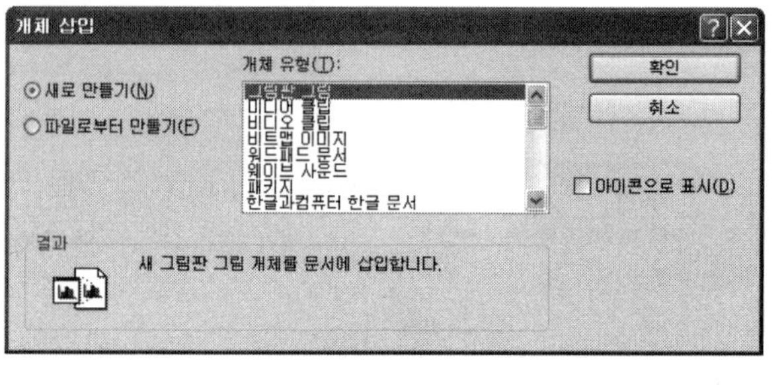

(3) OLE 객체 삽입 명령 따라하기

① 다른 응용프로그램 내용 불러오기 명령을 실행한다.

- 사용명령 : insertobj [Enter↵] (혹은 io [Enter↵])
- 새로 만들기 항목 선택
- Microsoft Office 워크시트 선택
- [확인] 버튼 선택

② 자동 실행된 엑셀 프로그램에 내용을 입력하고 엑셀 프로그램을 종료한다.

- 엑셀 프로그램에서 데이터 내용 입력
- 엑셀 프로그램을 종료한다.

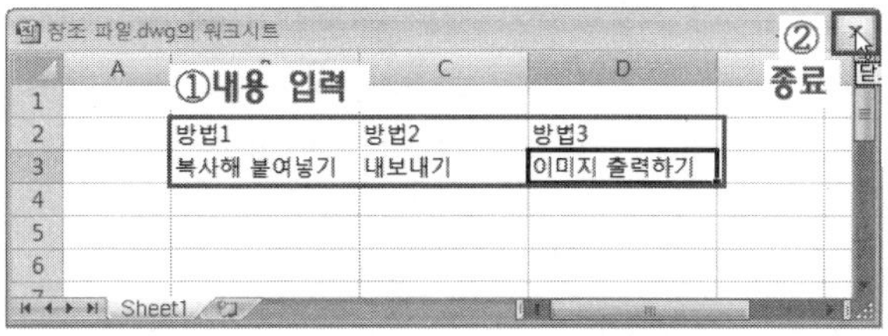

③ CAD 프로그램 화면에 엑셀에서 입력한 내용이 표현되었는지 확인한다.

화면 왼쪽 상단에 엑셀 프로그램에서 입력한 데이터 내용이 나타난다.

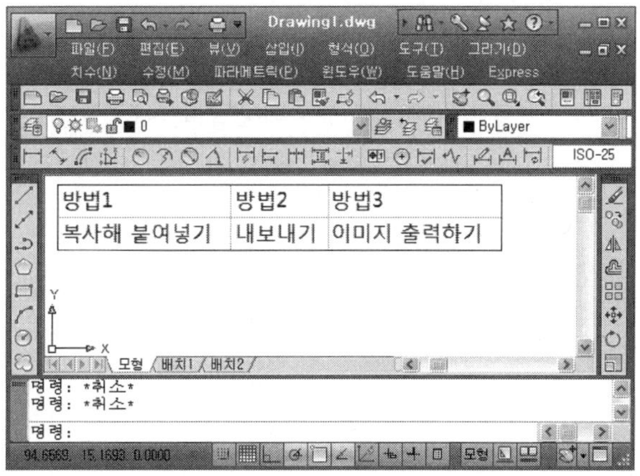

(4) OLE 객체 수정 명령 따라하기

- **OLE 객체 열기 : oleopen** [Enter↵]
- **OLE 변환 : oleconvert** [Enter↵]
- **OLE 문자 크기 변경 : olescale** [Enter↵]
- **OLE 객체 재설정 : olereset** [Enter↵]

바로가기 메뉴 사용 : OLE 객체 선택 후 마우스 오른쪽 버튼 선택해 사용하기

① OLE 객체 테두리선 표시 및 출력 여부 조정하기 - oleframe

OLE 객체의 테두리선이 표시되지 않으면 객체를 선택할 수 없어 수정할 수 없다.

- 명령 : oleframe [Enter↵]
- OLEFRAME에 대한 새 값 입력 〈2〉 : 2 [Enter↵] (혹은 0 [Enter↵], 혹은 1 [Enter↵])
  - **'0'로 설정된 경우 :** 프레임이 표시되지 않아 플롯되지 않는다.
  - **'1'로 설정된 경우 :** 프레임이 표시되어 플롯된다.
  - **'2'로 설정된 경우 :** 프레임이 표시되었지만 플롯되지 않는다. → 기본값

② OLE 객체 내용 수정하기

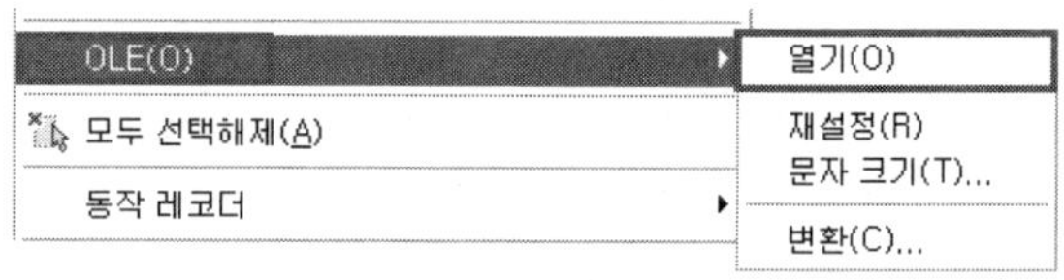

► 사용명령 : **수정하고자 하는 OLE 객체를 마우스 오른쪽 버튼으로 클릭 (혹은 두 번 빠르게 선택하기)**
► [OLE(O)] 항목의 [열기(O)] 선택
► 실행된 응용프로그램에서 내용 수정하기
► 응용프로그램 종료
► AutoCAD 프로그램에서 내용이 변경되었는지 확인

③ OLE 객체 문자 크기 변경하기

► 사용명령 : **수정하고자 하는 OLE 객체를 마우스 오른쪽 버튼으로 클릭 (혹은 두 번 빠르게 선택하기)**
► [OLE(O)] 항목의 [문자 크기(T)] 선택

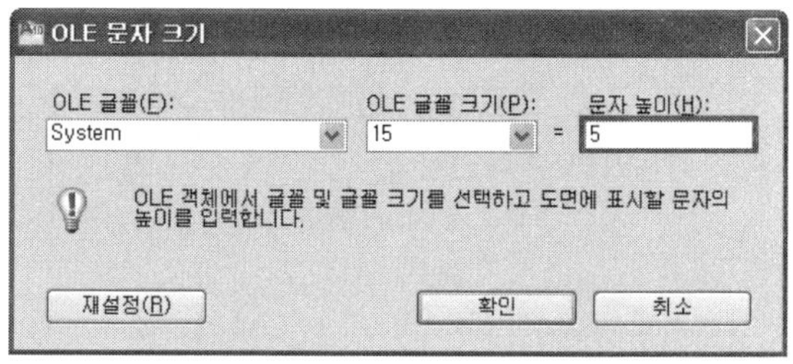

► OLE 문자 크기 상자에서 [문자 높이] 변경
- **OLE 글꼴 :** OLE 객체에서 사용한 글꼴
- **OLE 글꼴 크기 :** OLE 객체에서 사용한 글꼴 크기

► [확인] 버튼을 선택해 명령을 종료
► AutoCAD 프로그램에서 내용이 변경되었는지 확인

1.2 엑셀 데이터 링크 – datalink

• 엑셀 프로그램의 데이터를 링크해 AutoCAD 프로그램에 삽입할 수 있는 명령

(1) 엑셀 데이터 링크 명령

> **명령줄 사용 : datalink** [Enter↵] **(단축명령 : dl** [Enter↵]**)**
> **리본메뉴 사용 : 삽입점 탭 ▶ 링크 및 추출 패널 ▶**
> **주메뉴 사용 : 도구(T) ▶ 데이터 링크 ▶ 데이터 링크 관리자**

(2) 엑셀 데이터 링크 명령 옵션

► 명령 : datalink [Enter↵] (혹은 dl [Enter↵])

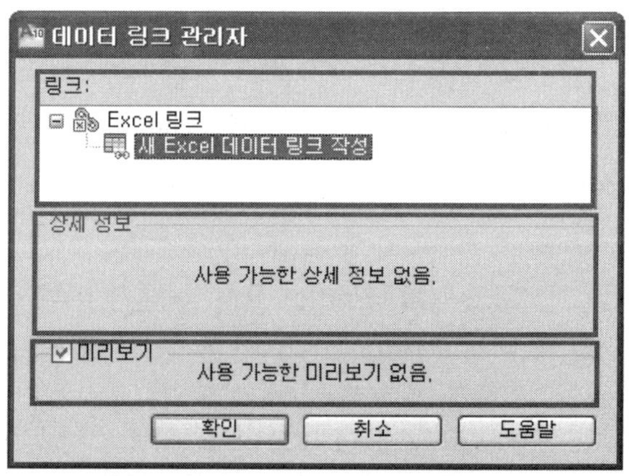

① 데이터 링크 관리자
- **데이터 링크 트리 뷰 :** 도면에 링크된 데이터 나열
- **새 Excel 데이터 링크 작성 :** 새 데이터 링크에 대한 이름을 입력할 수 있는 대화상자가 시작된다.
- **상세정보 :** 트리 뷰에서 선택한 데이터 정보 표시
- **미리보기 :** 링크된 데이터 미리보기

② 데이터 링크 이름 입력

► 새 Excel 데이터 링크 작성 선택한 경우

③ 새 Excel 데이터 링크

- **파일 :** 데이터 링크를 작성할 파일 및 파일 경로를 지정한다.
- **링크 옵션 :** 도면에 링크할 Excel 파일의 데이터를 지정한다.
- **셀 컨텐츠 :** 데이터를 외부 원본으로부터 도면으로 가져오는 방법을 결정한다.
- **셀 형식 지정 :** 원본 XLS, XLSX 또는 CSV 파일에 지정된 형식을 도면으로 가져온다.

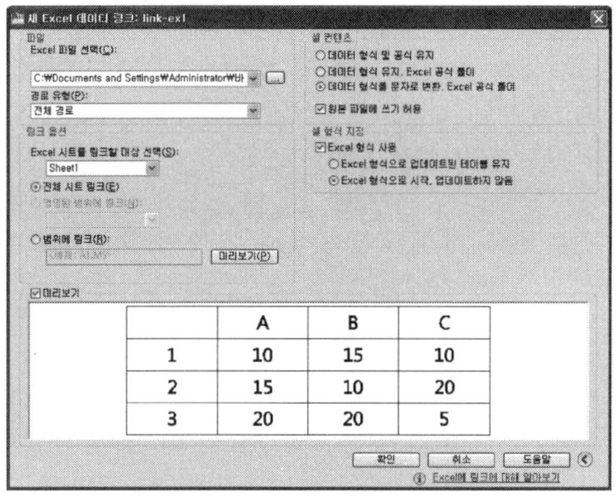

(3) 엑셀 데이터 링크 명령 따라하기

① 먼저 엑셀 프로그램에 오른쪽 그림과 같이 데이터를 입력하고 저장한다.

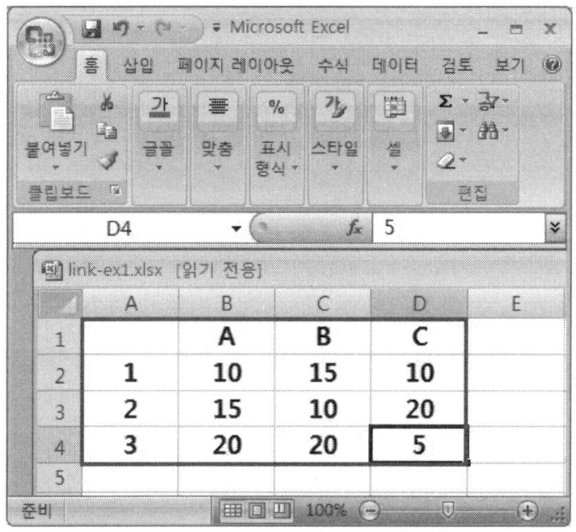

② AutoCAD 프로그램에서 데이터 링크 명령을 다음과 같이 실행한다.

► 명령 : datalink [Enter↵] (혹은 dl [Enter↵])

►'새 Excel 데이터 링크 작성'을 선택한다.

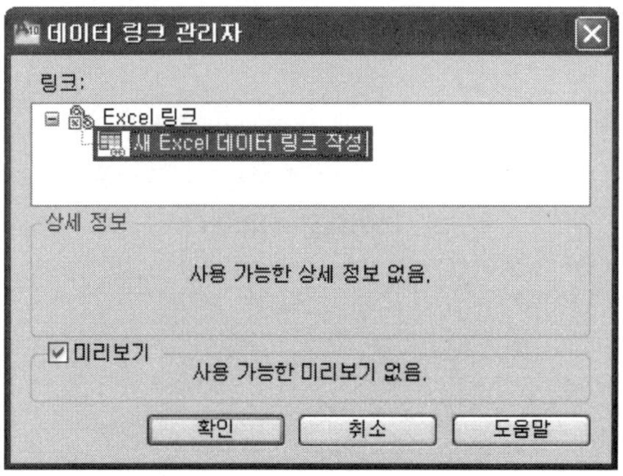

► 데이터 링크 이름을 'link-ex1'이라고 입력한다.

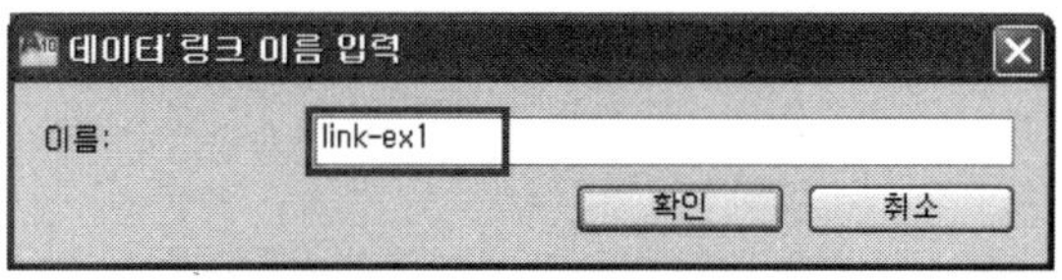

► 그림과 같이 링크할 Excel 파일을 선택한다.
► 경로 유형 : **전체 경로 선택**
► Excel 시트를 링크할 대상 선택 : 'sheet1' 선택

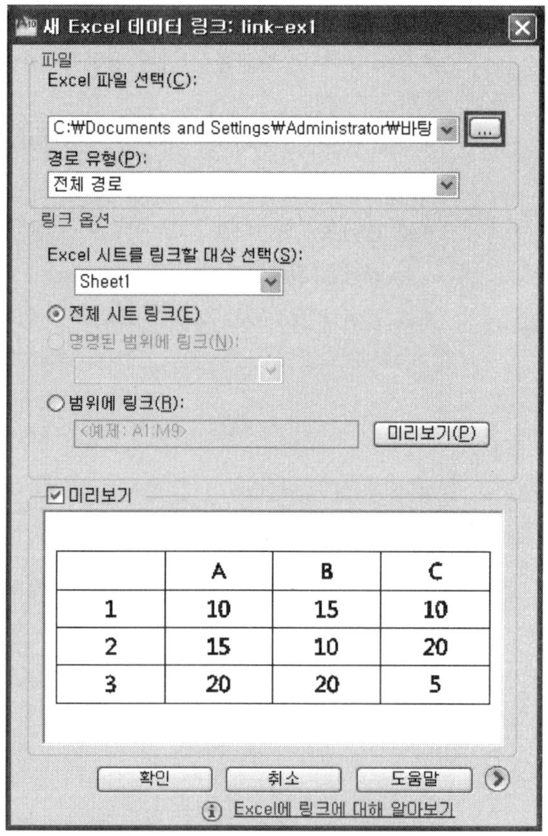

링크 옵션 설명

► Excel 시트를 링크할 대상 선택 : 데이터가 입력된 엑셀 프로그램 시트 선택
► 전체 시트 링크 : Excel 파일의 지정된 전체 시트를 도면의 테이블에 링크한다.
► 명명된 범위에 링크 : Excel파일에 이미 포함된 셀의 '이름정의'된 범위를 도면의 테이블에 링크한다.
► 범위에 링크 : 도면의 테이블에 링크할 Excel 파일의 셀 범위를 지정한다.

► 미리보기 : 미리보기 확인

► [확인] 버턴을 선택하고 'datalink' 명령을 종료한다.

③ 테이블 생성 명령을 실행해 링크된 데이터를 표로 만든다.

► 사용명령 : table [Enter↵] (혹은 tb [Enter↵])
► '데이터 링크에서' 항목을 선택한다.
► 목록에서 'link-ex1'을 선택한다.
► [확인] 버튼을 선택하고 명령을 종료한다.

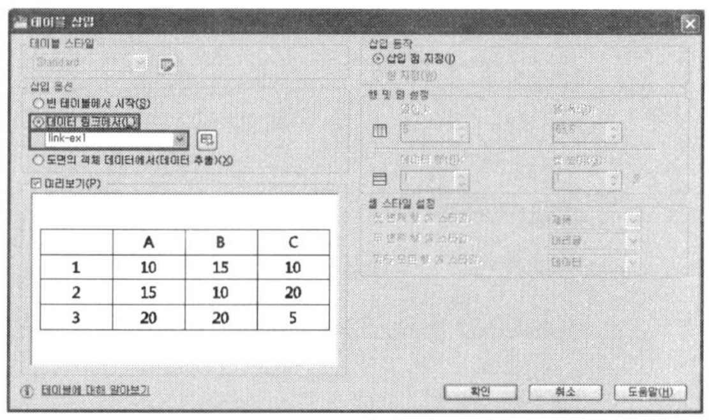

► 삽입점 지정 : **테이블을 삽입할 위치를 마우스로 지정해 링크한 데이트를 삽입한다.**

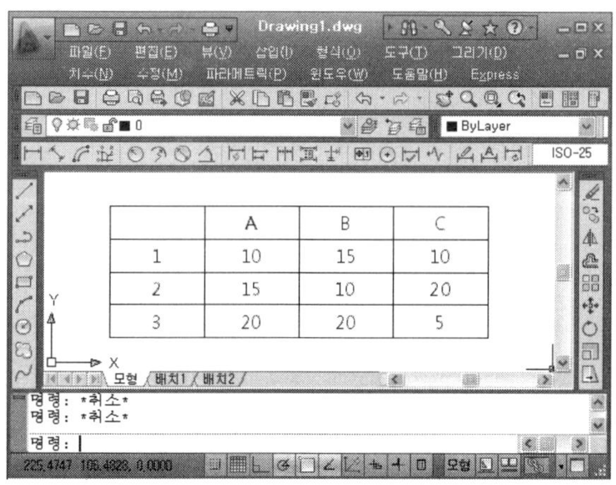

1.3 이미지 파일 불러오기 – image

① 외부 파일 참조 명령을 실행한다.

► 명령 : image Enter↵ (혹은 xref Enter↵)

위의 명령을 실행하면 화면에 오른쪽 그림과 같은 대화상자가 나타나는 것을 볼 수 있다.

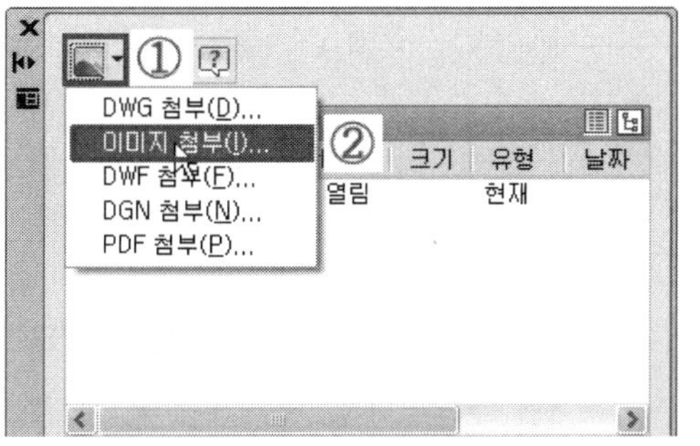

② 오른쪽 그림의 대화상자에서 이미지 파일을 참조하기 위해 '이미지 첨부' 항목을 선택한다.

③ 참조하고자 하는 이미지 파일을 선택한다.

►'C/내문서/내그림/그림샘플' 위치에 있는 겨울.jpg 이미지를 선택한다.

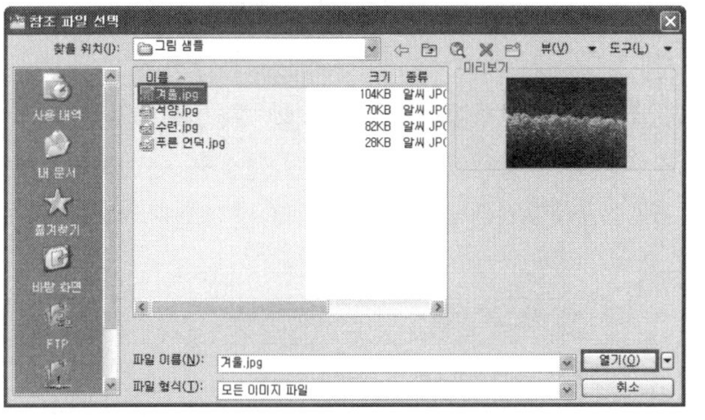

④ 참조하고자 하는 이미지 파일에 대한 부착값을 설정 후 확인 버튼을 선택한다.

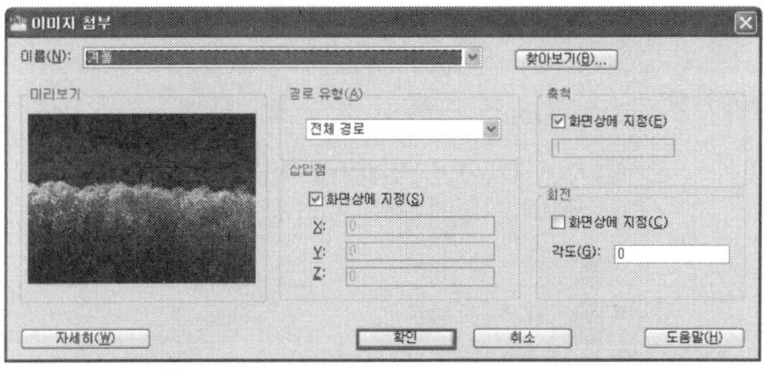

⑤ 참조하고자 하는 CAD 파일의 위치점과 축척 비율을 지정하고 명령을 종료한다.

► 삽입점 지정⟨0,0⟩ : 이미지를 부착하고자 하는 위치점을 마우스로 임의로 지정한다.

► 축척 비율 지정 또는 [단위(U)]⟨1⟩ : 1 Enter↵ (혹은 마우스로 크기를 임의로 지정한다.)

1.4 다양한 외부 파일 불러오기 – import

- 다른 응용프로그램으로 작성된 DWG가 아닌 데이터 파일을 현재 도면으로 가져오는 명령
- 데이터는 가져오기 과정에서 해당하는 DWG 파일 데이터로 변환된다.

(1) 다양한 외부 파일 불러오기 명령

명령줄 사용 : import Enter↵

리본메뉴 사용 : 삽입 탭 ▶ 가져오기 패널 ▶

주메뉴 사용 : 파일(F) ▶ 가져오기(R)

도구막대 사용 : 삽입 도구막대 ▶

(2) import 명령으로 가져올 수 있는 파일 형식

파일 유형에서 가져올 파일 형식을 선택하고, 파일 이름에서 가져올 파일 이름을 선택한다. AutoCAD에서 가져올 수 있는 파일 형식은 다음과 같다.

형 식	설 명
3D Studio(*.3ds)	3DS 파일
ACIS(*.sat)	ACIS 솔리드 객체 파일
Autodesk Inventor(*.ipt), (*.iam)	Autodesk Inventor 부품 및 조립품 파일
CATIA V4(*.model, *.session, *.exp, *.dlv3)	CATIA® V4 모형, 세션 및 내보내기 파일
CATIA V5(*.CATPart, *.CATProduct)	CATIA® V5 부품 및 조립품 파일
사용자 지정 파일 확장명을 사용하는 DGN 파일 (예 : Seed 파일에 .sed 사용)을 포함한 DGN(*.dgn)	MicroStation DGN 파일
FBX(*.fbx)	Autodesk®FBX 파일
IGES(*.iges; *.igs)	IGES 파일
JT(*.jj)	JT 파일
Parasolid(*.x_b)	Parasolid 이진 파일
Parasolid(*.x_t)	Parasolid 텍스트 파일
Pro/ENGINEER(*.prt*, *.asm*)	Pro/ENGINEER® 부품 및 조립품 파일
Pro/ENGINEER Granite(*.g)	Pro/ENGINEER에서 생성된 Granite 파일
Pro/ENGINEER Neutral(*.neu)	Pro/ENGINEER에서 생성된 Granite Neutral 파일
Rhino(*.3dm)	Rhinoceros® 모형 파일
SolidWorks(*.prt, *.sldprt, *.asm, *.sldasm)	SolidWorks® 부품 및 조립품 파일
메타파일(*.wmf)	Microsoft Windows® 메타파일
STEP(*.ste, *.stp, *.step)	STEP 파일

2. AutoCAD 파일을 다른 프로그램으로 내보내기

- **파일 복사(COPYCLIP), 파일 붙여넣기(PASTECLIP) 사용하기 : Ctrl+C, Ctrl+V**
- **파일 내보내기 명령 사용하기 :** export
- **출력 명령 사용하기 :** plot

2.1 파일 복사하기(COPYCLIP)와 파일 붙여넣기(PASTECLIP) 방법 따라하기

① 엑셀 프로그램으로 가져갈 CAD 도면 파일을 준비한다.
② 복사할 CAD 도면 내용을 화면에 최대한 크게 확대한다.
③ 복사할 CAD 도면 내용을 선택해 copyclip 명령(Ctrl+C)을 적용한다.

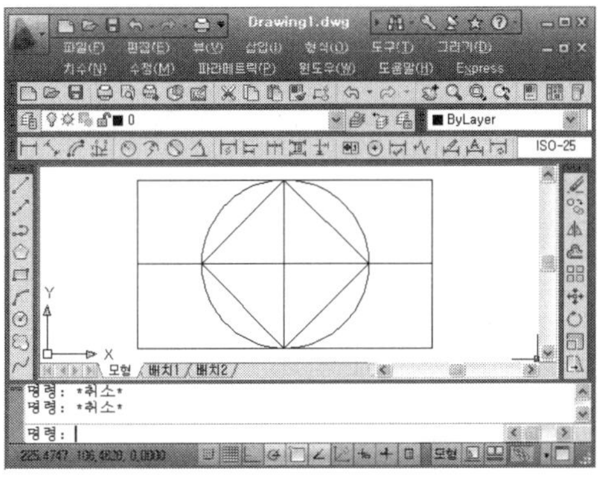

④ 엑셀 프로그램을 실행한다.
⑤ 붙여넣고자 하는 셀을 선택한 후 붙여넣기 명령(Ctrl+C)을 적용한다.

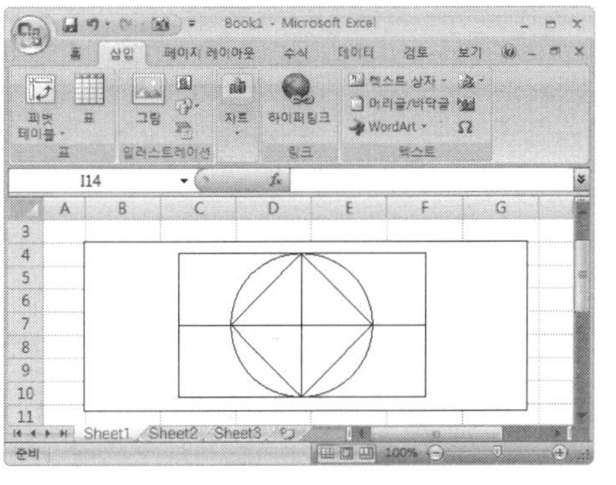

주의

CAD 프로그램에서 객체를 선택해 파일 복사명령을 적용할 때 도면을 화면에 최대한 크게 확대한 후에 복사를 해야 엑셀 프로그램에서 붙여넣기 하였을 때 여백이 적게 된다.

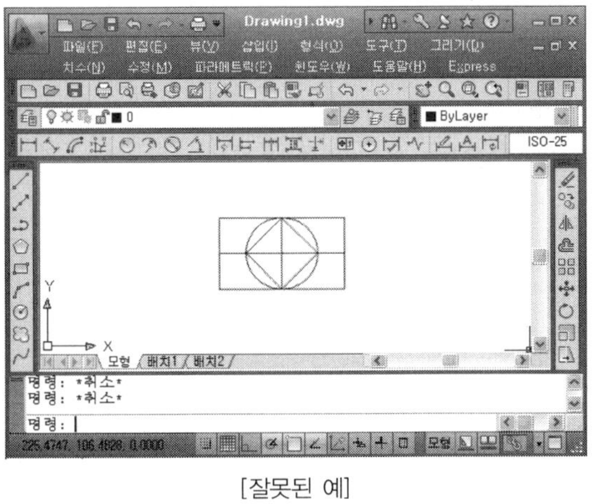

[잘못된 예]

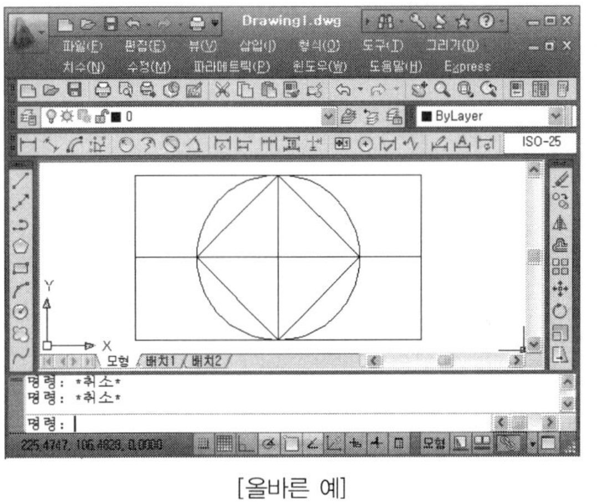

[올바른 예]

2.2 AutoCAD 파일을 다른 형식의 파일로 저장하기 – export

• 도면의 객체를 다른 파일 형식으로 저장하는 명령

(1) 다른 형식의 파일로 저장하기 명령

명령줄 사용 : export [Enter↵]

주메뉴 사용 : 파일(F) ▶ 내보내기(E)

(2) export 명령으로 내보내기 할 수 있는 파일 형식

형 식	설 명	관 련 명 령
3D DWF(*.dwf) 3D DWFx(*.dwfx)	Autodesk Design Web Format	3DDWF
ACIS(*.sat)	ACIS 솔리드 객체 파일	ACISOUT
비트맵(*.bmp)	장치 독립적 비트맵 파일	BMPOUT
블록(*.dwg)	도면 파일	WBLOCK
DXX 추출(*.dxx)	속성 추출 DXF TM 파일	ATTEXT
캡슐화된 PS(*.eps)	캡슐화된 PostScript 파일	PSOUT
IGES(*.iges; *.igs)	IGES 파일	IGESEXPORT
FBX 파일(*.fbx)	Autodesk® FBX 파일	FBXEXPORT
리쏘그라피(*.stl)	솔리드 객체 입체 인쇄술 파일	STLOUT
메타파일(*.wmf)	Microsoft Windows® 메타파일	WMFOUT
V7 DGN(*.dgn)	MicroStation DGN 파일	DGNEXPORT
V8 DGN(*.dgn)	MicroStation DGN 파일	DGNEXPORT

(3) export 명령으로 메타파일(WMF)로 저장해 사용하기 예 – 엑셀에서 불러오기

① 파일을 열어 메타파일로 저장한다.

㉮ 파일을 연다(임의의 파일을 연다).

㉯ 내보내기 명령을 실행한다.

► 실행명령 : export [Enter↵]

㉰ 오른쪽 그림과 같이 파일을 저장한다.

► 파일 형식을 'wmf'로 선택한다.

► 저장위치와 파일이름 입력 후 [저장] 버튼을 선택한다.

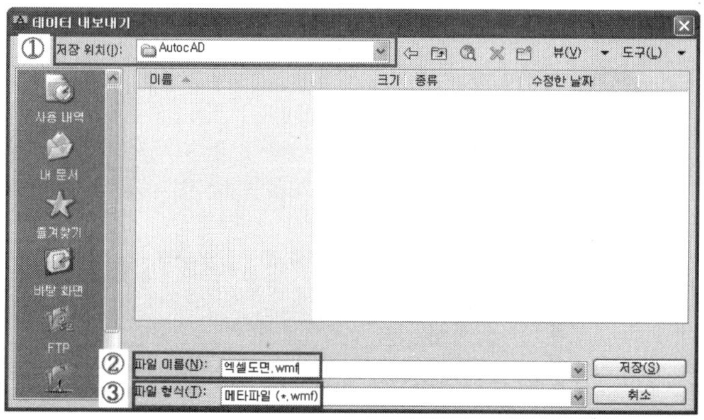

㉱ 내보기할 객체를 선택하고 [Enter↵] 키를 누른 후 명령을 종료한다.

② 엑셀 프로그램을 실행한 후 이미지 파일을 삽입한다.

㉮ 그림을 삽입할 셀 위치를 선택한다.

㉯ 그림 넣기 명령을 실행한다.

㉰ [삽입] 탭의 일러스트레이션 그룹에서 [그림]아이콘을 선택해 명령을 실행한다.

㉱ 삽입할 그림을 찾아 그림 넣기를 적용한다.

(4) export 명령으로 캡슐화된 PS(eps)로 저장해 사용하기 예 – 포토샵에서 불러오기

① 파일을 열어 eps 파일로 저장한다.

㉮ 파일을 연다(임의의 파일을 연다).

㉯ 되도록 이면 도면의 모든 객체 색상을 흰색으로 설정한다.

㉰ 내보내기 명령을 실행한다.

► 실행명령 : export [Enter↵]

㉱ 오른쪽 그림과 같이 파일을 저장한다.

► [저장 위치]를 지정한다.

► [파일 이름]을 입력한다.

► [파일 형식]을 지정한다.

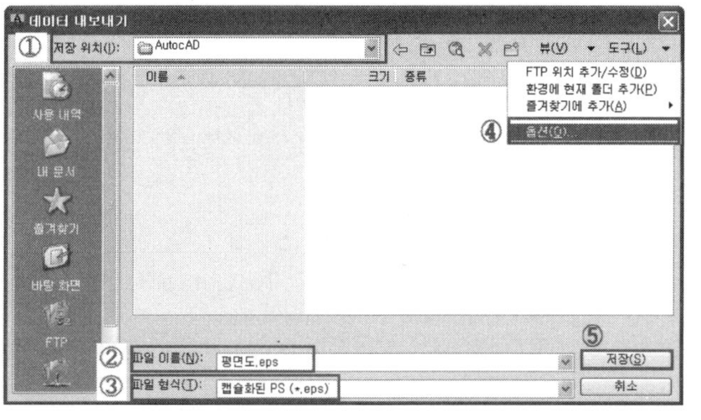

► 위의 그림에서 [옵션]을 선택해 출력 옵션을 설정한다.

► 출력 크기 단위 : 밀리미터 선택

► 축척 : 용지에 맞춤 선택

► 용지크기 : A4 선택

► 플롯할 부분 : 윈도우 항목 선택

► [확인] 버튼 선택

► [저장] 버튼 선택

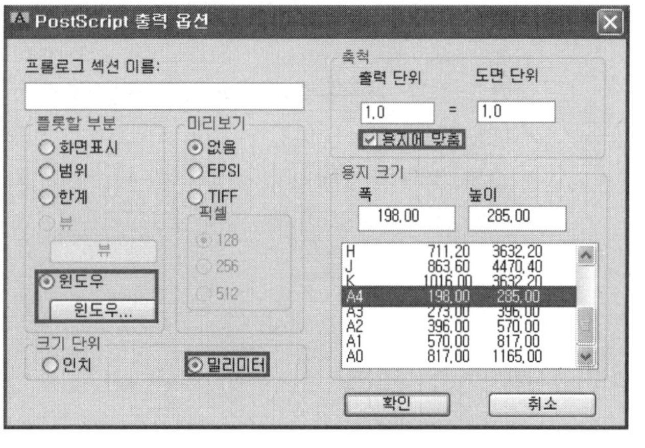

► 첫 번째 구석을 지정 : 저장할 영역 첫 번째 점 지정

► 반대 구석 지정 : 저장할 영역 두 번째 점 지정

② 포토샵 프로그램을 실행한 후 'eps' 파일을 삽입한다.

㉮ 포토샵 프로그램을 실행한다.

㉯ 파일 [열기] 명령을 실행한다.

㉰ AutoCAD에서 저장한 파일을 선택해 연다.

㉣ 해상도를 '300'으로 설정한다.

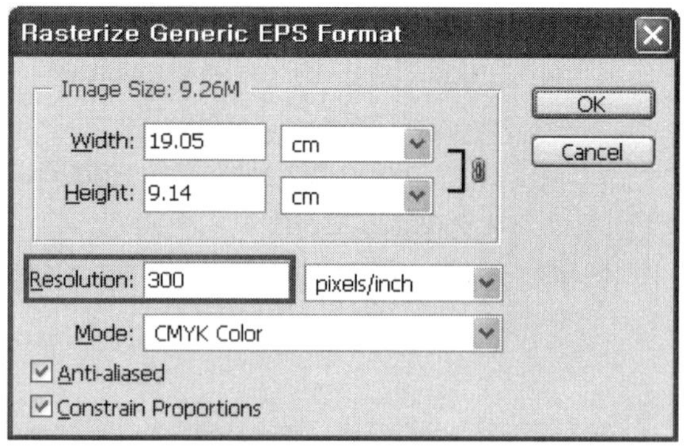

㉤ 포토샵에 열린 도면을 확인한다.

2.3 출력 명령을 이용해 이미지 파일 만들기

(1) 먼저 이미지로 출력할 파일을 연다.

► 사용명령 : open Enter↵

(2) 이미지 파일로 출력한다.

① 페이지 설정 관리자 명령을 실행해 프린트 설정정보를 저장한다.

► 사용명령 : pagesetup Enter↵

► 프린터/플로터 : Publish To Web JPG.pc3 선택

► 용지크기 : Sun 고해상도(1600×1280)선택

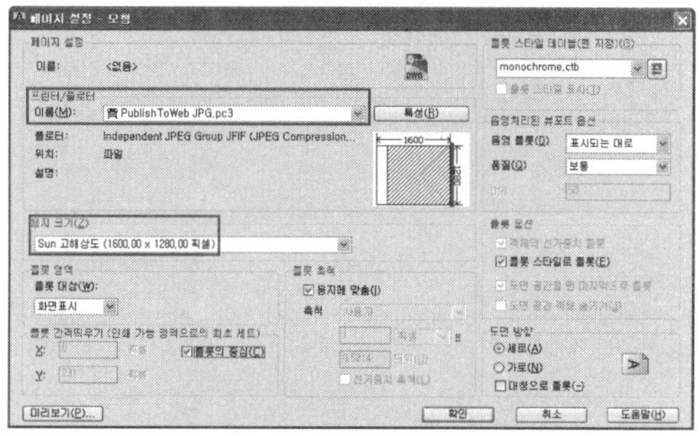

② 출력 명령을 이용해 이미지 파일로 저장한다.

► 사용 명령 : plot Enter↵

► [확인] 버튼을 선택한다.

► 저장 위치와 파일 이름을 입력하고 저장한다.

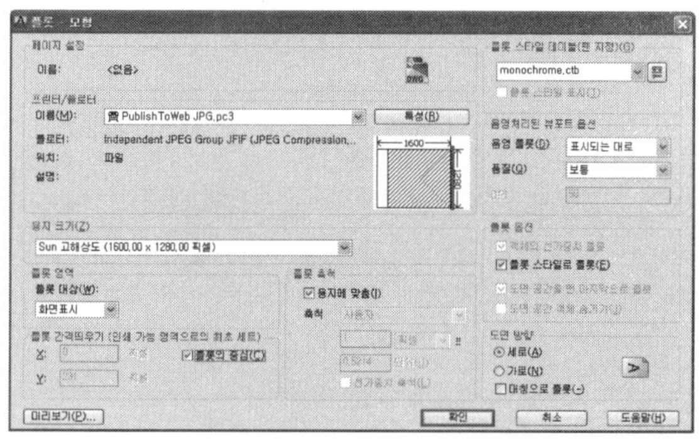

(3) 엑셀 프로그램을 실행한 후 이미지 파일을 삽입한다.

① 그림을 삽입할 셀 위치를 선택한다.

② 그림 넣기 명령을 실행한다.

► [삽입] 탭의 일러스트레이션 그룹에서 [그림]아이콘을 선택해 명령을 실행한다.

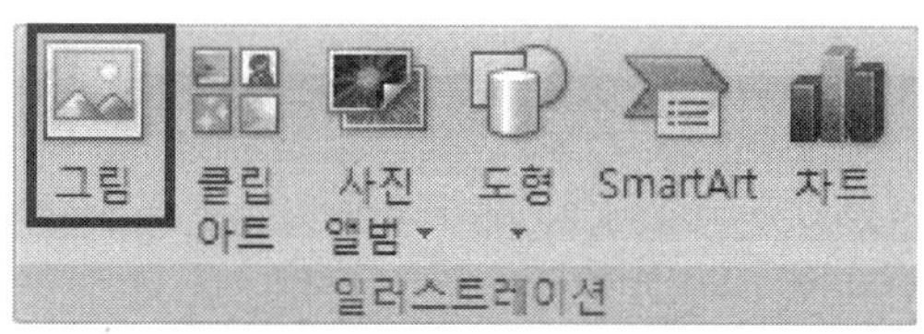

③ 삽입할 그림을 찾아 그림 넣기를 적용한다.

3. 응용 프로그램에서 AutoCAD 도면 실무 활용하기

3.1 컴퓨터 프로그램을 이용한 건축(실내건축) 설계도면 작업

2D 도면 설계 작업(AutoCAD 프로그램 등)

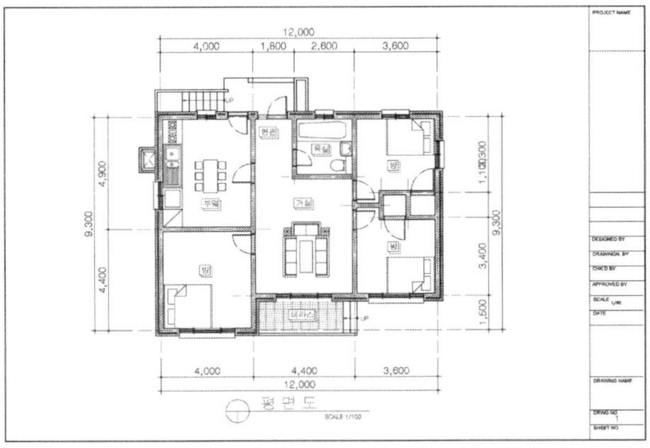

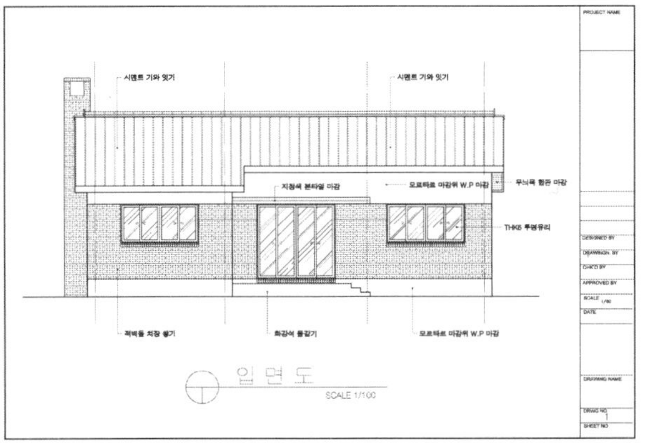

2D 도면 칼라링 작업(포토샵, 포토샵, 코렐드로우 프로그램 등)

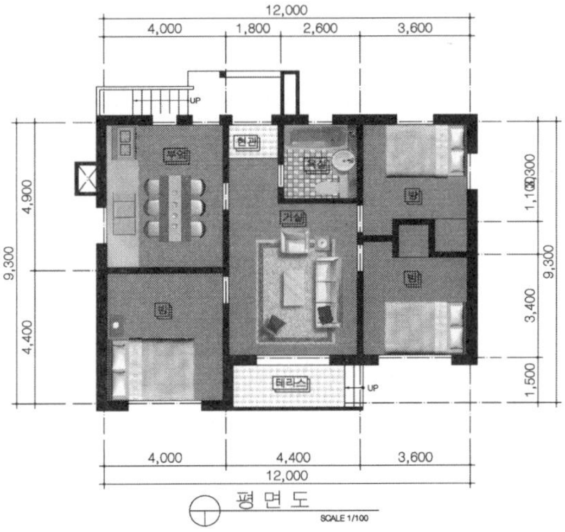

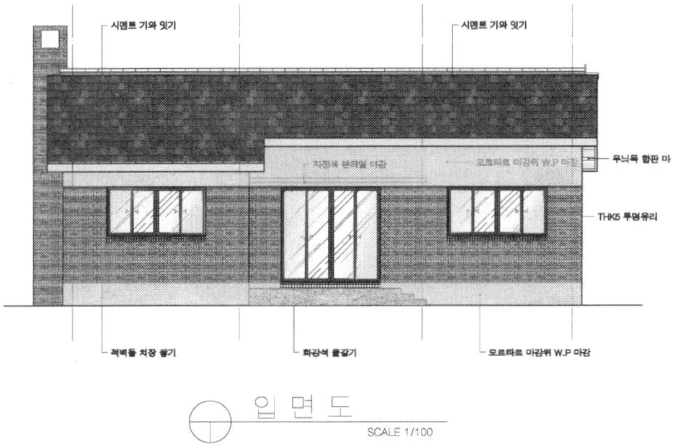

3D 도면 투시도 작업(스케치업, 3D-MAX 프로그램 등)

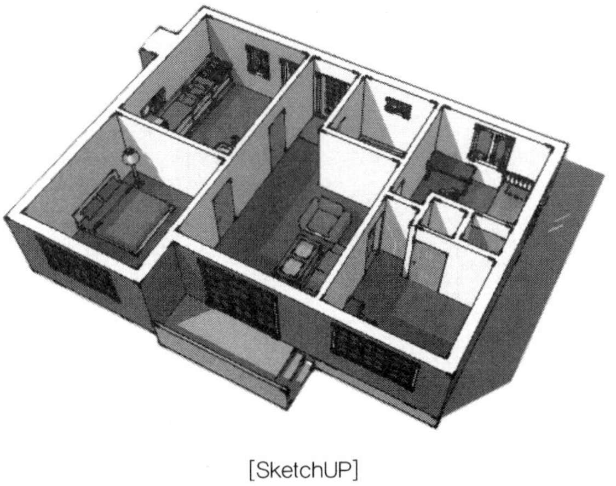

[SketchUP]

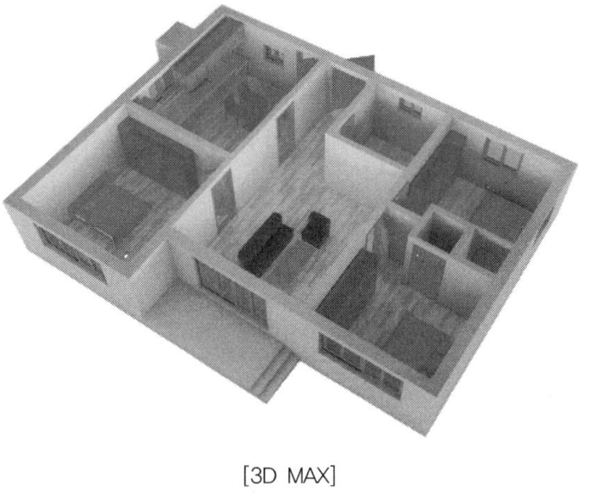

[3D MAX]

3.2 일러스트 프로그램에서 AutoCAD 도면 활용하기

• 일러스트 프로그램에서는 AutoCAD 프로그램에서 작성된 파일을 다음과 같이 불러올 수 있다.

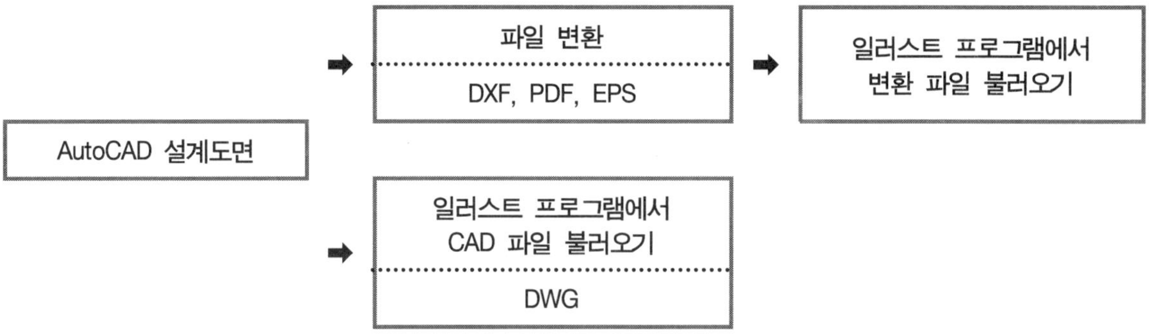

파일 형식	변환 명령	삽입된 Layer 결과	객체 형식	비고
DWG, DXF	saveas	CAD layer와 달리 일러스트에서 layer 재생성	선이 면의 속성으로 들어옴	추천
PDF	plot			-
EPS	export, plot			-

(1) 일러스트 프로그램에서 AutoCAD 도면 파일 활용 따라하기 – 'DWG' CAD 파일 불러오기

① 일러스트 프로그램에서 사용하기 쉽도록 도면 내용을 AutoCAD 프로그램에서 정리해 저장한다.

일러스트 프로그램에서 편리한 사용을 위한 AutoCAD 프로그램에서의 도면 정리 TIP

▪ 벽과 관련된 선(벽, 공간쌓기 선, 마감선 등)을 정리해 하나의 벽체선으로 정리한다.

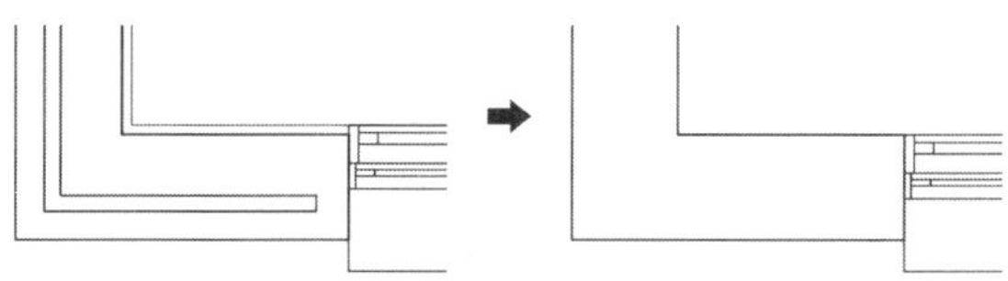

▪ 모든 선은 끝점으로 연결된 닫힌 형태의 선으로 정리하고 반드시 결합(PEDIT 명령 사용)한다.
(사용예 : 벽체선)

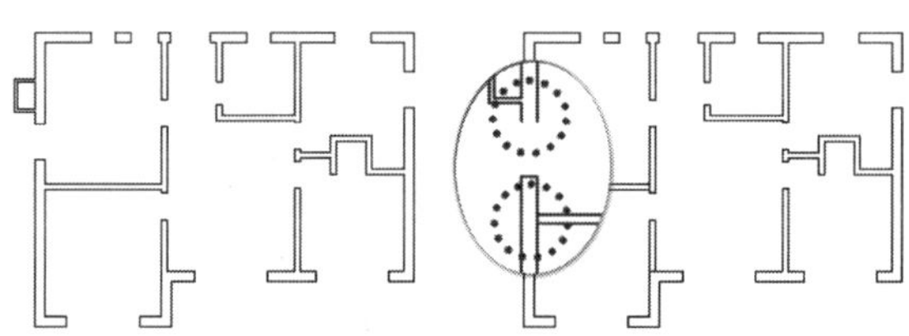

▪ 공간별 바닥선을 추가로 그리고 반드시 한 개의 객체로 인식되게 결합한다.

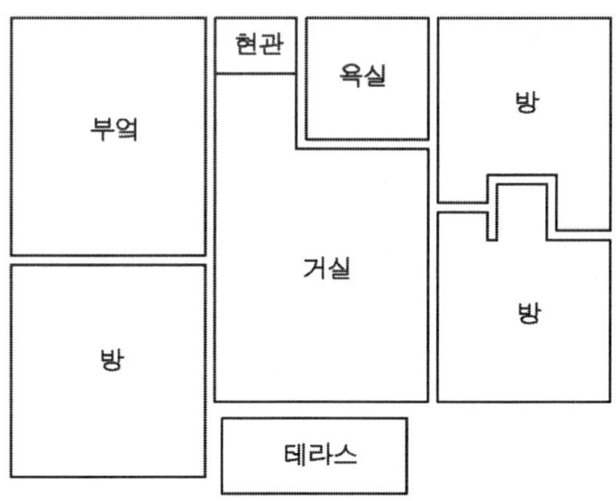

■ 일러스트작업에 불필요한 도면요소를 없앤다.
- 도면 작업 내용의 필요에 따라 도면 내용을 정리하면 된다.

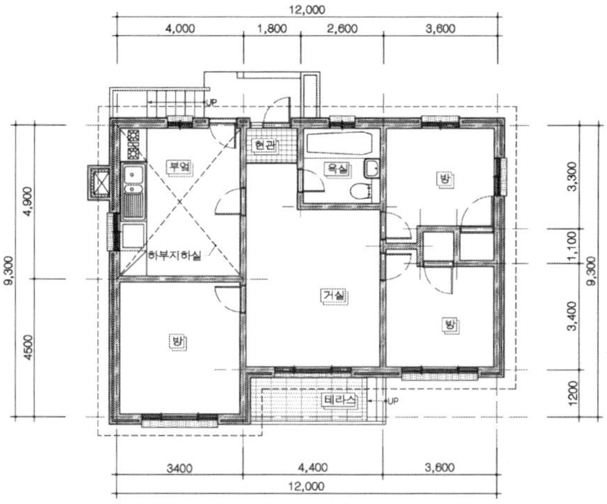

[도면 내용 정리 전]

[도면 내용 정리 후]

② 일러스트 프로그램을 실행한 후 CAD 파일을 OPEN(열기)한다.

일러스트 프로그램과 AUTOCAD 프로그램은 벡터 방식을 기반으로 이미지를 인식하기 때문에 파일 변환없이 서로 사용할 수 있다.

► 사용명령 : [FILE]메뉴 → [OPEN]

► 오른쪽 그림의 대화상자에서 기본값 그대로 두고 [OK] 버튼을 선택한다.

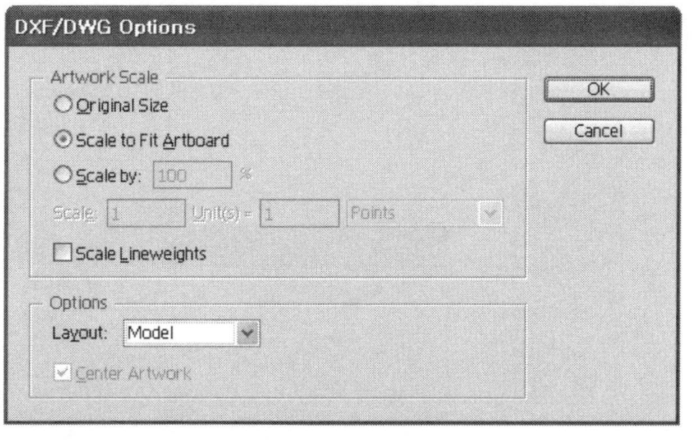

► 오른쪽 그림은 AUTOCAD 파일을 일러스트 프로그램에서 열기 명령을 실행한 화면이다.

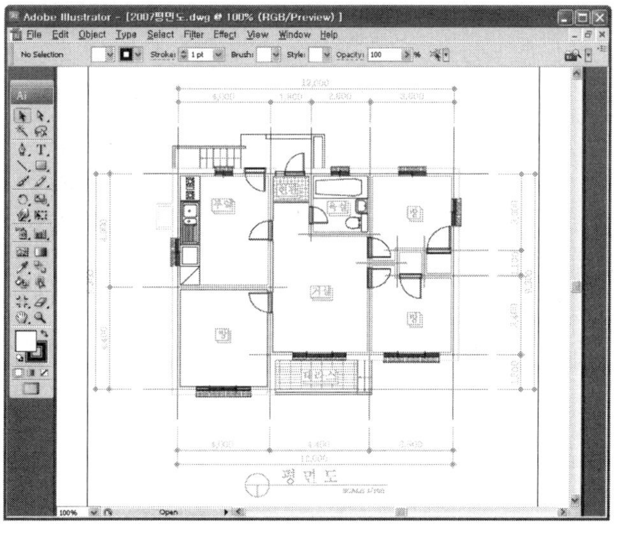

(2) 일러스트 프로그램에서 컬러링 작업을 한다.

① 먼저 객체를 그룹 해제한다.

- ►도면 객체를 선택한다.
- ►마우스 오른쪽 버튼을 선택해 바로가기 메뉴를 실행한다.
- ►'Ungroup'을 선택해 그룹을 해제한다.

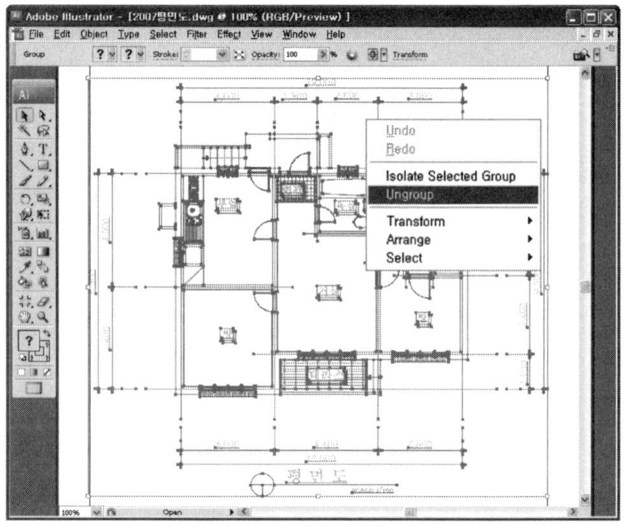

② 벽선과 바닥선에 다음과 같이 각각 이미지를 적용한다.

다음 그림과 같은 방법으로 벽선과 바닥선에 색상과 이미지를 적용한다.

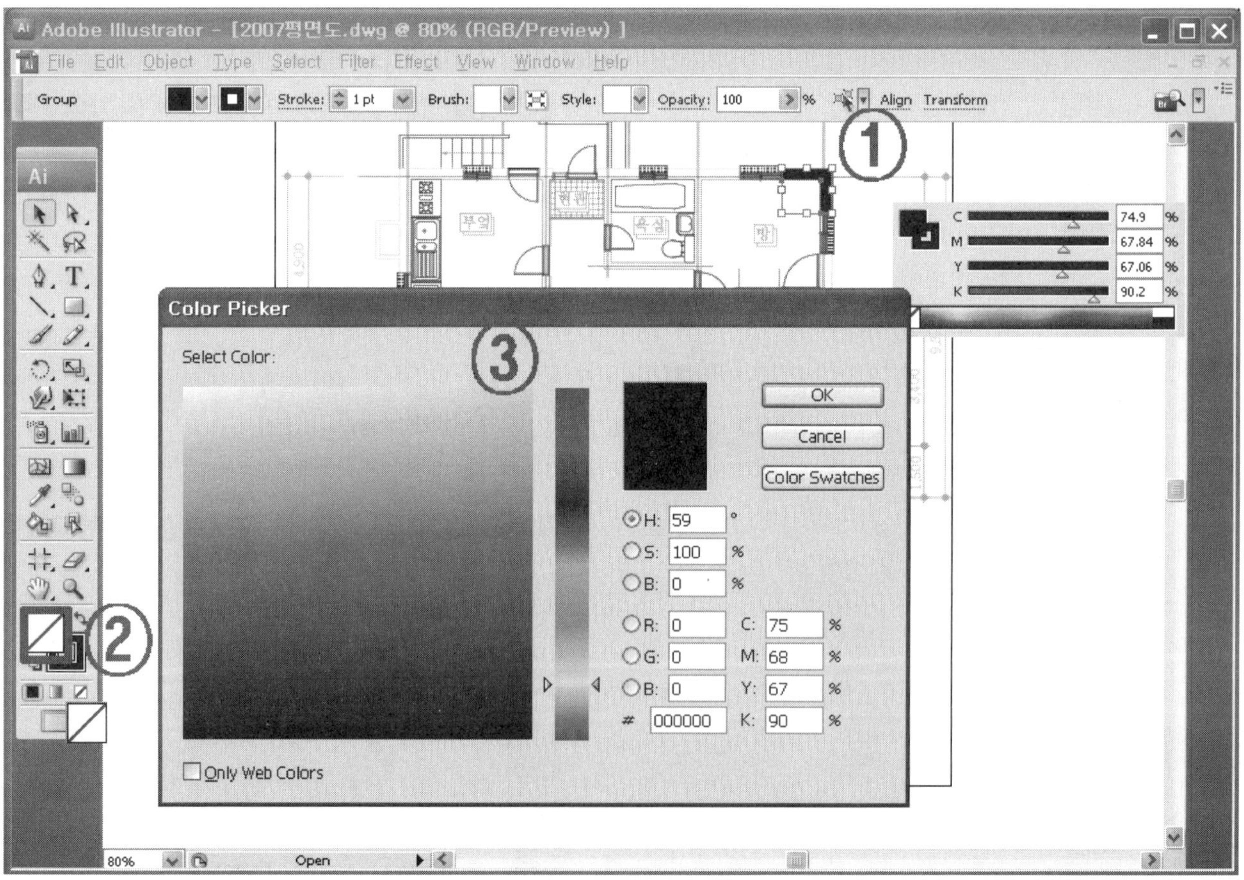

벽체선과 바닥선에 색상과 이미지를 적용한 결과

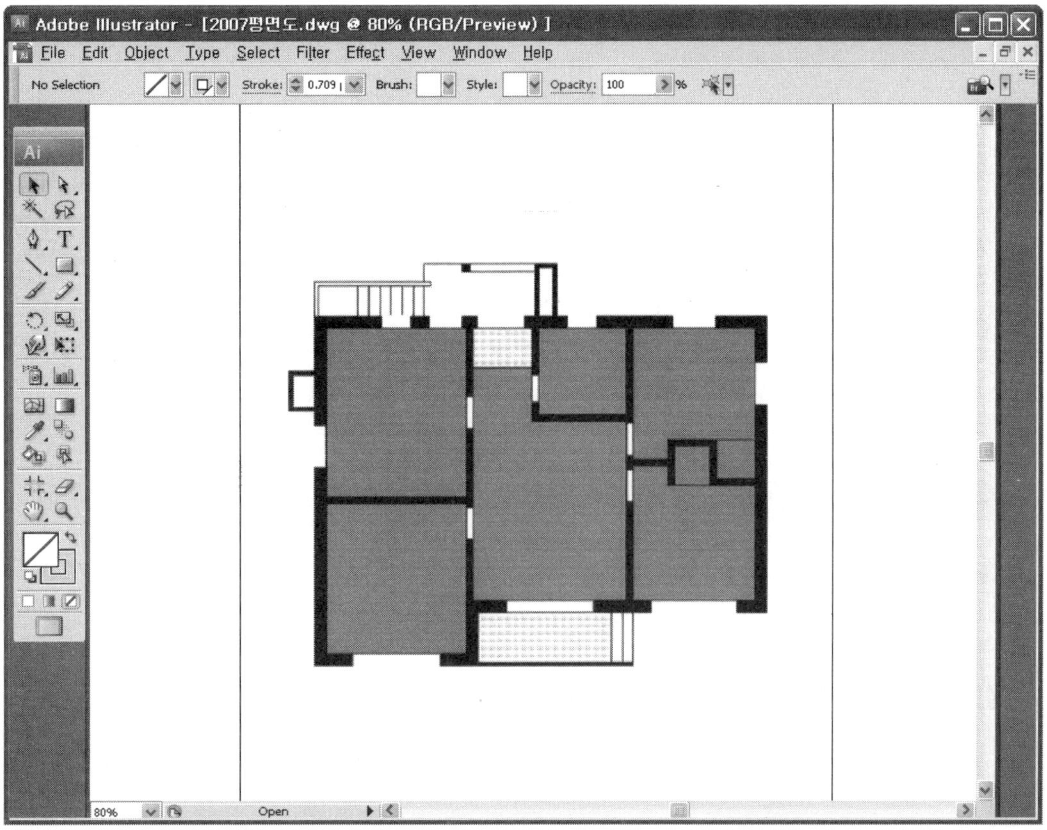

③ 가구 이미지를 만들거나 가구 소스를 삽입해 이미지를 완성한다.

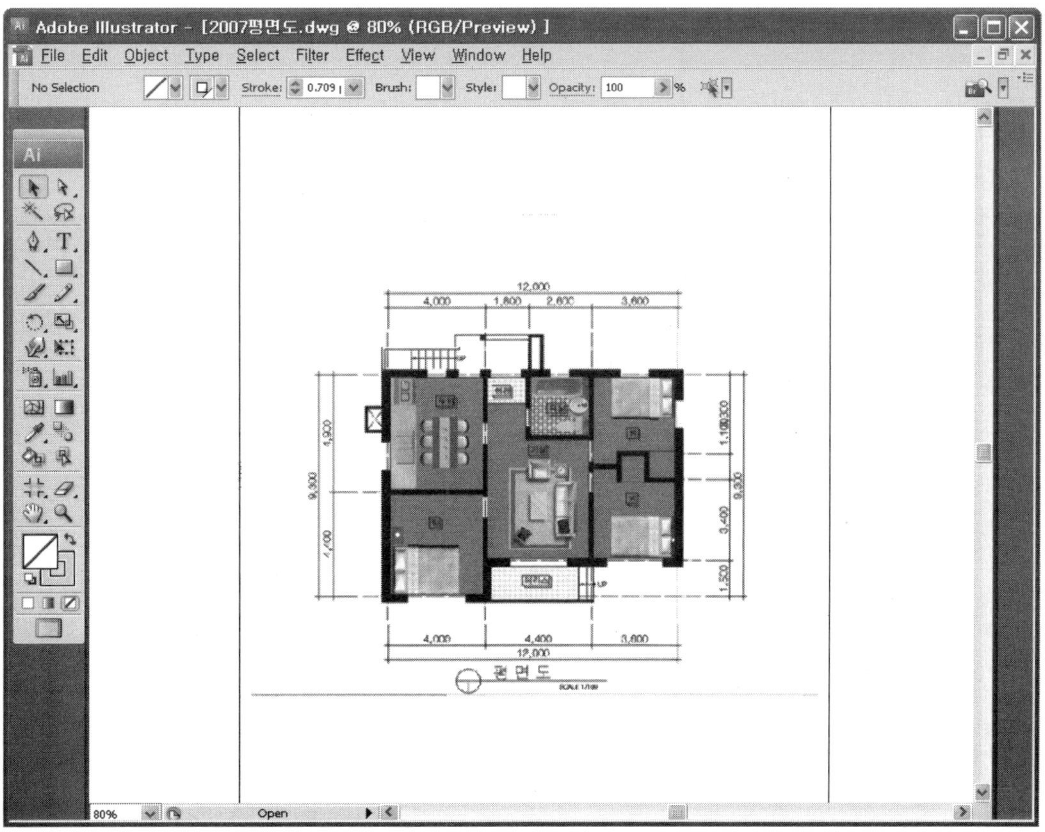

3.3 포토샵 프로그램에서 AutoCAD 도면 활용하기

- 포토샵 프로그램에서는 AutoCAD 프로그램에서 작성된 파일을 다음과 같이 불러올 수 있다.

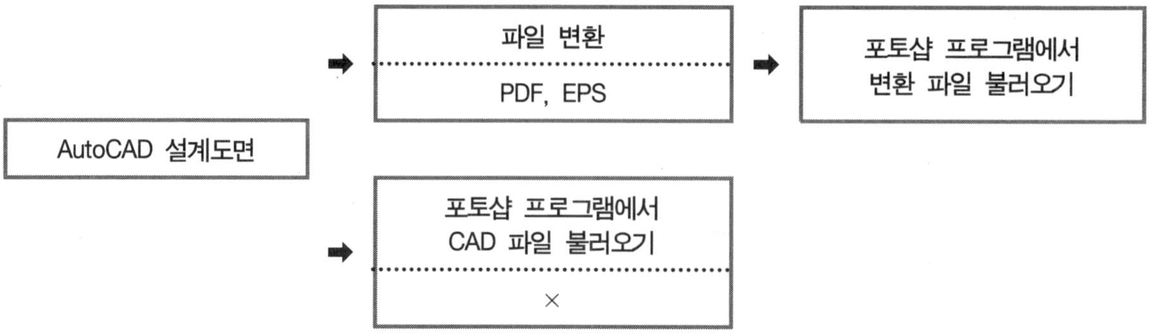

파일 형식	변환 명령	삽입된 Layer 결과	객체 형식	비고
PDF	plot	CAD layer를 사용할 수 없음. 도면 내용을 용도별로 여러 개의 PDF 파일을 만들어 사용함.	래스터 이미지	추천

(1) 포토샵 프로그램에서 AutoCAD 도면 파일 활용 따라하기 – PDF 파일 사용

① 포토샵 프로그램에서 사용하기 쉽도록 도면 내용을 AutoCAD 프로그램에서 정리해 저장한다.

포토샵 프로그램에서 편리한 사용을 위한 AutoCAD 프로그램에서의 도면 정리 TIP

- 벽과 관련된 선(벽, 공간쌓기 선, 마감선 등)을 정리해 하나의 벽체선으로 정리한다.

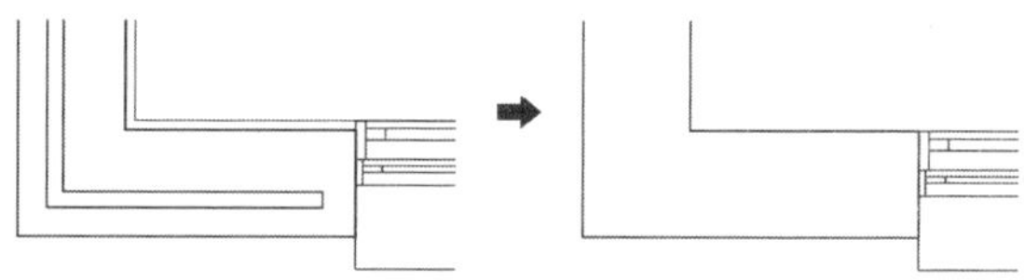

- 모든 선은 끝점으로 연결된 닫힌 형태의 선으로 정리한다.
(사용예 : 벽체선)

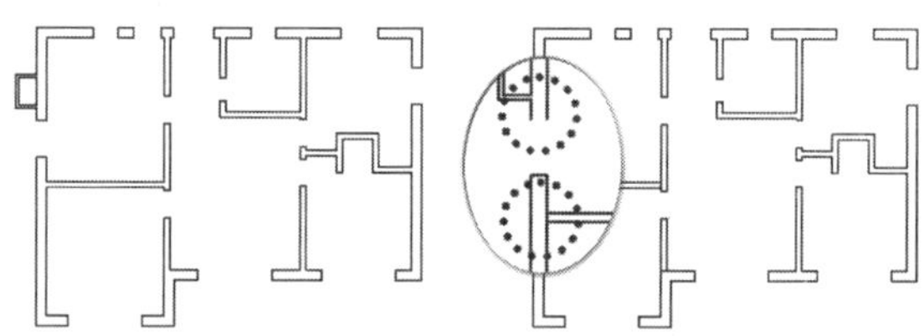

- 공간별 바닥선을 추가로 그린다.

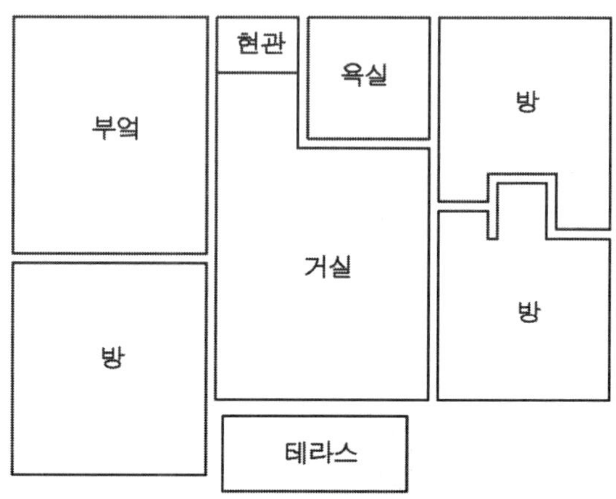

■ 포토샵작업에 불필요한 도면요소를 없앤다.

－도면 작업 내용의 필요에 따라 도면 내용을 정리하면 된다.

[도면 내용 정리 후]

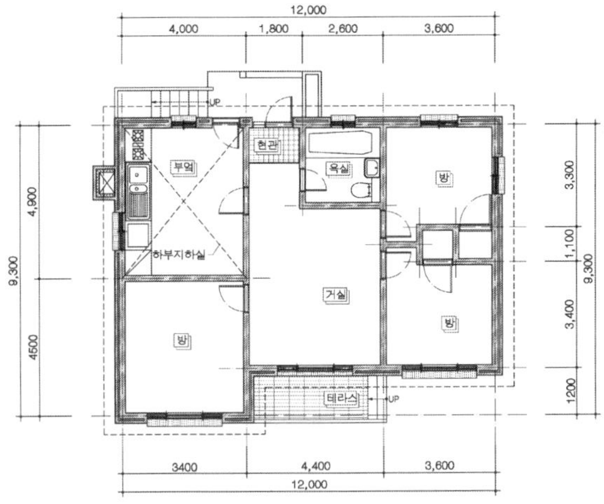

[도면 내용 정리 전]

■ 되도록이면 도면 내용을 용도별로 구분해 도면층(layer)을 나누어 정리한다.

예) 벽, 중심선, 창문, 가구, 바닥선, 치수, 문자 등

② AutoCAD 프로그램에서 출력 명령으로 다음과 같이 도면 내용을 용도별로 PDF파일로 출력한다.

PDF 파일 출력시 반드시 확인해야 할 사항

－출력 영역을 모두 동일하게 한다.

－출력 축척값을 모두 동일하게 한다.

－출력 선굵기값을 모두 '0.3' 이상으로 한다.

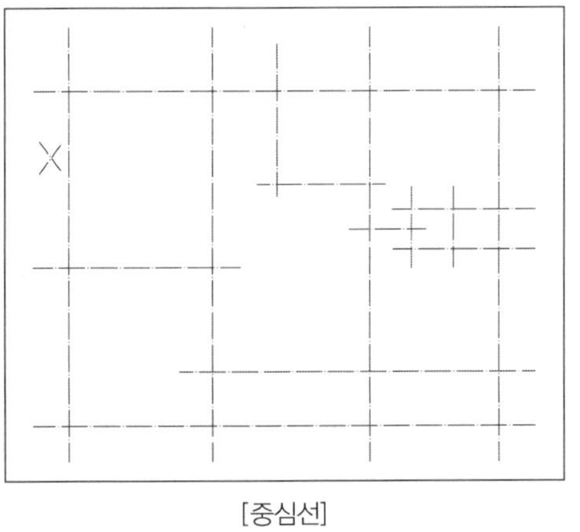

[중심선]

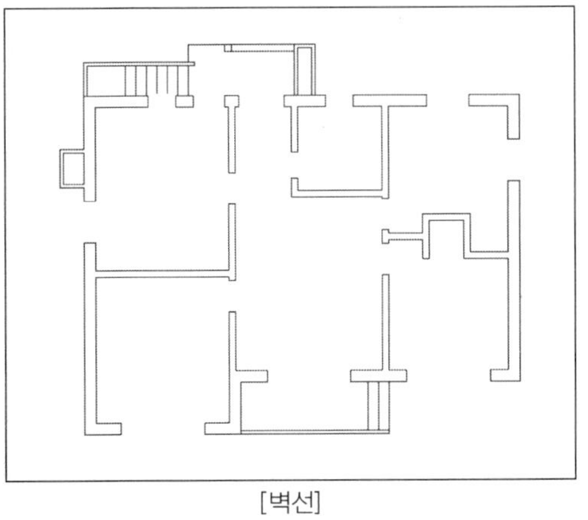

[벽선]

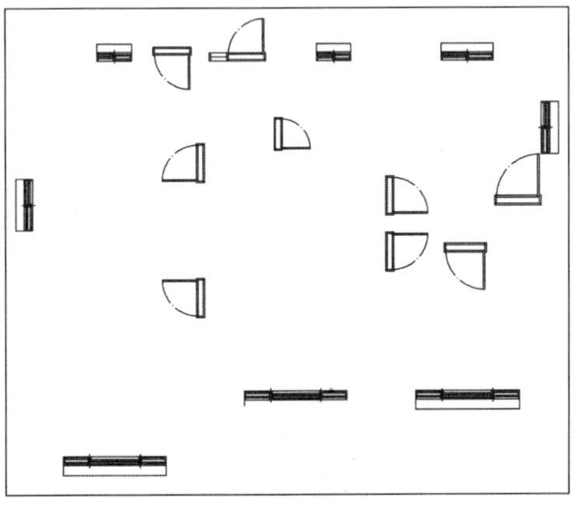

[창호]

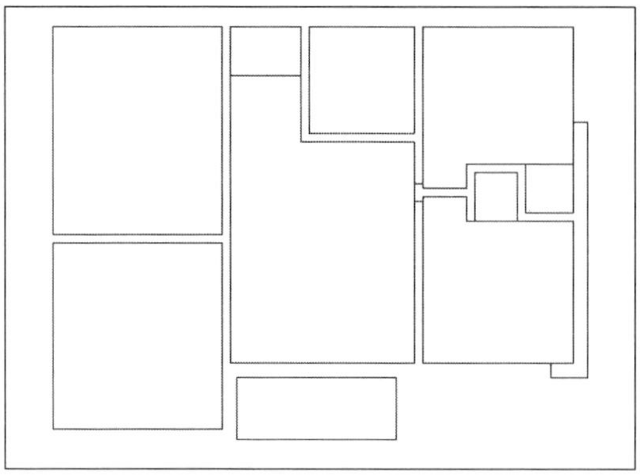

[바닥선]

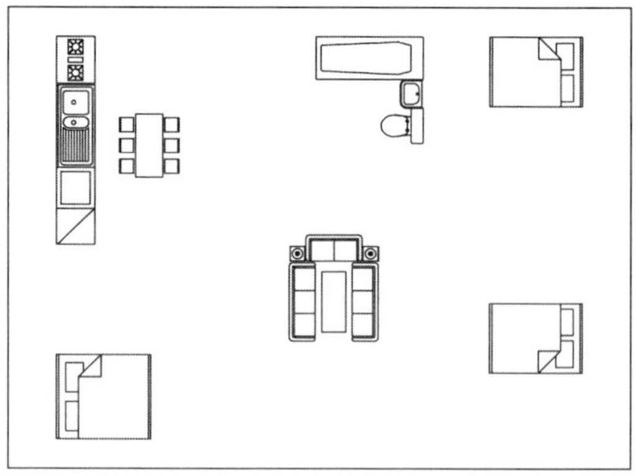

[가구선]

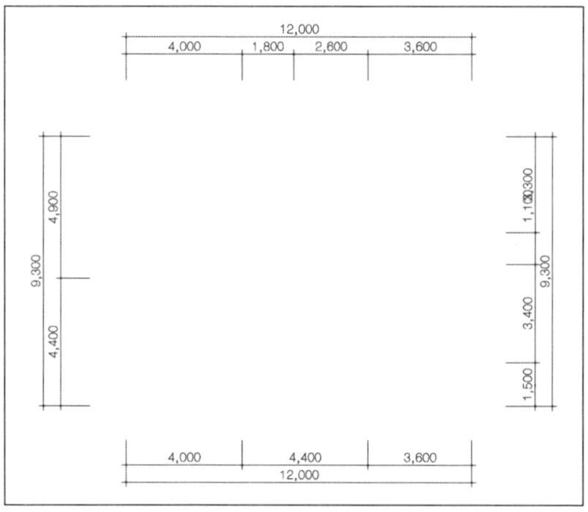

[치수선]

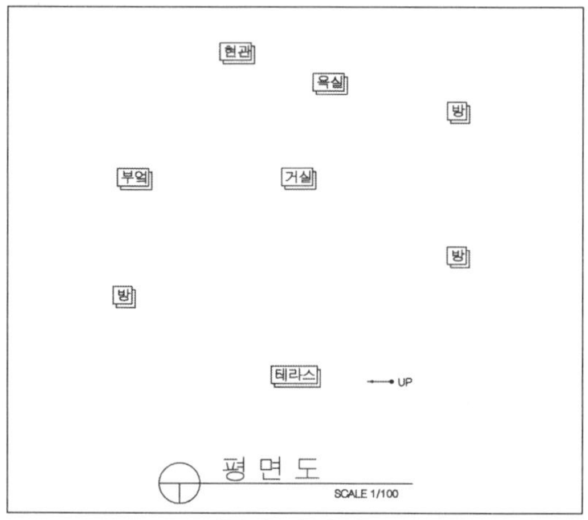

[문자 및 기호]

③ 포토샵 프로그램을 실행하고 중심선 PDF 파일을 열기한다.

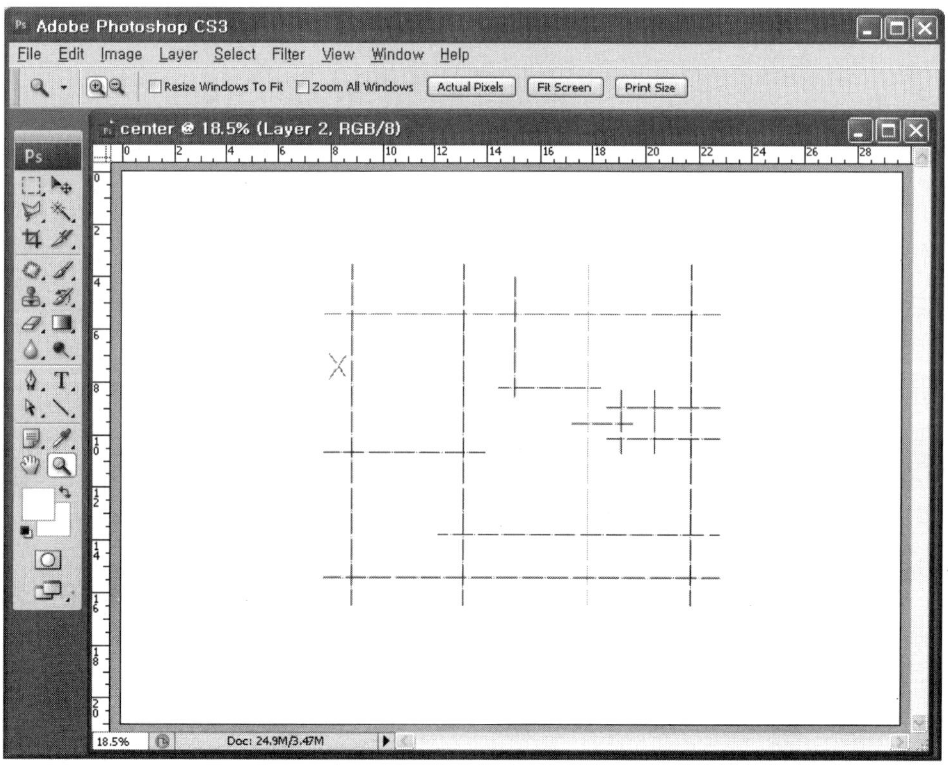

④ [파일]메뉴→Place 명령으로 벽선을 추가한다.

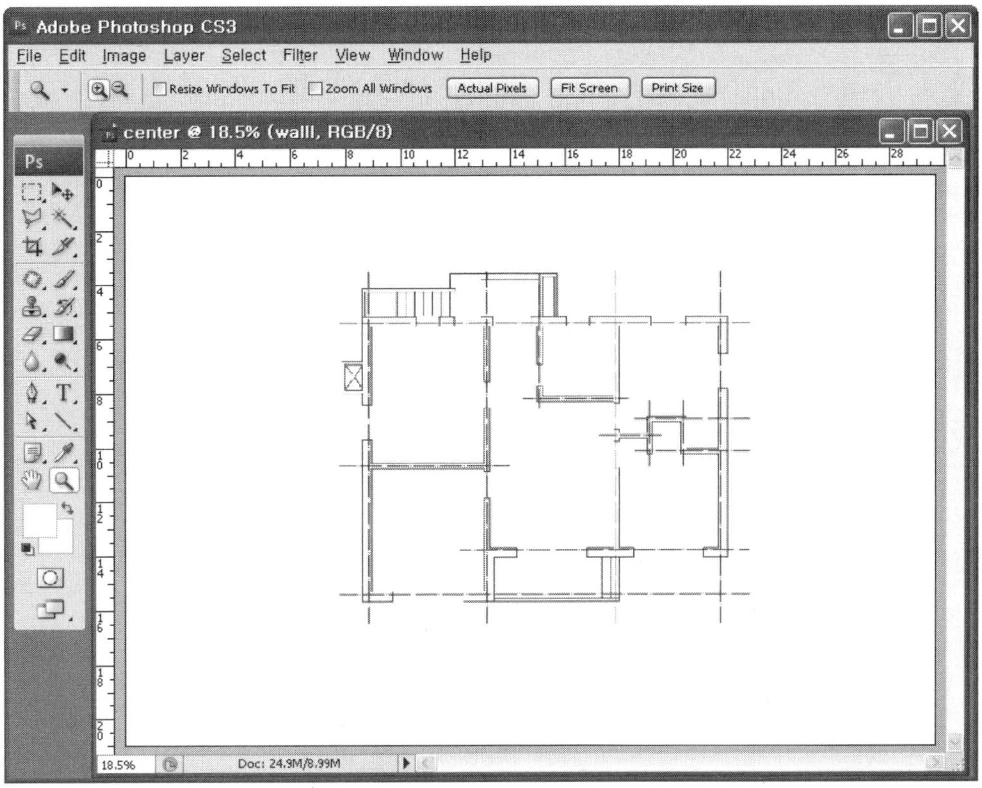

⑤ [파일]메뉴→Place 명령으로 바닥선, 창호, 치수, 문자 및 기호, 가구를 각각 추가한다.

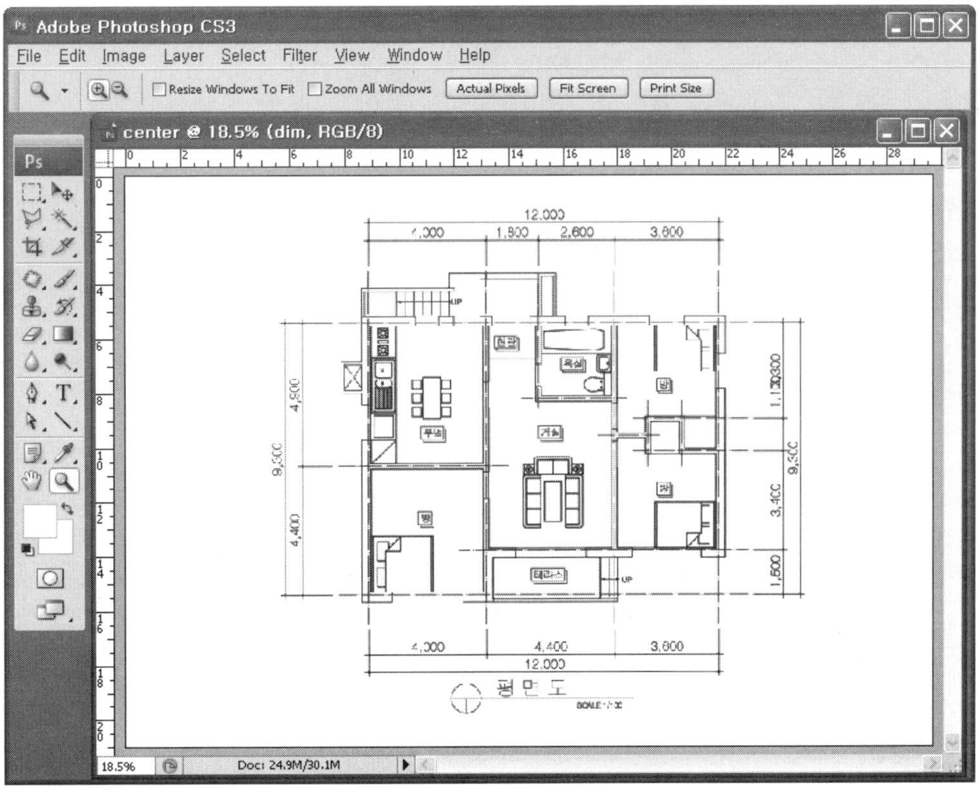

⑥ 벽선과 바닥선에 다음과 같이 각각 이미지를 적용한다.

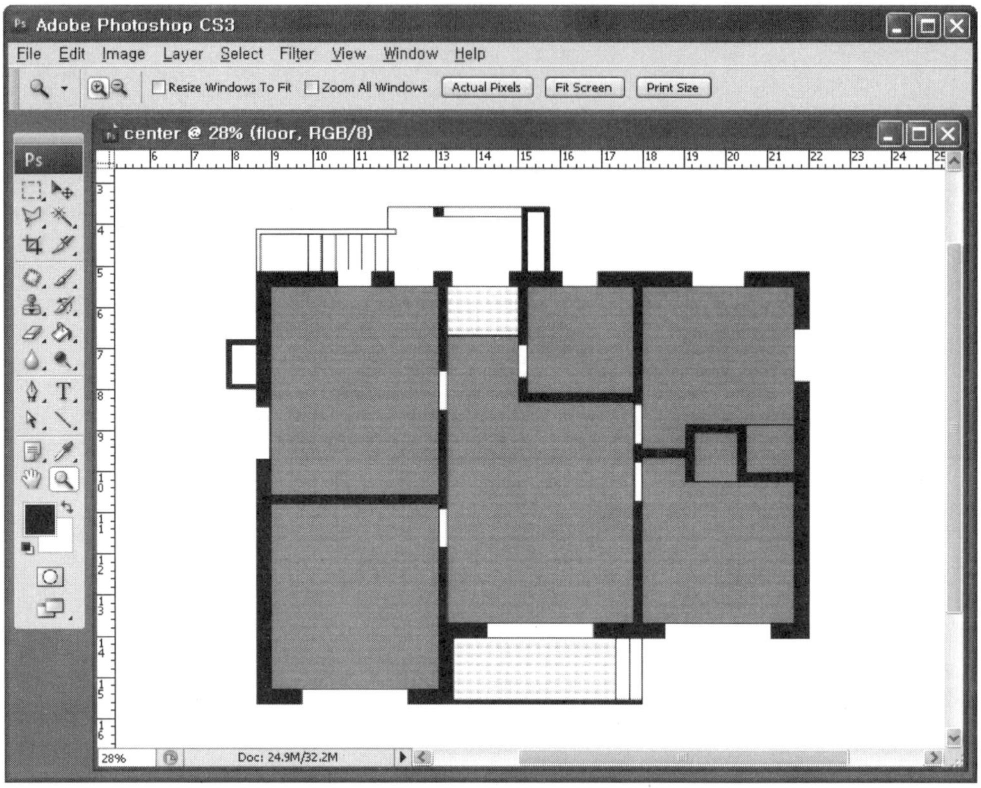

⑦ 가구 이미지를 만들거나 가구 소스를 삽입해 이미지를 완성한다.

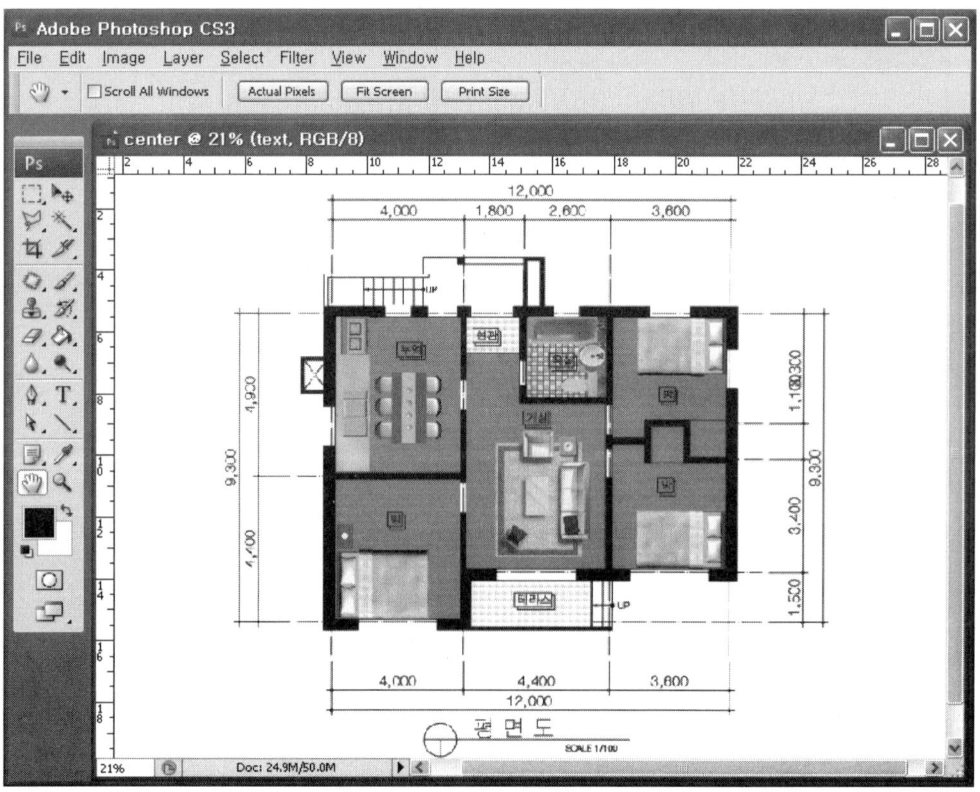

3.4 스케치업 프로그램에서 AutoCAD 도면 활용하기

• 스케치업 프로그램에서는 AutoCAD 프로그램에서 작성된 파일을 다음과 같이 불러올 수 있다.

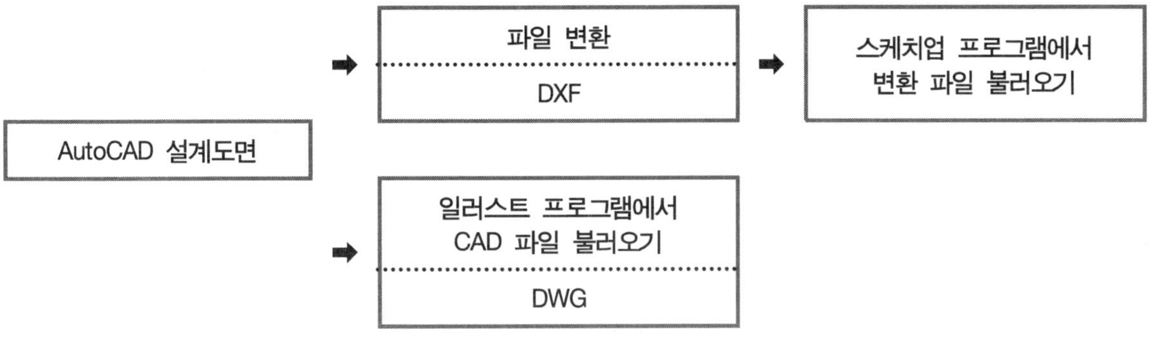

파일 형식	변환 명령	삽입된 Layer 결과	특징	비고
DWG	saveas	CAD layer를 그대로 스케치업에서 사용 가능 함	문자, 치수, 해치는 삽입되지 않음	추천

(1) 스케치업 프로그램에서 AutoCAD 도면 파일 활용 따라하기－DWG 파일 사용하기

① 스케치업 프로그램에서 사용하기 쉽도록 도면 내용을 AutoCAD 프로그램에서 정리해 저장한다.

스케치업 프로그램에서 편리한 사용을 위한 AutoCAD 프로그램에서의 도면 정리 TIP

■ 스케치업 작업에 불필요한 도면요소를 없앤다.
다음 도면 요소를 남기고 모두 지운다.
－벽, 중심선, 창, 문, 가구

■ AutoCAD에서 작성한 여러 개의 layer를 하나의 layer로 통합한다(AutoCAD에서 작업한 도면 내용은 스케치업에서는 단지 참고할 뿐이기 때문에 굳이 여러 개의 layer를 가져올 필요가 없다).

► layer 통합 명령 : laytrans

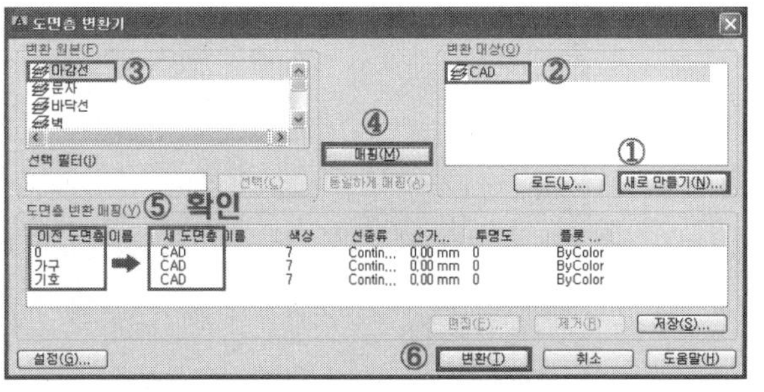

② 스케치업 프로그램을 실행한 후 'IMPORT' 명령으로 AutoCAD에서 정리한 파일을 불러들인다.

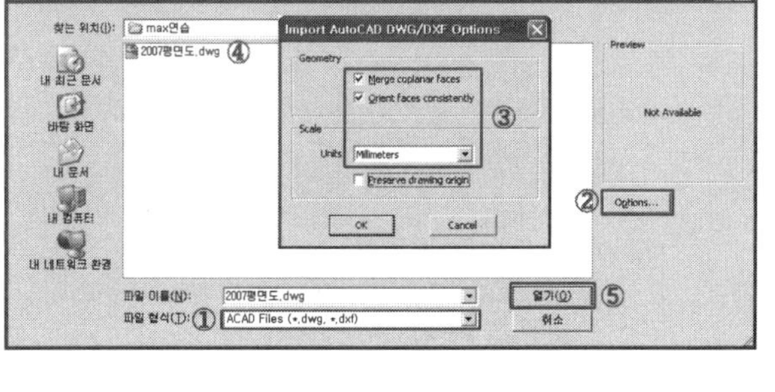

③ AutoCAD 파일을 스케치업 프로그램에서 불러온 결과를 확인한다.

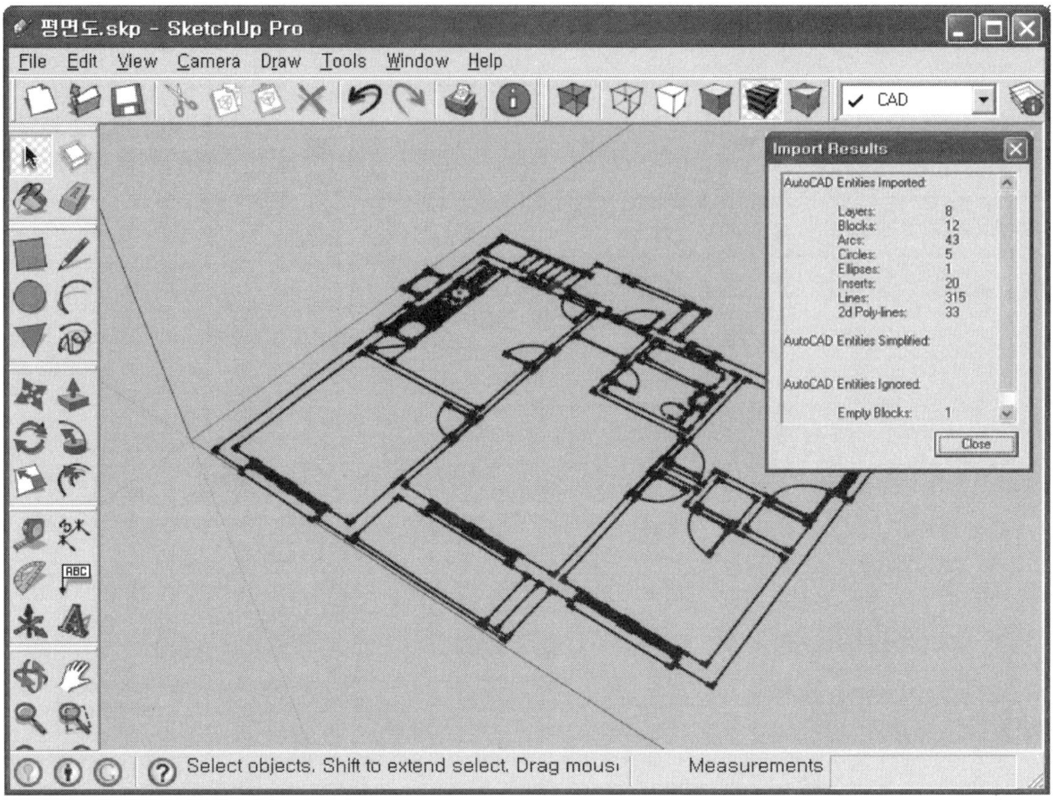

④ 벽과 바닥을 모델링한다.

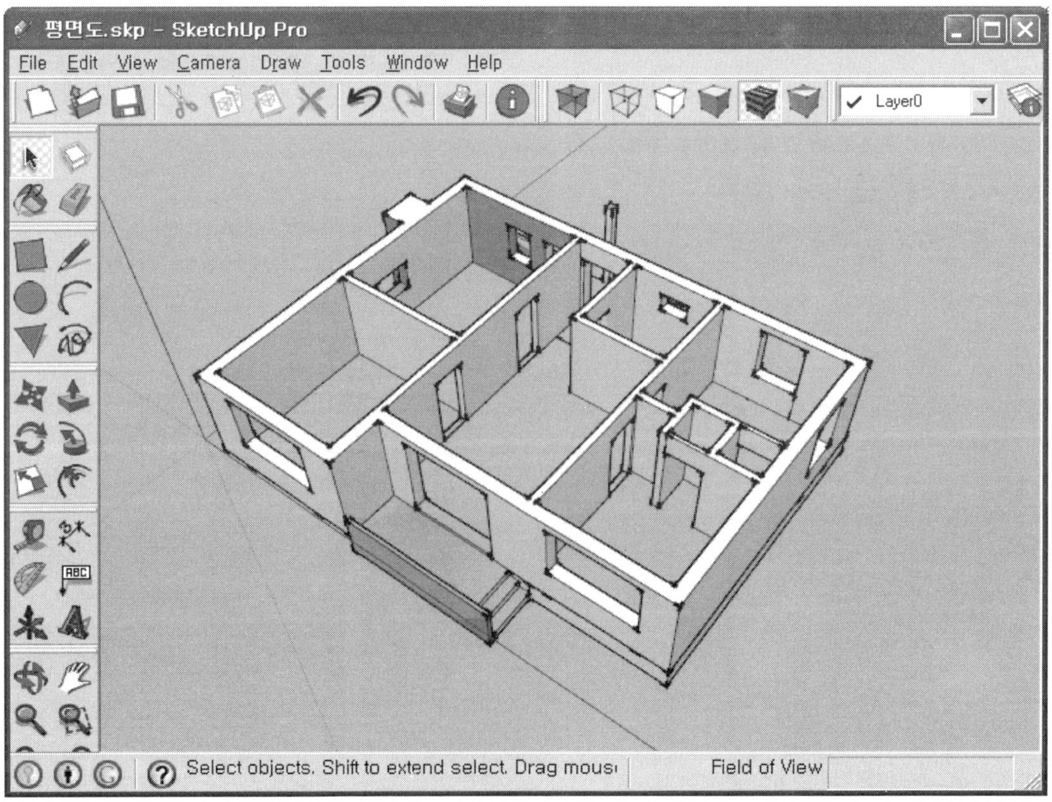

⑤ 창, 문을 모델링한다.

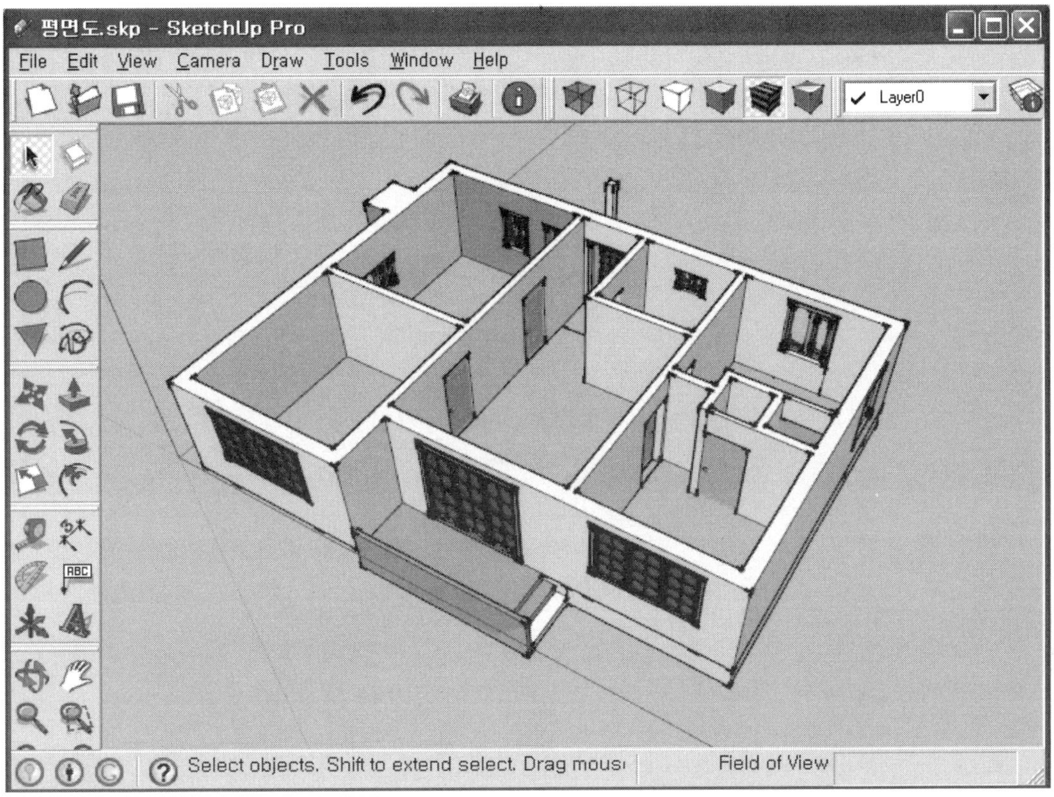

⑥ 가구를 배치해 모델링을 완성한다.

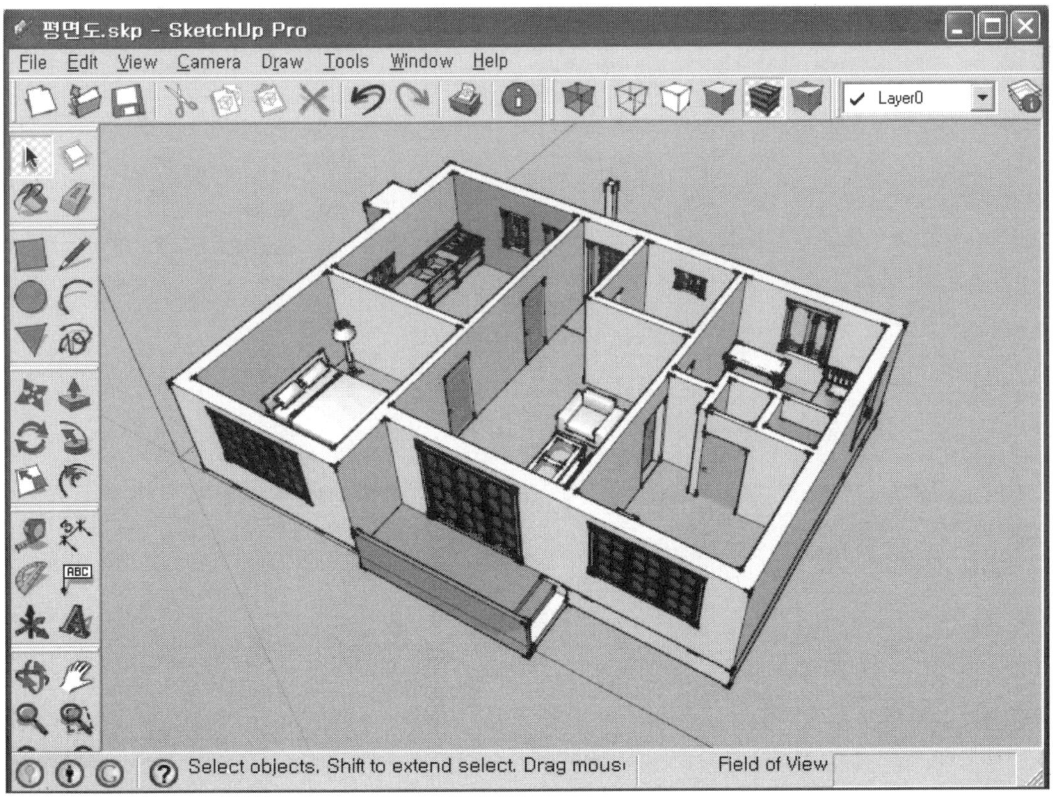

⑦ 재질을 적용한다.

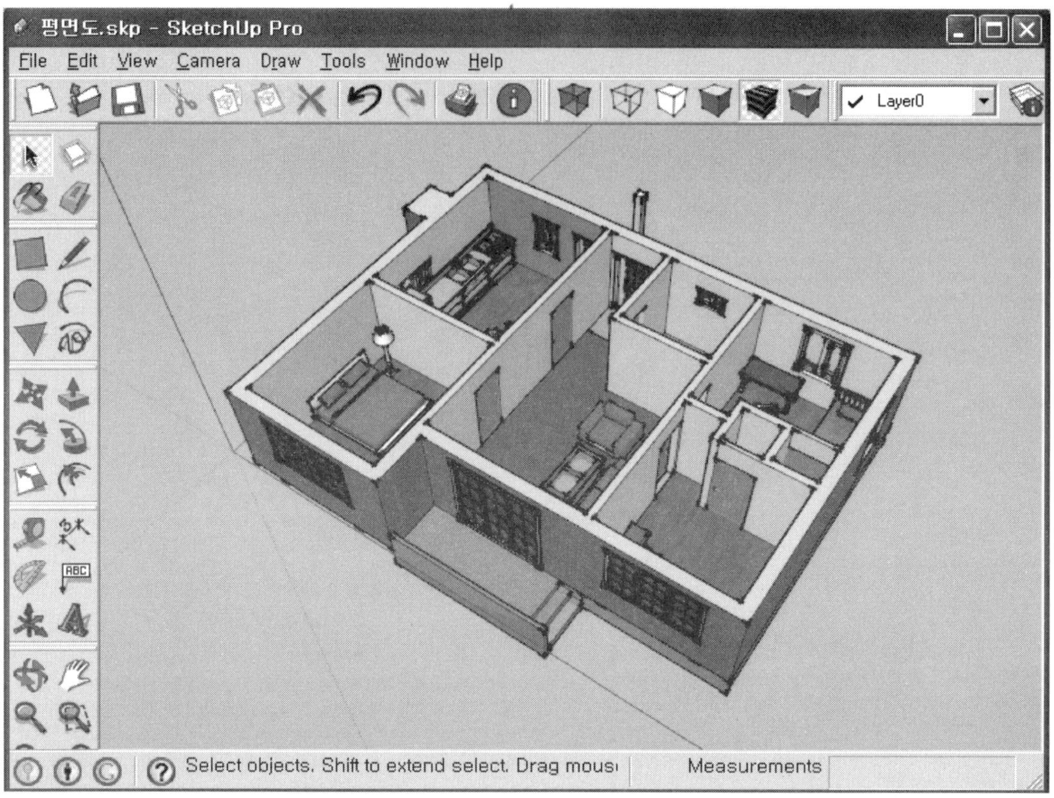

⑧ 그림자 설정을 통해 밝기를 조절한다.

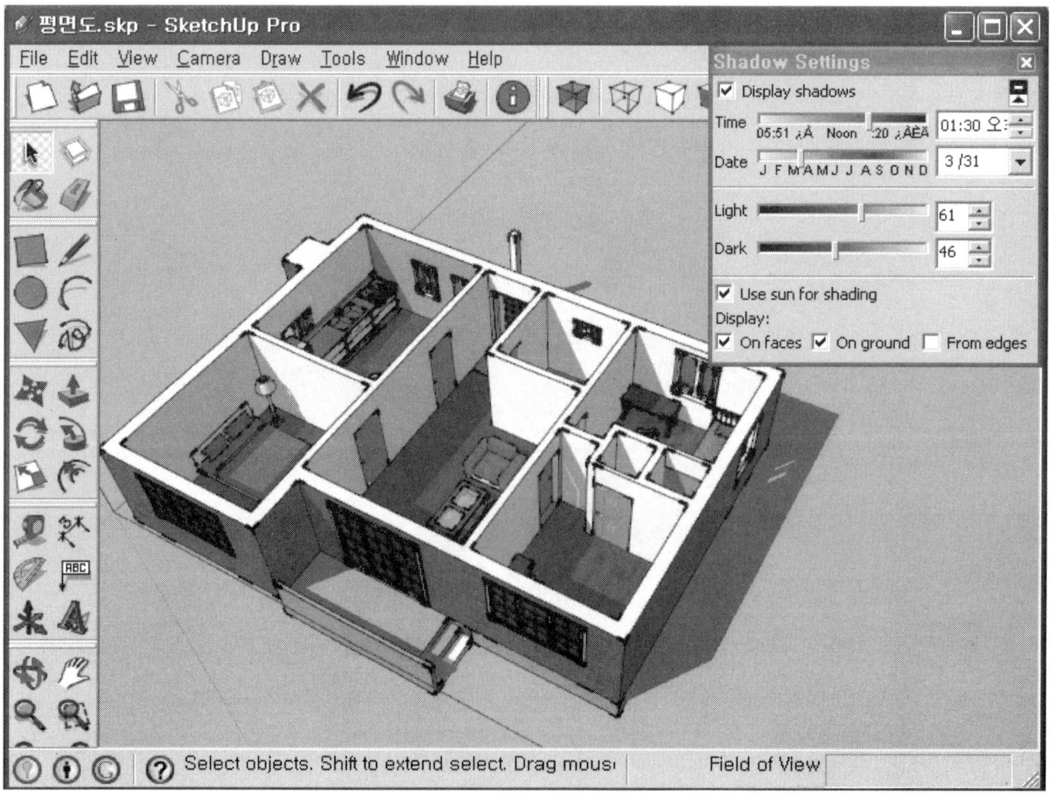

⑨ 최종 이미지를 저장한다.

► 사용명령 : file 메뉴 → Export → 2D Graphic

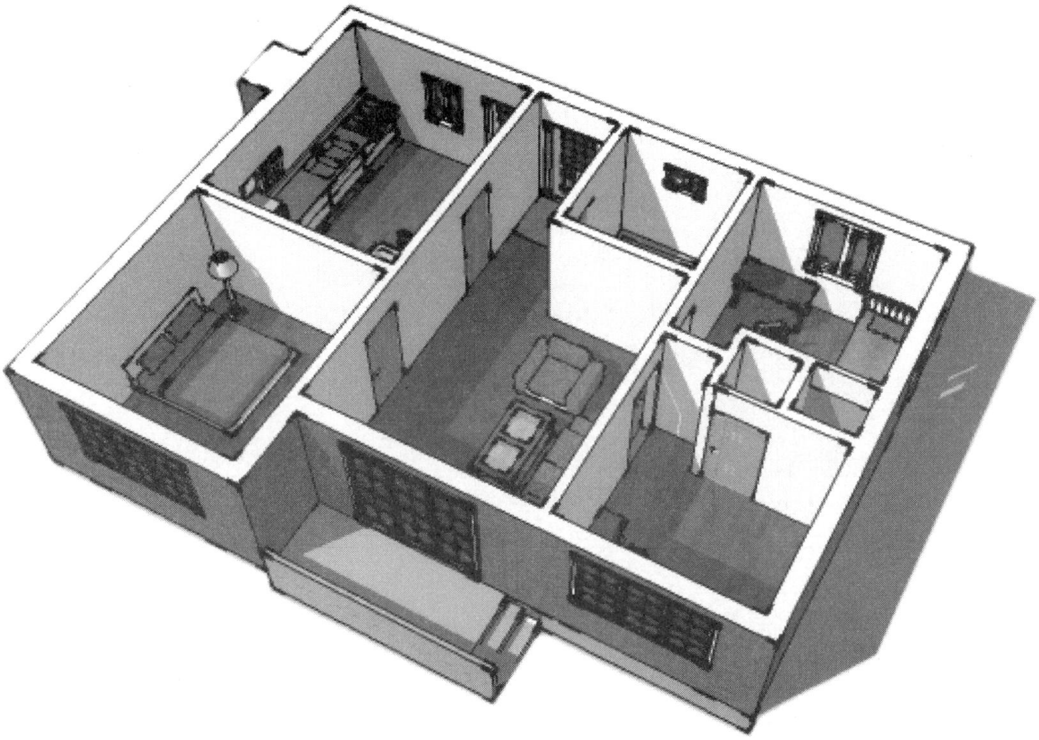

스케치업 프로그램에서는 자체 랜더링 기능을 제공하고 있지 않다.
그래서 V-Ray, 포디움 같은 랜더링 플러그인 프로그램을 설치해 랜더링를 한다.

3.5 3D-MAX 프로그램에서 AutoCAD 도면 활용하기

• 3D-MAX 프로그램에서는 AutoCAD 프로그램에서 작성된 파일을 다음과 같이 불러올 수 있다.

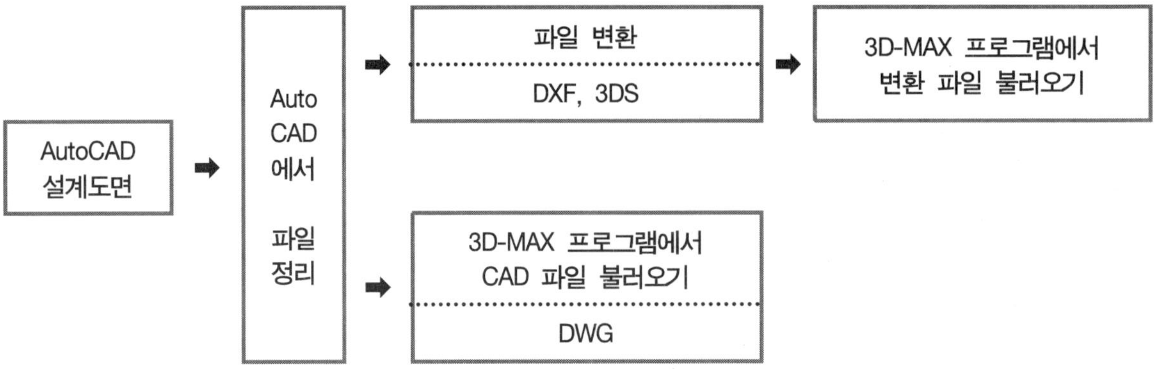

파일 형식	변환 명령	삽입된 Layer 결과	객체 형식	비고
DWG	saveas	CAD layer를 그대로 3D MAX에서 사용 가능 함	import 설정에 따라 다름	추천

3D MAX 프로그램 버전에 따른 AutoCAD 프로그램에서 파일 저장 버전

저장	불러오기	작업 가능 여부
AutoCAD 2013 버젼	3D MAX2013 프로그램 버젼	사용 가능
AutoCAD 2013 버젼	3D MAX2010 프로그램 버젼	사용 불가능
AutoCAD 2010 버젼	3D MAX2013 프로그램 버젼	사용 가능

AutoCAD에서 파일 저장시 3D MAX 버전과 같거나 낮은 버전으로 저장되어야 사용가능하다.

(1) 3D-MAX 프로그램에서 AutoCAD 도면 파일 활용 따라하기 – DWG 파일 사용

① 3D-MAX 프로그램에서 사용하기 쉽도록 도면 내용을 AutoCAD 프로그램에서 정리한다.

3D-MAX 프로그램에서 편리한 사용을 위한 AutoCAD 프로그램에서의 도면 정리 TIP

■ 벽과 관련된 선(벽, 공간쌓기 선, 마감선 등)을 정리해 하나의 벽체선으로 정리한다.

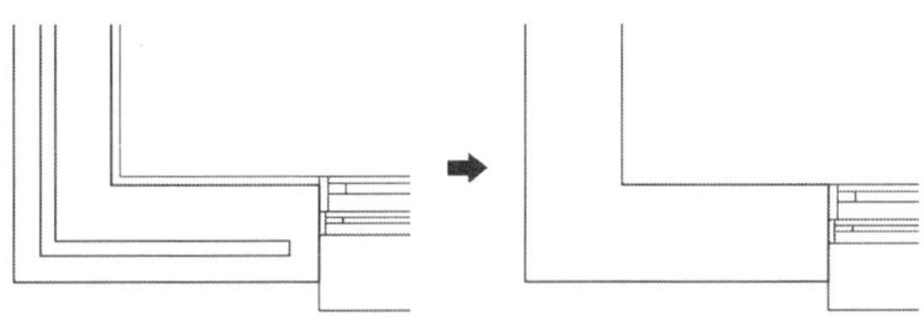

■ 정리된 각각의 벽체선은 모두 끝점으로 연결되고 닫힌 형태로 정리한다.

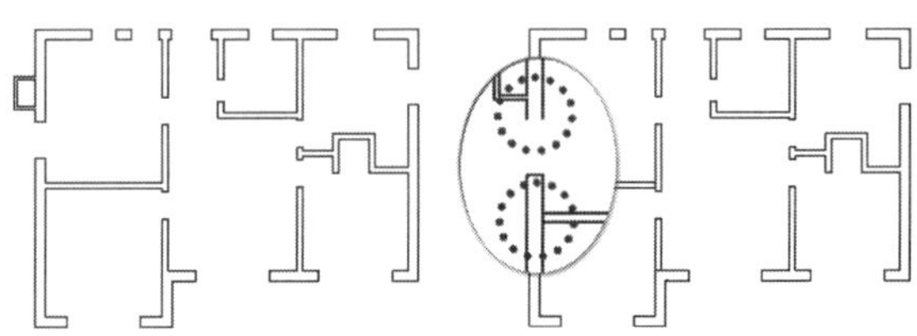

■ 공간별 바닥선을 추가로 그린다.

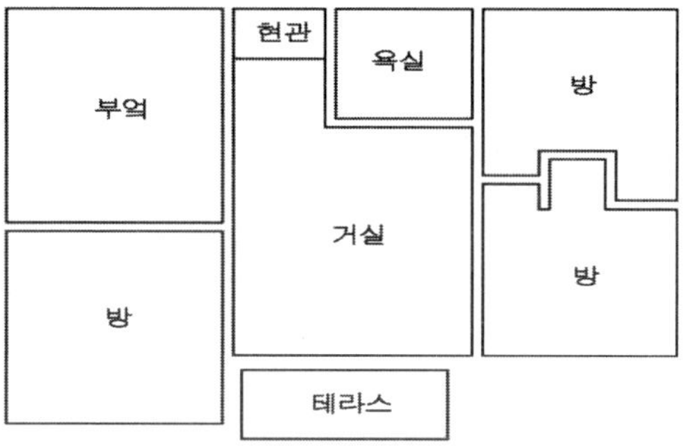

■ 3D-MAX작업에 필요없는 도면요소를 없앤다.
다음 도면 요소를 남기고 모두 지운다.
- 벽
- 가구
- 창, 문
- 바닥선

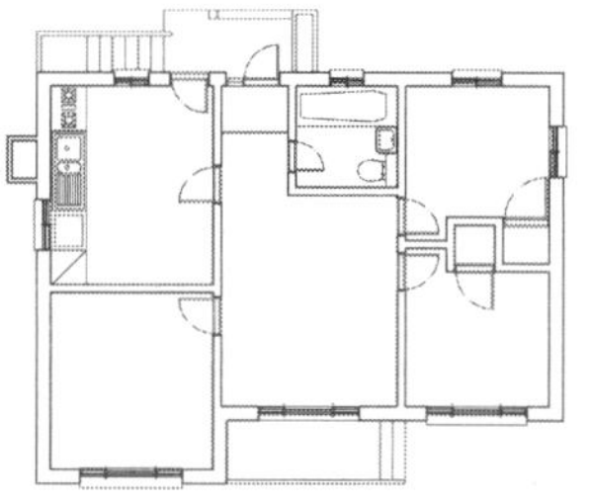

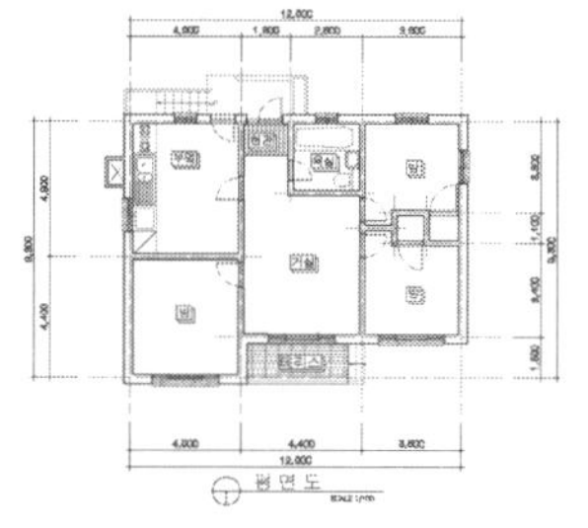

■ 되도록이면 도면 내용을 용도별로 구분해 도면층(layer)을 나누어 정리한다.
예) 벽, 창문, 가구, 바닥선 등

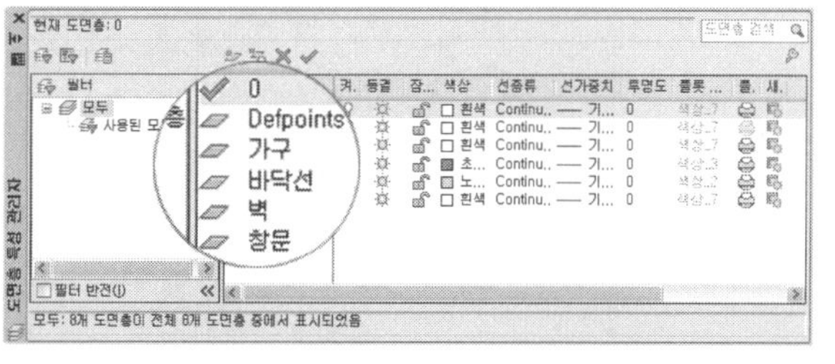

② 정리한 파일을 저장한다.
저장시 사용할 3D MAX 버전과 같거나 낮은 버전으로 저장되어야 파일을 불러올 수 있다.

③ 3D-MAX 프로그램에서 'IMPORT' 명령으로 정리한 파일을 불러들인다.

► 사용명령 : 응용 프로그램 메뉴 → Import

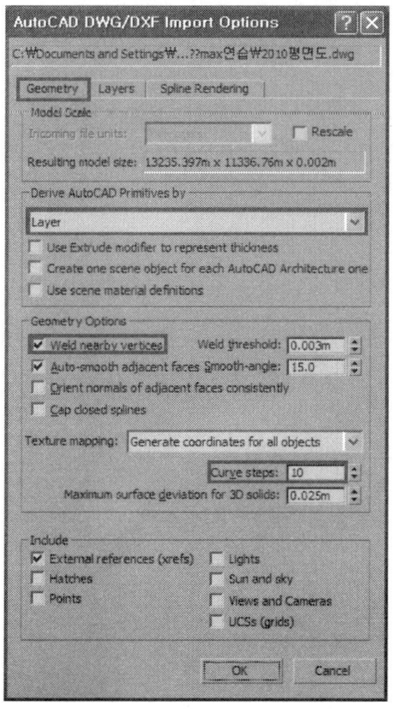

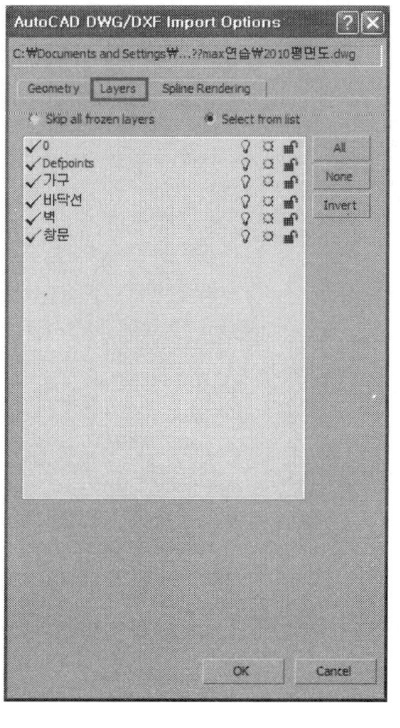

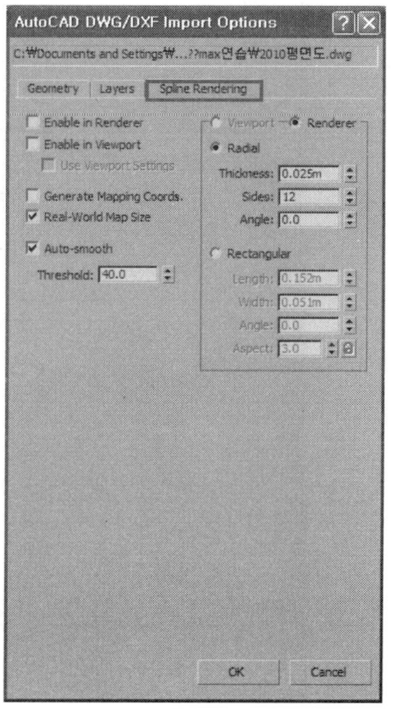

AutoCAD 파일을 IMPORT한 3D-MAX 결과 화면

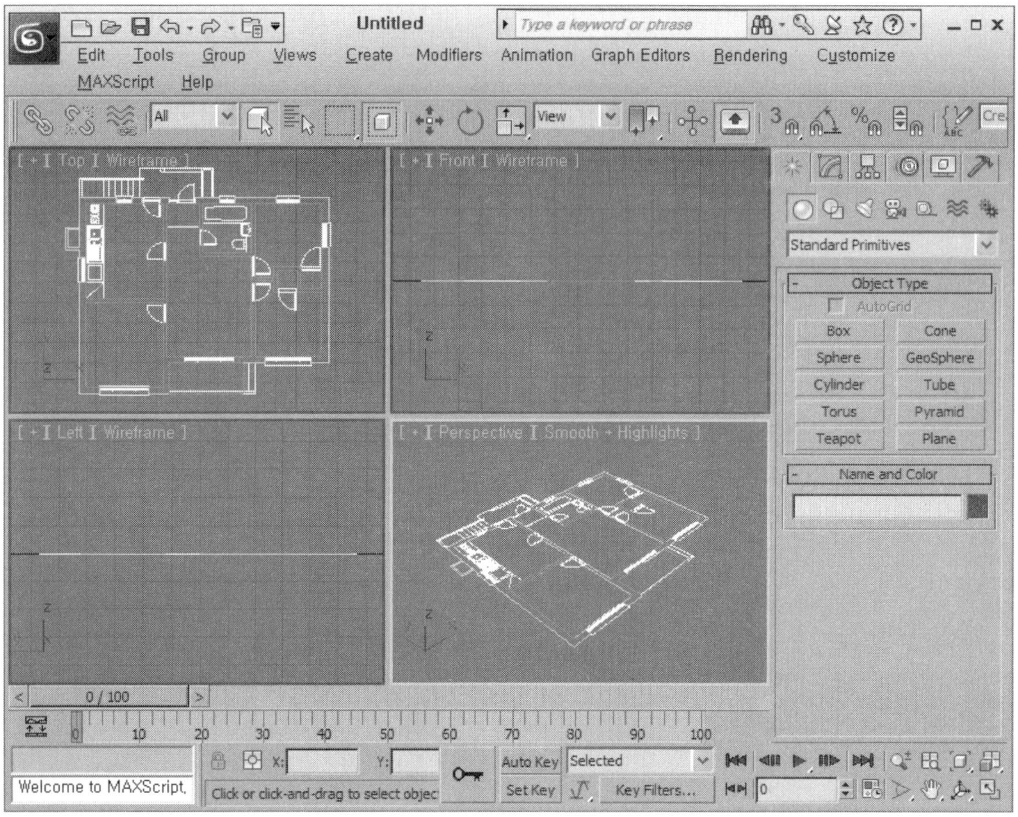

④ 벽 도면층을 제외만 다른 도면층을 끈다.

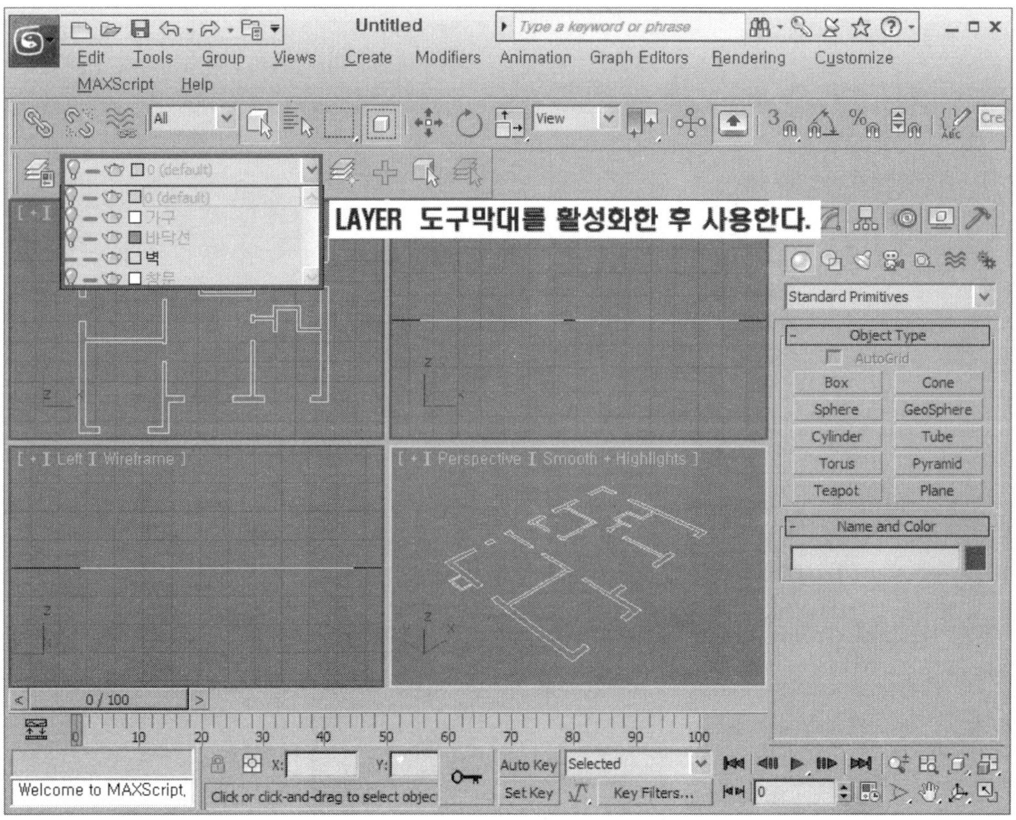

⑤ 벽선에 'EXTRUDE' 명령을 실행해 두께 '2400'을 적용한다.

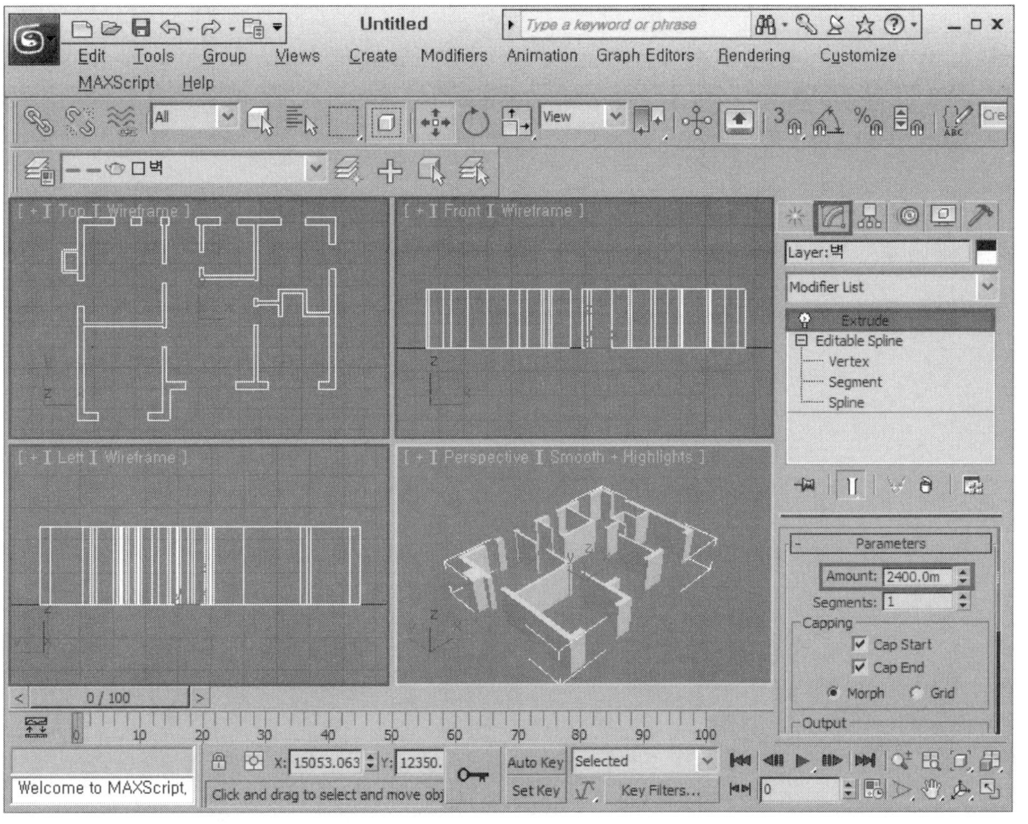

⑥ 창과 문이 설치되는 공간을 제외하고 'BOX' 명령을 이용해 벽을 채워넣는다.

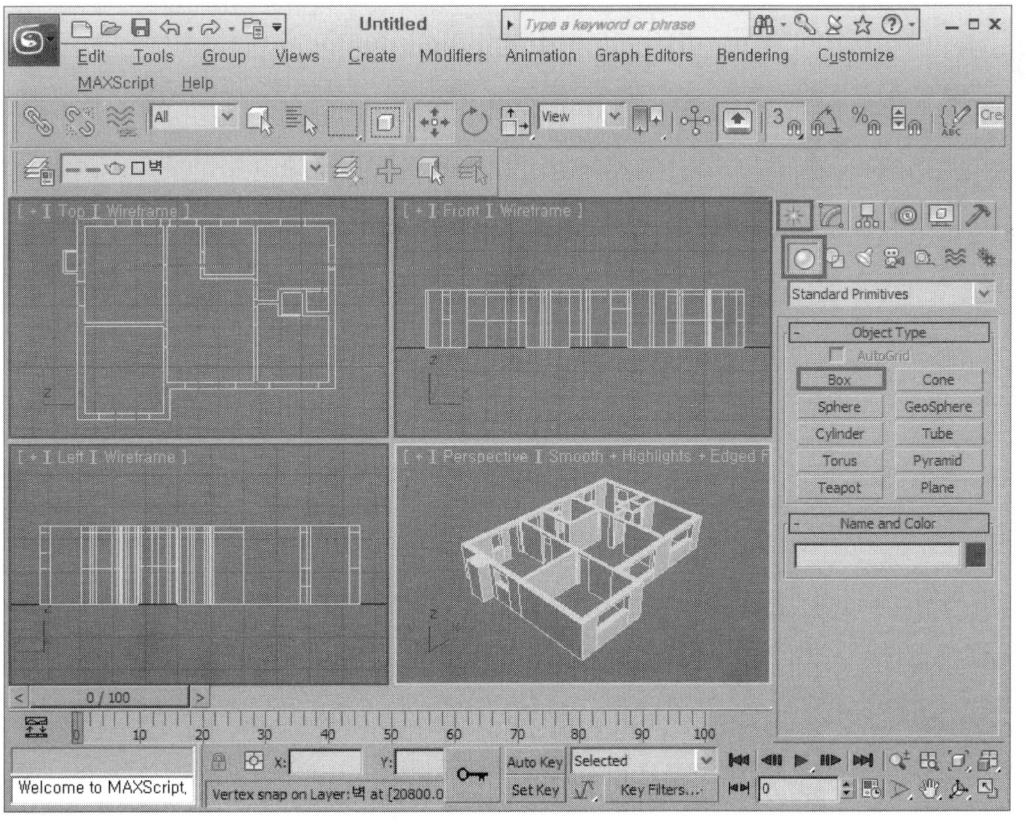

⑦ 창, 문을 만들어 넣는다(Create → Geometry → window, door).

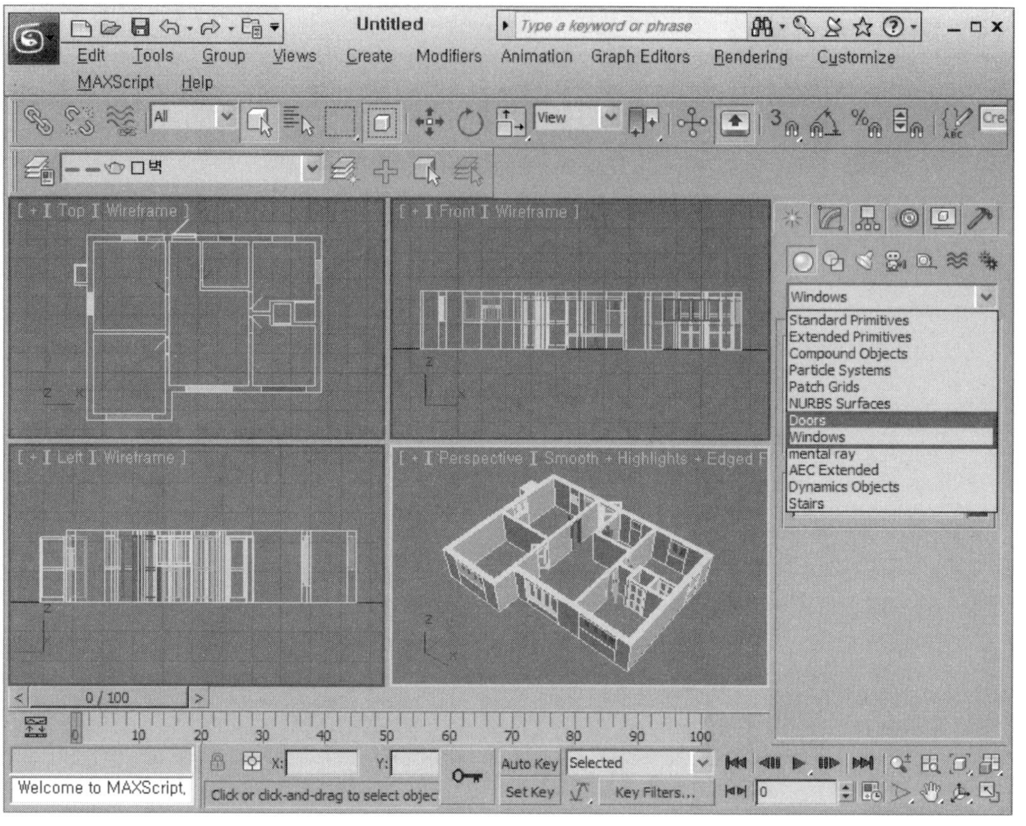

⑧ 바닥선 도면층을 제외한 다른 도면층을 끈다.

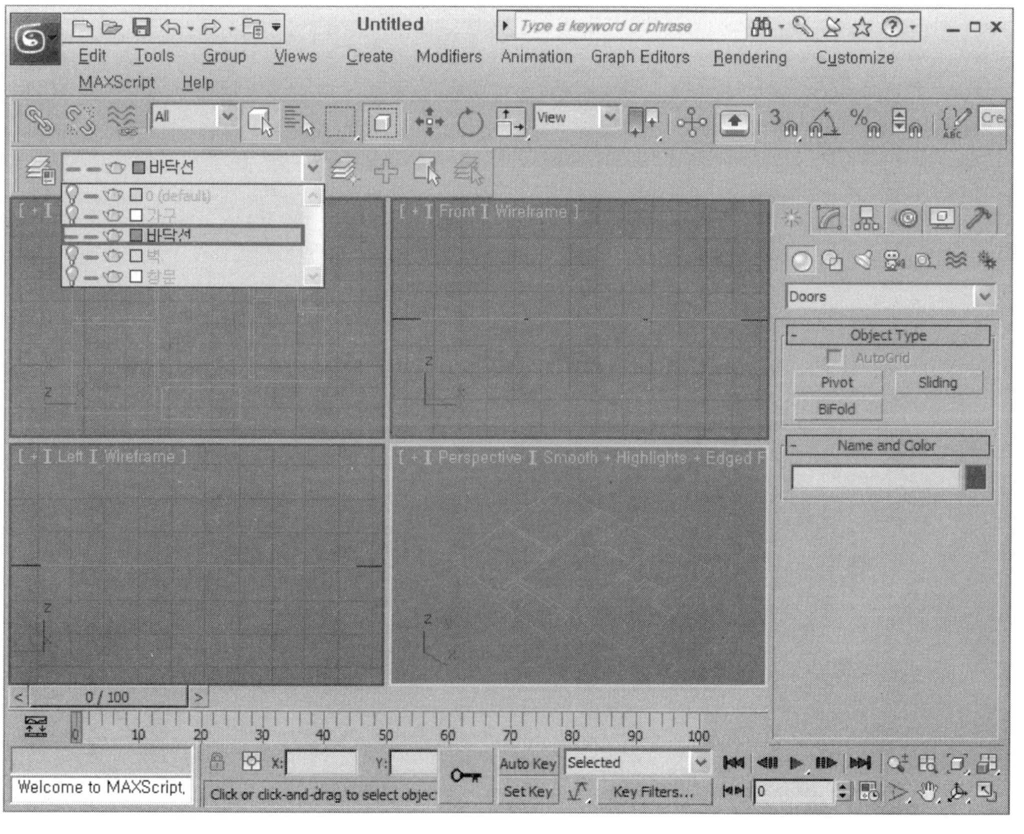

⑨ 바닥선에 'EXTRUDE' 명령을 실행해 두께 '10'을 적용한다.

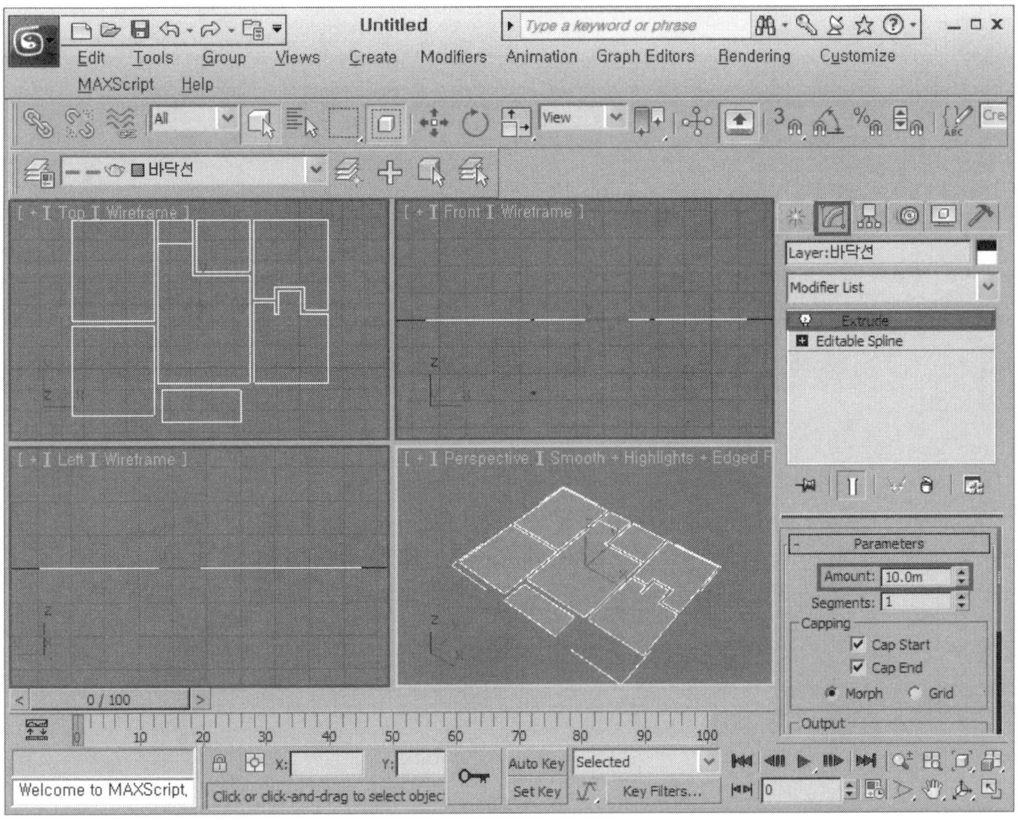

⑩ 가구를 삽입하고 모델링을 완성한다(파일 메뉴 → Import).

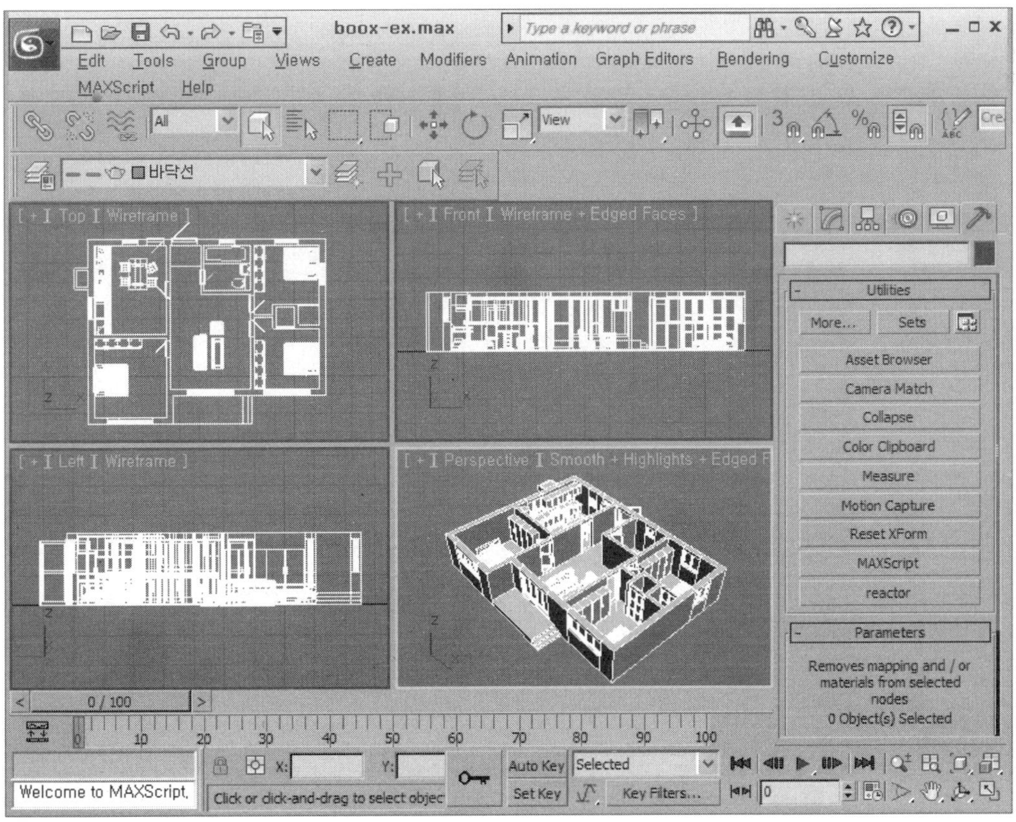

⑪ 모델링한 객체에 재질을 적용한다.

⑫ 카메라와 조명을 설치한다.

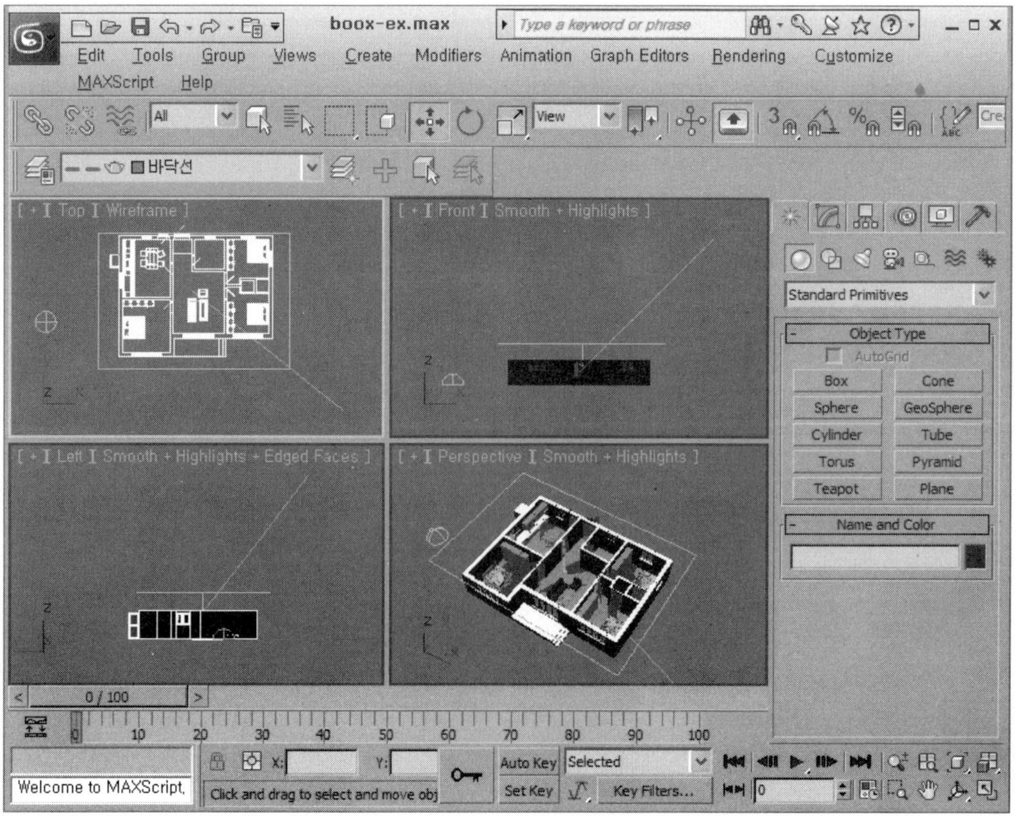

⑬ 렌더링을 적용해 최종 이미지를 완성하고 저장한다.

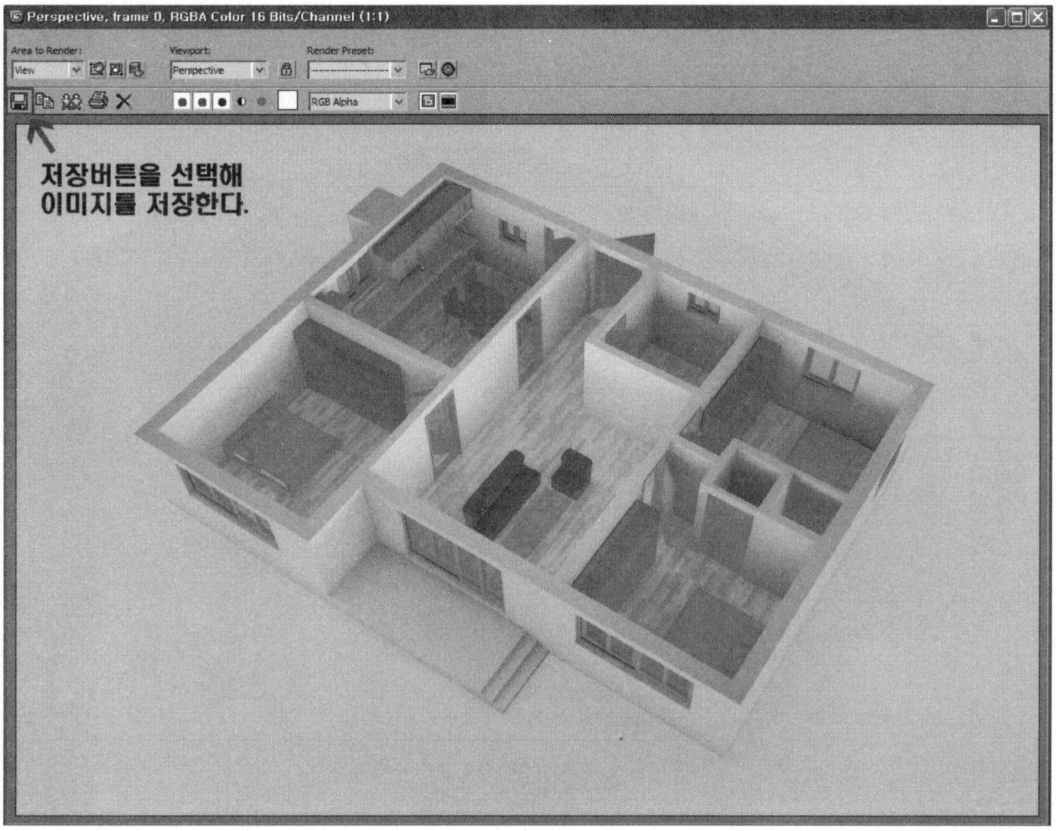

도면 예제 15-1 AutoCAD와 외부 프로그램 간의 파일 교환하기

AutoCAD 프로그램에서 작업한 파일 내용

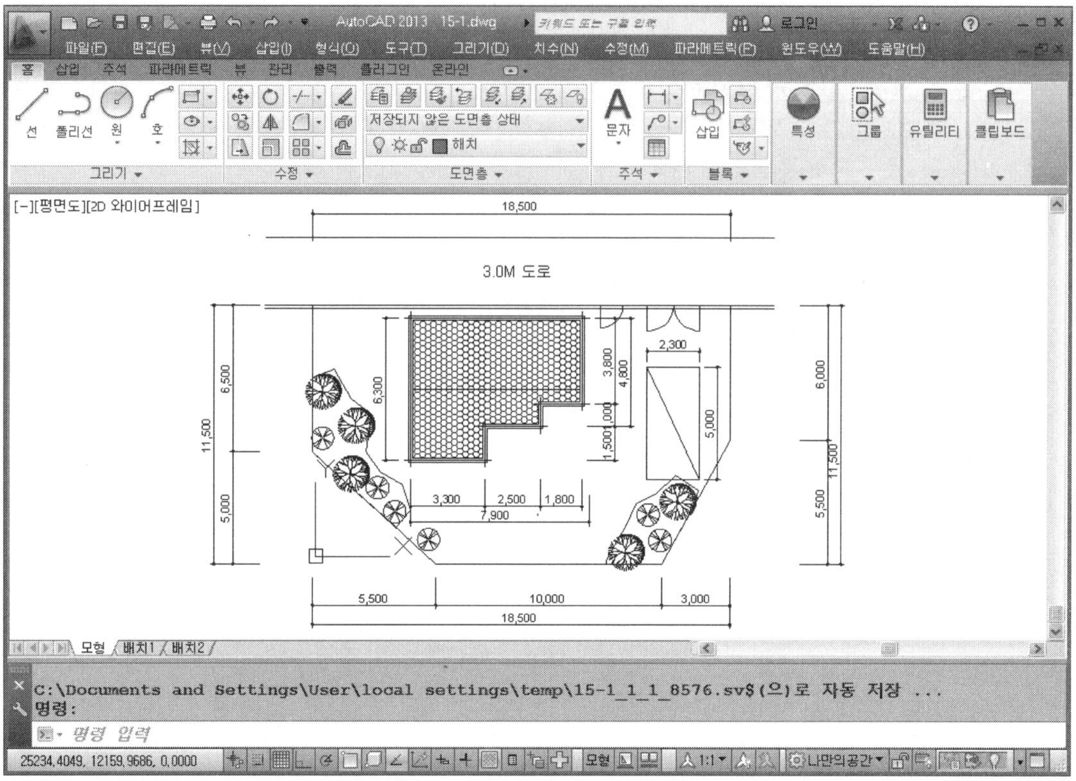

엑셀 프로그램에서 작업한 파일 내용

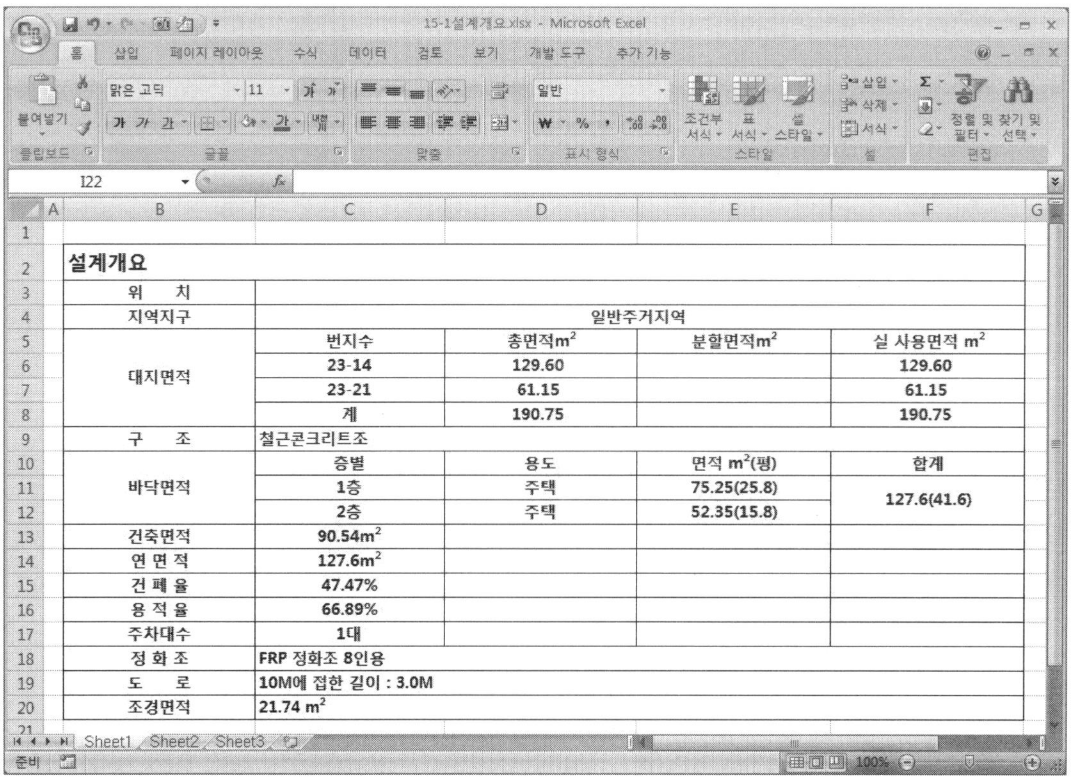

설계개요				
위 치				
지역지구	일반주거지역			
대지면적	번지수	총면적m²	분할면적m²	실 사용면적 m²
	23-14	129.60		129.60
	23-21	61.15		61.15
	계	190.75		190.75
구 조	철근콘크리트조			
바닥면적	층별	용도	면적 m²(평)	합계
	1층	주택	75.25(25.8)	127.6(41.6)
	2층	주택	52.35(15.8)	
건축면적	90.54m²			
연 면 적	127.6m²			
건 폐 율	47.47%			
용 적 율	66.89%			
주차대수	1대			
정 화 조	FRP 정화조 8인용			
도 로	10M에 접한 길이 : 3.0M			
조경면적	21.74 m²			

AutoCAD 프로그램에서 엑셀 파일 내용 가져오기

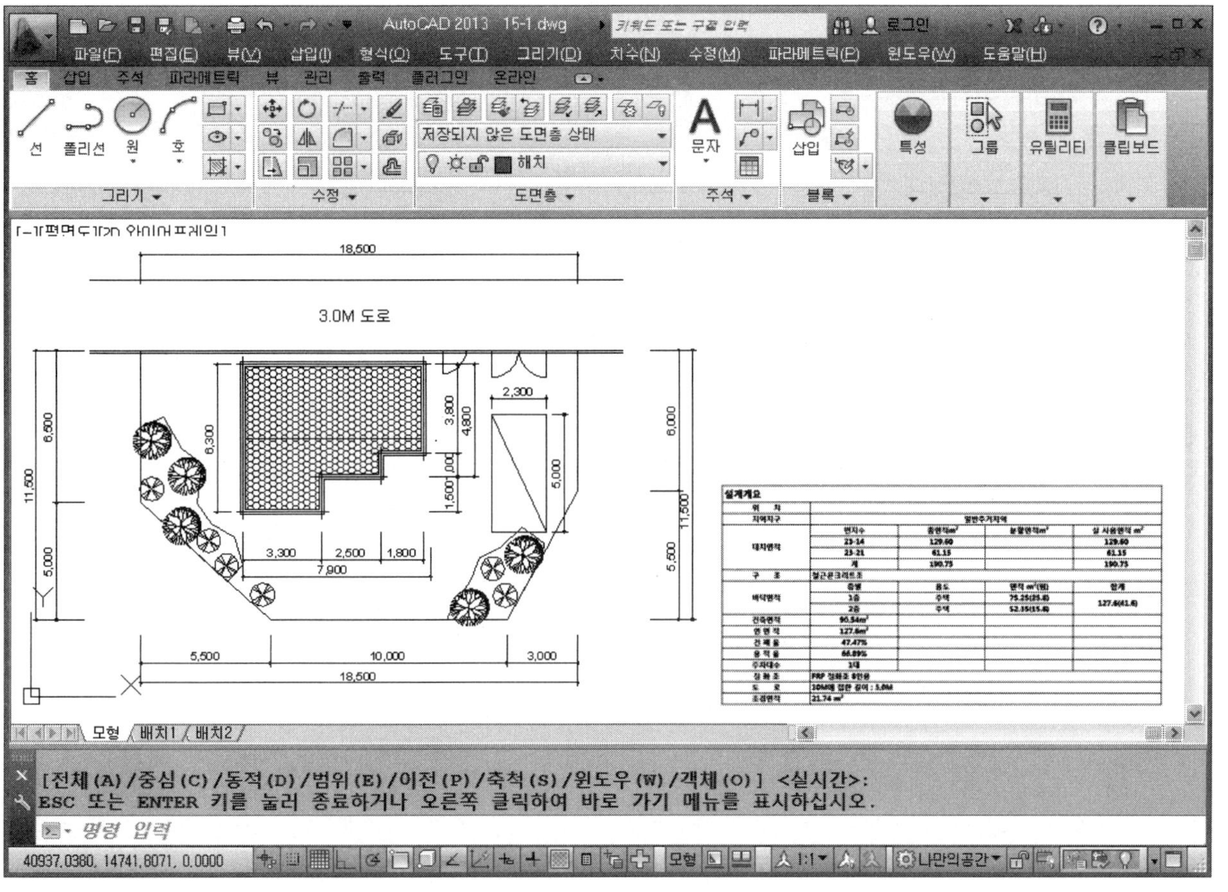

AutoCAD 도면 내용을 엑셀 프로그램으로 내보내기

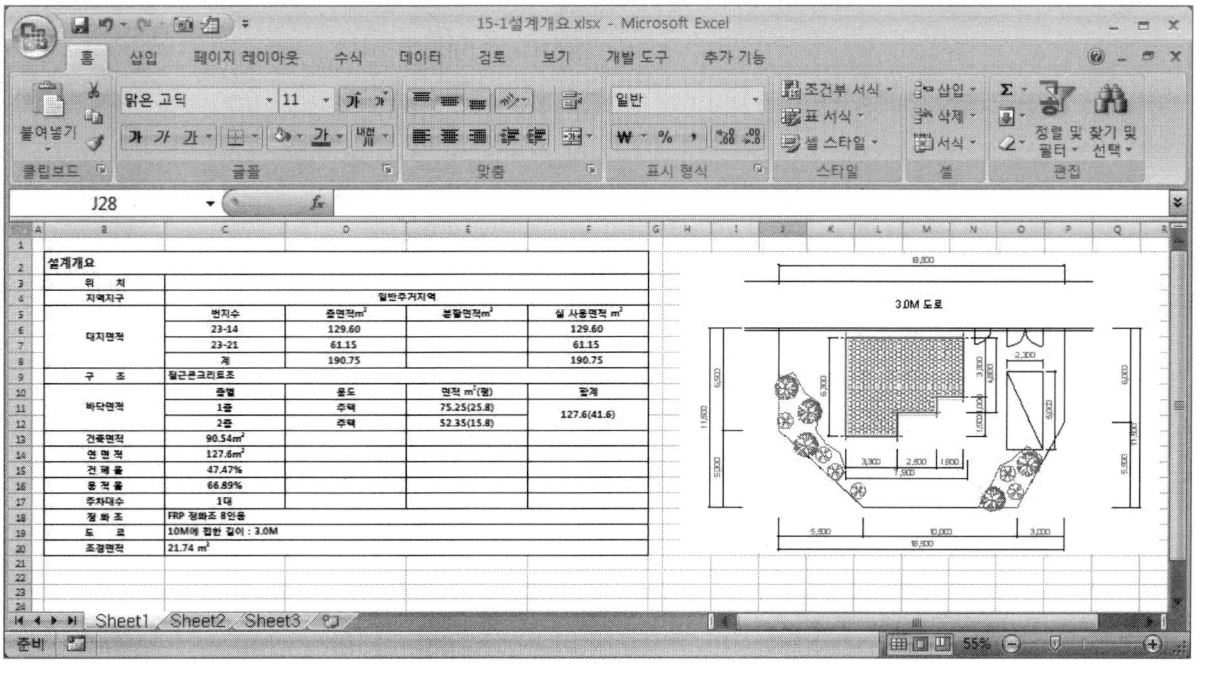

부 록

부록 1 - 실내건축 실무 도면 : 평면도

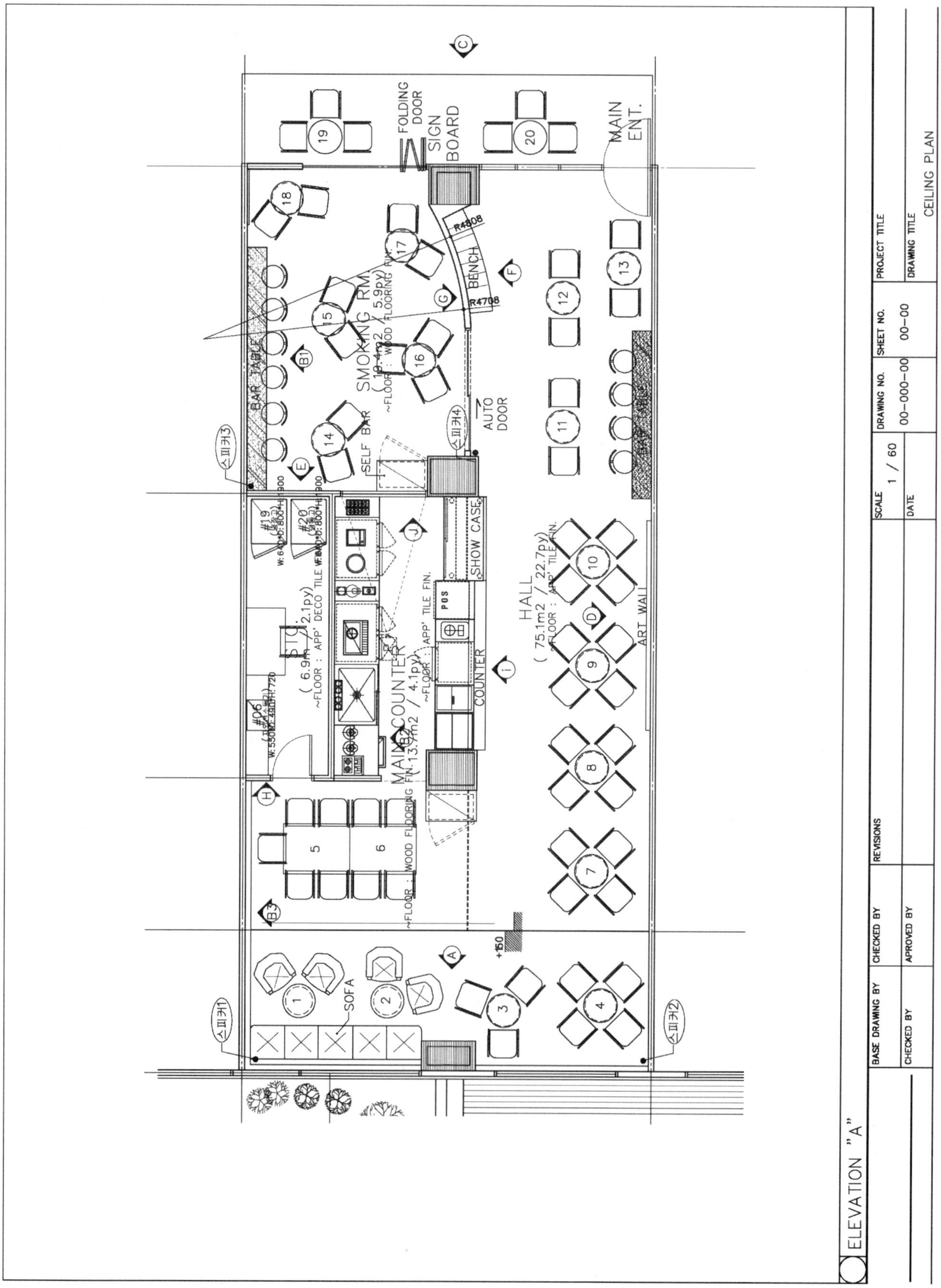

부록 1 - 실내건축 실무 도면 : 천장도

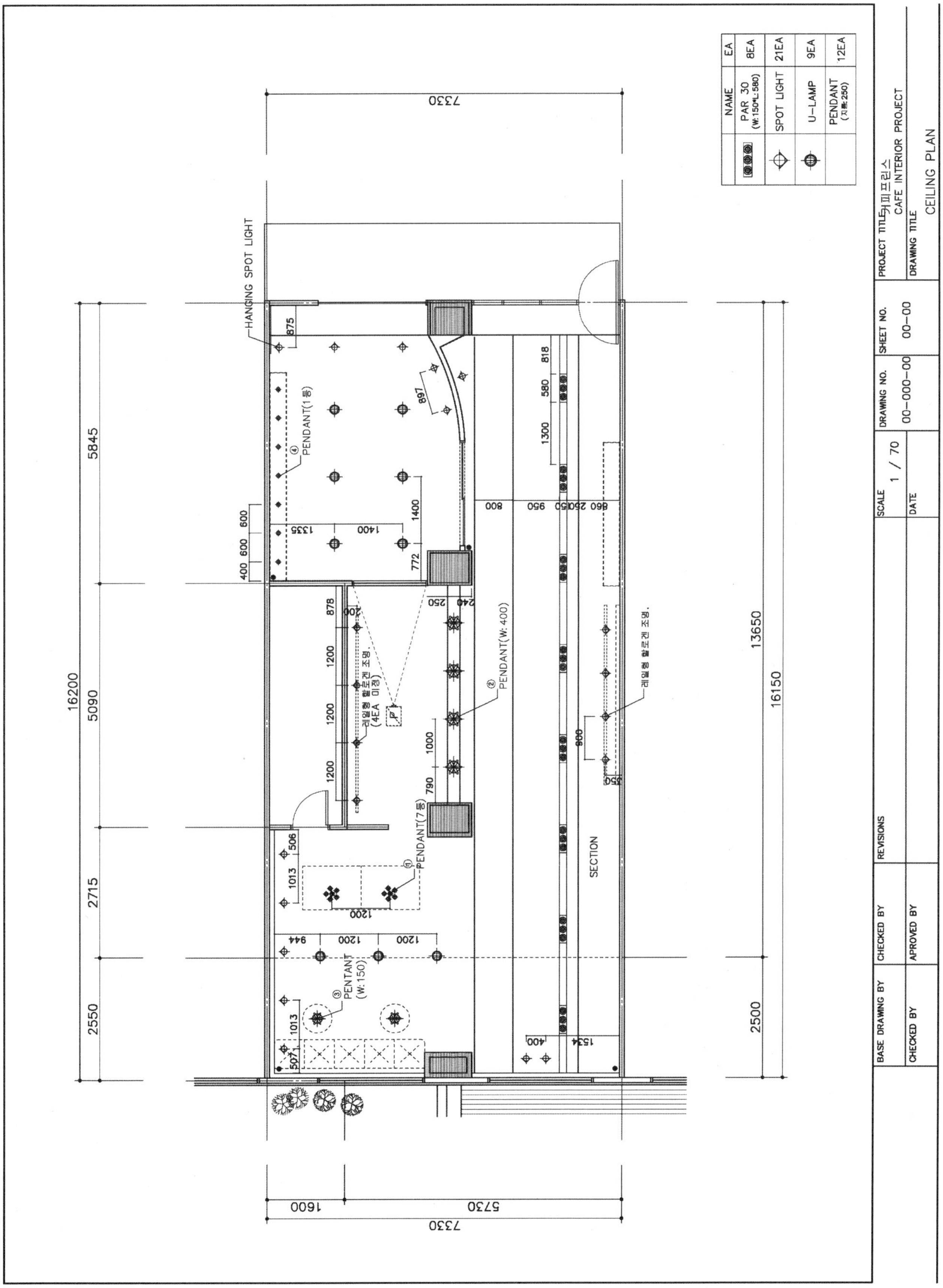

부록 1 - 실내건축 실무 도면 : 입면도 B

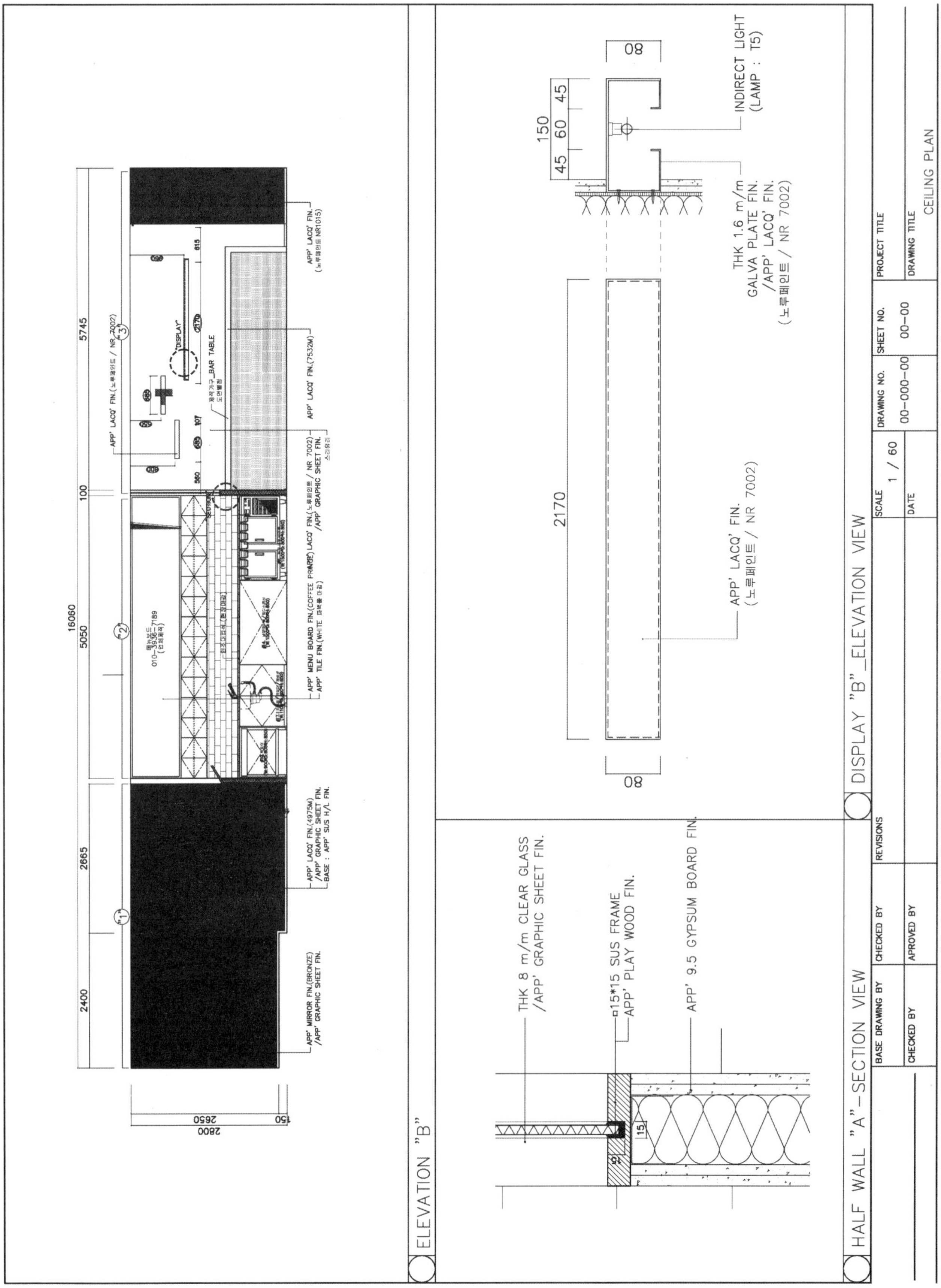

부록 1 - 실내건축 실무 도면 : 입면도 C

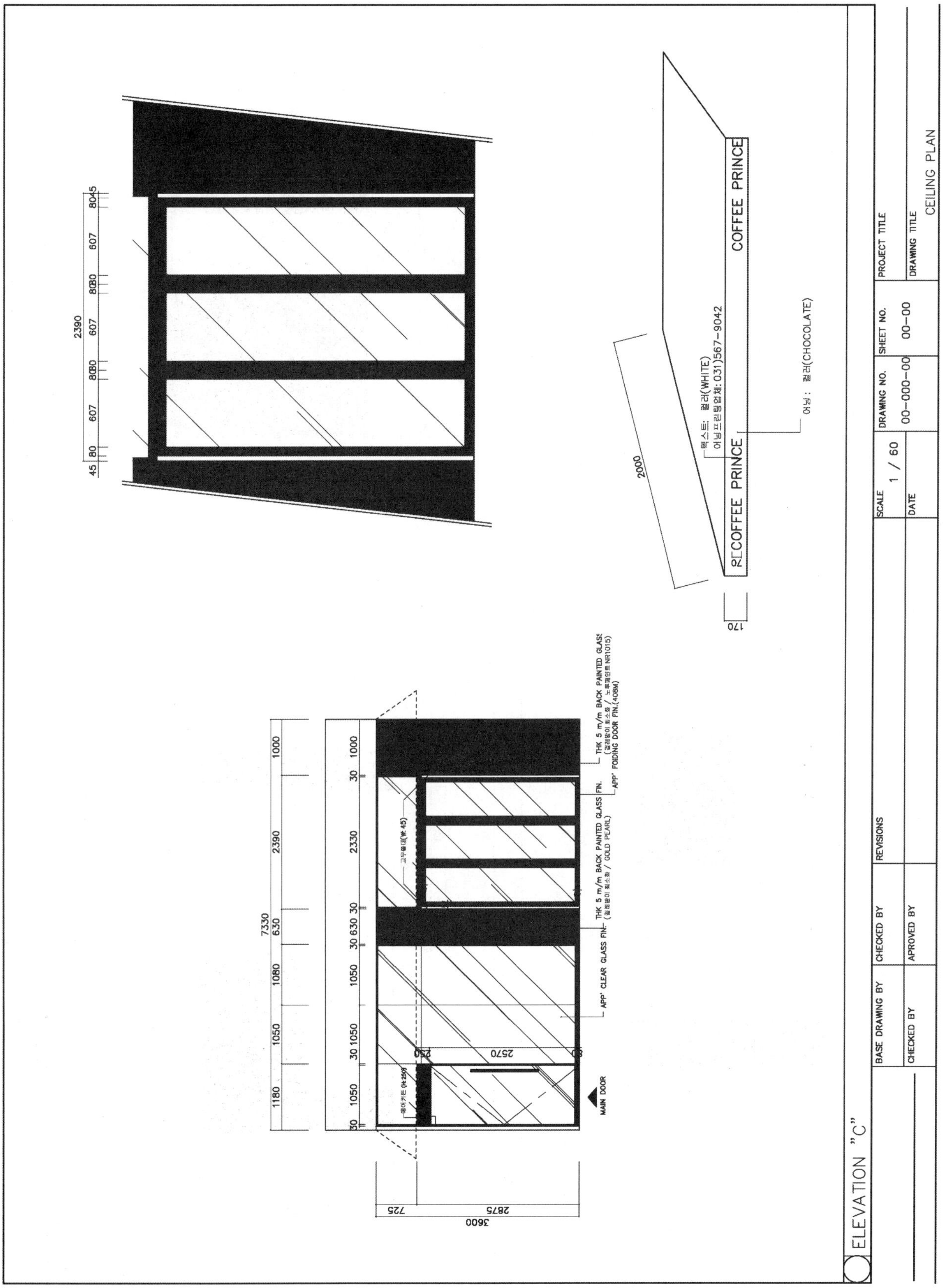

부록 1 - 실내건축 실무 도면 : 입면도 F, H, G

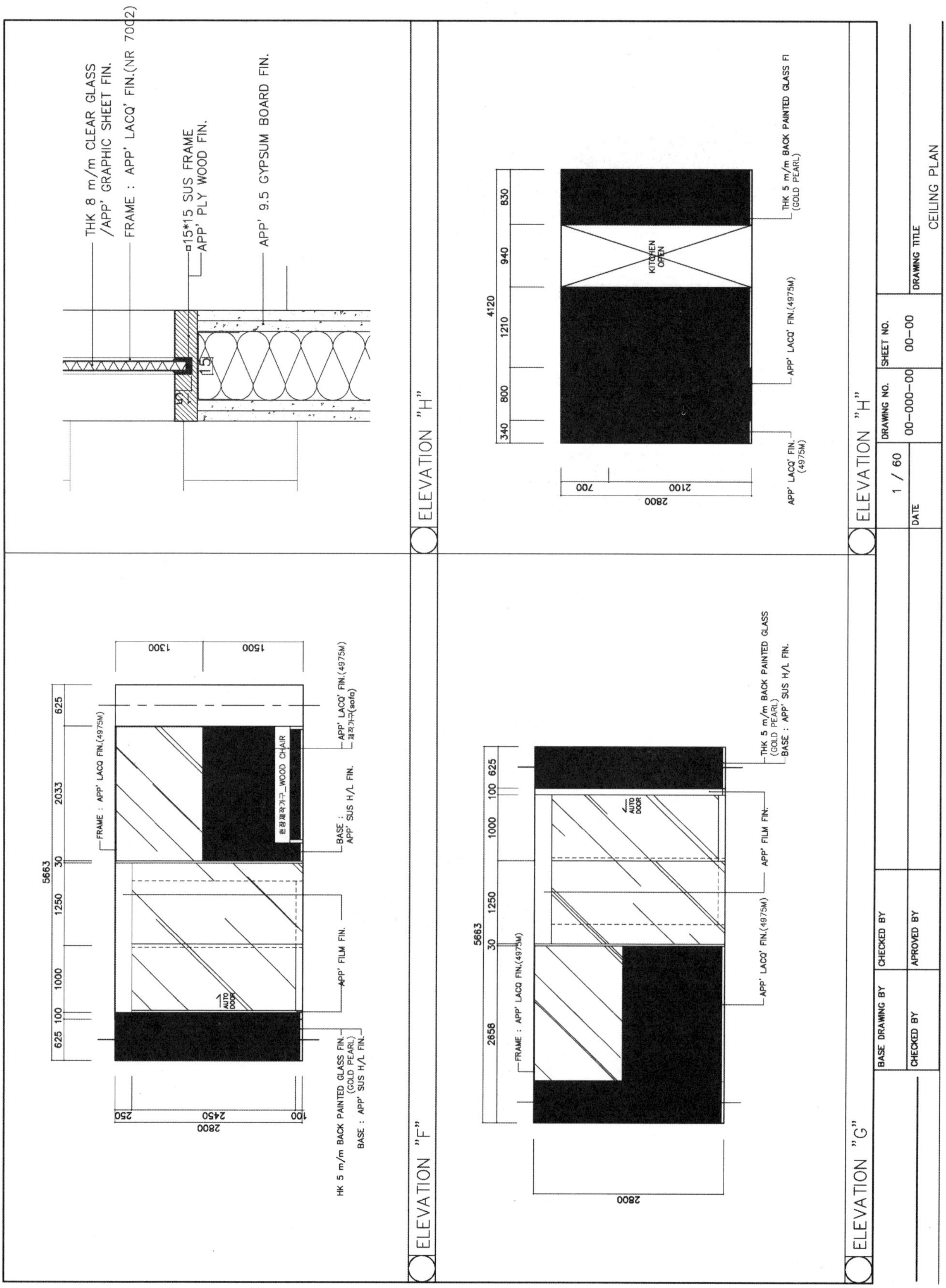

부록 2 - 건축 실무 도면 : 평면도

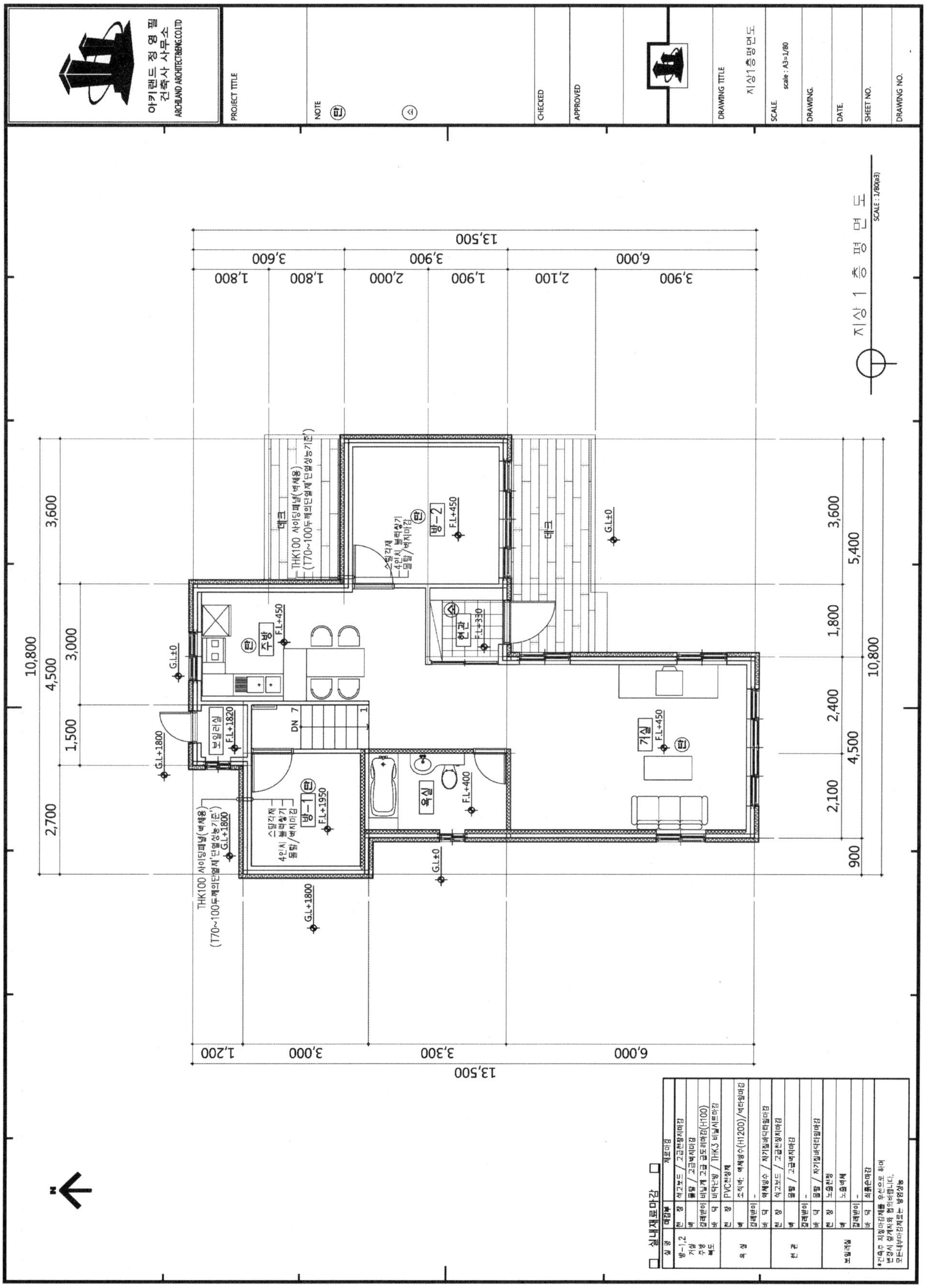

부록 2 - 건축 실무 도면 : 지붕평면도

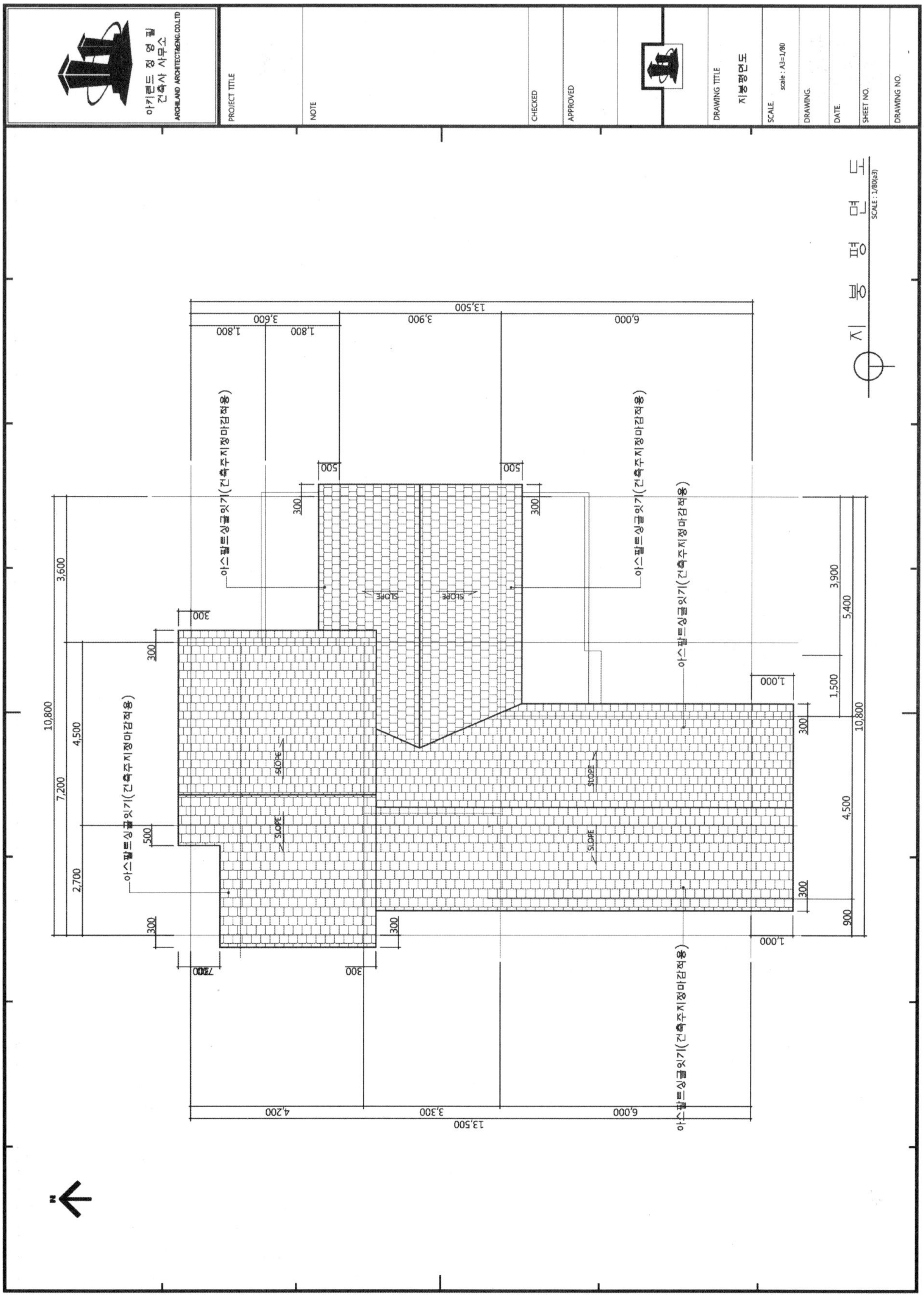

부록 2 - 건축 실무 도면 : 종단면도

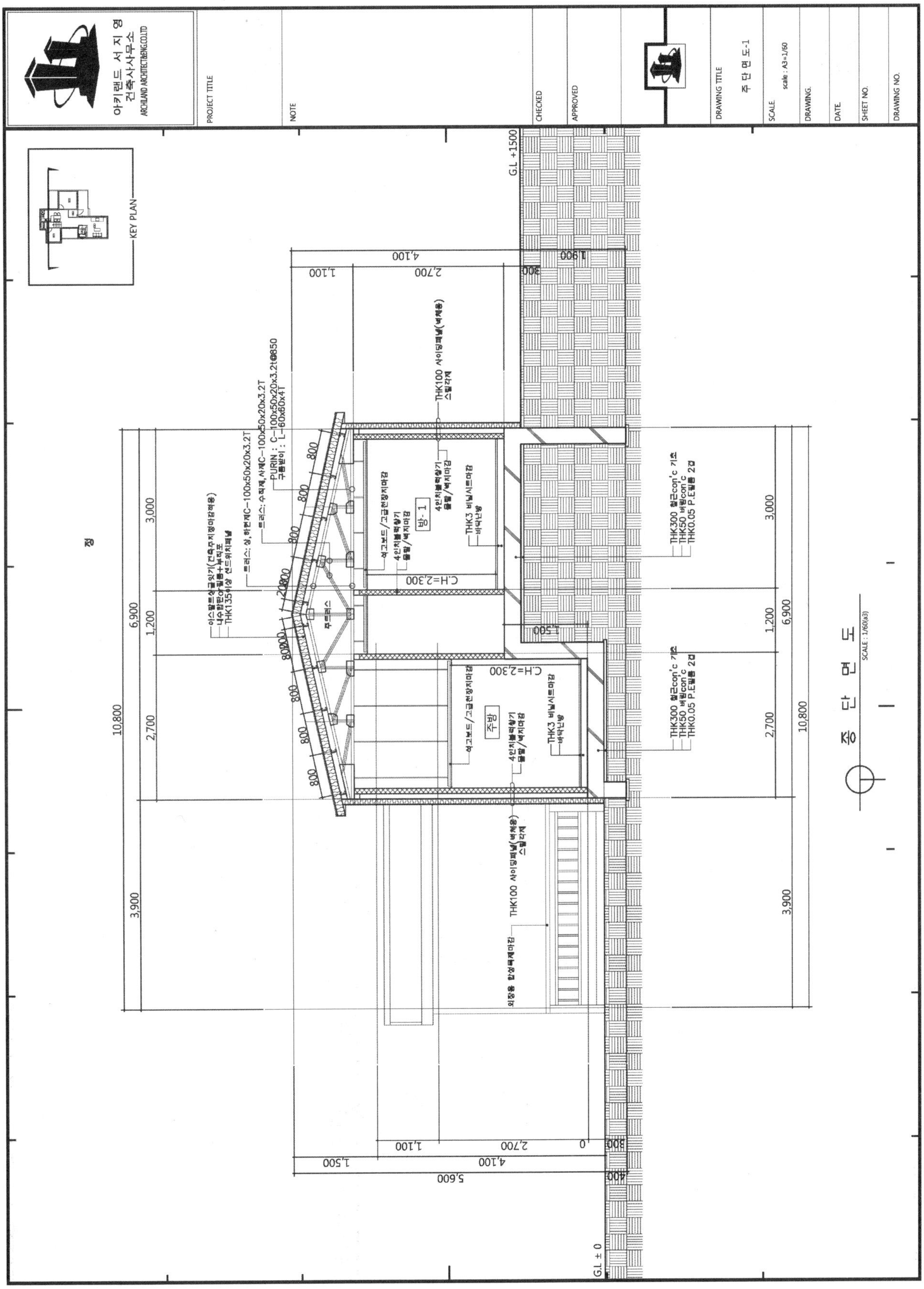

부록 2 - 건축 실무 도면 : 횡단면도

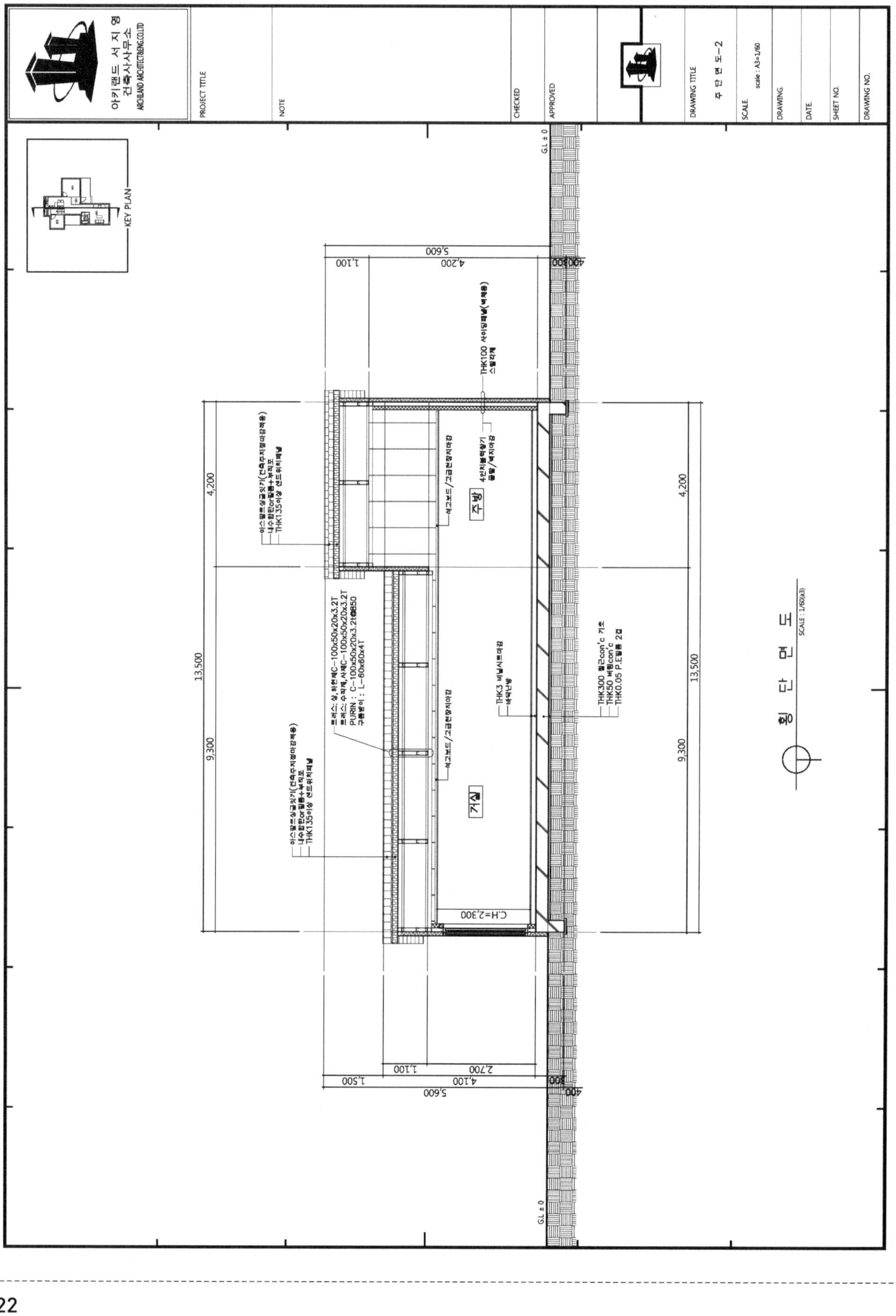

부록 2 - 건축 실무 도면 : 정면도

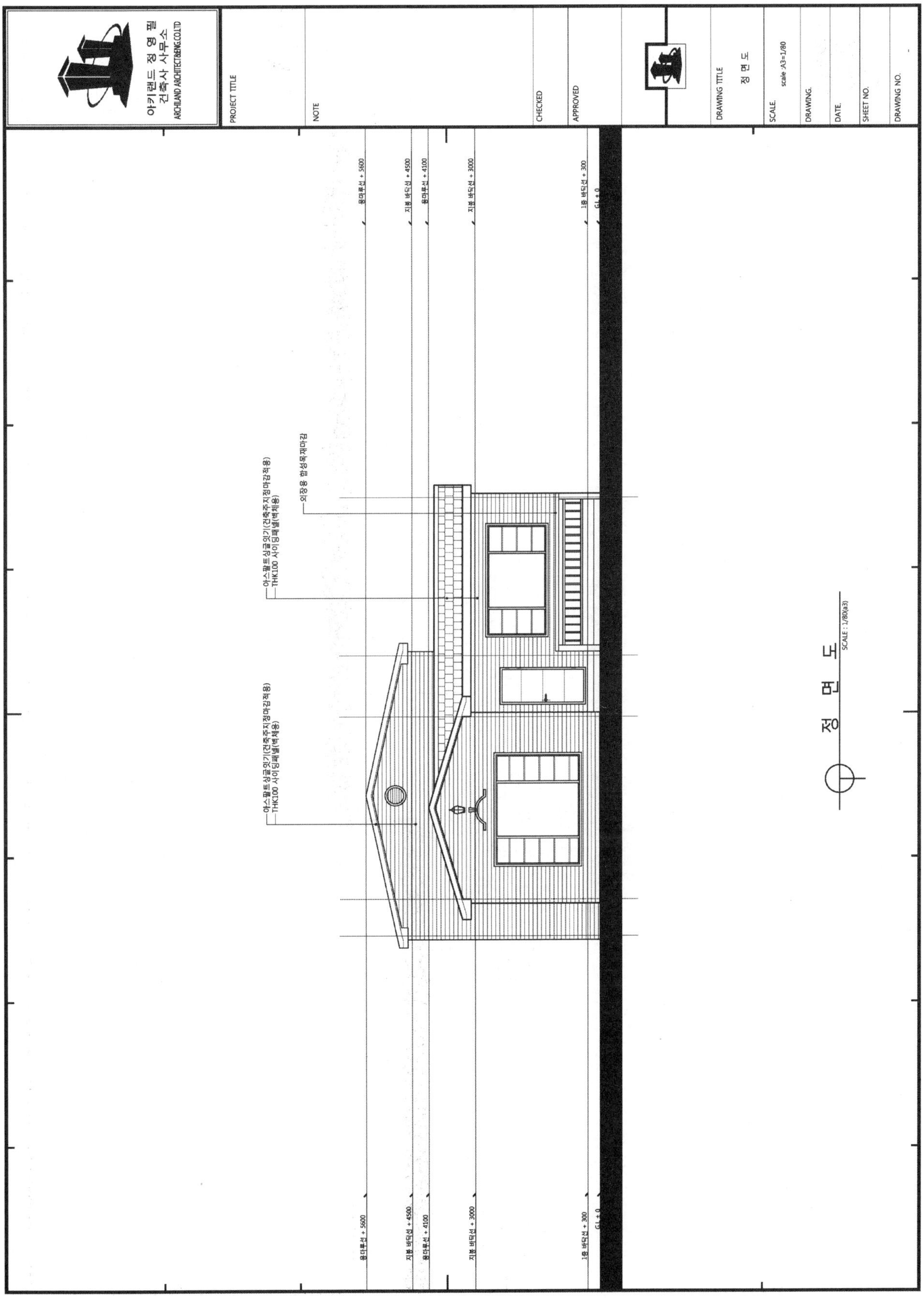

부록 2 - 건축 실무 도면 : 좌측면도

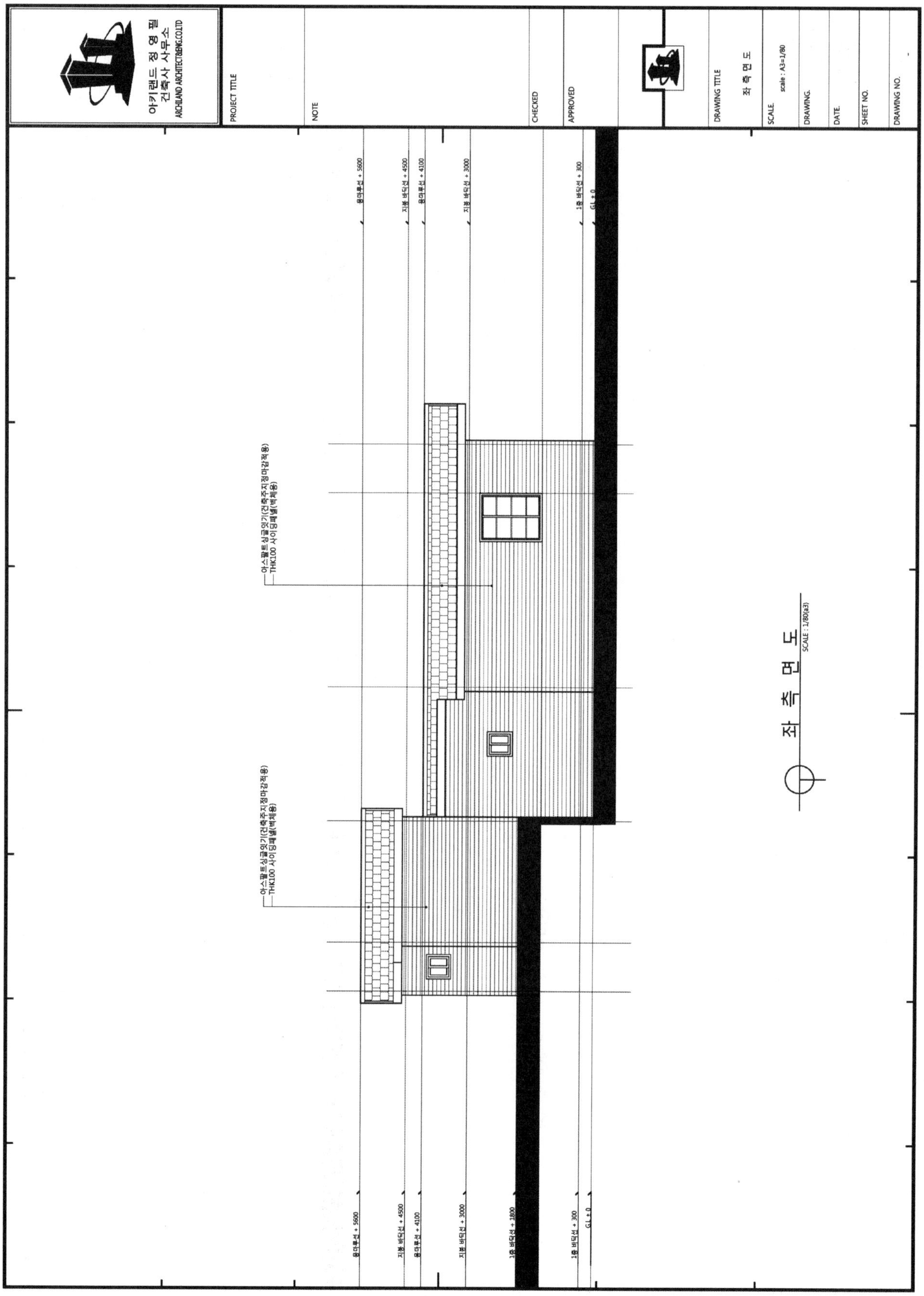

부록 3 - 도면 표시 기호 : 창호 표시 기호

	출입구일반	회 전 문	여닫이문	쌍여닫이문	겹이문	미서기문
평면						
입면						

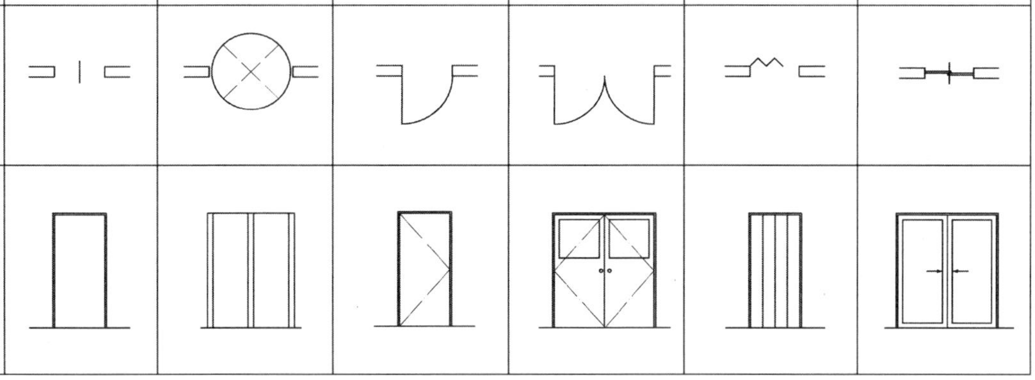

	미닫이문	셔 터	빈 지 문	빈 지 문	방화벽과 쌍여닫이문	자 재 문
평면						
입면						

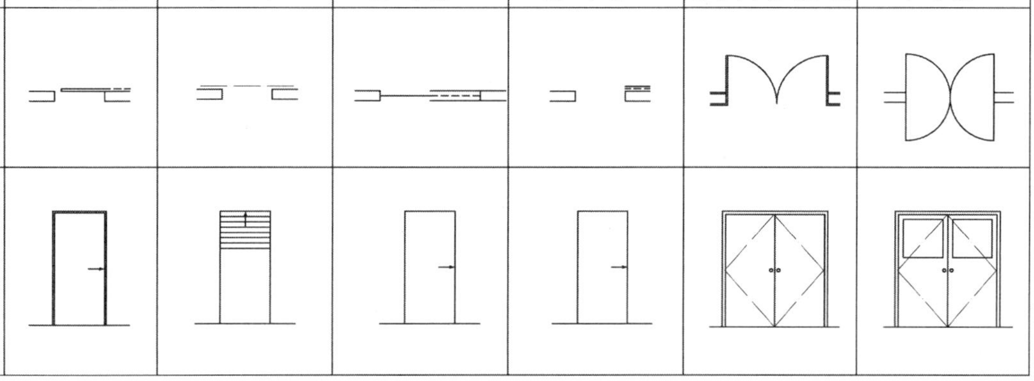

	망 사 문	창 일 반	회전창 또는 돌출창	오르내리창	격 자 창	쌍여닫이창
평면						
입면						

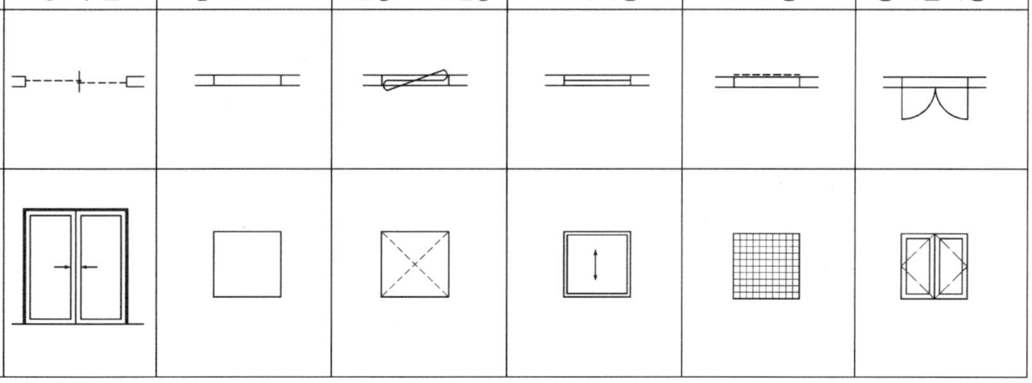

	망 사 창	여닫이창	셔 터 창	빈 지 문	방화벽과 쌍여닫이문	계단오름표시
평면						
입면						

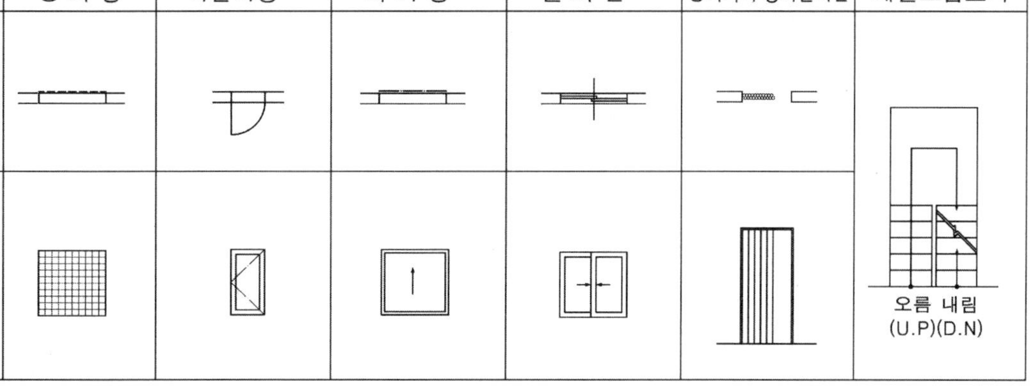

부록 3 - 도면 표시 기호 : 단면 표시 기호

	벽 일 반	철골 철근 콘크리트기둥 및 철근 콘크리트 벽	철근 콘크리트기둥 및 장막벽	철골 기둥 및 장막벽
축척1/100 또는 축척1/200	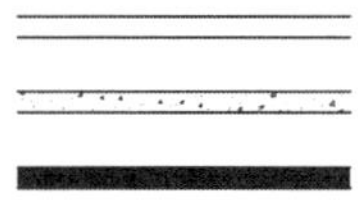	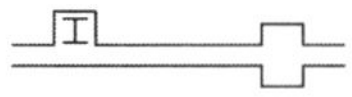	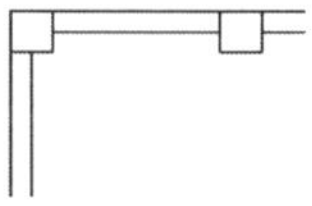	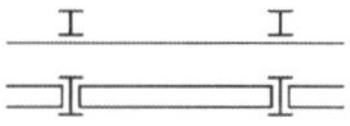
축척1/20 또는 축척1/50		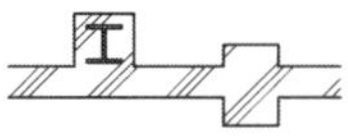	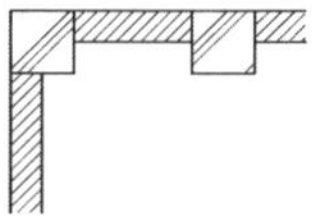	

	블 록 벽	벽 돌 벽	목 조 벽		
			양쪽심벽	안심벽 밖평벽	안팎평벽
축척1/100 또는 축척1/200		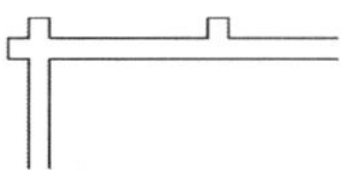	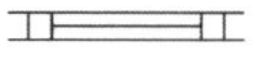	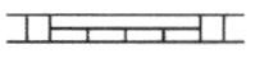	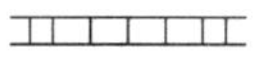
축척1/20 또는 축척1/50	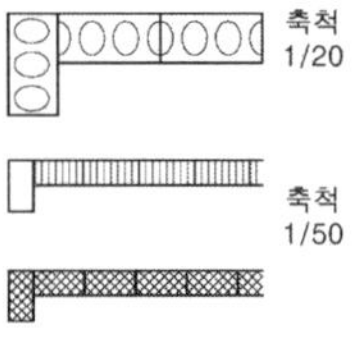	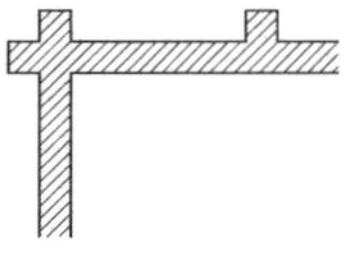		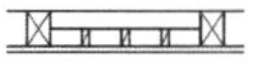	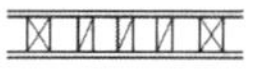

	지 반	잡 석 다 짐	자 갈 . 모 래	석 재 (자 연 석)
원칙적으로 사용	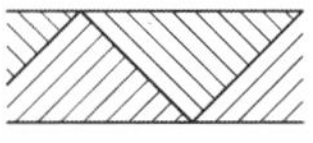	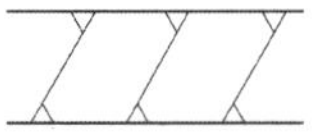	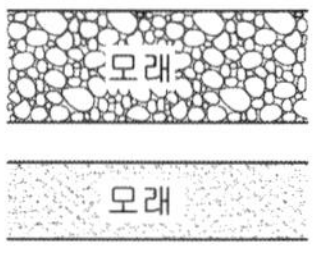	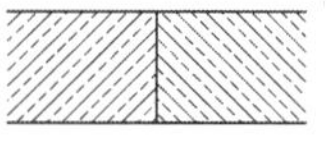
준용 사용	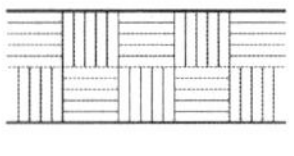	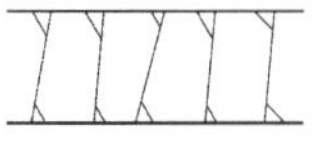	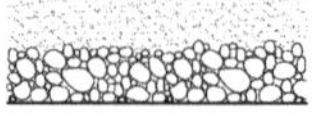 자갈, 모래 섞기	

	인 조 석 (모 조 석)	콘 크 리 트	벽 돌	블 록
원칙적으로 사용	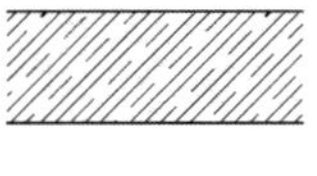	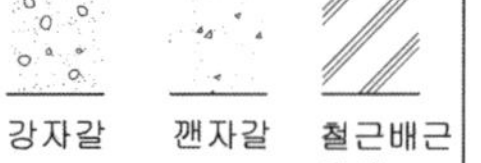 강자갈 깬자갈 철근배근일때	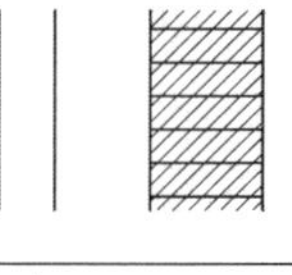	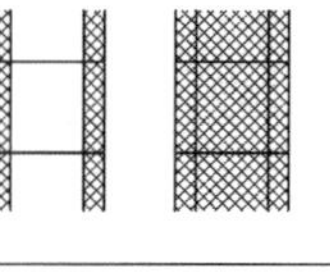
준용 사용		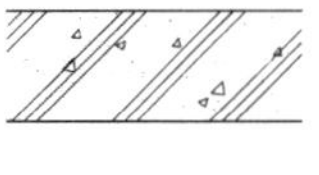		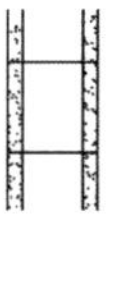

부록 3 - 도면 표시 기호 : 단면 표시 기호

	목 재		철 재	차단재(보온흡음 방수 기타)
	치 장 재	구 조 재		
축척1/100 또는 축척1/200	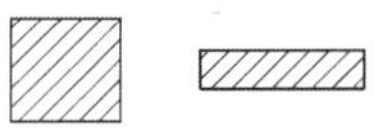	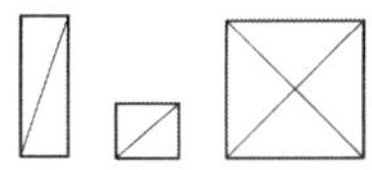		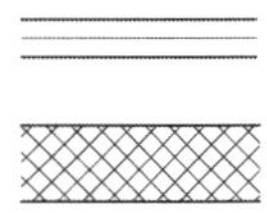
축척1/20 또는 축척1/50	단 면 직사각형방향단면 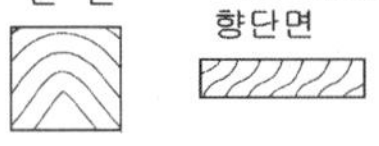	 재료명	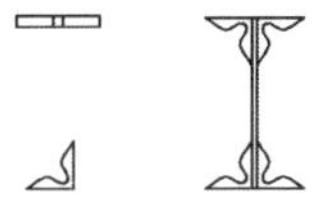	

	얇은 재 (유리)	망 사	기 타	
축척1/100 또는 축척1/200	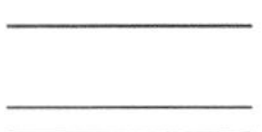 실척에가까울때사용	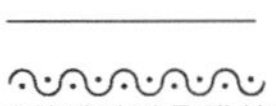 실척에가까울때사용 	윤곽을 그리고 재료명을 기입한다.	
축척1/20 또는 축척1/50	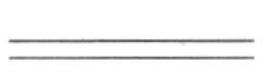		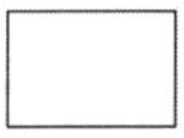 재료명	

부록 4 - 치수 사용하기

AutoCAD는 객체에 치수를 기입하고 다양한 형식의 치수 표현 방법을 제공하고 있습니다.
치수는 치수보조선, 치수선, 문자, 화살표로 구성되어 있습니다.

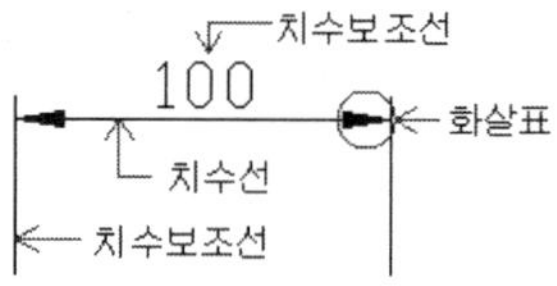

치수에는 다음과 같은 종류가 있습니다.

- **선형치수** : 수평, 수직, 정렬, 기준, 연속 치수
- **반지름 치수** : 반지름, 지름, 꺾기 치수
- **각도 치수**
- **좌표 치수** : 가로좌표, 세로좌표 치수
- **호길 이 치수**

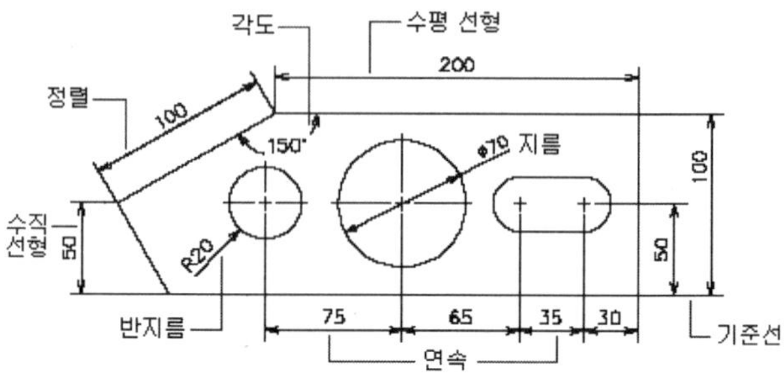

1. 치수 측정하기

도면의 치수를 측정하기위한 명령
선형, 정렬, 절대좌표, 지름, 반지름회전, 각도, 지시선, 기준 치수 및 연속 치수가 있습니다.

1.1 치수 측정 명령 실행

- **주메뉴 사용 : 치수(N)**
- **도구막대 아이콘 :**  **(도구막대 이름 : 치수)**
- **리본 : 홈메뉴 ▶ 주석 리본** 

아이콘	입력 명령	단축명령	내 용
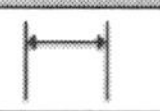	선형치수	dli	두 점을 이용하여 수평, 수직거리값 표시
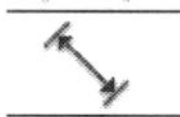	정렬치수	dal	두 점을 이용하여 사선 거리값 표시
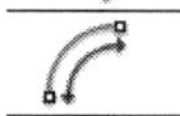	호길이치수	dar	호의 길이값 표시
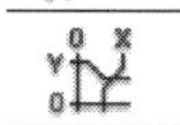	좌표치수	dor	좌표원점을 기준으로 선택한 지점까지의 좌표값 표시
	반지름치수	dra	원, 호의 반지름 값 표시
	꺾인반지름치수	djo	반지름이 커 중심 위치가 멀어 꺾어진 형태로 반지름 값 표시
	지름치수	ddi	원, 호의 지름 값 표시
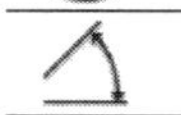	각도치수	dan	선, 호의 각도 값 표시
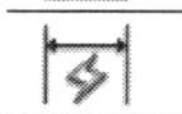	신속치수	qdim	여러개의 치수를 동시에 표시(직선, 반지름, 연속, 기준치수 등)
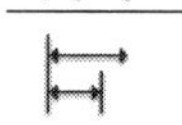	기준치수	dba	하나의 기준되는 치수선을 정한 후에 그 치수를 기준으로 다른 치수를 다른 높이로 치수값 표시
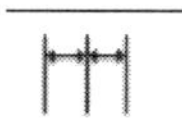	연속치수	dco	하나의 기준되는 치수선을 정한 후에 연속되는 치수 기입을 치수선을 같은 높이로 치수값 표시
	지시선	le	사용자가 문자나 기호를 직접 기입하는 설명선 표시(아이콘추가설치)

1.2 치수 측정 명령 따라하기

① 수직, 수평 선형 치수 측정하기

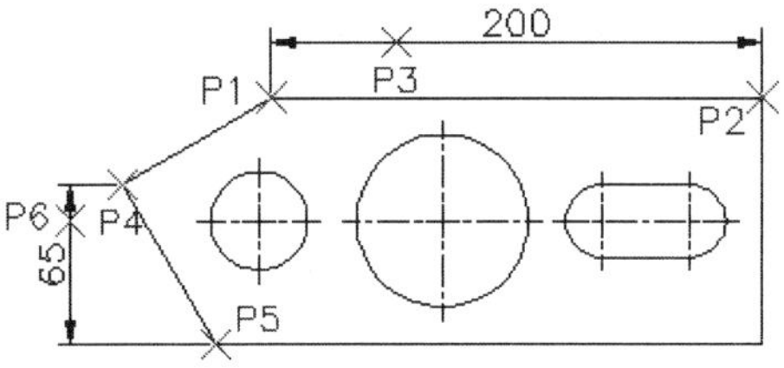

- ► 명령 : dli Enter↵ (혹은 ⊢⊣ 선택)
- ► 첫 번째 치수보조선 원점 지정 또는 〈객체 선택〉 : P1점 지정
- ► 두 번째 치수보조선 원점 지정 : P2점 지정
- ► 치수선의 위치 지정 또는 [여러 줄 문자(M)/문자(T)/각도(A)/수평(H)/수직(V)/회전(R)] : P3점 지정 ➔ *임의의 위치점 지정*

'65' 크기의 수직 치수도 동일한 방법으로 측정한다.

② 정렬 치수 측정하기

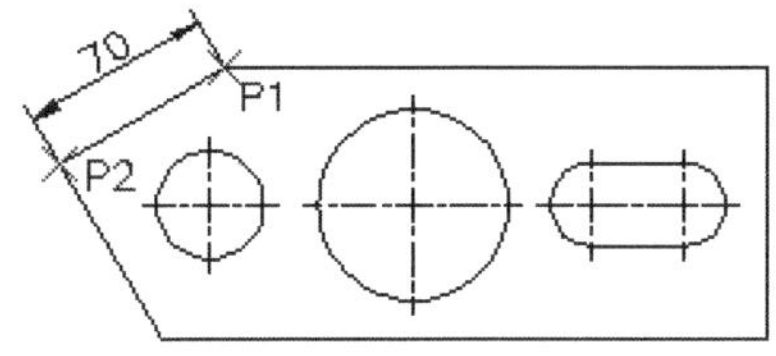

- ► 명령 : dli Enter↵ (혹은 선택)
- ► 첫 번째 치수보조선 원점 지정 또는 〈객체 선택〉 : P1점 지정
- ► 두 번째 치수보조선 원점 지정 : P2점 지정
- ► 치수선의 위치 지정 또는 [여러 줄 문자(M)/문자(T)/각도(A)/수평(H)/수직(V)/회전(R)] : P3점 지정 ➔ *임의의 위치점 지정*

③ 반지름 측정하기

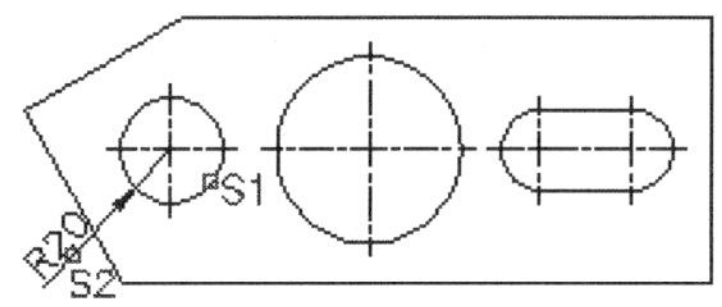

- ► 명령 : dra Enter↵ (혹은 선택)
- ► 호 또는 원 선택 : S1 객체 선택
- ► 치수선의 위치 지정 또는 [여러 줄 문자(M)/문자(T)/각도(A)] : S2점 지정 ➔ *임의의 위치점 지정*

④ 지름 측정하기

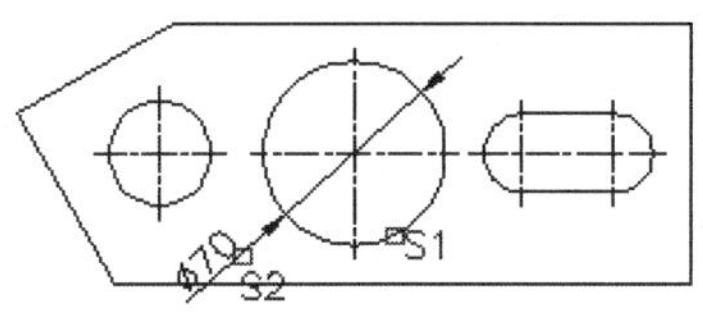

- ► 명령 : ddi Enter↵ (혹은 선택)
- ► 호 또는 원 선택 : S1 객체 선택
- ► 치수선의 위치 지정 또는 [여러 줄 문자(M)/문자(T)/각도(A)] : S2점 지정 ➔ *임의의 위치점 지정*

⑤ 각도 측정하기

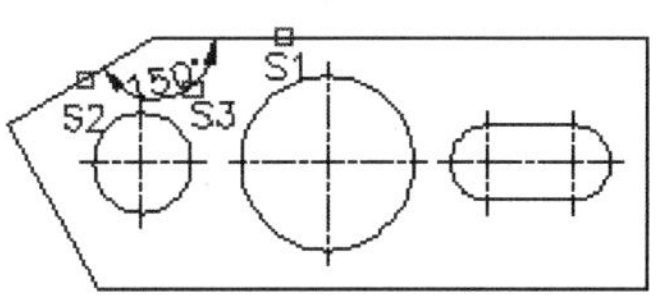

- ► 명령 : dan Enter↵ (혹은 Enter↵)
- ► 호, 원, 선을 선택하거나 〈정점 지정〉 : S1 객체 선택
- ► 두 번째 선 선택 : S2 객체 선택
- ► 치수 호 선의 위치 지정 또는 [여러 줄 문자(M)/문자(T)/각도(A)/사분점(Q)] : S3점 지정 ➔ *임의의 위치점 지정*

⑥ 기준 치수 측정하기

마지막에 측정된 치수의 첫 번째 치수 보조선 위치를 기준으로 되기 때문에 기준 치수 명령을 실행하기 전에 선형 치수나 각도 치수를 먼저 측정한다.

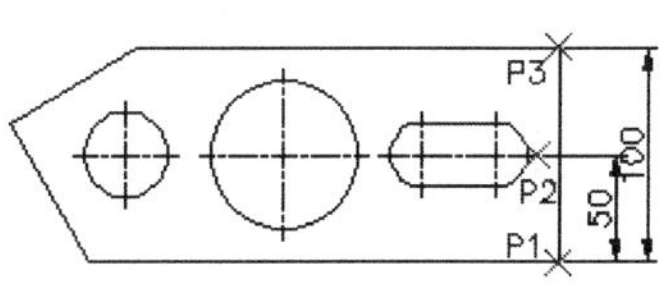

- ► 명령 : dli Enter↵ (혹은 ⊢⊣ 선택)
- ► 첫 번째 치수보조선 원점 지정 또는 〈객체 선택〉 : P1점 지정
- ► 두 번째 치수보조선 원점 지정 : P2점 지정

- ►치수선의 위치 지정 또는 [여러 줄 문자(M)/문자(T)/각도(A)/수평(H)/수직(V)/회전(R)] : 임의의 위치점 지정
- ►명령 : dba Enter↵ (혹은 아이콘)
- ►두 번째 치수보조선 원점 지정 또는 [명령 취소(U)/선택(S)] 〈선택(S)〉 : P3점 지정

⑦ 연속 치수 측정하기

마지막에 측정된 치수의 두 번째 치수 보조선에서 연속된 치수를 표시하기 때문에 연속 치수 명령을 실행하기 전에 선형 치수나 각도 치수를 먼저 측정한다.

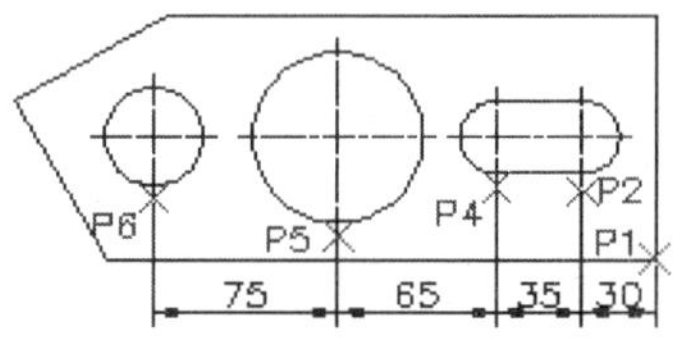

- ►명령 : dli Enter↵ (혹은 아이콘 선택)
- ►첫 번째 치수보조선 원점 지정 또는 〈객체 선택〉 : P1점 지정
- ►두 번째 치수보조선 원점 지정 : P2점 지정
- ►치수선의 위치 지정 또는 [여러 줄 문자(M)/문자(T)/각도(A)/수평(H)/수직(V)/회전(R)] : 임의의 위치점 지정

- ►명령 : dco Enter↵ (혹은 아이콘 선택)
- ►두 번째 치수보조선 원점 지정 또는 [명령 취소(U)/선택(S)] 〈선택(S)〉 : P3점 지정
- ►두 번째 치수보조선 원점 지정 또는 [명령 취소(U)/선택(S)] 〈선택(S)〉 : P4점 지정
- ►두 번째 치수보조선 원점 지정 또는 [명령 취소(U)/선택(S)] 〈선택(S)〉 : P5점 지정
- ►두 번째 치수보조선 원점 지정 또는 [명령 취소(U)/선택(S)] 〈선택(S)〉 : P6점 지정
- ►연속된 치수 선택 : Enter↵

⑧ 호의 길이 치수 측정하기

오른쪽 그림과 같이 호를 먼저 그린 후 호의 길이 치수 측정을 따라하도록 한다.

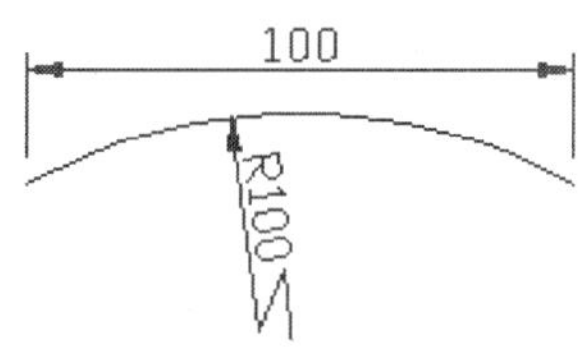

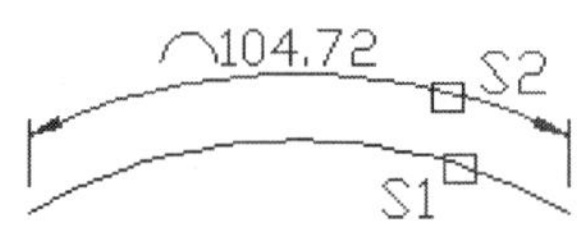

- ►명령 : dar Enter↵ (혹은 아이콘 선택)
- ►호 또는 폴리선 호 세그먼트 선택 : S1 객체 선택
- ►호 길이 치수 위치 지정 또는 [여러 줄 문자(M)/문자(T)/각도(A)/부분(P)] :

⑨ 꺾어진 반지름 치수 측정하기

크기가 큰 호의 반지름을 표시할 때 사용한다.

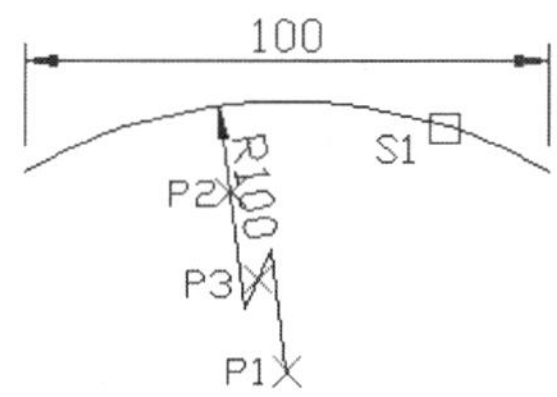

- ►명령 : djo Enter↵ (혹은 아이콘 선택)
- ►호 또는 원 선택 : S1객체 선택
- ►중심 위치 재지정 지정 : P1점 지정
- ►치수 문자 = 100
- ►치수선의 위치 지정 또는 [여러 줄 문자(M)/문자(T)/각도(A)] : P2점 지정
- ►꺾기 위치 지정 : P3점 지정

⑩ 신속치수 측정하기

동시에 여러 객체의 치수를 측정할 경우에 사용한다.

- ►명령 : qdim (혹은 아이콘 선택)
- ►연관 치수 우선순위 = 끝점(E)

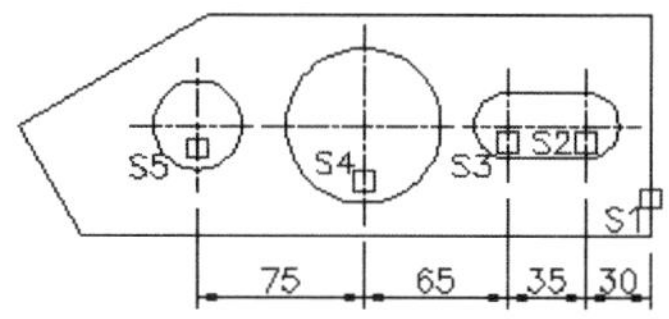

► 치수 기입할 형상 선택 : S1 객체 선택 ➔ *측정할 선 선택*
► 치수 기입할 형상 선택 : S2 객체 선택 ➔ *측정할 선 선택*
► 치수 기입할 형상 선택 : S3 객체 선택 ➔ *측정할 선 선택*
► 치수 기입할 형상 선택 : S4 객체 선택 ➔ *측정할 선 선택*
► 치수 기입할 형상 선택 : S5 객체 선택 ➔ *측정할 선 선택*
► 치수 기입할 형상 선택 : [Enter↵] ➔ *측정할 선을 모두 선택했으면 그냥 [Enter↵]*
► 치수선의 위치 지정 또는 [연속(C)/다중(S)/기준선(B)/세로좌표(O)/반지름(R)/지름(D)/데이텀 점(P)/편집(E)/설정(T)] 〈연속(C)〉 : 치수선의 위치 지정 ➔ *임의의 위치에 치수선 위치 지정*

2. 치수 수정하기

도면의 치수를 수정하기위한 명령

2.1 치수 수정 명령 실행

주메뉴 사용 : 치수(N)
도구막대 아이콘 : (**도구막대 이름 : 치수**)

아이콘	입력 명령	단축명령	내 용
	치수 간격 수정	dimspace	치수선간의 간격을 조절하는 명령
	치수 끊기	dimbreak	치수선, 치수보조선이 다른 객체와 겹치는 부분을 끊어주는 명령
	치수 편집	ded	치수 문자와 치수보조선의 연장선을 편집하는 명령
	치수 문자 편집	dimted	치수 문자를 이동하거나 회전시키는 명령
	치수 업데이트	dimstyle	현재 치수 스타일로 치수 객체를 업데이트하는 명령

2.2 치수 수정 명령 따라하기

① 치수선 간격 수정하기

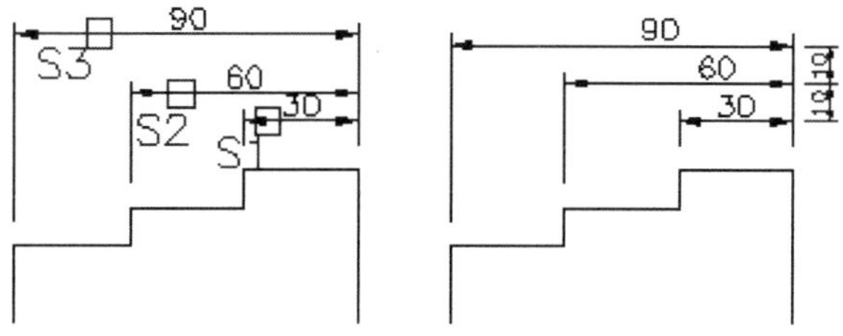

► 명령 : dimspace [Enter↵] (혹은 선택)
► 기본 치수 선택 : S1 객체 선택
► 간격을 둘 치수 선택 : S2 객체 선택
► 간격을 둘 치수 선택 : S3 객체 선택
► 간격을 둘 치수 선택 : [Enter↵]
► 값 또는 [자동(A)] 입력 〈자동(A)〉 : 10 [Enter↵]

② 교차하는 치수선과 치수보조선 끊기

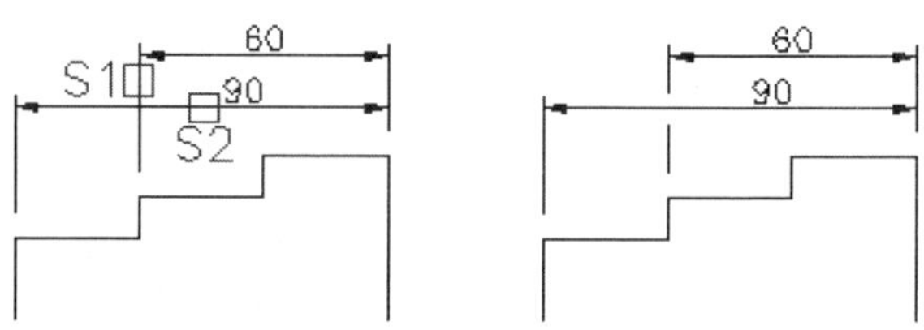

- 명령 : dimbreak Enter↵ (혹은 선택)
- 끊기를 추가/제거할 치수 선택 또는 [다중] : S1 객체 선택 ➔ *끊어질 객체 선택*
- 치수를 끊을 객체 선택 또는 [자동(A)/수동(M)/제거(R)] 〈자동〉 : S2 객체 선택 ➔ *끊어질 객체의 위치를 지정할 교차하는 객체 선택*
- 치수를 끊을 객체 선택 : Enter↵

③ 치수문자 수정하기

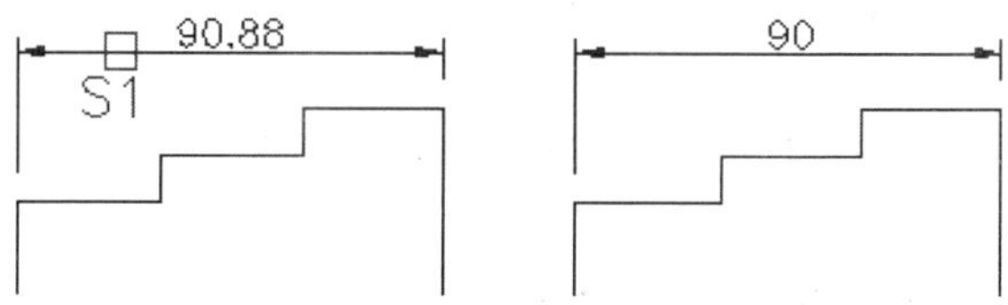

- 명령 : ded Enter↵ (혹은 dimedit, 선택)
- 치수 편집의 유형 입력 [홈(H)/새로 만들기(N)/회전(R)/기울기(O)] 〈홈(H)〉 : n Enter↵
- 문자 입력 상자에서 '90' 입력 후 확인 선택하기

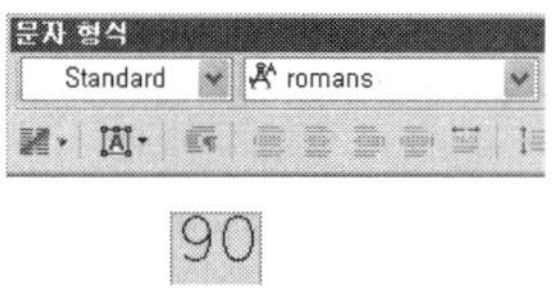

- 객체 선택 : S1 객체 선택
- 객체 선택 : Enter↵

> **확인**
>
> **문자 수정 명령(ddEDit)으로 치수문자 수정하기**
> - 명령 : ddedit Enter↵ (혹은 ed Enter↵)
> - 주석 객체 선택 또는 [명령 취소(U)] :
> - 문자 입력 상자에서 치수문자 변경 후 명령 종료하기

④ 치수보조선 기울리기

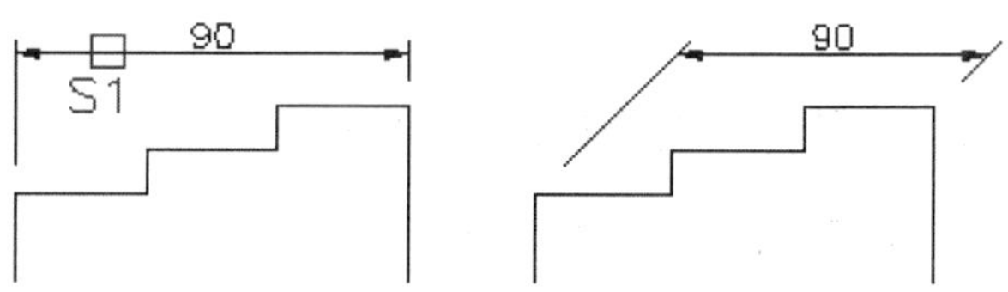

- 명령 : dimedit Enter↵ (혹은 ded, 혹은 선택)
- 치수 편집의 유형 입력 [홈(H)/새로 만들기(N)/회전(R)/기울기(O)] 〈홈(H)〉 : o Enter↵
- 객체 선택 : S1 객체 선택
- 객체 선택 : Enter↵
- 기울기 각도 입력 (없는 경우 ENTER 키) : 45 Enter↵

⑤ 치수문자 위치 변경하기 - 치수선 오른쪽으로 치수문자 이동하기

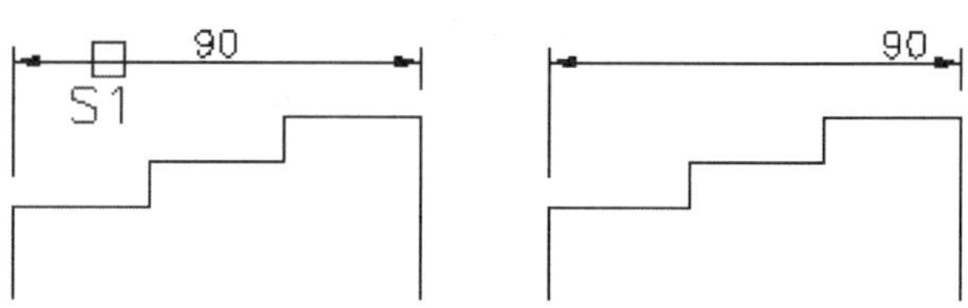

- 명령 : dimted Enter↵ (혹은 dimted, 혹은 선택)
- 치수 선택 : S1 객체 선택
- 치수 문자에 대한 새 위치 또는 다음을 지정 [왼쪽(L)/오른쪽(R)/중심(C)/홈(H)/각도(A)] : r Enter↵

3. 치수 유형 설정하기 – Dimstyle

치수의 표현 형태를 설정하는 명령

3.1 치수 유형 설정 명령 실행

- 주메뉴 사용 : 형식(O) ▶ 치수스타일(D)
- 도구막대 아이콘 : (도구막대 이름 : 치수)
- 명령줄 사용 : dimdtyle Enter↵ (단축명령 : d)
- 리본 : 홈메뉴 ▶ 주석 리본

3.2 치수 유형 설정 명령 옵션

▸ 명령 : dimstyle Enter↵ (혹은 d Enter↵)

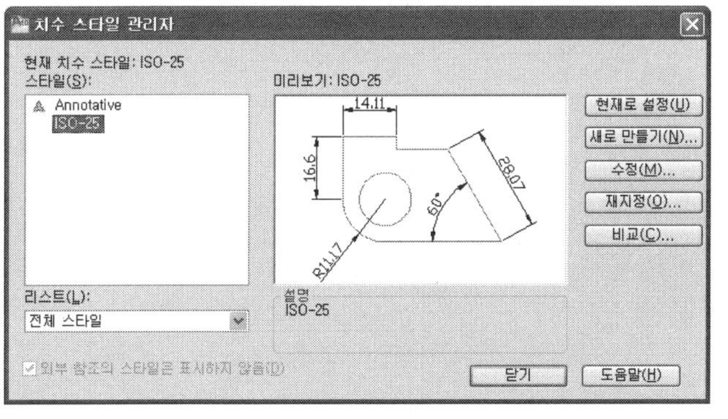

① 현재 치수 스타일 : 현재 사용하고자 선택된 치수 스타일명을 보여줌.
② 스타일(S) : 치수 스타일 목록을 보여줌.
③ 리스트(L) : 보고자하는 치수 스타일의 유형을 설정
④ 미리보기 : 현재 스타일에 설정된 표현 형태를 미리보여 줌.
⑤ 현재로 설정(U) : 여러개의 스타일 중 현재 사용하고자 하는 스타일 선택하기
⑥ 새로만들기(N) : 새로운 스타일 만들기
⑦ 수정(M) : 치수의 표현 형태 설정하기
⑧ 재지정(O) : 변경된 치수 표현 형태값을 임시로 저장함(기존에 측정된 치수에 대해서는 반드시 업데이트를 적용해야 됨).
⑨ 비교(C) : 치수 스타일의 설정값 비교하기

(1) 현재로 설정(U)

여러개의 치수 스타일 중에서 사용하고자 하는 스타일을 선택하는 옵션입니다.

■ **현재로 설정 방법**
- 스타일(S) 목록에서 원하는 스타일 선택하기
- 현재로 설정 버튼 선택하기(혹은 목록에서 원하는 스타일을 마우스 왼쪽 버튼 두 번 누르기)

(2) 새로 만들기(N)

새로운 치수 유형을 추가하는 옵션입니다.

■ **새로운 스타일 만들기**
- 새로 만들기 버튼 선택하기
- 새 스타일 이름 상자에 추가할 스타일 이름 입력하기
- 계속 버튼 선택하기
- 치수 표현 방법 설정하기

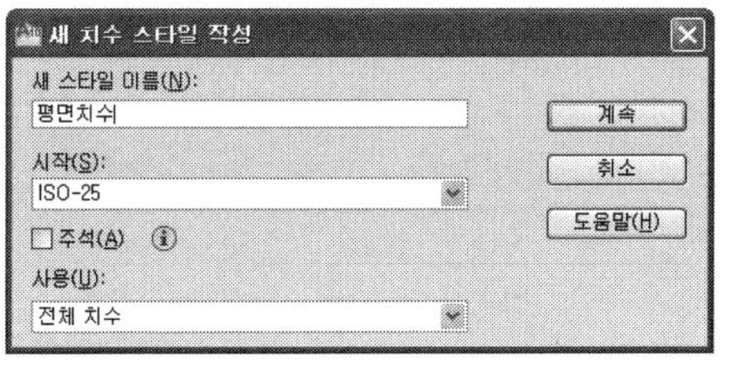

(3) 수정(M)

치수를 다양한 표현 형태를 설정하는 옵션입니다.

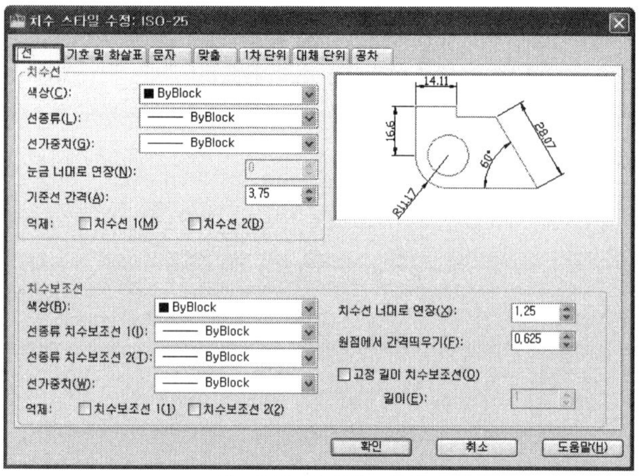

[선 탭을 선택한 경우]

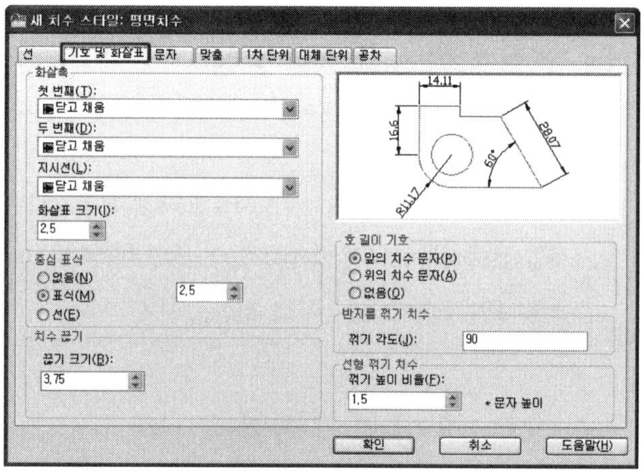

[기호 및 화살표 탭을 선택한 경우]

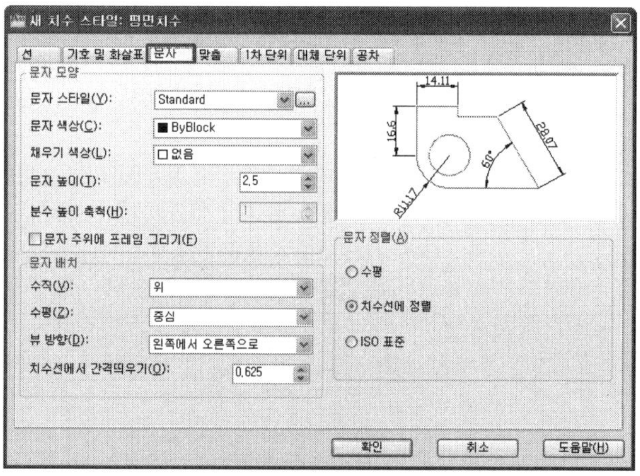

[문자 탭을 선택한 경우]

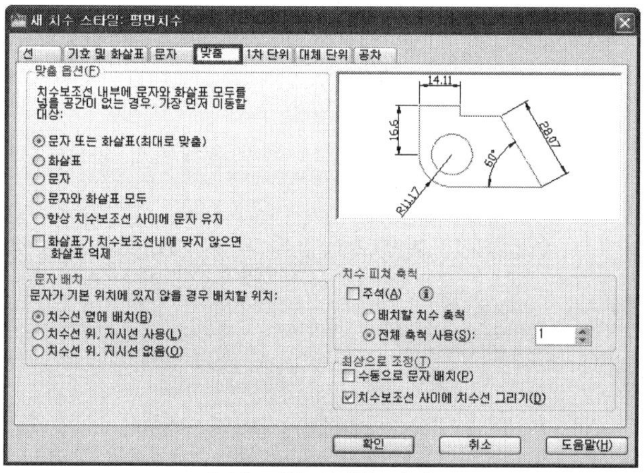

[맞춤 탭을 선택한 경우]

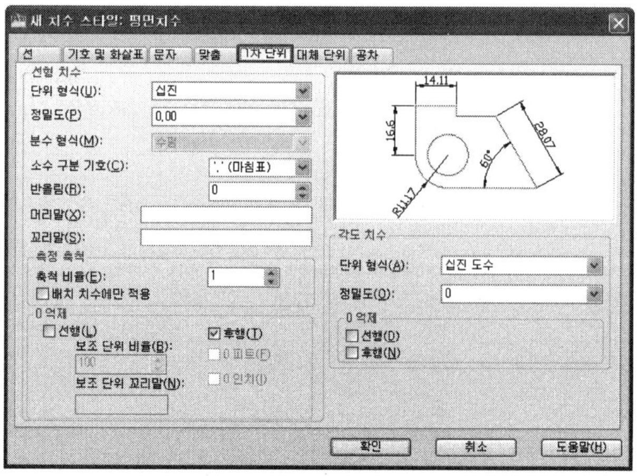

[1차 단위 탭을 선택한 경우]

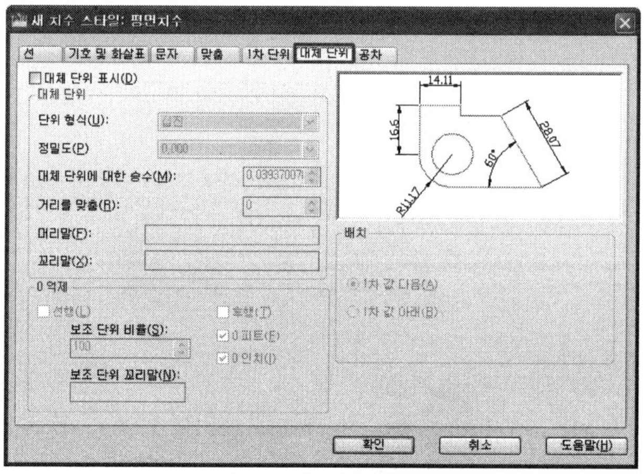

[대체단위 탭을 선택한 경우]

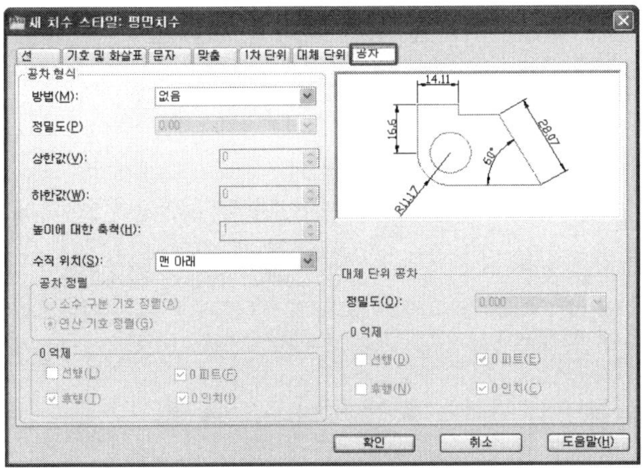

[공차 탭을 선택한 경우]

(4) 재지정(O)

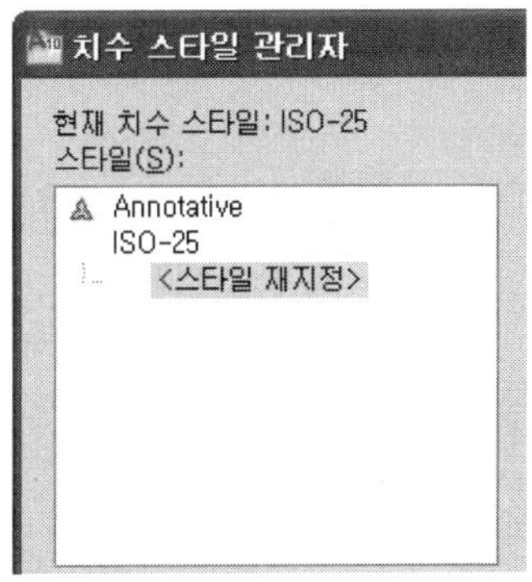

치수의 표현 형태를 설정하는 수정(M) 버튼과 동일한 옵션입니다. 그러나 재지정에 의한 설정된 내용은 이미 측정된 치수에 바로 적용되지 않고 임시로 저장이 되며, 이 임시 저장된 내용을 이미 측정된 치수에 적용하기 위해서는 업데이트 명령을 적용해야 한다.

■ **재지정을 이용한 치수 표현 형태 적용 방법**
- 재지정을 통해 치수 표현 형태 설정하기
- 치수 스타일 대화상자 닫기
- 업데이트 명령 실행해 적용할 치수 선택하기

(5) 비교(C)

2개의 스타일에 설정된 값을 비교한다.

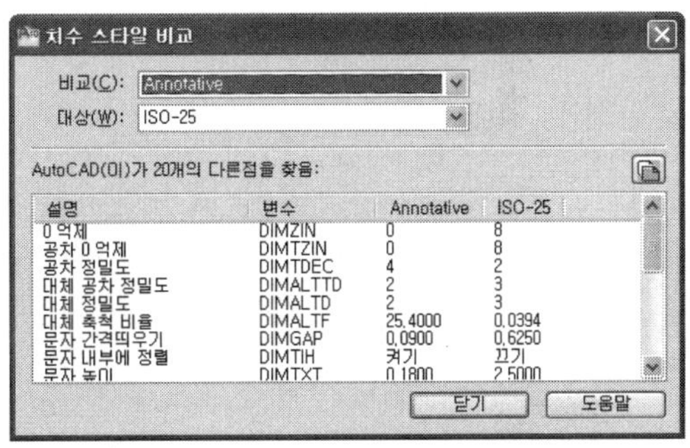

3.3 수정 버튼을 통한 치수의 다양한 유형 설정 옵션 – 선 탭 항목

치수선과 치수보조선의 표현 형태를 설정하는 영역입니다.

■ **치수선 영역** : 치수선의 표현 형태 설정
■ **치수보조선 영역** : 치수보조선의 표현 형태 설정

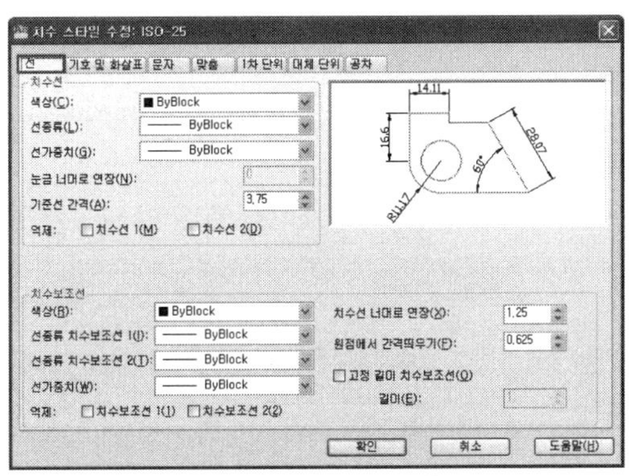

[선 탭을 선택한 경우]

(1) 치수선 영역

- **색상 :** 치수선과 화살표의 색상 설정
- **선종류 :** 치수선의 선종류 설정
- **선가중치 :** 치수선의 선굵기 설정
- **눈금 너머로 연장(N) :** 치수선의 연장 길이 설정
- **기준선 간격(A) :** 치수선간의 간격 설정
- **억제 :** 치수선과 화살표의 숨김/보이기 설정

① 색상 : 치수선과 화살표의 색상을 설정한다.

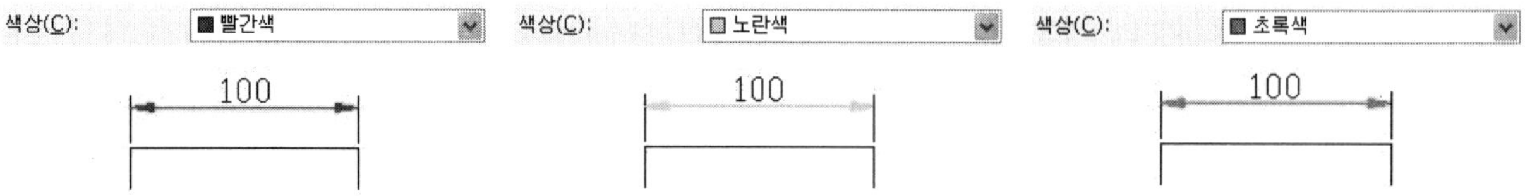

② 선종류 : 치수선의 선종류를 설정한다.

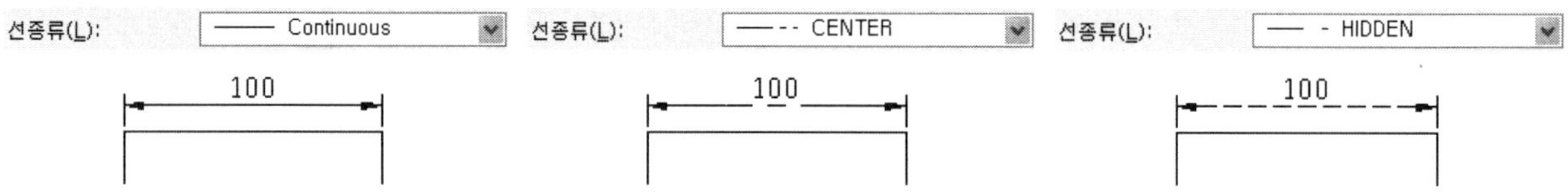

③ 선가중치 : 치수선과 화살표의 선굵기를 설정한다.

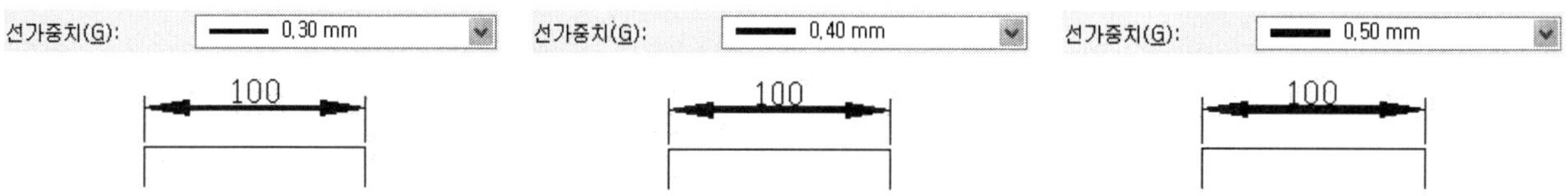

④ 눈금 너머로 연장 : 치수보조선과의 교차점으로부터의 치수선의 연장길이를 설정한다. 화살표의 모양에 따라 '눈금 너머로 연장' 옵션이 적용됩니다(화살표 모양은 쪽 참조).

> **확인**
>
> **'눈금 너머로 연장' 옵션이 적용되는 화살표 종류 :** 건축 눈금, 기울기, 작은점, 빈작은점, 정수

- 아래 그림의 설정은 오른쪽 그림과 같이 화살촉을 기울기로 설정한 경우입니다.

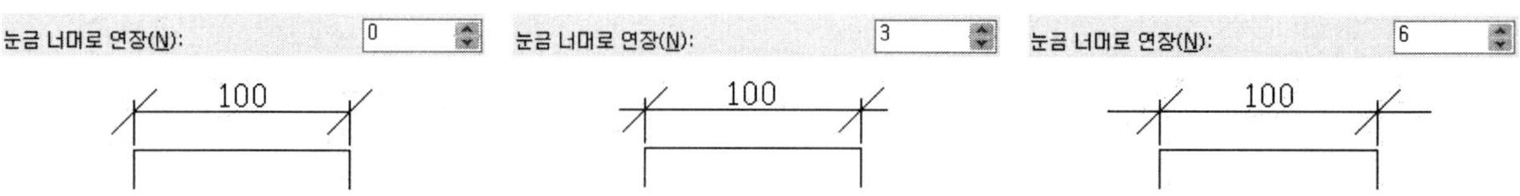

⑤ **기준선 간격** : 기준치수 측정 명령에 의해 표시되는 치수선의 간격을 설정한다.

확인

기준치수 측정 명령

주메뉴 사용 : 치수(D) ▶ 기준선(B)

도구막대 아이콘 : (도구막대 이름 : 치수)

명령줄 사용 : dimbaseline Enter↵ (단축명령 : dba)

리본 : 주석메뉴 ▶ 치수 리본

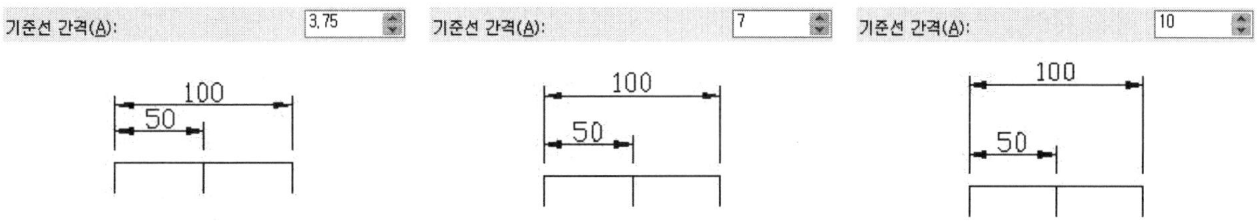

⑥ **억제** : 치수선과 화살표의 숨김/보이기를 설정한다.

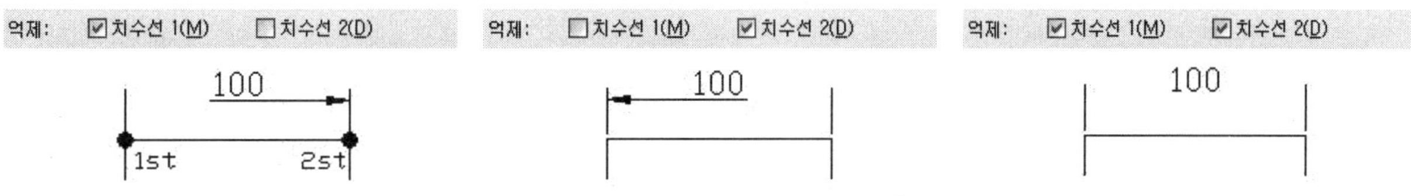

(2) 치수보조선 영역

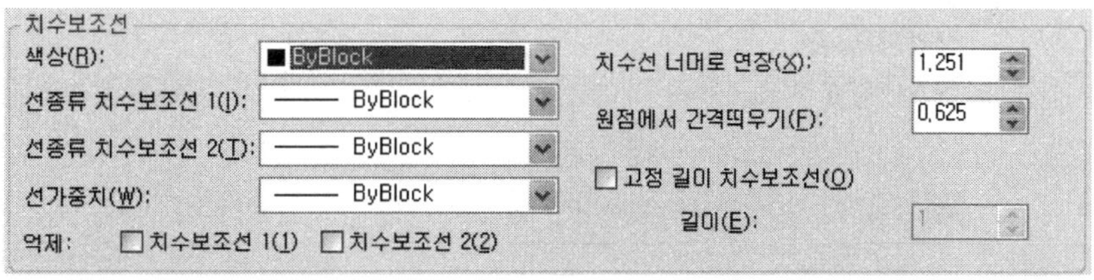

- **색상** : 치수보조선의 색상 설정
- **선종류 치수보조선 1 (I)** : 첫 번째 치수보조선의 선종류 설정
- **선종류 치수보조선 2 (T)** : 두 번째 치수보조선의 선종류 설정
- **선가중치 (W)** : 치수보조선의 선굵기 설정
- **억제** : 치수보조선의 숨김/보이기 설정
- **치수선 너머로 연장 (X)** : 치수보조선의 연장 길이 설정
- **원점에서 간격띄우기 (F)** : 치수 측정 선택점으로부터의 치수보조선 생성 거리 설정
- **고정 길이 치수보조선 (O)** : 치수선을 기준으로 치수보조선 생성(동일 길이의 치수보조선 생성)
- **길이 (E)** : 고정 길이 치수보조선 설정에 따른 치수보조선 길이 설정(AutoCAD2007 버전서 추가)

① **색상(R)** : 치수보조선의 색상을 설정한다.

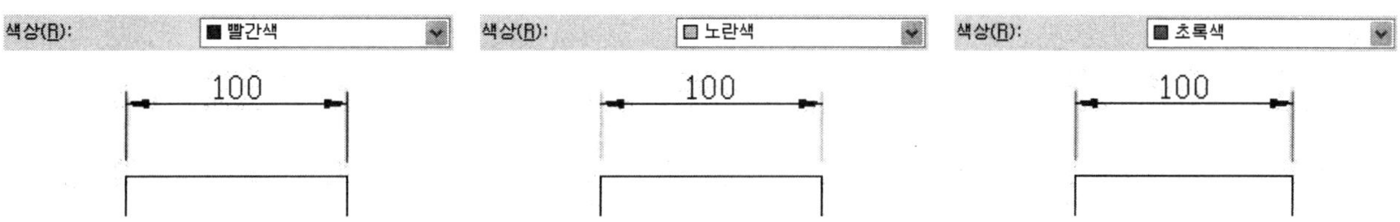

② 선종류 치수보조선1(I) : 치수측정시 첫 번째 지정한 치수보조선의 선종류를 설정한다.

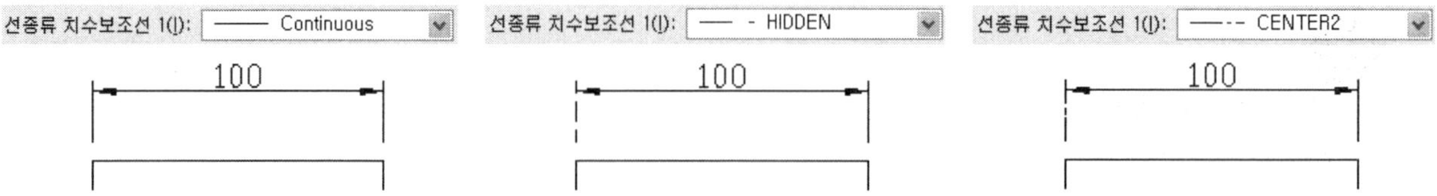

- 선종류 : hidden
- 점선간격 설정 : LTScale=1

- 선종류 : center2
- 점선간격 설정 : LTScale=0.4

③ 선종류 치수보조선2(T) : 치수측정시 두 번째 지정한 치수보조선의 선종류를 설정한다.

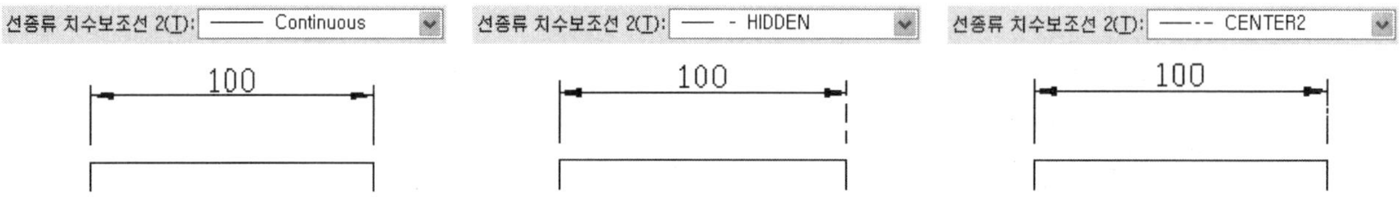

- 선종류 : hidden
- 점선간격 설정 : LTScale=1

- 선종류 : center2
- 점선간격 설정 : LTScale=0.4

④ 선가중치(W) : 치수보조선의 선굵기를 설정한다.

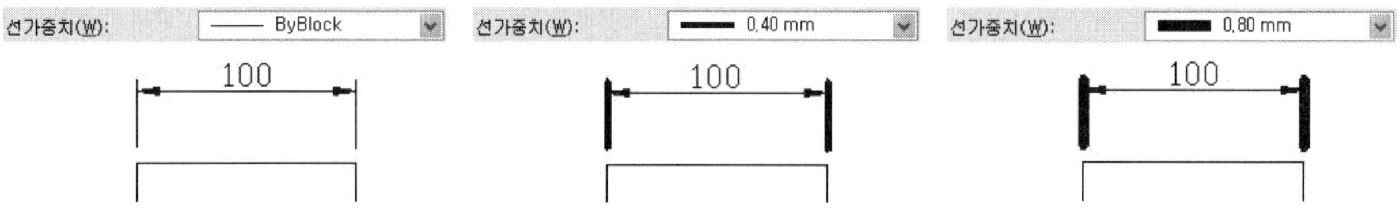

확인

선가중치 확인

선가중치를 화면상에서 확인하기위해서는 선가중치 화면 표시를 활성화해야 한다.

상태막대 아이콘 : (2009 이상 버전 사용시), LWT버튼(2008 버전 이하 사용시)

명령줄 사용 : lwdisplay Enter↵ (실행 후 '1'로 설정한다.)

⑤ 억제 : 치수보조선의 숨기기/보이기를 설정한다.

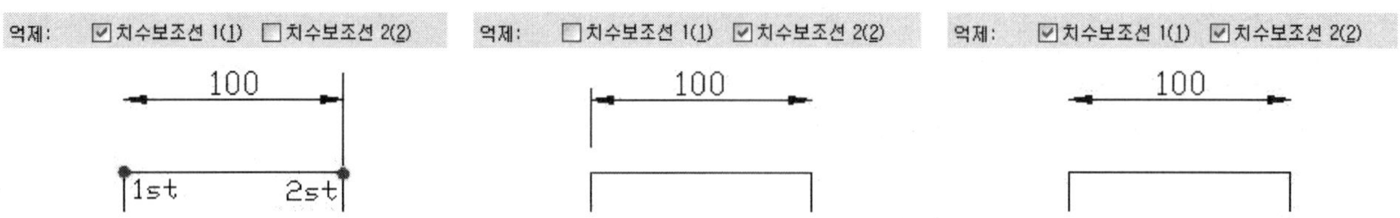

⑥ 치수선 너머로 연장(X) : 치수선 위로 치수보조선 연장 길이를 설정한다.

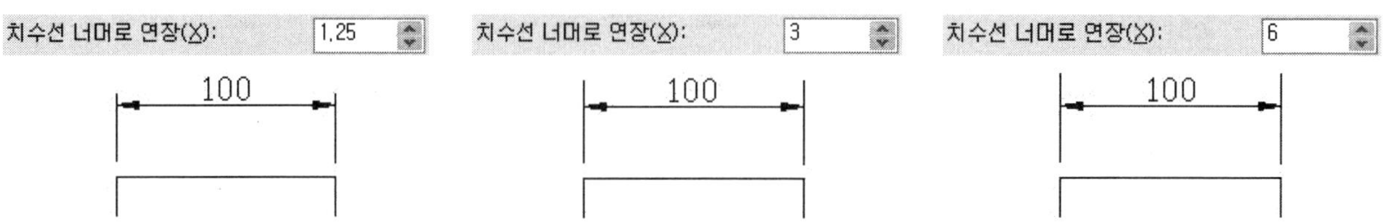

⑦ 원점에서 간격띄우기(F) : 치수 측정 위치점을 기준으로 치수보조선을 생성할 거리값을 설정한다.

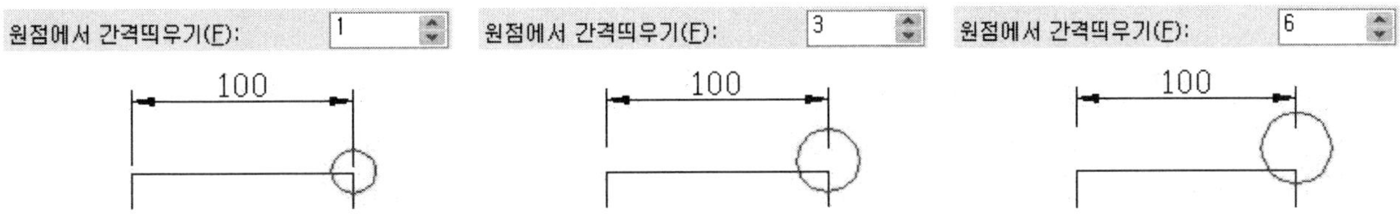

⑧ 고정 길이 치수보조선(O) : 치수선을 기준으로 치수보조선을 생성하도록 설정한다.

– 길이(E) : 고정길이 치수보조선 설정시 치수보조선 길이를 설정한다.

▪ 치수보조선을 똑같은 길이로 표현할 수 있습니다.

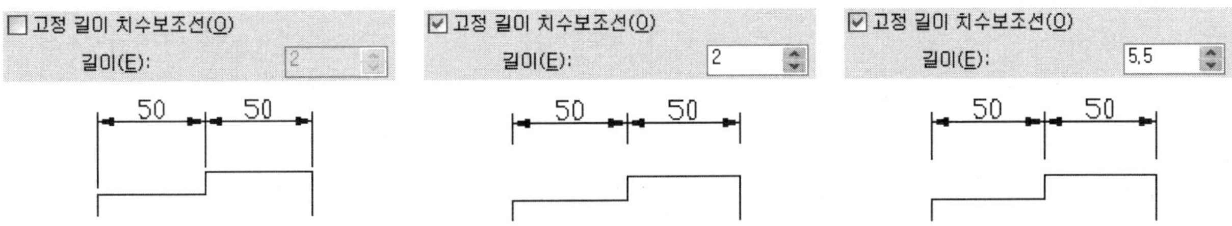

3.4 수정 버튼을 통한 치수의 다양한 유형 설정 옵션 – 기호 및 화살표 탭 항목

▪ **화살촉** : 화살촉의 모양 설정
▪ **중심표식** : 원의 중심 표식 여부 설정
▪ **치수 끊기** : 교차하는 치수선의 끊기 크기 설정
▪ **호 길이 기호** : 호의 치수 기호 설정
▪ **반지름 꺾기 치수** : 반지름 치수 꺾기 설정
▪ **선형 꺾기 치수** : 선형 치수 꺾기 설정

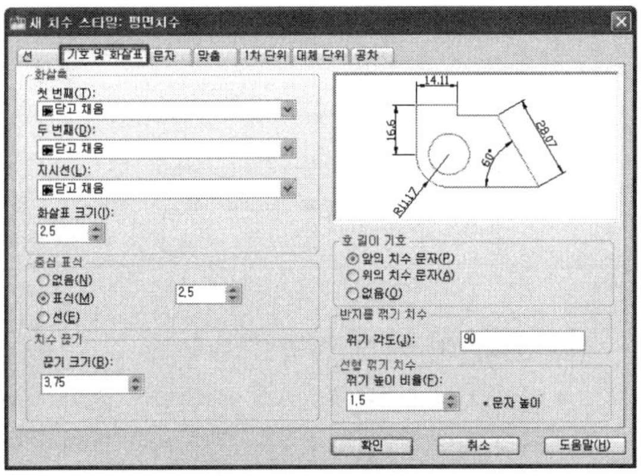

[기호 및 화살표 탭을 선택한 경우]

(1) 화살촉 영역 : 화살촉의 모양을 설정한다.

▪ **첫 번째(T)** : 치수 측정시 첫 번째 지정한 위치의 화살촉 설정
▪ **두 번째(D)** : 치수 측정시 두 번째 지정한 위치의 화살촉 설정
▪ **지시선(L)** : 지시선 측정시 화살촉 설정
▪ **화살표 크기(I)** : 화살촉의 크기 설정

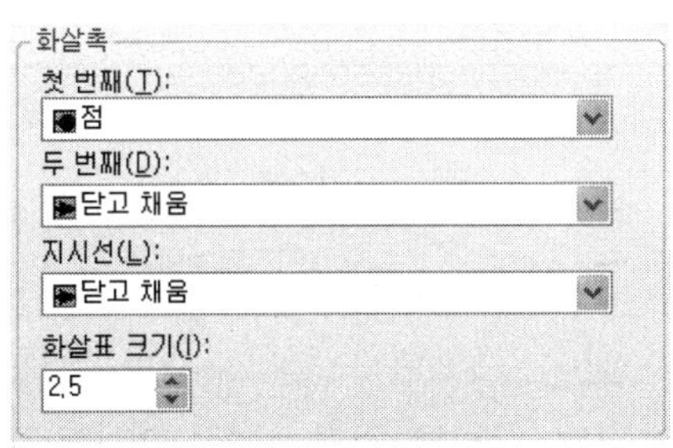

① 첫 번째, 두 번째 : 치수 측정시 지정한 위치의 화살촉 모양을 각각 설정한다.

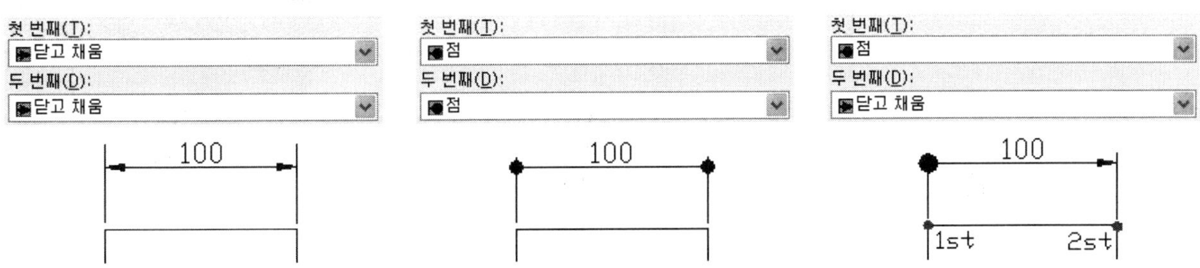

② 지시선 : 지시선 명령을 이용한 치수 측정시 화살촉 모양을 설정한다(지시선 명령 쪽 참조).

③ 화살표 크기 : 화살표의 크기를 설정한다.

(2) 중심 표식 : 원의 중심 표식을 설정한다.

- **없음** : 원의 중심 표식을 표시하지 않음.
- **표식** : 원의 중심 표식을 표시함.
- **선** : 원의 중심 표식을 선과 같이 표시함.

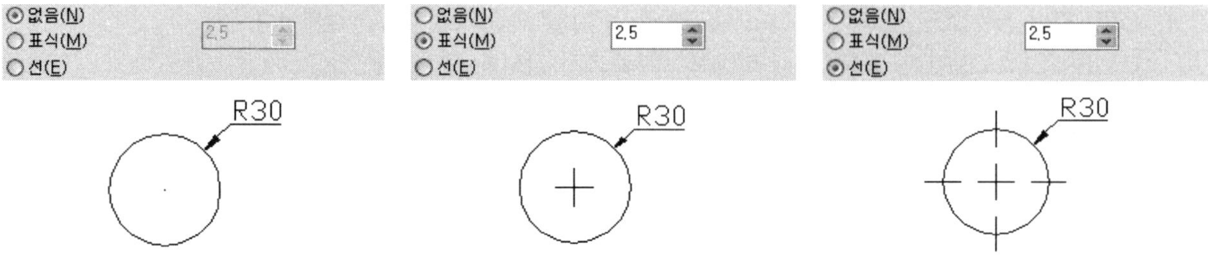

(3) 치수 끊기 영역 : 치수 끊기 명령을 적용했을 때 끊어지는 선의 크기를 설정한다.

- **끊기 크기** : 치수 끊기의 크기 설정 (쪽 치수 끊기 명령 참조)

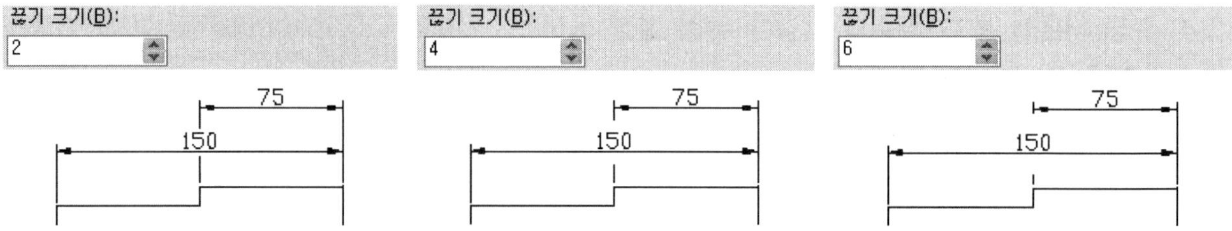

(4) 호 길이 기호 영역

- **앞의 치수 문자(P)** : 치수 문자 앞에 호의 길이 기호 표시
- **위의 치수 문자(A)** : 치수 문자 위체 호의 길이 기호 표시
- **없음(O)** : 호의 길이 기호 표시 없음

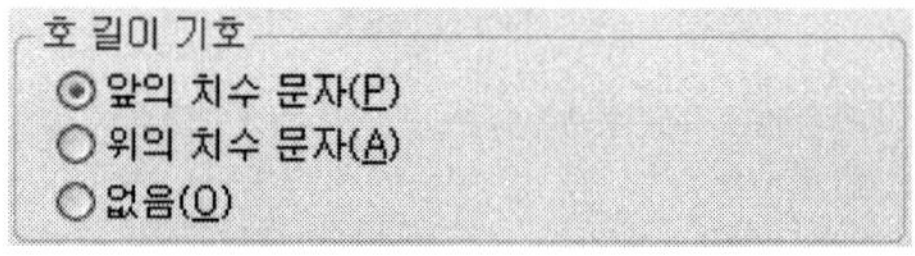

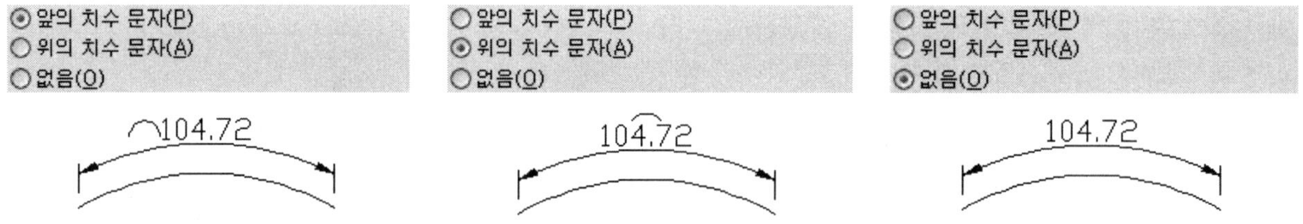

(5) 반지름 꺾기 치수 : 크기가 큰 원에 꺾어진 형태로 반지름을 표시할 때 꺾이는 선의 각도를 설정한다.

- **꺾기 각도(J)** : 꺾어진 반지름 측정시 선이 꺾이는 각도설정

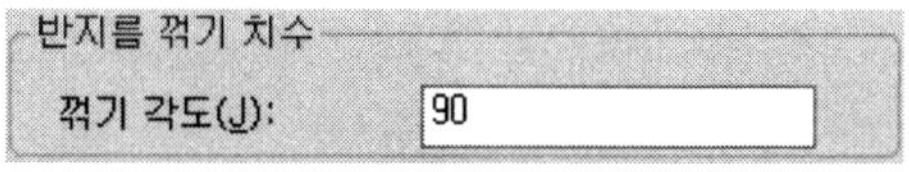

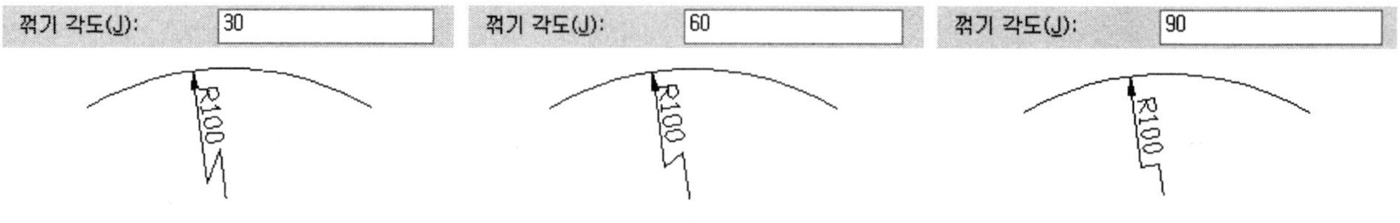

3.5 수정 버튼을 통한 치수의 다양한 유형 설정 옵션－문자 탭 항목

치수 문자의 표현 방법을 설정한다.

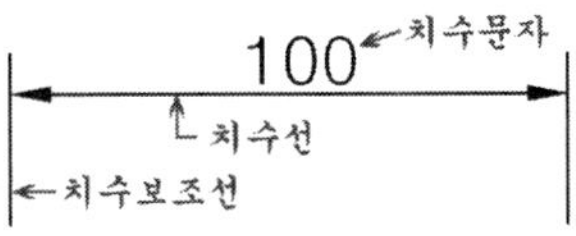

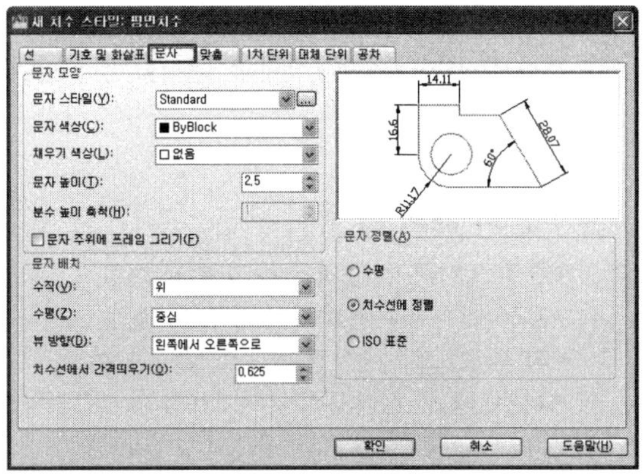

- **문자 모양 :** 치수 문자의 문자 유형, 문자 색상, 문자 크기 등의 모양 설정
- **문자 배치 :** 치수 문자의 수평, 수평 방향에 대한 위치 설정
- **문자 정렬 :** 치수 문자의 정렬 설정

(1) 문자 모양 영역

- **문자 스타일 :** 치수 문자에 적용할 문자 유형 설정
- **문자 색상(C) :** 치수 문자 색상 설정
- **채우기 색상(L) :** 치수 문자 배경 색상 설정
- **문자 높이(T) :** 치수 문자 크기 설정
- **분수 높이 축척(H) :** 치수 문자가 분수 형태로 표현 될 경우의 치수 문자 크기 설정
- **문자 주위에 프레임 그리기(F) :** 문자 테두리선 그리기

① 문자 스타일 : 치수 문자에 적용할 문자 유형을 설정한다.

② 문자 색상 : 치수 문자의 색상을 설정한다.

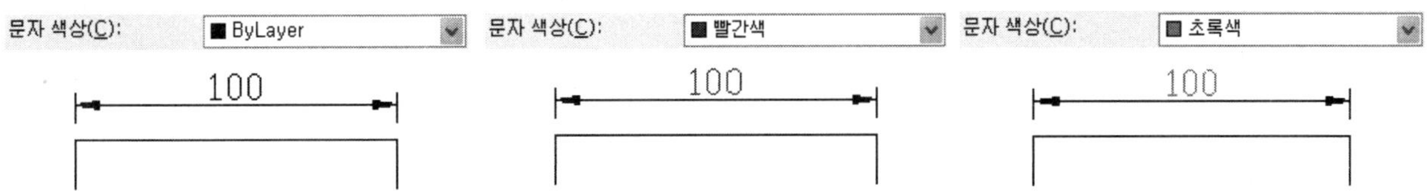

③ 채우기 색상 : 치수 문자의 배경 색상을 설정한다(거의 사용하지 않음).

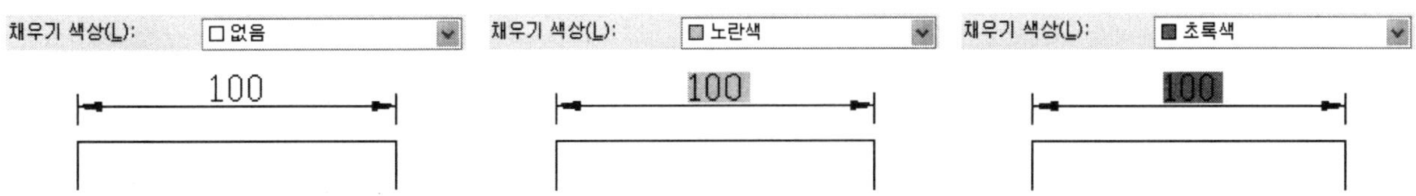

④ 문자 높이 : 치수 문자의 크기를 설정한다.

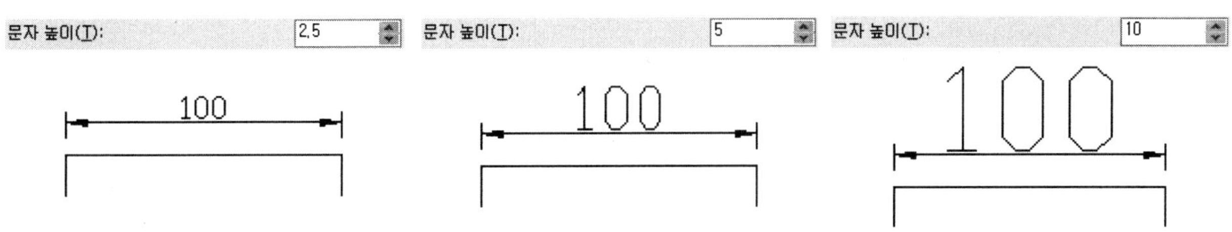

⑤ **분수 높이 축척** : 분수 형태로 표시 되는 치수 문자의 크기를 설정한다.

⑥ **문자 주위에 프레임 그리기**
문자 주위에 테두리 상자를 표시할 것인가를 설정한다.

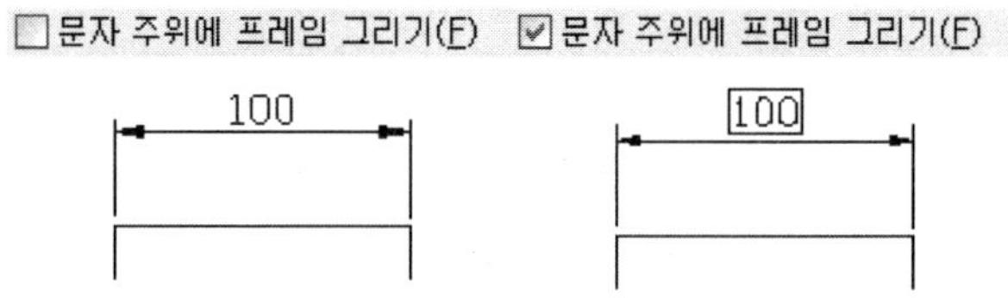

(2) 문자 배치 영역

- **수직(V)** : 치수 문자의 수직 위치 설정
- **수평(Z)** : 치수 문자의 수평 위치 설정
- **뷰 방향(D)** : 치수 문자의 쓰기 방향 설정
- **치수선에서 간격띄우기(O)** : 문자와 치수선의 간격 설정

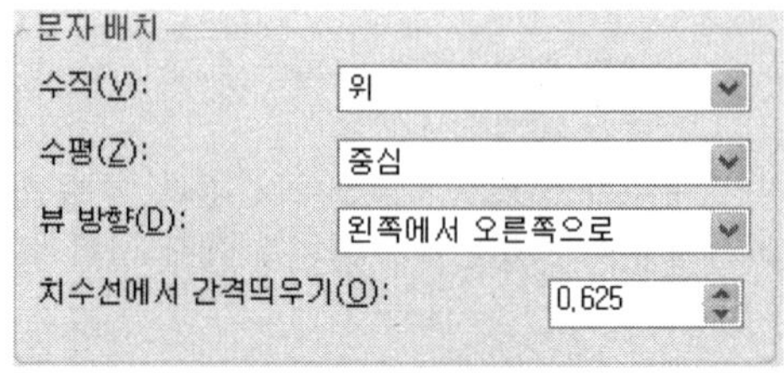

① **수직(V)** : 치수 문자의 수직 위치를 설정한다.

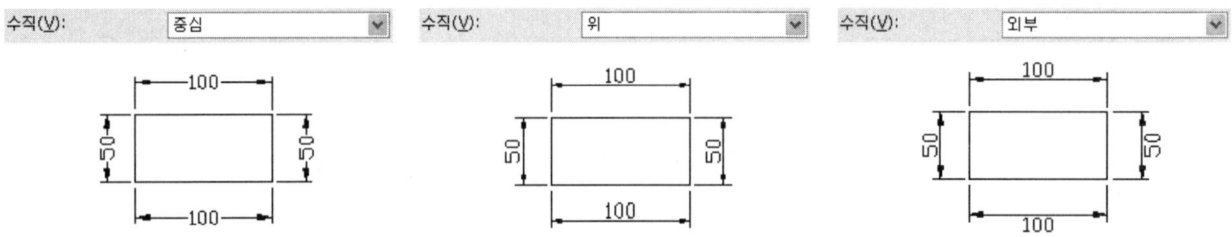

② **수평(Z)** : 치수 문자의 수평 위치를 설정한다.

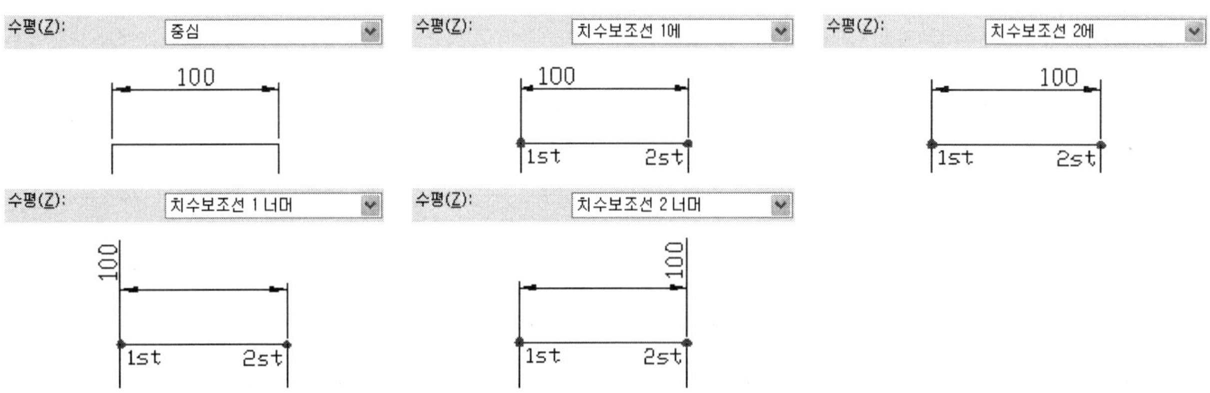

③ **뷰 방향** : 치수 문자의 입력 방향을 설정한다.

④ **치수선 너머 간격띄우기** : 치수 문자와 치수선의 간격을 설정한다.

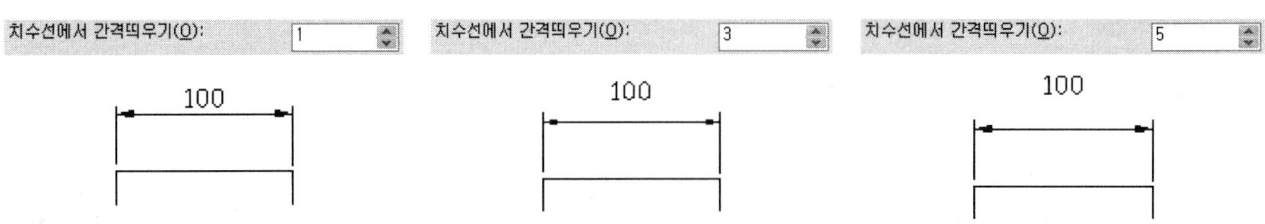

(3) 문자 정렬 영역

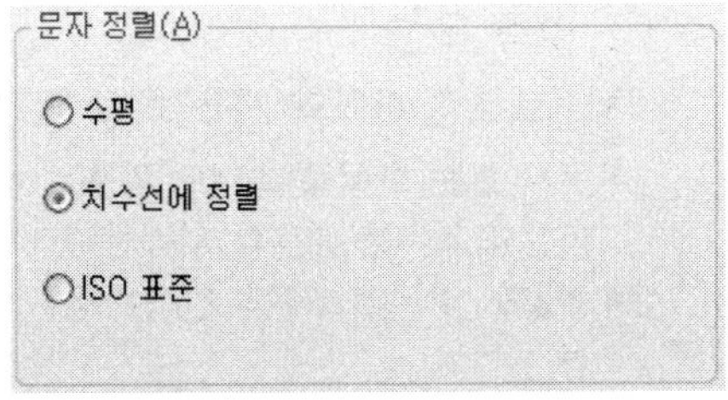

- **수평** : 모든 치수 문자를 수평으로 정렬
- **치수선에 정렬** : 모든 치수 문자를 치수선과 나란하게 정렬
- **ISO 표준** : ISO 규격에 맞게 정렬

① 수평 정렬 : 모든 치수 문자를 수평으로 정렬한다.

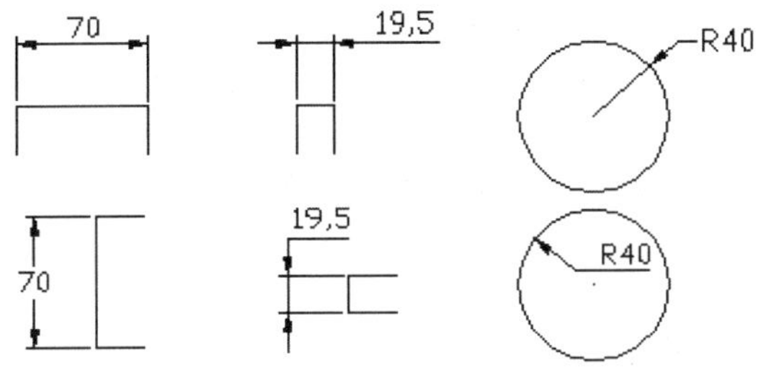

② 치수선에 정렬 : 모든 치수 문자를 치수선과 나란하게 정렬한다.

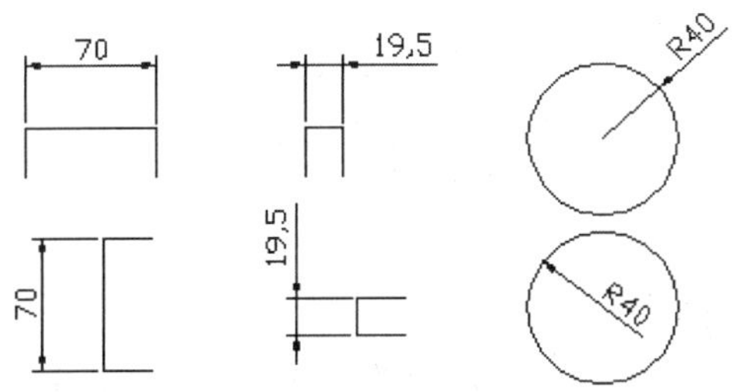

③ ISO 표준 : ISO 규격체 맞게 치수 문자를 정렬한다.
(일부 치수 문자는 수평정렬, 일부 치수문자는 치수선에 정렬을 적용한다.)

- **수평정렬을 적용하는 경우** : 치수 문자가 치수 보조선 밖에 위치한 경우
- **치수선과 나란하게 적용하는 경우** : 치수 문자가 치수 보조선 안에 위치한 경우

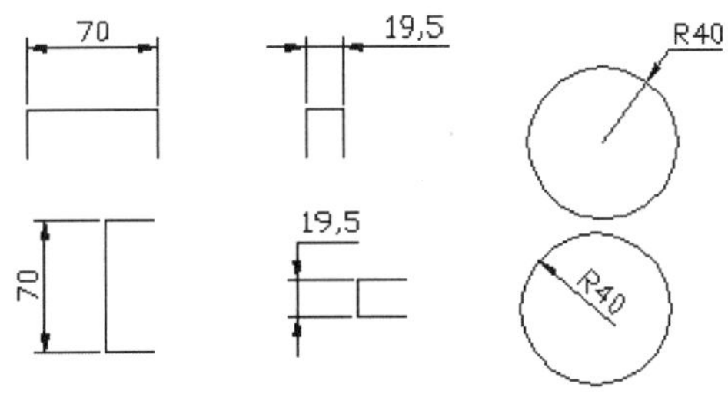

3.6 수정 버튼을 통한 치수의 다양한 유형 설정 옵션 – 맞춤 탭 항목

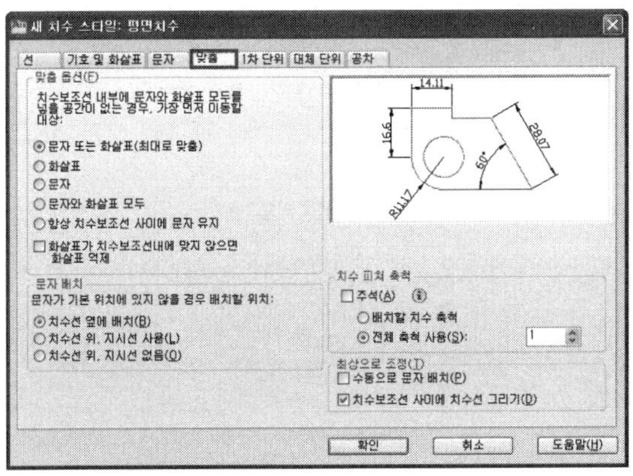

치수 문자, 화살촉, 지시선 및 치수선의 배치를 설정

- **맞춤옵션** : 치수보조선 사이이 사용 가능한 공간을 기준으로 문자 및 화살촉의 배치 조정
- **문자 배치** : 치수 문자의 기본 위치가 임의로 이동하는 경우 치수 문자의 배치 설정
- **치수 피쳐 축척** : 전체 치수 축척 설정
- **최상으로 조정** : 치수 문자 배치의 추가 옵션 설정

(1) 맞춤 옵션

치수보조선 사이의 사용 가능한 공간을 기준으로 문자 및 화살촉의 배치를 조정한다.

- **문자 또는 화살표(최대로 맞춤) :** 치수보조선의 간격에 따라 문자 또는 화살의 위치를 최적화 맞춤 적용
- **화살표 :** 치수보조선의 간격이 좁을 경우 화살촉을 먼저 바깥쪽으로 이동함.
- **문자 :** 치수보조선의 간격이 좁을 경우 문자를 먼저 바깥쪽으로 이동함.
- **문자와 화살표 모두 :** 치수보조선의 간격이 좁을 경우, 화살표와 문자 둘 다 치수보조선 바깥쪽으로 이동
- **항상 치수보조선 사이에 문자 유지 :** 항상 문자를 치수보조선 사이에 배치
- **화살표가 치수보조선에 맞지 않으면 화살표 억제 :** 치수보조선의 간격이 좁을 경우 화살표 억제

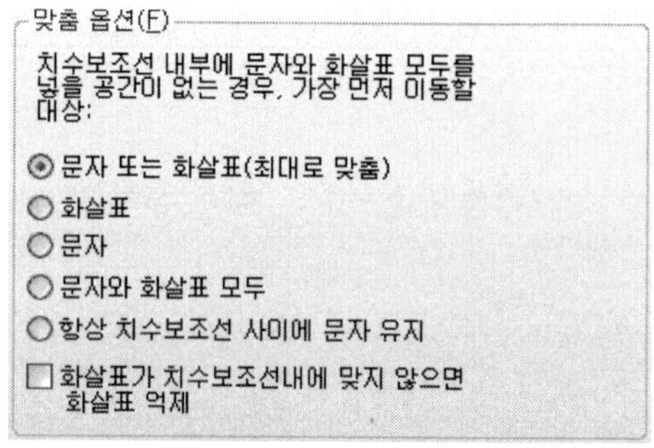

(2) 문자 배치

치수를 측정한 후 치수 문자를 사용자가 임의로 이동한 경우 치수 문자의 배치를 설정한다.

- **치수선 옆에 배치(B) :** 치수 문자가 이동할 경우 치수선도 함께 이동
- **치수선 위, 지시선 사용(L) :** 치수 문자 이동시 치수선은 이동하지 않고 문자와 치수선을 연결하는 지시선 생성
- **치수선 위, 지시선 없음(O) :** 치수 문자 이동시 치수선도 이동하지 않고 문자와 치수선을 연결하는 지시선도 생성하지 않음.

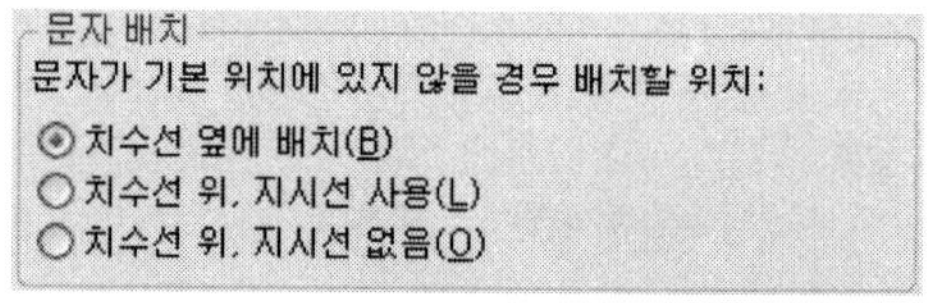

확인

측정한 치수 문자 이동 명령 (dimted, 혹은 A)

이 옵션은 치수를 측정한 후 치수 문자를 이동했을 경우에 확인할 수 있습니다.

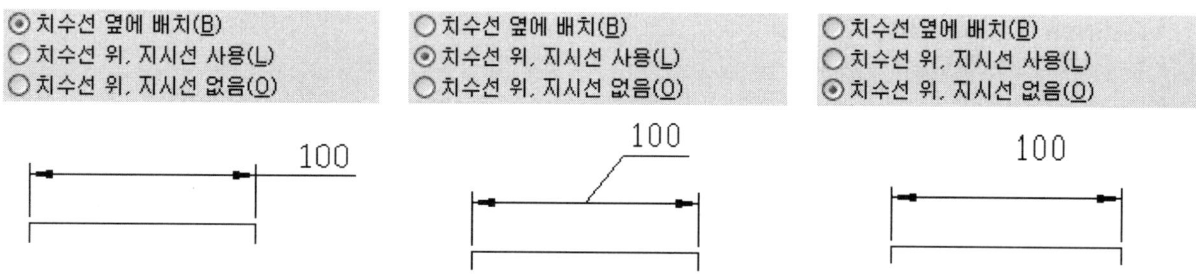

(3) 치수 피쳐 축척

전체 치수 축척 값 또는 도면 공간 축척을 설정한다.

- **주석(A) :** 치수 스타일이 주석임을 설정
- **배치할 치수 축척 :** 배치 영역에서의 치수 축척 설정
- **전체 축척 사용(S) :** 치수와 관련된 모든 항목에 대한 전체 축척 설정

문자 크기만 적용된 경우　　　화살촉 크기만 적용된 경우　　　모든 항목 축척 적용한 경우

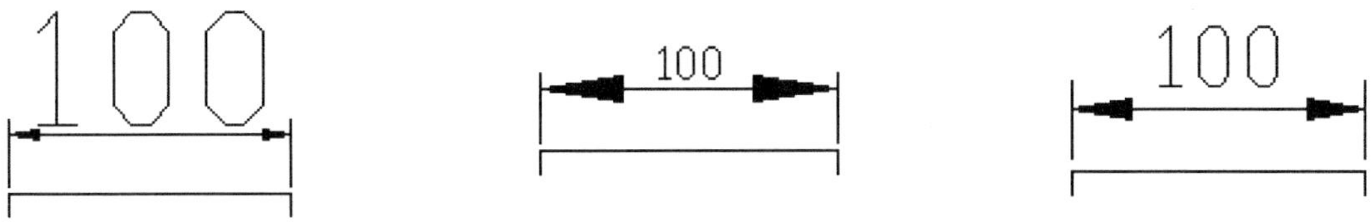

확인

치수 관련 항목의 크기는 각 항목별로 크기를 설정하기에 먼저 모든 항목에 대한 전체 축척 설정을 적용하는 게 편리하다.

(4) 최상으로 조정

치수 문자 배치를 위해 추가적으로 제공하는 옵션입니다.

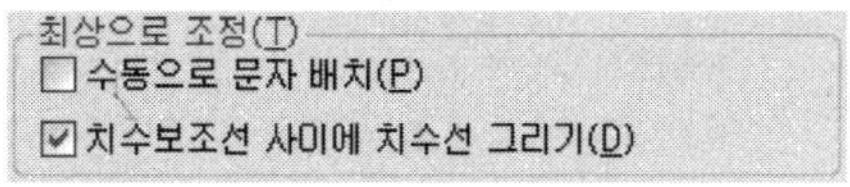

- **수동으로 문자 배치(P)** : [문자]탭의 '수평 자리맞추기' 설정을 무시하고 사용자가 임의로 치수 문자 배치
- **치수보조선 사이에 치수선 그리기(D)** : 화살촉이 치수보조선 바깥쪽에 위치한 경우에 치수보조선 사이에 치수선 표시

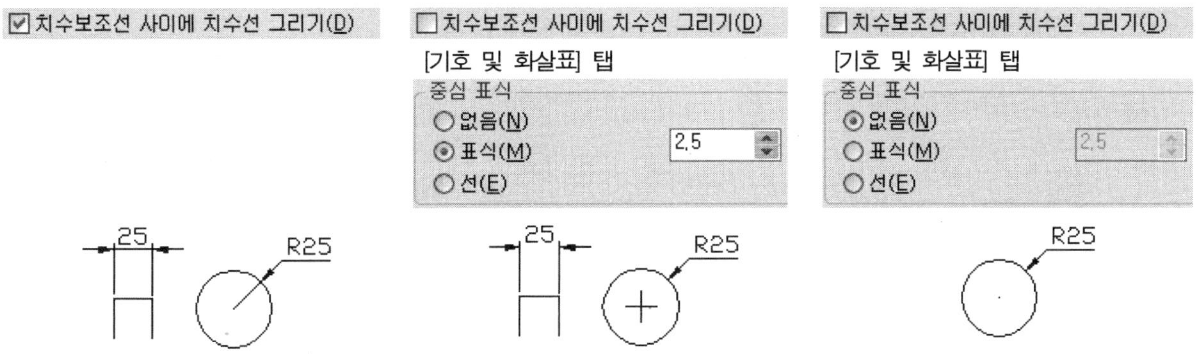

3.7 수정 버튼을 통한 치수의 다양한 유형 설정 옵션 – 1차 단위 항목

1차 치수 단위의 형식과 정밀도를 설정하고 치수 문자의 머리말과 꼬리말을 설정한다.

- **선형 치수** : 선형 치수에 대한 형식과 정밀도 설정
- **각도 치수** : 각도 치수에 대한 형식과 정밀도 설정

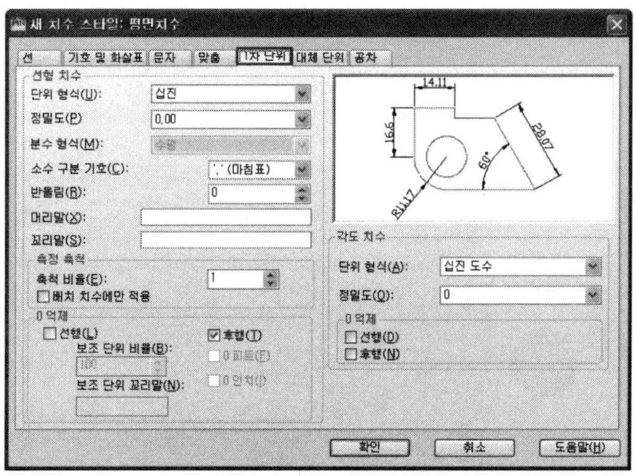

(1) 선형 치수 영역

선형 치수의 표시 형식과 정밀도, 측정 비율을 설정한다.

- **단위 형식(U)** : 각도를 제외한 모든 치수 단위 형식 설정
- **정밀도(M)** : 소수점 이하 자릿수 설정
- **분수 형식(M)** : 분수의 형식 설정
- **소수점 구분 기호(C)** : 소수점 구분 기호 설정
- **반올림(R)** : 측정값에 따른 반올림 규칙 설정
- **머리말(X)** : 치수문자에 머리말 삽입
- **꼬리말(S)** : 치수문자에 꼬리말 삽입
- **측정 축척** : 선형 치수 측정값에 사용할 축척 비율 설정
- **0 억제** : 의미 없는 숫자 '0'에 대한 억제 설정

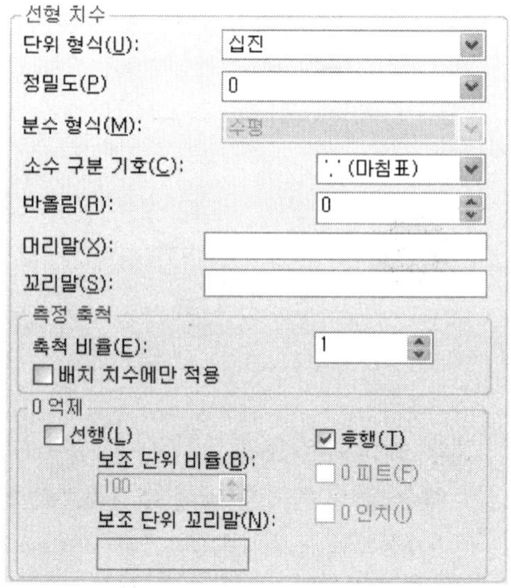

① 단위 형식(U)

- **과학** : 과학용으로 치수 표현
- **십진** : 십진법으로 치수 표현
- **엔지니어링** : 공학용으로 치수 표현
- **건축** : 건축용으로 치수 표현
- **분수** : 분수형으로 치수 표현
- **윈도우 바탕화면** : 윈도우 데스크탑형으로 치수 표현 → 천 단위로 쉼표(,) 사용 가능.

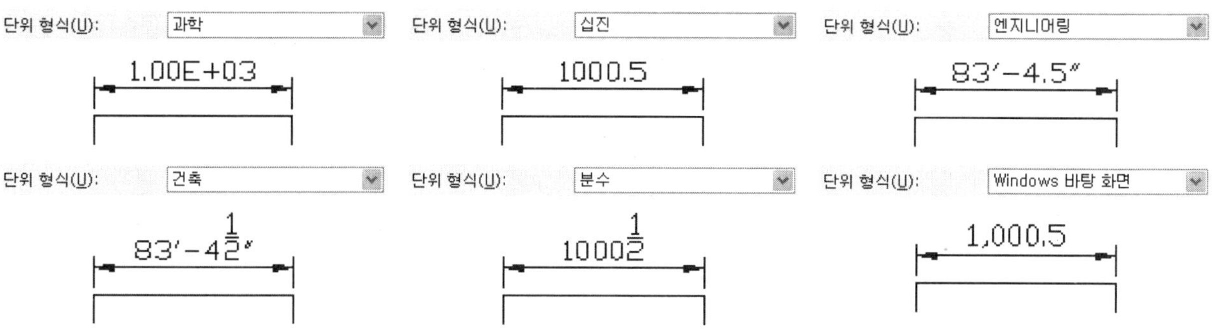

> **확인**
> 천단위의 구분표시인 쉼표(,)를 표시하려면 단위형식에서 'Windows 바탕화면'을 선택한다.

② 정밀도(M) : 소수점 이하의 자릿수를 지정한다.

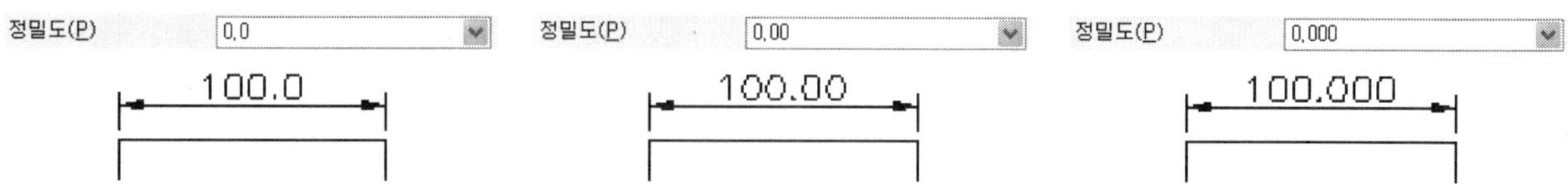

> **확인**
> 아래 '0' 억제 영역에서 '후행'이 선택해제 되어 있어야 자릿수를 확인할 수 있습니다.

③ **분수 형식(M)** : 단위 형식에서 분수형으로 선택된 경우 분수의 표현 형식을 설정한다.

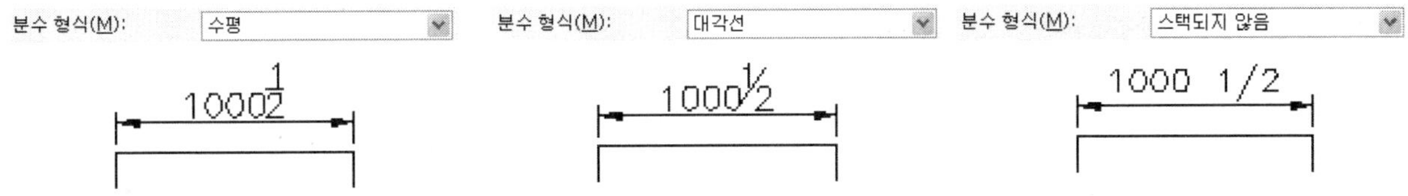

④ **소수점 구분 기호(C)** : 소수점 표현 형식을 설정한다.

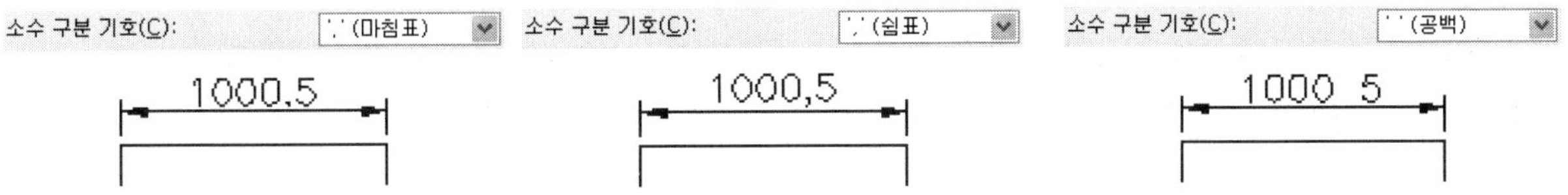

⑤ **반올림(R)** : 각도 치수를 제외한 모든 치수 측정값에 대한 반올림 규칙을 설정한다.

⑥ **머리말(X)** : 치수 문자에 머리말을 삽입한다. – 주로 특수 기호를 표시한다.

⑦ **꼬리말(S)** : 치수 문자에 꼬리말을 삽입한다. – 주로 치수 단위를 표시한다.

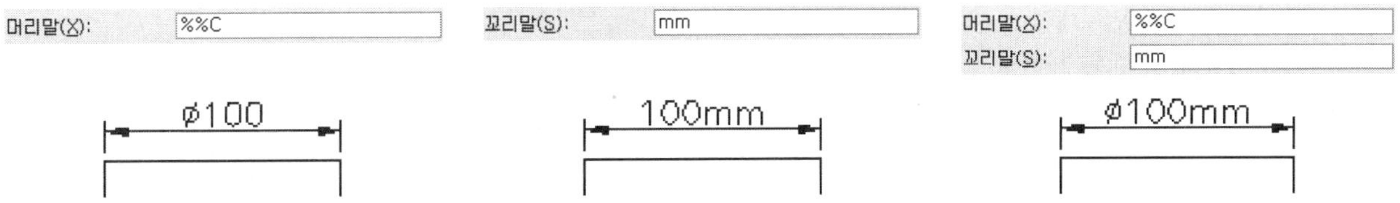

⑧ **측정 축척** : 치수 측정값에 사용할 축척 비율을 설정한다.
아래 그림의 선은 크기 '100'으로 그려졌으며, 각각 축척 비율을 달리 적용한 예입니다.

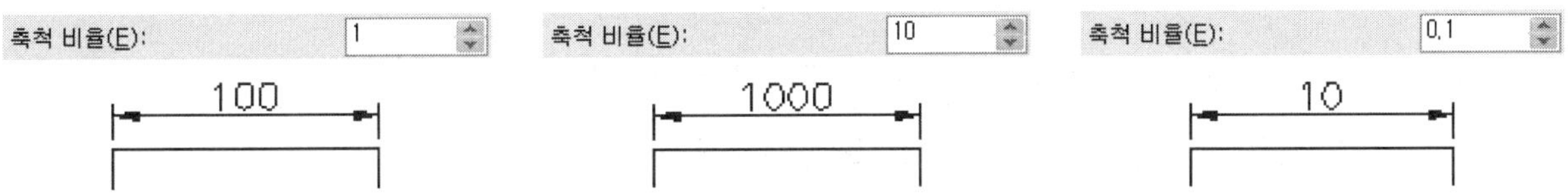

⑨ **0 억제** : 소수점 앞과 뒤에 위치한 의미없는 숫자 '0'의 억제를 조정한다.

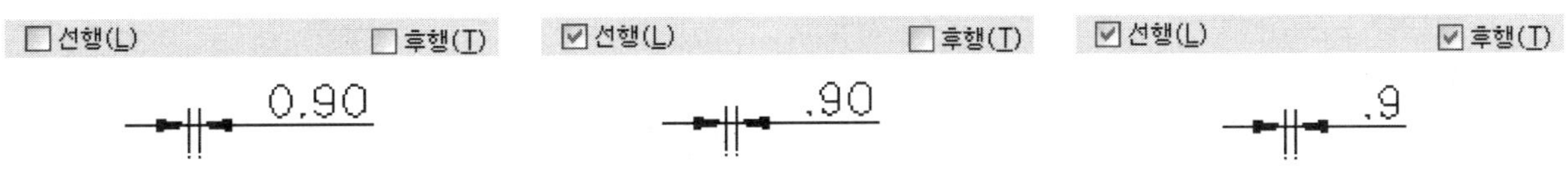

(2) 각도 치수 영역

각도 치수의 표시 형식과 정밀도를 설정한다.

- **단위 형식** : 각도 치수의 단위 형식 설정
- **정밀도** : 각도 치수의 정밀도 설정
- **0 억제** : 각도 치수 중에 의미 없는 '0' 억제 설정

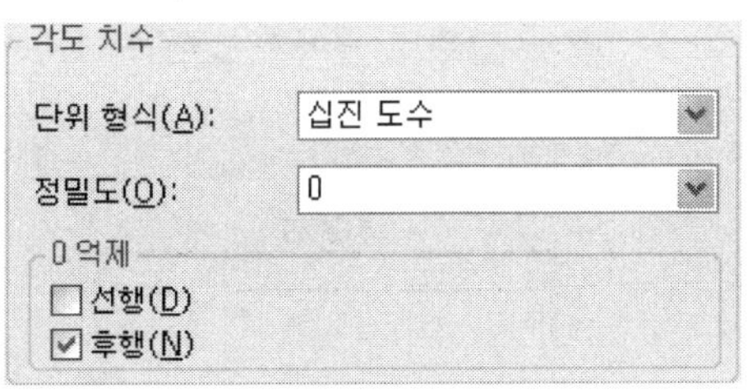

① **단위 형식** : 각도 단위 형식을 설정한다.

- **십진 도수** : 각도 치수를 십진법으로 표현한다.

- **도 분 초** : 각도 치수를 도, 분, 초로 표현한다.
- **그라디안** : 각도 치수를 그라디언으로 표현한다.
- **라디안** : 각도 치수를 라디안으로 표현한다.

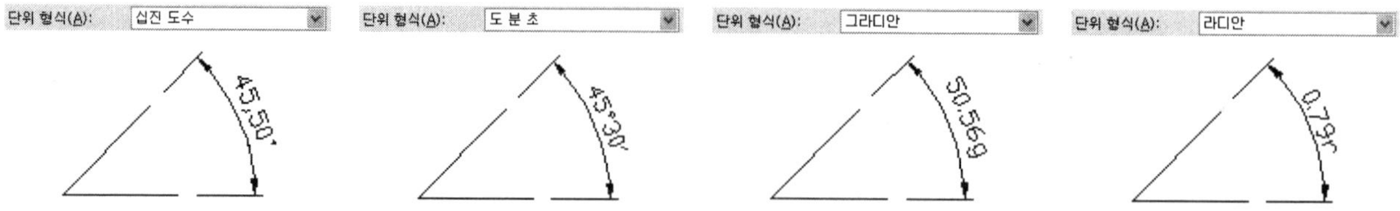

② 단정밀도 : 각도 치수에 사용할 소수점 자릿수를 설정한다. '선행치수 영역의 정밀도 참조'

③ 0 억제 : 소수점 앞과 뒤에 위치한 의미없는 '0'의 억제를 조정한다. '선행치수 영역의 0 억제 참조'

3.8 수정 버튼을 통한 치수의 다양한 유형 설정 옵션 – 대체 단위 항목

치수 측정값을 대체할 단위를 지정하고 형식 및 정밀도를 설정한다.
두 가지 측정 치수 단위를 사용할 때 사용한다.

- **대체 단위 표시** : 대체 단위 표시 여부 설정
- **대체 단위** : 대체 단위에 대한 형식과 정밀도 설정
- **0 억제** : 대체 단위에 대한 0 억제 설정
- **배치** : 대체 단위의 위치 설정

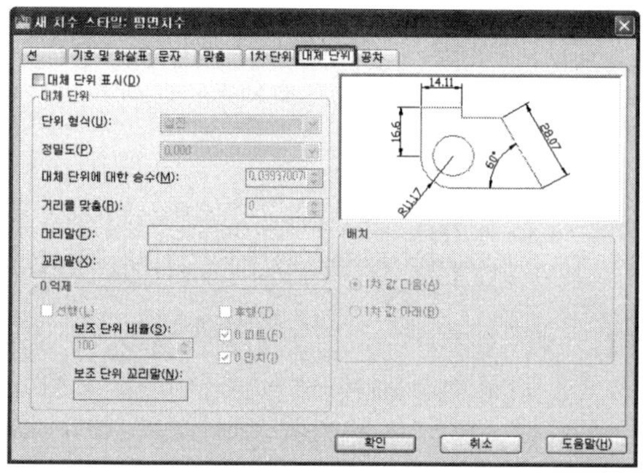

(1) 대체 단위 표시(D) : 대체 측정단위를 치수 문자에 추가한다.

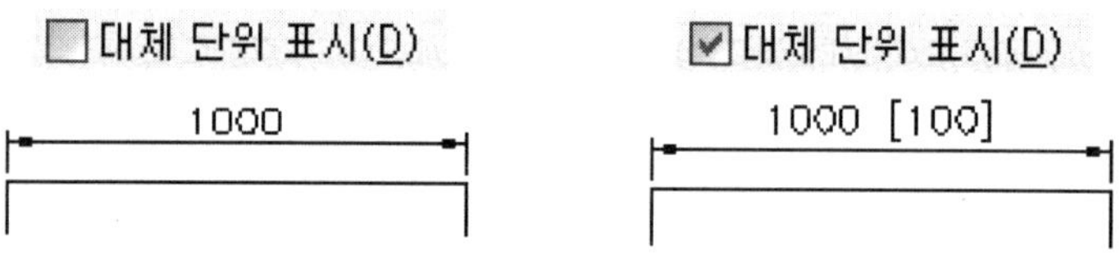

(2) 대체 단위

① 단위 형식(U) : 대체 단위에 대한 단위 형식을 표시 및 설정한다.

② 정밀도(P) : 대체 단위에 대한 정밀도를 설정한다.

③ 대체 단위에 대한 승수(M) : 1차 단위와 대체 단위 사이의 변환 요인으로 사용할 승수를 지정한다.
mm 단위로 크기가 1000인 1차 단위를 m 단위의 대체 단위 사용시 : 0.001 적용

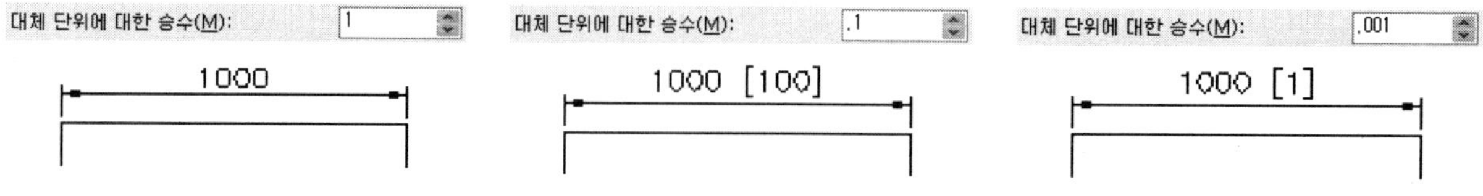

④ 거리를 맞춤(R) : 대체 치수의 반올림할 규칙을 설정한다.

⑤ 머리말(F) : 대체 치수의 머리말을 설정한다(1차 단위 탭 참조).

⑥ 꼬리말(X) : 대체 치수의 꼬리말을 설정한다(1차 단위 탭 참조).

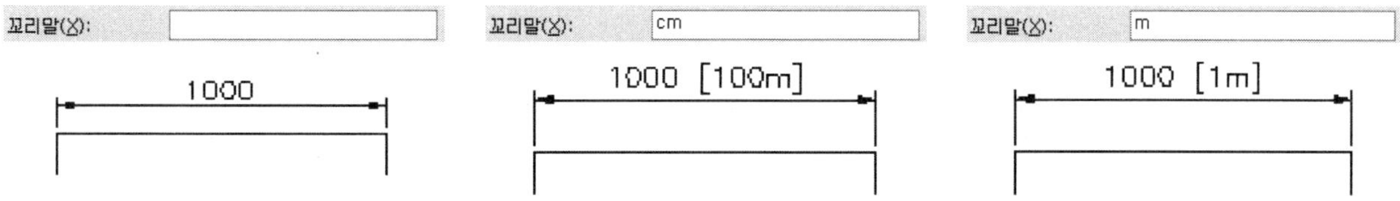

(3) 0 억제 : 대체 치수 소수점 앞 뒤의 '0'에 대한 억제를 설정한다(1차 단위 탭 참조).

(4) 배치 : 대체 치수의 표시 위치를 설정한다.

① 1차 값 다음(A) : 대체 치수를 1차 치수 뒤에 표시한다.

② 1차 값 아래(B) : 대체 치수를 1차 치수 아래에 표시한다.

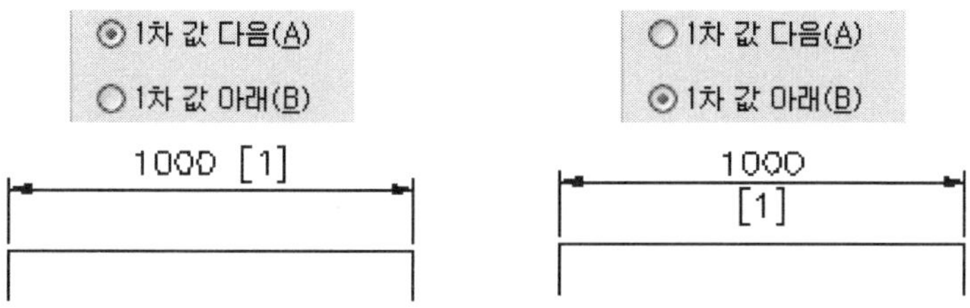

3.9 수정 버튼을 통한 치수의 다양한 유형 설정 옵션 – 공차 항목

치수 문자 공차의 표시 및 형식을 조정한다.

- 공차 형식 : 치수 공차 형식 설정
- 대체 단위 공차 : 치수 대체 단위의 공차 설정

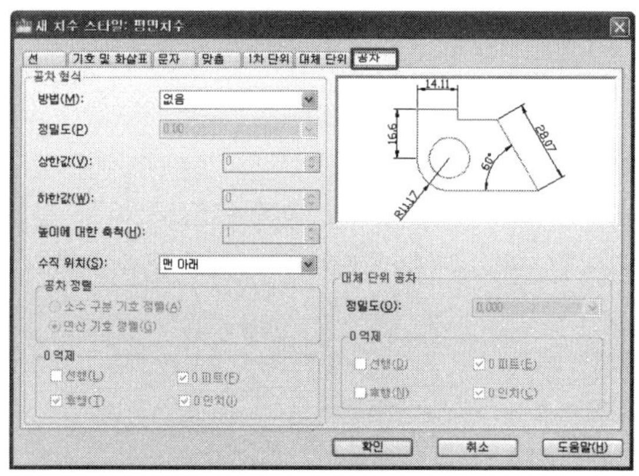

(1) 공차 형식

① 방법(M) : 공차를 계산하기 위한 방법을 설정한다.

- **없음** : 공차 치수를 표현하지 않습니다.
- **대칭** : 절대값이 같은 편차값을 양수/음수(±) 형식으로 치수 공차를 표현한다.
- **편차** : 절대값이 다른 상한값과 하한값의 형태로 치수 공차를 표현한다.
- **한계** : 최대값과 최소값의 한계 치수로 치수 공차를 표현한다.
  (최대값=기준값+상한값, 최소값=기준값－최소값)
- **기준** : 기준 치수를 표시하기 위해 치수 문자를 상자로 표현한다.

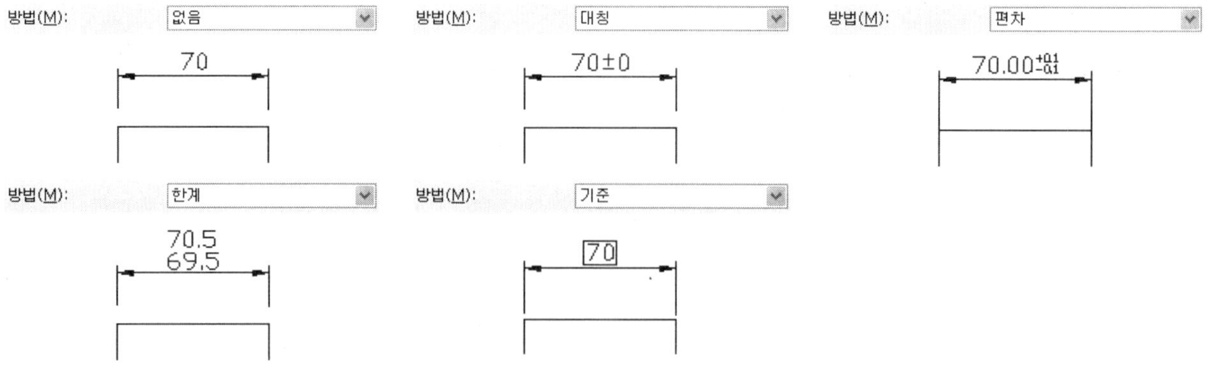

② 정밀도(P) : 공차의 소수점 자릿수를 설정한다.

③ 상한값(V) : 공차의 상한값을 설정한다. 방법에서 대칭, 편차, 한계를 선택하면 이 값이 사용됩니다.

④ 하한값(W) : 공차의 하한값을 설정한다. 방법에서 편차, 한계를 선택하면 이 값이 사용됩니다.

⑤ 높이에 대한 축척(H) : 1차 단위 치수에 대한 공차 치수의 높이를 설정한다.

⑥ 수직 위치(S) : 공차 치수의 세로 방향의 자리 맞춤을 설정한다.

⑦ 공차 정렬 : 공차 치수의 정렬 방식을 설정한다.

⑧ 0 억제 : 공차 치수의 소수점 앞 뒤의 '0'에 대한 억제를 설정한다.

(2) 대체 단위 공차

① 정밀도(O) : 치수 공차의 대체 단위 공차의 정밀도를 설정한다.

② 0 억제 : 치수 공차의 대체 단위 공차의 '0' 억제한다.

부록 5 - AutoCAD 2D 명령어 정리

1. 객체 생성 명령

명령 구분				명령어	단축명령	아이콘	메인 메뉴	도구막대	비 고
①점			도우넛(점)	donut	do		그리기 ▸ 도넛		아이콘추가
②선	직선		선	line	l		그리기 ▸ 선	그리기	
			한방향무한선	ray	ray		그리기 ▸ 광선		아이콘추가
			양방향무한선	xline	xl		그리기 ▸ 구성선	그리기	
		다중선	유형 설정	MIStyle	mlstyle		형식 ▸ 여러줄 스타일		
			그리기	mline	ml		그리기 ▸ 여러줄		아이콘추가
			다중선편집	mledit	mledit		수정 ▸ 객체 ▸ 여러줄		아이콘추가
	곡선	정형곡선	원	circle	c		그리기 ▸ 원	그리기	
			호	arc	a		그리기 ▸ 호	그리기	
			타원	ellipse	el		그리기 ▸ 타원	그리기	
		부정형곡선	부정형곡선	spline	spl		그리기 ▸ 스플라인	그리기	
	폴리선		폴리선(결합된선)	pline	pl		그리기 ▸ 폴리선	그리기	
			폴리선편집	pedit	pe		수정 ▸ 객체 ▸ 폴리선	수정2	
			사각형	rectangle	rec		그리기 ▸ 사각형	그리기	
			다각형	polygon	pol		그리기 ▸ 다각형	그리기	
③면			패턴 (해치)	hatch	h		그리기 ▸ 해치	그리기	
			해치편집	hatchedit	he		수정 ▸ 객체 ▸ 해치	수정2	
④문자	문자유형 설정			style	st		형식 ▸ 문자스타일	문자	
	단일문자			dtext	dt		그리기 ▸ 문자 ▸ 단일행 문자	문자	
	다중문자			mtext	mt		그리기 ▸ 문자 ▸ 여러줄 문자	문자, 그리기	
	문자내용편집			ddedit	ed		수정 ▸ 객체 ▸ 문자 ▸ 편집	문자	
	문자크기편집			scaletext	–		수정 ▸ 객체 ▸ 문자 ▸ 축척	문자	
⑤치수	치수유형 설정			DimStyle	d		형식 ▸ 치수스타일	치수	
	치수 측정							치수	

2. 편집 명령

명령 구분		명령어	단축명령	아이콘	메인 메뉴	도구막대	비 고
길이 수정	지우기	erase	e		수정 ► 지우기	수정	
	자르기	trim	tr		수정 ► 자르기	수정	
	연장하기	extend	ex		수정 ► 연장	수정	
	길이조정	lengthen	len		수정 ► 길이조정		아이콘추가
	늘리기	stretch	s		수정 ► 늘리기	수정	
	grip 활용	객체 선택시 표시되는 사각점(그립)을 선택해 길이조정. 수평·수직선의 길이 변경시 많이 사용 (직교 모드와 같이 사용)					
	객체끊기	break	br		수정 ► 끊기	수정	
모서리 편집	모따기	chamfer	cha		수정 ► 모따기	수정	
	모깎기	fillet	f		수정 ► 모깎기	수정	
	구석적용	fillet, chamfer	f, cha		수정 ► 모깎기, 모따기	반지름=0(fillet) 거리=0(chamfer) 혹은 Shift 이용	
속성 편집	색상 설정	color	col		형식 ► 색상	특성	
	선종류 설정	linetype	lt		형식 ► 선종류	특성	
	선굵기 설정	Lineweight	Lw		형식 ► 선가중치	특성	
	속성변경	properties	ch		수정 ► 특성	표준	
	속성일치	matchprop	ma		수정 ► 특성일치	표준	
	도면층 설정	layer	la		형식 ► 도면층	도면층	
객체 변형	이동	move	m		수정 ► 이동	수정	
	회전	rotate	ro		수정 ► 회전	수정	
	스케일	scale	sc		수정 ► 축척	수정	
	대칭	mirror	mi		수정 ► 대칭	수정	
	정렬	align	al		수정 ► 3D 작업 ► 정렬		아이콘추가
객체 복사	간격띄우기	offset	o		수정 ► 간격띄우기	수정	
	복사	copy	co, cp		수정 ► 복사	수정	
	배열	array	ar		수정 ► 배열	수정	
	회전 복사	rotate -> copy 옵션	ro		수정 ► 회전	수정	
	대칭 복사	mirror -> no 옵션	mi		수정 ► 대칭	수정	
	객체분할	explode	x		수정 ► 분해	수정	

3. 작업 영역설정

명 령 구 분	명령어	단축명령	아이콘	메 인 메 뉴	도구막대	비 고
도면 영역 설정	Limits	–		형식 ▸ 도면 한계		출력 용지와 출력 축척을 고려하지 않은 경우 사용
	mvsetup	–				출력 용지와 출력 축척을 고려한 경우 사용

4. 객체 길이 분할 위치점 확인하기

명 령 구 분	명령어	단축명령	아이콘	메 인 메 뉴	도구막대	비 고
point	point	**po**		그리기 ▸ 점 ▸ 다중점	그리기	
포인트 유형	ddptype	**ddptype**		형식 ▸ 점 스타일		아이콘추가
등분할	divide	**div**		그리기 ▸ 점 ▸ 등분할		아이콘추가
길이분할	Measure	**me**		그리기 ▸ 점 ▸ 길이분할		아이콘추가

5. 정보 조회 하기

명 령 구 분	명령어	단축명령	아이콘	메 인 메 뉴	도구막대	비 고
위치점 구하기	id	**id**		도구 ▸ 조회 ▸ ID점	조회	
거리 구하기	distance	**di**		도구 ▸ 조회 ▸ 거리	조회	
면적 구하기	area	**aa**		도구 ▸ 조회 ▸ 면적	조회	

6. 출력하기

명 령 구 분	명령어	단축명령	아이콘	메 인 메 뉴	도구막대	비 고
출력 설정	pagesetup	–		파일 ▸ 페이지 설정 관리자		
미리보기	preview	**pre**		파일 ▸ 미리보기	표준	
출력	plot	**print**		파일 ▸ 플롯	표준	
Layout에서 출력하기 (출력시 반드시 PS공간에서 출력할 것)						
Mview	mview	**mv**		뷰 ▸ 뷰포트 ▸ 1개 뷰포트, 2개뷰포트...	뷰포트	
layout에서 공간 이동	ms	**ms**				mview 창 안쪽 더블클릭
	ps	**ps**				mview 창 바깥쪽 더블클릭
스케일조절	zoom ▸ s ▸ n/nxp			뷰 ▸ 줌 ▸ 축척 실행후 1/50xp	표준, 줌	

7. 다른 프로그램으로 도면내용 넘기기

명 령 구 분	명령어	단축명령	아이콘	메 인 메 뉴	도구막대	비 고
도면내용 복사하기	copyclip	Ctrl +C		편집 ► 복사	표준	
도면내용 붙이기	paste	Ctrl +V		편집 ► 붙여넣기	표준	
도면 변환하기	export	–		파일 ► 내보내기		아이콘추가

8. 다른 CAD파일을 현재 작업중인 CAD 파일로 불러오기 (소스 활용하기)

명 령 구 분	명령어	단축명령	아이콘	메 인 메 뉴	도구막대	비 고
도면내용 복사하기	copyclip	Ctrl +C		편집 ► 복사	표준	
도면내용 붙이기	paste	Ctrl +V		편집 ► 붙여넣기	표준	
블록 불러오기	insert	i		삽입 ► 블록	그리기	
블록 만들기	block	b		그리기 ► 블록 ► 만들기	그리기	
부분저장	wblock	w				
Design Center	adcenter	adc		도구 ► 팔레트 ► Design Center...	표준	

9. 이미지 파일을 CAD 파일로 불러오기

명 령 구 분	명령어	단축명령	아이콘	메 인 메 뉴	도구막대	비 고
이미지 불러오기	imageattach	iat		삽입 ► 래스터 이미지	참조	
이미지 관리하기	image	im		도구 ► 팔레트 ► 외부팔레트	참조	
이미지 프레임조절	imageframe	–		수정 ► 객체 ► 이미지 ► 프레임	참조	

10. 위치 지정 방법

구 분		설 명	입력방법	사용예
절대좌표		고정된 원점을 기준으로 X축과 Y축 좌표 지정	X,Y	100,100
상대좌표		원점(마지막 위치점)을 기준으로 X축과 Y축 좌표 지정	@X,Y	@100,100
각도입력 방법	상대극좌표	원점에서 오른쪽(3시방향)을 기준각(0도)로 그리고자하는 선의 방향각 계산	@거리<각도	@100<45
	직교모드	마우스로 0도, 90도, 180도, 270도 각도 지정	F8	마우스로 각도 지시후 크기값 입력
	극좌표 추적하기	마우스로 사용자가 지정한 방향각 지정	F10	마우스로 각도 지시후 크기값 입력
OSNAP		이미 그려진 객체의 특정 위치를 마우스로 정확한 위치를 지정하는 방법	F3	마우스로 위치점 지정